Enzyklopädie der Brutvögel Europas

LIMBRUNNER
BEZZEL
RICHARZ
SINGER

Enzyklopädie der Brutvögel Europas

KOSMOS

Ein Wort zuvor

Als Manfred Pforr und Alfred Limbrunner ihr zweibändiges Werk „Ornithologischer Bildatlas" vor gut 20 Jahren herausbrachten, stellten sie im Vorwort fest, dass es in der fast unüberschaubaren Reihe von Vogelbüchern bisher kein vergleichbares Werk gab, das in einem solchen Umfang die Brutvögel Europas in Bilddokumenten vorstellte. Offensichtlich hatten die beiden Autoren damit den Kundengeschmack getroffen: Bis heute ist der längst vergriffene Bildatlas nachgefragt. Und dies trotz einer großen Zahl neuer, teilweise herausragender Feldführer und dem Vorliegen der Mammutwerke Glutz von Blotzheims „Handbuch der Vögel Mitteleuropas" und Cramp & Simmons' „The birds of the western Palearctic" oder dem zweibändigen „Kompendium der Vögel Mitteleuropas" von Bezzel. Zu den aktuellen Standardwerken über europäische Vogelarten sind noch Bauer & Bertholds „Die Brutvögel Mitteleuropas – Bestand und Gefährdung" sowie das (noch nicht abgeschlossene) Monumentalwerk „Handbook of the Birds of the World" von del Hoyo, Elliott & Sargatal zu zählen.

Doch während Feldführer immer besser und vollständiger wurden und die Handbücher fast keine Frage mehr offen lassen, fehlte bis heute die Fortführung der Idee einer Bilddokumentation unserer europäischen Brutvögel.

Für Alfred Limbrunner war es deshalb ein ständiges Anliegen, die Vogelwelt weiter fotografisch zu erfassen, um mit Hilfe vieler anderer Vogelfotografen die Dokumentation weiter zu vervollständigen. Das Ergebnis halten Sie jetzt in den Händen. Nicht nur viele Fotos sind gegenüber dem Vorgänger-Werk neu. Bis auf die alte Ursprungs-Idee sind alle Texte, Karten und Kästen mit den wichtigsten Artdaten völlig neu geschrieben bzw. gezeichnet, und gegenüber dem alten Bildatlas wesentlich umfangreicher und detaillierter. Die Vogelenzyklopädie ist wieder ein Gemeinschaftswerk geworden: mit den Bilddokumenten des Hauptbildautors Alfred Limbrunner zusammen mit 63 weiteren Tierfotografen sowie den Texten und Karten von Einhard Bezzel, Klaus Richarz und Detlef Singer.

Die Autoren freuen sich, dass sie damit den lang gehegten Wunsch zahlreicher Vogelfreunde nach einer Bilddokumentation der Brutvögel Europas erfüllen durften, die in Umfang und Aufmachung der Pracht der Gefiederten angemessen ist.

Für wertvolle Mitarbeit an Karten und Texten danken wir Angelika Lang, Annette Richarz und Manfred Siering, für Mithilfe im Bildteil Hans-Joachim Fünfstück.

Dem Kosmos-Verlag sind wir dankbar, dass er die Vogelenzyklopädie übernahm und in einer sehr ansprechenden Form auflegte. Schließlich gebührt unser besonderer Dank Rainer Gerstle vom Kosmos-Verlag, der entscheidenden Anteil an der „Wiedergeburt" des Werkes hatte und uns Autoren in vertrauensvoller Zusammenarbeit unterstützte.

KRAUSKOPF- UND ROSAPELIKAN Die geselligen Pelikane schließen sich oft zu größeren Verbänden zusammen

Zu diesem Buch

Ein Buch, dem ein Leitfaden zum Lesen und Verstehen vorangestellt werden muss, ist sicher kein gutes Buch. Unsere Einführung ist deshalb kein Benutzerhinweis, sondern will erklären, warum wir dieses Buch so gemacht haben – und das mit großer Freude.

Das zweibändige Werk soll und kann nicht mit Naturführern konkurrieren, die eine möglichst rasche und sichere Bestimmung beobachteter oder gehörter Vogelarten im Feld erlauben. Auch will und kann es nicht die ausführlicheren und viel tiefer gehenden Beschreibungen der Arten in den gängigen Handbüchern oder Kompendien ersetzen. Nach beiden Richtungen – Feldführer einerseits und Handbuch andererseits – soll und kann die Enzyklopädie der Brutvögel Europas allerdings Ergänzung wie Klammer gleichermaßen sein. Daneben füllt das Werk seinen Platz auch ganz alleine aus, indem es nach der bisher gängigen Systematik (und Erklärung neuer Systeme) die Vogelarten Europas nacheinander in Fotos und Texten darstellt, um den Lesern wie Betrachtern ein Bild der faszinierenden Formen- und Verhaltensvielfalt der Vogelwelt unseres Heimat-Kontinents zu bieten.

Der tiefe fotografische Einblick wird dabei manchen Kritiker auf den Plan rufen. Schon nach Herausgabe des Vorläufer-Werkes waren die vielen Nestfotos Stein des Anstoßes. Während einzelne Nestaufnahmen in Büchern und Artikeln selbst von eingefleischten Naturschützern akzeptiert werden, erscheinen sie in geballter Form für manchen unerträglich. Bevor neuer Unmut sich regt oder alter wieder aufsteigt, sei zur Erklärung gesagt, dass das Autorenteam trotz der bekannten Kritik an dem Konzept des Vorläufer-Werkes festgehalten hat, wo immer vertretbar auch Nestaufnahmen zu zeigen. Doch während viele Vogelporträts neu sind, griffen wir zum Zeigen der Nestsituation fast immer auf alte Fotos zurück. Sie sind heute vielfach kostbare, unwiederbringliche Dokumente, die uns einen Einblick in diesen wichtigen Lebensabschnitt der Vögel geben. Weil sie damit endlich wieder öffentlich zugänglich sind, entfällt gleichzeitig jeder Grund, erneut den Vögeln bis ins Nest schauen und fotografieren zu wollen. Erfreulicherweise ist heute die Verantwortung der Naturfotografen gegenüber ihren Objekten ebenso gestiegen wie die Technik um ihre Objektive. Heute gelingen dank moderner Kameratechnik und lichtstarker Teleobjektive sensationelle Lebensbilder von freilebenden Tieren, ohne dass der Fotograf ihnen wie früher oft zu nahe „auf die Pelle" rücken müsste.

Wie überall hat alles Bemühen um Vollständigkeit seine Grenzen. So ist die vorliegende Enzyklopädie beinahe, aber eben nicht ganz vollständig. Dass es von einigen Arten nicht in allen Situationen gute Fotodokumente gibt und von manchen nur technisch schlechte oder gar keine Bilder, hängt weniger mit deren Scheu, als mit ihrer Seltenheit zusammen. Auch vor den europäischen Vogelarten haben Zerstörung und Verlust ihrer Lebensräume – und damit ihrer Lebensgrundlagen – nicht Halt gemacht. Ausführlich werden deshalb die Gefährdung der Vogelarten und ihrer Lebensräume sowie notwendige Schutzmaßnahmen in den einführenden Texten dargestellt. Wer sich heute an der Vogelwelt erfreut und sie mit Büchern wie diesem besser kennen und verstehen lernen will, stößt unweigerlich auch auf die Probleme der Vögel mit unserer alles dominierenden menschlichen Entwicklungstätigkeit. Und trotzdem gibt es Hoffung, selbst in einem so dicht besiedelten und auf großen Flächen stark beanspruchten Kontinent wie Europa. Wenn wir Mehrheiten für einen konsequenteren Schutz unserer Umwelt finden, kann die Erhaltung der Artenvielfalt gelingen. Ein Blättern und Lesen in dem zweibändigen Buch ist wie eine Reise zu den gefiederten Mitgeschöpfen in all ihrer Vielfalt. Dass sie in der Realität ihre Fortsetzung finden kann, dazu bieten Reisetipps und Adressen im letzten Teil Anregungen. Sollte die Enzyklopädie zum Verstehen der Vögel beitragen und zur Notwendigkeit ihres Schutzes anregen, hat sie ihren Zweck erfüllt.

Fregattvögel *Fregatidae*
Seetaucher *Gaviidae*
Röhrennasen *Procellariidae*
Sturmvögel *Procellariinae*
Albatrosse *Diomedeinae*
Sturmschwalben *Hydrobatinae*

SPERLINGSVÖGEL *Passeriformes*
(Kleinordnung Krähenvögel *Corvida*)
Würger *Laniidae*
Vireos *Vireonidae*
Krähenverwandte *Corvidae*
Krähenartige *Corvinae*
Krähen *Corvini*
Pirole *Oriolini*
(Kleinordnung Sperlingsvögel *Passerida*)
Seidenschwänze *Bombycillidae*
Wasseramseln *Cinclidae*
Schnäpperverwandte *Muscicapidae*
Drosseln *Turdinae*
Schnäpperartige *Muscicapinae*
Schnapper *Muscicapini*
Kleindrosseln *Saxicolini*
Starenverwandte *Sturnidae*
Stare *Sturnini*
Spottdrosseln *Mimini*
Kleiberverwandte *Sittidae*
Kleiber *Sittinae*
Mauerläufer *Tichodrominae*
Baumläuferverwandte *Certhiidae*
Baumläufer *Certhiinae*
Zaunkönige *Troglodytinae*
Meisenverwandte *Paridae*
Beutelmeisen *Remizinae*
Meisen *Parinae*
Schwanzmeisen *Aegithalidae*
Schwalben *Hirundinidae*
Goldhähnchen *Regulidae*
Bülbüls *Pycnonotidae*
Seidenwürger *Hypocoliidae*
Halmsänger *Cisticolidae* (inkl. *Prinien*)
Grasmückenverwandte *Sylviidae*
Zweigsänger *Acrocephalinae* (inkl. Seidensänger, Rohrsänger, Schwirle, Spötter, Laubsänger)
Grasmückenartige *Sylviinae*
Timalien *Timaliini*
Grasmücken *Sylviini* (nur Grasmücken)
Lerchen *Alaudidae*
Nektarvögel *Nectariniidae*
Sperlingsverwandte *Passeridae*
Sperlinge *Passerinae*
Stelzen *Motacillinae*
Braunellen *Prunellinae*
Webervögel *Ploceinae*
Prachtfinken *Estrildinae*
Finkenverwandte *Fringillidae*
Finkenartige *Fringillinae*
Edelfinken *Fringillini* (nur *Fringilla*)
Finken *Carduelini*
Ammernartige *Emberizinae*
Ammern *Emberizini*
Waldsänger *Parulini*
Tangaren *Thraupini*
Kardinäle *Cardinalini*
Stärlinge *Icterini*

Nach BARTHEL, in SVENSSON 2000

ROTSCHENKEL Zur Brutzeit sitzt er oft auf Pfosten und anderen Warten und hält Ausschau nach Nestfeinden

Die Stimmen der Vögel

Wer sich intensiver mit der Vogelwelt beschäftigt, wird nicht umhinkommen, die wichtigsten Vogelstimmen zu erlernen, denn die inner- und zwischenartliche Verständigung über Lautäußerungen spielt bei Vögeln eine entscheidende Rolle. Auch würden wir ohne die Kenntnis ihrer Lautäußerungen von der Anwesenheit vieler Vögel gar nichts merken, denn sie halten sich häufig unsichtbar im Schutz von Gebüsch oder dichten Baumkronen auf.

Es gibt nahverwandte Arten, die einander so ähnlich sind, dass man sie nach äußeren Merkmalen im Feld kaum voneinander unterscheiden kann, beispielsweise Zilpzalp und Fitis oder Baum- und Wiesenpieper. Glücklicherweise sind die Stimmen dieser „Zwillingsarten" meist deutlich verschieden, sodass wir sie anhand ihrer Rufe und Gesänge oft eindeutig der einen oder der anderen Art zuordnen können. Will man feststellen, wie viele verschiedene Vogelarten in einem bestimmten Waldgebiet leben, ist die Kenntnis der Vogelstimmen unerlässlich, denn mit rein optischen Methoden würde man nur einen Bruchteil der anwesenden Arten erfassen können. Diese Bestandsaufnahmen (Vogelkartierungen) werden meist sogar vorwiegend akustisch durchgeführt; außerdem erlauben sie Abschätzungen der Bestandsdichte der einzelnen Arten und geben Hinweise auf die spezielle Situation, in der sich ein Vogel gerade befindet. Zum Beispiel verrät heftiges Gezeter die Anwesenheit einer Katze, eines Marders oder anderen Bodenfeindes; ein hohes, gedehntes „zieh" lässt den Schluss zu, dass die Gefahr diesmal aus der Luft droht, beispielsweise von einem überfliegenden Sperber; lauter, lang anhaltender Gesang lässt auf einen unverpaarten „Junggesellen" schließen, und Bettelrufe von Jungvögeln zeugen von einer erfolgreich verlaufenden Brut.

Heute zieht man häufig die Ergebnisse von Vogelkartierungen zu Rate, wenn man den Wert einer Landschaft beurteilen möchte, denn die ökologischen Ansprüche mancher Vogelarten sind so groß, dass bereits die Anwesenheit einer seltenen Vogelart detaillierte Rückschlüsse auf die Qualität des Lebensraumes zulässt. Der Aufwand bei der akustischen Erfassung der Vogelwelt ist relativ gering, verglichen mit dem bei anderen Tiergruppen; so werden die Vögel zu „Bioindikatoren", mit deren Hilfe man die Schutzwürdigkeit von Landschaften auf einfache Weise ermitteln kann.

Wie lernt man Vogelstimmen kennen?

Es ist in den meisten Fällen sehr schwierig, einem anderen eine Vogelstimme, die er nicht kennt, so zu erklären, dass er sich die unbekannte Lautäußerung vorstellen kann. Leider gibt es bisher noch keine Methode, die oft komplizierten Rufe und Gesänge der Vögel eindeutig, leicht verständlich und dazu noch wissenschaftlich exakt darzustellen. Ein weiteres Problem ist die große Vielfalt der Vogelstimmen, die am Anfang Verwirrung stiftet und die man nur durch ständiges Üben in den Griff bekommt. Jedoch ist die Kenntnis vieler Vogelstimmen für jeden Vogelbeobachter mit etwas Ausdauer erlernbar.

Zunächst sollte man sich die Stimmen der überall häufigen Vogelarten vornehmen und am besten im zeitigen Frühjahr damit beginnen, denn dann sind die vielen Zugvögel noch nicht zurückgekehrt, die mit ihren unterschiedlichen Gesängen den Anfänger verwirren können. Außerdem lassen sich die Sänger vor dem Laubaustrieb besser orten.

BUCHFINK Der allbekannte „Finkenschlag" lässt sich mit „Bin ich nicht ein schöner Bräutigam" umschreiben

HEIDELERCHE Der Reviergesang enthält bis über 100 verschiedene Strophen in einer festgelegten Reihenfolge

Wenn man bereits einige Rufe und Gesänge der wichtigsten Vogelarten „gespeichert" hat, ist es ratsam, eine unbekannte Vogelstimme mit der einer bekannten Art zu vergleichen; außerdem sollte man versuchen, den Klangeindruck durch Worte wiederzugeben, z. B. monoton, melancholisch, flötend, orgelnd, kratzend usw. Weiterhin ist es wichtig festzustellen, ob die Lautäußerung eintönig oder abwechslungsreich ist, ob sie kontinuierlich abläuft oder in erkennbare Abschnitte unterteilt ist, und ob Teile daraus wiederholt werden oder ob sie aus der ständigen Wiederholung einer kurzen Einheit besteht.

Wichtig ist, den singenden Vogel zu Gesicht zu bekommen, denn dem Menschen als Augenwesen prägt sich der kombinierte optische und akustische Eindruck naturgemäß besonders gut ein. Das Angebot von vogelkundlichen Wanderungen, die Vogelschutz- und andere Naturschutzverbände besonders im Frühjahr anbieten, sollte man annehmen, denn dort trifft man nicht nur Gleichgesinnte, sondern bekommt unbekannte Sänger gezeigt und nützliche Erklärungen geboten. Doch die eigenen Entdeckungen und Studien kann das alleinige Zuhören von Experten nicht ersetzen; wichtig ist, das Gehörte zu vertiefen und weitere Details über die Lebensweise der vorgestellten Arten kennen zu lernen. Darüber hinaus sollte man gehörte Vogelstimmen mit den Aufnahmen von Tonträgern wie Toncassetten und CDs vergleichen. Ein „Diskman", den man in die Natur mitnimmt, kann wertvolle Dienste leisten, denn mit diesem Gerät lassen sich die Stimmen der gewünschten Arten bequem und schnell anwählen und mit der unbekannten Vogelstimme vergleichen.

Rufe und Gesänge

Die Lautäußerungen der Vögel werden entsprechend ihrer Funktion in Rufe und Gesänge unterteilt. **Rufe** sind in der Regel kurz, wenig kompliziert und müssen nicht gelernt werden, sondern gehören zum angeborenen Lautrepertoire. Eine Reihe von Rufen kann man das ganze Jahr über hören, es gibt aber auch Rufe, die nur zu bestimmten Jahreszeiten geäußert werden, wie der Regenruf des Buchfinken, den man zur Brutzeit hört, oder das „zihdit" der Heckenbraunellen im Herbst. Die Rufe sind meist an spezifische Situationen gekoppelt, beispielsweise Lock- und Stimmfühlungsrufe, Warn- und Drohrufe sowie Fütterungs- und Bettelrufe.

Während man viele Rufe das ganze Jahr über hört, ist der Gesang auf bestimmte Jahreszeiten beschränkt. Die meisten Singvögel singen im Frühjahr, bei einigen Arten, beispielsweise Rotkehlchen, gibt es auch einen ausgeprägten Herbstgesang (siehe unten). Die Reviergesänge werden in der Regel von einer strategisch günstigen Stelle aus vorgetragen oder erschallen aus dem Luftraum über dem Territorium.

WACHTELKÖNIG Auch wenn sein hölzernes Schnarren nicht danach klingt, es ist ein echter Reviergesang

Unter Gesang versteht man oft die wohl klingenden und faszinierenden Lautäußerungen vieler Singvögel, jedoch gibt es in dieser Vogelgruppe auch weniger begnadete Sänger wie Sperlinge und Krähen, deren entsprechende Lautäußerungen ebenfalls als Gesang bezeichnet werden. Auch viele Nichtsingvögel bringen Gesänge hervor, beispielsweise das hölzerne Schnarren des Wachtelkönigs oder das dumpfe „Buho" des Uhus. Der Gesang ist in der Regel (aber keineswegs immer) komplizierter aufgebaut als ein Ruf; er setzt sich aus Untereinheiten (Elementen bzw. Silben) zusammen, die größere Einheiten (Strophen) aufbauen oder ohne strophige Gliederung kontinuierlich ablaufen. Die meisten Gesänge unserer heimischen Singvögel sind in Strophen unterteilt; es gibt Vogelarten mit nur einem Strophentyp, der ständig wiederholt wird, z. B. Haselhuhn, andere wie der Buchfink wechseln jeweils nach einer mehr oder weniger großen Anzahl von Strophen zu einem anderen Strophentyp, den sie wiederum eine Zeit lang singen; einige Meistersänger beherrschen sehr viele verschiedene Strophen, beispielsweise Heidelerche (über 100) und Nachtigall (über 200).

Singen nur die Männchen?

Hört man einen weittragenden Gesang, stammt er in der Regel von einem Männchen. Die Gesangsaktivität der Vögel wird von den Keimdrüsen gesteuert; sie kann im Experiment durch die Gabe von männlichen Hormonen ausgelöst

SCHWARZSPECHT Bei den Spechten verfügen Männchen und Weibchen über das gleiche Lautrepertoire

werden, auch bei Weibchen. Im Frühjahr und teilweise Sommer singen die Vögel im Zusammenhang mit der Revierbehauptung. Frühjahrsgesang hat zwei Ziele: Revierverteidigung gegenüber fremden Vögeln des gleichen Geschlechts und Darstellung der eigenen Qualität gegenüber Vögeln des anderen Geschlechts, um dadurch zu einem Partner für die Brut und Jungenaufzucht zu kommen. Bei den meisten unserer Vögel versuchen die Männchen, ein Revier zu behaupten und einen Partner für sich zu gewinnen. Folglich sind es auch die Männchen, die den Frühjahrsgesang vortragen. Wenn man draußen in der Natur singende Vögel beobachtet, beispielsweise Buchfinken oder Amseln, sieht man meist, dass diese das Männchenkleid tragen. Die wenigen Male, bei denen man einen Vogel im Weibchenkleid singen sieht, handelt es sich meist um junge Männchen, die sich im Gefieder kaum von Weibchen unterscheiden, beispielsweise beim Zwergschnäpper.

Es gibt aber auch Arten, bei denen die Weibchen im Zusammenhang mit Revierbehauptung und Paarbildung die aktive Rolle spielen, wie beim Odinshühnchen: Während des Schaufluges trägt das Weibchen einen regelrechten Reviergesang vor, darüber hinaus vertreibt es ins Territorium eingedrungene Artgenossinnen und wirbt um die Gunst der Männchen.

Einen Sonderfall beobachtet man bei den Spechten, denn bei ihnen haben Männchen und Weibchen das gleiche Repertoire an Lautäußerungen – das betrifft die bekannten Trommelwirbel und den Gesang; beides entspricht in der Funktion dem Frühjahrsgesang der Singvögel. Die Weibchen der Spechte singen und trommeln zwar seltener als die Männchen und haben teilweise verkürzte Gesänge, jedoch kann man bei Spechten nicht einfach anhand ihrer Lautäußerungen auf das Geschlecht des Vogels schließen. Auch beim Gimpel singen die Weibchen, wenn auch verhalten; allerdings klingt selbst der Frühjahrsgesang der Männchen schon recht gedämpft und erinnert eher an Subsong (siehe unten).

Während der Brutzeit und der Mauser singen manche Weibchen leise vor sich hin, beispielsweise beim Zaunkönig. Die Funktion dieser unauffälligen Gesangsform ist nicht immer klar, möglicherweise enthält dieser Weibchengesang ähnlich einem entsprechenden Lockruf Informationen für die Jungen. Eine Form des weiblichen Gesangs dient dem Paarzusammenhalt, sie wurde nur bei wenigen Singvögeln gefunden, z. B. bei der Tannenmeise, wo Männchen und Weibchen das ganze Jahr über singen, um sich nicht aus den Augen zu verlieren.

Bei den Duettgesängen, die jeweils von zwei Partnern vorgetragen werden, erhält man den Eindruck, dass die Lautäußerungen von nur einem Vogel stammen: Die Stimmen von Männchen und Weibchen sind so weitgehend synchronisiert, dass ein gemeinsames, einheitliches Lautmuster entsteht. Diese Gesangsform beobachtet man vorwiegend in den Tropen, sie kommt aber auch bei heimischen Arten vor, beispielsweise beim Zwergtaucher.

PIROL Der melodisch flötende Gesang lässt sich lautschriftlich mit „düdlio" recht einfach umschreiben

Subsong und Jugendgesang

Bei einigen Vogelarten findet Revierbehauptung nicht nur im Frühjahr statt, sondern auch zu anderen Jahreszeiten. So verteidigen beispielsweise Rotkehlchen während des Herbstzuges und vor allem im Winterquartier Territorien, die im Zusammenhang mit der Sicherung von Nahrung stehen. Männchen und Weibchen verhalten sich hierbei in gleicher Weise territorial und bringen einfache und ziemlich leise Herbstgesänge (oder „Subsongs") hervor, die der Reviermarkierung dienen. Im Gegensatz zu den Vollgesängen im Frühjahr sind Subsongs leiser, kontinuierlicher, variabler und enthalten oft Fremdimitationen. Viele Jungvögel tragen nach dem Flüggewerden leise, kontinuierliche Gesänge vor, die bei weitem noch nicht den arttypischen Gesangsdarbietungen entsprechen, sondern aus wenig differenzierten, oft geräuschhaften Lauten bestehen. Manche Kleinvögel, etwa Laubsänger, singen im Spätsommer und Frühherbst nach der Phase des Jugendgesangs für kurze Zeit im Subsong.

GOLDAMMER Ein beliebtes Forschungsobjekt, um Dialekte bei europäischen Vogelarten zu untersuchen

Dialekte

Ähnlich anderen Merkmalen variieren auch die Lautäußerungen vieler Vogelarten je nach Herkunft des Sängers. So zeigen die Gesänge einiger Sperlingsvögel oft deutliche geographische Unterschiede, die mit den menschlichen Dialekten vergleichbar sind. Bereits innerhalb Deutschlands singen Vögel, die der gleichen Art angehören, in den verschiedenen Landesteilen unterschiedlich. Manche dieser Unterschiede sind recht leicht zu hören, andere sind feiner und lassen sich nur mit einem Gerät zum Aufzeichnen von Schallereignissen (Sonagraph, siehe unten) nachweisen. Dialekte können innerhalb einer sonst recht einheitlichen Population vorkommen oder sind so weit ausgeprägt, dass sie als Argument für die Aufteilung von Unterarten verwendet werden.

ROTKEHLCHEN Der Herbstgesang, von Männchen und Weibchen vorgetragen, ist recht leise und variabel

Eine Vogelart, deren Gesangsdialekte sich großflächig in Europa nachweisen lassen, ist die Goldammer. Es gibt aber auch Dialektformen, die die Rufe betreffen, beispielsweise die spezielle Ausprägung des Regenrufs beim Buchfinken.

Vogelstimmen sichtbar gemacht

Früher dokumentierte man die Lautäußerungen der Vögel, indem man sie mit Hilfe der Notenschrift und den entsprechenden Zeichen aus der Musik niederschrieb. Das hatte natürlich den Nachteil, dass ein und die gleiche Vogelstimme häufig unterschiedlich beschrieben wurde, da der subjektive Klangeindruck jedes Mal anders war. Heute findet man in den meisten Vogelbestimmungsbüchern die Umsetzung der Vogellaute in die normale Schrift, beispielsweise „düdlio" für den Gesang des Pirols. Da man sich mit dieser Methode jedoch kaum den Klang einer unbekannten Vogelstimme vor-

SINGDROSSEL Die „Sängerfürsten" in der Vogelwelt verfügen über eine besonders kräftige Syrinxmuskulatur

stellen kann, sind zusätzliche Umschreibungen wie flötend, orgelnd, klappernd oder ähnlich durchaus sinnvoll. Die Wiedergabe von Vogellauten in Worten kann jedoch keine so exakten Ergebnisse liefern, wie sie die Wissenschaft der Tierstimmenforschung (Bioakustik) fordert. Diesem Anspruch wurde sie erst mit der Einführung des Magnettonbandes und des Klangspektrographen (Sonagraphen) gerecht. Der Sonagraph zeichnet mit rein physikalischen Mitteln Schallereignisse auf Papier auf und macht sie dadurch nicht nur unvergänglich, sondern auch objektivierbar. Die Aufzeichnung wird als Sonagramm bezeichnet und wie unsere Schrift von links nach rechts gelesen. Senkrecht zur horizontal verlaufenden Zeitachse, die häufig 2,4 Sekunden abteilt, ist die Tonhöhe als Frequenz aufgetragen – der Sonagraph analysiert also die Schallereignisse vorwiegend nach ihrem Tonhöhenverlauf. Tiefe Töne mit niedrigen Frequenzen sind unten nahe der Grundlinie aufgezeichnet, höhere Töne entsprechend höher. Ähnlich wie in der Notenschrift sieht man auf dem Sonagramm neben dem Verlauf der Tonhöhe auch die Zahl der Einzellaute pro Zeiteinheit. Im Gegensatz zur Notenschreibweise sind auch die Unter- und Obertöne dargestellt, die ja für den Klangeindruck wichtig sind. Die Intensität des Tones – die Lautstärke – wird durch den Grad der Schwärzung sichtbar gemacht. Mit Hilfe des Sonagraphen ist es den Forschern heute möglich, die Individualentwicklung von Lautäußerungen und das akustische Lernverhalten einer Vogelart zu dokumentieren, aber auch Untersuchungen zu Evolutionsvorgängen oder Dialektbildung durchzuführen. Für das Erlernen von Vogelstimmen ist die sonagraphische Darstellung eine zusätzliche Informationsmöglichkeit, denn mit einiger Übung erhält man durch das Betrachten eines Sonagramms einen ziemlich genauen Klangeindruck der dargestellten Vogelstimme.

Bau des Stimmapparates und Lauterzeugung bei Vögeln

Bei den meisten Wirbeltieren, zu denen im zoologischen Sinne auch der Mensch gehört, entstehen die Laute im Kehlkopf, die Vögel haben jedoch ein spezielles Stimmorgan im Brustraum entwickelt, die Syrinx. An der Stelle, wo sich die beiden von den Lungenflügeln kommenden Bronchien zur Luftröhre vereinigen, sind zwischen den Knorpelringen zwei membranartige Häutchen aufgespannt, die durch den vorbeistreichenden Strom der Atemluft in Schwingung versetzt werden. Bei den einzelnen Vogelgruppen ist die Ausprägung dieser schwingenden Häutchen (äußere und innere Syrinxmembran) verschieden. Offensichtlich können sie bei den Singvögeln unabhängig voneinander schwingen, denn es entstehen manchmal auch verschiedene Töne zur gleichen Zeit, die nicht zueinander harmonisch sind. Die Syrinxmuskulatur, das heißt, die Muskeln, die an den Membranen ansetzen, sind ebenfalls bei den einzelnen Vogelgruppen in unterschiedlicher Art und Weise ausgebildet. Die echten Singvögel sind dadurch charakterisiert, dass sie 4–9 Paar dieser Syrinxmuskeln besitzen, während die übrigen Sperlingsvögel deren nur 3 Paar haben. Diese Muskulatur ist neben anderen Einflüssen für die große Variationsfähigkeit der Singvogelstimmen und damit für deren außergewöhnliche Gesangsleistungen verantwortlich.

FELDLERCHE Von ihren virtuosen Gesangsleistungen kann sich jeder Vogelfreund leicht überzeugen

Formen, Farben, Anpassungen

Riesen und Zwerge

Offensichtlich können es sich Säugetiere „leisten", zwischen 1,5–2 g leicht zu bleiben (Etruskerspitzmaus, Hummelfledermaus) oder bis 100 Tonnen schwer zu werden (Blauwal). Dagegen geben die physikalischen Gesetze – das Verhältnis zwischen aufzuwendender Energie, der Belastbarkeit des Knochenapparates und der zu bewegenden Last – den zweibeinigen, meist flugfähigen Vögeln weit engere Grenzen vor. Als Rekordhalter unter den Gefiederten sind zu nennen: die Bienenelfe mit 1,6–1,9 g Gewicht und 5–6 cm Länge inkl. Schnabel, Wander- und Königsalbatros mit fast 3,50 m Flügelspannweite, wobei der Krauskopfpelikan mit 3,45 m kaum darunter liegt; höchste Gewichte unter den flugfähigen Vögeln erreichen Schwäne und Trappen mit bis zu 20 kg; schwerster und größter flugunfähiger Wasservogel ist der Kaiserpinguin mit 42,4 kg und 1,05 m Höhe; unter den flugunfähigen Landvögeln bringt der Afrikanische Strauß bis 156 kg bei einer Scheitelhöhe von 2,75 m auf die Waage. Noch größer und schwerer waren die ausgestorbenen Moas von Neuseeland und ein Madagaskar-Strauß. Ein Geier aus dem Pleistozän Nordamerikas erreichte eine Flügelspannweite von 4,50 m und ein Gewicht von ca. 25 kg.

Gestalt und Anpassung

Während am Vogelrumpf eher geringe Variationen auffallen, liefern Flügel, Beine, Hals und Schnabel der Vögel sichere Erkennungsmerkmale für den Lebensraum und den Nahrungserwerb der Arten. Die langen, schlanken, zum Teil gekrümmten Schnäbel der Kolibris, Nektarvögel und Honigfresser werden eingesetzt, um Blüten Nektar zu entnehmen, die der Schnepfenvögel, um in weicher Erde nach Kleintieren zu stochern. Mit dem gekreuzten Schnabel können Kreuzschnäbel die Samen aus Nadelholzzapfen herausklauben; mit feinen, spitzen Schnäbeln picken Grasmücken und Laubsänger Insekten ab; mit ihren kräftigen, kurzen Schnäbeln gelingt es Finken, Samen zu enthülsen; lange kräftige Schnäbel von Reihern und Störchen dienen zum Packen und Spießen von Fischen und anderen Beutetieren; Greifvögel und Eulen zerreißen mit dem hakenartigen Oberschnabel ihre Beute.

Unterschiedlich aus dem Ei

Nestflüchter sind beim Schlüpfen schon weit entwickelt. Alle Sinnesorgane sind voll funktionsfähig. Ein dichtes Dunenkleid schützt vor Auskühlung. Wenn sie vielfach schon am ersten Lebenstag das Nest verlassen und meist nie mehr dahin zurückkehren, werden sie zunächst von einem Elternteil bewacht und geführt. Mehrheitlich müssen Nestflüchter ihre Nahrung selber finden. Die Küken von See- und Lappentauchern, Enten-, Hühner-, Watvögeln und Rallen sind Nestflüchter.

Nesthocker sind dagegen beim Schlüpfen blind, fast nackt und völlig auf die elterliche Fürsorge angewiesen. Zu den Nesthockern zählen die Jungen der Röhrennasen, Reiher, Greifvögel, Spechte, Segler und der meisten Sperlingsvögel.

Zwischen den Extremen stehen beispielsweise die Ziegenmelker, deren gut befiederte Junge schon sehr früh das Bodennest rutschend verlassen, oder die mit dichtem Dunenkleid und offenen Augen schlüpfenden Möwen und See-

AUSTERNFISCHER Die Jungen sind typische Nestflüchter, die bereits nach wenigen Stunden umherlaufen

TEICHROHRSÄNGER Die Jungen der Rohrsänger und der meisten anderen Singvögel sind Nesthocker

schwalben. Sie laufen schon am ersten oder zweiten Tag aus dem Nest, um sich als „Platzhocker" in der Nähe zu verstecken und von den Eltern füttern zu lassen.

Während Nestflüchter-Eltern ihre Küken zum Futter bringen und sie gelegentlich auch füttern (z. B. Rallen, Austernfischer), besteht ihre Hauptaufgabe doch im Schutz der Küken vor Hitze, Kälte und Nässe und in der Bewachung bzw. Verteidigung vor Räubern. Manche Wasservögel, z. B. Lappentaucher oder Schwäne, transportieren ihre kleinen Jungen beim Schwimmen (und sogar beim Tauchen) auf dem Rücken. Dadurch verbrauchen die Küken weniger Energie und sind eher vor Gefahren (z. B. Hechte als Fressfeinde von Taucherküken) geschützt. Nesthocker müssen die Ankunft der Eltern am Nest möglichst frühzeitig erkennen können und durch Betteln auf sich aufmerksam machen. Als Auslöser zum Füttern werden optische Reize (z. B. Farbmuster im Sperrrachen, wulstige, als Signal im Höhlendunkel leuchtende Schnabelränder), Bettellaute und -bewegungen eingesetzt. Die Nestjungen der relativ sicheren Höhlenbrüter betteln in der Regel lauter als die Jungen freibrütender Arten. Während die Bettelhandlungen und -signale der Jungen auch als Auslöser zur Futterübergabe auf die Elternvögel wirken, picken z. B. Silbermöwenjunge nach dem roten Fleck am Unterschnabel der Eltern, die daraufhin die Nahrung auswürgen. Dass Höhlenbrüten größere Sicherheiten als Freibrüten bietet, zeigt sich auch daran, dass die Jungen von Freibrütern oft schon das Nest verlassen, bevor sie richtig fliegen können. Umgekehrt sitzen selbst die brütenden Altvögel der Höhlenbrüter wie in einer Falle gefangen, wenn ihr Brutplatz erst von einem Nesträuber entdeckt ist.

Seit den Römern steht der Wiedehopf im Ruf als Kothahn oder Stinkvogel. Dabei hat die Unsauberkeit in Wiedehopfnestern durchaus Methode. Die nesthockenden 5–8 Junghopfe verteidigen sich gegen Fressfeinde – Marder und Bilche etwa – aus den oft bodennahen Nestern in Höhlungen aller Art neben zischendem Fauchen durch gezieltes Kotspritzen, wobei der Gestank nicht vom geruchlosen dünnflüssigen Enddarminhalt, sondern von einem Sekret aus ihrer Bürzeldrüse herrührt, das sie gleichzeitig gegen Störenfriede abgeben.

Die ersten Schritte bzw. Flüge in die Selbstständigkeit bergen für alle Vogeljunge besondere Gefahren. Ohne Erfahrungen müssen sie auf die Warnrufe der Eltern durch Sichducken oder -verstecken reagieren, müssen Gefahren erkennen und Fressbares von Ungenießbarem und Giftigem unterscheiden lernen. Bei manchen Arten endet die Brutpflege und -versorgung mit dem Verlassen des Nestes (z. B. Mauersegler, Röhrennasen). Sturmvögel und Sturmschwalben hören sogar schon bis 14 Tage vorher mit dem Füttern der Jungen auf. Dagegen versorgen viele Singvögel, Greifvögel und Eulen ihre Jungen auch noch eine Zeit lang nach dem Verlassen des Nestes weiter. Der Sprung von Schellenten- oder Gänsesägerküken aus oft großer Höhe ihrer Nisthöhle herunter auf den Boden ist aufgrund ihrer Leichtigkeit und ihres noch elastischen Skeletts weit weniger gefährlich als er für uns aussieht.

Energiesparen

Kleinvögel haben im Verhältnis zum Volumen die größere Körperoberfläche. Damit wird es für sie schwieriger, den Wärmeverlust vor allem in kalten Jahreszeiten durch Nahrungszufuhr auszugleichen. In extremen Kälteperioden gehen deshalb viele kleine Vögel zu Grunde. Als Schutz vor Wärmeverlusten schlafen Kleinvögel wie Meisen und Zaunkönige gerne in Höhlen. Vogelarten in arktischen Gefilden oder im Hochgebirge graben sich Schlafhöhlen im Schnee (z. B. Moorschneehuhn, Alpenschneehuhn, auch andere Rauhfußhuhn-Arten) oder nächtigen in Mausgängen unter dem isolierenden Schnee (z. B. Lapplandmeise, Polarbirkenzeisig). Gartenbaumläufer bilden Schlafgesellschaften mit Aneinanderkuscheln an rauborkigen Baumstämmen.

GARTENBAUMLÄUFER In kalten Winternächten kuscheln sie sich mit den Schwänzen nach außen zusammen

Kleine Vogelarten mit vergleichsweise höherem Wärmeverlust brauchen relativ mehr Nahrung als große Arten und verbringen deshalb mehr Zeit mit Nahrungssuche und -aufnahme. Am ausgeprägtesten ist der innerartlich unterschiedliche Nahrungsbedarf während der Eibildung. Eine Stockente frisst dabei dreimal so schnell und so viel wie ein Erpel. Vogelmännchen bewachen in dieser Phase ihre besonders hungrigen Partnerinnen oder versorgen sie zusätzlich mit Futter („Balzfüttern").

Gefiederfarbe, -pflege und -erneuerung

Das Federkleid der Vögel besteht wie die Reptilienschuppen und die Haare und Krallen der Säugetiere aus Keratin und stellt wohl die komplexeste Hautbildung im ganzen Tierreich dar.

Federn haben multifunktionale Aufgaben zu erfüllen: als Isolations- und Wasserschutz, als Trag-, Antriebs- und Steuerflächen beim Fliegen sowie in ihrer Buntheit als Signale für Artgenossen oder in ihrer Schlichtheit bzw. bei bestimmter Musterung als Tarnung vor Feinden. Oft sind die Farben im Gefieder so verteilt, dass Tarn- und Warnfarben in unterschiedlichen Situationen (Auffliegen/anliegende Flügel) zur Geltung kommen.

Die Gefiederfarben können Struktur, Pigmentfarben oder eine Kombination von beidem sein. Die Strukturfarben kommen durch verschiedene Oberflächen und den Federfeinbau zustande, wodurch ein Teil der Lichtwellen reflektiert, ein anderer Teil des normalerweise farblosen Lichts absorbiert wird und die Feder diesen Farbanteil des Lichts annimmt. Pigmentfarben werden durch Einlagerung von Farbstoffen (am häufigsten Melanine) hervorgerufen, die zudem noch die Festigkeit der Federn verstärken.

Bei der Gefiederfärbung der Vögel gibt es unterschiedliche Variationen. Bei manchen Arten unterscheiden sich die Geschlechter und Altersstufen nur wenig oder gar nicht. Sie können entweder unscheinbar gefärbt (z. B. Laubsänger) oder sehr kontrastreich gezeichnet (z. B. Elster) sein. Innerhalb einer Art kann eine unterschiedliche Färbung unabhängig vom Alter und Geschlecht vorkommen (z. B. rotbraune und graue Exemplare beim Waldkauz). Wenn bei Vogelarten die Männchen bunter gefärbt sind als die Weibchen, sind sie gleichzeitig auch die aggressiveren Geschlechtspartner (z. B. viele Hühnervögel, Finken). Seltener gibt es die umgekehrte Variante, bei der die Weibchen prächtiger (und aggressiver wie aktiver) sind (z. B. Laufhühnchen). Daneben wechseln manche Arten im Jahresverlauf ihre Kleider, indem sie sich ein Sommer- und Winter-, bzw. ein Pracht- und Schlichtkleid zulegen. Bei diesem Saisondimorphismus können die Geschlechter gleich gefärbt sein (z. B. Schneehühner mit braunem Sommer- und weißem Winterkleid, Lappentaucher mit Pracht- und Schlichtkleid) oder nur die Männchen tragen zur Fortpflanzungszeit ein buntes Prachtkleid, um danach sich ein dem Weibchengefieder ähnliches Schlichtkleid zuzulegen (z. B. viele Enten). Weiterhin gibt es noch Altersunterschiede in der Gefiederfärbung, wobei sich die Jungen entweder von den beiden bunter gefärbten Altvögeln unterscheiden (z. B. Teichhuhn) oder dem schlichter gefärbten Partner ähneln (z. B. Turmfalke, viele Fasanen).

ALPENSCHNEEHUHN Schneehühner wechseln, um stets gut getarnt zu sein, ihr Körpergefieder dreimal pro Jahr

Die komplizierte Feinstruktur der Vogelfedern ist tagtäglich enormen mechanischen und klimatischen Belastungen ausgesetzt. Zudem tun sich Gefiederparasiten an den Federn gütlich. Ein „Muss" ist deshalb die ständige Gefiederpflege durch Putzen mit Schnabel und Fußkrallen sowie Wasser- und Sandbäder. Nach Fachmeinung dienen Vogelbäder weniger dem Reinigen des Gefieders als der besseren Verteilung des Gefiederöls. Außerdem sind nasse Federn elastischer und lassen sich leichter in Form bringen.

Irgendwann zeigen selbst bestens gepflegte Federn Verbrauchsspuren. Besonders ramponiert sind meistens die mittleren und äußeren Schwanzfedern sowie die Spitzen der Schwingen. Verschiedene Hormone sorgen dafür, dass sich Vögel erstmals nach dem Flüggewerden und später regelmäßig vor dem Winter neue Kleider zulegen (Mauser). Die meisten Arten erneuern immer nur einige Federn auf einmal. Dabei entstehen Lücken in Flügeln und Schwanz, die sich nach einem festen Schema allmählich verschieben (Mauserlücken). Nur ganz wenige Arten werfen die Flügelfedern innerhalb weniger Tage fast komplett ab und sind dann für einige Zeit praktisch flugunfähig. Dann hilft nur das Verstecken im Gebüsch oder sich Zurückziehen aufs Wasser in großen Trupps, wie das Enten tun.

Beobachtungen von Vogelverhalten

Dankbare Beobachtungsobjekte für Verhaltensstudien sind Wasservögel auf Parkweihern und Teichen. Vor allem Höckerschwäne und Entenarten zeigen oft wenig Scheu. Weil sie nebeneinander vorkommen, lassen sich an ihnen mit Geduld und genauem Hinschauen Verhaltensweisen feststellen, die der große Naturforscher und Nobelpreisträger Konrad Lorenz als ein Glanzstück vergleichend-systematischer Verhaltensforschung 1941 in seiner Arbeit „Vergleichende Bewegungsstudien der Anatinen“ erstmals beschrieb.

An 21 Wildentenarten und verschiedenen Mischlingsformen verglich Lorenz ihre Verhaltensweisen und Ausdrucksbewegungen und konnte zeigen, dass ursprünglich zweckgebundene Verhaltensweisen (z.B. Trinken, Putzen, Drohen) in der Balz zu Ausdrucksbewegungen (Signalen) werden – und das bei den verschiedenen Arten in unterschiedlich stark abgewandelter Form. Z.B. beginnen viele Erpel ihre Brautwerbung, indem sie vor einer Ente auf dem Wasser kurz trinken („Antrinken“). Danach wird häufig „scheingeputzt“. Der Stockentenerpel langt beim „Scheinputzen“ mit dem Schnabel hinter den leicht angehobenen Flügel, fährt aber anstatt richtig zu putzen mit seinem Schnabel über die Unterseite der Schwungfederkiele und erzeugt so ein weithin hörbares Geräusch („Ratschen“). Der Knäkentenerpel putzt sich im Gegensatz zu den meisten Schwimmerpeln beim Scheinputzen über die Außenseite des Flügels und betont damit besonders sein auffälliges hellblaues Flügelkleingefieder. Bei der Mandarinente wurde die Bewegung des Scheinputzens schließlich zur reinen Demonstration: Der extrem bunte Erpel betippt nur noch seine auffälligen Schmuckfedern, die wie ein Segel hervorragen.

Eine weitere Balzbewegung der Entenerpel ist das „Kurzhochwerden“. Beim Kurzhochwerden des Krickerpel kommen die gelben, sich scharf vom schwarzen Grund abhebenden Dreiecke der Unterschwanzdecken durch blitzschnelles Spreizen besonders zur Geltung. Der Spießerpel legt beim Kurzhochwerden die Ellenbogen flach am Rücken an und sträubt auch nicht sein Bürzelgefieder. Der Stockerpel dagegen lässt bei dieser Ausdrucksbewegung durch Anheben der Ellenbogen und Sträuben des Bürzelgefieders alle besonders bunten Gefiederteile wirken.

Balz und Ausdrucksverhalten der Höckerschwäne

Fast jeder kennt das Erlebnis, von einem Schwan, den man in bester Absicht füttern wollte, plötzlich heftig attackiert zu werden. Sein brütendes Weibchen und das Revier verteidigend, zeigt der Schwanenmann ein ausgeprägtes Droh- und Imponierverhalten: Mit s-förmig stark zurückgebogenem Hals, die Flügel wie schneeweiße Segel über seinem Rücken gewölbt, schießt er mit heftiger Bugwelle auf den Eindringling los. Schwäne bleiben in der Regel lebenslang in einer Dauerehe zusammen. Ein Paar, das sich einmal gefunden hat, besetzt meistens jedes Jahr das gleiche Revier. Wenn wir im Februar/März ein solches Schwanenrevier besuchen und Zeit zum Beobachten mitbringen, können wir Zeuge einer wunderschönen Hochzeit in Weiß werden – der Schwanenbalz. Das oft synchron aufgeführte Werberitual der beiden Partner erinnert dabei eher an eine künstlerische Choreographie als an angeborene Verhaltensweisen, die alle Artvertreter der Entenvögel in jeweils abgewandelter Weise zeigen (s.o.). Zu Beginn der Balz schwimmen beide Partner meist nebeneinander her. Die einzelnen Balzhandlungen werden in verschiedenen Kombinationen vorgeführt. Mit hocherhobenem, geraden Hals zeigen die Vögel ein Kopfwenden, wobei der Schnabel seitlich geschwenkt wird. Häufig ist auch ein Schnabelsenken zu beobachten, bei dem die Höckerschwäne den Hals im Nackenteil stark durchbiegen und mit dem Schnabel nach unten zeigen. Beim Schnabelrucken wird der Schnabel aus der Normallage rasch hochgeworfen. Ein wichtiges Balzelement ist das Scheinputzen, bei dem die Schwäne ihre Kopfseiten an den großen Decken und Armschwingen des geschlossenen Flügels reiben. Besonders eindrucksvoll für den Beobachter ist das Schnabeleintauchen der balzenden Tiere, das vom schwach angedeuteten Senken und Heben bis zum völligen Untertauchen des Halses reicht.

Bei der Zärtlichkeitshaltung entsteht ein Bild, das von einem Jugendstilkünstler stammen könnte: Das Gefieder von Kopf und Vorderhals gesträubt, kommen sich die beiden Partner ganz nahe und bilden mit den sich fast berührenden Köpfen eine herzförmige Figur.

Die Balz der Schwäne erreicht den Höhepunkt, wenn der Schwanenmann beim synchronen Schnabeleintauchen seinen Kopf über den Hals des Weibchens legt. Ist die Partnerin paarungsbereit, senkt sie den Körper mit vorgestrecktem Hals tief ins Wasser, das Männchen kann aufsteigen. Während der Kopula hält es sich mit seinem Schnabel im Nackengefieder des Weibchens fest.

HÖCKERSCHWAN Zärtlichkeitshaltung während der Balz (Foto oben), Aufrichten Brust an Brust nach erfolgter Begattung (Foto unten)

Nach dem Absteigen des Männchens richten sich zum Abschluss der Hochzeitszeremonie die Partner Brust an Brust auf und recken die Schnäbel nach oben. Die Schwanenbalz klingt meist aus mit Seitwärtsschwenken der Köpfe der Beiden, die sich dann ausgiebig putzen.

Verräterische Spuren

Auch wenn bei der Vogelkunde im Gegensatz zur Säugetierkunde die direkte Beobachtung der Individuen oder das Erkennen der Vogelgesänge und -rufe im Vordergrund steht, liefern uns auch die Spuren ihres Tuns oder ihre Hinterlassenschaften ebenso spannende wie aufschlussreiche Einblicke in das Vogelleben. Die folgende kleine Auswahl soll anregen, den Vögeln auch ohne ihre direkte Anwesenheit bei Spaziergängen und Exkursionen auf die Spur zu kommen.

Fraßspuren

An Bäumen, Sträuchern, Kräutern, Früchten und Wurzeln lassen sich vielfältige Fraßspuren von Pflanzenfressern entdecken. Spechte hinterlassen z. B. Hack- und Ringelspuren. Pickspuren an Obst und Früchten lassen auf Vögel schließen. An der Art der Bearbeitung von Zapfen ist feststellbar, ob Spechte, Kreuzschnäbel, Eichhörnchen oder Mäuse zu Werke gingen. Selbst anhand der Reste tierischer Beute, ihres Zustandes und der Fundumstände lässt sich der Beutegreifer ermitteln.

Gewölle

Die Gewölle von Greifvögeln und Eulen geben nicht nur Auskunft über die Erzeuger. Das Vorkommen mancher heimlicher oder seltener Kleinsäuger ist allein über die Analyse von Eulengewöllen nachzuweisen. Im Gegensatz zu Eulengewöllen finden sich in Greifvogelgewöllen kaum Knochen. Greifvögel rupfen Beutetiere und nehmen so schon weniger Knochen auf; zudem werden verzehrte Knochen durch den Magensaft aufgelöst. Auch andere Vogelarten würgen unverdauliche Nahrungsreste als Speiballen aus und hinterlassen uns so ihre Speisekarte (z. B. Würger).

Losung

Selbst die aufgefundenen Kotspuren mancher Vogelarten enthalten wichtige Informationen über deren Vorkommen, Geschlechterverhältnis und Lebensweise.

Nester und Baue

Beim Nestbau hat praktisch jede Vogelart ihre eigene „Handschrift". Viele Tiere, die als „Mit"- und „Nachmieter" in Nester und Baue einziehen, sind auf die Kunst der Erbauer angewiesen. Manche versuchen allerdings einfach auch, vom „Bauboom" zu profitieren. So vertreibt der Buntspecht gelegentlich den kleineren und schwächeren Kleinspecht, wenn dieser an einer für den größeren Verwandten passenden Stelle sich eine Wohnung gezimmert hat. Von den Spechten profitieren ansonsten eine ganze Reihe von Nachmietern, von Kleineulen über Hohltauben, Dohlen, Mauerseglern, Staren, Meisen und Kleibern bis etwa zu Fledermäusen, Bilchen, Eichhörnchen und Bienen.

„Kosmetikplätze"

Selbst beim Putz- und Reinigungsverhalten von Vögeln bleiben interessante Spuren zurück: von „Huderpfannen" über Sand- bis Schneebadeplätze (bei Schneehühnern).

SINGDROSSEL-SCHMIEDE Mehr als die anderen Drosselarten nehmen Singdrosseln Gehäuseschnecken auf. Sie öffnen die Schnecken, indem sie das Schneckenhaus am Mündungsrand im Schnabel eingeklemmt, zu einer festen Unterlage (Stein, Holz) bringen und dort zertrümmern. Um einen geeigneten „Amboss" können sich viele Gehäuse ansammeln. Artgenossen und v. a. Amseln eilen oft herbei, um der Werkzeugbenutzerin die Nahrung zu stehlen.

GEWÖLLE WALDKAUZ Aschgrau, zylindrisch, meist 4–6 cm lang und 2–3 cm dick, an einem oder beiden Enden schwach zugespitzt; unregelmäßige Oberfläche, Knochenstücke oft hervorstehend; Inhalt hauptsächlich Teile von Wühlmäusen und Mäusen, auch Vogel- und Insektenteile. Gewölle meist gehäuft unter Schlafplätzen.

KLEIBER HÖHLE Eingangsöffnungen von Naturhöhlen, Nistkästen oder Mauerlöchern mit Lehm verkleinert, Ritzen und Spalten verklebt, bei Nistkästen sogar die Ecken; das Verringern des Eingangs der gewählten Nisthöhle durch Verkleben dient zur Feind- und Konkurrenzvermeidung (z. B. Star als Brutplatzkonkurrent), wobei die Kleberarbeit fast ausschließlich vom Weibchen ausgeführt wird.

REBHUHN SANDBAD Flache Mulde in sandigem Boden, an windarmen, geschützten Stellen in Rebhuhnrevieren; oft mehrere Mulden dicht beieinander; Material in Mulde feinkörniger als in Umgebung; manchmal Federn oder Kot; Auslöser zum Sandbaden sind trockener, sandiger Boden und höhere Temperaturen mit Sonnenschein. Zur Vorbereitung setzen sich Rebhühner hin und lockern mit dem Schnabel ringsherum den Boden. Durch Scharrbewegungen der Füße wird der Sand gelockert.

Nationalpark Schleswig-Holsteinisches Wattenmeer; Wattenmeer vor der Küste Schleswig-Holsteins zwischen Elbmündung und deutsch-dänischer Grenze; 2850 km² mit drei Schutzzonen; Inseln und große Halligen aus NP ausgeklammert; im Watt, auf den Inseln und Halligen sowie einigen Kögen (z. B. Hauke-Haien-Koog südlich Niebüll und Dagebüll) hervorragende Vogelbeobachtungsmöglichkeiten; Brut-, Nahrungs- und Durchzugsgebiet für mehrere Millionen Vögel (Wasser- und Watvögel); mit anderen Wattenmeer-Nationalparks zu den weltweit vogelreichsten Gebieten zählend; Informationen und Führungen durch Nationalparkhäuser und Schutzstationen.

Nationalpark Hamburgisches Wattenmeer; Kernbereich der Deutschen Bucht vor Cuxhaven im Elbe-Mündungsbereich; 117 km² mit zwei Schutzzonen; Sand- und Mischwattflächen mit flachen Prielen, Düneninseln Scharhörn und Nigehörn; Insel Neuwerk teilweise eingedeicht; große Seeschwalbenkolonien und bedeutende Rast- und Mauserplätze für Seevögel; Informationszentrum Insel Neuwerk.

Nationalpark Niedersächsisches Wattenmeer; 2400 km² Wattenmeer mit drei Schutzzonen vor der eingedeichten niedersächsischen Nordseeküste zwischen Emden und Cuxhaven; darin liegen die zehn ostfriesischen Inseln (vor 2000 Jahren entstandene Düneninseln), eine Kette von 100 km Länge bildend; neben den bewohnten Inseln Borkum, Juist, Norderney, Baltrum, Langeoog, Spiekeroog und Wangerooge sind Memmert, Minsener Oldeoog und Lütje Hörn sowie Mellum (letztere im Fahrwasser zwischen Jade und Weser liegend, zählt nicht zu den ostfriesischen Inseln) unbewohnt bzw. durch Vogelwarte betreut; überragende Bedeutung als Rastplätze und Überwinterungsgebiete für hunderttausende von Wat- und Wasservögeln, auch als Brut- und Übersommerungsgebiet; Infozentren in einigen Badeorten; von dort auch organisierte Führungen.

Nationalpark Vorpommersche Boddenlandschaft; 805 km² Boddenlandschaft mit zwei Schutzzonen an der Ostseeküste zwischen Rostock und Stralsund; mit Halbinsel Darß, Zingst, Inseln Werder, Bock, Hiddensee und Westküste der Insel Rügen; Steil- und Flachküste mit natürlicher Dynamik; Seeadler-Brutreviere, Zwergseeschwalbenkolonien und seltene Salzgraslimikolen; wichtiger Rastplatz für Wasser- und Watvögel; größter Kranichrastplatz Mitteleuropas; Informationen und Programme über Nationalparkhäuser.

Nationalpark Jasmund; Kreidesteilküste im Nordosten von Rügen mit felsbrütenden Mehlschwalben.

Nationalpark Unteres Odertal; 100 km² Flusslandschaft entlang dem Unterlauf der Oder zwischen Stettin im Norden und Zehden im Süden; bedeutendes Brut-, Rast-, Durchzugs- und Überwinterungsgebiet für Enten, Gänse, Schwäne, Taucher, Säger, Reiher, Kraniche; Brutgebiet seltener Arten wie Wachtelkönig, Seggenrohrsänger.

Nationalpark Müritz; eiszeitlich geprägte Landschaft zwischen Neustrelitz und Waren mit Seen, Mooren, inkl. Ostufer der Müritz; 320 km² mit zwei Schutzzonen; Brutgebiet von See-, Fischadler, Kranich, Schwarzstorch; bedeutendes Kranich-Durchzugsgebiet.

Nationalpark Niedersächsischer Harz; 158 km² zwischen Braunlage und Bad Harzburg, unmittelbar an den Nationalpark Hochharz angrenzend; Vogelarten der Bergwälder, z. B. Raufuß-, Sperlingskauz, Ringdrossel.

Nationalpark Hochharz; 58 km² um den Brocken im sachsen-anhaltinischen Teil des Harzes; Fichtenhochlagenwälder mit Hangmooren und Blockfeldern; Ringdrossel- und Raufußkauz-Vorkommen..

Nationalpark Sächsische Schweiz; Teil des Elbsandsteingebirges südöstlich von Dresden an der Grenze zur Tschechischen Republik; Erosionslandschaft der Kreidezeit; zahlreiche Eulenarten (darunter Uhu), Schwarzstorch, Wanderfalke.

Nationalpark Hainich; 7600 ha Waldnationalpark innerhalb eines riesigen, von Verkehrswegen nahezu unberührten Laubwaldgebietes mit großen Offenflächen von 150 km² auf dem Weg von der Wartburg zur Stadt Mühlhausen; integriertes Schutzkonzept mit Nationalpark als Kernzone, geplanten Naturwaldreservaten und Naturpark als Puffer; wegen weitgehend natürlicher Walddynamik und hohem Totholzanteil große Artenvielfalt; an gefährdeten Vogelarten u. a. Schwarzstorch, Mittelspecht, Bekassine, Raubwürger; Informationszentrum in Bad Langensalza.

Nationalpark Bayerischer Wald; zentraler Teil des Bayerischen Waldes entlang bayrisch-böhmischer Grenze; nach Erweiterung (1997) 250 km²; 10 000 ha Kerngebiet mit eingeschränktem Betretungsrecht; zum Teil urwaldähnliche Wälder mit hohen Totholzanteilen; zahlreiche Spechte, darunter Dreizehen- und Weißrückenspecht, Auerhuhn, Haselhuhn, Sperlings-, Raufuß-, Habichtskauz; attraktives Nationalpark-Haus und Gehegezone mit Tierarten des Lebensraums in riesigen, natürlich gestalteten Freigehegen.

Nationalpark Berchtesgaden; 210 km² Hochgebirgslandschaft am Königssee mit Kalk- und Dolomitfelsen, Hangmischwäldern, subalpinen Fichtenwäldern, Krummholzzone, alpinen Rasen, Felsspalten- und Schuttgesellschaften; gute Raufußhuhnbestände (Hasel-, Birk-, Auer- und Alpenschneehuhn), Steinadler; Informationszentrum im Ort Königssee.

SCHWARZSPECHT Der größte europäische Specht braucht dickstämmige Bäume zur Anlage seiner Brut- und Schlafhöhlen. Er ist gleichzeitig wichtigster Höhlenbauer für größere Höhlenbrüter wie Hohltaube, Dohle, Raufußkauz, Schellente

Bulgarien

Nationalpark Pirin; 27500 ha im Zentrum des Balkan-Gebirges; artenreiche, z.T. endemische Pflanzenvorkommen; Welt-Naturerbe; alpine Vogelwelt mit Steinhuhn, Alpendohle, Tannenhäher.

England/Schottland

Inseln vor Großbritanniens Westküste; auf den zahlreichen Inseln Brutkolonien tausender von Seevögeln, z.B. Hälfte der Weltpopulation des Basstölpels, aber auch Papageitaucher, Trottellummen, Küstenseeschwalben, Dreizehenmöwen; mit Bootstouren erreichbar; Anreise über A1 (Newcastle-upon-Tyne/Edinburgh; Informationen für **Farne Islands**: National Trust Information Centre, 16 Main Street, Seahouses, Northumberland, für **Bass Rock**: Scottish Ornithologists Club, 21 Regent Terrace, Edinburgh EH7 5BT.

Shetlands; nördlichster Punkt Schottlands; Klippen mit Seevogel-Brutkolonien, z.B. die als Nationales Naturreservat geschützte Insel **Noss**, erreichbar mit Boot von Lerwick, Insel Mainland, aus; Gryllteisten-, Papageitaucherkolonien, auch Skuas, Sturmschwalben, Schwarzschnabel-Sturmtaucher, Wellenläufer; Anreise mit Schiff von Aberdeen nach Lerwick (auch Autotransport) oder mit Flugzeug von Aberdeen.

Frankreich

Crau; Steinsteppe im Süden Frankreichs, nordöstlich der Camargue, mit einzigartiger Vogelwelt (Triel, Spießflughuhn als Charakterarten, Zwergtrappe, Rothuhn, Kalander-, Kurzzehenlerche, Mittelmeersteinschmätzer, Schmutzgeier, Rotfußfalke, Wiesenweihe, Schwarzmilan, Blauracke, Wiedehopf, Häherkuckuck, Steinkauz, Zwergohreule); Ausgangspunkt S. Martin-de-Crau mit Naturschutzzentrum.

Camargue; als Vogelparadies weltberühmtes Mündungsdelta der Rhone in Südfrankreich; kurz vor Arles teilt sich die Rhone in zwei Arme, in die östliche Grand Rhône, die 85% des Wassers führt und den westlichen Arm der Petit Rhône; zwischen und um diese beiden Arme liegt das Mündungsdelta zum Mittelmeer, in dem Senken mit Süßwassermarschen, Sanddünen, Salzwasserlagunen, Wälder und Schilfdickichte unterschiedliche Lebensräume für zahlreiche Vogelarten bieten; die 5000–25000 brütenden Flamingos sind Charaktervögel der Brackwasserzonen und Salzsteppen; daneben hunderte von Säbelschnäblern, große Reiherbestände (inkl. Kuhreiher), Brachschwalben, mit 100 Paaren größtes westeuropäisches Vorkommen der Rohrdommel, hohe Überwinterungszahlen von Gründel- und Tauchenten; Anreise über Arles und Albaron; gute Beobachtungsmöglichkeiten von Straßen und Wegen aus (große Teile eingezäunter Privatbesitz); zwei nationale Reservate mit Zugangsverboten bzw. -beschränkungen; Informationen Parc Naturel Régional de Camargue, Centre de Ginés, Pont de Gau, 13460 Les-Saintes-Maries-de-la-Mer; Reserve National de Camargue, la Cappelliére, 13200 Arles.

Griechenland

Nestos-Delta; 20000 ha Sumpflandschaft im Nordosten Griechenlands entlang des Nestos zwischen den Städten Kavala und Komotini; bedeutender Rastplatz für Millionen Zugvögel aus Mittel-, Nord- und Osteuropa; Brutvorkommen von Schreiadler, Spornkiebitz, Rostgans, Moorente. Der Spornkiebitz hat von allen Watvögeln in Europa den kleinsten Brutbestand. Die 40–50 Paare im Nestos-Delta entsprechen 70–80% des europäischen Gesamtbestandes. Anreise über Tessaloniki; Informationen im Naturschutzzentrum in Hrysoupolis.

Nationalpark Prespa; in Nordwestgriechenland an der Grenze zu Jugoslawien und Albanien; in 850 m Höhe zwischen 2000 m hohen Bergen liegende Seen mit ausgedehnten Schilffeldern; Nationalparkfläche 25800 ha, davon 4650 ha Kernzone am Kleinen Prespasee mit bedeutenden Brutkolonien von Krauskopf- und Rosapelikanen; 190 Brut- und Rastvogelarten, zu den zehn wichtigsten Feuchtgebieten Griechenlands zählend; in den Dörfern nur wenige Unterkünfte; nächste Stadt Florina.

Italien

Parco Naturale del Po; Gewässerpark in der Po-Ebene mit zahlreichen, großen Kolonien von Nacht-, Grau-, Purpur-, Rallenreiher; Zwergdommel; auch Kuhreiher, Löffler und Braune Sichler mit Brutvorkommen; Besucherzentrum in Nähe der Reiherkolonien (Garzaia) von Valenza; Anreise über Vercelli auf N31 bis Casale Monferrato, weiter 15 km südöstlich bis zur Brücke von Valenza.

Kanarische Inseln

Nationalpark Las Cañadas del Teide auf **Teneriffa**; 13571 ha mit Vulkan Teide im Zentrum; 46 endemische Pflanzenarten der Kanarischen Inseln, davon 11 nur im Park vorkommend; endemischer Teidefink und Unterart des Raubwürgers; **Nationalpark Garajonay** auf **La Gomera**; 3983 ha, autochthone Lorbeerwälder.

Kroatien

Save-Auen; 100 km östlich Zagreb; eine der größten Auenlandschaften Europas mit ausgedehnten Auwäldern, u.a. mit Vorkommen von acht Spechtarten, Schwarzstorch, allen Reiherarten, Löfflern, Schlangen-, Schell-, Schreiadler, Brutvorkommen von Zwergdommel, Moorente und Kleinem Sumpfhuhn in den Röhrichtgürteln der Teichwirtschaften sowie Wachtelkönig auf den Mähwiesen; über 500 Weißstorchpaare in den Save-Dörfern; Informationen über den seit 1990 auf 500 km^2 Fläche ausgewiesenen Naturpark „Lonjsko Polje" in der Biologischen Station in Drenov Bok oder über Stiftung Europäisches Naturerbe, Radolfzell.

Niederlande

Texel; bekannteste „Vogelinsel" Hollands; mit Autofähre von Den Helder erreichbar; auf Texel viele Beobachtungsmöglichkeiten von Seevögeln, Wiesenlimikolen und Löfflern (Brutkolonie im Schutzgebiet De Muy); geführte Exkursionen durch das Forschungszentrum Ecomare (Ruyslaan 92, 1796 AZ De Koog).

Norwegen

Nationalpark Dovrefjell; Hochgebirgslandschaft von 26 500 ha in Zentralnorwegen, Regionen Hedmark, Oppland und Sør-Trondelag; nordische Tierwelt (mit Moschusochsen), Raufußbussard, Schnee-Eule, Mornellregenpfeifer; Anreise über Oslo, Lillehammer, Dombas auf E6, die den Park durchquert.

Österreich

Nationalpark Neusiedler See; einziger Steppensee Mitteleuropas, südöstlich von Wien im Burgenland; mit breitem Schilfgürtel und zahlreichen kleineren Seen („Lacken") südöstlich im Seewinkel; großer Vogelreichtum mit Silber-, Purpur-, Graureiher- und Löffler-Brutkolonien; Große Rohrdommel, mehrere Rallenarten, darunter Kleines Sumpfhuhn, Bart-, Beutelmeise, Mariskenrohrsänger; auf den Sodalacken und pannonischen Trockenrasen u.a. Säbelschnäbler, See-, Flussregenpfeifer; eines der bedeutendsten Limikolendurchzugs- und Gänseüberwinterungsgebiete im europäischen Binnenland; im „Hansag", einem entwässerten Niedermoorgebiet an der ungarischen Grenze Brutvorkommen von Großtrappe und Wiesenweihe; Informationen im Nationalparkhaus bei Ilmitz.

Polen

Nationalpark Biebrza und **Landschaftspark Narew**; naturnahe Flussniederungen in Nordostpolen mit riesigen Überschwemmungsflächen; 254 Vogelarten, davon 190 brütend; 3000–5000 Brutpaare Seggenrohrsänger im Biebrzatal (weltweit zweitwichtigstes Brutgebiet nach dem Vorkommen in den weißrussischen Flusstälern Pripjet und Jaselda), sechs Adlerarten (Schrei-, Schell-, Schlangen-, Zwerg- und Steinadler), bedeutendes Wachtelkönig-Brutgebiet; Anreise über Warschau nach Bialystok; Informationen und Führungen durch Nationalparkverwaltung in Osowiec.

Nationalpark Bialowieza; Urwaldkomplex von 1250 km^2 (davon 580 km^2 in Polen), 100 km südöstlich der Biebrzamündung an polnisch-weißrussischer Grenze, als Welt-Naturerbe ausgezeichnet; neun Spechtarten, sehr vollständige Waldavifauna; Wisentreservat; Museum und Nationalparkverwaltung im Park Palacowy im Dorf Bialowieza.

Portugal

Nationalpark Peneda Gerês; Granitgebirge, 7200 ha an portugiesischer Nordgrenze; Stein-, Kaiser-, Zwergadler; Park am besten erreichbar von Melago, Arcos de Valdevez oder Braga aus.

Rumänien

Donaudelta; mit 564 000 ha (davon 447 000 in Rumänien und 44 000 ha als Naturreservat geschützt, der Rest in der Ukraine liegend) eines der ausgedehntesten und wildesten Feuchtgebiete in Europa; die Sumpfwildnis am Schwarzen Meer beherbergt riesige Mengen wasser- und feuchtgebietsgebundener Brut- und Gastvögel (z.B. 2500 Paare Rosapelikan, 2500 Paare Zwergscharbe, 700 Paare Silber-, 1400 Seiden-, 1250 Purpurreiher, je 20 000 Paare Weißbart-, Trauersee- und Flussseeschwalbe, 1700 Paare Brandseeschwalbe, auch Zwerg-, Lachsee-, Raubsee- und Weißflügel-Seeschwalbe); hunderttausende rastender Gänse und Enten (z.B. 1 Million Knäkenten, 13 000 Moorenten!); von Bukarest nach Tulcea (Ausgangspunkt); von dort geführte Bootstouren; Informationen: Oficiul Judetean de Turism, Tulcea.

Russland

Nationalpark Kaukasus; ursprüngliche Hochgebirgslandschaft mit einem 263 477 ha großen staatlichen Naturreservat, auch als Biosphärenreservat geschützt; über 190

Vogelarten, darunter Kaukasusbirkhuhn, Kaukasisches Königshuhn, Bart-, Gänse- und Mönchsgeier.

Schweden

Nationalpark Store Mosse; 7740 ha großes, ungestörtes Moorgebiet in der Provinz Småland ca. 10 km nördlich von Värnamo; großer Vogelreichtum; wichtigste Brutvögel Kranich und Singschwan; gute Beobachtungsmöglichkeiten von zwei Beobachtungstürmen (einer mit Museum) am See Kävsjön in Parkplatznähe; weitere Charakterarten: Reiher-, Krickente, Ohrentaucher, Zwergschnepfe, Grünschenkel, Tüpfelsumpfhuhn, Goldregenpfeifer, Großer Brachvogel, Sumpfohreule.

Nationalpark Sarek; 197000 ha; im westlichen Lappland, nordwestlich von Jokkmokk; größte und ursprünglichste Hochgebirgslandschaft Schwedens; alle typischen Vogelarten nordischer Gebirgslandschaften (z. B. Gerfalke, Falkenraubmöve, Spornammer); weitgehend wegloses Wildnisgebiet, nur für erfahrene Naturfreunde geeignet.

Schweiz

Schweizerischer Nationalpark; im Kanton Graubünden, schon 1914 gegründet; zeichnet sich aus durch strengen Schutz, hervorragende Information und Lenkungsmaßnahmen sowie beispielhafte Nationalparkforschung; zu den unberührtesten Gebieten der Alpen zählend; hervorragende Wandermöglichkeiten zum Kennenlernen der alpinen (Avi-) Fauna; Nationalparkhaus in Zernez.

Spanien

Extremadura; wildreichstes Gebiet Europas von großer Ausdehnung, mit Steineichenhainen („Dehesas") und Weidegebieten; zahlreiche, z. T. stark gefährdete Vogelarten, u. a. Spanischer Kaiseradler, Mönchsgeier, Groß-, Zwergtrappe; Überwinterungsgebiet von Kranich und Rotmilan; im **Naturpark Monfragüe** (17852 ha) größte Mönchsgeierpopulation der Welt (100 Paare), acht Paare Spanischer Kaiseradler, 150 Paare Gänsegeier, zehn Schwarzstorchpaare (felsbrütend), Stein-, Zwerg-, Habichts-, Schlangenadler, Schmutzgeier, Gleitaar; von Madrid über Trjillo Richtung Plascenia; Naturschutzzentrum in Torrejon el Rubio.

Nationalpark Donaña; größter und bekanntester spanischer Nationalpark (73000 ha) im Süden zwischen Cadiz und Huelva; wüstenartige Wanderdünen, riesige Überschwemmungsflächen („Marismas") und mediterraner Trockenbusch; eines der vogelreichsten Gebiete Europas; jährlich über 70000 Graugänse, bis 300000 Enten, zehntausende Limikolen, 10000 Flamingos; Brutvorkommen von Seiden-, Purpurreiher, Löffler, Brauner Sichler, Brachseeschwalben, Stelzenläufer, Weißbartseeschwalbe, Purpurhuhn, Kammblässhuhn, Dünnschnabelmöwe, Spanischer Kaiseradler, Marmelente, Weißkopfruderente; trotz strenger Besucherregelung sehr gute Beobachtungsmöglichkeiten; hervorragende Informationszentren; Ausgangspunkt El Rocio (berühmter Wallfahrtsort).

Türkei

Manyas Gölü (Kuş Gölü) mit **Kuşcenneti-Nationalpark**; fischreicher Küstensee, 15 km von Bandirma, einem Hafenstädtchen am Marmarameer, entfernt; im kleinen Nationalpark, der auf Deutsch „Vogelparadies" bedeutet, riesige Reiher- (Seidenreiher) und Kormoran- sowie bedeutende Krauskopfpelikan-Kolonie; sehr gute Beobachtungsmöglichkeiten zur Brutzeit (Ende März–Juni) von Seedamm und Beobachtungsturm; Informationszentrum mit Museum; der Manyas See wurde in „Vogel"see (Kuş) umbenannt; dort im Herbst zigtausende rastender Wasser- und Sumpfvögel.

Bosporus; Verbindung vom Schwarzen Meer zum Marmarameer; im Frühjahr und Herbst riesiger Greifvogel- (Schwarzmilan, Wespenbussard, Schrei-, Schelladler, Sperber, Kurzfangsperber, Bussarde, auch Schmutzgeier, Kaiser-, Zwerg-, Schlangenadler; Mitte August bis Mitte Oktober) und Storchenzug (über 300000 Weißstörche („Oststörche") mit Höhepunkt im August und Schwarzstörche Ende September); ständig den Bosporus auf- und abziehende Schwarzschnabel-Sturmtaucher; beste Beobachtungsmöglichkeiten von den Camlica-Hügeln (Istanbul, asiatische Seite).

Ungarn

Nationalpark Hortobagy; in ungarischer Ebene zwischen Theiß und Stadt Debrecen; einzige große Grassteppe Europas (115000 ha, davon 52000 ha als NP geschützt); bedeutendes Vogelbrut- und Rastgebiet; an bodenbrütenden Arten u. a. Großtrappe, Brachschwalbe, Kurzzehenlerche, Feldlerche, Steinschmätzer, Brachpieper, Triel, Seeregenpfeifer; zahlreiche Greifvögel wie Kaiser-, Schlangenadler, Rotfußfalke, Würgfalke.

ZWERGOHREULE Dank ihres rindenfarbigen Gefieders ist die kleine Eule am Tagesversteck nicht leicht zu entdecken

Die Arten

Sterntaucher

Mit nur fünf Arten sind die Seetaucher eine der kleinsten Vogelordnungen, die nur eine einzige Familie umfasst. Alle Arten leben auf der Nordhalbkugel, so gut wie ausschließlich in höheren Breiten bis in die Arktis und sind sich in Aussehen und Lebensweise sehr ähnlich. Ihre schlanke Gestalt mit dem dicken Hals und dem lang gestreckten Kopf, der sich in einem kräftigen Schnabel fortsetzt, unterscheidet sie deutlich von den wesentlich kleineren Lappentauchern (s. Rothalstaucher). In ihrer Schwimmhaltung erinnern sie entfernt an Kormorane. Als exzellente Taucher schwimmen Seetaucher meist tief im Wasser liegend. Ihre Füße sind weit hinten am schlanken Körper eingelenkt, so dass die schweren Vögel auf dem Land nicht gehen können, weil sie vornüber kippen. Alle Vorderzehen sind mit einer großen Schwimmhaut verbunden.

Sterntaucher sind die kleinsten und zierlichsten Seetaucher und nur wenig größer als Haubentaucher. Ihr Schlichtkleid ist wie bei allen Seetauchern oberseits im Wesentlichen grau (mit feinen weißen Flecken übersät), unterseits weiß. Da ist der relativ schlanke, leicht aufgeworfene Schnabel, der noch dazu meist etwas angehoben wird, ein wichtiges Artkennzeichen. Im Prachtkleid wirkt auf die Entfernung der braunrote Vorderhals oft ausgesprochen dunkel. Fliegen ist die Sache der Seetaucher nicht so sehr. Doch Sterntaucher scheinen sich öfter als die anderen, zum Teil deutlich größeren Arten in die Luft zu erheben und können auch von sehr kleinen Gewässern starten. Die schmalen, relativ weit hinten angesetzten Flügel schlagen schnell; im Flug wirkt der schlanke Hals etwas durchhängend.

Ihre Nahrung, hauptsächlich Fische, jagen Sterntaucher in Küstennähe im Meer oder auf Binnengewässern. Die Nester stehen wie bei allen Seetauchern nahe am Wasser, mitunter auch in kleinen Kolonien, immer an Binnenseen, nicht selten bis herunter zu kleinen, sumpfigen Wasserlöchern. Wenn solche Brutgewässer keine oder nicht genug Fische enthalten, fliegen die Brutvögel dann zum Beutefang regelmäßig zu nahe gelegenen größeren Gewässern oder ans Meer. Die offenbar günstigeren Flugeigenschaften im Vergleich zu den größeren Verwandten erlauben die Besiedlung auch kleinster Brutgewässer und die Nachbarschaft mit anderen Paaren.

Sterntaucher *Gavia stellata* (PONT.)

Größe	~ Huhn (größer als Stockente)
Maße (cm)	Länge ca. 53–69 / Flügel ca. 106–116
Körpermasse (g)	988–2460
Stimme	Flugrufe gänseartig „gak gak…"; im Brutgebiet (Balz) rollend-murrend, miauend „ok-ok-ärr"; „miao", gereiht „auua" und „wooäar" u.a.
Brutzeit	Ende Mai/Anfang Juni bis September; 1 Jahresbrut
Gelegegröße	2 (1–3)
Eifärbung	oliv- bis dunkelbraun, spärlich schwarzbraun gefleckt
Eimaße (mm)	lang-spindelförmig – 74,9 x 48,3
Brutdauer	25–30 Tage
Nestlingszeit	Nestflüchter; 6–8 Tage an Land gehudert, mit 1–3 Tagen Tauchen

Das Gelege bebrüten beide Partner, die sich auch um die Jungen kümmern und sie zunächst mit kleinen Wasserinsekten oder Krebstieren, später dann auch mit Fischen füttern, die sie mitunter auch im Flug herbeitragen. Nach wenigen Tagen beginnen aber auch die Jungen bereits, selbst kleine Wassertiere zu erbeuten. Etwa sieben Wochen brauchen sie, bis sie selbst flugfähig werden.

Die Brutbestände in Europa haben in den letzten Jahrzehnten abgenommen, und so gilt die Art als potenziell gefährdet. Trockenlegung von sumpfigen Gebieten und zunehmende Störungen durch Freizeitaktivitäten haben selbst in Skandinavien zu Rückgängen geführt. Dazu kommt, dass die Fischbestände in fennoskandischen Brutgewässern als Folge des „saueren Regens" teilweise zurückgegangen sind. Gerade die für die Aufzucht der Jungen nötigen Kleinfische aus der Familie der Karpfenartigen („Weißfische") sind sehr empfindlich gegen zunehmende Versauerung der Gewässer. In Sterntauchereiern wurden auch bereits gefährliche Konzentrationen von Quecksilber nachgewiesen. Schließlich kommen viele Vögel im Winterhalbjahr an Meeresküsten durch die Ölpest um. Dagegen scheint die Ausbreitung der Kanadagans auf den skandinavischen Seen für den Rückgang der Sterntaucherbestände nicht verantwortlich zu sein, obwohl die große Gans ähnliche Nistplätze wählt und mit der Brut schon früher beginnt als die Taucher.

Schon ab August/September ziehen die ersten Sterntaucher von ihren Brutgewässern an die Küste. Bevor sie ihr eigentliches Wintergebiet erreichen, müssen sie noch die Mauser hinter sich bringen. Wie auch bei Lappentauchern und Enten verlieren sie alle Schwungfedern gleichzeitig und werden vorübergehend flugunfähig. Erst wenn das Großgefieder wieder nachgewachsen ist, wandern die meisten – jetzt im Schlichtkleid – ins Winterquartier. Das wichtigste Wintergebiet der europäischen Brutvögel liegt an den atlantischen Meeresküsten, ein Teil überwintert aber auch im Mittelmeer und im Schwarzen Meer. Viele Vögel ziehen auch durchs Binnenland, und so sind Sterntaucher vor allem im Spätherbst regelmäßig zumindest einzeln und in kleiner Zahl auch auf den Binnengewässern Mitteleuropas zu sehen. Im Mittwinter und im Frühjahr sind sie seltener.

▸ PRACHTTAUCHER, EISTAUCHER, ROTHALSTAUCHER

STERNTAUCHER IM PRACHTKLEID

ALTVOGEL MIT JUNGEM

NEST UND GELEGE

Prachttaucher

Im Prachtkleid trägt dieser Seetaucher seinen Namen zu Recht. Im Schlichtkleid aber ist er dem kleineren und schlankeren Sterntaucher ähnlich, auch wenn er oberseits meist etwas einheitlicher dunkler grau wirkt. Da geringe Größenunterschiede bei der Vogelbestimmung immer eine etwas unsichere Sache sind, muss man bei Schlichtkleidvögeln vor allem auf den Schnabel achten: Der Schnabel des Prachttauchers ist gerade pfriemenförmig und wirkt nicht aufgeworfen wie der des Sterntauchers.

In Mitteleuropa erscheinen die ersten Prachttaucher meist nicht vor Oktober im Binnenland und dann in der Regel nur einzeln oder in kleinen Trupps. Häufiger sind Wintergäste an der Küste, besonders auf der Ostsee (vor allem skandinavische Brutvögel). Schon im Februar werden viele Winterplätze vor allem im Süden Mitteleuropas wieder geräumt. Einzelne Nachzügler bleiben aber mitunter noch bis Mai zurück. Dann kann man auch Prachtkleider gelegentlich sehen. Da die meisten Vögel wohl erst im 2. oder 3. Jahr geschlechtsreif werden, kann es sich bei solchen Nachzüglern auch um Jungvögel handeln. Einen interessanten Schleifenzug führen die weiter östlich in Nordrussland und Nordwestsibirien beheimateten Brutvögel aus. Sie wandern im Herbst von ihren Brutplätzen auf mehr oder minder geradem Weg ins Schwarze Meer, verbringen dort den Winter, ziehen aber in einer westlichen Schleife über die Ostsee an ihre Brutplätze zurück. Dieser Umweg von etwa 1200 km lohnt sich, denn im Frühjahr geht das Eis auf den Brutgewässern allmählich vom Westen her auf. Die Vögel können dann mit dem zurückgehenden Eis nach und nach ihre Brutplätze besetzen und so den kurzen arktischen Sommer ausnützen. Meist sind Prachttaucher gegen Abend bis tief in die Nacht hinein auf dem Zug. Immer wieder kommt es vor, dass gerade Prachttaucher an Hindernissen (vor allem technischer

Prachttaucher *Gavia arctica* (L.)

Größe	> Huhn
Maße (cm)	Länge ca. 58–73 / Flügel ca. 110–130
Körpermasse (g)	1300–3400
Stimme	Flugruf gänseartig „gagaga"; zur Brutzeit bellend und/oder klangvoll „waua", jammernd „kukowik" bzw. „wu-huu-ui"; außerhalb der Brutzeit wenig ruffreudig
Brutzeit	Anfang Mai bis Mitte Juni; 1 Jahresbrut
Gelegegröße	2 (1–3)
Eifärbung	olivbraun, gelegentlich grünlich oder dunkelbraun; schwarze Flecken, Kleckse, Streifen
Eimaße (mm)	spindelförmig bis lang-spindelförmig, gelegentlich oval – 88,3 x 52,5
Brutdauer	27–30 Tage
Nestlingszeit	Nestflüchter; 2–3 Tage im Nest, später auf dem Wasser schlafend

Art) verunglücken oder auch einmal auf einer regennassen Straße landen.

Prachttaucher legen ihr Nest wie Sterntaucher hart am Wasser an – am Ufer oder auf kleinen Inseln –, damit sie keinen langen Weg über Land zurücklegen müssen. Oft wird das Nistmaterial vom Wasser sogar etwas durchnässt; die Vögel tauchen bei Gefahr direkt vom Nest weg. Im Unterschied zu Sterntauchern wählen Prachttaucher größere und tiefere Brutgewässer im arktischen oder subarktischen Binnenland, mitunter auch an eiskalten Bergseen. Die schwereren Prachttaucher brauchen einen Anlauf auf dem Wasser, um auffliegen zu können. Sie sind auch ausgesprochener territorial, verteidigen Reviere gegen Artgenossen und sind daher nicht wie mitunter Sterntaucher in kleinen Kolonien anzutreffen.

Alle Seetaucher sind monogam. Da in der Regel die Paare gemeinsam am Brutplatz ankommen, nimmt man an, dass die Vögel in der Regel in Dauerehe leben und die Paare wohl auch gemeinsam den Winter verbringen. Seetaucher können alt werden. Der älteste bisher bekannte beringte Sterntaucher wurden über 23, ein Prachttaucher sogar über 28 Jahre alt. Aber sicher ist das noch nicht die Obergrenze. Dagegen ist der Bruterfolg sehr gering. In der Regel bringt z. B. bei Prachttauchern nur jedes dritte Brutpaare pro Jahr einen Jungvogel bis zum Flüggewerden. Ein Paar muss also im rechnerischen Durchschnitt sechs Jahre gebrütet haben, bis wiederum zwei flügge Jungvögel, die es einmal ersetzen könnten, groß geworden sind. Da aber bis zum Eintritt der Geschlechtsreife noch weitere Todesfälle zu verzeichnen sind, muss man noch einige Jahre mehr ansetzen.

Auch Prachttaucher gelten in Europa als potenziell gefährdet, denn die Brutbestände in Norwegen, Finnland und Russland haben abgenommen. Bei Vögeln mit geringer Nachwuchsrate und potenziell hoher Lebenserwartung spielen Verluste an Altvögeln eine wichtige Rolle. Da sich viele Prachttaucher im Winterhalbjahr auf dem Meer aufhalten, könnten Verluste durch Verölung zu Buche schlagen. Auch für Prachttaucher haben zunehmende Störungen vor allem durch Freizeitaktivitäten an den Brutgewässern fatale Folgen für Nester und Gelege. Wenn die Brutvögel lange von ihren Gelegen fern gehalten werden, können tierische Nesträuber zugreifen. Auch Verluste durch Wasserstandsschwankungen in Stauseen hat man festgestellt. In Fennoskandien spielt die Verringerung des Fischbestandes an manchen Seen durch Versauerung der Gewässer eine Rolle. Wie beim Sterntaucher wurden teilweise auch hohe Konzentrationen des giftigen Quecksilbers in Eiern nachgewiesen.

▸ Sterntaucher, Eistaucher

PRACHTTAUCHER IM PRACHTKLEID

ALTVOGEL

JUNGVOGEL

NEST UND GELEGE

Eistaucher

Alle Seetaucherarten sind im Schlichtkleid nicht ganz einfach voneinander zu unterscheiden. Eistaucher übertreffen in der Regel Prachttaucher noch deutlich an Größe. Auch im Schlichtkleid sind der größere Kopf mit dem steileren Stirnprofil und vor allem der kräftige Dolchschnabel ein wichtiges Kennzeichen. Noch etwas größer ist der **Gelbschnabeltaucher** (*Gavia adamsii*), dessen kräftiger Schnabel mehr oder minder deutlich gelblich gefärbt ist und ähnlich wie bei einem überdimensionalen Sterntaucher leicht aufgeworfen wirkt, zumal – ebenfalls ähnlich Sterntaucher – Gelbschnabeltaucher beim Schwimmen ihren Schnabel leicht aufgerichtet tragen. Diese großen Seetaucher brüten von Nowaja Semlja an nach Osten, erreichen also Europa nur in seiner äußersten Nordostecke. Als Gäste sind sie an den Küsten Europas sehr selten; sie kommen ausnahmsweise auch ins Binnenland.

Auch das Brutgebiet des Eistauchers liegt größtenteils außerhalb Europas, nämlich in Nordamerika. Hier ist er der häufigste Seetaucher; sein Brutgebiet reicht von der Südgrenze Kanadas, also von den mittleren Breiten, bis in die Arktis. Sein europäischer Vorposten ist Island, das von den nächsten Brutplätzen auf Grönland nicht allzu weit entfernt liegt. Die dortigen Brutvögel – es mögen derzeit kaum über 300 Paare sein – sind Kurzstreckenzieher und überwintern vor allem in Küstennähe. Als Gast erscheinen Eistaucher auch in Mittel- und Westeuropa regelmäßig, aber nur in kleiner Zahl. Regelmäßigkeit und Häufigkeit nehmen nach Osten ab; im Binnenland sind während des Winterhalbjahres Eistaucher im Unterschied zu Stern- und Prachttaucher nur einzeln und meist sehr unregelmäßig zu beobachten.

Die Brutplätze liegen wie bei anderen Seetauchern in der Regel im Binnenland, mitunter auch in größeren Höhen. Große und tiefe Süßwasserseen mit reichem Fischangebot brauchen Eistaucher: Um genügend Vortrieb beim Start vom Wasser zu erreichen, müssen sie eine noch länger Strecke auf dem Wasser anlaufen als die etwas kleineren und leichteren Prachttaucher. Und jeder See sollte ausreichend Nahrung für das Paar mit seinen Jungen garantieren. So besiedeln Eistaucher auf Island nur die größten und tiefsten Seen. An den Brutplätzen kann man auch die heulenden und jodelnden Rufe vernehmen. Während des Winterhalbjahrs sind Eistaucher wie alle Seetaucher dagegen alles andere als ruffreudig. Da die Partner bereits verpaart am Brutplatz erscheinen, nimmt man an, dass sehr häufig Dauerpaare vorkommen, ja vielleicht sogar die Regel sind. Wie bei Prachttauchern spielt auch für die Eistaucher die Verteidigung und Markierung von Brutrevieren eine wichtige Rolle. Ihr dienen manche auffällige Verhaltensweisen, die man fälschlicherweise oft auch als Balz interpretiert hat. Selbst im Winter werden Nahrungsreviere verteidigt.

Die Nester stehen hart am Wasser oder auf kleinen Inseln und sind mitunter größere Bauten aus Pflanzenmaterial, das aus der unmittelbaren Umgebung zusammengescharrt wird. Beide Partner bebrüten das Gelege und kümmern sich um die Jungen, bis sie erwachsen werden. Oft hält aber die Familie noch länger zusammen. Die Nichtbrüter ziehen oft schon im Spätsommer von den Brutplätzen ab, viele Paare können aber noch bis Oktober dort zu sehen sein. Im Durchschnitt zieht aber ein Brutpaar in Nordamerika deutlich weniger als ein flügges Junge pro Jahr auf. Wie bei anderen Seetauchern spiegeln sich auch im Schicksal von Eistauchern Umweltsünden wider: So hat man in Zeiten des unbekümmerten Pestizideinsatzes in Nordamerika eine Verdünnung der Eischalen festgestellt.

Die großen Tauchvögel leben in erster Linie von Fischen, die beim Eistaucher bis fast 30 cm Länge erreichen können. Daneben sind auch andere Wassertiere, wie Amphibien, Mollusken und Krebstiere nachgewiesen. In Seetauchermägen findet man merkwürdigerweise auch immer wieder Pflanzenmaterial. Tag- und Nacht können Eistaucher auf der Jagd sein. Sie verfolgen ihre Beute normalerweise auf ihren Tauchzügen in etwa 3–10 m Wassertiefe, können aber im Extremfall bis maximal 60–70 m Tiefe vorstoßen (beim Prachttaucher hat man immerhin bis über 45 m Tiefe nachgewiesen). Mitunter stecken alle Seetaucher beim Schwimmen den Kopf ins Wasser, um von der Oberfläche nach Beute Ausschau zu halten. Dieses „Wasserlugen" ist z. B. auch von den ebenfalls fischjagenden Sägern bekannt.

▶ STERNTAUCHER, PRACHTTAUCHER

Eistaucher *Gavia immer* (BRÜNN.)

Größe	> Huhn
Maße (cm)	Länge ca. 68–91 (69–91) / Flügel ca. 127–147
Körpermasse (g)	2780–4480
Stimme	Flugrufe „gek" oder „quak quak quak"; am Brutplatz vielseitig, von Jodeln bis zu weinerlichem Heulen
Brutzeit	Ende Mai/Anfang Juni bis September, 1 Jahresbrut
Gelegegröße	2 (1–3)
Eifärbung	olivbraun, manchmal mehr grünlich, mit wenigen schwärzlichen Flecken oder größeren Klecksen, gelegentlich ungefleckt; matt glänzend
Eimaße (mm)	elliptisch-oval bis lang-oval – 89,8 x 57,6
Brutdauer	25–29 Tage
Nestlingszeit	Nestflüchter; Führungszeit 10–11 Wochen; lassen sich während der ersten 2–3 Wochen auf dem Rücken der ad. tragen

EISTAUCHER, ALTVÖGEL FÜTTERN JUNGE

ALTVOGEL VOR DEM NEST

JUNGVOGEL

NEST UND GELEGE

Zwergtaucher

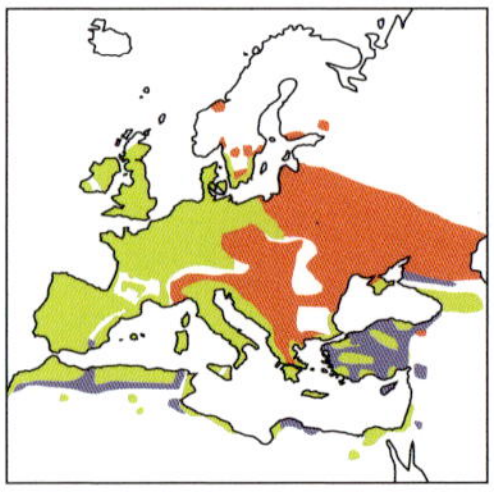

Den kleinsten der europäischen Lappentaucher (s. Rothalstaucher) sieht man am ehesten im Winterhalbjahr, dann allerdings fast immer im Schlichtkleid. Die etwa faustgroßen Vögel wirken in Ruhe, wenn sie die hellen, dichten Federn am Körperhinterende aufplustern, ausgesprochen rundlich. Ab Herbst schwimmen sie offen auf Seen, gern in einer vom Wellenschlag geschützten Bucht oder nahe am Ufer, in ruhigen Flussaltwässern, auf Stauseen, auch auf langsam fließenden Kanälen mit kahlen Betonufern oder in Hafenbecken. Auf Flüssen oder Parkteichen kann man sie dann nicht selten mitten in der Stadt beobachten, freilich immer etwas abseits der sich an den Futterstellen drängelnden Wasservögel. Meist erscheinen sie pünktlich ab Herbst jedes Jahr an ganz bestimmten Stellen, meist einzeln oder in kleinen, nur locker zusammenhaltenden Trupps. Bei Störung sind sie rasch unter Wasser verschwunden. Werden sie zum Auffliegen gezwungen, müssen sie erst 15–20 m übers Wasser laufen, ehe sie sich auf ihren kleinen runden Flügeln in die Luft erheben können. Meist fallen sie bald wieder an einer geschützten Stellen ein; sie haben sichtlich Mühe, größere Entfernungen im Flug zu überwinden.

Während der Brutzeit und im Sommer halten sich Zwergtaucher sehr versteckt in der Vegetation des Seichtwassers. Nur ein etwas gurgelndes Trillern, manchmal zweistimmig in perfekter Zusammenarbeit der Partner, verrät dann ihre Anwesenheit. Fühlen sie sich beobachtet, tauchen die kleinen Kerle oft nur bis „Seerohrtiefe“ auf oder strecken im dichten Pflanzengewirr der Uferzone mitunter auch nur die obere Hälfte des Kopfes aus dem Wasser. Kleine verschilfte oder mit Rohrkolben und anderen Uferpflanzen dicht bewachsene Seen und Teiche bis zu winzigen Tümpeln, die außer Teichhühnern kaum ein anderer Wasservogel mehr bewohnt, andererseits aber auch dicht bewachsene Uferzonen größerer Seen und Flussaltwässer bilden die typischen Brutplätze.

In weiten Teilen Europas sind Zwergtaucher noch verbreitete Brutvögel. Zehntausende Brutpaare mag allein ihr Bestand in Mitteleuropa umfassen. In wasserarmen Gebieten brüten aber auf großen Flächen meist nur wenige Paare. Doch es ist schwer, sichere Bestandszahlen dieses versteckt lebenden kleinen Tauchers zu ermitteln. Abnahme der Winterbestände in einigen bekannten Rastplätzen und Aufgabe mancher Brutplätze lassen durchaus Sorgen um diese noch häufige Art aufkommen. Aber vielleicht sind viele der recht widersprüchlichen Ergebnisse auch nur Ausdruck von Bestandsschwankungen. Veränderung der Wasserchemie, des Nahrungsangebots und auch Störung der Uferzonen machen dem Zwergtaucher das Leben schwer. Und viele Teiche und Tümpel verschwinden alljährlich oder werden rigoros gesäubert und „entlandet“.

Ihr Nest – ein kleiner Haufen aus nassen Pflanzenteilen – legen die kleinen Taucher als schwimmende kleine Plattform an, die zwischen dicht stehenden Binsen, Seggen, Rohrkolben oder Schilf Halt findet oder dem flachen Grund aufliegt. Rasche Wasserstandsänderungen können den Brutvögeln schwer zu schaffen machen. Aus mancherlei Gründen sind die Verluste hoch; von kaum mehr als der Hälfte der Gelege schlüpfen Junge, die dann von den Eltern geführt und auf dem Wasser gefüttert werden. Häufig teilen sich Männchen und Weibchen die Jungenschar.

Wasserlebende Insekten und ihre Larven bilden die wichtigste Nahrung des Zwergtauchers, daneben Kaulquappen, Mollusken und andere kleine Wassertiere. Kleine Fische (wohl nur selten mehr als 10 cm lang) sind vor allem eine wichtige Winternahrung, im Sommer spielen sie dagegen kaum eine Rolle. Meist erjagen die Vögel ihre Beute unter Wasser, tauchen allerdings oft nur weniger als einen Meter tief. Bis zu mehr als 6 m Tauchtiefe sind aber gelegentlich bekannt geworden. Unter Wasser rudern die Vögel mit beiden Beinen gleichzeitig.

Obwohl man Zwergtaucher das ganze Jahr über in Mitteleuropa antrifft und die Vögel als schlechte Flieger gelten, sind viele von ihnen Zugvögel, die vom Norden und Osten Europas bis in die Mittelmeerländer wandern. Die längsten bisher nachgewiesenen Zugstrecken erreichen fast 1000 km. Nach Südwesten nimmt aber der Anteil der Zugvögel deutlich ab. In der Regel sind die Taucher nachts auf Wanderung; wenn die Rastgewässer vereisen, müssen sie mitunter rasch das Weite suchen und sind dann wohl auch tagsüber unterwegs.

▶ Rothalstaucher, Schwarzhalstaucher

Zwergtaucher *Tachybaptus ruficollis* (Pall.)

Größe	= Amsel
Maße (cm)	Länge ca. 25–29 / Flügel ca. 40–45
Körpermasse (g)	130–236
Stimme	als Grundbestandteil kurzes „bib“; Stimmfühlungsruf „bii-b“ oder „ididüd“, Alarmruf „pit“; Triller als Balz-, Erregungs- und Kampftriller
Brutzeit	April bis Juli, vereinzelt März bis Anfang September; 2 (3) Jahresbruten
Gelegegröße	(4) 5–6 (7–8, selten 9)
Eifärbung	anfangs weiß; glatt
Eimaße (mm)	elliptisch bis spindelförmig, beiderseits verjüngt – 37,5 x 26,1
Brutdauer	20–21 Tage (bei Störung länger)
Nestlingszeit	Nestflüchter; ab 1. Tag Tauchen; auf elterlichem Rücken, ab 7 Tage Schwimmen

ZWERGTAUCHER, SCHLICHTKLEID

VOGEL IM PRACHTKLEID MIT JUNGEM

ALTVOGEL AUF DEM NEST

NEST UND GELEGE

Haubentaucher

Oft sind die größten europäischen Lappentaucher die einzigen Wasservögel, die man auf einer weiten Seefläche entdecken kann. Vielerorts haben sie sich auch einigermaßen mit dem Wassersportrummel arrangiert und zeigen an Badeseen, großen Parkteichen oder Stauseen oft erstaunlich geringe Fluchtdistanzen. Das war nicht immer so, denn Haubentaucher wurden über mehr als ein Jahrhundert als Fischjäger gnadenlos verfolgt, aber bis Anfang unseres Jahrhunderts auch einer verrückten Mode wegen, die für den silbrigen Federpelz auf der Unterseite lebhaftes Interesse zeigte. So wurde der Haubentaucher zwangsläufig zum scheuen Vogel, stets auf Abstand zum Menschen bedacht.

Es waren aber nicht nur bessere Schutzgesetze, die den Bestand des elegantesten unserer Schwimmvögel wieder ansteigen und die Vögel vertraut werden ließen. Haubentaucher sind sicher auch Nutznießer der Gewässerdüngung geworden: Mit dem Stickstoffeintrag mehrten sich über Pflanzen und Kleintiere auch Fische im Flachwasser oder nahe der Wasseroberfläche, vor allem Weißfische und Barsche. Die als Eutrophierung bezeichnete Zunahme des Nährstoffgehaltes der Binnengewässer führte auch dazu, dass Haubentaucher heute manche höher gelegene Bergseen und viele Stauseen, Talsperren und Baggerseen besiedelt haben, die so gut wie keinen Schilfgürtel zu Anlage und Versteck des schwimmenden Floßnestes bieten. Aber längst sind auch wieder große Probleme entstanden. Beunruhigung der Seen durch Bootsverkehr und Wassersport (vor allem Windsurfen) reduziert die Brutbestände. Vor allem der Bruterfolg ist auf belebten Gewässern oft sehr gering. Viele Altvögel ohne Nachwuchs oder noch laut schreiende Jungvögel spät im Herbst, wenn längst die Wanderzeit angebrochen ist, zeigen, wie gering die Chancen des Tauchers außerhalb von Reservaten und Schutzzonen inzwischen geworden sind.

Haubentaucher *Podiceps cristatus* (L.)

Größe	~ Huhn (stockentengroß)
Maße (cm)	Länge ca. 46–51 (46–61) / Flügel ca. 85–90
Körpermasse (g)	596–1490
Stimme	laut „gröck gröck" oder ähnlich, auch „orr" oder „rra"; bei Balz „ktik", „äw" und „kwääää-äh", Bettellaut juv. „bili bili..."
Brutzeit	Mai bis Juni, seltener April bis Sept.; 1 oder 2 Jahresbruten
Gelegegröße	2–6, meist 4
Eifärbung	frisch (bläulich-) weiß; glatt, nicht glänzend; Braunfärbung durch Pflanzenmaterial
Eimaße (mm)	länglich, beiderseits zugespitzt; 53,3 x 35,8
Brutdauer	27–29 Tage
Nestlingszeit	Nestflüchter, ab 1. Tag Schwimmen und Tauchen; bis 20 Tage in Flügeltaschen und auf Rücken der Eltern mitgetragen; 10–11 Wochen abhängig von ad.

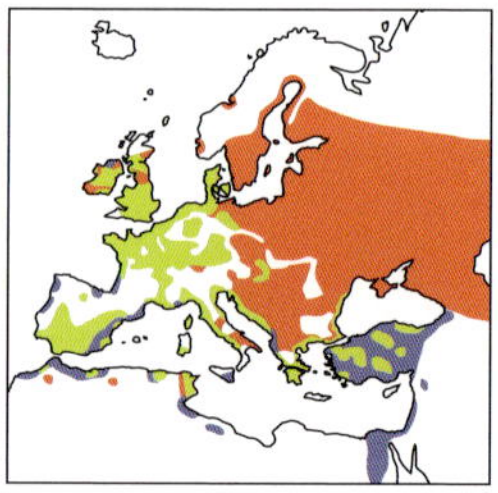

Sobald Haubentaucher den Kopfschmuck ihres Prachtkleides zu Winterausgang angelegt haben, beginnt mit ihrer Balz ein eindrucksvolles Schauspiel. Man kann es mühelos bewundern, denn große Teile des Zeremoniells finden auf dem offenen Wasser statt. Zwei Vögel schwimmen aufeinander zu, gesträubte Kopfhaube und Backenbart wirken auf den schlanken Hälsen wie eine exotische Blume. Dicht voreinander wirken sie zunächst wie Kontrahenten, die abwechselnd den Kopf schütteln. Manchmal richten sie sich auch fast senkrecht im Wasser voreinander auf, mitunter löst sich die Spannung in Putzbewegungen auf. Regelrechte Rollenspiele werden aufgeführt; sie dienen wohl nicht nur dazu, Aggressionen abzubauen, sondern auch dem Erkennen der Geschlechter. Männchen und Weibchen sehen auch für Haubentaucher völlig gleich aus und müssen sich erst zu erkennen geben. Laute Rufe sind vor allem im Frühling und Frühsommer von den Partnern eines Brutpaares zu hören.

Die flache Plattform des Nestes aus nassem und verrottendem Pflanzenmaterial steht dicht am oder schwimmt auf dem Wasser, oft verankert und versteckt in der Vegetation der Uferzone, mitunter auch ganz frei schwimmend oder auf einer Unterlage. Die Jungen erleben normalerweise auf dem Rücken eines Altvogels ihre ersten Ausflüge. Auch das kann man gut beobachten. Nach spätestens 20 Tagen schwimmen sie mit durchdringenden Bettelrufen, die dem Kundigen schon auf weite Entfernung die Familie verraten, meist in Begleitung eines Altvogels. Der andere sorgt für Futter. Haben mehrere Junge das gefährliche Frühstadium überwunden, teilt sich auch die Familie.

Fische – meist bis zu einer Länge von maximal 20 cm – bilden die wichtigste Nahrung. Kleine Junge erhalten zunächst Wasserinsekten. Wie bei allen Lappentauchern finden sich in den Mägen auch Federn, die bei Haubentauchern richtiggehende Ballen formen. Ihre biologische Bedeutung ist noch nicht befriedigend geklärt. Bis zu 6 m tief tauchen die Altvögel normalerweise auf ihrer Fischjagd; man hat aber auch Tauchtiefen bis zu 40 m nachgewiesen. Unter Wasser können Haubentaucher schneller schwimmen als auf der Oberfläche; 7 km pro Stunde werden erreicht, also mehr als ein Mensch im normalen Gehen zurücklegt.

Haubentaucher sieht man auch im Winter, in bestimmten Gebieten sogar in beträchtlicher Zahl. Viele Brutvögel aber sind Zugvögel, die vor allem in Mittel-, West- und Südeuropa auf großen Binnengewässern mitunter zu Hunderten den Winter verbringen. In milden Wintern bleiben in Mitteleuropa wohl auch viele in der Nähe ihrer Brutplätze.

▸ ROTHALSTAUCHER

HAUBENTAUCHER, ALTVOGEL AUF DEM NEST

HAUBENTAUCHER IM ERSTEN WINTER

ALTVOGEL MIT JUNGEM

ALTVOGEL AUF DEM NEST

Rothalstaucher

Gemeinsame Kennzeichen aller Lappentaucher, von denen in Europa fünf (in Mitteleuropa vier) Arten brüten, sind weit hinten am Körper eingelenkte Beine, deren Zehen nicht durch Schwimmhäute miteinander verbunden sind, sondern breite Lappen tragen. Eine sehr charakteristische Anpassung an das Wasserleben ist ein weiches, fast pelzartiges Kleingefieder, das sich vor allem auf der Unterseite zu einer dichten, wasserabweisenden Schicht formt. Ihre Nahrung erbeuten alle Arten so gut wie ausschließlich oder überwiegend unter Wasser oder lesen sie von der Wasseroberfläche ab; freiwillig begeben sie sich nur in Wassernähe aufs Land.

In Aussehen und Lebensweise sind Rothalstaucher Haubentauchern recht ähnlich. Wenn die Vögel das Prachtkleid tragen, ist die Unterscheidung einfach. Doch im Schlichtkleid muss man etwas genauer hinsehen, um die beiden Arten sicher unterscheiden zu können. Rothalstaucher sind nur wenig kleiner, dafür aber deutlich gedrungener als Haubentaucher. Ihr mehr grauer Hals ist kürzer und dicker, der Schnabel kräftiger. Über Einzelheiten orientiert man sich am besten in einem guten Bestimmungsbuch.

Vom östlichen Mitteleuropa reicht das Brutgebiet bis Westsibirien; auch in Ostsibirien, Japan und Nordamerika sind Rothalstaucher zu Hause. Gelegentlich finden auch einzelne Brutversuche in Europa westlich der normalen Verbreitungsgrenze statt. Als Kurzstreckenzieher erscheinen Rothalstaucher regelmäßig westlich ihres Brutgebiets in ganz Mittel- und Westeuropa und überwintern vor allem an Meeresküsten bis in den Norden des Mittelmeers, im Schwarzen Meer und im Kaspigebiet. Im mitteleuropäischen Binnenland trifft man sie meist nur einzeln oder in kleiner Zahl als Durchzügler und Wintergäste; die ersten (noch im Prachtkleid) können sogar schon im Spätsommer in Rastquartieren eintreffen, die sie oft mit Haubentauchern teilen, wie etwa große Naturseen oder Stauseen.

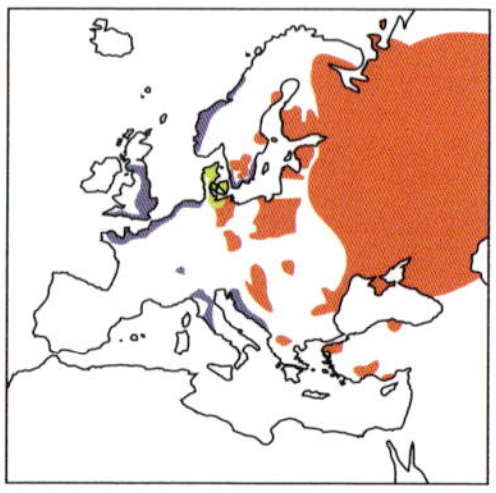

Während der Brutzeit halten sich Rothalstaucher aber meist versteckter als Haubentaucher. Sie bewohnen häufig kleinere und seichtere Gewässer (manchmal auch solche von nur wenigen Hektar Fläche), die vor allem einen dichten Bewuchs in der Seichtwasser- oder Verlandungszone aufweisen. Nährstoffreiche Gewässer mit guter Unterwasservegetation werden ganz augenscheinlich bevorzugt. Während man im Winter so gut wie keine Laute hört, ist das Keckern und vor allem das durchdringende Wiehern am Brutplatz für Rothalstaucher typisch. Ab März kann man sie in Mitteleuropa auf Brutgewässern antreffen, weiter nördlich und östlich in Europa erst im April. Die Balz enthält viele Verhaltenselemente, die auch vom Haubentaucher bekannt sind, wie z. B. das Kopfschütteln. Vor der eigentlichen Brutzeit bauen die Partner, die wohl in der Regel nur eine Brutsaison zusammenbleiben, aber mitunter bereits gepaart am Brutplatz erscheinen, meist einige flache Plattformen, auf denen die Begattung stattfindet.

Die Nester stehen im Wasser, meist in der Vegetation versteckt und durch Halme verankert. Die Männchen kümmern sich um die Reviere. Doch manchmal lassen sich wie beim Haubentaucher auch kleine Nestergruppen feststellen. Auch die Nachbarschaft sehr wachsamer Wasservögel scheuen Rothalstaucher nicht und legen mitunter in der Nähe von Blässhühnern oder Lachmöwen ihre Nestplattformen an.

In der Nahrung spielen Fische eine große Rolle, doch leben vor allem während des Sommers Rothalstaucher weit mehr auch von anderen Wassertieren als die größeren, schlankeren und langschnäbligeren Haubentaucher, deren Gestalt mehr auf Fischjagd ausgelegt ist. Wasserinsekten und deren Larven, Muscheln und Schnecken, Krebstiere, aber auch Frösche sind wichtige Nahrungsbestandteile, am Meer z. B. auch Ringelwürmer. Eine merkwürdige Erscheinung bei allen Lappentauchern ist, dass (meiste eigene) Federn verschlungen und sogar auch den Jungen verfüttert werden. Die Federn formen im Magen schwammige, dicht verfilzte Ballen, die von Zeit zu Zeit als Gewölle ausgewürgt werden. Manchmal ist der Magen sogar mit Federn regelrecht vollgestopft (vor allem bei Haubentauchern). Möglicherweise schützen die Federn die Magenwände vor spitzen Gräten oder verlängern ihren Aufenthalt im Magen, so dass sie bereits weitgehend verdaut in den Darm gelangen. Die Meinungen über die Bedeutung der Aufnahme von Federn gehen aber noch auseinander.

▸ HAUBENTAUCHER, SCHWARZHALSTAUCHER

Rothalstaucher *Podiceps grisegena* (BODDAERT 1783)

Größe	~ Huhn
Maße (cm)	Länge ca. 40–50 / Flügel ca. 77–85
Körpermasse (g)	806–925
Stimme	während Paarbildung Gackern (Keckern) „ga" oder „keck" in längeren Serien, ferner stockentenartiges „aak"; durchdringendes Wiehern „uööh..."; Bettellaut „bibibi..."
Brutzeit	Ende April bis Anfang Juni; 1 Jahresbrut, mitunter auch 2
Gelegegröße	4–5 (ausnahmsweise 1–2 oder 7)
Eifärbung	weiß und glatt, durch Nestmaterial verfärbt
Eimaße (mm)	unterschiedlich geformt, lang-elliptisch bis spindelförmig, an beiden Enden verjüngt – 50,6 x 34,9
Brutdauer	20–23 Tage, mitunter länger
Nestlingszeit	Nestflüchter; bis 1 Woche auf Rücken getragen, Familienauflösung nach 8–10 Wochen

ROTHALSTAUCHER IM PRACHTKLEID

JUNGVOGEL

ALTVOGEL FÜTTERT DUNENJUNGES

DUNENJUNGES BETTELT

Ohrentaucher

Innerhalb der fünf europäischen Lappentaucher findet man eine Reihenfolge abnehmender Größe vom Haubentaucher bis zum Zwergtaucher. Das wiederholt sich auch bei anderen Verwandtschaftsgruppen, die gemeinsam ein größeres Gebiet bewohnen (z. B. bei Gründelenten, Möwen, Seeschwalben, Buntspechten oder Meisen). Mit dem Ohrentaucher beginnt die Gruppe der drei kleinen Arten in Europa. Er ist deutlich größer als der Zwergtaucher, unterscheidet sich aber vom kaum kleineren Schwarzhalstaucher nur unwesentlich; Überschneidungen in der Körpermasse oder in den Längenmaßen kommen vor. Doch sind die Brutgebiete beider Arten sowohl in Europa als auch in Asien und Amerika so gut wie vollständig voneinander getrennt. Das ist bestimmt kein Zufall.

Der Ohrentaucher ist ein Brutvogel des Nordens. Sein Brutgebiet reicht von Nordwesteuropa bis Kamtschatka und von Alaska bis Neufundland. Zugleich ist er auch der farbenprächtigste Lappentaucher, zumindest in Europa. In Mitteleuropa wird man ihn allerdings nur ganz ausnahmsweise in seiner Pracht bewundern können, denn die bei uns überwinternden Vögel tragen alle das Schlichtkleid. Nur dann, wenn ausnahmsweise einige Wintergäste im Frühjahr länger zurückbleiben oder gar einmal bei uns übersommern, sind Prachtkleider zu sehen, die auch fernab vom Brutplatz angelegt werden. Das ist aber selten der Fall, am ehesten noch in Küstennähe. Im Schlichtkleid sind sich Schwarzhals- und Ohrentaucher außerordentlich ähnlich. Die wichtigsten Artunterschiede ergeben sich aus der Lage der Grenze zwischen dem dunklen Oberkopf und den weißen Kopfseiten. Der zarte Schnabel des Schwarzhalstauchers ist außerdem leicht aufgeworfen. Das lässt sich aber nur aus nicht zu großer Entfernung sicher erkennen. Von weitem erinnert die Gestalt des Ohrentauchers an den größeren Haubentaucher.

Ohrentaucher *Podiceps auritus* (L.)

Größe	> Amsel
Maße (cm)	Länge ca. 31–38 / Flügel ca. 59–65
Körpermasse (g)	300–470
Stimme	am Brutplatz laut nasal „jaorr…" u. ä., Alarmruf „kouie", lautes Trillern (ähnlich Zwergtaucher)
Brutzeit	Mitte/Ende Mai bis Juli; 1 Jahresbrut, gelegentlich 2
Gelegegröße	3–6 (meist 4, Extreme 1–7)
Eifärbung	weiß und glatt
Eimaße (mm)	lang-spindelförmig oder beiderseits konisch verjüngt – 46 x 31
Brutdauer	22–25 Tage
Nestlingszeit	Nestflüchter; zunächst auf Rücken getragen, mit 55–60 Tage flügge, oft schon ab ca. 45 Tage unabhängig

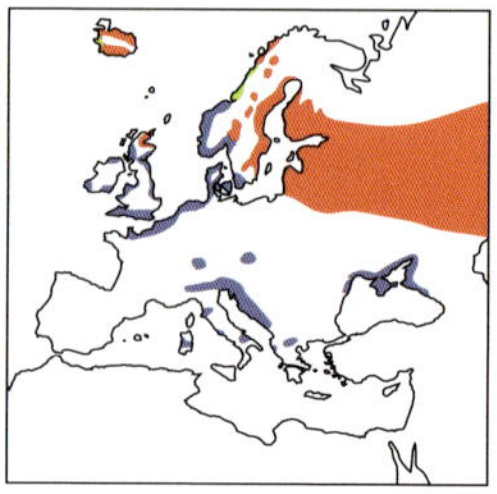

Ohrentaucher sind Kurzstreckenzieher, die vor allem an den Küsten des nördlichen Westeuropa überwintern (z. B. Atlantikküste, westliche Ostsee, Nordsee), aber auch bis ins nördliche Mittelmeer, ins Schwarze Meer und das Kaspische Meer gelangen. Im Binnenland sind sie selten und meist nur einzeln oder in sehr geringer Zahl zu sehen, kommen aber in Mitteleuropa regelmäßig einzeln bis an den Nordrand der Alpen. Doch sind sie unter den zahlreichen Wasservögeln nicht leicht zu entdecken, zumal in den letzten Jahren auch Schwarzhalstaucher zunehmende Neigung zeigen, einzeln zu überwintern oder zumindest noch bis in den Frühwinter hinein dazubleiben. Da sind auch Verwechslungen nicht auszuschließen. Die ersten Wegzügler erscheinen an der Küste mitunter schon im Spätsommer, im Binnenland aber meist nicht vor Oktober. Im März verlassen uns die Wintergäste, einzelne bleiben gelegentlich länger. Im Süden Skandinaviens erscheinen Ohrentaucher im April, weiter im Norden und Osten Europas erst im Mai an ihren Brutplätzen.

Nährstoffreiche Seen und Teiche sind die bevorzugten Brutplätze der Ohrentaucher. Sie brüten aber auch mitunter an vegetationslosen Berg- und Kraterseen. Hier stehen dann die Nester deckungslos im Seichtwasser oder einer Unterlage aufgesetzt. Sonst sind sie nach Lappentaucherart in der Ufervegetation versteckt und an Halmen verankert. Beide Geschlechter bebrüten die Eier und kümmern sich auch um die Jungen. Wenn ein brütender Vogel das Gelege verlässt, deckt er die Eier in der Regel mit Nistmaterial zu, wie es auch bei anderen Lappentaucherarten üblich ist.

Wie bei allen kleinen Lappentaucherarten, besteht die Nahrung meist aus kleinen Wassertieren, wie Insekten und kleinen Krebschen, die vor allem im Seichtwasser erbeutet werden. Fische dürften aber der Masse nach doch den größeren Teil der Ernährung im Jahreslauf bestreiten. Die Tauchzeiten sind in der Regel kurz und die Tauchtiefen gering. Immerhin sind Tauchtiefen bis 25 m bekannt geworden.

Der Ohrentaucher gilt in Europa als nicht gefährdet. Doch hat z. B. in Finnland der geschätzte Brutbestand von rund 3000 Paaren in den letzten Jahrzehnten abgenommen. Die Gründe dafür sind nicht genau bekannt, doch ist sicher, dass im Winterhalbjahr an der Küste die Verluste durch Verölung und Ertrinken in Fischernetzen zugenommen haben. In Schottland, dem neben Island westlichsten Brutplatz in Europa, hat sich der Ohrentaucher erst 1908 als Brutvogel angesiedelt. Die dortige Population ist aber mit rund 60 Paaren bis heute sehr klein geblieben. In Island dürften insgesamt einige hundert Paare brüten.

▸ SCHWARZHALSTAUCHER

OHRENTAUCHER, ALTVOGEL BRÜTEND

IM PRACHTKLEID

DUNENJUNGES

NEST UND GELEGE

Schwarzhalstaucher

Das Brutgebiet dieser zweitkleinsten Lappentaucherart Europas liegt in Europa, Asien und Amerika südlicher als das des Ohrentauchers. Die beiden Arten vertreten sich also gegenseitig in unterschiedlichen geographischen Räumen und treffen höchstens im Winterquartier oder auf Rastplätzen außerhalb der Brutzeit zusammen. Allerdings bevorzugen Ohrentaucher mehr die Küsten, Schwarzhalstaucher sind vor allem auf Süßwasser zu finden und nur ausnahmsweise am Meer. Schon ab Ende des 19. bis in die ersten Jahrzehnte des 20. Jahrhunderts hat sich der Schwarzhalstaucher in Europa nach Westen ausgebreitet und verschiedene Gebiete Mitteleuropas besiedelt, in denen er bisher nicht brütete. Doch diese Vorstöße nach Westen haben nicht überall zu dauerhaften Ansiedlungen geführt. Regionale und lokale Brutbestände schwanken innerhalb längerer Zeiträume oft erheblich.

Diese für den Schwarzhalstaucher recht typische Dynamik hängt einmal mit seiner Vorliebe für flachgründige und nährstoffreiche stehende Gewässer mit reicher Seichtwasser- und Ufervegetation sowie unter der Wasseroberfläche wachsenden Pflanzen zusammen; auch schwimmende Algenteppiche können als Unterlage für die kleinen Floßnester dienen. So trifft man vor allem in Mitteleuropa Schwarzhalstaucher als Brutvögel besonders auf Fischteichen und anderen flachgründigen, oft relativ kleinen Seen oder an verwachsenen Ufern und in stillen Buchten größerer Gewässer. In solchen empfindlichen Lebensräumen verändern sich die Bedingungen aber besonders rasch, nicht zuletzt auch als Folge menschlicher Eingriffe.

Andererseits zeigen unter allen Lappentauchern die Schwarzhalstaucher die ausgeprägteste Neigung, zu mehreren beisammen in kleinen oder größeren Kolonien zu

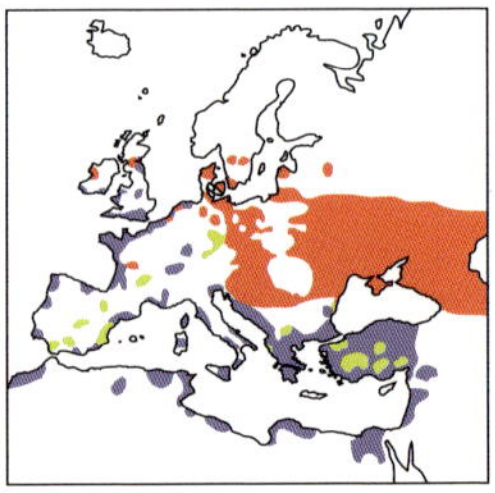

brüten. In Sonderfällen können solche Brutkolonien bis weit über 100 Paare umfassen. Erhebliche Bestandsschwankungen sind daher oft schon an einem einzigen Brutgewässer zu erwarten, wenn sich größere Kolonien allmählich aufbauen, aber bei ungünstigen Entwicklungen auch rasch wieder zusammenbrechen. Noch eine Eigenart ist für den Schwarzhalstaucher charakteristisch, nämlich seine oft ausgeprägte Vorliebe, sich im Umfeld einer Lachmöwenkolonie anzusiedeln. Auch andere Wasservögel werden innerhalb von Brutkolonien des kleinen Tauchers geduldet.

Das Zusammenrücken von mehreren Brutpaaren zu Kolonien wird sicher auch durch die Nahrungswahl begünstigt, denn vor allem zur Brutzeit spielen Wasserinsekten und deren Larven die wichtigste Rolle. Sie treten mit zunehmender Wärme im Sommer an nahrungsreichen Seen zumindest vorübergehend in großer Zahl auf, so dass keine Konkurrenz zwischen den Brutpaaren entsteht und auch viele Junge auf einem kleinen Teich ausreichend ernährt werden. Fische spielen nur ein untergeordnete Rolle. Schwarzhalstaucher tauchen wohl nur selten tiefer als 2,5 m; bis knapp 6 m Tauchtiefe sind als Maximum festgestellt.

Die Nester stehen oft auf kleinen Inseln oder auf schwimmenden Pflanzen relativ offen auf der Wasserfläche. Wenn die Jungen etwas herangewachsen sind, teilen sich die Partner eines Paares oft in ihrer Betreuung; jeder führt einen Teil der Brut. Viele Altvögel verlassen noch vor der Mauser ins Schlichtkleid im Hoch- und Spätsommer ihre Brutgewässer, meist vor den flügge gewordenen Jungvögeln. An manchen Gewässern, die als Brutplätze nicht in Frage kommen, konzentrieren sich dann im Spätsommer manchmal kleinere Trupps mausernder Vögel, die vorübergehend flugunfähig sind. Gesellschaft mit Artgenossen ist auch außerhalb der Brutzeit beliebt, und so sieht man während der Mauserzeit und auf dem Durchzug Schwarzhalstaucher häufiger in zusammenhaltenden Trupps als einzeln.

In den wichtigsten Winterquartieren scharen sich oft größere Trupps zusammen. Als Kurzstreckenzieher wandern Schwarzhalstaucher nach Westeuropa und überwintern in einem Gebiet, das von den Britischen Inseln bis Nordafrika reicht; osteuropäische Brutvögel sind in großen Trupps auch in Kleinasien und im nahen Osten (einschließlich des Nildeltas), im Schwarzen Meer und im Kaspigebiet anzutreffen. Offenbar mit der Zunahme milder Winter scheinen in den letzten Jahren auch häufiger Schwarzhalstaucher im östlicheren Mitteleuropa zu überwintern. An den Brutplätzen erscheinen sie meist ab März/April.

▸ OHRENTAUCHER

Schwarzhalstaucher *Podiceps nigricollis* (BREHM 1831)

Größe	> Amsel
Maße (cm)	Länge ca. 28–34 / Flügel ca. 56–60
Körpermasse (g)	265–450
Stimme	„huit“ (ansteigend) bzw „pu-ii“ oder ähnlich; während Kopulation trillert ♂ „irrr...“, ♀ rufen gereimt „goah“
Brutzeit	Mitte April im Süden, Ende Mai und Juni im Norden. Manchmal 2 Jahresbruten
Gelegegröße	(1–2) 3–4 (5–6)
Eifärbung	anfangs weiß; glatt
Eimaße (mm)	elliptisch bis spindelförmig – 43,4 x 29,7
Brutdauer	20–21 Tage
Nestlingszeit	Nestflüchter, in ersten Tagen auf Rücken, ab ca. 7 Tage Tauchen, nach 2 Wochen teilt sich häufig die Familie (♂ und ♀ führen unabhängig voneinander), nach 4–5 Wochen selbstständig

SCHWARZHALSTAUCHER, ALTVOGEL BRÜTEND

SCHLICHTKLEID

ÜBERGANGSKLEID

BRUTABLÖSUNG

Eissturmvogel

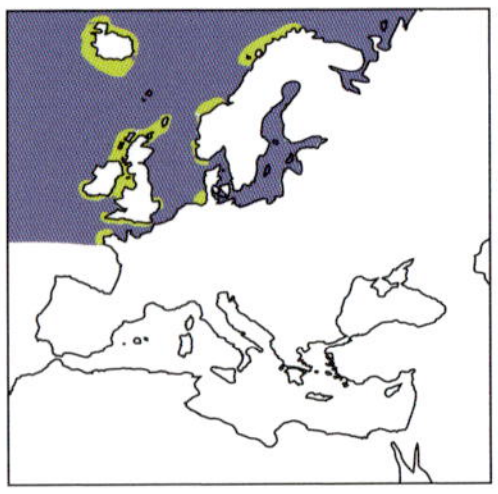

Unter den Seevögeln des Nordatlantiks hat sich der Eissturmvogel als der erfolgreichste erwiesen, denn es gibt vielleicht kaum einen anderen Vogel Europas, dessen Bestand seit Ende des vorigen Jahrhunderts derart angewachsen ist. Allein im Bereich der Britischen Inseln und der Küsten Irlands ist sein Brutbestand seit etwa 1939 rund um das Zehnfache angestiegen: Über 570 000 Paare brüten heute in diesem Raum. In Nordfrankreich (Bretagne) ist die Art seit 1960, in Norwegen seit 1924 und auf Helgoland seit 1972 als Brutvogel nachgewiesen (die Vögel waren aber schon einige Jahre vorher im Sommer anwesend). Den Weltbestand schätzt man auf mehrere Millionen Vögel, es können auch über 10 Millionen sein.

Die Gründe für diese gewaltige Bestandszunahme sind – wie so oft – nicht ganz eindeutig. Sicher spielen mehrere Faktoren eine Rolle. Klimaänderungen könnten durch Verlagerung kalter und warmer Meeresströmungen für eine Ausweitung des Brutareals im Nordatlantik gesorgt haben. Sicher sind Eissturmvögel wie auch andere Seevögel Nutznießer der Hochseefischerei, deren Umfang in vielen Gebieten sehr stark angewachsen ist. Von den Abfällen der Fischverarbeitung und dem Beifang der Kutter, der nicht genutzt wieder ins Meer geworfen wird, profitieren riesige Seevogelschwärme. Auch Eissturmvögel folgen den Schiffen; sie nehmen Fische, Fischabfälle, Tintenfische, Krebstiere usw. meist von der Wasseroberfläche auf. Sie tauchen im Allgemeinen wohl kaum tiefer als einen Meter. An den Fischkuttern profitieren sie zusammen mit den Dreizehenmöwen vor allem von Innereien, die über Bord geworfen werden. Die Zunahme der Eissturmvögel, Basstölpel und anderer Seevögel als Folge der Seefischerei ist aber keineswegs nur eine erfreuliche Entwicklung, denn sie vollzieht sich gewissermaßen als Begleiterscheinung der starken Ausbeutung des Meeres durch den Menschen.

Es gibt überwiegend weiße, dunkler graue und in ihrer Gefiederfärbung dazwischen liegende Eissturmvögel. Wenn man nicht genau hinsieht, könnte man vor allem die hellen mit einer Möwe verwechseln. Der elegante Gleitflug mit steif ausgestreckten Flügeln, nur von Zeit zu Zeit unterbrochen von einigen langsam durchgezogenen Flügelschlägen, und der „dicke" Kopf machen die Art leicht kenntlich. Der Oberschnabel krümmt sich in einem Haken über den Unterschnabel. Die äußeren Nasenöffnungen sind röhrenförmig verlängert. Daher bezeichnet man die Ordnung der Sturmvögel, zu denen neben anderen die riesigen Albatrosse der Südhalbkugel zählen, auch als Röhrennasen.

Erst mit 6–12 Jahren kommen Eissturmvögel zum ersten Mal zum Brüten. Sie werden wohl sehr alt; bis zu mindestens 30-jährige sind bekannt. Aber wahrscheinlich erreichen einige noch ein deutlich höheres Alter, bis 50 Jahre sind durchaus möglich. Viele Vögel halten sich das ganze Jahr über im weiteren Umkreis einer Kolonie auf dem Meer und sehen auch im Winterhalbjahr gelegentlich an den Brutplätzen vorbei. Vor allem die hocharktischen Brutvögel wandern im Winter in mildere Gebiete des Atlantiks. Auch Atlantiküberquerungen sind durch Funde beringter Vögel belegt. Zu Tausenden sammeln sie sich mitunter an ergiebigen Nahrungsgründen und sind sofort zur Stelle, wenn ein Fischkutter seine Arbeit aufnimmt. Ins Binnenland werden nur ganz selten einmal einzelne Eissturmvögel verschlagen.

Die Brutplätze liegen auf Felsklippen und Inseln meist in unmittelbarer Nähe des Meeres; auch verlassene Gebäude bieten mit ihren verwitterten Mauerresten geeignete Nischen für die Ablage des einzigen Eies. In der Arktis und in Schottland kennt man auch Kolonien, die mehrere Kilometer von der Küste entfernt liegen. Bei Gefahr wird vom Nestjungen eine ölige Substanz ausgespien, wie bei anderen Sturmvögeln auch. Fast immer brüten Eissturmvögel in größeren Kolonien, auch zusammen mit anderen Seevögeln. Dann bevorzugen sie die oberen Stockwerke eines Vogelfelsens, an dem sie elegant entlanggleiten. Durch Beringung hat man herausgefunden, dass die Brutvögel dem einmal gewählten Brutplatz über viele Jahre treu bleiben und immer wieder zurückkommen. Einzelne Paare bleiben oft mehrere Jahre zusammen. Jungvögel siedeln sich dagegen weit weniger regelmäßig an ihren Geburtskolonien an. Diese Verhalten führt zu einer genetischen Durchmischung der Bestände.

Eissturmvogel *Fulmarus glacialis* (L. 1791)

Größe	= Taube
Maße (cm)	Länge ca. 45–50 / Flügel ca. 102–112
Körpermasse (g)	♂ ca. 835, ♀ ca. 700
Stimme	an den Brutkolonien schnatternde, gackernde oder schnurrende Rufreihen; sonst wenig ruffreudig
Brutzeit	Mitte/Ende Mai bis Ende September
Gelegegröße	1
Eifärbung	mattweiß mit leicht rauer Oberflächenstruktur
Eimaße (mm)	meist spindelförmig – 74 x 50,5
Brutdauer	52/53 (41–57) bzw. 49 (47–51) Tage
Nestlingszeit	46 (41–51) Tage

▸ Sturmtaucherarten, Basstölpel

EISSTURMVOGEL, PAAR AM NEST

IM GLEITFLUG

ANFLUG AN DEN BRUTFELSEN

ALTVOGEL MIT JUNGEM

Gelbschnabel-Sturmtaucher

Gelbschnabel-Sturmtaucher sind die größten der regelmäßig in den Meeren um Europa vorkommenden Sturmtaucher. Man trennt sie in zwei unterschiedliche Formen (Unterarten), nämlich die Mittelmeervögel, die an Küsten und auf Inseln des Mittelmeers brüten, und die Brutvögel des Ostatlantiks, deren Brutkolonien vor allem auf den Kanarischen Inseln und den Azoren liegen. Hinzu kommt noch als weitere Form die auf den Kapverdischen Inseln brütenden Population. Wie sich bei genetischen Untersuchungen gezeigt hat, scheinen die Mittelmeervögel untereinander in einem genetischen Austausch zu stehen. Ob man eines Tages wie bei Schwarzschnabel- und Mittelmeer-Sturmtaucher die Mittelmeervögel als eigene Art den atlantischen Brutvögel gegenüberstellt, ist derzeit noch offen.

Tagsüber sieht man die Sturmtaucher über dem Wasser auf der Nahrungssuche. Sie gleiten niedrig über den Wellenkämmen dahin, wobei sie einige Male relativ langsam mit ihren langen Flügeln schlagen und dann mit etwas angewinkelten Flügeln den Vortrieb ausnützend dahingleiten. Geschickt spielen sie dabei mit Wellenbergen und -tälern. Mitunter steigen Gelbschnabel-Sturmtaucher im Unterschied zu anderen nahe verwandten Arten auch hoch auf, um zu kreisen und dann wieder aufs Wasser herunterzukommen. Tintenfische, kleine Fische und Krebstiere, aber auch allerlei Abfälle werden von der Wasseroberfläche im Fliegen oder auch im Schwimmen aufgenommen. Gelegentlich tauchen die Sturmtaucher auch vom Flug aus ins Wasser (Stoßtauchen), kommen aber dabei nicht in größere Tiefen. In manchen Gegenden des Mittelmeers haben sie auch gelernt, den Schiffen zu folgen, manchmal sogar dichtauf, so dass man die sonst meist nur im Vorbeifliegen aus größerer Entfernung zu sehenden Vögel gut beobachten kann.

Gelbschnabel-Sturmtaucher
Calonectris diomedea (Scop.)

Größe	> Taube
Maße (cm)	Länge ca. 45–56 (45–48) / Flügel ca. 100–125
Körpermasse (g)	560–730
Stimme	lärmend an Brutplätzen, sonst im Fluge stumm; Flugrufe „kaa-o" oder ähnlich und gereiht „ka-ka-ka"
Brutzeit	Ende Mai bis Ende Oktober
Gelegegröße	1
Eifärbung	mattweiß
Eimaße (mm)	unterschiedlich geformt, spindelförmig bis oval; Mittelmeerform 73,3 x 50, Atlantikform 68,1 x 45,4
Brutdauer	52–56 (M 54) Tage
Nestlingszeit	83–98 (M ca. 90–94) Tage

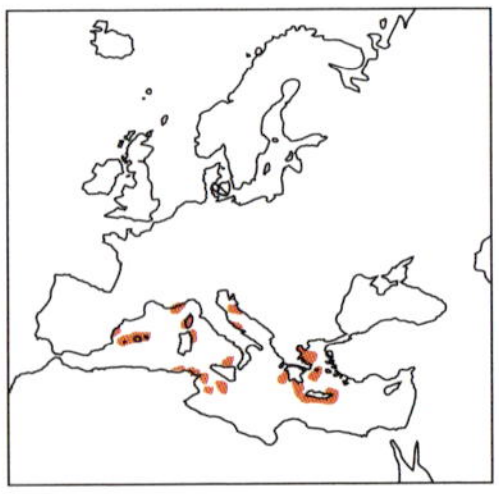

Gelbschnabel-Sturmtaucher sind Zugvögel, die im Herbst das Mittelmeer verlassen und im mittleren und südlichen Atlantik überwintern. Nach Norden kommen sie im Herbst bis an die Küsten der Britischen Inseln und auch einzeln in die Nordsee, im Winter verlagern sie ihre Jagdgebiete auf offener See weiter nach Süden und gelangen dann bis Südafrika und Brasilien. Nichtbrüter halten sich auch im Sommer im Atlantik nördlich der Brutplätze. Nur ganz ausnahmsweise werden einzelne Vögel durch Stürme ins Binnenland verschlagen.

Die Brutbiologie aller Sturmtaucher und ihrer Verwandten ist sehr eigentümlich. Die Brutplätze der Gelbschnabel-Sturmtaucher liegen auf unbewohnten felsigen Meeresinseln oder entsprechenden Küstenabschnitten in subtropischen Meeren oder im Norden der Tropen. Die Nester sind in Erdhöhlen oder unter Steinen und Vorsprüngen versteckt, und bilden so gut wie immer mindestens kleine, meist aber sehr kopfstarke Kolonien. Beide Partner graben bis 1 m lange Gänge zu unterirdischen Nestkammern; manchmal sind mehrere Nester über einen Gang nach außen zu erreichen. Auch Nestmaterial, wie Zweige, Halme, kleine Steinchen oder Molluskenschalen werden in die Nestkammer eingetragen.

Erst im Alter von sieben Jahren beginnt ein kleiner Teil der Vögel zu brüten; manche fangen nicht damit an, ehe sie nicht 10–11 Jahre alt geworden sind. Ein derart langes Leben vor Beginn der ersten Brut ist zumindest für alle größeren Arten der Sturmvögel oder Röhrennasen, soweit man das bis jetzt untersuchen konnte, typisch, sonst in der Vogelwelt nicht üblich. Brutvögel bleiben nicht nur ihrer einmal gewählten Brutkolonie, sondern mitunter sogar auch ihrem individuellen Nestplatz treu. Partnertreue über mehrere Jahre ist nachgewiesen. So hatte man im Rahmen einer Langzeituntersuchung zur Brutbiologie des Gelbschnabel-Sturmtauchers einen Nistplatz unter Kontrolle, an dem ein und dasselbe Paar in 15 aufeinander folgenden Jahren brütete. Die vielen Paare einer Kolonie beginnen in der Regel fast gleichzeitig mit Eiablage und Brüten. Die Altvögel kommen aber erst nach Einbruch der Dunkelheit vom Meer an ihre Nester; das ist auch bei den meisten anderen Sturmtauchern und ihren Verwandten der Fall. In den ersten sieben Wochen seiner Nestlingszeit wird das Junge nur etwa jede zweite Nacht gefüttert. Trotzdem wird das Junge sehr fett und sogar deutlich schwerer als ein Altvogel; einige Tage vor dem Verlassen der Bruthöhle wird es nicht mehr gefüttert und muss sich auf das optimale Gewicht herunterhungern.

▸ Andere Sturmtaucherarten

GELBSCHNABEL-STURMTAUCHER, ALTVOGEL

ALTVOGEL IN DER BRUTHÖHLE

JUNGVOGEL

NEST UND GELEGE

Schwarzschnabel-Sturmtaucher

Schwarzschnabel- und Mittelmeer-Sturmtaucher sind sich außerordentlich ähnlich. Der Schwarzschnabel-Sturmtaucher ist der häufigste seiner Gattung im nördlichen Atlantik und in der Nordsee. Kleinere Gestalt und scharfer Kontrast zwischen dunkler Ober- und weißer Unterseite sind die wichtigsten Kennzeichen. Fast immer sieht man die beweglichen Vögel in Trupps, die rasch ganz niedrig über das Wasser gleiten, sich oft auch zum Schwimmen niederlassen und nicht selten sich aus nicht zu großer Höhe ins Wasser stürzen. Die Vögel brüten in großen Kolonien; ihre Nester liegen in selbst gegrabenen Höhlen, zu denen viele Paare Jahr für Jahr wieder zurückkehren. Auf dem Meer hört man keine Stimmäußerungen, an den Brutkolonien herrscht nachts oft großer Lärm. Wie auch bei anderen Sturmtaucher-Arten üblich, werden die Jungen nur nachts gefüttert. Der Brutbestand im Umkreis der Britischen Inseln und an den Küsten Irlands wird allein auf über 250 000 Paare geschätzt. Weitere 15 000 Paare Schwarzschnabel-Sturmtaucher brüten auf den Färöern. Die meisten Brutvögel des Nordatlantiks unternehmen als Zugvögel weite Wanderungen übers Meer und tauchen im Winter vor den Küsten Südamerikas auf; einige scheinen auch vor den Küsten Südafrikas zu überwintern. Nichtbrüter halten sich auch den Sommer über vielfach von den Kolonien fern; die Brutreife erreichen sie meist erst in einem Alter von 5–6 Jahren.

▸ Mittelmeer-Sturmtaucher

Schwarzschnabel-Sturmtaucher	*Puffinus puffinus* (Brünn.)
Größe	= Taube
Maße (cm)	Länge ca. 30–35 (30–38) / Flügel ca. 76–82 (76–89)
Körpermasse (g)	350–575
Stimme	an Brutplätzen krähende und gutturale, quakende Rufe, wie „kak kak kak karr-huu" oder „guch-uch-ark-ä-ö", in Höhlen auch im Duett (Paare); vor allem nachts ruffreudig; auf See stumm
Brutzeit	Anfang Mai bis September
Gelegegröße	1
Eifärbung	weiß, mit nicht glänzender Oberfläche
Eimaße (mm)	spindelförmig bis oval; 60,9 x 41,9
Brutdauer	47–55 (M 51) Tage, maximal bis 63 Tage
Nestlingszeit	70–75 Tage (nach ca. 60 Tagen von ad. verlassen)

Mittelmeer-Sturmtaucher

Der Mittelmeer-Sturmtaucher ist nicht ganz so kontrastreich gefärbt wie seine Verwandten im Atlantik, außerdem überragen die Zehen den Schwanz etwas, denn der ist kürzer als beim Schwarzschnabel-Sturmtaucher. Wegen der großen Ähnlichkeit hat man beide lange Zeit als Unterarten betrachtet; heute trennt man sie als eigenständige Arten voneinander ab. Neuerdings wird überdies der größeren, auf den Balearen im westlichen Mittelmeer brütenden Form, dem Balearensturmtaucher, ebenfalls Artstatus zuerkannt (*P. mauretanicus*). Diese Vögel ziehen im Herbst nach Westen in den Atlantik und kommen auch einzeln nach Norden; dabei erscheinen sie mitunter in der Deutschen Bucht. Ihr eigentliches Winterquartier scheint aber noch nicht bekannt.

Die im mittleren und östlichen Mittelmeer auf Felsinseln und an Steilküsten brütenden Mittelmeer-Sturmtaucher überwintern größtenteils im Mittelmeer- und Schwarzmeergebiet; von ihnen gibt es in Mitteleuropa noch keine Nachweise.

Weitere zwei Arten der Familie sind Brutvögel des Madeira-Archipels: Der **Kapverden-Sturmvogel** (*Pterodroma feae*) brütet in Erdlöchern auf der kleinen Insel Bugio (Desertas-Inseln vor Madeira) sowie auf einigen Inseln der Kapverden. Der **Madeirasturmvogel** (*Pterodroma madeira*) nistet in nur 20–30 Brutpaaren im Hochland von Madeira und ist daher naturgemäß stark bedroht.

▸ Schwarzschnabel-Sturmtaucher

Mittelmeer-Sturmtaucher	*Puffinus yelkouan* (Acerbi 1827)
Größe	= Taube
Maße (cm)	Länge ca. 32–38 (30–40) / Flügel ca. 78–89 (76–93)
Körpermasse (g)	349–416
Stimme	ähnlich Schwarzschnabel-Sturmtaucher, schleppender, mit lang gezogenem Falsettton „aüü-ah eech"
Brutzeit	Februar, westliches Mittelmeer Ende März
Gelegegröße	1
Eifärbung	ähnlich Schwarzschnabel-Sturmtaucher?
Eimaße (mm)	westliches Mittelmeer 62,2 x 41,9
Brutdauer	52 Tage
Nestlingszeit	72 Tage flügge

SCHWARZSCHNABEL-STURMTAUCHER VOR DER BRUTHÖHLE

DUNENJUNGES

NEST UND GELEGE

MITTELMEER-STURMTAUCHER

Sturmschwalbe

Mit flatterndem Flug und kleinen Stopps, dazwischen auch an der Stelle rüttelnd bewegen sich die zierlichen Sturmschwalben sprunghaft über die Wasseroberfläche. Sie sind nur knapp so groß wie ein Mauersegler. Manchmal sieht es so aus, als würden die beweglichen Vögel ähnlich einer Fledermaus richtiggehend über die Wasseroberfläche laufen oder tanzen. Ohne sich aufs Wasser niederzulassen nehmen sie kleine Nahrungsbrocken von der Oberfläche auf. Die Nahrung besteht aus Rückständen und Abfällen, die auf der Wasseroberfläche treiben, kleinen Tintenfischen, Krebstieren, Quallen und Fischchen. Nicht selten fliegen die kleinsten der europäischen Sturmvögel auch Schiffen nach. Sturmschwalben können aber auch schwimmen und lassen sich gelegentlich auf dem Meer nieder wie ein Spielball der Wellen.

Sturmschwalben sind Wellenläufern sehr ähnlich und wirken aus der Entfernung fast völlig schwarz mit einem leuchtend weißen rechteckigen Bürzel; ein wichtiges Artkennzeichen ist ein weißes Band auf den Unterflügeln. Auch oberseits kann man im Bereich der Armdecken ein schwaches helles Band entdecken. Der Schwanz ist am Ende gerade abgeschnitten.

In den Meeren des Brutgebiets vom Mittelmeer bis in den nördlichen Atlantik halten sich Sturmschwalben auch außerhalb der Brutzeit auf. Im Herbst werden sie meist etwas später als Wellenläufer durch Stürme auch in die Nordsee verschlagen. Die meisten ziehen allerdings die Westküsten Europas und Afrikas entlang nach Süden und erreichen Südafrika. Ausnahmsweise wurde die Art auch schon an der Ostküste Nordamerikas nachgewiesen. Die meisten Vögel der im Atlantik brütenden Population halten sich von September bis März/April in den kühleren Meeren jenseits des Äquators auf und wandern dann im Frühjahr

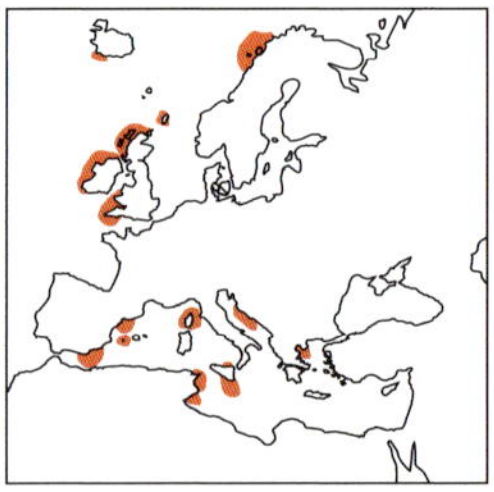

nach Norden. Von den Mittelmeervögeln bleiben auch einzelne den Winter über im Mittelmeer und im Schwarzen Meer. Nur während der Brutzeit halten sich Sturmschwalben in Brutplatznähe auf.

Brutreife erreichen Sturmschwalben einige Jahre eher als Sturmtaucher, nämlich mit 4–5 Jahren. Das hängt sicher mit einer Regel zusammen, die auch für Sturmvögel mit ihrer extrem langen Lebensdauer gilt: Das Lebensalter hat etwas mit der Körpergröße zu tun. Innerhalb einer Verwandtschaftsgruppe leben die Individuen großer Arten meistens länger als die der kleineren. Bisher sind beringte Sturmschwalben aber auch bis zu einem Lebensalter von etwa 20 Jahren nachgewiesen worden

Die Brutplätze sind Kolonien auf abgelegenen Felsinseln, die mit Rasen oder Steinblöcken bedeckt sind. Die Brutvögel sind ausgesprochen ortstreu und kehren immer wieder an dieselben Kolonien zurück. Der Zusammenhalt einzelner Paare erneuert sich dann am gemeinsamen vorjährigen Nestplatz. Auch die Jungen kehren oft wieder an ihren Geburtsort zurück. Die hohe Ortstreue vieler langlebiger Seevögel ist häufig dadurch bedingt, dass geeignete Brutplätze in der Weite des Ozeans meist Mangelware sind. Die Nester liegen unter Felsen, in Spalten, unter Mauern oder auch in alten Höhlen, die von Kaninchen, Sturmtauchern oder Papageitauchern gegraben wurden. Nur ein geringer Teil der Bruthöhlen scheint von den Sturmschwalben selber gebaut zu werden. Manche Höhlen können bis zu 3 m lang sein; manchmal führt ein gemeinsamer Gang zu getrennten Nestkammern. An den Brutplätzen ist wie bei den Sturmtauchern vor allem nachts Betrieb. Die schnurrenden Rufe mit dem abrupten Abschluß, der wie ein „Schluckauf“ klingt, machen wenigstens akustisch die Nacht zum Tage. Auch die Balzflüge mit hohen Rufen finden nachts über den Brutkolonien statt, bevorzugt sogar in dunklen Nächten. Beide Eltern füttern ihr Junges mit einem schon etwas anverdauten Nahrungsbrei jeweils nachts.

Vögel, die eigentlich dauernd auf den Flügeln sind, müssen das Problem des Gefiederwechsels möglichst geschickt lösen. Sturmschwalben beginnen mit der Mauser der Schwung- und Steuerfedern schon gegen Ende der Bebrütung des Geleges. Wenn die Jungen schlüpfen, hat die Schwingenmauser ihren Höhepunkt erreicht. Dann zieht sich die Mauser sehr lange hin, damit durch den Ausfall der Federn die Manövrierfähigkeit nicht beeinträchtigt wird. Erst im Winterquartier werden die restlichen alten Federn im Flügel gewechselt; die Mauser der Armschwingen ist oft bei der Rückkehr zu den Brutplätzen noch nicht abgeschlossen.

▶ WELLENLÄUFER, STUMTAUCHERARTEN

Sturmschwalbe *Hydrobates pelagicus* (L.)

Größe	= Amsel
Maße (cm)	Länge ca. 14–18 / Flügel ca. 36–39
Körpermasse (g)	23–29
Stimme	am Brutplatz schnurrendes Reihen mit abruptem „tschika“ abgeschlossen; bei Balzflügen „ti-ti-tikk-ti-ti-tikk...“, „quick-arr quick-arr...“ u.ä.
Brutzeit	Ende Mai bis Anfang Juni im Süden, Juni–Juli im Norden; 1 Jahresbrut
Gelegegröße	1
Eifärbung	weiß, ohne Glanz; gelegentlich mit Zone rötlicher Flecken am breiteren Ende
Eimaße (mm)	elliptisch bis spindelförmig mit stumpfen Polen – 28 x 21,2
Brutdauer	38–50 (Mittel 40/41) Tage
Nestlingszeit	Augen ab 5 Tagen offen; Mittel 63 bzw. 70 (53–86) Tage

STURMSCHWALBE, ALTVOGEL

ALTVOGEL

DUNENJUNGES

NEST UND GELEGE

Wellenläufer

Sehr ähnlich der Sturmschwalbe ist der etwas größere Wellenläufer. Seine längeren Flügel sind spitzer, der Schwanz ist am Ende leicht gegabelt. Bei seinen Flügen dicht über der Wasseroberfläche sind häufiger abrupte und etwas sprunghafte Richtungsänderungen zu beobachten; der Körper wird beim Flattern oder „Laufen" über dem Wasser häufig zur Seite geworfen. Die etwas tiefer nach unten geschlagenen Flügel vermitteln dem Flug Ähnlichkeit mit dem der Trauerseeschwalben, wenn sie über die Wasseroberfläche gaukeln. In der Färbung sind die Unterschiede zur Sturmschwalbe gering. Wellenläufer sind oberseits etwas heller, der weiße Bürzel fällt weniger auf. Er ist kein weißes Rechteck, sondern besteht aus zwei Teilen, ähnlich den Schenkeln eines V gegeneinander gestellt und in der Mitte durch ein schmales braunes Band getrennt.

In den Meeren Europas sind die Brutbestände deutlich kleiner als die der Sturmschwalbe. Große Mengen brüten dagegen auf Inseln im Nordpazifik und an der Küste Alaskas, aber auch große Bestände im Nordosten Nordamerikas. Auch die europäischen Brutplätze auf Island, den Färöern und auf den Inseln, die dem Norden Schottlands vorgelagert sind, weisen in Richtung Amerika. In Europa brütet nur ein kleiner Bruchteil des Weltbestandes.

Wellenläufer sind Zugvögel, die den Winter in den Tropen verbringen. Nur wenige bleiben auch den Winter über im Nordatlantik. Nichtbrüter ziehen schon im Juli/August ab, Brutvögel erst ab September. Sie sammeln sich zunächst etwa auf den Breiten ihrer Brutplätze, um dann im Oktober den Zug nach Süden anzutreten. Vor allem Westwinde treiben auch amerikanische Brutvögel gelegentlich vor die Küsten Europas. Zu den Zugzeiten im Herbst tauchen auch Vögel in der Nordsee und seltener in der Ostsee auf. Ab Ende November sind die meisten vor den Küsten Westafrikas. Einzeln stoßen sie auch bis in den Südatlantik vor. Ende April erscheinen sie wieder an den Brutplätzen der

Britischen Inseln, in Nordamerika oft noch später. Die Brutortstreue ist auch bei dieser Art sehr auffällig. Ein erstaunliches Ergebnis brachte eine Verfrachtung kanadischer Vögel nach Großbritannien: Zwei Wellenläufer waren innerhalb von 14 Tagen wieder zu ihrer Kolonie in Kanada, 4800 km nach Westen zurückgekehrt!

Nach 4–5 Jahren sind Wellenläufer brutreif. Sie leben in Einehe; die Männchen und Weibchen treffen sich an den Brutplätzen wieder und erneuern dort ihre Partnerschaft. Die Nester stehen auf felsigen Inseln nahe der Küste und bilden vor allem außerhalb Europas auch riesige Kolonien. Die Nestkammer ist meist in einer kurzen Erdhöhle oder in einer Felsspalte verborgen; sie wird mitunter mit Pflanzen ausgelegt. Beide Partner brüten und lösen sich meist erst nach einigen Tagen ab. Wenn die Jungen nach etwa fünf Tagen nicht mehr gehudert werden, finden die Nestanflüge nur noch nachts statt.

Sturmschwalbe und Wellenläufer gelten für Europa als potenziell gefährdet, und zwar aus unterschiedlichen Gründen. Die Sturmschwalbe brütet weltweit gesehen größtenteils in Europa, zum Teil auf Inseln, auf denen auch Säugetiere – potenzielle Nesträuber – eingeführt wurden. Wenn auch in letzter Zeit keine einschneidenden Bestandsabnahmen eintraten, so ist doch die Konzentration auf wenige Brutplätze eine potenzielle Gefahr, zumal man über die derzeitige Bestandssituation nicht eingehend informiert ist. Beim Wellenläufer ist der europäische Bestand nicht hoch; als Brutvogel ist die Art zwar auf sicheren, aber doch sehr wenigen Insel konzentriert. Lebensweise und Brutbiologie der Art sind ungenügend bekannt. Die Konzentration auf wenige Brutplätze ist auch der Grund, warum man auf die Erhaltung der Bestände der Sturmtaucher und anderer Seevögel zu achten hat. Die Brutplätze kopfstarker Kolonien können schnell geschädigt werden.

Eine sehr ähnliche Art ist der **Madeirawellenläufer** (*Oceanites castro*), der auf Inseln vor Madeira, aber auch im Bereich der Kanarischen Inseln brütet. Er hat breitere und kürzere Flügel als der Wellenläufer, sein leuchtend weißer Bürzel ist breiter und gleicht einem Rechteck wie bei der Sturmschwalbe. Die im Südatlantik brütende **Buntfuß-Sturmschwalbe** (*Oceanites oceanicus*) erreicht bei ihren nordwärtsgerichteten Wanderungen im Sommer (entspricht dem Winter auf der Südhalbkugel) auch gelegentlich die Küsten Südwesteuropas und kommt nur ganz selten weiter nach Norden. Sie ist der etwas kleineren Sturmschwalbe sehr ähnlich, zeigt aber einheitlich dunkle Unterflügel und auf der Armflügel-Oberseite ein helles Band.

▸ STURMSCHWALBE, STURMTAUCHERARTEN

Wellenläufer *Oceanodroma leucorhoa* (VIEILLOT 1817)

Größe	> Taube
Maße (cm)	Länge ca. 19–22 / Flügel ca. 45–48
Körpermasse (g)	45
Stimme	nachts am Brutplatz 2 Ruftypen „r-r-r-uuui-tschurr" und Reihe von Stakkato-Elementen mit Triller am Ende; auf dem Meer stumm
Brutzeit	Ende Mai bis Oktober, 1 Jahresbrut
Gelegegröße	1
Eifärbung	weiß, matt; meist mit feinen rötlichen Punkten am breiteren Ende
Eimaße (mm)	elliptisch bis spindelförmig mit stumpfen Polen – 32,8 x 23,85
Brutdauer	41/42 Tage
Nestlingszeit	63–70 Tage; bis 5 Tage Hudern

WELLENLÄUFER, ALTVOGEL

ALTVOGEL

DUNENJUNGES

NEST UND GELEGE

Basstölpel

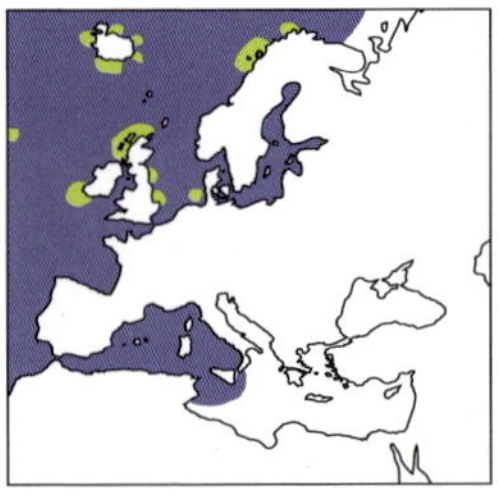

Der große Meeresvogel mit dem torpedoförmigen Körper und den langen, auffallend schmalen Flügen hat eine spektakuläre Technik des Stoßtauchens entwickelt. Aus 30–40 m Höhe kippen die Vögel ab, winkeln die Flügel an und strecken sie kurz vor dem Eintauchen nach hinten, um den Aufprall auf das Wasser durch eine reduzierte Angriffsfläche möglichst gering zu halten. Dabei erreichen sie im Steilstoß eine Geschwindigkeit bis zu 100 Kilometer pro Stunde. Bis etwa 3 m tauchen die Basstölpel durch den Stoß, der in steilem Winkel aufs Wasser trifft, ins Wasser ein. Größere Tiefen erreichen die Fischjäger durch Unterwasserschwimmen mit Beinen und Flügeln. Basstölpel zählen zur Ordnung der Ruderfüßer, bei denen alle vier Zehen durch Schwimmhäute miteinander verbunden sind (bei anderen Schwimmvögeln, z. B. Enten, spannen sich Schwimmhäute nur zwischen den Vorderzehen aus).

Basstölpel ernähren sich so gut wie ausschließlich von Meeresfischen, die sie mit ihrem kräftigen, langen Schnabel packen. Dort, wo größere Fischschwärme an die Oberfläche kommen, stellen sich oft größere Scharen ein, in denen die einzelnen Vögel wie Raketen in kurzer zeitlicher Folge ins Wasser stoßen.

Erst im vierten bis sechsten Lebensjahr wird das fertige weiße Altersgefieder mit dem in der Brutzeit gelben Kopf und den schwarzen Flügelspitzen angelegt. Die Jungen sind im ersten Jahr braun und wirken wie sehr große Sturmtaucher. Nach und nach breiten sich am Kopf beginnend weiße Gefiederpartien aus. Während die Altvögel auch den Winter über etwa in den Breiten ihrer Brutplätze bleiben, ziehen die Jungen nach Süden und überwintern vor den Küsten des tropischen Westafrika. Oft kehren sie erst nach zwei Jahren oder noch später in die Brutgewässer zurück. Bei ihren Wanderungen kommen einzelne Basstölpel oder kleine Trupps auch ins Mittelmeer und in die Ostsee. Ins Binnenland werden sie nur ganz ausnahmsweise verschlagen.

Die Nester sind flache Mulden, die mit Pflanzenmaterial ausgekleidet werden. Sie stehen in großen Brutkolonien oft dicht nebeneinander und nicht selten kommt es vor, dass Nistmaterial vom Nachbarn gestohlen wird. Um das Nest wird ein winziges Territorium verteidigt und durch auffälliges Verbeugen dem Konkurrenten gegenüber markiert. Bekannt sind die Basstölpel für ihre vielfältigen Verhaltensweisen, die an den Partner adressiert sind und auch die Paarbildung einleiten. Kopfschütteln, Nackenbeißen, Wegsehen (in friedlicher Absicht wird der „gefährliche" Schnabel dabei vom Partner weggedreht), Grußzeremonie und gegenseitiges Gefiederkraulen gehören dazu. So werden auch in dicht gepackten Kolonien Zugehörigkeit und Distanz geregelt. Die Partner treffen sich am Brutplatz wieder. Nach bisherigen Untersuchungen ist Wiederverpaarung mit dem alten Partner häufiger als Partnerwechsel. Beide Eltern brüten und füttern ihr Junges. Bevor sich der mächtige Vogel zum Brüten niederlässt, bedeckt er das Ei mit den Schwimmhäuten. Auch das kleine Junge wird einige Tage auf den Schwimmhäuten des Altvogels sitzend gehudert. Nach dem Ausfliegen der Jungen erlöschen die Familienbande rasch.

Der deutsche Name des bekannten Meeresvogels bezieht sich auf die berühmte Brutkolonie auf dem Bass Rock, einem Felsen am Eingang des Firth of Forth vor der Ostküste Schottlands. Bereits 1447 wurde diese Kolonie zum ersten Mal schriftlich erwähnt und auch in späteren Jahrhunderten sogar in der lyrischen Literatur immer wieder. Der wenig schmeichelhafte zweite Namensbestandteil bezieht sich wohl darauf, dass man die zutraulichen Altvögel am Brutplatz leicht töten konnte. Viele Kolonien sind im Lauf der Jahrhunderte von Seefahrern oder Anwohnern regelmäßig genutzt worden, man nahm Eier und Junge als willkommene Nahrung und erlegte Altvögel. Während des vorigen Jahrhunderts führte die Ausbeutung der „Vogelberge" zu erheblichen Bestandseinbrüchen nicht nur der Basstölpel, sondern auch einiger anderer koloniebrütender Seevögel.

Mit deutlich über 200 000 Brutpaaren rechnet man in Europa. Gleichwohl ist der Basstölpel in die Liste der Arten aufgenommen, auf die man ein besonders wachsames Auge richten muss. Der größte Teil der Weltbestandes brütet in Europa und verbringt auch das übrige Jahr in europäischen Gewässern. Daraus ergibt sich eine besondere Verantwortung, zumal die Hauptanteile des gegenwärtigen Brutbestandes auf wenige Stellen konzentriert sind, die natürlich geschützt werden müssen.

Basstölpel *Sula bassana* L. 1758

Größe	= Gans
Maße (cm)	Länge ca. 87–100 / Flügel ca. 165–180
Körpermasse (g)	2300–3600
Stimme	in Kolonie lärmend; raue „arrah-arrah"-Rufe, daneben weicher, rabenähnlich „krok-krok"; vor Start oft „u-ah"; auf dem Meer stumm
Brutzeit	ab Anfang April, weiter nördlich ab Mai; 1 Jahresbrut
Gelegegröße	1 (selten 2)
Eifärbung	matt kalkig-weiße Außenschicht (ungleichmäßig dick), stellenweise bläulich-grüne Schale
Eimaße (mm)	lang-spindelförmig – 78,1 x 49,1
Brutdauer	44 (42–55) Tage
Nestlingszeit	84–97 (Mittel 90) Tage

▶ KAUM ZU VERWECHSELN

BASSTÖLPEL, BRUTKOLONIE

ALTVOGEL, SEGELND

JUNGVOGEL

NEST UND GELEGE

Kormoran

Noch vor etwas mehr als einem Jahrzehnt war der Name Kormoran der Öffentlichkeit weitgehend unbekannt. Mittlerweile ist der Namensträger aber in die Schlagzeilen geraten und fast zu einem europäischen „Problem" geworden: Der „gefräßige" Fischjäger hat sich aus einem Bestandstief etwa Mitte des 20. Jahrhunderts nicht nur erholt, sondern sich vor allem im Raum um Nord- und Ostsee gewaltig vermehrt. Grund genug für einen Dauerbrenner in den Medien und heftige Diskussionen zwischen Naturschutz und Fischerei einschließlich aller Behörden vom Landkreis bis Brüssel. Heute tauchen Kormorane auf ihren Wanderungen auch weitab im Binnenland an Stellen auf, an denen sie noch bis vor kurzem unbekannt waren. Dass sie in Teichwirtschaften und Fischzuchtanlagen vor allem in kalten Wintern Schaden anrichten, ist unbestritten. Dass sie aber Flüsse und Seen leerfischen und auch die wildlebende einheimische Fischfauna ausrotten, ist schlichtweg falsch. Da werden wieder einmal Umweltsünden der Menschen einem Vogel auf die dunklen Schultern geladen.

Der auch für das Vorkommen der Kormorane in Mitteleuropa wichtige Brutbestand in Polen, Norddeutschland, den Niederlanden, Schweden und Dänemark hatte mit rund 4000 Brutpaaren Anfang der 60er Jahre seinen Tiefstand erreicht. Rücksichtslose Verfolgung war eine der Ursachen, die dazu führte. Dann setzte – nicht zuletzt auch als Folge des Schutzes der Brutkolonien in einigen Ländern – eine allmähliche Zunahme ein, die bis Anfang der 90er Jahre den Bestand auf rund 95 000 Paare brachte. Doch schon ab etwa 1992 nahm die Wachstumsrate der Brutpopulationen stark ab; sie schienen ihre Grenzen erreicht zu haben. Parallel mit der Vergrößerung der Brutbestände in Räumen mit Restbeständen wurden auch viele einstmals vom Kormoran bewohnte Gebiete in vielen Teilen Europas wieder besiedelt.

Kormoran *Phalacrocorax carbo* (L.)

Größe	= Gans
Maße (cm)	Länge ca. 80–100 / Flügel ca. 130–160
Körpermasse (g)	1810–2810
Stimme	in Kolonie z. B. „chroho-chroho-chroho" mit vielen Abwandlungen, z. B. „agock-kock-kock" (♂), hoch „flii-flii-flii" (♀); sonst still
Brutzeit	Anfang April im Süden, bis Anfang Juni im Norden; ausnahmsweise Februar bis September; 1 Jahresbrut
Gelegegröße	3–4 (5, ausnahmsweise 6)
Eifärbung	blassblaue Schale mit ungleichmäßigem kalkig-weißem Überzug, zunehmend mit Kratzern und Flecken
Eimaße (mm)	spindelförmig – 65,8 x 40,7 mm
Brutdauer	23–30 Tage
Nestlingszeit	ca. 50 Tage (erst mit ca. 2 Monaten voll flugfähig)

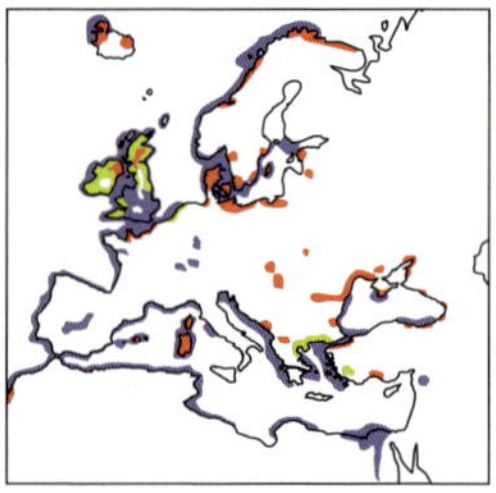

Von der Nordseeküste bis Oberitalien gab es auch kleinere Neuansiedlungen. Gegenwärtig scheinen im Nordsee- und Ostseeraum die Bestände nicht weiter zu wachsen, weil die Grenzen des Nahrungsangebots erreicht sind und auch durch menschliche Eingriffe die Gründung neuer Kolonien weitgehend verhindert wird. Auch fernab dieser Zentren haben manche Ansiedlungen ihre Grenzen erreicht.

Starke Zunahme von Vogelbeständen innerhalb relativ kurzer Zeit und Einbremsen des Wachstums nach einer Phase starker Vermehrung ist ein ganz natürlicher Vorgang, an dem allerdings nicht nur Vogelschutz und Vogelverfolgung, sondern auch andere Umweltfaktoren ihren Anteil haben. Das Gerede, die „Kormoranexplosion" sei unnatürlich, ist daher Unsinn. Wie mit anderen Entwicklungen in der Natur auch, wird man damit fertig werden müssen, ohne eine Art wieder an den Rand des Aussterbens zu bringen.

Kormorane sind Fischjäger, die im Tauchschwimmen ihre Beute erjagen. In China werden sie an wenigen Stellen auch heute noch zum Fischfang eingesetzt, wobei man die an lockerer Leine gehaltenen Vögeln hindert, die erbeuteten Fische zu verschlucken. Je nach Umständen und Lebensraum beträgt der tägliche Nahrungsbedarf eines erwachsenen Vogels 300–500 g Fisch.

In Europa kommen Kormorane in zwei Unterarten vor, die man aber in Freilandbeobachtungen so gut wie nicht unterscheiden kann. Sie brüten in Kolonien, die mitunter rasch anwachsen, oft auch zusammen mit Reihern, mit denen es nicht selten auch harte Auseinandersetzungen um Brutplätze und Nestmaterial gibt. Bei vielen Populationen stehen die Nester auf großen Bäumen, an der Küste aber auch auf Felsklippen. Als Teilzieher und richtige Zugvögel tauchen sie auch abseits der Brutplätze auf, sehr zum Leidwesen der Fischer heutzutage auch in größeren Schwärmen. In Mitteleuropa liegen die Durchzugszeiten von September bis Oktober und im März/April. Flügge Jungvögel können aber schon im Spätsommer größere Entfernungen zurückgelegt haben. Das Winterquartier reicht von Mitteleuropa bis Nordafrika; größere Winterkonzentration gab es früher aber nur im Westen Europas. Heute bleiben größere Schwärme auch in viele Gebieten Mitteleuropas, wenn die Seen nicht zufrieren. Winterflucht treibt Kormorantrupps dann auch auf nicht vereiste Kleingewässer, Flüsse und Fischteichanlagen. Charakteristisch für viele Durchzügler und Wintergäste sind die Flüge zu gemeinsamen Schlafplätzen auf hohen Bäumen. Nichtbrütende Vögel verbringen oft auch den Sommer abseits der Brutplätze.

▸ Krähenscharbe, Zwergscharbe

KORMORAN, ÜBERWINTERNDER TRUPP

KORMORAN IM PRACHTKLEID

KORMORAN IM ERSTEN SOMMER

NEST UND GELEGE

Krähenscharbe

Etwas kleiner und vor allem deutlich schlanker als Kormorane sind Krähenscharben. Ihr nach Kormoranart schlanker, seitlich etwas abgeflachter Schnabel endet mit einem Haken; er ist aber schlanker als bei Kormoranen.

Wie sehr viele der insgesamt etwa 30–40 Kormoranarten der Welt sind Krähenscharben reine Meeresvögel und erscheinen nur ausnahmsweise tiefer im Binnenland. Da es sich dann oft um bräunliche Junge oder noch nicht geschlechtsreife Vögel handelt (die Männchen brüten erstmals mit drei, die Weibchen meist erst mit vier Jahren), ist die sichere Bestimmung solcher Ausnahmegäste nicht immer ganz einfach. Dass man übrigens die Zahl der Kormoranarten nicht exakt angeben kann, hängt mit zahlreichen Inselpopulationen auf der Südhalbkugel zusammen. Man ist sich unter Fachleuten nicht einig, ob man vor allem die im Südpazifik um Neuseeland und in subantarktischen Gewässern lebenden nahe verwandten Formen als Arten werten soll oder nur als Unterarten; für beide Lösungen gibt es Argumente.

Krähenscharben fischen im freien Meereswasser; ihr täglicher Nahrungsbedarf ist etwas geringer als der des größeren Kormorans. Ihre Nester stehen auf Klippen oder in steilen Felsküsten. In den für das nördliche Europa typischen Vogelbergen besetzen sie meist die unteren Stockwerke nahe am Wasser. Beim Kormoran dagegen ist nur die in Nordeuropa lebende Unterart *Ph. carbo carbo* Meeresvogel und Mitbewohner von Seevogelkolonien. Auch bei der Krähenscharbe unterscheidet man zwei Unterarten; eine davon bewohnt das Mittelmeer (*Ph. aristotelis desmarestii*). Im Unterschied zu Kormoranen sind Krähenscharben keine Zugvögel. Sie bleiben entweder in der weiteren Umgebung ihrer Brutplätze oder unternehmen Zerstreuungswanderungen, die sie in ganz unterschiedliche Richtungen führen. Über 1000 km

Krähenscharbe *Phalacrocorax aristotelis* (L. 1761)	
Größe	< Gans
Maße (cm)	Länge ca. 65–80 / Flügel ca. 90–105
Körpermasse (g)	2000
Stimme	♂ gurrende „ark…" in Reihen, mit „ik"-Lauten unterbrochen; ♀ „klick"-Laute; außerhalb Kolonie schweigsam
Brutzeit	ab März, 1 Jahresbrut
Gelegegröße	1–6
Eifärbung	Schale blassgrau mit ungleichmäßiger kreideweißer Außenschicht, leicht Kratzer und Flecken bekommend
Eimaße (mm)	spindelförmig bis lang-spindelförmig – 62,9 x 38,4
Brutdauer	30/31 Tage
Nestlingszeit	48–58 (M 53) Tage; juv. noch mindestens weitere 20 (bis 50) Tage gefüttert

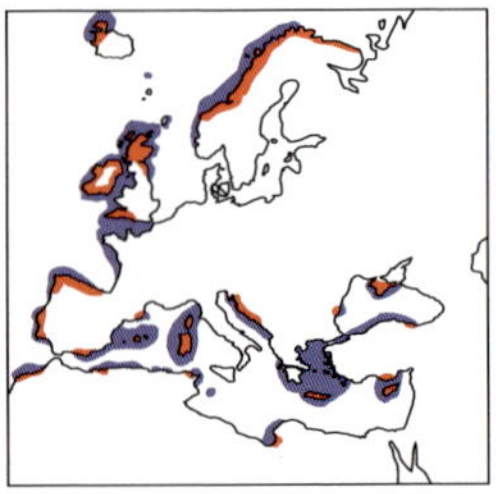

Wegstrecke sind durch Ringfunde immerhin nachgewiesen. Vor allem die Vögel nördlicher Populationen scheinen häufiger etwas weiter zu wandern. Die im Vergleich zu vielen Kormoranen geringere Wanderneigung ist auch ein Grund dafür, dass Krähenscharben so selten im Binnenland beobachtet werden.

Die Nester werden aus Pflanzenmaterial, meist Tangen, zusammengetragen. Sie stehen meist in recht lockerem Verband. Den Nistplatz wählt das Männchen häufig am Ort des Vorjahres. Es ist auch meist für das Heranschaffen des Materials verantwortlich, das dann vom Weibchen übernommen wird und zur Nestunterlage verbaut wird. Am Nestplatz treffen vor allem nach einer erfolgreichen Brut auch die alten Partner wieder zusammen. An Plätzen mit Mangel an geeigneten Nistmöglichkeiten kommen gelegentlich auch Abweichungen von der üblichen Einehe vor; manche Männchen sind dann z. B. mit zwei Weibchen verpaart. Beide Partner bebrüten die Eier und füttern auch die Nestlinge. Nach Art aller Kormorane schaffen die Altvögel das Futter im Kehlsack heran und würgen es vor den Jungen aus. Später stecken die Jungen ihren Schnabel in den der Altvögel, um die Fischbeute gleich direkt aus dem Kehlsack der Altvögel zu übernehmen. Nach dem Ausfliegen bleiben die Jungen noch einige Zeit bei den Altvögeln, denn sie werden erst etwa in einem Alter von zwei Monaten flugfähig.

Die Auswirkung einer unter Wasservögeln fast einmalige Besonderheit der Kormorane, die sich auch bei den nah verwandten Schlangenhalsvögeln warmer Gebiete findet, ist häufig zu beobachten. Kormorane fetten ihr Gefieder nicht ein. Beim Schwimmen und Tauchen durchnässen daher die Federn rasch. Ihre Struktur saugt Wasser sogar besonders rasch auf. Dies dient dem Tauchen, denn mit voll gesogenem Gefieder nimmt die Dichte des Körpers zu und er kann leichter unter Wasser gehalten werden und mit weniger Aufwand größere Tiefe erreichen. Unmittelbar an der Körperoberfläche aber wird durch das ins Gefieder eindringende Wasser eine Luftschicht zusammengedrückt, die als Isolationsschicht allzu großen Wärmeverlust unterbindet. Wenn die Vögel aus dem Wasser kommen, schütteln sie den größten Teils des Wassers aus dem Gefieder. Die körpernahe Luftschicht dringt wieder ins Gefieder vor und verhindert eine Unterkühlung. Zudem suchen die Vögel einen exponierten Platz, fächern den Schwanz und breiten im Sitzen ihre Flügel aus, damit Körper und Flügelfedern rascher trocknen können. So kann man an der charakteristischen „Wappenvogelhaltung" Kormorane und ihre Verwandten schon von weitem erkennen.

▸ Kormoran, Zwergscharbe

KRÄHENSCHARBE IM PRACHTKLEID (ABGENUTZT)

JUNGVOGEL

JUNGVÖGEL IM NEST

NEST UND GELEGE

Zwergscharbe

Die mit Abstand kleinste europäische Kormoranart ist auch die seltenste. Die Gesamtpopulation im Osten und Südosten Europas schätzt man gegenwärtig auf weniger als 10 000 Brutpaare; die meisten davon brüten in Rumänien. In Ungarn und in der Slowakei, den westlichsten Brutländern des ganzen Verbreitungsgebiets, brüten heute nur noch unregelmäßig einzelne Paare. In Ungarn fehlte die Art rund ein Jahrhundert als Brutvogel. Auch am Südrand haben Arealeinbußen stattgefunden. So brüten Zwergscharben z. B. in Israel seit vielen Jahrzehnten nicht mehr. In Nordafrika (Algerien) ist die Art schon im 19. Jahrhundert ausgestorben. Größere Bestände werden im Bereich des Kaspischen Meeres und entlang des Euphrat im Irak vermutet. Der Ostrand des Verbreitungsgebiets schließt den Aralsee mit ein, der heute auf einen Bruchteil seiner einstigen Fläche zusammengeschrumpft und fast vernichtet ist. Also wird es auch hier zu größeren Bestandseinbußen gekommen sein.

Die lang anhaltende Abnahme im Laufe des 20. Jahrhunderts hat viele Ursachen. Vor allem entlang der unteren Donau, einem wichtigen Verbreitungsgebiet der Art, wurden in riesigem Umfang Feuchtgebiete trockengelegt und auch im Donaudelta selbst gingen rund 20% der Nassflächen verloren. Dazu wurden dort Zwergscharben zusammen mit anderen Fischjägern hier seit Jahrzehnten gnadenlos verfolgt. Auch einige andere, noch vor kurzem bekannte Brutplätze sind mittlerweile verschwunden oder gestört, z. B. in Kleinasien. Manche natürlichen Gewässer sind auch in intensiv bewirtschaftete Fischfarmen umgewandelt worden. Viele der größten Kolonien sind aber neuerdings zumindest in Zusammenhang mit Nationalpark- und Reservatprojekten gebracht worden, so dass Hoffnung besteht, wenigstens einen ansehnlichen Restbestand erhalten zu können. Gesetzlicher Schutz und Reservate sind aber für diese in Europa potenziell gefährdete Art dringend vonnöten.

In Mitteleuropa tauchen Zwergscharben nur als Ausnahmegäste auf. Gelegentlich gibt es sogar auffällige „Invasionen“, wie z. B. Ende der 50er Jahre, die am ehesten im

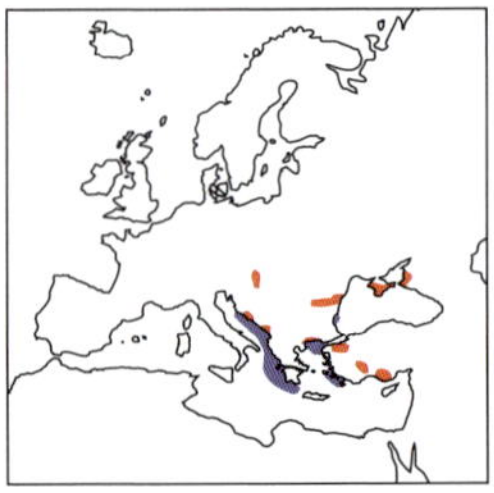

Südwesten zu bemerken sind. Viele Populationen überwintern im Bereich ihrer Brutgebiete; andere – vor allem die Brutvögel östlicher Gebiete – ziehen kurze Strecken ans nördliche Mittelmeer, z. B. an die Adria oder in die Ägäis. Auch im Norden Israels tauchen heute noch einzelne Vögel auf. Größere Bestände überwintern im Süden des Kaspigebiets.

In fast allen Kleidern fallen die kleinen Scharben durch braunen Kopf und Hals auf, in deren Gefieder bei Altvögeln im Prachtkleid zu Beginn der Brutzeit einzelne weiße Federspitzen auftauchen, die wie weiße Haare aussehen. In der Silhouette, vor allem auch im Flugbild, sind der lange Schwanz sowie der kurze Hals und Kopf auffallend. Der Schnabel ist auch relativ gesehen viel kürzer als bei Krähenscharbe und Kormoran. Eine Regel, die dem Vogelbeobachter innerhalb verwandter oder ähnlicher Vögel immer wieder auffällt, gilt auch für die Kormorane: Je kleiner die Vögel, desto rascher ist der Flügelschlag. Zwergscharben schlagen rascher und flacher; wie Kormorane gleiten sie auch mit etwas gewölbten Flügeln und können bei guten Thermiken sogar im Kreis segeln. Aus der Ferne zeigen fliegende Trupps oft erstaunliche Ähnlichkeit mit den ebenfalls in Reihen fliegenden Sichlern, diese haben nicht nur ähnliche Lebensraumansprüche wie Zwergscharben, sondern brüten nicht selten mit ihnen in gemischten Kolonien.

Zwergscharben brüten in der Regel an Binnengewässern, besonders an solchen, die reichen Uferbewuchs aufweisen. Große Schilfgebiete an Sümpfen und Seen – insbesondere auch an flachen Steppenseen –, aber auch mit Auwäldern bestandene Flüsse und vor allem Altwässer sind ihre bevorzugten Aufenthaltsgebiete. Hier brüten sie auf kleinen Bäumen oder Sträuchern, auch im dichten Schilf, nicht selten zusammen mit anderen koloniebrütenden Wasservögeln, vor allem Reihern, Sichlern oder Löfflern. Es sind aber auch große artreine Zwergscharbenkolonien bekannt. Die Nester stehen mitunter nur einen bis zwei Meter über Wasser. Sie werden von Männchen und Weibchen aus Zweigen gebaut und mit feinerem Material ausgepolstert. Viele Einzelheiten der Brutbiologie sind aber noch ungenügend bekannt.

Auch Zwergscharben ernähren sich hauptsächlich von Fischen, vorzugsweise von kleineren bis etwa 15 cm Länge, aber wohl auch von anderen Wassertieren. Auch außerhalb der Brutzeit sind sie gern gesellig, z. B. an Rast- und Nahrungsplätzen. Doch bei der Tauchjagd auf Fische, zu der sie wie die meisten Kormorane oft mit einem kleinen Sprung ansetzen, sind die Vögel meistens auf sich allein gestellt.

▸ KORMORAN, KRÄHENSCHARBE

Zwergscharbe *Phalacrocorax pygmeus* (PALL. 1773)

Größe	= Taube
Maße (cm)	Länge ca. 45–55 / Flügel ca. 80–90
Körpermasse (g)	565–870
Stimme	wenig bekannt; außerhalb der Brutzeit schweigsam
Brutzeit	Ende April bis Juni, 1 Jahresbrut
Gelegegröße	(3) 4–6 (7)
Eifärbung	weiß mit unregelmäßiger Außenschicht aus rauem, kalkigem Material
Eimaße (mm)	lang-elliptisch – 46,9 x 30,5
Brutdauer	27–30 Tage
Nestlingszeit	ca. 70 Tage (geschätzt)

ZWERGSCHARBE IM PRACHTKLEID

ZWERGSCHARBEN AUF DEM RUHEBAUM

FLIEGENDE ZWERGSCHARBE

JUGENDKLEID

Rosapelikan

In der Ordnung der Ruderfüßer gibt es viele imposante Vogelgestalten. Die auffälligsten und bekanntesten sind zweifellos die Pelikane, von denen es insgesamt sieben Arten auf der Welt gibt, davon zwei in Europa. Das Verbreitungsgebiet des Rosapelikans reicht von Südosteuropa bis in die Steppengebiete Asiens und nach Nordindien; an zahlreichen Stellen brütet er auch in Afrika südlich der Sahara, manchmal zumindest zeitweise in großen Kolonien. Gegenwärtig wird der europäische Brutbestand auf nicht mehr als 5000 Paare geschätzt, die an wenigen Plätzen in Kolonien brüten. Dies ist gewissermaßen ein Restbestand, der auf kaum mehr als zehn Brutplätze verteilt ist. Weit mehr als die Hälfte der gesamten europäischen Brutpopulation lebt im Donaudelta. Wegen seines geringen Bestandes, der an den wenigen Brutplätzen natürlich besonders gefährdet ist, steht der Rosapelikan auf der Liste der gefährdeten Brutvögel Europas, auch wenn in Asien und Afrika noch große Bestände leben.

Die europäischen Brutvögel sind so gut wie alle Zugvögel; nur wenige bleiben auch den Winter über in Südosteuropa. Bekannt ist der gewaltige Durchzug der Pelikane in Israel, der auch mit der Filmkamera vom Segelflugzeug aus dokumentiert wurde. Bis zu 70 000 Vögel ziehen im Herbst nach Süden, sehr viele bleiben auch den Winter über in Israel. Ähnliches kann man in Ägypten entlang des Nils erleben. Auch hier ziehen neben großen Trupps von Überwinterern viele noch weiter nach Süden. Im März/April kehren Rosapelikane zu ihren europäischen und kleinasiatischen Brutplätzen zurück; Nichtbrüter findet man auch das ganze Jahr über fern der Brutgebiete.

Pelikane leben zu allen Zeiten gesellig. Sie zählen zu den elegantesten Segel- und Gleitfliegern, die Aufwinde mit einer Leichtigkeit zu nutzen vermögen, die man den mächtigen Körpern gar nicht zutraut; auf ihren langen und breiten

Flügeln können sie sich von Thermikschläuchen im Kreis nach oben tragen lassen. Wenn Pelikane schwimmen, liegen ihre Körper auffallend hoch im Wasser. Der Unterschnabel ist sehr beweglich eingelenkt und kann sich in seiner Beweglichkeit der Füllung und Bewegung des mächtigen Hautsacks anpassen, der zwischen den Kieferästen aufgehängt ist. Der flache Oberschnabel bildet gewissermaßen nur den Deckel. Er endet in einem Haken, der offenbar beim Zupacken widerspenstige Fische leichter fest halten kann. Mit dem riesigen Hautsack werden Fische regelrecht aus dem Wasser geschöpft. Häufig beteiligen sich mehrere Pelikane gemeinsam an dieser Fischjagd: Sie schwimmen in Reihen nebeneinander und drängen Fische ins seichte Wasser oder kreisen auf offenem Wasser einen Fischschwarm ein. Gemeinsam wie auf ein Kommando tauchen die Köpfe mit weit geöffneten Schnäbeln ins Wasser.

Oft liegen aber ergiebige Nahrungsgebiete weitab von den Brutkolonien, so dass die Nahrung für die Jungen im Schlund herbeigeschafft werden muss. Mit etwa 1200 g Fisch ist der Tagesbedarf pro Vogel anzusetzen; man hat bei einem Rosapelikan sogar eine Maximallast von nicht weniger als 3950 g Fisch nachgewiesen. Angesichts der Mengen, die an einer Brutkolonie oder bei einem größeren Pelikantrupp als Nahrungsbedarf für Wochen oder gar Monate zusammenkommen, sind weite Nahrungsflüge sicher eine Notwendigkeit, die einmal die Versorgung der Vögel und ihrer Jungen sicherstellen, zum anderen aber die Risiken der Erschöpfung einer Nahrungsressource verteilen.

Wohl mit 3–4 Jahren werden Rosapelikane brutreif. Über ihre Paarbildungsverhältnisse wissen wir wenig. Man nimmt an, dass die Partnerschaft von Männchen und Weibchen nur für eine Brutsaison besteht. Die Nester stehen in den europäischen Kolonien meist auf schwimmendem Schilf oder einem Pflanzenteppich oft dicht nebeneinander. Wenn die Jungen noch klein sind, wird ihnen von den Eltern die Nahrung in weitgehend flüssiger Form als eine Art „Fischsuppe" vorgewürgt, erst nach etwa zwei Wochen ganze Fische, die bis zu 48 Stunden weitgehend unverdaut von den Altvögeln im Kehlsack aufbewahrt werden können. Die hungrigen Jungen tauchen meist tief in den geöffneten Schlund der Futter bringenden Altvögel ein, so dass mitunter ihr ganzen Kopf verschwindet. Etwas herangewachsen können sie beträchtliche Brocken bewältigen, in Ausnahmefällen Einzelfische bis zu 600 Gramm. In dieser Zeit bilden sie „Kindergärten". Bevor sie flügge werden, können sie schwimmen und fischen.

Rosapelikan *Pelecanus onocrotalus* (L.)

Größe	> Gans
Maße (cm)	Länge ca. 140–175 (148–175) / Flügel ca. 270–320 (226–360)
Körpermasse (g)	♂ 9000–15000, ♀ 5400–9000
Stimme	knurrende und grunzende Laute wie „orrh-orrh....", abseits der Brutplätze schweigsam
Brutzeit	Ende April bis Mai, 1 Jahresbrut
Gelegegröße	(1) 2 (3)
Eifärbung	weiß mit dicker, unebener kreidiger Außenschicht, mit Kratzern und Flecken
Eimaße (mm)	lang-elliptisch bis lang-spindelförmig – 97,1 x 61,4
Brutdauer	29/30 Tage, auch 35/36 Tage
Nestlingszeit	20–30 Tage; danach Gruppenbildung; mit ca. 55 Tagen Schwimmen und Fischen, flügge mit 65–70 Tagen

▸ Krauskopfpelikan

ROSAPELIKAN, TRUPP AM RASTPLATZ

IM FLUG

JUNGVÖGEL

NEST UND GELEGE

Rohrdommel

Rohrdommeln sind die am stärksten und vielseitigsten an das Leben im Schilf angepaßten Arten aus der Ordnung der Schreitvögel oder auch der Familie der Reiher. Da ist einmal die Tarnfarbe und das Tarnverhalten. Die Vögel bewegen sich meist langsam und laufen gemessenen Schritts, oft verharren sie dabei auch eine Weile bewegungslos. Das dichte Schilf verlassen sie selten. Ihr Flug führt meist niedrig über das Schilf, in das sie gleich wieder einfallen. Dort löst das fein schwarz, gelbbraun und weißlich längs gestreifte Gefieder die kompakte Gestalt im Spiel von Licht und Schatten auf. Hinzu kommt die berühmte Pfahlstellung: Bei gestrecktem Hals und nach oben weisendem Schnabel verharren Rohrdommeln oft lange wie leblos oder wiegen sich sogar leicht wie Halme im Luftzug hin und her. Dann sind sie selbst hinter wenigen Schilfhalmen oft kaum zu entdecken. Es ist also kein Wunder, wenn man den über bussardgroßen Vogel selten zu Gesicht bekommt.

Charakteristisch sind dagegen die Rufe, die in der europäischen Vogelwelt nicht ihresgleichen haben. Der Revier-„gesang“ der Männchen, der von Ende Februar bis Juni, mitunter auch noch später im Jahr aus Rohrdickichten zu hören ist, lässt sich etwa mit „ü-humb“ umschreiben. Der dumpfe Ruf ist nicht laut, aber oft weit zu hören. Er klingt etwa so, wie wenn jemand auf einer leeren Flasche bläst; der höhere Anfangslaut ist aus größerer Entfernung nicht zu hören.

Den typischen Lebensraum bilden ausgedehnte Schilfwälder. Doch dürfen die Halme nicht zu dicht stehen und kein für den Vogel schwer zu durchdingendes Dickicht bilden. Daher kommt der Rorhdommel ein gelegentlicher Schilfschnitt im Herbst durchaus gelegen. Auf dem Zug und während des Winters kann man Rohrdommeln auch häufiger in kleinen, lückigen Schilfbeständen oder auch mehr oder minder offen an Ufern oder Wiesengräben begegnen.

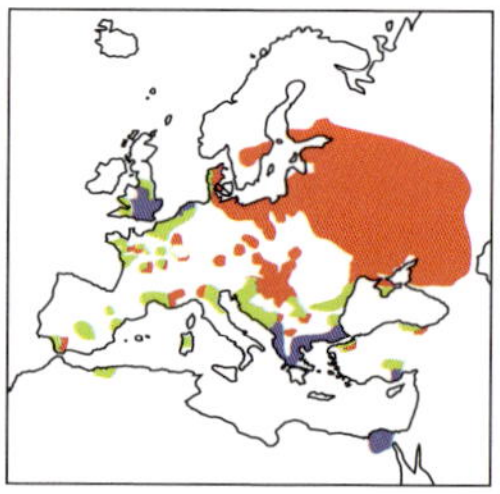

Rohrdommeln sind auch dämmerungsaktiv. Fische, Frösche und andere Amphibien, Wasserinsekten, Würmer und andere Kleintiere, mitunter auch Kleinsäuger, erbeuten sie an Land oder im Seichtwasser. Meist nähern sich die Dommeln ganz behutsam der Beute; der Kopf bewegt sich langsam auf das Opfer zu, um dann ganz plötzlich vorzuschnellen.

Von der Fortpflanzungsbiologie ist vieles noch nicht ausreichend bekannt. Die Männchen verteidigen Reviere im Schilf, in dem ein oder auch mehrere Weibchen leben. Ob eine regelrechte Paarbindung besteht, ist noch umstritten. Die Nester – Plattformen aus Pflanzenmaterial – liegen im dichten Schilfröhricht, oft dich über dem Wasser. Wenn mehrere Weibchen im Revier eines Männchens leben, stehen Nester mitunter nur 15–20 m voneinander entfernt. Den Nestbau scheint ausschließlich das Weibchen zu besorgen, das auch die Bebrütung des Geleges besorgt und in der Regel die Jungen allein füttert. Hat ein Männchen nur ein Weibchen, beteiligt es sich gelegentlich an der Fütterung.

Nur Teile der europäischen Rohrdommeln unternehmen weitere Wanderungen. Das Winterquartier umfasst West- und Südeuropa sowie mildere Gebiet Mitteleuropas. Man kann jedoch auch am Fuß der Alpen gelegentlich Überwinterungsversuche registrieren. Vorderasien und Nordafrika zählen ebenfalls noch zum Winterquartier; einzelne hat man auch bis Zentralafrika beobachtet. Kälteeinbrüche können mitteleuropäischen Winterausharrern nicht unerhebliche Verluste bringen.

In vielen Ländern Europas sind die ohnehin kleinen Brutbestände durch Verschwinden geeigneter Feuchtgebiete oder zahlreiche Eingriffe in die Beschaffenheit der empfindlichen Seichtwasser- und Ufervegetation langfristig stark zurückgegangen. Probleme entstehen auch durch Nutzung von Schilfbeständen, wobei traditionelle Nutzungsformen mit Schilfschnitt durchaus vorteilhaft sein können. In manchen Gebieten Mitteleuropas ist auch seit langem ein „Schilfsterben“ zu beobachten, dass verschiedene Ursachen hat. Auch die Freizeitbelastung der Uferzonen trägt ihren Teil zu den Problemen für die Rohrdommel bei. Lokal hat man aber auch kleine Erholungen der Bestände festgestellt, vor allem dort, wo Stillgewässer mit Schilf geschützt werden. Auch in manchen Fischteichkomplexen konnten sich Rohrdommeln halten. So zählt die Art heute zu den gefährdeten Brutvogelarten Europas und ist in manchen Gebieten längst verschwunden. In Deutschland liegen die wichtigsten Brutgebiete im Nordosten.

▸ Zwergdommel, Nachtreiher

Rohrdommel *Botaurus stellaris* (L.)

Größe	> Huhn
Maße (cm)	Länge ca.: 70–80 (64–80) / Flügel ca. 125–135
Körpermasse (g)	867–1940, ♀ leichter
Stimme	Reviergesang Mitte Februar bis Juni tief (nicht laut), weithin hörbar „ü-humb“, Flugruf nasal „kau“ oder „quouk“, Warnruf „kokoko“, Drohruf (?) „chra“
Brutzeit	Beginn Ende März im Süden, bis Ende Mai im Norden; 1 Jahresbrut
Gelegegröße	(3) 5–6 (7)
Eifärbung	glatt und ohne Glanz. Olivbraun, manchmal fein dunkelbraun gesprenkelt am stumpfen Pol
Eimaße (mm)	elliptisch bis kurz-spindelförmig – 53,2 x 38,1
Brutdauer	25–26 Tage
Nestlingszeit	nach 15–20 Tagen mitunter neben dem Nest; flügge mit 50–55 Tagen

ROHRDOMMEL, ALTVOGEL

ROHRDOMMEL, SICHERND

ALTVOGEL MIT JUNGEN

NEST UND GELEGE

Zwergdommel

Sie ist der kleinste der europäischen Stelzvögel und relativ zu ihrer Größe auch deutlich schlanker als die Rohrdommel. Ihr großes Verbreitungsgebiet umfasst nicht nur weite Teile Europas und Nordafrika bis Westsibirien, sondern davon getrennt auch weite Gebiete Afrikas südlich der Sahara; sie brütet auch in Nordindien und sogar in Australien. In warmen Ländern Asiens leben vor allem in Reisanbaugebieten einige ähnliche Arten, ebenso je ein Gattungsverwandter in Afrika und Südamerika.

In vielen Ländern Europas sind die Bestände aber heute auf einen kümmerlichen Rest zusammengeschrumpft. Selbst in Ländern, in denen die Art bis vor kurzem noch gar nicht selten war, ist eindeutige Abnahme zu verzeichnen, wie z.B. in Kleinasien. Nur an ganz wenigen Plätzen auf der Landkarte Europas scheinen sich kleine Bestände zu halten. Besonders dramatisch sind die Abnahmen in Nordwest- und Mitteleuropa. Diese bedenkliche Entwicklung hat etwa seit 1970 eingesetzt und sicher auch mit dem Verschwinden und der Störung vieler Feuchtgebiete und vor allem intakter Uferzonen zu tun. Aber dies allein kann wohl nicht für die unaufhaltsame Abnahme verantwortlich sein, da Zwergdommeln auch in Gebieten verschwanden, die sich wenig verändert hatten. Darüber hinaus können sie auch mit kleinen Schilfflecken an Baggerseen, Fischteichen oder Altwässern auskommen, sofern Weidenbüsche neben Schilf vorhanden sind.

Zwergdommeln sind Langstreckenzieher. Ihr Winterquartier liegt in Afrika südlich der Sahara. Die weitesten Ringfunde liegen bei 6500 km Wegstrecke, sicher ziehen viele Vögel noch weiter. In den Durchzugsgebieten im Mittelmeerbereich sind die kleinen Reiher durch starke Veränderungen an möglichen Rastplätzen und auch durch Verfolgung gefährdet. Viel hat sich auch in Afrika verändert. Trockenheit in der Sahelzone, aber auch in Ostafrika ist daher als Grund für die Abnahme verantwortlich gemacht worden, zumal z.B. der Purpurreiher, ebenfalls ein Langstreckenzieher mit Winterquartieren in Afrika, derzeit ein ähnliches Schicksal erleidet wie die Zwergdommel. Schon ab Juli verteilen sich die Jungvögel in einer Zerstreuungswanderung in verschiedene Richtungen. Von August bis September verlassen die meisten Vögel Europa, die Altvögel meist etwas eher als die Jungvögel des Jahres. Nicht vor April kehren Zwergdommeln an die Brutplätze zurück, die Männchen kommen meist vor den Weibchen und die mehrjährigen vor den jüngeren zurück. Nichtbrütende Vögel streunen offenbar noch bis in den Sommer hinein weiter herum. Vielerorts gehört aber auch regelmäßiger Durchzug längst der Vergangenheit an und selbst Einzelbeobachtungen sind selten geworden.

Im Schilf an größeren Seen, aber auch an kleinen Teichen oder im Auwald an Altwässern zwischen Weidenbüschen, mitunter auch an Fischteichen und kleineren künstlichen Stillgewässern halten sich Zwergdommeln versteckt. Sie klettern geschickt an Halmen und Büschen, wobei ihre langen Zehen mehrere dünne Halme umklammern. Mitunter stoßen sie auch an Halmen und Ästen sitzend auf Beute im Wasser. Auch die Jungen klettern bereits in der Nestumgebung herum, lange bevor sie flügge sind. Zwergdommeln nehmen Pfahlstellung ein, wenn ihnen etwas nicht geheuer ist. Werden sie zum Auffliegen gezwungen, legen sie oft nur eine kurze Strecken mit schnellen Flügelschlägen zurück, um gleich wieder in Deckung einzufallen. Auf dem Zug fliegen Zwergdommeln in der Regel nachts.

Die Nahrung ist recht vielseitig. Kleine Fische sind in der Regel der Masse nach die wichtigste Beute, doch auch Insekten und deren Larven, Frösche, Kaulquappen, Würmer, Schnecken und mitunter sogar Jungvögel sind als Nahrungsbestandteile nachgewiesen. Der Stückzahl nach scheinen gebietsweise Insekten und andere Kleintiere die Masse der Nahrung zu bestreiten.

Die Nester stehen meist gut versteckt im Schilf, aber auch Gebüsch, niedrig über Wasser oder dem festen Boden. An günstigen Stellen findet man auch mehrere in lockeren Ansammlungen nahe beieinander. Aus Zweigen und Halmen gebaut sind Zwergdommelnester manchmal recht sperrig aussehende Gebilde, die sich kegelförmig nach unten verjüngen. Soweit bekannt, leben die Partner in monogamer Saisonehe. Männchen und Weibchen brüten und füttern auch die Jungen, die oft schon recht früh das Nest verlassen.

▸ ROHRDOMMEL, PURPURREIHER

Zwergdommel *Ixobrychus minutus* (L. 1766)

Größe	= Taube
Maße (cm)	Länge ca. 33–38 (27–36) / Flügel ca. 52–58 (40–58)
Körpermasse (g)	59–150
Stimme	♂ zur Brutzeit gedämpft „wru" oder „rru" (bes. nachts und abends), Flugruf „ker" oder „kö", Alarmruf „gäck"
Brutzeit	Beginn Anfang Mai im Süden, Ende Mai bis Anfang Juni im Norden; meist 1, gelegentlich 2 Jahresbruten
Gelegegröße	(4) 5–6 (–9)
Eifärbung	kalkweiß und glanzlos
Eimaße (mm)	kurz-elliptisch bis spindelförmig, selten stärker zugespitzt – 35,1 x 26,2
Brutdauer	17–19 (–24) Tage
Nestlingszeit	17/18 Tage; nach 5–7 Tagen können juv. Nest verlassen; klettern ab 8–10 Tagen ; flügge mit 25–30 Tagen; verlassen mit 17/18 Tagen das Nest

ZWERGDOMMEL, MÄNNCHEN MIT JUNGEN

MÄNNCHEN FÜTTERT DIE JUNGEN

WEIBCHEN HUDERT DIE JUNGEN

NEST UND GELEGE

Nachtreiher

Mit ihrer gedrungenen Gestalt erinnern Nachtreiher bei flüchtigem Hinsehen an Rohrdommeln, vor allem die Jungvögel und die noch überwiegend graubraunen Vögel im zweiten Kalenderjahr. Im Flug wirken sie ausgesprochen kompakt. Auch die Bewegungen der Nachtreiher sind rohrdommelartig gemessen. Mit langsamen Schritten bewegen sie sich vorwärts, klettern auch geschickt in der Vegetation.

Seinem Namen macht dieser Reiher alle Ehre, denn tagsüber sitzt er oft gut gedeckt ruhig im Versteck, um erst bei Dämmerung herauszukommen. Auch bei Dunkelheit sind Nachtreiher aktiv. Ein raues „Quack" verrät dann ihre Anwesenheit. Dieser bezeichnende Ruf hat ihnen auch zu ihrem niederländischen Artnamen „Kwak" verholfen. Der lateinische Art- und Gattungsname *Nycticorax*, der auf den schwedischen Naturforscher Carl von Linné zurückgeht, bedeutet nichts anderes als „Nachtrabe".

Nachtreiher bewohnen ein großes Verbreitungsgebiet in vorwiegend warmen Ländern. Es umfasst Nordafrika, Süd- und Westeuropa, Süd- und Ostasien sowie Teile Nord- und Südamerikas. In Europa gilt die Art als gefährdet, denn in vielen Gebieten haben die Brutbestände abgenommen. Verlust an geeigneten Brutplätzen und Jagdgebieten sind die Hauptursachen dafür. Gegenwärtig scheinen sich nur in Frankreich und Italien die Bestände etwas zu erholen. In Mitteleuropa zählen Nachtreiher zu den sehr seltenen Brutvögeln. Viele kleinere Ansiedlungen sind hier nach kurzer Zeit wieder erloschen.

Die europäischen Brutvögel sind meist Langstreckenzieher. Nur in warmen Ländern harren einige den Winter über aus. Die Hauptüberwinterungsgebiete liegen in Nordafrika entlang des Niltals und in Afrika südlich der Sahara etwa bis zum Äquator. Schon im Juli/August zerstreuen sich die Jungvögel in alle Richtungen und können dann bis mehrere hundert Kilometer vom Brutplatz entfernt angetroffen werden. Der eigentliche Wegzug ins Winterquartier findet im September/Oktober statt. Frühestens ab Mitte März tauchen die ersten Vögel wieder in der Nähe der Brutplätze auf, meist erst im April. Die meisten beginnen wohl nicht vor dem zweiten oder dritten Lebensjahr mit der Brut; daher sieht man jüngere Vögel auch abseits der Brutplätze. Manche tauchen auch nördlich des Brutareals auf, vielleicht sind sie beim Heimzug etwas über das Ziel hinausgeschossen. Solche Zugverlängerungen vor allem von Erstheimkehrern sind auch bei manchen anderen Zugvögeln nicht außergewöhnlich.

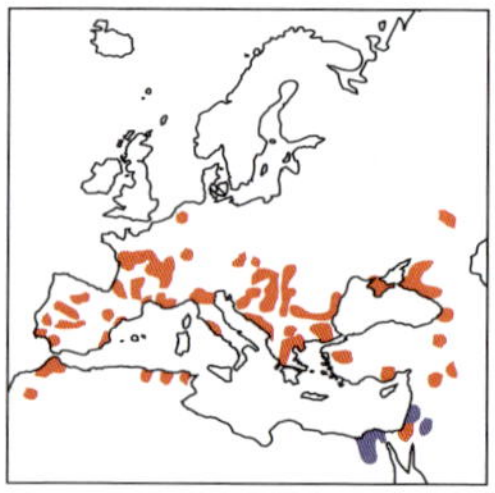

Nachtreiher *Nycticorax nycticorax* (L.)	
Größe	= Huhn
Maße (cm)	Länge ca. 58–65 (56–65) / Flügel ca. 105–112
Körpermasse (g)	525–800 (♀ kleiner/leichter)
Stimme	im Sitzen und Flug rau „quack" oder „wack", vor allem bei Dämmerung; in Brutkolonien viele heisere und gutturale Rufe, z. B. „guwock guwock", kurz „quäck" (Erregung)
Brutzeit	Ende April bis Ende Juni; manchmal 2 Jahresbruten
Gelegegröße	(1–) 3–5 (–8)
Eifärbung	blass bläulichgrün; glatt, glanzlos
Eimaße (mm)	elliptisch bis spindelförmig – 49,8 x 35,5
Brutdauer	21/22 Tage
Nestlingszeit	nach 20–25 Tagen sitzen Junge auf Zweigen neben Nest, flügge mit 40–50 Tagen

Nachtreiher brüten in dichter Vegetation. Ihre Nester stehen in Büschen oder auf mittelhohen Bäumen, in Südeuropa auch nicht selten in weiten, baumlosen Röhrichtbeständen. Die Männchen versuchen Weibchen auf provisorischen Nestunterlagen anzulocken. Mit hängenden Flügeln führt dann das Männchen einen regelrechten „Tanz" auf. Als Grußzeremonie wird dem Weibchen ein Zweig präsentiert oder der vorgebeugte Kopf bewegt; von der dunklen Kopfplatte heben sich die wenigen weißen Nackenfedern ab. Die Nester sind ziemlich klein; das Männchen bringt in der Regel das Material herbei, das dann vom Weibchen verbaut wird. Auch alte Nester vom Vorjahr werden wieder benutzt. Im Unterschied zu den Dommeln sind alle anderen europäischen Reiher mehr oder minder ausgesprochene Koloniebrüter; Einzelnester sind auch bei Nachtreihern die Ausnahme. Nicht selten sind in solchen Kolonien die Nester verschiedener Reiherarten gemischt; besonders in Südeuropa. Außerhalb der Brutzeit oder der Brutplätze tauchen Nachtreiher oft als Einzelgänger auf und sind dann als Überraschungsgäste auch an ungewöhnlichen Stellen anzutreffen.

Vor allem bei größeren Kolonien können die Nahrungsflüge zur Versorgung der Jungen bis über 10 km weit führen. Das Futter würgen die Altvögel zunächst auf den Nestboden. Wenn die Jungen etwas herangewachsen sind, übergeben ihnen die Eltern die im Schlund transportierten Beutetiere direkt in den geöffneten Schnabel. Ab einem Alter von etwa 20–25 Tagen sitzen die Jungen meist auf den Zweigen in der Nestumgebung und kehren bei jedem Futteranflug der Altvögel zum Nest zurück. Die Nahrung besteht aus Amphibien, besonders Fröschen, Fischen, Insekten und deren Larven, Kaulquappen und Würmern und gelegentlich auch aus anderen Kleintieren; Mäuse werden nicht verschmäht.

▶ ROHRDOMMEL, ANDERE REIHERARTEN

NACHTREIHER, ALTVOGEL AUF DER WARTE

ALTVOGEL, JAGEND

JUNGVOGEL LAUERND

Kuhreiher

Im Lauf des 20. Jahrhunderts hat der Kuhreiher sich über riesige Entfernungen ausgebreitet und ist heute so gut wie in allen wärmeren Ländern der Erde anzutreffen. Sicher ist die Ausbreitung in Amerika und einigen Teilen der tropischen Inselwelt wohl auch mit menschlicher Hilfe vonstatten gegangen, wie man das für Neuseeland und wohl auch für die „Eroberung" Australien als sicher annehmen darf. Auch in Mitteleuropa sind zumindest bis in die neueste Zeit Kuhreiher-Beobachtungen auf Vögel zurückzuführen, die irgendwo in Gefangenschaft oder halbwild gehalten wurden. Vor allem in manchen tropischen Gebieten Asiens und Amerikas aber haben Entwaldung und Viehzucht die Ausbreitung und den Aufbau ansehnlicher Brutbestände begünstigt. Auch im südlichen Europa sind Ausbreitungstendenzen zu beobachten und in den letzten Jahren dürften manche nördlich der bisherigen Verbreitung beobachtete Kuhreiher nicht aus Tierhaltungen stammen.

Von allen europäischen Reihern sind die Kuhreiher am wenigsten von Wasser abhängig. Sie suchen ihre Nahrung vor allem auf Savannen, Weiden, Wiesen und Feldern, aber auch in sumpfigen Gebieten und Überschwemmungsflächen. Am Meer oder an tieferen Gewässern sind sie dagegen höchstens Ausnahmeerscheinungen. Bei ihrer Jagd nach Insekten, die meist den Hauptanteil der Nahrung bilden, schließen sie sich pflanzenfressenden Großsäugern und Weidetieren an, in deren Nähe sich Insekten konzentrieren, die aber vor allem auch Insekten aus dem Gras hochscheuchen. Große Tiere üben auf Kuhreiher eine regelrechte Anziehungskraft aus. Die kleinen weißen gedrungenen Reiher zwischen den Beinen grasender Kühe oder auch einzelne

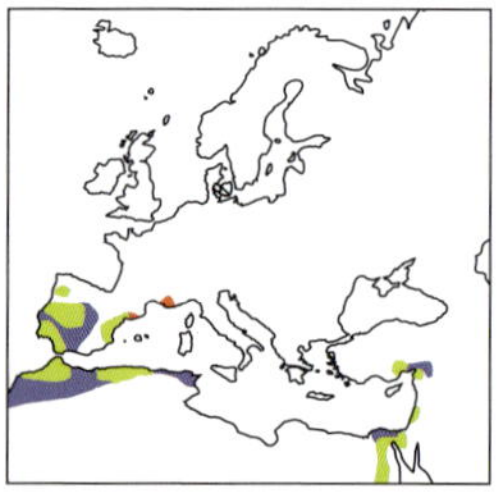

gelegentlich auf dem Rücken eines großen Büffels sind ein bekanntes Bild. Die Nähe zu weidenden Großsäugern, Wild- wie Haustieren, bringt in der Tat eine höhere Ausbeute der Nahrungssuche mit sich. Auch pflügenden Bauern schließen sich Kuhreiher an und wenn ein Reisfeld bestellt wird, sind sie oft nicht weit. Neben Insekten nehmen sie auch Würmer und Schnecken auf oder fangen Amphibien, Reptilien oder Kleinsäuger. Fische spielen dagegen im Unterschied zu den meisten anderen Reiherarten keine Rolle.

Eine Vielzahl unterschiedlicher Jagdgebiete ist sicher einer der Gründe für den Erfolg einer heute in warmen Gebieten so gut wie weltweit verbreiteten Art. Dazu kommt, dass Kuhreiher in vielen Gebieten eine bemerkenswert geringe Fluchtdistanz vor dem Menschen einhalten. Viele kopfstarke Brutkolonien befinden sich vor allem in Asien, aber auch z. B. in Ägypten mitten in Dörfern oder sogar in Großstädten. Nicht selten brüten Kuhreiher zusammen mit anderen Reiherarten, vor allem recht ähnlichen weißen Arten, die besonders in Gebieten mit Reisanbau ertragreiche Nahrungsgründe vorfinden. In Europa sind solche gemischten Reiherkolonien vor allem im Süden Spaniens zu finden.

Europäische Kuhreiher sind Teilzieher und Kurzstreckenzieher. Sie überwintern in Spanien und Nordafrika, sogar auch in Südfrankreich. Man tut sich bei einem Vogel schwer, der weite Arealvergrößerungen innerhalb kurzer Zeit erreichte, Ausbreitungsbewegungen von regelrechtem Zug zu unterscheiden, zumal auch die Jungvögel weite Zerstreuungswanderungen ausführen.

Fast immer treten Kuhreiher gesellig auf. Sie unternehmen oft weite Nahrungsflüge oder abendliche Wanderungen von Nahrungsplätzen zu einem gemeinsamen Schlafplatz, den sie wie Brutplätze manchmal mit anderen Reihern oder Schreitvögeln teilen. Zu bestimmten Tageszeiten wohl geordnet in einheitliche Richtung fliegende Kuhreiher sind ein charakteristisches Bild in Gegenden, in denen größere Populationen leben.

Schon im zweiten, mitunter aber auch im ersten Lebensjahr werden Kuhreiher brutreif. Grußzeremonien, Präsentation eines Zweiges und gegenseitiges Gefiederkraulen sind Verhaltensweisen, die Paarbildung, aber auch den Zusammenhalt der Paare fördern. Das Nest steht auf Bäumen und in Büschen, an manchen Stellen auch im Röhricht. Wie beim Nachtreiher ist auch das Männchen des Kuhreihers für den Antransport der Nestmaterials hauptsächlich verantwortlich. Das Weibchen fügt die herangetragenen Zweige zu einem Nest zusammen.

▶ RALLENREIHER, ANDERE REIHERARTEN

Kuhreiher *Bubulcus ibis* (L.)

Größe	= Huhn
Maße (cm)	Länge ca. 48–53 (46–56) / Flügel ca. 90–96 (88–96)
Körpermasse (g)	340–390
Stimme	am Brutplatz z. B. „rick-rack" (1. Silbe höher) oder dumpfer „ruck-rack"; kurz und rau „raa", „kok" bzw. „kakakaka" u. ä.; außerhalb Kolonien schweigsam
Brutzeit	verschieden, April bis Juni, normalerweise 1 Jahresbrut (2 und 3 nachgewiesen!)
Gelegegröße	(3) 4–5 (–9)
Eifärbung	sehr schwach bläulich oder weißlichblau; glatt, glanzlos
Eimaße (mm)	elliptisch bis spindelförmig, meist mit stumpfen Polen – 45,7 x 34,2
Brutdauer	22–26 Tage
Nestlingszeit	ab 10 Tagen allein gelassen, verlassen Nest ab ca. 20 Tage; mit 30 Tagen flügge, mit ca. 45 Tagen selbstständig

KUHREIHER JAGEN INSEKTEN ZWISCHEN SCHAFEN

KUHREIHER IM SCHLICHTKLEID

KUHREIHER IN KOLONIENÄHE

JUNGVOGEL IM NEST

Rallenreiher

In der Größe zwischen Kuhreiher und Zwergdommel ist der Rallenreiher einer der kleinsten Reiher Europas. Im Sitzen wirkt er überwiegend ockerfarben, im Schlichtkleid mehr graubraun; das bräunliche, vor allem am Hals gestreifte Jugendkleid ist sogar ausgesprochen tarnfarben. Um so überraschender wirkt die Verwandlung, wenn die gedrungenen Reiher auffliegen, denn plötzlich dominieren die breiten weißen Flügel und der ebenfalls weiße Schwanz. Damit ist beim flüchtigen Hinsehen eine Verwechslung mit Kuhreihern durchaus möglich.

Rallenreiher sind Bewohner vegetationsreicher Feuchtgebiete und werden eigentlich erst bei Dämmerung richtig aktiv. Auffallende Rufe sind außerhalb der Brutkolonien von ihnen kaum zu hören. Sie lieben es, sich zu verstecken und drücken sich bei Gefahr mit fast horizontal gehaltenem Körper in die Vegetation am Boden oder im Seichtwasser. In höherer Vegetation machen sie sich dagegen schlank und warten still aufgerichtet, bis die Gefahr vorüber ist. Auch bei der Nahrungssuche bevorzugen sie die Deckung. Langsam im Seichtwasser watend, oft dabei auch lange Zeit unbeweglich verharrend, aber auch auf Halmen oder Ästen dicht über dem Wasser sitzend, pirschen oder warten sie auf Beute. Ist ein geeignetes Beutetier in Reichweite, stößt der Kopf blitzschnell zu. Die Jagdweise des Rallenreihers ist die eines typischen Einzelgängers. Die Vögel verteidigen auch Nahrungsreviere.

Die Nahrung setzt sich hauptsächlich aus Amphibien (vor allem Fröschen) zusammen, ferner großen Wasserinsekten und deren Larven und kleinen Fischen; sie fischen meist bei der Dämmerung, selten bei Tage. Die natürlichen Jagdgründe sind Süßwassersümpfe und flachgründige Feuchtgebiete. In Italien und Spanien suchen heute viele Rallenreiher regelmäßig Reisfelder auf. Man hat ermittelt, dass für eine normale Kolonie wenigstens 800 ha Nahrungsfläche zur Verfügung stehen müssen. In der Nähe kleinerer Flächen können sich nur Minikolonien entwickeln.

Rallenreiher *Ardeola ralloides* (Scop.)

Größe	= Taube
Maße (cm)	Länge ca. 44–47 (42–47) / Flügel ca. 80–92
Körpermasse (g)	230–370
Stimme	zur Brutzeit rau „charr"; aggressiv „kek-kek-kek...", Alarmruf „crr crr crr" (guttural); sonst schweigsam
Brutzeit	Mitte Mai bis Anfang Juni, 1 Jahresbrut
Gelegegröße	3–6 (7)
Eifärbung	hell grünlichblau; glatt, glanzlos
Eimaße (mm)	elliptisch bis spindelförmig – 38,4 x 28,6
Brutdauer	22–24 Tage
Nestlingszeit	33–35 Tage; flügge mit ca. 45 Tagen

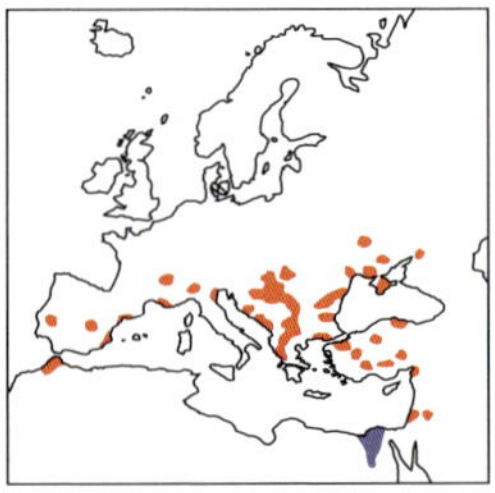

Als Brutvögel leben Rallenreiher dagegen in der Regel in gemischten Kolonien, in denen sie aber unter anderen Reihern oft nur kleine Gruppen bilden. Auch außerhalb der Brutzeit sammeln sich die gedrungenen Reiher in gemeinsamen Schlafplätzen. Sie sind aber nicht annähernd so auffällig wie etwa Kuhreiher und vor allem tagsüber nicht eben flugfreudig.

Das Männchen wählt den Nestplatz und baut ähnlich anderen Reiherarten zunächst eine kleine Balzplattform. Das endgültige Nest steht auf halbhohen Bäumen, in Büschen, aber auch im Röhricht, fast immer nahe am oder gar über dem Wasser. Um den Nestplatz wird ein kleines Revier verteidigt; gesträubte Nackenfedern in Verbindung mit dem gegen den Eindringling gerichteten kräftigen Schnabel signalisieren aggressives Drohen. Das Nestmaterial stammt meist aus der nächsten Umgebung; es wird vom Männchen gebracht und vom Weibchen verbaut. Die Nester der Rallenreiher sind aber meist recht dürftig aussehende Gebilde.

Rallenreiher überwintern nur einzeln bereits im Süden des Mittelmeerraums und in Vorderasien. Nach Süden reicht ihr Wintergebiet bis mindestens in die nördlichen Tropen Afrikas. Die flüggen Jungen begeben sich ab Juli auf Zerstreuungswanderungen, die Altvögel wandern von September bis Oktober ab. April bis Anfang Mai ist die Zeit ihrer Rückkehr. Einzeln nordwärts vorgedrungene Vögel tauchen als seltene Gäste vor allem im späten Frühjahr und Frühsommer auch im südlichen Mitteleuropa auf. Die einzigen, regelmäßig besuchten mitteleuropäischen Brutplätze liegen in Ungarn, wo man derzeit mit einem Bestand von rund 250 Paaren rechnet. Als unregelmäßiger Brutvogel gilt der Rallenreiher dagegen in Slowakien; in Österreich und der Schweiz lassen Sommerbeobachtungen auf erfolgte Brutversuche schließen.

Vor allem in den Brutgebieten Südosteuropas und Kleinasiens sind die Brutbestände seit den 70er Jahren stark zurückgegangen. Verluste an flachgründigen Süßwasserseen und geeigneten Brutgewässern mit dichten Gehölzen in Wassernähe sind die Hauptgründe dafür, dass gegenwärtig die Brutbestände der Art in Europa als gefährdet eingestuft werden müssen, auch wenn im Westen, z. B. in Spanien die Bestände sich erholt haben. Hinzu kommt, dass sich auch für Rallenreiher in den Wintergebieten die Trockenperioden in der Sahelzone negativ ausgewirkt haben können. Reisfelder als Ersatzräume für die Nahrungssuche sind grundsätzlich unsicher, da ihre Lage und Ausdehnung natürlich in erster Linie von verschiedenen ökonomischen Interessen des Menschen bestimmt wird.

▸ Kuhreiher, andere Reiherarten

RALLENREIHER VERSCHLINGT EINEN FISCH

IM PRACHTKLEID

RALLENREIHER IM ERSTEN WINTER

NEST UND GELEGE

Seidenreiher

Unter den „weißen“ Reihern Europas hat der Seidenreiher die weiteste Verbreitung. Sein Areal reicht in Westeuropa auch am weitesten nach Norden. Ein starker Rückgang im 19. bis Anfang des 20. Jahrhunderts geht wohl großenteils auf das Konto rücksichtsloser Verfolgung, die auch andere schneeweiße Reiher in der Welt betroffen hat: Die Mode forderte ihren Tribut! Mittlerweile haben sich in vielen Teilen Europas die Brutbestände wieder erholt und sogar in neuerer Zeit noch zugenommen, so in Spanien, Frankreich und Italien. Schutz von Brutkolonien und auch Ausdehnung des Reisanbaus sind offensichtlich die wichtigsten Gründe dieser erfreulichen Entwicklung. Mittlerweile tauchen Seidenreiher fast regelmäßig fast in allen Teilen Mitteleuropas als Gäste auf – es gibt auch schon einzelne Brutversuche und sogar erfolgreich verlaufene Bruten. So wurden in den 90er Jahren an der bayerischen Donau mindestens zwei Bruten dokumentiert, die in einer gemischten Kolonie zusammen mit Purpur- und Nachtreihern stattfanden. In der ersten Hälfte des 20. Jahrhunderts waren sie dagegen nur Ausnahmegäste.

Seidenreiher können durchaus mit anderen weißen Reihern verwechselt werden. Allgemeine Merkmale sind ihre schlanke Gestalt, die sie von den kompakteren Kuhreihern unterscheiden. Silberreiher sind viel größer. Wichtige Unterscheidungsmerkmale sind Form und Farbe des Schnabels, Farbe der Beine und der nackten Stellen zwischen Auge und Schnabelgrund. Diese Farben ändern sich jedoch im Jahreslauf sowohl bei Seiden- als auch bei Silberreihern; dazu gibt es Unterschiede zwischen Alt- und Jungvögeln. In Europa ist das Bestimmen weißer Reiher nicht allzu schwierig, aber in Afrika und Asien sowie in warmen Ländern der beiden Amerikas gibt es weitere weiße Reiher, die genaues Hinsehen immer wieder nötig machen.

Seidenreiher brüten vom westlichsten Südeuropa nach Osten bis an den Pazifischen Ozean und nach Süden bis

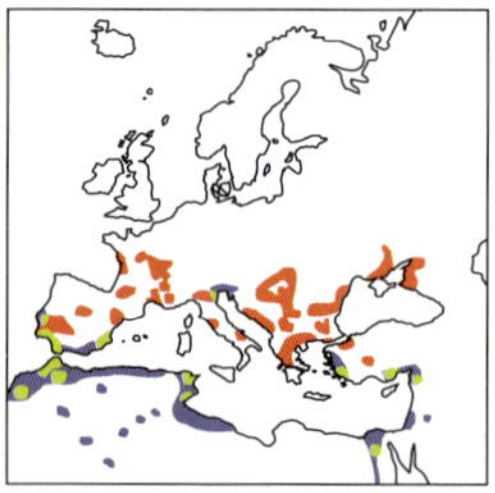

Südafrika und Australien. Von den europäischen Brutvögeln bleiben nur wenige den Winter über im Mittelmeerraum. Die Mehrzahl scheint bis in die nördlichen Tropen Afrikas zu ziehen; einige erreichen sicher auch den Äquator. Die weitesten Ringfunde reichen bis Nigeria, Mali, Gambia, Ghana, Guinea und Sierra Leone. Ausnahmsweise wurden sogar Transatlantikflüge von Spanien bis nach Trinidad und Martinique nachgewiesen. Im Juli beginnen die Zerstreuungswanderungen der Jungen, wie sie für die meisten Reiher typisch sind; bei Seidenreihern können sie bis 400 km weit reichen. Von August bis November findet der gerichtete Wegzug ins Winterquartier statt. Der Heimzug beginnt im März, die europäischen Brutvögel erscheinen meist im April an ihren Brutkolonien. Die Neigung, im Frühjahr über das Brutgebiet etwas hinauszuschießen, führt dazu, dass im Frühjahr und Frühsommer auch so gut wie regelmäßig Seidenreiher in Europa nördlich ihrer bekannten Brutplätze auftauchen.

Seichtgewässer im Binnenland sind die bevorzugten Jagdgründe; aber auch an flachen Meeresküsten oder an Brackwasserlagunen lassen sich Seidenreiher blicken. Heute spielen in Europa, aber auch in Asien vielfach Reisfelder eine wichtige Rolle als Nahrungsflächen, in vielen Gebieten auch flachgründige Fischteiche. Manchmal sieht man Seidenreiher bei der Nahrungssuche auch auf trockenen Flächen; Anschluss an weidendes Großvieh nach Kuhreiherart ist gelegentlich zu beobachten. Seidenreiher sind oft auch bei der Nahrungssuche gesellig. Sie rennen dann nicht selten rasch durchs flache Wasser. Einzelne sieht man auch unbeweglich auf Beute lauern; im Seichtwasser scheuchen sie Beutetiere auch durch vibrierende Fußbewegungen auf. Kleine Fische, Frösche, Eidechsen, Würmer, Mollusken, Krebstiere und Wasserinsekten bilden die Nahrung.

Seidenreiher brüten vorzugsweise in gemischten Reiherkolonien. Ihre meist ziemlich dürftigen Nester stehen auf hohen Laub- oder Nadelbäumen oder auf Büschen. Das Männchen verteidigt zwar nach Verpaarung mit einem Weibchen ein winziges Revier um den Nestplatz, doch können Nester manchmal dennoch kaum einen Meter voneinander entfernt stehen. Die filigranen Schmuckfedern, die von der Schulter hängen, spielen bei der Balz eine Rolle. Die verlängerten Scheitelfedern unterstreichen dagegen mehr das Drohverhalten. Die Männchen überbringen den Weibchen Zweige zum Nestbau. Beide Partner kümmern sich um die Fütterung der Jungen, die oft schon vor dem Flüggewerden auf den Zweigen in Nestnähe sitzen.

Seidenreiher *Egretta garzetta* (L. 1776)

Größe	= Huhn
Maße (cm)	Länge ca. 55–65 / Flügel ca. 88–95 (86–104)
Körpermasse (g)	280–638
Stimme	in Kolonien raue und gutturale Rufe, wie „ärk“, „kark“ oder Reihen wie „kre-kre-kre“ usw. (8 Ruftypen)
Brutzeit	unterschiedlich, meist Ende April; 1 Jahresbrut
Gelegegröße	3–5 (–8)
Eifärbung	leicht grünlichblau; glatt, aber ohne Glanz
Eimaße (mm)	variabel; elliptisch bis spindelförmig mit stumpfen Polen, zuweilen an beiden Enden konisch zulaufend – 46,6 x 33,8
Brutdauer	21–22 (25) Tage
Nestlingszeit	30 Tage; flügge mit 40–45 Tagen

▸ Silberreiher, Kuhreiher

SEIDENREIHER IM RUHEBAUM

SEIDENREIHER IM PRACHTKLEID

JAGEND

SEIDENREIHER AUFFLIEGEND

Silberreiher

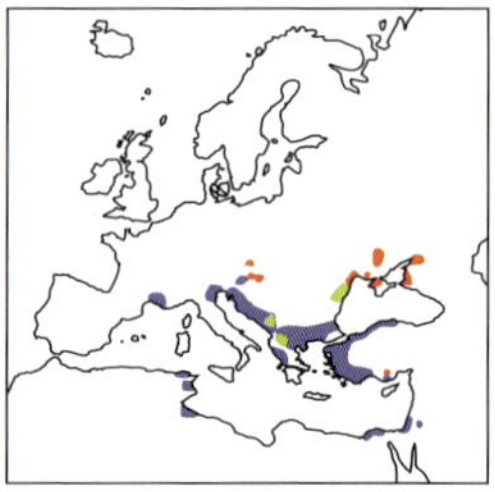

Etwa von der Größe eines Graureiher, aber etwas schlanker und langhalsiger, ist der Silberreiher deutlich größer als der ebenfalls reinweiße Seidenreiher. Der Schnabel ist im Prachtkleid schwarz mit gelber Basis, außerhalb der Brutzeit im Schlichtkleid und auch bei Jungvögeln dagegen gelb. Die Beine sind dann etwa schmutziggelblich, wirken oft dunkel, sind aber nicht rein schwarz wie bei Seidenreihern. Im Prachtkleid sind die Unterschenkel rötlich; dann tragen Silberreiher auch ihre Schmuckfedern, verlängerte und fein aufgefiederte Schulterfedern. Im Flug ragen die Beine weit über das Schwanzende hinaus; die Flügelschläge sind viel langsamer als beim deutlich kleineren Seidenreiher. Nach Reiherart wird der Hals beim Fliegen zusammengelegt, so dass der Kopf zwischen die Schultern zu liegen kommt, ganz anders also wie bei fliegenden Störchen, Ibissen, Kranichen, die mit gestrecktem Hals fliegen. Bei den am Boden sehr langhalsigen Reihern fällt diese Flughaltung besonders auf.

Auch der Silberreiher ist ein Brutvogel wärmerer Länder. In Europa konzentriert sich sein Brutgebiet im Südosten auf relativ wenige Plätze. Einzelne Bruten haben nordwärts bis in die Niederlande stattgefunden. Neuerdings nimmt die Zahl der in Mitteleuropa als Gäste auftauchenden Silberreiher stark zu. In Deutschland ist die Art inzwischen regelmäßiger Gast, alljährlich werden erstaunlich viele Silberreiher in unterschiedlichen Landesteilen registriert; sie sind im Gegensatz zu Seidenreihern auch manchmal noch im Spätherbst und Winter zu beobachten. Bereits am Nordrand des Mittelmeers und an der Schwarzmeerküste beginnt das normale Winterquartier. Ob Silberreiher weiter wandern, z. B. nach Afrika südlich der Sahara, ist noch unklar, da auch dort Artgenossen vorkommen.

Das Verbreitungsgebiet des Silberreihers in Europa macht nur einen winzigen Teil seines großen Brutgebiets aus. Vom südlichen Innerasien bis in die asiatischen Tropen und darüber hinaus nach Australien und Neuseeland trifft man auf die Art. Südlich der Sahara kommen Silberreiher bis an die Südspitze Afrikas vor. Und schließlich sind sie auch in Amerika weit verbreitet und in manchen Gebieten nicht selten. Ihr Brutgebiet reicht von den mittleren Staaten der USA bis ins südliche Argentinien. Die Brutvögel jeweils am Nordrand des Areals in Asien und Amerika sind wie manche Europäer Kurzstreckenzieher.

Abgesehen von den beiden Dommelarten haben von den sieben europäischen Reiherarten nicht weniger als sechs den Schwerpunkt ihrer Verbreitung im Süden oder sind ganz auf die warmen Länder Europas beschränkt. Das ist nicht nur auch auf anderen Kontinenten ähnlich, sondern gilt ebenso für die weiteren Familien der Schreitvögel, Störche und Ibisse. Langbeinige und langschnäbelige Vögel, die im Seichtwasser von Seen und Flüssen, aber auch in Sumpfgebieten oder auf Savannen- und Steppenböden nach Nahrung suchen und nicht selten in kopfstarken Kolonien brüten, sind für Tropen und Subtropen typisch. Sie ersetzen dort ökologisch zum Teil andere Wasservögel, deren Artenzahl außerhalb der Tropen größer ist, allen voran Entenvögel und Lappentaucher, die in außertropischen Gebieten oft in relativ hoher Arten- und Individuenzahl vertreten sind.

Die Brutkolonien der Silberreiher liegen zumindest in Europa meist im Schilfröhricht. Die Nester sind aus alten Schilfhalmen mitunter dicht über dem Wasser gebaut. Die Männchen errichten zunächst eine Art Balzplattform; Männchen und Weibchen bauen dann gemeinsam das Nest fertig. Die Partner teilen sich auch die Bebrütung des Geleges und die Fütterung der Jungvögel. Nach dem Flüggewerden kann die Familie noch einige Zeit zusammenbleiben. Ab Juli ist aber auch mit der bei Reihern üblichen Zerstreuungswanderung zu rechnen, die in der Regel nach allen Richtungen führt.

Die Nahrung setzt sich vor allem aus Fischen zusammen; daneben werden auch Amphibien, größere Wasserinsekten und mitunter an Land auch Reptilien, Kleinsäuger und Heuschrecken aufgenommen. Am Außenrand des Schilfgürtels, aber auch in nahrungsreichen Seichtgewässern liegen die wichtigsten Jagdgründe. Gelegentlich kann man auch einzelne Silberreiher am Meer beobachten. Die Vögel waten langsam durchs Wasser oder verharren mit fast waagerecht gehaltenem Körper und steif vorgestrecktem Hals, ehe sie blitzschnell zustoßen.

Silberreiher *Egretta alba* (L.)

Größe	= Huhn
Maße (cm)	Länge ca. 85–102 (80–104) / Flügel ca. 140–170
Körpermasse (g)	700–1500
Stimme	am Brutplatz tief und heiser „rha“; Begrüßungslaut „rrooo rrrooo“ usw; schweigsam
Brutzeit	gewöhnlich ab Mitte April, 1 Jahresbrut
Gelegegröße	(2) 3–5 (6)
Eifärbung	blassblau; glatt, glanzlos
Eimaße (mm)	variabel in der Form, elliptisch bis spindelförmig – 61,5 x 42,4
Brutdauer	25–26 Tage
Nestlingszeit	ca. 20 Tage; flügge mit 40–50 Tagen (Familie oft noch wesentlich länger beisammen)

▶ Seidenreiher, Purpurreiher

SILBERREIHER IM PRACHTKLEID

SILBERREIHER IM JUGENDKLEID

SILBERREIHER IM JUGENDKLEID

JUNGVOGEL IM NEST

Graureiher

Der Graureiher ist der größte Reiher Europas, etwas kleiner als ein Storch. Im Flug unterscheidet ihn der schaufelnde Schlag seiner nach unten gebogenen Flügel von Störchen oder Kranichen, deren Schwingen viel weniger gebogen und außerdem an ihrem Ende durch die Spreizung der Handschwingenspitzen mehr oder minder aufgefingert sind. Wie andere Reiher legen auch Graureiher ihren langen, beweglichen Hals im Flug zurück. Nur bei Start und Landung wird der Hals oft für eine Weile vorgestreckt oder auch, wenn die Situation beunruhigend ist. Im typischen Flugbild überragen die langen Beine den Schwanz deutlich. Im Aufwind segeln die Vögel auch mitunter, aber bei weitem nicht so häufig und regelmäßig wie Störche.

Trotz ihrer Größe sind ruhig am Schilfrand oder an einem Wiesengraben stehende Graureiher leicht zu übersehen, vor allem wenn sie in Ruhehaltung mit eingezogenem Hals wie Holzstöcke unbeweglich verharren. Graureiher jagen in erster Linie Fische im Seichtwasser. Mit ihren langen Beinen können sie bis zu einer Wassertiefe von etwa 60 cm vordringen; manchmal schwimmen sie sogar. Die typische Jagdmethode besteht aus langsamen Schritten mit möglichst niedrig gehaltenem Hals, der sich bei lohnender Beute oft langsam vorbeugt, um dann den Kopf rasch vorzuschnellen. Günstig für die Fischjagd ist eine Wassertiefe bis etwa 20 cm. Wie andere Reiherarten versuchen sie auch ihr Glück in stundenlanger ruhiger Wartehaltung. Größere und vor allem hochrückige Fische (z. B. Karpfen) werden oft ans Land gebracht oder geschleudert, bevor sie dann verschlungen werden. Den täglichen Fischbedarf schätzt man auf 300–500 Gramm. Bei Wahlmöglichkeiten sind Weißfische die Vorzugsnahrung. Die optimale Beutegröße liegt bei 15–20 cm Körperlänge, die Maximalgröße bei etwa 30 cm. Daneben fangen sie im Wasser auch Frösche und Molche.

Graureiher *Ardea cinerea* (L.)

Größe	= Gans
Maße (cm)	Länge ca. 90–98 / Flügel ca. 175–195
Körpermasse (g)	1020–2073
Stimme	im Flug rau „kräick"; viele Rufe in Brutkolonie, z. B. Begrüßung „arre-arre-arr-arr-ar-ar"; Drohruf laut „gooo"; Erregung nasal „go-go-go"; Nestjunge keckern laut
Brutzeit	Beginn Ende März bis April; 1 Jahresbrut, selten 2
Gelegegröße	(3) 4–5 (–8)
Eifärbung	leicht grünblau; glatt und glanzlos
Eimaße (mm)	elliptisch bis spindelförmig – 60,6 x 43
Brutdauer	25–26 (–28) Tage
Nestlingszeit	ab ca. 30 Tage Klettern auf Nachbaräste, mit 42–55 Tagen flugfähig, noch ca. 10–20 Tage danach ins Nest zurückkehrend

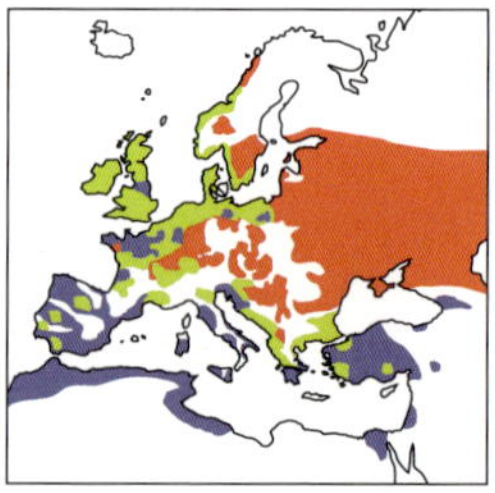

Von Graureihern werden ganz unterschiedliche Jagdgründe aufgesucht und je nach Jahreszeit genutzt, vor allem Ufer von Seen und flache Teiche, besonders natürlich dicht besetzte Fischteiche, aber auch ruhige Buchten an Bächen und Flüssen. Auch im Brack- und sogar am Salzwasser sieht man sie fischen. Oft unternehmen sie von Brutkolonien oder außerhalb der Brutzeit von bevorzugten Übernachtungsplätzen aus weitere Nahrungsflüge, so dass man manchmal auch weitab von Brutplätzen Graureiher im Flug oder auf der Jagd beobachten kann. Vor allem von Herbst bis Frühjahr sitzen und jagen sie auch häufig auf Wiesen und Feldern nach Wühlmäusen und anderen Kleinsäugern. Gern sind Graureiher auch bei tiefer Dämmerung unterwegs und dort, wo sie verfolgt werden, fischen sie auch nachts.

In Europa ist der Graureiher die am weitesten verbreitete Art seiner Familie und kommt als einziger Reiher regelmäßig auch in Nordeuropa als Brutvogel vor. Durch starke Verfolgung sind die Brutbestände etwa bis in die 70er Jahre überall stark zurückgegangen. Seither haben sie sich wieder erholt und mancherorts wachsen die Brutkolonien immer noch. Manche große Kolonien sind bereits seit Jahrhundert bekannt. Die Nester stehen meist auf hohen Bäumen am Waldrand, in kleineren und größeren Gehölzen und besonders gern in Hangwäldern entlang von Flusstälern. Oft ist Wasser in der Nähe, daher sind auch baumbestandene Ufer oder Inseln als Brutplätze beliebt. Dort, wo man sie in Ruhe lässt, haben sich auch inmitten großer Städte oder in Ballungsräumen Brutkolonien entwickelt. Die größte Graureiherkolonie Belgiens liegt gegenwärtig z. B. im Stadtgebiet von Brüssel. Manchmal teilen sich Graureiher den Brutplatz mit Kormoranen als Konkurrenten.

Je nach Klima und Witterung sind Graureiher Kurzstreckenzieher oder auch Standvögel. Nach dem Ausfliegen führen vor allem Jungreiher Zerstreuungswanderungen aus, die sie über ein großes Gebiet in alle Richtungen verteilen. An günstigen Nahrungsgebieten bilden sich dann oft schon ab Sommer größere Konzentrationen von Reihern, die nicht aus der Gegend stammen. Die eigentliche Zugzeit beginnt erst im September. Die bevorzugten Wintergebiete europäischer Brutvögel liegen vor allem im wintermilden Westeuropa und reichen nach Süden bis Nordafrika. Vor allem Brutvögel Nordeuropas ziehen aber zumindest einzeln auch nach Afrika südlich der Sahara. Viele bleiben den Winter über in Mitteleuropa. Unter Standvögeln können harte Winter große Verluste verursachen, vor allem wenn Uferzonen vereist und die Böden längere Zeit hart gefroren sind.

▶ Purpurreiher

GRAUREIHER IM PRACHTKLEID

GRAUREIHER JAGEND

JUNGER GRAUREIHER MIT FISCHBEUTE

JUNGVOGEL

Purpurreiher

Der Name darf nicht darüber hinwegtäuschen, dass Purpurreiher den allbekannten Graureihern sehr ähnlich sehen. Man muss schon genauer hinschauen, um sich seiner Sache immer sicher zu sein. Purpurreiher wirken in der Regel dunkler, im Flug sind die Flügel brauner. Altvögel sind an Kopf und Hals rotbraun mit dunklen Längsstreifen, Jungvögel bis ins zweite Lebensjahr mehr oder minder rostbraun und dunkel gefleckt. Wenig kleiner als Graureiher wirken Purpurreiher schlanker; ihr Hals gleicht einer Schlange. Der schlanke Kopf mit dem langen, kräftigen Schnabel ist vom Hals kaum abgesetzt. Im Flugbild fällt auf, dass der zurückgelegte lange Hals wie ein Kehlsack „durchhängt". Die langen Zehen, die wie bei den Rohrdommeln einen Vogel verraten, der im Schilf klettert und bei jedem Schritt mehrere Halme umklammern kann, sind meist etwas gespreizt. Die Flügel schlagen etwas schneller als bei Graureihern.

Das Brutgebiet des Purpurreihers konzentriert sich vor allem auf Südeuropa. Kleine Ansiedlungen gibt es auch in Mitteleuropa, aber die sind oft nicht von langer Dauer. Purpurreiher sind am Brutplatz sehr empfindlich gegenüber Störungen aller Art. Sie halten sich meist gut versteckt im Schilf. Auch ihre Nester sind in der Regel im Schilf versteckt, oft niedrig über dem Wasser, stehen aber auch auf kleinen Büschen in den Verlandungszonen stehender Gewässer. Nur große Schilfgebiete können auf Dauer Purpurreiher als Brutvögel halten. Diese Lebensansprüche haben dazu geführt, dass heute fast überall in Europa die Brutbestände beträchtlich abgenommen haben und die Art mittlerweile zu den stark gefährdeten Brutvögeln unseres Kontinents zählt. Die Trockenlegung vieler Flachgewässer und die Zerstörung von Uferzonen hat zu einer Vernichtung vieler Brutplätze geführt. Hinzu kommt, dass sich auch im Winterquartier die Verhältnisse vielerorts verschlechtert haben.

Purpurreiher *Ardea purpurea* L.

Größe	= Gans
Maße (cm)	Länge ca. 78–90 / Flügel ca. 120–150
Körpermasse (g)	525–1345
Stimme	ähnlich Graureiher, weniger ruffreudig; Flugruf höher „krreck" oder „rrhe"; am Brutplatz verschiedene Rufe, z.B. krächzend „quärr" (Angstruf) oder scharfes „quäck"; Junge betteln anhaltend „kökökö"
Brutzeit	im Süden Anfang April, weiter nördlich Mai; 1 Jahresbrut
Gelegegröße	(2–) 4–5 (–8)
Eifärbung	blass grünlichblau; glatt und glanzlos
Eimaße (mm)	verschieden geformt, elliptisch bis spindelförmig, kurz bis lang – 56,3 x 40,9
Brutdauer	25–30 (M 26)
Nestlingszeit	mit 20 Tagen Klettern im Schilf, flügge mit 45–50 Tagen, ca. 10 Tage später selbstständig

Purpurreiher sind hauptsächlich Langstreckenzieher, deren wichtigste Winterquartiere in den Steppengebieten südlich der Sahara in West-, Ost- und Südafrika liegen. Einzelne überwintern auch in Südeuropa. Die Trockenheit in der Sahelzone und in anderen Gebieten Afrikas hat wohl zu Verlusten geeigneter Überwinterungsplätze geführt; eine deutliche Parallele bilden die Verhältnisse z. B. bei der Zwergdommel. Die Zerstreuungswanderungen der flüggen Jungvögel führen bis etwa August auch nach Norden. Daher tauchen Purpurreiher als gelegentliche Gäste auch im Norden Mitteleuropas und sogar in Nordeuropa auf. Von August bis Oktober findet der Abzug ins Winterquartier statt. Erst ab März, meist erst im April, tauchen Purpurreiher wieder an ihren Brutplätzen auf. Manche schießen dann auch übers Ziel hinaus und erscheinen dann etwa im Mai nördlich der Grenze ihres Brutareals.

Das europäische Verbreitungsgebiet umfasst der Größe nach etwa ein Viertel des Gesamtareals der Art. Nach Osten reicht es bis nach Mittelasien. Purpurreiher brüten auch in Afrika südlich des Äquators, im tropischen Asien einschließlich der Sundainseln und der Philippinen sowie in China.

In der Nahrung spielen Fische die wichtigste Rolle, deren Größe meist geringer als die vom Graureiher erjagten ist. Daneben werden auch regelmäßig viele Wasserinsekten und deren Larven aufgenommen, weniger regelmäßig Amphibien, Reptilien, Kleinsäuger, Jungvögel, Weichtiere. Als täglichen Nahrungsbedarf schätzt man etwa 200 Gramm. Besonders morgens und abends, aber auch tagsüber und nachts lauern Purpurreiher nach Beute oft lange bewegungslos. In der Regel halten sie sich dabei viel versteckter als Graureiher, so dass man sie leicht übersieht oder erst beim Auffliegen entdeckt. Bei Gefahr nehmen Purpurreiher auch eine Art Pfahlstellung ein wie Rohrdommeln. Im Schilf stehen die Nester oft etwas abseits von anderen Reiherarten, oft sind die Nestabstände groß, die Kolonien sind in der Regel deutlich kleiner als bei Graureihern. Die relativ kleinen Nester bauen Männchen und Weibchen gemeinsam, die Weibchen brüten meist länger als ihre Partner. Im Schilf staut sich oft die Hitze und so werden die kleinen Jungen von den Altvögeln auch mit ausgespannten Flügeln beschattet. Später klettern die Jungen dann aus dem Nest ins benachbarte Schilf.

▸ Graureiher, Rohrdommel

PURPURREIHER, ALTVOGEL

JUNGVOGEL IM FLUG

AUFFLIEGEND

BEI DER JAGD

Weißstorch

Der jedem wenigstens dem Namen nach bekannte Vogel ist auch einer der am besten untersuchten Großvögel Mitteleuropas. Schon vor Jahrzehnten hat man in groß angelegten Zählungen den Brutbestand vieler Länder erfasst. Alle neueren Zählungen beweisen fast überall in Mittel- und Westeuropa eine unaufhaltsame Abnahme, die in neuester Zeit nur an wenigen Stellen vielleicht etwas aufgehalten werden konnte. Storchenreiche Länder sind heute noch Spanien, das östliche Deutschland und vor allem Osteuropa. Am stärksten hat der Storch in Westdeutschland, Frankreich, in den Niederlanden und in der Schweiz abgenommen und ist als Wildvogel sogar in manchen Gebieten ausgestorben.

Die Ursachen für die Abnahme sind vielgestaltig. Sie liegen sicher zum Teil nicht bei uns im Brutgebiet. So hat man die starke Abnahme der westlichen Brutbestände in Europa mit den katastrophalen Dürreperioden in der Sahelzone Afrikas in Zusammenhang gebracht. Als hier das Schlimmste vorbei war, hat sich z. B. in Spanien der Brutbestand tatsächlich wieder etwas erholt. Die Ernährungsbedingungen im Winterquartier verbesserten sich wieder und sorgen damit auch für mehr Nachwuchs nach der Rückkehr ins Brutgebiet. Doch die wichtigsten Ursachen für Abnahme, aber auch die Basis für die Zukunft des beliebten Vogels sind Nahrungsgründe im Umkreis der Brutplätze. Intensivierung und moderne Methoden der Landwirtschaft sorgten dafür, dass Störche heute große Probleme haben, ihre Jungen mit Nahrung zu versorgen: Die Flüge vom Nest zu Nahrungsgründen werden länger, Nahrungsmenge und -qualität nehmen ab. So werden die Nestlinge schlechter ernährt und bleiben auch zum Teil unter dem Normalgewicht. Die Altstörche haben während der Aufzucht der Jungen keine Zeitreserven mehr in ihrem bis zum äußersten ausgefüllten Arbeitstag.

Weißstorch *Ciconia ciconia* (L.)

Größe	= Gans
Maße (cm)	Länge ca. 100–115 (100–102) / Flügel ca. 195–215 (155–165)
Körpermasse (g)	2300–4400
Stimme	ad. höchstens zischende Laute; Schnabelklappern bei Erregung
Brutzeit	Ende März bis Anfang April im Süden, Mitte April bis Anfang Mai im Norden; 1 Jahresbrut
Gelegegröße	(1–) 3–5 (–7)
Eifärbung	kalkweiß, Inneres scheint gelbgrünlich durch; mit sehr feiner Körnung, manchmal glänzend
Eimaße (mm)	variabel, elliptisch bis spindelförmig – 77,3 x 52,5
Brutdauer	33–34 Tage
Nestlingszeit	55–60 Tage (manchmal länger); unabhängig nach weiteren 7–20 Tagen

Die Storchennahrung ist vielseitig. Kleintiere von großen Insekten und Regenwürmern bis zur Größe eines Maulwurfs oder einer Ringelnatter werden erbeutet. Die wichtigsten Nahrungsgründe sind in Mitteleuropa heute Grünflächen. Daher ist die Erhaltung, aber auch die Pflege und Sicherstellung geeigneter Lebensräume eine der entscheidenden Grundlagen des Storchenschutzes in der Kulturlandschaft. Die Aufzucht von Störchen in Gehegen – bei vielen Storchenschützern immer noch sehr beliebt – ist dagegen kaum geeignet, schwindende Bestände zu stützen oder verschwundene wieder zu ersetzen. Fachleute sind einhellig der Ansicht, dass es sich dabei nur mehr oder minder um Kosmetik handelt, die das Hauptproblem Lebensraum nicht lösen kann.

Sehr gut informiert sind wir auch über die Wanderungen des Weißstorchs. Viele hundert Funde beringter Vögel haben schon vor Jahrzehnten gezeigt, dass Störche auf ihrer Route nach Afrika nicht unbeträchtliche Umwege in Kauf nehmen. Der neueste Forschungsansatz, Störche mit kleinen Peilsendern via Satellit zu verfolgen, hat die Ergebnisse jahrzehntelanger Storchenberingungen im Wesentlichen bestätigt. Die Störche, die westlich einer durch Deutschland verlaufenden Zone (die man als Zugscheide bezeichnet) geboren wurden, ziehen in Richtung Südwesten und gelangen über die Straße von Gibraltar nach Afrika südlich der Sahara. Ihre östlich davon beheimateten Artgenossen wählen eine Abflugroute nach Südosten. Über den Bosporus, Kleinasien, Jordanien und Israel gelangen sie nach Ägypten und entlang des Niltales nach Ostafrika. Die am weitesten entfernten Winterquartiere liegen in Südafrika.

Warum diese umständliche Reiseroute? Störche müssen sehr viel Energie aufwenden, wenn sie große Strecken im Ruderflug zurücklegen. Ihre breiten, an den Enden gefingerten Flügel sind hervorragend für energiesparenden Gleit- und Segelflug geeignet. Im Aufwind warmer Luft können sich die Vögel in große Höhen emporschrauben und dann wie auf einer sanft geneigten Bahn abgleiten. Über dem Meer aber sind die Luftverhältnisse für Segel- und Gleitflieger ungünstig. Störche, die auf das Meer hinausfliegen, kommen nicht weit. Die Routen über Gibraltar und den Bosporus aber führen nur extrem kurze Strecken über Wasser. Der Umweg lohnt sich also, da er energiesparende Fortbewegung erlaubt.

Störche können sicher sehr alt werden; über 30-jährige Ringstörche sind bekannt. Vor ihrem dritten Lebensjahr beginnen nur ganz wenige das erste Mal mit einer Brut; viele werden 4–6 Jahre alt. An den Brutplätzen treffen sich oft die Partner vom Vorjahr wieder.

▶ Schwarzstorch

WEISSSTORCH

BRUT AUF EINEM BAUM

AUF DEM KIRCHTURM, FLUGÜBUNG

NACH DER FÜTTERUNG

Schwarzstorch

Von der wie die Reiher vor allem in warmen Ländern vertretenen Familie der Störche brüten in Europa nur zwei Arten: Außer dem seltenen Schwarzschnabelstorch in Ostasien sind sie die beiden einzigen Storcharten der Welt, deren Brutgebiet großenteils oder so gut wie ausschließlich jenseits des nördlichen Tropenrandes auf der Nordhalbkugel liegt. Von Osteuropa bis Ostasien reicht des Brutgebiet des Schwarzstorchs. Es umfasst im Wesentlichen die Waldzone Eurasiens. Davon völlig isoliert bestehen Brutvorkommen in verschiedenen Teilen Südafrikas (ehemalige Ansiedlungen von Zugvögeln südlich ihres normalen Überwinterungsgebietes?).

Ganz anders als Weißstörche brüten Schwarzstörche vor allem in ungestörten offenen Waldlandschaften, in Europa besonders in naturnahen Laub- und Mischwäldern. Ihre Nester, die wie beim Weißstorch oft mehrere Jahre benutzt werden und dann zu großen Bauten anwachsen, stehen in der Regel auf hohen Waldbäumen, oft ausgezeichnet versteckt. Bereits im Osten und Süden Mitteleuropas, mehr aber noch in Südeuropa und Vorderasien findet man auch Felsbrüter in steilen Wänden. In warmen Ländern brüten Schwarzstörche daher auch in Gebirgen. Feuchtwiesen, Sümpfe, Waldteiche, Altwässer und andere kleinere Feuchtgebiete sind die bevorzugten Jagdgründe. Wasserinsekten, kleinere Fische, Amphibien bilden einen wesentlichen Teil der Nahrung. Landtiere, wie Insekten, Mäuse oder Reptilien, spielen eine weit geringere Rolle.

In Europa haben sich die kleinen Bestände in den letzten Jahrzehnten erholt. Man kann sogar eine Tendenz der Ausbreitung nach Westen feststellen. Aber viele Brutplätze in Mitteleuropa liegen im Bereich bisher vor allem aus

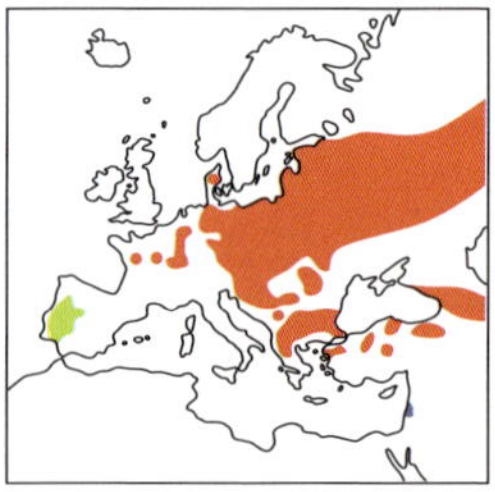

politischen und ökonomischen Gründen wenig erschlossener Gebiete, z. B. auch im Umfeld des ehemaligen Eisernen Vorhangs. Die neuesten Entwicklungen drohen, manche dieser Rückzugsgebiete zu vernichten – durch intensive Waldwirtschaft, Straßenbau, Störungen aller Art und Verschwinden von Nahrungsbiotopen. So gilt der Schwarzstorch in Europa nach wie vor als gefährdet, da auch in den besten Zeiten die Brutbestände nie sehr groß waren. Man hat aber seit langem auch Möglichkeiten genutzt, bedrohten Teilpopulationen wirksam zu helfen. Schutz und Anlage von Nahrungsteichen und Erhaltung kleinerer Feuchtgebiete, Waldschutzgebiete oder zumindest Sicherung von Nistplätzen gegen waldbauliche Eingriffe und Verhinderung von Störungen in Horstnähe (z. B. lärmende Maschinen, aber auch Menschenansammlungen). Man hat auch mit unterschiedlichem Erfolg versucht, Brutpaaren künstliche Nestunterlagen anzubieten.

Zu den zahlreichen Gefährdungen am Brutplatz kommen noch Bedrohungen in Durchzugsgebieten und im Winterquartier. Schwarzstörche sind Langstreckenzieher, die meist allerdings nicht so weit ziehen wie Weißstörche. Das Winterquartier der europäischen Brutvögel liegt in Afrika südlich der Sahara; der Äquator wird nicht überflogen. Die Brutvögel Spaniens scheinen fast alle auf der Iberischen Halbinsel zu überwintern. Ähnlich wie beim Weißstorch gibt es auch beim Schwarzstorch eine Zugscheide zwischen Vögeln, die nach Südwesten, und solchen, die nach Südosten abziehen. Lebhafter Durchzug findet z. B. im Herbst über dem Bosporus statt. Seit Schwarzstörche in Europa wieder etwas zugenommen haben, sieht man auch in Mitteleuropa im Herbst einzelne Vögel häufiger abseits der Brutplätze als Durchzugsgäste, vor allem Jungvögel. Auf dem Durchzug und in Winterquartieren werden aber immer noch Schwarzstörche geschossen. Ein Netz von sicheren und nahrungsreichen Rastplätzen ist nötig, um die Verluste während der Zugzeit zu verringern. Der Wegzug in Europa beginnt im August und ist im Oktober zu Ende. Von Mitte März bis April kehren die Vögel an ihre Brutplätze zurück.

Mit etwa drei Jahren werden Schwarzstörche geschlechtsreif. Die Partner halten eine Brutsaison über zusammen, treffen sich aber wohl als Folge ausgeprägter Ortstreue zumindest über Jahre am Brutplatz wieder. Die bisher ältesten Ringvögel sind über 18 Jahre alt geworden. Männchen und Weibchen wechseln sich in der Bebrütung des Geleges ab und füttern auch gemeinsam die Jungen. In den ersten Wochen bleibt aber immer ein Partner zur Betreuung und Bewachung der Jungen am Nest.

▸ WEISSSTORCH

Schwarzstorch *Ciconia nigra* (L.)

Größe	= Gans
Maße (cm)	Länge ca. 95–100 / Flügel ca. 185–205 (144–155)
Körpermasse (g)	ca. 3000
Stimme	im Kreisen melodischer Flugruf „fuo"; am Horst leise „huji-ji" oder ähnlich, bei Störung lauter „ha-hi" und lang gezogene pfeifend-fauchende Rufe; Bettelrufe anhaltend „ha-chi-chi…"; selten Klappern
Brutzeit	gewöhnlich Mitte April bis Mitte Mai, 1 Jahresbrut
Gelegegröße	(2) 3–5 (6)
Eifärbung	weiß, Schaleninneres scheint im frischen Zustand lebhaft grün durch; glatt
Eimaße (mm)	kurz-spindelförmig – manchmal mehr oval – 65,4 x 48,7
Brutdauer	32–40 Tage
Nestlingszeit	63–71 Tage; noch bis 14 Tage Rückkehr zum Nest (Fütterung und Übernachtung)

SCHWARZSTORCH, ALTVOGEL AUF NAHRUNGSSUCHE

MIT ERBEUTETEM MOLCH

IM FLUG

PAAR AM HORST

Sichler

Auch die Familie der Ibisse, zu denen Sichler und Löffler zählen, ist hauptsächlich in wärmeren Ländern verbreitet. Das Brutgebiet des Sichlers beschränkt sich vor allem auf Südosteuropa und Vorderasien. Von dort erstreckt es sich mit größeren Lücken nach Osten bis Zentralasien. Weitere Brutgebiete finden sich in Südasien, auf den Sundainseln, in Australien, Ost- und Südafrika (einschließlich Madagaskar) sowie an der Ostküste Nordamerikas und in der Karibik. In Westeuropa, wie Spanien und Frankreich, brüten nur einzelne Paare meist sehr unregelmäßig an wenigen Plätzen. Der einstmals sehr große Bestand in Ungarn (Kis Balaton) ist auf wenige Paare zurückgegangen. In Mitteleuropa erscheinen Sichler nur als Ausnahmegäste; einige erfolglose Brutversuche gab es in neuerer Zeit am Neusiedler See in Österreich, an dem die Art Anfang des Jahrhunderts offenbar regelmäßig brütete.

Aus der Entfernung wirken Sichler fast einheitlich braunschwarz. Erst aus der Nähe und bei günstigem Lichteinfall sieht man einen metallisch grünlichen und rosafarbenen Glanz auf dem Gefieder. Jungvögel sind wesentlich matter gefärbt. Die wichtigsten Jagdgründe liegen im Seichtwasser stehender Gewässer, auf überschwemmten Wiesen oder auch in Reisfeldern. Gelegentlich sieht man Sichler auch an seichten Brackwasserlagunen oder an der Küste. Ihre Nester stehen meist im Schilf oder auf Gebüsch in der Verlandungszone, in Asien auch mitunter hoch auf Bäumen. Sie sind aus Schilfhalmen und Zweigen gebaut.

Schon seit Beginn unseres Jahrhunderts nehmen die Brutbestände in Europa ab. Viele Brutplätze sind mittlerweile als Folge der Zerstörung geeigneter Feuchtgebiete verschwunden. Der Bestandsrückgang hielt in den letzten 20 Jahren an, da nicht nur Brutplätze verschwanden, sondern auch Nahrungsgründe der intensiven landwirtschaftlichen

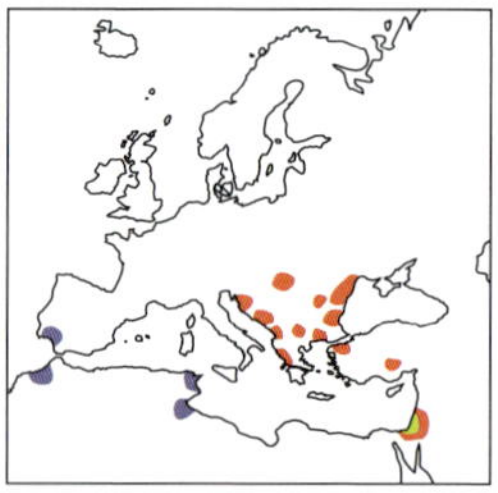

Nutzung zum Opfer fielen. Auch sind manche offenen Flussniederungen durch Anlage von Fischteichen oder Aufforstung für den Sichler als Lebensräume verschwunden. Im Bereich der unteren Donau und im Donaudelta spielt der Abschuss leider immer noch eine Rolle. Zudem sind Sichler an den Brutplätzen sehr störungsempfindlich und können auch durch menschliche Aktivitäten in der Umgebung vertrieben werden. Vor allem in Rumänien, in der Ukraine und im südlichen Russland mit den derzeit noch größten Brutbeständen müssen Schutzmaßnahmen greifen, um diesen gefährdeten Brutvogel Europas zu erhalten.

Die Winterquartiere europäischer Sichler liegen im Mittelmeerraum, aber auch in Afrika südlich der Sahara. Ringfunde beweisen Südwestzug von ukrainischen Brutvögeln bis Italien und an den Niger und vom Wolgadelta nach Ägypten. Möglicherweise ziehen einzelne Vögel bis Südafrika. Da aber hier auch eine ansässige Brutpopulation lebt, ist das nicht sicher. Vor allem Jungvögel streifen in der Phase der Zerstreuungswanderungen nach dem Verlassen des Nestes oft weit umher und erscheinen mitunter auch einmal weit nördlich des Brutareals. Der Abzug von den europäischen Brutplätzen findet im August und September statt, die Rückkehr im April.

Das ganze Jahr über leben Sichler gesellig. In vielen Gebieten müssen sie regelmäßig größere Strecken zwischen Brut- oder Schlafplätzen und Nahrungsgründen zurücklegen. Sie fliegen mit relativ raschem Flügelschlag in breit gefächerten Querreihen, die sich oft wie Wellen übers Land bewegen. Mitunter gleiten die Vögel auch auf leicht nach unten gebogenen Flügeln. Gemeinsame Schlafplätze sind oft auf großen Bäumen. Im Seichtwasser watend erbeuten Sichler Insekten und deren Larven, Mollusken, Würmer und kleine Amphibien. Mit dem langen, gebogenen Schnabel können sie tief im weichen Boden oder im Schlamm sondieren; manchmal verschwindet auch der ganze Kopf unter Wasser. Beutetiere werden aber auch von der Bodenoberfläche oder von der Vegetation abgelesen, mitunter selbst fernab vom Wasser auf Wiesen oder Feldern. Gelegentlich rennen Sichler auch hinter einzelnen Beutetieren her.

Die Partner sind offenbar eine Saison über verpaart. Die Nester stehen mitunter in gemischten Kolonien, z. B. zusammen mit Zwergscharben, Reihern und Löfflern. Männchen und Weibchen beteiligen sich am Nestbau, wechseln sich beim Bebrüten der Eier ab und füttern auch gemeinsam die Jungen. Der bisher älteste Ringvogel ist über 19 Jahre alt geworden.

▸ LÖFFLER

Sichler *Plegadis falcinellus* (L. 1766)

Größe	= Huhn
Maße (cm)	Länge ca. 55–65 (48,5–66) / Flügel ca. 80–95
Körpermasse (g)	485–580
Stimme	im Flug heiser „rraa" oder ähnlich; am Brutplatz grunzende und blökende Rufe; wenig ruffreudig
Brutzeit	unterschiedl. Beginn Anfang Mai bis Juni, 1 Jahresbrut
Gelegegröße	3–4 (–6)
Eifärbung	einfarbig tiefblau, dunkler als Rallenreiher; glatt mit schwachem Glanz
Eimaße (mm)	elliptisch bis spindelförmig – 52,5 x 36,9
Brutdauer	21 Tage
Nestlingszeit	ab 14 Tage Klettern in Nestumgebung; mit 28 Tagen flugfähig, bis 50 Tage in Nestumgebung

SICHLER IM PRACHTKLEID

TRUPP IM WINTERQUARTIER

ALTVOGEL MIT JUNGEN IM NEST

NEST UND GELEGE

Löffler

Von den Schreitvögeln mit dem merkwürdigen verbreiterten Löffelschnabel gibt es sechs Arten auf der Welt, die alle in warmen Gebieten leben und innerhalb der Ibisse eine eigene Unterfamilie bilden. Die Unterschiede in der Schnabelform zwischen echten Ibissen und Löfflern sind Ausdruck zweier verschiedener Techniken im Nahrungserwerb, wobei die Zusammensetzung der Nahrung, nämlich vor allem Kleintiere des Seichtwassers, im Wesentlichen gleich ist. Während Sichler mit ihrem langen Sichelschnabel rasch hintereinander in den weichen Schlamm stechen und auch im Boden festsitzende Organismen packen können, führen Löffler ihren breiten Schnabel mit Seitwärtsbewegungen des Kopfes durchs Wasser. Dadurch werden kleine Wassertiere aufgewirbelt. Im langsamen oder auch schnelleren Vorwärtsschreiten durchschnattert der an der Spitze löffelartig verbreiterte Schnabel das Wasser und hält die meist kleinen Beutetiere fest. Offensichtlich sind es Berührungsreize, die den Löffler veranlassen, bei einem Gegenstand, der zwischen die breiten, flachen Schnabelblätter geraten ist, die Kiefer sofort zu schließen. Kleine Beutetiere werden sofort verschluckt, größere, die nicht schnabelgerecht erfasst wurden, auch kurz in die Luft geworfen und dann geschnappt. Das machen auch die Sichler so.

Im Prachtkleid tragen die Altvögel eine Federhaube und ein orangefarbenes Brustband; beides fehlt im Schlichtkleid. Bei Jungvögeln ist der Schnabel rosa, auch auf der Oberfläche nicht so runzelig wie bei Altvögeln. Ihre Flügelspitzen sind schwarz. Wie Störche fliegen Löffler mit ausgestrecktem Hals und meist recht flachen Flügelschlägen; kleine Gleitstrecken werden dazwischengeschaltet. So gut wie immer leben Löffler gesellig.

Das Verbreitungsgebiet des Löfflers in Europa ist heute sehr zerrissen und auf mehr oder minder begrenzte Einzelvorkommen beschränkt. Das nördlichste Brutvorkommen liegt in den Niederlanden. Obwohl in Westeuropa (z. B. Niederlande, Frankreich) die – allerdings meist kleinen Bestände – teilweise leicht zunehmen, ist die seltene Art in Europa gefährdet. Der Brutplatz am Neusiedler See in Österreich, an dem in den 70er Jahren noch etwa 150 Paare brüteten, war z. B. 1990 und 1991 nicht mehr besetzt. Langfristige Abnahme in vielen Ländern war die Folge der Zerstörung von Feuchtgebieten, wobei nicht nur Brutplätze für Kolonien, sondern auch Nahrungsgründe betroffen waren. So sind heute fast nur noch Restbestände in Europa anzutreffen, die westlich von Russland, der Ukraine und der Türkei wohl keine 3000 Brutpaare mehr umfassen. Außerhalb Europas brüten Löffler an einigen Stellen Vorderasiens, in Mittel- und Ostasien, auf dem indischen Subkontinent und in Ägypten.

Auch auf den Zugwegen und in Aufenthaltsbereichen außerhalb der Brutzeit müssen geeignete Rast- und Nahrungsgebiete erhalten werden. Einige wichtige sind in letzter Zeit zerstört worden oder werden von Eingriffsplänen unmittelbar bedroht. Die Brutvögel Europas (Ausnahme Spanien) sind Zugvögel, die im Mittelmeerraum und Afrika bis in die Sahelzone, in den Sudan und bis Äthiopien überwintern. Im September und Oktober ziehen die Brutvögel der westlichsten Populationen in Richtung Südwest über die Straße von Gibraltar nach Mauretanien, in das Senegaldelta und wohl auch noch weiter südlich. Die Brutvögel in Südosteuropa und Vorderasien ziehen in mehr südlicher Richtung zum Teil ins östliche Afrika. Meist ist im März wieder mit der Rückkehr an die Brutplätze zu rechnen. Vor allem während der sommerlichen Zerstreuungswanderung sind Jungvögel auch weit außerhalb der Brutplätze in Europa zu sehen; nach Mitteleuropa kommen auch gelegentlich einige im Frühjahr. In Deutschland ist der Löffler bis auf eine seit 1995 bestehende Kolonie an der Nordseeküste Ausnahmegast.

Mit 3–4 Jahren werden Löffler geschlechtsreif. Die Partner halten wohl nur eine Brutsaison über zusammen. An den Brutplätzen halten sich aber häufig auch viele nichtbrütende Vögel auf. Die Nester stehen in der Regel auf umgebrochenem Altschilf dicht über dem Wasser. Gelegentlich brüten Löffler auch auf Bäumen, z. B. in Südspanien in alten Reihernestern, mitunter aber auch auf dem Boden oder auf Felssimsen. Männchen und Weibchen sind am Nestbau beteiligt. Sie teilen sich auch die Bebrütung des Geleges und die Fütterung der Jungen, wobei das mitgebrachte Futter den Nestlingen vorgewürgt wird. Der bisher bekannte älteste Ringvogel ist über 28 Jahre alt geworden.

Löffler *Platalea leucorodia* L.

Größe	= Gans
Maße (cm)	Länge ca. 80–90 (70–95) / Flügel ca. 115–130 (115–135)
Körpermasse (g)	1130–1960
Stimme	am Brutplatz tiefe grunzende Rufe; in Erregung Schnabelklappern; wenig ruffreudig
Brutzeit	April bis Mai (schwankt in einzelnen Kolonien), 1 Jahresbrut
Gelegegröße	3–5 (–7)
Eifärbung	weiß, spärlich rötlichbraun, gesprenkelt oder gefleckt, gelegentlich stark gezeichnet; glatt, glanzlos
Eimaße (mm)	lang-spindelförmig – 67,2 x 45,4
Brutdauer	21–25 Tage
Nestlingszeit	45–50 Tage (vorher schon Nestverlassen)

▸ Sichler

LÖFFLER AM RUHEPLATZ

LÖFFLER IM PRACHTKLEID

LÖFFELSCHNABEL IM FLUG DEUTLICH SICHTBAR

NEST UND GELEGE

Rosaflamingo

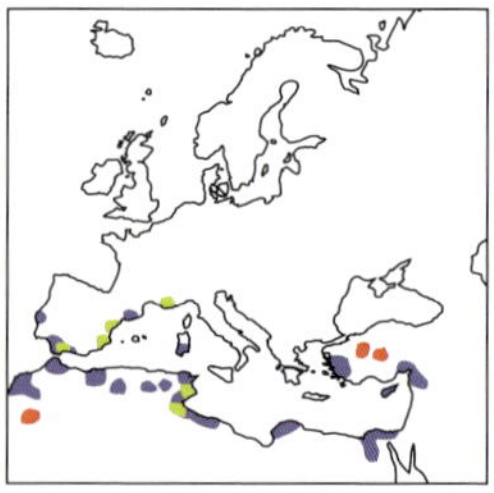

Die einmalige Gestalt macht die fünf Flamingo-Arten der Welt, die die einzige Familie einer eigenen Vogelordnung bilden, unverwechselbar. Bei kaum einem anderen Vogel sind Hals und Beine im Verhältnis zum Körper ähnlich lang. Alle Arten sind auch mehr oder minder intensiv rosa gefärbt.

Eine ebenfalls einmalige Besonderheit ist der Bau des mächtigen, fast über kopfgroßen Schnabels, der eine besondere Technik der Nahrungsaufnahme erlaubt. Seine markante Krümmung führt dazu, dass beim Öffnen der beiden Hälften der Spalt auf der gesamten Schnabellänge etwa gleich groß bleibt (bei einem geraden Schnabel ist die Schnabelöffnung an der Spitze am weitesten. So wird es den Flamingos möglich, ihren Schnabel immer halb geschlossen zu halten. Damit vermeiden sie, dass übergroße Partikel eindringen. Diese Eigenschaft bildet eine wichtige Voraussetzung für die Nahrungsaufnahme im Wasser. Flamingos tauchen im Stehen oder langsamen Vorwärtsschreiten den Schnabel mit der Oberhälfte nach unten ins Wasser oder führen ihn dicht über den nassen Schlammboden. Dabei kann der Kopf auch ganz untertauchen und am Ende eines langen Halses auch tiefere Wasserschichten erreichen. Die Augen werden dabei durch die heruntergeklappte Nickhaut geschützt, die ein Fenster hat, so dass die Vögel offenbar auch unter Wasser sehen können. Innen sind Ober- und Unterschnabel mit Reihen von Lamellen von horniger Beschaffenheit ausgekleidet. Diese sind noch mit feinen Haaren besetzt, die nach Belieben aufgestellt oder angelegt werden können. Dieser einmalige Seihapparat führt zu einer Nahrungsaufnahme, die der Technik der Bartenwale ähnelt. Die Zunge zwischen den Lamellenreihen fährt vor und zurück, wie der Stempel einer Pumpe. Zieht sich die Zunge zurück, liegen die inneren Lamellen flach und erlauben das Eindringen aller Partikel, die durch den Wassersog zwischen den nur wenig geöffneten Schnabelhälften eindringen können. Drückt die Zunge vor, richten sich die Lamellen auf und lassen das Wasser heraus, halten aber die Nahrungspartikel fest, die dann über nach hinten gerichtete Schuppen in den Schlund befördert werden.

Diese Nahrungsaufnahme bestimmt nicht nur die Beutegröße, sondern auch eine enge Anpassung an einen bestimmte Typ von Lebensräumen. Rosaflamingos leben von kleinen Krebstieren, Insektenlarven, Würmern, Algen, Pflanzensamen und winzigen Mollusken. Sie sind fast nur im Seichtwasser an der Küste, in Lagunen und auch in Binnenseen anzutreffen, in der Regel in salzigem oder brackigem Wasser. Sie suchen auch in Salinenbecken nach Nahrung. In Europa gibt es nur wenige Gebiete im Süden Frankreichs und Spaniens sowie in Italien, in denen Flamingos brüten oder sich außerhalb der Brutzeit in größeren Trupps sammeln können. Die europäischen Brutbestände schätzt man auf etwa 10 000–15 000 Paare; die größten Konzentrationen leben im Rhonedelta. Da nur wenige Plätze für Flamingos geeignet sind und Flachwasserbereiche ohnehin sehr gefährdete Lebensräume darstellen, können Flamingos in Europa wohl nur durch konsequenten Schutz geeigneter Brut- und Nahrungsgebiete überleben.

Das ganze Jahr über leben Flamingos gesellig. Die Brutvögel des Rhonedeltas (Camargue) wandern nach Portugal, Spanien, auf die Inseln des westlichen Mittelmeers (besonders Sardinien), in die Türkei und sogar weiter östlich nach Vorderasien, aber auch in viele Gebiete Nordafrikas von Marokko bis Libyen, weiter südlich sogar bis Mauretanien und Senegal. Rosaflamingos werden einzeln auch nördlich ihres normalen Verbreitungsgebiets beobachtet, doch stammen sie wohl mindestens zum Teil aus Gefangenschaft.

Die Brutkolonien, die sich meist nicht jedes Jahr an denselben Stellen bilden, umfassen meist viele Paare. Die Nester sind kleine Schlammkegel mit einer kleinen Mulde an der Spitze. Die etwas herangewachsenen Jungen scharen sich in der Regel in größeren Gruppen zusammen. Sie werden mit einem Sekret gefüttert, das sich im oberen Teil des Verdauungstraktes der Altvögel bildet. Die Altvögel stülpen ihren Schnabel beim Füttern über den der Jungen und langsam tröpfelt das Sekret in deren Schlund. Solche Futterübergaben können bei herangewachsenen Jungen bis über 15 Minuten dauern. Flamingos werden erst nach mehreren Jahren geschlechtsreif; die ältesten Ringvögel wurden über 30 Jahre alt.

Rosaflamingo *Phoenicopterus ruber* L.

Größe	= Gans
Maße (cm)	Länge ca. 125–145 (120–145) / Flügel ca. 140–165
Körpermasse (g)	3540 (♂), 2530 (♀); 2100–4100
Stimme	auffallend gänseähnlich; lautes, quakend-schnatterndes „käkä", „kakak", „wrück" oder „kawok", Flugruf „ko ko"; Betteln feines „kwik"
Brutzeit	meist Ende April bis Anfang Juni (schwankt in einzelnen Kolonien), 1 Jahresbrut
Gelegegröße	1 (selten 2)
Eifärbung	grünlichweiß mit kreidigem weißem Überzug, der ziemlich weich ist und oft zerkratzt und fleckig wird
Eimaße (mm)	außerordentlich verschiedene Form, meist lang-spindelförmig – 88,8 x 54,6
Brutdauer	28–32 Tage
Nestlingszeit	Platzhocker; für 4 Tage auf dem Nest; danach Anschluß an andere Junge; weitere 2 Wochen gefüttert; flügge mit ca. 78 Tagen

▶ KAUM ZU VERWECHSELN

ROSAFLAMINGO, TRUPP AUF NAHRUNGSSUCHE

ROSAFLAMINGO-TRUPP IM FLUG

UNAUSGEFÄRBTER ROSAFLAMINGO

NEST UND EI

Höckerschwan

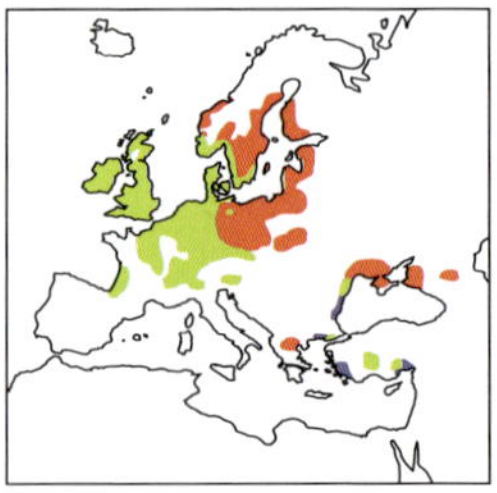

Der größte europäische Vertreter der Ordnung der Entenvögel ist heute weit verbreitet, da er als beliebter Zier- und Parkvogel schon seit langem gehalten und auch ausgesetzt wurde. Die Brutpopulationen in Mittel- und Westeuropa stammen so gut wie alle von ausgesetzten oder entkommenen Vögeln ab. Der heutige Schwanenbestand hat sich vor allem nach 1950 stark vermehrt. Doch die immer wieder geäußerten Befürchtungen, die Bestände würden explodieren und andere Wasservögel verdrängen oder für die Ökologie der Gewässer schädlich sein, haben sich im Allgemeinen nicht bestätigt. Zerstörung der ufernahen Vegetation an Land und Wasser sind nur dort zu erwarten, wo – meist auf kleinen Gewässern oder an bestimmten Plätzen konzentriert – regelmäßige Massenfütterungen die Schwäne am Platz halten. Aber solche Futterstellen- und Parkteichkonzentrationen haben kaum Chancen, sich durch eigene Nachkommen zu vermehren. Bei Höckerschwänen lässt sich nämlich das Phänomen der dichteabhängigen Regulation in vielen Gebieten sehr gut verfolgen.

Höckerschwäne leben von Wasser- und Sumpfpflanzen, die sie bis zu einer Wassertiefe von etwa 1 m mit ihren langen Hälsen noch erreichen können. Nur junge Schwäne können tauchen, Altvögel nicht. Von der Wasseroberfläche werden treibende Pflanzen (Algen, Wasserlinsen) durch Schnattern aufgenommen, auch Ufer- und Landpflanzen (z. B. Gras) regelrecht abgeweidet. Etwa im 2. oder 3. Lebensjahr verpaaren sich Schwäne, manche bleiben auch länger ledig. Die Paare leben oft in Dauerehe, jährliche Neuverpaarungen sind aber auch bekannt. Vor Beginn der Brutzeit verteidigt das Männchen allein ein sehr großes Revier, das bei Wildschwänen bis 1 km^2 umfassen kann. Die Anstrengungen der Revierverteidigung lohnen sich, denn es hat sich herausgestellt, dass nur Schwäne mit ausreichend großem Revier genügend Pflanzennahrung für die Jungenaufzucht sicherstellen können. Vielerorts ist bei dichten Schwanenbeständen jedoch die Verteidigung größerer Reviere nicht mehr möglich und mehrere Schwanenpaare müssen dichter zusammenrücken; auch regelrechte Kolonien können sich bilden. In solchen Fällen ist der Bruterfolg sehr niedrig; viele Paare bleiben ohne Junge oder kommen gar nicht zum Brüten. Bei hohem Populationsdruck bleibt also Nachwuchs aus. Da Schwanenfamilien oft bis Anfang Winter zusammenbleiben, kann man gerade in größeren Schwanenansammlungen den niedrigen Anteil diesjähriger Jungvögel leicht ermitteln.

In menschlichen Ballungsräumen lassen sich fast das ganze Jahr über Schwanensammlungen feststellen. Sonst schließen sich Schwäne nur während der Mauserzeit im Hochsommer, während der sie wie alle Entenvögel vorübergehend flugunfähig werden, und im Winter zu größeren Trupps zusammen. Nach der Reviergründung baut das Paar ein mächtiges Nest am Ufer meist nahe am Wasser oder auf kleinen Inseln. Es besteht aus Pflanzenmaterial der Umgebung, das Männchen bringt das Baumaterial, das Weibchen besorgt den Bau. Die Eier bebrütet nur das Weibchen, das Männchen setzt sich nur gelegentlich aufs Nest. Nestmaterial und Dunen decken die Eier ab, wenn das Weibchen länger vom Nest geht. Die Jungen werden nach einem Tag zum Wasser geführt. Beide Partner betreuen die Jungen, das Männchen sorgt vor allem für die Verteidigung der Familie.

Unter den jungen Schwänen, die normalerweise ein graues Dunenkleid und auch im frisch erwachsenen Zustand ein graues Jugendkleid tragen, gibt es heute vor allem in halbwilden Beständen auch regelmäßig weiße Jungschwäne. Es handelt sich dabei um ein erbliches Merkmal (*immutabilis*-Mutation). Man kann seine Träger auch noch später erkennen: Normalerweise haben Höckerschwäne grauschwarze Füße und Schwimmhäute; bei *immutabilis*-Schwänen sind sie hellgrau bis fleischfarben.

Die osteuropäischen wilden Höckerschwäne sind Zugvögel, unter denen Wanderstrecken von über 1500 km nachgewiesen sind. Die in Mittel- und Westeuropa brütenden bleiben meistens am Ort oder sammeln sich zu bestimmten Jahreszeiten an günstigen Stellen (Mauserplätze im Sommer, eisfreie Gewässer und Futterstellen in Städten im Winter). Doch sind mittlerweile auch unter halbwilden Vögeln weitere Wanderungen von über 500 km durch Beringung bekannt geworden. Die ältesten Ringvögel sind bis jetzt über 20 Jahre alt geworden.

▶ SING- UND ZWERGSCHWAN, GÄNSE

Höckerschwan *Cygnus olor* (GM.)

Größe	> Gans
Maße (cm)	Länge ca. 145–160 (125–160) / Flügel ca. 208–238 (240)
Körpermasse (g)	6600–15000
Stimme	zur Brutzeit gurgelnde Rufe „uia“ oder ähnlich; lautere fast trompetend „quiurr“; gereizt Zischen; nur ausnahmsweise im Flug rufend. Singendes Flügelgeräusch, das Sing- und Zwergschwan fehlt
Brutzeit	Mitte April bis Mai, 1 Jahresbrut
Gelegegröße	(4) 5–8 (–11)
Eifärbung	einige fast weiß, öfter jedoch blass blaugrau oder blaugrünlich getönt; glatt, später leicht glänzend und schwach gekörnt
Eimaße (mm)	spindelförmig bis lang-elliptisch – 114 x 73,7
Brutdauer	35–41 (Mittel 36) Tage
Nestlingszeit	Nestflüchter, nach 1 Stunde auf dem Wasser; flügge mit 120–150 Tagen

HÖCKERSCHWAN, ANSAMMLUNG IM WINTER

BALZ (PAARSCHWIMMEN)

WEIBCHEN MIT JUNGEN

NEST UND GELEGE

Singschwan

Die Brutbestände des größeren und langhalsigeren Singschwans haben in den letzten Jahrzehnten in Nordeuropa deutlich zugenommen, nachdem die Art um die Mitte des Jahrhunderts einen Tiefstand erreicht hatte. Heute brüten Singschwäne wieder an vielen südschwedischen Seen regelmäßig und somit in fast allen Landesteilen Schwedens. Seit den 90er Jahren ist der nordische Schwan sogar Brutvogel Deutschlands – in Brandenburg nisten alljährlich mehrere Brutpaare. Als Wintergäste kommen Singschwäne tiefer ins Binnenland und suchen mehr oder minder regelmäßig auch größere Seen bis an den Alpenrand in kleiner Zahl auf. Auch in Südosteuropa und um das Schwarze Meer überwintern sie regelmäßig. Ihre Brutplätze sind Tümpel und größere schilfreiche Seen. Wie Höckerschwäne verteidigen Brutpaare ihr Revier; beide Arten unterscheiden sich jedoch in der Drohhaltung voneinander: Während der Höckerschwan den Hals gebogen hält und die Flügel aufstellt, droht der Singschwan mit aufrecht gehaltenem, geradem Hals und seitwärts gehaltenen Flügeln. Nach der Brut sammeln sich viele an Mauserplätzen, bevor sie ins Winterquartier abziehen. Die Familien bleiben oft den ganzen Winter über zusammen. Balz und Paarbildung ist meist schon innerhalb der winterlichen Trupps zu beobachten, so dass die Paare gemeinsam am Brutplatz eintreffen. Die erste Brut findet in der Regel erst im 4. Lebensjahr statt.

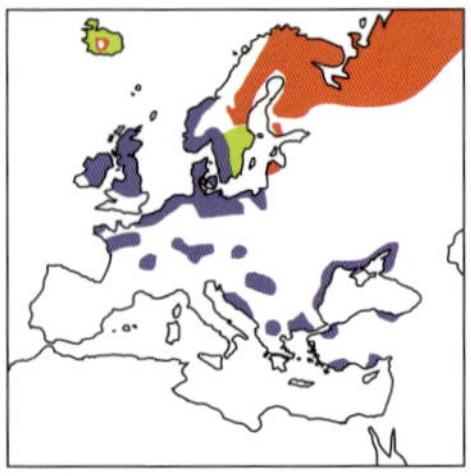

▸ Höckerschwan, Gänse

Singschwan *Cygnus cygnus* (L.)	
Größe	> Gans
Maße (cm)	Länge ca. 145–160 (140–165) / Flügel ca. 218–243
Körpermasse (g)	7500–12700 (♀ kleiner)
Stimme	leise „ahg", „huck" oder „gä" in Gruppen; Stimmfühlungslaute wie „aughö", „guuk"; bei Störung kurz „wuk"; Begrüßungs- und Triumphgeschrei „gigi" (gänseähnlich), auch im Flug rufend. Kein Fluggeräusch
Brutzeit	Anfang Mai in südlichen Gebieten, Ende Mai bis Juni weiter nördlich; 1 Jahresbrut
Gelegegröße	4–7 (8)
Eifärbung	rahmweiß, teilweise glänzend, mit leicht körniger Oberflächenstruktur
Eimaße (mm)	spindelförmig bis lang-elliptisch – 113,4 x 72,2
Brutdauer	31–42 (M 35) Tage
Nestlingszeit	Nestflüchter, beide Eltern führen; mit 78–96 (Mittel 87) Tagen flügge

Zwergschwan

Zwergschwäne und Singschwäne wirken schlanker als Höckerschwäne, schwimmen mit geradem Hals und tragen gelb-schwarze Schnäbel. Beim Zwergschwan ist die gelbe Fläche an der Schnabelbasis kleiner. Wie manche Brutvögel des hohen Nordens (z. B. Gänse) hängt die Zukunft der Bestände der Art nicht nur von der Erhaltung der Brutplätze, sondern auch vom Angebot geeigneter Rast- und Überwinterungsquartiere ab. Zwergschwäne überwintern vor allem in Nordwesteuropa von den Britischen Inseln bis in die Niederlande und Norddeutschland; tiefer ins europäische Binnenland kommen nur wenige. Ihr bevorzugter Lebensraum sind hier flache, vegetationsreiche Lagunen, Strand- und Binnenseen; sie suchen auch auf feuchten Marschen und Weiden nach Nahrung und unternehmen oft weite tägliche Nahrungsflüge zwischen Übernachtungsplätzen und Weidegründen. Die Winterbestände haben erfreulicherweise in letzter Zeit leicht zugenommen.

Außerhalb der Brutzeit bleiben Zwergschwäne meist im Familienverband; die Jungvögel treten im Frühjahr häufig die Heimreise zusammen mit den Eltern an, am Brutplatz erscheinen die Altvögel jedoch ohne ihren Nachwuchs. Zwergschwäne brüten an kleinen Gewässern in der mit Seggen oder nur mit Moos und Flechten bestandenen Tundra; ihr Brutgebiet erstreckt sich entlang der Küste Nordrusslands von der Kanin- bis zur Tschuktschen-Halbinsel.

▸ Singschwan

Zwergschwan *Cygnus columbianus* Ord 1815	
Größe	= Gans
Maße (cm)	Länge ca. 115–127 (120–150) / Flügel ca. 180–211 (115–140)
Körpermasse (g)	4300–9600 (Nominatform)
Stimme	im Flug einsilbig „guhk" oder „ong" (lauter als Singschwan); juv. höher „guilik" oder „gulikk" oder ähnlich; Triumphgeschrei meist 3-silbig, wie „huguguk"; vor Auffliegen gedämpft gereiht „höghög…"
Brutzeit	ungefähr Juniwoche
Gelegegröße	3–5
Eifärbung	gelblichweiß; glatt mit schwachem Glanz und feiner körniger Oberfläche
Eimaße (mm)	spindelförmig – 102,4 x 67,6
Brutdauer	29/30 Tage
Nestlingszeit	Nestflüchter, Eltern kümmern sich um Junge; mit 40–45 Tagen flügge

SINGSCHWÄNE MIT JUNGVOGEL IM WINTERQUARTIER

SINGSCHWAN, ALTVOGEL IM SOMMER

ZWERGSCHWAN

ZWERGSCHWAN IM FLUG

Saatgans

Die Saatgans ist die im Binnenland Mitteleuropas verbreitetste der „braunen" Wildgänse. Ihre Brutgebiete liegen im Bereich der Taiga und der Tundra. Man unterscheidet daher „Wald- und Tundrasaatgänse" als Unterarten, die auch – zumindest teilweise – an der Länge und Färbung (Ausdehnung der orangefarbenen Marken) des Schnabels zu erkennen sind. Auf dem Zug und im Winterquartier brauchen die Gänsescharen flache Gewässer als Ruhe- und Schlafplätze, die nicht zu weit von störungsfreien Wiesen-, Weide- und Ackerflächen entfernt liegen, auf denen sie nach Nahrung suchen. Viele Rastplätze in Mitteleuropa sind daher gefährdet. „Tundrasaatgänse" (Unterart *rossicus*) nisten in der offenen, nassen Tundra und auf Inseln vor den arktischen Küsten. „Waldsaatgänse" brüten dagegen in der nordischen Taigazone in weiten Moor- und Flusslandschaften mit eingestreuten, kleinen Seen. Wenn die Vögel im Frühjahr an ihren Brutplätzen ankommen, ist der Boden noch großenteils schneebedeckt; erst wenn Eis und Schnee die Nistplätze freigeben, können die Gänse mit dem Brutgeschäft beginnen. Das meist mit Dunen gepolsterte und sehr gut getarnte Nest der „Waldsaatgans" steht oft auf einer erhöhten Bülte inmitten des von der Schneeschmelze überfluteten Moores; etwa ein Drittel der Brutpaare nistet in trockenem Fichten- oder Kiefernwald am Rande einer Moorfläche. Wie bei Gänsen üblich, führen beide Partner die Jungen, die auch noch nach dem Abflug ins Winterquartier bei den Eltern bleiben.

▶ ANDERE GÄNSE

Saatgans *Anser fabalis* (LATHAM 1787)

Größe	= Gans
Maße (cm)	Länge ca. 66–89 / Flügel ca. 147–175 (142–175)
Körpermasse (g)	3171–3948
Stimme	Flugrufe zweisilbig wie „hajak" oder dreisilbig „kaiaiah"; beim Auffliegen kurz „rat rat"; im Flug auch kurz Abwehrzischen „gock"; weniger ruffreudig als Grau- und Blässgans
Brutzeit	Ende Mai/Anfang Juni im Süden, Ende Juni bis Anfang Juli weiter nördlich; 1 Jahresbrut
Gelegegröße	(3) 4–6 (–8)
Eifärbung	rahmfarben; glatt mit grober körniger Struktur
Eimaße (mm)	spindelförmig bis oval – 83,8 x 55,3
Brutdauer	(25–) 27–29 (30) Tage
Nestlingszeit	Nestflüchter, Eltern führen Junge; mit 40–50 Tagen flügge

Kurzschnabelgans

Sehr ähnlich ist die etwas kleinere Kurzschnabelgans, deren dunkler Schnabel keine orangefarbenen Zeichen, sondern ein mehr rosafarbenes Band trägt. Die Brutvögel Grönlands und Islands überwintern hauptsächlich im Bereich der Britischen Inseln, während die aus Spitzbergen kommenden Kurzschnabelgänse nach Dänemark, Norddeutschland, in die Niederlande und nach Belgien ziehen. Tiefer im Binnenland tauchen nur wenige sehr unregelmäßig auf. Mitunter fliegen einzelne Kurzschnabelgänse in den Scharen anderer Gänsearten mit. Aus der Ferne sind sie leicht mit den in Gestalt und Größe sehr ähnlichen Tundrasaatgänsen zu verwechseln, sie unterscheiden sich aber vor allem durch die stets rosafarbenen Beine, was aber bei schlechten Lichtverhältnissen oft nur schwer zu beurteilen ist; ein weiteres wichtiges Artkennzeichen der Kurzschnabelgans ist die helle Oberseite mit wie überfroren wirkendem blaugrauem Anflug, dagegen wirken Saatgänse insgesamt meist recht dunkel. Wiesen- und Weidegebiete sind der bevorzugte Nahrungsraum der Kurzschnabelgans während des Winterhalbjahrs. Ab Oktober ist mit dem Einflug der großen Schwärme zu rechnen, die sich innerhalb des Winterareals mit fortschreitender Jahreszeit zum Teil großräumig verlagern. Oft erst von Mitte Mai bis Anfang Juni kommen die Gänse an ihre hochnordischen Brutplätze zurück, die mitunter über viele Jahre beibehalten werden und manchmal lockere Kolonien bilden.

▶ ANDERE GÄNSE

Kurzschnabelgans *Anser brachyrhynchus* BAILLON 1833

Größe	= Gans
Maße (cm)	Länge ca. 60–75 / Flügel ca. 135–170
Körpermasse (g)	2750–3500
Stimme	Flugruf „agag"; Stimmfühlungslaute meckernd „chräi chräi..."; bei Erregung „awu", „aik" oder „kräh"; Abwehrzischen; ♂ rufen höher; höher als Saatgans, doch nicht so hoch wie Blässgans
Brutzeit	Anfang bis Mitte Juni, 1 Jahresbrut
Gelegegröße	(1–) 3–7 (–9)
Eifärbung	rahmweiß; glatt und relativ feinkörnig
Eimaße (mm)	Form variabel, elliptisch bis oval – 80,4 x 53,7
Brutdauer	(25) 26–27 (28) Tage
Nestlingszeit	Nestflüchter, Eltern führen Junge; mit ca. 8 Wochen flügge

SAATGANS, NOMINATFORM („WALDSAATGANS“)

„WALDSAATGANS“

„TUNDRASAATGANS“

KURZSCHNABELGANS

Blässgans

Blässgänse brüten an Seen und Flüssen in verschiedenen Arten der Tundra – von der steinigen Küstentundra bis zur seggenbestandenen Bergtundra. Im Winterhalbjahr weiden die Gänse in Steppengebieten, auf Überschwemmungswiesen und auf offenen Landwirtschaftsflächen, vor allem auf Grünland, an der Küste suchen sie gerne auf Salzwiesen Nahrung. Blässgänse bilden in Nordwesteuropa bis einschließlich Norddeutschland große Winterscharen, ebenso in Südosteuropa und um das Schwarze Meer. Dabei sind ähnlich wie bei der Kurzschnabelgans unterschiedliche Schwerpunkte festzustellen: Die Brutvögel Grönlands wandern hauptsächlich in den Bereich der Britischen Inseln und von dort an die Küsten Kontinentaleuropas. Die Brutvögel aus dem Norden Russlands erscheinen ab Oktober im Ostseebereich und wandern dann nach Westen bis etwa in die Niederlande. Wie bei anderen Gänsen auch ist in Europa die Störung von geeigneten Grünlandgebieten im Bereich des Winterquartiers zum Hauptproblem geworden. Meist in unregelmäßigen Abständen tauchen wenige Blässgänse auch im westlichen mitteleuropäischen Binnenland auf. Wie bei anderen Gänsen auch bleiben die Jungvögel den Winter über bei den Eltern und verlassen diese erst kurz vor Beginn der Brutzeit. Das Weibchen wählt für die Anlage des Nestes eine flache Mulde im Tundraboden und legt sie mit etwas Pflanzenmaterial aus. Während der Eiablage hält das Männchen nahe am Nest Wache, später bezieht er seinen Posten etwas weiter entfernt. Weibchen und Männchen führen die Jungen ungefähr sechs Wochen lang.

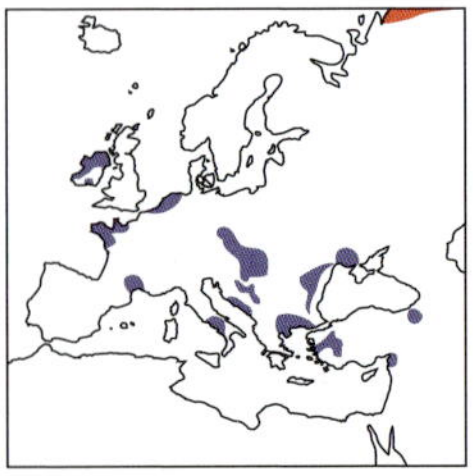

▶ ANDERE GÄNSE

Blässgans *Anser albifrons* (SCOP.)

Größe	= Gans
Maße (cm)	Länge ca. 65–78 (65–83) / Flügel ca. 130 – 165
Körpermasse (g)	1700 – 3000
Stimme	meist zweisilbig, hoch und rasch, z. B. wohltönend „kuju" oder „ajak" und sehr hoch „kliji" usw.; selten dreisilbig; gellender und weniger nasal als Saatgans
Brutzeit	Mitte Juni, 1 Jahresbrut
Gelegegröße	(3–) 5–6 (7)
Eifärbung	rahmweiß; glatt, leicht glänzend
Eimaße (mm)	elliptisch bis spindelförmig – 79 x 51,8
Brutdauer	27–28 Tage
Nestlingszeit	Nestflüchter, Eltern führen; mit 40–43 Tagen flügge

Zwerggans

Auch Zwerggans und Blässgans bilden ein Artenpaar mit Verwechslungsmöglichkeiten. Zwerggänse sind kleiner als Blässgänse, haben einen kürzeren Schnabel und eine weiter auf die Stirn reichende weiße Befiederung. Aber die Jungvögel beider Arten tragen keine weiße Stirnblesse (und manchmal können auch Saatgänse einen allerdings sehr schmalen weißen Ring um den Oberschnabel tragen). Zwerggänse brüten in einem schmalen von Nordskandinavien bis nach Ostsibirien reichenden Gürtel. Die Winterquartiere liegen in Südosteuropa und Vorderasien. Nach Mitteleuropa kommen nur wenige. Die Lebensräume im Winter sind vor allem Steppengebiete, die Brutplätze liegen in der Waldtundra und über der Baumgrenze in der Strauchvegetation. Die kleinen Bestände in Fennoskandien nehmen ab; die Population in Russland scheint stabil. Trotzdem muss die Art als gefährdet gelten. Hauptursache für den Besorgnis erregenden Rückgang der westlichen Zwerggans-Populationen scheint der Abschuss auf dem Zug und in den Winterquartieren zu sein. Um die Gefährdung der Gänse auf ihren Zugwegen zu dokumentieren, stattete man Ende der 90er Jahre vier Vögel aus Brutgebieten in Nordnorwegen mit Sendern aus. Nur einer dieser Versuchsvögel kehrte an den Brutplatz zurück, nachdem er über die Kanin-Halbinsel, Ostdeutschland und Ungarn bis nach Griechenland geflogen war, wo er den Winter verbrachte. Als letzte Rettung versucht man gegenwärtig, Jungvögel von Weißwangengänsen als Adoptiveltern aufziehen zu lassen, mit denen die Zwerggänse in weiter westlich gelegene, weniger gefährliche Winterquartiere ziehen können.

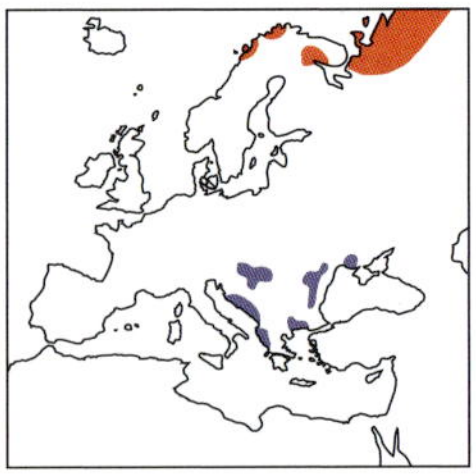

▶ ANDERE GÄNSE

Zwerggans *Anser erythropus* (L.)

Größe	< Gans
Maße (cm)	Länge ca. 53–66 / Flügel ca. 120–135
Körpermasse (g)	1300–2300
Stimme	raschere und deutlich höhere Rufe als Blässgans, z.B. „klick klu" oder „kjü-jü"; Durcheinanderrufen vieler Vögel; höher und dünner als Blässgans
Brutzeit	Ende Mai bis Anfang Juni, 1 Jahresbrut
Gelegegröße	(2–) 4–6 (–8)
Eifärbung	rahmweiß; glatt
Eimaße (mm)	lang-spindelförmig oder oval – 76,5 x 48,9
Brutdauer	25–28 Tage
Nestlingszeit	Nestflüchter; mit 34–40 Tagen flügge

BLÄSSGANS, PAAR

BLÄSSGANS MIT JUNGVOGEL

ZWERGGANS

ZWERGGANS

Graugans

Sie ist die Stammmutter der Hausgans und durch die wundersame Reise des Nils Holgersson der Allgemeinheit ebenso bekannt wie durch die Verhaltensuntersuchungen von Konrad Lorenz. Letztere waren mit ein Anlass dafür, dass es in Mitteleuropa heute mehrere Gebiete gibt, in denen Nachkommen ausgesetzter Graugänse leben und ähnlich Höckerschwänen halbwilde Bestände in Parkteichen und an Seepromenaden aufgebaut haben, nicht immer zur Freude der Stadtverwaltungen und Anrainer. Gänse sind Vegetarier, die größere Wiesenflächen abweiden und an kleinen Gewässern natürlich die Ufervegetation beeinträchtigen, wenn dichte Bestände durch Fütterung aufrechterhalten werden. Mit ihren harten Schnabelrändern können sie Gras und Kräuter abweiden und kommen dazu meist an Land. Sie können aber auch im Schwimmen und beim Gründeln Pflanzen in und unter Wasser erreichen und auch unterirdische Pflanzenteile ausgraben. Man macht Graugänse auch für die Schädigung ohnehin zurückgehender Schilfbestände verantwortlich, da sie auch Rhizome ausbuddeln.

Das Verbreitungsgebiet der Graugans reicht vom östlichen Mitteleuropa in einem breiten Band bis nach Ostasien an den Pazifik. Diese östlichen Graugänse haben einen rosafarbenen Schnabel. Bei den Vögeln der westlichen Populationen in Island, Skandinavien, auf den Britischen Inseln und im Nordosten Mitteleuropas ist der Schnabel dagegen blass orangefarben. Im Süden reicht das Brutgebiet bis an den Persischen Golf. Nordwesteuropäer und Brutvögel im Nahen und Mittleren Osten wandern höchstens kleine Strecken. Die nördlichen Brutvögel von Skandinavien bis Ostasien dagegen sind Zugvögel. Ihr Winterareal reicht über das Mittelmeer bis nach Nordafrika. Ein ganz wichtiges Winterquartier liegt in

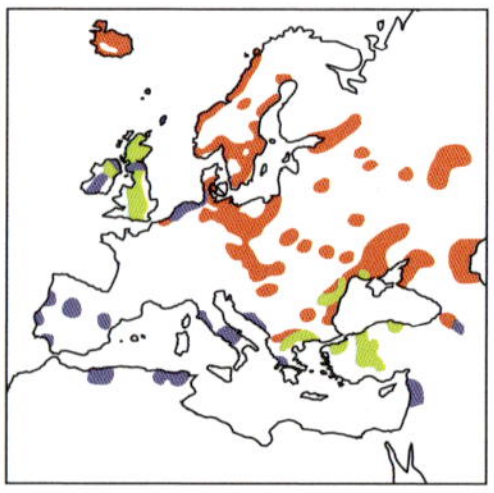

Südspanien am Guadalquivir. Weitere Winterzentren unterschiedlicher Populationen liegen in Schottland, in den Niederlanden, in Griechenland und um das Schwarze Meer. Viele Vögel sammeln sich vor dem Abzug an traditionellen Mauserquartieren, beispielsweise dem Ijsselmeer in den Niederlanden.

Graugänse leben zur Brutzeit meist an deckungsreichen Binnengewässern. Ihre Nester stehen im Schilf, zwischen Seggen und Binsen, aber auch auf Kopfweiden in überschwemmten Auwäldern. Das Weibchen brütet allein und wird vom Männchen bewacht; dieses steht ein Stück entfernt, um den Neststandort nicht zu verraten. Gute Deckungsmöglichkeiten sollten auch die Mauserquartiere für die vorübergehend flugunfähigen Altvögel mit ihren Jungen bieten. Wie andere graue und braune Gänse suchen auch Graugänse ihre Nahrung vor allem auf Grünland und ruhen außerhalb der Brutzeit auf offenen Wasserflächen oder sitzen auf flachen Inseln oder Uferbänken. Zwischen Ruhegebieten und Nahrungsgründen können erhebliche Entfernungen liegen, die oft täglich zurückgelegt werden müssen. Bei längeren Flügen ordnen sich Graugänse wie Kraniche in V-Formation an. Wenn sie oft gestört werden, legen sie die Nahrungsaufnahme auch in die Nachtstunden.

Meist im zweiten Kalenderjahr setzt die Paarbildung ein, obwohl Graugänse erst ein Jahr später geschlechtsreif werden. Monogame Dauerehe ist wohl die Regel. Bei der Nestplatzwahl scheint das Weibchen der aktivere Teil zu sein. Das Männchen übernimmt die Nestverteidigung; in manchen Gebieten stehen aber Nester fast kolonieartig beisammen, so dass hier größere Reviere nicht verteidigt werden. Die Nester stehen meist hart am oder bei geeigneter Unterlage auch über dem Wasser. Die Mulde im lose zusammengelegten Pflanzenmaterial legt das Weibchen dann mit Dunen aus, mit denen dann auch die Eier bei längerer Abwesenheit des allein brütenden Weibchens abgedeckt werden. Schon kurz nach dem Schlüpfen werden die Jungen von beiden Eltern aufs Wasser geführt, kehren aber zunächst noch zum Nest zurück und schlafen dort mit dem Weibchen. Die Familie hält noch den Herbst und Winter über zusammen. Die großen herbstlichen Scharen setzen sich daher meist aus Familiengruppen locker zusammen. Zahlreiche Verhaltensweisen regeln Rangordnungen, aggressive und friedliche Auseinandersetzungen, wie z. B. durch Imponieren mit gestrecktem Hals oder mit angehobenen Flügeln auf dem Wasser. Auch bei Hausgänsen kann man Ähnliches in Ansätzen noch beobachten. Die Altvögel kehren aber im Folgejahr allein zum Brutplatz zurück.

▶ ANDERE GÄNSE

Graugans *Anser anser* (L.)

Größe	= Gans
Maße (cm)	Länge ca. 75–90 (76–89) / Flügel ca. 147–180
Körpermasse (g)	2500–4100
Stimme	hausgansähnlich „ahng-aug-aug“ oder „gagagag“ (♂ höher); Rufduette; lange „ga…“-Reihen vor Aufflügen; bei Beunruhigung kurz „ik“ oder „äk“; Kontaktrufe leise „gogogoder…“; Abwehrzischen
Brutzeit	im südlichen und südöstlichen Verbreitungsgebiet Ende März, bis Ende April im Norden; 1 Jahresbrut
Gelegegröße	4–9 (–12)
Eifärbung	schmutzigweiß mit schwacher feiner Körnung, sonst glatt
Eimaße (mm)	spindelförmig bis oval – 85,7 x 57,4
Brutdauer	27–29 Tage
Nestlingszeit	Nestflüchter, Eltern führen; mit 50–60 Tagen bedingt flugfähig

GRAUGANS, TRUPP

GRAUGANS IM LANDEANFLUG

KURZ VOR DER LANDUNG

GRAUGANSPAAR MIT JUNGEN

Kanadagans

Sie ist heute die größte in Europa lebende Gans, stammt aber aus Nordamerika. Dort brütet sie in einer großen Anzahl von Unterarten. Die Geschichte ihrer Ansiedlung in Europa beginnt mit Aussetzungen, die in Großbritannien bereits auf das 17. Jahrhundert zurückgehen. Zwischen 1939 und 1945 starb die Art allerdings dort aus – kriegsbedingt in Zeiten knapper Nahrung! Seither wuchsen die Bestände wieder und erreichten Ende der 80er Jahre um die 5000 Brutpaare. Im Sommer 1991 wurden in Großbritannien fast 63 000 Kanadagänse (darunter 44 900 Altvögel) gezählt.

Andere Aussetzungen begannen 1929 in Schweden. Hier stieg der Bestand auf etwa 5000 Brutpaare bis Anfang der 80er Jahre. Weitere Aussetzungen folgten in Norwegen 1936 und 1958. In Finnland tauchten ab 1964 wildlebende Kanadagänse auf und brüteten erstmals zwei Jahre später. Wahrscheinlich stammt zumindest ein Teil der finnischen Vögel aus Schweden. Um 1985 umfasste der finnische Brutbestand bereits etwa 300 Paare. Inzwischen sind Kanadagänse auch bis in den Westen Russlands (z. B. Ladogasee) vorgedrungen. In Dänemark brüteten z. B. schon 1976 rund 20 Paare.

Weitere Ansiedlungen haben sich in den letzten Jahrzehnten auch in Mitteleuropa etabliert. Nicht immer sind die Quellen solcher Brutvorkommen genauer bekannt. Aber bei einer stattlichen Reihe von exotischen Entenvögeln sind zahlreiche öffentliche und private Wasservogelhaltungen für Neuansiedlungen verantwortlich, da viele Arten freifliegend gehalten werden. So brüten Kanadagänse mittlerweile z. B. in den Niederlanden in einer offensichtlich noch kleinen Population. Auch in Belgien und Nordfrankreich haben sich längst wenigstens einige Paare als Brutvögel niedergelassen, ebenso wie in verschiedenen Teilen Deutschlands. So brüten in Schleswig-Holstein Kanadagänse regelmäßig (um 1993 wurden z. B. 30–40 Paare bei Kiel geschätzt). Abkömmlinge von Parkvögeln haben mittlerweile weite Teile Südbayerns „erobert“ (anfangs der 90er Jahre hielten sich im Raum München z. B. 1500–2000 Vögel auf. Wahrscheinlich haben sich von dort aus Brutvögel an mehreren südbayerischen Seen bis an den Alpenrand angesiedelt). Einzelne Paare werden auch aus Baden-Württemberg und Österreich gemeldet.

Die Ausbreitung der Kanadagans als Brutvogel aus unterschiedlichen Quellen ist zumindest in einigen Länden Europas also derzeit noch im Fluss. Sicher hat mit dazu beigetragen, dass die Art aus einem Gebiet der Nordhalbkugel stammt, in dem ähnliches Klima wie in Europa nördlich der Alpen herrscht. Die Anpassung geht aber noch weiter, denn mittlerweile haben sich auch unterschiedliche Wandergewohnheiten entwickelt. Die Brutvögel im wintermilden Großbritannien sind Standvögel oder wandern nur über kurze Strecken. Innerhalb des Landes haben sich Mauserquartiere entwickelt, die vor allem von Nichtbrütern aufgesucht werden. Die skandinavischen Brutvögel ziehen dagegen im Herbst nach Süden und überwintern im Ostseegebiet bis zu den Küsten Schleswig-Holsteins, sind aber auch schon in den Niederlanden, im Südosten Englands und sogar in Zentralfrankreich nachgewiesen worden. Solche Zugvögel können also in ganz Europa auftauchen.

Doch auch aus eigener Kraft haben Kanadagänse wiederholt Europa erreicht. So ist z. B. eine beringte Gans aus Maryland/USA in Schottland gefunden worden.

Kanadagänse sind nach Gänseart Vegetarier. Ihre Nahrung besteht vor allem aus Landpflanzen, die sie abweiden, und Sämereien. Mit ihrem langen Hals können sie auch wie Schwäne Pflanzen aus dem Seichtwasser heraufholen. Außerhalb der Brutzeit schließen sich Familien zu Trupps zusammen. Manchmal stehen die Nester in lockeren Kolonien, aber an geeigneten Stellen werden auch Territorien verteidigt, die größer sind als bei der Graugans in denselben Gebieten. Die Paarbildung findet oft schon im ersten Lebensjahr statt, die erste Brut meist erst mit drei Jahren. Die großen Nester stehen nahe am Wasser oder auf Inseln auf festem Boden; manchmal werden alte Nester wieder benutzt. Nur das Weibchen brütet, aber beide Partner verteidigen Nest und Junge. Die Familie bleibt den Herbst und Winter über zusammen. Wahrscheinlich leben Männchen und Weibchen in Dauerehe. Die Ausbreitung der kräftigen Kanadagans geht teilweise auf Kosten der schwächeren Graugans, der die Nahrungs- und Nistplätze streitig gemacht werden.

Kanadagans *Branta canadensis* (L.)

Größe	= Gans
Maße (cm)	Länge ca. 90–110 (55–110) / Flügel ca. 150–180 (122–183)
Körpermasse (g)	2059–6523
Stimme	im Flug nasal trompetend „ahong“; Kontaktruf „rorr-rorr“ (grunzend); Triumphgeschrei ♂ „rack-ruk, rack-ruk-ruk…“, ♀ „rack-rack-rack…“
Brutzeit	Anfang April, gelegentlich Ende März, 1 Jahresbrut
Gelegegröße	(3–) 5–6 (–11)
Eifärbung	weiß bis schmutzigweiß, glanzlos
Eimaße (mm)	elliptisch bis spindelförmig – 85,7 x 58,2
Brutdauer	28–30 Tage
Nestlingszeit	Nestflüchter, Eltern führen; mit 40–48 Tagen flügge

▸ Nilgans, andere Gänse

KANADAGANS, FAMILIE

KANADAGANS AUFFLIEGEND

IM FLUG

WEIBCHEN MIT KLEINEN JUNGEN

Weißwangengans

Weißwangengänse sind eine der beiden hochnordischen schwarz-weißen Gänsearten, für deren Überwinterung der Nordseeraum mit seinen Anrainern eine entscheidende Rolle spielt. Die Weltpopulation der Weißwangen- oder Nonnengans setzt sich aus drei voneinander getrennten Brutbeständen zusammen, die alle in Europa überwintern.

Die Brutvögel von Nordost-Grönland ziehen in ihre Überwinterungsgebiete nach Westschottland und Irland. Auf dem Heimzug suchen sie Island als Rastquartier auf einem Zwischenstopp auf. Die Brutvögel Spitzbergens ziehen an den Solway Firth in Nordwest-Schottland. Wenn sie im Frühjahr wieder nach Norden ziehen, ist ein wichtiger Zwischenrastplatz Helgeland in Norwegen. Solche Zwischenstopps sind vor allem auch deshalb nötig, um gewissermaßen den letzten Sprung in den kurzen arktischen Sommer in ausreichend guter Körperkondition zu schaffen und dann nach Eintreffen am nachwinterlichen Brutplatz gleich mit Nestbau und Eiablage beginnen zu können. Die Vögel der dritten Brutpopulation von Nowaja Semlja in der russischen Arktis überwintern in den Niederlanden und machen auf dem Heimzug auch Rast in Norddeutschland, Schweden und Estland. Ins europäische Binnenland kommen Weißwangengänse nur ganz ausnahmsweise einzeln. Bei solchen Binnenlandvorkommen muss man auch immer wieder prüfen, ob es sich nicht um Gefangenschaftsflüchtlinge handelt, die übrigens auch manche Binnenlandbeobachtung anderer nordischer Gänse betreffen können.

Durch Zählungen in den Wintergebieten kann man sich einen recht guten Überblick über die Populationsgrößen und ihre Entwicklung verschaffen. Erfreulich ist, dass in den letzten Jahrzehnten die Bestände ganz eindeutig zugenommen haben. Die Grönlandpopulation hat sich von den 60er bis zu den 80er Jahren auf etwa 30 000 Individuen verdoppelt. Die Zahl der Brutvögel Spitzbergens wuchs von einem Besorgnis erregenden Tiefstand von nur 1000 Vögeln in den

50er Jahren auf etwa 13 000 Vögel im Jahre 1993 an. Die Population im arktischen Russland umfasste etwa 50 000 Vögel in den 70er Jahren; knapp 20 Jahre später wurde der Winterbestand der von dort kommenden Weißwangengänse auf 120 000–130 000 Vögel geschätzt.

Zu den Überraschungen zählte die Ansiedlung der hochnordischen Art auf den südschwedischen Inseln Gotland und Öland seit 1971. Um 1988 schätzte man dort bereits rund 1000 Brutpaare. Seit Anfang der 80er Jahre brüten Weißwangengänse auch in Estland.

Da die gesamt Weltpopulation dieser Art sich auf wenige Brutgebiete und einige wenige eng umgrenzte Winterquartiere konzentriert, ist sie trotz erfreulicher Bestandsentwicklung gefährdet. Das Abweiden größerer Grünflächen durch Gänsescharen hat Konflikte mit der Landwirtschaft heraufbeschworen; Abschüsse und Vertreibungseingriffe waren die Folge. Manche Weidegründe in Norwegen sind durch Aufgabe der Viehbestockung für Gänse nicht mehr nutzbar und der größte Mauserplatz auf Grönland ist durch Pläne einer Erschließung zur Ölgewinnung potenziell bedroht. Schutzprogramme und vor allem Kompromisse mit der Landwirtschaft versuchen, Winterquartiere zu sichern. Aber auch andere Störungen müssen von Gänserastplätzen fern gehalten werden.

In ihrem arktischen Brutgebiet legen Weißwangengänse vor allem auf kleinen Inseln ihre Nester an, die vom Eisfuchs nicht erreicht werden. Auf dem Festland brüten sie auch in steilen Felswänden auf Felsbändern und Vorsprüngen. Mitunter stehen die Nester in kleinen Kolonien beisammen. Wahrscheinlich beginnen Weißwangengänse erst im dritten Jahr mit der ersten Brut. Die Paare halten wohl mehr als ein Jahr zusammen. Jedenfalls ist wiederholt Treue zum alten Nistplatz nachgewiesen worden. Die flache Nestmulde wird mit hellen Dunen ausgelegt. Oft ist das Nest von einem Kotkranz des brütenden Weibchens umgeben. Dies hat zur Folge, dass um das Nest herum die Vegetation in der kargen Landschaft etwas üppiger sprießt.

Ein Vielzahl von Tundrapflanzen bildet die Nahrung während des kurzen arktischen Sommers. Zu den Nahrungsgebieten fern von den exponierten Brutplätzen werden dann auch die Jungen geführt. Hier schließen sich dann oft auch mehrere Familien zusammen. Die Familien ziehen auch gemeinsam ins Winterquartier. Dort sind vor allem Salzwiesen, aber auch intensiver genutzte Wiesen und Weiden und sogar Kleeschläge und Äcker die wichtigsten Nahrungsgründe der oft großen Scharen.

▶ RINGELGANS

Weißwangengans *Branta leucopsis* (BECHSTEIN 1803)

Größe	= Gans
Maße (cm)	Länge ca. 58–70 (58–71) / Flügel ca. 312–145
Körpermasse (g)	1290–2010
Stimme	im Flug bellend, einsilbig „guak“ oder „gock“; gedämpfte Stimmfühlung auf Wasser „hoog“; schrilles Triumphgeschrei; (recht) ruffreudig
Brutzeit	Ende Mai bis Anfang Juni, 1 Jahresbrut
Gelegegröße	(2–) 4–5 (–9)
Eifärbung	grünlich-weiß, glanzlos; grobkörniger und rauer als bei Ringelgans
Eimaße (mm)	elliptisch bis spindelförmig – 76,2 x 50,3
Brutdauer	24–25 (–28) Tage
Nestlingszeit	Nestflüchter, Eltern führen; mit 40–45 Tagen flügge (Familie bleibt über Winter zusammen)

WEISSWANGENGÄNSE IM WINTER

NAHRUNGSSUCHE

JUNGVOGEL

DUNENJUNGES

Nilgans

Wie Brandgans und Rostgans zählt man auch die Nilgans zu einer Gruppe von Entenvögeln, die man als Unterfamilie der Halbgänse zwischen typischen Gänsen und Enten einreiht, manchmal auch enger mit Enten in Zusammenhang bringt. Zu den entenartigen Merkmalen zählt z. B. ein kürzerer Hals, ein mehr oder minder typischer Entenschnabel und auch Nahrungsaufnahme durch Gründeln im Wasser. Bei der Nilgans sind im Unterschied zu den folgenden beiden Arten wie bei echten Gänsen die Geschlechter gleicht gefärbt, und es ist auch kein Schlichtkleid erkennbar. Aus der Ferne könnte man die Nilgans allerdings mit der Rostgans verwechseln, vor allem im Flug, denn dann zeigen beide Halbgänse einen auffälligen weißen Vorderflügel.

Nilgänse sind die verbreitetsten Wasservögel in Afrika von der südlichen Sahara an. Am Nil brüten sie heute nur noch südlich von Assuan, ehemals scheint ihr Brutgebiet weiter nach Norden gereicht zu haben (wenn auch Meldungen von ehemaligem Vorkommen in Israel nicht bestätigt werden konnten). Sie waren im Alten Ägypten offenbar ein bekanntes Jagdwild, denn aus Papyri und Wandmalereien sind Darstellungen überliefert, auf denen man Nilgänse einwandfrei identifizieren kann. Andere Gänse, wie Rothalsgans, Blässgans und Saatgans, die z. B. auf der berühmten Wandmalerei von Medum dargestellt sind, waren als Wintergäste bekannt.

In Europa wurden Nilgänse bereits im 17. Jahrhundert nach England und Schottland eingeführt und waren im 18. und 19. Jahrhundert dort weit verbreitet. In den letzten Jahrzehnten beschränkte sich das Vorkommen der Art vor allem auf Norfolk. Dort hat sich während der letzten 150 Jahre der Bestand offensichtlich wenig verändert. Neuerdings sind trotz relativ geringer Nachwuchszahlen Tendenzen lokaler Zunahme und Ausbreitung zu beobachten. 1991 wurden in Großbritannien etwa 900 Alt- und Jungvögel gezählt. In den Niederlanden geht der Bestand wahrscheinlich auf vier 1967 entflogene Vögel zurück. 1969 brütete bereits ein Paar; um

1983 gab es 85–125 Paare. Auch in Belgien brüteten schon in den 70er Jahren einzelne Paare in Freiheit. Um 1990 zählte man in der Region Brüssel 27 Brutpaare; einige weitere gab es im Land verteilt. In Deutschland brüten Nilgänse mindestens seit 1977, neuerdings wohl regelmäßig einzelne Paare irgendwo. Größere Brutbestände haben sich bis jetzt nicht entwickeln können. Doch ist anzunehmen, dass sich in Mittel- und Westeuropa der Exote aus Afrika in wintermilden Gebieten halten kann. In Afrika sind Nilgänse nämlich keine Zugvögel, wandern aber z. B. je nach Trockenheit und Wasserständen über größere Entfernungen. Auch Wanderungen zwischen Nahrungsgründen und Tageseinständen sowie Übernachtungsplätzen sind bekannt. Alle Nilgänse Mittel- und Westeuropas sind sicher Abkömmlinge von Gefangenschaftsvögeln: Dass Wildvögel aus eigener Kraft zu uns gelangen, ist nach allem, was man über Wanderungen und Vorkommen nördlich des Brutareals weiß, sehr unwahrscheinlich.

In Europa sind Nilgänse immer noch mehr oder minder Parkvögel oder Brutvögel parkähnlicher Kulturlandschaft geblieben. In Afrika wird eine Vielzahl von Biotopen steppenartiger Gebiete und der Savannen besiedelt. In Äthiopien ist die Nilgans sogar Hochgebirgsvogel. In waldreichen Gebieten fehlt die Art jedoch.

Nilgänse sind sehr geschickte Flieger, die auch ohne Mühe auf Bäumen, Felsen oder Gebäuden landen können. Ihre Nahrung, vor allem Gräser und andere Pflanzen sowie Sämereien einschließlich Getreidekörner, suchen sie meist weidend auf dem Land, oft auch fernab vom Wasser. In geringer Menge werden auch Heuschrecken und andere Kleintiere aufgenommen. Im Flachwasser gründeln sie nach Nahrung. In Afrika liegen die Brutzeiten innerhalb des riesigen Verbreitungsgebietes von den nördlichen bis in die südlichen Subtropen sehr unterschiedlich, in manchen Gegenden halten sich die Paare kaum an eine bestimmte Jahreszeit. Während der Brutzeit verteidigen die Paare ein Revier. Die Nester stehen auf dem Boden, meist versteckt unter einem Gebüsch, hinter einer kleinen Erhöhung usw., in der Regel nicht weit vom Wasser entfernt. Auch Höhlen und Spalten in Bäumen, Felsen oder Gebäuden werden als Nestplatz aufgesucht. Mitunter nutzen Nilgänse größere Nester anderer Vögel. Das Paar führt die Jungen gemeinsam. Nach der Brutzeit versammeln sich viele Vögel in der Regel in Mausertrupps.

Nilgans *Alopochen aegyptiacus* (L. 1766)

Größe	= Gans
Maße (cm)	Länge ca. 63–73 (71–73) / Flügel ca. 134–154
Körpermasse (g)	1500–2250
Stimme	♂ ruft heiser zischend, ♀ tief und schrill „ang-hää-hää"
Brutzeit	März bis April; 1 Jahresbrut
Gelegegröße	5–8 (–10)
Eifärbung	rahmweiß; glatt mit schwachem Glanz
Eimaße (mm)	spindelförmig bis oval, ziemlich kurz – 70,5 x 50,3
Brutdauer	28–30 Tage
Nestlingszeit	Nestflüchter, Eltern führen; mit 3 Monaten selbstständig

▶ ROSTGANS

NILGANS IN MITTELEUROPA

JUNGVOGEL

ALTVOGEL MIT JUNGEN

NEST UND GELEGE

Rostgans

Wie typische Enten wirken Rostgänse recht kurzhalsig. Auch sind im Gegensatz zu typischen Gänsen die Geschlechter zu unterscheiden: Weibchen tragen nicht wie die Männchen im Prachtkleid einen schwarzen Halsring; dieser ist auch bei den Männchen im Schlichtkleid kaum zu sehen. Die lebhaft rostroten Vögel mit den auffälligen schwarzweißen Flügeln, die einen starken Kontrast im Flugbild ergeben, erreichen mit ihrem Verbreitungsgebiet gerade noch Südosteuropa. Hier ist der Bestand jedoch schon seit langem stark zurückgegangen, so dass man weniger als 200 Paare als Restbestand vor allem in Griechenland und Bulgarien schätzt. Damit zählt die Art zu den sehr gefährdeten Arten Europas.

Weiter nach Osten werden die Bestände zwar größer, nehmen aber z. B. in der Türkei und in der Ukraine ebenfalls ab. Hauptursache ist die Vernichtung von Feuchtgebieten vor allem in Steppen. In Asien reicht das Brutgebiet nach Norden bis in den Süden Mittelsibiriens etwa an das Südufer des Baikalsees; nach Osten brüten Rostgänse bis in die Mongolei und Westchina. Die Südgrenze wird in Asien etwa südlich des Himalajagebiets erreicht. In Teilen Mittel- und Südasiens sind Rostgänse noch häufig. Die asiatischen Vögel sind fast alle Zugvögel und überwintern in Indien, Südostasien und Südchina, ferner auch im Süden Irans oder im Süden der Türkei. Kleine Trupps bleiben auch in Europa, die Brutvögel ziehen aber auch bis Nordafrika, so vor allem nach Ägypten. Hier haben Winterbeobachtungen aber parallel zur Abnahme am Westrand des Areals stark abgenommen. Zwei kleinere isolierte Populationen leben in Nordwestafrika (offenbar ebenfalls Abnahme) und im Hochland von Äthiopien. In Mittel- und Westeuropa werden Rostgänse mit zunehmender Regelmäßigkeit beobachtet, doch handelt es sich wohl immer um entkommene Gefangenschaftsvögel, die da und dort auch schon gebrütet haben.

Rostgans *Tadorna ferruginea* (PALL.)

Größe	= Gans
Maße (cm)	Länge ca. 61–67 (63–66) / Flügel ca. 121–145
Körpermasse (g)	925–1640
Stimme	laute, nasale Rufe (♀ rauer und tiefer), etwa „eng" oder „ang", auch im Duett; ♂ „arorr" oder „arerr", weich rollend, auch „ho-ho-ho"; längere Rufreihen bei Erregung
Brutzeit	Mitte März im Süden, bis Ende Mai im Norden; 1 Jahresbrut
Gelegegröße	(6–) 8–10 (–13)
Eifärbung	schmutzigweiß; glatt mit schwachem Glanz
Eimaße (mm)	spindelförmig – 67 x 47,1
Brutdauer	(27) 28/29 (30) Tage
Nestlingszeit	Nestflüchter, Eltern führen; mit ca. 55 Tagen flügge (Junge bleiben oft bis in Winter bei ad.)

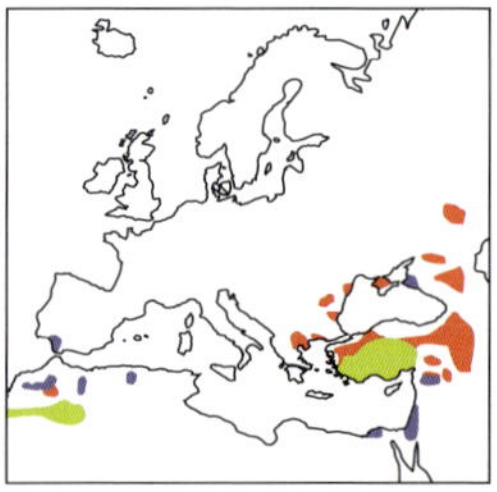

Die Lebensräume der Rostgans liegen vor allem in offenen Steppengebieten, aber auch in Gebirgstälern. Sie halten sich an Brackwasserlagunen und salzige Steppenseen, in Gebirgen auch an Süßwasser und sogar schnell fließende Flüsse. Man sieht sie mehr als viele andere Entenvögel auch fernab vom Wasser. Vor allem an hoch gelegenen Felsbrutplätzen erweisen sich Rostgänse als sehr gute Flieger, die geschickt Felsbänder anzusteuern wissen. Ähnlich wie Gänse weiden sie auf Grünland, suchen aber auch im Seichtwasser schnatternd und gründelnd nach Nahrung. Oft halten sich mehrere Paare zusammen, außerhalb der Brutzeit sammeln sich an günstigen Stellen auch größere Trupps, z. B. in Mauserquartieren. An wichtigen Überwinterungszentren (z. B. Süd-Iran) können sich Schwärme bis zu Tausenden von Individuen bilden. Die Nahrung besteht aus Gräsern und Sämereien, in geringer Menge auch aus kleinen Sumpf- und Wassertieren. Vor allem kleine Dunenjunge fangen viele Insekten (tierisches Eiweiß als Aufbaunahrung!).

Die Nester können mehrere Kilometer vom nächsten See entfernt angelegt sein, meist in Nischen, Höhlen, Felsspalten, auch Erdhöhlen, Tierbauten, Baumhöhlen und verlassenen Häusern usw. Mitunter lebt ein Paar mit Uhus oder großen Greifvögeln in einer Wand. Dort, wo sie nicht verfolgt werden, sind Rostgänse sehr vertraut und sitzen auch auf Hausdächern, wie z. B. in zentralasiatischen Hochländern. Die Nistplatzwahl wird vom Angebot geeigneter Nistplätze bestimmt, so dass trotz Revierverteidigung auch mehrere Nester beisammen liegen können. Wahrscheinlich leben die Paare in Dauerehe; sie finden sich vermutlich im Winterquartier. Das Nest besteht meist aus wenig Material und wird dann vom Weibchen mit Dunen ausgelegt. Während das Weibchen brütet, hält das Männchen Wache, meist an einem günstigen Platz mit Ausblick. Die Jungen müssen nach dem Schlüpfen oft über größere Höhen aus dem Nest springen, wie dies auch bei anderen höhlenbrütenden Enten üblich ist. Das Paar führt sie dann zum Wasser und betreut sie auch bis zum Flüggewerden, ähnlich wie Gänse und Schwäne, aber im Unterschied zu typischen Enten. Manchmal führen auch mehrere Weibchen ihre Jungen zu „Kindergärten" zusammen, ähnlich wie das viel umfangreicher auch bei der nahe verwandten Brandgans der Fall ist.

▸ BRANDGANS, NILGANS

ROSTGANS-PAAR

ROSTGANS IM FLUG

DUNENJUNGES

NEST UND GELEGE

Brandgans

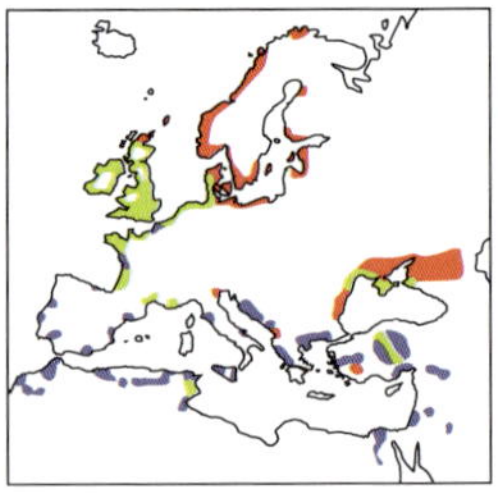

Noch mehr als Rostgans und Nilgans wird die Brandgans mit Enten in Zusammenhang gebracht, so dass – vor allem gestützt auf Verhaltensweisen – manche Autoren auch von „Brandenten" sprechen. An Enten erinnert z. B. der Unterschied zwischen den Geschlechtern (so hat z. B. nur das Männchen den Schnabelhöcker), das Vorkommen von Schlichtkleidern, der Bau des Schnabels und damit auch viele Einzelheiten der Nahrungsaufnahme. Auch halten die Paare in der Regel wohl nur eine Saison über zusammen, treffen sich aber bei ortstreuen Vögeln auch wieder am Brutplatz. Typisch für Gänse ist z. B., dass das Paar die Jungen gemeinsam führt.

Brandgänse zählen zu den am auffälligsten gefärbten Küstenvögeln Europas, vor allem an Nord- und Ostsee. Als Küstenvogel reicht ihr Verbreitungsgebiet von Skandinavien bis Spanien, Südfrankreich und Norditalien; am Nordrand des Mittelmeers sind allerdings nur wenig Plätze besiedelt. Von Südosteuropa, der Türkei und dem Hinterland im Westen und Norden des Schwarzen Meers bis in die Steppen Innerasiens und die Mandschurei brüten Brandgänse jedoch im Binnenland. Typische Lebensräume sind vor allem flache Meeresküsten mit Schlamm- und Sandflächen, aber auch flache Buchten und Flussmündungen sowie salzige Binnenseen vor allem in Steppengebieten. Im 19. Jahrhundert und auch noch in den ersten Jahrzehnten des 20. Jahrhunderts gingen vor allem in West- und Mitteleuropa die Bestände langfristig zurück. Mittlerweile ist längst wieder eine Zunahme eingetreten, wohl nicht zuletzt die Folge wirkungsvoller Schutzmaßnahmen. Mit dieser Bestandserholung sind vor allem in Mitteleuropa Brandgänse als Brutvögel auch ins Binnenland, besonders in Norddeutschland eingewandert. Im Süden Mitteleuropas stammen die dort einzeln zu beobachtenden und wohl auch gelegentlich brütenden Brandgänse zum Teil sicher aus Gefangenschaft; das Vorkommen von „echten" Wildvögeln zumindest zu den Zugzeiten ist aber heute keineswegs ausgeschlossen.

Berühmt wurden Brandgänse durch ihre auffälligen Wanderungen, insbesondere ihren Mauserzug. Noch während der Aufzuchtszeit der Jungen versammeln sich vor allem im Wattenmeer der Nordsee zwischen Weser- und Emsmündung wohl die allermeisten Brutvögel und Nichtbrüter aus Großbritannien, Belgien, den Niederlanden, Deutschland, Dänemark, dem Süden Skandinaviens, Polen und dem Baltikum, um zu mausern. Ja selbst für Brutvögel Südfrankreichs (Camargue) wurde nachgewiesen, dass sie nach Nordwesten über das Binnenland an die Nordsee ins gemeinsame Mauserquartier wandern. Weitere kleinere Mauserzentren befinden sich an anderen Stellen des Wattenmeers. Irische Brutvögel scheinen in England zu mausern. Wie bei allen Entenvögeln ist auch bei der Brandgans durch raschen Abwurf der Schwungfedern die sommerliche Mauser des Großgefieders mit vorübergehender Flugunfähigkeit verbunden. Geeignete Mauserquartiere spielen daher eine wichtige Rolle. Nach der Mauser verteilen sich Brandenten über das Wattenmeer und ziehen bis Ende Oktober zum Teil wieder an ihre Brutplätze zurück. Einige scheinen auch nach Süden zu wandern.

Die Nahrung besteht hauptsächlich aus wirbellosen Tieren des Schlicks, wie Muscheln, Ringelwürmer, Krebstiere, Insekten und deren Larven. Der pflanzliche Anteil tritt zurück. In Anpassung an ihren typischen Lebensraum durchsuchen Brandgänse mit dem Schnabel schnatternd Seichtwasser und Schlick nach kleinen Beutetieren. Unter pendelnden Bewegungen des Kopfes ziehen die Vögel im Vorwärtsschreiten den Schnabel durchs Wasser oder durch den Schlick. Im tieferen Wasser schwimmend tauchen sie mit dem Kopf unter die Oberfläche oder gründeln auch.

Die Nester stehen meist in Höhlen, etwa in Kaninchenbauen, Erdlöchern in Dünen, Dämmen oder Uferböschungen, aber auch in Gebäuden, unter Steinen, Strohhaufen und anderen Deckungsmöglichkeiten, mitunter in Baumhöhlen. Die Mulde der Höhle wird nur mit Dunen ausgelegt. Nach dem Schlüpfen werden die Jungen von beiden Eltern gemeinsam in ein möglichst günstiges Aufzuchtsgebiet geführt, das bis zu mehreren Kilometern vom Nestplatz entfernt liegen kann. Manche Jungen bleiben bis zum Flüggewerden mit ihren Eltern zusammen. Doch häufig werden die Küken verlassen, vor allem nach Beginn des Mauserzuges. Die Jungen schließen sich in „Kindergärten" zusammen, die unter Aufsicht weniger Altvögel zurückbleiben.

▸ Nilgans

Brandgans *Tadorna tadorna* (L.)

Größe	= Gans
Maße (cm)	Länge ca. 58–71 (61–63) / Flügel ca. 110–133
Körpermasse (g)	801–1450
Stimme	♀ im Flug und auf Boden „ak-ak-ak" bis zum Triller beschleunigt; ♂ pfeift hoch „tju-tju-tju…", auch Triller; Erregungsrufe „arrä" oder „korr"; sonst schweigsam
Brutzeit	unterschiedlich; meist Anfang Mai 1 Jahresbrut
Gelegegröße	(3–) 8–10 (–12)
Eifärbung	rahmweiß mit schwachem Glanz, sehr feinkörnig
Eimaße (mm)	spindelförmig – 65,8 x 47,3
Brutdauer	29–31 Tage
Nestlingszeit	Nestflüchter; häufig gemeinsame Brutführung (< 20, max > 100 Küken); mit 45–50 Tagen flügge

BRANDGANS-PAAR

MÄNNCHEN, IMPONIEREND

JUNGVOGEL

NEST UND GELEGE

Mandarinente

Zum Ziervogel ist der prächtige Erpel wie kaum ein anderer Entenvogel prädestiniert und dient auch vielen chinesischen und japanischen Malereien als zierendes und belebendes Element. Ein Hauch Ostasien kommt mit ihm in europäische Gefilde. Und so ist es kein Wunder, dass man das kleine Schmuckstück einer Wasservogelsammlung schon früh nach Europa einführte. Der in seiner Heimat auffallend scheue Bewohner von Flüssen und schnell fließenden Bergbächen lässt sich zudem leicht mit geeigneten Nistkästen ansiedeln. Heute leben in Europa wahrscheinlich mehr Mandarinenten als im natürlichen Verbreitungsgebiet, vor allem außerhalb Japans. In Ostsibirien und Nordchina (Provinz Heilungkiang) ist das Verbreitungsgebiet stark geschrumpft und gegenwärtig auf inselartige Vorkommen beschränkt. Viele Einzelheiten sind aber wegen der versteckten Lebensweise in abgelegenen Gebieten nicht ausreichend bekannt. Es zählt zu den glücklichen Momenten des weit gereisten Vogelbeobachters, ein Paar in Freiheit beobachten zu können. Vor allem großräumige Abholzung in Ostsibirien und China haben die Art in den Bereich starker Gefährdung gebracht. Seit längerem besteht ein Ausfuhrverbot in China. Die japanische Population ist weitgehend auf die Insel Hokkaido beschränkt.

In Europa hat sich die größte Population in Großbritannien entwickelt. Sie geht auf Aussetzungen im 20. Jahrhundert zurück. Um 1990 schätzte man einen Gesamtbestand von über 7000 Individuen. Den Ansiedlungserfolg des Exoten führt man auf drei Faktoren zurück: (1) Mandarinenten konnten eine freie ökologische Nische einer höhlenbrütenden Ente besetzen, die sich im Sommer von wasserlebenden Kleintieren ernährt, im Herbst und Winter aber von Sämereien und Früchten, vor allem Eicheln, Bucheckern und Rosskastanien. (2) Günstige Lebensräume sind vorhanden, mit Nistkästen kann man die Ansiedlung fördern. (3) Die Gründerpopulation stammte unmittelbar von Wildvögeln ab, wies

also eine hohe biologische Fitness (hohe Zahl fortpflanzungsfähiger Nachkommen pro Individuum) auf. Mittlerweile brütet auch ein kleiner Bestand in den Niederlanden. In Deutschland brüten Mandarinenten einzeln wohl jedes Jahr irgendwo; Brutnachweise sind aus den verschiedensten Gebiet bekannt geworden. In Österreich ist die Art als Brutvogel im Winter an drei Stellen nachgewiesen und auch einzeln anderswo im Land. Brutmeldungen sind auch aus Dänemark, Südschweden, der Schweiz und Frankreich bekannt geworden. Mit einer Vermehrung der Bestände oder Festigung von Ansiedlungen ist durchaus zu rechnen.

Paarweise und in kleinen Trupps leben Mandarinenten an abgelegenen Waldseen und bewaldeten Flussabschnitten. Die wildlebenden Populationen bestehen meist aus Zugvögeln, die südlich des Brutgebiets in China und Japan überwintern, aber nur als Ausnahmegäste außerhalb dieses Gebietes im Süden Asiens festgestellt werden. Dann bilden sich auch größere Ansammlungen. In den Wintertrupps vollzieht sich die Paarbildung unter lebhaften Balzbewegungen. In Japan sind viele Standvögel, wie auch die angesiedelte Population in Großbritannien. Die Ruheplätze im Brutgebiet sind meist recht versteckt am Ufer; Mandarinenten sitzen auch gern auf Bäumen. Sie können geschickt zwischen dicht stehenden Bäumen fliegen und auch auf kleinen Waldteichen mit steilem Winkel einfallen. Die Nahrung wird von der Wasseroberfläche oder vom Ufer abgesammelt, im Seichtwasser auch durch Gründeln erbeutet. Auch nachts sind die Vögel auf Nahrungssuche. Mandarinenten tauchen nur ausnahmsweise. Ihre Nester befinden sich in Baumhöhlen, selten auch am Boden versteckt. Von höher gelegenen Nestern müssen die Jungen herunterspringen und werden dann zum Wasser geführt. Die Männchen halten sich nur während der Bebrütung in Nestnähe auf; die Weibchen führen dann die Jungen allein.

Die im Prachtkleid des Männchens ganz anders aussehende, im Weibchenkleid aber sehr ähnliche **Brautente** (*Aix sponsa*) wurde ebenfalls in Großbritannien eingebürgert. Ihr derzeitiger Bestand dort ist unbekannt. Sie stammt aus Nordamerika und bildet dort das Gegenstück zur Mandarinente in Ostasien. Sie brütet ebenfalls in Baumhöhlen und Nistkästen und ist freifliegend als Gefangenschaftsflüchtling in manchen Ländern Europas zu erwarten; so haben entflogene Parkvögel auch in Deutschland bereits mehrere Male gebrütet, eine freibrütende Population konnte sich jedoch nicht entwickeln. Außerhalb Großbritanniens gibt es bis jetzt aber nur einzelne Brutnachweise.

▶ WEIBCHEN BEIDER ARTEN

Mandarinente *Aix galericulata* L. 1758

Größe	= Huhn
Maße (cm)	Länge ca. 41–49 (41–51) / Flügel ca. 68–74
Körpermasse (g)	444–500
Stimme	Balzrufe ♂ kurz „pfruib" (oft in Reihen), trillernd „rrr", zweisilbig „kn-sit" oder auch „pffrrru-uiehb"; ♀ laut und scharf „kett" (ähnlich Blässhuhn!); beim Hetzen „äck"; außerhalb Balz recht schweigsam
Brutzeit	Anfang April; gewöhnlich 1 Jahresbrut
Gelegegröße	7–12 (–14)
Eifärbung	bräunlich rahmfarben, glänzend
Eimaße (mm)	elliptisch bis kurz-spindelförmig – 48,8 x 36,3
Brutdauer	28–31 Tage
Nestlingszeit	Nestflüchter, ♀ führt; mit 40–45 Tagen flügge

MANDARINENTE, IMPONIERENDES MÄNNCHEN

MANDARINENTEN-PAAR

DUNENJUNGES

NEST UND GELEGE

Pfeifente

Das Verbreitungsgebiet der Pfeifente ist der Norden Eurasiens von Island bis an den nördlichen Pazifik. Im Norden Amerikas wird sie durch eine nahe verwandte Art ersetzt. Als Durchzügler und Wintergäste kommen Pfeifenten in großen Scharen an die Küsten Mittel-, West und auch Südeuropas. Im Binnenland bleiben ihre Zahlen meistens klein. Brutplätze sind vegetationsreiche Seen. Ähnlich auch die Rastplätze auf dem Zug und im Winterquartier vor allem in Küstennähe; wie Gänse pflegen auch Pfeifenten große küstennahe Grünflächen abzuweiden. Ab Oktober kommen die meisten in Mitteleuropa an; ab März/April kehren sie wieder zu ihren nordischen Brutplätzen zurück.

Dort nisten sie an langsam fließenden Flüssen und an kleinen und mittelgroßen Waldseen mit vielen Wasserpflanzen, größere Seen über 100 Hektar meiden sie; ein Teil der skandinavischen Brutvögel nistet auf kleinen Inseln vor der Küste (Schären) mit reichlichem Pflanzenwuchs. In Mitteleuropa ist die Pfeifente sehr seltener Brutvogel im Küstenbereich, insgesamt rechnet man mit kaum 50 Brutpaaren; auch im norddeutschen Küstenbereich brüten sehr wenige Paare.

Die Paarbildung erfolgt bereits im Winterquartier, sie bleibt jedoch nur für eine Brutsaison bestehen. Pfeifenten brüten das erste Mal im Alter von einem oder zwei Jahren. Das Weibchen legt sein Nest gut getarnt und nah am Wasser in der schützenden Ufervegetation an.

▸ SCHNATTERENTE, STOCKENTE

Spießente

Das Verbreitungsgebiet der Spießente reicht etwas weiter nach Süden und umfasst auch die ganzen Mittelbreiten der Nordhalbkugel. Im Unterschied zu Pfeifenten brüten Spießenten auch in einem großen Gebiet Nordamerikas. In Europa sind die größten Bestände in Osteuropa, einzelne oder kleine Bestände brüten vom Norden Mitteleuropas bis nach West- und Südeuropa; meist sind hier aber die Vorkommen unregelmäßig. In den letzten Jahrzehnten ist jedoch der Gesamtbestand Europas anhaltend zurückgegangen, so dass die Art zu den gefährdeten Brutvögeln Europas zählt. Die Beseitigung von Feuchtgebieten, insbesondere von Flachgewässern und Überschwemmungsflächen ist daran schuld. Der Schutz von Brutgebieten ist daher besonders wichtig. Als Durchzügler und Wintergast sind Spießenten zumindest einzeln oder in kleiner Zahl auf allen Gewässern Mittel-, West-, und Südeuropas zu erwarten. Größere Zahlen werden aber meist nur im Bereich von Flachküsten und küstennahen Stillgewässern erreicht. In der Nahrung der Spießenten spielen kleine Wassertiere eine größere Rolle als bei Pfeifenten, doch überwiegen im Winter Wasserpflanzen, die von den Enten mit eingetauchtem Kopf und Hals oder gründelnd heraufgeholt werden.

Die Paare, die in der Regel nur eine Saison zusammen sind, brüten gewöhnlich das erste Mal im Alter von einem Jahr. Das Weibchen baut ein hervorragend getarntes Nest, meist unter einer Grasbülte versteckt und ein gutes Stück vom Ufer entfernt.

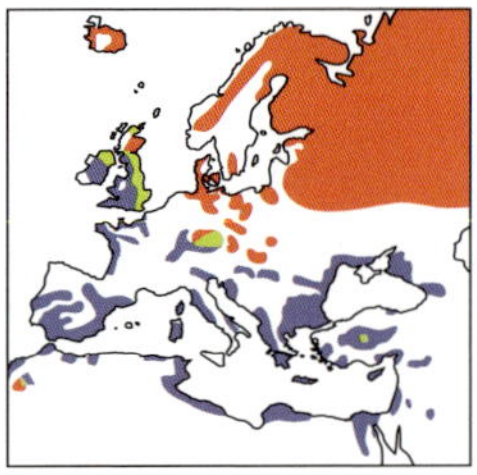

▸ SCHNATTERENTE, STOCKENTE

Pfeifente *Anas penelope* L.

Größe	= Huhn
Maße (cm)	Länge ca. 45–51 / Flügel ca. 75–86
Körpermasse (g)	415–970
Stimme	Pfiff des ♂ etwa „huiu“ (auch außerhalb Balz häufig); vielsilbiges „wip wip…wii..wip-wiu“ (Boden und Flug); ♀ schnarrend „krrr“ oder „terr“
Brutzeit	Ende April im Süden, Ende Mai bis Juni im Norden; 1 Jahresbrut
Gelegegröße	(6) 7–9 (–12)
Eifärbung	rahmfarben; glatt
Eimaße (mm)	spindelförmig bis oval – 53,9 x 38,3
Brutdauer	23–25 Tage
Nestlingszeit	Nestflüchter; ♀ führt; mit 40–45 Tagen flügge

Spießente *Anas acuta* L.

Größe	= Huhn
Maße (cm)	Länge ca. 61–76 M, ♀ 51–57 (50–65) / Flügel ca. 80–95
Körpermasse (g)	ca. 850
Stimme	Balzruf ♂ ähnlich Krickente, tiefer und gedämpfter „krlüe“, „krük“, voller Ruf „wäh-glü-hä“; erregt leise „wrä-wrä…“; ♀ hetzt mit „rarr“; daneben quakende Rufe
Brutzeit	Mitte Mai im Süden, bis Mitte Juni im Norden; 1 Jahresbrut
Gelegegröße	(5–) 7–11 (12)
Eifärbung	variabel, rahmgelb bis grünlich oder bläulich
Eimaße (mm)	spindelförmig bis oval, gelegentlich lang – 53,9 x 38,3 mm
Brutdauer	22–24 Tage
Nestlingszeit	Nestflüchter; mit 40–45 Tagen flügge; ♀ führt

PFEIFENTE, MÄNNCHEN

PFEIFENTEN-PAAR

SPIESSENTE, PAAR

SPIESSENTEN-MÄNNCHEN

Schnatterente

Das typische Merkmal der Schnatterente in allen Kleidern ist der auffällige weiße Flügelfleck. Er ist besonders beim Auffliegen weit zu sehen und erleichtert vor allem bei den Weibchen die Unterscheidung zur sehr ähnlichen, nur wenig größeren Stockente. Rufe, Schnabelfärbung und im Flug weiß abgegrenzter Bauch, ähnlich wie bei der Pfeifente, liefern weitere zuverlässige Artkennzeichen. Die Männchen im Prachtkleid sind unverkennbar, auch wenn sie sich nicht so strahlend bunt wie andere Gründelenten präsentieren.

Das zusammenhängend besiedelte Brutgebiet liegt in den mittleren Breiten der Nordhalbkugel, reicht von Europa durch ganz Asien bis an den Pazifik und umfasst auch das mittlere Nordamerika. In Europa dünnen die Vorkommen nach Westen und Süden deutlich aus. In Mitteleuropa war die Art früher sehr selten (oder auch in vielen Ländern unbekannt), hat sich aber in den ersten Jahrzehnten unseres Jahrhunderts nach Westen ausgebreitet und dabei als Brutvogel auch Schottland und Island erreicht. In manchen der westlichen Länder haben sich die zumeist lückigen oder fast inselartigen kleinen Ansiedlungen halten können. In Mitteleuropa ist vielleicht als Folge zunehmender Eutrophierung der kleine Bestand sogar teilweise angestiegen, ebenso an neugeschaffenen flachen Stauseen, Baggerseen usw., wie z. B. auch in Großbritannien. Doch diese kleinen Zunahmen sind unbedeutend gegenüber großräumigen Abnahmen in Osteuropa (Russland, Ukraine, Moldavien, Rumänien). Hier sind viele Flachgewässer trockengelegt worden, oder die hydrographischen Verhältnisse haben sich durch Anlage von riesigen Talsperren für die Art ungünstig verändert. Flachgewässer sind auch in anderen Teilen Europas durch Einschwemmung von zu viel Nährstoffen gefährdet oder fallen am ehesten Drainagemaßnahmen und Wasserbau zum Opfer. So ist die Schnatterente als Brutvogel in Europa zu-

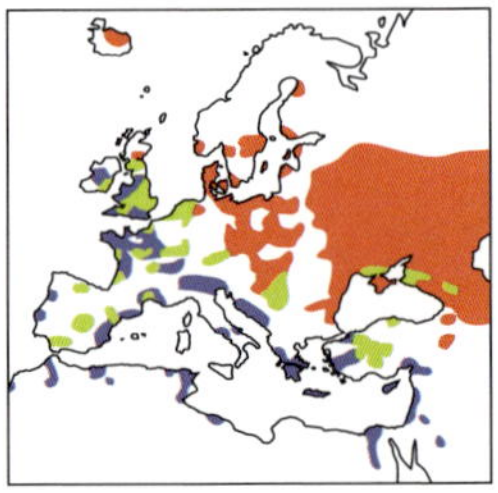

mindest potenziell gefährdet. Wie viele der Enten in Europa – sicher zum großen Teil als „Stockenten" – geschossen werden, weiß man nicht.

Schnatterenten sind überwiegend Zugvögel. Ihr Winterquartier schließt meist südlich an das Brutareal an. So haben europäische Brutvögel meist viel kürzere Wege als etwa westsibirische, die vor allem im Bereich des Schwarzmeer- und Kaspigebiets überwintern, aber auch bis ins Mittelmeer und ausnahmsweise nach Ostafrika kommen. Mitteleuropäische Brutvögel ziehen dagegen nach Westen und Südwesten und überwintern vor allem in den Niederlanden, Großbritannien, Frankreich. Seit Jahren zeigt sich aber auch zunehmende Neigung, weiter östlich und in höheren Lagen Mitteleuropas zu überwintern. Das geht möglicherweise auf Zunahme des Nährstoffreichtums, aber auch relativ milder Winter zurück.

Die Nahrung der Schnatterente besteht hauptsächlich aus Pflanzen. Daher sind für sie Flachgewässer so wichtig. Eine Eigenart, auch in tieferen Gewässern zu Nahrung zu kommen, ist in vielen Rast- und Überwinterungsgebieten offenbar weit verbreitet, jedenfalls aus vielen Ländern gemeldet: Schnatterenten haben sich angewöhnt, Blässhühnern das aus größeren Tiefen geholte Pflanzenbüschel unmittelbar nach dem Auftauchen einfach abzunehmen.

Ein weiteres besonders auffälliges Verhalten sieht man nur dort, wo Schnatterenten regelmäßig in größeren Trupps vorkommen. Ganz im Gegensatz zu ihrem schlichten Federkleid verhalten sich Schnatterenten nämlich sehr auffällig. Schon im Spätsommer unmittelbar nach der Großgefiedermauser beginnen die „Gesellschaftsspiele" mit den vielen Verhaltensweisen der Partner, die auch von anderen Gründelenten bekannt sind. Schnattererpel rufen aber dabei viel lauter als z. B. Stockenten. Die meisten Weibchen sind schon im Frühherbst wieder verpaart, werden aber von leer ausgegangenen Erpeln und solchen, die vorübergehend ihre Weibchen im Stich lassen, heftig verfolgt. Lebhafte Luftjagden, bei der zwei oder mehr Erpel hinter einem Weibchen reißenden Fluges herhetzen, sieht man von August bis Mai. Vielleicht dienen diese Jagden während der Brutzeit auch der Revierverteidigung. Nach neueren Erkenntnissen kommt es dabei aber sicher auch zu Fremdbegattungen oder „Seitensprüngen", die mittlerweile vor allem durch molekularbiologische Methoden nicht nur bei Enten nachgewiesen wurden und offenbar für die Fortpflanzung durchaus eine Rolle spielen.

Schnatterente *Anas strepera* (L.)

Größe	= Huhn
Maße (cm)	Länge ca. 46–56 (46–58) / Flügel ca. 84–95
Körpermasse (g)	850–990
Stimme	Stimmfühlungsruf ♂ tief „ärpärp"; Grunzpfiff „öööiii"; bei Balz wiederholte tiefe „öö", aggressiv „ööihöö"; ♀ ähnlich Stockente, höher und nasal „rääk-rääk-räk-räk"
Brutzeit	schwankend, Beginn Anfang Mai bis Juni; 1 Jahresbrut
Gelegegröße	(6) 8–12 (13)
Eifärbung	rahmfarben oder sehr schwach grün getönt; glatt und wachsartig
Eimaße (mm)	elliptisch spindelförmig oder manchmal oval – 53,8 x 38,2, in der Regel ziemlich kurz
Brutdauer	24–26 Tage
Nestlingszeit	Nestflüchter, ♀ führt; mit 45–50 Tagen flügge

▸ Stockente, Krickente

SCHNATTERENTE, PAAR

SCHNATTERENTEN-MÄNNCHEN

PAAR

DUNENJUNGES

Krickente

Die kleinste europäische Ente ist auch die gewandteste, was das Fliegen anbelangt. Krickenten erheben sich leicht aus dem Wasser und können auch nahezu senkrecht auffliegen. Oft sind sie die ersten, die in einem Ententrupp bei unsicherer Situation das Weite suchen. Die hellen Rufe der Erpel, die dieser Ente auch zu ihrem deutschen Namen verhalfen, signalisieren zusätzlich den Alarm.

Krickenten brüten in einem weiten Gebiet, das in Eurasien von den Mittelbreiten bis an den Rand der Arktis reicht und einschließlich einer amerikanischen Unterart, deren Prachtkleid man von der europäischen Krickente an einem weißen Brustband und dem Fehlen der oberen weißen Flankenbegrenzung unterscheiden kann, um die ganze Nordhalbkugel herum. Im mitteleuropäischen Binnenland nimmt die Besiedlungsdichte von Norden nach Süden ab. Oft ist heute der Bestand hier nur auf wenige kleinere Verbreitungsinseln konzentriert. Da sich Krickenten während der Brutzeit meist recht versteckt halten, ist es nicht immer einfach, einen Überblick über die Brutbestände zu gewinnen.

Krickenten brüten an seichten Binnengewässern mit gutem Angebot an Deckung im Seichtwasser- und Uferbereich. Sie sind aber auch an Orten als Brutvögel anzutreffen, an denen kaum eine andere Ente brütet oder man Entenbruten auch nicht erwartet, etwa auf sehr nährstoffarmen Heide- und Moorseen bis herunter zur Größe eines Tümpels, aber auch an verschilften Moor- und Wiesengräben oder im Mittelgebirge an einsamen Waldseen bis in größere Höhe.

Die nördlichen Populationen bestehen aus Zugvögeln, weiter südlich werden wohl nur über kürzere Strecken regelmäßige Wanderungen unternommen oder es handelt sich um Standvögel. Insgesamt ist aber bei Krickenten die Zugneigung in Europa deutlich größer als etwa bei der Stockente. Die Hauptwintergebiete liegen in West- und Südeuropa, aber auch im Küstenbereich der Nordsee von Großbritannien über die Niederlande und Deutschland bis nach Dänemark. Im Herbst kommen auch Brutvögel Nordrusslands bis zur

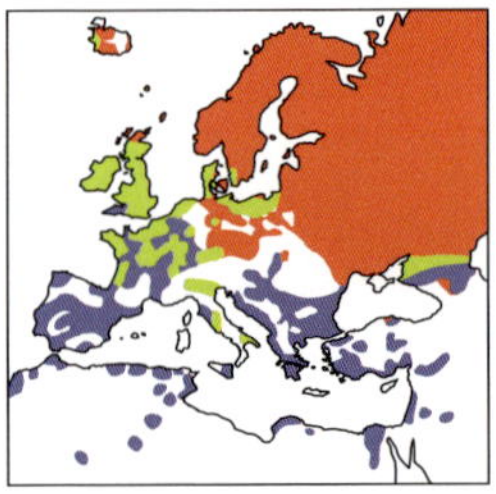

Taimyr-Halbinsel durch Europa; ein berühmtes Winterquartier ist z. B. das Rhonedelta. Weiter östlich brütende Vögel wandern in großen Scharen auch in den Bereich des Schwarzen Meers. Manche sibirischen Brutvögel wandern auch noch weiter nach Süden, etwa bis Ägypten. Die südlichsten Wintervorkommen werden südlich der Sahara z. B. in Westafrika oder im Tschadbecken festgestellt.

Während den Zugzeiten und im Winter bevorzugen Krickenten vor allem den extremen Flachwasserbereich zur Nahrungssuche und sind daher vor allem an Flachküsten und stehenden Gewässern ihres Hinterlands in größeren Scharen anzutreffen, auch an Brackwasserlagunen. Da sie Nahrung nur etwa bis 20 cm Wassertiefe suchen können, sind tiefere Binnenseen meist nur Rast- und Ruheplätze kleinerer Trupps, die sich mitunter Jahr für Jahr an denselben Stellen einfinden, um an günstigen Stellen im Seichtwasser oder an Schlammufern Nahrung aufzunehmen.

Die Nahrung besteht sowohl aus Kleintieren als auch aus Sämereien und kleinen Pflanzenteilen. Pflanzliche Nahrung dominiert vor allem im Winter. Zu dieser Zeit sind die tagsüber ruhenden Trupps auch häufig nachts auf Nahrungssuche; die hellen Stimmen der Erpel verraten dann emsige Aktivität. Auf nassem Schlick wird im Vorwärtsgehen das Wasser nach Genießbarem mit schnatternden Schnabelbewegungen regelrecht durchgeseiht, ebenso im Schwimmen das Oberflächenwasser oder auch die oberflächennahen Wasserschichten, wenn der Kopf unter Wasser gesteckt wird oder der Körper zum typischen Gründeln nach vorne kippt. Auf festem Boden lesen die kleinen Enten auch einzelne Partikel, z. B. Samenkörner, gezielt auf.

Im Winter kann man auch die lebhaften Balzspiele der Männchen beobachten, bei denen ähnliche Verhaltensweisen wie bei Stockenten zu sehen sind, aber meist alles in rascherem Tempo. Kopulationen sind mitunter schon ab November zu beobachten. Die Paare kommen daher in der Regel bereits zusammen an den Brutplatz zurück. Hier legt das Weibchen sein Nest meist nahe am Wasser an; es besteht aus einer flachen Vertiefung im Schutz eines Strauches oder unter einem Grasbüschel. Das Weibchen brütet auch allein und deckt beim Verlassen des Nestes die Eier mit Dunen ab; das Männchen bleibt meist in der Nähe des Nestes und hält Wache. An der Führung der Jungen beteiligt es sich wie bei den meisten Enten nicht.

Krickente *Anas crecca* (L.)

Größe	= Taube
Maße (cm)	Länge ca. 34–38 (34–43) / Flügel ca. 58–64
Körpermasse (g)	340–360
Stimme	♂ melodisch „krlik“ oder zweisilbig „kriluk“; Stimmfühlung leise „eee“; ♀ hoch und nasal „gägä“
Brutzeit	Ende März bis Anfang April im Süden, Mitte Mai im Norden; 1 Jahresbrut
Gelegegröße	(5–) 8–11 (–12)
Eifärbung	blass rahmfarben bis hell bräunlich-oliv
Eimaße (mm)	elliptisch bis kurz-spindelförmig – 45,5 x 33,5
Brutdauer	21–23 Tage
Nestlingszeit	Nestflüchter, ♀ führt; mit 25–30 Tagen flügge

▸ Stockente, Knäkente, Löffelente

KRICKENTE, PAAR

IM TYPISCHEN LEBENSRAUM

WEIBCHEN, NAHRUNG SUCHEND

NEST UND GELEGE

Stockente

Sie ist die am weitesten verbreitete und häufigste Gründelente Europas, in vielen Gebieten auch die häufigste Ente überhaupt, zugleich die Stammmutter aller Hausentenrassen. Ihr Brutgebiet umfasst mit Ausnahme vieler Teile der Arktis und ausgesprochener Wüsten- und Trockengebiete so gut wie die gesamte Nordhalbkugel. Auf Hawaii, in Australien und Neuseeland sowie an manchen anderen Orten wurde sie eingebürgert. Stockenten machen auch in der Regel den größten Teil der Jagdstrecken aus.

Die bunten Erpel legen im Hochsommer ein Schlichtkleid an, das der Färbung des Weibchens ähnlich ist. Man erkennt sie dann aber immer noch sicher am grünlichgelben Schnabel. Vor allem an Futterstellen sieht man unter den halbzahmen Stockenten manche abweichend gefärbte mit weißen oder dunklen Gefiederpartien. In diesen Fällen handelt es sich um Bastarde zwischen Stockenten und Hausentenrassen. Die Befürchtung, solche Kreuzungen würden zunehmen oder gar die Stockente als wildlebende Art gefährden, sind unbegründet.

Stockenten sind das ganze Jahr über zu sehen. Viele sind Standvögel, doch finden vor allem unter den ost- und nordeuropäischen Populationen auch weitere Wanderungen statt, so dass die Zahlen der rastenden und überwinternden Individuen in wintermilden Gebieten und an eisfreien Gewässern im Herbst und Winter ansteigen. Auch auf Parkteiche oder an Futterstellen mitten in der Stadt kommen dann Fremdlinge, die nur vorübergehend futterzahm werden.

Außerhalb der Brutzeit leben Stockenten gesellig. Die Paare finden sich meist schon im Herbst. Im Winter lassen sich dann auch die auffälligen Verhaltensweisen der Sozialbalz („Gesellschaftsspiele“) beobachten, an denen Nobelpreisträger Konrad Lorenz grundlegende Untersuchungen durchführte. Mehrere Männchen (auch verpaarte) sammeln sich um ein oder nur wenige Weibchen auf dem Wasser. Meist deutet sich die Erregung der Erpel durch einleitendes Schütteln an. Einzelne reißen dann den Körper aus dem Wasser mit einem charakteristischen Schlenker des Halses. Dabei ist ein kurzer heller Pfiff zu hören („Grunzpfiff“). Kurze Pfiffe hört man auch beim so genannten Kurz-Hoch-Werden: Der Kopf wird mit lautem Pfiff hoch- und zurückgerissen. Mitunter schwimmt ein Männchen auch flach auf dem Wasser ausgestreckt um das Weibchen. Die Weibchen „hetzen“ mit kurzen Kopfbewegungen „über die Schulter“ ihren Erpel auf fremde. Wie bei der Schnatterente, aber nur im Frühjahr, werden in der Luft einzelne Weibchen von mehreren Männchen gejagt („Reihen“). Begattungen finden schon ab Spätherbst statt. Im Frühjahr kommt es, wie bei anderen Gründelenten wahrscheinlich auch, zu Seitensprüngen und Fremdbegattungen. Solche „Vergewaltigungen“, die in dichten Stadtpopulationen mit wenig Ausweichmöglichkeiten die Weibchen mitunter gefährden, sind aber wohl nicht immer nur gegen den „Willen“ des Weibchens. Sie stellen wahrscheinlich eine gewisse zusätzliche Absicherung der Fortpflanzung individueller Erbanlagen mit einem fremden Partner dar.

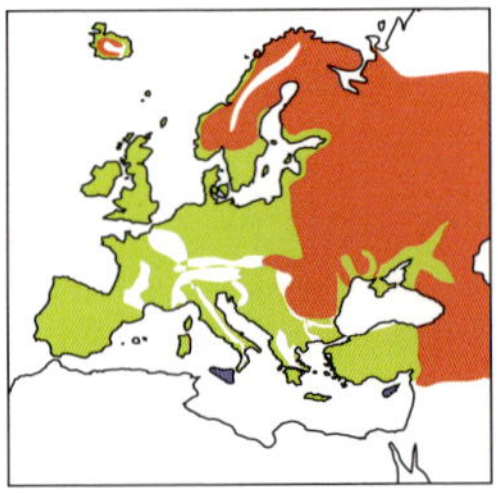

Stockente *Anas platyrhynchos* (L.)	
Größe	= Huhn
Maße (cm)	Länge ca. 51–62 (50–65) / Flügel ca. 81–98 (75–100)
Körpermasse (g)	750–1575
Stimme	♂ langsam und gedämpft „rähb“ (ganzjährig); Grunzpfiff hoch dünn „fihb“ oder „fihbib“; ♀ laut „waak waak....“ bei Hetzen „queggeggegeg....“; am Brutplatz „quak“
Brutzeit	gewöhnlich von März an, 1 Jahresbrut
Gelegegröße	(5) 7–11 (–18)
Eifärbung	meist stark blassgrün oder blaugrün, manchmal rahmfarben mit grünlicher Schattierung, braungrün oder fast blau; glatt, mehr wachsartig als glänzend
Eimaße (mm)	elliptisch bis spindelförmig, ziemlich kurz – 57,8 x 40,7
Brutdauer	(23–) 27/28 (–32) Tage
Nestlingszeit	Nestflüchter, ♀ führt; mit 50–60 Tagen flügge

Die Ansprüche an den Lebensraum wie auch die Nahrung sind bei kaum einer anderen europäischen Ente ähnlich vielseitig. Die Brutplätze reichen vom Friedhofsbrunnen bis zum verschilften Ufer an Still- und Fließgewässern. In der Nahrungswahl ist die Stockente fast ein Allesfresser, der von einer Vielzahl an Kleintieren des Wassers lebt, aber auch von Sämereien und grünen Pflanzenteilen. Vielerorts unternehmen vor allem im Herbst und Winter Stockenten besonders in der Abenddämmerung regelrechte Nahrungsflüge auf Äcker und Wiesen. An Futterstellen haben sie sich auch an Brot- und Speisereste gewöhnt.

Die Nester stehen gut versteckt auf dem Boden, mitunter auch weiter vom Wasser entfernt. Allerdings sind Stockentengelege schon an den verschiedensten Stellen gefunden worden, z. B. auf Bäumen in Nestern anderer Großvögel, in Nistkästen, auf Kopfweiden oder auch in oder an Gebäuden. Wie bei Enten üblich, kümmern sich nur die Weibchen um Gelege und Junge. Die Männchen verlassen in der Regel das Weibchen ab Anfang Juni und schließen sich zu kleinen oder größeren Mausertrupps zusammen. Ab September/Oktober ist dann wieder mit ihrem Prachtkleid zu rechnen und die Balz mit den verschiedenen, auffälligen Ritualen beginnt.

▶ LÖFFELENTE, KRICKENTE

STOCKENTE, MÄNNCHEN

AUFFORDERUNG ZU PAARUNG

DUNENJUNGES

NEST UND GELEGE

Knäkente

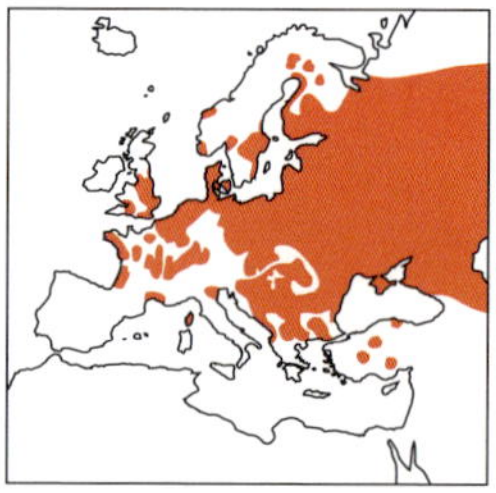

Da sie kaum größer als die Krickente ist, zählt auch sie zu den kleinsten Enten Europas. Die Unterscheidung der Erpel im Prachtkleid macht keine Schwierigkeiten. Doch die sichere Artbestimmung der Weibchen und Schlichtkleider – vor allem im Hochsommer, wenn viele braune Enten unterschiedlicher Arten zu erwarten sind oder nebeneinander schwimmen – bedarf einiger Übung. Knäkenten sind im Allgemeinen schlanker als Krickenten und liegen nicht so zusammengeduckt auf dem Wasser, wie das für Krickenten typisch ist. Außerdem sind die farbigen Abzeichen im Flügel, die so genannten Flügelspiegel, unterschiedlich gefärbt, bei der Krickente leuchtend metallisch grün, bei der Knäkente nur blassgrün mit hellen Rändern.

Das Brutgebiet der Knäkente reicht von Westeuropa (Großbritannien, Frankreich) im Bereich der mittleren Breiten durch ganz Asien bis an den Pazifik. In Ostasien ist sie allerdings seltener als im Gebiet zwischen Osteuropa und Baikalsee. Vor allem in Südosteuropa reicht ihre Verbreitung deutlich weiter nach Süden als die der Krickente. Lange Zeit schienen die europäischen Brutbestände stabil zu sein, doch in den letzten Jahrzehnten sind in nicht weniger als 18 europäischen Ländern Abnahmen beobachtet worden. Somit muss mittlerweile die Art für Europa als gefährdet gelten.

Die Ursachen dieser umfassenden Abnahme sind vielgestaltig. Knäkenten brüten an offenen Stillgewässern außerhalb dichter Bewaldung, vor allem auch in Steppengebieten. Die Brutgewässer müssen bis zu einem bestimmten Grad nährstoffreich sein und reichlich Deckung am Ufer aufweisen. Flachgewässer dieses Typs sind in vielen Gebieten selten geworden, etwa durch Austrocknung, absichtliche Trockenlegung, Verwandlung in tiefgründigere Staubecken (die für die Knäkente ungeeignet sind). In dicht besiedelten Gebieten Europas spielen auch die Störungen und Zerstörungen der Uferbereiche eine Rolle. Die Nahrung besteht aus Wasserpflanzen und -tieren; je nach Angebot verzehren die Enten Knospen, Blätter, Wurzeln und Samen, sie erbeuten aber auch viele Kleintiere wie Kleinkrebse, Insektenlarven und kleine Schnecken.

Knäkenten sind die ausgeprägtesten Zugvögel unter den Enten der Nordhalbkugel und überwiegend Langstreckenzieher. In Europa ist im August und September mit dem Wegzug zu rechnen, die meisten erreichen im Oktober das Winterquartier. Der Rückzug beginnt ab Februar. Der Einzug in Mitteleuropa findet in der Regel ab März statt. Die Winterquartiere liegen vor allem in den nördlichen Tropen Afrikas. Bis aus Sibirien gelangen Knäkenten z. B. nach Westafrika. Ein Teil der Brutvögel Sibiriens zieht auch nach Ostafrika und Indien. Einzelne überwintern in milden Gebieten Westeuropas und im Mittelmeergebiet. Zur Zugzeit und im Winter konzentrieren sich Knäkenten auf großen flachen Seen und Überschwemmungsgebieten, Riedflächen, in Europa auch auf kleinen Moorseen. Während des Frühjahrszuges sind einzelne Paare oder kleine Trupps kurzfristig auf fast allen stehenden Gewässern zu erwarten. Veränderungen optimaler Winterquartiere sind in Afrika zum Teil großräumig eingetreten oder zu befürchten, nicht nur durch Austrocknung, sondern auch durch Eingriffe in das Gewässernetz, so z. B. im Gebiet des Niger. Auch dies sorgt für Rückgang der Brutbestände.

Schließlich scheint die Entenjagd gerade für Knäkenten eine Rolle zu spielen. Ein Jagdbeginn ab 1. Oktober, wie er heute in vielen Gebieten Mitteleuropas üblich ist, erfasst zum Glück kaum mehr Knäkenten, da sie schon abgezogen sind. Aber die Jagd in Frankreich, Südrussland und der Ukraine scheint große Mengen zu erfassen, sicher auch in anderen Gebieten des Durchzugs. Koordination der Jagdzeiten über große Gebiete und möglicherweise auch ihre Einschränkung (z. B. auch durch Jagdverbot in Schutzgebieten oder international bedeutenden Rastgebieten) sind Forderungen, die auch für die Bestände anderer Entenarten eine Rolle spielen.

Die Paare kommen gemeinsam am Brutplatz an. Im Frühjahr sieht man lebhafte Flugjagden mehrerer Erpel hinter einem Weibchen. Die Nester liegen meist gut versteckt nahe am Wasser in der Vegetation, oft auch durch herübergezogene Halme gegen Sicht von oben getarnt. Die Männchen halten zunächst noch in Nestnähe Wache, ehe sie sich dann im Sommer an Mauserplätze zurückziehen. Die brütenden und Junge führenden Weibchen verhalten sich meist sehr heimlich, so dass der Nachweis einer erfolgreichen Knäkentenbrut nur schwer zu erbringen ist.

Knäkente *Anas querquedula* (L.)

Größe	= Taube
Maße (cm)	Länge ca. 37–41 / Flügel ca. 63–69 (58–69)
Körpermasse (g)	290–480
Stimme	♂ schnarrend „klerreb“ (Beunruhigung und Balz), kurz „geg“, auch gereiht „jäck-jäck-jäck“; ähnlich ♀ kurz „gäck“, bedrängt (von ♂) „gägägägä“
Brutzeit	Mitte April im Süden, Ende Mai im Norden; 1 Jahresbrut
Gelegegröße	(6–) 8–11 (–13)
Eifärbung	satt rostbräunlich-rahmfarben, ohne grünlichen Anflug; glatt
Eimaße (mm)	elliptisch bis kurz-spindelförmig – 46,7 x 33
Brutdauer	21–23 Tage
Nestlingszeit	Nestflüchter, ♀ führt; mit 35–40 Tagen flügge

▸ Krickente, Stockente

KNÄKENTE, MÄNNCHEN IM PRACHTKLEID

JUNGVOGEL

DUNENJUNGES

NEST UND GELEGE

Löffelente

Wenn die Erpel das Prachtkleid tragen, leuchten sie weithin auch aus gemischten bunten Ententrupps heraus, vor allem die weiße Brust abgesetzt vom dunkelgrünen Kopf und den rostbraunen Flanken. Etwas kleiner als Stockenten fallen Löffelenten in allen Kleidern durch ihre geduckte Schwimmhaltung mit dem großen, meist schräg nach unten gerichteten Schnabel auf. Keine andere europäische Ente trägt einen derart breiten, im vorderen Drittel noch erweiterten Schnabel, der dieser Ente auch den deutschen Namen gegeben hat.

Charakteristisch für alle Entenvögel sind je zwei Lamellenreihen am Ober- und Unterschnabel. Sie spielen zusammen mit typischen Schnabelformen in den einzelnen Gruppen ganz unterschiedliche Rollen bei der Nahrungsaufnahme. Bei typischen Gänsen sind die äußeren Lamellen hart und erleichtern zusammen mit scharfen Schnabelkanten das Abbeißen von Gras. Eine besondere Konstruktion weisen die Säger auf (s. dort). Ähnlich wie bei den Flamingos (s. dort) wirken bei den meisten Enten, vor allem bei den Gründelenten, die Lamellenreihen als Seihapparat, der kleine im Wasser schwimmende Nahrungspartikel festhält. Die Zunge bewegt sich dabei wie der Stempel einer Saugpumpe vor und zurück, so dass Wasser bei schwach geöffnetem Schnabel eingesaugt und durch die Lamellen wieder ausgestoßen wird. Die Löffelente verfügt in ihrem großen, breiten Schnabel über einen besonders hoch entwickelten Seihapparat. Daher ist ihre bevorzugte Art der Nahrungsaufnahme das Durchschnattern der Wasseroberfläche: In geduckter Haltung mit ihrem auf die Wasseroberfläche gelegten Schnabel schwimmen Löffelenten langsam dahin, oft in einem kleinen Halbkreis das Wasser durchseihend. Auch mit untergetauchtem Kopf werden die oberflächennahen Wasserschichten durchschnattert. Gründeln sieht man bei ihnen seltener als etwa bei Stockenten.

Dieser Seihapparat ist offenbar sehr empfindlich, wenn die Lufttemperaturen unter dem Nullpunkt liegen, denn die Zwischenräume können durch Eis vorübergehend verkleben. Auf und im Wasser schwimmende kleine tierische und pflanzliche Organismen nehmen an kalten Wintertagen ab. Diese Spezialisierung auf bestimmte Nahrung und Technik ihrer Aufnahme führt dazu, dass Löffelenten überwiegend Zugvögel sind, die in warmen oder zumindest ausgesprochen wintermilden Gebieten überwintern. Dies sind vor allem Bereiche Westeuropas, des gesamten Mittelmeergebiets, aber auch das tropische Afrika. Vor allem in den Feuchtgebieten des tropischen Westafrika kommen große Scharen zusammen. Die ebenfalls große Zahl von Überwinterern in Ostafrika besteht wohl in erster Linie aus Brutvögeln Russlands und Sibiriens. Östliche Brutvögel überwintern in Indien und Südasien. In Mitteleuropa beobachtet man wie bei der Schnatterente wohl auch aus gleichen Gründen eine zunehmende Neigung einzelner oder kleiner Trupps, den Winter über auszuharren.

Das Brutgebiet der Löffelente reicht um die ganze Nordhalbkugel von den mittleren Breiten bis an den Rand der Arktis; auch in Nordamerika brütet dieselbe Unterart wie in Eurasien. In Mittel- und Westeuropa ist die Verbreitung allerdings meist sehr lückenhaft, und die regionalen Brutbestände sind klein. Der spezialisierte Typ der Löffelente ist aber auch auf der Südhalbkugel vertreten, allerdings entsprechend der erdgeschichtlichen Entwicklung und der weiträumigen Trennung der Südkontinente in je einer eigenen Art in Südamerika, Südafrika und Australien/Neuseeland.

Wie andere Gründelenten sind auch Löffelenten außerhalb der Brutzeit gesellig und nicht selten auch nachts bei der Nahrungsaufnahme. Die Balz setzt etwas später als bei der Stockente meist erst im Frühwinter ein. Im Frühjahr kann man Verfolgungsflüge mehrerer Männchen hinter einem Weibchen beobachten. Das Nest liegt gut versteckt in der Vegetation am Boden, mitunter auch weiter vom Wasser entfernt. Wie bei der Pfeifente gibt es auch bei der Löffelente mehrere Beobachtungen, die väterliche Brutfürsorge zeigen. Das Männchen hält in der Regel zumindest in der ersten Phase der Bebrütung Wache in Nestnähe, kümmert sich aber später nicht mehr um die Jungen. Bis in den Oktober hinein, wenn in Mitteleuropa meist der Höhepunkt des Durchzugs eintritt, tragen meist noch nicht alle Erpel das fertige Prachtkleid.

Löffelente *Anas clypeata* (L.)

Größe	= Huhn
Maße (cm)	Länge ca. 49–52 (43–56) / Flügel ca. 70–84 (70–85)
Körpermasse (g)	410 – 1100
Stimme	♂ bei Balz guttural „rro rro", heiser „chat" und gedämpft (fast stimmlos) „fft tzk fft tzk"; ♀ quaken zweisilbig „wa-ak wa-ak"
Brutzeit	Mitte April bis Anfang Juni, 1 Jahresbrut
Gelegegröße	(6–) 8–12 (–14)
Eifärbung	rahmfarben oder grünlich grau; glatt
Eimaße (mm)	elliptisch bis spindelförmig – 52 x 37,2
Brutdauer	(21–) 22–23 (–25) Tage
Nestlingszeit	Nestflüchter, ♀ führt; mit 40–45 Tagen flügge

▸ SCHNATTERENTE, STOCKENTE

LÖFFELENTE, PAAR IM TYPISCHEN LEBENSRAUM

MÄNNCHEN, SICHERND

DUNENJUNGES

NEST UND GELEGE

Marmelente

Diese seltene und seltsame Ente wird heute in einer eigenen Gattung von den Gründelenten getrennt. Einige Merkmale sprechen sogar für engere Beziehung zu den Tauchenten. Bis auf unterschiedliche Zeichnung des dunklen Schnabels (beim Männchen mit schmaler hellgrauer Binde vor der Spitze, beim Weibchen mit grünlichem Fleck an der Basis) sind die Geschlechter nahezu gleich gefärbt. Da Marmelenten relativ scheu sind und sich gut in der Vegetation zu verstecken wissen, sind sie nicht leicht zu entdecken. Die Aktivität der Nahrungssuche ist in den frühen Morgen- und späteren Abendstunden am höchsten. Tagsüber ruhen die Vögel meist in der Deckung.

Die Marmelente zählt heute zu den weltweit gefährdeten Arten, auch wenn ihre Bestände außerhalb Europas noch vielleicht die Zehntausendergrenze überschreiten. In Europa gibt es nur noch winzige Restbestände. Schon seit Anfang unseres Jahrhunderts ist eine konstante Abnahme zu beobachten; viele mehr oder minder isolierte Brutplätze wurden längst aufgegeben, so auf den Kanaren, in Südfrankreich, auf dem Balkan und auf Kreta und Zypern. Auch im Wolgadelta gilt die Art als verschwunden. Schon im 19. Jahrhundert verschwand die Marmelente als Brutvogel aus Italien und Ungarn. Heute brütet sie noch im Süden Spaniens (wo man sich auch um Schutzmaßnahmen und Erhaltung der wenigen Brutplätze bemüht), offenbar nur mehr an wenigen Stellen in Nordafrika, im Süden Kleinasiens, im Norden Israels und ferner vom Irak bis in den äußersten Westen Chinas. Die gesamte Weltpopulation wird auf etwa 33 000 Vögel geschätzt, davon nur wenige Prozent in Europa und Kleinasien. Marmelenten sind in ihrem gesamten Areal sehr lückenhaft verbreitet. Einige der Schwerpunkte, so die Sumpflandschaften im Süden des Irak, sind in ihrem Fortbestand bedroht. Vernichtung von Brutplätzen, die immer noch nicht aufhört, sind die Hauptursachen des lang anhaltenden Rückgangs. Die Zwischenräume zwischen den einzelnen Brutplätzen werden immer größer. In manchen

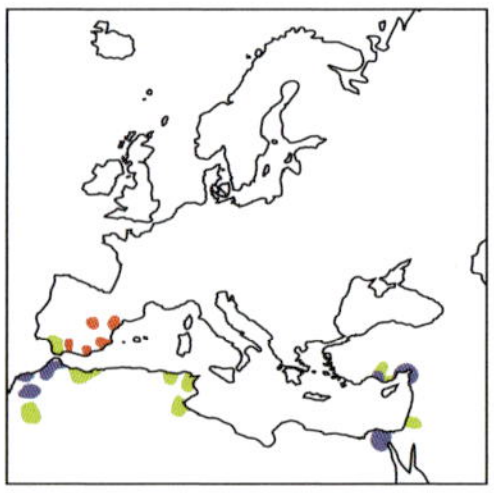

Gebieten ist auch die legale und illegale Jagd immer noch ein großes Problem.

In Mittel- und Westeuropa, also nördlich der Brutverbreitung, wurden vor allem früher Marmelenten gelegentlich als Ausnahmegäste beobachtet. Nach dem starken Rückgang hat dies weitgehend aufgehört. Bei einzelnen Beobachtungen besteht immer der Verdacht auf Vögel, die der Gefangenschaft entkommen sind.

Brutplätze sind seichte Süß- oder Brackwasserseen mit einer reichen Über- und Unterwasserflora; auch an Fischteichen, kleinen Stauhaltungen und langsam fließenden Flüssen finden sich Brutvorkommen. Solche Stellen sind oft nur klein und daher grundsätzlich in ihrer Existenz sehr gefährdet oder gestört. Manche Brutgewässer können auch nicht regelmäßig besetzt werden, da sie im warmen Steppenklima in einzelnen Jahren austrocknen.

Das Überwinterungsgebiet umfasst vor allem im Westen auch meist das Brutgebiet, reicht aber nach Süden bis Mali, in den Tschad und weiter im Osten auch bis Pakistan (wichtiges Überwinterungsgebiet) und Nordwestindien. An günstigen Stellen können große Scharen zusammenkommen. Zugvögel sind vor allem die Angehörigen östlicher Populationen. Ein lange Zeit sehr wichtiger Konzentrationspunkt russischer Brutvögel liegt im Süden Irans. Im Westen sind Marmelenten meist nur Teilzieher.

Auch während der Brutzeit leben Marmelenten meist gesellig und können sogar bei hoher Siedlungsdichte geradezu Brutkolonien bilden. Das Zusammenrücken begünstigt wohl auch die Nutzung sehr begrenzter und oft weit voneinander liegender Flecken angebotener Lebensräume. Bei der Nahrungssuche werden nach Gründelentenart die oberen Wasserschichten durchschnattert. Marmelenten gründeln oder tauchen nur gelegentlich, waten aber häufig auch im Seichtwasser in Ufernähe und fliegen zur Nahrungssuche sogar auf Stoppeläcker. Ihre Nahrung besteht aus Sämereien, aber auch Wurzeln, Knollen und Rhizomen von Wasserpflanzen. Der tierische Anteil umfasst vor allem kleine Wasserinsekten und deren Larven, aber auch kleine Mollusken und Würmer.

Die Nester stehen meist im Schilf am Ufer oder sonst wie in der Vegetation versteckt, aber in der Regel nicht weit vom Wasser entfernt. In den südspanischen Feuchtgebieten sind die Nester nicht selten in Quellerbeständen, unter dichtem Gezweig oder einem Tamariskenstrauch angelegt. Die Paare bilden sich im Winter, offenbar meist erst kurz vor dem Aufbruch an die Brutplätze.

Marmelente *Marmaronetta angustirostris* (Ménétriés 1832)	
Größe	= Huhn
Maße (cm)	Länge ca. 39–42 (39–48) / Flügel ca. 63–67
Körpermasse (g)	450–590
Stimme	meist stumm; ♂ ruft in der Balz hoch und heiser pfeifend „wii-wiih“
Brutzeit	Mai bis Juni, 1 Jahresbrut
Gelegegröße	7–14
Eifärbung	rötlich rahmfarben oder blassgelb-bräunlich
Eimaße (mm)	elliptisch bis spindelförmig – 46,2 x 34
Brutdauer	25–27 Tage
Nestlingszeit	Nestflüchter, ♀ führt (Flüggewerden nicht bekannt)

▶ Weibchen einiger Entenarten

MARMELENTE, PAAR

MARMELENTEN, RUHEND

DUNENJUNGES

NEST UND GELEGE (UNVOLLSTÄNDIG)

Kolbenente

Die gut stockentengroße Ente zählt zu den Tauchenten, vermittelt aber in manchen Eigenschaften und Verhaltensweisen zwischen den beiden Typen Gründel- und Tauchente. Wie Tauchenten starten Kolbenenten mit einem kurzen Anlauf vom Wasser. Mit einen kurzen „Kopfsprung" tauchen sie nach Nahrung, nehmen aber auch Nahrung von der Wasseroberfläche auf und gründeln mit nach vorne gekipptem Körper, die hintere Körperhälfte steil aus dem Wasser gerichtet. Die Nahrung besteht hauptsächlich aus Wasserpflanzen. Eine wichtige Rolle spielen Armleuchteralgen (Characeen) und typische Blütenpflanzen der Seichtwasserzone, wie Wasserknöterich, Tausendblatt oder Hornblatt. Im Unterschied zu den meisten anderen Tauchenten bilden Kleintiere des Wassers nur einen untergeordneten Anteil.

Mit seinem fuchsroten Kopf, dessen Scheitelfedern bei Erregung aufgestellt werden können, und den vom schwarzen Vorderkörper und „Heck" abgesetzten weißen Flanken ist der Erpel im Prachtkleid weithin zu sehen. Im Flug bildet der breite weiße Flügelstreif ein auffälliges Merkmal, der bei den schlichter braun gefärbten Weibchen hellbeige abgesetzt ist. Bei den Tauchenten fehlen im Allgemeinen die metallisch schillernden Flügelspiegel der Gründelenten; weiße oder helle Flügelstreifen oder -felder sind für sie charakteristisch. Eines der auffälligsten Merkmale der Kolbenerpel aber ist ihr siegellackroter Schnabel, der vor allem zu Zeiten, in denen die Männchen das weibchenfarbige Schlichtkleid tragen, weithin sichtbar ist. Der Schnabel der Weibchen ist dagegen dunkel mit orangerotem Band an der Spitze. Mit ihren heller grau gegen die dunkelbraune obere Kopfhälfte abgesetzten Wangen ähneln die Weibchen übrigens den weiblichen Trauerenten, die aber keine hellen Schnabelmarken tragen und außerdem eher zu den Jahreszeiten zu erwarten sind, in denen Kolbenenten in Mitteleuropa zumindest nicht häufig vorkommen.

Kolbenente *Netta rufina* (PALL. 1773)

Größe	= Huhn
Maße (cm)	Länge ca. 53–57 (53–58) / Flügel ca. 84–88
Körpermasse (g)	830–1320
Stimme	♂ bei Erregung „bät", zur Balzzeit leise „geng" oder „baix"; ♀ drohend „gook", bei Auseinandersetzungen „kurr" oder „kui", verfolgt (von ♂♂) „wu-wu-wu"; Hetzlaut „rärr-rärr"; außerhalb Balz wenig ruffreudig
Brutzeit	Mitte Mai, Anfang Juni; 1 Jahresbrut
Gelegegröße	(6–) 8–11 (–14)
Eifärbung	hell rahmfarben bis blassgrün, variiert zuweilen innerhalb des Geleges
Eimaße (mm)	elliptisch bis spindelförmig – 56,3 x 42,3
Brutdauer	26–28 Tage
Nestlingszeit	Nestflüchter, ♀ führt; mit 50–65 Tagen flügge

Das Brutgebiet der Kolbenente liegt in den wärmeren Gebieten der Mittelbreiten, und zwar mit Schwerpunkt in den Steppen und Halbwüsten von Westasien bis Mittelasien (äußerster Punkt im Osten: Nordwestchina). Wie bei vielen Wasservögeln von Trockenregionen ist innerhalb dieses Areals die Verbreitung sehr lückenhaft und oft auf einige weit auseinander liegende Flecken beschränkt, dabei aber durchaus dynamisch, so dass sich das Muster der Brutplätze verändert oder zumindest periodisch wechselt. Dies führt zum Verständnis der wechselvollen Geschichte der Kolbenente in Europa westlich des Hauptverbreitungsgebiets. Auch hier lagen die Verbreitungsschwerpunkte, die nach Westen bis ins südliche Spanien reichen, weit auseinander. Das heutige Verbreitungsmuster ist im Wesentlichen das Ergebnis einer Westausbreitung in der zweiten Hälfte des 19. und der ersten Hälfte des 20. Jahrhunderts. Man bringt sie in Zusammenhang mit Trockenperioden von Klimaschwankungen; demzufolge verliefen die Vorstöße und Bestandszunahmen an mittel- und westeuropäischen Brutplätzen auch periodisch. Die letzte Periode der Besiedlung neuer Brutplätze in Spanien, Portugal, Schweiz, Süddeutschland, Österreich oder Polen reichte bis Anfang der 90er Jahre. Doch sie konnte die Abnahme in Schwerpunktgebieten des Vorkommens, etwa in Rumänien oder Russland, nicht ausgleichen. Auch in manchen Brutplätzen Westeuropas sind neuerdings Rückgänge zu verzeichnen. So zählt die Kolbenente zu den gefährdeten Brutvögeln Europas. Manche Ansiedlungen in Mitteleuropa gehen vermutlich auf Vögel zurück, die aus Vogelparks oder privater Haltung entwichen sind.

Die nördlichen Brutvögel sind alle Zugvögel, die südlichen nur Teilzieher. Die Hauptwintergebiete im Westen des Areals sind das westliche Mittelmeer (vor allem Spanien und Südfrankreich) und das Schwarzmeergebiet (vor allem Donaudelta). Neuerdings kann man einzelne auch in den Wintermonaten in Mitteleuropa sehen, vielleicht aber nicht alles Wildvögel. Außerhalb der Brutzeit scharen sich Kolbenenten meistens in Trupps zusammen.

Brutplätze sind nährstoffreiche Flachgewässer des Binnenlands in milden Klimaten; außerhalb Mitteleuropas auch alkalische Seen und Brackwasserlagunen. Reiche Vegetation am Ufer ist wichtig. Das Nest steht meist nahe am Wasser in dichter Vegetation am Boden. Das Weibchen bedeckt die Eier mit Pflanzenmaterial, wenn es das Nest verlässt. Ungewöhnlicherweise bleibt das Männchen bis zum Schlüpfen der Jungen in der Nähe des Nestes, mitunter begleitet es sogar das führende Weibchen.

▸ TAFELENTE, REIHERENTE, TRAUERENTE

KOLBENENTE, MÄNNCHEN IM PRACHTKLEID

KOLBENENTEN-PAAR

NEST UND GELEGE

Tafelente

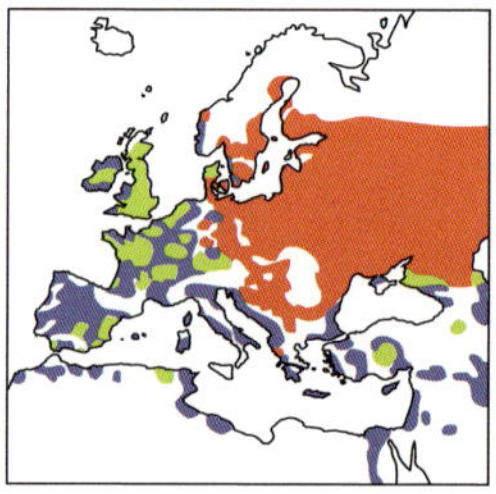

Das Areal der weit verbreiteten Tauchente reicht von Island und Westeuropa (Irland, Spanien) bis nach Mittelsibirien mit einzelnen mehr oder minder isolierten Verbreitungsinseln in China und Nordjapan. Nach Süden erreichen einzelne Vorkommen die Subtropen, die Nordgrenze hört weit vor den subarktischen Bereichen auf. In Amerika leben zwei sehr ähnliche Tauchentenarten.

Seit etwa 130 Jahren lässt sich über Mittel- bis Westeuropa eine Ausbreitung nach Westen feststellen, die zu vielen neuen Brutansiedlungen und auch zum Wachstum lokaler Bestände geführt hat. Neuerdings ist aber – im Unterschied zur Reiherente (s. dort) – eine generelle Ausbreitung und Zunahme zum Stillstand gekommen. In Mitteleuropa nehmen an schon länger besiedelten Brutplätzen die Zahlen der Brutpaare sogar ab.

Die Wanderungen der Tafelente sind kompliziert, denn wie auch bei vielen anderen europäischen Enten zeigen einzelne Populationen unterschiedliche Zugeigenschaften. Die Palette umfasst vom Langstreckenzieher (meist östliche Populationen) über Kurzstreckenzieher bis Teilzieher und Winterflüchter oder auch Wanderungen ohne bestimmte Vorzugsrichtung und wahrscheinlich auch Standvögel alle Übergänge. Das Hauptwinterquartier der europäischen Populationen reicht von West- und Südeuropa bis Nordafrika; viele überwintern auch in Mitteleuropa und sogar bis an die Atlantikküsten Norwegens. Vögel östlicher Populationen ziehen nach Vorder- und Südasien. In Afrika reichen die südlichsten Nachweise bis in die Tropen südlich der Sahara. Innerhalb der Brutgebiete kann es auch zu weiträumigen Umsiedlungen kommen, wie einzelne Ringfunde beweisen. Auffallend ist auch der Mauserzug der Erpel, die Weibchen und Junge an den Brutplätzen zurücklassen. Große Konzentrationen mausernder Erpel sammeln sich z. B. in den Niederlanden und im Ostseeraum. Über Jahrzehnte gab es auch eine große Mauserkonzentration von bis zu 20 000 Vögeln im Ismaninger Teichgebiet in Südbayern. Doch dieses internationale Mauserquartier scheint als Folge technischer Änderungen der Abwasserklärung zusammengebrochen zu sein. Auch bei Kolben- und Reiherente spielen in Mittel- und Westeuropa einzelne Mauserquartiere im Hochsommer eine wichtige Rolle.

Tafelenten sind eigentlich zu allen Jahreszeiten gut zu erkennen, nicht zuletzt an der typischen, andeutungsweise spitz zulaufenden Kopfform und dem lang gezogenen Schnabel. Doch gibt es bei Tauchenten, die das Prachtkleid tragen, durchaus Bestimmungsprobleme, selbst zwischen so unterschiedlichen Arten wie Tafel- und Reiherente. Nicht nur, dass gelegentlich Ausnahmegäste aus Amerika auftauchen (z. B. Ringschnabelente, *Aythya collaris*) oder entkommene „Exoten" aus Gefangenschaft das Bild bereichern. Vielmehr kommen mit gewisser Regelmäßigkeit auch freilebende Bastarde zwischen einzelnen Arten vor. Sie sind als ganz offensichtliche Wildvögel schon seit über 50 Jahren bekannt, doch haben in neuerer Zeit die Nachweise zugenommen, sei es, dass die Vogelbeobachter mit moderner Optik besser kleine Unterschiede und Abweichungen entdecken, sei es, dass sich das Bild auch durch entkommene Gefangenschaftsvögel verwirrt. In Mitteleuropa scheinen am häufigsten Bastarde zwischen Reiher- und Tafelente vorzukommen. Die Prachtkleiderpel gleichen dann eher einer Bergente oder der amerikanischen Ringschnabelente und anderen amerikanischen Tauchenten.

Tafelenten sind tag- und nachtaktiv. Meistens tauchen sie nach Nahrung, aber weniger tief und in der Regel weniger lange als Reiherenten. Ihre Nahrung besteht aus Wasserpflanzen und -tieren (z. B. kleine Muscheln, Mückenlarven usw.); der pflanzliche Anteil ist größer als bei der Reiherente. Das ganz Jahr über sind Tafelenten gesellig, auch während der Brutzeit. Oft stehen auch die Nester nicht weit voneinander entfernt, meist in der Ufervegetation versteckt, in der Regel hart am Wasser, auf kleinen Inseln oder auf feuchtem bis nassem Untergrund, etwa im Wasser stehenden Seggenbülten. Typische Brutplätze sind nährstoffreiche Binnenseen, z. B. flache Teiche, Fischteiche oder flache Stauhaltungen. Auf der Rast kann man Tafelenten bei uns auf nahezu allen Gewässertypen sehen, kaum allerdings auf rasch fließenden Flüssen oder auf dem Meer.

Tafelente *Aythya ferina* (L.)

Größe	= Huhn
Maße (cm)	Länge ca. 42–49 (42–58) / Flügel ca. 72–82
Körpermasse (g)	900 – 1100
Stimme	♂ bei Balz nicht laut „uiwierr" oder „hipsierr", beim Flachlegen leise „quick quick" oder „kil kil kil"; erregt „kärr"
Brutzeit	Mitte Mai bis Anfang Juni, 1 Jahresbrut
Gelegegröße	(4–) 5–12 (–14)
Eifärbung	rahmgelb bis rötlichgelbbraun oder gelblichgrau; glatt, matt glänzend
Eimaße (mm)	elliptisch bis spindelförmig – 52,3 x 38,2
Brutdauer	27–28 Tage
Nestlingszeit	Nestflüchter; mit 50–55 Tagen flügge (mitunter schon vorher vom ♀ verlassen)

▸ Reiher- und Moorente

TAFELENTE, WINTERGESELLSCHAFT

MÄNNCHEN IM PRACHTKLEID

NEST UND GELEGE

Moorente

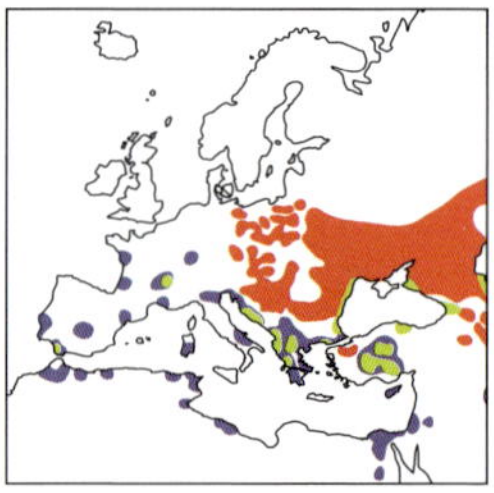

In ihrer Kopfform und mit ihrem schlanken, lang gezogenen Schnabel ähnelt die Moorente sehr der Tafelente; in der Färbung aber ist sie mit Weibchen der Reiherente zu verwechseln, vor allem, wenn man das leuchtend weiße Hinterende nicht im günstigen Licht sieht. Auch bei Reiherentenweibchen fällt manchmal ein helles Hinterende auf.

Die Moorente ist ebenfalls eine östliche Art, die in Europa aber bei weitem nicht so auffällig weit nach Westen vorgedrungen ist wie Tafel- und Reiherente und auch nicht annähernd ähnlich hohe lokale Bestände aufbauen konnte. Heute ist sie in Mitteleuropa mit Abstand die seltenste Tauchente, nicht nur als Brutvogel, sondern auch als Durchzügler und Wintergast.

Das Brutgebiet der Moorente erstreckt sich über die Steppenzone und die südliche Waldzone Eurasiens vom Mittelmeerbecken bis nach Zentralchina. Wiederum sind zahlreiche Verbreitungslücken in diesem riesigen Gebiet typisch. In Europa dünnen die Brutvorkommen nach Westen aus; die Bestände sind vor allem heute sehr niedrig. Die wichtigsten Vorkommen liegen in Südosteuropa von Ungarn bis Rumänien mit den größten Beständen, die sich in der Ukraine und im Süden Russland fortsetzen. Auch in der Türkei gibt es größere Brutvorkommen; Zahlen über Brutvögel sind allerdings nicht bekannt.

Starke Bestandsabnahmen in neuester Zeit werden gerade aus den Ländern mit ehemals vielen Vorkommen gemeldet, z. B. Rumänien, Ukraine, Russland. Mit Ausnahme von Ungarn haben auch die kleineren Brutbestände in allen Ländern Mittel- und Westeuropas abgenommen. In Deutschland brüten nur noch im äußersten Osten nahe der polnischen Grenze einige Paare, wahrscheinlich auch nicht mehr regelmäßig. Gelegentliche Sommervorkommen in anderen Teilen sind auch zum Teil auf Gefangenschaftsflüchtlinge zurückzuführen. So gilt die Moorente als eine besonders stark gefährdete Brutvogelart Europas.

Moorenten sind überwiegend Zugvögel. Ihre wichtigsten Winterquartiere liegen in den küstennahen Gebieten um das Mittelmeer, des Schwarzen Meeres und im Kaspibecken. Sie überwintern aber auch in Afrika südlich der Sahara im Sudan und an einigen Plätzen in Westafrika; hier haben aber die Zahlen in neuerer Zeit stark abgenommen. Weiter östlich beheimatete Brutvögel überwintern vor allem in Pakistan und Nordwestindien. In Mitteleuropa sind heute nur noch wenige Moorenten während der Zugzeiten und im Winter zu entdecken. Der Durchzug findet im Herbst im September/Oktober statt; ab März macht sich der Heimzug bemerkbar.

Die Hauptgründe für den Rückgang und die gegenwärtige Gefährdung sind der Verlust geeigneter Brutgewässer durch Trockenlegungen oder andere wasserbauliche Eingriffe oder Störungen. Moorenten brüten vor allem in nährstoffreichen flachen Binnengewässern mit reicher Vegetation an den Ufern. Mitunter kommen sie mit sehr kleiner offener Wasserfläche aus, wenn ausreichende Schilfkomplexe für Deckung sorgen. In den typischen Steppengebieten sind auch flache Alkaliseen und Brackwasserlagunen, die nicht selten eine begrenzte Lebensdauer haben oder ihre Lage ändern, geeigneter Brutlebensraum. Möglicherweise spielen auch in Winterquartieren Verschlechterungen der Rastbedingungen eine Rolle. Obwohl in vielen Ländern Europas ganzjährig geschützt, fallen Moorenten unerkannt auch der Jagd zum Opfer. Doch dürften die heute erlegten Mengen (vielleicht mit Ausnahme in Südosteuropa) keine Rolle für die Bestandsentwicklung spielen.

Die Nahrung der Moorente ist offenbar noch stärker vegetarisch als die der Tafelente. Kleintiere in größerer Vielfalt, wie kleine Mollusken, Insektenlarven, Krebstiere, scheinen vor allem während des Winterhalbjahres eine größere Rolle zu spielen. Moorenten sind allgemein auch weniger tauchfreudig als ihre Gattungsverwandten. Im Seichtwasser wird Nahrung vor allem durch Kopfeintauchen und Gründeln gesammelt, wobei Moorenten gerne bei Dämmerung aktiv sind, aber wie andere Arten auch Tag und Nacht nach Nahrung suchen können.

Die Paare bilden sich im Winter. Die Nester stehen gut versteckt in dichter Vegetation am Wasser; manchmal ist vom Nest ein richtiger Kanal zum Wasser „angelegt". Anfangs hält sich das Männchen in Nestnähe auf dem Wasser auf und begleitet das Weibchen in den Brutpausen.

Moorente *Aythya nyroca* (GÜLDENSTÄDT 1770)

Größe	= Huhn
Maße (cm)	Länge ca. 38–42 / Flügel ca. 63–67
Körpermasse (g)	410–650
Stimme	♂ leise stöhnend „wrä-ijö", heiser „kjä kjä...", lauter „witt"; ♀ schnarrend „gjär gjär..." oder „gerrr..."; ferner „gäk gäk..."; außerhalb der Fortpflanzungszeit still
Brutzeit	Mitte Mai im Süden, bis Mitte Juni im Norden; 1 Jahresbrut
Gelegegröße	(5–) 7–11 (–14) (–20 Eier und mehr von 2 oder mehr ♀♀)
Eifärbung	rahmgelb bis rötlichgelbbraun oder gelblichgrau; glatt, matt glänzend
Eimaße (mm)	elliptisch bis spindelförmig – 52,3 x 38,2
Brutdauer	23–27 Tage
Nestlingszeit	Nestflüchter, ♀ führt; mit 55–60 Tagen flügge

▸ TAFEL- UND REIHERENTE

MOORENTE, MÄNNCHEN IM PRACHTKLEID

WEIBCHEN

MOORENTEN-PAAR

NEST UND GELEGE

Reiherente

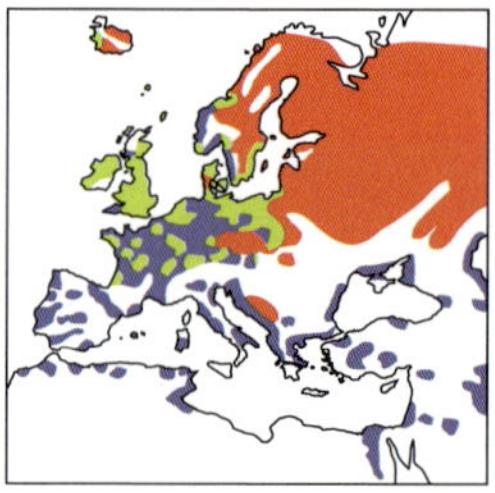

Im Prachtkleid des Erpels ist die auffälligste Tauchente leicht zu kennen. Allerdings bestehen Ähnlichkeiten in der Farbverteilung mit der etwas größeren Bergente. Die Weibchen sind denen der Bergente ebenfalls ähnlich, zumal auch Reiherenten mit allerdings enger begrenztem weißem Schnabelgrund vorkommen. Reiherenten sind oft an Tauchentenbastarden beteiligt (vgl. Tafelente). Sie sind heute nach der Stockente in Mitteleuropa die häufigsten Enten; auf winterlichen Rastgewässern oft sogar die absolut häufigsten. Mittlerweile sind Reiherenten zusammen mit den meist etwas weniger zahlreichen Tafelenten vielerorts auch regelmäßig Gäste an Parkteichen (dort mitunter sogar Brutvögel) und an Futterstellen für Wasservögel mitten in der Stadt.

Das war nicht immer so, denn Reiherenten haben sich seit mehr als 100 Jahren in Europa stark nach Westen ausgebreitet. Die Zunahme der Bestände und die Besiedlung neuer Brutplätze hält zumindest im westlichen Mitteleuropa und in Frankreich noch an. Gleichzeitig sind auch die Bestände an Durchzüglern, Wintergästen und im Hochsommer der Mauservögel stark angestiegen.

Das Brutgebiet reicht heute von Island durch Europa und Asien bis Kamtschatka; es erstreckt sich etwas weiter nach Norden als das der Tafelente. Nicht mehr dazu gehören die Trocken- und Steppengebiete im Süden der Mittelbreiten, die Reiherente fehlt auch als Brutvogel im Mittelmeergebiet.

Die Angehörigen nördlicher Brutpopulationen sind vornehmlich Zugvögel, in Mitteleuropa brütende Teilzieher oder auch nur Standvögel. Die Wintergebiete umfassen Mittel- und Westeuropa und damit Teile des Brutgebiets, auch die Westküsten Skandinaviens. Nordeuropäische, osteuropäische und asiatische Populationen räumen ihr Brutgebiet weitgehend oder gänzlich. Außerhalb des Brutareals umfasst das Überwinterungsgebiet die Küstenbereiche des Mittelmeers einschließlich Nordafrikas, des Schwarzen Meers und der Kaspisenke. In Afrika reicht das Wintervorkommen nilaufwärts bis Äthiopien und in Westafrika bis Nigeria (ausnahmsweise auch weiter südlich); asiatische Brutvögel überwintern in einem breiten Streifen, der von Nordindien bis Südchina reicht und auch das südliche Japan umfasst.

Wie bei der Tafelente bilden sich im Hochsommer an geeigneten Stellen Mauserkonzentrationen, zu denen vor allem die Männchen von weither zuwandern. Bekannte Mauserquartiere liegen z. B. in den Niederlanden, in Norddeutschland, im Baltikum und in Südbayern.

Die Ausbreitung der Reiherente in Europa haben sicher viele Faktoren begünstigt. Sicher aber spielt eine Rolle, dass die Art nicht so sehr auf flachgründige, nährstoffreiche Stillgewässer angewiesen ist, sondern auch tiefere Gewässer mit geringerem Nährstoffgehalt nutzen kann. Ihre Rastbestände sammeln sich meist auf tieferen Gewässern und im Winter an geeigneten Stellen der Küste. Reiherenten tauchen oft länger und tiefer als Tafelenten nach Nahrung, in der vor allem Wassertiere eine entscheidende Rolle spielen. In vielen Binnengewässern spielt z. B. die Dreikant- oder Wandermuschel eine wichtige Rolle für die Ernährung rastender Scharen. Pflanzliche Nahrung (z. B. Sämereien) tritt dagegen zurück. Reiherenten haben sich meist als erste Tauchenten an die Futterstellen der Uferpromenaden und Parkgewässer gewöhnt.

Die Paare bilden sich im Winter. Später als bei den meisten Gründelenten beginnt bei den Tauchenten die Gruppenbalz der Erpel, die bei der Reiherente meist mit Kopfschütteln und „steifem Schwimmen" eingeleitet wird. Bei der Tafelente legen sich balzende Erpel gestreckt auf das Wasser, Reiherenten fehlt dieses auffällige Verhalten. Auf dem Höhepunkt der Balz werfen die Erpel den Kopf auf den Rücken und tippen anschließend mit dem Schnabel auf das Wasser.

So gut wie das ganze Jahr leben Reiherenten gesellig. Auch Nester stehen mitunter nahe beieinander. Möwenkolonien scheinen wegen der Wachsamkeit ihrer Bewohner auch für brütende Reiherenten attraktiv zu sein (vgl. Schwarzhalstaucher). Bei hoher Brutdichte sammeln sich auch häufiger als bei anderen Enten fremde Junge unter die von einem Weibchen geführte Schar; manchmal entstehen auch übergroße Kindergärten. Reiherenten brüten am spätesten von allen mitteleuropäischen Enten; nicht selten führen noch im August Weibchen kleine Junge.

Reiherente *Aythya fuligula* (L.)

Größe	= Huhn
Maße (cm)	Länge ca. 40–47 / Flügel ca. 67–73
Körpermasse (g)	1000–1400
Stimme	♂ erregt „bück bück bück" (leise, Balz); ♀ erregt rollend „krr krr krr", auch im Fliegen
Brutzeit	Mitte Mai im Süden, bis Ende Juni im Norden; 1 Jahresbrut
Gelegegröße	(3–) 6–11 (–14); größere von 2 oder mehr ♀♀
Eifärbung	blassgrün bis graugrün; glatt, glanzlos
Eimaße (mm)	elliptisch bis spindelförmig – 58,9 x 41,1
Brutdauer	23–28 Tage
Nestlingszeit	Nestflüchter, ♀ führt; mit 45–50 Tagen flügge

▸ Tafel- und Bergente

REIHERENTE, MÄNNCHEN IM PRACHTKLEID

WEIBCHEN IM PRACHTKLEID

JUNGVOGEL

NEST UND GELEGE

Bergente

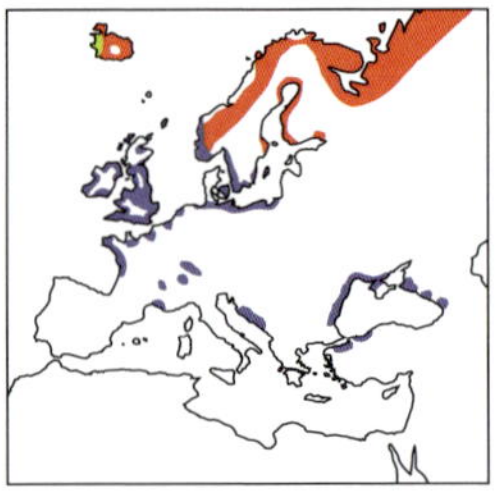

Sie ist die nördlichste der Tauchenten aus der Gattung *Aythya* und vor allem außerhalb der Brutzeit auch am stärksten an Küsten und küstennahe Meeresabschnitte gebunden. Das Brutgebiet reicht in einem relativ schmalen Gürtel von Island über Nordeuropa, Nordrussland und Sibirien bis Nordostsibirien und Kamtschatka. In Europa und Asien ist die Bergente daher in ihrem Brutgebiet fast überall die einzige Art ihrer Gattung. Auf dem amerikanischen Kontinent setzt sich ihre Verbreitung am Rande der Arktis fort. Hier trifft sie auf die sehr ähnliche Kleine Bergente (*Aythya affinis*), deren Brutgebiet etwas weiter südlich reicht und die sich erst wenige Male nach Europa auf die Britischen Inseln und wohl auch in die Niederlande verflogen hat.

Die Brutgewässer sind meist flache kleine Seen und Wasserlöcher der Tundra und Waldtundra oder Hochmoorseen, aber in Europa z. B. auch die Schärengebiete der Ostsee und ihrer Nebenmeere. Auch auf Gewässern höherer Lagen kommen Bergenten in Nordeuropa vor. Von ihren nordischen Brutplätzen ziehen sie ab Mitte August und September allmählich ab, nachdem vorher schon meist die Männchen zu Mauserwanderungen aufgebrochen sind. Die wichtigsten Winterquartiere liegen auf dem Meer nahe der Küsten, in trichterförmigen Flussmündungen und in Buchten. Die meisten sammeln sich ab September in der westlichen Ostsee, an den Küsten Dänemarks, der Niederlande, Nordfrankreichs, Großbritanniens und Irlands. Kleine Trupps und einzelne Vögel tauchen auch ab Oktober tief im Binnenland vor allem auf großen Seen auf, sind aber in vielen Gebieten Mitteleuropas recht selten. Auch das Mittelmeer wird in kleiner Zahl erreicht. Weiter im Osten sind Teile der Schwarzmeerküste und Gebiete am Kaspischen Meer wichtige Überwinterungszentren. Im Fernen Osten überwintern Bergenten vor allem um die Inseln des südlichen Japan und entlang der Küstengebiete Südchinas.

Offenbar streifen vor allem in Europa während des Winterhalbjahrs Bergenten weiter umher, so dass sich lokale Zahlen immer wieder ändern. An den Grenzen des Winterareals werden die Maximalzahlen oft erst im Januar erreicht. Der Rückzug setzt ab Februar ein und erfährt z. B. im wichtigen Durchzugs- und Wintergebiet der Ostsee erst im April sein Maximum. An ihren nordischen Brutplätzen kommen Bergenten oft erst ab Mitte Mai an. Die Geschlechtsreife tritt im Vergleich zur Tafel- und Reiherente wahrscheinlich bei einem weit größeren Teil der Vögel erst im zweiten Lebensjahr ein. Die Erstjährigen ziehen meist nicht ins Brutgebiet zurück. Wie auch bei anderen Tauchenten, die sich erst im Spätwinter paaren, fällt bei der Bergente auf, dass die Geschlechter mitunter weitgehend getrennte Winterquartiere ansteuern; der Anteil der Männchen ist in nördlichen Winterquartieren höher als im Süden.

Wegen der Konzentration der europäischen Brutvorkommen auf Nordwest- und Nordeuropa und der geringen Ausdehnung des Hauptwinterquartiers, das noch dazu größtenteils an ohnehin gefährdeten Küstenstrecken liegt, muss die Bergente als gefährdeter Brutvogel Europas eingestuft werden. Gefahren ergeben sich vor allem als Folgen der Ölpest, von denen vor allem Winterbestände in viel befahrenen engen Meeresstraßen (z. B. Dänemark) betroffen werden. Immer noch ist die Jagd in mehreren EU-Staaten legal; abgesehen von den getöteten Individuen bedeutet auch die Beunruhigung der Rastplätze durch den Jagdbetrieb eine Gefahr.

Mehr als bei den andere Tauchenten der Gattung *Aythya* spielen Tiere in der Ernährung der Bergenten eine Rolle. Die Vögel tauchen 6–12 m tief, erreichen aber oft auch bis 30 m. In Winterquartieren Dänemarks und im niederländischen Ijsselmeer werden vor allem Miesmuscheln aufgenommen. In Schottland dagegen waren Körner, die aus der Whiskyverarbeitung ins Abwasser gelangten, für Überwinterer eine wichtige Nahrungsquelle. Der Winterbestand ging zurück, als neue Abwassertechniken eingeführt wurden. Grüne Pflanzenteile scheinen nur eine sehr geringe Rolle zu spielen.

Die Nester stehen einzeln oder auch in losen Gruppen auf trockenem Untergrund meist nahe am Wasser. Gelege, die Eier von mehr als einem Weibchen enthalten, sind bei Tauchenten nicht selten, bei Bergenten offenbar lokal besonders häufig. Die Männchen halten relativ lange bei den brütenden Weibchen aus und begleiten sie mitunter sogar noch, wenn sie ihre Jungenschar zum Wasser führen. Die Küken sind von Anfang an recht mobil und suchen oft auf der offenen Wasserfläche Nahrung.

▸ Reiherente, Schellente

Bergente *Aythya marila* (L. 1761)

Größe	= Huhn
Maße (cm)	Länge ca. 42–51 (40–51) / Flügel ca. 72–84
Körpermasse (g)	900–1200
Stimme	♂ bei Balz pfeifend „wik-wik-wiu“, nasal „weiar“ und taubenartig gurrend „kuku“; ♀ tief und rau „karr“
Brutzeit	Ende Mai bis Ende Juni, 1 Jahresbrut
Gelegegröße	6–9 (–12)
Eifärbung	hellgrün bis olivgrau; glatt, glanzlos
Eimaße (mm)	elliptisch bis spindelförmig – 62 x 43
Brutdauer	26–28 Tage
Nestlingszeit	Nestflüchter; ♂ lange bei brütendem ♀; mit 40–45 Tagen flügge

BERGENTE, MÄNNCHEN IM PRACHTKLEID

WEIBCHEN

DUNENJUNGES

NEST UND GELEGE

Eiderente

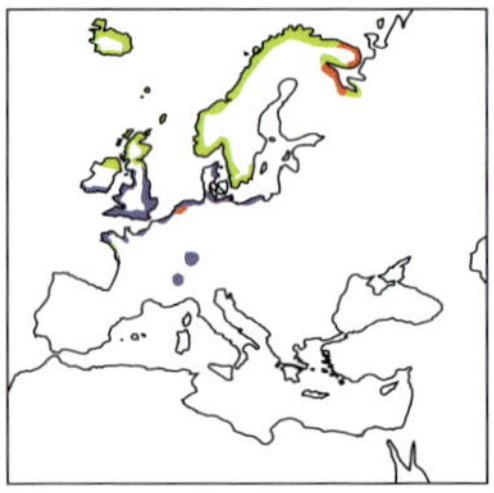

Die Männchen tragen ihr auffälliges Prachtkleid nur etwa von November bis Mai und zeigen sich schon ab Frühsommer im fast schwarzen Schlichtkleid. Aber in allen Kleidern ist die für nordische Meeresküsten typische Tauchente an ihrem charakteristischen Kopfprofil zu erkennen: Der auf kurzem Hals sitzende Kopf geht in einer schrägen Linie in den hoch ansetzenden keilförmigen Schnabel über. Der eher plump wirkende Schwimmvogel – wenig größer als eine Stockente – setzt mit einem kurzen Schlag der halb geöffneten Flügel zum Tauchen an.

In mehreren Unterarten brüten Eiderenten an den arktischen Küsten und Inseln rund um den Nordpol von Westeuropa bis an die Beringstraße und vom westlichen Alaska bis an die Ostecke Nordgrönlands. Nach Süden reicht das Brutvorkommen bis an die Nordseeküste Deutschlands und der Niederlande. Im Bereich des Nordatlantiks und seiner Nebenmeere haben die einst sehr gefährdeten Brutbestände wieder zugenommen. Dies war wohl zum Teil eine Folge gesetzlichen Schutzes, der das Eier- und Dunensammeln verbot oder streng reglementierte. Die von den Weibchen zur Auspolsterung des Nestes verwendete Dunen sind eine beliebte Kissenfüllung.

Heute drohen Eiderenten Gefahren von anderen Seiten. Sie sind häufig Opfer der Ölpest nach Tankerunfällen oder auch des „normalen" Ölanfalls an Küsten. Auch von Pestizidrückständen waren manche Populationen vorübergehend bedroht. Die Nahrung besteht größtenteils aus Tieren, die am Boden seichter Meeresabschnitte leben, also Muscheln, Krebstieren oder Stachelhäutern. Dabei werden mancherorts vor allem die Vorkommen der Miesmuschel gezielt ausgebeutet, was den Ärger der Muschelfischer hervorruft. Muscheln passender Größe werden als Ganze verschlungen. An sehr seichten Stellen gelangen Eiderenten auch mit dem Kopf unter Wasser schwimmend oder gründelnd an ihre Beute. Im Watt suchen sie auch zu Fuß nach Nahrung. Die Küken leben von kleinen Muscheln und können später selbst schnell bewegliche Krebstiere fangen. Fische spielen in der Ernährung eine untergeordnete Rolle, Pflanzenanteile in der Nahrung sind unbedeutend.

Eiderenten wandern in der Regel nicht sehr weit und sind höchstens Kurzstreckenzieher. Manche halten den Winter über sogar in nordischen Meeren aus. In Europa liegen die Hauptwinterquartiere an den Küsten Mittel- und Nordwesteuropas. Früher nur ausnahmsweise, heute weitaus regelmäßiger gelangen Eiderenten im Winterhalbjahr auch ins Binnenland und haben auf einigen größeren Seen kleine Überwinterungstraditionen aufgebaut, verbringen vor allem als noch nicht geschlechtsreife Jungvögel auch den Sommer einzeln auf Binnenseen und haben gelegentlich im binnenländischen Mitteleuropa auch schon einzelne Brutversuche unternommen. An Binnenseen dürfte vor allem die Dreikantmuschel eine wichtige Ernährungsgrundlage darstellen; einzelne Vögel stellen sich auch an Futterstellen ein.

Zu ihren Mauserquartieren beginnen die Männchen oft schon ab Mai aufzubrechen. Im Hochsommer erreichen die Zahlen an den wichtigen Mausergebieten im Wattenmeer der Nordsee ihr Maximum. Wintergäste erscheinen dann erst ab Oktober.

Erst im dritten Lebensjahr werden die Erpel geschlechtsreif, Weibchen brüten zum Teil schon im zweiten, aber auch mitunter erst im vierten. Daher sieht man auch im Sommer in vielen Gebieten zahlreiche Nichtbrüter. Die Altvögel verpaaren sich aber im Herbst, jüngere und wohl auch Vögel ziehender Populationen später bis Frühjahr. Auffällig ist die Gruppenbalz der Männchen, die unter lauten Rufen den Kopf auf den Rücken werfen, ihren Körper aufrichten, sich auffällig schütteln, mit den Flügeln schlagen und eine Reihe markanter Posen einnehmen. Junge Männchen beteiligen sich noch nicht an der Balz.

Das ganze Jahr über sind Eiderenten gesellig, auch die Nester stehen mitunter dicht beisammen in Kolonien auf Inseln oder an der Küste, nicht selten auch in oder dicht bei Möwenkolonien, hinter Büschen oder Bodenerhebungen gedeckt, in der Regel aber recht offen. Viele Eiderenten führen eine Saisonehe, manche Vögel verpaaren sich wohl im Folgejahr wieder, oder es ist überhaupt keine Paarbindung festzustellen. Die Weibchen führen ihre Jungen allein; oft werden Kükentrupps zusammengelegt.

Eiderente *Somateria mollissima* (L.)

Größe	= Huhn
Maße (cm)	Länge ca. 50–71 / Flügel ca. 80–108
Körpermasse (g)	1915–2218
Stimme	♂ in Paarbildungszeit laut „uh˙ uhu" oder „hu-hu"; ♀ tief „goggoggoggog" oder knarrend „korr-r"
Brutzeit	Anfang Mai im Süden, bis Mitte Juni im Norden; 1 Jahresbrut
Gelegegröße	(1–) 4–6 (–8); mehr von 2 ♀♀
Eifärbung	hellgrün, oliv, gräulich oder bläulich, selten rotbräunlich; glatt mit schwachem Glanz
Eimaße (mm)	Form variabel, elliptisch bis spindelförmig – manchmal oval – 76,7 x 51,4
Brutdauer	25–28 Tage
Nestlingszeit	Nestflüchter, ♀ führt; mit 65–75 Tagen flugfähig, oft schon ab 50 Tage selbstständig

▸ Prachteiderente, Brandgans

EIDERENTE, TRUPP; MÄNNCHEN STEHEND

MÄNNCHEN NOCH NICHT GANZ IM PRACHTKLEID

WEIBCHEN MIT JUNGEN

NEST UND GELEGE

Prachteiderente

Die hochnordische Art brütet an arktischen Küsten in Russland und in Ostsibirien sowie weiter verbreitet im arktischen Amerika und an den Küsten Grönlands. Trotz ihrer nördlichen Brutgebiete sind Prachteiderenten nur Kurzstrecken- und Teilzieher. Die Hauptwinterquartiere für die Brutvögel Ostsibiriens und Alaskas liegen im Beringmeer. Die Brutvögel Russlands überwintern im Weißen Meer und im Nordatlantik; sie kommen auch an die Küsten des nördlichen und mittleren Norwegen, an denen gelegentlich einzelne Paare auch schon gebrütet haben. Von diesen Überwinterern gelangen einzelne auch weiter südlich bis in die Nordsee. Von den in der Ostsee beobachteten Vögeln nimmt man dagegen an, dass sie im Überlandflug nach Südwesten direkt von ihren Brutplätzen im arktischen Russland und Westsibirien dorthin kommen. Die Brutvögel Ostgrönlands überqueren den Atlantik und erscheinen vor Island. Der Abzug vom Brutplatz beginnt ab September, nachdem sich oft schon vorher die Männchen in Mauserquartieren gesammelt haben. Die Rückkehr findet erst im Mai, oft sogar nicht vor Juni statt.

Prachteiderenten sind etwas kleiner als Eiderenten. Die Erpel im Prachtkleid sind unverkennbar, doch erscheinen vor allem als Ausnahmegäste oft Vögel im Jugendkleid oder noch nicht ausgefärbte Männchen, die dunkel befiedert sind und als Jungvögel noch keinen so stark aufgeblasenen Schnabel wie die alten Erpel tragen. Die Weibchen sind nicht leicht von Eiderenten zu unterscheiden; ihr Schnabel ist kürzer, die Wangen vor allem nahe der Schnabelbasis sind aufgehellt. Prachteiderenten sind gute Taucher, die nur im Flachwasser gelegentlich mit Kopfunter-Schwimmen und Gründeln nach Nahrung suchen. Ihre Beute sind in erster Linie Wassertiere, wie Mollusken, Stachelhäuter, Krebstiere. In der Tundra werden von ihnen auch Sämereien und grüne Pflanzenteile aufgenommen. Die Brutplätze liegen an Seen, Tümpeln oder kleinen Rinnsalen der Tundra sowie in Hochmooren. Außerhalb der Brutzeit sind sie so gut wie ausschließlich am Meer anzutreffen.

Erst mit drei Jahren werden die Vögel geschlechtsreif. Die Nester liegen entweder offen in der Tundra oder hinter kleinen Bodenerhebungen versteckt. Wie viele nordische Vögel sind auch Prachteiderenten tag- und nachtaktiv.

Aus der näheren Verwandtschaft der Eiderente leben noch zwei weitere Arten in der Arktis. In Ostsibirien und Westalaska brütet die **Plüschkopfente** (*Somateria fischeri*). Ihr Wintergebiet konzentriert sich wahrscheinlich im Süden des Beringmeers, scheint aber je nach Lage der Packeisgrenze zu variieren. Als Ausnahmegäste wurden die seltenen Enten in Westsibirien und in Norwegen festgestellt.

Die deutlich kleinere **Scheckente** (*Polysticta stelleri*) erreicht gerade einmal die Größe einer Schellente, mit ihrem lang gestreckten Körper und dem flachen Schnabel erinnert sie eher an eine Gründelente, weniger an die verwandten Arten der Eiderenten-Gruppe. Sie brütet jedoch ebenfalls in der arktischen Tundra und an den Küsten nordischer Meere. Ihr Brutgebiet beginnt etwa ab der Taimyr-Halbinsel und reicht bis an die Küsten Nordostsibiriens und über die Beringstraße bis an den äußersten Norden Amerikas. Zweimal wurden bisher auch Brutnachweise weiter westlich im nördlichen Russland erbracht. Die Winterquartiere eines großen Teils des Weltbestandes liegen im nördlichen Pazifik. Nach Europa kommen ebenfalls Wintergäste, aber auch Nichtbrüter während des Sommers. Die wichtigsten Rastgebiete konzentrieren sich auf den Varangerfjord in Nordnorwegen und an den Küstengebieten um Murmansk. In zunehmender, aber immer noch sehr kleiner Zahl erscheinen Scheckenten auch im Winterhalbjahr in der Ostsee. Das eng begrenzte Brutgebiet im Norden und die auf wenige Zentren konzentrierten Winterbestände veranlassen die Experten, die Art zu den weltweit bedrohten Vogelarten zu rechnen. Besondere Gefahren in Europa ergeben sich durch aus Tankern und vor der Küste liegenden Bohrinseln freigesetztes Öl; bei einigen Unfällen sind in den letzten Jahrzehnten mindestens auch Hunderte von Scheckenten umgekommen. Ferner fangen sich immer wieder in den flachen Küstenmeeren einzelne Vögel in Fischernetzen, in denen auch Eiderenten regelmäßig umkommen. Die Winterbestände vor den Küsten Nordeuropas werden jetzt durch regelmäßige Zählungen kontrolliert. Die Nahrung der Scheckenten besteht vor allem im Winterhalbjahr und in ihren Sommerquartieren auf dem Meer so gut wie ausschließlich aus kleineren Meerestieren. Auch diese kleinen Enten erreichen ihre Geschlechtsreife erst mit drei Jahren.

▸ Eiderente

Prachteiderente *Somateria spectabilis* (L.)

Größe	= Huhn
Maße (cm)	Länge ca. 55–62 (43–63) / Flügel ca. 86–102
Körpermasse (g)	1500–2010
Stimme	weniger stimmfreudig als Eiderente; ♀ ruft ähnlich Eiderente, ♂ tief vibrierend und nicht abfallend „hroo, roo roo-e“, im Tempo an balzende Birkhähne erinnernd
Brutzeit	Mitte Juni bis Mitte Juli, 1 Jahresbrut
Gelegegröße	(3) 4–7 (8)
Eifärbung	heller oder dunkler olivbräunlich; glatt mit schwachem Glanz
Eimaße (mm)	länglich-oval – 66,5 x 43,9
Brutdauer	22–23 Tage
Nestlingszeit	Nestflüchter, ♀ führt

PRACHTEIDERENTE, TRUPP

PAAR IM FLUG

DUNENJUNGES

NEST UND GELEGE

Kragenente

Eine in jeder Hinsicht außergewöhnliche Ente, die wegen des lebhaft gezeichneten Prachtkleids des Erpels im Englischen Harlekinente genannt wird. Ihr Brutgebiet in Europa ist auf Island beschränkt; weitere brüten im Südwesten Grönlands und in Ostkanada. Dieses Brutplätze bilden das Areal der atlantischen Population. Davon getrennt lebt eine weit größere pazifische Population, deren Brutgebiet etwa vom Baikalsee in Mittelsibirien bis an die Pazifikküste Ostsibiriens reicht und sich über die Aleuten nach Nordamerika von Alaska bis Colorado fortsetzt.

Die Überwinterungsgebiete sind ähnlich unterteilt. Die Vögel der kanadischen Brutpopulation verteilen sich entlang der Küsten zwischen Neufundland und Maine; einige dringen auch weiter nach Süden vor. Südländische und isländische Vögel verbringen den Winter auf dem Meer vor ihren Brutplätzen. Auch die pazifischen Kragenenten wandern ans Meer und verteilen sich entlang der Küsten bis Korea, China und Japan auf der Westseite und bis Kalifornien auf der Ostseite. Die Brutvögel im Inneren Sibiriens haben also dann einen weiten Weg zurückzulegen. In Europa sind Kragenenten außerhalb der Gewässer um Island außergewöhnlich selten. Bei Ausnahmegästen besteht immer der Verdacht auf Vögel, die der Gefangenschaft entwichen sind.

Größere Kragenententrupps nach dem Muster anderer Entenscharen sieht man allenfalls an der Pazifikküste. Bei den atlantischen Vögeln sind Scharen von über 50 Individuen eher die Ausnahme. Die Paare brechen im Spätwinter oder Vorfrühling von den Wintergebieten an der Küste auf und wandern einzeln flussaufwärts zu ihren Brutplätzen. Die Kragenente ist die einzige europäische Entenart, die sich auf schnell fließende Gewässer spezialisiert hat und dort etwa von Mai bis September lebt. Spezialisierte Flussenten aus ganz anderen Verwandtschaftsgruppen der Enten gibt es auch auf der Südhemisphäre, etwa die Sturzbachente in Südamerika, mit der die Kragenente einige typische Verhaltensweisen gemeinsam hat.

Kragenente *Histrionicus histrionicus* (L.)

Größe	= Huhn
Maße (cm)	Länge ca. 38–45 (38–51) / Flügel ca. 63–69
Körpermasse (g)	540–680
Stimme	meist stumm, balzende ♂♂ dünn und nasal pfeifend „wii-ah wii-ah" und „wih"
Brutzeit	Mitte Mai bis Anfang Juli, meist Anfang Juni; 1 Jahresbrut
Gelegegröße	(3) 6–8 (9)
Eifärbung	hell rahmfarben bis rötlichbraun; glatt, glanzlos
Eimaße (mm)	rundlich-oval – 58,3 x 42
Brutdauer	27–33 Tage
Nestlingszeit	Nestflüchter; ♀ führt

Während ihres Aufenthalts im Brutgebiet spielen vor allem Wasserinsekten und deren Larven eine wichtige Rolle in der Ernährung, in Island z. B. die Larven der Schwarzen Kriebelmücke (*Simulium vittatum*). Beim Schwimmen gegen den Strom nicken Kragenenten mit dem Kopf. Zum Auffliegen brauchen sie keinen Anlauf wie andere Tauchenten; sie fliegen mit raschen Flügelschlägen. Zum Nahrungstauchen können sie von einem Stein ins Wasser springen oder gar direkt aus dem Flug ins Wasser tauchen. Im ruhigen flachen Wasser verhalten sie sich bei der Nahrungssuche oft auch wie Gründelenten. Auf dem Meer besteht die Nahrung wie bei Meerestauchenten üblich aus Mollusken und Krebstieren.

Kragenenten werden mit zwei Jahren geschlechtsreif. Die Nichtbrüter bleiben oft am Meer. Die Nester stehen einzeln oder auch manchmal in Gruppen am Ufer von Flüssen, in Felsspalten oder auch auf kleinen Inseln mitten im Fluss, in der Regel gut versteckt in dichter Vegetation. Offenbar ist hohe Ortstreue vorteilhaft, um besonders gute Nestplätze jährlich ausnutzen zu können. Daher sind Kragenenten außerhalb ihrer Brut- und Nahrungsplätze selten zu sehen. Die Ruheplätze des Paars sind oft in der Nähe günstiger Nahrungsgründe, etwa auf einem trockenen oder überspülten Stein im Fluss. Manchmal wird das an den Brutplatz zurückkehrende Paar auch von einem zweiten Männchen begleitet. Etwa im Juli verlassen die Männchen ihre Weibchen, um zur Mauser wieder ans Meer zurückzukehren. Auch am Meer bevorzugen Kragenenten Felsküsten oder eine von großen Steinen oder Felsen durchsetzte Flachwasserzone. Sie sind daher meist von andern Tauchenten getrennt.

Der Brutbestand in Island wird auf 2000–3000 Paare geschätzt. Hier ist die Gefahr für einzelne Brutplätze vor allem durch wasserbauliche Maßnahmen groß. Bei der Anlage von Staudämmen, die den Charakter, aber auch die Verzweigungen wilder ungezähmter Flüsse verändern, können Brut- und Aufzuchtsplätze verloren gehen. Eine weiter Gefahr droht durch starken Besatz isländischer Wildflüsse mit Lachsen und Forellen. Dadurch kann die wichtigste Nahrungsbasis, Larven und Puppen von Kriebelmücken, für die Enten geschmälert werden. Auch das Aussetzen amerikanischer Nerze hat wohl zur Aufgabe für die Nesträuber leicht zugänglicher Brutplätze geführt.

▸ Weibchen anderer Tauchenten

KRAGENENTE, PAAR IM PRACHTKLEID

WEIBCHEN

DUNENJUNGES

NEST UND GELEGE

Eisente

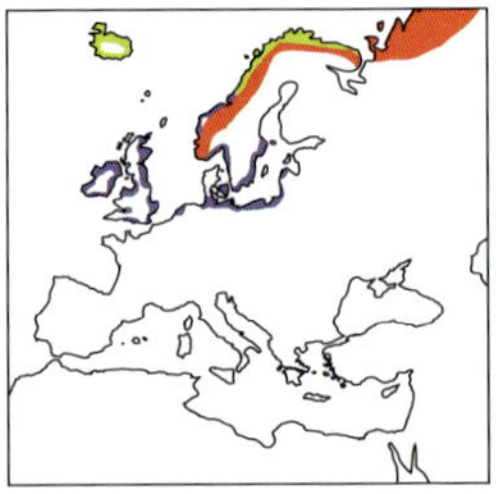

Im Prachtkleid sind die Erpel dieser hochnordischen Entenart leicht zu erkennen. Aber nur im Winter zeigen sie sich im überwiegend weißen, mit schwarzer Zeichnung und Gefiederpartien durchsetzten Gefieder. Schon im April legen sie ein Schlichtkleid an, dass zwar auch die langen Schwanzspieße aufweist, aber überwiegend schwarzbraun gefärbt ist. Im ersten Winter ihres Lebens ähneln die Erpel den Weibchen. Diese sind sehr variabel gezeichnet, tragen aber immer einen schwarzen oder dunkelbraunen Wangenfleck. Aber wenn sie einzeln als seltene, aber keineswegs außergewöhnliche Gäste im Winterhalbjahr auf Binnengewässern auftauchen, können sie leicht übersehen werden. Kurzer Schnabel und geringe Körpergröße sind das gemeinsame Merkmal; die Kopfzeichnung kann sehr unterschiedlich sein.

Auch Eisenten brüten in der Arktis zirkumpolar von Island bis Nordostsibirien und von Alaska bis Grönland. In Europa reicht ihr Brutgebiet bis in den Süden Skandinaviens. Die Brutplätze liegen in der Tundra an kleinen Stillgewässern oder größeren Seen, aber auch auf Inseln vor den arktischen Küsten. Die Größe des Bestandes der weitgehend unbekannten arktischen Brutgebiete ist unbekannt. Nach Winterbeobachtungen zu schließen, muss die Weltpopulation aber weit in die Millionen gehen.

Der größte Teil des Bestandes überwintert auf dem Meer, oft sogar weitab von Küsten auf offener See. Daher sind die bei vielen Entenvögeln für die Bestandsschätzung so wichtigen Winterzählungen als Möglichkeit, die Entwicklung von Beständen zu kontrollieren, kaum mit hinreichender Genauigkeit durchzuführen. Die Wintergebiete reichen im Nordatlantik nach Süden bis an die Südküsten der Nordsee und der Ostsee. Da auch an der Nordküste des Schwarzen Meers und am Kaspischen Meer sowie in mehrere asiatischen Binnenseen Überwinterungs- und Rastgebiete liegen, fliegen offenbar Brutpopulationen Nordsibiriens auch weit über das Festland. In Europa erscheinen Eisenten nur einzeln und in manchen Gebieten sehr unregelmäßig auf größeren Gewässern des Binnenlands. Man kann ihnen aber bis an den Nordrand der Alpen gelegentlich begegnen; Ausnahmegäste sind sie auch weiter südlich bis zum Nordrand des Mittelmeers. Nicht selten sind in Winterschwärmen die Geschlechter sehr ungleich verteilt, da Weibchen und Jungvögel in der Regel weiter von den nordischen Brutplätzen entfernt überwintern als alte Männchen. Eisenten werden erst im zweiten Lebensjahr geschlechtsreif. Nichtbrütende Vögel halten sich oft auch den Sommer über in den großen marinen Überwinterungsgebieten auf.

Die Bildung großer Winterscharen auf dem Meer bedeutet heute auch ein gewisses Risiko. Der Ölpest sind bereits wiederholt große Mengen von Eisenten zum Opfer gefallen. Auch die Verluste in Fischernetzen sind beachtlich. Eisenten erbeuten ihre Nahrung so gut wie ausschließlich durch Tauchen; mit einem kleinen Sprung vorwärts verschwinden sie im Wasser. Als größte Tauchtiefen hat man schon über 50 m festgestellt. Die Nahrung besteht aus Mollusken, Stachelhäutern und anderen im Meer lebenden wirbellosen Tieren, ferner werden auch Fische erbeutet. An den Brutplätzen der arktischen Binnengewässer spielen wasserlebende Insektenlarven und -imagines eine Rolle. Mitunter werden auch Tundrapflanzen und Sämereien aufgenommen.

Die ersten Paare bilden sich schon im Frühwinter. Doch der Höhepunkt der auffälligen Balz, bei der die Erpel ihre klangvollen Rufe hören lassen, ist meist erst im Februar/März, wenn der Aufbruch an die Brutplätze kurz bevorsteht. Rund- und Paradeflüge, Schwimmbalz mit Halsstrecken, Hinterkopfzudrehen, Kopf-auf-den-Rücken-Werfen, Hinterende-Heben (auffällige Schwanzspieße!) sind die auffälligsten Verhaltensweisen der balzenden Männchen. Die Paare kommen für gewöhnlich zusammen am Brutplatz an. Die Nester stehen nicht weit vom Wasser entfernt. Manchmal legen auch zwei Weibchen in ein Nest, wie bei anderen Tauchenten auch. Die Männchen verlassen die brütenden und Junge führenden Weibchen ab Mitte Juni bereits wieder, um sich in großen Mausertrupps an der Küste auf dem Meer zu sammeln. Manche legen lange Strecken zu Mauserquartieren zurück. Der eigentliche Wegzug aus dem Brutgebiet setzt meist ab September/Oktober ein. In der Ostsee, einem wichtigen Winterquartier in Europa, erreichen die Zahlen ihren Gipfel im Oktober/November.

▶ TRAUERENTE, EIDERENTE

Eisente *Clangula hyemalis* (L.)

Größe	= Huhn
Maße (cm)	Länge ca. ♂ 58–60, ♀ 37–41 (38–58) / Flügel ca. 73–79
Körpermasse (g)	650–800
Stimme	♂ bei Balz klangvoll „gaoloiik", mit leisem „gak-gak" (Einleitung); tief knurrend „ätt..." (Warnrufe); Hetzlaut ♀ „ark ark ark äng..."; Warnruf „wad"
Brutzeit	Ende Mai im Süden, bis Juli im Norden; 1 Jahresbrut
Gelegegröße	(4) 5–9 (–11); mehr von mindestens 2 ♀♀
Eifärbung	gelblich mit schwacher olivfarbener Tönung oder mehr grünlich; glatt
Eimaße (mm)	spindelförmig bis elliptisch, manchmal oval – 53,7 x 38,4
Brutdauer	24–29 Tage
Nestlingszeit	Nestflüchter, ♀ führt; mit 35–40 Tagen flügge

EISENTE, MÄNNCHEN IM PRACHTKLEID

PAAR IM SCHLICHTKLEID

JUNGVOGEL

NEST UND GELEGE

Samtente

Samtenten sind deutlich größer als Trauerenten; ihr dunkles Gefieder wird im Flug durch einen großen weißen Flügelspiegel unterbrochen, den man als kleinen weißen Fleck auch manchmal beim schwimmenden Vogel sehen kann. Sie sind nicht so stark an Meer und Küsten gebunden wie Trauerenten und erscheinen häufiger auch im Binnenland, allerdings nie in größerer Zahl. Ihr Brutgebiet reicht über den Norden Eurasiens vom Atlantik bis in den Fernen Osten; sie brüten auch im Norden Amerikas. Die südlichsten Ausläufer ihrer Verbreitung reichen bis an einige Hochgebirgsseen Ostanatoliens. Samtenten brüten in Asien vor allem im Bereich der Taiga und Waldtundra; die Nordgrenze reicht nicht so weit polwärts wie bei der Trauerente. In Skandinavien liegen die Brutplätze oberhalb der Baumgrenze oder an der Küste, auch auf bewaldeten Schären. Ein wichtiges Überwinterungsgebiet ist die Ostsee, in der sich in milden Wintern Hunderttausende aufhalten, die bei strengem Winter offenbar weiter nach Westen ausweichen. Auf See ähnelt die Nahrung der der Trauerente, ist aber etwas vielseitiger; im Süßwasser können auch Insektenlarven und kleine Fische eine Rolle spielen.

Die Enten kommen bereits verpaart am Brutplatz an. Besonders in der Dämmerung unternehmen die Partner oft Rundflüge in geringer Höhe über dem Brutrevier, um nach einem geeigneten Nistplatz Ausschau zu halten. Das Nest steht meist nahe am Wasser und ist geschickt in den schützenden Bodenbewuchs hineingebaut.

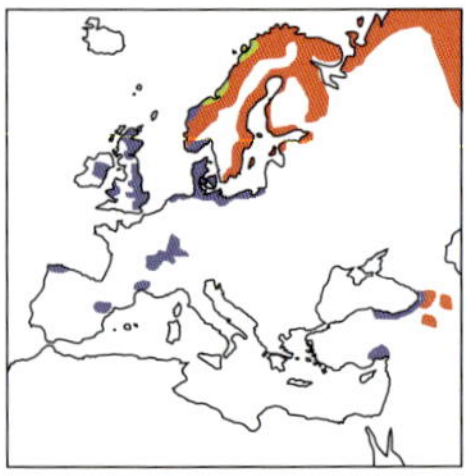

▸ TRAUERENTE

Trauerente

Trauerenten brüten von Island bis über den Norden Sibiriens bis an den Pazifischen Ozean und im äußersten Westen Alaskas. In diesem großen Verbreitungsgebiet unterscheidet man zwei Unterarten, die manchmal auch als getrennte Arten angesehen werden. Das Überwinterungsgebiet der von Europa bis Mittelsibirien brütenden Populationen liegt vor den Küsten Westeuropas und in der Ostsee; es reicht nach Süden bis vor die Küsten Mauretaniens. Die relativ kleine dunkle Ente ohne weißen Flügelspiegel (Weibchen mit helleren Wangen, vgl. Kolbenente) brütet an Seen und Tümpel der Tundra und der skandinavischen Fjällgebiete von der oberen Nadelwaldgrenze über die Birkenzone bis in die Weidenzone hinein; nicht selten befindet sie sich in der Brutnachbarschaft mit Eis- und Bergente. Geeignete Brutlebensräume gibt es auch am nördlichen Rand der Taigazone an waldumsäumten Seen. Da Trauerenten fast ausschließlich auf dem Meer überwintern, erscheinen sie seltener als Samtenten und vorwiegend einzeln im Binnenland. Ihre Angewohnheit, in großen, dicht gedrängten Pulks auf dem Wasser zu liegen, kostet bei Tankerunglücken auf See besonders viele Opfer.

Bei der Nahrungssuche tauchen Trauerenten meist nicht sehr tief (bis etwa 4 m), auf dem Meer erbeuten sie hauptsächlich Miesmuscheln, Herzmuscheln und andere wirbellose Tiere wie Schnecken, Krebstiere und Meereswürmer. Im Brutlebensraum nehmen sie neben verschiedenen Weichtieren vor allem Insektenlarven zu sich.

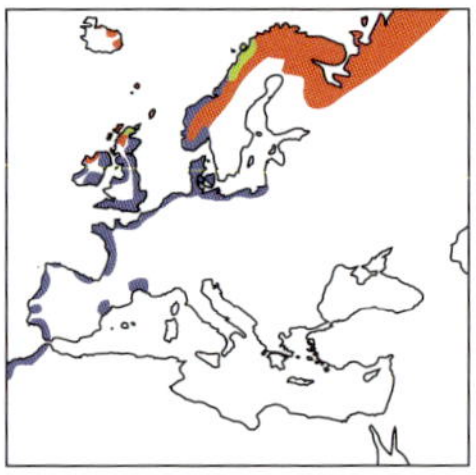

▸ SAMTENTE, KOLBENENTE

Samtente *Melanitta fusca* (L.)

Größe	= Huhn
Maße (cm)	Länge ca. 51–58 / Flügel ca. 90–99
Körpermasse (g)	1200–1794
Stimme	♂ „kju" bzw. „kjuorr kjuorr"; ♀ erregt „braaa...." (im Flug); außerhalb Balz still
Brutzeit	Ende Mai im Süden, bis Anfang Juli im Norden; 1 Jahresbrut
Gelegegröße	(5) 6–10 (–12); mehr von 2 ♀♀
Eifärbung	hell rahmfarben bis gelblichbraun; glatt, mit schwachem Glanz
Eimaße (mm)	oval – 65,4 x 44,9
Brutdauer	26–29 Tage
Nestlingszeit	Nestflüchter, ♀ führt; mit 50–55 Tagen flügge; mit 30–40 Tagen vom ♀ verlassen

Trauerente *Melanitta nigra* (L.)

Größe	= Huhn
Maße (cm)	Länge ca. 44–54 (43–54) / Flügel ca. 79–90
Körpermasse (g)	703–1363
Stimme	♂ Balz flötend ein- bis zweisilbig „du" oder „kürli" (auch Reihen); Stimmfühlung (Zug) „güv-güv"; ♀ knarrend „k(a)rrr", auch gereiht „gre-gre-gre"; bei Balz „o" oder „ö-e"
Brutzeit	Ende Mai im Süden, bis Anfang Juli im Norden; 1 Jahresbrut
Gelegegröße	(5) 6–9 (–11)
Eifärbung	hellrahmfarben bis gelblichbraun; glatt, mit schwachem Glanz
Eimaße (mm)	oval – 65,4 x 44,9
Brutdauer	28–31 Tage
Nestlingszeit	Nestflüchter; mit 45–50 Tagen flügge

SAMTENTE, MÄNNCHEN IM PRACHTKLEID

SAMTENTE, WEIBCHEN BRÜTEND

TRAUERENTE, MÄNNCHEN IM PRACHTKLEID

TRAUERENTE, MÄNNCHEN IM SCHLICHTKLEID

Schellente

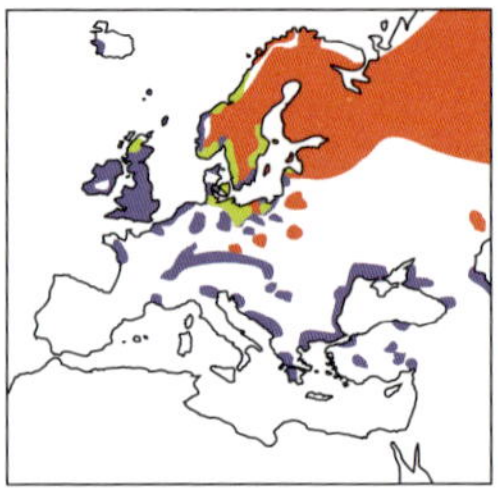

Klein und gedrungen, den Kopf auf kurzem Hals in ruhiger Schwimmhaltung meist auf den Schultern gelegt fallen vor allem die graubraunen Weibchen und Schlichtkleidvögel wenig auf. Die Erpel im Prachtkleid leuchten weit übers Wasser. Im Unterschied zur Spatelente (s. dort) wirkt ihr dunkler, großer Kopf fast dreieckig. Der aus dem Griechischen stammende Gattungsname *Bucephala* („Ochsenkopf") bezieht sich auf die großen Köpfe der Männchen der drei Schellentenarten der Welt. Der deutsche Name „Schellente" deutet auf das rasch pfeifende, wie ein Klingeln tönende Fluggeräusch der Männchen. Schellenten fliegen mit raschem Flügelschlag.

Das Brutgebiet der Schellente zieht sich in der nördlichen Nadelwaldzone um die ganze Nordhalbkugel; die Art brütet auch in Amerika. In West- und Mitteleuropa hat sie neuerdings ihr Areal ausgeweitet. 1970 brütete das erste Paar nachweislich auf den Britischen Inseln in Schottland; um 1990 schätzte man in Großbritannien bereits mindestens 95 Brutpaare und die Population wächst weiter. Weniger stürmisch, aber über lange Zeit konstant verläuft die Ausbreitung im östlichen Mitteleuropa nach Süden und Westen. Spätestens 1978 gelang der erste Brutnachweis in den bayerischen Alpen; derzeit liegt die westliche Brutgrenze in Südbayern am Lech.

Die Schellente ist als Brutvogel eine „Waldente". Ihre bevorzugten Brutplätze sind Seen, Teiche, langsam fließende Ströme (neuerdings auch Stauseen) mit möglichst dicht bewaldeten Ufern, an denen geeignete Nistplätze liegen. Vor Brutbeginn fliegen die Weibchen gefolgt von ihren Männchen zwischen Bäumen herum und suchen nach geeigneten Nisthöhlen in nicht zu großer Entfernung vom Wasser. Ausgefaulte Astlöcher, aber auch vom Schwarzspecht gezimmerte Höhlen sind die natürlichen Brutplätze. Bei Nistplatzmangel wird das Nest auch zwischen Steinen und in Felshöhlungen angelegt. In Europa brüten heute viele Weibchen in großen Nistkästen, die auch bei Neuansiedlungen am Arealrand eine Rolle spielen. Teilweise sehr ausgeprägte Nestorttreue trägt zur optimalen Ausnutzung des meist recht knappen Angebots an geeigneten Bruthöhlen bei. Nicht selten bringen offenbar leer ausgegangene Weibchen ihre Eier in bereits besetzten Höhlen unter, so dass Mischgelege fast regelmäßig gefunden werden.

Nistmaterial wird in die Bruthöhle nicht eingetragen. Dafür polstert das Weibchen den Höhlenboden aber mit vielen Dunen aus, deren Menge während des Brütens stark anwachsen kann. Nur das Weibchen brütet und lockt dann die frisch geschlüpften Jungen aus der Höhle. Sie lassen sich vom Höhleneingang aus fallen; der Sturz aus größerer Höhe wird mit gespreizten Flügelstummeln und vorgestreckten Füßen (Schwimmhäute!) etwas abgebremst. Das Weibchen führt dann die Jungen zum Wasser, wobei manchmal längere Überlandmärsche notwendig sind; stehen nur kleine Wasserflächen zur Verfügung, werden auch später noch gelegentlich Landwanderungen eingeschaltet.

Die Männchen sammeln sich im Sommer oft in größeren Scharen an Mauserplätzen. Die Winterquartiere liegen meist knapp südlich der Brutgebiete. Schellenten wandern also in der Regel nicht über sehr große Entfernungen. In Europa reicht das Wintergebiet vom Südwesten Islands bis an die Nordküste des Mittelmeers. Größere Mengen überwintern auch an den Küsten des Schwarzen Meers. Typische Aufenthaltsbereiche im Winter sind geschützte Meeresbuchten, aber auch Flüsse und vorwiegend tiefgründige Seen im Binnenland. Hierbei beobachtet man im Unterschied zu anderen Tauchenten häufig auch eine Vorliebe für Gewässer mit bewaldeten Ufern und für tief eingeschnittene Flusstäler, Stauseen und Talsperren. In manchen Gegenden finden spätnachmittags und abends regelrechte Schlafplatzflüge zu ruhigen Gewässerabschnitten statt. Im Mittwinter erreicht auch die Balz der Männchen ihren Höhepunkt. Aber noch im Frühjahr sind oft nicht alle Weibchen verpaart.

Die Nahrung wird vorwiegend unter Wasser gesucht. Bei rastenden Schwärmen kann man nicht selten auch synchrones Tauchen mehrerer Vögel beobachten. Im Süßwasser bilden Wasserinsekten, Krebstiere und Mollusken (z. B. Wandermuscheln) einen wesentlichen Anteil der Nahrung, im Meer neben Muscheln auch Krebstiere und kleine Fischchen.

Schellente *Bucephala clangula* (L.)

Größe	= Huhn
Maße (cm)	Länge ca. 42–50 / Flügel ca. 65–80
Körpermasse (g)	770–996
Stimme	♂ balzend „knirr (ä)" oder „quikikirr", auch schnarrend „rr"; ♀ tief „grarrgrarr", lang gereiht „gärk-gärk...", bei Nisthöhlensuche; Flügelgeräusch „pjüb, pjüb..."; wenig ruffreudig
Brutzeit	Anfang April im Süden, bis Juni im Norden; 1 Jahresbrut
Gelegegröße	(5) 6–11 (–13)
Eifärbung	zunächst hell blaugrün, später verblassend; glatt
Eimaße (mm)	kurz-oval – 60,1 x 42,6
Brutdauer	(27–) 29/30 (–32) Tage
Nestlingszeit	Nestflüchter, ♀ führt; mit 57–66 Tagen flügge, mit ca. 50 Tagen selbstständig

▸ SPATELENTE

SCHELLENTE, PAAR

PAARUNG

DUNENJUNGES

NEST UND GELEGE

Spatelente

Das Verbreitungsgebiet dieser der Schellente außerordentlich ähnlichen Art ist merkwürdig zerrissen, disjunkt, wie die Tiergeographen sagen. Vielleicht sind die heutigen Arealteile nur die Reste eines ehemals viel größeren Verbreitungsgebiets. Spatelenten brüten im Westen Nordamerikas vom südlichen Alaska bis ins nördliche Kalifornien. Hier lebt die größte Population, deren Angehörige an der Küste oder in küstennahen Binnengewässern überwintern. An der Ostküste Nordamerikas überwintern etwa 2500 Vögel, die man einer nicht näher bekannten Brutpopulation in Labrador zuordnet. Von Brutvorkommen im Süden Grönlands ist kaum etwas bekannt; wahrscheinlich brütet die Art dort nicht. Auf europäischem Boden hat bisher nur eine kleine Population Island besiedelt. Die isländischen Brutvögel wandern nicht ab, streifen aber wohl gelegentlich nach Grönland. Beobachtungen einzelner Spatelenten in anderen Teilen Europas basieren vermutlich auf Fehlmeldungen (Verwechslung mit unausgefärbten Schellerpeln) oder betreffen Zooflüchtlinge. Man vermutet, dass die wenigen Funde wirklicher Ausnahmegäste in Europa vor allem auf die viel kopfstärkeren Populationen Nordamerikas zurückzuführen sind, auch wenn die verhältnismäßig vielen Nachweise auf den Färöern eher auf isländische Herkunft hindeuten.

Die isländische Brutpopulation besteht aus etwa 2000 Vögeln. Etwa 400–800 von ihnen brüten jährlich. Die Brutvorkommen sind vor allem im Nordosten Islands im Bereich des Myvatn und des Laxa-Flusses konzentriert. Neuerdings sind aus offenbar verschiedenen Anlässen Bestandseinbrüche beobachtet worden. Doch insgesamt gilt die isländische Population als stabil. Allein wegen dieses kleinen Brutgebiets und der geringen Bestandsgröße ist die Spatelente als gefährdete Brutvogelart Europas anzusehen.

Hinzu kommen aber noch weitere potenzielle Bedrohungen. An den Brutplätzen leben die Enten im Sommer im Wesentlichen von wasserlebenden Insekten und deren Larven. Wie für die Kragenente spielen vor allem am Myvatn

auch für die Spatelente Kriebelmückenlarven eine wichtige Rolle. Deren Bestand ist durch wasserbauliche Eingriffe zur Erzeugung von Elektrizität bedroht, aber auch durch die Einführung von Lachsen in den Laxa-Fluß. Dadurch könnte Konkurrenz um die Hauptnahrung entstehen. Schließlich könnte auch der mit Baggern betriebene Abbau von Kieselgur am Myvatn das Planktonleben ungünstig verändern, das wiederum für die Larven der Kriebelmücken die Nahrungsgrundlage darstellt.

Den Winter verbringen Spatelenten entweder auf eisfreien Stellen der Brutgewässer oder an eisfreien vulkanischen Binnengewässern. Überwintern auf dem Meer in Küstennähe wie in Amerika ist aus Island nicht bekannt.

Außerhalb der Brutperiode halten sich Spatelenten gern in Trupps. Zur Brutzeit sind sie territorial. Die Paarbildung vollzieht sich bereits im Frühwinter. Kurz vor und während der Eiablage, aber auch noch in frühen Stadien des Brütens verteidigen die Männchen Reviere entlang der Ufer ihres Brutgewässers. Wie die Schellente ist auch die Spatelente Höhlenbrüter, legt aber ihre Eier in Island vornehmlich in natürliche Höhlen und Spalten der Lavafelder. Nistkästen an Bauernhäusern werden heute vor allem am Rand der lokalen Brutvorkommen bezogen. Die Männchen verlassen ihre Territorien bevor die Jungen geschlüpft sind, doch halten viele Weibchen nach dem Schlüpfen der Jungen Brutreviere besetzt. Oft werden aber in den Kerngebieten der Aufzuchtareale auch die Jungen mehrerer Weibchen zusammengeführt. Wohl erst mit zwei Jahren werden Spatelenten geschlechtsreif.

Von der Schellente sind die Erpel im Prachtkleid leicht an dem halbmondförmigen (statt runden) weißen Fleck in der Nähe der Schnabelbasis zu erkennen (allerdings ist auch bei jungen Schellerpeln der weiße Fleck oft nicht rund, aber reicht nie bis über die Augenhöhe). Das schwarze Kopfgefieder glänzt purpurfarben, was mitunter auch bei jungen Schellerpeln vorkommt. Die Oberseite wirkt bei den Spatelerpeln schwärzer, die weiße Reihe fast rechteckiger Schulterflecke wirkt fensterartig. In allen Kleidern fällt der größere Kopf mit steilerer Stirn, flacherem Scheitel und „Nackenmähne“ auf. Die etwas größere Spatelente wirkt kräftig; diesen Eindruck unterstreicht auch der etwas kürzere, aber höhere Schnabel. Im Flug haben Spatelenten im Vergleich zu Schellenten weniger Weiß im Flügel – das weiße Feld im Oberflügel ist durch ein schwarzes Querband zweigeteilt.

Spatelente *Bucephala islandica* (Gm.)

Größe	= Huhn
Maße (cm)	Länge ca. 42–53 / Flügel ca. 67–84
Körpermasse (g)	737–1304
Stimme	♂ balzend mit kurzer Stakkatoreihe „wa-wa-wa…“; ♀ tiefer und rauer als Schellente rufend; Flügelgeräusch (Flügelklingeln) ♂ tiefer als Schellente
Brutzeit	Mitte Mai
Gelegegröße	8–14
Eifärbung	bläulichgrün; glatt
Eimaße (mm)	elliptisch – 61,8 x 44,9
Brutdauer	30 Tage
Nestlingszeit	Nestflüchter

▸ Kragenente, Schellente

SPATELENTE, MÄNNCHEN MIT 4 WEIBCHEN, DIE IN ISLAND SCHWARZ-GELBEN, IM WESTL. NORDAMERIKA REINGELBEN SCHNABEL (FOTO) HABEN

MÄNNCHEN IM PRACHTKLEID

DUNENJUNGES

NEST UND GELEGE

Zwergsäger

Von den drei europäischen Sägerarten ist der Zwergsäger mit Abstand der kleinste und ähnelt einer kleinen Tauchente. Der Körper von Sägern wirkt aber im Flug deutlich schlanker als der von Enten; ein Fluggeräusch ist nicht zu hören. Das strahlend weiße Prachtkleid legen die Erpel erst ab Frühwinter an. Die Weibchen (und Erpel im Schlichtkleid) kann man bei flüchtigem Hinsehen mit Schellenten verwechseln, haben aber weiße Wangen. Beide Arten kommen im Winter auch oft zusammen vor. Zwischen Schellenten und Zwergsägern sind auch bereits Bastarde bekannt geworden.

Die Bezeichnung „Säger“ bezieht sich auf die besondere Struktur des Schnabels. Die für Entenvögel typischen Lamellen sind bei ihnen zu einer Reihe harter Horn„zähne“ geworden, die dem Schnabel von der Seite gesehen eine sägeartige Zähnelung verleihen. Die Sägezähne dienen nicht mehr als Sieb zum Festhalten von kleinen Partikeln im durchströmenden Wasser, sondern eher zum Festhalten schlüpfriger Fische. Der Schnabel des Zwergsägers ist entenartig kurz; bei den anderen Arten ist er merklich länger und dünner und an der Spitze mit einem mehr oder minder deutlichen Haken versehen (der als „Nagel“ auch bei anderen Enten vorhanden ist). Die Nahrung des Zwergsägers besteht im Winterhalbjahr überwiegend aus kleinen Fischen von meist 5–6 cm, nur selten mehr als 11 cm Länge. An den Brutplätzen im Sommer spielen dagegen wie auch bei manchen Tauchenten wasserbewohnende Insekten oder deren Larven eine wichtige Rolle; manchmal werden auch Pflanzenteile aufgenommen. Zwergsäger tauchen nach Nahrung und sind sowohl auf dem Meer als auf dem Süßwasser auf Nahrungsjagd.

Zwergsäger brüten in der Taigazone von Norwegen quer durch den eurasiatischen Kontinent bis an das Ochotskische Meer und Kamtschatka. Das Brutgebiet reicht nach Norden bis an den Rand der Tundra und nach Süden bis in die Mischwaldzone. Am West- und Ostrand ist die Siedlungs-

dichte allerdings sehr gering und die Verbreitung wird lückig. An manchen Stellen beobachtet man auch mehr oder minder isolierte Vorkommen südlich des zusammenhängenden Brutareals, so etwa in Fischteichgebieten Weißrusslands ca. 1000 km südlich der Arealgrenze. Die Überwinterungsgebiete liegen im Kaspischen und Schwarzen Meer sowie vor allem in der Ostsee und im Süden der Nordsee. Stille Meeresbuchten werden bevorzugt. Ein sehr wichtiges Rastgebiet ist z.B. das Ijsselmeer in den Niederlanden. Doch sind Zwergsäger – allerdings meist in nicht sehr großer Zahl – als Wintergäste weit über das Binnenland verteilt und auf eisfreien Flüssen und Seen anzutreffen.

In Mitteleuropa kann man ab Oktober/November mit den Wintergästen rechnen, im Binnenland etwas später. Der Gipfel wird aber meist erst im Mittwinter erreicht. Nachzügler bleiben in Mitteleuropa bis April oder ausnahmsweise Mai. Wie bei manchen anderen nordischen Tauchenten fällt auch beim Zwergsäger die Abnahme der Männchen nach Südwesten auf. Im binnenländischen Mitteleuropa überwiegen z.B. meist die Weibchen, die im Durchschnitt etwas weiter ziehen als die alten Männchen.

Seit mindestens dem vorigen Jahrhundert haben die Brutbestände vor allem in Russland stark abgenommen. Ursachen waren wohl die Abholzung von Wäldern entlang von Flussläufen (Abtransport des Holzes auf dem Wasserweg!). Da in Russland der amerikanische Nerz seit seiner Einführung zum Teil dramatisch zugenommen hat, werden auch Gelege von Zwergsägern davon betroffen. Ölpest ist eine dauernde Gefahr für die an Meeresküsten überwinternden oder rastenden Vögel. So zählt der Zwergsäger heute zu den gefährdeten Brutvögeln Europas, auch wenn in manchen Gebieten die Bestände neuerdings einigermaßen stabil geblieben sind.

Wie die Schellente sind auch Zwergsäger Baumhöhlenbrüter. Ihre bevorzugten Brutplätze sind daher von Wäldern gesäumte Flüsse mit starken Biegungen und Nebenarmen sowie Seen unterschiedlicher Größe und Gewässergüte. Auch Nistkästen werden angenommen. Die Paare bilden sich im Winter; die Gesellschaftsbalz kann man bei Wintergästen etwa ab Dezember beobachten. Die Weibchen tragen kein Nistmaterial ein, polstern aber den Höhlenboden mit Federn und Dunen aus. Auch bei Sägern brüten die Weibchen allein und führen die Jungen. Das Brut- und Aufzuchtverhalten des Zwergsägers ist noch nicht in allen Einzelheiten erforscht.

Zwergsäger *Mergus albellus* (L.)

Größe	= Taube
Maße (cm)	Länge ca. 38–44 (35–44) / Flügel ca. 55–69
Körpermasse (g)	515–935
Stimme	♂ knarrend „krr-eck“, ♀ ähnlich; meist einsilbig (Balz)
Brutzeit	Mitte Mai im Süden, bis Mitte Juni im Norden; 1 Jahresbrut
Gelegegröße	(5) 6–9 (–11); bis 14 von 2 ♀♀
Eifärbung	rahmfarben bis hell rotbraun; glatt, nicht glänzend, mit dicker Schale
Eimaße (mm)	elliptisch bis spindelförmig – 52,4 x 37,5
Brutdauer	26–28 Tage
Nestlingszeit	Nestflüchter, ♀ führt; flügge?

▸ Schellente, Gänsesäger

ZWERGSÄGER, MÄNNCHEN IM PRACHTKLEID

MÄNNCHEN AUF NAHRUNGSSUCHE

PAARUNG

WEIBCHEN

Mittelsäger

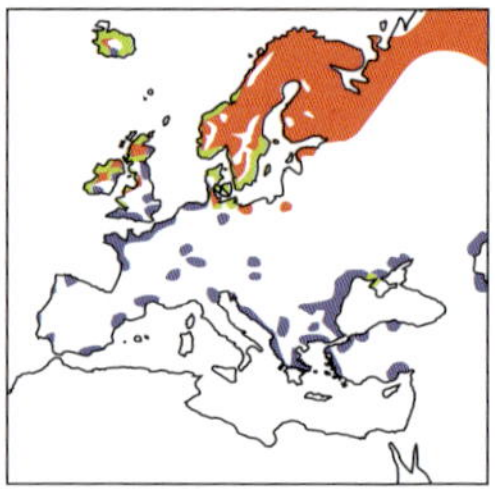

Unter den Sägern Europas ist der etwa stockentengroße Mittelsäger am stärksten an küstennahe Meeresteile gebunden. Der Sägeschnabel ist bei ihm besonders dünn und neben der zierlicheren Gestalt sowie der Kopffärbung und -form vor allem im Schlichtkleid auch ein wichtiges Merkmal der Unterscheidung vom ähnlichen, aber deutlich größeren und massigeren Gänsesäger.

Vor allem außerhalb der Brutzeit halten sich Mittelsäger in Küstennähe auf dem Meer. In Europa liegen die wichtigsten Überwinterungsgebiete in der Ost- und Nordsee sowie an wintermilden Küsten im Nordatlantik nach Norden bis ins mittlere Norwegen; auch in der Nordhälfte des Mittelmeers und im Schwarzen Meer überwintern viele. Im europäischen Binnenland sind Mittelsäger auch auf den großen Seen während des Winterhalbjahres stets viel seltener als Gänsesäger und meist nur einzeln oder in kleinen Trupps anzutreffen. Die Männchen verlassen schon im Juni größtenteils die Brutgebiete und sammeln sich in Mauserquartieren, oft in großer Zahl, am Meer. Der Herbstzug setzt ab September ein und erreicht z. B. im Ostseegebiet im Oktober seinen Höhepunkt. Auch im mitteleuropäischen Binnenland sind am ehesten im Herbst (Oktober/November) Mittelsäger anzutreffen. Wie bei anderen Tauchenten tendieren auch bei dieser Art Jungvögel und Weibchen dazu, weiter zu wandern als alte Männchen; man sieht daher in den von den Brutorten weiter entfernt liegenden Teilen des Winterareals mehr Weibchen und Schlichtkleidvögel als ausgefärbte Prachtkleidmännchen, die ihre Mauser frühestens ab Oktober abgeschlossen haben, oft aber noch länger brauchen, ehe sie sich im Prachtkleid präsentieren. Die Gruppenbalz mit auffälligen Bewegungen, bei denen die Männchen auch regelrecht beim Schwimmen einknicken, beginnt zwar schon im Winter, erreicht jedoch oft erst nach Ankunft am Brutplatz ihren Höhepunkt.

Die Brutgebiete liegen an Küsten und auf Inseln in und an Flachmeerbereichen, aber vor allem im Norden auch an waldumstandenen Stillgewässern im Binnenland und an bewaldeten Flussufern. Das Brutgebiet reicht über die gesamte Nordhalbkugel von Europa über Eurasien bis an den Pazifik, ferner im Norden Amerikas bis Grönland und Island. Die Nordgrenze reicht weiter in die Tundra als bei den beiden anderen europäischen Sägerarten. Das hängt wohl auch damit zusammen, dass Mittelsäger weniger anspruchsvolle Höhlenbrüter sind. Die Weibchen suchen ihren Nistplatz mitunter schon zwei bis drei Wochen vor der Eiablage; Nistplatztreue ist verschiedentlich nachgewiesen und lässt darauf schließen, dass günstige Nestplätze nicht überall besonders häufig sind. Meist steht das Nest auf dem Boden, in der Regel vor Sicht nach oben geschützt, z. B. in dichter Vegetation, zwischen größeren Steinen, am Fuß von Bäumen, in Bodenvertiefungen und -löchern, manchmal auch in Baumhöhlen und Nistkästen. In günstigen Gebieten stehen mehrere Nester auch dichter beisammen; übrigens scheint auch Polygynie und Polyandrie, also mehr als ein Weibchen pro Männchen oder umgekehrt, gelegentlich vorzukommen. Die Weibchen kleiden die Nestmulde mit Material aus der nächsten Umgebung aus, während der Eiablage kommen Dunen dazu. Die Eier werden auch allein vom Weibchen bebrütet, das dann auch die Jungen führt. Mitunter kommt es vor, dass mehrere Weibchen ihre Jungen zusammenführen und einzelne Weibchen daher auch fremde Junge betreuen. Auch Mischgelege, an denen mehr als ein Weibchen beteiligt sind, sind in manchen Populationen nicht selten.

Kleine Fische, meist nicht größer als 8–10 cm, bilden den Großteil der Nahrung. An manchen Binnenseen spielen z. B. Stichlinge eine wesentliche Rolle. Am Meer kommen Krebstiere und Ringelwürmer dazu; auch Wasserinsekten werden erbeutet. Wie bei allen Sägern werden die Beutetiere vor allem beim Tauchen gefangen. Doch nicht immer tauchen Mittelsäger aufs Geratewohl. Sie schwimmen häufig mit dem Gesicht ins Wasser getaucht und verfolgen die Beute oft erst mit Flügelschlägen auf dem Wasser schwimmend, ehe sie abtauchen. Das „Wasserlugen" ist auch bei anderen Tauchvögeln bekannt, z. B. bei Gänsesägern oder Seetauchern. Wenn sie sich vom Wasser erheben, müssen die Säger erst einen längeren Anlauf nehmen.

Mittelsäger *Mergus serrator* (L.)

Größe	= Huhn
Maße (cm)	Länge ca. 51–62 (52–58) / Flügel ca. 70–86
Körpermasse (g)	780–1350
Stimme	♂ tief, heiser „guäng", auch „orrr" (Balz); ♀ heiser „rokrokrok..." (z. B. bei Abflug)
Brutzeit	Mitte Mai im Süden, bis Ende Juni im Norden; 1 Jahresbrut
Gelegegröße	(5) 6–12 (–15); mehr Mischgelege
Eifärbung	rahmfarben bis grünlichbräunlich; glatt, mit oder ohne schwachen Glanz
Eimaße (mm)	elliptisch bis spindelförmig – 63,8 x 45
Brutdauer	(29–) 31/32 (–35) Tage
Nestlingszeit	Nestflüchter, ♀ führt; mit 60–65 Tagen flügge

▸ Gänsesäger, Zwergsäger

MITTELSÄGER, MÄNNCHEN IM PRACHTKLEID

MÄNNCHEN IM PRACHTKLEID

WEIBCHEN IM PRACHTKLEID

MÄNNCHEN WECHSELT INS PRACHTKLEID

Gänsesäger

Der größte Säger der sieben Sägerarten der Welt ist deutlich größer als eine Stockente. Die Männchen im Prachtkleid kann man frühestens ab Oktober bis in den Juni hinein beobachten. Die Weibchen ähneln denen des kleineren Mittelsägers.

Gänsesäger sind die häufigsten Säger auf europäischen Binnengewässern sowohl in der Brutzeit als auch im Winter. Außerhalb der Brutzeit sind sie auch an Flussmündungen und auf Küstengewässern in größerer Zahl anzutreffen. Das Brutgebiet erstreckt sich über die ganze Nordhalbkugel in der nördlichen Nadelwaldzone und grenzt im Norden an die Tundra. Es reicht von Westeuropa durch Eurasien bis nach Kamtschatka und von der West- bis zur Ostküste des nördlichen Amerika. Die Südgrenze stößt bis in das Gebiet der Laubwaldzone vor, etwa im Bereich der norddeutsch-polnischen Tiefebene an Seen, die der Eiszeit ihre Entstehung verdanken. Davon isoliert gibt es einzelne Brutgebiete in und am Rand von Hochgebirgen. Am Nordrand der Alpen brüten heute vom Bereich des Genfer Sees bis nach Tirol und Südbayern und lückenhaft noch weiter östlich nach Österreich Gänsesäger wieder häufiger als noch vor etwa 50 Jahren. Nach Norden reicht ihr Brutgebiet bis fast an die bayerische Donau. Einige Beobachtungen deuten darauf hin, dass diese alpinen Gänsesäger über die einfliegenden Wintergäste ständig Verbindung mit Nordeuropäern haben und dadurch auch neuerliche Bestandsaufstockungen stattfanden. Auch in Zentralasien brütet eine Hochgebirgspopulation von Afghanistan über Tibet bis Szechuan. In den Rocky Mountains erreicht der Gänsesäger sogar Kalifornien.

Waldgesäumte Seen und Flüsse mit ausreichendem Nahrungsangebot sind die bevorzugten Brutplätze. In Mitteleuropa haben sich neuerdings auch Gänsesäger mit den Menschen teilweise arrangiert: An viel belebten Alpenseen führen manche Weibchen ihre Jungen an den Campingplätzen und Uferpromenaden vorbei und manche Paare brüten sogar auch in Stadtparks. So ist der Gänsesäger leider auch wieder in die Schlagzeilen gekommen, weil er angeblich vor allem im Oberlauf der Flüsse die Fischbestände stark dezimiert.

Die wichtigste Ressource für die Ansiedlung der Art ist in vielen Gebieten ein geeigneter Nestplatz. Gänsesäger sind Höhlenbrüter; Baumhöhlen für einen Vogel dieser Größe aber sind Mangelware. So sind auch aus neuester Zeit viele merkwürdige Brutplätze bekannt geworden, die keineswegs immer eine optimale Lösung darstellen, wie etwa Dachböden in hohen Häusern oder gar Kirchen, unter Bootshäusern, in Felshöhlen usw. Mit geeigneten Nistkästen lassen sich Gänsesäger gut ansiedeln. In die Bruthöhlen legen die Weibchen ihre Eier ohne Unterlage ab, fügen aber später zum Schutz des Geleges Dunen dazu. Ähnlich wie bei der Schellente müssen die Jungen dann oft aus größerer Höhe herunterspringen; mit gespreizten Flügelstummeln und vorgestreckten Füßen bremsen sie den Fall etwas ab. Das Weibchen führt sie dann zum Wasser. Schon in den ersten Lebenstagen gibt es dabei mitunter hohe Verluste. Auf dem Wasser sitzen kleine Junge oft auch auf dem Rücken der Mutter und tauchen mit ihr unter. Meist ist der Aktionsradius eines Weibchens mit seinen Jungen sehr groß.

Die Nahrung der Jungen bilden zunächst vor allem Wasserinsekten und wohl auch Fischbrut des Seichtwassers. Altvögel leben in erster Linie von Fischen, die meist weniger als 10 cm lang sind, da größere dann oft zu dick und zu hochrückig werden. Die Beutetiere werden wohl meist in einem Tiefenbereich bis 5 m gefangen. Im Winter, wenn Gänsesäger meist in Trupps auftreten, kann man auch Synchrontauchen beobachten. Das „Wasserlugen" (s. Mittelsäger) ist auch beim Gänsesäger verbreitet.

Mitten im Sommer verlassen in der Regel die Männchen ihre Weibchen, um ein Mauserquartier aufzusuchen. Ein großer Mauserplatz der nordeuropäischen Population befindet sich im Norden Norwegens, kleinere auch auf großen Binnengewässern. Nach dem weitgehenden Selbstständigwerden der Jungen können sich auch Weibchen in kleineren Mausertrupps sammeln. Der Abzug ins Winterquartier beginnt erst September/Oktober. Nordeuropäische Brutvögel überwintern z. B. in der Ost- und Nordsee sowie an der Atlantikküste Nordwesteuropas, kommen aber auch tief ins Binnenland bis mindestens an den Alpenrand. Vögel weiter östlich beheimateter Populationen überwintern auch im Schwarzen Meer und im Kaspischen Meer.

▸ MITTELSÄGER, SCHELLENTE

Gänsesäger *Mergus merganser* (L.)

Größe	= Huhn
Maße (cm)	Länge ca. 58–66 / Flügel ca. 82–97
Körpermasse (g)	898–2160
Stimme	♂ leise „uig-a" und quakend „darr-darr..." (Balz); ♀ hetzt laut „karr karr", auch erregte „kokokokok..."-Reihen; z. B. im Flug und am Nestplatz „karr karr..."; Lockruf „kro kroder..."
Brutzeit	Mitte Mai bis Ende Juni, 1 Jahresbrut
Gelegegröße	(6–) 8–12 (–15); mehr von 2 ♀♀
Eifärbung	gelblich mit schwacher olivfarbener Tönung oder mehr grünlich; glatt
Eimaße (mm)	spindelförmig bis elliptisch, manchmal oval – 53,7 x 38,4
Brutdauer	(28–) 30–32 (–35) Tage
Nestlingszeit	Nestflüchter, ♀ führt; mit 60–70 Tagen flügge, oft schon vorher verlassen

GÄNSESÄGER, WEIBCHEN MIT JUNGEN

MÄNNCHEN IM PRACHTKLEID

WEIBCHEN MIT JUNGEM

NEST UND GELEGE

Weißkopf-Ruderente

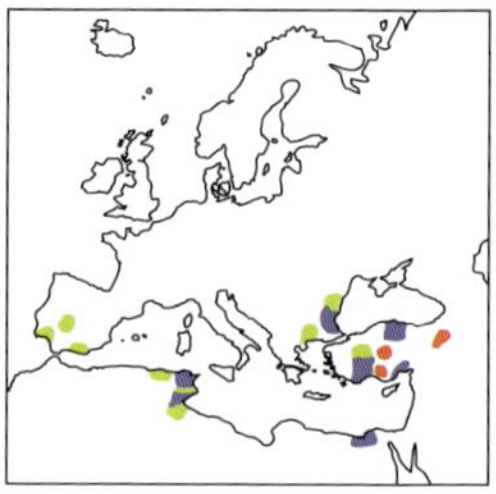

Von allen anderen europäischen Enten weichen Ruderenten in mehrfacher Hinsicht ab. Es handelt sich um relativ kleine, aber gedrungene Tauchenten, deren Silhouette im Schwimmen durch eine abfallende Rückenlinie auffällt. Ein langer Schwanz aus steifen Federn wird in ruhiger Schwimmhaltung meistens in einem Winkel von 40–50 Grad aufgerichtet. Er liegt während des schnellen Schwimmens oder vor dem Ansatz zum Tauchen dem Wasser auf. An kurzen, relativ weit hinten am Körper eingelenkten Läufen sitzen große Füße; Ruderenten bewegen sich daher am Land unbeholfen fort. Erst nach einem längeren Anlauf, bei dem die Füße kräftig ins Wasser patschen, können sie sich vom Wasser erheben; die relativ breiten und kurzen Flügel bewegen sich sehr schnell. Die in Europa beheimatete Weißkopf-Ruderente fällt außerdem durch einen an der Basis wie geschwollen wirkenden Schnabel auf, der beim Männchen besonders mächtig ist und im Brutkleid auch durch seine hellblaue Farbe weithin zu sehen ist.

Der Schwerpunkt des insgesamt relativ kleinen und in einzelne Teile zerstückelten Brutgebiets liegt in den Steppenregionen des westlichen Asien, vor allem in Kasachstan. Die östlichsten Ausläufer reichen bis in den Nordwesten Chinas. Die zentralasiatischen Brutvögel überwintern im westlichen Asien, so im Osten der Türkei oder in Pakistan; einige ziehen auch nach Nordindien. Weiter westlich gibt es heute nur noch Reliktvorkommen; die Weißkopf-Ruderente war früher wohl rund um das Mittelmeer verbreitet. Ausgestorben sind z.B. im 20. Jahrhundert die kleinen Populationen auf Korsika, in Italien (Sardinien), im ehemaligen Jugoslawien (Vojvodina), in Ungarn und Albanien. In Ungarn, wo die Art bis 1960 brütete, startete man gut 20 Jahre später ein Wiedereinbürgerungsprogramm, das aber scheiterte.

Heute zählt die Weißkopf-Ruderente zu den seltensten und bedrohtesten Brutvögeln Europas. In Rumänien brütet sie nur noch unregelmäßig. Die kleine Population in Südspanien stand Ende der 70er Jahre kurz vor dem Aussterben. Sie hat sich inzwischen wieder etwas erholt, so dass man etwa 50–100 „Paare" schätzen kann. Es ist nicht ganz einfach, sich ein klares Bild von der Größe eines Brutbestandes zu machen, da die Paarbindung sehr locker ist und offenbar Polygamie recht häufig vorkommt oder die Männchen sich so gut wie überhaupt nicht um die Weibchen kümmern. Die südspanische Population hat vor allem durch Austrocknung flacher Lagunen viele Brutplätze verloren. Ruderenten brüten vorzugsweise an salz- oder sodahaltigen Flachseen mit reicher Schilf- oder Binsenvegetation. Die wenigen noch verbliebenen Brutplätze sind heute geschützt. Im Unterschied zu den zentralasiatischen Vögeln ziehen die spanischen nicht.

Einen mehr als doppelt so großen Brutbestand wie in Spanien schätzt man in Anatolien. Aber auch hier sind entsprechende Gewässer durch Eingriffe in den Wasserhaushalt und durch Erschließung der Ufer sehr gefährdet. Hier liegen auch wichtige Rastgebiete. In vielen Ländern hat auch die Jagd zum Aussterben beigetragen, wie etwa in Italien. Diese Gefahr ist auch heute noch nicht ganz gebannt, vor allem nicht in Vorderasien. Eine weitere Gefahr, die man gegenwärtig sogar als besonders groß einschätzt, geht von der nahe verwandten Schwarzkopf-Ruderente aus, die in Europa eingebürgert wurde (s. dort).

An den wenigen Brutgewässern trifft man Weißkopf-Ruderenten nur in kleinen Trupps oder paarweise. Tagsüber halten sie sich auch sehr versteckt in der dichten Seichtwasservegetation. Nur auf den wichtigsten Überwinterungsgewässern asiatischer Brutvögel bilden sich auch große Schwärme. Ihre Nahrung ist sehr vielseitig, doch überwiegen offenbar pflanzliche Bestandteile. Erst am Brutplatz treffen sich die Partner (Paarbindung s. oben). Mit gestelztem Schwanz und hoch aufgerecktem Kopf balzen die Männchen. Die Nester stehen nahe am oder über dem Wasser auf Schilf- und Binsenhalmen; meist ist viel Material zusammengehäuft (z. B. grüne Schilfhalme). Nicht selten werden auch alte Blässhuhn- oder Tauchentennester als Unterlage genutzt. Schon kurz nach dem Bebrütungsbeginn sammeln sich die Männchen zu kleinen Mausertrupps.

Weißkopf-Ruderente *Oxyura leucocephala* (Scop.)

Größe	= Taube
Maße (cm)	Länge ca. 43–48 / Flügel ca. 62–70
Körpermasse (g)	510–820
Stimme	grunzende und knarrende Rufe sowie hohe Pfeiflaute des ♂; ♀ kurz „geh"; wenig zu hören
Brutzeit	Ende Mai bis Mitte Juni, 1 Jahresbrut
Gelegegröße	5–10 (–15); mehr von 2 ♀♀
Eifärbung	mattweiß, raue Oberflächenstruktur
Eimaße (mm)	groß im Vergleich zur Körpergröße; breit-elliptisch bis kurz spindelförmig – 66,4 x 50,7
Brutdauer	25–26 Tage
Nestlingszeit	Nestflüchter, ♀ führt

▶ Schwarzkopf-Ruderente

WEISSKOPF-RUDERENTE, MÄNNCHEN IM PRACHTKLEID

WEIBCHEN

DUNENJUNGES

NEST UND GELEGE

Schwarzkopf-Ruderente

Wenn man heute z. B. in Mitteleuropa einzelne Ruderenten als Ausnahmegäste beobachtet, so handelt es sich dabei in der Regel nicht um die in der Alten Welt brütende Weißkopf-Ruderente, sondern um die aus Amerika stammende Schwarzkopf-Ruderente. Die Weibchen und Schlichtkleider beider Arten sind sich außerordentlich ähnlich, so dass man sehr genau hinsehen muss, um keiner Verwechslung aufzusitzen.

Schwarzkopf-Ruderenten brüten in drei Unterarten vom Norden Amerikas (hier sind sie Zugvögel, die im Westen und Süden der USA überwintern) über Mittelamerika entlang der Anden bis in den Südwesten Südamerikas. Ihre Geschichte in Europa beginnt in England. Dort entkamen 1952 die ersten Vögel der bekannten Wasservogelhaltung in Slimbridge. Bis 1973 waren es 90 Individuen zuzüglich einiger offenbar anderswo entwischter Vögel. Die erste Brut scheint 1961 in Freiheit stattgefunden zu haben. Innerhalb von 30 Jahren stieg der Bestand freilebender Vögel in Großbritannien auf fast 3500 Vögel; die jährliche Wachstumsrate betrug bisher etwa acht Prozent. Mit weiterer Zunahme des Bestandes ist zu rechnen.

Die Ursachen für diese Bestandsvermehrung liegen wohl darin, dass Schwarzkopf-Ruderenten in England unter den Wasservögeln keine unmittelbaren Konkurrenten hatten und gewissermaßen eine vakante ökologische Nische besetzten. Brütende Weibchen sind zudem außerordentlich aggressiv. Und darin liegt auch eine offenbar keineswegs geringe Gefahr für die nah verwandte europäische Weißkopf-Ruderente. Die amerikanische Art scheint sich gegen die europäische Verwandte erfolgreich durchsetzen zu können.

Mittlerweile sind nämlich Schwarzkopf-Ruderenten in mindestens 14 europäischen Ländern und in Nordafrika nachgewiesen worden, die sicher alle aus der britischen Population stammen. Bis 1993 haben in Island, in den Niederlanden, in Frankreich und Spanien auch einzelne Paare gebrütet. In Andalusien, der Heimat der bedrohten Weißkopf-Ruderente, tauchte die erste amerikanische Verwandte 1986 auf. 1991 wurde der erste Brutnachweis erbracht und im selben Jahr erlegte man dort zwei Bastarde zwischen den beiden Arten. Die Entwicklung schien sich zu überstürzen: Bis Ende 1993 hatte man an den wenigen Brutplätzen der einheimischen Arten bereits 34 Bastarde und 16 reine Schwarzkopf-Ruderenten erlegt. Die Bastarde sind fruchtbar und tatsächlich hat man schon Bastarde der zweiten Generation in Spanien nachgewiesen. Die Verfolgung der fremden Art scheint die Gefahr noch nicht voll gebannt zu haben. Expertengremien kommen zusammen, um zu verhindern, dass sich Schwarzkopf-Ruderenten als dauernde Brutvögel auf dem europäischen Kontinent etablieren. Sonst würden wohl die noch vorhandenen kleinen Bestände der Weißkopf-Ruderente aufgesogen werden und die Art im Laufe des 21. Jahrhunderts verschwinden. Ob das wirklich so kommt, kann natürlich niemand mit Gewissheit sagen.

Der Fall der beiden Ruderenten ist übrigens bisher der einzige, in dem man sichere Anzeichen dafür hat, dass eine in Europa eingeführte exotische Vogelart eine europäische Art verdrängen könnte. Allen Unkenrufen und immer noch zu hörenden Vorurteilen zum Trotz haben vor allem fremdländische Wasservögel bisher noch keine europäische Art ernsthaft gefährdet. Man kann die bekannten Verhältnisse auf abgelegenen tropischen Inseln oder in Neuseeland nicht kritiklos auf Europa übertragen, zumal auch immer Fragen der Lebensraumveränderungen mit im Spiel sind. Gleichwohl muss man Neubürgern in der Vogelwelt, die man wissenschaftlich als Neozoen bezeichnet, in Zukunft wohl mehr Aufmerksamkeit widmen als bisher. Die Möglichkeiten, dass exotische Arten entkommen oder illegal freigesetzt werden, sind mittlerweile viel größer und vielfältiger geworden.

In Nordamerika leben Schwarzkopf-Ruderenten auf Binnen- und Brackwasserseen. Außerhalb der Brutzeit halten sie häufig in Trupps eng zusammen. Im Unterschied zur europäischen Art sind in Nestnähe und bei der Brut öfter Männchen zu sehen, die sich oft erst nach der Brutzeit in Mauserschwärmen sammeln. Die Nester stehen in der Ufervegetation, oft aber auch auf einem Pflanzenfloß. Die Nahrung suchen die Enten tauchend, wobei sie dann den Schlammboden durchseihen und Sämereien und wasserlebende Kleintiere aufnehmen.

Schwarzkopf-Ruderente *Oxyura jamaicensis* GMELIN (1789)

Größe	= Taube
Maße (cm)	Länge ca. 33–43 (35–43) / Flügel ca. 53–62
Körpermasse (g)	310–795
Stimme	meist stumm; ♂ klopfende Laute durch auf die Brust geschlagenen Schnabel
Brutzeit	Ende Mai bis Juni, 1 Jahresbrut
Gelegegröße	6–10 (–29)
Eifärbung	mattweiß, raugekörnt
Eimaße (mm)	elliptisch bis kurz-spindelförmig – 62 x 42
Brutdauer	20–21 Tage
Nestlingszeit	Nestflüchter; ♂ verbleibt bei den Jungen

▶ WEISSKOPF-RUDERENTE

SCHWARZKOPF-RUDERENTE, MÄNNCHEN IM PRACHTKLEID

WEIBCHEN

DUNENJUNGES

NEST UND GELEGE

Wespenbussard

Man sieht Wespenbussarde so gut wie nur im Flug, denn sie sitzen kaum frei auf einer Warte wie die allbekannten Mäusebussarde, mit denen sie nicht näher verwandt sind. Im Flugbild stärker vorgestreckter Kopf und längerer Schwanz sind wichtige Kennzeichen. Trotzdem ist es oft nicht leicht, die beiden breitflügeligen, etwa gleich großen Greifvögel zu unterscheiden. Ein guter Tipp: Wespenbussarde halten ihre Flügel im Gleit- und Segelflug horizontal, sogar leicht abwärts gebogen, Mäusebussarde leicht nach oben gebogen, insbesondere an den Spitzen.

Das Brutgebiet erstreckt sich von Westeuropa bis Westsibirien, im Mittelmeerraum und an der West- und Nordgrenze kommen Wespenbussarde meist nur lückenhaft vor. In Mitteleuropa ist ihre Dichte wesentlich geringer als die der Mäusebussarde, auch wenn sie fast überall als Brutvögel anzutreffen sind. Die Verbreitung wird vor allem durch das Angebot an Brutbiotopen und Nahrung bestimmt. Ausgedehnte Wälder, vor allem wenn darin alte Laubbäume stocken, werden als Brutreviere bevorzugt. Die Nester stehen an Waldrändern, aber auch mitten in größeren Waldbeständen, wenn ausreichend Lichtungen vorhanden sind. Die Kombination von Baumbeständen als Brut- und freier Landschaft als Jagdgebiete ist entscheidend.

Seinen Namen trägt der Greifvogel zu Recht, denn Larven, Puppen und Imagines von sozialen Wespen sind zumindest ein fester Bestandteil der Nahrung und spielen bei der Aufzucht der Jungen eine entscheidende Rolle. Daneben werden auch andere Insekten, Amphibien und kleine Reptilien erbeutet, auch Jungvögel und wohl nur gelegentlich Kleinsäuger. Vor allem im Spätsommer nehmen Wespenbussarde auch Früchte und Beeren zu sich. Im Zusammenhang mit der für einen Greifvogel Europas eigenartigen Nahrungswahl ist eine ganz Reihe Besonderheiten der Lebensweise und der Morphologie zu sehen.

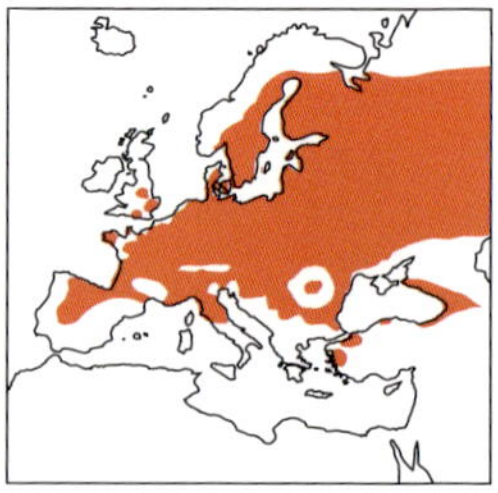

So zählen die so gut wie ausschließlich in mittleren und höheren Breiten brütenden Wespenbussarde zu den wenigen ganz ausgeprägten Langstreckenziehern unter den Greifvögeln Europas. Das Winterquartier aller Wespenbussarde liegt in Äquatorial- und Südafrika. Die weitesten Ringfunde belegen Zugstrecken von 6500–7000 km. Als Gleitflieger konzentrieren sich die ziehenden Vögel an Meerengen oder entlang von Küstenlinien; und so zählt der Wespenbussardzug mancherorts zu den besonders eindrucksvollen Ereignissen des Vogelzugs. Falsterbo in Südschweden, der Fehmarnsund, die Straße von Gibraltar und von Messina, Cap Bon in Tunesien, der Bosporus, die östliche Schwarzmeerküste und natürlich auch Eilat an der Nordspitze des Golfes von Akaba sind einige der Orte, an denen entweder im Herbst oder im Frühjahr Wespenbussarde zu Tausenden durchziehen, an manchen Tagen über 10 000! In Mitteleuropa findet der Abzug etwa im September statt, ab Mitte April ist mit der Rückkehr zu rechnen.

Nahrungsengpässe gibt es aber auch im Sommer. Nach langen Regenperioden werden immer wieder geschwächte Wespenbussarde aufgegriffen. Als Anpassung an die stachelbewehrten Wespen ist das schmale, zu einem Schlitz verengte Nasenloch und vor allem auch das dichte, fast schuppenartige Gefieder am Kopf zu deuten. Die Wespennester werden regelrecht aus dem Boden gescharrt; die Füße sind nicht greifvogeltypisch, sondern mehr Grabfüße. Der Schnabel ist relativ schwach. Wespenbussarde gehen auch zu Fuß dem Nahrungserwerb nach und suchen einmal aufgegrabene Wespennester wiederholt auf, um sie restlos auszubeuten.

Über dem Brutrevier, insbesondere der Nestumgebung, sieht man nach der Rückkehr die auffallenden Schauflüge, bei denen das Männchen segelnd steil in die Höhe zieht und am höchsten Punkt der Bahn die beiden Flügel senkrecht nach oben hält, sich schüttelt und dann wieder weiter segelt, um das merkwürdige Verhalten zu wiederholen („Schmetterlingsflug"). Die Nester stehen auf hohen Bäumen, gelegentlich werden auch alte Nester anderer großer Baumbrüter bezogen. Frisch bezogene Nestplattformen sind mit grünen Zweigen ausgepolstert. Beide Partner bebrüten das Gelege und füttern auch die Jungen. Zunächst schafft aber vor allem das Männchen Beute herbei, später beteiligt sich auch stärker das Weibchen. Zumindest in den ersten Lebenstagen werden die Nestlinge überwiegend mit Wespen- oder Hummellarven gefüttert, später dann auch mit Fleisch von Kleintieren.

▶ MÄUSEBUSSARD

Wespenbussard *Pernis apivorus* (L.)

Größe	= Huhn
Maße (cm)	Länge ca. 52–60 / Flügel ca. 135–150
Körpermasse (g)	440–1050
Stimme	im Flug bis 3silbig „düdlilü" (hell), kürzer „wühe" (zu verwechseln mit Rufen flügger Sperber/Habichte); „kikiki..." bei Erregung; nur flügge juv. und ad. ohne Brut ruffreudig
Brutzeit	Ende Mai im Süden, bis Ende Juni im Norden; 1 Jahresbrut
Gelegegröße	(1) 2 (3)
Eifärbung	weiß bis rötlich rahmfarben; meist mit variablen kastanienroten bis rotbraunen Flecken und Klecksen; glatt
Eimaße (mm)	sehr rundlich, 49,8 x 40,8
Brutdauer	30/35 Tage/Ei, 2 Eier bis 37 Tage
Nestlingszeit	35–40 Tage

WESPENBUSSARD, MÄNNCHEN AM HORST MIT WESPENWABE

WEIBCHEN MIT JUNGEN

WESPENBUSSARD, KREISEND

NEST UND GELEGE

Gleitaar

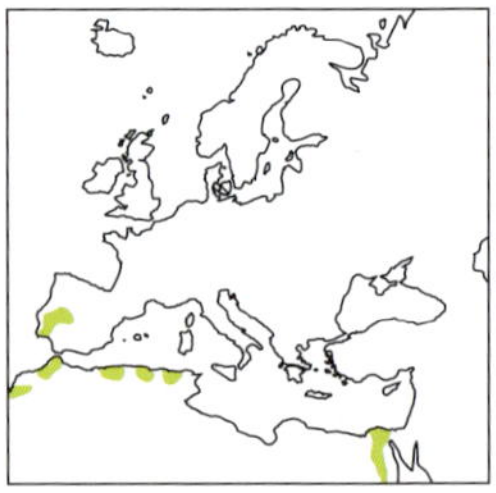

Der Name täuscht etwas, denn es handelt sich keineswegs um einen adlerähnlichen großen, sondern um einen der kleinen europäischen Greifvögel. „Klein wie ein Turmfalke, hell wie eine Sturmmöwe" charakterisiert ein modernes Bestimmungsbuch diese einmalige Vogelgestalt. Der breite Kopf mit der schwarzen Augenzeichnung und der kurze Schwanz lassen den Vogel etwas eulenartig erscheinen; auch die weichen, hastigen Flügelschläge unterstützen diesen Eindruck. Von der Gattung *Elanus* unterscheidet man vier Arten, davon leben zwei in Australien und eine in Amerika. Alle Gleitaare sind einander sehr ähnlich in Aussehen und Lebensweise und leben überwiegend in warmen Gebieten.

Der europäische Gleitaar ist ganz auf den Süden der Iberischen Halbinsel begrenzt. Dort hat sich etwa seit den 60er Jahren der Bestand etwas vermehren und das Brutareal ausweiten können. Inzwischen mehren sich nicht nur die Beobachtungen im Süden Frankreichs; einzelne Paare haben auch im Südwesten des Landes gebrütet. Die Ausweitung des Areals und die allmähliche Vergrößerung der Zahl der Brutpaare zwischen 1970 und 1990 ist mindestens zum Teil eine Folge der Öffnung geschlossener Eichenwälder durch landwirtschaftliche Nutzung. Der typische Brutbiotop sind z. B. die Dehesas, durch Anbau und Weideland aufgelockerte Bestände immergrüner Eichen, die ökologisch und als Lebensräume für Vögel in vielfältiger Weise interessant sind. Auch ein Mosaik aus Pinienwäldern und offener Landschaft ist für den Gleitaar bewohnbar. Doch derartige Kombinationen sind durch Intensivierung der Nutzung gefährdet, vor allem wenn die Bestände der Steineichen reduziert werden. So zählt man den Gleitaar wegen seines kleinen und potenziell bedrohten Bestandes zu den gefährdeten Brutvögeln Europas.

Doch nur ein kleiner Teil des Weltbestandes lebt in Europa. Das große Verbreitungsgebiet umfaßt Nordafrika und die Südwestecke Arabiens, ganz Afrika südlich der Sahara, Vorder- und Hinterindien sowie die Sundainseln und die Philippinen.

Charakteristisch für Gleitaare sind nicht nur ihre helle Färbung und die relativ breiten, spitz zulaufenden Flügel, sondern ihre vielfältige Flugweise. Ähnlich den Weihen – aber oft noch stärker – werden beim Suchflug die Flügel in V-Form nach oben gewinkelt; die Vögel schaukeln in dieser Lage mitunter regelrecht hin und her. Wie Turmfalken rütteln sie auch gegen den Wind, stürzen sich aber meist nicht in einem Stoß nach unten, sondern sinken stufenweise, immer wieder kleine Rüttelpausen einschaltend bodenwärts. Häufig sitzen Gleitaare exponiert auf Sitzwarten oder Leitungsdrähten.

Bei Rüttel- oder Ansitzjagd erbeuten sie Kleinvögel, Kleinsäuger, aber in warmen und trockenen Ländern auch viele Reptilien (Skinke, Eidechsen usw.), auch Großinsekten werden in der Luft, aber auch am Boden erbeutet. Kleinere Beutetiere verzehren die Gleitaare ähnlich manchen Falken auch im Flug. Oft sind sie auch noch bei Dämmerung aktiv, besonders in Gebieten mit starker mittäglicher Sonneneinstrahlung und großer Tageshitze.

Da Gleitaare so gut wie nur in warmen Gebieten leben, sind sie keine eigentlichen Zugvögel, wandern aber wohl innerhalb des Brutgebiets umher. In Afrika sind auch weitere Wanderungen bekannt geworden. Gelegentlich werden Einzelne als Ausnahmegäste in Europa auch nördlich ihres Brutareals beobachtet.

Die Paare halten mindestens eine Brutsaison über zusammen, vielleicht gibt es auch Dauerpaare. Männchen und Weibchen beteiligen sich am Nestbau, das Männchen sogar meist mehr, da es hauptsächlich die Reiser und Äste herbeischleppt. Die Nester stehen in der Regel auf Bäumen, etwa 2–10 Meter hoch in Astgabeln verankert Die Nestmulde ist mit feinerem Material ausgepolstert. Meist wird jedes Jahr ein neues Nest gebaut. Die Bebrütung der Eier ist Sache des Weibchens; bei der Jungenaufzucht hilft das Männchen kräftig mit und übernimmt zunächst den größeren Teil. In tropischen Gebieten können auch mehrere Brutversuche hintereinander begonnen werden. Dabei sind auch ineinander geschachtelte Bruten beobachtet worden: Das Weibchen sitzt bereits wieder auf dem Gelege der nächsten Brut, während das Männchen noch die Jungen der vorhergehenden füttert.

Gleitaar *Elanus caeruleus* (DESFONTAINES 1789)

Größe	= Taube
Maße (cm)	Länge ca. 31–34 / Flügel ca. 75–83
Körpermasse (g)	♂ 197–277; ♀ 219–343
Stimme	5 verschiedene Rufe am Horst, wie z. B. miauend „pii-ü", heiser „kriä kriä (Erregung)"; wenig ruffreudig
Brutzeit	Februar bis Mai, 1 Jahresbrut
Gelegegröße	(2) 3–5 (6)
Eifärbung	rahmfarben oder blass rötlichbraun mit dunkelbraunen oder hell grauvioletten Punkten, Klecksen oder Streifen; glatt
Eimaße (mm)	kurz-elliptisch – 39,4 x 30,9
Brutdauer	(25) 26 (28) Tage
Nestlingszeit	30–35 Tage

▸ TURMFALKE, WEIHEN

GLEITAAR, VOGEL MIT RESTEN VOM JUGENDKLEID

ALTVOGEL

GERADE FLÜGGER JUNGVOGEL

NEST UND GELEGE

Schwarzmilan

Mit sechs Unterarten hat der elegante und wendige Flieger eine weite Verbreitung. Sein Brutgebiet reicht von Südwesteuropa und Nordafrika bis Ostsibirien an die Pazifikküste und nach Süden bis Australien und an die Südspitze von Afrika. Schwarzmilane fehlen nur in Nordwesteuropa und im Norden Eurasiens vor allem im Bereich der Tundra und der nördlichen Taiga sowie in der Sahara, in den Wüstengebieten Arabiens und Zentralasiens. Wahrscheinlich gibt es keinen weiteren Greifvogel, dessen Weltpopulation größer ist.

Die weite Verbreitung und die außerordentliche Häufigkeit in manchen tropischen und subtropischen Gebieten verdankt der Schwarze Milan wahrscheinlich der Vielseitigkeit der Ernährung und des Nahrungserwerbs, die nicht nur einzelnen Individuen die Nutzung unterschiedlicher Nahrungsquellen erlaubt, sondern der Art weltweit auch die Besiedlung ganz verschiedener Lebensräume. Nur einen kleinen Ausschnitt des breiten Spektrums der Anpassungen zeigen Schwarzmilane Mitteleuropas. Hier brüten sie meist in Randbereichen von Wäldern und in Gehölzen der Niederungsgebiete, aber auch an Mittelgebirgshängen. Sie lieben die Nähe von Gewässern, die sie gerne auf der Suche nach Nahrung abfliegen. Vor allem im Südwesten Mitteleuropas sind Milane an Seeufern keine Seltenheit. In vielen Landschaften stehen einzelne Milanhorste auch in Graureiherkolonien. Auf der Nahrungssuche fliegen sie oft über das offene Land, halten sich an viel befahrene Autostraßen oder an Müllplätze und Abfallhaufen.

Schwarzmilane sind Jäger und Aasfresser, die im niedrigen Suchflug mit langsamen, weit durchgezogenen Schlägen der meist etwas angewinkelten Flügel Boden und Wasser absuchen, in größeren Höhen auch mit horizontal gestreckten Flügeln segeln. Ganz auffällig sind dabei die Steuerbewegungen des langen und leicht gekerbten oder mindestens gerade abgeschnittenen Schwanzes, der sich am Ende verbreitert. Aus dem Gleitflug können Schwarzmilane auch mit angelegten Flügeln senkrecht nach unten fallen und Beute oder Nahrungsbrocken im Sturzflug erhaschen. Mitunter sind sie auch zu Fuß auf Jagd und Nahrungssuche. Und schließlich jagen sie nicht selten anderen Greifvögeln oder Reihern die Beute ab.

In Mitteleuropa sind auf dem vielseitigen Speisezettel vor allem Fische zu finden, die tot oder sterbend von der Wasseroberfläche oder angespült vom Ufer aufgelesen, aber auch lebend dicht unter der Wasseroberfläche gegriffen werden. Selbst erjagt werden auch viele Kleinsäuger und Kleinvögel, aber auch anderen Jägern abgenommen, ferner Reptilien, Amphibien, Großinsekten, Regenwürmer. Damit können Schwarzmilane auch abseits vom Wasser in waldreicheren Gebieten leben. Größere Tiere werden meist als Aas (z.B. Verkehrsopfer) aufgenommen; allerlei organischer Abfall spielt ebenfalls eine Rolle.

Als Abfallverwerter und vielseitiger Jäger ist weltweit das Spektrum der Lebensräume und Anpassungen noch viel breiter. Von Halbwüsten und Trockengebieten bis an den Rand feuchter Tropenwälder und entlang von Meeresküsten und auch mitten in vielen Riesenstädten des südlichen Asien leben Schwarzmilane in großer Zahl. An Kadavern stellen sie sich oft noch vor den Geiern ein; an ergiebigen Abfallplätzen sammeln sich nicht selten große Scharen. Entsprechend vielseitig sind auch die Nestplätze auf Bäumen verschiedenster Art, in Felswänden oder auf Gebäuden.

Schwarzmilane verteidigen zumindest den Horstbezirk und brüten daher einzeln, können aber in günstigen Gebieten eine relativ hohe Siedlungsdichte erreichen und vor allem in südlichen Ländern ausgesprochen kolonieweise brüten. In Mitteleuropa stehen die Nester meist hoch auf Bäumen mit freiem Anflug, nicht selten werden auch alte Nester anderer Großvögel bezogen. Das Baumaterial sind dürre Aststücke, begrünte Zweige fehlen in der Regel. Dafür sind Nestplattform und -mulde oft mit Papier- und Plastikfetzen, Stoffresten, Fellstücken, Haaren, Gras oder altem Laub ausgelegt. Die Bebrütung besorgt vor allem das Weibchen. Sind die Jungen noch klein, trägt hauptsächlich das Männchen Beute zu.

In den höheren Breiten und auch in Mitteleuropa sind Schwarzmilane Zugvögel, die hauptsächlich in Afrika südlich der Sahara überwintern. Der Abzug vollzieht sich bis Ende September, mitunter Anfang Oktober, ab Mitte März kommen die ersten wieder zurück. Einzelne überwintern bereits in milden Gebieten Europas.

▸ ROTMILAN

Schwarzmilan *Milvus migrans* (BODDAERT 1783)

Größe	= Huhn
Maße (cm)	Länge ca. 55–60 / Flügel ca. 135–155
Körpermasse (g)	567–941
Stimme	wiehernd-trillernd, z.B. „hüiijihrr…" oder „wuhihihihihi…" (ähnlich Rotmilan); bei Erregung mehr abgehackt
Brutzeit	Mitte April bis Mitte Mai, im Süden bis zu 6 Wochen später; 1 Jahresbrut
Gelegegröße	(1) 2/3 (4) ausnahmsweise 5
Eifärbung	mattweiß; ungezeichnet oder mit verschiedenen dicht stehenden rötlichen bis braunvioletten Punkten und Klecksen; auch mit schwach grauvioletten Abzeichen
Eimaße (mm)	kurz-spindelförmig – 53,6 x 42,1
Brutdauer	26–28 Tage
Nestlingszeit	42–45 (35–52) Tage

SCHWARZMILAN

SCHWARZMILANE IM WINTERQUARTIER

SCHWARZMILAN IM SUCHFLUG

NEST UND GELEGE

Rotmilan

Ein deutlich gegabelter rostroter Schwanz und eine insgesamt etwas buntere Färbung unterscheiden den Rotmilan vom Schwarzmilan. Aber nicht immer ist die Bestimmung ganz einfach, da bei beiden Arten individuelle Färbungsunterschiede vorkommen und natürlich auch der zum Steuern eingesetzte Schwanz nicht immer die Idealhaltung wie in den Flugsilhouetten der Bestimmungsbücher einnimmt.

Im Unterschied zum Schwarzmilan ist das Verbreitungsgebiet des Rotmilans auffallend klein. Es umfaßt im Wesentlichen die westlichen und mittleren Teile Europas. Die Nordgrenze wird etwa in Südschweden erreicht, die Südgrenze im nördlichsten Zipfel Nordwestafrikas, auf Sardinien und Sizilien, im Osten ist noch die westliche Ukraine einbezogen; kleinere, mehr oder minder inselartige Vorkommen reichen bis in den Osten Anatoliens und an die Ostküste des Schwarzen Meers. Dieses Areal ist aber nicht gleichmäßig besetzt, sondern weist viele Lücken auf. Die großflächig am dichtesten besiedelten Gebiete sind Spanien und Deutschland.

Trotz dieses relativ kleinen Weltareals zählt der Rotmilan derzeit (noch) nicht zu den gefährdeten Brutvögeln Europas. Man rechnete Anfang bis Mitte der 90er Jahre mit einem Weltbestand von schätzungsweise 25 000–30 000 Paaren. Im Dichtezentrum Ostdeutschland, in dem wohl fast ein Drittel des Weltbestandes brütet, hat der Brutbestand bis Anfang der 90er Jahre zugenommen. Doch sind in den letzten Jahren auch Verluste an Lebensraum durch Umstellung der Landwirtschaft und Verbauungen eingetreten, so dass man abwarten muss, wie sich die Verhältnisse für den eleganten Greifvogel entwickeln. Und das kleine Gesamtareal ist immer eine potenzielle Gefahr für einen Großvogel, zumal wohl der größte Teil des Weltbestandes innerhalb der Grenzen des dicht besiedelten Mitteleuropas liegt.

Die Brutvögel sind meist nicht so eng ans Wasser gebunden wie Schwarzmilane. Brutplätze sind vor allem Laubwälder des Tieflands, oft auch in ausgesprochen trockenen Landschaften. Die Jagdgebiete schließen offene Ackerflächen, Straßenränder und wie beim Schwarzmilan auch Müllkippen mit ein. Die Suchflüge führen die Vögel oft viele Kilometer übers Land. Bereits im Mittelgebirge sind Rotmilane deutlich seltener.

Rotmilane sind im Allgemeinen nicht so stark ausgeprägte Zugvögel wie Schwarzmilane. Ihr wichtigstes Winterquartier liegt im Mittelmeergebiet einschließlich Nordafrika und in Vorderasien. Noch bis in den November hinein kann der Wegzug dauern. Oft sind schon Ende Februar die ersten wieder zurück. In Gebieten mit günstigem Nahrungsangebot überwintern Rotmilane aber auch in Mitteleuropa, vor allem in der Nähe von Abfällen und Müllkippen. Außerhalb der Brutzeit bilden sich of regelrechte Schlafplatzgesellschaften.

Die Nahrung ist ähnlich vielseitig wie die des Schwarzmilans und richtet sich nach dem jeweiligen Angebot. Fische spielen aber so gut wie überall eine deutlich geringere Rolle. Auch ist der Anteil selbst erjagter Beute (vor allem verschiedene Kleinsäuger) im Allgemeinen deutlich größer; auch können Säugetiere bis etwa zur Größe von Kaninchen und Vögel bis Hühnergröße geschlagen werden. Kleine Tiere werden meist mit raschem Zugriff aus dem niedrigen Flug heraus gepackt. Aas und tote Tiere werden von Rotmilanen ebenfalls regelmäßig aufgenommen, und die Technik, anderen Greifvögeln Beute abzujagen, beherrschen sie auch.

Wie manche anderen Greifvögel ähnlicher Größe brüten Rotmilane das erste Mal im dritten Lebensjahr. Die Paare kommen gepaart am Brutplatz an. Vielfach sind Brutvögel sehr reviertreu. Über dem Brutplatz kann man im Frühjahr die eindrucksvollen Balzflüge beobachten. Die Nester stehen hoch auf Bäumen, oft am Waldrand oder in lichten Beständen. Manche Nester sind immer wieder besetzt, mitunter werden auch ehemalige Nester anderer Greifvögel (z. B. Mäusebussard) übernommen. Wie für den Schwarzmilan ist auch für den Rotmilan ganz typisch, das Nest mit alten Lumpen, Papier- und Plastikfetzen auszukleiden. Das Weibchen brütet in der Regel allein und wird vom Männchen mit Nahrung versorgt. Während der ersten 14 Tagen bleibt das Weibchen meist bei den Jungen am Nest und das Männchen trägt Nahrung herbei; später beteiligt sich auch das Weibchen an der Versorgung der Jungen.

▸ Schwarzmilan

Rotmilan *Milvus milvus* (L.)

Größe	= Huhn
Maße (cm)	Länge ca. 60–66 (61–66) / Flügel ca. 145–165 (175–195)
Körpermasse (g)	757 – 1221
Stimme	gedehnt pfeifend „wiiuu" oder „pie" (höher als Mäusebussard, öfter wiederholend); im Frühjahr langsame Trillerstrophe (ähnlich Schwarzmilan) „uuu-wiu wiu wiu-wiuuuu" oder „gliü huhuhuhu..."; außerhalb Brutplatz ziemlich schweigsam
Brutzeit	Anfang März im Süden bis Mai im Norden; 1 Jahresbrut
Gelegegröße	(1) 2–3 (4)
Eifärbung	weiß; unterschiedlich rötlich oder braunviolett gepunktet, gekritzelt oder gefleckt, glanzlos
Eimaße (mm)	kurz-elliptisch – 56,7 – 44,5
Brutdauer	31/32 Tage pro Ei; ca. 38 Tage für Dreiergelege
Nestlingszeit	mindestens 45, wohl 48–50 Tage

ROTMILAN AUF DER WARTE

KREISENDER JUNGVOGEL

ALTVOGEL

NEST UND GELEGE

Seeadler

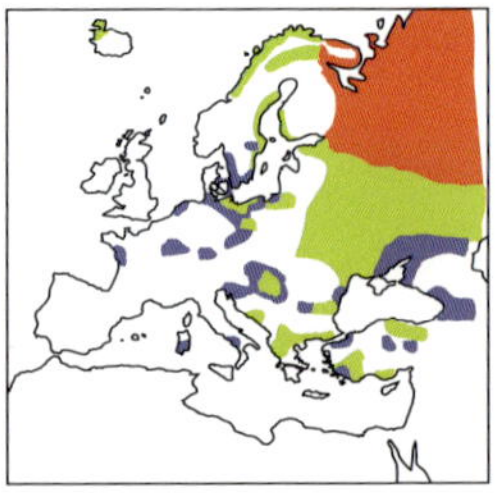

Als größte Greifvögel Nordeuropas (nur die Geier Südeuropas sind mit ihnen vergleichbar) beeindrucken Seeadler jeden Betrachter. Die brettartigen, fast rechteckigen Schwingen spannen bis fast zweieinhalb Meter und sind an den Enden stark aufgefingert. Der kurze keilförmige Schwanz ist bei Altvögeln weiß, bei Jungvögeln zunächst dunkel; er hellt sich dann im Lauf der Jahre auf. Erst nach etwa 5 Jahren ist das Alterskleid erreicht. Den für Altvögel etwas helleren Kopf und die helle Iris erreichen die Adler sogar erst nach etwa 8–10 Jahren. Der mächtige und hohe Schnabel wird bei den Altvögeln blassgelb; bei Jungvögeln ist er zunächst noch dunkel.

Das Brutgebiet des Seeadlers reicht von Südgrönland über das gesamte nördliche Europa und Asien bis an die Pazifikküste. Kleinere und zum Teil inselartig isolierte Vorkommen finden sich in Südosteuropa, in Vorderasien und in einigen Gebieten Zentralasiens. Im vorigen Jahrhundert war das Verbreitungsgebiet in Europa größer; Seeadler kamen z. B. in mehreren Ländern des Mittelmeergebiets und in Gebieten Südosteuropas vor, in denen sie heute fehlen. Bis in die erste Hälfte des 20. Jahrhunderts hinein fand ein stetiger Rückgang statt, bei dem vor allem die direkte Verfolgung durch den Menschen eine unrühmliche Rolle gespielt hat. Natürlich war (und ist noch heute) Störung und Zerstörung von Feuchtgebieten als wichtige Jagdgründe und Beunruhigung der Brutplätze von Bedeutung. Auch Pestizide waren vor einigen Jahrzehnten noch eine große Gefahr. In den 60er Jahren scheint der Bestand in Europa, vor allem in Mitteleuropa seinen Tiefstand erreicht zu haben. Seither hat er sich wieder etwas erholt, aber vor allem in Südosteuropa und in der Türkei gehen die Bestände immer noch zurück.

Trotz der Anzeichen von Bestandserholung in einigen Brutgebieten gilt der Seeadler nach wie vor als ein gefährdeter Brutvogel Europas. Die größten Bestände mit rund 1500 Paaren Anfang der 90er Jahre leben in Norwegen. Auch in Russland waren in dieser Zeit im Maximum über 1000 Paare zu schätzen. In Schottland hat man mit norwegischen Vögeln eine groß angelegte Wiedereinbürgerung durchgeführt; seit 1983 brütet der Seeadler dort wieder in einigen Paaren. Die deutschen Brutplätze bedürfen vor allem des Schutzes vor Beunruhigung und Veränderung der Umgebung durch Baumaßnahmen aller Art.

Wassernähe ist eine wichtige Voraussetzung im Lebensraum des großen Adlers. Aber abgesehen davon ist er erstaunlich vielseitig. Seeadler brüten in der Tundra, an felsigen Meeresküsten, an großen Binnenseen der Waldgebiete, aber auch in der Steppe und mancherorts (Asien) sogar im Hochgebirge. Jagdgründe sind Meeresküsten, Lagunen, Seen, Flüsse und große Überschwemmungsgebiete. Bevorzugt werden nährstoffreiche Binnengewässer oder vogelreiche Seen, Inseln und Küsten. Die nordischen Brutvögel wandern nach Süden. In Europa reicht des Gebiet der regelmäßigen Wintergäste mindestens bis an den Nordrand der Alpen und in die Ebenen Südosteuropas.

Vielseitig ist auch die Nahrung. Mittelgroße bis große Wirbeltiere machen den Hauptbestandteil aus, etwa See- und Süßwasserfische ab 10–15 cm bis zu mehreren Kilogramm, Vögel von Küken der Nestflüchter bis zu Gänsen und Reihern (vor allem Wasservögel), Säugetiere von Mäusen bis zu Fuchs und Reh. Die Körpermasse der selbst geschlagenen Beute liegt am häufigsten zwischen 500 und 3000 g; man hat einen Tagesbedarf von etwa 700 g (bei reinem Fleisch bis etwa 500 g) ermittelt. Große Tiere werden aber nicht selten auch als Aas angenommen. Das hat dazu geführt, dass man in Schutzprogrammen Seeadler auch mit Fleisch gefüttert hat (vor allem in Zeiten der Pestizidbelastung mit nicht vergiftetem!). In Europa spielen Fische besonders im Frühjahr eine wichtige Rolle, im Sommer und Winter vor allem Wasservögel.

Die oft riesigen Nester stehen in Mitteleuropa in der Regel auf hohen Bäumen, in Nordeuropa auch auf Felsen. Erst mit etwa fünf Jahren haben Seeadler Aussicht, erfolgreich zu brüten. Der Jagdraum eines Brutpaars umfasst etwa 20–50 km²; Brutpaare benötigen also viel Platz. Wahrscheinlich leben viele Paare in Dauerehe; ein Paar verfügt oft über mehrere Nestplätze in seinem Revier. Beide Geschlechter brüten, das Weibchen sitzt jedoch mehr auf den Eiern als das Männchen. In den ersten Lebenswochen der Jungen bleibt das Weibchen bei den Nestlingen, das Männchen sorgt für Nahrung. Erst später fliegt auch das Weibchen auf die Jagd.

▸ Steinadler

Seeadler *Haliaeetus albicilla* (L.)

Größe	> Gans
Maße (cm)	Länge ca. 77–92 (69–92) / Flügel ca. 200–245
Körpermasse (g)	♂ 4100, ♀ 5500
Stimme	zur Balzzeit ruffreudig, ♂ hoch und gellend, ♀ etwas tiefer und rauer; häufig ♂ „krick-rick-rick-rick", ♀ tiefer „ra-rack-rack-rack", oft im Duett; „ka-ka-ka", kurz gedämpft, bei Störung
Brutzeit	Ende Februar im Süden, bis Mitte Mai im Norden; 1 Jahresbrut
Gelegegröße	(1) 2 (3)
Eifärbung	mattweiß, schwach glänzend
Eimaße (mm)	breit-oval – 74,7 x 58,3
Brutdauer	(35) 38–42 Tage
Nestlingszeit	80–90 Tage; mit ca. 70 Tagen erste Flüge

SEEADLER, WEIBCHEN

WEIBCHEN IM ALTERSKLEID

PAAR, RECHTS MÄNNCHEN

VON ELSTERN BELÄSTIGT

Bartgeier

Außergewöhnliche Größe und charakteristisches Flugbild machen den Bartgeier zu einer einmaligen Vogelgestalt des Hochgebirges. Auf langen, spitz zulaufenden Flügeln gleiten die Vögel einzeln oder paarweise an Felswänden entlang oder segeln um Berggipfel. Verhält man sich ruhig, kommen Bartgeier oft nahe heran, um zu sehen, was sich da tut. Das hat ihnen wohl auch den Ruf eingebracht, sie würden Kinder rauben oder man müsste sich ihrer erwehren. Der relativ lange Schwanz wirkt in Ruhehaltung lang und keilförmig. Der schwarze „Bart" im Gesicht ist ein schwarzer Augenstreif, der sich in borstenartigen Federn unter dem Schnabel fortsetzt. Die rostrote Färbung auf der Körperunterseite der Altvögel geht auf eisenoxidhaltigen Sand zurück, mit dem das Gefieder vor allem an den Schlafplätzen in Felsnischen in Kontakt kommt.

Von den Pyrenäen bis in die zentralasiatischen Hochländer, aber auch im Atlas Nordafrikas und in den Gebirgen Ostafrikas sowie im Westen der Arabischen Halbinsel und ganz isoliert in Südafrika leben Bartgeier vor allem in felsigen Bergmassiven, streifen aber auf Beutesuche auch weit in die Ebenen und Hochebenen hinaus. Sie sind Standvögel und werden daher nur ganz ausnahmsweise außerhalb ihrer Brutareale gesehen.

In Europa sind die Brutbestände bereits seit dem vorigen Jahrhundert erheblich zusammengeschmolzen. Schon vor 1900 verschwanden Bartgeier als Brutvögel in Deutschland, in der Schweiz und in Bosnien, vor 1950 in Österreich, Italien, Rumänien und in der ehemaligen Tschechoslowakei, in den letzten Jahrzehnten aus Serbien, Montenegro, Mazedonien. In Griechenland ging der Bestand in neuester Zeit noch stark zurück, in den spanischen Pyrenäen hat er sich dagegen wieder etwas erholt. Man zählte dort 1991 etwa 41 Paare. Verfolgung und später Gift waren wesentlich am

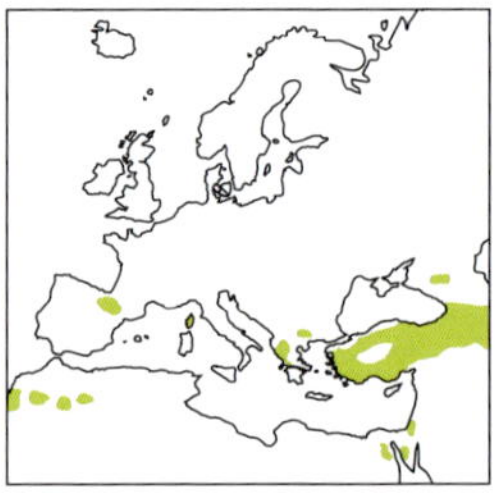

Verschwinden in vielen Gebieten beteiligt. Heute spielen in den oft kleinen Restpopulationen menschliche Störungen und Lebensraumveränderungen aller Art eine wichtige Rolle (z. B. Straßenbau, Beunruhigung durch Tourismus, Rückgang extensiv beweideter Flächen und Anfall von Tierkadavern).

In Spanien hat man mit Erfolg Futterstellen für Bartgeier eingerichtet. Aber solche Maßnahmen können nur vorübergehend sein. Heute fliegen Bartgeier auch wieder in den Alpen, denn 1986 hat man aus Gehegezuchten in den Hohen Tauern vier Bartgeier ausgesetzt. Bis 1993 kamen noch drei weitere Freilassungsorte dazu, nämlich in Frankreich (Haute Savoie, Seealpen) und im Schweizer Nationalpark. Bis 1998 waren insgesamt 80 Bartgeier in Freiheit entlassen worden, von denen über 50 die erste Phase überlebten. Manche von ihnen unternehmen weite Flüge, so dass auch abseits der Konzentrationspunkte einzelne Vögel beobachtet werden können. Bis Mitte der 90er Jahr hatten sich auch die ersten Paare gefunden und Brutversuche unternommen; seit Ende der 90er Jahre ist man mit den ersten erfolgreichen Bruten dem Ziel, eine freilebende Population aufzubauen, ein gutes Stück näher gerückt.

Ernährung und Nahrungserwerb der Bartgeier sind besonders interessant. Sie können allenfalls kleine Wirbeltiere selbst schlagen. Hauptsächlich leben sie von Fleisch und Knochen frischtoter Säugetiere, Vögel und Schildkröten, nehmen aber auch alte Knochen, länger liegendes Aas und Abfälle auf. Auf weiten Suchflügen, mitunter niedrig über dem abschüssigen Boden von Hängen, spähen sie nach Genießbarem. Man hat auch beobachtet, dass sie im Stoßflug angreifen, um größere Tiere zum Abstürzen zu bringen. Vielleicht erklärt das auch verbürgte Nachrichten von Angriffen auf Menschen. Kleinere Knochen werden durchbissen, um ans Mark zu kommen. Aber selbst massive Knochenstücke können im Magen verdaut werden. Andererseits sind Bartgeier für eine Methode berühmt geworden, die man sonst nur bei wenigen Vögeln (z. B. einigen Möwen, Rabenvögeln) kennt: Sie lassen größere Knochen und Schildkröten aus einer Höhe von 40–80 m fallen, um sie durch den Aufprall an Felsen und Steinen zu zertrümmern.

Bartgeier übernachten an geschützten Stellen in Felswänden. Auch ihre oft sehr umfangreichen Nester aus Ästen und Knüppeln (mit feinerer Innenauskleidung) liegen in Nischen oder Halbhöhlen steiler Felswände. Die Paare leben in Dauerehe und verfügen meist über mehrere Nistplätze in einem Revier. Männchen und Weibchen brüten (Weibchen jedoch mehr). Nur ein Junges überlebt.

▸ ANDERE GEIER

Bartgeier *Gypaetus barbatus* (L.)

Größe	> Gans
Maße (cm)	Länge ca. 100–115 / Flügel ca. 245–272 (250–282)
Körpermasse (g)	4500–7100
Stimme	Stimmfühlung „pie"; Erregungslaut hoch pfeifend „fiiij", auch Triller; außer Flugbalz wenig ruffreudig
Brutzeit	Januar im Süden bis März im Norden; 1 Jahresbrut
Gelegegröße	1–2
Eifärbung	weißlich; braun und violett gefleckt oder kräftig gelblich bzw. gelbbräunlich verwaschen; fein gekörnt
Eimaße (mm)	kurz-elliptisch – 82,8 x 65,5
Brutdauer	55–60 Tage
Nestlingszeit	ca. 110 Tage

BARTGEIER, JUNGVOGEL

BARTGEIER, ALTVOGEL

ALTVOGEL IM LEBENSRAUM

BARTGEIER UND SCHMUTZGEIER

Schmutzgeier

Der kleinste europäische Geier erinnert in seiner Flugsilhouette an den Bartgeier, da auch bei ihm die Flügel relativ schlank sind und der (allerdings kürzere Schwanz) keilförmig endet. Die Altvögel sind jedoch mit ihrem weißen Körpergefieder und ihren schwarzweißen Flügeln (die an die Farbverteilung des Weißstorchs erinnern) unverkennbar. Die überwiegend braunen Jungvögel ähneln dagegen eher dem Bartgeier.

Das Verbreitungsgebiet des Schmutzgeiers umfasst alle trockeneren und wärmeren Länder Europas und zieht sich nach Osten bis in die Steppengebiete Asiens. Alle Vögel dieser Populationen einschließlich der Brutvögel Nordafrikas sind Zugvögel. Ihre Überwinterungsgebiete liegen in Afrika südlich der Sahara, auf der Arabischen Halbinsel und in Indien. Die Brutvögel Vorderasiens sind aber in vielen Gebieten nur Teilzieher. Weitere Gebiete sind in der Westsahara, auf den atlantischen Inseln und in der Sahelzone Afrikas besiedelt: Dieses Verbreitungsgebiet erreicht in der Savannenlandschaft Ostafrikas den Äquator. Davon isoliert brüten Schmutzgeier auch in Südwestafrika. Die Brutvögel aller dieser Brutgebiete ziehen nicht, ebenso die Brutvögel auf der Arabischen Halbinsel, im Südiran, in Pakistan und in Indien.

Erst mit fünf Jahren werden Schmutzgeier geschlechtsreif. Da man aber in den Populationen Europas nur wenige noch nicht ausgefärbte Vögel sieht, ist anzunehmen, dass noch nicht geschlechtsreife Schmutzgeier der Zugvogelpopulationen im Bereich des Winterquartieres bleiben und erst bei Geschlechtsreife an ihren Geburtsort zurückkehren.

Innerhalb Europas zählt der Schmutzgeier zu den bedrohten Arten. Die Brutbestände in Spanien, Italien, Griechenland, Bulgarien, der Türkei und anderswo gehen zurück.

Schmutzgeier *Neophron percnopterus* (L.)

Größe	< Huhn
Maße (cm)	Länge ca. 60–70 (58–70) / Flügel ca. 158–163 (155–170)
Körpermasse (g)	1600–2200
Stimme	miauende, zischende oder grunzende Rufe bei Erregung; bei hoher Erregung trillernd „gigi…" oder „gegege…"; wenig ruffreudig
Brutzeit	Ende März bis Anfang April (Nordafrika bis Mai); 1 Jahresbrut
Gelegegröße	(1) 2 (3)
Eifärbung	gelblich weiß, rostbraun oder rötlich; stärker oder schwächer rotbraun oder -violett gepunktet, gesprenkelt oder gefleckt; raue Oberfläche
Eimaße (mm)	kurz-spindelförmig – 66,2 x 50,4
Brutdauer	42 Tage
Nestlingszeit	70–90 Tage

Die größten Bestände leben derzeit noch in Spanien und in der Türkei. Ursachen des Rückgangs, der den Schmutzgeier heute in die gefährdeten Brutvogelarten Europas einreiht, lagen (und liegen in manchen Gebieten noch) in der direkten Verfolgung und auch in Vergiftungsaktionen gegen „Schädlinge". Menschliche Störung und Nahrungsknappheit, die ein aktuelles Problem bei so gut wie allen Geiern in Europa darstellen, scheinen beim kleinen und vielseitigen Schmutzgeier eine geringere Rolle zu spielen.

Die Nahrung ist sehr vielseitig und Schmutzgeier können sich auch gegen große Aasverwerter behaupten. Erst ab frühem Vormittag und auch in großer Mittagshitze finden die von Thermik begünstigten weiten Suchflüge statt. Aber auch von exponierten Sitzwarten suchen Schmutzgeier die Umgebung ab. Haben sie den frischen Kadaver eines verendeten Großsäugers gefunden, müssen sie auf die Vorarbeit größerer Geier oder aasfressender Säugetiere warten. Nur an Auge, Zunge oder After können sie herumpicken und mit ihren dünnen Schnäbeln kleine Stücke herausreißen. Dafür sind sie dann aber erfolgreiche Resteverwerter, wenn die größeren Aasfresser bereits wieder abgezogen sind. Für sie lohnt sich auch die Jagd nach Kleintieren (einschließlich großer Insekten, Reptilien, Amphibien), auf die sie sich nicht selten zu Fuß begeben. Überfahrene Kleintiere an Straßen, fast jegliche Form von organischem Abfall (einschließlich Kot) sind für sie interessant. An Abfallstellen sammeln sich oft größere Trupps. Berühmt wurden afrikanische Schmutzgeier, die Straußeneier aufbrechen, indem sie Steine darauf fallen lassen. Dies ist einer der seltenen Fälle von „Werkzeuggebrauch" bei Vögeln.

Wahrscheinlich halten die Partner eines Paares auf Dauer zusammen. Brutgebiete sind meistens offene, nicht mit Bäumen bestandene Landschaften einschließlich Wüsten- und Halbwüstengebieten. Die Nester stehen in Fels- und Erdwänden, meist vor starker Sonneneinstrahlung in Halbhöhlen und Nischen geschützt. Ein guter Rundblick spielt offenbar eine gewisse Rolle. Gebäudebruten sind z. B. aus Asien bekannt; hier treiben sich Schmutzgeier häufig auch im Weichbild größerer Städte herum. Baumnester sind selten. Männchen und Weibchen tragen Äste für den Rohbau ein. Die Mulde ist in der Regel mit weicherem Material ausgekleidet. Beide Partner bebrüten das Gelege und schaffen später Futter für die Nestlinge herbei. Die Jungen werden auffallend lange im Nest gehudert, wahrscheinlich halten die Altvögel dabei auch Sonne von ihnen ab. Etwa in der Hälfte der Bruten wird nur ein Junges flügge.

▸ GÄNSEGEIER

SCHMUTZGEIER, ALTVOGEL

SCHMUTZGEIER AM AAS

SCHMUTZGEIER, JUGENDKLEID

GELEGE

Gänsegeier

Der „Prototyp" des altweltlichen Geiers mit breiten Flügeln, die an den Enden tief gefingert sind, mit kurzem, breitem Schwanz und langem, nur mit weißlichen Dunen besetztem Hals, kommt in einigen einander recht ähnlichen Arten in vielen warmen Gebieten Europas, Afrikas und Asiens vor.

Das Brutgebiet des Gänsegeiers erstreckt sich auf Trockengebiete in Südeuropa und Nordafrika, von Vorderasien bis in den Nordwesten der Mongolei sowie auf den Norden Pakistans und Indiens. Die meisten sind Standvögel oder Teilzieher, die nur im Norden des Verbreitungsgebiets nicht überwintern. Die Überwinterungsgebiete beginnen etwa mit den Pyrenäen, dem Balkan und dem Kaukasus und reichen bis in die Sahelzone Afrikas (wo keine Gänsegeier mehr brüten). Berühmt sind Sommervorkommen außerhalb des Brutgebiets in den Tauern Österreichs. Die meisten heute in Mitteleuropa gelegentlich beobachteten Gänsegeier stammen wohl aus Beständen frei fliegender Zoovögel (z. B. Salzburg).

Wie für alle Geier in Europa ist auch die Geschichte des Gänsegeiers durch langen Rückgang bestimmt. Klimaveränderungen, Rationalisierung und damit in manchen Gebieten Rückgang der extensiven Weidewirtschaft, verbesserte Hygiene durch Beseitigung von Tierkadavern und Abfällen, Giftaktionen gegen Säugetiere (z. B. Wolf) und Pestizide, aber auch Verfolgung und Störung der Schlafplätze und Brutgebiete durch Tourismus deuten eine Vielfalt von negativen Ursachen auf die Geierpopulationen an. Verbote von Vergiftungsaktionen haben offenbar in Spanien in neuester Zeit der Erholung des Bestandes entscheidend geholfen; die dortige Population umfasst derzeit wohl über 8000 Paare. Wichtig war auch die Errichtung von Futterstellen, um den Ausfall an Nahrung auszugleichen. Dies kann natürlich nur eine vorübergehende Hilfsmaßnahme sein. In Frankreich ist der Bestand auch durch erfolgreiche Wiedereinbürgerung

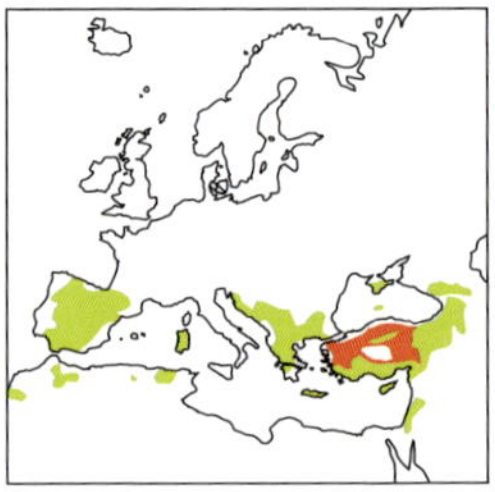

(z. B. in den Cevennen) gestärkt worden. In Südosteuropa und in der Türkei scheinen dagegen die Bestände immer noch abzunehmen. Insgesamt wird die Art zu den gefährdeten Brutvögeln Europas gerechnet.

Gänsegeier sind in ihrer Flugweise ausgesprochen abhängig von Aufwinden, denn wo immer möglich gleiten und segeln sie, dabei oft mit leicht V-förmig nach oben gehaltenen Flügeln. Vom flachen Boden, auf dem sie sich schreitend oder hopsend fortbewegen, können sie sich erst nach einem Anlauf und einigen Sprüngen in die Luft erheben. Sie ruhen oft in größeren Trupps in Schlafwänden, die von der Morgensonne beschienen werden. Erst am späteren Vormittag bei beginnender Erwärmung gleiten die Geier ab. An kühlen Tagen können Nichtbrüter mitunter tagelang in einer Felswand sitzen. An den Ruhewänden sieht man Gänsegeier auch oft Sonnenbäder nehmen.

Die Nahrung besteht ausschließlich aus toten Tieren, in erster Linie mittelgroße bis große Säugetiere, die entweder frisch tot sind oder auch schon in Verwesung übergegangen sein können. Gänsegeier nehmen Eingeweide und Muskelfleisch auf, Haut, Sehnen und selbst kleine Knochen (vgl. Bartgeier) verschmähen sie. Lebende Tiere werden von ihnen nicht angegriffen. Zur Nahrungssuche schrauben sich die Geier hoch in die Luft und suchen in weiten Kreisen große Gebiete ab. Sie finden auch aus weiter Entfernung frische Kadaver erstaunlich rasch, auch wenn noch keine anderen Aasfresser deren Platz verraten. Sie richten sich aber wohl auch nach dem Verhalten von Artgenossen. Bei einem frischen Kadaver landen sie aber erst nach einer „Sicherheitsprüfung" der Umgebung. An Großtierkadavern können sich im Lauf der Zeit größere Trupps sammeln. Die Rangordnung der Geier scheint nicht festgelegt zu sein, sondern derjenige mit dem größten Hunger setzt sich am Kadaver durch und demonstriert seinen Anspruch mit Drohverhalten.

Die Paare leben wahrscheinlich in Dauerehe zusammen. Balz und Paarbildung finden bereits ab Spätherbst statt. Die Nester stehen auf offenen Felsbändern oder in Nischen und Höhlungen geschützt. Nicht selten brüten auch mehrere Paare in einer kleinen Kolonie beisammen. Männchen und Weibchen tragen Äste als Baumaterial ein; die Mulde ist meist mit weicherem Material ausgepolstert. Männchen und Weibchen brüten und füttern dann auch gemeinsam das Junge mit unverdautem Nahrungsbrei aus dem Kropf. Am Anfang wird das Junge auch intensiv gehudert und vor zu starker Sonneneinstrahlung geschützt. Wohl mit 4–5 Jahren werden Gänsegeier geschlechtsreif; Vögel in Gefangenschaft sollen ein Höchstalter von 55 Jahren erreichen.

▸ Mönchsgeier

Gänsegeier *Gyps fulvus* (Hablizl 1783)

Größe	= Gans
Maße (cm)	Länge ca. 95–105 (95–110) / Flügel ca. 255–280 (240–280)
Körpermasse (g)	6000–11000
Stimme	Kreischlaute oder gänseartig keckernd „gegegeg..." (bei Streitigkeiten), am Kadaver auch Fauchen, Röhren, Schluchzen, kurzes Quieken
Brutzeit	Ende Januar bis Mitte Februar, 1 Jahresbrut
Gelegegröße	1 (sehr selten 2)
Eifärbung	weiß; zuweilen spärlich rotbraun gepunktet; ziemlich glatt oder fein gekörnt
Eimaße (mm)	rundlich-elliptisch bis breit-oval – 92,4 x 69,7
Brutdauer	48–54 Tage
Nestlingszeit	110–115 (bis 130) Tage

GÄNSEGEIER BEWACHT JUNGVOGEL IM HORST

GÄNSEGEIER AM AAS

GÄNSEGEIER MIT SCHWARZSTORCH KREISEND

SUCHFLUG

Mönchsgeier

Er gilt als größter Greifvogel Europas. Seine breiten, an den Enden tief gefingerten Flügel können bis fast 3 m spannen und werden beim Gleiten und Segeln gerade gehalten (nicht angehoben wie häufig beim Gänsegeier). Auch ein etwas keilförmig zugespitzter Schwanz und einheitlich dunkle Flügel unterscheiden den Mönchsgeier vom Gänsegeier. In der Nähe fällt der bräunliche Kragen auf, aus dem der fast kahle, bei Altvögeln bläuliche Kopf herausragt.

Die westlichsten Vorkommen des Mönchsgeiers liegen in Spanien. Kleine Bestände halten sich noch in Griechenland. Von Kleinasien erstreckt sich das Verbreitungsgebiet über die Gebirge und Hochländer Zentralasiens bis in den Osten Chinas. Im Winter erscheinen Mönchsgeier auch in einigen Gebieten südlich ihres Brutgebiets, etwa im Sudan, in Pakistan, Nordindien oder im südlichen China.

Mönchsgeier zählen zu den gefährdeten Brutvögeln Europas, denn ihr Bestand ist langfristig zurückgegangen. Aus einer Reihe von Gebieten ist die Art längst verschwunden, etwa aus Portugal, Nordspanien, Frankreich, Italien, Österreich, Ungarn, Tschechien, Slowakei, Polen, Rumänien, Bosnien oder auf manchen Inseln des östlichen Mittelmeers. Beim Rückgang spielen sicher Verfolgung und vor allem das Auslegen vergifteter Köder gegen „Raubtiere“ eine Rolle, aber auch Lebensraumveränderungen. Mönchsgeier leben in Europa in Hügel- bis mittelhohen Gebirgslandschaften, die mit immergrünen Bäumen, wie mediterrane Eichenarten oder Nadelbäumen, bestanden sind. So haben Veränderungen der Waldbedeckung (z. B. Anpflanzen von Eukalyptus), Abholzung oder Beseitigung des Unterholzes zwischen locker stehenden Bäumen und Forstraßen usw. nachweislich Brutplätze vernichtet oder Brutpaare durch Störung vertrieben. Schutzbestrebungen für Brutplätze und vor allem die Verringerung der Verluste durch Giftaktionen haben offenbar in der noch recht großen spanischen Population zu gewissen Bestandserholungen geführt. Auf Mallorca, wo Anfang des Jahrhunderts wohl noch Hunderte von Mönchsgeiern lebten, ist der Bestand auf wenige Vögel zurückgegangen. Durch Wiedereinbürgerung in Gebirgsgegenden sind die Bestände des riesigen Greifvogels wieder leicht angestiegen.

Im Unterschied zum Gänsegeier brüten Mönchsgeier auf Bäumen, im Mittelmeer z. B. auf Korkeichen und Kiefern; Boden- und Felsnester sind selten. Einzelne Nester werden viele Jahre benützt und wachsen zu gewaltigen Burgen an. Männchen und Weibchen tragen Äste ein, der Innenausbau besteht aus weicherem Material. Männchen und Weibchen brüten und versorgen auch gemeinsam das Junge, das mit halb verdauter Nahrung oder ausgewürgten Brocken gefüttert wird. In günstigen Gebieten stehen die Nester auch in lockeren Kolonien; nämlich mehrere Nester auf wenigen Kilometern.

Aas größerer Tiere spielt auch für die Ernährung der Mönchsgeier die entscheidende Rolle, in Gebirgsgegenden vor allem Schafe, Ziegen, Hirsche, aber auch Kaninchen. In den Mittelmeerländern war und sind auch Kadaver von Weidevieh eine wichtige Nahrungsquelle. Der Rückgang von totem Weidevieh scheint z. B. in Spanien durch die Zunahme von Damhirsch, Reh und Wildschwein zum Teil aufgefangen worden zu sein. Kleinere Tiere und wohl kranke oder behinderte Säugetiere können die Geier auch selber erbeuten.

Mönchsgeier sind längst nicht so gesellig wie Gänsegeier. Man sieht sie meistens einzeln, wenn sie hoch kreisend nach Nahrung ausspähen oder auch niedriger entlang von Berghängen oder Hügeln mit Aufwinden gleiten. An einem Aas können sich aber auch mehrere einfinden. Die Konkurrenz der Aasfresser an einem Kadaver wird durch eine gewisse Rangordnung geregelt, die aber nicht starr ist, sondern ganz offensichtlich auch vom Hunger der beteiligten Individuen bestimmt wird. Der Mönchsgeier als der größte ist z. B. dem Gänsegeier nicht von vornherein überlegen, auch wenn es zu unmittelbarer Auseinandersetzung am Kadaver kommen kann und Droh- und Einschüchterungsgesten gegen Konkurrenten eingesetzt werden. Die Rollen der Geierarten und der weiteren Aasverwerter, wie Schwarzmilan oder Rabenvögel, sind zum Teil auch durch die Technik des Nahrungserwerbs und daher der Nahrungswahl mitbestimmt. Mönchsgeier reißen mit ihren mächtigen Schnäbeln Stücke ab, Gänsegeier wühlen mit ihren langen Hälsen auch im Inneren der Kadaver und zerren Stücke heraus. Die kleineren Aasfresser, wie z. B. auch Schmutzgeier, halten dann vor allem Nachlese.

Mönchsgeier *Aegypius monachus* (L. 1766)

Größe	= Gans
Maße (cm)	Länge ca. 100–110 (98–107) / Flügel ca. 250–295
Körpermasse (g)	7000–12500
Stimme	grunzende Laute am Kadaver; wenig zu hören
Brutzeit	Ende Februar bis März, 1 Jahresbrut
Gelegegröße	1
Eifärbung	weiß oder rostbraun, unterschiedlich; kastanienrot, braun oder violett gezeichnet
Eimaße (mm)	rundlich-elliptisch – 90 x 69,7
Brutdauer	50–55 Tage
Nestlingszeit	ca. 120 Tage

▶ Gänsegeier

MÖNCHSGEIER, ALTVOGEL FÜTTERT JUNGES

ALTVOGEL KREISEND

JUNGVOGEL IM ZWEITEN SOMMER

ALTVOGEL BEWACHT JUNGES

Schlangenadler

Der Name des über bussardgroßen Greifvogels ist durchaus nicht übertrieben, denn Reptilien und darunter vor allem auch Schlangen etwa bis zu einem Meter Länge bilden einen wesentlichen Teil seiner Nahrung. Verschiedene Natternarten, aber auch giftige Ottern, Blindschleichen. und Eidechsen bilden die Hauptbestandteile. Amphibien, Kleinsäuger und Vögel bis etwa Drossel- und Hähergröße werden seltener erbeutet. Der Tagesbedarf beträgt etwa 1–2 mittelgroße Schlangen; während der Jungenaufzucht müssen pro Tag vom Paar etwa 3–5 erbeutet werden. Den Nahrungsbedarf eines Nestlings bis zum Flüggewerden schätzt man auf 200–270 Schlangen, was etwa 8–11 Kilogramm entspricht.

Wer größtenteils von Reptilien lebt, kann nur in mindestens sommerwarmen und trockenen Gebieten brüten und wird im Winter in wärmere Gebiet ausweichen müssen. So ist es kaum verwunderlich, wenn das Brutgebiet vor allem Südeuropa und Nordafrika umfasst. Nach Osten setzt sich das Areal bis in die Steppengebiete Zentralasiens fort, reicht aber in Osteuropa nach Norden bis in das Hinterland des finnischen Meerbusens. Alle diese Brutvögel sind Langstreckenzieher, die in der Sahelzone Afrikas und wohl auch in Indien überwintern. In Indien lebt dazu noch eine Standvogelpopulation. In Afrika finden sich mehrere nah verwandte Schlangenadler in weiter Verbreitung.

Der Wegzug aus Europa findet von August bis Oktober statt. Am Bosporus und an der Straße von Gibraltar konzentrieren sich die Gleit- und Segelflieger etwa in der zweiten Septemberhälfte. Von März bis Mai ist mit dem Heimzug zu rechnen. Einzelne Schlangenadler kommen gelegentlich auch außerhalb des Brutareals in Mitteleuropa vor und haben hier auch schon übersommert.

Die Bestände in den meisten Ländern Europas sind nicht hoch und daher zählen auch Schlangenadler zu den gefährdeten Brutvögeln. Langfristige Rückgänge sind nicht nur durch direkte Verfolgung, sondern auch als Folge von Landschaftsveränderungen eingetreten. Gebiete mit extensiver Bodennutzung und die typische niedrige Buschlandschaft der Mittelmeerländer (Macchie, Garrigue) bieten geeignete Jagdgründe. Weiter im Osten sind es vor allem Trockensteppen. Spanien, Südfrankreich und die Türkei beherbergen derzeit die größten Bestände, auch in Italien oder Griechenland kann man Schlangenadler noch regelmäßig sehen. Eine grundsätzliche Gefährdung gegenüber Verfolgung ergibt sich bereits aus der geringen Nachwuchszahl.

Trotz seiner kompakten Körperform wirkt der Schlangenadler wenig adlerartig, sondern mehr wie ein großer Bussard. Im Flugbild fallen breite, unterseits helle Flügel auf, die an den Enden relativ wenig gefingert sind. Die Unterseite ist aber variabel gefärbt, bei manchen Vögeln kann man eine dunkle Brust und einen dunklen Kopf erkennen. Ein wichtiges Merkmal gegenüber hellen Bussarden oder dem Fischadler ist das Fehlen eines dunklen Flügelbugs. Im Sitzen fällt der dicke, fast eulenartige Kopf auf; die Augen sind hell, Beine und Wachshaut sind blaugrau.

Mit elegantem Segel- und Gleitflug suchen Schlangenadler über weitgehend offenem Land nach Nahrung und nützen auch gern die Thermik über sonnenbeschienenen Hängen aus. Bei geringerem Aufwind rütteln sie auch nicht selten, wobei die Füße deutlich sichtbar nach unten hängen. Rasche Abstürze aus hohem Winkel sichern den Zugriff auf die Beute. Mitunter sind die Vögel auch zu Fuß auf der Jagd. Die Abhängigkeit von Aufwinden führt dazu, dass sich Schlangenadler meist erst ziemlich spät am Tag auf die Jagd begeben oder an den Durchzugspunkten an Meerengen zu erwarten sind.

Die Paare sind sehr reviertreu. Nach der Ankunft zeigen sie über den Revieren auffällige Flugspiele, so genannte „Girlandenflüge“. Sie sind vielleicht Balzflüge, dienen sicher aber auch der Reviermarkierung. Das relativ kleine Nest, das nicht selten auch von anderen Greifvögeln übernommen worden ist, steht meist hoch in Bäumen, bevorzugt in Nadelbäumen oder immergrünen Laubbäumen. In trockenen Steppengebieten findet man auch Nester auf niedrigen Krüppelbäumen oder in Felsen. Schon vor der Eiablage wird das Weibchen vom Männchen gefüttert. Es besorgt auch den weitaus größten Teil des Brutgeschäfts; das Männchen sitzt meist nur kurz auf dem Ei. Die Nahrung wird dem Jungen im Schnabel zugetragen, das etwa ab einem Alter von drei Wochen selbst zu kröpfen beginnt.

▸ MÄUSEBUSSARD, WESPENBUSSARD, FISCHADLER

Schlangenadler *Circaetus gallicus* (GM. 1788)

Größe	< Huhn
Maße (cm)	Länge ca. 62–67 / Flügel ca. 170–185
Körpermasse (g)	♂ 1200–2000, ♀ 1300–2300
Stimme	häufigste Rufe ♂ aus 2 Teilen „iii“ oder „hii...“, tiefer „jo“ oder „jiuh“, viele Variationen; bei Balz in langen Reihen (an Pirol, Schwarzspecht oder Waldkauz erinnernd); ♀ weniger ruffreudig und klangvoll
Brutzeit	Ende April bis Anfang Juni, 1 Jahresbrut
Gelegegröße	1
Eifärbung	weiß, grobkörnig, mit größten bei Adlereiern vorkommenden Unebenheiten
Eimaße (mm)	groß, kurz-elliptisch bis breit-oval – 73,5 x 57,8
Brutdauer	45–77 Tage
Nestlingszeit	70–75 Tage

SCHLANGENADLER MIT SKINK FÜR DEN JUNGVOGEL

KREISENDER SCHLANGENADLER

ALTVOGEL BEWACHT JUNGES

HORST UND GELEGE

Rohrweihe

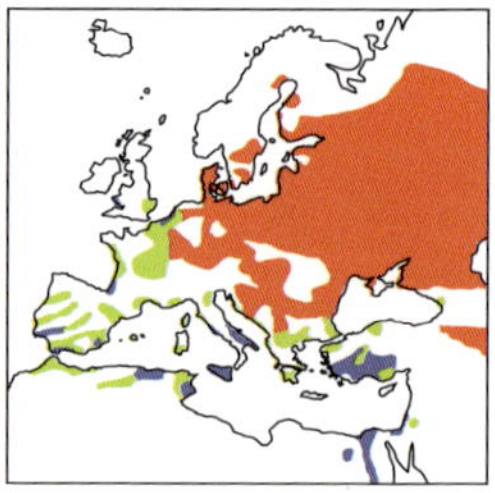

Weihen sind relativ schlanke Greifvögel, die mit mehr oder minder stark V-förmig nach oben gehaltenen Flügeln im gaukelnden Suchflug im offenen Gelände jagen. Die Rohrweihe ist mit fast Bussardgröße die größte europäische Art ihrer Gattung und hat viel breitere Flügel als die anderen Arten. Doch trotz ihrer Größe ist sie an der schlanken Gestalt und dem relativ langen Schwanz sofort als Weihe zu erkennen; in der Färbung unterscheiden sich beide Geschlechter von ihren Gattungsgenossen.

Das Brutgebiet der Rohrweihe reicht von Westeuropa bis Mittelsibirien und Zentralasien in der gemäßigten und subtropischen Zone. Die südlichsten Brutplätze liegen in Nordafrika und im Mittleren Osten (z. B. am Nordende des Persischen Golfes). In Afrika, Ostasien und Australien leben sehr nah verwandte Arten, die zum Teil mit der Rohrweihe als eine Art zusammengefasst wurden. Die mittel-, ost- und nordeuropäischen Brutvögel sind wie ihre zentralasiatischen Artgenossen Zugvögel, im Norden des Brutgebiets sogar Langstreckenzieher. Ihre Winterquartiere liegen in Afrika südlich der Sahara, wo sie in Ostafrika bis nach Simbabwe reichen, sowie in Indien bis an die Südspitze. Die weitesten Ringfunde reichen über 5000 km. Viele Rohrweihen überwintern im Mittelmeergebiet; entlang der Atlantikküste reicht das Winterareal sogar bis Nordfrankreich und in die Niederlande. Ab Mitte August mit Höhepunkt im September findet in Mitteleuropa der Abzug statt; die ersten kommen ab Ende März wieder an die Brutplätze zurück.

Weihen sind Vögel offener Landschaften. Die Rohrweihe ist am stärksten von allen Arten an die Verlandungszonen von Binnengewässern gebunden. Ihre Nester stehen in der Regel im dichten Schilf, meist dicht über Wasser. Daneben kommen aber auch Nester in Getreidefeldern oder in anderen Pflanzengesellschaften vor. Oft sind Nester nicht weit voneinander entfernt, da in der Regel nur die nähere Umgebung des Nestes verteidigt wird. Die Jagdgebiete reichen vom Außenrand des Pflanzengürtels am offenen Wasser über die Verlandungszone bis auf Wiesen, Äcker oder Dünen der Umgebung.

Die Nahrung ist vielseitig. In der Brutzeit spielen vor allem Jungvögel und Nestlinge eine Rolle. Für Weihennahrung typisch sind auch Eier. In einer Überaschungstaktik wird eine Vielzahl von kleineren bis mittelgroßen Beutetieren am Boden gegriffen; die Obergrenze der Beutegröße liegt etwa bei Wanderratten, jungen Kaninchen, halbwüchsigen Teich-, Bläss- und Rebhühnern. Bei Massenvermehrungen von Feldmäusen können sich Rohrweihen weitgehend auf dieses Nahrungsangebot umstellen. Im Vergleich zu den anderen Weihen sind in der Nahrung mehr am Wasser oder in der amphibischen Verlandungszone lebende Tiere enthalten. Rohrweihen können auch Schwimmvögel auf dem Wasser verfolgen und durch Ausnutzung von Deckung in höherer Bodenvegetation erfolgreich jagen.

Nach der Ankunft am Brutplatz sind elegante Flugspiele zu beobachten, während derer die Partner hoch aufsteigen, um die Längsachse rollen und Überschläge ausführen, die Männchen sich auch aus großer Höhe herunterfallen lassen. Die Bedeutung dieser Schauflüge ist nicht nur im Zusammenhang mit der Balz zu sehen, sondern auch als Markierung des Nestplatzes zu deuten. Die Männchen übergeben den Weibchen auch Beute in der Luft: Sie lassen Beute fallen, die das Weibchen mit nach oben gestreckten Füßen auffängt. Das Männchen baut oft zunächst mehrere Nestplattformen aus vorjährigem Schilf. Der eigentliche Nestbau ist dann mehr Sache der Weibchen. Oft wird auch noch während der Brut und sogar noch, wenn die Jungen geschlüpft sind, am Nest gebaut. Männchen tragen auch dann noch Material ein.

Normalerweise hält ein Paar eine Brutzeit über zusammen. Wie sich erst neuerdings herausstellte, kommen in manchen Gebieten aber zu einem gewissen Anteil auch Männchen mit zwei Weibchen vor, also Fälle von Bigynie. Dies ist deshalb möglich, weil die Weibchen das Gelege allein bebrüten. Da das Männchen zunächst hauptsächlich die Beute herbeischafft, bringen die Weibchen solcher Dreiergruppen meist etwas weniger Junge pro Gelege groß. Da die Eier in einem Abstand von 2–3 Tagen gelegt werden, die Bebrütung aber schon nach dem 1. oder 2. Ei beginnt, sind die Jungen im Nest in der Regel unterschiedlich weit entwickelt. Bei Nahrungsmangel gehen die „Nesthäkchen" vorzeitig zugrunde.

▸ Wiesenweihe, Kornweihe

Rohrweihe *Circus aeruginosus* (L.)

Größe	= Huhn
Maße (cm)	Länge ca. 48–55 (48–56) / Flügel ca. 110–125 (110–130)
Körpermasse (g)	♂ 405–667, ♀ 540–800
Stimme	♂ bei Balzflügen quäkend, nasal „quiä", „kjä", auch locker gereiht; ♂ Revierverteidigung „kuik"; Warnrufe ♂ und ♀ „kekeke..." (ähnlich Turmfalke); Bettelrufe „piejäh"
Brutzeit	Mitte April bis Anfang Juni, 1 Jahresbrut
Gelegegröße	(2) 3–7 (8); (ausnahmsweise 9–12)
Eifärbung	bläulichweiß; glatt, glanzlos, manchmal durch Nistmaterial fleckig
Eimaße (mm)	kurz-spindelförmig – 50 x 38,8
Brutdauer	31–36 Tage
Nestlingszeit	ab 26 Tage im Schilf nahe Nest; ab 30 Tage erste Flugversuche, ab 38/39 Tage erste Flüge

ROHRWEIHE, WEIBCHEN (ALTVOGEL)

MÄNNCHEN (ALTVOGEL)

MÄNNCHEN IM FLUG

JUNGVOGEL (DUNKEL)

Kornweihe

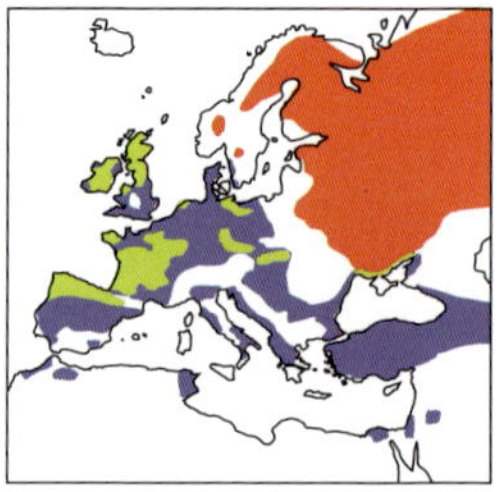

Unter den drei kleineren Weihenarten, deren Männchen alle hell blaugrau gefärbt sind mit charakteristischer schwarzer Zeichnung der Flügelenden, hat die Kornweihe die relativ breitesten Flügel. Bei den ausgefärbten Männchen sind die Flügelspitzen schwarz und mehr oder minder gerade gegen die möwengrauen Innenflügel abgesetzt. Weibchen und Jungvögel der kleineren „blauen" Weihen sicher zu bestimmen, zählt zu den besonderen Schwierigkeiten der Feldornithologie. Man muss sich da in guten Bestimmungsbüchern Rat suchen. Häufig spricht man auch einfach von „Weißbürzelweihen", wenn man über die Artzugehörigkeit der Weibchen nicht sicher ist.

Die Kornweihe hat unter den Weihen der Welt das größte Verbreitungsgebiet und brütet auch viel weiter im Norden als die anderen kleineren Arten der Gattung. In Europa fehlt die Art als Brutvogel im Süden und erreicht ihre Nordgrenze erst im nördlichen Skandinavien. Nach Osten reicht das Areal durch Sibirien bis an die Pazifikküste und nach Nordostsibirien. Eine andere Unterart brütet im Norden Amerikas von Alaska bis in die mittleren Vereinigten Staaten; sie wird gelegentlich auch als eigene Art betrachtet.

In Europa zählen Kornweihen zu den gefährdeten Brutvögeln, da die Bestände langfristig abgenommen haben und in manchen Ländern auch neuerdings noch Rückgänge eintraten und Brutgebiete verloren gingen. Heidegebiete, Moore, Marschwiesen, Dünen sind die bevorzugten Brutgebiete in Mitteleuropa. Solche Flächen sind vielfach verschwunden oder höchst gefährdet. Weiter im Osten ist die Kornweihe typischer Brutvogel von Steppengebieten. Neue Brutbiotope sind im Westen Europas durch Aufforstungen entstanden, doch sind solche Flächen nur vorübergehend geeignet, da höhere Waldbestände von den Weihen dann nicht besiedelt werden. Auch in Getreidefeldern brüten gelegentlich Paare, heute vor allem im Südwesten Europas. In intensiv bewirtschafteten Agrargebieten hat die „Korn"weihe heute kaum mehr eine Chance. Im allgemeinen wird Kulturland auch als Jagdgebiet wenig aufgesucht.

Europäische Kornweihen sind meist nur Kurzstreckenzieher; ihr Wintergebiet reicht nur bis Nordafrika. Auch in Mitteleuropa überwintern regelmäßig nördliche Wintergäste, die oft in kleinen Gruppen gemeinsame Schlafplätze aufsuchen und in Heide- und Moorgebieten jagen. Bei Kälte findet auch mitten im Winter noch Winterflucht statt.

Ausgeprägter als Wiesen- und Rohrweihe sind Kornweihen Jäger von kleinen Säugetieren. Das erlaubt ihnen auch Überwinterung in mittleren Breiten, denn vor allem im Winter spielen Feldmäuse eine große Rolle. Im Sommer werden auch Vögel, insbesondere Jungvögel erbeutet, vor allem in Westeuropa auch Kaninchen. Im niedrigen Suchflug jagen die mit V-förmig angehobenen Flügeln gaukelnden Vögel und nützen dabei geschickt Deckung aus, um potenzielle Beutetiere zu überraschen. Das kann man auch bei überwinternden Kornweihen beobachten, die sich dann oft schon am hohen Nachmittag in der Nähe traditioneller, oft über viele Jahre beibehaltenen Schlafplätze sammeln. Auch die Windverhältnisse werden genutzt; leichter Gegenwind erleichtert das Gleiten niedrig über dem Boden.

Während der Brutzeit sind die Jagdgebiete einzelner Paare oft groß, auch wenn in günstigen Gebieten mitunter mehrere Nester relativ dicht nebeneinander stehen können. Über dem Brutgebiet zeigen die Männchen auffallende Schauflüge in „Girlandenform": Steiles Aufsteigen wird durch fast senkrechtes Abstürzen abgelöst. Auch Scheinangriffe auf das Weibchen sind zu erkennen. Die Wahl des Reviers scheint mehr Sache der Männchen zu sein, Weibchen entscheiden dagegen die Wahl des Neststandorts, nachdem manchmal die Männchen einige Nestanfänge zur Wahl anbieten. In dichter siedelnden Populationen, so etwa in Schottland, sind regelmäßig einzelne Männchen mit zwei oder sogar mehr Weibchen verpaart. Das Nest ist eine flache mit trockenem Pflanzenmaterial ausgekleidete Mulde auf feuchtem oder trockenem Untergrund. Das Weibchen brütet allein und wird vom Männchen mit Nahrung versorgt. Hat ein Männchen mehrere Weibchen, ist die Versorgung zum Teil unzureichend. Die Weibchen kümmern sich hauptsächlich um die Ernährung der Nestlinge. Oft bleiben die Jungen nach dem Ausfliegen noch wochenlang mit den Altvögeln zusammen.

► Wiesenweihe, Steppenweihe, Rohrweihe

Kornweihe *Circus cyaneus* (L. 1766)

Größe	= Huhn
Maße (cm)	Länge ca. 43–50 (43–52) / Flügel ca. 100–120 (99–121)
Körpermasse (g)	♂ 350, ♀ 530
Stimme	vor allem während Schauflug meckernd „kekekeke", ähnlich auch bei Hassen und Erregung (♀ höher); zwischen Kecker-Reihen pfeifend „piju" (♂; auch als Bettelruf ♀); ♂ bei Beuteübergabe „djukuh"; juv. ausgedehnt „psiie"
Brutzeit	Ende April im Süden, bis Ende Mai/Anfang Juni im Norden; 1 Jahresbrut
Gelegegröße	(3) 4–6 (7); mehr von 2 ♀♀
Eifärbung	bläulichweiß, mit einzelnen hellbraunen Klecksen
Eimaße (mm)	kurz-spindelförmig – 45,3 x 35,5
Brutdauer	29–31 Tage
Nestlingszeit	32–42 Tage

KORNWEIHE, WEIBCHEN (ALTVOGEL)

MÄNNCHEN (ALTVOGEL)

WEIBCHENFARBIGER VOGEL IM WINTER

FLÜGGER JUNGVOGEL

Steppenweihe

Die alten Männchen sind unterseits fast weiß und auch auf der Oberseite so hell, dass sie an Möwen erinnern. Das Schwarz am spitzen Flügelende reicht auf der Unterseite als spitzer Keil gegen den inneren Flügelabschnitt. Jüngere Männchen tragen oft noch einen braunen Anflug auf der Unterseite und sind oberseits dunkler als die alten Männchen. Die braunen Jungvögel und die Weibchen zählen auch zur Kategorie der schwierig zu bestimmenden „Weißbürzelweihen". Jungvögel sind aber wie bei der Wiesenweihe unterseits warm rötlichbraun, aber durch einen schmalen hellen Halskragen von den ebenfalls sehr schlanken Wiesenweihen zu unterscheiden. Bei der Kornweihe sind die Jungvögel dagegen fein dunkel gestrichelt. Aber zur sicheren Bestimmung muss man auch hier mehrere Merkmale registrieren und mithilfe guter Bestimmungsbücher vergleichen und bewerten.

In Mitteleuropa zählen Steppenweihen zu den ausgesprochenen Seltenheiten. Ihr Brutgebiet reicht innerhalb des Steppen-, Waldsteppen- und Halbwüstengürtels von Osteuropa bis nach Innerasien (Mongolei und vielleicht auch noch Nordwestchina). Der Brutbestand innerhalb Europas ist sehr gefährdet, denn viele Brutgebiete in Osteuropa gehen großflächig verloren: Natürliche Grassteppen werden in Ackerland umgewandelt, feuchtere Grasländer intensiv beweidet und Buschvegetation im offenen Land beseitigt. In einigen Gebieten scheint auch die Anwendung von Pestiziden die Bestände gefährdet zu haben. Steppenweihen machen ihrem Namen Ehre und sind kaum auf Kulturland anzutreffen. Zum Schutz der Art sind Schutzzonen um Nester wichtig und die Erhaltung wenigstens kleiner naturnaher Steppenflächen auch in immer weiter wachsenden Anbaugebieten. Leider ist die genaue Verbreitung und vieles aus der Lebensweise der Steppenweihe recht ungenügend bekannt.

Steppenweihe *Circus macrourus* (GMELIN 1771)

Größe	= Huhn
Maße (cm)	Länge ca. 40–48 / Flügel ca. 95–110 (95–120)
Körpermasse (g)	♂ 315, ♀ 445
Stimme	ähnlich den anderen Arten am Brutplatz; „kikiki..." bei Erregung; Bettelruf ♀ einsilbiges Pfeifen
Brutzeit	Ende April bis Mitte Mai, 1 Jahresbrut
Gelegegröße	3–5 (6)
Eifärbung	bläulichweiß, gelegentlich mit kleinen hellbraunen Punkten, manchmal stärker braun gefleckt; glatt, glanzlos
Eimaße (mm)	kurz-spindelförmig – 44,8 x 34,8
Brutdauer	29/30 Tage pro Ei
Nestlingszeit	35–45 Tage; Familie hält noch bis 20 Tage zusammen

Die Brutgebiete liegen in stärker kontinentalen Klimabereichen und sind daher winterkalt. So verlassen die Brutvögel ab September ihr Sommerareal und wandern nach Afrika südlich der Sahara. Ihr Wintergebiet liegt dort in der Sahelzone, reicht aber über die ostafrikanische Savanne bis Südafrika. Einige Vögel überwintern auch in Südeuropa und im Nahen und Mittleren Osten. Mittelsibirische und innerasiatische Brutvögel wandern nach Vorder- und Hinterindien sowie nach Südchina. Auch in den Wintergebieten sind steppenartige Grasländer bis hin zu Halbwüsten die bevorzugten Jagdgebiete. In Abhängigkeit vom Nahrungsangebot wandern auch im Winterquartier Steppenweihen weit herum. Der Heimzug im Mittelmeerraum findet von Mitte März bis Mitte April statt. Westlich der Ostgrenze Deutschlands sind Steppenweihen auch zu den Zugzeiten sehr seltene Ausnahmegäste.

Trockengebiete sind also die bevorzugten Lebensräume der Steppenweihe, in denen sie gebietsweise auch mit der Wiesenweihe zusammen vorkommt. Beide Arten brüten mitunter nebeneinander, beide sind in der Besetzung einzelner Brutplätze aber auch recht unstet. Kleinsäuger und bodenbewohnende Vögel mit ihren Jungen bilden die Hauptbeute und bei entsprechender Häufigkeit auch Eidechsen. Großinsekten spielen zeitweise eine Rolle, vor allem in tropischen Savannengebieten des Winterquartiers, die mitunter auch vor der Walze von Busch- und Grasfeuern in der Luft gefangen werden. Auch kleine bodenbewohnende Singvögel können im Auffliegen gefangen werden. In den Steppengebieten Osteuropas und Asiens bilden Wühlmäuse und Lemminge einen wichtigen Grundstock; Steppenweihen können daher von Massenvermehrungen dieser Kleinsäuger profitieren.

Das von Jahr zu Jahr wechselnde Angebot an Kleinsäugernahrung bestimmt häufig auch die Verteilung der Brutpaare. Mitunter kommt es zu Konzentrationen mehrerer Nester dicht nebeneinander, auch untermischt mit Bruten der Wiesenweihe. Die Nester stehen auf dem Boden, meist in dichterer und höherer Vegetation versteckt. Hauptsächlich sind die Weibchen mit dem Nestbau beschäftigt. Die Jungen schlüpfen wie auch bei anderen Weihen in zeitlichen Abständen, so dass die Nestgeschwister unterschiedlich weit entwickelt sind. Zunächst werden sie vom Weibchen noch gehudert und das Männchen sorgt allein für die Ernährung der Familie. Etwa zehn Tage nach dem Schlüpfen fliegt auch das Weibchen mit auf die Jagd. Ob wie bei anderen Weihen Polygamie vorkommt, ist wie so viele andere Details aus der Biologie der Steppenweihe nicht bekannt.

▸ KORNWEIHE, WIESENWEIHE, ROHRWEIHE

STEPPENWEIHE, MÄNNCHEN (ALTVOGEL)

VOGEL IM ERSTEN WINTER

ALTES MÄNNCHEN IM FLUG

JUNGVÖGEL IM HORST

Wiesenweihe

Unter den drei kleineren Weihen ist die Wiesenweihe die schlankste mit spitzen Flügeln. Das überwiegend hell blaugraue Gefieder der Männchen ist insgesamt dunkler als bei Korn- und Steppenweihe. Zudem sind im Flügel oberseits ein und unterseits zwei schwarze Streifen zu sehen, die von den schwarzen Flügelenden nach innen ziehen. Bauch und Unterflügel sind auch mit einigen braunen Federn bedeckt. Damit ist die Unterscheidung von Korn- und Steppenweihe eigentlich kein Problem. Weibchen und Jungvögel allerdings zählen zu den schwer bestimmbaren „Weißbürzelweihen". Da Wiesenweihen jedoch Langstreckenzieher sind, im August/September bereits abziehen und kaum vor Mitte April nach Mitteleuropa zurückkommen, sind Weißbürzelweihen im Winterhalbjahr sicher keine Wiesen-, sondern sehr wahrscheinlich Kornweihen. Eine Besonderheit ist mitunter zu beobachten: In manchen Gebieten treten einzelne mehr oder minder einheitlich dunkel gefärbte Vögel auf. Es handelt sich dabei um starke Vermehrung dunkler Federpigmente (Melanismus).

Im mittleren und westlichen Europa ist das Brutgebiet der Wiesenweihe sehr lückenhaft und reicht bis Nordafrika. Oft stehen mehrere Nester beisammen, so dass sich kleine Verbreitungsinseln bilden, die aber meist nicht lange Bestand haben. Daher kann die Verteilung der Brutvögel großräumig wechseln. Am regelmäßigsten brüten Wiesenweihen in großen Niederungsgebieten im Norden Mitteleuropas. Nach Osten dehnt sich das Brutareal über die Steppen Osteuropas und Kasachstans bis an den oberen Jenissej aus. Die Brutbestände in Europa sind meist recht niedrig; in vielen Ländern zählen Wiesenweihen zu den seltenen und gefährdeten Brutvögeln.

Die Winterquartiere liegen in Afrika in der Sahelzone und erstrecken sich über die Savannen Ostafrikas bis nach

Südafrika. Die weitesten Ringfunde europäischer Brutvögel reichen bis Tschad und Nigeria. Asiatische Brutvögel überwintern auch in Indien.

Brutgebiete sind offene Landschaften von feuchten Verlandungszonen und Mooren bis zu trockenem Wiesen- und Ackerland, im Osten auch weithin offene und trockene Steppenlandschaften. Die Nester stehen zwischen Schilfhalmen, niedrigen Büschen, hohen Stauden und hohen Gräsern oder Getreide. Offenbar haben Bruten in trockenem Kulturland in manchen Gegenden Europas zugenommen. Daher jagen Wiesenweihen auch häufig über Kulturland, aber auch über allen anderen offenen Flächen mit niedriger oder lückenhafter Vegetation. Im allgemeinen sind Wiesenweihen geselliger als z. B. Kornweihen; wenn mehrere Paare auf engem Raum brüten, wird meist nur die unmittelbare Nestumgebung verteidigt. Mehrere Brutpaare wehren dann gemeinsam Eindringlinge oder Nesträuber ab. Auch im Winterquartier neigen Wiesenweihen zur Geselligkeit.

Die Beutetiere sind im Allgemeinen kleiner als die der anderen Weihen. Kleinvögel und Kleinsäuger bis etwa 60 g Körpermasse dominieren; die Obergrenze bilden etwa größere Wühlmäuse oder Hamster und junge Kaninchen sowie Vögel bis knapp Drosselgröße. Vor allem in Trockengebieten (z. B. in Süd- und Osteuropa) können auch Reptilien und vor allem Großinsekten der Zahl nach an der Spitze stehen.

Im Brutgebiet angekommen, macht das Männchen durch wellenförmige Schauflüge in großen Höhen auf sich aufmerksam. Auch das Weibchen kann sich daran beteiligen. Nicht ganz außergewöhnlich ist, dass sich ein Männchen noch mit einem zweiten Weibchen verpaart; die Legebeginne der beiden Weibchen liegen dann oft unterschiedlich. Ganz ausnahmsweise ist auch schon Biandrie beobachtet worden, nämlich ein Weibchen mit zwei Männchen. Das Nest am Boden ist meist recht klein und die Mulde vor allem vor der Eiablage oft nur mit wenigen Halmen ausgekleidet. Nach Beginn der Bebrütung legt das Weibchen oft noch Material zu. Hauptsächlich die Weibchen brüten und werden dann vom Männchen versorgt. Die Weibchen bleiben auch in den ersten Tagen nach dem Schlüpfen am Nest, um die Jungen zu hudern oder vor starker Sonneneinstrahlung abzuschirmen. Futterübergaben in der Luft von Männchen zu Weibchen sind nicht selten zu beobachten. Etwa 14 Tage nach dem Schlüpfen der Jungen fliegen die Weibchen auch selbst wieder auf die Jagd. Die Jungen verlassen das Nest etwa ab einem Alter von drei Wochen und verstecken sich in der Vegetation der Umgebung. Nach dem Ausfliegen bleibt die Familie noch 1–2 Wochen zusammen.

▶ Kornweihe, Steppenweihe, Rohrweihe

Wiesenweihe *Circus pygargus* (L.)

Größe	= Huhn
Maße (cm)	Länge ca. 43–50 / Flügel ca. 98–110 (97–115)
Körpermasse (g)	♂ 227–305, ♀ 319–445
Stimme	♂ Schauflug „käkäkä...", ähnlich auch bei Erregung; Alarmrufe beider Geschlechter gleich „jikjikjik..."; hohe, durchdringende Bettelrufe von ♂ und juv.
Brutzeit	Mai bis Anfang Juni, 1 Jahresbrut
Gelegegröße	(2) 3–5 (6); bis 10 wahrscheinlich von 2 ♀♀
Eifärbung	bläulichweiß, mit einzelnen kleinen rotbraunen Abzeichen; glatt, glanzlos
Eimaße (mm)	kurz-elliptisch bis kurz-spindelförmig – 41,3 x 33,3
Brutdauer	28–35 Tage/Gelege, 27–30 Tage/Ei
Nestlingszeit	35–40 Tage; Familie noch mindestens 10–14 Tage zusammen

WIESENWEIHE, MÄNNCHEN (ALTVOGEL)

MÄNNCHEN (ALTVOGEL)

WEIBCHEN (ALTVOGEL)

JUNGVOGEL

Habicht

Die Verwandtschaft des Habichts ist eine sehr artenreiche Gattung der Greifvögel, die in allen Kontinenten und fast in allen Klimazonen vertreten ist. Zu den allgemeinen Kennzeichen zählen bemerkenswerter Größenunterschied zwischen Männchen und Weibchen: Die Habichtweibchen sind fast so groß wie Mäusebussarde, die Männchen deutlich kleiner, die kleinsten kaum größer als die ebenfalls recht großen Sperberweibchen. Relativ kurze, breite Flügel und ein langer Schwanz bestimmen das Flugbild. Das deutet auf große Wendigkeit; Habichte bewegen sich in der Tat sehr geschickt auch zwischen Bäumen und in deckungsreicher Landschaft. Ihr Streckenflug ist sehr charakteristisch: Mit kräftigen Flügelschlägen, zwischen denen oft eine kurze Gleitstrecke eingeschoben wird, erreichen Habichte eine große Fluggeschwindigkeit. Im Aufwind sind sie aber auch gute Segelflieger.

Habichte leben in einigen Unterarten in einem großen Brutgebiet, das in der nördlichen Nadelwaldzone liegt und um die ganze Nordhalbkugel reicht, von Westeuropa durch Asien bis an den Pazifik und von der Westküste Nordamerikas bis an den Atlantik. In den milderen Teilen dieses Brutareals wandern Habichte kaum über größere Strecken; in Mittel- und Westeuropa sind alte Habichte ausgesprochene Standvögel oder wandern höchstens kurze Strecken. Vögel im ersten Lebensjahr neigen zu weiteren Zerstreuungswanderungen. Nordeuropäische Habichte ziehen dagegen bis über 1500 km, doch tauchen z. B. skandinavische Brutvögel kaum mehr in Mitteleuropa auf.

In Mittel- und Westeuropa hat der Brutbestand vor allem in den 50er und 60er Jahren stark abgenommen. Jahrzehntelange Verfolgung und auch der Einsatz von Pestiziden hatten die Bestände in vielen Teilen Europas auf Reste zusammenschmelzen lassen. Nach Einführung einer ganzjährigen Schonzeit und Verbot einiger langlebiger Pestizide haben sich die Bestände teilweise wieder erholt. Auch ver-

waiste Gebiete wurden wieder besiedelt. Doch die Bestände gehen mancherorts schon wieder zurück, illegale Verfolgung, aber auch Störung oder Beseitigung von Brutplätzen und vielleicht sogar auch gravierende Verschlechterung des Nahrungsangebots spielen dabei eine entscheidende Rolle.

Typische Brutplätze sind Hochwälder mit alten Baumbeständen, in denen die Horstreviere entweder in Randnähe oder in Bereichen mit günstigen Einflugschneisen liegen. Vor allem während der Brutzeit halten sich Habichte sehr versteckt, und nicht selten brüten sie unentdeckt nahe menschlichen Siedlungen oder sogar in locker bebauten Stadtbereichen. Die Jagdgebiete liegen in möglichst abwechslungsreichen Landschaften, die es dem Überraschungsjäger erlauben, bei seinen sehr schnellen und wendigen Jagdflügen Deckung auszunutzen.

In der vielseitigen Nahrung spielen Vögel die wichtigste Rolle, wenn auch Habichte im Allgemeinen mehr Säugetiere schlagen als die kleineren Sperber. Auch die unterschiedliche Größe der Geschlechter wirkt sich auf die Nahrungszusammensetzung aus. Die Beute der Männchen reicht etwa von Maus bis Kaninchen und Kleinvogel- bis knapp Hühnergröße. Weibchen schlagen dagegen auch noch größere Hühner und Hasen. Meist machen aber nur wenige Beutetiere den Hauptanteil aus, in Mitteleuropa vor allem Ringel- und Haustauben, Elstern, Häher, Drosseln, Stare; je nach Angebot stehen in manchen Gebieten Kaninchen und Eichhörnchen bei den Säugetieren an der Spitze.

Die Partner eines Paares sind sehr reviertreu und scheinen auch häufig auf Lebenszeit miteinander verpaart zu sein. Schon ab Winter kann man die Schauflüge über dem Revier beobachten, während der die Habichte auch rufen. In einem Revier stehen meist mehrere Nester zur Wahl, die in der Regel auf hohen Bäumen stehen. Im Lauf der Jahre können mehrfach benutzte Nester zu großen Bauten anwachsen. Schon vor der Eiablage werden die Weibchen weitgehend vom Männchen mit Nahrung versorgt. Auch während der Zeit der Bebrütung und der ersten Phase der Nestlingszeit jagt so gut wie nur das Männchen. Das Weibchen bleibt bei den Nestlingen und besorgt die Verteilung der Beute. Erst wenn die Jungen etwa drei Wochen alt sind, jagt auch das Weibchen wieder. Die lange Zeit am Nest nützt das Weibchen zur Mauser des Großgefieders; es ist während dieser Zeit durch den Ausfall von Schwungfedern nur bedingt jagdfähig. Nach dem Flüggewerden halten sich die Jungen noch 3–4 Wochen bei den Eltern und werden in dieser „Bettelflugperiode" auch mit Beute versorgt.

▸ Sperber

Habicht *Accipiter gentilis* (L.)

Größe	= Huhn
Maße (cm)	Länge ca. 48–61 (48–68,5) / Flügel ca. 98–117 (96–127)
Körpermasse (g)	♂ 517 – 1170, ♀ 820–1509
Stimme	ruffreudig nur am Nest; Kontaktrufe „giiiah", „hiäh" oder „jülüja"; bei Störung „gikgikgik..." oder „jik jik..." (lange Reihen); Bettellaute Junge „bwiu"; Standortlaute „klijäh"
Brutzeit	Ende März/Ende April
Gelegegröße	(1) 2–5 (6)
Eifärbung	hell bläulichweiß, glanzlos und rau
Eimaße (mm)	oval – 58 x 44,4
Brutdauer	35–40 (–42) Tage
Nestlingszeit	36–40 Tage; mit 40–43 Tagen gut flugfähig

HABICHT, MÄNNCHEN (ALTVOGEL)

HABICHT RUPFT VOGEL

JUNGVOGEL

GELEGE

Sperber

Der Körpergröße nach sind vor allem die deutlich kleineren Männchen mit Falken zu vergleichen. Mit ihren relativ breiten Flügeln und dem langen Steuerschwanz sind sie aber das verkleinerte Abbild des Habichts. Als ungewöhnlich wendige und stürmische Singvogeljäger nutzen sie jeden Überraschungseffekt aus, um auf kurzen Strecken mit hoher Geschwindigkeit selbst schnelle Singvögel in Bodennähe bis maximal Buschhöhe zu schlagen. Man kann das vor allem im Winter beobachten, wenn viele Sperber in Siedlungen kommen, um sich den Singvogelreichtum an Futterstellen zunutze zu machen. Gelegentlich stoßen jagende Sperber sogar durch ein Fenster.

Das Brutgebiet reicht von Nordafrika bis ins nördliche Skandinavien und setzt sich nach Osten vorwiegend in der nördlichen Waldzone bis Ostsibirien fort. Nord- und osteuropäische sowie die asiatischen Brutvögel sind Zugvögel. Das Wintergebiet der Art reicht etwa von Süd- und Mittelskandinavien und Mittelrussland bis Äthiopien und Arabien. Asiatische Brutvögel wandern bis Südindien, Hinterindien und Südchina. In Mittel- und Westeuropa bleiben viele Sperber den Winter über, wechseln dann allerdings von ihren Brutrevieren im Wald mehr in offene Landschaften und richten sich so nach ihren Beutetieren. Etwa 90% der Sperbernahrung bestehen aus Vögeln etwa bis gut Drosselgröße. Um den Überraschungserfolg auszunutzen, jagen Sperber vor allem in abwechslungsreichen Landschaften, die ihnen ausreichend Deckung, aber auch Freiräume für Jagdflüge bieten. Die Nester stehen meist gut versteckt in Stangenhölzern von Fichtenwäldern. Bei der Jagd wird der Beobachter am ehesten an den durchdringenden Warnrufen der Singvögel auf sie aufmerksam.

Größere Männchen und kleinere Weibchen sind bei fast allen Greifvögeln und Falken (und auch vielen Eulen)

festzustellen. Bei Sperber und Habichten (Gattung *Accipiter*) sind die Größenunterschiede jedoch besonders auffällig. Man hat viel über das bei Vögeln sonst kaum übliche Größenverhältnis zwischen den Geschlechtern (meist sind die Männchen größer) spekuliert. Für Standvögel oder Überwinterer in höheren Breiten, wie das für Sperber und Habicht auch in Europa größtenteils zutrifft, ergeben sich durch den Größenunterschied z.B. während des Winters mehr oder minder getrennte „Nahrungsnischen“. Weibchen wählen im Allgemeinen größere Vögel als Männchen und daraus ergeben sich auch getrennte Jagdgebiete. Männchen und Weibchen kommen sich also außerhalb der Brutzeit, wenn jeder seiner eigenen Wege fliegt, nicht so sehr ins Gehege. Aber warum sind dann die Männchen kleiner? Für größere Beute müssen Weibchen zum Teil mehr Energie aufbringen, profitieren aber auch länger von einem Jagderfolg. Sperberweibchen verhungern bei Nahrungsknappheit weniger leicht als Männchen, da sie offenbar auch mehr Energievorräte im Körper anlegen können. Diese Eigenschaft als bessere Energiespeicher macht sie vielleicht auch etwas schwerfälliger, während die schlanken Männchen mehr als die Weibchen auf den Typ „schneller Jäger“ angelegt sind. Das spielt dann für die Fortpflanzung eine Rolle. Unter den europäischen Greifvögeln ist beim Sperber die deutlichste Arbeitsteilung festzustellen. Weltweit sind bei ausgesprochenen Vogeljägern unter den Greifvögeln die Männchen relativ am kleinsten.

Schon vor der Eiablage werden die Weibchen von den Männchen mit Nahrung versorgt. Das gibt den Weibchen offenbar rechtzeitig vor der Eiablage eine gute Information darüber, wie tüchtig ein Männchen als Partner für die Jungenaufzucht ist. Ferner erlaubt es den Weibchen, in einer wichtigen Zeit die Jagd einzustellen: Im Körper reifen die Eier heran; dadurch werden die Weibchen schwerer und laufen auch nicht Gefahr, bei der stürmischen Vogeljagd ein ablagereifes Ei im Körper zu verletzen. Schließlich sind die größeren Weibchen auch besser geeignet, das Gelege beim Brüten und dann die kleinen Nestlinge zu bedecken; als bessere Energiespeicher können sie wohl auch mehr Wärme an Eier und kleine Nestlinge abgeben. Vielleicht sind sie als größere auch in der Lange, Nest, Gelege und Brut wirkungsvoller zu verteidigen. Die Männchen hingegen als bessere Jäger übernehmen bis zum Stadium herangewachsener Nestlinge so gut wie die alleinige Versorgung der Familie. So ist also die im Vergleich zu vielen Vögeln „verkehrte“ Größenrelation zwischen Männchen und Weibchen eine Voraussetzung für detaillierte Arbeitsteilung.

▶ KURZFANGSPERBER

Sperber *Accipiter nisus* (L.)

Größe	= Taube
Maße (cm)	Länge ca. 28–38 / Flügel ca. 60–75
Körpermasse (g)	♂ 110–196, ♀ 185–342
Stimme	bei Störung am Nest sehr rasche, hohe „gigigi...“; im Schauflug „gjüggü...“; mit Beute „nüg...“ (♂), „nääg...“ (♀); Bettelrufe „kji kji...“ oder „wüü...“
Brutzeit	April im Süden, bis Anfang Juni im Norden; 1 Jahresbrut
Gelegegröße	(2,3) 4–6 (7)
Eifärbung	kalkweiß, mit unregelmäßigen violettgrauen bis dunkelbraunen Punkten, Klecksen oder Streifen; glanzlos
Eimaße (mm)	rundlich – 40,1 x 32,8
Brutdauer	33–35 Tage/Ei, 37–40 Tage/Vollgelege
Nestlingszeit	24–30 Tage (♂ 2–3 Tage kürzer als ♀)

SPERBER, WEIBCHEN BEI DER FÜTTERUNG

JUNGVOGEL MIT GRÜNFINK

JUNGVOGEL AUF DER WARTE

HORST UND GELEGE

Kurzfangsperber

Dem in Europa weit verbreiteten Sperber ist der seltene Kurzfangsperber sehr ähnlich, insgesamt etwas größer und im Flugbild schlanker. Die Größenunterschiede zwischen Männchen und Weibchen fallen nicht so auf; für beide Geschlechter sind die hellen Unterflügel im Kontrast gegen dunkle Flügelspitzen ein wichtiges Kennzeichen. Die Jungvögel, die wie auch bei Habicht und Sperber unterseits gefleckt und nicht quergebändert sind, tragen ein besonders kräftiges Muster von Tropfenflecken.

Kleine bis mittelgroße Singvogeljäger der Gattung *Accipiter* leben in erstaunlicher Artenfülle vor allem in wärmeren Gebieten der Alten Welt, einzelne auch in Amerika und Australien. Das Verbreitungsgebiet des Kurzfangsperbers ist ziemlich klein. Er brütet in Südosteuropa, im westlichen Vorderasien und in den Steppen vom Schwarzen Meer bis ins mittlere Kasachstan. Mit ihm nahe verwandt ist der **Shikrasperber** (*Accipiter badius*), der ebenfalls in den Steppengebieten Kasachstans brütet, aber sein größtes Verbreitungsgebiet in Afrika südlich der Sahara und in den Tropen Asiens hat.

Innerhalb seines ohnehin kleinen Brutareals ist die Verbreitung des Kurzfangsperbers recht fragmentarisch und inselhaft. Nur in manchen Gegenden scheint er in größerer Häufigkeit vorzukommen, so z. B. in Griechenland und vor allem entlang des Don. Die Brutvorkommen scheinen sich vor allem auf Flusstäler zu konzentrieren. In Griechenland ist der Sperber z. B. eher Bergvogel und damit auch ökologisch von der ähnlichen Art getrennt. In der Wahl des Brutplatzes scheinen Kurzfangsperber sehr selektiv zu sein. Sie brüten vor allem in kleinen Baum- und Waldbeständen, die mit offenem Grasland abwechseln. Wegen ihrer Seltenheit und ihrer speziellen Ansprüche an den Lebensraum zählt die Art zu den gefährdeten Brutvögeln Europas. Viele Brutgebiete sind offensichtlich durch fortschreitende landwirtschaftliche Erschließung und Intensivierung bedroht; genauere Untersuchung fehlen aber.

Kurzfangsperber *Accipiter breviceps* (Severtzov, 1850)

Größe	= Taube
Maße (cm)	Länge ca. 33–38 / Flügel ca. 64–80
Körpermasse (g)	150–200
Stimme	„ki-wih“ (anders als Sperber), in Erregung auch Stakkatoreihen
Brutzeit	Mai bis August, 1 Jahresbrut
Gelegegröße	3–5
Eifärbung	bläulich oder grünlichweiß schimmernd, deutlich blau-grün geädert, selten mit wenigen braunen oder grauen Punkten; glanzlos
Eimaße (mm)	kurz-spindelförmig – 40,5 x 31,5
Brutdauer	30–35 Tage/Ei (geschätzt)
Nestlingszeit	40–50 Tage bis Flüggewerden (geschätzt)

Allerdings ist das Vorkommen der Art nur ungenügend bekannt, nicht zuletzt deshalb, weil die Unterscheidung zum Sperber nicht immer einfach ist. Man nimmt an, dass die Weltpopulation bisher stark unterschätzt wurde. Dies schließt man vor allem aus den doch erheblichen Zahlen durchziehender Kurzfangsperber, die z. B. im Herbst und Frühjahr in Israel registriert wurden. Bisherige Maxima liegen dort pro Saison zwischen 45 000 und 50 000 Durchzüglern. Kurzfangsperber sind ausschließlich Zugvögel, deren relativ kleines Winterquartier im Osten Afrikas südlich der Sahara liegt und wohl auch noch Teile der Arabischen Halbinsel umfasst. Der Durchzug ist außerhalb Israels vor allem am Bosporus, in der Südosttürkei und im Niltal zu beobachten. Als Zugvogel, der durch Länder mit intensiver Vogeljagd wandert (z. B. Libanon, Ägypten), ist der Kurzfangsperber zusätzlich gefährdet

Mehr als beim Sperber bestimmen Bodentiere die Nahrung. Kurzfangsperber jagen häufiger als Sperber aus dem kreisenden Suchflug oder auch von einer Sitzwarte aus im offenen Land. Neben Kleinvögeln spielen vor allem Eidechsen und andere kleine Reptilien eine Rolle, daneben auch große Insekten, wie Heuschrecken, Käfer oder Zikaden. Insektennahrung scheint vor allem im Winterquartier in Afrika für Kurzfangsperber von Bedeutung zu sein. In Steppengebieten kann Zusammenbruch von Eidechsenbeständen nach kalten Wintern oder geringes Angebot in kühlen Frühjahren den Brutbestand oder den Bruterfolg negativ beeinflussen.

An den Brutplätzen erscheinen viele Kurzfangsperber kaum vor Anfang Mai. Das Nest steht im Unterschied zum Sperber meist auf Laubbäumen hoch oben im Kronenbereich, so z. B. in Pappeln in etwa 8–15 m Höhe. Sie stehen bei der späten Brutzeit dann voll im Laub. Das Männchen schafft während der Bebrütung der Eier und der Zeit kleiner Nestlinge allein Beute herbei, die das Weibchen zerkleinert und an die Jungen verteilt. Diese bei Sperbern und Habichten übliche Arbeitsteilung kann dazu führen, dass beim Ausfall des Weibchens kleinere Nestlinge verhungern, obwohl vom Männchen ausreichend Beute eingetragen wird. Im Verhaltensrepertoire des Männchens aber ist das Zerkleinern der Beute und Füttern der Nestlinge nicht vorgesehen, so dass sie angesichts der Nahrung verhungern. Allerdings dürfte unter natürlichen Umständen eine solche Notlage selten eintreten.

► Sperber, Habicht

KURZFANGSPERBER, MÄNNCHEN BRINGT GRÜNEN ZWEIG ZUM HORST

WEIBCHEN

JUNGVÖGEL IM HORST

HORST UND GELEGE

Mäusebussard

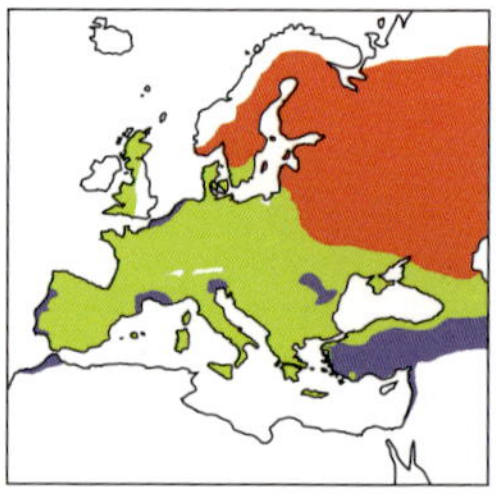

Der breitflügelige und relativ kurzschwänzige Mäusebussard ist zu allen Jahreszeiten der häufigste Greifvogel Mitteleuropas, zumindest mit Abstand am häufigsten zu sehen. Nach Einführung von ganzjährigen Schonzeiten in vielen Ländern Europas und der Verringerung der Gefahr, die durch Pestizide ausgehen, haben sich die Bestände weiträumig erholt. Dass aber die häufigen Mäusebussarde immer noch latent von Gift bedroht sind, zeigen neueste Arbeiten, die dieser Vogelart eine wichtige Rolle als Anzeiger der Schwermetallbelastung unserer Umwelt zuweisen. Auch illegalen und für Sonderkulturen genehmigten Giftanwendungen fallen immer wieder Vögel zum Opfer.

Im Sommer sind kreisende Mäusebussarde am leichtesten mit Wespenbussarden zu verwechseln, längerer Schwanz mit anderer Zeichnung und andere Flügelhaltung (Flügelenden beim Segeln leicht aufgebogen) sind wichtige Artkennzeichen. Im Winter kommt noch der Raufußbussard in Frage (s. dort). In der Färbung sind Mäusebussarde sehr variabel: Von fast einfarbig dunkelbraunen Vögeln bis zu sehr hellen gibt es alle Übergänge. Eine östliche Unterart, der so genannte Falkenbussard (*B.b. vulpinus*) ist etwas kleiner und hat einen weniger deutlich gebänderten, oft sogar fuchsrot gefärbten Schwanz.

Das Brutgebiet des Mäusebussards reicht von der Südwestspitze Europas über die Waldgebiete des nördlichen Asien bis Japan. Mehrere Unterarten werden in diesem großen Areal unterschieden. Die Brutvögel Skandinaviens, Osteuropas und Asiens sind Zugvögel. Sie überwintern in Vorderasien, im östlichen Afrika bis an die Südspitze des Kontinents und im tropischen Asien sowie auf den Japanischen Inseln. Die mittel- und westeuropäischen Brutvögel sind Standvögel, Teil- oder Kurzstreckenzieher, überwintern also innerhalb Europas. Der Anteil der ziehenden Bussarde nimmt in Europa von Norden nach Süden und von Westen nach Osten zu. Wie bei vielen Teilziehern spielt auch das Wetter eine Rolle; in kalten Wintern lassen sich noch im Januar regelrechte Kältefluchtbewegungen beobachten.

In einer Vielfalt von Landschaften können Mäusebussarde leben. Wichtig sind Wälder oder größere Gehölze als Neststandorte und offenes Land als Jagdgebiet. Zur erfolgreichen Bodenjagd darf die Vegetation nicht zu hoch sein. In geschlossenen Waldgebieten liegen die Nestreviere meist im Randbereich. Im Winter halten sich Mäusebussarde auch in weithin offenen Landschaften auf; jetzt bestimmen Beuteangebot, aber auch geeignete Schlafplätze ihre Verteilung. Vor allem außerhalb der Brutzeit sitzen Mäusebussarde häufig entlang viel befahrener Straßen und warten auf Beutetiere.

Bodenbewohnende, tagaktive Kleintiere bilden die Nahrung, allen voran Wühlmäuse und andere Kleinsäuger, wie Spitzmäuse, Langschwanzmäuse, Hamster, junge Kaninchen und Hasen. Erwachsene Kaninchen und Hasen können nur verletzt oder krank erbeutet werden. Andere Kleintiere spielen eine untergeordnete Rolle, wie z.B. Eidechsen oder Regenwürmer. Im Winter gehen Bussarde auch an Aas. Als Jagdtechnik bevorzugen sie die Ansitzjagd und so sieht man sie häufig auf einer etwas erhöhten Warte im offenen Land oder am Rand eines Gehölzes ruhig dasitzen. Seltener ist der niedrige Suchflug. Bei der Aufnahme von Kleintieren sitzen Mäusebussarde auch auf der Erde.

Im Alter von zwei oder drei Jahren werden Mäusebussarde geschlechtsreif. Im Frühjahr kreisen die Paare rufend über ihren Revieren und vertreiben Konkurrenten. Die Vögel sind sehr reviertreu und so dürften vielfach die Partner über mehrere Jahre oder sogar ein Leben lang zusammenhalten. Das Nest wird meist auf Laubbäumen hoch oben in einer Stammgabel angelegt; oft stehen in einem Revier mehrere Wechselnester zur Verfügung. Das Weibchen brütet größtenteils allein. Nach dem Schlüpfen bringt zunächst das Männchen Beute an das Nest und das Weibchen füttert die kleinen Nestlinge. Später fliegt dann auch das Weibchen auf die Jagd. Das Ausfliegen der Jungen zieht sich oft über mehrere Tage hin; nach rund 9–11 Wochen sind die Jungen selbstständig. Der Bruterfolg, aber auch die Gelegegröße und die Zahl der in einem Gebiet brütenden Paare hängen stark vom Nahrungsangebot ab. In Jahren mit hoher Feldmausdichte können auf einer Probefläche also viel mehr Junge flügge werden als in Normaljahren oder in Sommern mit wenig Mäusen oder mit schlechter Witterung. Mäusebussarde können über 20 Jahre alte werden, die ältesten Ringvögel erreichten über 25 Jahre.

Mäusebussard *Buteo buteo* (L.)

Größe	= Huhn
Maße (cm)	Länge ca. 51–57 (50–57) / Flügel ca. 113–128
Körpermasse (g)	♂ 525–1183, ♀ 625–1364
Stimme	bekanntester Ruf „hiää", am häufigsten zu Beginn der Brutzeit
Brutzeit	Ende März oder Anfang April im Süden, bis Ende Mai im Norden; 1 Jahresbrut
Gelegegröße	(1) 2–3 (4), ausnahmsweise 5, sehr selten 6
Eifärbung	kalkweiß; variabel kastanienrot bis braun oder schwach violett bis graubraun gekleckst; manchmal nur wenige blasse Markierungen
Eimaße (mm)	kurz-oval – 56,2 x 45,2
Brutdauer	32–36 Tage (meist 33)
Nestlingszeit	42–49 Tage, mitunter > 50 Tage

▶ Raufussbussard, Adlerbussard, Wespenbussard

MÄUSEBUSSARD AUF DER WARTE

KREISEND

FRISCH GESCHLÜPFTE JUNGE

GELEGE

Adlerbussard

Ähnlich wie der Typ des wendigen Vogeljägers der Gattung *Accipiter* mit relativ kurzen, breiten Flügeln und langem Schwanz ist auch der Jäger von Bodentieren vom Typ des Bussards der Gattung *Buteo* mit vielen zum Teil sehr ähnlichen Arten in der ganzen Welt verbreitet. Lange und breite, am Ende gefingerte Schwingen und relativ kurzer Schwanz sind typisch für alle Bussarde, die als ausgesprochene Gleit- und Segelflieger viel mehr als die auch im dichten Baumbestand jagenden Sperberarten auf weithin offene und mit nicht zu hoher Vegetation bestandene Landschaften angewiesen sind. In ihrer Nahrung spielen Vögel nur eine geringe Rolle.

Adlerbussarde sind etwas größer als Raufuß- und Mäusebussarde und auch ein wenig langflügeliger. Der deutsche Name trifft den Eindruck recht gut, durch den sich das Flugbild von dem des Mäusebussards unterscheidet: Nicht zuletzt die längeren und am Ende stärker gefingerten Flügel wirken in der Tat adlerähnlich. Etwas heller, kleiner und in der Figur dem Mäusebussard ähnlicher sind die Vögel der nordafrikanischen Unterart *cirtensis*, die man heute gelegentlich auch als eigene Art einstuft. Aber auch der lateinische Artname *rufinus* gibt ein wichtiges Artmerkmal wieder. Färbung und Zeichnung der Adlerbussarde sind zwar sehr variabel, doch im Gesamteindruck beherrschen beige und rostrote bis rostbraune Töne die Gefiederfärbung. Kopf und Brust sind in der Regel zeichnungslos hell, Bauch- und Schenkelbefiederung rostbraun. Auffällig ist der helle, ungebänderte, meist rostrote Schwanz, der sich aber gegen die Basis zu oft stark aufhellt. Die östlichen Mäusebussarde („Falkenbussard" *B. b. vulpinus*) mit zum Teil rostbraunem Schwanz sind deutlich kleiner. Insgesamt wirken Adlerbussarde recht „bunt".

Der Adlerbussard vertritt in Europa und Asien den Bussard der Steppen und Halbwüsten. Sein Brutgebiet umfasst Trockengebiete in Nordafrika und Südosteuropa sowie von Vorderasien bis Kasachstan und Zentralasien. In der Sahara und auf der Arabischen Halbinsel dringen Adlerbussarde in ausgesprochene Wüstenhabitate vor und brüten zumindest

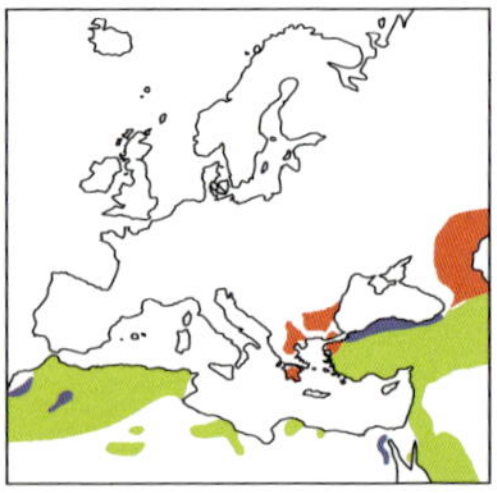

in randständigen Wüstengebieten. Die Skala der Lebensräume umfasst warme, aber auch winterkalte Trockensteppen, in Südosteuropa und Kleinasien kleine Waldstücke mit angrenzenden offenen Landschaften als Jagdgebiete, ebenso aber auch Gebirgslandschaften mit Steilhängen und Hochplateaus, schütter bewaldete Hügellandschaften und Steilhänge. In Mittelasien schließt sich nach Osten das Areal des nahe verwandten und sehr ähnlichen Mongolenbussards (*Buteo oreophilus*) an.

Als Brutvogel naturnaher und nicht mit intensiver Bodennutzung überzogener Gebiete haben die Bestände vor allem in Südwestrussland und in der Ukraine abgenommen. Auch in Kleinasien scheint es nicht allzu gut um die dortigen Bestände bestellt zu sein. Zur Vernichtung geeigneter Kombinationen von Jagdgebieten und Brutplätzen kommen noch Störungen und auch absichtliche Vernichtung von Neststandorten. Auch intensiver Gifteinsatz gegen Nagetiere hat unmittelbar und mittelbar durch Schmälerung des Nahrungsangebots Einflüsse auf den Bestand. Für Europa ist die Art daher als gefährdet einzustufen. In Mitteleuropa erscheinen Adlerbussarde als seltene Ausnahmegäste.

Die Brutvögel Nordafrikas und weiter Teile Vorderasiens sind Standvögel oder ziehen zumindest nicht weit. Ausgesprochene Zugvögel sind die Adlerbussarde Südosteuropas und der Steppengebiete Kasachstans. Ihr Winterquartier liegt in Afrika südlich der Sahara (vor allem in Ostafrika), in Vorderasien bis Pakistan. An den bekannten Konzentrationspunkten ziehender Gleitflieger kann man auch größere Konzentrationen von Adlerbussarden beobachten, wie z. B. am Bosporus.

Die wichtigsten Beutetiere sind kleine und mittelgroße Säugetiere der Grasländer, wie Wühlmäuse (u. a. auch Rennmäuse), Hamster und Ziesel. Von ihrem Vorkommen ist die Dichte und Verbreitung in Steppengebieten abhängig. Daneben spielen auch Reptilien eine Rolle, aber auch Großinsekten. Ansitzjagd auf niedrigen Warten, oft auf nur wenig erhöhten Standorten am Boden, häufig auch Segel- und Gleitflug sind die charakteristischen Jagdtechniken.

Etwa ab März erscheinen die Paare an den Brutplätzen. Die Balzflüge gleichen jenen der Mäusebussarde. Die Nester stehen meist in Felswänden, aber auch auf Bäumen und Büschen, in wüstenhaften Gebieten sogar auf dem Boden. Über Einzelheiten der Brutbiologie ist noch wenig bekannt.

Adlerbussard *Buteo rufinus* (CRETZSCHMAR 1827)

Größe	> Huhn
Maße (cm)	Länge ca. 50–65 / Flügel ca. 126–155
Körpermasse (g)	♂ 590–1281, ♀ 945–1760
Stimme	ähnlich Mäusebussard, weniger ruffreudig
Brutzeit	Ende März bis Mai, 1 Jahresbrut
Gelegegröße	(2) 3–4 (5)
Eifärbung	grünlichweiß bis weiß, mit braunen, hellgrauen und violetten Klecksen; nicht glänzend
Eimaße (mm)	kurz-spindelförmig oder elliptisch – 60 x 47 in Asien, 55 x 44 in Nordafrika
Brutdauer	mind. 28 Tage
Nestlingszeit	mit 40–42 Tagen flügge

▸ MÄUSEBUSSARD, RAUFUSSBUSSARD

ADLERBUSSARD BRINGT SMARAGDEIDECHSE ZUM HORST

KREISEND

JUNGE IM HORST

GELEGE

Raufußbussard

Der nördlichste Bussard der Welt vertritt die Gattung *Buteo* in Tundren und Waldtundrengebieten rund um den Nordpol von Skandinavien über Sibirien und Alaska bis Labrador und Neufundland. Er fehlt lediglich auf Grönland und Island. Mehrere Unterarten sind in diesem weit reichendem Areal zu unterscheiden. Bestand und Fortpflanzungserfolg schwanken sehr stark in Abhängigkeit von Massenwechseln der Wühlmäuse, die wie beim Mäusebussard die Hauptnahrung darstellen. Nach Zugbeobachtungen vor allem in Nordeuropa ist aber zu vermuten, dass in neuerer Zeit zumindest im europäischen Teil des Brutareals die Bestände zugenommen haben.

Trotz seines nördlichen Verbreitungsgebiets sind Raufußbussarde überwiegend Kurzstrecken-, höchstens Mittelstreckenzieher (z. B. in Asien und Nordamerika). Die weitesten Ringfunde russischer Brutvögel reichen etwa bis 2700 km. Das Überwinterungsgebiet reicht vom Süden Fennoskandiens bis in den Osten der Britischen Inseln, in die Beneluxländer, in Deutschland bis an den Alpenrand, aber auch nach Norditalien, Rumänien, Bulgarien, an die nördliche Schwarzmeerküste und weiter im Osten bis in die Steppengebiete des mittleren Asiens. Wie bei vielen Kurzstreckenziehern beeinflussen aber auch Wetterverhältnisse die Zugneigung. Ausweichbewegungen in kalten Wintern führen manche z. B. bis nach Westeuropa, Südeuropa (und sogar Nordafrika) oder in die Türkei. Regelmäßigkeit und Häufigkeit der Wintergäste nimmt z. B. im mittleren Europa nach Westen und Süden ab. Schon im westlichen Deutschland ist nicht in jedem Winter mit Raufußbussarden zu rechnen; dafür erscheinen sie von Zeit zu Zeit in größerer Zahl. Diese Schwankungen hängen wohl nicht nur von der Winterhärte ab, sondern sind sicher auch mit den oft auffälligen Bestandsschwankungen in Brutpopulationen und deren Nachwuchs begründet. In Mitteleuropa sind Raufußbussar-

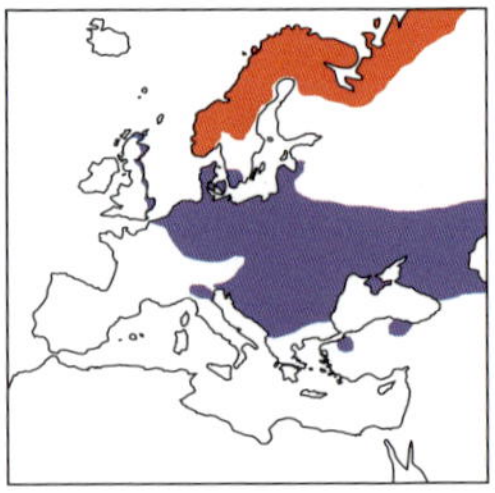

de für gewöhnlich zwischen Oktober und April zu erwarten.

Das wichtigste Unterscheidungsmerkmal zum sehr ähnlichen Mäusebussard ist die Schwanzzeichnung: Eine breite dunkle Endbinde ist gegen die sonst überwiegend weißen Steuerfedern abgesetzt. Andere Farb- und Zeichnungsmerkmale sind nicht ganz so eindeutig, da beide Bussardarten in der Körperfärbung variieren. Typisch für Raufußbussarde sind ein dunkler Fleck an der Handwurzel und ein dunkler Bauchschild. Raufußbussarde sind nur geringfügig größer als Mäusebussarde, rütteln recht häufig und halten im Gleitflug ihre Flügel sehr charakteristisch: Der innere Teil ist angehoben, der äußere wird waagerecht gehalten, so dass ein kleiner Knick entsteht. Es sind also mehrere Merkmale, die zusammen eine sichere Artdiagnose ergeben. Man kann in günstigen Fällen sogar Männchen und Weibchen an der Schwanzbänderung unterscheiden. Die namengebende Befiederung der Läufe ist kein zuverlässiges Feldkennzeichen.

Weit mehr als Mäusebussarde sind Raufußbussarde Vögel des offenen Landes. Das zeigt sich auch bei Durchzüglern und Wintergästen, die vor allem in offenem Kulturland z. B. auf Wiesen der Niederungen, Mooren, Brachflächen, Heidegebieten usw. anzutreffen sind. Brutgebiete sind die baumlosen Tundren, die nur mit Sträuchern, Flechten und Moosen bedeckt sind. In Skandinavien leben Brutvögel auch oberhalb der Waldgrenze auf offenen Fjällflächen. Die Jagdgebiete einzelner Brutpaare können beträchtlich sein und bis zu zehn Quadratkilometer umfassen. In günstigen Gebieten Skandinaviens wurden aber auch schon sehr viel höhere Dichten festgestellt.

Im niedrigen Suchflug, der oft durch Rütteln unterbrochen wird, jagen Raufußbussarde vor allem Kleinsäuger, besonders Wühlmäuse und Lemminge. In den europäischen Winterquartieren spielen Feldmäuse eine wichtige Rolle. Hier kann es dann auch zu direkter Konkurrenz mit Mäusebussarden kommen. Vögel stellen nur zur Brutzeit (ungeschickte Jungvögel!) mitunter einen größeren Teil der Beute.

Die Paare leben in Saisonehe zusammen. Die Nester stehen auf dem Boden oder auf Felsbändern, mitunter auch auf einzelstehenden Bäumen. Sie können bei mehrjähriger Benutzung zu großen Bauten anwachsen. Das Weibchen bebrütet die Eier allein und bleibt auch zunächst bei den Nestlingen. Das Männchen schafft die Nahrung heran und übergibt sie dem Weibchen meist außerhalb des Nestes. Das Weibchen füttern dann die Jungen, die nach dem Ausfliegen noch bis zu mehr als drei Wochen mit den Altvögeln fliegen und anfangs noch Nahrung erhalten.

▸ MÄUSEBUSSARD, ADLERBUSSARD

Raufußbussard *Buteo lagopus* (PONT.)

Größe	= Huhn
Maße (cm)	Länge ca. 50–60 / Flügel ca. 120–150
Körpermasse (g)	♂ 600–1377, ♀ 783–1660
Stimme	im Winter selten; an Brutplatz schrill „piiää…"; laute Alarmrufe
Brutzeit	Mitte Mai im Süden, bis Juni im Norden; 1 Jahresbrut
Gelegegröße	(2) 3–5 (7)
Eifärbung	grünlich weiß, meist unterschiedlich mit kastanienroten oder braunen Klecksen und Streifen
Eimaße (mm)	kurz-spindelförmig bis kurz-elliptisch, stumpf – 55,3 x 44,3
Brutdauer	28–31 Tage/Ei
Nestlingszeit	36–43 Tage (♂ etwas kürzer als ♀)

RAUFUSSBUSSARD, WEIBCHEN AM HORST

MÄNNCHEN

WEIBCHEN

JUNGVOGEL

Schreiadler

Mit Ausnahme des Steinadlers sind die europäischen Adlerarten, obwohl Großvögel, nicht leicht zu unterscheiden. Der Schreiadler ist der kleinste der europäischen Arten der Gattung *Aquila* und nur wenig größer als ein Mäusebussard. Lange breite Flügel mit parallelen Vorder- und Hinterrändern und starker Fingerung der Handschwingen verleihen ihm aber ein adlerartiges Flugbild. Die Altvögel sind einheitlich dunkelbraun, im Flugbild fallen die gegenüber den Schwungfedern helleren Flügeldecken auf (vgl. Schelladler). Helle Federspitzen markieren bei den Jungvögeln je ein helles Band auf der Oberseite und Unterseite der Flügel. Die Unterscheidung zwischen Schrei- und Schelladler ist jedoch besonders schwierig.

Das Brutgebiet des Schreiadlers ist relativ klein und reicht von Ostdeutschland bis etwa 35° östlicher Breite nach Russland; nach Süden erstreckt es sich bis nach Griechenland und über die Türkei bis an das Kaspische Meer. Innerhalb dieses Gebietes sind die Vorkommen jedoch sehr lückenhaft. Eine andere Unterart brütet davon isoliert in Indien. In Europa konzentrieren sich die Brutbestände vor allem auf das Baltikum, Polen, Weißrussland und die Slowakei. Die Bestände weiter östlich müssen wesentlich größer sein als bisher angenommen, denn an den Konzentrationspunkten des Greifvogelzuges sind neuerdings große Mengen gezählt worden, in Israel z. B. in einer Zugsaison über 100 000. Zumindest am Westrand der Verbreitung hat eine Abnahme stattgefunden, auch wenn sich erfreulicherweise in manchen Gebieten die Populationen in neuester Zeit stabilisiert und auch Neuansiedlungen stattgefunden haben. Anfang der 90er Jahre ermittelte man über 100 Brutpaare im Nordosten Deutschlands. Die insgesamt kleinen Brutbestände, deren Lebensraum zum Teil in akuter Gefahr ist, machen die Art aber zu einem gefährdeten Brutvogel Europas.

Schreiadler *Aquila pomarina* (BREHM 1831)

Größe	= Huhn
Maße (cm)	Länge ca. 57–64 / Flügel ca. 134–160 (145–170)
Körpermasse (g)	1100–2000
Stimme	im Brutgebiet ruffreudig, z. B. kräftige „tjuck" (einzeln, gereiht); ♂ im Balzflug Pfiff; juv. haushuhn-ähnliche Bettelrufe „psip", ab 20 Tage wie ad. rufend
Brutzeit	Ende April bis Mitte Mai, 1 Jahresbrut
Gelegegröße	(1) 2 (3)
Eifärbung	weiß, unterschiedlich braunrot bis grauviolett gefleckt; ohne Glanz
Eimaße (mm)	kurz-spindelförmig – 62,9 x 50,7
Brutdauer	38–41 (–43) Tage/Ei
Nestlingszeit	ca. 8 Wochen; Nestlinge schon vor Flüggewerden oft auf Ästen

Schreiadler sind Langstreckenzieher, die in Ost- und Südafrika überwintern. Erfolgreiche Brutvögel verlassen in Mitteleuropa im September ihre Brutplätze, Nichtbrüter ziehen etwas später ab. Die meisten deutschen Brutvögel ziehen nach Südosten und über den Bosporus an die Ostküste des Mittelmeers und erreichen über Sinai und Suez Afrika. Einige wandern auch weiter westlich über Italien oder Griechenland. Anfang bis Mitte April kehren sie an den Brutplatz zurück.

Wandernde Adlerarten sind als Großvögel wie Störche auch für den Einsatz der Satelliten-Telemetrie geeignet. Beim Schreiadler sind bisher die meisten Ergebnisse erzielt worden. Mit Sendern versehene Vögel konnte man mittlerweile vom Brutgebiet bis in ihre Winterquartiere verfolgen. Dabei ergab sich, dass einzelne Vögel im Winter in einem großen Gebiet von weit über 10 000 Quadratkilometern umherstreifen. Ein Schreiadler konnte sogar elf Monate über eine Gesamtstrecke von 19400 km verfolgt werden. Er brauchte von seinem Brutgebiet in Mecklenburg-Vorpommern siebeneinhalb Wochen bis ins Winterquartier im südlichen Sambia und ebenso lange zurück. Seine Zuggeschwindigkeit war natürlich auf einzelnen Etappen unterschiedlich, betrug aber im Durchschnitt 166 km pro Tag.

Die Nahrung des kleinen Adlers ist außerordentlich vielseitig und setzt sich vor allem aus bodenbewohnenden Tieren zusammen. Ihre Skala reicht von großen Insekten bis zu jungen Hasen; Wühlmäuse stellen meist die Hauptmenge. Unter den normalerweise wenigen Vögeln sind vor allem schlecht fliegende Jungvögel und Bodenbrüter vertreten. Die Jagd findet aus niedrigem Suchflug, aber auch vom Ansitz und nicht selten auch zu Fuß auf dem Boden statt.

Schreiadler brüten in Wäldern, in Deutschland vor allem in größeren zusammenhängenden Tieflandwäldern, die nicht von Autobahnen und Straßen durchschnitten sind. Weiter im Osten werden auch waldige Berghänge besiedelt. Jagdflächen sind Waldrandgebiete oder -lichtungen, seltener offenes Kulturland.

Über den Nestrevieren kann man im Frühjahr die Schauflüge bewundern, wenn sich die Männchen im Bogen abwärts fallen lassen und mit geschlossenen Flügeln wieder hochsteigen. Die Nester stehen auf Bäumen und werden oft über viele Jahre lang konstant benutzt. Die Männchen versorgen die Weibchen schon vor der Eiablage mit Nahrung und auch während der Bebrütung. Von den zwei geschlüpften Jungen geht in der Regel das schwächere nach einigen Tagen ein. Wenn der Nestling etwa drei Wochen alt ist, fliegt das Weibchen wieder auf die Jagd.

▶ SCHELLADLER, STEINADLER

SCHREIADLER, ALTVOGEL NOCH NICHT GANZ AUSGEFÄRBT

ALTVOGEL AUF DER WARTE

KREISENDER ALTVOGEL

NEST UND GELEGE

Schelladler

Schelladler sind etwas größer als Schreiadler und breitflügeliger (Flügelspannweite etwa 160–180 cm gegenüber 135–160 cm beim Schreiadler). Daher wirken sie wesentlich kompakter und erinnern sogar etwas an Seeadler. Doch ist die Unterscheidung der beiden Adlerarten nicht einfach. Schelladler sind in der Regel dunkler als Schreiadler; vor allem fallen die dunklen Flügeldecken im ausgebreiteten Flügel auf, die sich gegen die helleren Basen der Arm- und vor allem Handschwingen abheben (bei Schreiadlern sind die Flügeldecken eher heller). Bei den Jungvögeln bilden helle Federspitzen nicht einen hellen Streifen auf der Oberseite wie beim Schreiadler, sondern zwei oder drei. Die ähnlichen Steppenadler sind etwas lang- und schlankflügeliger. Die sichere Bestimmung ist aber vor allem bei Altvögeln nicht immer möglich, wenn nicht eine Reihe von Merkmalen gut erkannt werden kann.

Das Brutgebiet des Schelladlers beginnt weiter östlich als das des Schreiadlers und zieht sich als breites Band vom Südrand der Taiga bis zur Steppenzone nach Osten bis in die Mandschurei und in das Ussuriland. Auch Schelladler sind Zugvögel, wandern aber nicht so weit wie Schreiadler. Einzelne überwintern bereits in Mittel- und Südeuropa. Sieht man also im Winterhalbjahr in Europa einen der beiden ähnlichen Adler, dürfte es sich in der Regel um Schelladler handeln. Das Hauptwintergebiet der Schelladler liegt im Nahen und Mittleren Osten und reicht im Osten Afrikas nach Süden bis Äthiopien. Vom Iran über den Norden Indiens bis Thailand und Vietnam sowie Südchina zieht sich das Winterquartier der asiatischen Brutvögel.

In den osteuropäischen Brutgebieten ist der Bestand sehr gering und die Siedlungsdichte niedrig, selbst in Russland, dem wichtigsten Brutraum am Westrand des Areals. Hier wie auch in der Ukraine haben die Bestände seit 1970 offenbar stark abgenommen. Da auch das Areal weiter im Osten nur sehr dünn besiedelt ist, kann man auch nicht mit

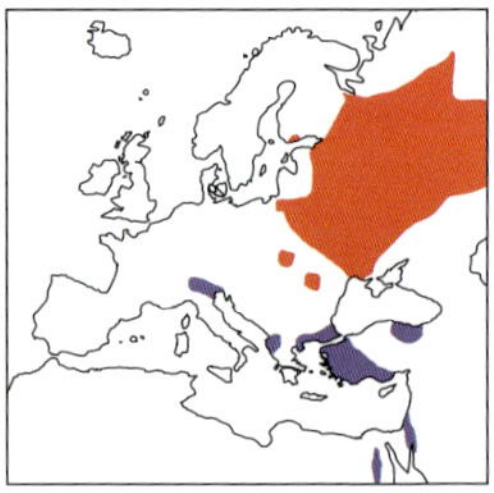

einer großen Weltpopulation rechnen. An den Konzentrationspunkten des Greifvogelzugs sind Schelladler nicht häufig. Daher zählt heute der Schelladler zu den weltweit bedrohten Vogelarten.

In seinem Lebensraum ist der Schelladler mehr ans Wasser gebunden als der Schreiadler. Bevorzugte Brutplätze sind feuchte Wälder am Rand von Feuchtwiesen, Hoch- und Niedermooren und unterschiedlichen stehenden Gewässern. Die meisten brüten im Tiefland, wenige auch in Hügelländern. Kulturland oder menschliche Siedlungen werden gemieden. Auch in den Jagdgebieten dominieren feuchte Flächen, nicht selten jagen die Adler über dem offenen Wasser. Auf dem Zug und im Winterquartier ist die Bindung an Wasser ebenfalls zu beobachten.

Die Nahrung setzt sich ähnlich zusammen wie beim Schreiadler, doch machen Tiere, die am Wasser leben, größere Anteile aus. Unter den Kleinsäugern dominieren z. B. Schermäuse. Wasservögel spielen ebenfalls eine Rolle, daneben auch Amphibien und Reptilien. Auch Fische werden gelegentlich erbeutet. Wie alle Adler gehen auch Schelladler mitunter an Aas. Bei der Ansitzjagd sitzen sie oft stundenlang auf niedrigen Warten, mitunter auch auf dem Boden.

Die Brutreviere umfassen in günstigen Gebieten 15–30 Quadratkilometer. Die Nester stehen auf Nadel- und Laubbäumen meist über 100 m vom Waldrand entfernt. Nach der Ankunft im Brutrevier finden auffällige Schauflüge des Paares statt, während derer die Partner auch lebhaft rufen. Alte Nester werden immer wieder benutzt. Schelladler sind außerordentlich empfindlich gegenüber Störungen. Wahrscheinlich mit etwa vier Jahren werden sie brutreif. Wie bei anderen Adlern trifft auf das Männchen zunächst die Hauptlast der Versorgung von Weibchen und Nestlingen mit Nahrung. Das Weibchen brütet allein und bleibt auch zunächst bei den kleinen Nestlingen. Wie bei anderen Adlern schlüpfen die meist zwei Nestlinge im Abstand von einigen Tagen. Doch im Unterschied zum Schreiadler werden nicht selten auch zwei Junge flügge. Allerdings bleibt im Durchschnitt pro Brutversuch die Anzahl der flüggen Junge pro Paar unter eins. Die geringe Nachwuchszahl macht Adlerbestände grundsätzlich anfällig gegenüber Verfolgung. Verluste können bei Vögeln, deren Fortbestand auf lange Lebensdauer der geschlechtsreifen Individuen angelegt ist, nicht so rasch ausgeglichen werden. Auch sind bis zum Eintritt der Geschlechtsreife oft schon größere Verluste zu verzeichnen.

Schelladler *Aquila clanga* (PALL. 1811)

Größe	= Huhn
Maße (cm)	Länge ca. 62–74 (60–70) / Flügel ca. 158–182 (155–180)
Körpermasse (g)	1500–2500
Stimme	sehr ähnlich Schreiadler
Brutzeit	Ende April bis Anfang Mai, 1 Jahresbrut
Gelegegröße	(1) 2 (3)
Eifärbung	hellgrau, zuweilen mit zerstreuten braunen und grauen Punkten oder Klecksen; ohne Glanz
Eimaße (mm)	kurz-spindelförmig – 67,5 x 54
Brutdauer	42–44 Tage
Nestlingszeit	60–65 Tage, voll selbstständig nach weiteren 25–30 Tagen

▸ SCHREIADLER, STEPPENADLER, KAISERADLER

SCHELLADLER, ALTVOGEL

JUNGVOGEL

UNAUSGEFÄRBTER SCHELLADLER

JUNGVOGEL IM WINTERQUARTIER

Steppenadler

Relativ langer Schwanz und (vor allem am Körperansatz) schmal wirkende Flügel unterscheiden das Flugbild des Steppenadlers von dem des etwa gleich großen Kaiseradlers. Die Färbungen sind bei beiden Arten aber recht variabel. Auch die Unterscheidung zu Schrei- und Schelladler ist schwierig, so dass man zur Arterkennung ausführliche Bestimmungsbücher zu Rate ziehen muss, die auch unterschiedliche Kleider behandeln. Jungvögel tragen über jedem Flügel auf der Unterseite eine breites helles Band, das als wichtiges Kennzeichen auch oft noch in späteren Jahren zu sehen ist (und dem sehr ähnlichen Savannenadler fehlt, s. unten).

Steppenadler brüten gerade noch im äußersten Osten Europas auf den heutigen Staatsgebieten Russlands und der Ukraine (hier aber wohl neuerdings ausgestorben). Ihr Brutgebiet reicht vom Nordosten des Schwarzen Meers in der Steppen- und Halbwüstenzone nach Osten über Kasachstan bis in das Gebiet östlich des Baikalsees, in die Mongolei und nach Zentralchina. Nach dem Nachweis eines Brutplatzes in den 70er Jahren in Kleinasien besteht auch für die Türkei Brutverdacht. Die Hauptvorkommen am Westrand des Areals liegen in der Kalmückensteppe nordwestlich des Kaspibeckens. Ein weiteres Zentrum scheint sich südlich des Urals zu befinden. Man unterschiedet zwei Unterarten. In Europa außerhalb des Brutareals sind Steppenadler sehr seltene Ausnahmegäste. Verdacht auf Gefangenschaftsflüchtlinge besteht dabei meistens, denn diese Adler werden immer noch in privaten Greifvogel-Schaustellungen gehalten.

Die Westgrenze der Brutverbreitung ist seit Anfang des 20. Jahrhunderts nach Osten zurückgewichen. So sind z. B. die Brutvorkommen in Rumänien erloschen; Sommervorkommen in Bulgarien sind nicht sicher. Der bisher letzte Brutnachweis für die Ukraine wurde 1982 erbracht. Die Gründe für das Verschwinden im Westen liegen vor allem in

der Umwandlung der natürlichen Steppe in Produktionsflächen der Agrarwirtschaft. Daneben hat dort, wo Grasland erhalten geblieben ist, die intensive Beweidung stark zugenommen. Dies führte auch zu anwachsender Störung von Nestern; die Gelege der immer wieder vom Nest gejagten brütenden Weibchen gehen an Überhitzung oder durch Nesträuber (Krähen) zugrunde. Auch hat das Verbrennen von Heuhaufen in manchen Gebieten Neststandorte in völlig offenen, extensiv genutzten Grasländern zerstört. Eine offensichtlich bedrohliche Gefahr ist durch die Errichtung von Hochspannungsleitungen in völlig baumlosen Gebieten entstanden. Die Masten wurden zu beliebten Sitzplätzen von Steppenadlern; Stromüberschläge töten erhebliche Mengen. In östlichen Steppengebieten scheint der Bestand aber noch erfreulich groß zu sein, wie die Durchzugszahlen beweisen.

Steppenadler sind Zugvögel. Die Brutvögel von Osteuropa bis zum Altai (Unterart *orientalis*) überwintern in einem Gebiet, das vom Persischen Golf über Arabien und Ostafrika bis Südafrika reicht. Inzwischen hat man auch Steppenadler mit Hilfe der Satelliten-Telemetrie verfolgt. Zu den eindrucksvollen Ereignissen zählt der Heimzug in die Steppengebiete Asiens im Frühjahr über das südliche Israel. Die höchste Summe in einer Frühjahrsaison durchziehender Steppenadler bei Eilat betrug über 70 000 Vögel. Die östlichen Vögel der Unterart *nipalensis* überwintert vor allem auf dem indischen Subkontinent.

Steppenadler leben in offenen Steppen- und Halbwüstenlandschaften. Im Brutgebiet bilden vor allem Ziesel die Hauptnahrung; andere kleine Nagetiere und Vögel treten zurück, spielen aber in den unterschiedlichen Gegenden des Durchzugsgebiets und der Winterquartiere ein gewisse Rolle. Dort kann man die Vögel auch an Aas und Abfällen beobachten. Ansitzwarten sind oft nur niedrige Erhebungen oder Hügelkuppen. Die Nester stehen meist etwas erhöht auf einem Hügel, einem niedrigen Strauch oder Baum oder zur Not flach auf dem Boden. Wahrscheinlich wegen des geringen Angebots sind die Nester oft ziemlich dürftig aus wenig Material gebaut.

Bis vor kurzem wurde auch der Raubadler mit dem Steppenadler zu einer Art zusammengefasst. Heute unterscheidet man ihn unter dem Namen **Savannenadler** (*Aquila rapax*). Savannenadler brüten in einer Unterart in Nordwestafrika und in Afrika südlich der Sahara, in einer weiteren in der Südhälfte Afrikas und in einer dritten auf dem indischen Subkontinent und in angrenzenden Gebieten.

▸ Schrei- und Schelladler, Kaiseradler

Steppenadler *Aquila nipalensis* (Temm. 1828)

Größe	= Gans
Maße (cm)	Länge ca. 67–86 (65–75) / Flügel ca. 175–230 (182)
Körpermasse (g)	1696–3100
Stimme	relativ hoch „kau kau", bellend; bei der Balz Pfiff wie Schrei- und Schelladler; außerhalb Brutplatz wenig zu hören
Brutzeit	April im Süden, bis Mitte Mai im Norden; 1 Jahresbrut
Gelegegröße	(1) 2 (3)
Eifärbung	weiß; zuweilen mit brauner oder violetter Zeichnung; glanzlos
Eimaße (mm)	kurz-spindelförmig – 69,3 x 55
Brutdauer	ca. 45 Tage
Nestlingszeit	mind. 60 Tage

STEPPENADLER, JUNGVOGEL AUF DEM ZUG

VOGEL IM 3. KALENDERJAHR (HERBST)

ALTERSKLEID (NOCH NICHT VOLLSTÄNDIG)

JUNGVOGEL

Kaiseradler

Im Flugbild des Kaiseradlers fallen lange und relativ schmale Flügel sowie der schmale, meist zusammengelegte Schwanz auf. Die Altvögel sind ganz dunkel mit einem hellen Scheitel und heller bräunlichen Federn im Bereich der Flügeldecken. Im Schwanz ist eine dunkle Endbinde zu erkennen. Jungvögel wirken oft sehr hell (Oberseite wie „Milchkaffee"); auf der Flügelunterseite fehlt ihnen das helle Band der jungen Steppenadler. Das Brutgebiet des Kaiseradlers liegt in der Steppenzone und reicht vom Osten Mitteleuropas bis nach Mittelsibirien. Die sehr kleine europäische Brutpopulation konzentriert sich auf die Karpaten und das Karpatenbecken, auf die Balkanhalbinsel und die Steppengebiete der Ukraine und Südwestrusslands. Der Weltbestand gilt insgesamt als bedroht. Kaiseradler sind Kurzstreckenzieher; ihre Winterquartier liegen in Nordostafrika, im Nahen und Mittleren Osten sowie im südlichen und mittleren Ostasien. Die Nester stehen so gut wie immer auf Bäumen. Der typische Lebensraum zur Brutzeit sind Waldsteppen, also offene Landschaften mit Waldinseln. Forstwirtschaftliche Maßnahmen wirken sich besonders ungünstig aus, wenn nur wenige alte und hohe Bäume als Nistplatz zur Verfügung stehen. Kaiseradler werden in manchen Teilen ihres Brutgebiets, aber auch auf dem Durchzug und im Winterquartier verfolgt. In Europa brüten Kaiseradler auch an Hängen bewaldeter Hügel und fliegen zum Jagen ins offene Land. In ihrer Beute spielen steppenbewohnenden Säugetiere, wie Ziesel und Hamster, eine wichtige Rolle, ferner Wühlmäuse, in Trockengebieten auch Reptilien.

▶ STEPPENADLER

Kaiseradler *Aquila heliaca* (SAVIGNY 1809)	
Größe	= Gans
Maße (cm)	Länge ca. 75–84 (72–84) / Flügel ca. 180–215
Körpermasse (g)	2450–4530
Stimme	Balzrufe bellende Reihe, rauher/tiefer als Steinadler; Einzelrufe an Kolkraben erinnernd; schrille auf- und absteigende Triller bei Erregung
Brutzeit	März bis April, 1 Jahresbrut
Gelegegröße	(1) 2–3, ganz ausnahmsweise 4
Eifärbung	weiß bis rotbräunlich, mit vereinzelten braunen, grauen und violetten Abzeichen (blasser und spärlicher als Steinadler); glanzlos
Eimaße (mm)	kurz-elliptisch bis kurz-spindelförmig – 73,3 x 56,5
Brutdauer	43 Tage/Ei
Nestlingszeit	mind. 63 Tage

Spanischer Kaiseradler

Der Spanische Kaiseradler ist bis vor kurzem nur als Unterart des Kaiseradlers betrachtet worden, wird heute aber meist als eigene Art angesehen. Er unterscheidet sich von den östlichen Kaiseradlern durch einen auffälligen, oft etwas unterbrochenen weißen Vorderrand des Flügels. Die Weltpopulation ist heute ganz auf Spanien beschränkt, wo man Anfang der 90er Jahre mit einem Gesamtbestand von etwa 150 Paaren rechnete. Ehemals brütete die Art auch in Marokko und Portugal; aus diesen Ländern fehlen neuere Brutnachweise. Auch in Spanien hat sich sein Brutgebiet verkleinert. Zwischen 1960 und 1970 schien der Bestand kurz vor dem Aussterben mit nur etwa 30 bekannten Paaren. Inzwischen hat er sich wieder etwas erholt, dank umfassender und gezielter Schutzmaßnahmen, deren Ziel es ist, die Population Anfang des 21. Jahrhunderts wieder auf etwa 200 Paare zu bringen. Viele Brutplätze wurden unter Schutz gestellt. Erschließung und Störung von Brutgehölzen (z. B. durch Leitungen) werden verhindert; sinnvolle Konstruktion von Trägermasten sollen Verluste durch Stromtod verhindern. Wenn nötig, soll auch zusätzliches Futter zur Aufzucht von Nestlingen bereitgestellt werden. Die Hauptbeute vor allem während der Brutzeit sind Kaninchen. Wenn deren Bestände zurückgehen oder zusammenbrechen, bietet eine breite Palette von Bodentieren (auch viele Vogelarten und Reptilien) Ersatz. In Andalusien werden auch Wasservögel geschlagen. Die Jagd ist großenteils Ansitzjagd von niedrigen Warten aus oder aus dem Suchflug. Das Männchen versorgt das brütende Weibchen und später auch die kleinen Nestlinge mit Nahrung.

▶ STEINADLER

Spanischer Kaiseradler *Aquila adalberti* (C. L. BREHM 1861)	
Größe	= Gans
Maße (cm)	Länge ca. 74–85 / Flügel ca. 177–220
Körpermasse (g)	2500–3500
Stimme	wie Kaiseradler
Brutzeit	Mitte Februar bis Ende März
Gelegegröße	(1) 2–3 (4)
Eifärbung	wie Kaiseradler
Eimaße (mm)	wie Kaiseradler
Brutdauer	44 Tage
Nestlingszeit	mit 75 Tagen flügge

ALLE FOTOS KAISERADLER, HIER ALTVOGEL

JUNGVOGEL IM WINTERQUARTIER

JUNGVOGEL IM HORST MIT ZIESEL

JUNGVÖGEL

Steinadler

Für den Mitteleuropäer ist der Steinadler ein Symbolvogel der Alpen und anderer Hochgebirge. In Nordeuropa aber ist er auch Brutvogel in Hügellandschaften, im äußersten Osten Europas auch in Flachlandgebieten mit Mooren und in Schottland sowohl auf den Hochländern als auch auf gebirgigen Inseln. Weltweit reicht die Skala seiner Lebensräume vom Rand der Wüste bis zur Tundra, von Felsküsten bis zu den höchsten Bergen. Spärliche Vegetation und offene Landschaften sind die Gemeinsamkeiten seines Jagdgebiets.

Mit leicht V-förmig gehaltenen langen Flügeln, deren Hinterrand leicht geschwungen ist, segeln die mächtigen Greifvögel im Aufwind oder gleiten an Steilhängen entlang. Der Schwanz ist relativ lang und bei Altvögeln, die hell gelbbraune Kopf- und Nackenfedern tragen („Goldadler") dunkel. Junge und noch nicht ausgefärbte Vögel sind mehrere Jahre lang an weißen Flügelfenstern und heller Schwanzwurzel zu erkennen. Wer viele Adler immer wieder beobachtet, kann an der Zeichnung manche Vögel auch individuell erkennen. Die Weibchen sind etwas größer als die Männchen.

Das Brutgebiet des Steinadlers umfasst die gesamte Nordhalbkugel und reicht von wüstenhaften Gebieten des nördlichen Afrika und Arabien sowie vom Himalaja bis an den Rand der Tundra, in Nordamerika von Alaska bis in den Norden Mexikos. Im Tiefländern Europas und Nordamerikas ist die Art heute als Brutvogel verschwunden. Die nördlichsten Brutvögel weichen im Winter nach Süden aus; die Jungvögel wandern auch in Standvogelpopulationen größere Strecken. Revierbehauptende Altvögel sind in der Regel das ganze Jahr über in der Umgebung des Brutplatzes anzutreffen. Aus den europäischen Hochgebirgen kommen nur ausnahmsweise Steinadler ins Tiefland.

Steinadler *Aquila chrysaetos* (L.)

Größe	= Gans
Maße (cm)	Länge ca. 76–89 (75–90) / Flügel ca. 190–227
Körpermasse (g)	♂ 2840–4550, ♀ 3630–6665
Stimme	hell „klijak" oder „hiäh", kläffende oder keckernde Rufreihen „kjek kjeck kjeck…"; Bettelrufe Nestlinge „jjagg jjagg…" oder „ki-up", „tschi-up" u. ä.
Brutzeit	Ende Januar bis Anfang Februar in Nordafrika, Ende Mai bis Anfang Juni nördlich; 1 Jahresbrut
Gelegegröße	(1) 2 (3)
Eifärbung	weiß, meist braun, braunviolett und hellgrau gesprenkelt bzw. gekleckst, ein Ei oft ungezeichnet; glanzlos, rauhschalig, grobkörnig
Eimaße (mm)	kurz-spindelförmig – 76,4 x 58
Brutdauer	43 – 45/Ei
Nestlingszeit	74–80 Tage; mit ca. 6 Wochen „Flugübungen", ab 8. Woche Herumklettern

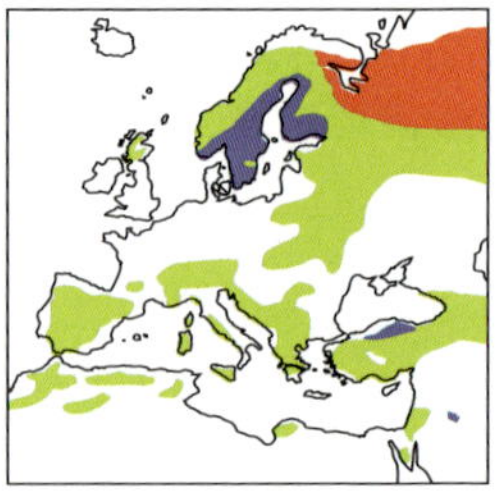

Obwohl sich die Bestände in vielen Gebieten erholt haben, gilt der Steinadler als bedrohter Brutvogel Europas. Lebensraumveränderungen bedrohen nach wie vor Tieflandpopulationen im Osten Europas. Über gut ein Jahrhundert anhaltende Verfolgung – einzelne Adler„könige" haben bis zu hundert Adler in eng umgrenzten Gebieten der Alpen erlegt – hat am Anfang des 20. Jahrhunderts viele Populationen auf einen Tiefstand gebracht. Jetzt ist zumindest die Zahl der Revierpaare wieder angewachsen. Steinadler brauchen viel Platz: Großflächig ist die Siedlungsdichte kaum höher als ein Paar pro 100 km². Günstige Reviere in den Alpen messen heute zwischen 40 und 70 km².

Säuger und Vögel in vielen Arten bilden die Nahrung, je nach Lebensraum Murmeltier, Ziesel, Schneehase, Raufußhühner und junge Paarhufer, wie Gämse, Reh oder Schaf. Der Zahl nach machen kleine Beutetiere (bis herunter zu Mausgröße) oft einen großen Teil aus, die Masse stellen aber größere Tiere. In schneereichen Hochgebirgen spielen Fallwild und vom Winter geschwächte Tiere eine wichtige Rolle, denn Steinadler beginnen mit Eiablage und Brut, wenn noch Schnee liegt. Eine ausreichende Ernährung der Brutvögel im Spätwinter und Vorfrühling ist in vielen Teilen der europäischen Hochgebirge mit großem Winterrummel problematisch geworden. Auf Ansitzwarten mit weitem Ausblick können die Adler ihr Revier überblicken; die eigentlichen Stoßflüge auf die Beute sind aber meistens kurz unter Ausnutzung von Deckung und Überraschungseffekten.

Der Markierung eines Reviers dient zu allen Jahreszeiten ein auffälliger Girlandenflug des Paares, der von Winter bis Frühjahr besonders häufig zu sehen ist. Im 4. oder 5. Lebensjahr werden die Vögel brutreif. Die Paare leben in monogamer Dauerehe zusammen; bei Partnerwechsel ist meistens das erste Jahr der gemeinsamen Brut nicht erfolgreich. Die meisten Reviere enthalten mehrere Wechselnester, die oft über viele Jahre immer wieder benützt werden. In den Gebirgen stehen die meisten Nester in Felswänden auf Bändern und Vorsprüngen oder in Nischen. Auch in Felsbrüterpopulationen kommen aber Baumnester regelmäßig vor. Vor Legebeginn, aber auch noch bis zum Ausfliegen der Jungen, werden frische Zweige eingetragen. Schon vor der Eiablage versorgt das Männchen sein Weibchen mit Nahrung. Wenn die Jungen herangewachsen sind, fliegen auch die Weibchen wieder auf die Jagd. Nur in einem kleinen Teil der Nester werden zwei Junge flügge; meist geht der später geschlüpfte Nestling zugrunde. Ab Herbst werden die Jungen aus dem Revier vertrieben.

▸ SCHREIADLER, KAISERADLER

STEINADLER AM HORST

IM FLUG

JUNGVOGEL

GELEGE

Zwergadler

Greifvögel der Gattung *Hieraaetus* wirken durchaus adlerartig, auch wenn von den beiden in Europa brütenden Arten der Zwergadler nur etwa die Größe eines Bussards erreicht. Die Flügel sind jedoch länger, bis zur Spitze gleichmäßig breit und an den Enden stark gefingert. Zwei verschiedene Farbtypen, sog. Morphen, lassen sich unterscheiden. Die häufigere hellere Morphe wirkt im Flugbild zweifarbig: Die weißen Flügeldecken auf der Unterseite und die weißliche Körperunterseite kontrastieren zu den dunklen Schwungfedern. Die seltene dunkle Morphe ist zimt- bis schwarzbraun und anderen braunen Greifvögeln vergleichbarer Größe recht ähnlich. Typisch für segelnde oder gleitende Zwergadler ist der gerade abgeschnittene relativ lange Schwanz und die etwas nach hinten gerichtete Flügelspitze. Es sieht so aus, als habe der Vogel seinen Flügel nicht ganz ausgestreckt.

Das Brutgebiet des kleinen adlerartigen Greifvogels reicht vom Nordwesten Afrikas und der Südwestspitze der Iberischen Halbinsel nach Osten bis Mittelsibirien, vorzugsweise südlich des nördlichen Waldgürtels. Mehr als die Hälfte des europäischen Bestandes brütet in Spanien, etwa 10% im südlichen und westlichen Frankreich. Kleinere Bestände brüten in fast allen Ländern Südosteuropas, nach Norden bis in die Slowakei, Ukraine und nach Weißrussland. Die meisten dieser östlichen Brutbestände zeigen Abnahmetendenzen, in der Regel als Folge von Waldvernichtung und anderen Lebensraumänderungen sowie von Störung der meist relativ wenigen Brutplätze. Die große Population in Spanien scheint im Wesentlichen stabil zu sein. Insgesamt wird der Zwergadler wegen seines geringen Bestandes zu den gefährdeten Brutvögeln Europas gerechnet, zumal auch auf dem Zug und im Winterquartier Gefährdungsursachen einschließlich des illegalen Abschusses dazukommen.

Zwergadler *Hieraaetus pennatus* (Gm. 1788)

Größe	= Huhn
Maße (cm)	Länge ca. 45–50 (45–55) / Flügel ca. 110–132
Körpermasse (g)	♂ 709, ♀ 975
Stimme	lange, an- und abschwellende Rufreihen „wi-wi-wiu u u u u…" oder „wi-wi-jug jug…" u. ä. am Brutplatz; relativ ruffreudig, vielseitiges Repertoire
Brutzeit	Ende April bis Anfang Mai, 1 Jahresbrut
Gelegegröße	(1) 2 (3)
Eifärbung	weiß, mit unterschiedlich brauner, zuweilen nur schwacher Zeichnung; glanzlos, grobporig
Eimaße (mm)	rundlich-oval – 56,5 x 45,3
Brutdauer	35–39 Tage
Nestlingszeit	Flügge mit etwa 8 Wochen, Auflösung des Familienverbands später

Alle Zwergadler sind Zugvögel. Ihr Winterquartier umfasst weite Gebiete Afrikas südlich der Sahara (mit Ausnahme des Regenwalds im Kongobecken); östliche Brutvögel überwintern auf dem indischen Subkontinent. Im Herbst lassen sich z. B. an der Straße von Gibraltar beachtliche Zugkonzentrationen beobachten mit Maxima über 10 000 Vögeln; auch über dem Bosporus kann man Hunderte sehen. Ab August/September setzt der Abzug von den Brutplätzen ein; der Höhepunkt des Durchzugs im Mittelmeergebiet liegt etwa um Mitte September bis Anfang Oktober. Ab Ende März und im April kann man mit der Rückkehr der europäischen Brutvögel rechnen. Im westlichen Mitteleuropa werden Zwergadler nur als Ausnahmegäste beobachtet.

Die Skala der Lebensräume ist groß und umfasst mehr oder minder geschlossene Waldgebiete mit Lichtungen, Busch- und Grasflächen, aber auch weithin offene Landschaften mit einzeln stehenden Bäumen. Dort wo die Bergwälder nicht so dicht stehen wie an der Nordgrenze des Areals in Europa, sind Brutvorkommen auch über 1000 m Höhe bekannt (in Nordafrika sogar bis 3000 m). Größte Dichten erreicht der Zwergadler z. B. in mediterranen immergrünen Wäldern und dünn stehenden Koniferenwäldern. Offene Flächen sind für die Jagd erforderlich.

Zwergadler sind ausgesprochene Thermiksegler. Auf Beute lauern sie von einem Ansitz aus oder jagen im Suchflug und stoßen mit angelegten Flügeln auch aus großer Höhe herunter. Bei günstigen Windverhältnissen können sich die Vögel mit ausgebreiteten Flügeln in der Luft halten; sie rütteln auch. Säugetiere und bodenlebende Vögel bilden die Hauptnahrung, etwa Ziesel, Hamster, Ratten, Mäuse, junge Kaninchen und Vögel bis knapp Hühnergröße. Reptilien, vor allem verschiedene Eidechsen, spielen besonders in trockenen Gebieten im Süden und Osten des Brutgebiets eine Rolle. Auch Großinsekten werden erbeutet (etwa Heuschrecken und Termiten in Afrika).

Über den Brutrevieren zeigt das Paar kühne Flugspiele mit steilen Abstürzen und anschließendem Hochschießen. Dabei hört man an- und abschwellende Rufreihen. Die Nester stehen meist auf Bäumen, im Süden und Osten des Areals sind aber auch Felsbruten die Regel. Nicht selten übernehmen Zwergadler Nester anderer Greifvögel oder von Reihern, Krähen oder Schwarzstörchen und bauen sie dann aus. Besetzte Nester erkennt man wie bei manchen anderen Adlern auch an frisch eingetragenen grünen Zweigen. Meist ist das Weibchen mehr als das Männchen am Bau beteiligt; auch die Bebrütung der Eier ist überwiegend seine Aufgabe.

▸ Habichtsadler

ZWERGADLER, PAAR, HELLE MORPHE

ALTVOGEL

KREISEND (HELLE MORPHE)

GELEGE

Habichtsadler

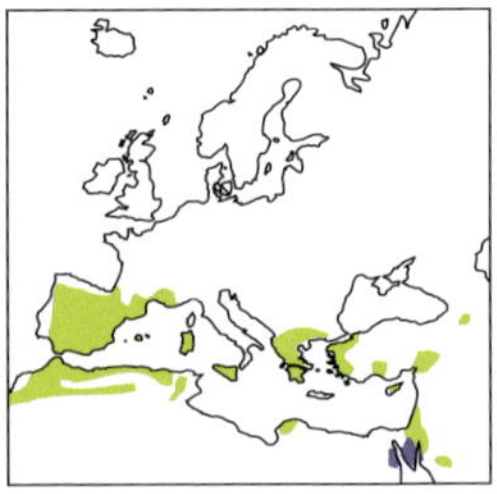

Deutlich größer als der gattungsverwandte Zwergadler ist auch der Habichtsadler allein nach bestimmten Färbungsmerkmalen nicht ganz einfach zu bestimmen. Altvögel tragen allerdings auf der Unterseite im Flugbild eine charakteristische Farbverteilung mit hellem Unterkörper und heller Flügelvorderkante und ein diese hellen Partien säumendes breites dunkles Band. Jungvögel sind am Körper mehr rotbraun gefärbt. Beim Gleiten und Segeln werden die Flügel, die an den Spitzen ebenfalls adlerartig gefingert sind, waagerecht gehalten.

Das Brutareal des Habichtsadlers reicht weniger weit nach Norden als das des Zwergadlers, etwa vom westlichen Nordafrika über das Mittelmeergebiet auf die Arabische Halbinsel und mit größeren Verbreitungslücken, die übrigens auch im Westen des Brutgebiets auftreten, über Vorderasien nach Vorderindien. Hier besiedelt er ein größeres zusammenhängendes Gebiet, getrennt davon ein weiteres, das von Burma nach Südchina reicht. In Afrika südlich der Sahara ist eine sehr nahe verwandte Art (Afrikanischer Habichtsadler, *H. spilogaster*) weit verbreitet, die wiederholt mit den europäisch-asiatischen Populationen als eine gemeinsame Art betrachtet wurde.

Der europäische Brutbestand ist sehr niedrig; die meisten Paare brüten auf der Iberischen Halbinsel. Doch hier wie auch in Frankreich oder Griechenland hat sich ihre Zahl in den letzten Jahrzehnten vermindert. Lebensraumveränderungen, insbesondere Verluste an trockenem Grasland und der typischen mediterranen niedrigen Strauchvegetation (Garrigue) sind dafür verantwortlich. Habichtsadler jagen zwar auch im Kulturland, vorzugsweise aber in Strauch- und Steppengebieten, außerhalb Europas auch in Halbwüsten oder in abgelegenen Gebirgsgegenden. Man kann ihnen hoch im Gebirge oder in tief erodierten Wadis begegnen. Verluste an Starkstromleitungen, illegale Verfolgung, aber auch Störung von Nestplätzen kommen dazu. Man muss daher die Art als sehr gefährdeten Brutvogel Europas einstufen.

Im Unterschied zum Zwergadler ziehen die Altvögel so gut wie nicht und sind das ganze Jahr über im Bereich ihrer Brutgebiete anzutreffen. Die Jungvögel streifen dagegen oft weiter umher und tauchen auch in Gebieten auf, in denen die Art nicht brütet. Doch werden Habichtsadler insgesamt sehr viel seltener außerhalb des Brutgebiets beobachtet als Zwergadler.

Während des Frühsommers leben Habichtsadler im Mittelmeergebiet hauptsächlich von Kaninchen und anderen Säugern (in Waldgebieten z. B. auch Eichhörnchen). Sonst dominieren Vögel, so vor allem Rothühner und ihre Verwandten, aber auch Tauben und andere Arten spielen eine Rolle. In Trockengebieten können auch Reptilien in nennenswerten Anteilen die Ernährung bestreiten. Habichtsadler kreisen oft sehr hoch und können mit angelegten Flügeln aus großer Höhe steil in die Tiefe stoßen. Häufig gleiten sie aber auch auf ihren Suchflügen dicht an Felswänden entlang, Aufwinde nutzend. Bei leichtem Gegenwind können sie wie Zwergadler in der Luft regelrecht stehen bleiben und rütteln. Beim Nahrungserwerb spielt aber auch Ansitzjagd eine Rolle; die Beutetiere werden mitunter dicht über dem Boden verfolgt, selbst zwischen Büschen und Bäumen.

Über den Brutrevieren führt das Paar Schauflüge mit rasanten Abstürzen und anschließendem Aufsteilen aus. Man kann dieses Schauspiel schon ab Spätherbst beobachten. Vermutlich ist monogame Dauerehe weit verbreitet, da die Brutpaare sehr ortstreu sind. Ein Revier enthält meist mehrere Nester, die wechselweise benutzt werden. Typisch sind vor allem Felsnester in oberen Partien steiler Felswände, oft in einer Nische geschützt oder an Sträuchern und Bäumen angelehnt. Auch Baumnester kommen vor, doch ungleich seltener als beim Zwergadler. Bei mehrfacher Benützung entstehen große Bauten aus Ästen und Zweigen. Schon ab Dezember können Männchen und Weibchen mit dem Eintragen von Material beginnen, da die Eiablage in warmen Mittelmeerländern schon sehr früh einsetzt. Das Weibchen brütet und wird vom Männchen meist nur kurzfristig abgelöst. Bis zu einem Alter von sechs Wochen werden die Jungen fast ausschließlich vom Weibchen gefüttert; die Versorgung der Familie mit Nahrung ist Aufgabe des Männchens. Noch lange nach dem Ausfliegen können die Jungen bei den Altvögeln gesehen werden, ehe sie mitunter weitere Zerstreuungswanderungen ausführen.

Habichtsadler *Hieraaetus fasciatus* (VIEILLOT 1822)

Größe	> Huhn
Maße (cm)	Länge ca. 70–74 (65–72) / Flügel ca. 150–170 (150–180)
Körpermasse (g)	1600–2400
Stimme	bei Schauflügen und am Brutplatz, auch bei Beuteübergabe jauchzende „jjiöh" oder ähnlich, auch hohe „jibjibjib…"-Reihen; kurze „ijük"; nicht sehr ruffreudig
Brutzeit	Februar bis April, 1 Jahresbrut
Gelegegröße	(1) 2 (3)
Eifärbung	weiß, +/– stark mit braunen und hellvioletten Punkten und Streifen; nicht glänzend
Eimaße (mm)	kurz-spindelförmig – 69 x 54
Brutdauer	37–40 Tage
Nestlingszeit	ca. 60–65 Tage; noch länger betreut

▸ ZWERGADLER

HABICHTSADLER BESCHATTET DIE JUNGEN

ALTVOGEL GLEITEND

JUNGVOGEL

HORST UND GELEGE

Fischadler

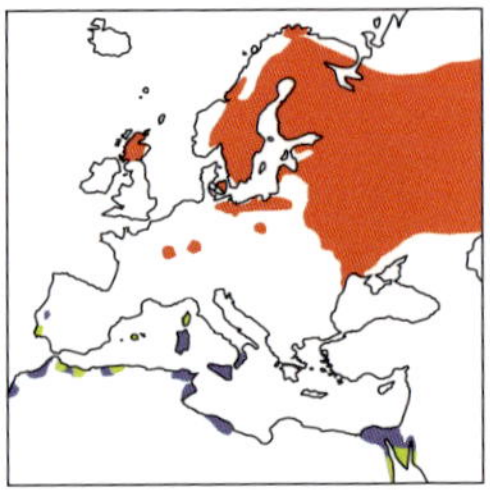

Der schmalflügelige Greifvogel mit der hellen Unterseite ist einmalig. Und so hat man ihn auch allein in eine eigene Familie innerhalb der Ordnung der Greifvögel gestellt. Allerdings ist noch strittig, ob er nicht doch näher mit anderen Arten verwandt ist. Viele seiner Eigentümlichkeiten sind im Zusammenhang mit seiner einmaligen Lebensweise als Fischjäger zu verstehen. Besondere Körpermerkmale sind die relativ langen Beine zum Eintauchen ins Wasser. Die dornartigen Schuppen an den Füßen und eine äußere Wendezehe helfen, die schlüpfrige Beute zu fassen. Ein dichtes, wie leicht eingeölt wirkendes Gefieder und verschließbare Nasenlöcher erlauben das kurzfristige Eintauchen ins Wasser beim Zugriff auf die Beute.

Fischadler brüten in verschiedenen Unterarten auf mehren Kontinenten. Zugvögel, die in den Tropen und südlichen Subtropen Afrikas und Asiens überwintern, sind die Brutvögel von Skandinavien bis Japan im nördlichen Waldgürtel. Auch die Brutvögel und Nichtzieher um das Rote Meer in Afrika und Arabien zählen zur europäisch-asiatischen Unterart. Weit verbreitet in Nordamerika von Alaska bis Florida brütet eine andere Unterart, die in Südamerika überwintert. Weitere Unterarten leben in der Karibik sowie von Australien bis Indonesien einschließlich Neuguinea. Die Bestände in Europa gelten als gefährdet, auch wenn sich manche Populationen in neuerer Zeit wieder etwas erholt haben. In vielen Teilen Mittel- und Südeuropas, in denen heute keine Fischadler mehr regelmäßig brüten, sind zu beiden Zugzeiten regelmäßig Durchzügler zu beobachten, die sich oft länger an einem günstigen Gewässer aufhalten. Mit einzelnen Neuansiedlungen kann man da und dort wieder rechnen.

Fischadler *Pandion haliaetus* (L.)

Größe	> Huhn
Maße (cm)	Länge ca. 55–69 (55–58) / Flügel ca. 145–160 (145–170)
Körpermasse (g)	♂ 1200–1600, ♀ 1600–2000
Stimme	am Horstplatz reiches Rufepertoire, z. B. tjipp-tjipp-tjipp…" (4–8 Rufe, Stakkato), auch wieder „jihe" oder „gjü gjü…", „tiup"; bei Erregung laut und in rascher Folge
Brutzeit	Mitte März im Süden, bis Anfang Juni im Norden; 1 Jahresbrut
Gelegegröße	(1–) 3 (4)
Eifärbung	rahmfarben bis gelblich, mit kontrastreich kastanienroter bis dunkelbrauner Zeichnung; rau, fast glanzlos
Eimaße (mm)	kurz-spindelförmig – 61,3 x 45,7
Brutdauer	34–40 (M 37)
Nestlingszeit	44–59 Tage; Familienzusammenhalt mindestens 65–93 Tage

Die Nahrung besteht so gut wie ausschließlich aus Fischen, meist solchen zwischen 150 und etwa 300 g; auch größere können noch erbeutet werden. Dass übergroße Fische den Adler unter Wasser ziehen und ertränken können, ist ein Märchen. Große Fische bereiten allerdings Schwierigkeiten, doch können Fischadler durch Spreizen ihrer mit langen, wie Haken gekrümmten Krallen versehenen Zehen die Beute schon unter Wasser wieder loslassen. Nur bei Nahrungsengpässen weichen Fischadler auch schon einmal auf Kleinsäuger, Vögel oder Reptilien aus. Die Fische werden im Sturzflug erbeutet, zu dem die Adler aus langsamem Suchflug, Rüttelflug oder auch von einem Baumast am Wasser ansetzen. Der endgültige Zugriff auf die Beute spielt sich in einer so hohen Geschwindigkeit ab, dass erst Auswertung von Filmen und Fotos die Vorgänge deutlich machten. Meist erst in der letzten halben Sekunde vor dem Eintauchen streckt der Fischadler seine gespreizten Füße vor und kann noch wenige Zentimeter über dem Wasser den Beutestoß abbrechen, wenn er sich etwa in Richtung oder Größe des Fisches verschätzt hat. Durch Entspannung des Streckermuskels schnappen die Zehen blitzschnell zusammen und lassen daher auch einem schnellen Fisch dicht unter der Wasseroberfläche keine Chance, zu entkommen. Mitunter tauchen die Vögel sekundenlang ganz ins Wasser ein, ehe sie sich mit kräftigen Flügelschlägen wieder erheben. In der Regel tragen sie den Fisch der Länge nach kopfvoran zu einem Kröpfplatz oder zum Nest.

Mit etwa drei Jahren werden Fischadler geschlechtsreif. Wahrscheinlich treffen sich auch bei Zugvogelpopulationen die alten Partner wieder am Nestplatz. Das Nest, nach mehrjähriger Benutzung oft eine gewaltige Burg aus Knüppeln und Zweigen, steht im Norden Europas auf hohen Bäumen, meist nicht weit von einem geeigneten Gewässer als Jagdgrund entfernt. An den Nestern wird auch noch während der Nestlingszeit gebaut; der Anteil des Männchens am Nestbau ist größer als der des Weibchens. Im Süden des altweltlichen Verbreitungsgebiets sind Felsnester verbreitet, um das Rote Meer gibt es auch Bodennester. Mit Kunsthorsten hat man Fischadler ansiedeln können. In Amerika brüten sie auf künstlichen Plattformen selbst mitten in belebten Jachthäfen. Das Weibchen brütet, das etwas kleinere Männchen wacht in Nestnähe und schafft Nahrung herbei. Bis zum Flüggewerden der Jungen besorgt das Männchen die Fischjagd. Meist bleibt die Familie auch nach dem Ausfliegen der Jungen noch einige Zeit zusammen. Die meisten Jungen europäischer Fischadler scheinen im ersten Jahr in Afrika zu bleiben oder ziehen nur bis ins Mittelmeergebiet.

▸ SCHLANGENADLER

FISCHADLER MIT FISCHBEUTE

FISCHADLER IM RUDERFLUG (MEXIKO)

JUNGVOGEL IM HORST

GELEGE

Rötelfalke

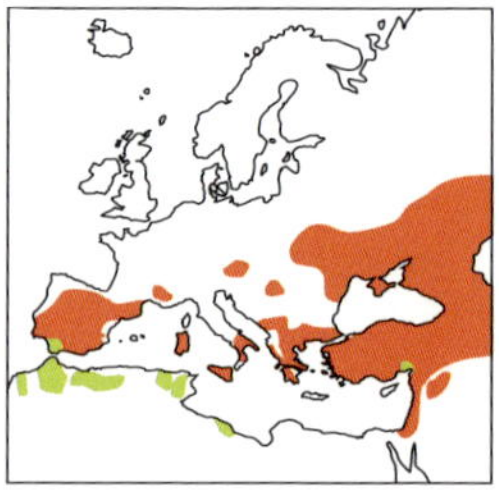

Die Falken, obwohl den übrigen Taggreifvögeln in der Lebensweise und auch in vielen äußeren Merkmalen auf den ersten Blick ganz offensichtlich recht ähnlich, werden von den Taxonomen dennoch oft einer eigenen Ordnung zugewiesen oder mindestens in einer eigenen Familie zusammengefasst. Gemeinsame Merkmale zumindest der zehn in Europa brütenden Falken, die man alle zu einer Gattung *Falco* stellen kann, lassen sich wie folgt zusammenfassen: Kleine bis mittelgroße Wirbeltier- und Insektenjäger mit spitzen Flügeln und rundem Kopf sowie großen dunklen Augen. Die stark gekrümmten Schnäbel sind in der Regel relativ kurz und weisen eine Ausbuchtung im Oberschnabel („Falkenzahn") auf, der eine Kerbe im Unterschnabel gegenüber steht. Die Beute wird im Unterschied zu den meisten anderen Greifvögeln oft durch Bisse getötet. Die Nasenlöcher sind rund. Eine Eigenheit der Brutbiologie ist allen europäischen Falken ebenfalls gemeinsam: Sie tragen kein Nestmaterial ein und sind daher auf fertige Nestunterlagen angewiesen.

Rötel- und Turmfalke sind sich sehr ähnlich, nicht nur in der Gefiederfärbung (die Weibchen beider Arten sind nur schwer voneinander zu unterscheiden), sondern auch in Flugweise und Jagdtechnik. Das hat einen einfachen Grund: Beide sind im Unterschied zu ihren europäischen Gattungsverwandten vornehmlich Jäger von Bodentieren oder nicht allzu schnellen Fliegern. Sie müssen daher in der Luft nicht extrem hohe Geschwindigkeiten erreichen. Für den Rötelfalken ist Ruderflug mit schnellen, aber im Allgemeinen weniger hastigen Flügelschlägen als beim Turmfalken typisch, daneben schweben sie auch im Auf- oder Gegenwind. Eine besondere Eigentümlichkeit ist das Rütteln, der Flug mit raschen Flügelschlägen „im Stand", aus dem heraus oft Beute angeflogen wird. Daneben ist Ansitzjagd weit verbreitet. Im Gegenwind können Rötelfalken auch ohne Flügelschlag schwebend in der Luft stehen.

Rötelfalken leben größtenteils von Insekten, die sie am Boden oder in der Luft greifen, etwa Heuschrecken, Libellen, Käfer, aber in Afrika auch Termiten. Kleinsäuger und auch Kleinvögel (z. B. ungeschickte Junge) scheinen meist nur eine untergeordnete Rolle zu spielen. In Trockengebieten kommen auch kleine Reptilien dazu. Rötelfalken sind in der Regel viel geselliger als Turmfalken und jagen nicht selten auch gemeinsam, vor allem in schwärmenden Insektentrupps.

Das Brutgebiet des kleinen bunten Falken, dessen Männchen durch leuchtend rotbraune Oberseite und intensiv graublauen Kopf und Schwanz auffallen, reicht von Westeuropa und vom westlichen Nordafrika nach Osten über Südeuropa, Klein- und Vorderasien bis Innerasien (Mongolei) und nach China. In Europa dürften die größten Bestände in Spanien, Italien und Griechenland leben. Auch in der Türkei ist die Art weit verbreitet. Soweit bekannt haben aber fast überall die Zahlen der Brutpaare erheblich abgenommen, so dass der Rötelfalke heute nicht nur in Europa, sondern sogar weltweit als gefährdet gilt.

Die Hauptursachen des Rückgangs liegen in der Veränderung der Jagdgründe des Vogels durch den Menschen. Ausbreitung von Siedlungen städtischen Charakters, Aufgabe traditioneller Weidewirtschaft und Ausdehnung intensiven Ackerbaus haben vielerorts die Nahrungsgrundlage erheblich geschmälert. Offene Landschaften warmer und trockener Gebiete mit Steppen, Wüstensteppen- und sogar Wüstencharakter stellen die typischen Lebensräume; extensiv genutztes Kulturland kann auch noch besiedelt werden.

Rötelfalken sind Zugvögel, die den Winter in weiten Teilen Afrikas südlich der Sahara verbringen und auch im Süden der Arabischen Halbinsel überwintern. Ab September findet der gerichtete Abzug von den europäischen Brutgebieten statt, ab März ist wieder mit der Ankunft zu rechnen.

Noch im ersten Lebensjahr werden Rötelfalken geschlechtsreif. Die Brutplätze liegen in Felsspalten und -höhlungen, Mauernischen und zwischen aufgetürmten Steinen, unter Dächern oder in Mauerlöchern, auch in Baumhöhlen. Selbst Nistkästen werden angenommen. Fast immer brüten Rötelfalken zu mehreren Paaren beisammen, mitunter bilden sich auch größere Kolonien, in denen die kleinen Falken oft sehr ruffreudig sind. Zumindest in früheren Jahrzehnten gab es Brutkolonien mit über 100 Paaren. Männchen und Weibchen brüten und versorgen die Nestlinge gemeinsam.

▸ TURMFALKE

Rötelfalke *Falco naumanni* FLEISCHER 1818

Größe	= Taube
Maße (cm)	Länge ca. 29–32 / Flügel ca. 58–72
Körpermasse (g)	♂ 90–172, ♀ 138–208
Stimme	in Kolonien ruffreudiger als Turmfalke, geräuschhafter; scheppernd wie „tsche-tsch" oder „xexe", oft auch „xik xik"; sog. „Lahnen" (vor allem ♀) zitternd „dridridri"; ♂ am Nistplatz „kschr"
Brutzeit	Ende April bis Mitte Mai, 1 Jahresbrut
Gelegegröße	3–6 (–8)
Eifärbung	weiß oder hell rostbraun, fein hellgelblich rot gesprenkelt, manchmal rot oder rötlichbraun gekleckst; meist heller als typische Turmfalkeneier; glatt, ohne Glanz
Eimaße (mm)	kleiner und kugelförmiger als bei Turmfalken – 34,8 x 28,8
Brutdauer	28–29 Tage
Nestlingszeit	28 Tage

RÖTELFALKE, MÄNNCHEN MIT MAULWURFSGRILLE

WEIBCHEN

MÄNNCHEN MIT ECHSE

JUNGVÖGEL

Turmfalke

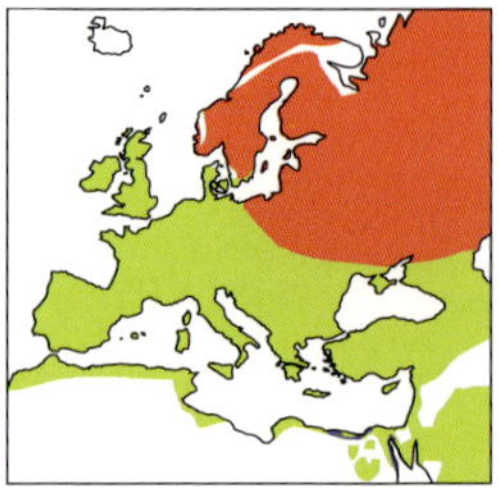

Er ist der verbreitetste Falke Europas, in manchen Gebieten nach dem Mäusebussard der am häufigsten zu sehende Greifvogel. Auch außerhalb Europas ist sein Verbreitungsgebiet, das er in mehreren Unterarten bewohnt, beachtlich. Es umfasst vom Nordrand der Taigazone nach Süden so gut wie ganz Asien bis in die Tropen und Afrika vom Südrand der Sahara bis an die Südspitze mit Ausnahme der tropischen Regenwälder. Der Typ des schlanken Jägers von kleinen Bodentieren und Insekten ist in allen Kontinenten anzutreffen und so finden sich z. B. in Australien oder über ganz Amerika je eine nah verwandte Art sowie mehrere zum Teil recht seltene Inselarten in warmen Zonen der Erde, die Turmfalken sehr ähnlich sind.

Obwohl weit verbreitet, gibt es eine Reihe von Anzeichen, dass der Bestand in manchen Länden Europas nicht unerheblich zurückgegangen ist, so in Spanien, Frankreich, Italien und Russland. Diese Entwicklungen veranlassen die Experten, auch diese vor kurzem noch sehr häufige Falkenart auf die Liste der gefährdeten Brutvögel Europas zu setzen. Nachdem sicher auch die Anwendung langlebiger Pestizide einen Rückgang verursachte, liegt heute großflächig die größte Bedrohung in Änderungen agrarischer Wirtschaftsformen, insbesondere in der intensiven Bewirtschaftung großer einheitlicher Flächen. Dies hat z. B. auch zur Unterdrückung der Massenwechsel von Feldmauspopulationen geführt.

Wühlmäuse machen die Hauptmenge der Nahrung aus, daneben andere Kleinsäuger, wie Spitzmäuse oder Langschwanzmäuse. Turmfalken können auch Vögel fangen, vor allem ungeschickte Jungvögel. Dies spielt in manchen Stadtpopulationen eine wichtige Rolle. Im weiten Verbreitungsgebiet werden auch Reptilien oder Insekten in größerer Menge erbeutet. Ein Turmfalke braucht etwa die Nahrungsmenge von zwei Feldmäusen pro Tag.

Mit etwas hastig wirkenden Flügelschlägen überwinden die Falken größere Strecken. Sie können im Aufwind auch etwas kreisen, doch tun sie das meist nur kurze Zeit und müssen dabei ihre Position immer wieder mit ein paar raschen Flügelschlägen halten. Die Jagd wird aus dem Suchflug heraus angesetzt. Dazu rütteln Turmfalken sehr oft. Diese Suchfluchjagd ist ergiebiger als die Jagd vom Ansitz aus. Doch der Rüttelflug verbraucht sehr viel Energie. Daher ist die Jagd nur bei ausreichendem Nahrungsangebot lohnend. In Jahreszeiten mit niedriger Dichte von Beutetieren, z. B. im Winter ist sie zu aufwändig; daher sieht man jetzt Turmfalken wesentlich häufiger als im Sommer sitzend auf Beute lauern, obwohl der Erfolg dieser Jagdmethode geringer ist.

Im Norden ihres Brutgebiets sind Turmfalken Langstreckenzieher. Nach Süden und Westen setzen sich die Populationen in Europa mehr und mehr aus Teilziehern zusammen, wobei die Wanderneigung der Jungvögel im Allgemeinen größer zu sein scheint als unter Altvögeln. In wintermilden Gebieten leben Turmfalken auch als Standvögel. Das Wintergebiet der Art reicht in Europa vom Süden Fennoskandiens über Mittel- und Westeuropa bis ins Mittelmeergebiet. Die weitesten Ringfunde mitteleuropäischer Turmfalken wurden aus Westafrika südlich der Sahara gemeldet.

Typische Jagdgebiete sind freie Flächen mit möglichst niedriger oder lückenhafter Vegetation, die Bodenjagd nicht behindert. Solche Jagdflächen können mehre Kilometer von den Brutplätzen entfernt sein, z. B. bei Turmfalken, die mitten in der Großstadt auf Türmen oder hohen Gebäude brüten. Natürliche Nestplätze bieten Felswände bis hinauf ins Hochgebirge (hier leben aber Turmfalken in nur sehr geringer Dichte) und alte Nester anderer Arten auf Bäumen, in Wäldern aber nur am Rand. In Felsnischen und -höhlen, Mauerlöchern und auf anderen flachen Unterlagen werden die Eier abgelegt. Auf Bäumen werden vor allem Nester von Elstern, Rabenkrähen, Greifvögeln oder Reiher bezogen. Turmfalken nehmen auch gern geeignete Nistkästen an. Mittlerweile hat sich herausgestellt, dass in Nistkästen der Bruterfolg sogar größer ist als in Naturnestern, da die Gefahr hier wesentlich geringer ist, dass Eier oder kleine Junge herausfallen. Nicht alle alten Nester, die von anderen Vögeln übernommen werden, sind auch wirklich optimal.

Turmfalke *Falco tinnunculus* (L.)

Größe	= Taube
Maße (cm)	Länge ca. 33–39 (32–39) / Flügel ca. 65–80 (65–82)
Körpermasse (g)	♂ 136–252, ♀ 154–314
Stimme	häufig Reihen hoher „kikiki…" (stimmhafter und deutlicher auf i als Rötelfalke); am Brutplatz vibrierend „zrirr" oder „wriii…" sowie kurze „zick"-Laute
Brutzeit	Februar (Kanaren), April (Nordafrika), Ende März Südeuropa, Anfang Juni im Norden; 1 Jahresbrut
Gelegegröße	(3) 4–6 (7)
Eifärbung	weiß oder gelblich rostfarben, gewöhnlich so stark dunkel rostbraun gefleckt, daß Grundfarbe verschwindet; manchmal unterschiedlich rötlichbraun, violett, grau oder gelblichbraun gezeichnet oder gekleckst; glatt, glanzlos
Eimaße (mm)	kurz-spindelförmig bis kurz elliptisch – 38,7 x 31
Brutdauer	27–32 Tage
Nestlingszeit	27–32 Tage (manchmal etwas länger)

▶ Rötelfalke

TURMFALKE, MÄNNCHEN VERZEHRT EINE MAUS

WEIBCHEN

WEIBCHEN IM RÜTTELFLUG

GELEGE

Rotfußfalke

Kurzschwänziger als Turmfalke, etwas breitere Flügel als Baumfalke – das umschreibt am präzisesten die Flugsilhouette des kleinen Falken. Die Gefiederfärbungen allerdings können sich stark unterscheiden. Die alten Männchen sind mehr oder minder einfarbig dunkel schiefergrau; Schenkelbefiederung und Unterschwanzdecken heben sich rostrot davon ab. Vorjährige Männchen tragen aber nur auf dem Rücken schiefergraue Färbung, die Unterseite ist mit feinen dunklen Strichen besetzt und variiert von Rostgelb bis Hellgrau. Die Weibchen sind oberseits schwarzbraun, unterseits orange- bis rostfarben. Ihnen ähneln auch die Vögel im Jugendkleid, die aber insgesamt heller sind.

Vom östlichen Europa bis an den Ostrand Mittelsibiriens und in den äußersten Nordwesten Chinas umfasst das Brutgebiet Teile der Steppen- und Waldsteppenzone, aber auch noch des nördlichen Waldgürtels. Weiter östlich schließt sich das Brutgebiet des sehr ähnlichen Amurfalken (*F. amurensis*) an. Alle Rotfußfalken sind Langstreckenzieher und überwintern im Süddrittel Afrikas. Amurfalken ziehen in einem riesigen Umweg ebenfalls nach Afrika; ihr Winterquartier schließt nördlich in Ostafrika an die Hauptaufenthaltsgebiete der Rotfußfalken an. In Mitteleuropa erscheinen Rotfußfalken regelmäßig während des Sommerhalbjahres, im Süden häufiger im Frühjahr (vor allem Mai), im Norden offenbar häufiger im Herbst, hier dann auch gelegentlich in größerer Zahl weit nach Westen („Invasionen"). Wahrscheinlich handelt es sich dann um Wegzügler aus Mittel- und Nordrussland, die etwas weiter nach Westen geraten sind.

Offene Landschaften, die mit Gehölzgruppen, Windschutzstreifen oder einzelnen Bäumen bestanden sind, bilden die typischen Lebensräume. In Mitteleuropa kann man Durchzügler oder Übersommerer besonders über insekten-

reichen Mooren, Feuchtwiesen, Heiden oder Verlandungszonen und Altwässern jagen sehen. Brutplätze sind Gehölze, lichte Auwälder oder Baumgruppen. Als Nestlieferanten sind vor allem Elstern und Saatkrähen wichtig, gebietsweise auch andere kleine Greifvögel.

Insekten bilden die Hauptnahrung, die in unterschiedlichen Jagdtechniken erbeutet werden. Sehr beliebt sind erhöhte Ansitzwarten, von denen aus die kleinen Falken in kurzer Flugjagd ein Beutetier greifen, um dann wieder zum Sitzplatz zurückzukehren. Reine Flugjagd auf schwärmende Insekten – nicht selten auch zusammen mit Baumfalken – führt oft zu „Wellenflügen": Die Falken steigen mit einigen Flügelschlägen auf und ergreifen dann im Herabgleiten die Beute. Aber auch ruhiges Kreisen im Aufwind, Rütteln und sogar Insektenjagd zu Fuß am Boden kann man beobachten. Sehr oft jagen Rotfußfalken gesellig, in Zentren ihres Verbreitungsgebiets brüten sie meist in Kolonien, die oft viele Paare umfassen können. Auch Kleinsäuger, Reptilien und sogar Frösche zählen zur Beute.

Auch der Rotfußfalke steht auf der Liste der gefährdeten Brutvögel Europas. In vielen Ländern im Westen des Areals hat sein Bestand abgenommen, so in Ungarn, Rumänien, in der Ukraine und auch in Russland. Weiter westlich sind die Brutbestände ohnehin sehr klein und Brutplätze oft unregelmäßig besetzt. Die Ursachen für die Abnahme sind nicht genau untersucht. Doch spielt langfristig ohne Zweifel der Rückgang an Insekten eine wichtige Rolle, verursacht durch Pestizideinsatz und intensivere wirtschaftliche Nutzung offener Landschaften. Dabei muss man auch an Durchzugsgebiete und Winterquartiere denken, die Länder umfassen, in denen massiver Einsatz von Giften erst seit kurzem oder immer noch nicht der Vergangenheit angehört.

Auch wenn der Rotfußfalke in seiner Wahl der Lebensräume recht flexibel ist, hat er sich dennoch mit einem Engpass auseinander zu setzen: Er braucht Rabenvögel als Nestlieferanten. Da müssen sich die Brutpaare z. B. auch mit Saatkrähen auseinander setzen. Männchen und Weibchen suchen gemeinsam freie Nester und vertreiben mitunter auch deren Eigentümer. Oft nisten Rotfußfalken auch in dichter Nachbarschaft mit Elstern, Krähen oder Turmfalken. Manchmal beziehen sie auch Halbhöhlen in alten Bäumen. Männchen und Weibchen brüten, das Männchen versorgt zunächst die Brut und das Weibchen mit Nahrung, ehe dann das Weibchen, wenn die Nestlinge etwas herangewachsen sind, selbst wieder auf die Jagd fliegt. Nach dem Verlassen des Nestes bleiben die Jungen noch mindestens eine Wochen in Gesellschaft ihrer Eltern.

▶ TURMFALKE, BAUMFALKE

Rotfußfalke *Falco vespertinus* (L. 1766)

Größe	= Taube
Maße (cm)	Länge ca. 28–31 / Flügel ca. 65–75
Körpermasse (g)	130–197
Stimme	leise Stimmfühlung „giu giu giu..." (ähnlich Wendehals); Erregungsrufe lauter „ki..." oder „klu..."; sog. „Lahnen" gezogen „tschuhtrrrih-trrrih..."; in Kolonien ruffreudig, Einzelpaare still
Brutzeit	Mitte Mai bis Mitte Juni, 1 Jahresbrut
Gelegegröße	(2) 3–5 (6)
Eifärbung	weiß oder hell rostbraun, unterschiedlich dunkelbraun gezeichnet bzw. gekleckst, gelegentlich völlig dunkel; glatt, glanzlos
Eimaße (mm)	kurz-spindelförmig bis kurz-elliptisch – 36,8 x 29,2
Brutdauer	22–25 Tage
Nestlingszeit	26–28 Tage; Junge bleiben mindestens noch 7–10 Tage bei ad.

ROTFUSSFALKE, MÄNNCHEN AM HORST MIT JUNGEN

WEIBCHEN RÜTTELND

WEIBCHEN

GELEGE

Merlin

Das Männchen des über die gesamte Nordhalbkugel verbreiteten Falken ist der kleinste Falke Europas; Weibchen sind etwas größer. Relativ kurzschwänzig und breitflügelig wirkt das Flugbild. Die Männchen sind oberseits schiefergrau, die Weibchen dunkelbraun; die noch dunkleren Jungvögel tragen einen weißen Nackenfleck.

Von zehn in Europa brütenden Falkenarten zählen nur noch zwei derzeit zu den nicht gefährdeten Brutvögeln Europas. Neben dem Baumfalken, der allerdings in einigen Ländern Europas nicht häufig und daher gefährdet ist, ist die zweite Art der Merlin. Das verdankt der kleine Falke wahrscheinlich der Tatsache, dass sein Verbreitungsgebiet in der nördlichen Hälfte der Nordhalbkugel im Bereich der Taiga und der Waldtundra liegt, also in Gebieten, die bis jetzt größtenteils noch wenig intensiv erschlossen sind. Von Island, Irland, Großbritannien und Skandinavien erstreckt sich das Brutgebiet über das gesamte nördliche Europa und Asien bis nach Nordostsibirien und von Alaska bis Labrador über Kanada bis in die Nordstaaten der USA. Mehrere Unterarten werden in diesem großen Brutareal unterschieden.

Mit Ausnahme der Brutpopulationen in maritim beeinflussten Klimabereichen, wie Island, Großbritannien und im pazifischen Nordamerika überwintern Merline südlich ihres Brutgebiets, sind also mindestens Kurzstreckenzieher. Ihr Winterquartier reicht von Südskandinavien und Südrussland bis Nordafrika und Vorderasien; die weitesten Ringfunde belegen Zugstrecken bis etwa 3000 km. Im Ostseeraum kann man ab Ende September mit dem Eintreffen der Wintergäste rechnen; in Mitteleuropa findet der Hauptdurchzug etwa Oktober/November statt. Die meisten Vögel verlassen ab Februar ihr Wintergebiet; Nachzügler sind in Mitteleuropa mitunter noch bis Anfang Mai zu beobachten. Östliche Populationen überwintern von Innerasien bis Südchina.

Merlin *Falco columbarius* (L.)

Größe	= Taube
Maße (cm)	Länge ca. 25–30 (24–33) / Flügel ca. 60–65 (50–67)
Körpermasse (g)	♂ 150–210, ♀ 189–255
Stimme	am Nest gereiht „kiki…" und ähnliche Rufe, zum Teil an Turmfalken erinnernd
Brutzeit	Anfang Mai im Süden, bis Ende Mai oder Juni im Norden; 1 Jahresbrut
Gelegegröße	4–5 (1–7)
Eifärbung	hell sandfarben, fast völlig, zuweilen ganz durch starke rote, rotviolette oder braune Sprenkelung verdeckt; glatt, glanzlos
Eimaße (mm)	kurz-spindelförmig bis kurz-elliptisch – 40,3 x 31,2
Brutdauer	28–32 Tage
Nestlingszeit	25–27 bzw. 28–32 Tage

Offenes baumarmes Gelände ist der typische Lebensraum des Merlin. Die Brutgebiete liegen vor allem in Heidelandschaften, Hochmooren, Randzonen von lichten Wäldern und häufig in Zwergstrauchflächen. Die Wintergäste in Mitteleuropa halten sich vor allem an Wiesen- und Ackerflächen mit Hecken oder einzelnen Gehölzen; manche jagen auch am Ufer von Gewässern; beliebt sind im Winter auch Öd- und Ruderalflächen, auf denen noch samentragende Staudenpflanzen stehen, die für Schwärme kleiner Finkenvögel und Ammern wichtige Winternahrung bieten.

Merline sind ausgesprochene Singvogeljäger. Vögel bis etwa Drosselgröße und hier vor allem Arten offener und halb offener Landschaften stellen die wichtigste Beute, etwa Finken, Pieper, Ammern oder Drosseln, zur Brutzeit auch kleinere Watvögel und junge Hühner. Vom Boden weggeholte Jungvögel sind mitunter eine wichtige Nahrung während der Jungenaufzucht. In manchen Brutgebieten nehmen auch Kleinsäuger, wie Mäuse und Lemminge, während des Sommerhalbjahrs einen wichtigen Platz auf der Liste der Beutetiere ein. Die Beute wird meist in der Luft geschlagen, oft dicht über dem Boden. Dabei bedienen sich Merline einer Jagdtechnik, die sehr an den Sperber erinnert, allerdings meist fast nur in offener Landschaft. Mit großer Geschwindigkeit werden sitzende Kleinvögel angejagt oder auffliegende Kleinvögel verfolgt; Anflug in Deckung oder Ausnutzung anderer Möglichkeiten der Überraschung spielen oft eine wichtige Rolle. Im Winterquartier kann man mitunter beobachten, dass sich einzelne Merline immer wieder an bestimmten Stellen einfinden, um Vogelschwärme zu bejagen.

Noch im ersten Lebensjahr werden Merline geschlechtsreif. Die Eier werden in Felswänden auf Bändern und in Nischen, sehr häufig und – gebietsweise fast ausschließlich – am Boden zwischen Zwergsträuchern in einer einfachen Mulde abgelegt, aber auch auf Bäumen. Hier bilden Nester von Elstern, Krähen und anderen Greifvögeln die Unterlage. Das Männchen versorgt das Weibchen mit Nahrung, beteiligt sich aber auch am Brüten. Bis zu einem Alter von etwa zehn Tagen hudert das Weibchen die Jungen und füttert sie mit der vom Männchen erjagten Beute. Meist erst wenige Tage vor dem Ausfliegen der Nestlinge jagt das Weibchen wieder selbst. In Bodennestern sitzen die Jungen aber schon vor dem Flüggewerden in der Nähe des Nestes verteilt. Bis zu einem Monat fliegen sie noch mit den Eltern („Bettelflugperiode").

▸ Baumfalke, Sperber

MERLIN, ALTES WEIBCHEN MIT JUNGEN

JUNGVOGEL IM FLUG

JUNGVOGEL MIT BEUTE

MÄNNCHEN WENDET EI

Baumfalke

Anders als Falken vom Typ des Turmfalken haben die auf Hochgeschwindigkeit angelegten Luftjäger der Gattung einen relativ kurzen Schwanz. Dies kann aus großer Entfernung, wenn man keine Einzelheiten sieht, ein erster wichtiger Anhaltspunkt sein. Baumfalken sind die schlanksten unter ihnen mit langen spitzen Flügeln. Ihr rasanter Flug kann sogar im ersten Augenblick einen übergroßen Segler vortäuschen. Abgesehen von dem auf Zugvögel spezialisierten Eleonorenfalken ist der Baumfalke der einzige, der als Luftjäger auch Schwalben und Seglern gefährlich werden kann, besonders für noch nicht lange flügge Jungvögel. In der Farbverteilung und mit seinem dunklen Bartstreif ähnelt er dem größeren und deutlich massigeren Wanderfalken, doch fallen auf der Unterseite eine kräftige Tropfenfleckung auf und bei den Altvögeln rostrote Federn am Unterschenkel („Hosen") und im Bereich der Unterschwanzdecken.

Als Langstreckenzieher sind Baumfalken im Winter so gut wie nie in Europa anzutreffen. Die Winterquartiere europäischer Brutvögel liegen im südlichen Drittel Afrikas; Brutvögel Asiens überwintern von Indien bis Südchina. Nach Mitteleuropa kommen die meisten nicht vor Mitte bis Ende April zurück, oft auch erst Anfang Mai. Im September ziehen sie wieder ab; Nachzügler sind noch den Oktober hindurch zu sehen.

Das Brutgebiet reicht von Nordwestafrika über ganz Europa bis ins südliche und mittlere Skandinavien und nach Osten durch die Wald- und Waldsteppenzone Asiens bis an die Pazifikküste einschließlich des nördlichen Japan, Sachalins und Kamtschatkas. Die südlichsten Brutplätze liegen in Israel, im Iran, am Südrand Zentralasiens und in Südchina.

Baumfalke *Falco subbuteo* (L.)	
Größe	= Taube
Maße (cm)	Länge ca. 28–35 (28–36) / Flügel ca. 70–84 (69–84)
Körpermasse (g)	♂ 131–232, ♀ 141–340
Stimme	zur Balzzeit Rufreihen wie „gje gje gje gje..." (sog. „Lahnen"), auch im Duett; bei Erregung „kikiki..." (ähnlich) Wendehals oder Turmfalke); auch trillernd „a-kjirr"
Brutzeit	Ende Mai im Süden, bis Ende Juni im Norden; 1 Jahresbrut
Gelegegröße	(1) 2–4
Eifärbung	gelblichbraun; dichte, feine rötlichbraune Flecken lassen die Grundschattierung zurücktreten, verblassen aber schneller als bei anderen Falken; glatt, glanzlos
Eimaße (mm)	kurz-spindelförmig bis kurz-elliptisch – 41,4 x 32,9
Brutdauer	28–34 Tage
Nestlingszeit	28–34 Tage; Familie noch 30–40 Tage zusammen

Man unterschiedet zwei Unterarten. In Afrika südlich der Sahara, in Südostasien und in Australien leben ähnliche und offensichtlich sehr nahe verwandte Arten. Der Typ des schnellen Kleinvogeljägers im freien Luftraum ist also weit verbreitet.

Aus Segel- Gleit- oder Ruderflug stoßen Baumfalken von oben oder flach von hinten auf fliegende Beute, vor allem Vögel. Auch im niedrigen Jagdflug dicht über dem Boden wird der Angriff nicht selten vorgetragen. Schwärmende Insekten jagen Baumfalken vor allem im Spätsommer und Herbst und dann natürlich auch im Winterquartier in Afrika sehr häufig in Gemeinschaftsjagd. Die im dann oft gemächlich und etwas ziellos wirkenden Flug oder vom Ansitz aus gegriffenen Insekten werden in der Regel in der Luft verzehrt: Die Falken bewegen im Fliegen Füße und Kopf aufeinander zu und nach einem kurzen Biss ist der Vogel ohne große Umwege und Verzögerung wieder jagdbereit. So wird auch die Jagd auf Kleininsekten letzten Endes ergiebig. Die schnellen Baumfalken beherrschen auch die Methode des Beuteraubs und jagen mitunter anderen Greifvögeln (vor allem Turmfalken) z. B. Mäuse ab. Kleinvögel vieler Arten (in Europa sind mindestens 70 Arten als Beute nachgewiesen) und schwärmende Insekten (z. B. Käfer, Libellen, Schmetterlinge, Heuschrecken, im Winterquartier auch Termiten) setzen im Wesentlichen die Nahrung zusammen.

Baumfalken sind Brutvögel des Tieflands und siedeln sich kaum über 1000 m an. Die Jagd findet vor allem in offenen Landschaften statt, am regelmäßigsten über Stillgewässern und deren Verlandungszonen, Feuchtwiesen, Mooren, Ödflächen und anderen noch halbwegs insektenreichen Flächen. Bei der Jagd auf Schwalben kommen die schnellen Jäger vor allem im Hoch- und Spätsommer auch in Dörfer und Stadtrandbereiche. Brutgebiete sind lichte Wälder und Gehölze, auch Parkanlagen oder Villenviertel und Alleen oder einzeln stehende Bäume. In geschlossenen Wäldern oder engen Tälern fehlen Baumfalken in der Regel. Ihre Siedlungsdichte ist nirgends hoch; über längere Zeiten kann man nicht selten beträchtliche Bestandsschwankungen registrieren.

Der Falke trägt seinen Namen zu Recht, denn die Nester stehen ausschließlich auf Bäumen, häufiger auf Nadel- als auf Laubbäumen, ausnahmsweise auch auf Gittermasten. Am häufigsten dienen alte Krähennester als Unterlage, auch Nester von Elstern, Ringeltauben, anderen Greifvögeln und Reihern werden bezogen. Da Nestunterlagen oft einen Minimumfaktor darstellen, hat man auch mit Kunstnestern schon Erfolge erzielt. Nach dem Ausfliegen bleiben die Jungen oft noch über vier Wochen lang bei der Familie.

▸ ROTFUSSFALKE, ELEONORENFALKE, WANDERFALKE

BAUMFALKE AUF DER WARTE

BAUMFALKE VERZEHRT MAIKÄFER

BAUMFALKE MIT JUNGEN

GELEGE

Eleonorenfalke

Eleonora von Arborea (ca. 1350–1404) feierte als Nationalheldin Sardiniens nicht nur militärische Triumphe, sondern erließ mit der Carta di Logu auch ein fortschrittliches Gesetzeswerk, das ihren Untertanen Rechte garantierte, die den Prinzipien der Menschenrechte entsprechen. Sie erließ auch Vorschriften zum Schutz von Greifvögeln, denn die Entnahme von Jungvögeln aus Nestern war in ihrem Reich verboten. Um 1833 erlegte der italienische Naturforscher und Historiker Alberto della Marmora auf dem Inselfelsen Toro vor der Südwestspitze Sardiniens einige Falken. Er sandte die Präparate dem Turiner Zoologen Giuseppe Gené, der eine neue Vogelart erkannte und sie 1839 beschrieb. Er benannte sie nach der sardischen Fürstin zu Ehren „ihrer bewundernswerten Weisheit in einem Jahrhundert der Barbarei…" in einer Zeit, deren Gedanken um Freiheit des Einzelnen in Europa einen erneuten Aufbruch zur Republik nach der Französischen Revolution in Europa vorbereitete. Die Carta galt übrigens noch bis 1861, als Sardinien mit Italien vereinigt wurde.

Die ökologische Situation des Falken ist nicht weniger interessant als die Geschichte seiner Namensgebung, denn sie bietet das Beispiel eines ausgesprochenen Spezialisten. Eleonorenfalken brüten so gut wie ausschließlich auf felsigen Inseln und Küstenvorsprüngen des Mittelmeergebiets, nach Westen reicht ihr Verbreitungsgebiet bis an die Atlantikküste Marokkos und die Kanarischen Inseln. Der Weltbestand beträgt höchstens 5000 Brutpaare, wahrscheinlich aber etwas weniger. Schwerpunkte der Verbreitung bilden zum Teil beachtliche Brutkolonien, deren größte wahrscheinlich bis 300 Paare umfassen. Die wichtigsten Vorkommen liegen im Bereich der Ägäischen Inseln, um Italien und vor Spanien. Die Bestände scheinen relativ stabil, doch lassen sich auch regionale Abnahmen erkennen. Es ist äußerst schwierig, exakte Bestandszahlen über ein derart in Einzelvorkommen zerrissenes Verbreitungsgebiet, das viele abgelegene und nicht leicht zugängliche Inseln umfasst, zu gewinnen.

Eleonorenfalke *Falco eleonorae* GÉNÉ 1839

Größe	= Taube
Maße (cm)	Länge ca. 36–42 / Flügel ca. 90–105
Körpermasse (g)	♂ 350, ♀ 388
Stimme	kratzend, mit hartem K „kje-kje-kje-kje-kje-kje"
Brutzeit	Mitte Juli bis August; 1 Jahresbrut, Schlupf fällt mit herbstlichem Vogelzug zusammen
Gelegegröße	(1) 2–3 (4), selten bis 7
Eifärbung	weiß oder rötlichweiß, unterschiedlich mit hellbraunen oder rötlichbraunen Schatten gezeichnet; glatt, glanzlos
Eimaße (mm)	kurz-spindelförmig – 42,2 x 33,1
Brutdauer	28–33 Tage
Nestlingszeit	mit 28–35 Tage flügge

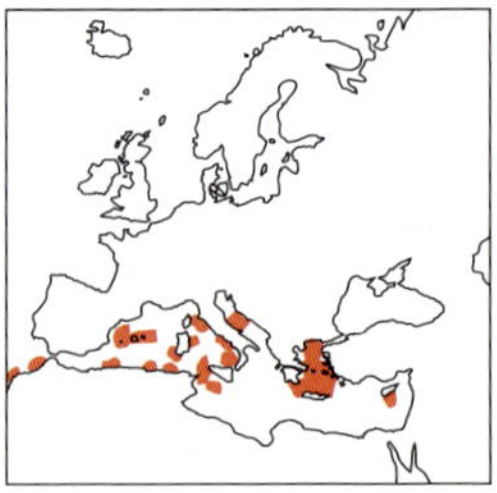

Eine auf wenige Punkte beschränkte Vogelart ist grundsätzlich gegenüber Störungen und Vernichtung einzelner Brutplätze sehr empfindlich. Viele Brutkolonien liegen in Schutzgebieten, die aber zum Teil nicht ständig bewacht werden können. Störungen durch Tourismus, Erschließungen, illegale Eingriffe usw. bilden ein ständiges Gefahrenpotenzial, dem der Falke kaum ausweichen kann. Er zählt deshalb zu den weltweit gefährdeten Vogelarten.

Ein besonderes Problem ist die Tatsache, dass die oft kleinen Felseneilande natürlich kaum ausreichend Nahrung für eine kopfstarke Brutkolonie mit ihren Jungen bieten. Den Winter verbringen die meisten Eleonorenfalken in Madagaskar, einige auch in Ostafrika und auf den Maskarenen. Die westlichen Brutvögel am Atlantik und im westlichen Mittelmeer müssen also eine weite Schleife nach Osten wandern. Wahrscheinlich ziehen alle Eleonorenfalken nach Osten über das Mittelmeer, über das Rote Meer und das Horn von Afrika in ihr Winterquartier. Dort ist dann Regenzeit mit einem hohen Insektenangebot, das die Wintergäste nutzen können. Erst ab Mitte Oktober bis in den November hinein verlassen die Falken ihr Brutareal. Ab Ende April oder auch erst im Mai kehren sie zurück.

Zunächst müssen sie wohl auch in ihren Brutgebieten zum Teil von Insekten leben. Die wichtigste Nahrung, auch für die Aufzucht der Jungvögel, sind aber dann Zugvögel, die über das Mittelmeer wandern und auf den Brutfelsen rasten. Mit ihnen ist aber erst im Hoch- und Spätsommer zu rechnen. In Anpassung daran ist die Brutzeit der Falken daher außerordentlich spät, nämlich oft erst ab Mitte Juli bis Ende August. Die Jungen können dann im Wesentlichen mit kleinen Zugvögeln ernährt werden. Die Eier werden in Felshöhlen und -nischen, zwischen Felsbrocken, Steinen oder Büschen gelegt; Schutz vor starker Sonneneinstrahlung ist wichtig. Mitunter sind manche Gelege nur wenige Meter voneinander entfernt.

Es gibt unterschiedliche Morphen des Eleonorenfalken. Seltener sind ganz dunkle Vögel (die dem in Nordostafrika und im Nahen und Mittleren Osten lebenden Schieferfalken, *F. concolor*, ähneln, der eine ähnlich spezialisierte Lebensweise hat). Häufiger sind oberseits dunkle, unterseits rostfarbene und dunkel gestrichelte Vögel mit deutlichem Bartstreif. Die Gestalt des eleganten Fliegers ähnelt einem übergroßen Baumfalken, der Schwanz ist aber deutlich länger; allerdings ist bei den beiden rasanten Luftjägern die unterschiedliche Flugsilhouette nicht immer leicht zu beurteilen.

▸ BAUMFALKE, WANDERFALKE

ELEONORENFALKE, MÄNNCHEN (HELLE MORPHE) MIT DISTELFALTER

ELEONORENFALKE DER DUNKLEN MORPHE

DUNKLE MORPHE

UNAUSGEFÄRBTER VOGEL (HELLE MORPHE)

Lannerfalke

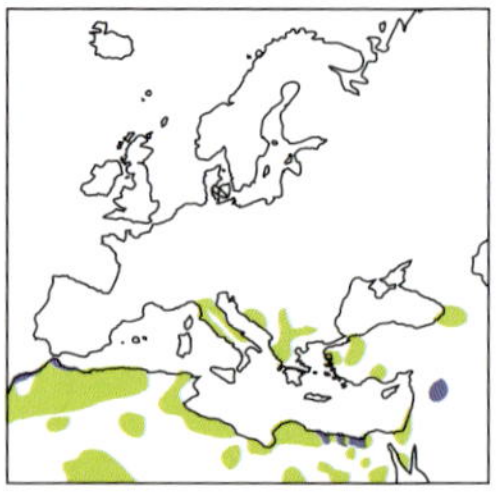

Lanner-, Ger-, Würg- und Wanderfalke sind die größten Falken Europas; die ersten drei Arten sind auch sehr nahe miteinander verwandt und vertreten sich in unterschiedlichen geographischen Räumen. Alle Großfalken spielten in der Falkenjagd eine wichtige Rolle, was ihnen in neuerer Zeit teilweise übel bekam, da hohe Preise für Eier und Jungvögel auch den illegalen Falkenhandel förderten. Die Zeiten sind noch nicht vorbei, in denen selbst in Ländern mit strenger Gesetzgebung und Überwachung ihres Vollzugs fast jährlich Fälle von Falkenraub bekannt werden. Bedarf an Nachschub wertvoller Jagdfalken haben vor allem arabische Länder.

Lanner sind die schlanksten der Großfalken; ihre Flügel und Schwanz sind länger als die des Wanderfalken und auch gleichmäßiger breit, also nicht deutlich verjüngt oder zugespitzt. Die Oberseite ist mehr braungrau (Unterart *feldeggii* in Südosteuropa) oder heller grau (kleinere Unterart *erlangeri* in Nordafrika). Ober- und Unterseite sind kräftig quergebändert, ein heller oder rostfarbener Nacken ist sichtbar, die Kopfkappe aber im Vergleich zum ähnlichen Würgfalken mehr oder minder dunkel. Ein dunkler Bartstreif ist meist deutlich zu erkennen. Man muss sich aber in die Details guter Bestimmungsbücher vertiefen, um vor allem die Variationsmöglichkeiten von Färbung und Zeichnung für die sichere Artbestimmung zu erfassen. Der Name „Lanner" soll übrigens von der lateinischen Bezeichnung laniarius („Zerfleischer") stammen (demselben Wortstamm verdankt auch die Gattung der Würger *Lanius* ihren Namen).

Von den drei nah verwandten Großfalken hat der Lannerfalke das südlichste Verbreitungsgebiet. Es umfasst ganz Afrika mit Ausnahme des geschlossenen Regenwaldes im Kongobecken, aber mit Einschluss wüstenhafter Gebiete der Sahara und der ganzen Arabischen Halbinsel, und reicht ferner in Vorderasien vom westlichen Iran bis einschließlich Kleinasien. Mehrere Unterarten werden unterschieden. In Europa brüten Restbestände im südlichen Italien, in Kroatien und in Griechenland. Der süditalienische Bestand wurde Anfang der 90er Jahre noch auf 220–300 Paare geschätzt; aus anderen Gebieten einschließlich der Türkei sind keine verlässlichen Zahlen bekannt. Lang anhaltender Rückgang der südeuropäischen Bestände als Folge des allgemeinen Greifvogelabschusses ist sicher; die Gefahr ist immer noch nicht gebannt. Hinzu kommen absichtliche und unabsichtliche Störungen und Eingriffe an den Brutplätzen. Im nördlichen Italien rechnet man auch mit Konkurrenz wiedererstarkter Bestände des Wanderfalken. Schutzmaßnahmen an Brutplätzen sollen den hochgradig gefährdeten Brutvogel Europas erhalten.

In Europa sind Felswände als Brutplätze und trockene Graslandschaften oder weithin offene Flächen mit spärlichem Bewuchs als Jagdgebiete die Voraussetzungen für Brutansiedlungen. Im nördlichen Apennin mit großen aufgeforsteten Flächen leben Lannerfalken in Gebieten, die mindestens zur Hälfte offenes Kulturland oder extensiv genutzte offene Flächen aufweisen. In Nordafrika kommen sie auch im Hochgebirge und inmitten extremer Wüstengebiete vor.

Europäische und nordafrikanische Lannerfalken sind Standvögel oder streifen nur ungerichtet weiter umher. In Afrika sind auch größere Wanderstrecken von Nichtbrütern und Jungvögeln bekannt geworden.

Lannerfalken jagen in erster Linie Vögel, vor allem Tauben, Dohlen oder Hühner; die Größenskala der Beutearten umfasst etwa Vögel von Lerchen- bis knapp Entengröße. In Trockengebieten können auch Großinsekten, kleine bis mittelgroße Säugetiere und Reptilien zumindest zeitweise eine größere Rolle spielen. Beute wird im Flug, aber auch am Boden geschlagen, nicht selten auch in überraschenden Angriffen entlang steiler Felswände. Revierpaare halten das ganze Jahr über zusammen und jagen oft gemeinsam. Eidechsen werden auch zu Fuß verfolgt.

Die Brutzeit beginnt im Mittelmeerraum schon sehr früh im Jahr; sie fällt teilweise mit dem Heimzug von europäischen Zugvögeln zusammen. Das Paar lebt in der Regel in Dauerehe. Die Eier liegen oft an traditionellen Nistplätzen in Felsnischen und -höhlungen; im großen afrikanischen Verbreitungsgebiet sind auch Baumbruten, Gebäudebruten und Besetzung von Nestern verschiedener anderer Arten bekannt. Die Weibchen fliegen schon relativ früh während der Nestlingszeit wieder auf die Jagd.

▸ WÜRGFALKE, GERFALKE

Lannerfalke *Falco biarmicus* TEMM. 1825

Größe	= Huhn
Maße (cm)	Länge ca. 43–52 (35–50) / Flügel ca. 95–115 (90–110)
Körpermasse (g)	♂ 500–600, ♀ 700–900
Stimme	Rufreihen „kre-kre..." oder „kjeck"; Lahnen schrill „quir qui..."; selten zu hören
Brutzeit	Januar im Süden, bis Mitte März im Norden; 1 Jahresbrut
Gelegegröße	(2) 3–4
Eifärbung	weiß oder hell rahmfarben, aber über ganze Oberfläche mit feinen oder stärkeren rotbraunen, roten oder violettbraunen Markierungen, mitunter sehr dicht (Grundfarbe verschwindet); glatt, glanzlos
Eimaße (mm)	kurz-spindelförmig bis kurz-elliptisch – 52,3 x 40,7
Brutdauer	32–35 Tage
Nestlingszeit	45–50 Tage; noch weitere 4–6 Wochen bei Eltern

LANNERFALKE, EINE ART MIT AUSGEPRÄGTER GEOGRAPHISCHER VARIATION; IM FOTO MÄNNCHEN AUS SIZILIEN

ALTVOGEL AUS SÜDAFRIKA

ALTVOGEL AUS NORDAFRIKA

JUNGVOGEL AUS ISRAEL

Würgfalke

Fast so groß wie der massige Gerfalke, wirkt der Würgfalke im Flugbild deutlich schlanker mit spitzeren Flügeln (aber breiteren als Lannerfalken) und einem relativ langen Schwanz mit schmaler Basis. Die Oberseite ist braun mit wechselnder dunklerer Zeichnung; ein wichtiges Artkennzeichen ist der helle Kopf, an dessen Seiten dunkle Bartstreifen allenfalls nur andeutungsweise zu erkennen sind. Die Unterseite bei Altvögeln ist immer längs gestreift, nicht quer gebändert. Der Würgfalke wird nach einem in Falknerkreisen üblichen Namen auch häufig Saker genannt.

Das Verbreitungsgebiet des Würgfalken umfasst das östliche Europa und reicht nach Osten über die Waldsteppen- und Steppenzone Asiens bis nach China, im Süden bis zur Himalajakette und in Iran an die Küstengebiete des Persischen Golfs. In Europa brütet die Art außerhalb Russlands und der Ukraine vor allem in Rumänien, Bulgarien, Ungarn und der Slowakei mit wenigen weiteren Brutpaaren westlich davon, etwa in Tschechien, Österreich und Slowenien. Ein kleiner Bestand brütet auch in der Türkei. In der zweiten Hälfte des 19. Jahrhunderts war der europäische Brutbestand sicher wesentlich größer als heute. Das Brutareal zog sich z. B. in Russland in diesem Jahrhundert 200–300 km nach Süden zurück. Auch in neuerer Zeit gingen regionale Bestände noch zurück. Nur in Ungarn hat besserer Schutz zu einer Bestandserholung geführt; man rechnet Anfang der 90er Jahre dort wieder mit mindestens 120 Paaren.

Der Würgfalke ist der ausgesprochenste Steppenbewohner der europäischen Großfalken. Er lebt daher in Europa vor allem in relativ trockenen Gebieten oder in Bereichen mit stark wasserdurchlässigem Boden (Kalk) und somit niedriger Vegetation. Seine Ansprüche an derartige Lebensräume können auch durch extensive Schafbeweidung erfüllt werden. In manchen Gebieten werden teilweise bewaldete Gebiete bewohnt, wenn sie durch steppenartige Flächen oder extensiv bewirtschaftetes Kulturland unterbrochen sind. Außerhalb der Brutzeit jagen Würgfalken auch am Wasser und sogar an Küsten. An der Westgrenze des Areals sind viele Vögel das ganze Jahr über in der Nähe der Brutplätze zu beobachten oder nur für kurze Zeit verschwunden. Nördlichere und östlichere Brutvögel sind meist Kurzstreckenzieher, die etwa im Mittelmeerbereich überwintern. Langstreckenzieher (wohl hauptsächlich aus Asien) erreichen jedoch auch Ostafrika und den Süden der Arabischen Halbinsel. Die weitesten Ringfunde aus Russland dokumentieren Zugstrecken über 2000 km.

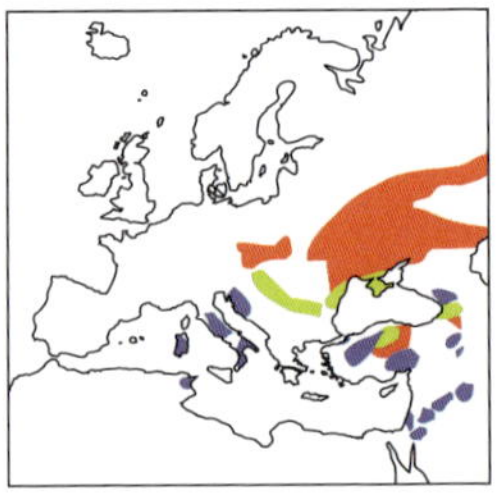

Beute des Würgfalken sind Säugetiere bis etwa Hasengröße und Vögel von Singvogel- bis knapp Reihergröße, vor allem Arten, die im offenen Land am Boden gejagt werden können (z. B. Hühner, Tauben). Im Allgemeinen überwiegen Säugetiere, und hier vor allem Steppenbewohner, wie Ziesel, Hamster, Wühlmäuse. Reptilien spielen nur lokal eine Rolle. Im Jagdflug bewegen sich Würgfalken oft nahe über dem Boden oder über Baumwipfeln. Der Stoß auf die Beute wird oft nur über kurze Strecken aus der Deckung heraus angesetzt; Geländestrukturen werden dabei geschickt genutzt. Wie beim Lanner jagt das Paar oft gemeinsam. Von Warten oder aus dem langsamen Suchflug heraus spähen die Falken nach Beutetieren. Im Streckenflug fliegen sie mit relativ langsamen Flügelschlägen; Aufwinde werden zum Segeln und Gleiten genutzt.

Am Brutplatz ist das Falkenpaar meist recht heimlich. Nur vor Beginn der Eiablage sieht man auffällige Flugspiele des Paares mit Sturzflügen; jetzt sind auch die Rufe häufiger zu hören. Im zweiten Lebensjahr werden die Vögel geschlechtsreif. Sicher leben viele Paare in Dauerehe. Das Nest steht in Mitteleuropa meist auf Bäumen, doch überwiegen in manchen Gebieten Felshorste, wie sie weiter östlich in reinen Steppengebieten oder wenig bewaldeten Berglandschaften üblich sind. Baumhorste stehen meist in erstaunlich dichten Beständen, mitunter auch im Anschluß an eine Reiher- oder Kormorankolonie. Horste von Greifvögeln, Störchen, Reihern und Rabenvögeln dienen als Unterlage für die Eier. Jedes Paar verfügt in der Regel über mehrere Nestplätze. Das Männchen versorgt das brütende Weibchen und nach dem Schlüpfen auch die Jungen mit Nahrung; erst in der zweiten Hälfte der Nestlingszeit fliegt das Weibchen wieder auf die Jagd. Noch bevor sie flugfähig sind, verlassen die Jungen den Horst und erkunden die Nestumgebung.

▸ LANNERFALKE, GERFALKE, WANDERFALKE

Würgfalke *Falco cherrug* GRAY 1834

Größe	= Huhn
Maße (cm)	Länge ca. 48–57 (45–55) / Flügel ca. 110–125 (102–129)
Körpermasse (g)	♂ 730–990, ♀ 970–1300
Stimme	♂ bei Balz anschwellend „bäck bäck…“; schäkernde Reihen am Brutplatz wie „kek kek…“; meist kurze Stimmfühlungslaute; zum Teil wenig ruffreudig
Brutzeit	Ende März im Süden, bis Anfang Mai im Norden; 1 Jahresbrut
Gelegegröße	(3) 4–5 (6)
Eifärbung	rahmfarben oder braungelb, stark mit intensiv braunroten, manchmal violetten oder fast schwarzen Flecken, gesprenkelt oder gekleckst; glatt, glanzlos
Eimaße (mm)	kurz-spindelförmig bis kurz-elliptisch – 54,2 x 41,6
Brutdauer	28–30 Tage
Nestlingszeit	40–45 Tage

WÜRGFALKE, WEIBCHEN AM HORST MIT JUNGVOGEL

WÜRGFALKE JAGEND

FÜTTERUNG

JUNGVOGEL IM HORST

Gerfalke

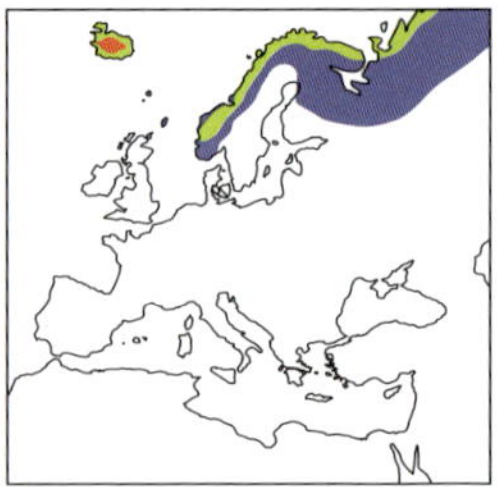

Von der Größe eines Habichtsweibchens, aber mit falkenartig spitzen Flügeln, ist der Gerfalke der größte unter den europäischen Großfalken, und ferner der Falke mit dem nördlichsten Verbreitungsgebiet der Welt. Sein Brutareal liegt nördlich des Areals des Würgfalken, mit dem er nahe verwandt ist. Einige Unterarten des Wanderfalken teilen gebietsweise das polnahe Brutgebiet des Gerfalken, doch liegt der Schwerpunkt des Wanderfalkenareals, das verschiedene Klimazonen umfasst, viel südlicher. Von Island und Skandinavien brüten Gerfalken in der Tundrenzone bis zur Eismeerküste und im Norden des borealen Waldgürtels über ganz Asien bis nach Kamtschatka und an die Beringstraße sowie in Nordamerika von Alaska bis an den Atlantik einschließlich der Küstengebiete Grönlands. Die nördlichsten Brutplätze liegen in Gebieten, in denen nur noch wenige Landvögel brüten können.

Der Brutbestand im Norden Europas ist nur klein. Langfristige Bestandsuntersuchungen fehlen von den meisten Gebieten. Trotz strengem Schutz drohen in manchen Gebieten den Bruten immer noch Gefahren durch illegale Entnahme von Eiern und Jungen. Die Preise, die vor allem von arabischen Falknern gezahlt werden, sind so hoch, dass sie Risiken aufzuwiegen scheinen. Allein 1992 sind 32 aus Fennoskandien geraubte Gerfalken beschlagnahmt worden! Starke Bejagung von Schneehuhnbeständen könnte gebietsweise die Nahrungsbasis schmälern. Gerfalken zählen zu den gefährdete Brutvögeln Europas.

Der Körper des Gerfalken ist deutlich massiger als der des Wanderfalken, der Schwanz nur mäßig lang. Die spitzen Flügel setzen an der Basis breit an. Wie viele größere Vögel einer ähnlichen „Baureihe" schlagen auch Gerfalken langsamer mit den Flügeln als andere Großfalken. Sie erreichen aber mit geringer Schlagfrequenz eine sehr hohe Geschwindigkeit. Aus kreisendem Spähflug, aber auch im raschen Flug dicht über dem Boden werden Beutetiere gejagt. Ansitz- und Überraschungsjagd zählen ebenfalls zu den angewendeten Techniken. Im rasanten Stoßflug getroffene Vögel werden oft gar nicht festgehalten, sondern durch den Aufprall zu Boden geschlagen.

Die Gefiederfärbung variiert. Am hellsten sind die Brutvögel Grönlands, fast weiß mit wenigen dunklen Flecken. Altvögel Skandinaviens wirken oberseits mehr stumpfgrau mit dunkel gefleckter heller Unterseite. Manche Vögel erscheinen auch fast einheitlich bleigrau. Der Bartstreif ist in der Regel verwaschen und nicht so deutlich zu sehen wie bei Wanderfalken. Jungvögel enthalten braune Farbtöne im Gefieder und sind daher mit Würgfalken zu verwechseln.

Je nach Lage ihres Brutplatzes sind Gerfalken Standvögel, die zum Teil weiter umherstreifen, aber auch Kurzstreckenzieher und Teilzieher. Nordsibirische Brutvögel können bis zu 2000 km weit wandern. Grönländische Brutvögel erscheinen regelmäßig in Island, amerikanische auch im Osten Sibiriens. Manchmal tauchen Einzelne auch relativ weit südlich der normalen Winterverbreitung auf. Im Norden Mitteleuropas sind vor allem Jungvögel als Ausnahmegäste zu erwarten.

Vögel von Sperlingsgröße bis zu Raufußhühnern, Enten und große Möwen, aber auch Säugetiere von Mäuse- bis etwa Hasengröße können Gerfalken erjagen. Für Küstenbewohner spielen vor allem See- und Küstenvögel eine wichtige Rolle; Schneehühner und Lemminge verschiedener Arten sind im Sommerhalbjahr in den Tundrabiotopen die wichtigsten Beutetiere. Selbst in der Nähe von Seevogelkolonien jagen Gerfalken oft vorzugsweise Schneehühner auf spärlich bewachsenen Fjäll- und Tundraflächen. Auch Aas wird von den Falken angenommen. Da das Angebot an Lemmingen und von Moorschnee- und Alpenschneehühnern stark schwanken kann, ist auch die Zahl der jährlichen Brutpaare und der Bruterfolg tundrabewohnender Gerfalken und ihre Wanderneigung jahrweise recht unterschiedlich. In manchen Gebieten kann es auch zu kleinen Invasionen kommen, wenn bei geringem Nahrungsangebot und/oder härteren Wintern die Falken ausweichen müssen.

Die Brutplätze der Gerfalken liegen meist unter Felsüberhängen an der Küste (z. B. Fjorde Skandinaviens), an Prallhängen großer Flüsse oder auch weitab vom Wasser im Inland. Im Bereich der Waldtundra sind auch Baumbrüter bekannt geworden. Als Nestunterlage dienen häufig alte Nester von Raufußbussarden oder Kolkraben. Manche traditionellen Brutplätze sind seit vielen Jahren bekannt.

▸ WANDERFALKE, WÜRGFALKE

Gerfalke *Falco rusticolus* (L.)

Größe	= Huhn
Maße (cm)	Länge ca. 55–60 (48–60) / Flügel ca. 125–135 (120–135)
Körpermasse (g)	♂ 961–1321, ♀ 1262–2100
Stimme	am Brutplatz bei Erregung durchdringend „kjak kjak…"; raue, gackernde Warnrufe; hohe Triller
Brutzeit	Anfang Mai bis Anfang April; 1 Jahresbrut
Gelegegröße	(2) 3–5 (ausnahmsweise 6/7)
Eifärbung	hell rostbraun oder gelblich weiß, selten reinweiß, fein rot oder rötlichbraun gesprenkelt; glatt, glanzlos
Eimaße (mm)	kurz-spindelförmig bis kurz-elliptisch – 58,9 x 45,9
Brutdauer	30–36 Tage
Nestlingszeit	46–49 Tage; nach weiteren ca. 30 Tagen selbstständig

GERFALKE, EINE ART MIT AUSGEPRÄGTER GEOGRAPHISCHER VARIATION; IM FOTO HELLGRAUE MORPHE (ISLAND)

WEISSE MORPHE (GRÖNLAND)

WEISSE MORPHE (GRÖNLAND)

JUNGVOGEL, DUNKELGRAUE MORPHE (FINNLAND)

Wanderfalke

Der Wanderfalke ist der Inbegriff eines rasanten Jägers und „stolzen" Greifvogels und heute auch zu einer Symbolfigur für den Artenschutz geworden. Der Rückgang in weiten Teilen seines Vorkommens hat nicht nur die Öffentlichkeit auf viele aktuelle Umweltprobleme aufmerksam gemacht, sondern auch in vielen Ländern zu Bemühungen praktischer Schutzmaßnahmen geführt, die von ganz unterschiedlichen Ansätzen ausgingen. Viele Bücher sind über Wanderfalken in aller Welt geschrieben worden. Es ist gelungen, die Art in vielen Teilen ihres großen Verbreitungsgebietes gewissermaßen vom Rand des Aussterbens zurückzureißen. Noch zählt aber der Wanderfalke zu den gefährdeten Brutvögeln Europas. Das wird sich trotz Bestandserholungen wohl auch in absehbarer Zeit kaum ändern.

In etwa 19 Unterarten ist der Wanderfalke so gut wie in der ganzen Welt verbreitet und damit einer der wenigen Weltbürger unter den Vögeln. Das Verbreitungsgebiet reicht von der Südspitze Südamerikas bis in die amerikanische Arktis und von Australien bis an die Eismeerküste. In den trockenen Subtropen der Alten Welt von den Kanarischen Inseln über die Wüsten Afrikas bis nach Vorderasien lebt der nahe verwandte Wüstenfalke (*F. pelegrinoides*), der vielfach auch als eine Unterart des Wanderfalken angesehen wird.

Vor allem in Nordamerika und Europa sind in den 50er und 60er Jahren viele Bestände auf ein Minimum zusammengeschmolzen oder großflächig verschwunden, wie etwa die Baumbrüterpopulation der norddeutsch-polnischen Tiefebene. Ursachen lagen einmal in langlebigen Pestiziden, die sich über die Beutetiere in den Wanderfalken anhäuften und aus verschiedenen Gründen zu einem katastrophalen Rückgang des Bruterfolgs führten. Auch Schwermetalle und PCBs

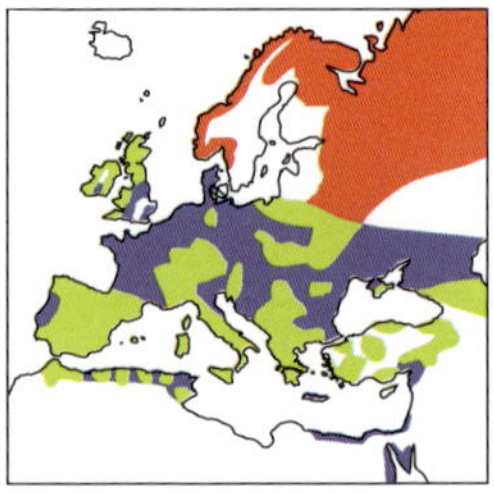

spielten wohl eine Rolle. Nach Rückgang der Giftbelastung durch entsprechende Verbote erholte sich der Bestand in manchen Gebieten allmählich wieder. Weitere Ursachen aber waren vor allem in Mitteleuropa gnadenlose Verfolgung z.B. durch Taubenzüchter (Fälle werden trotz strengen Schutzes immer noch bekannt!), Störung und Verluste von Brutplätzen, Raub von Jungvögeln für Falknerei und andere Eingriffe. In einigen Gebieten Europas hat sich gezeigt, dass jahrelange strenge Horstbewachung, aber auch Verbesserung mancher Horstplätze und andere Überwachungs- und Schutzmethoden, Restbestände nach mehreren Jahrzehnten wieder in die Höhe bringen konnten. Sogar einstmals verwaiste Gebiete sind allmählich wieder besetzt worden. Versuche, Wanderfalken in Gefangenschaft zu züchten, haben vor allem Erfolge in der Zucht und Haltung gebracht, so dass die Falknerei nicht mehr auf Entnahme von Jungvögeln aus Freiheit angewiesen ist. Viele der „Auswilderungen" gezüchteter Vögel waren publikumswirksam, förderten aber kaum Bestandserholungen.

In Mitteleuropa sind das ganze Jahr über Wanderfalken zu beobachten. Nach Norden und Osten sind die Zugneigungen größer, so dass im Winter in Mitteleuropa, ja selbst bis in Südeuropa z.B. skandinavische Brutvögel vorkommen. In Teilzieher- oder Standvogelpopulationen führen oft Jungvögel größere Wanderungen aus. In der Wahl des Lebensraums ist der Wanderfalke sehr vielseitig. Er brütet an Küsten, auf Inseln, in Tiefebenen, Mittelgebirgslandschaften und im Hochgebirge. Geschlossene Waldgebiete sind für seine Jagd nicht geeignet und im vogelarmen Kulturland ist ebenfalls wenig für ihn zu holen. Vor allem überwinternde Vögel kommen aber mitunter in die Großstädte (Tauben!); nicht selten jagen Wanderfalken auch an Gewässern, die vor allem im Winter Wasservögel als Beutetiere zu bieten haben.

Wanderfalken ernähren sich fast ausschließlich von Vögeln. Weit über 200 Arten sind allein in Mitteleuropa als Wanderfalkenbeute nachgewiesen worden. Größen von Star oder Drossel bis etwa Taube, Krähe oder Lachmöwe werden am häufigsten geschlagen. Vor dem Stoß auf die Beute beschleunigen die Falken mit kräftigen Flügelschlägen und können von oben mit angelegten Flügeln herabstürzend für Sekunden wohl über 200 km pro Stunde erreichen.

In Mitteleuropa werden die Eier in geschützten Nischen und Halbhöhlen steiler Felswände abgelegt. Einzelne Nistplätze und Brutwände sind seit Jahrzehnten im Gebrauch. Gelegentlich brüten Wanderfalken auch auf Gebäuden, in der Tundra auf dem Boden, früher in Norddeutschland auch in Greifvogelnestern auf Bäumen.

▸ GERFALKE, BAUMFALKE

Wanderfalke *Falco peregrinus* TUNSTALL 1771

Größe	> Taube
Maße (cm)	Länge ca. 39–50 (34–50) / Flügel ca. 95–115 (80–120)
Körpermasse (g)	ca. 550–1500
Stimme	„grä grä..." oder „kekekek..." (bei Störung am Brutplatz); sog. „Lahnen" klagend „wet..." oder gepreßt „grrääi" (auch Erregungs-, Bettellaut); laut „kazick" (Beuteübergabe, Balz, Brutablösung); kürzer „zjuck zjuck..." (Erregung, Warnruf); bettelnd (Nestlinge) „jiii"
Brutzeit	März im Süden, im Norden später, bis Juli; 1 Jahresbrut
Gelegegröße	(1) 2–4 (5); ausnahmsweise 6
Eifärbung	Grundtönung rahmfarben oder rostbräunlich, gewöhnlich durch dichte, feine rote oder kastanienbraune Flecken verdeckt; glatt, glanzlos
Eimaße (mm)	kurz-oval – 51,5 x 40,5
Brutdauer	ca. 29–32 Tage
Nestlingszeit	35–42 Tage; Bettelflugperiode 3–4 Wochen

WANDERFALKE, MÄNNCHEN AUF DER WARTE

WEIBCHEN

FLÜGGER JUNGVOGEL

GELEGE

Haselhuhn

Es ist auch in manchen Wäldern Mitteleuropas erfreulicherweise nicht ganz so selten, wie man es zu Gesicht bekommt. Geschicktes Versteckspiel zählt zu den besonderen Eigenschaften des Haselhuhns; meist sind Begegnungen für Mensch und Vogel so überraschend, dass oft nur noch das surrende Flügelgeräusch als Eindruck bleibt.

Grau und braun mit wundervollen Zeichnungsmustern und Farbabstufungen im Detail – so lässt sich das Gefieder, das im wechselvollen Licht des Waldbodens eine ausgezeichnete Tarnung abgibt, beschreiben. Im Auffliegen sieht man einen gerundeten Schwanz mit schmalem weißem Saum am Ende der dunklen Steuerfedern. Das etwas grauere Männchen trägt einen weiß gesäumten schwarzen Kehllatz; beide Geschlechter stellen bei Erregung eine kleine Federholle auf. Haselhühner laufen geschickt am Boden, ruhen und sitzen aber oft auf niedrigen Ästen, insbesondere von Nadelbäumen. Indirekt kann man ihre Anwesenheit durch charakteristische Kotwürstchen feststellen, an sonnigen Waldwegen auch durch „Huderpfannen", nämlich flache Sandmulden, die durch das bei Hühnern allgemein beliebte Sandbaden entstehen.

In Mitteleuropa und im Osten Frankreiches sowie in Norwegen erreicht das Haselhuhn die Westgrenze seiner Brutverbreitung. In zahlreichen Unterarten ist es in der Nadelwaldzone und im Norden des Laubwaldgürtels über ganz Osteuropa und Asien bis an die Pazifikküste Ostsibiriens verbreitet. Als typischer Waldvogel lebt es in dem (noch!) weiten Waldgürtel der Nordhalbkugel in großen Beständen, so dass weltweit die Art nicht gefährdet ist. Auch in Schweden und Finnland sind Haselhühner noch häufig. Anders in manchen Gebieten West- und Mitteleuropas. Ausgestorben sind die Bestände in den Pyrenäen und im französischen Zentralmassiv, verschwunden ist die Art auch in

vielen Wäldern im Flachland Deutschlands. Die Mittelgebirge und die niedrigen Waldstufen der Alpen sind bei uns die wichtigsten Verbreitungszentren, in denen einige Restbestände in letzter Zeit offenbar wieder im Bestand zugenommen haben.

Gefährdungen des Haselhuhns ergeben sich vor allem aus den besonderen Lebensraumansprüchen. Fast alle europäischen Hühnervögel (Ausnahme: Wachtel) sind zudem Standvögel, die also das ganze Jahr über ausreichende Lebensgrundlagen an einem Ort vorfinden müssen. Unterholzreiche Wälder mit reichhaltiger Entwicklung der bodennahen Pflanzenschichten, wie Kräutern, Hochstauden und Zwergsträuchern, in denen auch verschiedene Baumarten nebeneinander wachsen, spielen eine entscheidende Rolle als mitteleuropäische Brutgebiete. Haselhühner findet man daher nur in unterschiedlich zusammengesetzten Misch- und Nadelwäldern, die nicht aus einer einzigen Altersklasse von Bäumen bestehen und daher aus verschiedenen Stockwerken aufgebaut sind. Mit intensiver Forstwirtschaft kommen die Hühner dagegen nicht zurecht.

Haselhühner sind in erster Linie Vegetarier, Insekten und deren Larven sind eine wichtige Zusatzkost. Die Nahrung muss vielseitig und energiereich sein. Im Jahreslauf spielen daher unterschiedliche Pflanzen und hier meist auch nur ganz bestimmte Teile eine Rolle. Winternahrung sind z. B. Knospen und Triebe von Heidelbeeren. Haselkätzchen sind bei dichter Schneedecke wichtig. Im Frühjahr rücken Knospen und junge Blätter an die erste Stelle, später im Sommer Sämereien und fleischige Früchte. Die Ernährung setzt also ein vielseitiges Pflanzenangebot voraus.

Bereits im Herbst finden sich die Paare zusammen, und die Reviere werden markiert. Die Balz im Einzelnen ist noch wenig bekannt: Der feine Gesang des Männchens ist mit Ausnahme kalter Wintertage und der Mauserzeit im Sommer fast das ganze Jahr über zu hören. Flattersprünge mit Flügelgeräuschen dienen wohl mehr der Reviermarkierung. Die Nester am Boden sind gut versteckt in der Vegetation und enthalten nur wenig Baumaterial. Die Hennen brüten allein. Die Küken verlassen das Nest innerhalb weniger Stunden nach dem Schlüpfen und werden von der Henne geführt, die sie zunächst noch häufig hudert. Der Hahn ist aber oft in der Nähe, doch löst sich während der Jungenaufzucht dann oft die Bindung zwischen den Partnern. Bei Gefahr drücken sich die Küken zunächst auf den Boden, ab einem Alter von zwölf Tagen können sie aber schon auf niedrige Äste fliegen, durch rasches Wachstum der Flügel sind sie mit zwei Wochen voll flugfähig.

▶ ALPENSCHNEEHUHN, BIRKHUHN

Haselhuhn *Bonasa bonasia* (L.)

Größe	< Huhn
Maße (cm)	Länge ca. 35–37 (35–40) / Flügel ca. 48–54
Körpermasse (g)	370–430
Stimme	meist leise Pfeiflaute ♂ „tsieh-tsie, tsiteritsi, tsuitsi" („spissen"); „plittern" „pilorrit"; glucksend „gjuk" (Kontakt); „wid-wid-wid..." oder „pitititi..." (Alarm); Küken wispern; Flügelburren beim Abfliegen
Brutzeit	April bis Ende Mai; 1 Jahresbrut
Gelegegröße	(5–) 7–11 (–14)
Eifärbung	gelblich ockerbraun, meist mit feinen und zerstreuten rötlichbraunen Tupfen, Punkten und Klecksen; glatt, glänzend
Eimaße (mm)	spindelförmig – 41,5 x 28,5
Brutdauer	23–27 Tage
Nestlingszeit	Nestflüchter; mit 30–40 Tagen weitgehend selbstständig; „Kette" noch bis 80–90 Tage

HASELHUHN, MÄNNCHEN (ÖSTLICHE FORM)

MÄNNCHEN (MITTELEUROPÄISCHE FORM)

WEIBCHEN

WEIBCHEN

Moorschneehuhn

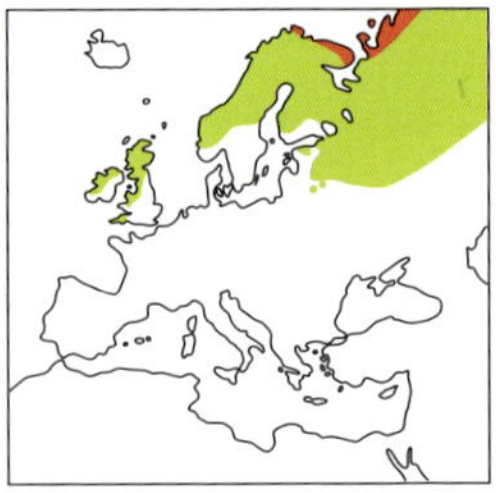

Als typischer Bewohner nordischer Wälder und der Tundra brütet das Moorschneehuhn in einer Vielzahl von Unterarten im nördlichen Europa und Nordamerika. Sein Verbreitungsgebiet reicht im Süden weit in die nördliche Waldzone, wenn waldfreie Flächen, Moore oder offene Heiden und Fjällbirkenwald ausreichend Lebensraum bieten, wie z. B. in Großbritannien und Irland oder auf den Fjälls im südlichen Skandinavien. Die Bestände sind in vielen nordischen Ländern beachtlich.

Für viele Populationen sind zyklische Schwankungen der Bestände typisch, die offensichtlich ganz verschiedene Gründe haben. So vermutet man Klimaschwankungen als Ursache für langfristige Bestandsschwankungen, aber auch Unterschiede im Konkurrenzverhalten der Hühner abhängig von der Dichte und schließlich auch Zyklen von Parasiteninfektionen, wie z. B. in England für mehrjährige Fluktuationen. In Großbritannien, aber auch in Nordeuropa sind Bestandsrückgänge durch Zerstörung des Lebensraums, z. B. durch Aufforstung, Trockenlegung, Änderung der Schafbeweidung eingetreten. Dennoch spielt das Moorschneehuhn als Jagdwild eine große Rolle. Anfang der 90er Jahre wurden z. B. in Großbritannien im Durchschnitt jährlich 450 000 Individuen geschossen.

Unter den drei Schneehuhnarten der Welt (außer dem Alpenschneehuhn lebt in den Hochgebirgen des westlichen Nordamerika noch das Weißschwanz-Schneehuhn *Lagopus leucurus*) ist das Moorschneehuhn das größte. Schneehühner haben eine sehr komplizierte Folge von Kleidern. Das Männchen ist im Sommerhalbjahr rotbraun bis rötlich, das Weibchen zum Teil heller, fast beige und meist kräftig gemustert. Im Einzelnen variieren Gefiederfärbung und -zeichnung der dunklen Partien. Flügel, Bauch- und Beinbefiederung sind weiß, der Schwanz dunkel bis schwarz. Im Herbst wird das ganze Gefieder fleckig dunkelbraun und weiß. Im Winter sind die Hühner einheitlich schneeweiß, im Unterschied zum Alpenschneehuhn fehlt ihnen auch der schwarze Strich von der Schnabelbasis zum Auge. Eine Ausnahme aber machen die in Großbritannien lebenden „Schottischen Moorschneehühner" der Unterart *L. l. scoticus*. Sie haben niemals weiße Flügel und legen auch kein weißes Winterkleid an. Die Männchen aller Unterarten tragen wie bei vielen Raufußhühnern – so benannt nach der Befiederung der Beine und Füße – einen roten Augenlappen, der im Frühjahr anschwillt und wie ein kleiner roter Kamm aussieht, beim Weibchen aber stets sehr klein ist.

Moorschneehühner sind Standvögel. Nur die in den nördlichsten Bereichen der Tundra lebenden Populationen weichen etwas nach Süden aus. Von hochgelegenen Plätzen kommen sie auch in die Täler herunter oder wechseln ihre bevorzugten Nahrungsflächen mit Eintritt der kalten Jahreszeit. Die Ernährung fordert wie bei vielen Hühnervögeln das ganze Jahr über ein besonderes Arrangement von Pflanzen. Im Winter sind viele Populationen entscheidend von Knospen und Trieben einiger Weidenarten abhängig, in Skandinavien spielen Birken eine wichtige Rolle, daneben in vielen Gebieten Blätter und Knospen von Preiselbeere und anderen Arten der Gattung *Vaccinium*. Heidekraut bietet auf den Britischen Inseln das ganze Jahr über eine wichtige Grundnahrung; von Frühjahr bis Sommer sind es dann Triebe, Blätter und Beeren von *Vaccinium*-Arten sowie der Krähenbeere. Viel weniger entscheidend als bei anderen Raufußhühnern scheinen Insekten für die Aufzucht der Jungen zu sein.

Schneehühner sind im Unterschied zu manchen anderen Raufußhühnern, aber ähnlich Haselhühnern monogam. Noch im ersten Lebensjahr werden sie geschlechtsreif. Das Männchen hält sich die ganze Brutzeit über in der Nähe des Weibchens, beteiligt sich aber nicht an der Bebrütung des Geleges. Es begleitet auch später die Jungen mit der Henne. Das Nest ist eine flach ausgescharrte Bodenmulde, die meist mit nur wenig Material ausgelegt, aber gut in der Bodenvegetation versteckt ist. Die Dunenjungen mit einer charakteristischen braunroten Kopfkappe verlassen kurz nach dem Schlüpfen das Nest und folgen der Henne. Schon mit rund zehn Tagen können sie etwas fliegen. Das kommt daher, weil wie bei vielen jungen Hühnern die Schwungfedern der Entwicklung etwas vorauseilen. Schon am ersten Lebenstag brechen die Schwungfedern durch die geschlossenen Blutkiele und sind etwa nach zehn Tagen so gut entwickelt, dass sie den kleinen Körper tragen können. Ab einem Alter von 18 Tagen werden sie allmählich schon gemausert.

▸ Alpenschneehuhn, Haselhuhn

Moorschneehuhn *Lagopus lagopus* (L.)

Größe	= Huhn
Maße (cm)	Länge ca. 37–42 (36–43) / Flügel ca. 55–66
Körpermasse (g)	♂ 535–700, ♀ 525–650
Stimme	♂ gackernd „go-bäk go-bäk go-bäk-käk-käk …"; Balzruf „Froschrufen"; ♀ weicher „vehk"
Brutzeit	Anfang Mai im Süden, bis Anfang Juni im Norden; Schottisches Moorschneehuhn Mitte April bis Mai, selten Februar; 1 Jahresbrut
Gelegegröße	(4) 6–11 (–17)
Eifärbung	gelblich, manchmal leicht rötlich, auf ganzer Fläche kräftig/unregelmäßig dunkelbraun bis rötlichbraun gekleckst und gescheckt, sehr variabel; glatt, glänzend
Eimaße (mm)	spindelförmig – 45,8 x 32,1
Brutdauer	20–26 Tage
Nestlingszeit	Nestflüchter; mit 12–13 Tagen flugfähig; Familie bis Herbst zusammen; auch Wintervölker

MOORSCHNEEHUHN, WEIBCHEN IM SPÄTSOMMER, AUF TARNUNG VERTRAUEND

MOORSCHNEEHUHN, MÄNNCHEN IM MAI

„SCHOTTISCHES MOORSCHNEEHUHN" (SCOTICUS)

NEST UND GELEGE VON SCOTICUS

Alpenschneehuhn

Auch das Alpenschneehuhn ist ein Vogel des Nordens und zirkumpolar um die Nordhalbkugel verbreitet. Sein Hauptverbreitungsgebiet ist weit stärker auf den äußersten Norden Europas, Asiens, Amerikas und auf Grönland beschränkt als das Areal des Moorschneehuhns. Neben diesem arktischen, mehr oder minder zusammenhängenden Areal in der steinigen Tundra haben sich aber auch isolierte Vorkommen weiter südlich in der alpinen und subnivalen Stufe am Rand des ewigen Schnees in einigen Hochgebirgen bis heute erhalten, so in den Pyrenäen, in den Alpen und in den Gebirgen Zentraljapans. In Sibirien reicht von den nördlichen Tundren ein schmales Band des Brutvorkommens bis an den Nordrand der zentralasiatischen Hochgebirge.

Die isolierten südlichen Hochgebirgsvorkommen erklärt man sich als Rückzugsgebiete nach dem Abschmelzen der Eisbedeckung in den mittleren Breiten als Folge der langsamen Klimaerwärmung nach der Eiszeit. Da Schneehühner Standvögel sind und die einzelnen Populationen daher kaum miteinander genetischen Austausch haben, unterscheidet man heute viele Unterarten, die sich geringfügig voneinander unterscheiden.

Mehrere Eigentümlichkeiten werden als Anpassung an das Leben in Kälte und Schnee gedeutet. Das weiße Wintergefieder ist nicht nur Tarnung. Die Federn enthalten viele kleine luftgefüllte Hohlräume; sie verbessern die Isolationswirkung des ohnehin dichten Gefieders. Die im Winter besonders dicht befiederten Füße führen zu einem „Schneeschuheffekt", der den Hühnern besseres Laufen auf dem Schnee erlaubt. Der Gewichtsverteilung dienen auch die langen Zehen, deren Nägel im Winter fast doppelt so lang sind wie im Sommer. Im Winter graben sich Schneehühner oft auch in Gruppen zur Übernachtung in tiefen Mulden oder gar Höhlen in den Schnee ein, um während der Nacht möglichst wenig Wärme zu verlieren. Die Sommerkleider sind grau und bräunlich mit lebhafter Zeichnung, die hervorragende Tarnung bietet. In den Übergangsjahreszeiten treten weißscheckige Kleider auf. Die Flügel bleiben aber immer weiß. Männchen wechseln pro Jahr viermal, Weibchen dreimal das Kleid!

In den Hochgebirgen oberhalb der Baumgrenze sind Schneehühner oft wenig scheu und lassen sich aus größerer Nähe beobachten, kommen auch gelegentlich nah an Berghütten heran. Sie sind ausdauernde Läufer, die sich auch mit kleinen Flugsprüngen über Hindernisse hinwegsetzen. Zum Abflug brauchen sie keinen Anlauf, fliegen aber meist niedrig über dem Boden, um bald hinter der nächsten Kante zu verschwinden. Die runden, nach unten gebogenen Flügel schlagen in Serie hintereinander, dann werden kleine Gleitstrecken eingeschaltet.

Die Nahrung besteht aus Pflanzenteilen und ist jahreszeitlich sehr verschieden. Im Winter ist rasch umsetzbare Energie gefragt, also Kohlenhydrate und auch Eiweißstoffe, deren Bedarf vor allem aus Knospen und Trieben kleiner Pflanzen, die der Wind freigeweht hat, gedeckt werden. Heidel- und Preiselbeere, Thymian, zwergwüchsige Weidenarten, Alpenrose oder die Brutknöllchen des Knöllchen-Knöterichs sind begehrt. Im Herbst kommen vielfach Beeren dazu, im Frühjahr und Frühsommer junge Blätter, Kräuter oder Weidenkätzchen. Schneehühner wählen sehr gezielt aus; daher bietet das Einheitsgrün oder die ramponierte Pflanzendecke viel befahrener Skipisten für sie keine Nahrungsbasis. Küken nehmen kleinste Insekten und Spinnen als Eiweißquelle auf.

Im ersten Lebensjahr werden Alpenschneehühner geschlechtsreif. Die Männchen balzen im Frühjahr (aber auch im Herbst) mit auffälligen Balzflügen, in die auch längere Gleitstrecken eingeschaltet sind. Rufe und auffällige Flügelgeräusche begleiten die Balz. Männchen verteidigen im Frühjahr nicht scharf abgegrenzte Reviere und sind mit einem Weibchen verpaart. Polygamie kommt bei einigen Unterarten mitunter vor. Die Nester liegen oft hinter Steinen geschützt in Bodenvertiefungen oder sind selbst gescharrte Mulden, meist mit wenig Material ausgelegt. Die Weibchen brüten allein, die Männchen sind oft in der Nähe, verlassen aber auch ihr Weibchen vor dem Schlüpfen der Küken vorübergehend. Mehrere Stunden nach dem Schlüpfen sind die Küken mit der Henne bereits unterwegs. Nach 7–10 Tagen können sie schon ein kleines Stück fliegen, nach 14 Tagen mehrere 100 m. Während des Heranwachsens der Jungen vereinigen sich oft mehrere Familien zu größeren Trupps. Im Herbst und Winter sind Schneehühner meist gesellig.

▸ Moorschneehuhn, Haselhuhn

Alpenschneehuhn *Lagopus mutus* (Montin 1776)

Größe	= Huhn
Maße (cm)	Länge ca. 34–36 (33–38) / Flügel ca. 54–60
Körpermasse (g)	♂ 470–740, ♀ 430–700
Stimme	♂ laut bellend „ou-a-a-a" (Balzflug), nach Landen hölzern knarrend; Fluchtruf „arr-a-ka-ga" (♂) und „kara krr krr kara" (♀) scharf „tju tju"; ♂ „kiia", ♀ „korr" (Kontaktruf)
Brutzeit	im Süden Mitte bis Ende Mai, im Norden bis Mitte Juni, selten bis August; 1 Jahresbrut
Gelegegröße	(5) 6–10
Eifärbung	hellere Grundierung und dunklere Zeichnung als Moorschneehuhn; glatt, glänzend
Eimaße (mm)	spindelförmig – 43,2 x 30,3
Brutdauer	20–23 Tage
Nestlingszeit	Nestflüchter; ab 7 Tage erste Flugversuche, mit 10–12 Wochen selbstständig

ALPENSCHNEEHUHN, MÄNNCHEN IM WINTER

MÄNNCHEN IM SPÄTSOMMER

WEIBCHEN MIT JUNGEN

GELEGE

Birkhuhn

Mit Ausnahme weiter Landstriche Nordeuropas ist das Birkhuhn fast überall in Europa stark zurückgegangen und in vielen Tieflandgebieten mittlerweile völlig verschwunden. So lebt der „Kleine Hahn" oder „Spielhahn" vielfach nur noch in der Erinnerung oder in verstaubten Stopfpräparaten mancher Wirtsstube fort.

Wie beim Auerhuhn sind die Männchen deutlich größer als die Weibchen. Der oberseits schillernd blauschwarze Hahn mit weißen Unterflügel- und Unterschwanzdecken trägt sichelförmige, nach außen gebogene Steuerfedern, die vor allem einen in den Trachten des Alpenraums beliebten Hutschmuck darstellen. Die nackten roten Hautstellen über den Augen („Rosen") schwellen im Frühjahr stark an und sind dann sehr auffällig. Die dunkelbraun gemusterte Henne hat einen leicht gegabelten Schwanz (im Unterschied zum größeren Auerhuhn); im Flug fällt eine weiße Flügelbinde auf.

In der Zone des nördlichen Nadelwalds und im Bereich der Waldgrenze im Hochgebirge ist das Birkhuhn vom nördlichen Westeuropa in mehreren Unterarten über Osteuropa und Asien bis Ussuriland und nach Nordkorea verbreitet. Die Standvögel benötigen ein Mosaik verschiedener Lebensräume: Offenes, spärlich bewachsenes Land für die Balz der Männchen, geschützte, mit höherer Vegetation bestandene Aufenthaltsbereiche und Schlafplätze und vor allem im Winter Sträucher und Bäume für die Ernährung bei hoher Schneedecke. In Europa bieten dies vor allem Moor- und Heideflächen mit Gehölzgruppen, stark gerodete Waldflächen und Krüppelholz und Zwergstrauchgebiete am Nordrand oder im Hochgebirge. Für die Ernährung muss ein reiches Pflanzenkleid vorhanden sein. Zerstörung und vor allem Zerstückelung des Lebensraums hat das Birkhuhn in Europa vorwiegend in Ebenen großflächig aussterben lassen. Aber auch Aufforstung und andere Änderungen der typischen Lebensräume weiter im Norden und Osten haben zu Bestandseinbrüchen geführt. Im Hochgebirge drohen Erschließungen vor allem für den Wintersport Lebensräume zu vernichten. Der großflächige Rückgang und der Rückzug auf kleine Inselvorkommen machen das Birkhuhn zu einem gefährdeten Brutvogel Europas.

Die Küken leben in den ersten Wochen fast ausschließlich von kleinen Insekten und nehmen auch bis Herbst mehr tierische Nahrung auf als Altvögel. Sonst aber sind Birkhühner ausgesprochene Vegetarier. Im Winter bieten Triebe von Heidekraut, Heidel- und Preiselbeere, Alpenrose und anderen Zwergsträuchern wichtige Nahrung, aber auch Nadeln von Koniferen spielen eine Rolle. Im Frühjahr kommen Knospen und Triebe von Lärche, Erle, Wacholder, Weidenarten sowie Blüten und junge Blätter dazu. Gegen Herbst zu sind Beeren wichtig oder auch Sämereien und Trockenfrüchte. Zu allen Jahreszeiten wählen Birkhühner sehr gezielt ihre Nahrung aus. Sie suchen auf dem Boden, aber auch auf Bäumen nach Nahrung. Somit müssen größere Flächen für die Erhaltung lokaler Populationen zur Verfügung stehen.

Birkhähne zählen zu den wenigen Vögeln Europas mit einer Arenabalz. Damit im Zusammenhang besteht keine Partnerbindung zwischen den Geschlechtern. Die Weibchen laufen zu Fuß in die Balzarena und werden dort begattet. Sie kümmern sich dann ganz allein um Nest, Gelege und Junge. Auch starke Unterschiede der Geschlechter – Männchen tragen nicht nur ein Prachtkleid, sondern auffällige Feder- und Hautstrukturen und sind deutlich größer – sind für viele Vogelarten mit Arenabalz typisch.

Die Hähne versammeln sich vor allem im Frühjahr, aber auch zu anderen Jahreszeiten auf meist traditionellen und oft über viele Jahre hinweg benutzten offenen Balzarenen. Dort haben die etablierten Hähne, die über zwei Jahre alt sind, kleine Territorien, die sie gegen Nebenbuhler auf dem Balzplatz verteidigen. In guten Balzarenen kommen 30 und mehr Hähne zusammen, in Mitteleuropa sind es heute meist viel weniger. Viele Anzeichen sprechen dafür, dass Männchen mit zentralen Kleinterritorien höhere Kopulationschancen haben als solche in peripheren. Flattersprung und Flügelschlagen mit Zischen sowie eine Vorwärtspose mit gefächertem Schwanz, die Flügel leicht abgehoben und Vorderkörper nach vorne gestreckt, dazu das kilometerweit zu hörende „Kullern" sind die typischen Verhaltensweisen.

▶ AUERHUHN, MOORSCHNEEHUHN

Birkhuhn *Tetrao tetrix* (L.)

Größe	= Huhn
Maße (cm)	Länge ca. 40–55, ♂ ca. 60, ♀ ca. 45 / Flügel ca. 65–80
Körpermasse (g)	♂ 1100–1250, ♀ 750–1100
Stimme	♂ kullern und zischen (Balz), mit Rivalen „kro-kraio"; ♀ nasales Gackern; Junge „twit" (Stimmfühlung); „djüb" (Suchlaute)
Brutzeit	Mitte Mai, selten April im Süden, bis Anfang Juni im Norden; 1 Jahresbrut, Nachgelege möglich
Gelegegröße	(3–) 7–10 (–15); > 15 wohl von 2 ♀♀
Eifärbung	gelblich ockerbraun, feine rost- bis rostbraune Punkte oder Kleckse; glatt, glänzend
Eimaße (mm)	spindelförmig – 50,4 x 36 mm
Brutdauer	25–27 Tage
Nestlingszeit	Nestflüchter; mit 10–14 Tagen erste Flüge, mit 4 Wochen selbstständig; bis ca. September (Bildung von Winterscharen) im Familienverband

BIRKHUHN, MÄNNCHEN BALZEND

WEIBCHEN

KÜKEN

GELEGE

Auerhuhn

Auch der größte europäische Hühnervogel, dessen Männchen fast 40% größer als das Weibchen ist, zählt in vielen Ländern Europas, allen voran in Mitteleuropa, zu den besonders gefährdeten Brutvögeln. Als ausgesprochenes Waldhuhn hat die Art aber ein großes Verbreitungsgebiet in der Taigazone von Skandinavien bis etwa an den Ostrand Mittelsibiriens. In Ostsibirien wird es vom nahe verwandten Steinauerhuhn (*Tetrao parvirostris*) abgelöst. In West- und Mitteleuropa reicht das heute meist in einzelne Inseln aufgelöste Areal bis in die Laubwaldzone und Gebirgswälder am Nordrand des Mittelmeergebiets.

Klimaschwankungen und Witterungseinflüsse in Zusammenhang mit Intensivierung der Waldwirtschaft mit all ihren Folgen, aber auch Störung und Beunruhigung der Wälder und ihre Zerschneidung durch Verkehrstraßen sind einige der Faktoren, die in Mittel- und Westeuropa schon seit Ende des vorigen Jahrhunderts einen allgemeinen Rückgang einleiteten. Ob der Abschuss immer gerade der stärksten Hähne am Balzplatz auch dazu beigetragen hat, ist denkbar, aber heute zum Glück in den meisten Ländern kein Thema mehr. Verschlechterung des Lebensraums unterstützt die von vielen Seiten belegte negative Wirkung der Klimaentwicklung am Westrand des Areals in Europa, so dass man vielen Inselbeständen vor allem in Mitteleuropa keine guten Chancen mehr einräumt.

Das Aussehen der Hähne ist von zahlreichen Präparaten und Abbildungen bekannt. Die kleineren Weibchen können mit Birkhennen verwechselt werden, haben aber einen gerundeten Schwanz (vor allem beim Abfliegen wichtiges Merkmal). Typisch ist auch ein rostbrauner Brustfleck. Bis in den Herbst wachsen hornige Zehenstifte nach, die im

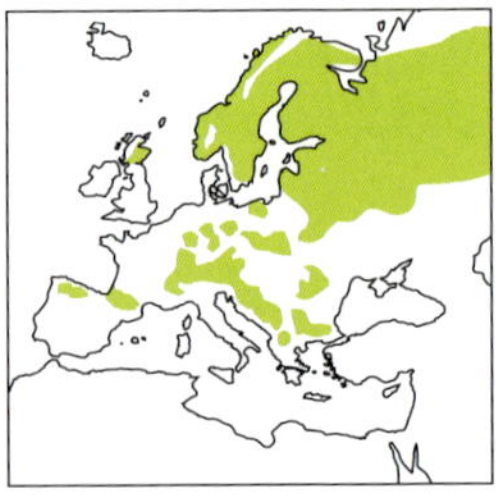

Frühjahr abgeworfen werden. Sie erleichtern wohl in erster Linie das Scharren im Schnee. Meist fliegen aufgescheuchte Auerhühner nur ein kurzes Stück, bevor sie wieder landen.

Auch das mächtige Auerhuhn lebt überwiegend von pflanzlicher Nahrung. Im Sommer spielen z. B. Ameisen eine Rolle als wichtige Zusatznahrung; die Küken leben vor allem in ihren ersten Lebensabschnitten überwiegend von Insekten. Im Winterhalbjahr, besonders in den Kälte- und Schneeperioden sind Koniferennadeln die Hauptnahrung, oft auch die alleinige (besonders Kiefernnadeln). In den Übergangsjahreszeiten nehmen Auerhühner z. B. Triebe von Heidel- und Preiselbeere, Knospen und junge Nadeln von Lärche, Blüten- und Blattknospen von Laubbäumen, Gräsern, Kräutern und Zwergsträuchern. Im Sommer wird meist auf dem Boden, im Winter überwiegend auf Bäumen Nahrung gesucht. Wie beim Birkhuhn unterstützen die Verdauung Magensteinchen („Grit"), die in großer Menge aufgenommen werden. Sie kommen auch bei so gut wie allen anderen Hühnervögeln vor.

Die Geschlechtsreife tritt zwar schon im ersten Lebensjahr ein, doch kommen Männchen wohl kaum vor dem 3. Jahr zur Begattung. Wie beim Birkhuhn fehlt jede Art der Partnerbindung. Die Balz beginnt vor Sonnenaufgang und endet in tiefer Abenddämmerung. Auf den Balzplätzen im Wald versammeln sich in Mitteleuropa heute meist nur noch wenige Hähne, um ihren merkwürdigen Gesang hören zu lassen. Dieser Gesang und die Imponierhaltung mit hochgestrecktem Kopf und Hals bei gesträubtem Kehlbart, leicht abgestellten und gefächerten Flügeln sowie breit zu einem Halbkreis ausgebreiteten Schwanz, der bis zur Vertikalen angehoben wird, dient vor allem der Reviermarkierung. Die Hähne laufen dabei auf dem Boden herum oder sitzen auf einem kräftigen Ast. Während des Gesangsteils, der aus wetzenden und schleifenden Geräuschen besteht, hören die Hähne nichts, was man sich früher auf der Jagd beim „Anspringen" zunutze machte. Wenn Hennen erscheinen, werden sie umkreist und nach geduckter Begattungsaufforderung befruchtet. Auch im Herbst balzen Auerhähne, sind oft aber nicht an den traditionellen Balzplatz gebunden. Immer wieder erlebt man aggressive Auerhähne, die auch Menschen anbalzen oder angreifen.

Durch Scharren und Drehen während der Bebrütung entsteht eine flache Nestmulde auf dem Boden, oft gut gedeckt in der Vegetation oder hinter einer Erhöhung. Die Weibchen brüten allein und führen auch die Jungen. Die Männchen kümmern sich überhaupt nicht um Weibchen, Gelege und Nachwuchs.

▸ Birkhuhn

Auerhuhn *Tetrao urogallus* (L.)

Größe	= Gans
Maße (cm)	Länge ca. 60–87 (80–115) / Flügel ca. 87–125
Körpermasse (g)	♂ 3900–4300, ♀ 1700–2000 (♂ doppelt so schwer!)
Stimme	♂ Balz „Knappen", „Triller", „Hauptschlag" (wie Sektkorken), zuletzt rhythmisch-kratzendes Schleifgeräusch („Wetzen", „Schleifen"); Drohruf guttural würgende Laute „Worgen", auch zischendes Röcheln; ♀ nasal „gogg..."
Brutzeit	Mitte April bis Juni; 1 Jahresbrut, Nachgelege möglich
Gelegegröße	(5–) 7–11 (–15)
Eifärbung	hell gelblich rostbraun; gewöhnlich feine gelblich graue bis rötlichbraune Tupfen, dazwischen Kleckse; matt glänzend
Eimaße (mm)	wie Haushuhneier 57,6 x 41,2
Brutdauer	26–26 Tage
Nestlingszeit	Nestflüchter; erste Flüge mit 2–3 Wochen, ab ca. 3 Monaten selbstständig

AUERHUHN, MÄNNCHEN

WEIBCHEN

KÜKEN

NEST UND GELEGE

Chukarhuhn

Die Hühner der Gattung *Alectoris,* alle etwas größer als das Rebhuhn, sind sehr nahe miteinander verwandt, so dass man einige von ihnen lange Zeit als gemeinsame Arten betrachtete. Sie sind einander auch sehr ähnlich, Chukar- und Steinhuhn sind sogar nur schwer auseinander zu halten. Mit Ausnahme des Südwestens der Arabischen Halbinsel kommen nie zwei Arten nebeneinander im gleichen Gebiet vor. Mit Rebhühnern, Fasanen, Wachteln und einigen anderen zählen sie zu den „Glattfußhühnern", die im Unterschied zu den Raufußhühnern keine befiederten Füße haben. Je nach Auffassung fasst man die beiden Gruppen in verschiedene Familien oder in kleineren Untereinheiten zusammen. Die Geschlechter der *Alectoris*-Arten sind gleich gefärbt; die Arten führen auch keine Arenabalz aus und leben in der Regel monogam, wenigstens über eine Brutsaison.

Chukarhühner sind durch folgende oft nicht leicht zu erkennende Einzelmerkmale von den sehr ähnlichen Steinhühnern zu unterscheiden: Die helle Kehle ist mehr rahmfarben. Die Partie zwischen Schnabelwinkel und Auge ist hell (nicht teilweise schwarz wie beim Steinhuhn), über dem Auge sieht man beim Steinhuhn oft noch eine schmale Fortsetzung des schwarzen Stirnstreifs, die Ohrdecken sind leuchtend rotbraun. Außerdem ist die auffällige Flankenbänderung beim Chukarhuhn gröber und nicht so eng wie bei der Schwesterart. Der merkwürdige Name kommt aus dem Hindi und wurde von den Engländern übernommen. Er ist ein Versuch, die typischen Rufe nachzuahmen.

Die natürliche Verbreitung des Chukarhuhns beginnt im Westen in Südostbulgarien und der europäischen Türkei; es kommt auch auf Kreta und den Ägäischen Inseln vor. Es ist also gerade noch ein europäischer Brutvogel und als solcher gefährdet, denn die Bestände in Südosteuropa wie auch

in der anschließenden Türkei sind stark zurückgegangen. Die Gründe dafür liegen in einer jahrzehntelangen Überbejagung. Schon in römischen Mosaiken auf Zypern und im Süden der Türkei sind Chukarhühner eindeutig zu erkennen und waren wohl schon damals beliebtes Jagdwild. Über Vorderasien und Innerasien setzt sich das Verbreitungsgebiet nach Ost bis nach Nordchina und in einer schmalen Zone an der Küste des Chinesischen Meers fort. Eine stattliche Zahl von Unterarten werden in diesem Areal unterschieden. In ihrem gesamten Verbreitungsgebiet sind Chukarhühnern Standvögel; Brutvögel höherer Lagen wandern aber talwärts. Winterverluste in Hochgebirgen sind aber nicht außergewöhnlich.

Damit hat das Chukarhuhn mit Abstand das größte Brutgebiet innerhalb der Gattung. Alle anderen Arten sind auf zum Teil sehr kleine Areale beschränkt. Chukarhühner oder Mischlinge mit dem nahe verwandten Steinhuhn wurden – offenbar aus jagdlichen Gründen – in fast aller Welt außerhalb der Tropen ausgesetzt, so in den USA, Kanada und Neuseeland. Aussetzungsexperimente fanden unverantwortlicherweise auch in Europa im Gebiet des Steinhuhns statt!

Trockene und halbtrockene Gebiete von Tiefebenen und dem Hinterland der Küste bis hinauf ins Hochgebirge mit niedriger Vegetation und steinigem Boden sind der typische Lebensraum der Art. Auch in extensiv genutztem Kulturland trockener oder mediterraner Länder sind Chukarhühner nicht selten. Beliebt sind sonnige Hänge mit kleinen Sträuchern, Felsen oder Steinhalden. Dicht mit Bäumen bestandene Flächen werden im Allgemeinen gemieden. Die Nahrung besteht vor allem aus Trieben, Wurzeln, Wurzelknollen und Samen von Gräsern und krautigen Pflanzen; daneben spielen auch kleine Insekten und andere Kleintiere eine Rolle, vor allem bei der Aufzucht der Jungen.

Chukarhühner bilden aber außerhalb der Brutzeit auch kleine Gruppen und mitunter größere Winterscharen. Hier bilden sich dann auch die Paare, wobei die Männchen vor allem Aggressionsverhalten gegen andere zeigen, die ihrem Weibchen nahe kommen. Sie scheinen auch zu Beginn der Brutzeit keine genau umgrenzten Reviere zu verteidigen, halten aber andere Männchen durch Rufen auf Distanz. Das Nest ist eine flache Mulde am Boden, meist sehr gut versteckt in der Vegetation oder zwischen Steinen. Am Anfang der Lege- und Brutperiode verlassen die Weibchen bei Störung sehr leicht das Gelege. Das Männchen bleibt zunächst noch in Nestnähe, schließt sich dann aber mit seinesgleichen zu lockern Trupps zusammen und kommt später wieder zur führenden Henne zurück.

▸ Steinhuhn, Rothuhn

Chukarhuhn *Alectoris chukar* J.E. Gray 1830

Größe	= Huhn
Maße (cm)	Länge ca. 32–34 (32–39) / Flügel ca. 47–52
Körpermasse (g)	510–800, ♀ 450–680
Stimme	„tschuk-tschuk…", steigernd „tschukarr" (tiefer als Steinhuhn); bei Abfliegen hoch „pschrii"
Brutzeit	März bis Anfang Juni; 1 Jahresbrut; gelegentlich gleichzeitig 2 Gelege
Gelegegröße	8–15 (–20)
Eifärbung	hellgelblich, rostbraun oder braun, feine hellrote Fleckung, auch stark gezeichnet; glatt, glänzend
Eimaße (mm)	spindelförmig – 43 x 31,4
Brutdauer	22–23 Tage
Nestlingszeit	Nestflüchter; bis Herbst im Familienverband zusammen, dann Anschluß an andere

CHUKARHUHN

PAAR

WEIBCHEN MIT JUNGEN

NEST UND GELEGE

Steinhuhn

Das dem Chukarhuhn außerordentlich ähnliche Steinhuhn ist eine der wenigen Vogelarten, deren Weltverbreitung ganz auf Europa beschränkt ist. Das Areal ist sehr klein und im Wesentlichen auf Südosteuropa (Balkanhalbinsel), die Alpen und den Apennin mit seinen Ausläufern bis Sizilien konzentriert. Es ist der einzige mediterrane Vogel, dessen gesamte Alpenpopulation auch in den Alpen überwintert. Über die Lebensweise des Vogels ist sehr wenig bekannt, und das hat seinen guten Grund. „Steinhühner sind schwer zu entdecken und kaum zu beobachten; sie halten sich gerne an unübersichtlichen Steilhängen auf, und wenn man sich ihnen nähert, drücken sie sich oder laufen, in Gräben und Rinnen gedeckt, davon. Ihr felsenfarbenes Gefieder tarnt sie vorzüglich und lässt sie eins werden mit den Steinen und Felsen ihres Lebensraums." So leitet einer der wenigen Kenner des Steinhuhns in seinem Lebensraum, Franz Hafner, eine umfassende Studie über eine alpine Population ein.

Über die Größe des Bestands sind keine sicheren Zahlen bekannt. Für das österreichische Bundesland Kärnten rechnet Hafner als Frühjahrsbestand 1500–1800 Vögel, wobei in geeigneten Lebensräumen etwa zwei Hähne auf 1 km^2 treffen. In vielen anderen Alpenabschnitten ist die Dichte sicher aber deutlich niedriger. In Italien und Südosteuropa, aber auch mindestens teilweise in den Alpen, sind die Bestände ganz offensichtlich zurückgegangen. Dafür gibt es wohl viele Gründe. Klima und Witterung spielen eine Rolle, vor allem dort, wo die Bedingungen des Lebensraums nicht mehr optimal oder nur auf kleinen Flächen erfüllt sind. Schneereiche kalte Winter, aber auch regenreiche Sommer verursachen Ausfälle und Bestandseinbrüche. Die Sterblichkeit kleiner Küken scheint sehr hoch. Hinzu kommen Erschließung subalpiner Flächen für den Tourismus, Änderungen und Aufgabe traditioneller Landwirtschaftsnutzung in den Hochlagen usw. Gegenwärtig zählt das Steinhuhn zu den gefährdeten Brutvögeln Europas und damit auch als global bedrohte Art.

Steinhühner sind ausgesprochenere Gebirgsvögel als Chukarhühner. Sie leben vor allem an und über der Baumgrenze auf offenen Flächen. Steinige, mehr oder minder steile Hänge, am Nordrand der Verbreitung in den Alpen vorzugsweise in Südexposition, sind bevorzugte Aufenthaltsgebiete. Dabei ist offenbar von entscheidender Bedeutung, dass ein Mosaik verschiedener Strukturen und Elemente angeboten wird, z. B. verschiedene Rasengesellschaften, offener Boden, Steine und Felsen dicht nebeneinander. Die Vegetation der Nahrungsflächen soll nicht hoch und geschlossen, aber abwechslungsreich sein. Und im Jahresverlauf müssen unterschiedliche Stellen mit den jeweils günstigen Lebensbedingungen (z. B. auch Wetterexposition!) erreichbar sein. Solche Bedingungen auf größeren Flächen sind nur noch dort vorhanden, wo der Mensch noch natürliche oder naturnahe Flächen in Ruhe gelassen hat.

Von Chukarhühnern sind die mit ihrem Areal westlich anschließenden Steinhühner in Freiheit sehr schwer zu unterscheiden, am ehesten noch durch die Rufe. Sie sind als wichtige Anhaltspunkte ihrer Anwesenheit zwar das ganze Jahr über zu hören, doch im Frühsommer und Herbst in der Dämmerung am häufigsten. Weißer Kehllatz, schwarzer Schnabelwinkel, dünnes schwarzes Band über dem Auge, keine leuchtend braunen Ohrdecken und dichtere Flankenstreifung sind die entscheidenden Merkmale. Man wird zwar unter natürlichen Bedingungen beide Arten kaum im selben Gebiet antreffen, doch erwiesen sich einige auffallend zahme Steinhühner in Tirol als Chukarhühner, die dort leichtsinnigerweise ausgesetzt wurden.

Gräser, Kleearten und andere krautige Pflanzen sowie Teile von Zwergsträuchern, Sämereien und auch Blüten bilden in einer reichhaltigen Zusammensetzung die Nahrung. Das ganze Jahr über, vor allem aber im Sommer, werden auch Insekten und Kleintiere aufgenommen. Steinhühner sind tagsüber unterwegs, können aber auch in mondhellen Nächten aktiv sein.

Die Bodennester sind meist in dichter Vegetation versteckt. Die Weibchen brüten allein. Die Hähne beteiligen sich nicht an der Aufzucht der Jungen, sondern halten sich von der Familie getrennt. Die Hennen mit ihren flüggen Jungen bilden den Kern der kleinen Wintergruppen, zu denen sich dann im Herbst auch wieder die Hähne gesellen. Im Vorfrühling lösen sich die Gruppen auf.

▸ CHUKARHUHN, ROTHUHN

Steinhuhn *Alectoris graeca* MEISNER 1804

Größe	= Huhn
Maße (cm)	Länge ca. 32–35 (33–37) / Flügel ca. 46–53
Körpermasse (g)	♂ 550–850, ♀ 410–650
Stimme	wetzend „kakabi kakabit..." oder „tschatzibitz...", nah hart/hölzern; Lockrufe „gackgack..."; beim Abflug kurz gepreßt „pitschii pitschii"
Brutzeit	Mai–Juni; 1 Jahresbrut, auch Gelege von mehreren ♀♀ möglich; Nachgelege
Gelegegröße	(6–) 9–14 (–18); große (bis 39) von potenziellmehreren ♀♀
Eifärbung	gelblich rahmfarben bis hell ockerfarben, meist unregelmäßig hellrötlichbraun gezeichnet; glatt, glänzend
Eimaße (mm)	43,3 x 31,7
Brutdauer	24–26 Tage
Nestlingszeit	Nestflüchter; Fliegen mit 10–20 Tagen; mit 50/60 Tagen erwachsen

STEINHUHN

WEIBCHEN, BRÜTEND

KÜKEN

NEST UND GELEGE

Rothuhn

Das Rothuhn schließt in seiner Verbreitung westlich des Steinhuhns an und ist ebenfalls ganz auf Europa beschränkt. Es vertritt teilweise das Rebhuhn in Südwest- und Westeuropa, ökologisch wie geographisch. Und damit hat es auch zum Teil ähnliche Probleme mit der Landwirtschaft: Intensivierung der Bodennutzung, aber auch Aufgabe von Landwirtschaft in Randbereichen führen zu Verlust an Lebensraum. Viele Brutgebiete in Küstennähe sind vor allem in Spanien auch der Erschließung für den Massentourismus (Urbanisaziones) zum Opfer gefallen. Zu starke Bejagung spielt ebenfalls eine wichtige Rolle. So nehmen die Bestände in Italien, Frankreich, Spanien und Portugal und damit etwa 95% der Gesamtpopulation seit einiger Zeit erheblich ab, und die Art zählt mittlerweile zu den gefährdeten Brutvögeln Europas. Nur in Großbritannien scheinen die Bestände stabil. Hier aber war das Rothuhn nicht ursprünglich beheimatet, sondern wurde gegen Ende des 18. Jahrhunderts als Jagdwild eingebürgert und hat sich durch jagdliche Hege im 20. Jahrhundert stark vermehrt. Der heutige Bestand wird zum Teil durch Freilassungen vor der Jagdsaison gestützt. Aussetzungen fanden auch auf den Kanarischen Inseln und den Azoren statt; auf einem Teil der Inseln des westlichen Mittelmeers (z. B. Mallorca) werden auf riesigen Privatgrundstücken große halbwilde Populationen gehegt.

Rothühner sind insgesamt bunter als Stein- und Chukarhühner, ähneln ihnen aber in Kopf- und Flankenzeichnung. Die schwarze Umrandung des hellen Kehlflecks setzt sich in einer feinen schwarz-weißen Fleckung auf dem Hals fort. Beim raschen Abfliegen ist der graue Rücken gegenüber dem Rebhuhn ein wichtiges Merkmal. Die Jungen wirken sehr rebhuhnähnlich, sind aber so gut wie nie ohne Altvogel anzutreffen.

Rothuhn *Alectoris rufa* (L.)

Größe	= Huhn
Maße (cm)	Länge ca. 32–34 (34–38) / Flügel ca. 45–50 (47–50)
Körpermasse (g)	♂ 480–547, ♀ 391–514
Stimme	mahlende Reihen „kchu kchu...kchu kchu...", von „kotschuko-koke...kotschuko-koke" gefolgt
Brutzeit	Ende April bis Mai; 1 Jahresbrut, auch 2 Gelege (gleichzeitig)
Gelegegröße	(7) 10–16 (20)
Eifärbung	gelblichweiß bis hell beigebraun, unterschiedlich/oft spärlich rötlichbraun oder gräulich gesprenkelt; glatt, glänzend
Eimaße (mm)	spindelförmig – 41,4 x 31,1
Brutdauer	22–25 Tage
Nestlingszeit	Nestflüchter, fliegen früh; bis nächste Brutperiode zusammen

Rothühner ernähren sich von Sämereien, Blättern und Wurzeln. Für die Ernährung besonders wichtige Pflanzen sind Gräser, Löwenzahn- und Hahnenfußarten, angebautes Gemüse (Winternahrung), Getreide, wilde und angebaute Schmetterlingsblütler (Leguminosen). Insekten und andere Kleintiere spielen vor allem im Sommerhalbjahr eine Rolle.

Die Paare halten in der Regel über eine Brutzeit hinweg zusammen. Bigynie (ein Männchen mit zwei Weibchen) ist aber mitunter auch zu beobachten. Der Nestplatz wird vom Männchen gewählt. Das Nest ist nur eine flache, in den Boden gescharrte Mulde, die offenbar ebenfalls hauptsächlich vom Männchen angelegt und nur mit wenig Pflanzenmaterial ausgelegt wird. Die Eier werden vom Weibchen bebrütet, das Männchen hilft über kürzere Intervalle aus. Zwei aufeinander folgende Bruten, bei denen je ein Partner brütet, wurden schon festgestellt. Normalerweise werden die Küken, die kurz nach dem Schlüpfen das Nest verlassen, von beiden Eltern begleitet. Durch vorauseilende Entwicklung der Schwungfedern können sie bereits in einem Alter ab etwa zehn Tagen etwas fliegen und sich wenigstens über kurze Strecken in Sicherheit bringen. Während des ersten Winters bleiben die Jungen mit den Altvögeln zusammen. Schon in ihrem ersten Lebensjahr werden sie geschlechtsreif.

Das vierte Huhn der Gattung *Alectoris* auf europäischem Boden ist das **Felsenhuhn** (*A. barbara*). Sein Heimatgebiet ist Nordwestafrika, die Länder um den Atlas nach Westen bis Libyen (erreicht sogar vielleicht noch den äußersten Westen Ägyptens) und nach Süden bis in die Randgebiete der Sahara. Seit langem lebt eine kleine Population auf Sardinien, die möglicherweise schon in früher Zeit eingeführt wurde. Nachkommen eingeführter Bestände brüten auch im äußersten Süden Spaniens und auf den Kanarischen Inseln. Dort aber nehmen wie auf Sardinien die Bestände stark ab, in erster Linie als Folge der intensiven Bejagung und der Wilderei. In der Wahl seiner Lebensräume ist das Huhn vielseitig und brütet in locker oder dichter bewaldeten Gebirgsgegenden ebenso wie auf offenen spärlich oder dichter bewachsenen Ebenen. Offene Flächen für die Nahrungssuche und Gebiete mit Felsen, Steinen, Büschen oder Bäumen als Schutz müssen in erreichbarer Entfernung vorhanden sein.

Das Felsenhuhn unterscheidet sich vom sonst sehr ähnlichen Rothuhn in der Färbung und Musterung von Kopf und Hals: Es trägt einen breiten, dunkel rotbraunen Scheitelstreif und einen rotbraunen Halsring mit weißer Sprenkelung, Kehle und Kopfseiten sind weißlichgrau.

▸ CHUKARHUHN, STEINHUHN

ROTHUHN, MÄNNCHEN AUF DER RUFWARTE

WEIBCHEN, BRÜTEND

KÜKEN

NEST UND GELEGE

Rebhuhn

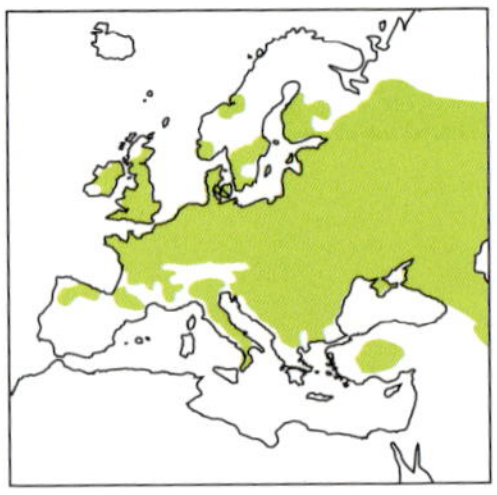

Mit Ausnahme weiter Teile Skandinaviens und des nördlichen Russland sowie der größten Teile der Iberischen Halbinsel, aller Mittelmeerinseln und des südlichen Griechenland ist das Rebhuhn über ganz Europa verbreitet. In vielen Gebieten hat es mit der Landwirtschaft sein Areal erweitert und zugenommen. Mancherorts hat man auch durch Aussetzung versucht, die Art für die Jagd einzubürgern oder ihren Bestand möglichst hoch zu halten. Außerhalb Europas wurde das Rebhuhn z. B. in Nordamerika und in Neuseeland eingebürgert.

Das natürliche Areal reicht von Westeuropa bis Mittelsibirien mit stark zurückweichender Südgrenze bereits vom Baltikum an. In Mittel- und Westeuropa leben Rebhühner fast ausschließlich im Tiefland; das zusammenhängend besiedelte Gebiet endet etwa bei 600 m. Darüber kommen sie oft nur noch inselartig vor. In Vorderasien aber sind unsere „Feldhühner" in Trockengebieten zum Teil ausgesprochene Gebirgsvögel. Von Zentral- bis Ostasien wird das westliche Rebhuhn durch das sehr ähnliche und nahe verwandte Bartrebhuhn (*Perdix dauurica*) vertreten.

Der Steppenvogel hat in Mittel- und Westeuropa vor allem offenes Ackerland, Weidegebiete und Heideflächen besiedelt, besonders in klimatisch milden Niederungsgebieten. Rebhühner sind Standvögel und daher das ganze Jahr über auf ausreichendes Nahrungsangebot angewiesen. Kalte und schneereiche Winter können große Verluste verursachen. So setzt sich der eigentliche Lebensraum aus einem Mosaik verschiedener Strukturen zusammen, in denen auch Hecken und Büsche als Deckung und Unterschlupf, Ackerraine, Gräben, Staudenfluren usw. eine Rolle spielen. Intensiv genutzte und maschinengerechte moderne Agrar- und Grünlandflächen können dies nicht mehr bieten. Intensiver Maschineneinsatz sorgt für hohe Verluste an Nestern und Küken. Artenarmut in der Kulturlandschaft verringert das Nahrungsangebot, das für die Altvögel eine Vielzahl an Pflanzen mit ihren Samen bereit halten muss sowie für die Jungenaufzucht und für die Sommernahrung der Altvögel ein reiches Insektenleben. Viele für das Rebhuhn gefährliche Faktoren der modernen Wirtschaftsformen in der Bodennutzung kommen zusammen, so dass seine Bestände einheitlich in allen europäischen Ländern katastrophal abgenommen haben. Das einstmals so häufige Rebhuhn ist zu einem gefährdeten Brutvogel Europas geworden.

So gut wie immer sieht man Rebhühner auf dem Boden. Sie rennen rasch mit aufrecht gehaltenem Hals. Die Geschlechter sind weitgehend gleich gefärbt; die Männchen tragen einen deutlicheren dunkelbraunen, mehr oder minder hufeisenförmigen Bauchfleck. Aufgescheucht fliegen sie unter laut burrendem Flügelgeräusch niedrig über den Boden davon, jeweils mit eine Serie rascher Schläge der runden, gebogenen Flügel und anschließender kurzer Gleitflugstrecke. Im Frühjahr und Sommer trifft man meist auf Paare, im Hochsommer und Herbst auf das Paar, das in monogamer Dauerehe lebt, mit seinen Jungen. Solche Familienverbände nennen die Jäger „Kette". Im Winter können sich vorübergehend mehrere Familien zu einem „Volk" zusammenschließen. Im Frühjahr halten die Paare auf Abstand; die Hähne lassen ihren schnarrenden Revierruf hören. Eigentliche Reviere werden nicht verteidigt. In deckungsreichem Gelände sind daher die Abstände zwischen den Paaren geringer, weil sich die Hähne nicht sehen können. Wenn sich ehemalige Paare wieder zusammentun, findet meist keine eigentliche Balz statt. Balzende Hähne laufen mit hängenden Flügeln und hochgerecktem Kopf zu den Weibchen.

Im ersten Lebensjahr werden Rebhühner geschlechtsreif. Ihr Nest steht meist in guter Deckung am Boden, bevorzugt an Grabenrändern, Feldrainen, Hecken- und Gehölzrändern. Die Mulde ist sorgfältig mit altem Pflanzenmaterial ausgekleidet; das Weibchen baut das Nest allein und bebrütet auch ohne Hilfe des Männchens das Gelege. Das Männchen hält in der Nähe Wache. Bei Störung geht das Weibchen meist erst ein Stück zu Fuß vom Nest und verrät so beim Auffliegen nicht dessen genauen Standort. Während des Schlüpfens führt das Männchen meist die zuerst geschlüpften Jungen vom Nest weg, das Weibchen folgt dann mit dem Rest. Beide Partner kümmern sich um die Kükenschar, das Männchen hält meist Wache. Etwa ab einem Alter von 14 Tagen können die Jungen schon etwas fliegen.

▸ WACHTEL, FASAN

Rebhuhn *Perdix perdix* (L.)

Größe	= Huhn
Maße (cm)	Länge ca. 29–31 / Flügel ca. 45–48
Körpermasse (g)	310–455
Stimme	Revierruf ♂ schnarrend „girrtäk"; Kontakt-/Sammelruf „grriweck" oder „kirrik"; beim Auffliegen „gigig gig..."; Ketten „ripriprip..."; nach Landen „girräh"
Brutzeit	Anfang April bis Anfang Mai, 1 Jahresbrut
Gelegegröße	(4–) 10–20 (–29); sehr große von 2 ♀♀ (auch Fasan legt zu!)
Eifärbung	einfarbig rotbraun, braun oder oliv; glatt, glänzend
Eimaße (mm)	spindelförmig bis kurz-oval oder kreiselförmig – 35,2 x 26,8 mm
Brutdauer	23–25 Tage
Nestlingszeit	Nestflüchter; fliegen mit 13/14 Tagen; mit 5 Wochen selbstständig; bis im Winter Familienverband („Kette")

REBHUHN, MÄNNCHEN RUFEND

PAAR, MÄNNCHEN RECHTS

WEIBCHEN MIT JUNGEN

NEST UND GELEGE

Wachtel

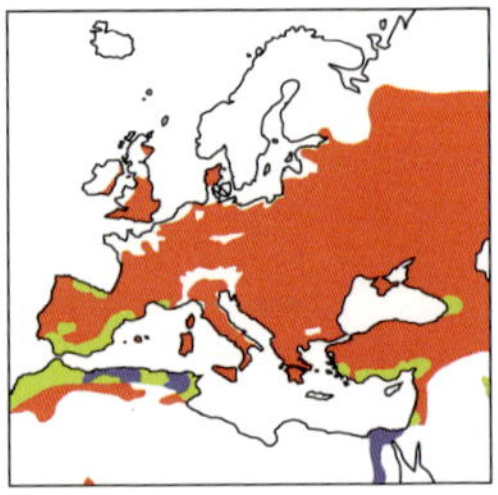

Mit etwa Starengröße, aber rundlicher und gedrungener Figur ist die Wachtel mit Abstand der kleinste Hühnervogel Europas und auch der einzige Zugvogel der Familie. Doch zumindest im Brutgebiet wird man den kleinen rundlichen Hühnervogel mit braunem Rückengefieder und helleren Längsstreifen kaum zu Gesicht bekommen, am ehesten noch auf dem Zug irgendwo aufgescheucht. Meist versuchen Wachteln zu Fuß auszuweichen, ehe sie auffliegen. Während der Brutzeit ist der wichtigste Anhaltspunkt für ihre Anwesenheit der oft wiederholte dreisilbige Ruf „pick per wick", den man vor allem in der Abenddämmerung hört.

Das Verbreitungsgebiet der Wachtel reicht von den Atlantischen Inseln (Azoren, Kapverden, Kanaren), Nordwestafrika und Südwesteuropa nach Osten bis Mittelsibirien etwa in die Gegend um den Baikalsee. Die Nordgrenze ihrer Verbreitung in Asien liegt etwa inmitten der Taigazone. Nach Süden reicht die Verbreitung an den Nordrand der Sahara in Nordwestafrika und in die Trockengebiete Vorderasiens, weiter im Osten bis in die Nordhälfte Vorderindiens. Südlich der Sahara gibt es davon getrennt noch ein Brutgebiet, das von Ostafrika bis Südafrika reicht. Man unterscheidet mehrere Unterarten. In Ostasien brütet die nah verwandte Japanwachtel (*Coturnix japonica*).

Die Brutvögel Europas und im mittleren und nördlichen Asien sind Zugvögel, zum Teil sogar Langstreckenzieher. Bereits im wintermilden Westeuropa (hier allerdings nicht regelmäßig) und an den Nordküsten des Mittelmeers überwintern einzelne. Nordwestafrika und die Sahelzone am Südrand der Sahara sind wichtige Überwinterungsgebiete, ebenso Ostafrika südlich bis zum Äquator. Weiter östlich ansässige Brutvögel überwintern in Arabien, im Iran und in Vorderindien. Der Wachtelzug findet in breiter Front meist nachts statt. Über flaches Land und Meer fliegen die Vögel meist niedrig, so dass manche in den Lichtschein von Straßenlampen oder an Leitungsdrähte geraten; an den Südküsten von überflogenen Meeren (z. B. Schwarzes Meer, Mittelmeer) treffen sie dann erschöpft in den Morgenstunden ein und werden hier auch nicht selten systematisch gejagt. Der Wegzug aus Mittel- und Nordeuropa beginnt ab August, die letzten Wachteln können aber auch noch Ende Oktober beobachtet werden. Ab Ende April ist mit der Besetzung der Brutreviere zu rechnen.

Offene Feld- und Wiesenlandschaften mit hoher Krautschicht, die ausreichend Deckung verschafft, sind die typischen Lebensräume zur Brutzeit, also Getreidefelder, Luzerne- und Kleeschläge, Wiesen usw. Im Laufe des Sommers wird dann der Standort oft gewechselt. Fast überflüssig zu betonen, dass die moderne Landwirtschaft in vielen Ländern Europas anhaltende Bestandsverluste verursacht hat und die Wachtel heute zu den gefährdeten Brutvögeln Europas zählt. Doch sind die Bestandsentwicklungen im Einzelnen schwer abzuschätzen, da für Wachteln ausgesprochene Bestandsschwankungen und sogar regelrechte invasionsartige Zuwanderungen charakteristisch sind. Auch vorübergehende Arealvorstöße – z. B. nach Norden – sind zu beobachten. Allgemein zeichnet sich ab, dass offenbar Populationen mit Langstreckenziehern deutlich abgenommen haben, wobei auch die Verhältnisse in der Sahelzone mit beteiligt sein mögen. Kurzstreckenzieher (z. B. in Spanien und Frankreich) zeigen dagegen Schwankungen, die insgesamt auf relativ stabile Verhältnisse hinweisen.

Hauptsächlich Sämereien (Ackerkräuter, Getreide), weniger grüne Pflanzenteile als z. B. beim Rebhuhn, bilden die Nahrung. Im Sommerhalbjahr spielen auch kleine Insekten eine wichtige Rolle, von denen sich die Küken zunächst fast ausschließlich ernähren.

Da Wachteln sehr versteckt leben, ist über ihr Sozialverhalten und ihre Brutbiologie vieles nicht bekannt, z. B. auch die Art der Partnerbindung nicht. Die Weibchen wählen den Nestplatz und legen auch die in der Vegetation gut versteckte Nestmulde mit Pflanzenmaterial aus. Das allein brütende Weibchen sitzt sehr fest auf den Eiern; das Männchen hält meist in der Nähe Wache. Es ist auch schon öfter zusammen mit dem Weibchen bei den Jungen beobachtet worden, die selbst bei großen Gelegen fast gleichzeitig schlüpfen. Mit etwa elf Tagen können die Jungen bereits etwas fliegen. Bevor die Jungen ins Winterquartier abziehen, haben sie ihre ersten Schwingen bereits einmal gemausert.

▸ Rebhuhn

Wachtel *Coturnix coturnix* (L.)

Größe	= Amsel
Maße (cm)	Länge ca. 16–18 / Flügel ca. 32–35
Körpermasse (g)	70–155
Stimme	Reviergesang ♂ „pick per wick", 4–7 „Schläge" folgen; „reck reck" oder „krwie krwie" bei erschrecktem Auffliegen
Brutzeit	Anfang März im Süden, bis Juni im Norden; 1, manchmal 2 (?) Jahresbruten
Gelegegröße	7–14 (–18); größere (bis 26) wohl von 2 ♀♀
Eifärbung	weißlich oder gelblich rahmfarben bis bräunlichgelb, sehr unterschiedlich gezeichnet; meist stark gemustert mit schokolade-, rötlich- oder hellbraunen Flecken, Tupfen, Klecksen; glatt, glänzend
Eimaße (mm)	oval bis kurz-kreiselförmig – 30 x 23
Brutdauer	17–20 Tage
Nestlingszeit	Nestflüchter; ab 11 Tage kurze Flüge, mit 19 Tagen voll flugfähig; Auflösung des Familienverbandes mit 4–7 Wochen

WACHTEL IM TYPISCHEN LEBENSRAUM

WACHTEL AUF DEM ZUG

AUF DEM ZUG ERSCHÖPFTE WACHTEL

NEST UND GELEGE

Fasan

Heute ist der Fasan in einigen Ländern Europas das häufigste und auch das größte Feldhuhn. Er stammt aber wie alle Fasane aus Asien. Schon seit langem wurde versucht, ihn in Fasanerien zu halten und zu züchten, um ihn als Jagdwild freizulassen. Seine Einbürgerung in die Kulturlandschaft vom westlichen Osteuropa über Mitteleuropa bis Westeuropa ist im Verlauf von Jahrhunderten großenteils gelungen, wenn auch in vielen Gebieten die Bestände nur durch Winterfütterung überleben oder in der von den Jägern gewünschten Dichte ständigen Nachschub aus Fasanerien erhalten müssen. Fasane werden vor allem vor der Jagdzeit immer noch in großer Zahl freigelassen. Die Art wurden ferner in Nordamerika und in Neuseeland erfolgreich eingebürgert. Auch mit anderen Fasanen, zum Teil als Ziervögel begehrt, sind immer wieder Einbürgerungsversuche unternommen worden. In England brütend z. B. an wenigen Stellen als eingebürgerte Arten der **Goldfasan** (*Chrysolophus pictus*) und der **Diamantfasan** (*Chrysolophus amherstiae*).

Das ursprüngliche Brutgebiet des Fasans reicht von den Trockengebieten der Türkei in einem schmalen Gürtel über die Steppenzonen Asiens bis Japan. Im Inneren Asiens ist das Brutgebiet in viele kleinere Inseln aufgeteilt. Das größte zusammenhängend besiedelte Areal reicht in Ostasien von der Mandschurei bis Südchina. Die in viele kleine Untereinheiten aufgeteilte kontinentweite Verbreitung eines Standvogels hat dazu geführt, dass die Art sich in viele unterscheidbare Unterarten gliedert, von denen man heute mindestens 31 mit eigenem Namen benennt. Nach Mitteleuropa sind offensichtlich Vögel dreier Unterarten eingeführt worden, die heute eine Mischung bilden, in die noch andere Unterarten und sogar andere Fasanenarten eingekreuzt werden.

Fasan *Phasianus colchicus* (L.)

Größe	Huhn
Maße (cm)	Länge ca. 53–89, ♂ mind. 66 / Flügel ca. 70–90
Körpermasse (g)	♂ 770–1990, ♀ 545–1453
Stimme	Reviergesang ♂ „göö-gock", „gogock" (danach lautes Flügelgeräusch); ♀ „gogok"; kreischende Rufe bei erschrecktem Abfliegen; ♀ aufgescheucht „zi-zik zi-zik"
Brutzeit	Anfang April bis Anfang Juni, 1 Jahresbrut
Gelegegröße	(6–) 8–12 (–16); bis 23 möglicherweise von 2 oder mehr ♀♀
Eifärbung	einfarbig olivbraun, manchmal stärker braun, olivfarben oder blaugrau; glatt, glänzend
Eimaße (mm)	breit-oval bis birnenförmig – 45 x 35,6
Brutdauer	23–26 Tage
Nestlingszeit	Nestflüchter; mit 10/12 Tagen Flugübungen, Aufbaumen mit 10/12 Wochen; vom ♀ ca. 70/80 Tage abhängig

Offene Landschaften mit ausreichender Deckung in wintermilden Tieflandgebieten sind die Lebensräume der eingeführten Fasane in Europa. Gebiete über 500 m Meereshöhe spielen zumindest in Mitteleuropa wegen der langen Winter kaum eine Rolle. Hecken, Feldgehölze oder Waldränder sind nötig, denn zur Nachtruhe suchen die Vögel normalerweise Bäume und Büsche auf. Die Nahrung wird am Boden aufgenommen. Sie besteht überwiegend aus Sämereien, Trockenfrüchten, Beeren, grünen Pflanzenteilen, aber auch aus Regenwürmern, Schnecken und Insekten. Die Jungennahrung besteht überwiegend aus Kleintieren. Oft wird die Nahrung im Winter knapp, so dass fast überall Fasane von den Jägern gefüttert werden.

Fasane zählen im Unterschied etwa zu Rebhuhn und Wachtel wiederum zu den Hühnervögeln mit sehr großem Gefiederunterschied der Geschlechter. Männchen sind deutlich größer mit überlangem Schwanz und einem bunten Prachtkleid, das im Kopfbereich durch leuchtend rote Hautlappen ergänzt wird. Je nach Unterartenmischung sind die Kleider in einzelnen „Stämmen" verschieden; oft tragen die Vögel auch einen weißen Halsring. Diese Pracht hat natürlich mit geschlechtlicher Auslese und entsprechendem Sozialverhalten zu tun. Im Winter halten sich Fasane meist in kleinen Trupps, zum Teil sogar nach Geschlechtern getrennt. Diese Trupps lösen sich im Frühjahr auf. Fasanenhähne führen zwar keine Arenabalz aus (vgl. Birkhuhn), doch die Partnerbindung ist sehr locker; sie wird als Haremspolygynie bezeichnet. Die Männchen grenzen durch lauten Gesang (den man im Frühjahr als durchdringenden, fast brüllenden Ruf hören kann und dem ein lautes Flügelklatschen folgt) Reviere gegeneinander ab. Dadurch werden auch die Weibchen angelockt, die mit Imponierverhalten und einem so genannten Futterlocken empfangen werden. Zwischen Männchen kann es auch zu Kämpfen kommen, die meist unblutig verlaufen. Im Einzelnen ist aber das offensichtlich komplizierte Sozialverhalten noch nicht restlos bekannt. Außerdem dürfte es in stark manipulierten Populationen der mitteleuropäischen Feldflur ohnehin sehr unterschiedlich ablaufen.

Nach der Begattung kümmern sich die Weibchen um den Nistplatz. Fasane brüten in Bodennestern, die meist gut in der Vegetation versteckt sind und mit trockenem Pflanzenmaterial ausgelegt werden. Die Jungen, die am Anfang gegen Unterkühlung sehr empfindlich sind, müssen bis etwa zu einem Alter von 14 Tagen viel vom Weibchen gehudert werden. Ab knapp zwei Wochen können die Jungen bereits etwas fliegen und schlafen dann mit 11–12 Wochen auf Bäumen.

▸ Birkhuhn, Rebhuhn, Wachtel

FASAN, MÄNNCHEN

WEIBCHEN

JUNGVOGEL

NEST UND GELEGE

Wasserralle

Rallen sind kleine bis mittelgroße Bodenvögel, die in ihrer Gestalt an kleine Hühnervögel erinnern, aber in vieler Hinsicht davon abweichende Merkmale und Lebensweise haben. Wie bei den Enten und Tauchern werden z. B. bei der Jahresvollmauser Schwung- und Schwanzfedern gleichzeitig gewechselt, so dass die Vögel vorübergehend flugunfähig werden.

Wasserrallen zählen zu den versteckt in dichter Ufervegetation lebenden Arten ihrer Familie, die mit einem seitlich etwas zusammengedrückten Körper hervorragend durch dicht stehende Pflanzen schlüpfen können. Schilfröhricht und Großseggenbestände markieren ihren Lebensraum; wenigstens etwas offenes Wasser sollte in der Nähe sein. Man sieht die heimlichen Vögel mit ihrem leicht gebogenen, bei Altvögeln überwiegend rötlichen Schnabel in geduckter Haltung oft nur rasch über eine offene Stelle rennen. Bei Erregung wird der kurze Schwanz immer wieder zuckend aufgestellt, der Unterschwanz erscheint dann mehr oder minder weißlich. In ihren Revieren benutzen die Rallen oft bestimmte Pfade durch das Pflanzendickicht. Merkwürdige Rufe verraten die Anwesenheit des versteckt lebenden Vogels, z. B. ein „Ferkelquieken". Der eigentlich Gesang ist meistens nachts zu hören. Besonders auf dem Zug oder im Winter kann man Einzelvögel auch offener am Ufer sehen.

Vom südlichen Skandinavien bis an wenige Stellen Nordafrikas und von Westeuropa bis Mittelsibirien reicht das Brutgebiet der Art. Mit Lücken in Innerasien setzt sich das Areal bis an die Pazifikküste Ostasiens fort. In Europa sind Wasserrallen in Feuchtgebieten der Tiefländer weit verbreitet, haben aber mit dem Verschwinden von reichhaltiger Ufervegetation an Stillgewässern aller Art manchen Brut-

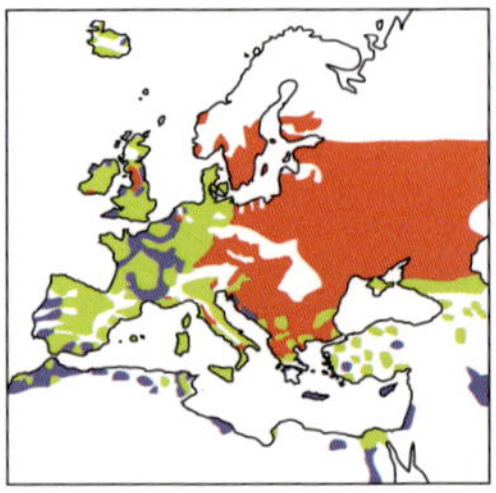

platz verloren. Europäische Brutvögel sind Standvögel und Kurzstreckenzieher. Ihr Wintergebiet umfasst Mittel- und Westeuropa bis in den Mittelmeerbereich, nach Nordafrika und in warme Gebiete Vorderasiens. In kälteren Lagen aber überwintern meist nur wenige in Mitteleuropa, aber auch bis ins südliche Skandinavien. Der Zug findet in der Regel nachts statt. Dabei geraten offenbar niedrig ziehende Wasserrallen auch nicht selten an Hindernisse oder in Drahtleitungen.

Kleintiere, besonders Insekten und deren Larven, kleine Schnecken, Würmer, Krebstiere, aber auch kleine Amphibien, Fische und sogar Kleinvögel und Kleinsäuger bilden die Nahrung. Der lange Schnabel kann in weichen Untergrund bohren und auch von Pflanzen Beutetiere ablesen.

Im ersten Lebensjahr werden Wasserrallen geschlechtsreif. Die Männchen besetzen Reviere in der Verlandungszone von Stillgewässern, sehr feuchten Mooren oder Altwässern. Die Nester sind in der Regel sehr gut versteckt, z. B. in größeren Seggenbülten, zwischen Röhrichthalmen oder auch auf trockenem Untergrund. Eine gewisse Höhe über dem Wasserspiegel oder Schlamm sichert das Nest auch vor Ansteigen des Wasserspiegels. Das Nestmaterial, meist vorjährige Pflanzenteile, ist sorgfältig aufgeschichtet; oft werden über der Nestmulde Halme zusammengezogen, um das Gelege nach oben abzuschirmen. Männchen und Weibchen brüten, Männchen füttern auch die Weibchen. Die Dunenjungen bleiben zunächst noch einige Tage im Nest. Die Altvögel halten ihnen zunächst noch das Futter im Schnabel vor; ab ca. zwei Wochen können sie sich selbstständig ernähren und werden meist schon bevor sie flugfähig werden von den Altvögeln verlassen, die dann ihre Sommermauser absolvieren.

Zu der Ordnung der Kranichvögel, zu der auch die Rallen zählen, rechnet man auch eine Familie sehr kleiner hühnerähnlicher Vögel, von der in Europa nur das **Laufhühnchen** (*Turnix sylvatica*) brütet. Nach großräumiger Vernichtung seines Lebensraums im westlichen Mittelmeergebiet von Sizilien bis Portugal hat die Art heute nur noch in wenigen Paaren im Nationalpark Coto de Doñana in Südwestspanien in einem winzigen Restbestand überlebt. Das Laufhühnchen ist in anderen Unterarten in Afrika südlich der Sahara und Südasien weit verbreitet.

Wasserralle *Rallus aquaticus* (L.)

Größe	> Amsel
Maße (cm)	Länge ca. 22–28 / Flügel ca. 38–45
Körpermasse (g)	♂ 88–190 (128), ♀ 74–138 (102)
Stimme	häufigster Ruf ♂/♀ Ferkelquieken" „kruieh" (auch im Duett); Gesang „tjick-tjick-tjick-tjüirr", oft als „geg"-Reihen; knurrend „kurr-kurr kurr…"; Warnruf „zick-zick"-Reihen
Brutzeit	Anfang April, Brut (oft) Juni; Nachgelege häufig
Gelegegröße	(4–) 6–11 (–12), ausnahmsweise bis 16
Eifärbung	rahmweiß bis sehr hell gelblich rostfarben; am stumpfen Pol gehäuft rötlichbraune oder blaugraue Punkte und Tupfen; glatt, mäßig glänzend
Eimaße (mm)	spindelförmig – 35,8 x 25,8
Brutdauer	19–22 Tage
Nestlingszeit	Nestflüchter; verlassen aber Nest oft erst nach Tagen; mit 7–8 Wochen flugfähig

▸ Tüpfelsumpfhuhn, Kleines Sumpfhuhn

WASSERRALLE LÄSST SICH ZUM BRÜTEN NIEDER

WASSERRALLE IM WINTER

DUNENJUNGES

NEST UND GELEGE

Tüpfelsumpfhuhn

Noch weniger als Wasserrallen bekommt man in der Regel Tüpfelsumpfhühner zu Gesicht, etwa drosselgroße, dichte Vegetation bewohnende Rallen. Auf der olivbraunen Oberseite fallen dunkle Federzentren auf und feine weiße Flecken und Kritzel. Die Kopfseiten wirken bei Altvögeln schiefergrau. Die Unterseite ist mit vielen weißen Punkten besetzt, die Flanken zeigen eine wellige weiße Streifung. Doch von den vielen Zeichnungselementen sieht man im dichten Pflanzengewirr meistens wenig. Beim Weghuschen fallen die bräunlichgelben Unterschwanzdecken auf, da der kurze Schwanz meist gestelzt wird. Im Unterschied zu Tüpfelsumpfhühnern, die still und „mäuseähnlich" durch die Vegetation schlüpfen, nehmen fliehende Wasserrallen oft die Flügel zu Hilfe und verursachen damit Bewegung in der dichten Vegetation; oft plantschen sie auch im Wasser. Zur Brutzeit kann man in tiefer Dämmerung oder nachts den Gesang des Männchens als wichtigen Anhaltspunkt für die Anwesenheit der versteckt lebenden Tüpfelsumpfhühner nutzen. Der „Peitschenhieb" kann stereotyp in geringen Abständen in langen Reihen wiederholt werden.

Das Brutgebiet reicht von der Iberischen Halbinsel bis nach Mittelsibirien und vom Nordrand des Mittelmeers bis ins mittlere Fennoskandien. Griechenland und die Türkei sind nicht mehr besiedelt, dafür ein riesiges Areal in Russland. In West- und Südeuropa, aber heute auch in vielen Teilen Mitteleuropas ist die Verbreitung sehr lückenhaft. Sicher hat der Gesamtbestand in den letzten 100 Jahren stark abgenommen, da viele Lebensräume verschwunden sind. Aber andererseits ist für das Tüpfelsumpfhuhn charakteristisch, dass lokale und regionale Bestände stark schwanken. Wie auch bei allen anderen Rallen spielen z. B. lokale Wasserstandsverhältnisse eine Rolle. Alle Sumpfhühner sind sehr empfindlich gegenüber Wasserstandsveränderungen. Und so gibt es Beispiele, dass nach jahrelanger Abwesenheit plötzlich wieder mehrere Männchen an einem inzwischen günstigen Platz die Nächte durch singen. Es ist daher sehr schwierig, über größere Gebiete realistische Bestandszahlen zu erarbeiten.

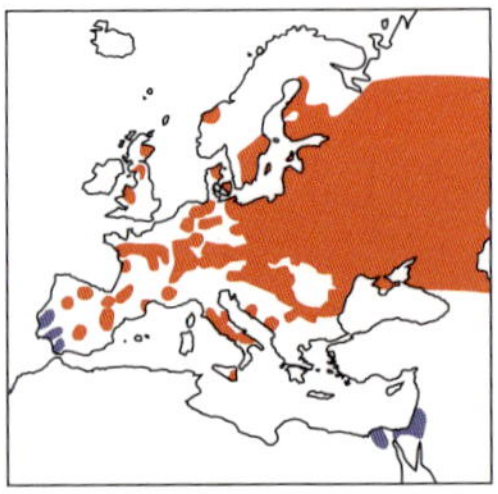

Die typischen Brutbiotope sind Nassflächen mit niedrigem Wasserstand und dichter Vegetation. Im Einzelnen können das landseitige Flächen von Verlandungszonen sein, Übergänge zwischen Röhricht und Seggenried, aber auch Nasswiesen oder verlandete Tümpel. Auf einem Rastplatz während des Durchzugs sieht man einzelne Vögel eher einmal auf eine offene Schlammbank laufen oder an Gewässern und Feuchtstellen, die als Brutgebiet kaum in Frage kommen. Aus Kleintieren im Seichtwasser oder Schlamm, wie Insekten, Spinnen, Würmer und Schnecken, setzt sich die Nahrung zusammen; zarte Pflanzenteile werden mitunter auch aufgenommen.

Europäische Tüpfelsumpfhühner sind zum Teil Kurzstreckenzieher, weiter östliche Langstreckenzieher. Das Winterquartier umfasst Sümpfe im Süden der Iberischen Halbinsel und im östlichen Mittelmeer einschließlich Ägypten und dann vor allem Ostafrika bis ins östliche Südafrika; asiatische Brutvögel überwintern von Pakistan über Vorderindien bis Bangladesh. Auch zur Zugzeit sind die Vögel kaum gesellig und nie in größerer Zahl auf engem Raum anzutreffen. Sie ziehen nachts. Der Wegzug beginnt oft schon ab Juli, kann aber in Mauserquartieren unterbrochen werden. Bis November sind die letzten Nachzügler verschwunden. Winterdaten gibt es aus Mitteleuropa als seltene Ausnahme. Nicht vor Ende März/Anfang April ist mit der Ankunft an den Brutplätzen zu rechnen.

Tüpfelsumpfhühner werden im 1. Lebensjahr geschlechtsreif. Die Paare bilden sich wohl nach der Ankunft am Brutplatz in den von den Männchen besetzten Revieren. Das Nest steht in einer alten Seggenbülte oder auf einer Unterlage aus alten Halmen dicht über dem Wasser oder auf sehr nassem Boden. Im Lauf der Bebrütung kann es zu einem stattlichen Bau anwachsen; meist werden als Sichtschutz Halme zu einem Dach zusammengezogen. Männchen und Weibchen brüten; die Küken bleiben zunächst etwa drei Tage im Nest, kehren später immer wieder zur Übernachtung zurück. Oft bauen die Altvögel auch eine leicht erreichbare Plattform, auf der die Küken gehudert werden. Mit einem Alter von wenigen Tagen können die Jungen bereits selbst Nahrung aufnehmen, mit 25 Tagen kurze Strecken fliegen.

▸ Wasserralle, Kleines Sumpfhuhn, Zwergsumpfhuhn

Tüpfelsumpfhuhn *Porzana porzana* (L. 1766)

Größe	= Amsel
Maße (cm)	Länge ca. 22–24 / Flügel ca. 37–42
Körpermasse (g)	57–147
Stimme	Balzgesang ♂ scharfe, peitschende „huitt huitt"-, ♀ „uid"-Rufe (Duett); kurze „ke(ä)ck" oder „tschik"-Rufe, „wu" (wie Waldohreule), Knurrlaute „brurr..."
Brutzeit	Mitte April im Süden, bis Juli im Norden; wohl oft 2 Jahresbruten
Gelegegröße	(6–) 8–12 (–14)
Eifärbung	olivrostfarben, stark mit rötlichbraunen und grauen Punkten und Klecksen; glatt, mit schwachem Glanz
Eimaße (mm)	oval – 33,1 x 23,8
Brutdauer	18/19 Tage
Nestlingszeit	Nestflüchter, bis 3 Tage im Nest; 25 Tage kurze Flüge, nach 35–42 Tagen voll flugfähig

TÜPFELSUMPFHUHN

BADENDER VOGEL

JUNGVÖGEL

NEST UND GELEGE

Kleines Sumpfhuhn

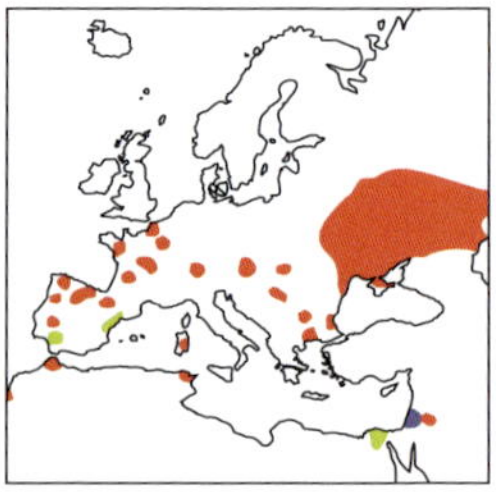

Kleiner und zierlicher als das Tüpfelsumpfhuhn ist das Kleine Sumpfhuhn, das noch schwieriger aufzuspüren ist, zumal es große Ähnlichkeit mit dem Zwergsumpfhuhn hat. Die Oberseite ist etwas heller braun als bei der anderen kleinen Art, die weißen Kritzel und Striche auf dem Rücken sind viel spärlicher als beim Tüpfelsumpfhuhn. Die Männchen sind unterseits grau (wie auch Zwergsumpfhühner), die Weibchen dagegen hellbraun. Die Flankenbänderung ist schwächer als bei Tüpfel- und Zwergsumpfhuhn, bei den Altvögeln ist die Schnabelbasis rot. Die Flügelspitze ist beim zusammengelegten Flügel deutlicher zu erkennen als beim Zwergsumpfhuhn (vgl. dort). Schwierig sind vor allem die Jungvögel der beiden kleinen Arten zu unterscheiden. Zur Brutzeit geben der Balzgesang des Männchens, aber auch die Rufe von Weibchen wichtige Anhaltspunkte des Vorkommens.

Wie schwer die Feststellung der beiden kleinen Sumpfhühner Europas ist, beschreibt Peter Becker, der in jahrzehntelangem Studium einigen Geheimnissen der versteckt lebenden Vögel auf die Spur gekommen ist: „In tieferem, mit hohem Röhricht bestandenem Wasser entzieht sich das Kleine Sumpfhuhn dem Menschen notfalls auch durch Tauchen und schwimmt, ähnlich dem Teichhuhn, mit den Flügeln mehrere Meter unter Wasser, ehe es wieder vorsichtig mit dem Kopf auftaucht."

In Europa ist das Kleine Sumpfhuhn in den meisten Ländern nur inselartig verbreitet, und zwar von Spanien bis in den Ostseeraum und an das Schwarze Meer. Weiter nach Osten reicht das Brutgebiet vermutlich nur bis Westsibirien und in das westliche Innerasien. Vorderasien und Nordafrika sind nicht mehr besiedelt. Der Schwerpunkt des Weltbestandes liegt wahrscheinlich in den Steppengebieten von Osteuropa bis ins westliche Kasachstan, löst sich aber am Ostrand ähnlich in Verbreitungsinseln auf wie in Mittel- und Westeuropa. In Mitteleuropa gibt es nur an wenigen Stellen mehr oder minder regelmäßige Brutnachweise. Sicher war in früheren Jahrzehnten der Bestand größer. Doch sichere Anhaltspunkte fehlen meist, da die heimliche Art nicht nur übersehen, sondern auch mit dem sehr ähnlichen Zwergsumpfhuhn verwechselt wurde. Erst seit einigen Jahrzehnten kennt man die Gesänge und Rufe der beiden Arten auseinander. Merkwürdigerweise melden sich unverpaarte Weibchen mit einem eigenen Ruf. Die typischen Rufe hört man erst in der Dämmerung oder nachts.

Optimale Brutplätze sind große Röhrichtflächen und tiefer im Wasser stehende Pflanzengesellschaften der Verlandungszone, z. B. Schilf-, Rohrkolben-, Binsen- und Großseggenbestände, vor allem wenn sie ein dichtes Pflanzengewirr bieten. Die Nahrung besteht vor allem aus kleinen Insekten und deren Larven.

Kleine Sumpfhühner sind Zugvögel. Einige überwintern in Sumpfgebieten im Süden der Iberischen Halbinsel. Bekannte Überwinterungsgebiete liegen auch im Nildelta und an einigen Stellen Vorderasiens sowie in Pakistan. Ein größeres Überwinterungsareal reicht in Ostafrika südlich der Sahara nach Süden bis etwa in das Gebiet des Viktoriasees. In Mitteleuropa werden Kleine Sumpfhühner auch auf dem Zug nicht häufig bemerkt, allerdings dann mitunter an Stellen, wo man sie kaum erwartet. Der Wegzug macht sich in Mitteleuropa von Ende August bis spätestens Mitte Oktober bemerkbar; einzelne Winterdaten sind aus milden Gebieten bekannt. Der Einzug findet meist erst ab April statt.

Die Geschlechtsreife tritt wahrscheinlich bereits im 1. Lebensjahr ein. Die Partner finden sich für einen Saison. Das Nest ist sorgfältig aus breiten Blättern gebaut, die Mulde mit dürren Blättern ausgekleidet. Es steht in dichtem Pflanzenbestand aus alten oder frischen umgeknickten Halmen, auf einem Wurzelstock oder einer Seggenbülte. Über der Nestmulde zusammengezogene Halme sorgen für Sichtschutz von oben. Die Eier werden von Männchen und Weibchen bebrütet. Wie bei allen Rallen müssen die Küken, die bis zu einem Alter von acht Tagen noch im Nest bleiben, zunächst noch gefüttert werden. Bei den Rallen tragen im Unterschied zu den Hühnern die Jungen ein rabenschwarzes Dunenkleid. Man nimmt an, dass Kleine Sumpfhühner – vor allem bei Zweitbruten – ihre Jungen schon vor dem Flüggewerden verlassen. Die Altvögel ziehen sich dann zur Jahresmauser zurück.

Kleines Sumpfhuhn *Porzana parva* (Scop.)

Größe	= Amsel
Maße (cm)	Länge ca. 18–20 / Flügel ca. 34–39
Körpermasse (g)	50–70
Stimme	♂ „gak" oder „quäck", mit Triller; unverpaart „pöck pöck pörrr" oder „kikerr"; bei Erregung „twutt twutt…"; Alarmruf „tjiuck"
Brutzeit	Anfang Mai; wohl 2 Jahresbruten
Gelegegröße	4–8 (–11)
Eifärbung	gelblich rostbraun, übersät mit feinen braunen Punkten und Spritzern; glatt, mit mäßigem Glanz
Eimaße (mm)	spindelförmig – 30,7 x 22
Brutdauer	21–23 Tage
Nestlingszeit	Nestflüchter, 8 Tage im Nest; mit 45–50 Tagen voll flugfähig

▸ Wasserralle, Tüpfelsumpfhuhn, Zwergsumpfhuhn

KLEINES SUMPFHUHN, MÄNNCHEN AUF NAHRUNGSSUCHE

WEIBCHEN

DUNENJUNGE IM NEST

NEST UND GELEGE

Zwergsumpfhuhn

Die beiden kleinen europäischen Rallenarten unterscheiden sich in der Größe nur wenig; Zwergsumpfhühner sind kaum kleiner als Kleine Sumpfhühner. Auch in Färbung und Zeichnung bestehen große Ähnlichkeiten. Moderne Freilandornithologie hat bei sehr ähnlichen Vogelarten häufig auch Anhaltspunkte in der Gestalt einzelner Körper- und Gefiedermerkmale gefunden. Bei den kleinen Rallen spielt wie bei manchen Strandläufern und einander sehr ähnlichen Singvögeln z. B. die so genannte Handschwingenprojektion eine Rolle. Darunter versteht man die Länge der Flügelspitze, die beim zusammengelegten Flügel unter den Schirmfedern (innerste Handschwingen) noch heraussieht. Natürlich kann man auf die Entfernung Millimeterbeträge kaum schätzen, aber Unterschiede vergleichen. Beim Zwergsumpfhuhn sind zwei bis höchstens drei Handschwingenspitzen sichtbar, beim Kleinen Sumpfhuhn liegen mindestens fünf Handschwingenspitzen frei. Zwergsumpfhühner lassen also kaum etwas von einer Flügelspitze erkennen. Kleine Färbungsunterschiede im Gefieder zwischen beiden Arten muss man mit einem guten Bestimmungsbuch vergleichen, vor allem da nicht immer alle „Standardmerkmale" (z. B. kein Rot an der Schnabelbasis) bei allen Individuen zu sehen sind.

Über die Brutverbreitung und die Bestandsverhältnisse in Europa weiß man recht wenig. Kein Wunder, denn ähnlich wie Tüpfelsumpfhühner flüchten Zwergsumpfhühner still und mäuseähnlich durch die Vegetation. Im Allgemeinen brüten Zwergsumpfhühner der westlichen Unterart an kleinen, mehr oder minder isolierten Plätzen, die oft in dem für einen Lebensraum der Art nötigen Zustand vorübergehende Erscheinungen sind und keine lange Lebensdauer haben. Besonders isolierte Brutpaare verhalten sich sehr still; eine Revierabgrenzung durch Rufe und Gesänge ist ja nicht nötig.

Ein großes Brutgebiet zieht sich von Osteuropa in der Steppenzone durch ganz Asien bis nach Japan. In Südasien

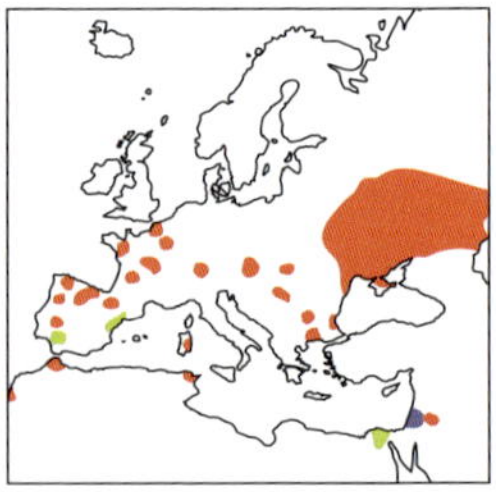

ist die Verbreitung noch unbekannt. Auf der Südhalbkugel brüten Zwergsumpfhühner in Afrika, Madagaskar, Neuguinea und Australien. Mehrere Unterarten werden im riesigen Verbreitungsgebiet unterschieden.

In fast allen Ländern Europas westlich von Russland sind die Bestände klein und wechseln in ihrer Verteilung von Jahr zu Jahr. Lediglich in Spanien rechnet man mit größeren Populationen. Doch auch hier sind Verbreitung und Populationsgröße höchst unvollkommen bekannt. Starke Schwankungen abhängig vom Wasserstand sind zu erwarten. In Jahren mit viel Regenfällen dürften nach groben Schätzungen z. B. in den Sümpfen des Doñana-Gebiets am unteren Guadalquivir Tausende von Paaren brüten; in Trockenjahren sind Brutvorkommen dagegen die Ausnahme. Man rechnet auch damit, dass das heimliche Verhalten der Ralle in Gebieten, die Vogelbeobachter selten aufsuchen, zu einer Unterschätzung der Vorkommen führt, vor allem in den in mehreren Gebieten Spaniens in größeren Flächenanteilen entstandenen Reisfeldern. Allgemein ist aber anzunehmen, dass in Europa der Bestand im 19. Jahrhundert größer war als im 20. Jahrhundert. Allerdings sind Vergleiche nicht nur wegen des unsicheren Datenmaterials schwierig, sondern auch deshalb, weil die beiden sehr ähnlichen kleinen Rallenarten oft miteinander verwechselt wurden. In Frankreich und in Südosteuropa scheinen auch in den letzten Jahrzehnten Abnahmen stattgefunden zu haben. Für Deutschland gibt es nur ganz wenige Brutnachweise. Insgesamt muss man das Zwergsumpfhuhn als gefährdeten Brutvogel Europas einstufen, da sicher Abnahmen stattgefunden haben und in den meisten Ländern mehr oder minder regelmäßige Brutvorkommen selten sind.

Alle europäischen und mittelasiatischen Brutvögel ziehen in die Tropen und ins südliche Afrika. Wenige überwintern auch im südlichen Mittelmeergebiet (z. B. Nildelta). Der Wegzug findet im August/September statt (mit Nachzüglern bis November). Mit der Rückkehr an die Brutplätze ist im April, oft erst im Mai zu rechnen. Die Nahrung besteht vor allem aus Insekten und deren Larven.

Brutplätze finden sich in Überflutungsflächen oder Verlandungszonen oder in Seggenwiesen. Die Brutbiologie ist kaum bekannt. Das Nest scheint immer über Wasser zu stehen, auf alten Halmen, mit einem „Dach" gegen Sicht geschützt. Männchen und Weibchen brüten.

Zwergsumpfhuhn *Porzana pusilla* (PALL. 1764)

Größe	= Amsel
Maße (cm)	Länge ca. 17–19 / Flügel ca. 33–37
Körpermasse (g)	ca. 40
Stimme	Gesang ♂ hölzern knarrend/klappernd, geräuschhaft „trrk-trrr-trrri..." (erinnert an Knäkente, Grünfrosch); Rufe ♂ „kjor kjor...“; bei Störung spitze Rufe, auch Knurren (wie andere Rallen)
Brutzeit	Mitte Mai; vermutlich 2 Jahresbruten
Gelegegröße	(4–) 6–9 (–11)
Eifärbung	gelblich rostbraun, intensiv gelblichbraun gestreift und gepunktet
Eimaße (mm)	rundlich bis oval – 29 x 20,6
Brutdauer	17–20 (21) Tage
Nestlingszeit	Nestflüchter; flugfähig mit ca. 5 Wochen

▶ WASSERRALLE, TÜPFELSUMPFHUHN, KLEINES SUMPFHUHN

ZWERGSUMPFHUHN, ALTVOGEL

ZWERGSUMPFHUHN, JUNGVOGEL

ZUM VERGLEICH: JUNGVOGEL DES KL. SUMPFHUHNS

NEST UND GELEGE DES ZWERGSUMPFHUHNS

Wachtelkönig

Mit dem lateinischen Art- (und heute auch Gattungs-) namen hat der schwedische Naturforscher Linné das auffallendste Merkmal des versteckt lebenden Vogels zu charakterisieren versucht, nämlich den stereotypen schnarrenden und klangarmen Gesang des Männchens. Meist zweisilbig singen die Männchen in langer Folge vor allem nachts, am intensivsten Ende Mai bis Mitte Juni. In der Regel ist dieser Gesang der einzige Anhaltspunkt für die Anwesenheit von Brutvögeln. Er wird auch für die Abschätzung von regionalen Bestandsgrößen verwendet, zumal man eine Antwort der im Gras sitzenden Wachtelkönige durch Tonband leicht erreichen kann.

Aber erst kürzlich ist man dahinter gekommen, dass die Zahl der singenden Männchen keineswegs Aufschluss über die Zahl der Weibchen und damit die Größe des Brutbestandes gibt. Mit modernen Hilfsmitteln der Technik kann man allmählich in das geheimnisvolle Leben des Wachtelkönigs eindringen, etwa mit kleinen Peilsendern, die markierte Vögel mit sich herumtragen. Die Forschung steht noch am Anfang, doch schon jetzt stellt sich heraus, dass vieles, was man bisher zu wissen glaubte, revidiert werden muss. So waren z. B. in einer Untersuchung in 92% der Kontrollen singende Männchen nicht mit einem Weibchen zusammen. Und Männchen, die von einem Weibchen begleitet waren, sangen nicht. Auch die Frage, wie lange die Partner zusammenhalten, ist noch nicht befriedigend gelöst. Bisher ermittelte man z. B. als minimale Partnerschaftsdauer nur sieben Tage und als längste kaum über 20 Tage. Bei Zweitgelegen ist der Zusammenhalt kürzer als bei Erstgelegen. Viele Fragen des Sozialverhaltens und der Brutbiologie liegen noch im Dunkeln.

Erst so allmählich tastet man sich an die Kenntnis zur Lebensweise des Wachtelkönigs heran. Die Wachtelkönigforschung hat erst in den 90er Jahren durch intensive internationale Zusammenarbeit Auftrieb bekommen. Unzureichendes Wissen gilt auch für Verbreitung und den Brutbestand. Der Wachtelkönig wird heute als weltweit bedrohter Vogel eingestuft. In fast allen Ländern Mittel- und Westeuropas nehmen die Bestände ab. Teilweise gibt es heute nur noch Restvorkommen. In vielen Gebieten sind Wachtelkönige sehr unstet oder nur auf kleine Flächen beschränkt. In größeren Konzentrationspunkten des Vorkommens stellt sich jedoch heraus, dass die Bestände über viele Jahre innerhalb üblicher Schwankungen recht stabil und einzelne Singplätze Jahr für Jahr besetzt sind. Aber offenbar trügt häufig der Schein, denn immer mehr Anzeichen sprechen dafür, dass selbst in Gebieten mit großen Vorkommen offenbar über viele Jahre hinweg die Vögel ohne Nachwuchs bleiben. Trockenere und feuchte bis nasse Grasflächen markieren den Lebensraum; Deckung muss ausreichend vorhanden sein. Der spät von seinen Winterquartieren heimkommende Wachtelkönig gerät aber auf vielen Grünlandflächen heute in die Mühlen der modernen Silageverwertung von Gras. Auch auf dem Zug lauern viele Gefahren; die niedrig ziehenden Vögel kollidieren z. B. nicht selten mit Drahtleitungen.

Das Brutgebiet liegt ganz in den Mittelbreiten und reicht von Westeuropa bis Sibirien in das Gebiet nordwestlich des Baikalsees. Bereits das Mittelmeergebiet ist bis auf einige kleine Vorkommensinseln nicht mehr besiedelt. Große Bestände leben sicher in Osteuropa und möglicherweise in Asien. Aber auch hier scheint landwirtschaftliche Nutzung viele Brutgebiete zu zerstören oder das Fortleben der Populationen in große Gefahr zu bringen. Schonende Bewirtschaftungsweisen (z. B. Mähprogramme) und vor allem Schutz- und Biotoppflegemaßnahmen in Feuchtwiesen und Mooren sind wohl die einzigen Maßnahmen, Bestände zu halten.

Wachtelkönige sind Langstreckenzieher, die in Afrika vom Äquator an südwärts überwintern, die allermeisten in Ost- und Südafrika. In Mitteleuropa treffen die ersten kaum vor Mitte April ein; meist werden erst im Mai die Singplätze der Männchen besiedelt. Ab August findet der Wegzug statt; Nachzügler werden noch im Oktober festgestellt.

Wachtelkönige haben sich von allen europäischen Rallen am weitesten vom Wasser entfernt. Ihre Nester stehen in der dichten Vegetation am Boden, auch gelegentlich auf landwirtschaftlichen Kulturflächen. Wahrscheinlich brüten nur die Weibchen; beide Geschlechter sind bei der Führung der Jungen beobachtet worden. Die Nahrung besteht aus Insekten und anderen Kleintieren, aber auch Sämereien und Pflanzenteile werden genommen.

▸ WASSERRALLE, TÜPFELSUMPFHUHN

Wachtelkönig *Crex crex* (L.)

Größe	> Taube
Maße (cm)	Länge ca. 27–30 / Flügel ca. 46–53
Körpermasse (g)	140–160
Stimme	Gesang ♂ zweisilbig, schnarrend, klangarm „rärrp rärrp", oft in langer Folge (wichtigster Artnachweis!)
Brutzeit	Mai bis Anfang Juni; wohl nur 1 Jahresbrut; Nachgelege
Gelegegröße	(6) 7–12 (–14), bis 19 offenbar von 2 ♀♀
Eifärbung	blass grünlichgrau oder braungelb angehaucht, rostbraun, purpurn und grau gepunktet und gekleckst; glatt
Eimaße (mm)	spindelförmig – 36,3 x 26
Brutdauer	16–19 Tage
Nestlingszeit	Nestflüchter; flügge mit 34–38 Tagen

WACHTELKÖNIG, MÄNNCHEN RUFEND

WACHTELKÖNIG SICHERND

WACHTELKÖNIG MIT JUNGEN

NEST UND GELEGE

Teichhuhn

In vielen Gebieten Mittel- und Westeuropas sind Teichhühner zu futterzahmen Parkvögeln geworden, deren Verhalten man aus nächster Nähe beobachten kann. Rotes Stirnschild und gelbe Schnabelspitze kennzeichnen die überwiegend grauschwarzen Altvögel, an deren Flanken ein weißes Band aus einzelnen Streifen entlang zieht. Besonders typisch ist des weiße Dreieck auf der Unterseite des kurzen, zuckenden und häufig aufgestellten Schwanzes. Erwachsene Jungvögel tragen ein braunes Körpergefieder. Der anpassungsfähige Vogel zwischen Ufer und offenem Wasser hat nicht nur eine Vielzahl von Lebensräumen in Europa besiedelt, sondern auch ein sehr großes Verbreitungsgebiet in aller Welt.

Mindesten zwölf Unterarten unterscheidet man beim Teichhuhn. Die europäische ist von den Azoren, Nordafrika und Europa über das ganze mittlere Asien bis Mittelsibirien verbreitet und brütet nach einer größeren Verbreitungslücke auch häufig in Ostasien einschließlich Japans. Im subtropischen und tropischen Asien reicht das Brutgebiet von Inselvorkommen im wasserarmen Vorderasien über große Areale in Vorder- und Hinterindien bis auf die Sundainseln und die Philippinen, in Amerika von Kanada bis ins mittlere Südamerika.

In Europa sind die meisten Teichhühner nur fakultative Kurzstreckenzieher. Schon im südlichen Skandinavien überwintern einige. Andererseits gibt es Nachweise bis in die Sahelzone Afrikas. Viele nord- und mitteleuropäische Zugvögel überwintern im Mittelmeergebiet und in Westeuropa. Osteuropäische und sibirische Brutvögel zeigen größere Wanderneigung. Harte Winter können unter den nichtziehenden Teichhühnern in Europa große Verluste bringen; Kälteflucht-bewegungen finden auch noch mitten im Winter statt.

Teichhuhn *Gallinula chloropus* (L.)

Größe	= Taube
Maße (cm)	Länge ca. 32–35 / Flügel ca. 50–55
Körpermasse (g)	250–400
Stimme	guttural „kurrk"; bei Störung „kirreck" oder „kikeck", in Serien scharf, durchdringend „ick-icki..."; im Flug „keck-keck"; „karr rettet" bei Bodenfeind; Gesang ♂ „dack-dack...rrai" oder „dak..."-Reihen
Brutzeit	Ende März bis April, ausnahmsweise andere Zeiten; 2, manchmal 3 Jahresbruten
Gelegegröße	(2–) 5–11 (–12); bis 26 von 2 oder mehr ♀♀
Eifärbung	braunweiß bis gelblichbraun oder grünlich, rötlichbraun und blaugrau getupft und gepunktet; glatt, glänzend
Eimaße (mm)	spindelförmig – 43,5 x 30,8
Brutdauer	(17–) 19–22 (–24) Tage
Nestlingszeit	Nestflüchter, bis 7 Tage nachts im Nest; mit ca. 35 Tagen flugfähig

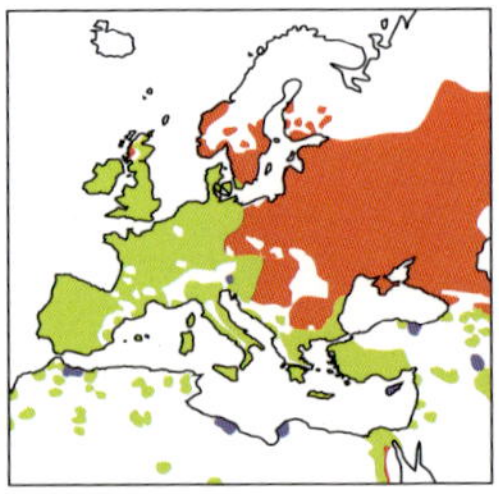

Teichhühner sind Ufervögel, die sich mit vielseitigen Fähigkeiten in diesem amphibischen Lebensraum bewegen. Mit ihren langen Zehen können sie in der dichten Vegetation klettern, aber auch auf Schwimmblättern laufen (das Gewicht wird über eine größere Fußfläche verteilt). Beim Laufen auf dem Land heben sie ihre Beine hoch an, die ihnen auch das Gehen im seichten Wasser erlauben. Meist schwimmen die Vögel mit nickendem Kopf nicht weit auf die offene Wasserfläche hinaus, bei Gefahr heben sie meist mit einem Fluglauf ab. Tauchen ist ausgesprochen selten. Weniger das dichte Röhricht, als vielmehr andere, mehr landseitige Pflanzenbestände suchen die Vögel auf, so an Seen, Teichen, Flussaltwässern, Lehm- und Kiesgruben, mitunter auch sehr kleine, fast zugewachsene Tümpel oder schmale Wiesen- und Drainagegräben.

Vielseitige Ernährung ist sicher eine weitere Vorbedingung für weite Verbreitung. Pflanzenbestandteile, wie Samen, Früchte, Grasspitzen, frische Blätter, spielen ebenso eine Rolle wie viele Kleintiere (Insekten, Mollusken), mitunter gehen die Vögel auch an Abfälle und Aas. Die Zusammensetzung im Einzelnen richtet sich nach der Jahreszeit. Im Schwimmen wird Nahrung von der Wasseroberfläche abgelesen, im Laufen von Pflanzen abgepickt oder sogar von Büschen geholt, auf denen die Vögel geschickt herumklettern. Besonders in Parkanlagen kann man Teichhühner ähnlich Blässhühnern auf kurzrasigen Flächen weiden sehen.

Bei Standvögeln bilden sich die Paare schon während des Winters. Im Frühjahr besetzen und verteidigen die Männchen mit großem Einsatz ihre Reviere. Bevor das eigentliche Nest gebaut wird, legt das Männchen mitunter mehrere Probenester im Rohbau an. Das endgültige Brutnest ist nach Möglichkeit gut versteckt am Ufer oder im seichten Wasser. Das Männchen baut, das Weibchen trägt im Wesentlichen Material zu. Beide Partner brüten auch, das Weibchen allerdings in der Regel mehr. Nach dem Schlüpfen werden die Jungen während der ersten Tage im Nest gefüttert; noch Tage später kehren sie nachts zum Nest zurück. Schon relativ früh kann die Familie aber auch das Brutrevier verlassen, um ein eigenes Aufzuchtrevier aufzusuchen. Hier werden dann vom Männchen einfache „Schlafnester" für die Jungen gebaut. Bei Zweitgelegen führen die Männchen die Jungen oft allein. Den Jungen wird meist der Bissen vorgehalten; mehrere Wochen werden sie auf diese Weise von den Eltern versorgt. An der Fütterung der Küken einer zweiten Brut beteiligen sich aber in der Regel auch die herangewachsenen Geschwister der Erstbrut. Noch nachdem die Jungen flugfähig geworden sind, kann die Familie beisammen bleiben.

▸ BLÄSSHUHN, PURPURHUHN, WASSERRALLE

TEICHHUHN IM WINTER

JUNGVOGEL

ALTVOGEL FÜTTERT DUNENJUNGES

FRISCH GESCHLÜPFTE JUNGE IM NEST

Purpurhuhn

Die hühnergroße Ralle wirkt wie ein überdimensionales Teichhuhn mit langen, kräftigen Beinen, langzehigem Fuß und kurzem Schwanz, dessen weiße Unterseite beim ständigen Zucken aufblitzt. Auch das vielseitige Lautrepertoire erinnert an Teichhühner; allerdings trompeten und rufen Purpurhühner tiefer und dumpfer. Sie sind mit Abstand die größten europäischen und die größten flugfähigen Rallen auf der Welt.

Allerdings spielt Europa in der Verbreitung der Art keine große Rolle. Purpurhühner leben in vielen Unterarten, die man auch zum Teil in Freiheit unterscheiden kann, in allen warmen Gebieten der Alten Welt. Große zusammenhängende Flächen besiedeln Purpurhühner in Afrika südlich der Sahara, in Vorder- und Hinterindien, auf den Sundainseln, den Philippinen, auf Neuguinea, in Australien und auf Neuseeland. Auch auf Madagaskar und Mauritius und auf pazifischen Inseln sind sie Brutvögel. Im Trockengürtel der Alten Welt von Nordafrika bis Iran einschließlich der Kaspisenke ist das Brutgebiet in viele kleinere und größere Inseln entsprechend der Verteilung größerer Feuchtgebiete aufgesplittert. Hierzu zählen auch die wenigen heutigen Brutinseln im Mittelmeergebiet. Der größte Bestand lebt heute im Süden Spaniens. Dort sanken als Folge der Vernichtung des Lebensraums die Zahlen der Brutpaare auf einen kümmerlichen Restbestand, der sich aber in den letzten 15 Jahren erfreulich erholt hat. Je einen kleinen Stützpunkt hat die Art noch in den Küstenebenen im südlichen Sardinien. In der Türkei leben nur an einer Stelle im Süden noch Purpurhühner; eine große Population soll sich noch im Kaspibecken befinden. Einstmals waren Purpurhühner in den Feuchtgebieten an der ganzen mediterranen und südlichen atlantischen Küste der Iberischen Halbinsel verbreitet.

Stehende und langsam fließende Gewässer mit üppigem Pflanzenwuchs am Ufer, der das ganze Jahr über zur Verfügung steht, sind die Lebensräume der Purpurhühner, die sich in vielen Gebieten außerordentlich versteckt halten und trotz ihrer Größe und auffälligen Färbung dann schwer zu sehen sind. In manchen Teilen des großen Brutgebiets sind die großen Rallen allerdings auch ausgesprochen zutraulich geworden, in Neuseeland z. B. auch Parkvögel geworden. Dichte Bestände von Rohrkolben, Binsen, Seggen und Schilf sind im ganzen Mittelmeergebiet wichtige Bestandteile des Lebensraums. Hier verstecken die Vögel nicht nur sich selbst und ihre Nester, sondern leben auch davon.

Die Nahrung setzt sich vor allem aus Blättern, Sprossteilen, Blüten und Sämereien von Wasserpflanzen zusammen. Auch in Reisfelder werden Ausflüge unternommen. Der mächtige Schnabel kann dazu eingesetzt werden, fleischige unterirdische Sprossabschnitte (Rhizome) auszugraben. Bei Binsen und anderen Wasser- und Sumpfpflanzen sind die weichen und markhaltigen basalen Sprossabschnitte besonders begehrt. Der kräftige, hohe Schnabel schneidet die Stängel wie mit einem Messer auf. Berühmt geworden sind Purpurhühner durch den Einsatz des Fußes bei der Nahrungsaufnahme. Ähnlich wie Papageien führen sie einen zwischen den Zehen eingeklemmten Nahrungsbrocken zum Schnabel – sie fressen also aus der Faust. Aber auch der tierische Anteil an der Nahrung ist vielseitig: Schnecken, Regenwürmer, Egel, Insekten, aber auch Eier und Nestlinge von Sumpfvögeln und sogar auch Aas werden erbeutet oder angenommen.

Vieles, was man über das Sozialverhalten und die Brutbiologie der Art weiß, wurde nicht an der auch in Europa lebenden Nominatform entdeckt. Die Männchen verteidigen einerseits sehr intensiv Reviere, andererseits leben in vielen Gebieten Purpurhühner nicht in Paaren, sondern in Gruppen zusammen, bei denen auch mehrere Männchen dabei sind. Mit dem Heranwachsen der Jungen scheinen aber allgemein Brutreviere keine entscheidende Rolle mehr zu spielen. Neben monogamem Paarzusammenhalt wenigstens zu Beginn der Brutzeit kommt auch das Leben in Kommunen vor, bei denen sich alle Mitglieder an der Brut beteiligen. Hier wird gemeinsam am Nest gebaut, obwohl offensichtlich nur ein Weibchen die Eier legt. Man findet dann auch beim Brüten und vor allem bei der Betreuung der Jungen ein bei vielen Vögeln vor allem wärmerer Gebiete verbreitetes System von Helfern, die wohl meist mit den Jungen irgendwie verwandt sind. Ansätze dazu gibt es ja auch beim Teichhuhn, wenn die älteren Jungen bei der Betreuung und Fütterung ihrer jüngeren Geschwister mithelfen.

▸ TEICHHUHN

Purpurhuhn *Porphyrio porphyrio* (L.)

Größe	= Huhn
Maße (cm)	Länge ca. 45–50 / Flügel ca. 90–100
Körpermasse (g)	700–850
Stimme	Gesang Reihe nasaler, klagender „quiu quiu…krrkrrr"; manchmal sehr laut, schrill „krrukrrüi…"
Brutzeit	Ende März, normalerweise 1 Jahresbrut, 2. möglich
Gelegegröße	2–5 (–7)
Eifärbung	rahmfarben oder gelblich- bis rostbraun, zuweilen rötlich angehaucht; unterschiedlich rötlichbraun, lila oder grau gezeichnet; glänzend
Eimaße (mm)	spindelförmig – 54,5 x 37
Brutdauer	22–25 Tage
Nestlingszeit	Nestflüchter, mehrere Tage im Nest

PURPURHUHN

ÖSTLICHE FORM

FRISCH GESCHLÜPFTER JUNGVOGEL

NEST UND GELEGE

Blässhuhn

Das Blässhuhn ist in vielen Teilen Europas der verbreitetste und häufigste Schwimmvogel und daher jedermann bekannt, zumal sich allwinterlich futterzahme Vögel auch an Parkteichen und an Flussufern mitten in den Großstädten einfinden und sich mit Stockenten und Höckerschwänen um das Futter zanken. Das hat zu verschiedenen Missverständnissen geführt: Blässhühner würden sehr stark zunehmen, und zwar auf Kosten anderer Wasservögel. Die Zeiten starker Zunahme, z.B. als Folge der Nähstoffanreicherung von Binnengewässern, sind längst vorbei; in vielen Gebieten Europas gehen die Zahlen zurück und an manchen, im Sommer sehr belebten Binnenseen ist der Bruterfolg schlecht. Blässhühner verhalten sich zur Brutzeit sehr aggressiv und verteidigen ihre Revier gegen Artgenossen und auch andere Wasservögel, sind aber keinesfalls so streitsüchtig, dass sie andere Arten verdrängen. Im Gegenteil: Außerhalb der Brutzeit sehr gesellig, mischen sich Blässhühner unter Enten (vor allem Tauchenten) zu großen Trupps. Viele Wasservögel legen ihre Nester nahe bei Blässhühnern an; offenbar profitieren sie von der Wachsamkeit der schwarzen Wasservögel. Richtig ist, dass das Blässhuhn den Typ in der Familie der Rallen vertritt, der am besten an das Leben als Schwimmvogel angepasst ist.

Von Nordafrika und Westeuropa zieht sich das Brutgebiet des Blässhuhns über das ganze nördliche Asien bis Japan; auch in Pakistan und über die ganze vorderindische Halbinsel einschließlich Sri Lanka brütet die Art sowie auf einigen Sundainseln und in Australien. In Amerika lebt eine sehr ähnliche Art. In Mittel- und Westeuropa ziehen die meisten Brutvögel nicht ab oder höchstens eine kurze Strecke; die Brutvögel Nord- und Osteuropas sind in der Regel Kurzstreckenzieher, die in Mittel- und Westeuropa, aber auch

in Südeuropa, am Schwarzen Meer und in Vorderasien überwintern. In harten Wintern und bei Kälteeinbrüchen werden die Winterausharrer auch auf großen eisfreien Gewässern gezwungen, der Vereisung auszuweichen und noch im Mittwinter in klimatisch günstigere Gegenden zu fliegen, um nicht zu verhungern.

Seine Häufigkeit verdankt das Blässhuhn sicher zum Teil seiner vielseitigen Ernährung. Es ist praktisch ein Allesfresser. Frische und faulende Pflanzenteile – unter Wasser oder an Land –, kleinere Wassertiere (z.B. auch kleine Muscheln), Abfälle und alles, was an Entenfütterungen an Genießbarem anfällt, dient als Nahrung. Mit einem kleinen Kopfsprung tauchen die Vögel bis maximal etwa 6 m tief und können daher Algen, Wasserpflanzen, Dreikantmuscheln und andere kleine Wassertiere heraufholen. Im Schwimmen lesen sie Nahrungsbrocken von der Wasseroberfläche auf und kommen auch an Land, um Gras abzuweiden. Dann sieht man die gegliederten Schwimmlappen an den langen Zehen. Mit ihren kräftigen Schnäbeln zwicken Blässhühner über und unter Wasser Halme und Blätter ab. Gelegentlich jagen sie Schwänen und anderen Wasservögeln Nahrung ab, sind aber selbst oft Opfer von „Mundraub", z.B. durch Schnatterenten. Blässhühner können – vor allem mit Unterstützung der Flügel – sehr schnell rennen. Überrascht suchen sie auch wasserlaufend das Weite und fliegen erst nach einem Anlauf von der Wasseroberfläche auf.

Im Winter bilden sich oft große Schwärme, aus denen sich im Frühjahr die Paare herauslösen. Auch das Sommerhalbjahr über scharen sich häufig größere Trupps von Nichtbrütern zusammen. Wenn die Brutreviere bezogen werden, sieht man nicht selten kämpferische Auseinandersetzungen zwischen konkurrierenden Nachbarn oder das typische Drohschwimmen mit vorgestrecktem Hals und hoch über den Rücken aufgestellten Flügeln, die den Vogel größer werden lassen. Die Nester stehen am Ufer oder zwischen Wasserpflanzen im Seichtwasser. Es sind umfangreiche Bauten aus altem Pflanzenmaterial, zu denen oft eine regelrechte schräge Rampe hinaufführt. Beide Partner brüten, das Männchen bringt jedoch weiterhin Nistmaterial herbei. Die schwarzen Dunenjungen mit den leuchtenden Farben am Kopf klettern bereits wenige Stunden nach dem Schlüpfen im Nest umher, sie verlassen es frühestens nach 12–15 Stunden das erste Mal und begeben sich unter der Führung des Vaters für kurze Zeit auf das Wasser. Das Weibchen kümmert sich solange um die Bebrütung der restlichen Eier. Sobald alle Jungen geschlüpft und schwimmfähig sind, folgt ein Teil der Mutter, der andere Teil dem Vater.

▸ Kammblässhuhn

Blässhuhn *Fulica atra* (L.)

Größe	= Taube
Maße (cm)	Länge ca. 36–38 / Flügel ca. 70–80
Körpermasse (g)	600–900
Stimme	♂ kurz, stimmlos „tsk" oder „tsi" oder wie Sektkorken „tp"; ♀ laut „köw"; Warnruf ♂ scharf „pssi", ♀ gereiht „ä-ö-ä-ä-ö"
Brutzeit	Mitte April; echte Zweitbruten selten
Gelegegröße	(3–) 5–10 (–14); Mischgelege nicht selten (bis 22)
Eifärbung	blass isabellfarben, ziemlich gleichmäßig mit dunkelbraunen und schwarzen Flecken und Punkten; glatt, schwach glänzend
Eimaße (mm)	oval bis lang-oval – 52,4 x 36,1
Brutdauer	(22) 23–24 (25) Tage
Nestlingszeit	Nestflüchter; frühestens nach 12–15 Stunden, oft erst nach 3–4 Tagen aus Nest; mit ca. 8 Wochen flugfähig

BLÄSSHUHN, TRUPP IM WINTER

FÜTTERUNG GRÖSSERER JUNGVÖGEL

DUNENJUNGES

NEST UND GELEGE

Kammblässhuhn

Im Vergleich zum allbekannten und weit verbreiteten Blässhuhn ist das Kammblässhuhn aus dem äußersten Südwesten der Iberischen Halbinsel eine sehr seltene und hochbedrohte Vogelart Europas. Das Hauptareal dieser Ralle liegt in Afrika südlich der Sahara, einschließlich Madagaskar; besonders im südlichen Drittel des afrikanischen Kontinents ist sie weit verbreitet und vielerorts häufiger Brutvogel. Anders sieht es in Nordafrika aus, denn dort leben nur noch in Marokko Kammblässhühner; deren Bestände sind wie in Europa in Besorgnis erregender Weise zurückgegangen. Früher hat die Art auch in Algerien und Tunesien gebrütet, die Vögel wanderten im Winter regelmäßig in den Süden der Iberischen Halbinsel und Frankreichs sowie auf einige der westlichen Mittelmeerinseln.

Seit vor rund 40 Jahren das im spanischen Andalusien gelegene Feuchtgebiet La Janda mit seinem bedeutenden Brutvorkommen des Kammblässhuhns zerstört wurde, blieb als einziges Rückzugsgebiet für die bedrohte Art in Europa das andalusische Guadalquivir-Gebiet mit seinen Sümpfen und nahe gelegenen Lagunen übrig. Da dieses Vorkommen Anfang der 90er Jahre auf einen kleinen Restbestand zusammengeschmolzen war, versuchte man, die Bestandssituation durch Aussetzen von in Gefangenschaft aufgezogenen Vögeln zu verbessern, doch der Erfolg dieser Aktion blieb gering. Heute zählt man hier in günstigen Jahren einen Bestand von unter 20 Brutpaaren und rund 50 Altvögeln. Nach Ansicht von Fachleuten wäre die andalusische Restpopulation längst ausgestorben, bekäme sie nicht immer wieder Zuzug aus marokkanischen Brutgebieten.

Als Grund für die extreme Seltenheit der Art vermutet man die im Vergleich zum Blässhuhn größeren Ansprüche an den Lebensraum. Kammblässhühner brüten gerne an vegetationsreichen Lagunen und in üppig bewachsenen Sumpfgebieten, aber auch in Reisfeldern und Speicherseen. Beide Blässhuhnarten können dieselben Gewässer zur Brut nutzen, Kammblässhühner ziehen ihre Jungen jedoch eher in den tieferen und nährstoffreicheren Seen auf. Offensichtlich fehlt es in flacheren Gewässern an der ausreichenden Menge und Qualität ihrer Nahrungspflanzen. Eine weitere, wichtige Rückgangsursache ist die illegale Bejagung, die zum Teil sicher auf Verwechslung mit dem Blässhuhn beruht, denn beide nahe verwandten Arten sind oft schwierig zu unterscheiden.

In den letzten Jahren gaben Meldungen über ein neuentdecktes Brutvorkommen im Gebiet von Alicante zu Hoffnung Anlass, ebenso Berichte über gelegentliches Auftreten der Art in anderen Teilen Südspaniens und Südportugals.

Die Brutbiologie entspricht in etwa der des Blässhuhns, auch wenn manche Details noch nicht hinreichend geklärt sind. Das Nest wird meist im Flachwasser zwischen dichtem Pflanzenwuchs verborgen angelegt, häufig erleichtert eine „Rampe" an einer Seite den Zugang zum Nest. Das Kammblässhuhn ist nicht nur im Nestbereich heimlicher als „unser" Blässhuhn, sondern hält sich auch sonst häufiger in dichtem Pflanzenwuchs verborgen.

Wie das Blässhuhn ist auch das Kammblässhuhn ein Allesfresser, der sich überwiegend pflanzlich ernährt und ähnliche Methoden des Nahrungserwerbs anwendet; es taucht aber vergleichsweise noch geschickter und sucht seine Nahrung weniger an Land. Eine wichtige Rolle spielen Wasserpflanzen wie Grünalgen, Kamm-Laichkraut, Meeressalde, Nixenkraut und Wasserhyazinthe, an Land verzehren die Wasserhühner gerne Knöterich und verschiedene Gräser. In Afrika beobachtete man, dass sie häufig auf Flächen Nahrung suchten, die vom Litschi-Wasserbock niedergetrampelt wurden. Der tierische Anteil der Nahrung setzt sich hauptsächlich aus Schnecken, Krebstiere und Insekten zusammen.

Wichtigstes Bestimmungsmerkmal des Kammblässhuhns sind die beiden, nur zur Brutzeit getragenen, kräftig roten Höcker über dem weißen Stirnschild. Im Schlichtkleid, wenn die artkennzeichnenden Stirnhöcker fehlen, ist die Unterscheidung zum Blässhuhn oft schwierig, dann helfen neben Gestaltsunterschieden (Kammblässhuhn etwas größer und langhalsiger) oft die Lautäußerungen weiter. Die Rufe sind meist tiefer und oft zweisilbig, sie klingen anders als die des Blässhuhns, mitunter etwas menschlich und manche erinnern an die des Kleines Sumpfhuhns. Bei fliegenden Vögeln achte man auf den Armschwingen-Hinterrand, der nur beim Blässhuhn weiß ist. Aus der Nähe sieht man den bläulichen Anflug des Schnabels, der beim Blässhuhn eher rosafarben ist, sowie die abgerundete Befiederung an der Basis des Stirnschilds, wohingegen dieser Gefiederbereich beim Blässhuhn spitz zuläuft.

▸ BLÄSSHUHN

Kammblässhuhn *Fulica cristata* GMELIN 1789

Größe	= Taube
Maße (cm)	Länge ca. 38–42 / Flügel ca. 75–85
Körpermasse (g)	ca. 900
Stimme	anders als Blässhuhn, nasal „kerre" oder auch heiser „ha ha"
Brutzeit	Mai
Gelegegröße	4–6
Eifärbung	wie Blässhuhneier, etwas heller; glatt, mit schwachem Glanz
Eimaße (mm)	spindelförmig – 51,2 x 36,5
Brutdauer	ähnlich Blässhuhn
Nestlingszeit	Nestflüchter, ähnlich Blässhuhn

KAMMBLÄSSHUHN IM PRACHTKLEID, AGGRESSIV GESTIMMT

KAMMBLÄSSHUHN (PRACHTKLEID)

DUNENJUNGES

NEST UND GELEGE

Kranich

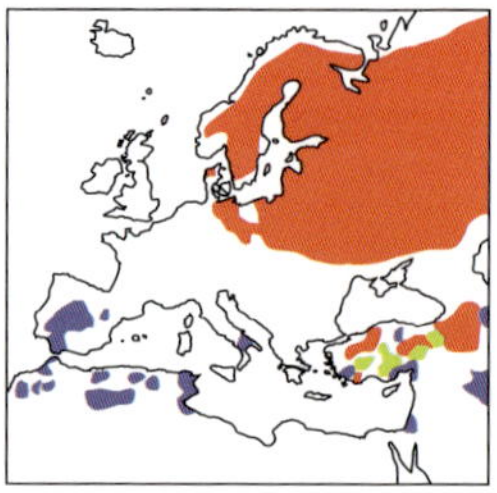

Zweimal im Jahr, nämlich September/Oktober und im März, zeigt sich im mittleren Deutschlands das Schauspiel der ziehenden Kraniche, die in Keilformation über Stadt und Land fliegen und von und zu ihren Brutplätzen ziehen. Die Winterquartiere, die von den Flugkeilen im Herbst angesteuert werden, liegen vor allem im Süden der Iberischen Halbinsel und in Nordwestafrika, ihre Brutgebiete vor allem in Skandinavien und Osteuropa. Bereits vor dem endgültigen Abzug sammeln sich große Kranichscharen an der Ostseeküste, ein Schauspiel, das jährlich viele Naturfreunde anlockt. Im Frühjahr spielt sich Ähnliches im südlichen Schweden am Hornborgasee ab.

Die über Mitteleuropa führende Westroute wählen vor allem die Brutvögel Fennoskandiens und des Baltikums. Hier ziehen die langbeinigen Bodenvögel auf einem breiten Korridor, der nicht alle Teile Mitteleuropas überstreicht. Süddeutschland liegt z. B. großenteils außerhalb. Im Frühjahr ist der Zugweg in der Regel nicht so breit, so dass nicht überall zu beiden Jahreszeiten ziehende Kraniche zum begeisternden Naturschauspiel zählen. Weiter östlich brütende Kraniche wählen zum Teil eine mehr südwärts gerichtete Route und fliegen über Ungarn ins Mittelmeergebiet und bis ins nördliche Ostafrika (Sudan, Äthiopien). Große Sammelplätze liegen z. B. in Ungarn, etwa im Nationalpark Hortobagy. Weitere wichtige Überwinterungsgebiete steuern Kraniche in Kleinasien oder im Iran an. Südliche Brutvögel, so die Brutbestände südlich des Schwarzen Meers, sind zum Teil Standvögel.

Das Brutgebiet des Kranichs reicht heute vom östlichen Mitteleuropa nach Osten bis Mittelsibirien. Einzelne brüten auch noch weiter westlich. Noch im 19. und Anfang des 20. Jahrhunderts brüteten Kraniche in den Mooren bis an den Alpenrand. In manchen Ländern nehmen die Brutbestände auch heute noch ab; andererseits haben sich z. B. in Ostdeutschland und Polen Brutbestände dank Schutzprogrammen stabilisiert und zum Teil auch wieder erholt. Wichtig ist auch die Erhaltung der zentralen Überwinterungsplätze, wie z. B. der berühmten spanischen Dehesas, eine traditionell und extensiv genutzte Landschaft aus locker stehenden Eichen (Nahrungsangebot!) und Weiden. Insgesamt zählt der Kranich nach wie vor zu den gefährdeten Brutvögeln Europas. Besonders empfindlich reagieren die Vögel auf Störungen, vor allem am Brutplatz. Nur entsprechende Schutzgebiete in Brut-, Rast- und Überwinterungsgebieten können ihnen daher helfen.

Feuchtgebiete in der nördlichen Waldzone sind die typischen Brutgebiete des Kranichs, wie Hoch- und Waldmoore, Überschwemmungsflächen und Niedermoore, Bruchwälder, Feuchtwiesen und Seggenriede. Im Norden besiedeln sie auch baumlose Fjällregionen und in Asien sogar Seen und Feuchtgebiete in Hochgebirgen. In neuerer Zeit sind einzelne Paare auch ins Kulturland eingewandert, wo kleine Wasserflächen und Vernässungsgebiete geeignete Plätze bieten. Wichtige Nahrungsflächen bieten für Rastplätze auf dem Durchzug und in Wintergebieten Felder und Wiesen, wobei dann in der Regel Seichtwasser- und Sumpfgebiete täglich als Übernachtungsplätze aufgesucht werden. Überwiegend pflanzlich ist die Nahrung vor allem im Winterhalbjahr, z. B. Getreide, Kartoffeln, Oliven; im Sommer bestimmen mehr grüne Pflanzenteile, aber auch eine große Palette von Kleintieren die Ernährung. Von extensiver landwirtschaftlicher Nutzung kann der Kranich also profitieren.

Trompetenhaft schmetternde Rufe und ein schnelles Laufen mit gelegentlichem Hochspringen („Tanzen") haben den Kranich seit alters berühmt und bekannt gemacht. Nach 4–6 Jahren werden die Vögel geschlechtsreif. Wahrscheinlich halten die Paare oft ein Leben lang zusammen. Die umfangreichen Bodennester aus Pflanzenmaterial der Umgebung stehen oft auf nassem bis sehr feuchtem Untergrund, nicht selten auch auf einer kleinen Insel im Wasser oder im Rohrgürtel kleiner Seen. Beide Geschlechter bauen und bebrüten die Eier. Die Jungen verlassen etwa nach einem Tag das Nest und die Eltern teilen sie dann untereinander auf, so dass jeder ein Junges begleitet. Doch hält die Familie zusammen, sogar oft noch im Winterquartier. In den ersten Tagen wird ähnlich wie bei den Rallen den Jungen das Futter im Schnabel vorgehalten, aber bereits im Alter von drei Tagen beginnen sie damit, selbstständig nach Nahrung zu suchen.

▸ Jungfernkranich

Kranich *Grus grus* (L.)

Größe	> Gans
Maße (cm)	Länge ca. 114–130 / Flügel ca. 200–230
Körpermasse (g)	4000–7000
Stimme	trompetenartiges Schmettern (Balz), Begrüßung „gruh gruh gruh" (1. Silbe gedehnt/höher), Partner fällt ein gedehnt „gruh"; ähnliche Rufe im Flug
Brutzeit	Süden Ende März, weiter nördlich April bis Mai, Norden Mai bis Juni; 1 Jahresbrut
Gelegegröße	(1) 2 (3)
Eifärbung	Grundfärbung von blaugrau über rostbraun und oliv bis rötlichbraun wechselnd; Punkte oder längliche Kleckse rostbraun, dunkelbraun oder purpurn; fast glanzlos
Eimaße (mm)	rund bis lang-oval – 96,4 x 62,3
Brutdauer	(28–) 30 (31)
Nestlingszeit	Nestflüchter, verlassen Nest nach 24 Stunden; mit 9 Wochen flugfähig (kurze Strecken); Familienverband im Winter zusammen

KRANICH, ÖSTLICHE FORM

LANDEANFLUG

DUNENJUNGES

NEST UND GELEGE

Jungfernkranich

Deutlich kleiner und zierlicher als der Kranich sind Jungfernkraniche, mit einheitlich grauem Rücken und schwarzem Vorderhals, dessen verlängerte Federn bis auf die Brust herabhängen. Ihr Hals ist kürzer und auch der Schnabel deutlich schwächer und kürzer. Typisch für beide Arten sind die verlängerten inneren Armschwingen (Ellenbogenfedern, Schirmfedern), die beim Kranich einen buschigen Schwanz vortäuschen, beim Jungfernkranich jedoch herabhängen und die Rückenlinie nach hinten unten abfallen lassen. Alle die genannten Merkmale sind aber in der Regel nur bei stehenden Vögeln zu erkennen. Im Flug gleichen Jungfernkraniche wegen ihrer sehr ähnlichen Gestalt und Farbverteilung Kranichen außerordentlich, so dass man schon genauer hinsehen muss.

Mit ihren langen Beinen, ihrer Körpergestalt und dem langen Hals ähneln Kraniche auf den ersten Blick Reihern und Störchen. Aber schon einige Gestaltmerkmale, wie die eben erwähnten verlängerten inneren Armschwingen, und anatomische Eigentümlichkeiten unterscheiden sie davon wesentlich. Die für die meisten Arten charakteristischen Trompetenrufe entstehen in einer verlängerten Luftröhre, die sich in Windungen zwischen Brustbein und Schlüsselbein legt. Viele Eigentümlichkeiten der Lebensweise ähneln z. B. den Rallen, wie etwa die nestflüchtenden Jungen, die das Nest aber nicht sofort verlassen und zunächst noch gefüttert werden. Störche und Reiher sind dagegen Nesthocker. Alle Kraniche – bis auf den Jungfernkranich – werden auch während der Großgefiedermauser vorübergehend flugunfähig durch mehr oder minder gleichzeitigen Ausfall der Schwungfedern. Auch das haben sie z. B. mit den Rallen gemeinsam.

Jungfernkranich *Anthropoides virgo* (L.)

Größe	< Gans
Maße (cm)	Länge ca. 90–100 / Flügel ca. 165–185
Körpermasse (g)	2100–2600
Stimme	Flug- und Stimmfühlungsrufe ähnlich Kranich, höher/ schnarrender, nicht voll trompetend „rahu"; Balzrufe knarrend/hölzern „krrr" oder „krnorrr"
Brutzeit	Mitte April bis Mitte Mai, 1 Jahresbrut
Gelegegröße	(1) 2 (3)
Eifärbung	hellrostfarben, olivgrau, -rostfarben oder ockerbraun, viele rötlich dunkelbraune oder violettgraue Kleckse, Längsstreifen oder Punkte; glatt, leicht/schwach glänzend; viele winzige Poren
Eimaße (mm)	breit- bis lang-oval – 83,3 x 53,1
Brutdauer	27–30 Tage
Nestlingszeit	Nestflüchter; 7–8 Wochen betreut; bleibt danach noch bei den Eltern

Das Verbreitungsgebiet des Jungfernkranichs beginnt im Westen erst im äußersten Südosten Europas, nämlich am Nordufer des Schwarzen Meers in der Ukraine. Auch im Osten Anatoliens brütet ein kleiner Bestand. Nach Osten zieht sich das Brutgebiet über die Steppengebiete Asiens bis in die innere Mongolei und in den Nordwesten der Mandschurei. Einzelne Brutvorkommen weiter westlich, z. B. in Nordmarokko sind vollkommen isoliert, vielleicht auch nicht auf Dauer besiedelt. In West- und Mitteleuropa beobachtete Jungfernkraniche sind wohl Gefangenschaftsflüchtlinge, im östlichen Europa werden allerdings auch gelegentlich Wildvögel beobachtet. Alle Populationen Südosteuropas und Asiens bestehen aus Zugvögeln. Die westlichen überwintern südlich der Sahara von Nigeria bis Äthiopien. Zu beiden Zugzeiten werden daher Durchzügler auf Zypern beobachtet. Die östlichen Brutvögel ziehen nach Pakistan und Indien und wohl auch in einige Gebiete der hinterindischen Halbinsel. Ab Ende Juli/Anfang August schließen sich die Familien zu Trupps zusammen. Der Wegzug aus den Brutgebieten findet im August/September statt, also früher als beim Kranich. Schon ab Ende September erscheinen die ersten im Winterquartier. Der Rückzug findet März bis Mitte April statt, also etwas später als beim Kranich.

Als einzige Kranichart der Welt brüten Jungfernkraniche vorwiegend in trockenen Gebieten, z. B. auf Steppenböden, die nur spärlich oder als Salzböden kaum bewachsen sind, in Hochtälern auf niedrig bewachsenen Flussinseln. Trinkwasser sollte aber in der Nähe vorhanden sein. Dort, wo sie nicht gestört werden, halten sich Jungfernkraniche auch auf Kulturland, vor allem zur Nahrungssuche. Ihre Nahrung besteht vor allem aus Samen, Früchten und Pflanzenteilen, im Sommer auch aus Insekten und anderen Kleintieren. Insekten spielen vor allem für die Ernährung der Jungen eine wichtige Rolle.

Außerhalb der Brutzeit sind auch Jungfernkraniche gesellig und können auf dem Zug oder an Rastplätzen Hunderte von Vögeln umfassen. Mitunter sieht man sie auch zusammen mit der größeren Art. Auch am Brutplatz halten sich die Vögel zuerst oft noch in großen Trupps. Dann sondern sich Paare ab. Mit zwei Jahren werden die Vögel geschlechtsreif. Das Nest steht auf dem Boden, wenn möglich nicht weit von Wasser entfernt. Es enthält viel weniger Material als das oft im Wasser stehende Kranichnest. Beide Partner brüten, aber hauptsächlich die Weibchen. Beide Partner führen die Jungen, oft findet auch Aufteilung auf einen Partner statt wie beim Kranich. Am Anfang werden die Jungen noch gefüttert oder ihnen das Futter vorgehalten.

▸ Kranich

JUNGFERNKRANICH, FAMILIE

JUNGFERNKRANICH IN DER STEPPE

UNAUSGEFÄRBTER VOGEL IM WINTERQUARTIER

GELEGE IN DER STEPPE

Zwergtrappe

Trappen sind mittelgroße bis sehr große Bodenvögel, die in trockenen und weithin offenen Landschaften in Eurasien, Afrika und in einer Art auch in Australien leben. Ihre Beine sind relativ dick, der Fuß trägt drei kräftige Zehen. Meist sind die Männchen, die auffallende Balz zeigen, erheblich größer als die Weibchen.

Zwergtrappen wirken wie Hühner, im Flug zeigen sie aber viel Weiß im Flügel. Die Weibchen sind mehr oder minder tarnfarben, die Männchen tragen einen auffallend schwarzweiß gezeichneten Hals, der bei der Balz aufgeblasen wird. Der Kopf ruckt nach oben, und der Vogel springt mit zwei Flügelschlägen auf der Stelle und verfolgt die Weibchen mit aufgestellter Halskrause. Aber selbst im offenen Gelände können sich Zwergtrappen gut verstecken; sie drücken sich bei Gefahr auf den Boden.

Das Verbreitungsgebiet des Steppenvogels ist eigenartig zerrissen. Größere Bestände leben noch in Spanien und Portugal und auch in einigen Teilen Frankreichs. Kleine Restvorkommen gibt es in Marokko und auf Sardinien sowie in der Ukraine und in der Türkei. Vom Nordufer des Schwarzen Meers bis nach Mittelasien ist ein größeres Gebiet lückenhaft besiedelt. Vom Anfang der 90er Jahre geschätzten Weltbestand von rund 100000 Vögeln leben die größten Anteile noch auf der Iberischen Halbinsel, im Süden Russlands und in Kasachstan. In Europa haben die Bestände stark abgenommen, hauptsächlich als Folge der Ausweitung intensiver Landwirtschaft. Zwergtrappen zählen daher zu den gefährdeten Brutvögeln Europas; global wird ihr Bestand als in der Nähe der Gefährdung stehend eingeschätzt. Wie Großtrappen können auch Zwergtrappen nur auf großen Flächen erhalten werden, in denen eine Vielfalt von Lebensräumen durch extensive Bodennutzung gewährleistet ist. Nur groß angelegte (und finanzierte) Programme können das lösen.

Offene steppenartige und meist etwas gewellte Flächen mit niedriger Vegetation bilden die typischen Lebensräume der Zwergtrappe. Dazu zählen auch Kulturflächen, wenn sie extensiv oder im Wechsel genutzt werden. So können die Vögel in einer mosaikartigen Kulturlandschaft auskommen, wenn die Vegetation nicht höher als etwa 30 cm wird. In den kälteren nördlichen Teilen ihres Brutgebiets ziehen die meisten Vögel im Winter ab, aber nur über kurze Strecken, etwa von Mittel- und Nordfrankreich nach Südfrankreich oder auf die Iberische Halbinsel. Asiatische Brutvögel können auch in Vorderasien und Indien auftauchen.

Pflanzliche Bestandteile und Kleintiere, vor allem Wirbellose, setzen die Nahrung zusammen. Blätter, Sprossteile, Blüten und vor allem Sämereien und Früchte von Wild- und Kulturpflanzen spielen das ganze Jahr über eine Rolle; Heuschrecken, Grillen und Käfer scheinen unter den Insekten am meisten aufgelesen zu werden. Ganz selten werden auch einmal kleine Frösche oder Mäuse erbeutet.

Ab Spätsommer leben Zwergtrappen meistens gesellig. Im Frühjahr treffen die Weibchen die Männchen an den Balzplätzen. Die Männchen besetzen einzelne Balzreviere. Über den Zusammenhalt der Partner weiß man relativ wenig; neben Monogamie scheint auch Polygynie (ein Männchen mit mehreren Weibchen) häufig vorzukommen. Jedenfalls besorgen die Weibchen die Brutpflege so gut wie ganz allein. Die Männchen halten sich zumindest in der Nähe der Jungen auf. Die Nester sind flache Bodenmulden, meistens nur mit wenig Pflanzenmaterial ausgelegt. Sie liegen im dichten Gras von Steppengebieten, im Kulturland, aber auch in Kleeschlägen, sogar auf Feldrainen zwischen Getreidefeldern. Das Weibchen brütet allein, die Jungen verlassen bereits gleich nach dem Schlüpfen die Nestmulde. Das Weibchen hält ihnen in den ersten Tagen das Futter noch vor den Schnabel; ab einem Alter von 5–8 Tagen können die Küken dann selber nach Genießbarem picken. Erst lange nachdem sie flügge geworden sind, erreichen die Jungtrappen die Körpermasse der Altvögel.

Nur noch politisch ein Vogel Europas ist die **Kragentrappe** (*Chlamydotis undulata*), die auf den zu Spanien gehörenden Kanarischen Inseln vorkommt, und zwar in einer eigenen Unterart auf Fuerteventura und Lanzarote. Der kleine Bestand dort ist gefährdet. Das festländische Verbreitungsgebiet reicht vom westlichen Nordafrika nach Osten bis nach Zentralasien. Die kanarischen und afrikanischen Brutvögel ziehen nicht, die mittelasiatischen, die man auch als eigene Art ansieht, überwintern auf der Arabischen Halbinsel, im Iran und in Pakistan.

Zwergtrappe *Tetrax tetrax* (L.)

Größe	= Huhn
Maße (cm)	Länge ca. 40–45 / Flügel ca. 105–115
Körpermasse (g)	600 (700)-950 (♂ schwerer)
Stimme	Balzgesang ♂ hart „trrt", in 15-sec-Abständen wiederholt; Flugrufe kurz „dag" oder „kiak"
Brutzeit	Ende April bis Juni, 1 Jahresbrut
Gelegegröße	(2) 3 (4–5)
Eifärbung	grünlicholiv bis olivbraun, braune Wischer, verschwommene Längsstreifen; glatt, glänzend
Eimaße (mm)	kurz-elliptisch bis kurz-spindelförmig – 52,3 x 38,3
Brutdauer	20–22 Tage
Nestlingszeit	Nestflüchter; mit 30 Tagen etwa flügge

▸ GROSSTRAPPE

ZWERGTRAPPE, MÄNNCHEN IM PRACHTKLEID

MÄNNCHEN, BALZSPRUNG

WEIBCHEN, BRÜTEND

NEST UND GELEGE

Großtrappe

Die Männchen können doppelt so groß wie die Weibchen werden und bis zu 18 kg erreichen. Damit sind sie die gewichtigsten Vögel Europas und zählen zu den schwersten flugfähigen Vögeln der Welt. Erst mit höherem Alter erreicht das Männchen seine volle Gestalt und Ausstattung, den dicken weißlichen Hals, die weißlichen Bartfedern oder das rotbraune Brustband. Im Frühjahr sondern sich die alten Trapphähne zur Balz ab, die jüngeren bleiben in Trupps. Bei der Balz wird der Schwanz angehoben oder auf den Rücken geklappt, so dass die weißen Unterschwanzdecken weithin leuchten. In voller Balz verwandeln sich die Männchen fast schlagartig in eine weiße Blume: Sie legen den Kopf auf den Rücken, blasen den vorgewölbten Hals auf, der wie ein hellgrauer Ballon dem Vogel vorn aufliegt. Im Flügel winkeln sie den Unter- gegen den Oberarm in komplizierter Manier ab, richten dabei die Ellenbogenfedern auf und klappen einen Teil der Flügeldecken um, so dass die weißen Unterseiten aufleuchten. Der Vogel verschwindet fast ganz in einem weißen Federnstrauß.

In viele Fragmente aufgesplittert zieht sich das Verbreitungsgebiet der Großtrappe vom äußersten Nordwesten Marokkos über das südliche und mittlere Europa nach Osten bis Vorderasien und in die Steppengebiete von Moldavien bis Kasachstan. Davon weit getrennt leben die großen Vögel in einem Gebiet, das von der Mongolei bis in die Mandschurei reicht. Die europäischen Brutvögel ziehen nicht, die asiatischen im Herbst zum Teil ein Stück weiter nach Süden, die östlichen bis Mittelchina. Spektakuläre Ausweichbewegungen nach Westen erfolgten zumindest in Zeiten, da die Brutbestände im östlichen Mittel- und westlichen Osteuropa noch größer waren, gelegentlich im westlichen Mitteleuropa.

Großtrappe *Otis tarda* (L.)	
Größe	> Gans
Maße (cm)	Länge ca. 75–105 / Flügel ca. 190–260
Körpermasse (g)	♂ 5800–18000. ♀ 3300–5300
Stimme	Balz stumm, bei Auffüllen und Entleeren des Kehlsacks dumpfes leises Geräusch; aggressiv schnarchend-röchelnd „a“ oder „ö“; Junge hohe Triller/Weinen
Brutzeit	Ende April im Süden, bis Anfang Juni im Norden; 1 Jahresbrut
Gelegegröße	1–3
Eifärbung	hellgrau, grauoliv, grünlich, olivbraun oder -grün, große, oft längliche hell-, dunkelbraune oder graue Kleckse; glatt, mäßiger Glanz
Eimaße (mm)	spindelförmig bis lang-spindelförmig – 79,7 × 55,7
Brutdauer	21–26 Tage
Nestlingszeit	Nestflüchter; mit ca. 5 Wochen flügge; bis Herbst beim ♀, dann Zusammenschluss mit anderen ♀♀

Heute sind die Bestände im westlichen Deutschland, in Polen, in den Balkanländern des ehemaligen Jugoslawiens und in Bulgarien ausgestorben. Winzige Restbestände halten sich noch in Österreich, Tschechien, Slowakei und Rumänien. Schon rund 100 Jahre früher waren die Trappen als Brutvögel in weiteren Ländern Europas verschwunden. Die kleinen Reste im östlichen Norddeutschland haben unlängst bei Investitionen zu ihrem Schutz anlässlich des Baus einer Bahntrasse von sich reden gemacht. Außer in Russland nehmen in allen Ländern Europas die verbliebenen Bestände ab. Die moderne Entwicklung des Landbaus mit all seinen Folgen und auch die „Verrummelung“ vieler Plätze liefern die Ursachen für diese Besorgnis erregende Entwicklung. Selbst auf der Iberischen Halbinsel mit noch großen Beständen ist ein Kollaps nicht mehr ausgeschlossen. Keine Frage: Die Großtrappe zählt zu den bedrohtesten Vögeln Europas. Große Anstrengungen werden unternommen, Flächen für die Großtrappe bewohnbar zu halten oder wieder zu gestalten. Auch mit Aufzuchtprogrammen verwaister Küken versucht man zu helfen.

Trockenbödige Grasländer bilden den eigentlichen Lebensraum des großen Bodenvogels. In der Kulturlandschaft Europas konnte er sich nur in weitgehend störungsfreien Flächen halten, die insgesamt ein Mosaik verschiedener extensiver Nutzungsformen aufweisen, etwa Weideland als „Pseudosteppe“, große Ackerflächen und Brachland. Geringe Dauer und Höhe der Schneedecke, nicht zu nasse und vor allem warme Sommer sind nötig. Die Nahrung der Trappen ist vielseitig, pflanzliche Bestandteile überwiegen, doch spielen im Sommer Kleintiere eine große Rolle, ganz besonders für das Aufwachsen der Jungen.

Die kleineren Trappenweibchen werden mit etwa vier Jahren geschlechtsreif, Männchen nicht vor 5–6 Jahren. Weibchen erscheinen im Frühjahr in Trupps an den Balzplätzen. In einzelnen Population treffen jeweils mehrere Weibchen auf ein Männchen. Ein Zusammenhalt der Geschlechter während der Brutzeit ist kaum auszumachen. Die Weibchen legen das Nest an, eine flache Mulde mit wenig Material ausgekleidet, und bebrüten die Eier. Nach etwa einem Tag verlassen die Küken das Nest und sind erst nach einigen Tagen in der Lage, Nahrung selbst zu suchen. Zunächst hält ihnen das Weibchen Futter mit dem Schnabel vor. Nach dem Flüggewerden bleiben die Jungen noch beim Weibchen; mehrere Weibchen mit ihrem Nachwuchs schließen sich dann oft zu Trupps zusammen. In den Restbeständen der Trappen im mitteleuropäischen Kulturland sind die Verluste an Gelegen und Jungvögeln sehr hoch.

▸ ZWERGTRAPPE

GROSSTRAPPE, MÄNNCHEN

WEIBCHEN

DUNENJUNGES

NEST UND GELEGE

Austernfischer

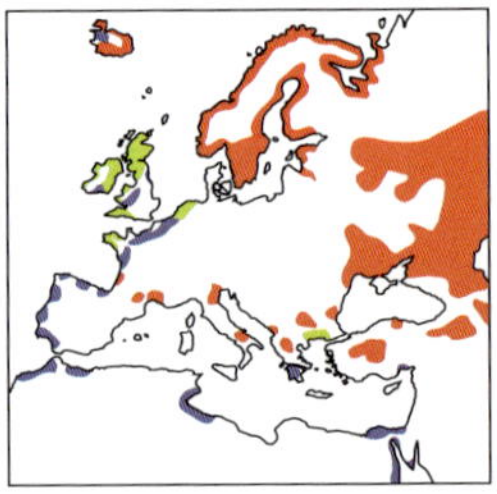

Neben der Brandgans ist der schwarzweiße Austernfischer mit seinem kräftigen hellroten Schnabel der auffälligste Küsten- und Wattenmeervogel im nördlichen Europa; an den Mittelmeerküsten brütet er nur an wenigen Stellen. Aber nicht nur auffällige Färbung, sondern auch lebhaftes Verhalten und weithin zu hörende Rufe tragen dazu bei, dass ihn kein Küstenbesucher übersehen kann. So gut wie zu allen Jahreszeiten leben die Vögel sehr gesellig; außerhalb der Brutzeit bilden sich vor allem auf dem Wattenmeer oft riesige Scharen. Im Sommer trifft man auf Trupps von Nichtbrütern, denen sich dann oft auch Brutvögel bei der Nahrungssuche anschließen.

Austernfischer bilden eine eigene Vogelfamilie, die elf sehr ähnliche und auch zum Teil sehr nahe miteinander verwandte Arten umfasst. In Europa und Asien lebt nur eine Art, die nicht nur das größte Areal aller Austernfischer bewohnt, sondern auch der einzige Zugvogel ist. Manche Austernfischerarten sind nur auf relativ kleine Inselareale beschränkt. Von der Westküste Frankreichs nach Norden bis Island und an die Nordküste Skandinaviens ist der Austernfischer in Europa überwiegend Brutvogel der Küsten, stellenweise – so z. B. in der norddeutschen Tiefebene – auch ins küstennahe Binnenland eingewandert. Im Mittelmeergebiet und in Südosteuropa gibt es nur einzelne inselartige Vorkommen an Küsten und im Binnenland. Weiter nach Osten, von Osteuropa bis Mittelsibirien, brüten Austernfischer einer anderen Unterart nur im Binnenland. Eine dritte Unterart brütet von Kamtschatka bis Nordchina.

Die Lebensräume der Art umfassen die verschiedensten Küstenformen vom Wattenmeer vor der Flachküste bis zu Steilküsten und Dünengebieten, in manchen Teilen Europas auch Grasflächen bis tief ins Binnenland, manchmal auch weit vom Wasser entfernt. Die östlichen Brutvögel halten sich an Steppenseen und andere Stillgewässer, aber auch an die Tallandschaften der großen Flüsse. Die Brutvögel im nördlichen Europa und im Inneren Osteuropa und Asiens sind Zugvögel. Ihre Winterquartiere liegen fast ausschließlich an Küstengebieten West- und Südeuropas, Nord- und Westafrikas, um das Rote Meer und weiter östlich entlang des Persischen Golfs und der Nordumrandung des Indischen Ozeans. Viele überwintern aber auch im Wattenmeer der Nordsee und im Küstenbereich der Britischen Inseln; einzelne asiatische Brutvögel kommen auch bis Ostafriksa und Sri Lanka. In Europa gelangen Einzelvögel als seltene Gäste tief ins Binnenland.

Mit ihrem kräftigen Schnabel können Austernfischer in weiches Substrat einstechen und die obersten Bodenschichten regelrecht durchpflügen, aber auch Muscheln mit seitlich hämmernden Bewegungen aufklopfen oder in ihre leicht geöffneten Schalen einstechen. Entsprechend vielseitig ist auch die Ernährung. Muschelbänke spielen an der Küste eine wichtige Rolle (z. B. Miesmuscheln, Herzmuscheln, Plattmuscheln), an Felsküsten auch angeheftete Schnecken (z. B. Napfschnecken); im Watt werden auch Ringelwürmer und im Binnenland Regenwürmer aus dem Boden geholt. Krebstiere unterschiedlicher Größe, Insektenlarven oder Stachelhäuter ergänzen die Nahrungslisten. Man hat herausgefunden, dass sich die Form des Schnabels der jeweiligen Vorzugsnahrung anpasst, auch bei einzelnen Individuen, wenn sie von einer Nahrung auf die andere „umsteigen".

Erst im 3.–5. Lebensjahr werden Austernfischer geschlechtsreif. Die ältesten Ringvögel sind über 35 Jahr alt geworden. Mitunter setzen einzelne Vögel im Lauf ihres Lebens auch vorübergehend mit der Fortpflanzung aus. Wenn sich Paare gebildet haben, hält die Partnerbindung oft lange; über 20 Jahre sind nachgewiesen. Im Frühjahr lassen sich die eigenartigen Trillerspiele beobachten: Männchen (seltener auch Weibchen) laufen ein Stück mit vorgestrecktem Hals und nach unten gerichtetem Schnabel, der sich vibrierend bewegt. Das Trillern ist wohl in erster Linie ein aggressives Verhalten; regelrechte „Trillerturniere" können sich entwickeln. Die Eier liegen in einer flachen Mulde auf dem Boden, oft an einer etwas erhöhten Stelle. Männchen und Weibchen brüten und kümmern sich auch um die nestflüchtenden Küken, die nach dem Verlassen des Nestes noch lange Zeit gehudert werden. Das Futter wird den Kleinen zunächst noch vorgehalten, später einfach fallen gelassen.

▸ BRANDGANS

Austernfischer *Haematopus ostralegus* (L.)

Größe	= Taube
Maße (cm)	Länge ca. 40–45 / Flügel ca. 80–86
Körpermasse (g)	400–700
Stimme	Ruf (häufig) „kwiewiep" oder „kliip"; während Trillerzeremonie Tempo gesteigert „kewick kewick kewick kwick kwick kerirrr", im Singflug „delu..." oder „dlua..."; Warnrufe kurz „kip"
Brutzeit	Mitte April im Süden, bis Juni im Norden; 1 Jahresbrut
Gelegegröße	(1–) 3– (4); 5–7 zum Teil durch Zusammenlegen
Eifärbung	gelblich mit weißgrauen, gräulichen oder rotbräunlichen Tönungen, seltener grünlich oder bräunlich; unterschiedlich gezeichnet, bräunlichschwarz getupft, gekleckst, gekritzelt; glatt, glänzend
Eimaße (mm)	spindelförmig bis oval – 56,3 x 39,9
Brutdauer	24–27 Tage
Nestlingszeit	Nestflüchter, verlassen Nest nach 5–6 Stunden; flugfähig in 32/35 Tagen

AUSTERNFISCHER, PRACHTKLEID

AUSTERNFISCHER RUFEN OFT IM FLUG

JUNGE WERDEN WOCHENLANG GEFÜHRT

NEST UND GELEGE

Stelzenläufer

Der langbeinigste aller Vögel mit dem nadelfeinen geraden Schnabel zählt zusammen mit dem Säbelschnäbler zu einer eigenen Familie. Stelzenläufer kommen in den wärmeren Zonen aller Kontinente vor; man unterscheidet eine sehr nah verwandte, fast ausgestorbene Art in Neuseeland, eine weitere im Süden Australiens. Die von Nord- bis Südamerika brütenden Vögel betrachtet man entweder als eigene Art oder auch nur als Unterart der Stelzenläufer in der Alten Welt.

In Europa leben Stelzenläufer weit verbreitet im Bereich der Mittelmeerländer. Nach Norden sind Inselvorkommen bis nach Nordfrankreich bekannt. Immer wieder brüten einzelne oder auch kleine Gruppen in Mitteleuropa oder unternehmen zumindest Brutversuche, die sich offenbar in letzter Zeit häuften. Über die Steppen- und Flachküstengebiete des südlichen Osteuropa reicht das Verbreitungsgebiet nach Innerasien. Alle diese Brutvögel verlassen in der Regel ihr Brutgebiet und ziehen in ein Winterquartier, das von Nordafrika wahrscheinlich bis in die nördlichen Tropen Afrikas reicht und für Brutvögel aus östlicheren Gebieten die warmen Länder Vorderasiens umfasst. Das Winterareal ist deshalb schwer zu erfassen, weil in Afrika südlich der Sahara Stelzenläufer weit verbreitete Brutvögel sind, ebenso in Vorderasien, Vorder- und Hinterindien. Bereits ab Anfang August setzt der Abzug von den europäischen Brutplätzen ein, Nachzügler sind noch bis November zu beobachten. Die Rückkehr findet ab Mitte März statt. Immer wieder zu beobachtende Einflüge nach Mitteleuropa sind vor allem Ende April und Mai zu beobachten. Möglicherweise handelt es sich dabei wenigstens teilweise um Vögel, die etwas über das Ziel hinausgeschossen sind. Andererseits bedingen die besonderen Lebensraumansprüche der Art häufige Bestandsverlagerungen und -schwankungen.

Stelzenläufer leben im Seichtwasserbereich und an weithin offenen Flachufern, sowohl an natürlichen Binnengewässern mit Süßwasser oder salzhaltigen Steppenseen, als

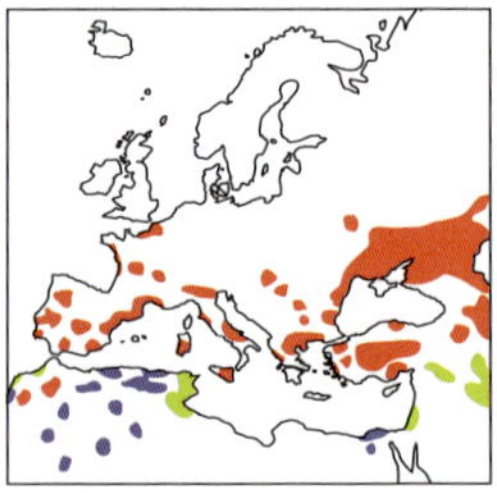

auch an Brackwasserlagunen, Salinen, Salzsümpfen, flachen Fisch- oder Klärteichen. Ihre Nahrung suchen sie auch auf überschwemmten Wiesen oder in frisch angesetzten Reisfeldern. Besonders in subtropischen Trockenregionen sind solche Brutplätze oft recht unbeständig, da flache Seen oder Uferbereiche austrocknen oder durch Regenfälle neu entstehen. So ist also das jeweils aktuelle Muster der Verbreitung lokaler Bestände durchaus unterschiedlich. Die Ausnutzung besonders günstiger Stellen wird häufig dadurch erreicht, dass Stelzenläufer ihre Nester in kleinen, lockeren Kolonien anlegen.

Meist liegen die Bodennester nahe einer Seichtwasserzone, oft auch auf kleinen Inseln etwas erhöht oder in der Vegetation gut versteckt. Typisch für Brackwasserlagunen oder Salzseen sind Nester in Queller (*Salicornia*). Nestreviere werden in der Regel nicht verteidigt. Paare und Familien verteidigen aber Nahrungsplätze gegenüber Artgenossen oder potenziellen Konkurrenten anderer Arten. An den Brutplätzen hört man von Stelzenläufern sehr häufig ihre lauten, etwas krächzenden Rufe. Im Laufen picken sie kleine Insekten vom Boden oder aus dem Wasser, hier auch Froschlaich und Kaulquappen, kleine Krebstiere, seltener auch sehr kleine Fische oder Mollusken. Bis zum Bauch watend können Stelzenläufer dank ihrer überlangen Beine, die im Flug die Schwanzfedern überragen, auch Wassertiefen bis 20 cm nutzen. Schwimmen dagegen sieht man sie kaum. Mit ihrem dünnen Schnabel können sie auch in weichen Untergrund stechen.

Stelzenläufer werden im 2. Lebensjahr geschlechtsreif. Monogame Saisonehe ist bei ihnen wohl der Normalfall. Die normalerweise vier Eier des Geleges sind wie bei fast allen Watvögeln dicht gesprenkelt und daher mehr oder minder an die Färbung des Untergrunds angepasst. Die Nestmulden werden meist mit trockenem Pflanzenmaterial ausgelegt. Auch bei nebeneinander brütenden Paaren sind die Zeiten des Legebeginns oft recht unterschiedlich. Männchen und Weibchen brüten. Beide Partner führen auch die Küken, die gleich nach dem Schlüpfen das Nest verlassen. Nicht selten teilen sie aber auch die Jungen untereinander auf, so dass Männchen und Weibchen mit je 1–2 Jungen zusammen sind. Die tarnfarbigen Dunenjungen drücken sich bei Alarm auf den Boden und sind dann schwer zu entdecken.

Stelzenläufer *Himantopus himantopus* (L.)

Größe	= Taube
Maße (cm)	Länge ca. 35–40 / Flügel ca. 67–83
Körpermasse (g)	142–210
Stimme	am Brutplatz sehr ruffreudig, „quät quät…“; gereihte Laute auf „ü“ und „ä“
Brutzeit	Ende April bis Anfang Juni
Gelegegröße	(3) 4, ausnahmsweise 5
Eifärbung	hell bräunlichgelb, kleine schwarze Punkte und Kleckse, manchmal gräuliche Abzeichen (sehr ähnlich Säbelschnäbler); glatt, mit schwachem Glanz
Eimaße (mm)	spindelförmig bis oval – 44 x 31
Brutdauer	22–24 Tage
Nestlingszeit	Nestflüchter; mit 28–32 Tagen flügge

▸ SÄBELSCHNÄBLER

STELZENLÄUFER AUF NAHRUNGSSUCHE

STELZENLÄUFER RUFEN OFT IM FLUG

WEIBCHEN BRÜTEND

NEST UND GELEGE

Säbelschnäbler

Mit seinem zarten, nach oben gebogenem Schnabel ist der langbeinige, überwiegend weiße Säbelschnäbler in Europas Vogelwelt einmalig. Je eine weitere Art dieses Vogeltyps lebt in Nordamerika, in den Anden Südamerikas und in Australien.

Die merkwürdige Schnabelform ist im Zusammenhang mit einer besonderen Technik des Nahrungserwerbs zu sehen. Kleine wirbellose Tiere im Seichtwasserbereich, wie Ringelwürmer, Krebstiere, Insekten und deren Larven, selten auch Jungfischchen bilden die Nahrung. Bei der Nahrungssuche waten die Vögel auf langen Beinen im Seichtwasser, schwimmen im Unterschied zu Stelzenläufern auch nicht selten; selbst Jungvögel verhalten sich so. Die Zehen sind durch Schwimmhäute miteinander verbunden. Beim „Säbeln" im Wasser wird der Schnabel, der im aufwärts gebogenen Teil leicht geöffnet ist, mit seitlichen Bewegungen des Kopfes durchs Wasser oder durch den nassen Schlick gezogen. Dabei laufen oder schwimmen die Vögel nicht nur einzeln, sondern gehen auch oft gemeinsam im Trupp der Nahrungssuche nach. Diese Nahrungsaufnahme bindet Säbelschnäbler an ganz bestimmte Lebensräume, insbesondere größere Scharen.

Säbelschnäbler brüten an den Flachküsten der Nordsee und an einzelnen ähnlichen Stellen am Mittelmeer. In Südeuropa sind auch einzelne Binnenlandbrutplätze bekannt. Sie bilden weiter nach Osten von den Steppenseen im Südosten Mitteleuropas über Kleinasien, die Ukraine bis Zentralasien und in die innere Mongolei die ausschließlichen Brutplätze. Von diesem in viele kleine Verbreitungsinseln aufgespaltenen Areal getrennt brüten Säbelschnäbler auch in Ost- und Südafrika. In Süd- und Südosteuropa sind die Brutbestände zurückgegangen, im Bereich der Nordseeküste

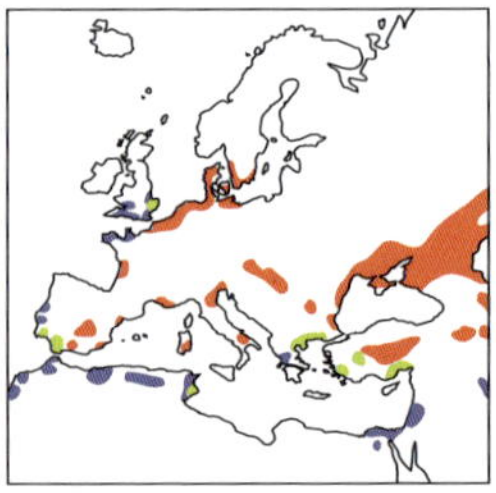

haben sie dank Schutzmaßnahmen zugenommen. Da aber viele Brutplätze sich auf nur wenige Stellen konzentrieren und überdies die wichtigsten Winter- und Mausergebiete sehr störanfällig sind, gehören Säbelschnäbler zu den gefährdeten Brutvögeln Europas.

Säbelschnäbler sind Standvögel, Kurz- und vor allem in Innerasien auch Langstreckenzieher. Das Winterquartier europäischer Brutvögel liegt vor allem entlang der Kanal- und Atlantikküste und reicht nach Süden entlang der westafrikanischen Küste bis etwa nach Gambia, umfasst aber auch den gesamten Mittelmeerbereich und die Sahelzone. Wenige überwintern auch im Wattenmeer der Nordsee. Schon ab Juli beginnt der Abzug von den Brutplätzen, im November haben die letzten Abwanderer Mitteleuropa verlassen. Bereits ab März ist wieder mit dem Eintreffen an den Brutplätzen zu rechnen.

Seichtwasserzonen an Küsten und in Meeresbuchten, Flussmündungen oder flachgründige Binnengewässer sind die typischen Lebensräume. Säbelschnäbler sind keineswegs an Salz- oder Brackwasser gebunden. Ihre Brutplätze liegen meist nahe am Wasser. Die wichtigsten Rast-, Mauser- und Überwinterungsplätze bilden Flachküstenbereiche.

Außerhalb der Brutzeit sind Säbelschnäbler sehr gesellig und meist in Trupps, aber auch in größeren Scharen zu sehen. Die Familien verteidigen zwar während der Aufzuchtsperiode Nahrungsreviere. Die Nester stehen aber in der Regel in kleinen Kolonien beisammen, oft dicht bei oder mitten in Watvogel- oder Seeschwalbenkolonien.

Geschlechtsreife tritt im 1.–3. Lebensjahr ein; die meisten brüten wohl erstmals im 2. Lebensjahr. Die ältesten Ringvögel sind über 24 Jahre alt geworden. Die Paare bilden sich vor der Brutzeit. Auffälliges Werbeverhalten bei der Balz fehlt. Begattungswillige Weibchen senken den Hals und strecken ihn vor, wobei der Schnabel parallel dicht über dem Boden ausgerichtet ist. Nach der Paarbildung kann man Scheinnisten beobachten. Die Brutnester sind flache Bodenmulden, die oft ziemlich frei liegen und nur mit wenig Material aus der nächsten Umgebung markiert oder ausgelegt sind. Männchen und Weibchen brüten und beteiligen sich auch gemeinsam an der Führung der Küken, die schon vom ersten Lebenstag an schwimmen können. Um Feinde von Gelege und Jungen abzulenken, führen die Altvögel regelrechte Scheinangriffe gegen Störenfriede aus (z.B. auch gegen Weidevieh) und verleiten mit gespreizten Flügeln und Schwanzfedern. Dabei kommen die Schwarzweiß-Kontraste des Gefieders voll zur Geltung. Die Küken suchen auf die Warnrufe der Eltern rasch Deckung auf und drücken sich.

▸ Stelzenläufer

Säbelschnäbler *Recurvirostra avosetta* (L.)

Größe	= Taube
Maße (cm)	Länge ca. 42–46 / Flügel ca. 77–80
Körpermasse (g)	230–390
Stimme	klangvoll „kut", „pluit" (häufigster Ruf); bei Erregung „kuit kuit kwit...", rauher auf „ä" (Alarmruf); Warnruf „krik"; Kontaktlaute weich „güg güg"
Brutzeit	Ende April im Süden, bis Anfang Mai im Norden; 1 Jahresbrut
Gelegegröße	(2–) 4 (5)
Eifärbung	blass bräunlichrostfarben, sehr unterschiedlich mit schwarzen kleinen Punkten oder Klecksen, selten graue Schalenflecke; glatt, ohne/mit schwarzem Glanz
Eimaße (mm)	spindelförmig bis oval – 49,8 x 34,8
Brutdauer	23–25 Tage
Nestlingszeit	Nestflüchter, schwimmen mit 1 Stunde; flügge mit 35–42 Tagen

SÄBELSCHNÄBLER AUF QUELLERWIESE

NAHRUNGSSUCHE IM WASSER

IM FLUG

DUNENJUNGES UND GELEGE

Triel

Von den neun Arten der Familie der Triele ist nur die auch in Europa vorkommende Art auf der Nordhalbkugel nördlich der Subtropen in einem größeren Gebiet verbreitet; alle anderen sind Vögel der Tropen und Subtropen und daher nur auf den südlicheren Kontinenten beheimatet. Gleichzeitig ist die europäische Art der einzige Zugvogel. Die gemeinsamen Merkmale der vielfach sehr ähnlichen, mittelgroßen bis großen Watvögel sind tarnfarbiges, bräunliches und fein gezeichnetes Gefieder mit auffälligen schwarzweißen Flügelmarken (die im Fliegen sichtbar werden), kräftige Beine mit deutlich verdickten Laufgelenken, große gelbe Augen in einem runden Kopf und meist kräftiger Schnabel, der nur bei zwei Arten über kopflang ist. Auch Gemeinsamkeiten der Lebensweise lassen sich erkennen: Alle Arten sind dämmerungs- und nachtaktiv, die meisten leben in offenen Trockengebieten, einige auch am Wasser und an den Küsten. Der deutsche Name ist ein Versuch der lautmalerischen Nachahmung typischer Rufe.

Der Triel ist Brutvogel von Trockengebieten Nordafrikas, West-, Süd- und Osteuropas und Asiens südlich der Waldzone nach Osten bis ins westliche Innerasien. Die nördlichsten Brutplätze liegen im Süden Englands, in Polen und Weißrussland. Nach Süden umfasst das Brutgebiet Ägypten, Vorderasien bis an den Nordrand des Indischen Ozeans und Vorderindien. Die europäischen Brutvögel sind Kurzstrecken- und Teilzieher; ihre Überwinterungsgebiete sind der Mittelmeerraum einschließlich Nordafrika. Triele unbekannter Herkunft erscheinen einzeln auch im tropischen Afrika.

Triele sind Brutvögel trockener, offener Flächen mit schütterer Vegetation auf steinigen, sandigen oder lehmigen Böden, etwa Küstendünen, lichte Pinien- und Eukalyptusbestände, Steppen, Trockenrasengesellschaften, Schotterbänke und weitgehend trockene Flussbetten. In Mitteleuropa sind solche Flächen im Zeichen intensiver Bodennutzung so gut wie ganz verschwunden, ebenso Brachflächen. Schon seit Ende des vorigen Jahrhunderts trat in Mitteleuropa ein Rückgang ein, der sich nach der Mitte des 20. Jahrhunderts auch in vielen anderen Ländern Europas fortsetzte. Flächen, die mit sehr geringer Intensität genutzt werden, oder in denen eine Wechselnutzung mit dazwischen geschalteten Brachflächen stattfindet, sind fast überall selten geworden. Die Bestände sind in den meisten Ländern daher auf kleine Reste zusammengeschrumpft; die größten Populationen leben noch auf der Iberischen Halbinsel, in Frankreich oder in Russland. Der Triel zählt zu den gefährdeten Brutvögeln Europas.

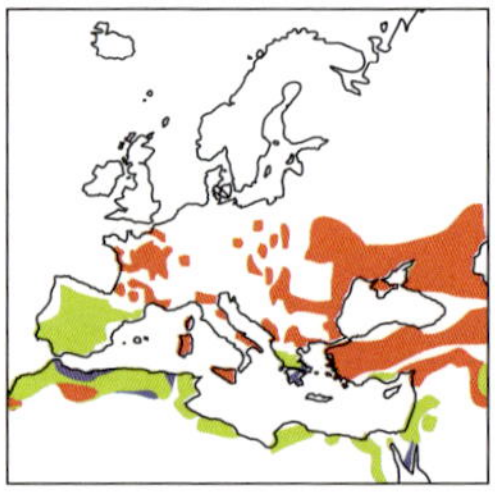

Triel *Burhinus oedicnemus* (L.)	
Größe	= Taube
Maße (cm)	Länge ca. 40–44 / Flügel ca. 77–85
Körpermasse (g)	400–500
Stimme	Dämmerung/nachts 1–2 x „chrrähit" oder „kuuüit" (im Flug); als Gesang „kiki wiik kikiwiik" (auch im Wechsel zwischen 2 Individuen)
Brutzeit	Anfang April bis Anfang Mai; meist 1, gelegentlich 2 Jahresbruten
Gelegegröße	(1) 2 (3), 4 von 2 ♀♀
Eifärbung	hell rahmbräunlich bis gelb, mittel- bis dunkelbraun gefleckt, punktiert, gekritzelt; Flecken oft in Längsachse gestrahlt; glatt, mit schwachem Glanz
Eimaße (mm)	spindelförmig – 54,2 x 38,5
Brutdauer	24–26 (27) Tage
Nestlingszeit	Nestflüchter; mit 36–42 Tagen flügge

Triele sind trotz ihrer Größe schwer aufzuspüren und zu beobachten. Ihre Rufe lassen sie meist nachts und oft erst in den frühen Morgenstunden hören. Tagsüber sind sie vor allem außerhalb der Brutzeit wenig aktiv. Bei Gefahr drücken sich die Vögel auf den Boden oder bewegen sich langsam in geduckter Haltung, rennen aber auch unter Ausnutzung von Deckung rasch weg. Zum Auffliegen starten sie oft aus einem kurzen Anlauf; kräftige, ausholende Flügelschläge kennzeichnen ihren Flug. Zur Brutzeit werden Territorien verteidigt, auf dem Zug können sich auch kleine Trupps bilden.

Aus einer Vielzahl von bodenbewohnenden Wirbellosen und kleinen Wirbeltieren setzt sich die Nahrung zusammen, die auch pflanzliche Teil enthält, z. B., Regenwürmer, Schnecken, Spinnen, Insekten, kleine Amphibien, Reptilien und Mäuse.

Wahrscheinlich findet die erste Brut meist im 3. Lebensjahr statt. Triele können sicher sehr alt werden; der älteste Ringvogel erreichte immerhin mehr als 15 Jahre. Die Partner halten für eine Brutsaison zusammen. Bei der Balz imponiert das Männchen mit hohen Sprüngen bei geöffneten Flügeln. Das Weibchen wird während der Balz auch gefüttert. Die beiden Eier liegen auf dem Boden in einer selbst gedrehten oder gescharrten flachen Mulde zwischen schütter stehender Vegetation. Etwas trockenes Nestmaterial fügen die Altvögel durch Zurückschleudern zu. Männchen und Weibchen brüten; der nichtbrütende Partner steht meist in Nestnähe Wache. Die Küken verlassen nach wenigen Stunden das Nest und drücken sich bei Gefahr auf den Boden. In den ersten Tagen bringen ihnen die Altvögel Nahrung und halten sie im Schnabel vor; falls nötig, wird der Nahrungsbrocken auch noch etwas mit dem Schnabel bearbeitet. Erst voll flugfähig werden die Jungen verlassen.

▸ KAUM ZU VERWECHSELN

TRIEL IM TYPISCHEN LEBENSRAUM

TRIEL VERJAGT LANDSCHILDKRÖTE AUS NESTNÄHE

DUNENJUNGES IM SCHATTEN DES ALTVOGELS

GELEGE

Rotflügel-Brachschwalbe

Auch unter der Watvogelverwandtschaft gibt es flugjagende Arten, die ähnlich Schwalben und Seglern hauptsächlich von fliegenden Insekten leben, allerdings auch das Ablesen kleiner Beutetiere vom Boden und das Stochern im Substrat betreiben. Brachschwalben sind kurzbeinig und kurzschnäbelig; wenn sie am Boden sitzen, haben sie Ähnlichkeit mit einem braunen Regenpfeifer. In der Luft wirken sie mit ihren langen, schmalen Flügeln und dem tief gegabelten Schwanz wie Seeschwalben oder große Schwalben. Die beiden auch in Europa brütenden Arten sind sich außerordentlich ähnlich und im Sitzen, zumal im Schlicht- oder Jugendkleid so gut wie nicht voneinander zu unterscheiden. Die Unterseite des inneren Flügelabschnitts der Rotflügel-Brachschwalbe ist braunrot; wirkt jedoch schwarz. Am Flügelhinterrand ist ein schmaler weißer Saum erkennbar.

Brachschwalben sind Bewohner offener Flächen mit kurzer oder schütterer Vegetation, also Steppenvögel wärmerer Gebiete. Das Brutgebiet der Rotflügel-Brachschwalbe umfasst das ganze Mittelmeergebiet einschließlich Nordafrikas, Südosteuropa und Vorderasien und das südliche Westsibirien. Viele Brutplätze befinden sich über Trockenlandschaften in Afrika südlich der Sahara verteilt. Alle nördlichen Brutvögel sind Zugvögel; das Winterquartier umfaßt Afrika südlich der Sahara. Abnahme in fast allen europäischen Brutgebieten macht die Art zu einem gefährdeten Brutvogel Europas.

▸ SCHWARZFLÜGEL-BRACHSCHWALBE

Rotflügel-Brachschwalbe *Glareola pratincola* (L. 1766)	
Größe	= Amsel
Maße (cm)	Länge ca. 24–27 / Flügel ca. 60–65
Körpermasse (g)	70–90
Stimme	im Flug (vor allem am Brutplatz) sehr ruffreudig; in Erregung „tri-tirrit tirra-tirrä", fast seeschwalbenähnlich
Brutzeit	Ende April bis Anfang Mai im Südwesten, Juni im Nordosten; 1 Jahresbrut
Gelegegröße	(2) 3, ausnahmsweise 4 (2 ♀♀?)
Eifärbung	rahmfarben, oft schwach grünlich oder bräunlich getönt; schwarze, gelegentlich dunkelbraune Kleckse, Tupfer, Punkte, Kritzellinien
Eimaße (mm)	kurz-spindelförmig – selten oval – 32,4 x 24,1
Brutdauer	17–19 Tage
Nestlingszeit	Nestflüchter; mit 24 Tagen wenig, mit 33 Tagen voll flügge

Schwarzflügel-Brachschwalbe

Die schwarze Flügelunterseite hat dieser Art ihren Namen gegeben. Kürzere Schwanzgabeln und dunklere Oberseite sind weitere Unterscheidungsmerkmale zur sonst außerordentlich ähnlichen Schwesterart. Das Brutgebiet der Schwarzflügel-Brachschwalbe beginnt in Rumänien (einzelne haben auch in anderen Ländern Osteuropas gebrütet) und setzt sich durch die Ukraine bis Mittelsibirien und Kasachstan fort. Es liegt meist etwas nördlicher als das der anderen Art. Als Folge der Kultivierung von Steppenböden haben die Bestände vor allem im Westen des Areals stark abgenommen. Außerhalb Russlands, wo offenbar die Bestände noch stabil sind, und der Ukraine leben wohl nur noch wenige Paare in Europa. In den meisten Gebieten Mitteleuropas zählen beide Arten zu den seltenen Ausnahmegästen.

In Asien liegen die Brutplätze häufig auf weniger trockenen Gebieten als die der Rotflügel-Brachschwalbe, vielfach auch auf extensiv genutzten Wiesen und Weiden und sogar Ackerland, aber auch auf wüstenhaftem Boden und nicht selten in der Nähe von Wasser. Alle Brutvögel sind ausgesprochene Langstreckenzieher, die nach Südwesten abwandern und in trockenen Landschaften Afrikas südlich des Äquators, aber auch im Tschad und in Nigeria überwintern. Erst Mitte Mai/Anfang Juni findet die Eiablage statt. In Asien bilden sich oft große Brutkolonien. Die Eier liegen in einer flachen Sandmulde oder in einer Vertiefung zwischen Steinen; nur wenig Material ist ihnen beigefügt.

▸ ROTFLÜGEL-BRACHSCHWALBE

Schwarzflügel-Brachschwalbe *Glareola nordmanni* FISCHER 1843	
Größe	= Amsel
Maße (cm)	Länge ca. 23–26 / Flügel ca. 60–68
Körpermasse (g)	90–105
Stimme	ähnlich Rotflügel-Brachschwalbe (weniger hoch); Stimmfühlung „kirlik"; am Brutplatz „pwik-kik-kik..." oder „kirri-kirririk-kikikik..."
Brutzeit	Mitte bis Ende Mai, 1 Jahresbrut
Gelegegröße	(3) 4 (5)
Eifärbung	ähnlich Rotflügel-Brachschwalbe, grüner oder mehr oliv, kleinere Flecken; glatt, glanzlos
Eimaße (mm)	kurz-spindelförmig bis oval – 32,4 x 24,8
Brutdauer	unbekannt
Nestlingszeit	unbekannt

ROTFLÜGEL-BRACHSCHWALBE, RUFEND

SCHWARZFLÜGEL-BRACHSCHWALBE

IM FLUG

NEST DER ROTFLÜGEL-BRACHSCHWALBE

Flussregenpfeifer

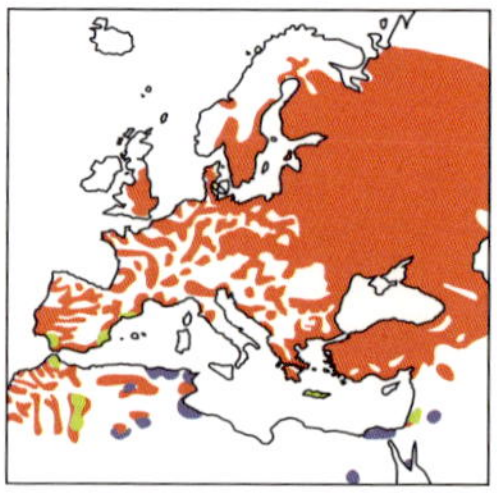

Regenpfeifer sind kleine bis mittelgroße Watvögel mit nur mittellangen Beinen, runden Köpfen und kurzen, meist an der Spitze etwas verdickten Schnäbeln. Mit ihnen picken sie vor allem Nahrung vom Boden auf; das für langschnäbelige Arten typische Stochern im Boden spielt im Allgemeinen eine geringere Rolle. Deshalb können viele von ihnen auch auf ausgesprochen trockenen oder sogar kiesigen Böden leben. Typische Regenpfeifer haben im Unterschied zu den Kiebitzen, die auch zu dieser Familie zählen, spitze Flügel. Die meisten von ihnen sind ausgesprochene Zugvögel, die im hohen Norden brütenden Arten und Populationen wandern über lange Strecken in ihre Winterquartiere. Unter den Regenpfeifern im engeren Sinn gibt es eine weit über die Nordhalbkugel verbreitete Gruppe aus meist kleinen, oberseits braunen Arten mit einer mehr oder minder auffälligen Kopfzeichnung. In Europa brüten drei Arten von ihnen.

Der Flußregenpfeifer ist der einzige Regenpfeifer, der in Mittel- und Südeuropa weit verbreitet im Binnenland und kaum direkt am Meer brütet. Mit seiner Kopfzeichnung ähnelt er sehr dem etwas massigeren Sandregenpfeifer. Grünlichgraue Beine, schlanker dunkler Schnabel und das Fehlen eines weißen Flügelstreifs sind die wichtigsten optischen Unterscheidungsmerkmale. Sehr zuverlässig in der Artbestimmung sind auch die unterschiedlichen Rufe der beiden Schwesterarten.

Das Brutgebiet des kleinen Regenpfeifers reicht von Nordafrika über Europa und Asien bis Japan, einschließlich Vorderasien. Diese Populationen sind Zugvögel, und zwar meist Langstreckenzieher. Winterquartiere der europäischen und westasiatischen Brutvögel liegen südlich der Sahara in der Sahelzone und reichen nach Süden bis Zaire, Kenia und Tansania. Nur wenige überfliegen in Afrika den Äquator; einige überwintern regelmäßig auch in Ägypten und an einigen Stellen des Mittelmeerraums. Die Brutvögel Mitteleuropas treffen ab Ende März an ihren Brutplätzen ein. Der Wegzug kann bereits im Juli einsetzen; Höhepunkte des Durchzugs sind August/September, manche harren auch bis Mitte Oktober aus. Östliche Brutvögel überwintern im tropischen Asien.

Von diesen Zugpopulationen getrennt brüten Flussregenpfeifer auch auf der vorder- und hinterindischen Halbinsel, auf den Sundainseln, den Philippinen und Neuguinea. Sie alle sind Standvögel.

Vegetationsarme Flächen im Binnenland mit durchaus grober Bodenstruktur, nicht zu weit von flachgründigem Wasser (vorzugsweise Süßwasser, am Meer meist binnendeichs oder an Flussmündungen) entfernt, sind die Merkmale der typischen Brutplätze. Solche Flächen sind vor allem in der Waldzone Eurasiens und damit auch in Mitteleuropa kurzlebig, da nach den ersten Pionierpflanzen höhere Staudenvegetation nach wenigen Jahren das Terrain erobert. Immer wiederkehrende natürliche Eingriffe besorgten früher periodische Hochwässer der Flüsse mit Aufschütten oder Leerräumen von Kies- und Schotterbänken oder entsprechenden flachen Uferpartien. Mit der Regulierung und Aufstauung fast aller großer Fließgewässer sind solche Brutplätze verloren gegangen. Viele – und in manchen Gebieten die Mehrzahl – der Flussregenpfeifer brüten heute an künstlichen Erdaufschlüssen, wie Kies- und Sandgruben, Steinbrüchen, Halden, abgelassenen Fischteichen und Stauseen, Ödflächen, Kiesaufschüttungen usw. Wenn kein weiterer Eingriff erfolgt, sind solche Brutplätze aber nach wenigen Jahren für den Vogel unbrauchbar geworden. Rasch werden oft aber neu entstandene Öd- und Kiesflächen besiedelt. So ist das Verbreitungsmuster im Einzelnen recht unstet und naturgemäß nicht leicht zu beschreiben.

Vor der Eiablage markieren die Männchen ihre Reviere durch einen Singflug. Imponierlaufen und Scheinnisten, Gefiederspreizen und „Material-Zurücklegen" sind Bestandteile der Balz. Die hervorragend getarnten Eier legen Flussregenpfeifer auf kiesigen oder grobkörnigen Untergrund. Nur eine flache, meist nicht ausgekleidete Mulde deutet das Nest an. Männchen und Weibchen brüten. Kurz nach dem Schlüpfen verlassen die Dunenjungen das Nest und werden von beiden Eltern geführt. Oft bleiben gegen Ende der Aufzuchtperiode sogar die Männchen noch etwas länger bei ihnen als die Weibchen. Bei Gefahr drücken sich die Jungen auf den Boden. Die Eltern versuchen Bodenfeinde durch Verleiten, einer geschickten Vortäuschung von Flugbehinderung, abzulenken.

▶ SANDREGENPFEIFER, SEEREGENPFEIFER

Flussregenpfeifer *Charadrius dubius* SCOP. 1786

Größe	= Amsel
Maße (cm)	Länge ca. 14–15 / Flügel ca. 42–48
Körpermasse (g)	33–49
Stimme	„piu" bei Erregung, auch mit „pipipi..." eingeleitet; bei fledermausartigem Singflug „griä-griä-griä..."; aggressiv „grigrigri..."; bei Scheinnisten „grüp grüp..." und „dik dik dik..."
Brutzeit	Mitte März im Süden bis Juni im Norden; 2 Jahresbruten im Süden; 1 im Norden
Gelegegröße	(3) 4; sehr selten 5 (immer von 2 ♀♀?)
Eifärbung	weißlichgrau, sand- oder bräunlich rostfarben, frisch blaugrauer Schimmer; kleine braune, lila oder schwarze Punkte und Streifen, auch Flecken und Kritzel; glatt, glanzlos
Eimaße (mm)	kurz-kreiselförmig bis oval – 29,9 x 22,1
Brutdauer	22–28 Tage
Nestlingszeit	Nestflüchter; flügge mit 24–29 Tagen

FLUSSREGENPFEIFER, PAAR IN BALZSTIMMUNG AM BRUTPLATZ

PAARUNG

SICH DRÜCKENDES DUNENJUNGES

NEST UND GELEGE

Sandregenpfeifer

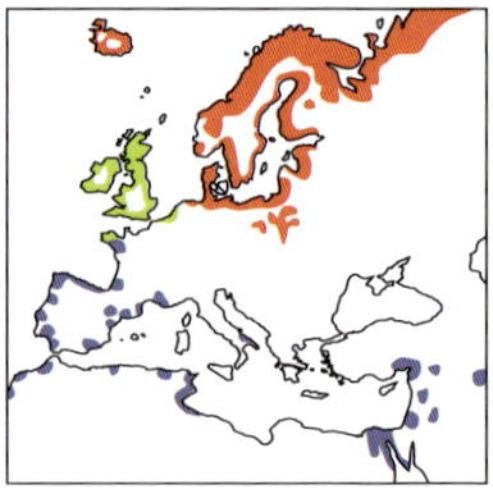

Etwas größer und gedrungener als Flussregenpfeifer wirken die sehr ähnlich gefärbten Sandregenpfeifer. Im Prachtkleid fallen die leuchtend gelben bis orangefarbenen Beine auf; auch die Schnabelbasis ist so gefärbt. Im Schlichtkleid sind die Kopfmaske und das Brustband dunkelbraun, der Schnabel dunkel und die Beine schmutzig orangefarben. Im Flug fällt ein weißer Flügelstreif auf. Wie bei vielen ähnlichen Arten liefern auch bei den kleinen Regenpfeifern die Rufe wichtige Anhaltspunkte für die Artbestimmung. Typisch für alle der drei kleinen Arten ist die Fortbewegung: Mit sehr schnellen Trippelschritten „rollen" die kleinen Vögel geradezu über den Boden, halten dann plötzlich an, picken nach Nahrung oder mustern die Umgebung, um dann wieder eine kurze Strecke in raschem Tempo zurückzulegen. Bei Erregung wird der Kopf nach oben gestoßen.

Sandregenpfeifer brüten in zwei Unterarten am Nordrand Eurasiens von Island bis an die Beringstraße in Bereich der Tundra und am Rand des nördlichen Waldgürtels. In Europa erreicht das Brutgebiet seine südlichsten Ausläufer an der französischen Kanalküste, der südlichen Nord- und Ostseeküste und in ihrem Hinterland. Jenseits des Atlantik sind die Küsten Grönlands und der äußerste Nordosten im arktischen Kanada besiedelt. Im übrigen Nordamerika lebt der zum Verwechseln ähnliche Amerikanische Sandregenpfeifer (*Charadrius semipalmatus*).

Die wichtigsten Winterquartiere der Art liegen in Nordwesteuropa, Nordwestafrika, in ganz Afrika südlich der Sahara (mit Ausnahme des äquatorialen Regenwalds im Kongobecken), an den Küsten Vorderasiens (vor allem Arabien und Persischer Golf). Diese Situation bedingt wie bei vielen nordischen Watvögeln sehr unterschiedliche und komplizierte Wanderwege der einzelnen Populationen. Da die nördlichsten Brutvögel sich nur eine relativ kurze Zeit am Brutplatz aufhalten können, spielen Rastgebiete auf dem Zug und während des Winterhalbjahrs eine ganz entscheidende Rolle.

Hier nur einige Routen und Etappen der zum Teil erstaunlichen Wanderungen: Die Brutvögel Grönlands und Islands ziehen nach Südosten ab und gelangen über die Britischen Inseln und die Atlantikküsten Europas bis nach West- und Südafrika. Brutvögel Großbritanniens bleiben dagegen im Land oder wandern höchstens bis Spanien. Niederländer gelangen bis Nordwestafrika, überwintern aber auch auf den Britischen Inseln. Deutsche Sandregenpfeifer ziehen meist an die Atlantikküste von Frankreich bis Portugal und Spanien. Auch Skandinavier ziehen meist nach Südwesten ab und gelangen bis Nordwestafrika. Die weitesten Wege legen sibirische Brutvögel zurück. Selbst aus dem äußersten Nordosten wandern die Vögel über den ganzen Kontinent bis in die Winterquartiere Vorderasiens, von denen die östlichsten, also nächst gelegenen an der Südküste Irans und des Kaspischen Meers liegen. Östlich bis etwa Nowaja Semlja erscheinen Sandregenpfeifer auf dem Durchzug auch in Mitteleuropa.

Im Wattenmeer beginnen die Wanderbewegungen ab Juli. Der Durchzug, der auch im Binnenland Mitteleuropas zu beobachten ist, dauert von August bis Mitte Oktober. Nachzügler tauchen noch später auf. Unterschiedliche Gipfel markieren früheren Durchzug der westlichen Unterart und späteren der nordischen Form *tundrae*. So auch im Frühjahr: Bereits im März/Anfang April ist mit den europäischen Brutvögeln zu rechnen; oft erst im Mai ziehen die Tundrenbewohner von Lappland bis Westsibirien durch.

Die Brutplätze der Art liegen wie beim Flussregenpfeifer auf offenen, weitgehend vegetationslosen Flächen, doch hauptsächlich an Küsten und am Salzwasser. Die nordischen Brutvögel leben im Sommer in der Zwergstrauchtundra, an Küsten oder sumpfigen Stellen. Auch im Binnenland kommen an kahlen Ufern Sandregenpfeifer vor. Durchzügler halten sich an Schlamm- und Sandufern auf und sind zumindest für kurze Zeit an Binnengewässern aller Art anzutreffen.

Das „Nest" ist eine flache Mulde in weichem und meist feinkörnigem Boden. Männchen und Weibchen brüten und teilen sich auch die Aufgabe der Jungenbetreuung. Das Brutverhalten gleicht sehr dem Flussregenpfeifer; auffällig ist vor allem das Verleiten am Gelege und während der Entwicklung der nestflüchtenden Jungen. Außerhalb der Brutzeit sind Sandregenpfeifer häufig in kleineren Trupps zu sehen, kaum in riesigen Scharen wie andere Watvögel im Watt.

▸ FLUSSREGENPFEIFER, SEEREGENPFEIFER

Sandregenpfeifer *Charadrius hiaticula* (L.)

Größe	= Amsel
Maße (cm)	Länge ca. 18–20 / Flügel ca. 48–57
Körpermasse (g)	54–74
Stimme	am häufigsten „tüip" (weich) oder „düi"; Gesang kehlig-heiser „duije duije duije...", während Singflug auch „djuwilu..."
Brutzeit	Mai, manchmal Anfang März; 2 Jahresbruten, 3 möglich
Gelegegröße	(2–3) 4; ausnahmsweise 5 (von 2 ♀♀)
Eifärbung	Färbung und Zeichnung sehr variabel, blass bläulich-grau, gräulichbraun, graugelb, gelb; schwarzbraune und hellgraue Punkte/Kleckse; glatt, glanzlos oder schwach glänzend
Eimaße (mm)	kurz-kreiselförmig oder oval – 34 x 24,3
Brutdauer	21–28 Tage
Nestlingszeit	Nestflüchter; mit etwa 24 Tagen flügge, Familienauflösung etwas später

SANDREGENPFEIFER, NORDISCHE FORM

SCHLICHTKLEID

WEIBCHEN HUDERT DUNENJUNGE

NEST UND GELEGE

Seeregenpfeifer

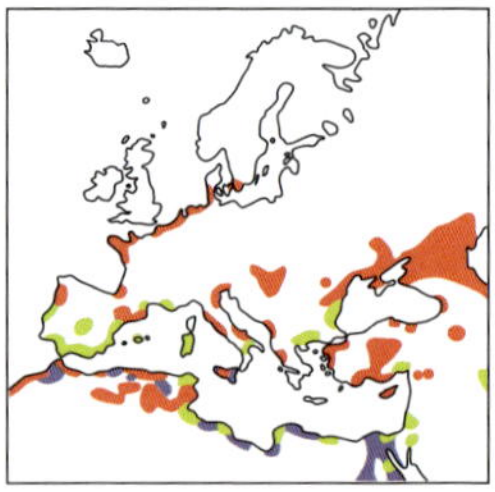

Für Europa trifft von wenigen Ausnahmen abgesehen der Name zu: Seeregenpfeifer leben so gut wie nur an der Küste und sind im Binnenland Ausnahmeerscheinungen. In Steppengebieten leben die zierlichen Vögel aber weit verbreitet an meist abflusslosen und daher salzhaltigen Binnengewässern, vor allem im Inneren großer Landmassen. Außerhalb der Brutzeit trifft man sie in der Regel an flachen Küsten und Lagunen auf Sand- und Schlickflächen.

Ein nach vorn offenes schwarzes oder braunes Brustband und zumindest schwärzliche Beine unterscheiden Seeregenpfeifer von den anderen beiden ähnlichen in Europa lebenden Regenpfeiferarten. Im Prachtkleid kann man die Männchen an ihrem rostbraunen Scheitel von den Weibchen unterscheiden. Aber im weiten Verbreitungsgebiet leben verschiedene Unterarten und daneben auch sehr ähnliche andere kleine Regenpfeiferformen, die je nach Ansicht auch als eigene Arten angesehen werden.

Die nördlichsten Brutvorkommen liegen an der Nordseeküste und an der Südspitze Schwedens. Die hier lebenden Bestände nehmen ab, ähnlich wie die an Küsten- und Binnenlandbrutplätzen Südosteuropas und an der Atlantikküste Portugals. Daher ist die Art als gefährdeter Brutvogel Europas anzusehen. Weit verbreitet brüten Seeregenpfeifer an geeigneten Küstenstrecken und strandnahen Lagunen des gesamten Mittelmeerraums; in Nordafrika auch an den großen Schotts und Salzseen. Von Vorderasien und dem Schwarzen Meer zieht sich ein breiter Gürtel binnenländischer Brutplätze im Steppengebiet durch ganz Asien bis an den Pazifik. Küstenbrutvögel leben auch in Japan, China, an manchen Stellen Südasiens, am Nordrand des Indischen Ozeans und um das Rote Meer. In der Neuen Welt sind die Küsten und manche Binnengebiete Nordamerikas, die Karibikinseln und die Westküste Südamerikas besiedelt.

Alle nördlichen Populationen setzen sich aus Zugvögeln zusammen. An der Atlantikküste Westeuropas und in vielen Gebieten des Mittelmeers sind Seeregenpfeifer ganzjährig zu beobachten. Das Hauptwinterquartier reicht etwa von der Südküste Spaniens, Süditalien und der Südtürkei bis an den Golf von Guinea, nach Somalia und an die Nordküste des Indischen Ozeans. Östliche Brutvögel überwintern vor allem in Südasien. Ab Ende September sind die meisten Nordseevögel abgezogen, die letzten wandern einen Monat später ab; Ende März bis Ende April erscheinen dort die Brutvögel wieder.

Bei allen kleinen Regenpfeifern bilden die Nahrung kleine Tiere der Bodenoberfläche; auch schnell bewegliche Arten, wie fliegende Insekten, können die flinken Vögel erwischen. Die Artenzusammensetzung hängt sehr wesentlich vom jeweiligen Biotop ab. Beim Seeregenpfeifer spielen z. B. an den Küsten auch Ringelwürmer, kleine Muscheln und Krebstiere eine Rolle, an binnenländischen Brutplätzen sind aber Insekten die wichtigste Nahrung.

Die Brutreviere sind oft sehr klein. An manchen Stellen brüten Seeregenpfeifer daher auch in lockeren Kolonien; sie scheuen auch die Nachbarschaft anderer Watvögel sowie von Seeschwalbenkolonien nicht. Männchen und Weibchen leben in einer Saisonehe; mitunter treffen aber auch die ehemaligen Partner wieder zusammen. Beringte Seeregenpfeifer sind fast 15 Jahre alt geworden, und viele sind sehr brutortstreu. Die flache Nestmulde im weichen Untergrund drehen die Männchen. Durch ein Zurückschleudern von kleinen Gegenständen beim Weggehen (z. B. während der Brutablösung) kommt etwas Material als Auskleidung dazu. Manchmal lehnen sich die Nester an natürliche Deckung, z. B. Pflanzenbüschel, geschickt an. Die Eier sind wie bei allen Regenpfeifern durch viele Flecken und Schnörkel ausgesprochen tarnfarben. Männchen und Weibchen brüten. Kurz vor dem Schlüpfen setzt das Verleiten ein: Die Altvögel stellen sich entweder verletzt oder rennen wie eine Maus davon, um den Bodenfeind abzulenken. Die Küken laufen nach wenigen Stunden aus dem Nest und können wenige Tage alt sogar schwimmen. Sie werden von beiden Eltern betreut und auffällig lange Zeit werden sie von den Altvögeln auch gehudert; vielleicht dient in heißen Steppengebieten dieses Verhalten auch dem Schutz vor Sonneneinstrahlung und Hitze. Sobald die Jungvögel flügge sind, löst sich die Familie allmählich auf; Weibchen tendieren dazu, Junge sogar eher zu verlassen als Männchen.

▸ FLUSSREGENPFEIFER, SANDREGENPFEIFER

Seeregenpfeifer *Charadrius alexandrinus* (L. 1758)

Größe	= Amsel
Maße (cm)	Länge ca. 15–17 / Flügel ca. 42–48
Körpermasse (g)	32–69
Stimme	beim Abflug „tit", fast laubsängerartig „huit" (bei Erregung); Schreck- oder Warnruf „prrr"; im Singflug schnurrend „pit-tritri tri-tirrrr…" (♀ auch vom Boden) und rhythmisch „tjeke tjeke…"
Brutzeit	Mitte März im Süden bis Juni im Norden, wahrscheinlich 2 Jahresbruten
Gelegegröße	3, sehr selten 4–6 (von 2 ♀♀?)
Eifärbung	variabel: schmutzigweiß, braun- oder rostgelb, manchmal oliv oder rötlich getönt; schwarze und hellgraue Linien und feine Punkte; glatt, glanzlos
Eimaße (mm)	kurz- oval bis kreiselförmig – 33,6 x 23,8
Brutdauer	23–29 Tage
Nestlingszeit	Nestflüchter; mit 27–31 Tagen flügge, oft erst mit 40 Tagen

SEEREGENPFEIFER, MÄNNCHEN IM PRACHTKLEID

WEIBCHEN IM PRACHTKLEID

DUNENJUNGE

NEST UND GELEGE

Mornellregenpfeifer

Das Buch des schwedischen Naturbeobachters Bengt Berg „Mein Freund, der Regenpfeifer“ hat den Bewohner nordischer Tundren und Fjällflächen in den 20er und 30er Jahren einer breiten Öffentlichkeit bekannt gemacht. Seither setzte viele Vogelbeobachter die geringe Fluchtdistanz des Vogels am Nest und im Brutrevier in Erstaunen.

In allen Kleidern ist der Mornell durch seine breiten weißen Überaugenstreifen, die im Nacken zusammenlaufen, und ein weniger deutliches weißes Brustband kenntlich. Im Prachtkleid fallen die kastanienbraunen Flanken und ein dunkler Bauchfleck auf. Die Männchen sind weniger intensiv gefärbt als die Weibchen. Das hängt mit einer bei nordischen Watvögeln nicht außergewöhnlichen Rollenverteilung zusammen: Wie bei den Wassertretern sind es auch bei Mornellregenpfeifern vor allem die Weibchen, die zunächst die Initiative bei der Balz ergreifen, und die Männchen kümmern sich auch hauptsächlich um Gelege und Junge.

Von Heiden und Hochländern Schottlands über die Fjäll- und Tundrenflächen Skandinaviens ist der Mornellregenpfeifer mit Lücken über die Tundren bis in den äußersten Nordosten Sibiriens verbreitet. Davon getrennt liegen einzelne Areale in den Hochgebirgen Mittelsibiriens, der Mongolei und Nordwestchinas. In Europa finden sich einzelne isolierte Brutplätze in den Ostalpen, den Abruzzen, Karpaten und anderen Hochgebirgen, die aber nicht immer alle regelmäßig besetzt waren und sind. Auch im Tiefland brüteten Mornellregenpfeifer vorübergehend, so in den Niederlanden. Unregelmäßige Brutvorkommen sind auch von der Nordwestküste Alaskas bekannt geworden.

Mornellregenpfeifer sind ausgesprochene Langstreckenzieher, die in einem auffallen kleinen Areal von Marokko bis zum westlichen Iran überwintern. Ganz offensichtlich

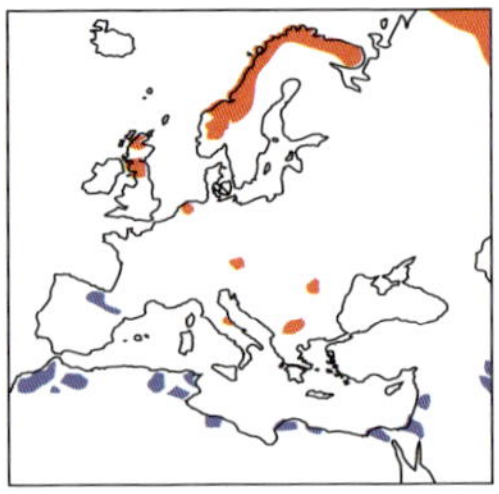

ziehen auch die ostsibirischen Brutvögel über eine Luftlinienentfernung von 8000–10 000 km dorthin, denn regelmäßige Überwinterungsplätze in Süd- und Ostasien sind nicht bekannt. Durchzügler werden vor allem im Westen Mitteleuropas im Küstenhinterland (z. B. Niederlande) registriert. Immer wieder gibt es aber auch einzelne Beobachtungen auf Hochgebirgsflächen oberhalb der Baumgrenze, die sicher nicht bisher übersehene Brutvögel betreffen. An ihren nordischen Brutplätzen kommen die Vögel oft nicht vor Ende Mai/Anfang Juni an. Am berühmten Brutplatz in den österreichischen Zentralalpen ist ab Anfang Mai mit den Brutvögeln zu rechnen.

Weiträumig offene Flächen mit kurzer Vegetation oder lückiger Pflanzendecke bilden den Lebensraum zur Brutzeit, im Norden vor allem Tundren und Fjällflächen, in Mittel- und Westeuropa hochalpine Matten (über 2000 m Meereshöhe) oder Heide und niedrige Rasenflächen. Durchzügler halten sich auf kurzrasigen Weideflächen, Mooren oder sogar Äckern auf. Überwinterer trifft man in Halbwüsten und auf ausgesprochen trockenen Wüstenflächen. Vorwiegend Insekten bilden die Nahrung.

Am Brutplatz suchen zunächst die Weibchen die Aufmerksamkeit der Männchen zu erregen und führen regelrechte Singflüge aus, denen sich die Männchen dann oft anschließen. Gegen Ende der Balzperiode werden dann auch die Männchen aktiver und verteidigen z. B. Reviere. Die Paare halten oft nur bis zum Schlüpfen der Jungen zusammen, seltener auch darüber hinaus. Wie bei manchen hochnordischen Watvögeln ist auch beim Mornellregenpfeifer sukzessive Polyandrie nicht außergewöhnlich, Man versteht darunter, dass ein Weibchen sich mit einem Männchen verpaart und dann nach der Eiablage eine weitere Bindung mit einem anderen Männchen eingeht. So kann ein Weibchen in einer Brutzeit zwei oder mehr Männchen mit einem Gelege „versorgen“. Die Eier liegen in einer flachen Bodenmulde, die nur mit etwas trockenem Pflanzenmaterial aus der Umgebung ausgekleidet ist. Meist bebrütet das Männchen die Eier allein, nicht selten beteiligt sich aber auch das Weibchen. Mitunter hält sich das Weibchen auch nur in Nestnähe auf und schließt sich dann nach dem Schlüpfen der Küken der Familie wieder lose an. Die geringe Fluchtdistanz brütender Männchen ist sicher nicht nur als Zahmheit zu erklären, die sich dadurch halten konnte, dass Menschen als potenzielle Bedrohung unbekannt sind. Vielmehr haben Mornellregenpfeifer mit Gelegen und Jungen ein sehr auffälliges und vielfältiges Verleiteverhalten entwickelt, das den Nesträuber ablenkt.

► GOLDREGENPFEIFER

Mornellregenpfeifer *Charadrius morinellus* (L.)

Größe	= Amsel
Maße (cm)	Länge ca. 20–22 / Flügel ca. 57–64
Körpermasse (g)	99–130
Stimme	Kontaktrufe „drü drü…“, gereiht „pit-pit-pit“; ♀ bei Singflügen „pit“-Reihen; Bodenbalz zwitschernde, zum Teil abwechslungsreiche Laute
Brutzeit	Ende Mai im Süden bis Juni im Norden; 1 Jahresbrut
Gelegegröße	(2) 3 (4)
Eifärbung	unterschiedlich hell gelbbraun, gelblich, grünlich, zimtbraun; große schwarzbraune oder rötliche Punkte/Kleckse, hellgraue Zeichnungen; glatt, kaum glänzend
Eimaße (mm)	oval – 41,2 x 28,7
Brutdauer	24–28 (M 26) Tage; meist brütet ♂ allein
Nestlingszeit	Nestflüchter, verlassen nach 10–30 Stunden das Nest; mit 26/30 Tagen flügge

MORNELLREGENPFEIFER, MÄNNCHEN AUF DEM NEST

MÄNNCHEN

JUNGVOGEL

NEST UND GELEGE

Goldregenpfeifer

Von den beiden großen Regenpfeifern, die in Europa vorkommen, ist der Goldregenpfeifer der deutlich kleinere. In allen Kleidern trägt er eine grüngelblich getönte Oberseite; im Abflug sieht man helle Achselfedern. Im Prachtkleid ist das Schwarz auf der Unterseite bei den Weibchen meistens weniger weit ausgedehnt als bei den Männchen. Die Unterscheidung vom größeren Kiebitzregenpfeifer bereitet normalerweise keinerlei Schwierigkeiten. Doch kommen vom Goldregenpfeifer zwei nah verwandte Arten gelegentlich als Ausnahmegäste in Europa vor.

Der Goldregenpfeifer brütet vom äußersten Ostgrönland über Island, Schottland, Fennoskandien und dem äußersten Norden Russlands bis ins nördliche Westsibirien. Seine südlichsten Vorkommen erreichen noch Mitteleuropa. Doch ist an der Südgrenze seit langem ein Bestandsschwund eingetreten, der wohl so gut wie ausschließlich auf Zerstörung und Beunruhigung des Lebensraums – unberührte Moorgebiete – zurückzuführen ist. Regelmäßig brüteten bis Mitte der 90er Jahre nur noch 10–30 Paare in Niedersachsen, einzelne unregelmäßig anderswo im nördlichen Mitteleuropa.

Der Pazifische Goldregenpfeifer (*Pluvialis fulva*) schließt mit seinem nördlichen Brutgebiet in der Tundra östlich an den Goldregenpfeifer an und erreicht jenseits der Beringstraße gerade noch das westlichste Alaska. Seine Überwinterungsgebiete liegen in Südasien, im Pazifikraum sowie in Australien und Neuseeland. Der Amerikanische Goldregenpfeifer (*Pluvialis dominica*) brütet im arktischen Amerika und überwintert in Südamerika. Mit drei nahe verwandten Formen besiedeln Goldregenpfeifer also die Tundrenflächen und subarktischen Gebiete rund um den Nordpol.

Goldregenpfeifer *Pluvialis apricaria* (L.)

Größe	< Taube
Maße (cm)	Länge ca. 26–29 / Flügel ca. 67–76
Körpermasse (g)	175–210
Stimme	Stimmfühlung weich „flüh" (weicher als Rotschenkel); bei Gefahr „plüüé"; Reviermarkierungsflug „flahüüi", bei Landung Trillern
Brutzeit	Mitte April im Süden bis Juni im Norden; 1 Jahresbrut
Gelegegröße	(3) 4 (ausnahmsweise 5)
Eifärbung	rostbraun oder sandfarben bis gelblichgrau oder hellgelb, gelegentlich rötlichbraun oder oliv schattiert; schwarzbraun gekleckst, manchmal rötlichbraun gezeichnet (vor allem stumpfer Pol); glatt, schwach glänzend
Eimaße (mm)	kreiselförmig oder oval – 51,9 x 34,8
Brutdauer	27–30 Tage, Legeabstand 2–7, im Mittel 4,4 Tage
Nestlingszeit	Nestflüchter, noch bis 1½ Tage im Nest; Hudern 1–2 Wochen, ♂ und ♀ führen; mit 30–33 Tagen flügge

Die in Europa brütenden Goldregenpfeifer sind Kurzstreckenzieher oder überwintern auch im Brutgebiet, wie etwa die Brutvögel der Britischen Inseln Das Winterquartier der Art umfasst das westliche Nordseegebiet, West- und Südeuropa, Vorderasien sowie Nordafrika, asiatische Brutvögel überwintern auch im südlichen Kaspigebiet. Ab Juli sammeln sich z. B. Trupps im Nordseegebiet, zunächst noch mausernde Altvögel, später Durchzügler und Wintergäste aus dem Norden, die noch bis November zu großen Scharen anwachsen können, von denen viele erst nach Eintritt von Frost weiterwandern. Kleine Trupps erscheinen auch im Binnenland bis an den Rand der Alpen. Ab März ist im Nordseeraum wieder mit dem Heimzug zu rechnen, der bis Anfang Mai anhält.

Offene Flächen mit kurzer Vegetation bilden die typischen Brutplätze, im Norden von der Waldtundra bis in die arktischen Tundrengebiete, im Süden auch nasse Heide-, Gras- und Hochmoore. Kurze Vegetation ist wichtig. Auf dem Durchzug rasten die Scharen auf Acker- und Wiesengebieten, im Binnenland auch in Mooren. Goldregenpfeifer sind daher an der Küste häufig binnendeichs anzutreffen, weniger häufig im offenen Watt als etwa Kiebitzregenpfeifer. Sie mischen sich gern unter Kiebitzschwärme, mit denen sie auch mitunter größere Strecken fliegen.

Insekten und ihre Larven und andere kleine an der Bodenoberfläche lebende Tiere bilden die Nahrung. Wie die kleinen Regenpfeifer können auch Goldregenpfeifer schnell rennen. Die Beute picken sie häufig nach kurzem Halt mit vorgestrecktem Kopf vom Boden auf, graben auch mit ihrem Schnabel in die obersten Bodenschichten.

Im ersten Lebensjahr werden die Vögel geschlechtsreif. Das Paar bildet sich nur für eine Brutzeit. Doch ist zumindest in manchen Populationen Brutortstreue sehr ausgeprägt, so dass sich die alten Partner immer wieder am Nestplatz treffen. Wie bei anderen nordischen Watvögeln kommen aber auch Abweichungen vom Paarverhältnis vor, etwa zwei Weibchen und ein Männchen oder auch ein Weibchen mit mehr als einem Männchen. Mit stark verlangsamten Flügelschlägen markieren die Männchen das Nestrevier, doch halten sich auch während der Brutzeit Goldregenpfeifer oft gesellig außerhalb der Nestbezirke. Das Nest ist eine Bodenmulde auf trockenem Untergrund, oft auf einer kleinen Erhöhung. Männchen und Weibchen brüten; der nichtbrütende Partner steht oft in Nestnähe. Nach dem Schlüpfen bleiben die Jungen oft noch einige Stunden im Nest. Beide Eltern führen und betreuen die Jungen, oft wird dabei die Familie in zwei Gruppen aufgeteilt.

▸ Kiebitzregenpfeifer

GOLDREGENPFEIFER, NORDISCHE FORM

ALTVOGEL HUDERND

DUNENJUNGES

NEST UND GELEGE

Kiebitzregenpfeifer

Größer als der Goldregenpfeifer und mit deutlich kräftigerem Schnabel ist der Kiebitzregenpfeifer schon an seiner Gestalt gut zu erkennen. Im Schlichtkleid fehlen ihm gelbliche oder grünliche Töne auf der Oberseite; im Prachtkleid ist der weithin auffällige schwarzweiße Vogel unverkennbar. Die Weibchen sind allerdings weniger kontrastreich gezeichnet. Jungvögel weisen – vor allem auf der Unterseite – stärkere Strichelung auf. In allen Kleidern ist im Flug an der Achsel ein schwarzer Fleck zu sehen, den kein anderer Watvogel vergleichbarer Größe hat. Typisch ist auch der dreisilbig verschliffene Ruf, der von den flötenden ein- bis zweisilbigen Rufen des Goldregenpfeifers leicht zu unterscheiden ist.

Der Kiebitzregenpfeifer zählt zu den wenigen arktischen Langstreckenziehern, denen man so gut wie auf der ganzen Welt begegnen kann. Das Brutgebiet liegt fast ausschließlich im Bereich der arktischen Tundra bis an den Rand der Eiswüste im Norden und der Waldtundra im Süden. Es zieht sich als relativ schmales Band vom äußersten Nordosten Europas über ganz Eurasien und das arktische Amerika. Skandinavien, Island und Grönland unterbrechen das so gut wie lückenlose Band südlich des Polareises.

Die Überwinterungsgebiete liegen dagegen so gut wie an allen Meeresküsten der Welt von den Mittelbreiten der Nordhalbkugel an südwärts und reichen an die Südspitze Südamerikas, Afrikas und bis Südaustralien. Fast überall kann man Kiebitzregenpfeifer zu fast allen Jahreszeiten treffen, denn meist übersommern einige oder sogar größere Trupps im Wintergebiet oder an Durchzugsstationen, so auch im Wattenmeer der Nordsee nicht selten Hunderte. Da die Vögel wohl erst im 2. oder 3. Lebensjahr das erste Mal brüten, handelt es sich bei solchen Sommervögeln fernab der Brutplätze wohl hauptsächlich um jüngere. Im Winter sind an

den deutschen Küsten die Zahlen sehr niedrig. Die bis jetzt bekannt gewordenen ältesten Ringvögel haben ein erstaunlich hohes Alter von über 20 Jahren erreicht.

Abgesehen davon ist der Aufenthalt im hochnordischen Brutgebiet nur kurz: Vielfach kommen die Vögel erst im Juni an. Von Juli bis September findet der Abzug aus den Brutgebieten statt; die Jungen verlassen meist 4–6 Wochen nach den Altvögeln, die noch zumindest Teile ihrer Mauser während des Aufenthalts an Rastplätzen auf ihren Zugwegen absolvieren, ihren Geburtsort. Im Wattenmeer der Nordsee können sich im Herbst sehr große Schwärme bilden, die noch bis Oktober anwachsen und erst im November verschwinden. Einzeln zeigen sich Kiebitzregenpfeifer während beider Zugzeiten regelmäßig auch an Gewässern des Binnenlands, an asiatischen Steppenseen auch größere Trupps.

Mehr als Goldregenpfeifer sind Kiebitzregenpfeifer Vögel der offenen Sand- und Schlickflächen an Küsten oder offenen Strandlagunen; auch im Binnenland suchen sie vor allem größere und kahle Schlammflächen auf. Brutplätze liegen in der offenen Tundra, vor allem an trockenen und auch sehr öden Stellen auf welligem Gelände oder entlang von Flüssen in flachen Talniederungen. Die Pflanzenbedeckung in der Nestumgebung setzt sich oft nur aus Moosen, Flechten oder winzigen Zwergsträuchern zusammen. Da auf kleinen Bodenerhöhungen der Schnee eher schmilzt, sind sie bevorzugte Neststandorte.

Im Brutgebiet besteht die Nahrung vor allem aus Insekten und deren Larven, die vom Boden gepickt werden. Bei der Nahrungssuche im Watt bevorzugen Kiebitzregenpfeifer vor allem mehr oder minder trockengefallene Flächen. Auch in größeren Trupps verteilen sich die Vögel meist mit größeren Individualabständen. Dabei werden auch kleine Nahrungsreviere verteidigt. Marine Ringelwürmer, kleine Mollusken und Krebstiere setzen dann die Hauptnahrung zusammen. Dabei werden manchmal auch Beutetieren vor der Aufnahme ins Wasser getunkt.

Die Nester stehen meist einzeln und sind wie bei allen Regenpfeifern nur seichte Bodenmulden, die mit wenig Material, wie Moos, Flechten und kleinen Steinchen ausgelegt werden, das zum Teil durch Zurückwerfen zwischen die Eier gelangt. Wiederholt hat man ausgeprägte Nestortstreue festgestellt. So treffen sich auch alte Partner wieder. Beide Geschlechter brüten und teilen sich auch das Führen der nestflüchtenden Jungen, die aber oft schon kurz vor dem Flüggewerden verlassen werden.

Kiebitzregenpfeifer *Pluvialis squatarola* (L.)

Größe	< Taube
Maße (cm)	Länge ca. 27–30 / Flügel ca. 71–83
Körpermasse (g)	ca. 200
Stimme	von Durchzüglern und Wintergästen im Flug dreisilbig „tli-o-ii“, weniger melodisch als Goldregenpfeifer
Brutzeit	Mitte Juni, 1 Jahresbrut
Gelegegröße	(3) 4
Eifärbung	hell rostbraun oder grau, manchmal braunrot/grün schattiert, gegen stumpfen Pol gepunktet und gekleckst; glatt, nicht/schwach glänzend
Eimaße (mm)	oval bis kreiselförmig – 51,7 x 36
Brutdauer	23 Tage
Nestlingszeit	Nestflüchter; von Eltern betreut; mit 35–45 Tagen flügge, von Eltern kurz vor oder nach Flüggewerden unabhängig

▶ GOLDREGENPFEIFER

KIEBITZREGENPFEIFER, PRACHTKLEID

SCHLICHTKLEID

JUNGVOGEL

NEST UND GELEGE

Spornkiebitz

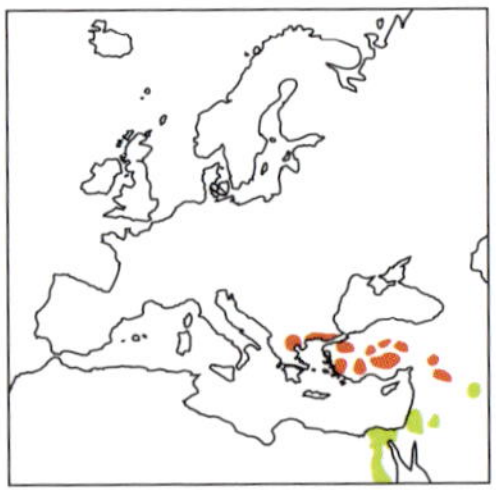

Kiebitze sind große, oft vor allem durch Flügelfelder und Kopfschmuck oder -zeichnung auffällig gefärbte Regenpfeifer mit relativ runden Flügeln und meist langen Beinen. Ihre Schnäbel sind ähnlich den typischen kleineren Regenpfeifern höchstens mittellang, ganz im Unterschied zu anderen Watvogelgruppen.

Der Name des durch sein Verhalten und Gefiederzeichnung gleichermaßen auffallenden Spornkiebitzes bezieht sich auf ein Merkmal, das man normalerweise nicht sieht, nämlich einen kleinen, meist aufwärts gekrümmter Sporn am Flügelbug, der bei den Männchen in der Regel etwas länger als bei den Weibchen ist. Markante Schwarzweiß-Kontraste im Flug mit schwarzen Schwungfedern und weißen und hellbraunen Flügeldecken sowie schwarz und weiß abgesetzte Partien des Körpergefieders und des Kopfes machen den Vogel auf große Entfernung unverwechselbar. Mit relativ langsamen, aber kräftigen und ruckartigen Flügelschlägen bewegen sich die Vögel durch die Luft; sie sind deutlich langbeiniger als Kiebitze. Schrille und etwas metallisch klingende Rufe machen die Art auch akustisch sehr auffällig.

In Europa hat der Spornkiebitz nur ein winziges Brutareal im Nordosten Griechenlands. Hier nahm der kleine Bestand von 1970 mit 120–170 Paaren auf etwa 32–45 Paare im Jahr 1993 ab. Die Art gilt daher als sehr gefährdeter europäischer Brutvogel. Ein weiteres Brutgebiet reicht von der Türkei bis ins westliche Vorderasien; die Größe dieses Bestands ist unbekannt. Alle diese Brutvögel sind wahrscheinlich Kurzstreckenzieher, die sicher nach Afrika ziehen. Die genaue Lage ihres Winterquartiers ist jedoch unbekannt. Von Israel durch das Niltal brüten Spornkiebitze häufig. Südlich der Sahara ist der Spornkiebitz als Brutvogel in der Sahelzone quer über den ganzen Kontinent verbreitet und erreicht im ostafrikanischen Hochland auch noch kleinere Gebiete südlich des Äquators. Diese Brutvögel sind zum Teil Standvögel, zum Teil unternehmen sie weitere Wanderungen im Zusammenhang mit dem Wechsel von Regen- und Trockenzeiten. Weiter östlich in den Bergländern Südasiens von Nepal bis in die chinesische Provinz Yünnan lebt eine sehr ähnliche Art in Flußtälern, der Flusskiebitz (*Hoplopterus duvaucelii*), den man mitunter auch mit dem Spornkiebitz zu einer Art zusammenfasst.

Im Unterschied zum Kiebitz sind Spornkiebitze keine ausgesprochenen Wiesenvögel, sondern leben meist auf Flächen ohne oder mit sehr niedriger und lückiger Vegetation. Sie brüten z. B. in der Uferzone von Sumpfgebieten, an Seeufern oder Flussinseln, an Flachstränden von Lagunen oder am Rand von bewässertem Kulturland (z. B. Reisfelder) oder an Fischteichen, jedoch so gut wie ausschließlich auf trockenem Untergrund. Auch außerhalb der Brutzeit oder auf dem Zug halten sich die Vögel meist in unmittelbarer Nähe von offenem Wasser.

Insekten und ihre Larven sowie viele andere Kleintiere des Bodens bilden die Nahrung, ferner kleine Reptilien, auch Amphibien und Arten des Seichtwassers, gelegentlich auch Sämereien und Früchte. Bei der Jagd laufen die Vögel meist mit einigen raschen Schritten auf die Beute zu, um dann schnell zuzustoßen. Ungestört ziehen sie beim Laufen und Stehen den Kopf meist ein.

Während der Brutzeit werden Reviere verteidigt, oft aber nur kleine Nestterritorien, so dass nicht selten mehrere Paare in lockeren Kolonien brüten, ähnlich Kiebitzen. Auch sonst sind Spornkiebitze in der Regel gesellig, bilden aber kaum ähnlich große Scharen wie Kiebitze zur Zugzeit. Brutvögel sammeln sich oft in kleinen Trupps in neutralen Zonen der Brutgebiete. Reviereindringlinge werden rufend umflogen, auch gemeinsam von mehreren Brutpaaren verfolgt, vor allem andere Watvögel oder potenzielle Feinde von Gelege und Jungen. Die Eier liegen in einer meist flachen, kaum mit Material ausgekleideten Mulde auf trockenem Boden weithin offen. Beide Partner brüten und kümmern sich um die Jungen. Manchmal beobachtet man vor allem in südlichen Teilen des Brutgebiets zwei Bruten, die ineinander „verschachtelt" sind: Das Weibchen brütet bereits auf dem Zweitgelege, das Männchen führt noch die Jungen der ersten Brut. In Standvogelpopolutationen bleiben die flüggen Jungen auch nicht selten bei den Eltern bis zur nächsten Brut.

Spornkiebitz *Hoplopterus spinosus* (L.)

Größe	> Amsel
Maße (cm)	Länge ca. 25–27 / Flügel ca. 65–70
Körpermasse (g)	ca. 148 (127–159)
Stimme	Warnruf meist 2 x metallisch „sik sik"; Reviergesang krächzend „charadlio" oder „did-je-du-it" (im Aufbau wie Pirol)
Brutzeit	April, 2 Jahresbruten möglich
Gelegegröße	(2–) 4 (5)
Eifärbung	hell gelblichbraun, gelbgrau, olivbräunlich oder helloliv, mit schwarzen, schwarzbraunen oder dunkelbraunen kleinen, unregelmäßigen Klecksen und Punkten, seltener gestreift/gekritzelt; einige mittelgraue Flecken; glanzlos
Eimaße (mm)	oval, selten kreiselförmig – 40,3 x 28,6
Brutdauer	22–24 Tage
Nestlingszeit	Nestflüchter; mit 7–8 Wochen flügge

▶ KIEBITZ

SPORNKIEBITZ, BRUTABLÖSUNG

ALTVOGEL

DUNENJUNGES

NEST UND GELEGE

Kiebitz

Der etwa taubengroße Vogel ist einer der auffälligsten Bewohner offener Landschaften. Deckungsfreie und möglichst wenig durch Büsche und Bäume strukturierte Flächen bilden seine Brut- und Rastplätze. Je nach Witterung kommen Kiebitze Ende Februar bis Anfang April an ihre Brutplätze in Mitteleuropa. Vor allem dort siedeln sie sich an, wo die Vegetation noch sehr niedrig ist. Das Männchen führt über dem zukünftigen Brutrevier atemberaubende Flugkapriolen aus. Vielfach brüten Kiebitze auch zu mehreren in einer lockeren Kolonie. Ihre Rufe, denen sich wohl auch ihren Namen verdanken, sind weithin zu hören. Das Nest ist eine flache Mulde im Boden, die vier relativ große, tarnfarbene Eier aufnimmt.

Etwa 8 cm Höhe sollte die Vegetation bei Brutbeginn nicht überschreiten, um die Sicht der brütenden Vögel, später aber auch das Laufen der kleinen nestflüchtenden Küken nicht zu behindern. Wenn die Pflanzen weiter auseinander stehen, werden auch höhere Pflanzen im Kiebitzrevier geduldet, etwa in Kartoffel- oder Maisäckern. Die Frage des Lebensraums erklärt viel von der wechselvollen Geschichte und des auffälligen Verhaltens eines Vogels, der von Westeuropa bis Ostasien brütet und heute mit der modernen Bodennutzung seine großen Probleme hat.

Manches deutet darauf hin, dass mitteleuropäische Kiebitze ursprünglich Tundrabewohner waren. Heute leben sie bei uns in Gebieten mit höherem und im Frühjahr rascherem Pflanzenwuchs. Weil sich nasser Boden im Frühjahr langsamer erwärmt, verzögert sich hier der Graswuchs. Und so war der Kiebitz noch im vorigen Jahrhundert Brutvogel in Mooren, Sümpfen und Überschwemmungsflächen, auch auf kurzrasigen Viehweiden. Viehweiden, vor allem in Küsten-

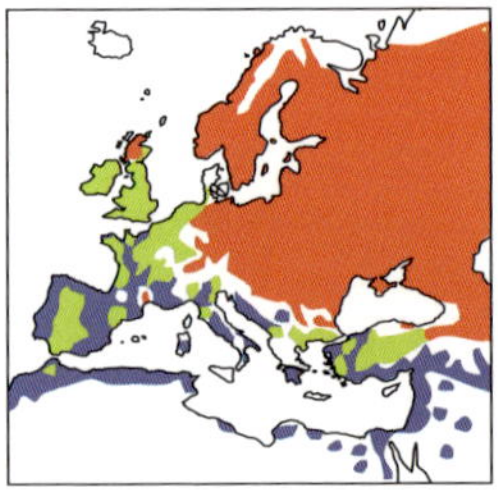

nähe oder in Osteuropa bilden auch heute noch wichtige Zentren des Brutvorkommens. So leben in den kleinen Niederlanden vermutlich kaum weniger Kiebitze als in allen Bundesländern Deutschlands zusammen.

Als in unserem Jahrhundert die Feuchtwiesen langsam verschwanden, stellten sich Kiebitze auf unterschiedlich genutzte Grünflächen um. Doch hier geraten sie heute in die Mühlen der modernen Intensivwirtschaft mit Stickstoffdünger, Bodenwalzen und Kreiselmäher. Mit dem Aufkommen des Maisanbaus ist der Kiebitze vielerorts heute zum Ackervogel geworden: Maisäcker sind im Frühjahr lange kahl und vom aufwachsenden Mais ist der Boden noch bis in den Juni hinein nicht vollständig bedeckt. Die heranwachsenden Küken können ohne allzu große Behinderung herumlaufen und sich bei Gefahr im Vertrauen auf ihre Tarnfarbe in Deckung drücken. Aber der Erfolg dieser Umstellung ist sehr fragwürdig, denn in den mit Chemikalien behandelten Maisäckern ist die Nahrung knapp. Kleininsekten, die Hauptnahrung der Jungen, fehlen; Maisäcker sind „wüstenhaft“ nahrungsarm. So werden in den meisten Fällen auf Dauer zu wenig Junge groß, um den Bestand halten zu können. Mittlerweile muss man annehmen, dass mindestens an manchen Stellen die Kiebitzbestände Mitteleuropas sich schon seit einiger Zeit nicht mehr aus eigenem Nachwuchs halten können und von Überschussgebieten aus Osteuropa zehren. An vielen Stellen des Binnenlandes sind die Zahlen der Brutpaare auch schon stark zurückgegangen.

Im zweiten Lebensjahr werden Kiebitze in der Regel geschlechtsreif. In Ausnahmefällen können sie sehr alt werden; einzelne Ringvögel haben 20–25 Jahre erreicht. Wenn irgend möglich, leben sie gesellig. Gemeinsam werden auch oft Eindringlinge in die Brutgebiete angegriffen. Ihre Nahrung besteht aus einer Vielfalt von Kleintieren, die sie vom Erdboden aufnehmen, Insekten und deren Larven, Würmer, Mollusken, aber auch zumindest zeitweise Samen und Früchte von Wildkräutern und sogar grüne Pflanzenteile.

Schon im Juni, nach dem Flüggewerden der Jungen, sammeln sich die ersten Schwärme über Wiesen und Feldern oder an Schlammflächen. Eine Art Frühsommerzug hat begonnen. Wie flache, in ihrer Form sich ständig verändernde, breit gefächerte Wolken fliegen Kiebitzschwärme meist niedrig über dem Boden. Die einzelnen Vögel bewegen sich mit eigenartig schaufelndem Flügelschlag durch die Luft. Der endgültige Abzug ins Winterquartier nach West- und Südeuropa sowie Nordafrika kann aber bis in den Dezember hinein andauern. Nur wenigen Kiebitzen gelingt in milden Wintern die Überwinterung in Mitteleuropa.

▸ Spornkiebitz

Kiebitz *Vanellus vanellus* (L.)

Größe	= Taube
Maße (cm)	Länge ca. 28–31 / Flügel ca. 70–76
Körpermasse (g)	ca. 200
Stimme	klagend bis weinerlich rufend; Kontaktlaut „kie-wi“; Alarmsignal „piii“; bei Ausdrucksflug „chä-chuit“, „wit-wit-wit-wit-wit“, „chiu-wit“; wuchtelndes Fluggeräusch
Brutzeit	Ende März bis Anfang April; 1 Jahresbrut, spätere Nachgelege möglich
Gelegegröße	4 (3 oft von Erstbrütern, im Ersatzgelege oder 1 Ei verlegt)
Eifärbung	gelbbraun, steinfarben, oliv oder grau getönt, selten bläulich/rötlich; kleine schwarze Punkte und Kleckse, seltener Streifen und Kritzellinien bzw. große Kleckse; glatt, glanzlos
Eimaße (mm)	kreiselförmig bis oval – 46,3 x 32,6
Brutdauer	26–29 Tage (M 27)
Nestlingszeit	Nestflüchter; Hudern 14/16 Tage; mit 35–40 Tagen flügge

KIEBITZ, MÄNNCHEN IM PRACHTKLEID

MÄNNCHEN IM FLUG

JUNGVOGEL IM SPÄTSOMMER

NEST UND GELEGE

Zwergstrandläufer

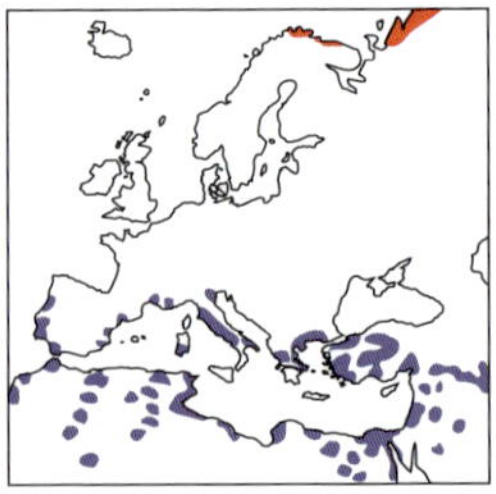

„Strandläufer" sind relativ kleine und kurzbeinige Schnepfenvögel, die fast alle ausschließlich oder überwiegend im hohen Norden brüten; einige von ihnen unternehmen spektakuläre Wanderungen und sammeln sich außerhalb der Brutzeit in großen Scharen vor allem im Bereich von Flachküsten.

Die kleinste europäische Art ist der Zwergstrandläufer. Im Prachtkleid wirken die winzigen und emsig nach Nahrung suchenden Vögel oberseits mehr oder weniger rotbräunlich mit auffälliger Rückenzeichnung. Im Schlichtkleid sind sie oberseits graubraun, im Unterschied zu den ebenfalls kleinen Temminckstrandläufern jedoch viel lebhafter gezeichnet. Jungvögel tragen eine schmale weiße V-Zeichnung auf dem Rücken. Die Beine sind in allen Kleidern schwarz. Im östlichen Asien und auch in der Neuen Welt leben einige sehr ähnliche Arten, so dass das Bestimmen kleiner Strandläufer vor allem außerhalb Europas zu einem feldornithologischen Puzzle werden kann, in dem man einzelne Merkmale sorgfältig gegeneinander abwägen muss.

Das Brutgebiet reicht vom nördlichsten Norwegen entlang des Nördlichen Eismeers nach Osten bis etwa Mittelsibirien. Das riesige Wintergebiet umfasst so gut wie alle Gewässer Afrikas von der Küste bis tief ins Binnenland, die Küstengebiete und deren Hinterland des südlichen Asiens nach Osten bis etwa Burma sowie viele Küstengebiete des Mittelmeerraumes und äußersten Westens Europas. So gut wie alle Populationen bestehen also aus Langstreckenziehern. Schon ab Ende Juni ziehen Nichtbrüter aus der Tundra ab; bis Anfang September folgen zunächst die Altvögel, später die Jungvögel. Ein kleiner Teil zieht nicht alljährlich in die nordische Brutheimat zurück, sondern übersommert im Winterquartier oder an Zwischenstationen, so vor allem in Afrika.

Zwergstrandläufer *Calidris minuta* (LEISLER 1812)

Größe	= Sperling
Maße (cm)	Länge ca. 12–14 / Flügel ca. 28–31
Körpermasse (g)	20–30
Stimme	sanft „dirrdirrdirrit..." beim Auffliegen und Einfallen; Stimmfühlung „it"; Alarmruf „drrrit"; Singflug schmetterlingsartig, mit klirrendem Triller
Brutzeit	Ende Juni bis Anfang Juli, 1 Jahresbrut
Gelegegröße	4
Eifärbung	weißlicholiv bis helloliv, gelegentlich bräunlichgelb, lila-, dunkelbraun und grauviolett getupft, gesprenkelt/gekleckst; kleine Flecken gleichmäßig verteilt, am stumpfen Pol große Kleckse; glatt, ziemlich glänzend
Eimaße (mm)	oval bis kreiselförmig – 28,8 x 20,7
Brutdauer	20–21 Tage; wahrscheinlich gelegentlich Bigamie; 1 ♀ produziert mit 2 ♂♂ je 1 Gelege; vom ♂ wird das 1., vom ♀ das 2. Gelege bebrütet
Nestlingszeit	Nestflüchter, beide Partner führen; Dauer?

Der größte Teil der Zugvögel hält sich an Meeresküsten und küstennahen Lagunen und Stillgewässern. Aber auch im Binnenland Europas tauchen Zwergstrandläufer regelmäßig auf, meist September/Oktober und Ende April bis Mitte Mai. Die Brutplätze liegen an feuchten Stellen oder an Küsten der Arktis und Subarktis in der Tundrenvegetation. Vegetationslose Schlick- und Schlammflächen sind die Aufenthaltsbereiche während des Zuges und im Winter. Hier laufen die zierlichen Vögel meist emsig herum und picken Nahrung auf. Mit ihren relativ kurzen Schnäbeln sondieren sie kaum im weichen Boden, sondern picken nach Insekten und deren Larven oder holen am Meer auch kleine Ringelwürmer und Mollusken aus den obersten Bodenschichten. Häufig schließen sie sich bei der Nahrungssuche anderen kleinen Strandläufern an, z. B. Alpenstrandläufern.

Strandläufer halten oft sehr geringen Fluchtabstand. Besonders vertraut wirken Zwergstrandläufer, wenn sie scheinbar äußerst hungrig frisch vom zurückweichenden Wasser freigegebene Schlickflächen am Meer oder sehr feuchte Schlammflächen an Binnengewässern emsig nach Nahrung absuchen. Auch an den hochnordischen Brutplätzen lassen sie sich oft aus nächster Nähe beobachten.

Trotzdem weiß man über die Brutbiologie der Art relativ wenig. Die Balz findet erst nach der Ankunft am Brutplatz statt. Wie bei anderen Strandläufern markieren Männchen und Weibchen ihre Revier mit Singflügen. Häufig scheint eine besondere Anpassungsform der Partnerschaft vorzukommen, die eine optimale Ausnutzung der kurzen Spanne der Brutzeit ermöglicht: Ein Weibchen verpaart sich nacheinander mit zwei Männchen, wobei das erste der Gelege dann vom ersten Männchen, das zweite vom Weibchen selber bebrütet wird. Eine Besonderheit vieler arktischer Watvögel ist auch die Mauser: Die Jungvögel mausern ihr Jugendkleid zur Hauptsache erst im Winterquartier, die Altvögel unterbrechen häufig die im Brutgebiet einsetzende Mauser des Kleingefieders, um sie dann auf den Haltestationen des Wegzuges fortzusetzen. Die Schwingen werden dann meist erst im Winterquartier gemausert.

Außerhalb Europas im äußersten Norden Asiens und im hocharktischen Amerika brütet der **Knutt** (*Calidris canutus*), mit etwa Drosselgröße und gedrungener Gestalt der größte regelmäßig in Europa außerhalb der Brutzeit erscheinende Strandläufer; vor allem im Wattenmeer der Nordsee.

▸ TEMMINCKSTRANDLÄUFER

ZWERGSTRANDLÄUFER, ALTVOGEL AM BRUTPLATZ

VOGEL IM PRACHTKLEID

JUNGVOGEL

NEST UND GELEGE

Temminckstrandläufer

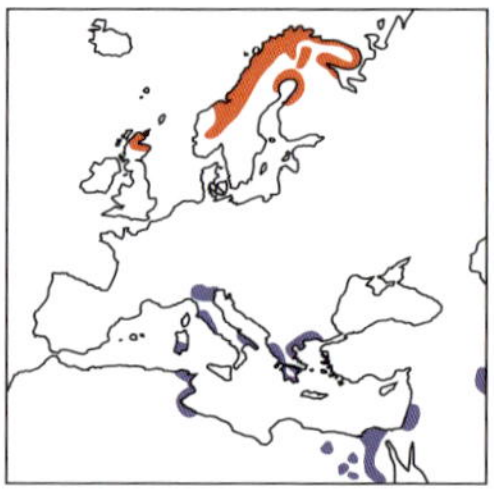

Coenrand Jacob Temminck (1778–1858) war der Direktor des Naturgeschichtlichen Museums in Leiden und verfasste mehrere wichtige zeitgenössische Bücher über Vögel. Ihm zu Ehren wurde der kleine Strandläufer 1812 benannt.

Etwa so groß wie der Zwergstrandläufer sind Temminckstrandläufer im Schlichtkleid, in dem sie am häufigsten in Mitteleuropa erscheinen, an dem wenig gezeichneten grauen Rücken zu erkennen. Das Prachtkleid ist lebhafter gemustert, auch mit rostbraunen Federrändern, aber nie so auffällig rotbräunlich wie beim Zwergstrandläufer. Jungvögel sind wieder etwas rostfarbener durch helle Federsäume, die wie Schuppen wirken, doch nicht mit der lebhaften Zeichnung junger Zwergstrandläufer zu vergleichen. In allen Kleidern haben Temminckstrandläufer keine schwarzen, sondern schlammfarbene bis gelbliche Beine; die Schwanzaußenkanten sind weiß.

Das Brutgebiet umfasst vor allem die Fjällflächen Skandinaviens und zieht sich in der Tundra über ganz Eurasien bis an die Beringstraße. Es liegt insgesamt ein wenig südlicher als das Areal des Zwergstrandläufers. Wenige Paare brüten unregelmäßig auch auf den Hochflächen Schottlands. Die Winterquartiere des unauffälligen kleinen Strandläufers liegen an einigen Stellen des Mittelmeergebiets, vor allem aber in Westafrika südlich der Sahara und reichen nach Süden bis an den Äquator und nach Osten bis ins westliche Ostafrika. Weiter im Osten überwintern größere Mengen an den Küsten Vorderasiens, in Vorder- und Hinterindien und auch auf einigen Sundainseln.

Anfang Juli verlassen die Altvögel bereits ihre Brutgebiete, wenn die Jungen oft noch nicht völlig selbstständig sind, die dann etwa ab Mitte August folgen. In Mitteleuropa treffen die ersten Wegzügler meist im Juli ein; die Altvögel sind dann meist bis Ende August schon weitergewandert. Ende August/September ziehen die Jungvögel durch; Nachzügler lassen sich mitunter noch bis in den Oktober hinein sehen. Ab Ende April erscheinen die ersten in Mitteleuropa auf dem Heimzug, der Gipfel wird aber erst im Mai erreicht. Mitte Mai/Anfang Juni erscheinen die Vögel an ihren Brutplätzen. Sie sind also oft nur etwa einen Monat in ihrem Brutgebiet!

Auf relativ trockenen Flächen im Binnenland mit niedriger Vegetation, die aber mit Büschen untermischt sein kann, oft auch nahe an Flüssen und Seen, aber auch in einsamen Hochplateaus finden sich die Brutplätze. Strenge arktische Bedingungen liegen den Temminckstrandläufern im Unterschied zu manchen Gattungsverwandten nicht. Auf dem Zug sucht man sie unter den Strandläufern auf den großen offenen Stränden am Meer meist vergeblich. Sie lieben eher die Deckung, treten auch nie in großen Schwärmen auf, die sich beim Abflug zu Wolken verdichten. Regelmäßig halten sie sich an Binnengewässern auf und sind hier auch mitunter auf winzigen Uferstreifen einzeln zu sehen.

Im Brutgebiet besetzen die Männchen oft erhöhte Warten, von wo aus sie ihren Trillergesang hören lassen. Von Zeit zu Zeit starten sie dann zu einem Singflug. Die Partnerschaftsverhältnisse sind wie auch bei anderen arktischen Strandläufern etwas verwickelt. Offenbar werden die Männchen etwas früher geschlechtsreif als die Weibchen, nämlich bereits im ersten Lebensjahr. Im Brutgebiet kann sich ein Weibchen mit einem Männchen verpaaren, das dann das Gelege bebrütet. Mit einem zweiten Männchen wird dann eines neues Gelege gezeitigt, das dann das Weibchen bebrütet. Aber auch das erste Männchen kann sich ein zweites Weibchen suchen, das dann die Bebrütung des Geleges übernimmt. So kann das zweite Gelege eines Weibchens bereits wenige Tage nach dem ersten abgelegt werden. Jeweils ein Männchen oder ein Weibchen kümmert sich um die Eier und später um die Jungen.

In der Arktis von Mittel- und Ostsibirien, auf Grönland und in der Arktis Amerikas brütet der **Sanderling** (*Calidris alba*), der während des Zuges und im Winter an den Küsten der ganzen Welt zu sehen ist (vgl. z. B. Kiebitzregenpfeifer). Er ist auch regelmäßiger Gast an den europäischen Küsten, vor allem im Wattenmeer der Nordsee. Auf dem Durchzug erscheint er aber auch regelmäßig einzeln im Binnenland. Er ist im Schlichtkleid der hellste aller in Europa erscheinenden Strandläufer und für seine Größe besonders kurzschnäbelig. Sanderlinge rennen oft truppweise mit sehr schnellen Trippelschritten an Sandstränden entlang.

▸ ZWERGSTRANDLÄUFER

Temminckstrandläufer *Calidris temminckii* (LEISLER 1812)

Größe	= Sperling
Maße (cm)	Länge ca. 12–14 / Flügel ca. 28,5–31,5
Körpermasse (g)	15–35
Stimme	beim Abflug trillernd „tirr"; lerchenartig schwirrender Singflug; Gesang langes Trillern, steigend und fallend
Brutzeit	Mitte bis Ende Juni, meist 1, manchmal 2 Jahresbruten; ♀ mit 2 ♂♂ verpaart
Gelegegröße	4; ♂ bebrütet Gelege, ♀ das 2.
Eifärbung	sehr ähnlich Zwergstrandläufer, Grundfärbung helleres Grün, selten stark gekleckst; glatt, ziemlich glänzend
Eimaße (mm)	oval bis kreiselförmig – 28 x 20,4
Brutdauer	19/22 Tage
Nestlingszeit	Nestflüchter; Junge ab 15/16 Tage begrenzt flugfähig

TEMMINCKSTRANDLÄUFER, BALZFLUG

PRACHTKLEID

UNAUSGEFÄRBTES SCHLICHTKLEID

NEST UND GELEGE

Meerstrandläufer

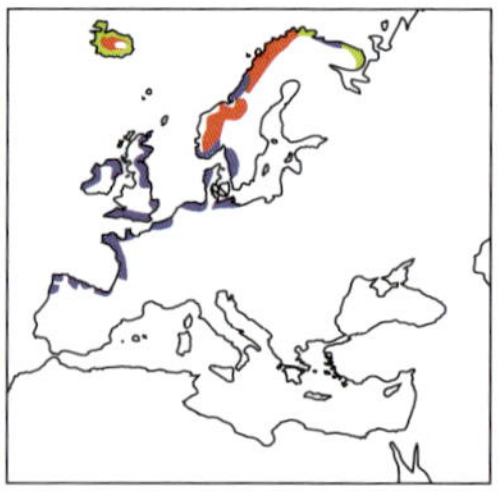

Sein Name ist streng genommen nur für den Lebensraum außerhalb der Brutzeit ein Programm. Hier ist der gedrunge Strandläufer nämlich so gut wie ausschließlich an steinigen und felsigen Küsten anzutreffen, bei der Nahrungssuche meist hart am Wasser auf oder zwischen wellenumspülten Steinen im Tidenbereich. Ruheplätze liegen meist etwas höher und trockener, auch auf Steinbauwerken zum Schutz der Küsten oder Hafenmolen sitzen Meerstrandläufer häufig. Für Kenner eines Küstenabschnitts sind die Gäste aus dem Norden Jahr für Jahr meist an ganz bestimmten Plätzen anzutreffen. Solchen Erfahrungen entsprechen die Ergebnisse von Markierungen auf Helgoland rastender und überwinternder Vögel: Von alten Meerstrandläufern, die dort einen Winter überlebten, kehrten nicht weniger als 75–80% im nächsten Herbst wieder zurück; unter den Jungvögeln waren es immerhin 50–70%. Das sind ganz außergewöhnlich hohe Werte für Ortstreue. Immerhin ist ja sicher in der dazwischen liegenden Zeit ein Teil der Vögel gestorben, so dass man mit einem sehr hohen Teil überlebender Rückkehrer rechnen kann. Im Binnenland sieht man Meerstrandläufer auf dem Zug oder im Winter so gut wie nie.

Die Vorliebe für wasserumspülte und wellengepeitschte Küstenabschnitte ist wahrscheinlich auch der wesentlichste Grund dafür, dass Meerstrandläufer nördlicher als alle anderen Watvögel überwintern, nämlich von Island und den Küsten des nordwestlichen Skandinaviens bis an die Nordküste Spaniens und an der Ostküste des nördlichen Amerika. Das Meer spült immer wieder Nahrung ans Land oder erlaubt in der Gezeitenzone aktives Leben wirbelloser Tiere, unabhängig davon, ob im Land Eis und Schnee den Boden bedecken. Mollusken (vor allem Strandschnecken der Gattung *Littorina*) und Krebstiere machen den wichtigsten Anteil der Nahrung im Winterhalbjahr aus. Im Schlick lebende Würmer – eine wichtige Nahrungsressource für andere Watvögel – spielen dagegen für den Meerstrandläufer kaum eine Rolle; doch werden Algen und Tangstückchen aufgenommen. Geschickt weichen die nahrungssuchenden Vögel den anbrandenden Wellen aus; kleinere Duschen lassen sie auch schon mal in geduckter Haltung über sich ergehen.

An den Brutplätzen ernähren sich die Vögel von Insekten (z. B. Vollinsekten und Larven der zahllosen Mücken) und anderen Kleintieren am Boden; auch pflanzliche Nahrung wird aufgenommen. Die Brutreviere liegen in hocharktischen Gebieten oft nahe an Schnee und Eis von der Meeresküste bis mehrere hundert Meter Seehöhe im Inland, aber auch auf Felseninseln, auf flechten- und moosbestandenen kargen Hochländern oder in mehr oder minder feuchten Tundrenformen.

In Europa umfasst das Brutgebiet Island und Norwegen von der Südspitze in den hohen Norden. Weiter östlich siedeln Meerstrandläufer entlang des nördlichsten Randes von Russland bis Mittelsibirien. Die nördlichsten Brutplätze liegen auf Spitzbergen, Franz-Joseph-Land, Nowaja Semlja und Severnaja Semlja; der 80. Grad nördlicher Breite wird also überschritten. Damit zählt der Meerstrandläufer zu den nördlichsten Brutvogelarten der Welt. Auch im arktischen Amerika und auf Grönland reicht die Brutverbreitung des kleinen Watvogels bis weit in die Hocharktis.

Meerstrandläufer sind etwas größer als Alpenstrandläufer und wirken recht gedrungen. Ihre relativ kurzen Beine sind gelblich, ebenso die Schnabelbasis. Im Winterkleid ist das Rückengefieder wie auch Kopf und Brust düster grau. Im Prachtkleid ist die Oberseite durch gelbgraue und rostbraune Federränder lebhafter gemustert; die Beine sind dann dunkler. Jungvögel weisen auf dem Rücken schmale helle Federsäume auf.

Am Brutplatz zeigen die Vögel oft geringen Fluchtabstand. Balz und Paarbildung findet am Brutplatz statt. Die meisten werden wohl erst im zweiten Lebensjahr geschlechtsreif. Die Männchen markieren mit einem Singflug ihre Reviere. Die Partner gehen eine Saisonehe ein. Die Nester – mit Pflanzenmaterial ausgekleidete Mulden – stehen in typischer offener Tundren- oder Fjällvegetation, immer auf trockenem Untergrund. Das Gelege bebrüten Männchen und Weibchen. Nach dem Schlüpfen oder mitunter auch schon unmittelbar davor verlassen die Weibchen Nest und Junge; die Küken werden allein von den Männchen betreut.

▶ ALPENSTRANDLÄUFER, STEINWÄLZER

Meerstrandläufer *Calidris maritima* BRÜNNICH, 1764

Größe	> Sperling
Maße (cm)	Länge 20–22/ Flügel 42–46
Körpermasse (g)	♂ 59–94, ♀ 60–105
Stimme	kurzer, scharfer Flugruf „kwitt", warnt laut, schnell lachend „phihihihi...", im Flug ähnlich Alpenstrandläufer singend, summendes „prrüh-prrüh-prrüh...", hart zwitschernd „kewick-kewick-wick-wick-wick..."
Brutzeit	Anfang bis Mitte Juni, 1 Jahresbrut
Gelegegröße	(3) 4
Eifärbung	ähnlich Alpenstrandläufer, etwas größer, hell- bis weißoliv, grün oder bläulichgrün; unterschiedlich hell oder dunkel gekleckst, punktiert oder bekritzelt, auch lilagraue Flecken; glatt, schwach glänzend
Eimaße (mm)	spindelförmig bis oval und kreiselförmig – 37,3 x 26,2
Brutdauer	1–22 Tage, überwiegend ♂ brütet
Nestlingszeit	Nestflüchter, 3–4 Wochen vom ♂ geführt

MEERSTRANDLÄUFER, ALTVOGEL AM BRUTPLATZ

SCHLICHTKLEID

SCHLICHTKLEID

JUNGVOGEL

Alpenstrandläufer

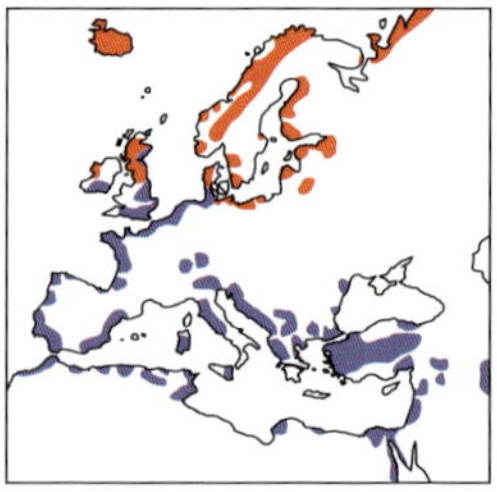

Als Durchzügler zählt der Alpenstrandläufer zu den häufigsten Vögeln im Wattenmeer, wo er sich in riesigen Schwärmen sammelt, die sich ähnlich Staren zu großen Vogelwolken formieren. Er ist auch der häufigste und regelmäßigste Durchzugsgast im Binnenland Europas und besiedelt ein sehr großes Verbreitungsgebiet. Mit den Alpen hat er allerdings nichts zu tun.

Im Prachtkleid sind die schwarzbeinigen Strandläufer leicht am schwarzen Bauchfleck zu bestimmen, der auch bei den Jungvögeln im Herbst oft noch andeutungsweise in Gestalt dunkler Punkte zu erkennen ist. Rostrote Federpartien und dunkle Federzentren formen ein lebhaftes Muster auf der Oberseite. Im hellen Schlichtkleid mit reinweißer Unterseite und hellgrauem Rücken ähneln Alpenstrandläufer den etwa gleich großen Sichelstrandläufern. Bürzel und Oberschwanzdecken sind aber immer durch einen dunklen Mittelstreifen geteilt; Sichelstrandläufer wirken auch etwas langbeiniger. Der sichelförmig gebogene Schnabel ist nicht immer ein eindeutiges Merkmal, da auch Alpenstrandläufer leicht gebogene Schnäbel tragen können.

In Europa brüten Alpenstrandläufer auf Island, auf den Britischen Inseln und Irland, in Skandinavien und rund um die Ostsee und am Nordrand Russlands. Die südlichsten Brutplätze liegen in Norddeutschland und in Polen. Früher war in den mittleren Breiten die Art weiter verbreitet; vom gesamten mitteleuropäischen Bestand ist nur noch ein kleiner Rest übrig geblieben. Lebensraumzerstörung ist die Hauptursache des Verschwindens aus vielen Brutgebieten; nur noch in Schutzgebieten wird der Alpenstrandläufer an Küsten und im Binnenland überleben können. Da auch die großen Rast- und Überwinterungsbestände in Westeuropa (vor allem die Küsten Frankreichs und Großbritanniens) rückläufig sind, muss man auch großräumige Bestandseinbußen vermuten. Daher zählt die Art zu den gefährdeten Brutvögeln Europas.

Außerhalb Europas brüten Alpenstrandläufer über die Tundrengebiete Sibiriens bis an den Pazifik sowie im arktischen Amerika und auf Grönland. Das Winterquartier reicht von den Küstengebieten Westeuropas über das gesamte Mittelmeergebiet bis nach Afrika und Asien nördlich des Äquators. Die Vögel ziehen also nicht so weit wie etwa Sichelstrandläufer und sind überwiegend Kurz- oder Mittelstreckenzieher, aus dem arktischen Sibirien aber auch Langstreckenzieher.

Brutbiotope sind nasse, extensiv genutzte Weiden und Wiesen, Heidegebiete, Moore, Salzwiesen und verschiedene Formen der Tundra. Wichtig sind nicht zu hohe Vegetation und einzelne Pflanzenbüschel, aber auch die Nähe von offenem Wasser und offenen schlammigen Bodenstellen. Die Gezeitenzonen an Flachküsten stellen den wichtigsten Lebensraum außerhalb der Brutzeit, aber auch andere Schlammflächen an verschiedensten Typen von Binnengewässern. In seinen Lebensraumansprüchen ist der Alpenstrandläufer zu allen Jahreszeiten der vielseitigste unter den in Europa regelmäßig vorkommenden Gattungsverwandten.

Wie bei vielen nordischen Watvögeln spielen während der Brutzeit vor allem Insekten die entscheidende Rolle in der Ernährung. An den Rastplätzen im Schlick der Flachküsten und Gezeitenzonen sind es vor allem Ringelwürmer, kleine Mollusken und Krebstiere, die Alpenstrandläufer in Massen anlocken. An Schlammflächen der Binnengewässer werden sie durch andere Kleintiere ersetzt, vor allem durch Larven der Zuckmücken.

Mit spektakulären Singflügen markieren die Männchen ihre Brutreviere: Die Vögel steigen in Spiralen auf und verharren dann oft schwirrend auf der Stelle. Schon im ersten, meist aber wohl im zweiten Lebensjahr werden die Vögel geschlechtsreif; der älteste bis jetzt bekannte Ringvogel ist 24 Jahre alt geworden. Die Nester stehen meist gut in der Vegetation versteckt.

Nicht mehr europäischer Brutvogel ist der entlang des Nordrandes von Sibirien brütenden **Sichelstrandläufer** (*Calidris ferruginea*), der als Durchzügler regelmäßig in allen Ländern Europas zu erwarten ist, in kleiner Zahl auch im Binnenland. Sein Winterquartier umfasst Küsten und Binnengewässer Afrikas südlich der Sahara, des tropischen Asien und die Küsten um Australien.

▸ ANDERE STRANDLÄUFER

Alpenstrandläufer *Calidris alpina* (L.)

Größe	= Amsel
Maße (cm)	Länge ca. 16–22 / Flügel ca. 35–40
Körpermasse (g)	44–65
Stimme	vor allem beim Abflug gepreßt „trrii"; Gesang im Singflug erst „drürr drürr", dann Triller „dririri…" (schnurrend) und schließlich „triti…"; zum Teil auch am Boden
Brutzeit	Ende April im Süden, bis Juni im Norden; 1 Jahresbrut
Gelegegröße	(3) 4
Eifärbung	schwach–sehr schwach oliv, grünlich/blaugrün, mit dunkel-, olivbraunen, gelegentlich hell grauvioletten Klecksen, Punkten/Flecken; sehr unterschiedlich gezeichnet; glatt, leicht glänzend
Eimaße (mm)	oval bis kurz-kreiselförmig – 34,8 x 24,3
Brutdauer	(20) 21/24 Tage
Nestlingszeit	Nestflüchter; ♀ verläßt oft Junge nach 10 Tagen, ♂ bleibt bis ca. 20 Tage; mit 19/20 Tagen flugfähig

ALPENSTRANDLÄUFER IM PRACHTKLEID

JUNGVOGEL

DUNENJUNGES

NEST UND GELEGE

Sumpfläufer

Nur oberflächlich ähnelt der in eine eigene Gattung gestellte Sumpfläufer einem der mittelgroßen europäischen Strandläufer. Seine besonderen Merkmale in allen Kleidern sind der gerade, erst an der Spitze deutlich abgebogene Schnabel und der Überaugenstreif. Dieser gabelt sich vor dem Auge und zieht als breiter heller Streif unmittelbar über dem Auge nach hinten. Ein dünner Parallelstreif läuft an den Scheitelseiten über den Kopf. Unauffälligkeit im Aussehen und Verhalten kennzeichnet den Vogel, über dessen Lebensweise unser Wissen noch recht lückenhaft ist.

In Europa brüten Sumpfläufer in Fennoskandien von Südost-Norwegen über Nordschweden bis ins mittlere und nördliche Finnland einschließlich der russischen Halbinsel Kola. Weiter nach Osten sind am Nordrand von Mittel- und Ostsibirien nur zwei größere Areale bekannt. Die hier brütenden Sumpfläufer werden einer anderen Unterart als die europäischen Brutvögel zugerechnet. Man nimmt aber an, dass im nördlichen Sibirien das Verbreitungsgebiet größer ist. Das unauffällige Verhalten am Brutplatz und vor allem auch seine Verbreitung auf schwer zugänglichen, nassen und moorigen Flächen machen es sehr schwer, eindeutige Brutvorkommen nachzuweisen. So zählt der Sumpfläufer zu den europäischen Vögeln, deren Brutareal am schlechtesten bekannt ist.

Die meisten europäischen Brutvögel leben im nördlichen Finnland. Wahrscheinlich hat hier der Bestand in neuerer Zeit abgenommen, so dass man die Art zu den gefährdeten Brutvögeln Europas zählen muss. Trockenlegung von Brutmooren einerseits, Überflutung solcher Flächen andererseits haben zumindest einzelne Brutvorkommen vernichtet. Aus den schon genannten Gründen ist es aber außer-

ordentlich schwierig, Bestandsentwicklungen zu dokumentieren. Auch in Schweden und Norwegen sind Brutverbreitung und Bestand und vor allem ihre Veränderungen nur unzureichend bekannt.

In seinen Wanderungen weicht der Sumpfläufer von den Strandläufern mit ähnlicher Brutverbreitung ab. Die Brutvögel Europas schlagen nämlich eine südöstliche Vorzugsrichtung ein. So kommen nur ganz wenige auf dem Durchzug nach Mittel- oder gar Westeuropa. Über Südosteuropa und Vorderasien steuern die meisten Winterquartiere an, die in Ost- und Südafrika, Arabien und Vorderindien liegen. Südöstliche Zugrichtung führt die Brutvögel Sibiriens quer über den riesigen Kontinent auf die Sundainseln und nach Australien sowie an die Pazifikküste Asiens. Wichtige Rastgebiete im Westen sind Teile der Schwarzmeerküste (z. B. Bulgarien), die Sivash-Niederung in der Ukraine, das Kaspibecken und günstige Küstenabschnitte in Vorderasien.

Brutplätze liegen in Mooren und auf nassen Flächen, oft in den Zentren größerer Gebiete, in denen sich kleine lockere Brutkolonien ansiedeln können. Wichtig scheinen neben typischen Hochmoorpflanzen auch kleine oder größere Wasserlöcher zu sein. In Finnland liegen die meisten Brutvorkommen über 200 m Meereshöhe im Binnenland. Über die Struktur der Brutplätze in Sibirien weiß man wenig. Wahrscheinlich konzentrieren sich die Brutpaare vor allem auf die nasse Tundra. Auf dem Zug oder im Winterquartier sind Einzelvögel oder nur kleine Trupps typisch; nur ganz ausnahmsweise sieht man Trupps über 100 Vögel. Sie halten sich vor allem an Ufern von Binnengewässern aller Art, Lagunen, Salinen oder Flussmündungen. Die Schlammflächen müssen nicht groß sein, oft halten sich Sumpfläufer abseits anderer Watvögel zwischen locker stehenden Pflanzen oder gar auf feuchten oder nassen Rasenstücken. Die Nahrung wird in feuchtem Boden oder auch im seichten Wasser gesucht, in dem die kleinen Vögel bis zum Bauchgefieder waten. Sie stochern oft mit ihren Schnäbeln im weichen Untergrund oder laufen auch einmal ein paar schnellere Schritte hinter einer Beute her. Wie sehr sie an die Ausnutzung von Deckung angepasst sind, zeigt sich auch bei Gefahr: Oft drücken sie sich zunächst, ehe sie auffliegen. Der geringe Fluchtabstand fällt immer wieder auf.

Die Männchen verteidigen kleine Revier, markieren sie auch mit einem Singflug. Das Nest ist eine gut versteckte Mulde, oft in einer Grasbülte. Beide Partner bebrüten das Gelege und kümmern sich auch anfänglich um die Jungen. Das Weibchen verlässt aber in der Regel die Familie, bevor die Küken selbstständig geworden sind.

▸ ALPENSTRANDLÄUFER, ZWERGSTRANDLÄUFER

Sumpfläufer *Limicola falcinellus* (PONT.)

Größe	< Amsel
Maße (cm)	Länge ca. 16–18 / Flügel ca. 34–37
Körpermasse (g)	29–49
Stimme	leise „tjp-tjp-tjp“, im Abflug auch trillernd ähnlich Temminckstrandläufer „(d(sch)rii, trii trit)“; Gesang sirrend „trrui trrui trui“ und „trirr trrirrtrr…“
Brutzeit	Anfang Mai bis Mitte Juni, 1 Jahresbrut
Gelegegröße	(3) 4
Eifärbung	gelblichweiß/grau, meist sehr dicht und fein rötlich- oder dunkelbraun gesprenkelt, Grundfärbung fast verdeckt, gelegentlich Kleckse und kurze Streifen; glatt, nicht oder schwach glänzend
Eimaße (mm)	oval bis kreiselförmig – 32,1 x 22,8
Brutdauer	ca. 21 Tage
Nestlingszeit	Nestflüchter; zunächst von ♂ und ♀, dann meist nur von ♂ geführt

SUMPFLÄUFER IM PRACHTKLEID

BALZFLUG

DUNENJUNGES

NEST UND GELEGE

Kampfläufer

Viele Besonderheiten zeichnen diesen merkwürdigen Watvogel aus. Die Männchen balzen auf bestimmten Plätzen (Balzarena) und führen dabei Scheingefechte aus. Diese Arenen finden sich oft in langer Folge jährlich besetzt, etwa ab Mitte April bis Mai. Der Ablauf der Balz im Einzelnen ist trotz intensiver Untersuchungen immer noch nicht restlos geklärt. Da gibt es territoriale Männchen, die auf den Arenen kleine Reviere verteidigen. Rangniedere periphere Männchen scheinen sich im Lauf der Jahre allmählich zu territorialen „emporzuarbeiten“. Und schließlich bewegen sich ohne Revieransprüche und Aggressivverhalten Satellitenmännchen zwischen den Revierinhabern umher. Zu lebhaften Auseinandersetzungen der territorialen Männchen kommt es dann vor allem in den frühen Morgenstunden, wenn Weibchen auf den Arenen erscheinen und verschiedene Männchen zur Begattung auffordern. Auch Satellitenmännchen, die wie auch die peripheren mehrere Balzplätze besuchen, kommen zum Zuge. Ein kompliziertes Sozialverhalten ist somit entstanden, dass nicht nur einen Balzplatz, sondern wahrscheinlich mehrere auf Etappen des Heimzugs umfasst.

Im Zusammenhang mit dieser Arenabalz stehen besondere Ausstattungen der Männchen. Wie bei den arenabalzenden Raufußhühnern (vgl. Auer-, Birkhuhn) und Trappen sind auch beim Kampfläufer die Männchen deutlich größer als die Weibchen. Von Ende April bis Anfang Juni bleiben am Kopf der Männchen Teile mit auffälliger Hautfärbung unbefiedert und mit Gesichtswarzen besetzt. Dazu wachsen in Form und Farbe auffallende Federbüschel an Kopf und Hals, die wie übertriebene Perücken und üppige Halskrausen aussehen. In Weiß, Rostbraun, Schwarz oder schwarzweiß gebändert in individuell ganz verschiedener Färbung und Ausbildung präsentiert sich dieser Balzschmuck. Auch die Rolle der Männchen kann man daran erkennen: Weiße Federn signalisieren z. B. Satellitenmännchen. Den kleineren Weibchen fehlt ein derartiges Hochzeitskleid; allerdings variiert auch bei ihnen im Prachtkleid die Befiederung an Rücken und Flanken mit Bänderungen und Anteilen schwarzer Federn. Außerhalb der Balzzeit ist zwar die Gefiederzeichnung individuell verschieden, aber insgesamt von braunen und grauen Federn bestimmt, die das bunte Balzkleid der Männchen nicht erahnen lassen. Eine Partnerbindung während der Brutzeit besteht nicht.

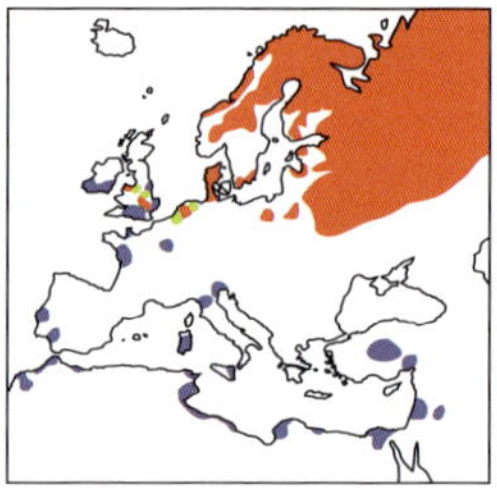

Kampfläufer *Philomachus pugnax* (L.)

Größe	> Amsel
Maße (cm)	Länge ca. ♂ 26–32, ♀ 20–25 / Flügel ca. 46–58
Körpermasse (g)	♂ ca. 190, ♀ ca. 125
Stimme	beim Auffliegen kurz „gä“ oder ähnlich; nächtliche Zugrufe rau „kri“ oder „krü“; Warnruf „gaga“ (♂), ♀ heller „gägägä“; sehr wenig zu hören
Brutzeit	Mai bis Ende Juni, 1 Jahresbrut
Gelegegröße	4
Eifärbung	hell- bis weißlichgrün oder -oliv, mittel- bis dunkelolivbraun oder schwarzbraun gefleckt und gepunktet, selten auch gekritzelt; Schalenflecke hell lilagrau; glatt, schwach glänzend
Eimaße (mm)	oval bis kreiselförmig – 43,9 x 30,7
Brutdauer	20/23 Tage
Nestlingszeit	Nestflüchter, Brutpflege nur ♀; Huderzeit 7–12 Tage; flügge mit 25/27 Tagen

Das Brutgebiet der Kampfläufer erstreckt sich vom nördlichen West- und Mitteleuropa über Osteuropa, um sich dann in Asien in zwei voneinander getrennte Areale aufzuspalten. Ein breiter Streifen erstreckt sich über die Tundrenzone am Nordrand Sibiriens nach Osten bis an die Beringstraße. Einzelne Areale liegen davon getrennt in den Steppen- und Feuchtwiesengebieten im Süden Sibiriens. Brutbestände und Brutareal in den Tiefländern Mitteleuropas haben seit langem abgenommen; heute brüten nur noch in den Niederlanden und Polen größere Bestände im Binnenland. Aber auch die Brutbestände entlang der Nordseeküste gehen zurück. Lebensraumzerstörung durch Trockenlegung war zunächst die Hauptursache der Abnahme. Später sind Beunruhigung und Intensivierung der Nutzung dazugekommen. Kampfläufer brüten vor allem auf feuchten Niederungswiesen, in Mooren und weiter im Osten in der Tundrenvegetation. An der Nordseeküste brüten Kampfläufer auch immer wieder außendeichs auf geeigneten Flächen. Insgesamt ist die Verbreitung vor allem am Südwestrand in Europa sehr unstet und auf Dauer der Bestand höchst bedroht.

Als Langstreckenzieher wandern Kampfläufer der westlichen Population vor allem nach Afrika. Hier sammeln sie sich zum Teil in riesigen Scharen an günstigen Plätzen in einem Gebiet, das vom Südrand der Sahara bis nach Südafrika reicht. Aus östlichen Brutgebieten kommen viele über eine lange Landstrecke nach Ostafrika, Arabien und Indien. Kleinere Bestände überwintern auch rund um das Mittelmeer und in Westeuropa. Zu beiden Zugzeiten tauchen Kampfläufer als regelmäßige Gäste auch im Binnenland Europas auf. Rastplätze sind hier vor allem überschwemmte Wiesen oder Schlammbänke. An günstigen Stellen sammeln sich vor allem im Frühjahr mitunter Tausende. Einzelne tauchen selbst an Kleingewässern sogar in den Alpen auf.

▶ ROTSCHENKEL, DUNKLER WASSERLÄUFER

KAMPFLÄUFER, MÄNNCHEN IM PRACHTKLEID

WEIBCHEN IM PRACHTKLEID

DUNENJUNGES

NEST UND GELEGE

Zwergschnepfe

Die kleinste unter den drei europäischen Sumpfschnepfen brütet von Skandinavien bis Ostsibirien. Kleine isolierte Brutvorkommen gibt es noch in Südschweden, Nordpolen und Weißrussland. Im vorigen Jahrhundert war die Verbreitung in Mitteleuropa sicher größer. Auch die Winterbestände der meist recht versteckt lebenden Art haben deutlich abgenommen, so etwa in Westeuropa.

Das Winterareal der Art reicht vom Nordseegebiet und den Britischen Inseln über das Mittelmeergebiet bis nach Afrika. Hier erreichen südlich der Sahara die südlichsten Vorkommen den Äquator. Sibirische Brutvögel überwintern in Vorderasien und in Indien. Zwergschnepfen sind also großenteils Langstreckenzieher, am Westrand ihrer Verbreitung nur Kurzstreckenzieher. Bis an den Alpenrand kann man in Mitteleuropa einzelne Zwergschnepfen den Winter hindurch beobachten.

Große Moore und nasse Wiesen, zum Teil noch in den nördlichen Gebieten der Taiga gelegen, bilden die typischen Brutplätze. Flachmoore, feuchte bis nasse Wiesen, Verlandungszonen und Schlickflächen, auch kleinste Tümpel und Wiesengräben sind die bevorzugten Aufenthaltsorte auf dem Durchzug und im Winter. Wichtig ist, dass ausreichend Versteckmöglichkeiten in der Vegetation vorhanden sind. Oft drücken sich die Vögel so gut zwischen Pflanzen oder kleinen Unebenheiten, dass sie erst unmittelbar vor dem Beobachter auffliegen. Meist verharren sie vorher in Kauerstellung.

▶ BEKASSINE

Zwergschnepfe *Lymnocryptes minimus* (BRÜNNICH 1764)

Größe	< Amsel
Maße (cm)	Länge ca. 17–19 / Flügel ca. 30–36
Körpermasse (g)	ca. 35–80
Stimme	oft stumm auffliegend, auch sehr gedämpft „ätch" (ähnlich Bekassine); während Ausdrucksflug rhythmisch klapperndes „logitokk-logitokk"; wahrscheinlich ♀ summendes „errrrr"
Brutzeit	Anfang Juni, möglicherweise 2 Jahresbruten
Gelegegröße	(3) 4
Eifärbung	blassoliv oder -grün, dunkel-, schwärzlichbraun und grau getupft und gefleckt, viele Eier mit winzigen Flecken und Streifen; Schale wirkt dunkler
Eimaße (mm)	oval bis kreiselförmig – 38,6 x 27,4
Brutdauer	mind. 24 Tage
Nestlingszeit	Nestflüchter

Doppelschnepfe

Von Skandinavien bis Zentralsibirien brütet in der borealen Wald- und in der Tundrazone die der Bekassine sehr ähnliche Art. Die südwestlichsten Ausläufer des Areals erreichen noch Mittel- und Ostpolen. In Dänemark und Deutschland sind die Brutplätze schon lange aufgegeben, und sowohl in Skandinavien als auch in Weißrussland und Russland nehmen die Bestände der Doppelschnepfe, die vor allem in nassen Mooren brütet, ab. So zählt sie nicht nur zu den gefährdeten Brutvögeln Europas, sondern hat auch weltweit den Status einer bedrohten Art nahezu erreicht.

Doppelschnepfen überwintern in Afrika vom Südrand der Sahara bis an die Südspitze und können in günstigen Gebieten große Ansammlungen bilden. Sie bevorzugen außerhalb der Brutzeit Grasland und sind in Afrika oft auf recht trockenen Flächen zu finden. In Mittel- und Westeuropa werden sie nur selten gesehen, vielleicht aber auch mitunter mit Bekassinen verwechselt. Meist fliegen die Vögel überraschend dicht vor dem Beobachter auf und sind dann in der Eile schwer zu bestimmen.

Sie ist die einzige Art der Gattung *Gallinago*, von der neben den beiden europäischen Arten noch mehrere sehr ähnliche in Asien vorkommen, die keinen Ausdrucksflug über dem Brutrevier mit Instrumentallauten der Schwanzfedern ausführt. Dafür sammeln sich die Männchen vor allem bei Sonnenuntergang auf Balzarenen, auf denen sie kleine Territorien verteidigen.

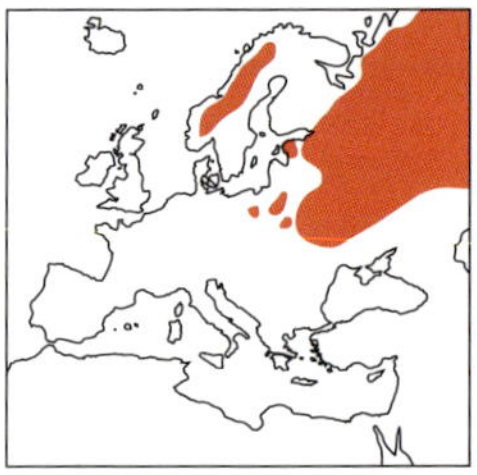

▶ BEKASSINE

Doppelschnepfe *Gallinago media* (LATHAM 1787)

Größe	= Amsel
Maße (cm)	Länge ca. 27–29 / Flügel ca. 42–46
Körpermasse (g)	ca. 200
Stimme	außerhalb Brutzeit weniger ruffreudig als Bekassine; im Abflug sehr gedämpft „rhäb", „schrt"; Gesang zwitschernde Folge „bibbelibibi..." mit „klick" oder „knek" („Knebbern")
Brutzeit	Anfang Mai im Süden, bis Ende Juni/Anfang Juli im Norden; 1 Jahresbrut
Gelegegröße	(3) 4
Eifärbung	hellgelbbräunlich oder gräulich, ausnahmsweise oliv/grünlich, mit dunkeloliv-, schwarzbraunen und grauen Klecksen, Fleckchen, Tupfen; glatt, schwach glänzend
Eimaße (mm)	oval bis kreiselförmig – 45,4 x 31,8
Brutdauer	> 20 Tage
Nestlingszeit	Nestflüchter

ZWERGSCHNEPFE

NEST UND GELEGE DER ZWERGSCHNEPFE

DOPPELSCHNEPFE BEI DER BALZ

EINE BALZPOSE DER DOPPELSCHNEPFE

Bekassine

Die mit Abstand häufigste Sumpfschnepfe Europas lebt in einem großen Areal, das in feuchten Gebieten der Mittelbreiten von der europäischen Atlantikküste bis in den Norden Ostsibiriens reicht. Im entsprechenden Bereich Nordamerikas lebt eine andere Unterart, die heute mitunter auch als eigene Art betrachtet wird. In Mitteleuropa haben aber die Bestände zum Teil stark abgenommen; in manchen Gebieten ist die Art als regelmäßiger Brutvogel auch bereits verschwunden. Als Brutvögel feuchter Graslandschaften und Moore, Überschwemmungsflächen, Verlandungszonen und Bruchlandschaften hat die Bekassine große Lebensraumverluste durch Trockenlegungen, Abbau von Hochmooren und Eingriffe in den Wasserhaushalt hinnehmen müssen; auch auf extensiv bewirtschafteten Flächen drohen z. B. hohe Gelegeverluste durch frühe maschinelle Mahd. Sie teilt damit das Los vieler auf Feuchtgebiete angewiesenen Arten in weiten Gebieten Europas.

Europäische Bekassinen sind Mittel- und Kurzstreckenzieher, in Westeuropa auch Standvögel. Das Winterquartier beginnt bereits im Nordseegebiet und umfasst Westeuropa sowie außerhalb des Brutgebiets den gesamten Mittelmeerraum einschließlich Vorderasien. Die meisten Brutvögel der nördlichen Brutgebiete, vor allem in Asien, aber sind Langstreckenzieher, die bis Afrika südlich der Sahara (Sahelzone), nach Vorder- und Hinterindien und bis auf die Sundainseln wandern. Durchzügler trifft man auf Schlammflächen aller Art, meist mehr gegen die Vegetation der Verlandungszone zu, denn Deckung spielt für Bekassinen immer eine wichtige Rolle. Bei Gefahr knicken sie an den Laufgelenken ein und nehmen eine starre Kauerhaltung an, oft geschickt eine Bodenunebenheit als Deckung nutzend. Aufgescheucht fliegen sie im rasanten Zickzackflug oft erst dicht vor dem Beobachter auf, meist mit einem gedämpften „ätch". Meist fallen sie rasch wieder in dichte Deckung ein.

Andererseits brauchen Bekassinen weichen Boden, denn der lange Schnabel ist ein hervorragendes Sondiergerät, dessen mit Sinnesorganen versehene Spitze auch Berührungsreize wahrnehmen kann. Die Spitze des Oberschnabels kann aufgebogen werden und damit kleine Beutetiere erfassen. Kleintiere der obersten Bodenschichten und der Bodenoberfläche bilden die wichtigste Nahrung, z. B. Würmer, Insektenlarven, kleine Schnecken; Sämereien und kleine Trockenfrüchte werden auch genommen.

Am Brutplatz rufen Männchen und Weibchen von höheren Sitzwarten aus oder fliegend im Stakkato rhythmisch „tük-ke". Vor allem der Reviermarkierung dient ein gedämpftes „Meckern" oder ein vibrierendes Summen oder Brummen. Ähnliche Lautreihen sind allen anderen Arten der Gattung mit Ausnahme der Doppelschnepfe eigen. Sie werden durch Schwingungen der besonders konstruierten äußeren Schwanzfedern erzeugt. Dazu fliegen die Bekassinen schräg nach oben und lassen sich in einem Winkel von über 45 Grad abgleiten. Der auf die abgespreizten äußeren Schwanzfedern treffende Luftstrom wird von den abgespreizten Flügeln öfter kurz unterbrochen. Erst dadurch entsteht das tremolierende Geräusch, das wegen der zunehmenden Geschwindigkeit gegen Ende der abfallenden Flugbahn lauter wird.

Meist im ersten Lebensjahr werden die Vögel geschlechtsreif. Die ältesten Ringvögel sind über 15 Jahre alt geworden. Die Männchen besetzen Reviere, verpaaren sich zu Beginn der Brutzeit wohl auch gelegentlich mit mehreren Weibchen. Die Weibchen wählen den Nistplatz auf feuchtem bis nassem Untergrund. Das Nest liegt meist gut versteckt zwischen Pflanzen, auch oft erhöht auf einer Gras- oder Seggenbülte. Die Eier sind in einer tiefen, mit Pflanzenmaterial ausgekleideten Mulde untergebracht. Die Weibchen brüten, die Männchen halten in Nestnähe Wache. Am Nest kann man auch Verleiten beobachten, wobei der Schwanz gespreizt und gleichzeitig auf- und niedergeklappt wird. Beide Partner führen die Küken, manchmal teilt sich auch die Familie. Kleine Küken werden gelegentlich auch im Flug wegtransportiert, wobei sie mit dem Schnabel gegen die Brust gedrückt gehalten werden.

▸ Doppelschnepfe

Bekassine *Gallinago gallinago* (L.)

Größe	= Amsel
Maße (cm)	Länge ca. 25–27 / Flügel ca. 37–43
Körpermasse (g)	ca. 100
Stimme	beim Abflug nasal „ätch"; während Brutzeit ♂ und ♀ am Boden, erhöht sitzend und im Flug im Stakkato „tük-ke", oft in „djugg"-Reihen übergehend; meckernde Laute durch äußere Steuerfedern (deshalb volkstümlich Name „Himmelsziege"; ♀ meckern kürzer und seltener als ♂)
Brutzeit	Anfang April, ausnahmsweise März; manchmal 2 Jahresbruten
Gelegegröße	(2–) 4 (5)
Eifärbung	weißlichgrün bis hellgrün oder -oliv, olivbräunlich bis gelbbräunlich, mit dunkler Fleckung, kleineren Tupfen, seltener Kritzellinien; glatt mit schwachem Glanz
Eimaße (mm)	oval bis kreiselförmig 39,2 x 27,9
Brutdauer	18–20 Tage; ♀ brütet, ♂ in Nestnähe
Nestlingszeit	Nestflüchter; mit 19/20 Tagen beschränkt, mit 4/5 Wochen voll flugfähig

BEKASSINE MIT JUNGEN

BEKASSINE AUF DER RUFWARTE

DUNENJUNGE

NEST UND GELEGE

Waldschnepfe

Über die Waldschnepfe, die mit allerlei Jagdromantik versehene „Schnepfe“ für die Jäger schlechthin, berichtet eine umfangreiche Jagdliteratur mit unzähligen Episoden und Anekdoten und vielen persönlichen Erfahrungen. Trotzdem sind wir über die Lebensweise des geheimnisvollen dämmerungs- und nachtaktiven Vogels leider nur unzureichend informiert; insbesondere gibt es kaum verlässliche Unterlagen über die Bestandsentwicklung in Europa. Selbst in kleineren Gebieten, deren Vogelwelt sorgfältig registriert wird, sind konkrete Daten über die Waldschnepfe dürftig.

Waldschnepfen brüten in der Waldzone der mittleren und höheren Breiten quer durch den eurasiatischen Kontinent vom Atlantik bis zum Pazifik. Den typischen Lebensraum bilden reicht gegliederte und meist feuchte Wälder ganz unterschiedlicher Ausbildung. Es kann sich um Hoch- oder Niederwälder, Laub- oder Mischwälder handeln, in höheren Bergwäldern auch um überwiegende Nadelwälder. Wichtig ist vor allem, dass eine reiche Bodenvegetation vorhanden ist und weicher Boden ausreichend Nahrung bietet. Der lange Schnabel, der „Stecher“ der Jäger, ist hervorragend zum Sondieren geeignet; bei entsprechendem Angebot bilden daher Regenwürmer die Hauptnahrung. Viele Kleintiere stochern Waldschnepfen auch aus der Laubstreu oder lesen sie vom Boden ab. Neben einer reichhaltigen Bodenfauna sind Lichtungen im Baumbestand wichtig, da hier die Balzflüge der Männchen, der „Schnepfenstrich“, stattfinden.

Waldschnepfen sind in Europa Standvögel, Teilzieher und Kurzstreckenzieher. Die Wanderneigung nimmt nach Nordosten zu. Die wichtigsten Winterquartiere liegen im Tiefland des westlichen Mitteleuropa, in West- und Südeuropa sowie in Nordafrika und Vorderasien. Östliche Brutvögel überwintern in Südostasien. In Mitteleuropa beginnt der Einzug in die Brutplätze ab Mitte März und dauert den April hindurch an. Der Abzug findet erst ab Oktober statt. Von frühen Wintereinbrüchen werden immer wieder einzelne überrascht; oft kann man auch noch Kälteflucht bis in den Januar beobachten.

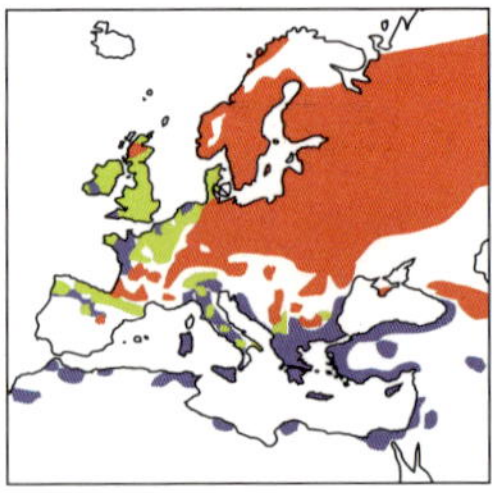

Obwohl kaum verlässliche Bestandszahlen vorliegen und auch Jagdstrecken alles andere als sichere Schätzungen abgeben, ist die Ansicht der Experten einheitlich: Die Waldschnepfe zählt zu den gefährdeten Brutvögeln Europas. Viele Brutplätze sind im Lauf der letzten 100 Jahre verschwunden oder gestört: Intensive Forstwirtschaft, Freizeitrummel, Zerschneidung von Wäldern durch Verkehrstrassen, Verringerung des Nahrungsangebots sind einige der Ursachen hierfür. Aber dazu kommen immer noch hohe Verluste durch die Bejagung, vor allem in Durchzugsgebieten und im Winterquartier. Meldungen von Abnahmen betreffen vor allem wichtige Überwinterungsgebiete, z. B. Frankreich.

Die frühen Morgen- und späten Abendstunden sind im Frühjahr (aber auch noch im Sommer) die Zeit der merkwürdigen Singflüge der Männchen. Man kann sie auch von Durchzüglern oder gelegentlich abseits der Brutplätze erleben. Mit langsamen, fast eulenartigen Flügelschlägen fliegen die Vögel in tiefer Dämmerung unterschiedliche Strecken ab und lassen dabei ein leises, tiefes „Quorren“ hören, dem ein sehr hohes „Pfuitzen“ folgt. Die Szenerie hat etwas Gespenstisches und daher wurde viel über den „Schnepfenstrich“ berichtet – und leider dabei auch regelmäßig gejagt! Diese Balzflüge dienen sicher der Zusammenführung der Geschlechter, aber auch wohl der Verteilung von Aufenthaltsräumen. Allerdings können auch mehrere Weibchen im Einflussbereich eines Männchens brüten. Paarbildung scheint nicht vorzukommen.

Die Nester liegen meist an Stellen im Wald, die freien Anflug erleichtern, also am Rand von geschlossenen Baumbeständen, an Lichtungen oder Schneisen auf dem Boden. Die Mulde ist lediglich mit etwas Material aus der nächsten Umgebung ausgelegt. Nur die Weibchen brüten und begleiten auch die Jungen, die meist bald nach dem Schlüpfen aus der näheren Nestumgebung weggeführt werden. Viele Berichte erzählen davon, dass Weibchen ihre kleinen Jungen mit den Beinen an den Bauch gedrückt und mit den gesenkten Schwanzfedern gestützt durch die Luft transportieren. Nur wenige davon sind zweifelsfrei, denn manchmal hat man wohl auch das Verleiten des Weibchens missdeutet. Schon etwa mit zehn Tagen können die Jungen selbst kurze Strecken fliegen.

▸ Doppelschnepfe

Waldschnepfe *Scolopax rusticola* (L.)

Größe	= Taube
Maße (cm)	Länge ca. 33–35 / Flügel ca. 55–65
Körpermasse (g)	ca. 290–320
Stimme	Balzgesang ♂ „Quorren“ und sehr hohes „Pfuitzen“ (im Flug); am Boden „ätsch“ oder „dachäd“; hohe Rufe wie „ziwitz“ als Flugruf (auch Herbst)
Brutzeit	Mitte März, 2 Jahresbruten
Gelegegröße	(3) 4 (5)
Eifärbung	hell rostbräunlich bis rahmfarben, selten blass sandbraun bis rötlich, hell- bis dunkelbraun oder rötlichbraun/grauviolett gefleckt und gepunktet; glatt, schwach glänzend
Eimaße (mm)	oval bis kreiselförmig – 44,1 x 32,9
Brutdauer	21–24 Tage
Nestlingszeit	Nestflüchter; Fliegen mit 10 Tagen kurze Strecken, mit 1 Monat voll flugfähig; 5/6 Wochen geführt

WALDSCHNEPFE

NAHRUNGSSUCHE

DUNENJUNGES

NEST UND GELEGE

Uferschnepfe

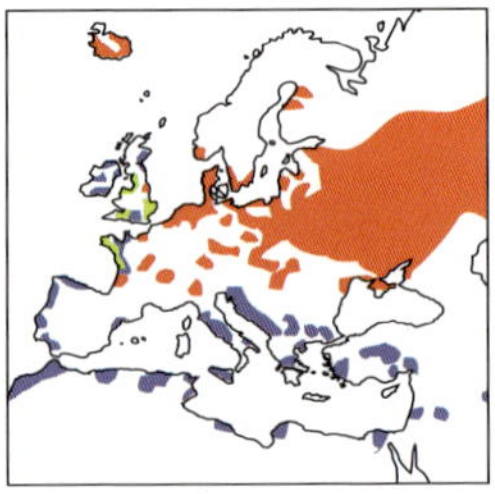

Die beiden europäischen Arten der Gattung *Limosa* sind sehr langbeinige und langhalsige Schnepfen mit langem geradem Schnabel, die im Prachtkleid mehr oder minder ziegelrote Federpartien an Kopf, Hals und Unterseite tragen. Die Uferschnepfe ist im Flug in allen Kleidern an einem weißen Flügelstreif und einem weißen Schwanz mit breiter dunkler Endbinde zu erkennen.

In drei Unterarten brüten Uferschnepfen in einem Areal, das von Island und den Britischen Inseln bis Westsibirien reicht. Seine Südgrenze in Europa erreicht das Brutgebiet in Italien und Spanien. Isolierte Brutareale liegen in verschiedenen Gebieten von Mittelsibirien bis China. Die europäischen Bestände zerfallen großenteils in mehr oder minder kleine Verbreitungsinseln. Große zusammenhängend besiedelte Gebiete mit noch hohen Brutbeständen liegen in der Tiefebene von den Niederlanden bis Polen. Fast überall aber nehmen die Zahlen der Brutpaare ab, so dass die Uferschnepfe zu den gefährdeten Brutvögeln Europas zählt.

Die Ursachen für den Rückgang liegen in Eingriffen, die den Lebensraum der Art verändern oder vernichten. Uferschnepfen brüten in Europa heute weitgehend auf Flächen, die nicht mehr den ursprünglichen Brutbiotopen, nämlich Moor- und Heidegebieten, Verlandungszonen an Gewässern oder natürlichen Grassteppen entsprechen. Niederungswiesen mit extensiver Nutzung, Überschwemmungsflächen und das Umland von Fischteichgebieten sind an ihre Stelle getreten. Die Uferschnepfe ist wie auch der Brachvogel zum Wiesenbrüter geworden. Intensivierung der Grünlandnutzung mit früher und häufiger Mahd, Aufgabe von Beweidung, aber auch Grundwassersenkungen (die zu früher Austrocknung und Verhärtung des Bodens führen) und nicht zuletzt Störung mancher Brutgebiete durch Freizeitbetrieb, Umbruch der Wiesen in Ackerland oder Verwendung für andere Zwecke sind einige der Ursachen. Aber auch die Situation an Rastgebieten in Feuchtländern und an Binnengewässern hat sich nachteilig verändert.

Die Winterquartiere der Art liegen in West- und Südeuropa und reichen von Nordafrika bis in die Sahelzone, in Ostafrika wird auch der Äquator überschritten. Östliche Brutvögel überwintern in einem Gebiet, das von Indien bis Australien reicht. Uferschnepfen sind also Mittel- bis Langstreckenzieher. Ab März ist mit der Ankunft in Mitteleuropa zu rechnen. Schon im Hochsommer werden die Brutplätze verlassen, bis September findet noch Durchzug in Mitteleuropa statt. Die Brutvögel Islands überwintern in Westeuropa und auch an der Nordseeküste.

Mit ihren langen Beinen, die beim Schreiten hoch angehoben werden, können sich Uferschnepfen auch in höherem Gras bewegen oder bei der Nahrungssuche im Seichtwasser waten, in das sie bis zum Bauchgefieder vordringen. Regenwürmer, die mit dem langen Schnabel aus dem Boden geholt werden, bilden die Hauptnahrung während der Brutzeit. Viele Kleintiere und auch Sämereien (z. B. im Winterquartier) werden vom Boden aufgelesen oder aus dem Schlamm geholt oder im seichten Wasser gefangen. Die Jungen picken in den ersten Wochen Kleintiere von Pflanzen und Bodenoberfläche ab. Austrocknen des Bodens mit zunehmender Erwärmung gegen den Sommer zu führt heute an vielen Brutplätzen zu Nahrungsengpässen.

Außerhalb der Brutzeit leben Uferschnepfen gesellig. Am Brutplatz werden oft nur kleine Nestreviere verteidigt, so dass ein größeres Wiesenstück oft in hoher Nestdichte besiedelt werden kann. Mit einem auffälligem Ausdrucksflug machen sich die Vögel am Brutplatz bemerkbar. Die Männchen steigen steil auf, führen einen regelrechten Taumelflug aus, stürzen ab, um wieder hoch aufzusteigen, bewegen auch pendelnd den Körper um die Längsachse, lassen dabei Reihen durchdringender rhythmischer Laute hören. Daneben führen die Männchen auch eine Bodenbalz aus, bei der auffälliges Schwanzspreizen eine wichtige Rolle spielt.

Das Weibchen wählt eine der vom Männchen angelegten Scharrstellen als Nestmulde aus. Meist werden nur trockene Halme aus der Umgebung eingetragen, wobei vor der Eiablage vor allem das Männchen am Ausbau beteiligt ist. Beide Partner bebrüten das Gelege. Die Jungen werden bald nach dem Schlüpfen aus dem eigentlichen Nestrevier herausgeführt. Bei Gefahr drücken sich die Küken.

▸ Pfuhlschnepfe

Uferschnepfe *Limosa limosa* (L.)

Größe	= Huhn
Maße (cm)	Länge ca. 36–44 / Flügel ca. 62–70
Körpermasse (g)	ca. 250–390
Stimme	außerhalb Brutzeit kurz „wäd“ oder „geg“ (einzeln/gereiht); Gesang im Ausdrucksflug „gruitugruitu…“ (laut und durchdringend)
Brutzeit	Ende April im Süden, bis Ende Mai/Anfang Juni im Norden; 1 Jahresbrut
Gelegegröße	(3) 4
Eifärbung	hellgrün (–oliv bis tiefer grün, oliv/rostbräunlich), mit oliv- oder dunkelbraunen kleinen Flecken und Punkten, selten Kristallinien; glatt, schwach glänzend
Eimaße (mm)	spindelförmig bis oval oder kreiselförmig – 56 x 38,5
Brutdauer	22–24 Tage
Nestlingszeit	Nestflüchter, verlassen Nest nach 1 Stunde; Familie wandert weit umher; mit 30–35 Tagen flügge

UFERSCHNEPFE, WEIBCHEN IM PRACHTKLEID

MÄNNCHEN IM PRACHTKLEID

MÄNNCHEN (PRACHTKLEID) IM FLUG

NEST UND GELEGE

Pfuhlschnepfe

Die hochnordische Pfuhlschnepfe, die auf dem Durchzug auch in den meisten Teilen Europas als regelmäßiger Gast erscheint, ist kurzbeiniger und robuster als die Uferschnepfe; ihr Schnabel ist kürzer und leicht nach oben gebogen. Das weiße Flügelband fehlt ihr ebenso wie der auffällige schwarzweiß markierte Schwanz. Dafür tragen Pfuhlschnepfen einen weißen Rückenkeil. Das Prachtkleid des etwas kleineren Männchens ist intensiver und viel ausgedehnter ziegelrot als bei der Uferschnepfe.

Das Brutgebiet der Pfuhlschnepfe ist ein schmales Band am Nordrand des eurasischen Kontinents, das vom nördlichen Skandinavien über Russland bis an die Bering-Straße in Ostsibirien reicht und sogar noch das westlichste Alaska umfasst. Dort brüten die Vögel in Busch- und Waldtundra, aber auch auf kahlen Bodenwellen, in Flusstälern und lockeren Wäldern, in der Regel nahe am Wasser oder an feuchten und sumpfigen Stellen. Die meisten Pfuhlschnepfen sind Langstreckenzieher. Ihr Winterquartier reicht von der Nordseeküste und den Britischen Inseln entlang der Atlantikküste Europas und Afrikas bis nach Südafrika. Weitere Überwinterungsgebiete befinden sich im Mittelmeerraum an einigen Küstengebieten Ostafrikas, an den Küsten der Arabischen Halbinsel sowie entlang des Persischen Golfs bis Vorderindien. Östliche Brutvögel einer anderen, langschnäbeligeren Unterart überwintern im Pazifikraum Südostasiens, auf den Sundainseln, auf Neuguinea und in Australien und Neuseeland. Sie haben also besonders weite Zugwege zurückzulegen.

Rastplätze auf den Zugwegen und im Winterquartier sind vor allem Schlick- und Feinsandflächen an Flachküsten, Flussmündungen, Meeresbuchten oder Inseln. An Schlammufern in Binnengewässern finden sich Pfuhlschnepfen meist nur in kleiner Zahl. In vielen Binnenlandgebieten Mitteleuropas zählen sie zu den ausgesprochenen Seltenheiten. Dafür sammeln sich riesige Bestände von Hunderttausenden an wichtigen Überwinterungsgebieten, etwa an einigen Stellen der Westküste Afrikas (z. B. Mauretanien). Auch im Watt der Nordsee können Pfuhlschnepfen während des Durchzugs große Schwärme bilden, im Unterschied zu den mehr ans Binnenland gebundenen Uferschnepfen. Vor allem der Heimzug in die Brutgebiete spielt sich fast ausschließlich entlang der europäischen Küsten ab.

Das nordfriesische Wattenmeer stellt vor allem einen wichtigen Mauserplatz dar. Ab Anfang Juli erscheinen dort die ersten Mausergäste. Ein großer Teil zieht dann nach der Mauser weiter, doch immerhin bleiben bis zu 20000 im Bereich der Niederlande den Winter über da. Vögel, die erst später im arktischen Norden ihr Brutgeschäft beendigen konnten, wandern wohl gleich weiter und mausern erst im Bereich des Winterquartiers, z. B. vor der Küste Mauretaniens in großen Scharen. Von April bis Mai findet im Nordseeraum der Rückzug statt. Die wenigen Brutvögel in Lappland kommen ab Mai an ihren Brutplätzen an, weiter gegen Osten zu kann es dann schon Anfang Juni werden.

Wie bei vielen arktischen Watvögeln spielen auch bei der Pfuhlschnepfe im Brutgebiet vor allem Insekten und deren Larven die Hauptrolle in der Ernährung; auch Pflanzenteile werden angenommen. An den Rast- und Überwinterungsplätzen im Flachküstenbereich sind es dann meeresbewohnende Ringelwürmer, kleine Mollusken und kleine Krebstiere, von denen sich die großen Scharen ernähren. Pfuhlschnepfen suchen vor allem im Seichtwasser Nahrung; ihr täglicher Aktivitätsrhythmus ist daher stark vom Ablauf der Gezeiten bestimmt. Bei der Nahrungssuche lässt sich sogar auch eine Trennung der Geschlechter beobachten: Die Weibchen mit ihren längeren Schnäbeln können tiefer ins Wasser vordringen als die Männchen.

Die Paare treffen sich am Brutplatz und halten für eine Brutzeit zusammen. Wahrscheinlich werden die Vögel erst im 2. oder gar 3. Jahr geschlechtsreif. Als Höchstalter eines Ringvogels wurden bis jetzt 19 Jahre nachgewiesen. Das Nest liegt normalerweise auf etwas erhöhtem Untergrund, oft zwischen Gras versteckt. Wenige Grashalme oder Flechten kleiden die Mulde aus. Beide Geschlechter brüten, Weibchen offenbar hauptsächlich nachts, Männchen dagegen untertags. Beide Partner führen auch zumindest anfänglich die Jungen. Weibchen tendieren dazu, die Familie eher zu verlassen als die Männchen. Beide Altvögel verlassen die Brutplätze kurz nach dem Selbstständigwerden der Jungen.

▸ UFERSCHNEPFE

Pfuhlschnepfe *Limosa lapponica* (L.)

Größe	= Huhn
Maße (cm)	Länge ca. 33–42 / Flügel ca. 61–68
Körpermasse (g)	ca. 250–400
Stimme	Rufe „kewkewkew“ oder tiefe „kurruk“; Gesang, ähnlich Uferschnepfe, schnelle „tui tui…“, dann langsamere „dowie…“; Durchzügler und Gäste wenig ruffreudig
Brutzeit	Ende Mai bis Anfang Juni, 1 Jahresbrut
Gelegegröße	4
Eifärbung	hell- bis mitteloliv oder -grün, kleinere dunkel-/olivbraune Flecken und Punkte sowie hellgraue Schalenflecke; glatt, schwach glänzend
Eimaße (mm)	spindelförmig, oval oder kreiselförmig – 53,1 x 37,3
Brutdauer	20–21 Tage, vorzugsweise ♂ brütet
Nestlingszeit	Nestflüchter, von beiden Eltern betreut; Flüggewerden nicht dokumentiert

PFUHLSCHNEPFE, MÄNNCHEN IM PRACHTKLEID

WEIBCHEN IM PRACHTKLEID

JUNGVOGEL

DUNENJUNGES

Regenbrachvogel

Brachvögel sind sehr große Watvögel mit langen, nach unten gebogenen Schnäbeln und meistens auch wohltönenden Stimmen. Der Regenbrachvogel ist deutlich kleiner und kurzschnäbeliger als der Große Brachvogel. Dies sieht man auch an den schnelleren Flügelschlägen. Aus größerer Nähe sind Regenbrachvögel eindeutig an ihrer Kopfzeichnung zu erkennen: Der Oberkopf ist dunkelbraun mit einem zentralen hellen Scheitelstreifen. Unverkennbar ist die Stimme: Der helle Triller ist auch von ziehenden Regenbrachvögeln nachts zu hören und ganz unähnlich den tieferen, klangvollen Rufen des größeren Verwandten. Der Gesang setzt ähnlich wie beim Großen Brachvogel ein, geht jedoch in ein wehmütiges, lang gezogenes, etwas kicherndes Trillern über.

Das Brutgebiet des Regenbrachvogels umfasst Nordeuropa und reicht von Island über das nördlichste Schottland und die Shetland-Inseln nach Skandinavien und Nordrussland. Weitere Unterarten brüten in den Steppen nördlich des Kaspischen Meeres, in Nordostsibirien und in Alaska. Er brütet also deutlich nördlicher als der Große Brachvogel. Außerhalb der Brutzeit kann man Regenbrachvögel an so gut wie allen Küsten und Strandlagunen subtropischer und tropischer Länder antreffen, in vielen Winterarealen der Tropen und auf der Südhalbkugel sogar das ganze Jahr über. Viele erwachsene Vögel ziehen nämlich nicht jedes Jahr in ihre nordische Brutheimat zurück. Brutreife wird erst im 2. Lebensjahr erreicht. Man nimmt an, dass so gut wie alle einjährigen Vögel das 2. Kalenderjahr fernab der Brutplätze in den Winterquartieren oder an wichtigen Rastplätzen des Durchzugraums verbringen. Die nördlichsten regelmäßigen Winterquartiere liegen in Europa im äußersten Süden Spaniens und Nordwestafrikas, in Asien am Persischen Golf und an der West- und Ostküste der südlichen Staaten der USA. Viele Regenbrachvögel erreichen aber auch die Südspitze Südamerikas, Afrikas sowie Tasmanien und Neuseeland.

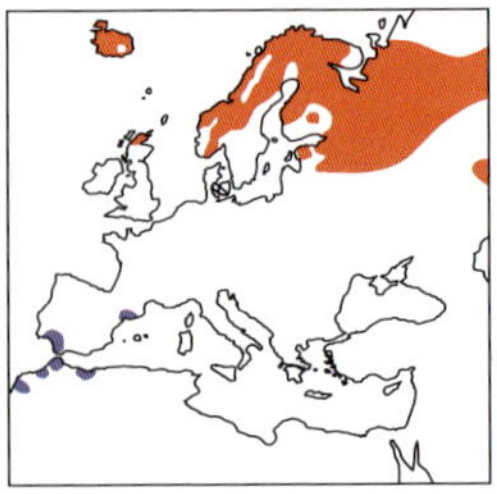

In Europa macht sich der Durchzug zu beiden Jahreszeiten sowohl im Binnenland als auch an der Küste bemerkbar. Allerdings werden nirgends ähnlich große Konzentrationen wie bei Großen Brachvögeln erreicht. Lokale Konzentrationen im Wattenmeer umfassen im Höchstfall meist nur Hunderte, im Binnenland werden häufig nur einzelne Vögel oder kleine Trupps registriert. Offenbar ist vor allem auf dem Wegzug die Rastneigung relativ gering, denn bereits von Juli bis Mitte August sammeln sich große Scharen z. B. vor der Westküste Mauretaniens. In Mitteleuropa findet der Durchzug von Ende Juli bis August statt; Nachzügler können noch im Oktober beobachtet werden. Die ersten Heimzügler werden in Europa ab Ende März beobachtet; in die zweite Aprilhälfte fällt meist der Höhepunkt des Durchzugs, der dann gegen Anfang Mai mit den letzten Nachzüglern endet.

Offene Gras- und Heideflächen, dichte bis trockene Tundren- und Hochmoorgebiete oder Strandwiesen sind die typischen Brutplätze. Im Unterschied zum Großen Brachvogel brüten Regenbrachvögel wohl nirgends im Kulturland. Die Durchzügler sammeln sich an sandigen, schlammigen oder auch an felsigen Küsten; in den Tropen sieht man Regenbrachvögel auch in Mangroven, bei aufkommender Flut sogar dann auf hohen Bäumen am Ufer sitzen. Durchzügler im Binnenland halten sich zur Nahrungssuche an Seichtwasser, Überschwemmungsflächen und Schlammbänke, sammeln sich aber dann oft an abendlichen Schlafplätzen in Hoch- und Niedermooren.

An den Brutplätzen im Binnenland bilden Insekten, Regenwürmer, Mollusken und andere Kleintiere des Bodens die Hauptnahrung, auch Beeren werden aufgenommen, im Herbst auch Sämereien und Pflanzenteile. An den Küsten setzt sich die Nahrung vor allem aus kleinen Krebstieren, Mollusken und größeren Ringelwürmern zusammen. Die Beutetiere werden auf festem Boden einfach aufgelesen; im weichen Sandboden können die Vögel mit ihren langen Schnäbeln kleine Krabben aus ihren Löchern hervorholen.

Die Paare treffen sich erst am Brutplatz. Standorttreue über mehr als ein Jahr ist aber nachgewiesen. Die Männchen markieren die Reviere mit einem Singflug. Die Eier werden in eine flache Bodenmulde gelegt. Beide Geschlechter bebrüten die Eier, die Weibchen jedoch mehr. Beide Partner kümmern sich auch um die Jungen. Nicht selten teilen die Eltern ihre Jungenschar auf und führen sie in getrennte, bis zu 2 km vom Nest entfernte Gebiete. Nach dem Flüggewerden schließen sich beide Gruppen wieder zusammen.

▸ Grosser Brachvogel

Regenbrachvogel *Numenius phaeopus* (L.)

Größe	= Huhn
Maße (cm)	Länge ca. 40–46 / Flügel ca. 71–81
Körpermasse (g)	ca. 360–400
Stimme	Flugruf (auch beim Zug) schnell „tititi…" (auch vor Abflug); Gesang flötend „uit-uit…", dann Triller „dürr…", kichernder, nicht so weich wie Großer Brachvogel
Brutzeit	Mitte Mai bis Ende Juni, 1 Jahresbrut
Gelegegröße	(2–) 4 (5)
Eifärbung	ähnlich Großer Brachvogel, aber kleiner, oft dunkler und mit größeren Flecken; glatt, schwach glänzend
Eimaße (mm)	oval bis kreisel- oder spindelförmig – 58,4 x 41,6
Brutdauer	27/28 Tage, ♂ und ♀ brüten
Nestlingszeit	Nestflüchter; mit 35–40 Tagen flügge

REGENBRACHVOGEL, ALTVOGEL MIT DUNENJUNGEM

REGENBRACHVÖGEL RUFEN OFT IM FLUG

DUNENJUNGES

NEST UND GELEGE

Großer Brachvogel

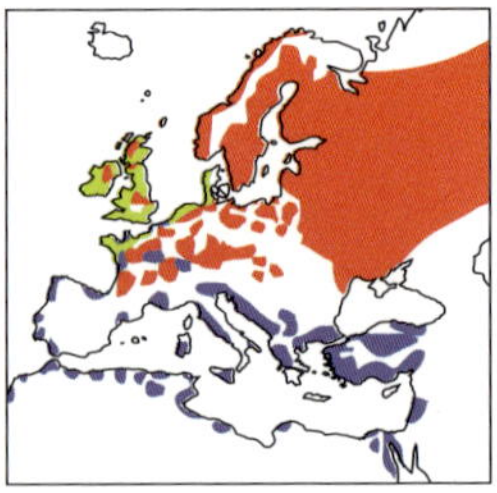

Er ist der größte Watvogel Europas, aber nicht nur wegen seiner Größe auffallend, sondern – zumindest im Brutgebiet – auch akustisch. Brachvogelrufe und -gesänge gehören zu den melodischsten und stimmungsvollsten Vogellauten über Wiesen und Mooren. Die Weibchen sind etwas größer als die Männchen und haben vor allem auch einen längeren Schnabel.

Das Brutareal der Art umfasst die mittleren und nördlichen Breiten von Westeuropa bis Ostsibirien. Die südlichsten Vorkommen in Europa reichen etwa bis Südwestfrankreich und an den Alpenrand. Allerdings sind Mittel- und Westeuropa nur sehr lückig besiedelt. Die Brutpopulationen im östlichen Teil des Verbreitungsgebietes gehören einer anderen, etwas größeren Unterart an.

Diese östlichen Brachvögel sind fast alle Langstreckenzieher; ihr Winterquartier reicht von den Küsten des tropischen und südlichen Afrika über das gesamte Küstengebiet Südasiens bis nach Südchina und die Sundainseln. Europäische Brachvögel sind großenteils Kurzstrecken- oder Mittelstreckenzieher, in Westeuropa bleiben sie teilweise auch den ganzen Winter über in der Nähe des Brutplatzes. Auch in Mitteleuropa trifft man in milden Gegenden fast regelmäßig Überwinterer. Die meisten aber ziehen in breiter Front über das Binnenland, um an der Atlantikküste in Europa, im Mittelmeerraum und in Nordafrika zu überwintern. Schon ab Mai verlassen die ersten Altvögel, die keinen Bruterfolg hatten, die Brutplätze, manche Weibchen können schon ab Mitte Juni wegziehen, während die Männchen oft noch etwas länger bei den Jungen ausharren. An der Küste, insbesondere im Wattenmeer der Nordsee, findet bereits ab Juli reger Zustrom statt, der vor allem aus Mauservögeln besteht. Im Herbst können dann die Gesamtzahlen dort über 100 000 Individuen erreichen. Auch im Binnenland lässt sich der Herbstdurchzug an geeigneten Stellen beobachten. Im März treffen Brachvögel wieder an ihren europäischen Brutplätzen ein.

Der ursprüngliche Lebensraum waren auch in Mittel- und Westeuropa feuchte Hoch- und Flachmoorbereiche, die inzwischen verschwunden sind. Ersatz boten feuchte Wiesengebiete und Überschwemmungsflächen mit extensiver landwirtschaftlicher Nutzung. Mittlerweile sind aber viele Brachvögel auf intensiv genutzte Fett- und Mähwiesen und sogar auf Äcker übersiedelt. Diese Umstellung hat zunächst positiv auf die Restbestände ausgewirkt. Doch seit etwa 20–30 Jahren sind die Kulturflächen als neue Lebensräume des Brachvogels unter intensive Nutzung geraten. Der Große Brachvogel ist gewissermaßen zu einem Symbol vieler Wiesenbrüter geworden, für die in der modernen Grünlandschaft kaum mehr ein Platz zu sein scheint. Oft hat man die eigentlichen Bestandseinbrüche zu spät erkannt, da Brachvögel sehr ortstreu sind und auch unter veränderten Bedingungen an ihrem alten Brutplatz festhalten, auch wenn ihr Nachwuchs keine Chancen des Durchkommens hat. Heute bringen viele Brachvögel im Kulturland zu wenig Junge hoch, um ihren Bestand aus eigenem Nachwuchs halten zu können. Insgesamt muss die Art längst als gefährdeter Brutvogel Europas gelten.

Im Laufe des Jahres ist die Nahrung sehr vielfältig; sie besteht aus einer großen Zahl von kleinen Tieren, die auf dem Boden oder in den obersten Bodenschichten leben zusätzlich zu den Lebewesen der Gezeitenzone an der Küste, während des Zuges und im Winterquartier. Der lange Schnabel kann in verschiedenen Richtungen aus kleinen Löchern und Verstecken Beutetiere herausholen, im weichen Boden auch tief einstechen.

Das erste Mal können Brachvögel schon im 1. Lebensjahr brüten, häufiger aber scheint die Brutreife erst im 2. oder 3. Jahr einzutreten. Der älteste bis jetzt bekannte Ringvogel erreichte fast 32 Jahre. Nach Ankunft im Brutgebiet markieren die Männchen ihr Revier durch einen wellenförmigen Flug. Dazu steigen sie mit einzelnen klangvollen Rufen auf, die dann vor der Landung in einen weithin zu hörenden Triller übergehen. Später, wenn die Jungen heranwachsen, werden die ursprünglichen Reviere oft verlassen und die Nahrungsräume weit ausgedehnt. Das Männchen zeigt dem Weibchen potenzielle Nestmulden, das dann eine davon für die Eiablage auswählt. Die Nester stehen in niedriger Vegetation auf trockenem oder feuchtem bis nassem Untergrund. Beide Geschlechter brüten, Männchen aber weniger.

Großer Brachvogel *Numenius arquata* (L.)

Größe	= Huhn
Maße (cm)	Länge ca. 50–60 / Flügel ca. 80–100
Körpermasse (g)	ca. 660–900
Stimme	im Flug flötend „flüih“, manchmal anfangs heiser „chrrüi“; bei Erregung „tüi tüi tüi“; am Boden „guig-guig“; Kükenwarnruf „gügügügüg“; Reviermarkierungsflug „guug-guug-guug“, klingt vibrierend aus
Brutzeit	Ende April bis Anfang Mai, gelegentlich früher; 1 Jahresbrut
Gelegegröße	(2–) 4 (5)
Eifärbung	hellgrün, olivgrün oder mattoliv, kräftige hell- bis dunkelbraune Flecken mit Häufung am stumpfen Pol; glatt, ziemlich glänzend
Eimaße (mm)	oval bis kreiselförmig – 66,6 x 46,5
Brutdauer	27/29 Tage
Nestlingszeit	Nestflüchter; mit 4 Wochen Flugversuche, mit 5 Wochen flügge

▸ Regenbrachvogel

GROSSER BRACHVOGEL, WEIBCHEN

JUNGVOGEL

DUNENJUNGES

NEST UND GELEGE

Dunkler Wasserläufer

Wasserläufer sind im Allgemeinen langbeiniger, schlanker und vielfach auch größer als Strandläufer. Die kleinsten von ihnen erreichen etwa die Größe mittelgroßer Strandläufer (z. B. Alpenstrandläufer). Auch Wasserläufer sind Vögel der nördlichen Breiten auf der Nordhalbkugel, aber keine derart ausgesprochenen Tundrenbewohner wie die meisten Strandläufer. Ihr Hauptverbreitungsgebiet liegt in der nördlichen Waldzone. Auf dem Durchzug sind einige von ihnen wie Strandläufer in großen Scharen an Flachküsten zu beobachten, viele aber auch wesentlich regelmäßiger und häufiger als Strandläufer in Feuchtgebieten und an Uferzonen von Stillgewässern des Binnenlandes.

Der Dunkle Wasserläufer ist eine der beiden großen in Europa brütenden Arten. Sein Name bezieht sich auf das Prachtkleid, bei dem das Männchen so gut wie einheitlich schwarzes bis schieferschwarzes Körpergefieder und eine mit vielen weißen Punkten besetzte dunkle Oberseite trägt. Reste dieses Prachtkleides sind noch bis etwa August als dunkle Flecken zu erkennen. Im Frühjahr wird es oft erst bei Ankunft am Brutplatz vollständig angelegt. Im häufig zu sehenden Schlichtkleid wirken Dunkle Wasserläufer im Gegensatz zu ihrem Namen sehr hell, nämlich oberseits hellgrau, unterseits weißlich mit dunklem Anflug am Hals. Die langen Beine sind bei Altvögeln rot, am Brutplatz schwarz, bei Jungvögeln gelbrot (daher früher auch gelegentlich „Großer Rotschenkel" genannt).

Dunkle Wasserläufer brüten in Europa nur in Lappland und in Nordrussland. Östlich des Ural zieht sich ihr Verbreitungsgebiet über die Waldtundra und die offene subarktische Tundra bis nach Ostsibirien. Damit ist diese Art die nördlichste aller eurasischen Wasserläuferarten, und daher auch meistens ausgesprochener Langstreckenzieher, dessen Wintergebiete vor allem im tropischen Afrika von der Sahelzone

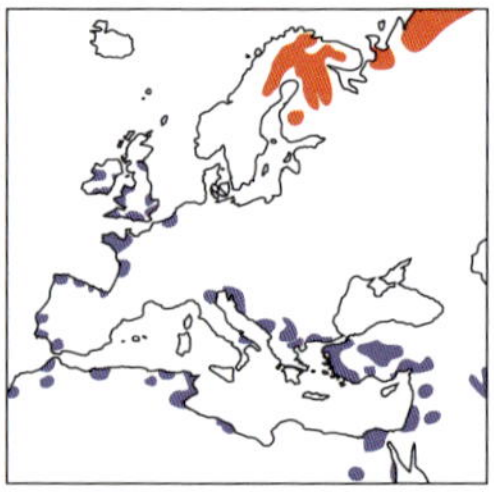

bis zum Äquator liegen, ferner an Küstengebieten Südasiens. Viele überwintern auch schon im Mittelmeerraum und in Vorderasien, wenige bleiben in West- und Südeuropa. Schon im Juli ist z. B. in Mitteleuropa der erste Wegfluggipfel der Altvögel an der Küste zu beobachten. Nach den Altvögeln folgen die diesjährigen Jungvögel, die vor allem wohl im Binnenland einen größeren Anteil der hier meist später zu beobachtenden Durchzügler ausmachen. Ab Mitte Oktober haben die meisten Durchzügler Mitteleuropa verlassen; ab Mitte März, meist aber erst Ende März/Anfang April kann man mit dem Rückzug rechnen, der sich oft bis Mitte Mai hinzieht. Übersommerer im Winter- und Durchzugsgebiet kommen vor.

Brutplätze sind trockene oder feuchte, offene Flächen am Nordrand der nördlichen Nadelwaldzone und in der Tundra bis an die arktischen Küsten. Die Durchzügler sammeln sich an Flachküsten von Binnengewässern oder an der Küste, auch in Reisfeldern, Brackwasserlagunen und Salzsümpfen. Die Nahrung besteht vor allem aus im Wasser lebenden Insekten und deren Larven, zur Brutzeit auch aus vielen Landinsekten. Im Wattenmeer sind kleine Krebstiere, Ringelwürmer und kleine Mollusken die häufigsten Beutetiere. Im Seichtwasser suchen die Vögel häufiger als andere Arten nicht nur auf Schlammflächen oder im zentimetertiefen Seichtwasser Nahrung, sondern auch im Schwimmen an tieferen Stellen.

Über die Brutbiologie dieses nordischen Wasserläufers ist noch relativ wenig bekannt. Man nimmt an, dass die Paare eine Brutsaison lang zusammenhalten. Es gibt aber auch Nachweise der bei hochnordischen Watvögeln üblichen sukzessiven Polyandrie: Ein Weibchen verpaart sich nacheinander mit zwei oder mehr Männchen. Voraussetzung dafür ist, dass das Gelege auch hauptsächlich oder gar ausschließlich vom Männchen bebrütet wird. Da aber auch die Weibchen einen Brutfleck tragen, nimmt man an, dass auch sie gelegentlich sich an der Bebrütung der Eier beteiligen. Die Führung der Jungen ist aber wohl ausschließlich Sache des Männchens. Viele Weibchen verlassen bereits kurz nach dem Schlüpfen der Jungen das Brutgebiet. Sie sind dann wohl auch die ersten, die an den Rastplätzen der Nordseeküste schon im Hochsommer erscheinen und mit der Mauser beginnen.

Dunkler Wasserläufer *Tringa erythropus* (PALL.)

Größe	= Huhn
Maße (cm)	Länge ca. 29–32 / Flügel ca. 48–52
Körpermasse (g)	ca. 150–180
Stimme	häufigster Ruf „tjuit", meist 1–2 mal, auch gereiht; Gesang rasche Folge rollender Silben „trrrü-ie…"
Brutzeit	Ende Mai bis Anfang Juni, 1 Jahresbrut
Gelegegröße	4
Eifärbung	hellgrün, oliv oder olivbraun, kräftig schwarzbraun gefleckt, Tupfen und Kritzellinien, hellere Schalenflecke; glatt, schwach glänzend
Eimaße (mm)	kreiselförmig bis oval – 47 x 32,3
Brutdauer	nicht bekannt; ♂ brütet (ausschließlich oder überwiegend?)
Nestlingszeit	Nestflüchter; ♀ beteiligt sich anfangs an Jungenführung

▸ GRÜNSCHENKEL, ROTSCHENKEL

DUNKLER WASSERLÄUFER IM PRACHTKLEID

SCHLICHTKLEID

JUGENDKLEID

NEST UND GELEGE

Rotschenkel

Im Schlichtkleid ähneln Rotschenkel Dunklen Wasserläufern. Sie sind aber kleiner, haben einen kürzeren Schnabel und vor allem einen ganz anderen Ruf, der häufig zu hören ist, vor allem im Auffliegen. Im Prachtkleid sind die Vögel mehr oder minder auffällig dunkel gesprenkelt mit leuchtend orangeroten Beinen und ebenso gefärbter Schnabelbasis. Wichtiges Kennzeichen zu allen Jahreszeiten ist beim Abflug der auffällige weiße Flügelhinterrand.

Das Brutgebiet des Rotschenkels, von dem man mehrere Unterarten kennt, umfasst Eurasien von der mediterranen bis in die boreale Zone. Die weiteste Nordsüdausdehnung hat das Brutgebiet in Europa, nämlich von Spanien oder Norditalien bis Island und Nordskandinavien, nach Osten zu verschmälert es sich allmählich, so dass die Verbreitung etwa östlich des Kaspischen Meeres ganz auf die Steppenzonen Mittelasiens bis China beschränkt ist. Eine eigene Unterart lebt in Hochländern vom Pamir über Nordindien und Tibet. Das Winterquartier der Art ist entsprechend dieser weiten Verbreitung sehr groß. Es umfaßt die Küstengebiete der Nordsee und Westeuropas bis an die Südspitze Afrikas und nach Osten bis Südostasien und die Sundainseln.

In Mittel- und Westeuropa liegen die Schwerpunkte des Brutvorkommens an der Küste. Die küstenferne Binnenlandverbreitung war immer nur auf einzelne Verbreitungsinseln beschränkt, die heute oft auf winzige Restvorkommen reduziert sind. Auch am Nordrand des Mittelmeers und auf der Iberischen Halbinsel gibt es nur einige Inselvorkommen. Fast überall nehmen die Bestände ab, auch in Osteuropa. Stabil scheinen dagegen die Brutvorkommen noch in Fennoskandien zu sein. Insgesamt muss man den Rotschenkel zu den gefährdeten Brutvögeln Europas rechnen.

Rotschenkel *Tringa totanus* (L.)

Größe	< Taube
Maße (cm)	Länge ca. 27–29 / Flügel ca. 45–52
Körpermasse (g)	ca. 110–130
Stimme	häufigster Ruf vor Auffliegen langgezogen „tüht“, im Flug kürzer „tüt tüt“; Rufe höher und weicher als Grünschenkel; Gesang „dahidldahidldahidl...“ („Jodeln“); Alarmrufe hart „chip chip...“
Brutzeit	Mitte April im Süden, bis Mai oder Anfang Juni im Norden; 1 Jahresbrut
Gelegegröße	(3) 4 (5); größere wohl 2 ♀♀
Eifärbung	hell- bis gelbbraun, auch dunkler; dunkel-, gelegentlich hellbraune kleine Oberflecken, manchmal kurze Linien, größere Flecken am stumpfen Pol; glatt, schwach glänzend
Eimaße (mm)	kreiselförmig bis oval – 43,3 x 30,5
Brutdauer	22–29 Tage
Nestlingszeit	Nestflüchter; mit 23/25 Tagen erste Flugversuche, mit 35 Tagen voll flügge

Die ursprünglichen Brutbiotope sind in Europa im Binnenland Hoch- oder Flachmoore, überschwemmte Wiesen, aber auch bewachsene Kiesbänke in Wildflusslandschaften gewesen. Trockene Steppengebiete werden in Gewässernähe oder in feuchten Senken mit schütterer Vegetation besiedelt. Wichtig für alle Brutgebiete sind nicht zu hohe, aber doch für die Nestdeckung ausreichende Vegetation und zum anderen Feuchtgebiete mit ausreichendem Nahrungsangebot in der Nähe. Heute weisen vor allem Grasländer in Küstennähe die höchste Dichte auf, wobei die Brutvögel in der nahe gelegenen flachen Gezeitenzone des Meeres Nahrung suchen können. Außerhalb der Brutzeit halten sich Rotschenkel an Binnengewässern und Flachküsten aller Art auf, um in der Seichtwasserzone nach Nahrung zu suchen.

Brutvögel Mitteleuropas sind Mittel- bis Langstreckenzieher, deren Überwinterungsgebiet von den Britischen Inseln, der Atlantikküste Frankreichs südwärts bis ins Mittelmeergebiet und ins tropische Westafrika reicht. Weiter östliche Brutvögel ziehen auch mehr Richtung Süden und Nordosten und gelangen ins östliche Mittelmeer. Isländische Brutvögel der Unterart *robusta* erreichen im Winter die Nordseeküste, die Brutvögel Nordwesteuropas ziehen wohl meistens überhaupt nicht.

Wie bei allen Wasserläufern bestimmen auch bei Rotschenkeln Kleintiere der Gezeitenzone von Meeren, der Verlandungszone von Binnengewässern, aber auch von offenen Wiesen-, Heide- und Steppengebieten die Nahrung. Beutetiere werden vom Boden und von Pflanzen abgepickt, auch durch Sondieren aus dem weichen Untergrund herausgeholt.

Die Vögel werden im 1. Jahr geschlechtsreif, brüten aber oft erst im 2. Jahr. Ein auffälliger Ausdrucksflug mit Schwirr- und Gleitphasen in wellenförmiger Flugbahn markiert die Reviere. Dabei ist das berühmte Jodeln zu hören. Nestreviere sind jedoch meist sehr klein, so dass in günstigen Gebieten viele Rotschenkelpaar fast in lockeren Kolonien zusammen brüten. Bei der Bodenbalz legt das Männchen oft viele verschiedene Mulden an (sog. „Scheinnisten“), von denen das Weibchen dann eine als Nestmulde auswählt. Normal ist Paarzusammenhalt über eine Saison, ausgeprägte Ortstreue zumindest in manchen Populationen hat zur Folge, dass sich die Paare immer wieder am Brutplatz finden (Paartreue bis zu fünf Jahren ist nachgewiesen). Das Nest ist am Boden in der Vegetation meist gut versteckt. Männchen und Weibchen brüten. Nach dem Schlupf werden die Jungen aus dem Nestrevier in Aufzuchtsgebiete geführt, in denen oft mehrere Paare zusammenleben.

▸ Dunkler Wasserläufer

ROTSCHENKEL IM PRACHTKLEID

ROTSCHENKEL BALZEND

JUNGVOGEL

NEST UND GELEGE

Teichwasserläufer

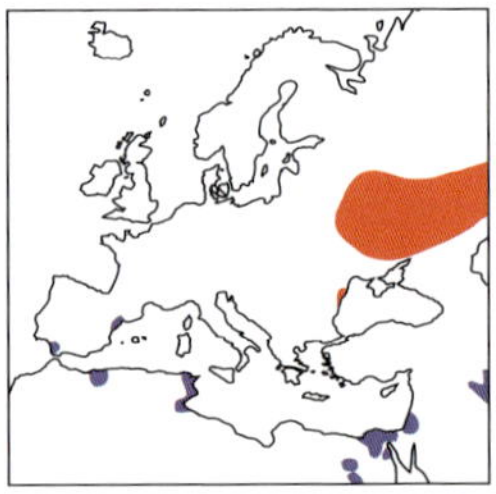

Der grazilste aller Wasserläufer hat etwa die Körpergröße eines Bruchwasserläufers, aber lange, gelblichgrüne Beine und einen geraden, sehr feinen dunklen Schnabel. Im Prachtkleid markieren eine lebhafte dunkle Fleckung Hals und Brust sowie gröbere schwarze Flecken die Oberseite. Das Schlichtkleid ist oberseits einfarbig hellgrau; ein dunkler Flügelbug hebt sich davon etwas ab; die Unterseite ist weißlich. Der Vogel fällt also nicht auf und macht zumindest auf dem Durchzug und im Winterquartier auch akustisch kaum auf sich aufmerksam.

Das zusammenhängende Brutgebiet beginnt erst in der Steppenzone Westrusslands und im Osten der Ukraine und reicht bis etwa an den Ostrand Mittelsibiriens. Davon isoliert kennt man zwei Verbreitungsinseln im Westen der Mandschurei (chinesische Provinz Heilungijang) und im Ussuriland. Alle Brutplätze liegen in der Waldsteppen-, Steppen- und sogar zum Teil schon in der Wüstenzone. Die Westgrenze hat sich innerhalb des letzten Jahrhunderts mehrfach geändert. Bruten wurden westwärts in der Steppe Ungarns und sogar bis Österreich und in Rumänien nachgewiesen, an anderen Stellen im Osten Mitteleuropas vermutet. In neuerer Zeit sind Bruten nordwärts bis Finnland und Lettland nachgewiesen oder zumindest wahrscheinlich. Ob es sich hier um eine Nordwesterweiterung des Areals handelt, muss noch offen bleiben.

Teichwasserläufer sind überwiegend Langstreckenzieher. Die Masse überwintert in einem riesigen Gebiet, das so gut wie ganz Afrika südlich der Sahara umfasst. Stellenweise sind hier beträchtliche Konzentrationen zu sehen. Dies steht im Gegensatz zur Seltenheit des Vogels auf dem Durchzug in West- und Mitteleuropa; auch in Osteuropa oder in Vorderasien sind die Zahlen nicht annähernd so groß wie an bevorzugten Rastgebieten in Afrika. Man nimmt daher an, dass Teichwasserläufer große Entfernungen in kurzer Zeit zurücklegen. Winterquartiere finden sich auch in Nordafrika, um den Persischen Golf und vor allem von Vorderindien über die Hinterindische Halbinsel und die Sundainseln bis ins südliche Australien. In Mitteleuropa zählt die Art zu den seltenen Gästen, die in vielen Gebieten nur ausnahmsweise erscheinen.

Der Wegzug von den Brutplätzen setzt ab Ende Juli/Anfang August ein; August bis Mitte September sieht man die meisten irgendwo zwischen Brutgebiet und Winterquartier, Oktoberdaten sind nördlich der Sahara schon eher die Ausnahmen. Der Abzug aus den Tropen findet ab Anfang März statt, der Heimzug erreicht April/Mai seinen Höhepunkt, Anfang Mai ist mit der Ankunft an den Brutplätzen zu rechnen. Einzelne bleiben auch den Sommer über im Winterquartier.

Feuchte Steppen tief im Binnenland, feuchte Grasländer oder auch trockenere Wiesen in Wassernähe bilden die Brutplätze. Auch auf dem Zug und im Winterquartier sieht man Teichwasserläufer selten an der Küste, schon gar nicht auf großen offenen Schlickflächen. Die Ränder von Binnengewässern, Lagunen, Flussmündungen, aber auch Reisfelder und andere binnenländische Feuchtgebiete mit Flachwasser, auch Brackwassergebiete, sind Plätze, an denen man ihnen am regelmäßigsten begegnen kann.

Kleine Beutetiere suchen die grazilen Wasserläufer vor allem im Seichtwasser, sie waten oft tief hinein und schwimmen auch ein wenig. Im Winterquartier schließen sie sich oft locker größeren Watvögeln an, z. B. Grünschenkeln oder kleinen Reihern. Über die Nahrung im Brutgebiet ist wenig bekannt.

Auch über die Brutbiologie weiß man wenig. Schon ab dem ersten Lebensjahr werden die Vögel geschlechtsreif. Wahrscheinlich leben Männchen und Weibchen in saisonaler Einehe. Anzunehmen ist, dass auch kleine Nestreviere verteidigt werden. Aber wie bei manchen anderen Wasserläufern bilden die Ansiedlungen an günstigen Stellen lockere Kolonien, nicht selten gemischt mit Rotschenkeln, Kiebitzen oder Uferschnepfen, deren Brutplatzansprüche in den Steppengebieten sich weitgehend mit denen des Teichwasserläufers treffen. Die Nestmulde liegt auf trockenem Untergrund, oft nahe am Wasser, und ist mit Pflanzenmaterial ausgekleidet. Männchen und Weibchen brüten und kümmern sich auch um die Jungen.

Teichwasserläufer *Tringa stagnatilis* (Bechstein 1803)

Größe	= Amsel
Maße (cm)	Länge ca. 22–25 / Flügel ca. 39–44
Körpermasse (g)	ca. 75
Stimme	Rufe ziemlich selten; kurz und einzeln „tsiui", auch „kjuk" (bei Gefahr); Rufreihen „tütütütü..."
Brutzeit	Anfang Mai, 1 Jahresbrut
Gelegegröße	4; bis 7 von 2 ♀♀
Eifärbung	rahmfarben bis hell gelbbräunlich, manchmal tiefer rostbraun, unterschiedlich gemustert; dunkle Punkte und Kleckse als Oberflecken, helle Schalenflecke; glatt, schwach glänzend
Eimaße (mm)	kreiselförmig bis oval – 38,5 x 26,9
Brutdauer	unbekannt; beide Partner brüten
Nestlingszeit	Nestflüchter; Junge von beiden ad. geführt

▸ Grünschenkel, Rotschenkel

TEICHWASSERLÄUFER IM PRACHTKLEID

TEICHWASSERLÄUFER IM SCHLICHTKLEID

TEICHWASSERLÄUFER IM FLUG

PRACHTKLEID (UNVOLLSTÄNDIG)

Grünschenkel

Ihrem Namen entsprechend haben Grünschenkel das ganze Jahr über grüngraue Beine. Sie sind die größten europäischen Wasserläufer. Ihr relativ kräftiger und langer Schnabel ist leicht aufgeworfen. Im Schlichtkleid wirken sie auffällig hell: Der Rücken ist hellgrau und fein dunkel gefleckt, die Unterseite einschließlich des Vorderhalses weiß. Jungvögel im Herbst sind oberseits dunkler mit einem Muster feiner heller Federränder und fein gestricheltem Hals. Im Prachtkleid, das man bei durchziehenden Vögeln in Mitteleuropa selten sehen kann, bilden dunkle Federn undeutliche dunkle Längsbänder auf dem Rücken; auch Hals und Flanken sind gefleckt. In seinen Ansprüchen an Nahrungsplätze auf dem Durchzug und im Winterquartier ist der Grünschenkel sicher der vielseitigste Wasserläufer der Welt. Man begegnet ihm daher außerhalb seines Brutgebiets fast überall am Wasser regelmäßig zu beiden Zugzeiten und in warmen Ländern von Afrika bis Tasmanien sogar fast das ganze Jahr über.

Das Brutgebiet umfaßt die nördliche Waldzone bis in die Waldtundra von Nordschottland über Skandinavien bis Ostsibirien und Kamtschatka. Das Überwinterungsgebiet reicht von Westeuropa über das Mittelmeergebiet bis an die Südspitze Afrikas und nach Osten über Vorderasien, den Indischen Ozean, Vorder- und Hinterindien nach Südchina sowie über die Sundainseln, Philippinen, über ganz Australien bis Tasmanien und zum Norden Neuseelands. In diesem riesigen Gebiet von der Tundra bis an die Südspitze der Kontinente bleiben eigentlich nur ausgesprochene Wüsten und Trockengebiete als Lebensraum ausgeklammert.

Abgesehen von Brutvögeln in West- und Nordeuropa sind die meisten ausgesprochene Langstreckenzieher, die in

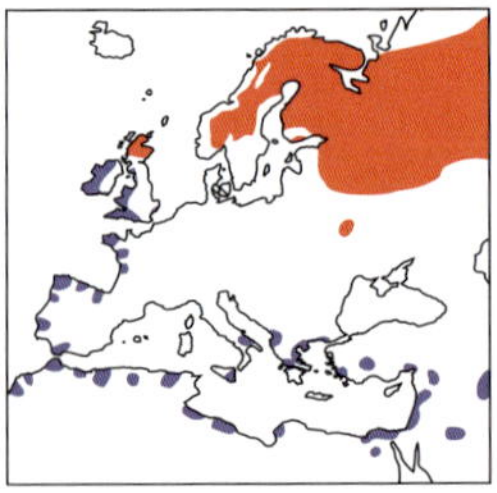

breiter Front über das Binnenland ziehen, sich aber an günstigen Küstengebieten wie dem Wattenmeer der Nordsee konzentrieren. Hier kann man zu den Höhepunkten Tausende von Grünschenkeln antreffen, an den zahlreichen kleineren und größeren Durchzugsstationen des Binnenlandes dagegen meist nur einzelne oder kleine Trupps, fast überall aber Jahr für Jahr. Die Weibchen verlassen schon ab Ende Juni die Brutplätze. Um diese Zeit setzt bereits der Durchzug an der Nordseeküste ein. Hier werden dann die Maxima im Juli und August erreicht, der Weiterzug setzt im Oktober ein, manche bleiben noch länger. Ähnlich im Binnenland, doch liegen hier die Maxima des Durchzugs meist etwas später (vielleicht ziehen mehr Junge durchs Binnenland, die später von den Brutplätzen abwandern). Ab Anfang April beginnt sich der Heimzug in Mitteleuropa bemerkbar zu machen, erreicht aber seinen Gipfel meist erst Anfang Mai. Anfang Mai/Mitte Mai erscheinen die Brutvögel in Fennoskandien. Häufig ziehen Grünschenkel nachts und man kann dann ihre klangvollen Rufe auch über der Großstadt hören. Viele Vögel übersommern im Bereich des Winterquartiers.

Brutplätze sind offene Heide-, Moor- oder Tundrenlandschaften. Die Vegetation am Boden darf nicht zu hoch sein, doch sind lichte Baumbestände oder einzeln stehende Bäume durchaus willkommen; sie werden als Ruf- und Ausguckswarten benützt. Offenes Wasser als Nahrungsgebiet ist meist in der Nähe der Nestplätze. Nichtbrüter, Durchzügler und Wintergäste trifft man auf den Wattflächen an der Küste, am Ufer von Binnengewässern, sogar auch auf Schotterbänken der Flüsse oder auch in überschwemmten Wiesen.

Wirbellose Tiere aus dem Seichtwasser oder den obersten Schlammschichten und Bodentiere bilden die Nahrung. Auch winzige Fischchen oder Kaulquappen können Grünschenkel erbeuten. Beutetiere werden vom Boden oder von der Wasseroberfläche abgelesen. Mit halb geöffnetem Schnabel rennen die Vögel auch durchs Wasser, um kleine Beutetiere zu „fischen".

Meist beginnen Grünschenkel im 2. Lebensjahr mit der ersten Brut. Die Paare finden sich zu einer Saisonehe, können sich aber im Folgejahr wieder am selben Nistplatz treffen. Mehrfach wurde Bigynie (ein Männchen und zwei Weibchen) nachgewiesen. Die Brutortstreue ist zumindest in manchen Gebieten sehr hoch: In Schottland hat man ein Weibchen über 13 Brutperioden kontrolliert. Beide Partner bebrüten das Gelege, Männchen mit zwei Weibchen beteiligen sich allerdings kaum am Brutgeschäft. Oft verlässt ein Partner (offenbar meist das Weibchen) die Familie vorzeitig.

▶ Rotschenkel, Dunkler Wasserläufer

Grünschenkel *Tringa nebularia* (Gunnerus 1767)

Größe	= Taube
Maße (cm)	Länge ca. 30–35 / Flügel ca. 53–60
Körpermasse (g)	135–250
Stimme	ähnlich Rotschenkel (lauter/härter); Flugrufe „kjück kjück kjück", beim Abfliegen auch „krii krii tjü tjü..."; bei Störung lange Reihen „tjip"; flötender Gesang „tjui tjui..."
Brutzeit	Anfang Mai, ausnahmsweise Ende April; 1 Jahresbrut
Gelegegröße	(3) 4 (5–8 von 2 ♀♀)
Eifärbung	grauweiß, gelboliv oder rahmfarben, unterschiedlich schwarzbraun oder dunkelrotbraun gekleckst, getüpfelt, gekritzelt oder kurz gestreift; hellere Schalenflecke; glatt, schwach glänzend
Eimaße (mm)	kreiselförmig bis oval – 51,4 x 34,8
Brutdauer	23–26 Tage
Nestlingszeit	Nestflüchter; zunächst führen beide ad., dann Teilung; Führungszeit mindestens 25 Tage

GRÜNSCHENKEL IM BRUTREVIER

GRÜNSCHENKEL BEI DER NAHRUNGSSUCHE

DUNENJUNGES

NEST UND GELEGE

Waldwasserläufer

Der oberseits dunkelste Wasserläufer ist auch gleichzeitig der ausgesprochenste Einzelgänger der Gattung *Tringa*. Auch auf dem Zug trifft man höchstens kleine, meist nur locker oder vorübergehend zusammenhaltende Trupps. Oft bemerkt man den sich geschickt in Deckung haltenden Vogel erst beim Auffliegen. Dann sind der dunkle Rücken im Kontrast zu leuchtend weißem Bürzel und Bauch und auch die charakteristischen feinen Rufe sichere Artkennzeichen. Waldwasserläufer wirken fast immer etwas nervös und wippen im Stehen mit dem Körperhinterende. Bruchwasserläufer sind sehr ähnlich, aber oberseits nicht so dunkel.

Das Brutgebiet der Art liegt in der nördlichen Waldzone und zieht sich von Nord- und Osteuropa über Asien in einem breiten Gürtel bis nach Ostsibirien. Südlich davon gibt es zwei kleine isolierte Vorkommen in Kirgisistan und in der chinesischen Provinz Xinjiang. An der Südwestgrenze haben sich in letzter Zeit Veränderungen vollzogen, von denen man allerdings noch nicht weiß, ob sie zu einer dauerhaften Erscheinung werden. Sowohl in Dänemark als auch in der Osthälfte Deutschlands von der norddeutschen Tiefebene bis nach Bayern ist die Art als Brutvogel eingewandert; die kleinen Bestände haben deutlich zugenommen. Einer der Gründe dafür könnte die Abnahme des Waldwasserläufers unmittelbar östlich, nämlich in Westpolen sein. Damit hätte also eine Umsiedlung stattgefunden. Andererseits scheint die Nachwuchsrate der westlichsten Brutvorkommen auszureichen, um den dortigen Bestand aus eigener Kraft halten zu können. Vielleicht spielt hier auch das milde Winterwetter der letzten Jahre eine Rolle, das Winterverluste verringert.

Waldwasserläufer überwintern nämlich regelmäßig in kleiner Zahl auch in Mitteleuropa, ganz im Unterschied zu

den anderen Wasserläuferarten. Westeuropa und das Mittelmeergebiet bilden bereits einen wichtigen Teil des Winterquartiers der Art. Nördliche und östliche Brutvögel sind allerdings überwiegend Langstreckenzieher. Sie wandern bis ins tropische Afrika vom Südrand der Sahara bis weit über den Äquator. Weitere Winterquartiere sind Vorderasien und das gesamte tropische Asien nach Osten bis zu den Philippinen.

Der Artname bezieht sich auf den typischen Lebensraum während der Brutzeit. Bruch- und Auwälder und andere nasse Waldtypen sowie waldbestandene Ufer von Gewässern bilden die typischen Brutgebiete. In der Taiga weiter im Osten werden auch höhere Lagen besiedelt. Außerhalb der Brutzeit halten sich Waldwasserläufer fast ausschließlich an Binnengewässer, vorzugsweise solche mit reich bewachsenen Ufern. Man trifft sie dann an einer Vielzahl von Gewässertypen, an Ufern größerer Seen, aber auch an Flüssen und Bächen, Fischteichen sowie einzeln selbst an kleinen Gräben oder Tümpeln, wo sie auch in Mitteleuropa oft zu überwintern versuchen. An der Küste halten sie sich so gut wie nie auf großen offenen Schlickflächen auf, höchstens in kleinen Gräben oder Flussmündungen, in den Tropen auch in der dichten Mangrove. Auf dem Zug sind sie oft nachts unterwegs; man kann sie gelegentlich am nächtlichen Himmel hören.

Weniger als die meisten anderen Wasserläufer stochern Waldwasserläufer im weichen Boden. Sie fangen vielmehr Insekten von der Bodenoberfläche oder von niedriger Vegetation, im Seichtwasser auch kleine Krebstiere, Mollusken und viele im Wasser lebende Insektenlarven. Sie können schwimmen und tauchen sogar mitunter auf der Nahrungssuche ganz unter. Im Winter hat man sie verschiedentlich auch kleine Fischchen fangen sehen.

Wo irgend möglich legen Waldwasserläufer ihre Eier in die verlassenen Nester anderer Vogelarten, besonders häufig in vorjährige Nester von Drosseln, aber auch in Nester von Ringeltauben, Eichelhähern, Krähen, Eichhörnchen usw., mitunter auch in Halbhöhlen nahe am Boden oder in ausgefaulte Astlöcher. Sehr selten scheinen reine Bodennester wie bei anderen Watvögeln vorzukommen. Die höchsten Nester hat man andererseits bis in 20 m Höhe gefunden. Nestmaterial wird in der Regel nicht eingetragen; günstige Nistplätze nutzen die Vögel über mehr als ein Jahr. Beide Geschlechter brüten, die Männchen jedoch oft sehr viel weniger als die Weibchen. Zunächst werden die Jungen von beiden Eltern geführt, die Weibchen verlassen aber häufig die Familie, bevor die Jungen selbstständig geworden sind.

▸ Bruchwasserläufer

Waldwasserläufer *Tringa ochropus* (L.)

Größe	= Amsel
Maße (cm)	Länge ca. 21–24 / Flügel ca. 41–46
Körpermasse (g)	ca. 70–85
Stimme	im (Ab-)Flug „tluit" mit „it-it" (3-silbig) angehängt; bei Störung „pik pik..."; Singflug „gägjörluid gägjörluid...", auf Singwarten „deluiduid..."
Brutzeit	Mitte April im Süden, bis Ende Juni im Norden; 1 Jahresbrut (Nachgelege möglich)
Gelegegröße	(3) 4
Eifärbung	schmutzigweiß, rahmfarben, schwach oliv oder grünlich, mit kleinen purpur- oder rötlichbraunen Flecken, Punkten, Klecksen, Kritzellinien; Schalenflecke graulila; glatt, schwach glänzend
Eimaße (mm)	kreiselförmig bis oval – 39,1 x 28
Brutdauer	ca. 22 Tage
Nestlingszeit	Nestflüchter; Führungszeit 26/28 Tage, ♂ führt mehr

WALDWASSERLÄUFER, ALTVOGEL IM ABGENUTZTEN PRACHTKLEID

JUNGVOGEL

JUNGVOGEL

GELEGE IN EINEM ALTEN DROSSELNEST

Bruchwasserläufer

In der Körpergröße und auch in der Färbung ähneln stehende Bruchwasserläufer auf den ersten Blick den etwas kurzbeinigeren und gedrungeneren Waldwasserläufern, zumal im abgetragenen Kleid die Oberseite mehr oder minder einfarbig braun wirkt. Die Oberseite ist aber nicht so dunkel. Dies fällt vor allem im Abflug auf, da dann der Kontrast zwischen Rücken und weißem Bürzel lange nicht so stark ins Auge fällt wie bei abfliegenden Waldwasserläufern, die übrigens auch dunklere Unterflügel haben. Ein zusätzliches Kennzeichen sind die Rufe, die aufgescheuchte Bruchwasserläufer fast immer hören lassen. Bruchwasserläufer sind auch viel geselliger als Waldwasserläufer.

Die westlichsten Brutvorkommen liegen in Schottland. Das heutige Brutgebiet erstreckt sich in der borealen Wald- und Tundrenzone von Skandinavien über ganz Russland und Asien bis nach Ostsibirien und Kamtschatka. Bruchwasserläufer brüten also etwas nördlicher als Waldwasserläufer. Sie sind auch überwiegend Langstreckenzieher. Regelmäßige Überwinterer kommen in Europa im Unterschied zu Waldwasserläufern nicht vor. Das Hauptwintergebiet liegt in den Tropen und reicht bis in die Subtropen der Südhalbkugel. Die nördlichsten Winterquartiere finden sich in Nordafrika, vor allem im Nildelta. Den ganzen Nil entlang und dann über ganz Afrika südlich der Sahara bis an die Südspitze sind Bruchwasserläufer während des Nordwinters überall anzutreffen, einzelne übersommern hier auch. Weiter östlich trifft man Überwinterer vom Persischen Golf bis zu den Sundainseln und im Süden Australiens.

Die Brutvorkommen in Mitteleuropa, die über die norddeutsche Tiefebene von Polen bis in die Niederlande reichten, sind heute so gut wie erloschen. Auch in den baltischen Staaten und in Finnland ist starke Abnahme festzustellen. Heute muss daher der Bruchwasserläufer als ein gefährdeter Brutvogel Europas gelten.

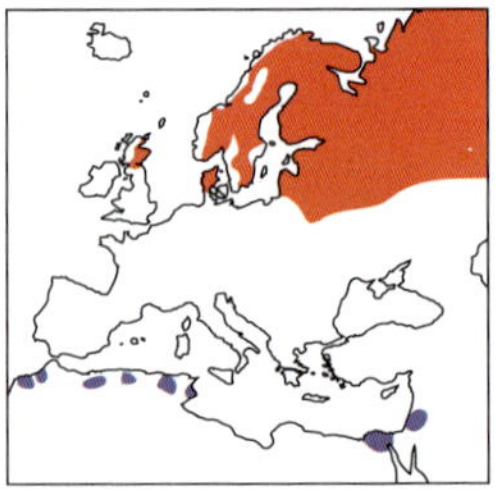

Durchzügler sind in Europa fast überall am Wasser anzutreffen, sowohl an der Küste als auch im Binnenland. An günstigen Stellen (z.B. Überschwemmungsgebieten im Frühjahr) sammeln sich größere Trupps mitten im Binnenland. Große Rastplätze liegen in Flussniederungen und an Flussmündungen, wie Poebene, Camargue oder Ebrodelta. Nur im äußersten Westen Europas sind Durchzügler seltener. Ab Juli beginnt sich der Wegzug mit zahlreichen Zwischenstopps in Mittel- und Westeuropa bemerkbar zu machen. An vielen Durchzugsplätzen sind zwei Gipfel zu erkennen: Zuerst ziehen die Altvögel durch, die ihre Brutplätze eher verlassen und zu Mauserstationen (z.B. Camargue) wandern, später folgen die Jungvögel. Von Juli bis September und April bis Mitte Mai ist mit dem Durchzug im mitteleuropäischen Binnenland zu rechnen.

Weithin offene Hochmoore mit offenen Wasserflächen sind – oder besser waren – die Brutplätze des Bruchwasserläufers in den westlichsten Teilen seines Brutgebiets. Weiter im Norden und vor allem nach Osten in der Taiga und Waldtundra siedeln viele Paare auch in relativ dichten Baumbeständen, wenn sie durch offene Waldmoore, Seen oder Vernässungen unterbrochen werden, oder gegen die Tundra zu zwischen relativ dichten Büschen. Fast immer aber sind die Brutplätze sehr nass. Außerhalb der Brutzeit bevorzugen Bruchwasserläufer deutlich offenere Wasserflächen als Waldwasserläufer, sind aber ebenfalls nicht typisch für offene Watt- oder Sandflächen an der Küste. Überschwemmte Rasenflächen, Reisfelder, Fischteiche, Schlammflächen an Binnenseen, aber auch grasbewachsene Flussinseln, Klärteiche und temporäre Wasseransammlungen sind typische Rast- und Nahrungsplätze.

Die Nahrung besteht aus kleinen Wirbellosen, vor allem solchen, die im Wasser, Schlamm oder feuchten Gras leben. Häufig suchen Bruchwasserläufer auf Rastplätzen im Seichtwasser nach Nahrung. Meist halten die Vögel bei der Nahrungssuche größeren Abstand, rotten sich aber beim Auffliegen zu großen Schwärmen zusammen.

Die Paare kommen verpaart oder zumindest gemeinsam an den Brutplätzen an. Mit eigentümlichen Singflügen markieren die Männchen Reviere. Die „Jodelreihen" kann man gelegentlich auch schon während des Heimzugs hören. Die Nester liegen am Boden, meist gut in der Vegetation versteckt. Die Benutzung von Baumnestern(z.B. alter Drosselnester) kommt vor. Männchen und Weibchen brüten.

▸ WALDWASSERLÄUFER

Bruchwasserläufer *Tringa glareola* (L.)

Größe	= Amsel
Maße (cm)	Länge ca. 19–21 / Flügel ca. 36–40
Körpermasse (g)	ca. 60
Stimme	Stimmfühlung (Boden) „djib", beim Auffliegen und Ziehen „djip djip bi bi..."; bei Erregung kurz und hart „gip-gip gip-gip..."; Gesang (im Singflug) „dile dile...tjile..." oder „tühile tühile"
Brutzeit	Anfang Mai bis Anfang Juni, 1 Jahresbrut
Gelegegröße	(3) 4
Eifärbung	hell- bis weißlichgrün oder -oliv, dunkel gekleckst, gefleckt, getupft oder grob gekritzelt; graulila Schalenzeichnung, Flecke am stumpfen Pol konzentriert; glatt, schwach glänzend
Eimaße (mm)	kreiselförmig bis oval – 38,3 x 26,4
Brutdauer	22/23 Tage
Nestlingszeit	Nestflüchter; mit ca. 30 Tagen (?) flugfähig; ♀ verläßt Familie oft früher

BRUCHWASSERLÄUFER IM PRACHTKLEID (ETWAS ABGENUTZT)

JUGENDKLEID

DUNENJUNGES

NEST UND GELEGE

Terekwasserläufer

Der Name Terek bezeichnet einen Fluss im Kaukasus, der durch das nördliche Kaukasusvorland fließt und ins Kaspische Meer mündet. Hier aber kommt der Terekwasserläufer nicht vor, jedenfalls nicht als Brutvogel. Er teilte damit mit manchem anderen Vogel einen mehr zufälligen oder gar falschen Fundort des Exemplars, das der Erstbeschreibung zugrunde lag, in seinem deutschen oder lateinischen Namen.

Terekwasserläufer brüten vor allem in der borealen Waldzone von Nordwest-Russland nach Osten über Sibirien bis ins Anadyrland. Die meisten Brutplätze liegen in der Taiga, die nördlichsten reichen bis in die südlichen Tundrengebiete, die südlichsten liegen z. B. in der Ukraine und in Kasachstan am Nordrand der Steppenzone. Einzelne mehr oder minder isolierte Brutplätze finden sich auch weiter westlich bis an die baltischen Staaten und in den Osten Finnlands. Ein kleiner Bestand brütet auch im Südwesten Finnlands, der sich schon seit über 100 Jahren hält und in den 80er Jahren etwa 30 Brutpaare umfasste.

Alle Populationen bestehen aus Langstreckenziehern; einige müssen sehr lange Wege zurücklegen: Als weiteste Zugstrecke sind 12700 km für einen Ringvogel nachgewiesen worden, der von Russland bis nach Südafrika gezogen war. Die Winterquartiere der Art liegen an den Küsten des Persischen Golfs, der Arabischen Halbinsel und des tropischen und südlichen Afrika, reichen um die Südspitze herum bis auf die Westseite des Kontinents etwa in Äquatorhöhe. Hier überwintern an günstigen Küsten oft größere Scharen, die sich aber bei der Nahrungssuche meist zerstreuen. Terekwasserläufer halten dann meist einen größeren Individualabstand ein. Weiter östlich zählen das Süddrittel von Indien, die hinterindische Halbinsel und die Küsten Australiens zum Winterquartier. Der Wegzug findet in breiter Front über das osteuropäische und asiatische Binnenland statt.

Der Terekwasserläufer wird auch gelegentlich als seltener Ausnahmegast in Mitteleuropa festgestellt, da die Vögel der westlichen Brutpopulationen vorwiegend nach Südosten abziehen. Die wenigen Beobachtungen in Mitteleuropa verteilen sich auf Mai und Juli bis September. Schon ab Ende Juli setzt der Abzug von den Brutplätzen ein, der etwa im September beendet ist. Im September tauchen aber auch schon die ersten Wintergäste im Süden Afrikas auf. Der Heimzug beginnt ab Ende März; in den mittleren Breiten ziehen die Vögel im April und Mai durch. Erst Ende Mai/Anfang Juni kommen sie an ihren Brutplätzen an.

Die Körpergrößer gleicht etwa dem Waldwasserläufer, doch sind die gelben oder orangefarbenen Beine viel kürzer. Die Figur erinnert an einen Flussuferläufer, dem der Terekwasserläufer auch durch sein Körperwippen gleicht. Auffallend sind der lange, nach oben gebogene Schnabel und die steil abfallende Stirn. Die hell graubräunliche Oberseite zeigt ein etwas dunkler gefärbtes V auf dem Rücken und einen dunklen Flügelbug. Im Flug ist ähnlich wie beim Rotschenkel ein weißer Flügelhinterrand zu erkennen.

Die Brutplätze liegen in der Taiga- und Tundrenzone vor allem entlang von Flüssen in Auen oder auf Überschwemmungsflächen, aber auch auf Schwemmflächen in Stauseen, küstennahen Inseln und Überschwemmungs- und Brachflächen in extensiv genutztem Kulturland. Auch auf dem Zug lassen sich die Vögel im Binnenland an Gewässerufern sehen, sowohl an Still- als auch an Fließgewässern. Im Winterquartier ziehen sie jedoch Lebensräume an den Küsten vor, etwa flache Strandlagunen oder den Tidenbereich von Flachküsten oder in der Mangrove.

Am Brutplatz bestreiten vor allem Mücken und ihre Larven die Nahrung, aber auch Sämereien. Auf dem Zug und im weiten Winterquartier kommen zu den Insekten vor allem viele Kleinlebewesen der Küste dazu, wie Ringelwürmer, kleine Krebstiere, kleine Mollusken. Terekwasserläufer rennen bei der Nahrungssuche oft mit raschem Richtungswechsel hin und her und picken Beutetiere vom Boden auf. Größere Beutestücke tragen sie auch zum Wasser und tauchen sie ein. Mit dem aufgebogenen Schnabel fahren sie nicht selten ähnlich Säbelschnäblern im Seichtwasser unter Seitwärtsschwenken des Kopfes hin und her.

An günstigen Stellen liegen die Nester nicht selten in lockeren Kolonien beisammen. Die Nestmulden stehen auf trockenem Untergrund meist nahe am Wasser. Über die Brutbiologie ist aber nicht viel bekannt.

▸ Grünschenkel, Flussuferläufer

Terekwasserläufer *Xenus cinereus* (Güldenstädt 1774)

Größe	= Amsel
Maße (cm)	Länge ca. 22–25 / Flügel ca. 38–42
Körpermasse (g)	ca. 60–100
Stimme	ruft „hühühühü…“, bei Erregung „güpgüpgüp…“ oder „titi“; Gesang trillernd mit Pfeiflauten
Brutzeit	Ende Mai, 1 Jahresbrut
Gelegegröße	(3) 4
Eifärbung	hell gelblich- bis rostbraun; schwarz-, dunkelbraune, blass- oder violettgraue Flecken, Kleckse, Tupfen, Spritzer; viele kleine Flecken; glatt, schwach glänzend
Eimaße (mm)	oval bis kreiselförmig – 38,6 x 26,6
Brutdauer	24 Tage
Nestlingszeit	Nestflüchter, verlassen Nest bald nach Schlupf, von beiden ad. betreut; Führungszeit unbekannt

TEREKWASSERLÄUFER MIT DUNENJUNGEM

TEREKWASSERLÄUFER IM PRACHTKLEID

TEREKWASSERLÄUFER IM SOMMER

NEST UND GELEGE

Flussuferläufer

Im Binnenland ist der kurzbeinige und meist irgendwie geduckt stehende Flussuferläufer die am weitesten verbreitete Art der kleinen Watvögel. Zumindest außerhalb der Brutzeit kann man dem Vogel fast überall am Wasser begegnen. Oft stehen Flussuferläufer mit wippendem Hinterkörper auf Steinen oder Uferböschungen und -bauten an Seen und Flüssen. Meist fliegen sie mit vibrierenden Flügelbewegungen und etwas ruckweisen Flügelschlägen niedrig über die Wasseroberfläche davon und schalten dazwischen kurze Gleitstrecken ein mit nach unten gehaltenen, etwas gebogenen Flügeln. Man sieht dann den weißen Flügelstreif und hört häufig die charakteristischen hohen Rufreihen.

Flussuferläufer brüten fast überall in Europa vom Tiefland bis in höher gelegene Gebirgstäler. In Mitteleuropa und Südwesteuropa sind Brutvorkommen allerdings in viele kleine Inseln mit größeren Lücken zersplittert. Verbreitet trifft man die Art nur noch am Gebirge und in Tälern des Mittelgebirges; im Tiefland ist sie oft großräumig verschwunden und nur noch regelmäßiger Gast auf dem Durchzug. Nach Osten reicht das Brutgebiet über die Wald- und Steppenzone Asiens bis Kamtschatka und Japan. In der Neuen Welt lebt eine nah verwandte und sehr ähnliche Art, der Drosseluferläufer (*Actitis macularia*).

In Europa sind westliche Populationen überwiegend Mittelstreckenzieher. Im Osten und Norden des Areals sind wohl alle Brutvögel Langstreckenzieher. Die Winterquartiere reichen vom Süden der Britischen Inseln über das atlantische Frankreich und die Nordküste des Mittelmeers bis an die Südspitze Afrikas und nach Osten von Vorderasien bis ins südliche China und über die Sundainseln und Australien nach Süden bis Tasmanien. Man kann also überall in Eura-

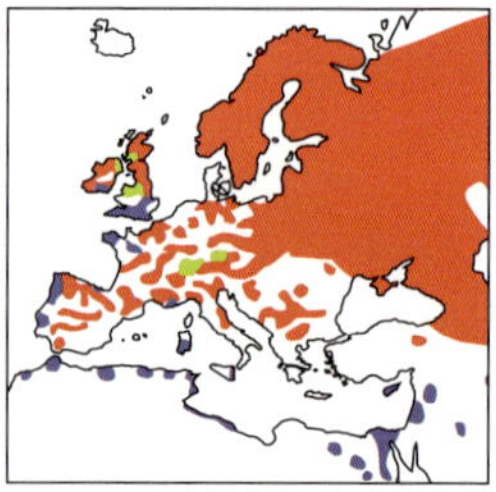

sien und Australien auf Flussuferläufer treffen.

Dies nicht zuletzt auch deshalb, weil der Flussuferläufer in der Wahl seiner Rast- und Nahrungsplätze wohl eine der vielseitigsten Watvogelarten der Welt ist. Einzelne halten sich an Uferpartien aller nur denkbaren Gewässer, oft trifft man sie auch kurzfristig an kleinen Tümpeln und Pfützen, am Meer allerdings kaum auf großen Schlammflächen, dafür an Steinen und Felsküsten. Flussuferläufer laufen auf Nilpferdrücken in Afrika ebenso eifrig nahrungssuchend herum wie in der Mangrove oder auf einsamen Felsküsten des hohen Nordens. Oft rasten sie auch auf Hafenbauten, Bootsstegen oder auf Plattformen im Wasser oder auf vertäuten Booten. Vielerlei Kleintiere bilden die Nahrung, im Unterschied zu den meisten Wasserläufern auch das ganze Jahr über Insekten, die auf festem Untergrund im raschen Laufen aufgepickt werden. Flussuferläufer stochern kaum mit dem Schnabel in weichem Untergrund.

Auch außerhalb der Brutzeit sind Flußuferläufer meistens Einzelgänger und verteidigen auch kleine Nahrungsreviere gegen Artgenossen. Oft bemerkt man am Abend erhöhte Aktivität: Einzelne Vögel fliegen rufend umher, manchmal steigern sich die Rufe auch zu einem mehrstimmigen Chor. Dann sammeln sich die tagsüber zerstreuten Vögel zum gemeinsamen Übernachten in kleineren Gesellschaften.

In der Wahl der Brutplätze stellen sie allerdings engere Ansprüche. Die Nester werden an Wildflussstrecken, in Gebirgstälern oder auf bewachsenen Flusskiesbänken gut versteckt angelegt. Hochwässer, aber auch der Freizeitrummel an naturnahen Fließgewässern gefährden jährlich viele Bruten. Auch an bewaldeten Flussufern in dichter Deckung können sich die Vögel ansiedeln, neuerdings sind auch Bruten in Kies- und Sandgruben nicht außergewöhnlich, sofern offenes Wasser in der Nähe ist.

Mit einem fledermausartigen Singflug markiert das Männchen sein Revier. Bei der Bodenbalz spielt auch das „Scheinnisten“ eine Rolle. Während der Brutzeit halten die Paare meist eine Saison lang zusammen. Ortstreue der Brutvögel scheint sehr ausgeprägt zu sein. Das Nest steht gut versteckt in der Vegetation oder im angeschwemmten Genist einer Flussinsel, in der Regel auf trockenem Untergrund, aber meist nicht weiter als maximal 50 m vom Wasser entfernt. Die Mulde ist mit Material aus der nächsten Umgebung ausgekleidet. Männchen und Weibchen brüten und führen auch die Dunenjungen. Meist hält das Männchen Wache, das Weibchen verleitet. Bei Gefahr kauern sich die Jungen auf den Boden unter Ausnutzung einer Deckung.

▶ FLUSSREGENPFEIFER, BRUCHWASSERLÄUFER

Flussuferläufer *Actitis hypoleucos* (L.)

Größe	< Amsel
Maße (cm)	Länge ca. 19–21 / Flügel ca. 32–35
Körpermasse (g)	33–84
Stimme	im Abflug (und Sitzen) „hididi“, beim Sammeln am Schlafplatz auch längere Reihen; Gesang „titihihihihi-titi-hihihihi“; Warnruf „iet“ und „i-iht“
Brutzeit	Anfang Mai im Süden, bis Mitte Juni im Norden; 1 Jahresbrut
Gelegegröße	(3) 4 (2 ♀♀ bis 8 Eier)
Eifärbung	schmutzig weiß, rahmfarben bis zimtbräunlich; rot- und dunkelbraune Punkte, Flecke, Striche; Schalenflecke hell lila, größere Flecke am stumpfen Pol; glatt, ziemlich glänzend
Eimaße (mm)	oval bis kreiselförmig – 36 x 25,2
Brutdauer	21/22 Tage
Nestlingszeit	Nestflüchter; ♂ und ♀ führen, Führungszeit 26/28 Tage

FLUSSUFERLÄUFER AUF NAHRUNGSSUCHE (PRACHTKLEID)

FLUSSUFERLÄUFER BEI DER GEFIEDERPFLEGE

DUNENJUNGES

NEST UND GELEGE

Steinwälzer

Fast ein Weltbürger ist dieser gedrungene, kurzbeinige und kurzschnäbelige Watvogel, der seinen Namen einer besonderen Technik des Nahrungserwerbs verdankt. Steinwälzer laufen gemächlich am Sandstrand oder auf Felsen und Steinen zwischen Tang und Geröll umher. Mit ihrem kurzen kräftigen Schnabel picken sie auf der Oberfläche kleine Beutetiere auf, graben auch schon mal im weichen Sand. Versteckte Beute aber können sie unter Tang, Moosdecken und Flechten, auch unter kleinen Steinen erreichen: Sie schieben ihren spitz zulaufenden Schnabel, dessen Unterseite vorne abgeschrägt ist, unter die Ränder der „Abdeckung" und kippen sie durch einen heftigen Ruck mit Kopf und Nacken auf die Seite. Selbst an den Felsen im Brandungsbereich sitzende Napfschnecken können mit dem kräftigen Schnabel abgehoben werden.

Das Prachtkleid des Steinwälzers ist auffällig bunt mit einer sehr charakteristischen schwarzweißen Gesichts- und Kopfzeichnung, dunklen weißen und orangefarbenen Partien auf dem Rücken, weißer Unterseite und weißem Schwanz mit schwarzer Endbinde. Im Schlichtkleid ist die auffällige Gesichtszeichnung fast verschwunden, doch noch am dunkelbraunen Brustschild und Vorderhals zu erahnen. Auch jetzt fällt beim Abfliegen das markante Weiß-Dunkel-Muster der Oberseite auf. Die kurzen kräftigen Beine sind gelb bis orangefarben.

Das Brutgebiet erstreckt sich von den Küsten Nordeuropas entlang der arktischen Küsten Sibiriens bis an die Bering-Straße und setzt sich im arktischen Amerika und auf Grönland fort. Steinwälzer brüten also so gut wie zirkumpolar. Ihre südlichsten Brutplätze lagen an der Ostseeküste Mitteleuropas. Die Vorkommen erloschen Anfang des 20. Jahrhunderts. Neuerdings aber brüten wieder einzelne Paare in Schleswig-Holstein.

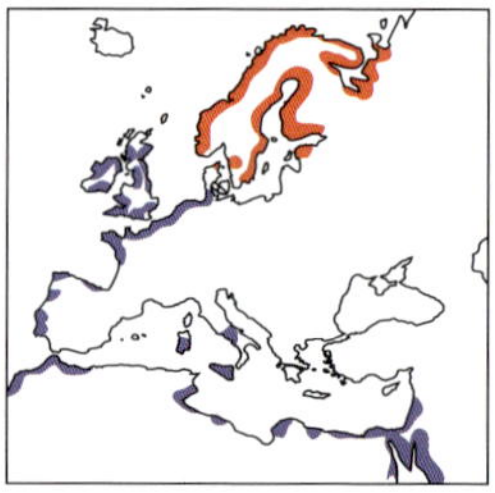

Die meisten Steinwälzer sind Langstreckenzieher. Ihr Wintergebiet reicht von der Nordseeküste und Westeuropa bis an die Südspitze Afrikas, umfasst alle Küstenländer und Inseln des Indischen Ozeans, Süd- und Südostasiens einschließlich Australiens und Neuseelands. In Amerika reichen die Winterquartiere von den Küsten der mittleren USA über die Karibik bis ins südliche Südamerika. Man kann Steinwälzer auf dem Zug oder im Winterquartier fast das ganze Jahr an allen Küsten und größeren Inseln der Welt begegnen. Im Einzelnen sind allerdings die Zugwege sehr verwickelt. So kommen z. B. Brutvögel von Nordostkanada und Grönland nach Westeuropa und überwintern dort von Irland über die Nordsee bis an die Küsten der Iberischen Halbinsel und Mauretaniens. Sie fliegen direkt über den Atlantik oder machen auf Island (wo Steinwälzer nicht brüten) oder in Norwegen Rast. Die fennoskandischen und westrussischen Brutvögel wandern entlang der Küsten der Ostsee und Westeuropas bis Marokko und Westafrika, östliche Brutvögel wahrscheinlich über das Binnenland Asiens über die Seen Kasachstans, das Kaspische und das Schwarze Meer, um im östlichen Mittelmeergebiet, am Roten Meer, am Persischen Golf und an den Küsten des Indischen Ozeans bis Südafrika zu überwintern. Die Brutvögel Ostsibiriens und Westalaskas ziehen nach Südostasien, Australien und in den südlichen Pazifik.

Brutplätze liegen in der Regel an der Küste oder auf vorgelagerten Inseln, auf nasser und trockener Tundra und höherer Fjällvegetation auch im Inneren. Meist ist die Umgebung der Neststandorte kahl oder nur mit sehr niedriger Vegetation bedeckt. Außerhalb der Brutzeit findet man Steinwälzer fast nur an der Küste, sowohl im Sand- und Schlickwatt als auch an Felsküsten, oft an kleinen Pfützen im Hinterland oder auch an Küstenverbauungen. Sehr gerne werden tangbedeckte Flächen, Muschelbänke und der Spülsaum des Meeres nach Nahrung abgesucht.

Ihre Nahrung ist vielseitig, an der Küste vor allem Krebstiere, Mollusken, Ringelwürmer, an den nordischen Brutplätzen bei geringem tierischen Nahrungsangebot zunächst oft Sämereien, im Sommer dann hauptsächlich Insekten. Aber auch Küchenabfälle oder Aas werden nicht verschmäht.

Die Partner leben in monogamer Saisonehe zusammen. Das Nest ist eine flache Mulde in Pflanzenbüscheln oder auch in Felsspalten. Beide Geschlechter brüten, die Männchen jedoch meist deutlich weniger. Der älteste Ringvogel ist über 19 Jahre alt geworden.

▶ KAUM ZU VERWECHSELN

Steinwälzer *Arenaria interpres* (L.)

Größe	= Amsel
Maße (cm)	Länge ca. 21–24 / Flügel ca. 44–49
Körpermasse (g)	84–190
Stimme	im Flug scharf/metallisch „ktrüktrüktrü…", einzeln „kliu"; bei Nahrungssuche „kjug" oder „kü"; im Singflug „ti vit ti vit ti ti ti…"
Brutzeit	Mitte Mai im Süden, bis Juli im Norden; 1 Jahresbrut
Gelegegröße	(3) 4; Ersatzgelege 2–4
Eifärbung	hellgrün, bläulich oder helloliv, meist unregelmäßig mit gelblich-, oliv- oder schwarzbraunen Wischern und Tupfen, hellere graue Schalenflecke; glatt, leicht glänzend
Eimaße (mm)	oval bis kurz-kreiselförmig – 40,7 x 29,1
Brutdauer	22/24 Tage
Nestlingszeit	Nestflüchter; zunächst führen ♂ und ♀, später ♀; flügge mit 19/21 Tagen (Familienauflösung)

STEINWÄLZER IM PRACHTKLEID

STEINWÄLZER IM JUGENDKLEID

STEINWÄLZER (PRACHTKLEID) IM FLUG

NEST UND GELEGE

Odinshühnchen

Auf der Nordhalbkugel brüten drei Watvogelarten, die durch ihr Aussehen und Verhalten in vielerlei Weise von den übrigen Gruppen abweichen und die man als Wassertreter zusammenfasst. Sie tragen an ihren Füßen kleine gegliederte Schwimmlappen. Häufig sieht man sie auch im tiefen Wasser wie Korken schwimmen und von der Wasseroberfläche Nahrung aufpicken. Sie laufen aber auch wie Strandläufer mit raschen Schritten am Ufer.

Die kleinste Wassertreterart ist das Odinshühnchen und auch die mit der weitesten Brutverbreitung in Europa. Bei allen Wassertretern sind im Prachtkleid die Weibchen lebhafter und farbenprächtiger gefärbt als die Männchen. Dies hat mit der zum Teil umgekehrten Geschlechterrolle in der Brutpflege zu tun. Weibliche Odinshühnchen tragen auf der dunkelgrauen Oberseite zwei kastanienbraune Bänder sowie an den ebenfalls grauen Halsseiten ein rostfarbenes Band, das sich auf der ebenso gefärbten Vorderbrust fortsetzt. Die Kehle ist weiß. Die etwas kleineren Männchen sind ebenso gefärbt, aber viel matter. Im Schlichtkleid sind Odinshühnchen den Thorshühnchen sehr ähnlich. Auch im Jugendkleid sind Verwechslungen leicht möglich. Der schwarze Schnabel ist nadelfein.

Das Brutgebiet des Odinshühnchens ist zirkumpolar und erstreckt sich von Island und kleinen Vorkommen im äußersten Norden Schottlands über Skandinavien entlang der Eismeerküste bis nach Ostsibirien. Auf der Ostseite der Bering-Straße setzt es sich in größerer Breite durch das arktische Amerika bis Grönland fort. Die Brutbiotope sind nasse Tundra und Waldtundra sowie die Fjällflächen Skandinaviens. Seen oder Wasserlöcher mit sumpfigen Verlandungszonen müssen jeweils in der Nähe sein. Auch sehr nasse Moore und Überschwemmungsflächen nahe der Küste werden besiedelt. Odinshühnchen nisten in der Regel aber weiter im Binnenland als Thorshühnchen.

Odinshühnchen *Phalaropus lobatus* (L.)	
Größe	< Amsel
Maße (cm)	Länge ca. 18–19 / Flügel ca. 31–34
Körpermasse (g)	20–48
Stimme	weich „bitt“, auch locker gereiht; bei Erregung „tschritt“ oder „pritt“; Gesang „türri-türri…“, oder „wedü wedü…“ usw.
Brutzeit	Ende Mai bis Anfang Juni im Süden, bis Ende Juni im Norden; 1 Jahresbrut
Gelegegröße	(3) 4
Eifärbung	Färbung und Musterung ähnlich Thorshühnchen; glatt, schwach glänzend
Eimaße (mm)	oval bis kreiselförmig – 29,9 x 21
Brutdauer	17/21 Tage; ♂ brütet allein
Nestlingszeit	Nestflüchter; ♂ führt und verläßt juv. nach etwa 2 Wochen; mit ca. 20 Tagen flügge

Alle Odinshühnchen sind Langstreckenzieher. Auf dem Durchzug erscheinen sie an der Küste vorzugsweise in flachen Meeresbuchten oder auf großen Binnenseen. In Mitteleuropa sind Durchzügler, in kleiner Zahl und einzeln zu beobachten, in der Regel Jungvögel. Die Winterquartiere waren lange Zeit wenig bekannt. Inzwischen weiß man, dass die kleinen Wassertreter in großen Scharen vor den Küsten auf dem Ozean überwintern. Konzentrationspunkte sind tropische Meere mit hohem oberflächennahem Planktonangebot, das die kleinen Vögel, die jetzt Hochseevögel geworden sind, nutzen können. Die wichtigsten Winterquartiere liegen südlich der Arabischen Halbinsel, im äquatorialen Pazifik östlich der Sundainseln sowie in der planktonreichen Zone des kalten Humboldt-Stroms vor der Westküste Südamerikas.

Auf Binnengewässern und Meeresbuchten kann man häufig eine sehr merkwürdige Form des Nahrungserwerbs beobachten, nämlich das so genannte Kreiselschwimmen, bei dem die sich im Kreis drehenden Vögel offenbar Plankton und Mückenlarven aufwirbeln, die dann rasch aufgepickt werden. Merkwürdigerweise vollziehen sich diese Kreiselbewegungen, übrigens schneller als beim ähnlichen Thorshühnchen, offenbar grundsätzlich im Gegenuhrzeigersinn. Odinshühnchen können auch sehr rasch am Strand laufen und wie andere Watvögel kleine Insekten und andere Beutetiere aufpicken. Nicht selten sieht man Odinshühnchen in Gesellschaft anderer Wasservögel, vor allem im Seichtwasser. Wahrscheinlich nützen sie die durch Enten, Reiher, Möwen und andere Watvögel erzeugten Turbulenzen, die genießbare Nahrungsorganismen im Wasser nach oben treiben. Fast das ganze Jahr über leben Odinshühnchen gesellig. Auf Rastplätzen kurz vor ihren subarktischen und arktischen Brutgebieten kann man oft riesige Schwärme sehen, ebenso im Winter auf offener See, nicht selten übrigens in der Nähe von Fischschulen, die ebenfalls Plankton in den oberflächennahen Wasserschichten aufwirbeln. Während der Brutzeit leben Odinshühnchen vor allem von Insekten.

Die Paarbildung findet am Brutplatz oder während der letzten Etappen des Heimzuges statt. Die Weibchen balzen die Männchen an und verjagen fremde Weibchen. Die Initiative zur Begattung geht im Allgemeinen auch vom Weibchen aus. Die monogame Paarbildung hält aber meist nur kurz an, so dass rasch Neuverpaarungen stattfinden können. Dabei kommen verschiedene Kombinationen vor. Ein Männchen verpaart sich mit einem Weibchen, das gerade Eier gelegt hat. Bei frühem Gelegeverlust kann sich aber auch ein Männchen mit einem anderen Weibchen verpaaren.

▸ Thorshühnchen

ODINSHÜHNCHEN, MÄNNCHEN IM PRACHTKLEID

WEIBCHEN IM PRACHTKLEID

DUNENJUNGES

NEST UND GELEGE

Thorshühnchen

Ebenfalls zirkumpolar, aber mit großen Lücken und in der Regel nördlicher als Odinshühnchen, brüten Thorshühnchen, in Europa nur auf Island, ferner auf Spitzbergen, der Bäreninsel und Novaja Semlja. Weiter östlich davon erstreckt sich das Brutgebiet entlang der mittel- und ostsibirischen Eismeerküste, setzt sich jenseits der Behring-Straße im hocharktischen Amerika bis Grönland fort. Die dritte Wassertreterart, der **Wilsonwassertreter** (*Phalaropus tricolor*) ist ganz auf Amerika beschränkt und taucht in Europa nur als seltener Ausnahmegast auf.

Thorshühnchen wirken etwas massiger als Odinshühnchen, sie haben einen breiteren Schnabel, der im Prachtkleid großenteils orangefarben ist. Im Frühjahr trägt das Weibchen eine ziegelrote Unterseite mit schwarzweiß gezeichnetem Kopf und dunkel gemustertem Rücken mit hellbraunen und beigefarbenen Federrändern. Bei den Männchen ist die gleiche Farbverteilung zu beobachten, aber viel matter; das Ziegelrot der Unterseite ist oft durch hellere Federn untermischt. Auch beim Thorshühnchen deutet das auffälligere Prachtkleid des Weibchens auf seine aktive Rolle bei Balz und Paarbildung. Nur die Männchen kümmern sich um Gelege und Brut.

Thorshühnchen sind noch stärker ans Meer gebunden als Odinshühnchen und daher im Binnenland sehr selten zu beobachten. In Mitteleuropa erscheinen beide Arten auf dem Durchzug, Thorshühnchen in der Regel wesentlich später als Odinshühnchen. Von ihren nördlichen Brutplätzen wandern Thorshühnchen in ihre Winterquartiere auf der Hochsee, die in den Meeren vor der Westküste Afrikas zwischen nördlichem Wendekreis und dem Äquator sowie vor der Südwestküste Afrikas in den Subtropen der Südhalbkugel liegen, aber auch vor der Westküste des südlichen Südamerika. Die meisten Wintergebiete liegen damit wiederum im Bereich kühler Meeresströme, die für großen Nahrungsreichtum sorgen. Wahrscheinlich verläuft auch der größte Teil des Zuges von den Brutgebieten in diese Winterquartiere in größerer Entfernung von der Küste ab. Man nimmt an, dass die meisten Binnenland-Nachweise in Europa wohl mehr eine Folge von Windverdriftung sind.

Schon Anfang Juli verlassen die Weibchen das Brutgebiet, die Männchen folgen später und dann die Jungvögel. Zunächst werden von den Altvögeln offenbar Mauserplätze auf dem Meer vor der Küste aufgesucht, von denen erst ab August/September der Abzug in das Winterquartier erfolgt. Etwa im März brechen die kleinen Wassertreter wieder von den Winterplätzen in der Hochsee auf und kommen erst je nach Wetterlage Ende Mai bis Mitte Juni an ihren nordischen Brutplätzen an.

Auch in der Wahl der Neststandorte ist das Thorshühnchen sehr viel stärker an die Küste gebunden als das Odinshühnchen. Es brütet meist in der Umgebung größerer Wasserflächen in der feuchten Tundra an Meeresküsten, Flussmündungen oder in großen Überschwemmungsgebieten. Die Ernährung ähnelt jener des Odinshühnchens. Während des Winters auf der Hochsee besteht die Nahrung so gut wie ausschließlich aus kleinen Planktonorganismen, hier an erster Stelle vor allem Kleinkrebse. Im Sommer leben die Vögel vor allem von kleinen Insekten, besonders Mücken und deren Larven.

Wie beim Odinshühnchen ist die Paarbindung meist recht kurz, daher kann sich ein Weibchen während einer kurzen Brutzeit häufig mit mehr als einem Männchen verpaaren, auch Polygynie (also Männchen mit mindestens zwei Weibchen) kommt vor. Nur bei sehr geringer Siedlungsdichte wurde längerer Paarzusammenhalt beobachtet. Das Nest steht in Wassernähe in der Vegetation gut versteckt oder auf einer Bülte im Wasser, ganz ähnlich wie beim Odinshühnchen. Das Männchen brütet immer allein und bleibt auch zunächst bei den Jungen. Die rasche Neuverpaarung des Weibchens einerseits, aber auch von Männchen, die das Gelege verloren haben, mit einem weiteren Weibchen anderseits erlaubt, die kurze Brutzeit in der Hocharktis optimal zu nutzen. Das Männchen brütet allein und führt dann die Jungen. Ein Weibchen hat häufig mit zwei Männchen auch zwei Bruten, um die es sich aber grundsätzlich nicht kümmert. Meist verlässt aber auch dann das Männchen die Jungen, bevor sie flügge geworden sind. An günstigen Stellen können sich mehrere Familien vereinen, auch die Nester stehen in der Regel in lockeren Kolonien. Reviere werden wie bei den beiden anderen Wassertretern nicht verteidigt.

▸ Odinshühnchen

Thorshühnchen *Phalaropus fulicarius* (L.)

Größe	< Amsel
Maße (cm)	Länge ca. 20–22 / Flügel ca. 37–40
Körpermasse (g)	37–77
Stimme	„pit" ein- oder zweisilbig; am Brutplatz sanft zwitschernd „tschuitt-schuitt-twit"; bei Gefahr lang gezogener Pfeiflaut oder kurz metallisch „piet-piet"
Brutzeit	Ende Juni bis Anfang Juli, 1 Jahresbrut
Gelegegröße	(2–) 4
Eifärbung	helloliv, grün oder intensiver olivbräunlich; unregelmäßige schwarze und schwarzbraune Kleckse und Flecken, zusätzlich blassviolette Stellen; glatt, schwach glänzend
Eimaße (mm)	oval bis kreiselförmig – 30,2 x 21,8
Brutdauer	18/19 Tage; ♂ brütet allein
Nestlingszeit	Nestflüchter; mit 16–18 Tagen flügge

THORSHÜHNCHEN, WEIBCHEN IM PRACHTKLEID

SCHLICHTKLEID

VOGEL IM ERSTEN WINTER

NEST UND GELEGE

Spatelraubmöwe

Raubmöwen bilden eine eigene Vogelfamilie mittelgroßer bis großer möwenähnlicher Vögel, die als gewandte Jäger, aber auch als Beuteparasiten anderer Seevögel leben. Ihr Oberschnabel setzt sich wie bei den Sturmvögeln aus vier getrennten Hornplatten zusammen; ihre Krallen sind spitz. Alle Arten tragen ein mehr oder minder braunes Gefieder und sind zum Teil – vor allem als Jungvögel – sehr schwer voneinander zu unterscheiden. Drei Arten der Gattung *Stercorarius* leben im Norden der Nordhalbkugel, von den vier sehr ähnlichen Arten der Gattung *Catharacta* eine in der Nordhalbkugel und drei im Süden der Südhalbkugel bis zur Antarktis. Alle Arten sind außerhalb ihrer Brutplätze normalerweise im Binnenland selten und tauchen nur gelegentlich etwas häufiger auf.

Spatelraubmöwen sind größer als die sehr ähnlichen Schmarotzerraubmöwen, im Flug vor allem mit breiteren Flügeln. Im Prachtkleid sind die beiden mittleren Steuerfedern stark verlängert und an den Spitzen verdreht, so dass sie etwas verdickt aussehen. Diese Schwanzfedern sind verantwortlich für den deutschen Namen der Art. Zwei unterschiedliche Farbmorphen kommen vor. Die hellere und häufigere mit weißem Bauch und gelblichem Nackenband ähnelt der Schmarotzerraubmöwe, die dunklen Gefiederpartien sind aber schwarzbraun. Vögel der dunklen Morphe sind einheitlich dunkel graubraun, haben aber im Unterschied zu den ebenso gefärbten dunklen Schmarotzerraubmöwen eine helle Schnabelbasis. Im Schlichtkleid sind auch die hellen Gefiederpartien zum Teil braun durchsetzt und die mittleren Steuerfedern wenig verlängert. Die braunen Jungvögel oder auch noch nicht ausgefärbte Individuen der Folgejahre ähneln sehr der etwas schlankeren Schmarotzerraubmöwe; die sichere Bestimmung ist nur anhand einzelner Merkmale möglich und führt nur mit Erfahrung und mit Hilfe eines guten Bestimmungsbuches zum Ziel.

Spatelraubmöwe *Stercorarius pomarinus* (Temm. 1815)

Größe	= Huhn
Maße (cm)	Länge ca. 65–78 / Flügel ca. 113–125
Körpermasse (g)	550–850
Stimme	möwenartiges Jauchzen „jauk jauk…“; Angriffslaute bellend „kek kek kek…“
Brutzeit	Ende Juni bis Anfang Juli, 1 Jahresbrut
Gelegegröße	(1) 2
Eifärbung	Grundfärbung rostbräunlich, oliv oder warm braun, schwarzbraun getupft und gefleckt; glatt, mit sehr schwachem Glanz
Eimaße (mm)	spindelförmig – 64,7 x 44,5
Brutdauer	25/27 Tage; ♂ und ♀ brüten
Nestlingszeit	Platzhocker, ca. 1 Woche in Nestnähe; flugfähig mit 28/34 (37) Tagen, noch weitere 14 Tage von beiden ad. bis zum Abzug betreut

Spatelraubmöwen brüten zirkumpolar in der Tundra von Nordrussland bis Ostsibirien und im Norden des arktischen Amerika. Sie fehlen von Grönland bis Westrussland. Die Wintergebiete liegen in Meeresgebieten von den Subtropen bis zum Äquator auf der Nordhalbkugel, an der Ostküste des südlichen Südamerika, der Westküste des südlichen Afrika und in den Meeren von den Sundainseln bis Tasmanien. Im Bereich des nördlichen Atlantiks erreicht der Durchzug vor allem im September/Oktober seinen Höhepunkt mit Nachzüglern (z. B. im Nordseegebiet) bis November. In West- und Mitteleuropa erscheinen Spatelraubmöwen auf dem Zug nur einzeln und selten im Binnenland, weiter im Osten und in Asien scheint Zug durch das Binnenland stärker zu sein. April/Mai macht sich der Rückzug an die nordischen Brutplätze bemerkbar.

Da Spatelraubmöwen frühestens ab dem 3. Lebensjahr geschlechtsreif werden, sicher aber oft auch später zur ersten Brut kommen, sind zumindest auch einzelne im Sommer im Bereich der Winterquartiere und vor allem in den zwischen ihnen und den Brutgebieten liegenden Meeresräumen zu sehen, so etwa im Nordatlantik. Die Brutplätze liegen ausschließlich in der Tundra, sehr häufig in und an moorigen und nassen Stellen. Die wichtigste Nahrung bilden hier Lemminge, die bis zu 90% der Nahrung ausmachen können. Die Raubmöwen fangen sie auf dem Boden und können sogar ihre Baue aufgraben. Die Lemmingdichte bestimmt entscheidend die jeweilige Zahl der Brutpaare und deren Bruterfolg. Vogeleier und -küken, Aas und Fische ergänzen die Sommernahrung.

Im Winter bilden Fische die Hauptnahrung am Meer, auch kleine Seevögel, Wirbellose und Aas. Ein Teil der Beute wird anderen Seevögeln, insbesondere Möwen abgejagt. Alle kleineren Raubmöwen sind sehr gewandte Flieger; Spatelraubmöwen können auch nach Falkenart segeln.

Die Nester stehen nicht in dichten Kolonien wie bei den meisten Möwen, sondern sind weiter verteilt. Die Brutvögel verhalten sich ausgesprochen territorial, doch sind vor allem in guten Lemmingjahren die Nestreviere klein, so dass die Siedlungsdichte in solchen Jahren hoch sein kann. Eindringlinge in Nestnähe werden attackiert, auch Menschen. Männchen und Weibchen brüten und füttern auch die Jungen. Die mit dunkelbraunen Dunen bedeckten Küken bleiben zunächst zwei bis drei Tage im Nest und halten sich dann in dessen Nähe auf. Nach dem Flüggewerden bleiben sie noch bis zum Abzug in der Nähe der Eltern.

► Schmarotzerraubmöwe, Falkenraubmöwe

SPATELRAUBMÖWE, HELLE MORPHE

SPATELRAUBMÖWE (HELLE MORPHE) AM BRUTPLATZ

NEST UND GELEGE

Schmarotzerraubmöwe

Schmarotzerraubmöwen ernähren sich zu allen Jahreszeiten vor allem davon, anderen Seevögeln die Nahrung abzujagen (Kleptoparasitismus). Ihre Opfer sind in der Regel Seeschwalben und kleinere Möwenarten, an Seevogelkolonien hauptsächlich Papageitaucher und Dreizehenmöwen. Diese bedrängen sie so lange, bis sie ihre Beute loslassen oder den Inhalt ihres Kropfes hervorwürgen. Daneben fangen Schmarotzerraubmöwen aber auch selbst Fische und erbeuten Kleinsäuger wie Wühlmäuse und Lemminge im niedrigen Suchflug. Während Brutvögel in Küstennähe sich teilweise rein kleptoparasitär ernähren, fangen Binnenlandbrüter vorwiegend Lemminge und verwandte Wühlmausarten, bei geringer Kleinsäugerdichte weichen sie auf Vögel aus. Auch größere Insekten und Spinnen werden gefressen. Zu jeder Jahreszeit gehören Aas und Abfälle zum Nahrungsspektrum.

Den Unterschied im Nahrungsverhalten kann man mit der Gefiederfärbung in Beziehung setzen. Südliche Populationen ernähren sich eher durch Kleptoparasitismus. Sie gehören meist Vögeln der dunklen Morphe an, die sich wegen ihrer schlichteren und dadurch weniger auffälligen Färbung besser an fliegende Seevögel heranmachen können als helle. Die im Norden lebenden Raubmöwen jagen mehr Lemminge; durch ihre helle Unterseite sind sie für Bodentiere von unten gegen den Himmel schlecht zu entdecken.

In der Größe ähnelt die Schmarotzerraubmöwe einer Sturmmöwe, ist aber kompakter gebaut. Sie ist kleiner und schlanker als die Spatelraubmöwe, aber größer als die Falkenraubmöwe. Die spitzen mittleren Schwanzspieße sind deutlich kürzer als bei der Falkenraubmöwe, sie überragen den Schwanz um etwa 10 cm. Im Jugendkleid sind Schmarotzerraubmöwen sehr variabel gefärbt.

Schmarotzerraubmöwe *Stercorarius parasiticus* (L.)

Größe	= Huhn
Maße (cm)	Länge ca. 46–67 / Flügel ca. 97–115
Körpermasse (g)	330–610
Stimme	nasal miauend „ii-jä" oder „i-jau" (gereiht); bei Angriffen (auf andere Vögel) kurz „ijä"; Angriffslaut gegen Nestfeinde „tick", meist gereiht „tick tick-tick…"
Brutzeit	Ende Mai oder Anfang Juni, 1 Jahresbrut
Gelegegröße	(1) 2
Eifärbung	Grundfärbung oliv, grünlich, matt gelblichbraun oder braun, selten hellblau, grau, dunkel- oder hellbraun gepunktet oder gekleckst (sehr variabel); glatt, schwach glänzend
Eimaße (mm)	spindelförmig – 57,2 x 40,1
Brutdauer	25/28 Tage
Nestlingszeit	Platzhocker, 2 Tage im Nest, dann versteckt in Vegetation; mit 25/30 Tagen flügge

Im Prachtkleid variiert die Gefiederfärbung – ähnlich wie bei der Spatelraubmöwe – von einheitlich Schwarzbraun (dunkle Morphe) bis zu Vögeln, die oberseits und am Scheitel dunkel und unterseits fast einheitlich schmutzigweiß (helle Morphe) gefärbt sind. Dazwischen sind alle Übergänge möglich. In der geographischen Verteilung ist eine gewisse Gesetzmäßigkeit zu erkennen: So sind Altvögel der dunklen Morphe im Süden häufiger, nach Norden hin steigt der Prozentsatz an hellen Vögeln. Im Flug wirkt die Schmarotzerraubmöwe eleganter als die Spatelraubmöwe. Bei der Verfolgung von kleineren Seevögeln führt sie oft schnelle Wendungen aus. Die rasante Flugweise erinnert an einen Falken.

Die Schmarotzerraubmöwe ist die am weitesten verbreitete und am häufigsten nachgewiesene Raubmöwe Europas. Sie brütet zirkumpolar zwischen 56 und 82° nördlicher Breite. In Europa kommt sie allerdings nur ab dem 59. Breitengrad nordwärts vor. Die gesamte Küste Norwegens ist Brutgebiet. Bemerkenswert sind einige Brutpaare auf Inseln im riesigen See Vänern in Südschweden, die damit an der südlichen Verbreitungsgrenze dieser Art liegen. Von den rund 50000 europäischen Brutpaaren leben etwa 60 Prozent in Russland.

Die Schmarotzerraubmöwe brütet in der Tundra und auf Mooren in Küstennähe sowie auf kleinen Inseln, die nicht weit von der Küste entfernt liegen. Ihre Nester errichtet sie direkt am Boden. Außerhalb der Brutzeit halten sich Schmarotzerraubmöwen meist auf dem Meer auf, vorwiegend im Südatlantik und im Indischen Ozean, aber eher in Küstennähe als Spatel- und Falkenraubmöwen. Im Binnenland kann man sie höchstens in Jahren mit größeren Einflügen sehen. Unausgefärbte Vögel bleiben im Sommer im Bereich des Atlantiks.

Schmarotzerraubmöwen sind Koloniebrüter. Das Nest ist nur eine kleine Mulde, die mit wenigen Pflanzenteilen ausgelegt wird, oder eine einfach in den Pflanzenwuchs eingedrückte Vertiefung. Beide Altvögel bebrüten das Gelege und kümmern sich um die Jungen. Diese verlassen bereits nach zwei Tagen das Nest und verstecken sich in der näheren Umgebung (Platzhocker).

Am Brutplatz sind Schmarotzerraubmöwen häufig sehr aggressiv und stürzen sich vehement auf Eindringlinge. Auch Menschen greifen sie beherzt an.

▶ Falkenraubmöwe, Spatelraubmöwe

SCHMAROTZERRAUBMÖWE, DUNKLE MORPHE

SCHMAROTZERRAUBMÖWE, HELLE MORPHE

DUNENJUNGES

NEST UND GELEGE

Falkenraubmöwe

Im Flug ist die Falkenraubmöwe die wendigste, eleganteste und anmutigste der Raubmöwenarten. Sie wirkt dabei leicht und graziös wie eine Seeschwalbe. Die 23–25 cm langen Schwanzspieße flattern locker hinterher. Im Vergleich zur Schmarotzerraubmöwe wirkt sie schlanker, schmalflügeliger und langschwänziger; der Kopf ist kleiner, der Schnabel kürzer und kräftiger. Von dieser Art unterscheidet sie sich außerdem durch den hellen, quergebänderten Bürzelbereich. Im Vergleich zu den in Europa anzutreffenden Raubmöwenarten ist sie am kleinsten, etwa so groß wie eine Lachmöwe, aber schlanker. Das Gefieder ist eher grau als braun gefärbt mit einheitlich dunklen Unterflügeln. Die Gefiedervariation ist bei der Falkenraubmöwe viel weniger ausgeprägt. Eine dunkle Morphe mit einheitlich rußgrauem Gefieder ist bisher nur auf Grönland nachgewiesen worden.

Die Falkenraubmöwe ist zirkumpolar in arktischen und subarktischen Bereichen der Tundra und in der Bergtundra verbreitet. Der größte Brutbestand Europas existiert in Russland mit über 10 000 Paaren. Die Brutplätze in Skandinavien liegen meist mehr im Landesinneren als bei der Schmarotzerraubmöwe; Nester trifft man bis in 1300 m Höhe an. Der südlichste Brutplatz in Europa befindet sich in Südnorwegen auf der Hardangervidda; die Brutverbreitung im schwedischen Hochfjäll reicht südwärts bis Härjedalen.

Falkenraubmöwen gehen nur zur Brutzeit an Land, sonst sind sie ausgesprochene Hochseevögel (pelagisch) und halten sich auf nährstoffreichen Bereichen der Hochsee auf. Nur im Winter sind sie gelegentlich nördlich des Äquators anzutreffen.

Durchzügler von den arktischen Brutgebieten in die Winterquartiere tauchen von Oktober bis November an den Küsten auf. Die Winterquartiere liegen für europäische Brutvögel in den Meeren südlich von Südafrika und Südamerika. Heimkehrer ins Brutgebiet kann man frühestens Ende März, im Norden erst im Mai erwarten. Da sie sich auf offener See aufhalten, sind sowohl Zugrouten als auch Winterverbreitung außerhalb der Brutzeit nur unzureichend bekannt. In Küstennähe wird die Art ausschließlich bei Stürmen beobachtet, da sie bereits auf dem Zug die Küsten meidet. Im Binnenland treten Durchzügler nur ausnahmsweise auf; in Mitteleuropa ist die Falkenraubmöwe die seltenste Raubmöwenart. Dagegen ist sie an der Küste Ostpreußens im langjährigen Durchschnitt sogar die häufigste der drei kleineren Raubmöwen.

Zur Brutzeit erbeutet die Falkenraubmöwe hauptsächlich Lemminge. Aus diesem Grund schwankt ihr Bestand mit der Häufigkeit dieser Wühlerart. Eine auf Lemminge jagende Falkenraubmöwe erinnert an einen Greifvogel: Rüttelnd steht sie in 10–20 m Höhe, um dann auf die Beute herabzustoßen. Bei Wühlmausmangel weicht sie auf andere Kleinsäuger, wie Spitzmäuse aus, nimmt aber auch Kleinvögel und Beeren.

Über die Winternahrung ist nicht viel bekannt. Wahrscheinlich bilden Fische, Tintenfische und Krebstiere den Hauptanteil. Fische werden stoßtauchend nach Seeschwalbenart gefangen. Wie ihre Verwandten bedrängt die Falkenraubmöwe im Winter auf der Hochsee andere Vögel, um ihnen die gefangene Beute buchstäblich aus dem Schnabel zu reißen. Zu diesen Opfern zählen nicht nur Möwen und Seeschwalben, sondern sogar Tölpel und Albatrosse.

Die Paare erscheinen bereits April oder Mai am Brutplatz, wenn oft noch Schnee liegt. Mit der Brut beginnen sie aber erst ab Juni. Die meisten Eier und Jungen fallen dem Eisfuchs zum Opfer. In guten Lemmingjahren sind die Paare ausgesprochen territorial. Dann können sie auch erfolgreich brüten. Bei Lemmingmangel ist das Territorial- und Sexualverhalten stark eingeschränkt. Als Folge legen die Vögel entweder nur ein Ei oder zeitigen gar kein Gelege. In Jahren mit Nahrungsmangel kann man unter den Nestlingen Kainismus beobachten: Das ältere Junge tötet das kleinere Geschwister; auf diese Weise überlebt wenigstens ein Junges. Auch wenn die Brut negativ verläuft, bleiben die Falkenraubmöwen ihrem Brutplatz treu. Bei Nahrungsmangel streifen die Paare in Trupps umher und ziehen schon früh wieder aufs Meer, wo es mehr Beutetiere gibt.

Falkenraubmöwe *Stercorarius longicaudus* VIEILLOT 1819

Größe	= Huhn
Maße (cm)	Länge ca. 35–58 / Flügel ca. 92–105
Körpermasse (g)	230–350
Stimme	Jauchzen „iii-oh“ oder „kliiuu“ (höher als Schmarotzerr.); bei Imponierflügen „kja kja kja…“; bei Feindabwehr „kliu“
Brutzeit	Juni, 1 Jahresbrut
Gelegegröße	1–2
Eifärbung	olivgrün bis -braun, gelbbraun oder hellgrün, mit dunkelbraunen oder hellgrauen Tupfen, Klecksen oder Linien, am stumpfen Pol meist gehäuft; glatt, schwach glänzend
Eimaße (mm)	spindelförmig – 55,1 x 37,9
Brutdauer	23/25 Tage
Nestlingszeit	Platzhocker, bis 27 Tage; noch 14 Tage weiter betreut

▸ SCHMAROTZERRAUBMÖWE, SPATELRAUBMÖWE

FALKENRAUBMÖWE IM PRACHTKLEID

FALKENRAUBMÖWE (PRACHTKLEID) IM FLUG

FALKENRAUBMÖWE IM JUGENDKLEID

NEST UND GELEGE

Skua

Die Skua, auch Große Raubmöwe genannt, ist einer der wenigen rein europäischen Brutvögel; über die Hälfte des Weltbestandes brütet nördlich der Britischen Inseln. Auf Island gibt es momentan rund 5000 Paare. Um die Wende vom 19. zum 20. Jahrhundert war die Skua nahezu ausgestorben, hat sich aber in den letzten Jahrzehnten weit nach Norden ausgebreitet und beispielsweise in Schottland stark zugenommen. Erst vor kurzem besiedelte die Art auch Norwegen (weniger als 10 Brutpaare), Russland, Spitzbergen und die Bäreninsel. Allerdings ist in Gebieten mit abnehmenden Sandaalbeständen auch die Zahl der Skuas rückläufig.

Aus der Entfernung kann man die Skua mit einem Greifvogel verwechseln, denn sie verfolgt andere Vögel – sogar solche bis zur Größe eines Tölpels. Den Eindruck verstärken noch die weißen Flügelflecken, die an einen juvenilen Steinadler erinnern. Ungewöhnlich für einen Vogel mit Schwimmhäuten sind die stämmigen Füße mit spitzen Krallen; Skuas können damit aber nicht wie Greifvögel Beute umklammern. Der große, sehr kräftige Hakenschnabel dient zum Zerteilen und Zerreißen der Nahrung. Skuas sind kaum mit anderen Raubmöwen zu verwechseln, höchstens mit sehr kräftigen jungen Spatelraubmöwen der dunklen Morphe. Sie sind jedoch viel größer – etwa silbermöwengroß – und massiger, der Schwanz ist viel kürzer, die mittleren Schwanzfedern sind nur angedeutet verlängert. Die Jungvögel sind dunkler, haben aber auch schon die großen, weißen Flügelabzeichen. Viele Federn des Kleingefieders werden mehr als ein Jahr, die Rückenfedern oft sogar mehrere Jahre lang nicht gemausert und bleichen mit der Zeit aus. Aus diesem Grund kann man Vögel mit hellem Rücken immer als ältere Vögel ansprechen.

Skua *Stercorarius skua* (BRÜNN.)

Größe	= Huhn
Maße (cm)	Länge ca. 53–66 / Flügel ca. 125–140
Körpermasse (g)	1100–1700
Stimme	Jauchzen wie „hä-ä hä-ä…"; nasal „igg", „agg" bei Angriffsflügen; bei Sturzflügen „skiier"; weitere Rufe am Brutplatz
Brutzeit	Ende Mai oder Anfang Juni, 1 Jahresbrut
Gelegegröße	(1) 2
Eifärbung	Grundfärbung olivgrau, -bräunlich, gelb- bis rötlichbraun, sehr variabel, oft nur wenig mit hell- und dunkelbraunen sowie graulila Punkten; ausnahmsweise auch ungefleckt, blassgrau oder blassblau gefärbt; glatt, fein gekörnt, sehr schwach glänzend
Eimaße (mm)	spindelförmig – 70,6 x 49,1
Brutdauer	28/30 Tage
Nestlingszeit	Platzhocker; mit 40–46 (–56) Tagen flügge, ca. 2 Wochen später selbstständig

Skuas jauchzen wie viele Möwenarten. Diesen Imponierlaut äußern sie in Verbindung mit Flügelheben und -strecken, wobei die großen, weißen Handschwingenabzeichen zur Geltung kommen. Alle vier europäischen Raubmöwenarten „jauchzen", aber nur die Spatelraubmöwe zeigt dieses Verhalten auch zusammen mit Flügelstrecken.

Auf dem Zug ist die Skua ein regelmäßiger Gast an der deutschen Nordseeküste, seltener an der Ostsee. Nur ganz gelegentlich trifft man sie im Binnenland an – vorwiegend in den Monaten September und Oktober, manchmal auch im Winter. Dagegen ist sie zur Wintermitte im nördlichen Atlantik die am häufigsten zu beobachtende Raubmöwe; allerdings sieht man nur Einzelvögel. Ziehende Skuas meiden die Küste, sondern fliegen oft nur wenige Kilometer vor der Küste über dem Meer. Den Winter verbringen Skuas ähnlich wie die anderen Raubmöwen auf offenem Meer in tropischen und subtropischen Breiten.

Zur Brutzeit besiedeln Skuas Inseln in Küstennähe oder Moorflächen, die möglichst menschenfern liegen. Dort legen sie ihre einfachen Nester, die nur mit etwas Pflanzenmaterial ausgekleidet sind, meist auf kleinen Erhebungen an. Ihre lockeren Kolonien, die aus bis zu 1500 Paaren (Island) bestehen können, liegen oft in der Nähe von Kolonien anderer Seevögel. Neben Koloniebrütern gibt es – zwar seltener – auch Vögel, die einzeln brüten. Die Küken verlassen 1–2 Tage nach dem Schlüpfen das Nest. Da sie meist erst mit 6–7 Jahren geschlechtsreif sind, gibt es in den Kolonien stets viele Nichtbrüter.

Die Ernährung der Skuas ist sehr vielseitig, die Vögel nehmen, was kommt: in manchen Gebieten nur selbstgefangene Fische, in anderen Küken von Seevögeln oder Gänsen oder auch ausgewachsene Dreizehenmöwen und Papageitaucher. Der Kleptoparasitismus spielt eine große Rolle. Seevögel bis Tölpelgröße werden so lange in sehr wendigem Flug verfolgt, bis sie ihre Nahrung fallen lassen oder auswürgen. Noch in der Luft fangen die Skuas den Futterbrocken auf. Manchmal verbeißen sie sich sogar im Schwanz oder in den Flügelspitzen eines Basstölpels, zwingen den Unglücklichen zur Landung auf dem Wasser und lassen ihn erst entkommen, wenn er seinen Kropfinhalt preisgegeben hat. Im Winter leben sie oft von Fischabfällen von Schiffen, beispielsweise im westlichen Mittelmeerraum. Eier und Junge der Skua selbst spielen für die Ernährung nordischer Inselbewohner eine Rolle.

▶ SPATELRAUBMÖWE

SKUA, ALTVOGEL

SKUA, UNAUSGEFÄRBTER VOGEL

JUNGVOGEL

NEST UND GELEGE

Fischmöwe

Möwen sind selbst für Laien leicht als solche zu erkennen. Es sind meist überwiegend weiße oder helle Vögel, die aufgrund ihrer langen, schmalen Flügel gut und wendig fliegen können. Größere Arten erinnern im Flug manchmal an Greifvögel. Vom Körperbau her ist die Familie nicht so einheitlich, denn es gibt sowohl seeschwalbenartig schlanke Möwen, wie die Schwalbenmöwe, als auch kompakte und stämmige Tiere. Die Nahrung der Möwen besteht in der Regel aus Fischen, daneben nehmen sie aber auch kleine Wirbeltiere und Insekten, vielfach Aas.

Die Fischmöwe gehört zu den größten Möwen – sie ist noch etwas größer als eine Silbermöwe, steht aber trotzdem im Verhalten den viel kleineren dunkelköpfigen Arten, wie Lach- oder Schwarzkopfmöwe, nahe. Wie diese hat sie eine samtschwarze Kapuze. Die flache Stirn geht fast ohne Absatz in den großen, an der Spitze gebogenen Schnabel über. Im Prachtkleid ist sie kaum zu verwechseln, da sie die einzige Großmöwe mit schwarzer Kapuze ist; der weiße Halbmondfleck um das Auge ist immer gut zu erkennen. Im Schlichtkleid hat die Fischmöwe meist einen hellen Kopf mit dunkler Ohrdeckenzeichnung, manchmal ist noch die Kapuze angedeutet. Die Fischmöwe ist ein schwerfälliger Flieger, im Flug sind die schmalen Flügel auffällig.

Fischmöwen ernähren sich hauptsächlich von Fischen (bis zu einem Pfund) und Krebstieren; auch tote werden gerne genommen. Daneben spielen auch Insekten, kleine Säugetiere, Reptilien, Vögel und Vogeleier eine gewisse Rolle. Gebietsweise können kleine Hörnchen sogar über zwei Drittel der Nahrung ausmachen. Fischmöwen fliegen sogar längere Distanzen zu schwärmenden Heuschrecken. Häufig folgen sie Fischerbooten und fressen Fischabfälle. Außerdem jagen sie regelmäßig anderen Vögeln die Beute ab.

Fischmöwe *Larus ichthyaetus* PALL. 1773

Größe	= Huhn
Maße (cm)	Länge ca. 57–61 / Flügel ca. 155–170
Körpermasse (g)	900–2000
Stimme	häufigster Ruf „kräh-äh"; Jauchzen und gereihtes Jaulen wie „kjauu-kjauu…"
Brutzeit	Anfang April, 1 Jahresbrut
Gelegegröße	2–3 (4)
Eifärbung	sehr hell, rahmfarben oder gelblich getönt, sand-bräunlich oder grünlich oder helloliv, schwarzbraun, braun oder olivbraun gesprenkelt, kurze Kritzellinien; viele graue oder blaugraue Schalenflecke, am stumpfen Pol stärker; glatt, ohne oder sehr schwacher Glanz
Eimaße (mm)	spindelförmig – 77,9 x 53,4
Brutdauer	ca. 26 Tage; beide Partner brüten ab 1. Ei: Schlupf asynchron
Nestlingszeit	Platzhocker; von beiden Eltern geführt; Flügge- und Selbstständigwerden nicht bekannt

In Europa gibt es rund 50 000 Brutpaare. Der Bestand ist aber gefährdet durch die Sanierung des Kaspischen Meeres und den damit verbundenen Anstieg des Wasserspiegels, der die Kolonien bedroht. Weitere Gefahren gehen von den anwachsenden Beständen der Steppenmöwe (*Larus cachinnans*) aus, die die Eier und Jungen raubt, sowie vom direkten Abschuss – wegen der Konkurrenz um die Fische.

Die meisten Möwenarten sind Koloniebrüter. So auch die Fischmöwe, die in der Regel in Kolonien bis zu mehreren tausend Paaren brütet. Nur selten sind es weniger als ein Dutzend Brutpaare. Einzeln brütende Paare gibt es so gut wie nicht, dann schließen sie sich lieber anderen brütenden Möwenarten an. Im Zentrum der Kolonie beträgt der Nestabstand oft nur 40 cm. Die Vögel sind sehr wenig aggressiv, sonst wäre diese dichte Nachbarschaft nicht möglich.

Anfang März erscheinen die Fischmöwen an ihren Brutplätzen. Das einfache Nest wird in der Regel auf trockenem, oft felsigem Untergrund gebaut, gelegentlich auch im Schilf oder auf nicht zu dicht bewachsenen Dünen. Getrocknete Algen, Gräser und Stängel dienen als Auskleidung der Nestmulde. Im April beginnt die Eiablage. Die silbrig-weißlichen oder cremefarbenen Jungen verlassen die engere Nestumgebung im Alter von fünf Tagen. Während der Abwesenheit der Altvögel bilden sie oft dichte Kindergarten-Gruppen. Im Alter von 4–5 Jahren sind sie geschlechtsreif.

Fischmöwen brüten in Steppen und Halbwüsten vorwiegend Mittelasiens, vom Nordufer des Schwarzen Meeres bis zum Balchaschsee und spärlich bis in den Nordwesten der Mongolei und Nordwestchina. Sie besiedeln die vegetationslosen, erhöhten Zonen raubtierunzugänglicher Inseln in großen Seen, meist Salz- und Brackwasser-(Lagunen), aber auch in Süßwasserseen sowie an der Meeresküste. Einige Brutkolonien liegen auch südlich des Kaspischen Meeres. Vor der Jahrhundertwende wurde die Fischmöwe mindestens fünfmal in Deutschland als Ausnahmegast festgestellt.

Außerhalb der Brutzeit halten sich Fischmöwen an der Meeresküste oder an großen Seen und Flüssen auf. Gern besuchen sie auch Müllplätze, Häfen oder Fischteiche. Spätestens Ende Oktober werden die Brutgebiete geräumt. Ziehende Vögel wurden unter anderem in China, Nepal und im Gebiet des Roten Meeres festgestellt.

Die Überwinterungsgebiete liegen vorwiegend an den Küsten Indiens und Arabiens sowie auf Binnenseen weiter im Norden; manche Vögel überwintern auch im südlichen Teil des Kaspischen Meeres und im östlichen Mittelmeerraum. Viele Vögel übersommern in den Winterquartieren.

▶ KAUM MIT ANDEREN ARTEN ZU VERWECHSELN

FISCHMÖWE, BRUTKOLONIE MIT JUNGVÖGELN VERSCHIEDENER ALTERSSTADIEN

VOGEL IM ERSTEN WINTER

ALTVOGEL

FISCHMÖWEN, ALTVÖGEL IM PRACHTKLEID

Schwarzkopfmöwe

Im Vergleich zur Lachmöwe ist die Schwarzkopfmöwe etwas größer, mit eckigerem Kopf, kräftigerem, an der Spitze abwärts gebogenem Schnabel und längeren, dunkleren Beinen. Zur Brutzeit besitzt sie eine ausgedehnte schwarze Kapuze, die weiter den Nacken hinabreicht als bei der Lachmöwe, die Spitzen der breiteren Flügel sind weiß. Das Schlichtkleid ist insgesamt sehr hell, aber es fallen die dunklen Ohrdecken auf. Die Jungvögel erinnern etwas an Sturmmöwen. Die nasale, klagende Stimme ist ein gutes Unterscheidungsmerkmal zur Lachmöwe.

Wie Lachmöwen sind die Schwarzkopfmöwen sehr vielseitig im Erlangen von Nahrung. Zur Brutzeit machen sie vorwiegend im Flug Jagd auf Insekten (Land- und Wasserinsekten); manchmal entfernen sie sich über 50 km von der Kolonie, um insektenreiche Wiesen aufzusuchen oder in frisch gepflügtem Boden nach Käferlarven zu stochern. Sie fangen aber auch Schnecken, Würmer, Fische sowie kleine Nagetiere. Gebietsweise werden die Jungen anderer Koloniebrüter (Möwen, Seeschwalben) zur Beute; unverpaarte Möwen beobachtete man beim Raub von Eiern der eigenen Art. Außerhalb der Brutzeit ernähren sich Schwarzkopfmöwen vorwiegend von Fischen und Mollusken sowie Fischabfällen.

Der Schwerpunkt der Verbreitung liegt in Südeuropa und in der Türkei. Noch vor 50 Jahren kam die Art fast nur im östlichen Mittelmeerraum und im westlichen Schwarzen Meer vor. In den 50er Jahren vermehrte sie sich stark, gleichzeitig breitete sie sich nach Osten, vor allem aber nach Nordwesten aus. Heute brütet die Schwarzkopfmöwe sogar im Baltikum, in Südskandinavien und England sowie in Südfrankreich (Camargue). An der holländischen Küste ist der Bestand auf inzwischen rund 200 Paare angewachsen. In Deutschland brütet die Art mit steigender Tendenz fast alljährlich in manchen Lach- oder Sturmmöwenkolonien – an Binnenseen, vor allem aber an der Küste. Häufig kommt es dabei zu Mischpaaren mit Lach- oder Sturmmöwen. Die Arealausweitung der Art nach Westen ist aber noch nicht abgeschlossen. Im ehemaligen Verbreitungsgebiet scheint es, als ob die Schwarzkopfmöwe abnimmt.

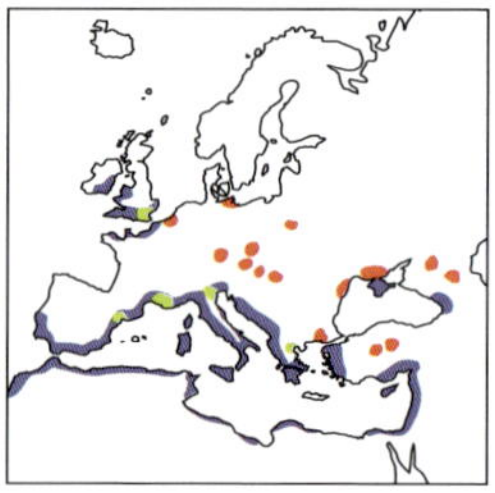

Schwarzkopfmöwen brüten an Seen, Lagunen sowie in Häfen, Mündungsbereichen von Flüssen und in Sumpfgebieten – sowohl im Süßwasser als auch Brackwasser. Ihre Nester findet man vor allem auf den Dämmen in Salinen oder auf kleinen Inseln in Küstennähe, meist innerhalb von Bereichen mit spärlicher Vegetation; sie meiden aber den nackten Sand. Der Brutbeginn in Mitteleuropa ist später als bei der Lachmöwe – er liegt meist in der zweiten Maihälfte. Die Weibchen einer Kolonie legen ihre Eier zum gleichen Zeitpunkt, die Spanne beträgt nur etwa zehn Tage. Beide Eltern bebrüten das einzige Gelege pro Jahr. Erst im Alter von drei Wochen verlassen die Jungen die Nestumgebung. Am Brutplatz sind Schwarzkopfmöwen sehr störungsempfindlich, oft kehren sie erst nach längerer Zeit zum Nest zurück. In der Zwischenzeit können Nestfeinde, wie Steppenmöwen und Krähenvögel, die Gelege ausrauben.

Die Schwarzkopfmöwen sind Kurzstreckenzieher, der Herbstzug fällt vorwiegend in die Monate September und Oktober, Jungvögel ziehen oft schon im August. Außerhalb der Brutzeit halten sie sich meist auf dem offenen Meer auf, können aber auch im Küstenbereich und an Binnenseen und Stauseen angetroffen werden. Vor allem die Jungvögel ziehen oft über große Entfernungen vom Brutplatz weg. Die Überwinterungsgebiete liegen vorwiegend im Mittelmeergebiet, in geringeren Zahlen am Schwarzen Meer und (neuerdings) an der Atlantikküste Spaniens und Portugals. In Deutschland kann man die Art (außerhalb der Brutplätze) das ganze Jahr über in geringer Zahl antreffen. Der Heimzug der Altvögel findet von März bis Ende April statt, bei einjährigen Schwarzkopfmöwen oft bis Mai; viele Jungvögel übersommern weit von ihrem Geburtsort entfernt.

Schwarzkopfmöwe *Larus melanocephalus* TEMM. 1820

Größe	> Taube
Maße (cm)	Länge ca. 36–38 / Flügel ca. 98–105
Körpermasse (g)	215–350
Stimme	auffallend tiefe Tonlage, nasale Rufe, am häufigsten „a-ön-a“, auch mit härterem Anlaut „kjää“; ähnliche Rufe auch als Jauchzen; eindeutig unterscheidbar von Lachmöwe
Brutzeit	Ende Mai, 1 Jahresbrut
Gelegegröße	(2) 3; 4/5 von 2 ♀♀
Eifärbung	sehr hell, rahm-elfenbeinfarben oder leicht gelb bis rostbraun getönt; schwarze, dunkel-olivbraune und graue oder grauviolette Flecken, Punkte, Spritzer; unregelmäßige Linien; glatt, glanzlos
Eimaße (mm)	53,7 x 38,1
Brutdauer	23–25 Tage
Nestlingszeit	Platzhocker, engerer Nestbereich wird erst nach ca. 3 Wochen verlassen; mit 35/40 Tagen flügge

▸ LACHMÖWE, STURMMÖWE

SCHWARZKOPFMÖWE, LINKS VOGEL IM ZWEITEN SOMMER, RECHTS IM ERSTEN SOMMER

VOGEL IM ZWEITEN SOMMER

ALTVOGEL IM FLUG

DUNENJUNGES UND EIER

Zwergmöwe

Sie ist ebenfalls eine schwarzköpfige Möwe, doch im Gegensatz zur Schwarzkopfmöwe schließt die Maske im Prachtkleid den ganzen Kopf ein. Allerdings fehlen die weißen Augenabzeichen, die die anderen dunkelköpfigen Möwen aufweisen. Die Zwergmöwe ist die kleinste Möwe der Welt, sie wiegt nur etwa soviel wie eine Flussseeschwalbe. Trotzdem ist sie kaum mit dieser zu verwechseln, da sie höchstens im Jugendkleid einen leicht gekerbten Schwanz aufweist, die Flügelspitzen sind gerundet und nicht spitz (im Jugendkleid noch etwas spitzer). Ein weiteres auffälliges Merkmal sind die dunklen Flügelunterseiten mit schmalem hellem Hinterrand sowie das fehlende Schwarz in den Flügelspitzen. Im Schlichtkleid erinnern Zwergmöwen etwas an Sumpfseeschwalben (*Chlidonias*) im gleichen Kleid. Im Gegensatz zu diesen hat die Zwergmöwe jedoch kürzere, mehr gerundete Flügel mit viel dunklerer Flügelunterseite und ein W-förmiges Zickzackmuster auf dem Flügel. Außerdem ist der dunkle Wangenfleck deutlich von der dunkleren Scheitelmitte getrennt.

Die elegante, wendige Flugweise lässt an Sumpfseeschwalben denken; und wie diese sitzt die Zwergmöwe oft auf Pfosten im Wasser, um vor allem fliegende Insekten, wie Zuckmücken, Stechmücken, Libellen und Köcherfliegen, zu fangen. Von dort stößt sie auch zur Wasseroberfläche hinab, um Käfer, Libellenlarven oder Wasserwanzen aufzupicken. Durchzügler ernähren sich hauptsächlich von Insekten und kleinen Fischen, Überwinterer überwiegend von kleinen Fischen und Kleinkrebsen des Oberflächenwassers.

Das Brutgebiet der Zwergmöwe reicht von Schweden (spärlich, aber zunehmend) über Finnland (etwa ein Drittel des europäischen Bestandes) und die baltischen Länder (vor

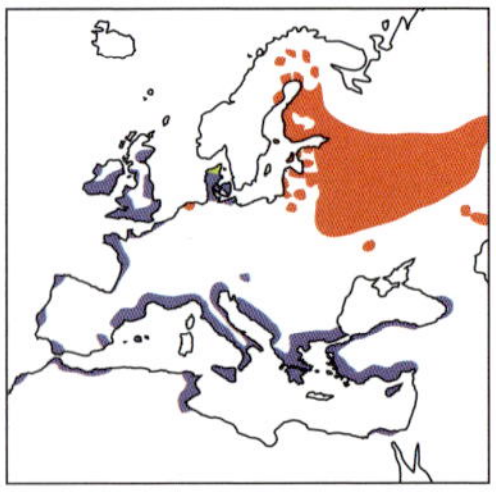

allem Lettland) in großen Lücken durch Russland bis Ostsibirien östlich des Baikalsees und der Lena. Im Norden von Kasachstan und in Südwestsibirien liegen die Schwerpunkte der Gesamt-Brutverbreitung. Vorübergehende oder längere Brutansiedlungen außerhalb des „normalen" Verbreitungsgebiets der Art sind nicht ungewöhnlich. Manchmal brütet die Zwergseeschwalbe sogar in Höhe des Polarkreises. In Mitteleuropa war die Zwergmöwe früher nur in Polen Brutvogel, dort gehen heute die Bestände allerdings zurück. Seit den 40er Jahren siedelt sie sich in Holland an. In Deutschland, vor allem in Norddeutschland, hat die Art immer wieder Brutversuche unternommen, aber bisher sind nie Junge flügge geworden. Regelmäßige Übersommerer gibt es zudem in Schleswig-Holstein.

Zwergmöwen brüten meist in kleinen Kolonien im Binnenland an nährstoffreichen, flachen Seen mit reichlicher Unterwasser-Vegetation und Schwimmblattbeständen. Die meist für Raubtiere schwer erreichbaren Nistplätze liegen häufig in der Nähe von kleineren Kolonien anderer Möwen oder Seeschwalben, aber kaum von großen Lachmöwenkolonien. Im Mai erscheinen die Zwergmöwen am Brutplatz; viele Altvögel sind dann bereits verpaart. Die Partner unternehmen häufig Verfolgungsflüge, wobei „Jäger" und „Gejagter" oft wechseln; nicht selten schließen sich weitere Vögel an. Das Nest – eine flache Mulde, die mit etwas Gras oder Schilf ausgelegt wird – befindet sich meist in feuchtem Bewuchs direkt am Wasser. Durch die Vegetation sind die brütenden Altvögel oft nicht zu sehen. Manchmal bauen sie sogar Schwimmnester aus Mengen von Ufer- und Wasserpflanzen. Das Gelege zeitigen sie ab Ende Juni. Die Jungen sind im Alter von 2–3 Jahren geschlechtsreif. Die meisten Jungvögel ziehen im August/September, die Altvögel im Oktober/November in die Winterquartiere, die in der Gezeitenzone in Bereichen mit gutem Planktonvorkommen des Atlantiks und Mittelmeers sowie des Schwarzen und Kaspischen Meers liegen. Auf dem Zug dorthin kann man Zwergmöwen häufig im Binnenland an größeren Flüssen und Seen antreffen. Mitunter halten sich Einzelvögel oder kleine Trupps auch im Winter auf Gewässern in Mitteleuropa auf.

Zwergmöwe *Larus minutus* PALL. 1776

Größe	< Taube
Maße (cm)	Länge ca. 25–27 / Flügel ca. 70–77
Körpermasse (g)	88–162
Stimme	gedämpft „keh", zu langen Strophen gereiht „keikei keikei…", „kikä…"; Alarmruf „keck" bzw. „gegege…"
Brutzeit	Mitte bis Ende Mai im Süden, bis Anfang Juni im Norden; 1 Jahresbrut
Gelegegröße	(1) 2–3; 4–7 durch Zusammenlegen
Eifärbung	hell olivgrün, oliv oder rostbraun, manchmal sehr blass grünlich oder rahmfarben; dunkle Flecken, Punkte und meist kleine Kleckse; Schalenflecke blassgrau; glatt, schwach glänzend
Eimaße (mm)	spindelförmig – 41,5 x 30,1
Brutdauer	21/23 (25) Tage
Nestlingszeit	Platzhocker, etwa 1 Woche auf Nest; mit 21/24 Tagen flügge

▶ LACHMÖWE; JUNGE ZWERGMÖWEN ÄHNELN JUNGEN SUMPFSEESCHWALBEN, IM ERSTEN WINTER GLEICHALTRIGEN DREIZEHENMÖWEN

ZWERGMÖWE AM BRUTPLATZ

ZWERGMÖWE IM ERSTEN WINTER

DUNENJUNGES

NEST UND GELEGE

Lachmöwe

Ursprünglich lebten Lachmöwen vor allem an der Küste. Durch das günstige Nahrungsangebot besiedelten sie zunehmend Binnenseen, selbst mitten in der Großstadt, wo sie sich an Dampferstegen und Parkteichen füttern lassen. Heute ist die Lachmöwe die häufigste Möwe im Binnenland und zugleich die kleinste der häufigeren Möwenarten. Wegen ihrer kreischenden Lautäußerungen wird sie regional auch Seekrähe genannt. Der deutsche Name kommt wahrscheinlich nicht von „lachen", sondern von „Lache" (Pfütze), was wiederum auf lateinisch „lacus" (See) zurückgeht.

In allen Kleidern weist die Lachmöwe am äußeren Handflügel ein weißes keilförmiges Abzeichen auf, dessen Spitze zum Körper hin deutet und vor allem auf dem Unterflügel zu erkennen ist. Dieses Merkmal zeigt von den europäischen Möwen nur noch die Dünnschnabelmöwe! Das Prachtkleid ist von einer schokoladebraunen, von weitem schwarz wirkenden Gesichtsmaske und einem unvollständigen weißen Augenring gekennzeichnet; Schnabel und Beine sind dunkelrot. Die Handschwingen sind bis auf den weißen Keil dunkel. Im Schlichtkleid hat die Lachmöwe einen hellen Kopf mit dunklem Ohrfleck. Jungvögel unterscheiden sich deutlich von Altvögeln im Schlichtkleid. Sie sind oberseits viel brauner, haben einen bräunlichen Scheitelfleck und einen dunklen „Schal"; im Flug fallen die dunkle Schwanzbinde und ein dunkles Zickzack-Muster auf dem schmalen, spitz zulaufenden Flügel auf.

Das Verbreitungsgebiet der Lachmöwe reicht von Südgrönland (neuerdings) und Island über fast ganz Europa und das mittlere Asien bis nach Kamtschatka, Ussuriland und Nordostchina. Seit der Wende vom 19. zum 20. Jahrhundert dehnt die Art ihr Brutareal aus und besiedelt nun auch den

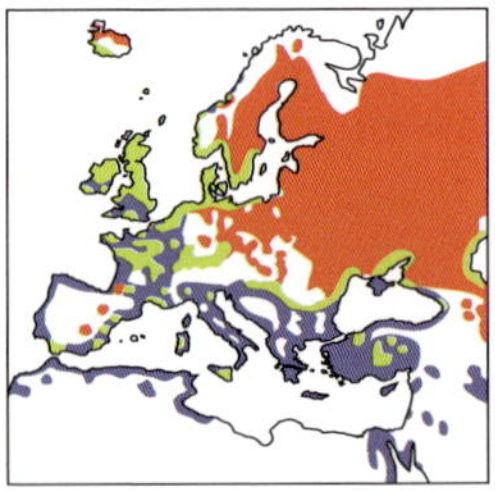

Osten Nordamerikas. Sie brütet in verschiedenartigen Feuchtgebieten im Binnenland und an der Küste, oft an flachen Binnenseen oder langsam fließenden Gewässern mit üppiger Vegetation, wie lockeren Schilf- und Großseggenbeständen. Wenn die Vegetation zu hoch wächst, wird die Kolonie aufgegeben. Zum Schutz vor Nesträubern werden die Nester oft auf Inseln angelegt. Die Kolonien liegen meist in der Nähe von Wiesen oder Feldern mit gutem Nahrungsangebot (vor allem Würmern). Das Nest wird aus Halmen und Pflanzenresten lose und „schlampig" in der Vegetation, häufig auf einer Bülte, gebaut. Manchmal fertigen die Möwen auch Schwimmnester. Innerhalb der Kolonie liegen die Nester meist rund 1 m voneinander entfernt. Gelegentlich gibt es auch Einzelbrüter, vor allem in Nordeuropa. Die Brutplätze werden in der Regel im März wieder aufgesucht. Obwohl die meisten Lachmöwen erst im Alter von drei Jahren das erste Mal brüten, finden sich manche einjährigen Vögel in der Kolonie ein; weniger als die Hälfte davon, in der Regel Weibchen, beginnen eine Brut, mitunter bauen die Einjährigen schon einfache Nester am Rand der Kolonie und verteidigen ihre Brutplätze vehement, zeitigen aber noch kein Gelege.

Die Art der Nahrungsbeschaffung ist sehr vielseitig. Zur Brutzeit ernähren sich Lachmöwen hauptsächlich von Regenwürmern und Insekten; oft erbeuten sie auch fliegende Insekten oder sammeln von der Wasseroberfläche Käfer, Wasserläufer und Insektenlarven auf. Manchmal befördern sie bodenbewohnende Tiere durch schnelles Trampeln mit abwechselnden Fußbewegungen im Flachwasser nach oben. Außerdem folgen sie auch Fischerbooten und anderen Schiffen, wenn dabei Nahrung abfällt, nehmen Früchte und Samen oder suchen auf Müllhalden nach Fressbarem. Truppweise folgen sie den pflügenden Bauern, wobei sie es auf die Regenwürmer, aber auch auf Mäuse und sogar junge Maulwürfe abgesehen haben. Als Nahrungsopportunist kann sich die Lachmöwe schnell auf neue Quellen einstellen.

Seit der Jahrhundertwende findet eine Arealausweitung statt mit gebietsweise starker Zunahme der Bestände. Dies ist vor allem auf die größere Lebenserwartung der Möwen wegen guter Ernährungsbedingungen zurückzuführen. In den letzten Jahren aber gibt es regional Meldungen über einen deutlichen Rückgang der binnenländischen Bestände, etwa in Schweden. Die Gründe sind wahrscheinlich Lebensraumverlust, höhere Verluste durch Störungen, wodurch dann Großmöwen und andere „Räuber" die ungeschützten Nester plündern können, sowie das Sammeln der Eier.

Lachmöwe *Larus ridibundus* (L. 1766)

Größe	= Taube
Maße (cm)	Länge ca. 38–44 / Flügel ca. 94–105
Körpermasse (g)	195–325
Stimme	Jauchzen, zur Brutzeit Krächzlaute „rä grä grä-krää--krrääähh--krrääähh--krääähh-krä-grä"; bei Beunruhigung „kek"; bei Drohen „krrääää äää..."
Brutzeit	Ende April bis Anfang Mai, 1 Jahresbrut
Gelegegröße	(1–2) 3
Eifärbung	sehr verschieden, meist helloliv, grünlich oder rostbräunlich, mit Punkten, Klecksen, Spritzern und feinen Linien (dunkel); daneben Flecken in verschiedenen Grautönen; schwach bis mäßig glänzend
Eimaße (mm)	spindelförmig – 52,2 x 36,5
Brutdauer	21–27 Tage, meist 22/23 Tage
Nestlingszeit	Platzhocker, bis zur Flugfähigkeit in ca. 1 qm großem Nestterritorium; flugfähig ab 26–28 Tagen, selbstständig ab ca. 35 Tagen

▸ Sturmmöwe

LACHMÖWE IM PRACHTKLEID BEIM BADEN

LACHMÖWE (SCHLICHTKLEID) IM FLUG

SCHLICHTKLEID

ALTVOGEL AM BRUTPLATZ

Dünnschnabelmöwe

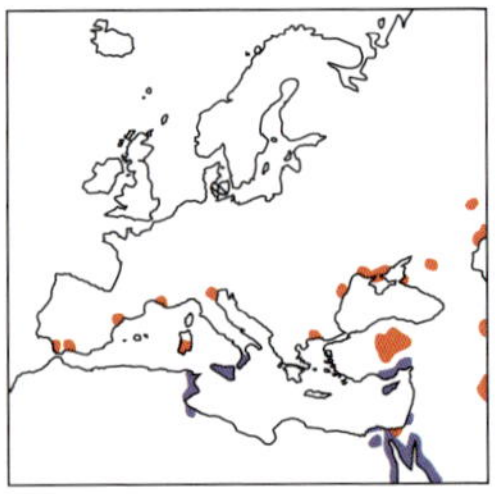

Wie der Name bereits andeutet, ist der Schnabel bei dieser Möwenart auffallend lang und wirkt dadurch dünn. Das so ganz andere Kopf-Schnabel-Profil, die stets helle Iris (bereits ab dem Jugendkleid) sowie die stets fehlende dunkle Kapuze unterscheiden die Dünnschnabelmöwe von der etwas größeren und lang gestreckteren Lachmöwe. Zur Brutzeit hebt sich der kräftig dunkelrote Schnabel deutlich vom reinweißen Kopf ab, die Unterseite erscheint im frischen Kleid mit rosafarbenem Anflug. Im Schlichtkleid ist die Dünnschnabelmöwe von der Lachmöwe vor allem durch den unauffälligeren Ohrfleck und den langen, blaß orangefarbenen Schnabel unterschieden. Im Flug fallen die langen, breiten Flügel auf. Die Dünnschnabelmöwe fliegt mit langsameren Flügelschlägen als die Lachmöwe, das Flügelmuster ist aber sehr ähnlich. Ihre Rufe klingen mehr nasal, sie sind tiefer und rauer als die der Lachmöwe.

Die Dünnschnabelmöwe ist lückig verbreitet von Westafrika über das Mittelmeergebiet, das Schwarze Meer, Kleinasien, den Mittleren Osten, das Kaspische Meer, Kasachstan, Pakistan und Afghanistan bis Nordwestindien. In das westliche Mittelmeer wanderte sie erst in den 60er Jahren ein. Die größten europäischen Vorkommen mit über 50000 Brutpaaren gibt es in der Ukraine. Die Bestände schwanken jedoch von Jahr zu Jahr stark. Der Weltbestand weist im allgemeinen eher eine zunehmende Tendenz auf, lokale Abnahme gibt es zum Beispiel in Rumänien. Weißkopf- und Schwarzkopfmöwen plündern die Nester, wenn die Dünnschnabelmöwen durch menschliche Eindringlinge aufgescheucht werden. Für die Populationen am Kaspischen Meer kann die Ölverschmutzung zu einem Problem werden.

Ende März erscheinen die Dünnschnabelmöwen an ihren Brutplätzen, die auf kleinen Inseln in Küstennähe, am Rand von Lagunen und flachen Steppenseen (oft Salzseen) sowie in Flußdeltas mit Brackwasser liegen. Die Möwen brüten kolonieweise, häufig in der Nachbarschaft von Seeschwalben. Die Größe der Kolonien schwankt zwischen zwölf und mehreren 1000 Paaren. Manche Kolonien werden Jahr für Jahr an der gleichen Stelle gegründet, es sind aber auch Verlagerungen bekannt. Die Nester werden meist auf offenem, vegetationslosem Sand-, Schlamm- und Lehmboden angelegt, manchmal auch zwischen Queller oder auf angeschwemmtem Pflanzenmaterial. Sie sind einfache Bodenmulden, die mit wenig Salzpflanzen, Seegras oder Schilfhalmen ausgelegt und meist mit Federn geschmückt werden. Im Unterschied zu anderen Möwenarten befindet sich oft ein Kotkranz um das Nest. Allmählich verbacken Kot und Federn zu einem Wall, der die Eier umgibt. Der Abstand zu den benachbarten Nestern beträgt im Durchschnitt 40 cm. Die Altvögel erkennen die Küken ab dem vierten Tag an der Stimme. Diese verlassen nach 2–3 Tagen das Nest, im Alter von 4–5 Wochen können sie bereits so geschickt fliegen, dass sie die Kolonie verlassen. Sie werden aber noch mehrere Wochen lang von den Altvögeln gefüttert.

Außerhalb der Brutzeit halten sich Dünnschnabelmöwen meist an der Küste in flachen Zonen von Flussmündungen und Lagunen sowie Salzpfannen auf, im Hafenbereich trifft man sie weniger häufig an als Lachmöwen. Auch Fließgewässer meiden sie im Allgemeinen. Die Populationen Westafrikas, Spaniens und Vorderasiens ziehen kaum; sie verbringen den Winter hauptsächlich im östlichen Mittelmeergebiet, in der Kaspisee und im Arabischen Golf. Im Persischen Golf und entlang der Küste Arabiens treffen sie auf die Brutvögel Zentralasiens, die Zugvögel sind. In Deutschland ist die Art Ausnahmegast. Bisher gibt es rund fünf Nachweise.

Über die Hälfte der Nahrung besteht aus Fischen, die die Dünnschnabelmöwen stoßtauchend aus 1 m Höhe erbeuten. Daneben fangen sie auch Insekten und Kleintiere des Meeres, die sie von der Wasseroberfläche picken; aber auch Pflanzenkost wird nicht verschmäht. Der Anteil von Aas an der Nahrung ist geringer als bei vielen anderen Möwenarten. Häufig stochern Dünnschnabelmöwen in der Gezeitenzone im Watt. Beim Nahrungserwerb sind sie nicht ganz so vielseitig wie die Lachmöwen.

Dünnschnabelmöwe *Larus genei* BREME 1839

Größe	= Huhn
Maße (cm)	Länge ca. 42–44 / Flügel ca. 102–110
Körpermasse (g)	220–350
Stimme	dumpf, rau „ga (k)“, ein- oder zweisilbig; Jauchzen „ga ga grra-gragra…a-a-a“
Brutzeit	Ende Mai bis Anfang Juni, 1 Jahresbrut
Gelegegröße	(1) 2–3
Eifärbung	gewöhnlich rahmweiß, bläulichweiß, mit blassgelber, gelbbrauner oder rosafarbener Tönung, stark und unterschiedlich dunkel gepunktet und gekleckst; gelegentlich Pünktelung/Kritzellinien; glatt, glanzlos
Eimaße (mm)	spindelförmig – 55,7 x 38,9
Brutdauer	22 Tage, beide Partner brüten
Nestlingszeit	Platzhocker, von beiden Eltern versorgt

▸ LACHMÖWE

DÜNNSCHNABELMÖWE, BRUTKOLONIE

SCHLICHTKLEID

AUSEINANDERSETZUNG ZWISCHEN ALTVÖGELN

NEST UND GELEGE

Korallenmöwe

Die Korallenmöwe ist endemisch im Mittelmeerraum. An der Küste Spaniens leben 90% des Weltbestandes. Besonders kopfstark ist die Kolonie im Ebrodelta, die erst seit 1981 besteht, inzwischen aber über 10 000 Paare (rund 60% des Weltbestandes) umfasst, sowie die Kolonie auf den Chafarinas-Inseln vor der Küste Marokkos. Weitere Kolonien befinden sich auf Korsika, den Balearen und in Italien; die Kolonien im ostmediterranen Raum – unter anderem in Griechenland, auf Zypern und in der Türkei – sind weit verstreut und meist sehr klein.

Die Korallenmöwen brüten auf felsigen kleinen Inseln oder Sandstränden, wo sie meist artreine Kolonien bilden. Die Brutdichte ist mit einem Paar pro Quadratmeter oft sehr hoch. Die Vögel kehren meist im März oder Anfang April zu den Brutplätzen zurück. Das Nest ist eine flache Mulde zwischen niedriger Vegetation oder Felsen, die mit kleinen Steinchen ausgelegt wird. Die vor allem Ende Mai schlüpfenden Jungen sind mit 3–4 Monaten selbstständig. Nach der Brut ziehen viele Korallenmöwen in kleinen Trupps zu nahe gelegenen Buchten und an Flussmündungen. Den Winter verbringen die meisten Altvögel im Mittelmeerraum, vorwiegend an den Südküsten. Die Jungvögel und einige ausgewachsene Korallenmöwen ziehen über Gibraltar (vorwiegend Juli bis Oktober und März/April) zur Atlantikküste Marokkos – mindestens bis Senegal; dort verbringen Nichtbrüter oft auch den Sommer. Außerhalb der regulären Sommer- und Winterverbreitung ist die Art äußerst selten anzutreffen.

Die Korallenmöwe hat stets einen dunkelroten Schnabel mit schwarzer Spitze sowie graue Beine. Die Stirnbefiederung reicht weit auf den Schnabel, der Hinterkopf ist weniger gerundet, eher eckig. Die Korallenmöwe ist kleiner, schlanker und viel heller als die „Weißkopfmöwe" und hat schmalere Flügel. Im Flug auf leicht gebogenen Schwingen

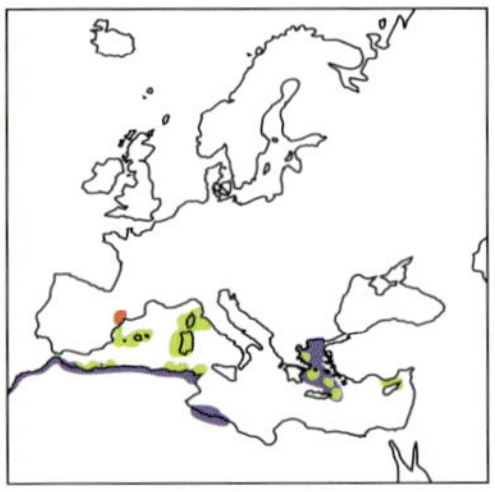

zeigt sie nur wenig Weiß in den schwarzen Handschwingenspitzen. Jungvögel erinnern stark an unausgefärbte Vögel von Silber-, Mittelmeer- und Heringsmöwe. Zur Unterscheidung muss man vor allem die Gestaltunterschiede beachten.

Korallenmöwen ernähren sich vorwiegend von Fischen, zumeist Heringsverwandten wie Sardinen, wobei sie sardinenfischende Fischerboote verfolgen. Manchmal begleiten sie auch Fischerboote, um Fischereiabfälle zu erhaschen. Wirbellose des Meeres und Insekten spielen ebenfalls eine Rolle. Manchmal schließen sich Korallenmöwen anderen Seevögeln an und suchen die Wasseroberfläche nach Fischschwärmen ab. Sie fliegen dicht über dem Wasser und ergreifen oberflächennah schwimmende Fische. Gelegentlich erbeuten sie an Land Mäuse, Kleinvögel und Eidechsen. Im Frühjahr stellen gebietsweise Oliven, Erdnüsse und Samen eine wichtige Nahrungsquelle dar.

Die wenigen Kolonien waren bis vor kurzem durch Fischereiaktivitäten, Tourismus und Militär stark gefährdet. Ende der 80er Jahre erließ die spanische Regierung Schutz- und Management-Programme – seitdem haben die Bestände stark zugenommen. Jüngst wurden sogar neue Kolonien in der Ägäis sowie in Italien und Spanien entdeckt. Trotzdem ist die Korallenmöwe noch immer eine der am stärksten bedrohten Möwenarten und droht auszusterben, wenn die Schutzbemühungen nachlassen. Dies gilt besonders für den Osten des Verbreitungsgebietes, dort geht die Gefahr vor allem von Eiersammlern und den immer häufiger werdenden Mittelmeermöwen aus, die die Brutplätze besetzen und die Eier der Korallenmöwen fressen. Selbst Altvögel rauben Küken der eigenen Art. Manche Kolonien erleiden Verluste durch jagende Wanderfalken.

Nur in einem kleinen Gebiet vom Kaukasus über Armenien bis zum Nordwestiran ist die **Armenienmöwe** (*Larus armenicus*) verbreitet. Sie gehört in die Silbermöwenverwandtschaft. Wie diese hat sie einen grauen Mantel, aber dunkle Augen, gelbe Beine und ein anderes Flügelmuster. Der auffälligste Unterschied ist allerdings die Schnabelfärbung: Die Armenienmöwe besitzt in Höhe des roten Unterschnabelflecks einen schwarzen Ring um den intensiv gelben Schnabel. Sie bewohnt Gewässer an der Küste und im Binnenland. Zum Nisten zieht sie sich an Bergseen zurück, in Armenien bis in 1900 m Höhe. Die meisten Armenienmöwen wandern nach der Brutzeit kurze Distanzen, einige sind Standvögel. Aus Europa fehlen bisher Nachweise. Über die Ernährungsweise ist nicht viel bekannt.

▸ „WEISSKOPFMÖWE", SILBERMÖWE, HERINGSMÖWE, DÜNNSCHNABELMÖWE

Korallenmöwe *Larus audouinii* PAYRAUDEAU 1826

Größe	= Huhn
Maße (cm)	Länge ca. 48–52 / Flügel ca. 127–138
Körpermasse (g)	580–770
Stimme	Jauchzen gedehnt „go-ähk" oder ähnlich, bis 4 mal; ein- bis mehrmals „og" vor Abflug; gellend „mé-o" als Warnruf (Flugfeinde)
Brutzeit	Ende April bis Anfang Mai
Gelegegröße	2–3
Eifärbung	hell olivbräunlich bis oliv, ziemlich spärlich mit kleinen schwarzen, bräunlicholiv- bis olivfarbenen Klecksen und Punkten, dichter am stumpfen Pol; glatt, schwach glänzend
Eimaße (mm)	spindelförmig – 62,2 x 43,3
Brutdauer	21–25 Tage, beide Partner brüten
Nestlingszeit	Platzhocker, 25–40 Tage, von beiden Eltern versorgt

KORALLENMÖWE, ALTVOGEL AM BRUTPLATZ

ALTVOGEL IM FLUG

ALTVOGEL AM NEST

VOGEL IM DRITTEN SOMMER

Sturmmöwe

Die Sturmmöwe ist eine wohlproportionierte Möwe mit weißem, rundem Kopf, schlankem, grüngelbem Schnabel und dunklen Augen. Sie ist etwas größer als eine Lachmöwe, erinnert in der Gefiederfärbung aber eher an die deutlich größere Silbermöwe. Im Flug erkennt man sie an den großen weißen „Fenstern" der äußeren beiden Handschwingen. Im Schlichtkleid sind Kopf und Hals dunkel gestrichelt; Schnabel und Beine sind matter gefärbt, kurz vor der Schnabelspitze befindet sich oft ein dunkler Ring. Der Mantel der Jungvögel ist braun, er färbt im Laufe des ersten Winters in Dunkelgrau um. Der Schwanz ist durch eine Endbinde scharf nach vorne begrenzt, der Schnabel ist dunkel mit rötlicher Basis.

Die Sturmmöwe ist gegenwärtig nicht bedroht. Durch günstige Ernährungsbedingungen und sinkende Nachstellungen sind gebietsweise die Bestände so angewachsen, dass die Art ihr Areal ausweitet (besonders auch im östlichen Deutschland). Erst im 20. Jahrhundert wurde Island besiedelt. Es gibt aber auch Gebiete mit geringem Bruterfolg (vor allem im Binnenland) durch Nesträuber (in Skandinavien Mink), Konkurrenz mit Großmöwen, Lebensraumzerstörung und direkte Nachstellungen.

Die Sturmmöwe brütet in weiten Teilen des nördlichen Eurasien von Island und Irland über die Britischen Inseln, Skandinavien, Finnland und Russland in einem breiten Streifen bis Kamtschatka, außerdem im Nordwesten Nordamerikas. Trotz der nahezu zirkumpolaren Verbreitung leben in Europa mindestens 80% des Weltbestandes. In Mitteleuropa besiedelt die Art vorwiegend die Küste, es gibt aber auch einige Binnenlandvorkommen bis in den Voralpenraum, die sich – von wenigen Ausnahmen abgesehen –

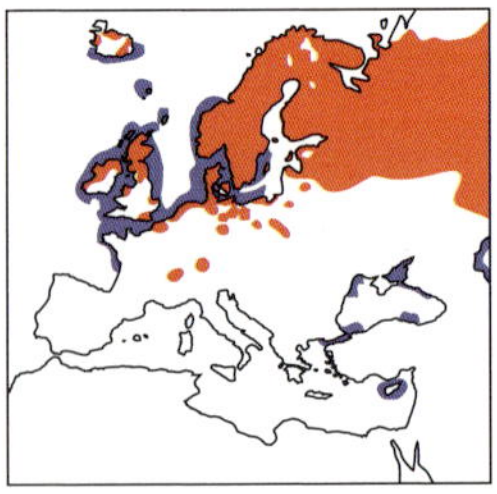

erst seit den 50er Jahren entwickelt haben.

Zur Brutzeit halten sich Sturmmöwen überwiegend an der Meeresküste auf, sie besiedeln dort die Strand- und Moorwiesen im Dünengelände, felsige Klippen und Hänge sowie kleine, küstennahe Inseln. In Nordeuropa trifft man die Art häufig im Binnenland an Seen und in Mooren an; auch in Mitteleuropa brütet sie immer häufiger im Binnenland – an Seeufern mit nicht zu hoher Vegetation, in Verlandungsbereichen und auf anderen Flächen in Wassernähe. Voraussetzung für die Brut scheint die Nähe von Feldern und anderen Nahrungsflächen zu sein.

Sturmmöwen erscheinen in der Regel ab Anfang März an den Brutplätzen, die Eiablage beginnt erst im Mai. Sie brüten meist in kleinen Kolonien bis zu einem Dutzend Paaren. Dies bietet mehr Schutz vor Nesträubern, wie Einzelbrüter zeigen. In England bildet die Art Kolonien von über 300 Paaren. Die Wahl des Nistplatzes erfolgt hauptsächlich durch das Männchen, das noch mehr Bindung an den Geburtsort entwickelt als das Weibchen. Das Paar bleibt mindestens für eine Saison zusammen, manche Brutpaare nisten auch jahrelang gemeinsam am selben Brutplatz – bis zu zwölf aufeinander folgende Jahre sind belegt, andere wählen jedes Jahr einen neuen Partner. Das Nest wird im Gras, auf Sand, Felsen, Moorboden, auf Schwimmpflanzen und gebietsweise sogar auf Hausdächern errichtet. Die drei olivfarbenen oder bräunlichen Eier werden von Männchen und Weibchen bebrütet; die Jungen sind mit 4–5 Wochen flugfähig.

Als Kurzstreckenzieher hält sich die Sturmmöwe im Winter an den Küsten Norwegens, der Britischen Inseln, Nordfrankreichs, an der mitteleuropäischen Nord- und Ostseeküste bis zum Baltikum sowie an der südschwedischen Ostseeküste auf. Nicht selten trifft man die Art im Binnenland (dann vorwiegend Jungvögel) an Binnenseen, Stauseen oder auf Kulturflächen an.

Sturmmöwen ernähren sich hauptsächlich von Fischen und Fischereiabfällen, sie suchen aber auch nach Wattwürmern, Krebstieren und Muscheln, die sie auf der Stelle trampelnd aus dem Boden holen. Zum Öffnen der Muschelschalen lassen sie die Muscheln auf harten Untergrund fallen. Auf frisch gepflügten Feldern erbeuten sie vorwiegend Regenwürmer, gelegentlich auch Mäuse, auf frisch gemähten Wiesen fangen sie Insekten. Daneben besuchen sie auch Fütterungsstellen an Dampferstegen, wo sie deutlich zurückhaltender als die oft dreisten Lachmöwen um Brot betteln. Im Gegensatz zu Lachmöwen besuchen Sturmmöwen weniger häufig Müllhalden und Kläranlagen.

▸ SILBERMÖWE, „WEISSKOPFMÖWE", LACHMÖWE

Sturmmöwe *Larus canus* (L.)

Größe	= Huhn
Maße (cm)	Länge ca. 38–44 / Flügel ca. 106–125
Körpermasse (g)	290–552
Stimme	höher als Silbermöwe, fast gellend „kiä" oder „kia"; Jauchzen beginnt „kia", dann schriller, fast überschlagend „kiijä", gegen Ende tiefer; Stimmfühlung „oiiiie", vor Abflug bellend „wu"; im Stakkato „kak kak kak..."
Brutzeit	Ende April, Anfang bis Mitte Mai; 1 Jahresbrut
Gelegegröße	(1–2) 3 (4)
Eifärbung	gewöhnlich helloliv, grünlich oder bräunlich, dunkel getupft, bekleckst oder gekritzelt, am stumpfen Pol konzentriert; glatt, mit schwachem Glanz
Eimaße (mm)	spindelförmig – 58,1 x 41,1
Brutdauer	23/28, meist 24,5–25,5 Tage
Nestlingszeit	Platzhocker, ab 4 Tage Nestumgebung; mit 28–33 Tagen flugfähig

STURMMÖWE IM PRACHTKLEID

SCHLICHTKLEID

VOGEL IM ERSTEN SOMMER

NEST UND GELEGE

Heringsmöwe

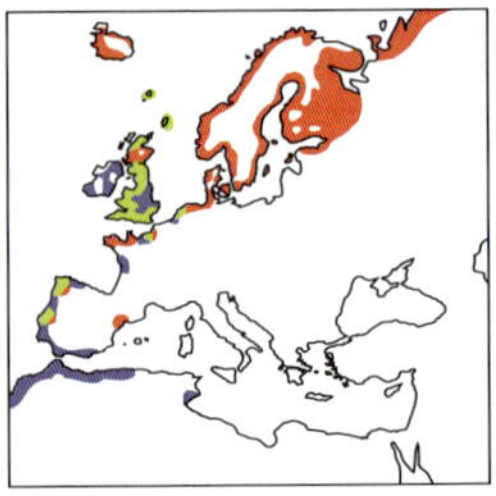

Das Verbreitungsgebiet der Heringsmöwe reicht von Spanien (Ebrodelta), Island, den Britischen Inseln, Frankreich entlang der mitteleuropäischen Nordseeküste über Skandinavien bis Finnland und Nordwestrussland. Die früher zur Heringsmöwe gezählte Form *heuglini* (erscheint kaum in Mitteleuropa) wird heute zusammen mit der Form *taimyrensis* von vielen Autoren als eigene Art **Tundramöwe** (*Larus heuglini*) behandelt; diese brütet vom Süden der Kola-Halbinsel bis zur nordsibirischen Tajmyr-Halbinsel. Die in Deutschland im Bereich der Ostfriesischen Inseln, der Inseln der deutschen Bucht sowie von Amrum brütenden Heringsmöwen gehören zur Unterart *intermedius*. In der Färbung liegt diese Unterart zwischen der nordischen, sehr dunklen Nominatform und der hellen westeuropäischen Form *graellsii*. An der Ostseeküste Mecklenburg-Vorpommerns gibt es sehr kleine Brutvorkommen der Nominatform.

In allen Unterarten hat die Heringsmöwe gelbe Beine und einen deutlich schwächeren Schnabel als die Mantelmöwe. Die Jungvögel sind leicht mit jungen Silber- oder „Weißkopfmöwen“ zu verwechseln. Sie sind aber insgesamt etwas dunkler, die inneren Handschwingen sind nicht wie bei den Vergleichsarten deutlich heller, sondern alle Handschwingen sind einheitlich dunkel.

Heringsmöwen brüten meist kolonieweise in vegetationsreichem Dünengelände an der Küste oder auf Inseln in Küstennähe. Gebietsweise, etwa in Schottland, Finnland und Russland, nisten sie auch im Binnenland auf Moorflächen, Kulturland und auf Inseln in Binnenseen. In Holland brüten sie sogar in Siedlungen auf Dächern. An ihren Brutplätzen erscheinen Heringsmöwen je nach geographischer Breite im März oder April. Ihre Nester legen sie an der Küste auf Sand oder Grasboden (zum Beispiel hoch auf Klippen) oder auf nacktem Fels (wie Schären) an; häufig brüten sie auf Inseln – auch in Binnenseen und Flüssen. Es gibt zwar Mischkolonien mit Silbermöwen, die größeren Kolonien der verwandten Art werden aber gemieden. Frühestens im Alter von drei Jahren werden Heringsmöwen geschlechtsreif und beginnen das erste Mal zu brüten, jedoch beobachtet man unter den Brutvögeln der Kolonien immer wieder Vögel, die noch nicht das voll ausgebildete Alterskleid tragen. Wenn innerhalb der ersten elf Tage Gelege oder kleine Junge verloren gehen, können die Eltern ein Nachgelege zeitigen, bei späterem Verlust bleibt das Paar in dem betreffenden Jahr erfolglos. Der Abzug aus den Brutgebieten beginnt im Juli und endet Mitte Oktober. Auf dem Zug kann man Heringsmöwen regelmäßig auch im Binnenland antreffen, vor allem die dunkelmantelige nordische Nominatform. Das Zugverhalten der einzelnen Unterarten ist unterschiedlich – es gibt Kurz- und Langstreckenzieher sowie Teilzieher. Langstreckenzieher der Form *heuglini* ziehen bis Ostafrika, sogar bis Südafrika, während manche Vögel der Nominatform den Winter im Nordatlantik verbringen. Viele Heringsmöwen ziehen auch in den östlichen Mittelmeerraum und manche sogar bis zum Arabischen Golf.

Den Winter verbringen sie auf offener See und im Küstenbereich, oft in Häfen und auf küstennahen Kulturflächen. In den Tropen halten sie sich in Lagunen auf. Brutvögel der Nordseeküste (überwiegend *intermedius*, wohl aber auch Mischformen mit *graellsii*) bleiben im Winter nur selten in Deutschland, Vögel der Nominatform noch seltener.

Heringsmöwen erbeuten meist Fische und marine Wirbellose, fressen aber auch Eier und Nestlinge anderer Vogelarten. In Gebieten, wo die Heringsmöwe zunehmend mit der Silbermöwe konkurriert, steigt der Anteil der marinen Wirbellosen in der Nahrung. Gerne gehen Heringsmöwen an Aas und Abfälle. An Müllplätzen jagen sie häufig anderen Möwen das gefundene Futter ab. Darüber hinaus verfolgen sie oft in großen Trupps Fischereischiffe, wobei sie die Fischabfälle effektiver nutzen als Silbermöwen. Die Überfischung der Meere ist gebietsweise der Auslöser für eine deutliche Abnahme der Nominatform in Skandinavien, Finnland und Russland, Störungen und Konkurrenz mit der Silbermöwe spielen aber auch eine Rolle. Dagegen dehnt die Art seit den 20er Jahren ihr Areal aus, gebietsweise mit Bestandszunahmen, aber nicht in dem Maße wie die Silbermöwe. Die größte Kolonie an der Nordsee mit weit über 10 000 Paaren liegt auf der holländischen Insel Terschelling.

Heringsmöwe *Larus fuscus* (L.)

Größe	= Huhn
Maße (cm)	Länge ca. 52–67 / Flügel ca. 128–148
Körpermasse (g)	550–1200
Stimme	tiefer und weniger laut als Silbermöwe; bei Störung „äo“ oder „eä“; bei Stoßangriff (Bodenfeind) „(a)ee'a“, Jauchzen „au au kwiia kwaokkwaokwaoder..“; bei Bedrohung „gagaga…“
Brutzeit	Ende April oder Anfang Mai im Süden, bis Mitte Juni im Norden; 1 Jahresbrut
Gelegegröße	2–3
Eifärbung	hell olivbraun, oliv, grün oder rostbraun, dunkel gepunktet, gefleckt und gekleckst; selten Kritzellinien; glatt, leicht glänzend, schwach körnig
Eimaße (mm)	spindelförmig – 67,6 x 47
Brutdauer	26–31 Tage
Nestlingszeit	Platzhocker; mit 35–40 Tagen flugfähig

▸ Mantelmöwe, Silbermöwe, „Weisskopfmöwe“

HERINGSMÖWE IM PRACHTKLEID

HERINGSMÖWE IM PRACHTKLEID

VOGEL IM ERSTEN WINTER

NEST UND GELEGE

„Weißkopfmöwe“

Als „Weißkopfmöwe“ werden die Großmöwenformen *michahellis* und *cachinnans* bezeichnet, die einen hellen Mantel sowie im Schlichtkleid einen weißen Kopf haben. Ursprünglich wurden sie als Unterart der Silbermöwe betrachtet, später zu einer Art (*Larus cachinnans*) zusammengefaßt; heute gelten sie als eigenständige Arten: **Mittelmeermöwe** (*Larus michahellis*) und **Steppenmöwe** (*Larus cachinnans*). Beide sind in Aussehen, Verhalten und Stimme unterschiedlich und können mit etwas Übung auch im Freiland bestimmt werden; dazu gibt es bei uns Gelegenheit, denn sie treten nicht selten auch in Mitteleuropa als Gastvögel auf. Wichtigstes Unterscheidungsmerkmal der beiden Arten gegenüber der Silbermöwe ist die stets gelbe Beinfärbung, die jedoch bei der Steppenmöwe meist etwas blasser ist, diese hat von den drei Vergleichsarten auch die längsten Flügel und Beine sowie oft eine dunklere Iris. Die Mittelmeermöwe bewohnt den Mittelmeerraum und das westliche Schwarzmeergebiet. Sie besucht Mitteleuropa vorwiegend in den Sommermonaten. Dagegen lebt die Steppenmöwe in den Steppengebieten vom nördlichen Schwarzen Meer bis Zentralasien. Mitteleuropa besucht sie vorwiegend in den Wintermonaten. In Deutschland hat es in den letzten Jahren vermehrt Ansiedlungen von „Weißkopfmöwen“ gegeben, die meist jedoch nicht von Dauer waren. In Süddeutschland brütet die Mittelmeermöwe inzwischen alljährlich an den großen Seen. In der Schweiz gibt es bereits seit Jahrzehnten etablierte Brutbestände dieser Großmöwe.

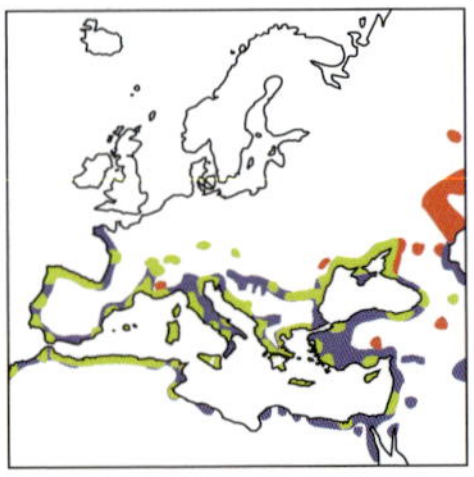

▶ HERINGSMÖWE, SILBERMÖWE

„Weißkopfmöwe“ *Larus cachinnans* PALL. 1811	
Größe	= Huhn
Maße (cm)	Länge ca. 55–67 / Flügel ca. 130–158
Körpermasse (g)	800–1500
Stimme	lang gezogener, gutturaler als Silbermöwe, wie „äö“, tiefer als Heringsmöwe; Jauchzen erinnert an Mantelmöwe, schneller als Silbermöwe
Brutzeit	Mitte März bis Ende April im Süden, Mitte Mai im Norden; 1 Jahresbrut
Gelegegröße	2–3
Eifärbung	wie Silbermöwe
Eimaße (mm)	wie Silbermöwe
Brutdauer	27–31 Tage
Nestlingszeit	Platzhocker; mit 5 Wochen flugfähig, mit 6–8 Wochen selbstständig

Silbermöwe

In der Systematik stellen die Möwenarten der Silbermöwen-Verwandtschaft die Feldornithologen vor große Probleme. Mehrere alt- und neuweltliche Möwenformen, die zur Gruppe der Silber-, Herings- und „Weißkopfmöwen“ gehören beziehungsweise diesen Gruppen nahe stehen, werden in einer Gruppe zusammengefasst. Deren Status ist aber noch nicht endgültig geklärt.

Die Silbermöwe ist die typische große Seemöwe der Nordsee. Sie ähnelt im Aussehen einer großen Sturmmöwe, in der Größe reicht sie an die Mantelmöwe heran. Im Prachtkleid zeigen die Vögel einen grauen Mantel, der je nach Unterart heller oder dunkler ist. Die Flügel sind verhältnismäßig breit, in den schwarzen Flügelspitzen fallen die weißen Flecken auf. Verglichen mit den anderen Silbermöwen-Verwandten sind die Flügel kürzer und mehr abgerundet. Im frischen Schlichtkleid fällt die kräftige Kopfstrichelung auf, die sich allerdings zum Spätwinter hin verliert.

Das Verbreitungsgebiet der Silbermöwe erstreckt sich vom westlichen, mittleren und nördlichen Europa von Island, den Britischen Inseln und Westfrankreich bis Nordwestrussland; die in Nordostsibirien und Nordamerika lebenden Formen werden meist ebenfalls dieser Art zugerechnet. In ihrem Verbreitungsgebiet besiedelt die Art sehr verschiedenartige Brutlebensräume von Strandwiesen über Klippen bis zu Hausdächern. Den Winter verbringen Silbermöwen meist an der Küste, häufig in Hafenbereichen und auf Müllplätzen. Nicht selten trifft man die Silbermöwe aber auch im Binnenland.

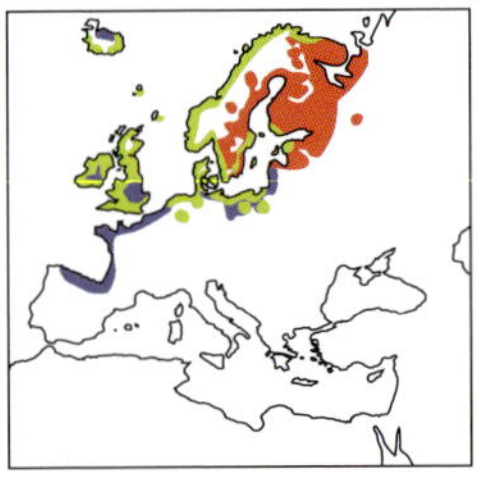

▶ ANDERE GROSSMÖWEN

Silbermöwe *Larus argentatus* PONT.	
Größe	= Huhn
Maße (cm)	Länge ca. 55–67 / Flügel ca. 130–158
Körpermasse (g)	720–1500
Stimme	hell bis gellend „ku“; Jauchzen wie „aau aau au kjiiau kjau kjau“; Landeruf „mää-i“; Belllaut tief „hau“; Warnruf „ga ga gag“
Brutzeit	Ende April/Anfang Mai, 1 Jahresbrut
Gelegegröße	2–3
Eifärbung	sehr unterschiedlich gefärbt, gewöhnlich helloliv, sandbräunlich oder grünlich, dunkel gepunktet und bekleckst, selten bekritzelt; glatt, glanzlos oder schwach glänzend, fein gekörnt
Eimaße (mm)	spindelförmig – 70,1 x 48,6
Brutdauer	26–32 Tage
Nestlingszeit	Platzhocker; mit 35–49 Tagen flügge, häufig noch 19–27 Tage im Eltern-Territorium

„WEISSKOPFMÖWE", HIER MITTELMEERMÖWE IM PRACHTKLEID (ABGENUTZT)

MITTELMEERMÖWE IM PRACHTKLEID

SILBERMÖWE

NEST UND GELEGE DER SILBERMÖWE

Eismöwe

Kennzeichen der Eismöwe sind ihre Größe und die im Alterskleid weißen Flügelspitzen. Größere Männchen erreichen fast Mantelmöwenformat. Da die Flügelspitzen nur wenig über das Schwanzende hinausreichen, erscheint die Möwe hinten wie abgeschnitten. Im Flug fallen der breite Armflügel und der relativ kurze Handflügel auf, bei der Polarmöwe sind die Flügelspitzen eher schlank und spitz. Unausgefärbte Eismöwen kann man mit jungen Silbermöwen der Nominatform verwechseln, da ausgebleichte Vögel nicht selten sind. Die Bestimmung wird zusätzlich erschwert, da es möglicherweise Hybriden zwischen beiden Arten gibt: In den 70er Jahren brütete auf den Shetland-Inseln mehrere Jahre lang ein Mischpaar.

Eismöwen brüten auf kleinen Inseln zirkumpolar in der arktischen Tundra von Grönland, Island, Jan Mayen sowie entlang der russischen Nordküste und in Alaska und Kanada. Auf den Inseln siedeln sie oft hoch auf Klippen, Felswänden sowie steilen Grashängen. Diese sind meist nach Süden ausgerichtet und werden dadurch schneller schneefrei. Eismöwen brüten in kleinen oder größeren (bis über 200 Brutpaare) Kolonien, oft auch einzeln. Diese liegen meist in der Nähe von anderen Seevogelkolonien, da sie sich zur Brutzeit davon ernähren.

Für den Neststandort wählen Eismöwen oft vegetationsreichere Plätze als Mantelmöwen. Er wird bisweilen jahrzehntelang immer wieder benutzt. Mit dem Kot düngen die Möwen die Nestumgebung, dadurch gedeiht eine üppige Vegetation. Je nach Bewuchs ist das Nest eine nur spärlich ausgekleidete Mulde bis hin zu einem recht großen, schlampigen Haufen von bis zu ½ m Durchmesser. Eismöwen beginnen mit der Eiablage kaum vor Mitte Mai, dadurch werden die Jungen oft nicht vor August flugfähig.

Auf dem Zug erscheint die Art alljährlich an der deutschen Nordseeküste, aber nur in sehr geringer Zahl; die meisten Nachweise stammen von Helgoland. Häufiger ist sie

in Skandinavien zu erwarten – meist von Dezember bis April. Westpaläarktische Brutvögel überwintern vom Südrand der Hocharktis südwärts bis Irland, Schottland und Südnorwegen sowie in Finnland. Ziehende Möwen halten sich nicht selten in Fischereihäfen, wo sie von Fischabfällen leben, oder auf Müllkippen auf.

Zur Brutzeit ernähren sie sich meist von Eiern, Jungen und auch von ausgewachsenen Eiderenten, Gänsen, Alken oder Seeschwalben. Gebietsweise bilden Krabbentaucher die Hauptnahrung: Die Eismöwen verschlucken die kleinen Alkenvögel entweder in der Luft oder zwingen sie auf dem Wasser zu ständigem Tauchen. Manchmal töten sie neugeborene Robben. Auch Kleptoparasitismus bei Eiderenten ist bekannt; sie verteidigen die Ententrupps sogar vor anderen Möwen. Das vielseitige Nahrungsspektrum umfaßt auch Fische, Fischabfälle, Krebstiere, Kleinvögel wie Schneeammern, Eier, Jungvögel, Abfälle, Aas von toten Robben, Walen, Moschusochsen oder Eisbären.

Eismöwen nahmen in den letzten Jahrzehnten auf Island deutlich zu. Allerdings bereiten der Art mit Umweltgiften belastete Nahrung Probleme. Als Endglieder der Nahrungskette reichern sie diese Giftstoffe in ihrem Körper an. Dies waren die Ergebnisse von Untersuchungen an toten Eismöwen auf Spitzbergen.

Auch die **Polarmöwe** (*Larus glaucoides*) ernährt sich gebietsweise von Vögeln, wie jungen Krabbentauchern oder Dreizehenmöwen. Sie ist aber nicht so räuberisch wie die Eismöwe. Ihre Hauptnahrung sind Fische und Krebstiere. Polarmöwen brüten in der kanadischen Arktis und auf Grönland an steilen Klippen der Felsküste oder auf kleinen Inseln. Den Winter verbringen sie häufig auf Island und den Färöern, seltener auf den Britischen Inseln, wo sie auch an binnenländischen Möwenrastplätzen anzutreffen sind, und an der Westküste Nordeuropas. Im Vergleich zur Eismöwe erscheinen sie viel seltener in Mitteleuropa, im Binnenland fast gar nicht.

Die Polarmöwe hat wie die Eismöwe rein weiße Handschwingen, ist aber meist viel kleiner als die oft mächtig erscheinende Verwandte; auch der Schnabel ist kleiner, der Kopf mehr abgerundet und das Auge im Verhältnis größer. Im Flug wirkt sie durch den kürzeren Hals und kleineren Kopf viel weniger vorderlastig als die Eismöwe. Vögel im ersten Winterkleid sind oberseits etwas heller als junge Eismöwen, das Schwarz der Schnabelspitze bedeckt über die Hälfte des Schnabels und bildet kaum Kontrast zur etwas helleren Schnabelbasis (bei der Eismöwe scharf abgesetzte schwarze Schnabelspitze).

▸ Silbermöwe

Eismöwe *Larus hyperboreus* Gunnerus 1767

Größe	= Huhn
Maße (cm)	Länge ca. 62–68 / Flügel ca. 142–162
Körpermasse (g)	1070–1820
Stimme	relativ hoch; Jauchzen schrill „hijoh…“, dann tief „graoder..“; schriller Hauptruf „kijau“
Brutzeit	Mitte bis Ende Mai, 1 Jahresbrut
Gelegegröße	2–3
Eifärbung	helloliv oder rahmoliv bis sandbraun, sehr unterschiedlich gezeichnet; Markierung oft klein; glatt, glanzlos, fein gekörnt
Eimaße (mm)	spindelförmig – 76,8 x 53,9
Brutdauer	27–28 (30) Tage
Nestlingszeit	Platzhocker; mit 45–50 Tagen flügge, danach noch einige Tage geführt

EISMÖWE IM PRACHTKLEID

VOGEL NACH DEM ERSTEN WINTER (AUSGEBLICHEN)

JUGENDKLEID

JUNGVOGEL, NOCH NICHT FLUGFÄHIG

Mantelmöwe

Verglichen mit allen europäischen Großmöwen hat die Mantelmöwe, die größte und kräftigste Möwe überhaupt, die engste Bindung an die Küste. Nur ganz vereinzelt gibt es Winternachweise sowie Bruten an Seen und Mooren aus dem Binnenland, zum Beispiel in Skandinavien (Vänern in Südschweden) und Finnland (Inarisee). Auch im Winterhalbjahr halten sich Mantelmöwen vorwiegend an der Küste, im Bereich von Fischereihäfen, Städten und Müllplätzen auf. Eine Verwechslung ist eigentlich nur mit dunklen Heringsmöwen möglich. Mantelmöwen sind aber größer, massiger, mit größerem, kräftigerem Schnabel, größerem, runderem Kopf, fleischfarbenen, relativ kürzeren Beinen sowie größeren weißen Spitzen der äußeren Handschwingen. Im Schlichtkleid unterscheiden sie sich durch einen stärker gestrichelten Kopf von Heringsmöwen. Ein typisches Kennzeichen der Mantelmöwe ist der breite Armflügel. Im Flug wirkt sie durch die bedächtigen, langsamen Flügelschläge sehr wuchtig.

Wie die anderen Großmöwen ist auch die Mantelmöwe ein opportunistischer Allesfresser. Häufig sucht sie ihre Nahrung im Watt. Am Strand sammelt sie zum Beispiel die angespülten Fische auf, sie tötet aber auch Seevögel (vor allem nicht flugfähige Junge, in Skandinavien oft junge Eider- und Samtenten) – meist durch Ertränken. Hartschalige Muschelschalen und Gänseeier öffnet sie, indem sie diese auf harten Untergrund fallen läßt. Auch Kleptoparasitismus kommt häufig vor. Weitere Nahrungsquellen sind Müllplätze und immer häufiger die fischverarbeitende Industrie in Häfen und auf Schiffen.

Das Verbreitungsgebiet der Mantelmöwe umfasst die Küsten des östlichen Nordamerika, Südgrönlands, Islands, der Färöer, Spitzbergens bis zu den Häreninseln. Südlich reicht es bis zu den Britischen Inseln und nach Nordwestfrankreich sowie über Skandinavien und Finnland östlich bis zur Kola-Halbinsel. Über zwei Drittel des Weltbestandes kommen in Europa vor. In Deutschland kann man Mantelmöwen das ganze Jahr über (im Winter häufiger) an der Nord- und Ostseeküste antreffen. Seit 1990 brüten sie hier regelmäßig in Mecklenburg-Vorpommern und Schleswig-Holstein in wenigen Paaren. Wie bei mehreren anderen Möwen haben auch bei der Mantelmöwe die günstigen Nahrungsbedingungen, vor allem durch die Hochseefischerei, zu teilweise bedeutender Bestandszunahme und Erweiterung des Brutareals geführt. Wegen der im Allgemeinen günstigen Brutplatzsituation ist mit der weiteren Zunahme dieser großen Möwe in den nächsten Jahren zu rechnen – auch in Mitteleuropa, wo die Art erst vor wenigen Jahren Fuß gefasst hat.

Mantelmöwen nisten meist einzeln oder in kleineren Kolonien auf kleinen Inseln, in Skandinavien vielfach auf Schären, aber auch ganz oben auf hohen Felsinseln. In gemischten Kolonien bevorzugen sie die höchsten Plätze und die mit der geringsten Vegetation, Einzelpaare brüten häufig nahe bei anderen brütenden Seevögeln. Mantelmöwen ruhen auf Sandbänken von Inseln. Im Gegensatz zu vielen anderen Möwen meiden sie Grünland, auch direkt an der Küste.

Die europäischen Brutvögel sind teils Zugvögel, teils Standvögel. Die Winterquartiere liegen von Südgrönland entlang der Ostküste Nordamerikas bis zu den Westindischen Inseln, in der Westpaläarktis an den Küsten Islands, der Färöer, der Britischen Inseln, Skandinaviens, der südlichen Ostsee, der Nordsee und der Atlantikküste südwärts bis zur Iberischen Halbinsel; vereinzelt erreichen die Möwen Casablanca (Marokko).

Das oft umfangreiche Nest liegt häufig etwas exponiert auf einer kleinen Erhebung und besteht aus Gras, Tang, Heidekraut und Federn. Der Abstand zu den nächsten Nestern beträgt zwischen 5 und 20 m. Die Jungen verlassen nach einigen Tagen das Nest, werden aber noch rund sieben Wochen lang bis zum Erreichen der Flugfähigkeit von beiden Eltern versorgt. Diese unternehmen für die Jungen Nahrungsflüge bis 40 km. Die Jungen sind mit 4–5 Jahren geschlechtsreif.

Derzeit ist in Skandinavien und auf den Britischen Inseln eine Bestandszunahme zu verzeichnen. Dagegen sind die sich in Mitteleuropa entwickelnden Brutvögel hauptsächlich durch Jagd und Störungen gefährdet.

▸ HERINGSMÖWE; UNAUSGEFÄRBTE MIT ANDEREN UNAUSGEFÄRBTEN GROSSMÖWEN

Mantelmöwe *Larus marinus* (L.)	
Größe	= Huhn
Maße (cm)	Länge ca. 64–78 / Flügel ca. 150–170
Körpermasse (g)	1435–2272
Stimme	tiefer als Silbermöwe; Hauptruf „kau" oder „krao", auch im Duett; Jauchzen langsamer und tiefer als Silbermöwe (ohne „i"-Laute); Stakkato „gagagagag"
Brutzeit	Mitte April bis Anfang Mai; 1 Jahresbrut, 2–3 Nachgelege möglich
Gelegegröße	(2) 3
Eifärbung	blassoliv, olivbräunlich oder grünlich, mit dunklen Flecken, Punkten, kleinen Klecksen oder kurzen Linien; Flecke im Vergleich zu den anderen nördlichen Großmöwen einheitlich; glatt, glanzlos oder schwach glänzend, fein gekörnt
Eimaße (mm)	76,6 x 53,9
Brutdauer	26/28 Tage
Nestlingszeit	Platzhocker; mit 45/50 Tagen flügge

MANTELMÖWE IM PRACHTKLEID

VOGEL IM PRACHTKLEID

JUNGVOGEL, NOCH NICHT FLUGFÄHIG

NEST UND GELEGE

Dreizehenmöwe

Wie der Name schon sagt, besitzt die Dreizehenmöwe an ihren recht kurzen, schwarzen Füßen nur drei Zehen. Ein weiteres auffälliges Merkmal dieser stämmigen, mittelgroßen Möwe sind die einfarbig tiefschwarzen Flügelspitzen, die sich kontrastreich vom umgebenden helleren Handschwingenbereich abheben. Bei manchen Lichtverhältnissen wirkt die mittelgraue Oberseite ziemlich dunkel wie bei der ähnlichen Sturmmöwe. Diese hat aber längere, breitere Flügel und fliegt mit langsameren Flügelschlägen. Dagegen ist die Dreizehenmöwe ein leichter, eleganter Flieger, bei ruhigem Wetter mit schnellen Flügelschlägen, bei Sturm in großen Kurven und auf etwas nach unten gebogenen Flügeln segelnd – ähnlich wie ein Sturmtaucher. Im Schlichtkleid fällt der große, verwaschene Ohrfleck und die graue schalartige Nackenfärbung auf. Jüngere Vögel (juv. und erster Winter) erkennt man oberseits an dem auffälligen dunklen Zickzackband und am breiten dunklen Nackenband.

Die Dreizehenmöwe ist ein typischer Brutvogel der nordischen Vogelberge mit schmalen Simsen; darüber hinaus brütet sie auch auf Gletschern und gebietsweise (beispielsweise in Norwegen) auf Fenstersimsen von Häusern, die nah am Wasser stehen. Sie ist zirkumpolar nördlich des 40. Breitengrades an Meeresküsten verbreitet, in Europa an der Atlantikküste. Die Nordgrenze zur Brutzeit hängt vom offenen Wasser ab. In Schweden gibt es nur eine Kolonie, Frankreich hat die Art seit den 70er Jahren besiedelt. In Deutschland brütet sie nur auf Helgoland.

Außerhalb der Brutzeit sind Dreizehenmöwen Hochseevögel. Bei ihren Streifzügen im Nordatlantik meist fern der Küsten kommen viele auch in südlichere Gegenden, manche sogar bis in das westliche Mittelmeer oder nach Nordwestafrika. Manchmal besuchen sie Hafenbereiche und Buchten; in das Binnenland kommen sie nur, wenn sie durch Stürme verdriftet werden. In Deutschland ist die Dreizehenmöwe außerhalb der Brutzeit relativ häufig im Bereich der Nordsee anzutreffen, natürlich vor allem nahe Helgoland, in der Ostsee aber viel seltener.

Die Kolonien werden meist im Februar wieder aufgesucht. Die größten Kolonien zählen über 100 000 Brutpaare, auf Helgoland brüten rund 5000 Paare. Kennzeichen der Dreizehenmöwen-Kolonien sind ein ohrenbetäubendes Geschrei und der geringe Brutabstand zwischen den einzelnen Paaren. Legebeginn ist erst im Mai oder – in der Arktis – Mitte Juni. Um aggressive Handlungen unter den brütenden Vögeln und später gegenüber den Jungvögeln zu verhindern, hat diese Art ein spezielles Beschwichtigungsverhalten entwickelt. Das stabile Nest wird von beiden Partnern aus Erde und Schlamm, Gras und Algen erbaut. Auf dem Nestbereich findet die Balz und Kopulation statt. Die beiden Eier sind zum Schutz vor dem Herunterrollen stark zugespitzt – stärker als bei anderen Möwenarten. Im Gegensatz zu anderen jungen Möwen sind die absturzgefährdeten jungen Dreizehenmöwen ausgesprochene Nesthocker; sie bewegen sich wenig und stehen erst nach über zehn Tagen das erste Mal auf ihren Beinen. Bereits als wenige Tage alte Küken orientieren sie sich vorwiegend zur Felswand hin; indem die Altvögel sie immer in dieser Richtung füttern, verstärken sie deren Vorzugsrichtung im Nest. Kurz nach dem Schlüpfen bekommen die Jungen einen Nahrungsbrei verabreicht, später holen sie sich ihr Futter direkt aus dem Schlund des Elternvogels.

Dreizehenmöwen ernähren sich vor allem von Wirbellosen des Meeres, wie Meereswürmern oder Krebstieren, außerdem von Fischen; im Winterhalbjahr nehmen sie auch Plankton wie Ruderfußkrebse. Immer häufiger folgen sie Fisch-Trawlern, um die Beifänge zu fressen. Fische greift die Dreizehenmöwe meist direkt von der Wasseroberfläche oder stoßtauchend mit Eintauchtiefen bis zu 1 m. Im Gegensatz zu anderen Möwen raubt sie kaum Vogeleier. Auch Kleptoparasitismus kommt weniger häufig vor, hin und wieder aber gegenüber Alken und Seeschwalben.

Trotz der hohen Bestandszahlen gilt die Dreizehenmöwe derzeit als potenziell gefährdet, da ihr Brutareal relativ klein ist. Außerdem könnten sich die Ölverschmutzung und der Fischfang auf Sandaale, dem wichtigsten Jungenaufzuchtfutter, negativ auswirken. Im 19. Jahrhundert wurden Eier und Junge gesammelt sowie Altvögel geschossen, deren Flügel als Modeaccessoires Verwendung fanden. Erst ab der Jahrhundertwende bewirkten Schutzmaßnahmen eine Erholung der stark angeschlagenen Bestände.

▸ Sturmmöwe

Dreizehenmöwe *Rissa tridactyla* (L.)

Größe	> Taube
Maße (cm)	Länge ca. 38–40 / Flügel ca. 95–108
Körpermasse (g)	305–512
Stimme	Jauchzen in Kolonien „kiti uääh"; Alarmruf klagend „ökök…"; abseits Brutplatz schweigsam
Brutzeit	Mitte Mai im Süden, bis Ende Juni im Norden; 1 Jahresbrut
Gelegegröße	(1) 2 (3)
Eifärbung	blass rahmfarben oder grünlichweiß bis oliv, sehr verschieden gefleckt oder getüpfelt; Fleckung oft fein; glatt, glanzlos
Eimaße (mm)	spindelförmig – 55,9 x 41,1
Brutdauer	25–32 Tage
Nestlingszeit	Platzhocker, 41/43 Tage; mit 30/35 Tagen flugfähig

DREIZEHENMÖWE, BRUTKOLONIE

ALTVOGEL

JUNGVOGEL

JUNGE IM NEST, VON DEN ELTERN BESCHÜTZT

Lachseeschwalbe

Seeschwalben sind schlanke, elegante Möwenvögel mit aerodynamisch günstiger Gestalt, langen, spitzen Flügeln, kurzen Beinen und spitzem, schlankem Schnabel. Im Prachtkleid weisen die meisten Arten eine schwarze Kappe auf. Die vor allem an Meeresküsten vorkommenden Arten der Gattung *Sterna* haben einen tief gegabelten Schwanz, dessen Außenfedern bei Altvögeln oft zu Spießen verlängert sind. Die Sumpfseeschwalben der Gattung *Chlidonias* besiedeln Süßwasser-Lebensräume des Binnenlandes. Einige Arten brüten sowohl am Meer als auch an Flüssen des Binnenlandes, wie Fluss- und Zwergseeschwalben. Seeschwalben sind, ähnlich wie viele Möwen, in der Regel Koloniebrüter. Sie fallen häufig durch ihre durchdringenden, oft rau und kratzig klingenden Lautäußerungen auf, die in den Kolonien zu ohrenbetäubendem Lärm anschwellen können.

Die kräftig gebaute, recht kurzschwänzige Lachseeschwalbe erhielt ihren deutschen Artnamen von ihrem „lachenden" Warnruf. Sie brütet zerstreut auf allen Kontinenten: in Nord- und Südamerika, Nordafrika, Eurasien und Australien; Schwerpunkt der Brutverbreitung sind aber die Gewässer der asiatischen Steppenzone. Die europäischen Populationen siedeln vor allem am Mittelmeer und Schwarzen Meer. Da die dänische Population der im Wattenmeer brütenden Vögel inzwischen zusammengebrochen ist, beschränkt sich das mitteleuropäische Vorkommen der Art heute fast ausschließlich auf eine Kolonie an der schleswig-holsteinischen Küste. Damit gehört die Lachseeschwalbe zu den besonders gefährdeten Brutvögeln Mitteleuropas. Früher brütete sie weit verbreitet an den Flüssen des Alpenvorlandes, teilweise war sie sogar häufiger als die in der Nachbarschaft brütende Flussseeschwalbe! Die Bestände wurden hauptsächlich durch Flussverbauung, aber auch durch Jagd, Störungen und systematisches Eiersammeln vernichtet; letzte erfolglose Bruten fanden in den 30er Jahren bei Augsburg und im Ismaninger Teichgebiet bei München statt. In dem Teichgelände hatte man versucht, die letzen bayerischen Vorkommen durch Umsiedlung zu retten, doch leider wurden die Gelege der bis zu drei Brutpaare durch starke Schwankungen des Wasserstandes jeweils zerstört, was spätestens 1941 zum völligen Verschwinden der Brutvögel und damit zum Abriss auch dieser Tradition führte.

Im Aussehen erinnert die Lachseeschwalbe an die Brandseeschwalbe, ihr schwarzer Schnabel ist aber kürzer, die ebenfalls schwarzen Beine sind länger. Jung- und Altvögel haben im Winter eine dunkle Gesichtsmaske und sind am hinteren Scheitel und Nacken ganz zart gestrichelt, der Oberkopf wirkt aber fast weiß.

Lachseeschwalben suchen im Gegensatz zu den anderen *Sterna*-Arten nur selten stoßtauchend nach Nahrung, sondern nehmen eher wie Sumpfseeschwalben Nahrungstiere direkt von der Wasseroberfläche oder vom Boden auf. Daneben jagen sie auch wie Lachmöwen Insekten in der Luft. In guten Mäusejahren ist die Feldmaus für die norddeutschen Brutvögel das wichtigste Beutetier! Sie erbeuten aber auch Frösche, Eidechsen, Spitzmäuse und Jungvögel; Regenwürmer bilden gebietsweise bei schlechtem sonstigem Angebot während der Brutzeit die Hauptbeute.

An den mitteleuropäischen Brutplätzen erscheinen Lachseeschwalben ab Mitte April; mit der Paarbildung wird erst im Brutgebiet begonnen. Die Art brütet vor allem an der flachen Küste, an Lagunen mit Brackwasser und an Binnenseen in offener Landschaft, aber auch an breiten, langsam fließenden Flüssen mit weiten Kiesbänken und anschließenden offenen Flächen mit kurzer Vegetation und reichem Großinsekten-Vorkommen. Das Nest wird auf nacktem Sand, in kurzer, schütterer Vegetation von Queller oder Beifuß errichtet; die Nestmulde legen die Vögel meist mit wenig Pflanzenmaterial, Kaninchenkot oder Muschelschalen aus.

Bereits wenige Tage nach dem Flüggewerden der Jungen (meist im Juli) ziehen die Altvögel ab; bis Ende September ist Mitteleuropa nahezu vollständig geräumt. Ziel der europäischen Brutvögel ist Afrika. In Deutschland kann man gelegentlich im Mai und von Juli bis September an der Nordseeküste Lachseeschwalben antreffen, sonst nur ausnahmsweise. Außerhalb der Brutzeit halten sie sich regelmäßig an den tropischen und subtropischen Küsten in den Gezeitenzonen, an Flussmündungen und Lagunen auf.

▸ BRANDSEESCHWALBE

Lachseeschwalbe *Sterna nilotica* GM.

Größe	= Huhn
Maße (cm)	Länge ca. 35–38 / Flügel ca. 95–110
Körpermasse (g)	130–300
Stimme	nasal, 2-silbig „käwä", auch kurz „äg-äg-äg"; bei Erregung „kerre-kerre kejak"; Alarmruf „hähähä..." (Name!), gegen Bodenfeinde „ke-ke-ke..."
Brutzeit	Anfang bis Mitte Mai im Süden, Ende Mai bis Anfang Juni im Norden; 1 Jahresbrut
Gelegegröße	1–3 (4)
Eifärbung	hell rahmsandfarben bis blass gelbbräunlich, mit dunklen Punkten und kleinen Klecksen und helleren grauen Schalenflecken; glatt, glanzlos oder sehr schwach glänzend
Eimaße (mm)	spindelförmig – 49,3 x 35,4
Brutdauer	22/23 (24) Tage; ♂ und ♀ brüten
Nestlingszeit	ab 1.–4. Tag vom Nest weg in Deckung geführt; mit ca. 30 Tagen flügge, danach noch im Familienverband

LACHSEESCHWALBE, BRUTKOLONIE

VOGEL IM PRACHTKLEID

DUNENJUNGES BETTELT UM FUTTER

NEST UND GELEGE

Raubseeschwalbe

Kennzeichen dieser größten Seeschwalbe der Welt sind der massive, bei Altvögeln kräftig rote Schnabel, die schwarzen Beine und Füße und die sehr langen Flügel; von unten fallen die unterseits dunklen Handschwingen auf. Im Schlichtkleid ist die schwarze Kopfkappe weiß gesprenkelt, der Schnabel rotorangefarben. Jungvögel sind auf Flügeln, Rücken und Schwanz graubraun gefleckt, die Kopfkappe ist bräunlich gesprenkelt, die Füße und Beine sind heller als bei den Altvögeln.

Meist sieht man die Raubseeschwalbe in 10–15 m Höhe im Suchflug über fischreichen Gewässern, sowohl in Brackwasser- als auch Süßwasserlebensräumen, an der Ostsee vorwiegend im inneren Schärenbereich. Sie fliegt mit bedächtigen, tiefen und geschmeidigen Flügelschlägen und nach unten gerichtetem Schnabel. Sie erbeutet stoßtauchend Fische zwischen 8 und 25 cm Länge, vor allem Heringe, Makrelen, Barsche und Lachse, aber auch Grundfische wie Schollen, im Süßwasser besonders kleine Karpfenverwandte. Nur selten nimmt sie nach Trauerseeschwalben-Manier Beute von oder dicht unter der Wasseroberfläche auf. Ausnahmsweise frisst sie auch Eier oder Junge anderer Vogelarten sowie Aas.

Wie die Lachseeschwalbe ist die Raubseeschwalbe nahezu weltweit, aber nur sehr lückenhaft verbreitet: in Nordamerika, möglicherweise sogar in Alaska, in Europa, Afrika mit Madagaskar, in Mittel- und Südostasien über Australien bis nach Neuseeland. In Europa kommt die Art nur im Baltischen Raum (Ostsee und Bottnischer Meerbusen; Schweden, Finnland, Estland, Russland), im Raum nördlich des Schwarzen Meeres und am Kaspischen Meer als Brutvogel vor. Raubseeschwalben brüten auf möglichst unzugänglichen Halbinseln oder Inseln direkt am Meer, seltener auf sehr abgelegenen, möglichst störungsfreien kleinen Inseln großer Binnenseen. Sie sind zwar gesellig und brüten oft (vor allem in Amerika) in großen Kolonien, häufig gibt es aber auch einzelbrütende Paare. So bestand die auf Inseln brütende Ostsee-Population Finnlands vor 20 Jahren zu mehr als zwei Drittel aus Einzelpaaren. Während einzeln brütende Paare die ganze Brutinsel verteidigen, vertreiben Koloniebrüter Angreifer nur aus der direkten Nestumgebung. Die an der Ostsee brütenden Raubseeschwalben erscheinen um Mitte April am Brutplatz, wenn oft noch Eis und Schnee liegen. Mit der Eiablage beginnen sie nicht vor Anfang Mai, meist in der zweiten Maihälfte. Das Nest wird in der Regel auf erhöhten Plätzen mit guter Aussicht angelegt. Die Nistplätze sind durch die Kotdüngung oft üppig bewachsen. Die Jungvögel werden etwa ein halbes Jahr von den Eltern betreut; erst im Alter von rund 60 Tagen sind sie in der Lage, Fische zu fangen, denn ab dann haben ihre Flügel die erforderliche Länge und Festigkeit, um die zur Beutejagd nötigen Flugmanöver durchzuführen.

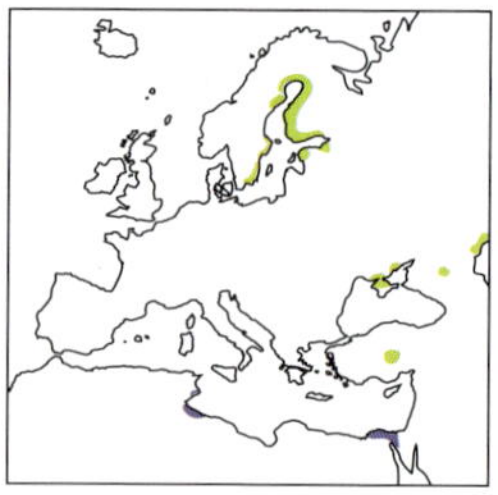

Auf dem Zug (April bis Anfang Mai und August bis September) erscheinen die an der Ostsee brütenden Vögel über dem mitteleuropäischen Binnenland gelegentlich an kleinen Seen, Fischteichen oder Stauseen. Die Winterquartiere der Ostseevögel liegen vom südlichen Mittelmeerraum über das Nildelta bis Tunesien (Golf von Gabès). Sie überwintern aber auch in Südspanien (zum Beispiel an der Mündung des Guadalquivir) sowie in Marokko; das Gros zieht jedoch bis Westafrika. Im Winter halten sich Raubseeschwalben vor allem in weitläufigen Lagunen- und Deltabereichen auf und sind nicht so eng in Meereslebensräumen anzutreffen wie zur Brutzeit.

Zu Beginn des 19. Jahrhunderts gab es in Deutschland noch große Kolonien (beispielsweise auf Sylt mit über 500 Brutpaaren), gegen Ende des 19. Jahrhunderts brach dann der Bestand der Art nahezu völlig zusammen. Bis in die 50er Jahre des 20. Jahrhunderts nahm er wieder deutlich zu, bis es vor allem im Ostseeraum ab den 70er Jahren erneut zu einer ständigen Abnahme kam; heute gibt es nur noch etwa halb so viel Raubseeschwalben wie vor den 70er Jahren. Die Gründe dafür waren dort vor allem die Verfolgung auf dem Zug und der geringe Bruterfolg, wobei der eingeführte Mink ein großes Problem darstellt. Während und kurz vor der Eiablage sind die Vögel ungewöhnlich störungsempfindlich – sie verlassen den Brutplatz schon bei minimalen Störungen, um an anderer Stelle ihr Glück zu versuchen. Die Art gilt als vom Aussterben bedroht.

▸ In Europa kaum zu verwechseln

Raubseeschwalbe *Sterna caspia* Pall. 1770

Größe	= Huhn
Maße (cm)	Länge ca. 47–54 / Flügel ca. 130–145
Körpermasse (g)	500–780
Stimme	heiserer Ruf (an Reiher oder Rebhuhn erinnernd) „chrää(i)", auch gereiht; am Brutplatz „tschägrää"; bei Alarm „rä" oder „chra"; bei Angriff „gga gga..."
Brutzeit	Anfang April im Süden, bis Juni im Norden; 1 Jahresbrut
Gelegegröße	2–3 (4/5 wohl stets von 2 ♀♀)
Eifärbung	hell rahmfarben bis gelbbraun, mit Flecken, Punkten, kleinen Klecksen; glatt, glanzlos oder sehr schwach glänzend
Eimaße (mm)	spindelförmig – 64 x 44,5
Brutdauer	24/25 Tage; ♂ und ♀ brüten
Nestlingszeit	mit 3/4 Tagen Nest verlassen; voll flugfähig mit ca. 37 Tagen; bis 46/48 Tage mit den ad., mitunter bis ins Winterquartier zusammen

RAUBSEESCHWALBE, BRUTKOLONIE MIT EINEM SÄBELSCHNÄBLER-BRUTPAAR

PAARUNG

BALZGESCHEHEN

NEST MIT DUNENJUNGEM UND EI

Brandseeschwalbe

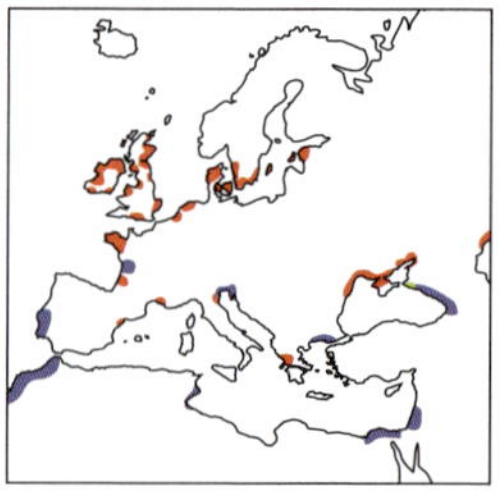

Aus der Ferne erkennt man die Brandseeschwalbe vor allem an den rauen, kratzigen Rufen. Von nahem sieht man weitere typische Merkmale dieser zierlichen, schlanken Seeschwalbe: die schwarze Kopfplatte mit kleiner, struppiger Hinterkopfhaube, den schwarzen Schnabel mit gelber Spitze und die schwarzen Beine; außerdem wirkt sie heller als fast alle anderen Seeschwalben. Die ähnliche Lachseeschwalbe ist eher gedrungen möwenähnlich, ihr Schnabel ist viel kräftiger und einheitlich schwarz. Im Flug fällt die Weißfärbung von Bürzel und Schwanz auf, bei der Lachseeschwalbe sind diese Partien ähnlich grau gefärbt wie die Flügeloberseite. Außerdem sind ihre Flügel breiter. Durch den langen Schnabel und relativ kurzen Schwanz scheinen die Flügel der Brandseeschwalbe im Flug weiter hinten anzusetzen als bei Fluss- und Küstenseeschwalben. Jungvögel ähneln eher Lachseeschwalben, da sie keine helle Schnabelspitze haben. Oberseits sind sie aber viel feiner und undeutlicher gemustert und erinnern dadurch etwas an junge Rosenseeschwalben.

Ihre Nahrung – Fische bis maximal 20 cm Länge und 20 g Gewicht, meist 10–15 cm Länge und bis 10 g Gewicht – erbeutet die Brandseeschwalbe stoßtauchend; dabei taucht sie im Vergleich zu Fluss- und Küstenseeschwalbe viel vehementer ein. Sandaale, Heringe und Sprotten sind bei europäischen und afrikanischen Brandseeschwalben besonders begehrte Beutefische, die Seeschwalben der Neuen Welt bevorzugen Anchovis und Sardellen. Gelegentlich werden auch Kleinkrebse gefangen. Zwischen den Nahrungsgebieten und den Brutplätzen liegen manchmal Entfernungen von über 50 km. Hin und wieder wurde beobachtet, dass Brandseeschwalben ihre Nahrungsreviere entlang der Küste gegen andere Vögel verteidigen. Da sie mit ihrer Nahrung Giftstoffe aufnahmen, kam es in den 40er und 50er Jahren zu gravierenden Bestandseinbrüchen in Holland. Die Ausweisung von vielen Schutzgebieten hat in anderen Gegenden zu Bestandszunahmen geführt, so in Deutschland, wo bis Ende der 1970er Jahre die höchsten Brutbestände seit über 50 Jahren registriert wurden. Auch in Holland erholten sich die Bestände kontinuierlich, da die Giftbelastung des Wassers abnahm und die Nahrungssituation durch die einsetzende Eutrophierung der Nordsee günstiger wurde. Trotzdem hat die Brandseeschwalbe in Mitteleuropa ihre ursprünglichen Bestandszahlen bei weitem nicht mehr erreichen können. Von den Schutzbemühungen für die Brandseeschwalbe profitierten andere gefährdete und störungsempfindliche Seevogelarten, beispielsweise die seltene Rosenseeschwalbe.

Brandseeschwalben brüten in artreinen Kolonien auf kleinen, flachen Inseln in Küstennähe sowie an abgelegenen Stränden, wo sie nicht gestört werden können – häufig am Rand von Kolonien anderer Seeschwalben oder von Lachmöwen. Die Nester liegen oft sehr dicht beieinander – im Durchschnitt 5–7 Nester pro Quadratmeter, es wurden aber auch schon neun Nester auf der gleichen Fläche gefunden. Bei der Balz umtrippeln sich die eleganten Vögel mit hängenden Flügeln und gesträubter Haube.

Brandseeschwalben bewohnen Meeresküsten mit reinem Sandstrand ohne Muschelschalen und meist ohne bis höchstens spärlicher Vegetation. An den Küsten der Britischen Inseln, Nordfrankreichs und Mitteleuropas kommt die Nominatform vor, auch die Gestade Dänemarks, Südschwedens und Estlands sowie des westlichen Mittelmeeres besiedelt sie; am Schwarzen und Kaspischen Meer gibt es große Kolonien. Deutschland beherbergt vor allem an der Nordseeküste mehrere große Kolonien, die alle in Schutzgebieten liegen. Zwei weitere Unterarten sind in der Neuen Welt verbreitet: Vögel der Form *acuflavidus* bewohnen die Ostküste der USA, außerdem die Küsten südlich über die Antillen bis in die Karibische See. Dort treffen sie auf die Seeschwalben der Unterart *eurygnatha*.

Auch außerhalb der Brutzeit und zur Zugzeit (ab Ende März und im Herbst bis Anfang Oktober) ist die Brandseeschwalbe stark an Meeresküsten gebunden. Die Hauptüberwinterungsgebiete der europäischen Vögel liegen an der afrikanischen Küste; viele ziehen bis Südafrika, manche verbringen aber bereits im Mittelmeergebiet die kalte Jahreszeit. Die einjährigen Vögel und ein Teil der zweijährigen übersommern im Winterquartier.

▸ Lachseeschwalbe

Brandseeschwalbe *Sterna sandvicensis* Latham 1787

Größe	> Taube
Maße (cm)	Länge ca. 36–41 / Flügel ca. 98–105
Körpermasse (g)	240 (130–311)
Stimme	häufigster Ruf „kirreck" oder „kerrick" (erinnert an Rebhuhn); bei Alarm „wääh" oder Bodenfeind scharf „kekekek…"; bei Balz ♂ „kirrit"
Brutzeit	Ende April bis Anfang Mai, 1 Jahresbrut
Gelegegröße	2 (1)
Eifärbung	hellgelb, gelblichbraun oder rahmweiß, sehr unterschiedlich mit dunklen Punkten, Klecksen und Linien; glatt, schwach glänzend
Eimaße (mm)	spindelförmig – 51,2 x 35,9
Brutdauer	22/26 Tage; zunächst brütet ♀, dann beide Partner
Nestlingszeit	Küken verlassen Nestplatz je nach Störung, mindestens 1 Woche von einem ad. ständig bewacht, dann oft in „Kindergärten"; mit 25/35 Tagen flügge; Familienauflösung erst im Winterquartier

BRANDSEESCHWALBE IM PRACHTKLEID

ALTVOGEL, INS SCHLICHTKLEID MAUSERND

FLÜGGER JUNGVOGEL

NEST UND GELEGE

Rosenseeschwalbe

Noch weiter verbreitet als die Brandseeschwalbe ist die sehr seltene Rosenseeschwalbe. Ihr stark aufgesplittertes Verbreitungsgebiet reicht vom Südosten Nordamerikas (im Norden bis Neuschottland) über die Karibik bis Venezuela; im östlichen Afrika bewohnt sie die Küsten und Inseln vom Roten Meer bis zur Südspitze Afrikas, zum Beispiel Madagaskar, außerdem die Küsten und Inseln Südostasiens über Neuguinea bis Australien. In Europa brütet die Art nur in Irland, auf den Britischen Inseln, in der Bretagne und auf den Azoren. In Mitteleuropa trifft man sie nur ausnahmsweise, am ehesten an der nordfriesischen Nordseeküste. Rosenseeschwalben halten sich meist auf Gewässern um kleine Inseln, in sandigen Meeresbuchten und in Bereichen von Flussmündungen auf. Ziehende Vögel kann man gelegentlich über Wattflächen, aber kaum im Binnenland beobachten.

Die Rosenseeschwalbe ist wenig kleiner als die Flussseeschwalbe, hat aber einen längeren Schnabel, längere Beine und kürzere Handschwingen. Das Schwarz der Kopfplatte ist ausgedehnter, daher wirkt der Kopf flacher und etwas größer. Insgesamt erscheint die Art wie die Brandseeschwalbe sehr hell. Im Prachtkleid zieren die Rosenseeschwalbe längere Schwanzspieße als bei jeder anderen europäischen Seeschwalbe; diese flattern im Flug hinterher. Für die Bestimmung sollte man aber bedenken, dass die Schwanzfedern im Spätsommer gemausert werden und dann nicht mehr als Merkmal zur Verfügung stehen. Der schwärzliche Schnabel hat im Prachtkleid meist eine rote Basis, manchmal ist er auch bis zur Mitte rot. Ihren Namen hat die Art von dem zarten rosaroten Anflug auf dem frischen Prachtkleidgefieder im Frühjahr. Jungvögel erinnern mit ihrer kräftigen Schuppenzeichnung oberseits an junge Brandseeschwalben. Auch die Stimme erinnert an Brandseeschwalben, ist aber weicher und klingt von weitem etwas wie die ebenfalls stets zweisilbigen Rufe des Dunklen Wasserläufers.

Rosenseeschwalben ernähren sich fast ausschließlich von Fischen bis zu 10 cm Länge und 15 g Gewicht, wobei die Vögel der nördlichen Populationen Sandaale und Heringsverwandte bevorzugen. Die Fische erbeuten sie stoßtauchend bis 50 cm tief. Sie tauchen dabei aber nicht senkrecht ein wie Fluss- und Küstenseeschwalben, sondern fliegen gleichsam ins Wasser; auch bleiben sie nicht so lange untergetaucht wie die beiden anderen Arten. Für den Beutefang zur Brutzeit fliegen die Vögel in bis zu 20 km entfernte Fischgewässer, die meist klarer und etwas tiefer sind als die von Flussseeschwalben aufgesuchten. Neben Fischen verzehren sie auch Insekten und marine Wirbellose.

Weltweit ist die Art nicht bedroht, aber im Vergleich zur Flussseeschwalbe, in deren Nähe sie oft brütet, nirgends häufig. Dagegen gelten die kleinen europäischen Bestände in wenigen Kolonien als bedroht. In jüngster Zeit ist ein bescheidener Bestandsanstieg zu verzeichnen. Gründe für die Gefährdung sind die Störungsempfindlichkeit am Brutplatz, Bejagung auf dem Zug sowie gebietsweise (in Amerika) Landkrabben und sogar Ameisen, die bereits die im Ei piepsenden Jungen töten. Bereits im 19. Jahrhundert standen die letzten Brutvorkommen Mitteleuropas in Schleswig-Holstein kurz vor dem Erlöschen. In den 30er und 60er Jahren hielten sich an der deutschen Nordsee- bzw. Ostseeküste brutverdächtige Paare auf, jedoch kam es zu keiner erfolgreichen Brut. In den letzten Jahrzehnten gab es mehrmals Berichte von Mischpaaren mit der Flussseeschwalbe, vor allem aus Holland und Belgien.

Rosenseeschwalben brüten meist in der Nähe anderer brütender Seeschwalben wie Flussseeschwalben. Sie nisten meist auf niedrigen Sand- oder Felsinseln oder auf Korallen, vor der Küste Kenias auf pilzartigen Korallenbildungen, die über 15 m hoch sein können! Der Neststandort liegt in gemäßigten Breiten eher in recht dichter Vegetation, die von anderen Seeschwalben gemieden wird: oft Dünenvegetation wie Strandhafer, Goldrute und Heidekraut, auch unter Treibholz und sogar Brettern. In den Tropen bevorzugen die Vögel Standorte ohne Vegetation.

Die europäischen Brutvögel überwintern in Westafrika, vorwiegend im Bereich zwischen Guinea und Gabun. Die Brutvögel Nordamerikas verbringen den Winter in der Karibik und an der Nordküste Südamerikas, wobei besonders viele Gäste alljährlich in Guayana anzutreffen sind.

Rosenseeschwalbe *Sterna dougallii* MONTAGUE 1813

Größe	= Taube
Maße (cm)	Länge ca. 33–38 / Flügel ca. 75–80
Körpermasse (g)	110 (30–125)
Stimme	anders als Fluss- und Küstenseeschwalbe rau „tschuik“ oder „kräik“; Alarmruf kratzend „krerr“ oder „ääk“; Angriff „käkä…“ (weicher als Fluss- und Küstenseeschwalbe)
Brutzeit	Anfang Juni, 1 Jahresbrut
Gelegegröße	1–3 (4)
Eifärbung	hell rahmfarben oder gelblich, gelegentlich dunkler getönt, dunkel gesprenkelt oder gekritzelt; glatt, glanzlos
Eimaße (mm)	spindelförmig – 44,1 x 30,1
Brutdauer	(21) 22/26 Tage; ♂ und ♀ brüten
Nestlingszeit	nach 2–3 Tagen Versteck in Nestnähe; flugfähig mit 22/27 (30) Tagen

▸ FLUSSSEESCHWALBE, KÜSTENSEESCHWALBE

ROSENSEESCHWALBE IM PRACHTKLEID

JUNGVOGEL, NOCH NICHT FLUGFÄHIG

JUNGVOGEL

NEST UND GELEGE

Küstenseeschwalbe

Küstenseeschwalben sind wohl die Rekordhalter im Langstreckenzug. Die am nördlichsten in der Arktis brütenden Vögel legen auf ihrer Wanderung in die fischreichen Überwinterungsgebiete im antarktischen Treibeisgürtel bis 30 000 km und mehr zurück. Da sich die Seeschwalben im Brut- und im Winterquartier jeweils im Polarsommer aufhalten, sind sie gleichzeitig die Vögel, die am meisten Tageslicht genießen. Auch die Zugrouten sind faszinierend; so ziehen die Brutvögel Sibiriens zuerst nach Norden an die Eismeerküste und folgen deren Verlauf in Westrichtung bis zum Atlantik, um dann an der europäischen und afrikanischen Küste entlang in die Antarktis zu fliegen. Über dem mitteleuropäischen Binnenland ziehen die Vögel regelmäßig, aber so hoch, dass man sie normalerweise kaum zu Gesicht bekommt – es sei denn, schlechtes Wetter zwingt sie zum Landen auf einem See.

Anfang Februar beginnt in den Winterquartieren die Mauser der Schwungfedern; diese würde die Küstenseeschwalben zwar in ihrem Nahrungserwerb behindern, da sich die Vögel aber inzwischen Fett angefressen haben, überstehen sie den Federwechsel gut. In dieser Zeit sieht man sie häufig auf Eisbergen ruhen.

Die Verbreitung der Küstenseeschwalbe ist zirkumpolar und reicht von der Nordgrenze der Waldzone bis in die Hocharktis. In Europa besiedelt die Art die Küsten Irlands, Großbritanniens, Skandinaviens und Mitteleuropas bis zum Baltikum. Im hohen Norden Skandinaviens und Finnlands ist sie auch Binnenlandbrüter. Mehr im Binnenland brütet allerdings die Flussseeschwalbe. In Deutschland nistet die Küstenseeschwalbe relativ häufig an der Nordseeküste, deutlich seltener an der Ostseeküste, wo sie ab Ende April erscheint. Die Brutplätze liegen meist auf kleinen, spärlich be-

wachsenen Inseln, direkt auf der Sand-, Fels- oder Kiesküste oder an nährstoffarmen Gewässern der Taiga und Tundra.

Die meisten Vögel brüten im Alter von vier Jahren das erste Mal. Das wenige Nistmaterial wird, ähnlich wie bei der Flussseeschwalbe, der nächsten Umgebung entnommen. Besonders an den nördlichsten Brutplätzen behindern Eis, Schnee und Schmelzwasser den Fortgang des Brutgeschäfts, das oft erst nach Mitte Juni erfolgreich beginnen kann.

Die Unterscheidung von Küsten- und Flussseeschwalbe ist sehr schwierig, denn die Feldkennzeichen sind nicht immer klar erkennbar. Auch für den Fachmann ist die sichere Artbestimmung bei schlechten Sichtverhältnissen oft unmöglich. Im Sitzen wirkt die Küstenseeschwalbe kleiner und zierlicher, aufgrund ihrer extrem kurzen Beine fast kauernd oder manchmal sogar „beinlos"; außerdem ist der Schnabel kürzer und der Kopf durch die steilere Stirn rundlicher. Bei Altvögeln im Prachtkleid überragen die Schwanzspieße im Gegensatz zur Flussseeschwalbe etwas die Flügelspitzen; die Schnabelspitze ist dann in der Regel einheitlich rot. Im Flug wirkt die Küstenseeschwalbe noch schmalflügeliger, eleganter und „elastischer" als die Flussseeschwalbe, der Körper hebt und senkt sich im Takt der schnelleren, flacheren Flügelschläge. Gegen das Licht wirkt die gesamte Unterseite der Schwungfedern durchscheinend, bei der Flussseeschwalbe scheinen nur die inneren Handschwingen durch. Anhand der Stimme kann man beide Arten unterscheiden: Die Küstenseeschwalbe ruft nicht so rau, etwas höher und zum Schluss hin etwas ansteigend.

Wie Flussseeschwalben sind auch die Küstenseeschwalben elegante und geschickte Fischjäger, wobei in vielen Brutgebieten der Stichling eine besondere Rolle als Beutefisch zu spielen scheint. Aber auch Sandaale und junge Heringe sind recht beliebt. Am Brutplatz ist der Anteil an Krebstieren und Insekten höher als bei der Schwesterart. Beim Fischfang rüttelt die Küstenseeschwalbe ausgiebig über dem Wasser und lässt sich stufenweise herab, bis die günstigste Höhe für einen erfolgversprechenden Tauchstoß erreicht ist. Aus der Ferne kann sie daher mit der ähnlich jagenden Zwergseeschwalbe verwechselt werden. Küstenseeschwalben sind am Brutplatz sehr störungsanfällig und geben überdies oft schon bei geringfügigen Veränderungen der Nestumgebung ihre Brut auf. Eine potenzielle Bedrohung ergibt sich aus dem zu erwartenden Anstieg des Meeresspiegels, denn die Nester liegen meist nahe der mittleren Hochwasserlinie. Schließlich gefährdet der Rückgang der Sandaale den Bruterfolg nachhaltig.

▸ Flussseeschwalbe, Rosenseeschwalbe

Küstenseeschwalbe *Sterna paradisaea* Pont.

Größe	= Taube
Maße (cm)	Länge ca. 33–35 / Flügel ca. 80–95
Körpermasse (g)	89–154
Stimme	Stimmfühlung nasal „gib gib" oder „bitt bitt", deutlich verschieden von „kick" der Flussseeschwalbe; bei Erregung „kikikikkäriik"; Warnruf „kirrä" (am Ende betont); bei Angriff „Rattersalven" „ka'ka'ka'...iier"
Brutzeit	Anfang Mai bis Ende Juni, 1 Jahresbrut
Gelegegröße	(1–3) 2
Eifärbung	oft rostbraun, blassgrünlich oder oliv schattiert; dunkle Oberfläche, zusätzlich Punkte und kurze Kritzellinien; glatt, glanzlos
Eimaße (mm)	spindelförmig – 40,8 x 29,7
Brutdauer	21/22 Tage; ♂ und ♀ brüten
Nestlingszeit	mit 21–24 Tagen flugfähig, noch längere Zeit gefüttert

KÜSTENSEESCHWALBE IM PRACHTKLEID

VOGEL IM PRACHTKLEID

JUNGVOGEL BEI FLUGÜBUNGEN

NEST UND GELEGE

Flussseeschwalbe

Die Flussseeschwalbe ist in Europa die am weitesten verbreitete Seeschwalbenart, in Mitteleuropa sogar die häufigste. Sie brütet wie die Küstenseeschwalbe in Eurasien und Nordamerika – oft in gemischten Kolonien. Während letztere aber vorwiegend die arktischen Küsten besiedelt, bewohnt die Flussseeschwalbe fast das gesamte Binnenland. Für die Bestimmung der Art sind Gestaltmerkmale wichtiger als die Gefiederfärbung, trotzdem sollte man auch auf das Flügelmuster achten: Bei Altvögeln der Flussseeschwalbe ist der dunkle Hinterrand der Handschwingen-Unterseite breiter, aber weniger scharf abgegrenzt. (Zu den Transparenz-Unterschieden der Handschwingen siehe Küstenseeschwalbe.) Im Herbst bekommen beide Arten eine helle Stirn, der Schnabel der Flussseeschwalbe wird dann schwarz mit roter Basis, der der Küstenseeschwalben wird ganz schwarz.

Bei der Flussseeschwalbe werden die inneren Handschwingen jedes Jahr zweimal gemausert, die äußeren nur einmal. Das führt zu einem Kontrast zwischen alten äußeren und frischen inneren Handschwingen; letztere weisen einen hell glänzenden Belag auf, der durch Abnutzung verloren geht und die schwärzliche Grundfärbung freigibt. Nach der Mauser im Spätsommer ist der Kontrast besonders deutlich, im Frühjahr dagegen weniger ausgeprägt.

Der Nahrungserwerb erinnert stark an den der Küstenseeschwalbe, die Flussseeschwalben rütteln jedoch vor jedem Stoßtauchen meist nur einmal kurz. Auf Süßwasserseen kann man oft auch beobachten, wie sie Insekten von der Wasseroberfläche picken.

Die Vögel brüten sowohl an der Küste als auch im Binnenland – oft auf flachen Inseln in Küstennähe, auf ungestörten Stränden und Sandbänken, im Binnenland auf Kiesinseln und an Kiesstränden von Flüssen sowie an geschützten Ufern von Seen und Teichen. In Tibet gibt es sogar Brutkolonien in 4000 m Höhe auf Schotterflächen in Bergbächen. Auf dem Zug trifft man Flussseeschwalben im Binnenland und an der Küste an, dort oft im nicht zu tiefen Gezeitenbereich. Die Zugleistungen sind zwar nicht ganz so spektakulär wie die der Küstenseeschwalbe, können sich aber ebenfalls sehen lassen: So erbrachte der Wiederfang einer Flussseeschwalbe an der Südostküste Australiens im Januar 97, die als Küken im Juni 96 in Mittelfinnland beringt worden war, dass sie über 26 000 km zurückgelegt hatte. Die Überwinterungsgebiete der westpaläarktischen Vögel liegen an den Küsten Afrikas südlich der Sahara.

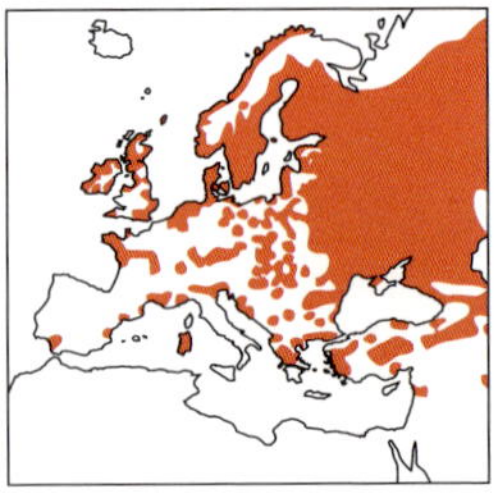

Während der Balz unternehmen die Partner laut rufend ausgedehnte, rasante Luftjagden mit plötzlichen Wendungen und „Abstürzen“ über dem Brutplatz – meist hält einer der beiden einen Fisch im Schnabel, den er schließlich seinem Partner als Geschenk überreicht. Beide Partner legen das flache Bodennest – oft nur eine in den Sand gedrehte Mulde – aus Pflanzenresten an; auf unbewachsenem Felsboden kann es, je nach vorhandenem Nistmaterial, aber auch relativ umfangreich und stabil sein. Bei der Brutablösung füttert der heimkehrende den auf dem Gelege sitzenden Vogel mit einem Fischchen. Eindringlinge und Nestfeinde werden gemeinsam von den Mitgliedern der Kolonie in Sturzflügen attackiert, Bodenfeinde mitunter sogar gehackt. Die Jungen bleiben nach dem Schlüpfen noch einige Tage unter der Bewachung eines Altvogels im Nest; danach verbergen sie sich in der schützenden Vegetation. Den Futter bringenden Altvögeln laufen sie entgegen. Die Zeit der elterlichen Fürsorge dauert rund 10 Wochen.

Die wenigen binnenländischen Kolonien, die heute noch an einigen größeren Flüssen Mitteleuropas bestehen, sind vor allem durch ausufernden Freizeitbetrieb, aber auch durch Flussbaumaßnahmen und Gewässerverschmutzung bedroht. Durch die regelmäßige Bewachung ihrer letzten Brutrefugien erreichte man oft nur ein Aufschieben des Verschwindens. Vielerorts sind im Binnenland Bruten nur noch auf speziell konstruierten Nistflößen erfolgreich. Doch auch diese Nisthilfen bringen Probleme, wie Lachmöwen und eierraubende Säugetiere; an einem südbayerischen Brutplatz schrieb man den alljährlichen Totalverlust der Jungen sogar dem in der Nähe brütenden Uhu zu. In Südschweden hat man festgestellt, dass der Bestand der Flussseeschwalbe im Gegensatz zur Küstenseeschwalbe zurückgegangen ist.

▸ KÜSTENSEESCHWALBE, ROSENSEESCHWALBE

Flussseeschwalbe *Sterna hirundo* (L.)

Größe	= Taube
Maße (cm)	Länge ca. 31–35 / Flügel ca. 82–95
Körpermasse (g)	98–129
Stimme	in Abständen Stimmfühlungsruf „kjik“ oder „kick“; im Brutgebiet „kierr“; bei Erregung „kierr(e) kierr(e)...kerrikerrikerrri....“; Warnruf „kriiää“; bei Beunruhigung „kekekek...“
Brutzeit	Ende Mai oder Anfang Juni im Süden, im Norden Ende Juni/Anfang Juli; 1, gelegentlich 2 Jahresbruten
Gelegegröße	(2) 3
Eifärbung	rahmfarben oder sehr schwach gelblich, grünlich oder oliv getönt, sehr unterschiedlich dunkel getupft, gesprenkelt oder mit feinen Linien; glatt, glanzlos
Eimaße (mm)	spindelförmig – 41,3 x 30,1
Brutdauer	20/26 Tage; ♂ und ♀ brüten
Nestlingszeit	ab 2 Tagen Aufsuchen von Versteck; mit 23/27 Tagen flugfähig; noch rund 6 Wochen gefüttert

FLUSSSEESCHWALBE, BRUTKOLONIE

VOGEL IM PRACHTKLEID

DUNENJUNGES

NEST UND GELEGE

Zwergseeschwalbe

Die Zwergseeschwalbe ist in mehreren Unterarten über Europa, Nord- und Westafrika und in Asien bis zur Mongolei und Nordwestindien verbreitet; außerdem kommt sie noch in Ost- und Südostasien von Sri Lanka bis zum Amur, auf den Sundainseln, Neuguinea und Australien vor. Die Populationen von den südlichen USA bis Mittelamerika werden oft als eigene Art behandelt. In Mitteleuropa sind die Brutvorkommen hauptsächlich auf die Nord- und Ostseeküste beschränkt. In Deutschland ist die Art seltener Brutvogel an der Küste, im Binnenland eher eine Ausnahme. Im 19. Jahrhundert war sie noch Brutvogel an fast allen großen mitteleuropäischen Flüssen bis zum Alpenvorland, so auch an der Donau und wahrscheinlich an einigen Donauzuflüssen. Noch in den 50er Jahren brüteten die Vögel am Niederrhein.

Die Zwergseeschwalbe ist die kleinste Seeschwalbe Europas. Kennzeichen sind der große Kopf mit langem, aber schlankem Schnabel, der kurze, stark gegabelte Schwanz und die schlanken, spitzen Flügel. Die Beine sind gelblich bis orangefarben. Typisch ist der stets vorhandene (im Prachtkleid scharf begrenzte) weiße Stirnfleck, den viele andere Seeschwalben nur im Schlicht- oder Jugendkleid tragen. Die Flügelschläge wirken hastig und etwas ruckartig, was manchmal sogar an einen Regenpfeifer erinnert. Zwergseeschwalben im Jugendkleid sind oberseits dunkelbraun geschuppt. Eine Verwechslung ist höchstens mit der wenig größeren Trauer- und Weißflügelseeschwalbe im Schlicht- oder Jugendkleid möglich, doch diese haben einen fast rechteckigen Schwanz.

Zwergseeschwalben ernähren sich vor allem von Fischen bis 8 cm Länge, wie Sandaalen, Stichlingen, Sandgrundeln oder Babyschollen; gebietsweise fressen sie viele Krebstiere, an der Ostsee gerne Steingarnelen. Binnenlandbrüter fangen auch Insekten, meist solche, die auf dem Wasser gelandet sind oder verweht wurden. Bei der Nahrungssuche über Flachwasser halten sich die Seeschwalben gern an der Strandkante, über Prielen oder Gräben auf. Der Suchflug erfolgt in 5–7 m Höhe mit schnellen, flatternden Flügelschlägen, dabei werden mehrere kurze Rüttelphasen eingeschoben. Aus dem Rütteln heraus stürzen sich die Zwergseeschwalben fast senkrecht ins Wasser. Bei einem Fehlstoß wechseln sie rasch an eine andere Stelle, oft nur wenige Meter entfernt, und versuchen ihr Glück erneut. Oft tauchen sie dabei in schneller Folge. Dieses Nahrungssuchverhalten unterscheidet sie von Trauer- und Weißflügelseeschwalben, erinnert aber an die deutlich größere Küstenseeschwalbe. Die Fischgründe, klare Flachwassergebiete, liegen meist in der Nähe der Brutkolonien.

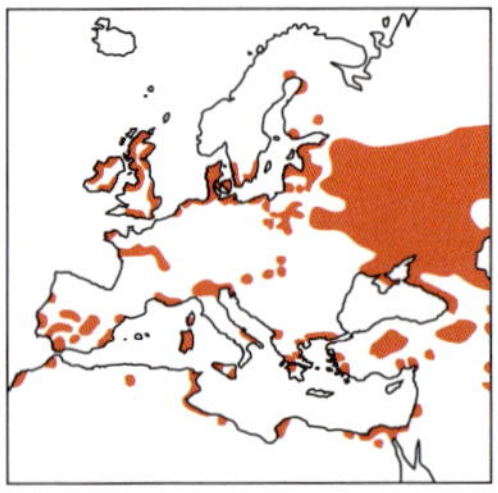

Zwergseeschwalben brüten auf vegetationsarmen Kies- und Sandbänken sowie in entsprechendem Dünengelände an der Küste, auf küstennahen Inseln oder an geeigneten Plätzen an breiten Flüssen im Binnenland. Dabei hat die Art eine Vorliebe für die Anfangsstadien der Inselentstehung und verschwindet, wenn der Pflanzenbewuchs zu hoch geworden ist. Die meist nur kleinen Kolonien liegen oft im Anschluss an andere brütende Seeschwalben. Die Eier sind in der kahlen, oft ohne Nistmaterial ausgestatteten Bodenmulde hervorragend getarnt und können daher leicht zertreten werden – ähnlich wie die Eier von Sand- und Seeregenpfeifer, die häufig Brutnachbarn der Zwergseeschwalbe sind. Die winzigen Küken sind sehr agil und verlassen bereits im Alter von vier Stunden für kürzere Zeit das Nest, kehren aber anfangs immer wieder dorthin zurück.

Mitteleuropäische Brutvögel sind ausgeprägte Langstreckenzieher, deren Winterquartiere in West- und Südafrika liegen.

Im Binnenland sind die für die Art geeigneten und störungsfreien Brutlebensräume weitgehend verschwunden. Auch an der Küste gehen die Bestände zurück, denn die Vögel sind teilweise noch störungsanfälliger als andere Seeschwalben; außerdem leben sie genau in den Lebensräumen, in denen auch die Menschen am liebsten ihre Freizeit verbringen! Erst in den 90er Jahren konnte durch intensive Schutzbemühungen an der Nordsee eine geringe Bestandserhöhung auf knapp 600 Brutpaare erreicht werden. Die amerikanischen Zwergseeschwalben wurden im letzten Jahrhundert in Massen für die Modeindustrie geschossen und präpariert.

Zwergseeschwalbe *Sterna albifrons* PALL.

Größe	= Amsel
Maße (cm)	Länge ca. 22–24 / Flügel ca. 48–55
Körpermasse (g)	40–60
Stimme	heisere, hohe Rufe kurz „pit", „tschich", „pürrit pürrit"; ♂ lockt hell „dirrittitit…"; beunruhigt „wäd"; bei Verfolgung durch Flugfeinde „tittittit…."
Brutzeit	Mitte Mai bis Anfang Juni, 1 Jahresbrut
Gelegegröße	(1) 2–3
Eifärbung	sehr blass, oliv oder gelbbraun getönt oder rahmfarben; Zeichnung sehr unterschiedlich (gesprenkelt, Flecken); glatt, glanzlos
Eimaße (mm)	spindelförmig – 32 x 23,9
Brutdauer	20/22 Tage; ♂ und ♀ brüten
Nestlingszeit	Junge oft sehr rasch weggeführt; mit 15/17 Tagen flattern, mit 28 Tagen flugfähig; gefüttert bis Wegzug

▸ Trauerseeschwalbe und Weissflügelseeschwalbe, jeweils im Schlicht- oder Jugendkleid

ZWERGSEESCHWALBE IM PRACHTKLEID

ZWERGSEESCHWALBEN RÜTTELN HÄUFIG

DUNENJUNGES

NEST UND GELEGE

Weißflügel-Seeschwalbe

Die nachfolgenden drei Arten gehören zur Gattung *Chlidonias* der Familie Seeschwalben, den Sumpfseeschwalben. Wie der Name bereits andeutet, sind sie auf binnenländische Süßwasser-Lebensräume beschränkt und meiden die Küstengebiete. Sie sind im Vergleich zu den „weißen“ Seeschwalben im Prachtkleid mehr oder weniger dunkel gefärbt, klein und gedrungen und haben einen nur schwach gegabelten Schwanz. Ihre Art der Nahrungssuche ist ganz typisch: Sie fliegen nach kurzem Rütteln in eleganten Bögen zur Wasseroberfläche hinab und picken Insekten und andere Kleintiere auf; nur selten fangen sie stoßtauchend Beute. Aber auch „weiße“ Seeschwalben wenden gelegentlich diese Jagdmethode an.

Weißflügel-Seeschwalben erbeuten vorwiegend Insekten, wie Libellen, Käfer, deren Larven, Zuckmücken und Fliegen. Im Winterquartier fangen sie je nach Angebot Insekten über Land oder ausschließlich Fische.

Im auffälligen schwarzweißen Prachtkleid ist die Weißflügel-Seeschwalbe kaum mit einer anderen Seeschwalbenart zu verwechseln – besonders durch den starken Kontrast zwischen dem tiefen Schwarz von Kopf, Unterkörper und Unterflügeldecken und dem strahlenden Weiß von Oberflügeln und „Heck“. Im Schlichtkleid ähnelt sie aber stark den anderen europäischen Sumpfseeschwalben, der Trauer- und der Weißbart-Seeschwalbe; die Unterscheidung dieser drei Sumpfseeschwalben ist dann nicht gerade leicht.

Das Verbreitungsgebiet der Art reicht von Nordwestitalien, Mittel- und Osteuropa (im Waldsteppen- und Steppengürtel) durch Sibirien, Transbaikalien und den Norden der Mongolei bis ins Amurgebiet. In ganz Europa brüten unter 20 000 Brutpaare, in Mitteleuropa nur höchstens einige 1000. Die größten mitteleuropäischen Vorkommen liegen in Polen. Allerdings erweitert die Art derzeit ihr Brutareal nach Westen – so gab es einzelne Vorstöße in den 30er Jahren in Niedersachsen. Mitte der 90er Jahre kam es nach Überschwemmungen zu Bruten auch auf der deutschen Seite der Oder in Brandenburg. In den 60er Jahren wurden das Hortobagy-Gebiet in Ungarn und die Biebrza-Sümpfe in Polen besiedelt; in Ungarn droht aber jetzt Gefahr durch Intensivierung der Teichwirtschaft. Durch die Neuansiedlungen im östlichen Mitteleuropa kam es auch zu häufigeren Durchzugs-Feststellungen im westlichen Mitteleuropa. Die Ausbreitungstendenzen sind im Osten noch größer, in Russland wurde die Verbreitungsgrenze in den letzten 40 Jahren um über 1000 km nach Norden verlagert. Weißflügel-Seeschwalben erscheinen bei uns als Durchzügler meist im Mai – zusammen mit Trauerseeschwalben – und im Süden häufiger als im Norden.

Sie brüten an üppig bewachsenen Seen mit ausgedehnten Schwimmblattbereichen und seichten Verlandungszonen; auch zeitweilige Überschwemmungen nutzen sie gern. Beide Partner bauen auf einer kleinen Erhebung im dichten Schwimmpflanzenteppich oder auf einer Bülte zwischen locker stehenden Schilfhalmen ein recht umfangreiches und stabiles Nest aus grünen Blättern und Stängeln. Männchen und Weibchen bebrüten und füttern die Jungen abwechselnd. Die Nester werden ständig ausgebessert und ergänzt, bis sie von den Jungen nicht mehr gebraucht werden; danach zerfallen sie recht schnell. Die Küken verlassen nach zwei Tagen das Nest, um sich in der nächsten Umgebung zu verbergen, kehren aber zwei Wochen lang immer wieder ins Nest zurück.

Der Wegzug aus den Brutgebieten beginnt Ende Juli, Ende August kommt es zu großen Konzentrationen auf der Ostseite des Asowschen Meeres, manche Vögel überwintern sogar im Bereich des Schwarzen Meeres. Die Überwinterungsgebiete liegen in Afrika südlich der Sahara, in Südasien und Australasien bis Neuseeland; dort hat die Art schon einmal gebrütet! Den Winter verbringen die Vögel in ähnlichen Lebensräumen, aber auch an offeneren seichten Gewässern sowie an Lagunen und in der Gezeitenzone. Mit Ausnahme des Zuges über das Mittelmeer hält sich die Weißflügel-Seeschwalbe nicht über dem Meer auf; gelegentlich trifft man sie auch über landwirtschaftlich genutzten Flächen an.

Weißflügel-Seeschwalbe *Chlidonias leucopterus* (TEMM. 1815)

Größe	< Amsel
Maße (cm)	Länge ca. 20–23 / Flügel ca. 63–67
Körpermasse (g)	60–80
Stimme	Flugruf „kweek“, auch heiser „kreck“, kurz „kick“; erregt gereiht „kreck-kereck“ oder „tschik-ä-tik-tik“; Angriffsruf „scher-scher-scher…“
Brutzeit	Ende Mai/Anfang Juni, 1 Jahresbrut
Gelegegröße	(2) 3
Eifärbung	ähnlich Trauerseeschwalbe; glatt, schwach glänzend
Eimaße (mm)	oval – 33,5 x 24,6
Brutdauer	18–20 (22) Tage; ♂ und ♀ brüten
Nestlingszeit	verlassen Nest nach wenigen Tagen; flugfähig mit 20–25 Tagen; noch über 1 Woche gefüttert

▸ TRAUERSEESCHWALBE, WEISSBART-SEESCHWALBE, ZWERGMÖWE

WEISSFLÜGEL-SEESCHWALBE IM PRACHTKLEID

JUNGVOGEL

ALTVOGEL FÜTTERT DIE JUNGEN

NEST UND GELEGE

Trauerseeschwalbe

Die Trauerseeschwalbe ist in zwei Unterarten über das mittlere Nordamerika sowie in Eurasien von Westeuropa (isoliertes Vorkommen in Südspanien) und Norditalien bis zum Jenissej und in den Osten der Mongolei verbreitet. Die nördlichsten Brutplätze der Paläarktis liegen am Ladogasee in Karelien, die südlichsten in Israel. Schwerpunkt der Verbreitung sind Russland und Weißrussland. Über die Hälfte des mitteleuropäischen Brutbestandes von rund 10 000 Paaren lebt in Polen.

Trauerseeschwalben brüten in Kolonien an vegetationsreichen kleineren Stillgewässern und an langsam fließenden Flüssen im Binnenland, aber auch in Sumpfgebieten mit Schwimmblattzonen und üppiger Randvegetation. Große Seen werden nur besiedelt, wenn es geschützte Buchten gibt. In Italien brüten Trauerseeschwalben auch in Reisfeldern.

Die relativ großen Nester werden auf Schwimmblattpflanzen, umgeknicktem Schilf oder einer Bülte mehr oder weniger weit im Wasser gebaut. Daher ist es wichtig, dass der Brutplatz wind- und wellengeschützt liegt. Auch alte Nester anderer Wasservögel dienen gelegentlich als Nistunterlage. Darüber hinaus hat man schon Nester auf Treibholz, alten im Wasser liegenden Brettern oder auf künstlichen Nistplattformen gefunden. Als Nistmaterial verwenden die Vögel nasse Pflanzenteile, die oft bereits zu faulen beginnen, manchmal aber auch Schilfhalme; erst während der Bebrütungsphase wird der Nestbau fertig gestellt, so dass die Eier anfangs noch auf sehr dürftiger Unterlage liegen. Männchen und Weibchen bebrüten und füttern abwechselnd die Jungen – auch noch nach dem Ausfliegen.

Nach der Brutzeit ziehen die europäischen Brutvögel zunächst nach Norden und versammeln sich in oft riesigen

Mengen im Bereich des holländischen Ijsselmeeres, wo die Herbstmauser stattfindet. Hier wurden schon an die 100 000 Trauerseeschwalben gezählt. Dann ziehen sie in der Regel entlang der Küste in ihre westafrikanischen Winterquartiere, wo die meisten im Bereich von Mauretanien bis Namibia bleiben. Auf dem Zug und im Winter halten sie sich auch in Flussdeltas und Lagunen im Küstenbereich und sogar auf dem offenen Meer auf. Dort können sich dann Trupps über Fischschwärmen bilden. Aus dem Mittelmeergebiet wurden Trauerseeschwalben-Trupps über Delphinschulen und Thunfischschwärmen gesichtet. Der Durchzug in Mitteleuropa findet im Mai und etwas seltener von August bis September statt.

In Größe und Gestalt entspricht die Trauerseeschwalbe weitgehend der Weißflügel-Seeschwalbe, letztere hat aber einen rundlicheren Kopf, kleineren Schnabel und etwas breitere Flügel; außerdem ist der Schwanz nicht so stark gekerbt. Wie der Name schon sagt, ist die gesellige Trauerseeschwalbe auffallend dunkel. Im Schlichtkleid, das sie oft bereits ab Juni anlegt, ist sie leicht mit der Weißflügel-Seeschwalbe zu verwechseln; diese ist dann vor allem durch die hellere Oberseite, die helleren Unterflügel, das Fehlen eines Brustseitenflecks sowie den kürzeren, etwas gedrungeren Schnabel von der Trauerseeschwalbe unterschieden. Der wendige, unstete Flug über dem Wasser ähnelt dem einer Schwalbe.

Trauerseeschwalben fangen durch Aufpicken von der Wasseroberfläche, über der sie länger rütteln, Wasserkäfer und andere Wasserinsekten, Kaulquappen, Schnecken, kleine Fische oder Frösche; der Anteil an Fischen ist aber größer als bei der Weißflügel-Seeschwalbe. Nur selten fangen sie stoßtauchend Fische.

Bereits Mitte des 19. Jahrhunderts nahmen die Bestände in Mitteleuropa stark ab, dieser Trend hält bis heute in Besorgnis erregendem Ausmaß an, auch wenn es regionale Erfolge durch Nisthilfen gibt. Hauptgründe für die Einbußen sind Lebensraumverlust, Überdüngung der Brutgewässer und andere negative Folgen der landwirtschaftlichen Intensivnutzung; auch das Entfernen von Schwimmpflanzen in Teichen und menschliche Störungen an den Brutplätzen sind mit verantwortlich. In Deutschland gibt es nennenswerte Vorkommen nur noch im Nordosten, die Trauerseeschwalbe ist jedoch zu den Zugzeiten häufig im Binnenland anzutreffen.

Trauerseeschwalbe *Chlidonias niger* (L.)

Größe	= Amsel
Maße (cm)	Länge ca. 22–24 / Flügel ca. 63–68
Körpermasse (g)	51–74
Stimme	im Flug häufig „kiek“ oder rauer „krreik“; erregt „kliéé…“; Balzflüge „krie-erick, krie-e-rickrick“; Drohlaute „jä-kjä-kjä…“; Angriffsflüge „hihihi…“
Brutzeit	Mitte Mai im Süden, bis Ende Mai im Norden; 1 Jahresbrut
Gelegegröße	(2) 3
Eifärbung	hell gelblichbraun bis braun, olivbraun, blass gelblich oder rahmfarben; dunkle unregelmäßige Tüpfelung und Fleckung; glatt, schwach glänzend
Eimaße (mm)	oval – 34 x 25,1
Brutdauer	20/22 (23) Tage; ♂ und ♀ brüten
Nestlingszeit	verlassen Nest (längere Zeit) nach 2–3 Wochen; mit 25/28 Tagen flügge

▸ WEISSFLÜGEL-SEESCHWALBE, WEISSBART-SEESCHWALBE

TRAUERSEESCHWALBE HUDERT DIE JUNGEN; ALTVOGEL BEGINNT MIT DER MAUSER INS SCHLICHTKLEID

JUNGVÖGEL BEIM BEUTEFANG

DUNENJUNGES

NEST UND GELEGE

Weißbart-Seeschwalbe

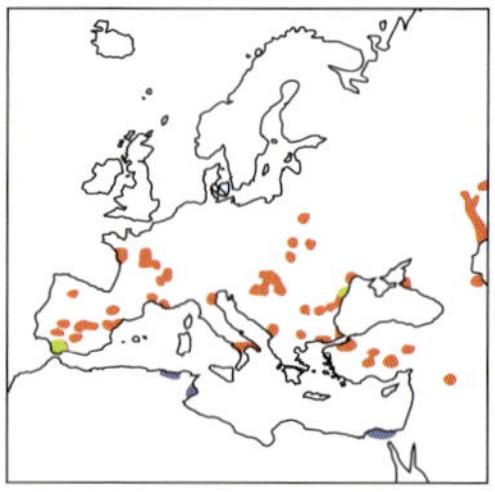

Wie bei der Trauerseeschwalbe ist auch bei der Weißbart-Seeschwalbe die Bestandsentwicklung in Europa negativ. Überschwemmungen, schlechtes Wetter, aber auch Dürrezeiten (etwa in den Steppengebieten Osteuropas), intensive Bodennutzung und menschliche Störungen am Brutplatz sind die wichtigsten Gründe. Gebietsweise konnte sich die Art in Mittel- und Osteuropa (außerhalb der Steppenzone) sogar durch für sie geeignete Sekundärlebensräume, wie Fischteiche, Vernässungen oder Reisfelder, vermehren, doch bleibt in solchen Gebieten oft der Bruterfolg wegen Störungen durch die menschliche Nutzung aus.

Die Weißbart-Seeschwalbe ist größer und weniger zierlich als die Trauerseeschwalbe, hat aber trotzdem eine typische Sumpfseeschwalben-Gestalt. In allen Kleidern (außer im Prachtkleid) ist sie heller als die beiden anderen europäischen Sumpfseeschwalben. Im Prachtkleid fallen die vorwiegend dunkelgraue Unterseite und der blutrote Schnabel auf, die weißen Wangen setzen sich kontrastreich gegen die schwarze Kopfplatte ab. Zur Unterscheidung der Jungvögel von Weißbart- und Weißflügel-Seeschwalbe sollte man neben den oft schwer zu erkennenden Gefiederdetails die Gestaltsunterschiede und Flugweise beachten. Im Schlichtkleid unterscheidet sich die ähnlich helle Weißflügel-Seeschwalbe von der Weißbart-Seeschwalbe durch die schlankere Gestalt, den kleineren Schnabel und einzelne schwarze Federn als Reste der schwarzen Unterflügeldecken, die meist bis zum Winter vorhanden sind.

Weißbart-Seeschwalben ernähren sich meist von kleinen Fischen bis rund 7 cm Länge, Kaulquappen, kleinen Fröschen, Molchen, Krebsen, Libellen- und Käferlarven. Bei Magenuntersuchungen an australischen Weißbart-Seeschwalben stellte man fest, dass die männlichen Vögel mehr Fische und weniger Insekten fressen und dass ihre Kost abwechslungsreicher ist als die der Weibchen. Die Beutetiere werden vornehmlich im Seichtwasser gefangen oder von der Wasseroberfläche aufgepickt; die Vögel greifen aber auch fliegende Insekten, wie Libellen und Eintagsfliegen. Im Gegensatz zu Trauer- und Weißflügel-Seeschwalbe kann man auch häufiges Stoßtauchen beobachten, wobei die Weißbart-Seeschwalbe aber meist nur bis zum Hals ins Wasser eintaucht. In Spanien fliegen Weißbart-Seeschwalben hinter pflügenden Bauern her und erbeuten die an die Oberfläche beförderten Insektenlarven.

Für das im Unterbau oft recht umfangreiche Nest auf Schwimmpflanzen oder zusammengeschwemmten Halmen verwenden die Seeschwalben Halme von Schilf, Binsen, Rohrkolben oder Seggen. Die Jungen werden von beiden Eltern betreut. Bei Gefahr bringen sie sich schwimmend in Sicherheit; wenn die Luft wieder rein ist, kehren sie ins Nest zurück. Größeren Jungen wird das Futter im Rüttelflug übergeben.

Weißbart-Seeschwalben stellen an den Lebensraum ähnliche Ansprüche wie die beiden anderen Sumpfseeschwalben, sie bevorzugen aber tieferes Wasser mit freien Wasserbereichen. In Ungarn bieten frisch angelegte Fischteiche oft gute Brutmöglichkeiten. Weißbart-Seeschwalben sind weit, aber sehr lückenhaft verbreitet. Sie brüten zerstreut auf der Iberischen Halbinsel und in Frankreich sowie im östlichen Mitteleuropa, in Ost- und Südosteuropa. Das Brutgebiet reicht ferner über die Türkei, Mittel- und Südasien bis Ostchina und zum Ussurigebiet; auch Australien sowie Ost- und Südafrika gehören dazu. Im westlichen Mitteleuropa ist die Art nur ausnahmsweise Brutvogel, so gab es einmal neun erfolgreich brütende Paare bei Konstanz am Bodensee. Mitte der 90er Jahre kam es nach Überschwemmungen zu mehreren Bruten im Nordosten Deutschlands.

Außerhalb der Brutzeit trifft man die Art auch an offenen Seen und Stauseen sowie im Gezeitenbereich und an Lagunen der Küste an. Die Überwinterungsgebiete der westpaläarktischen Populationen liegen in Afrika südlich der Sahara; immer häufiger bleiben manche Vögel im Mittelmeerraum.

Weißbart-Seeschwalbe *Chlidonias hybridus* (PALL. 1811)

Größe	= Amsel
Maße (cm)	Länge ca. 23–25 / Flügel ca. 70–75
Körpermasse (g)	83–91
Stimme	Ruf knarrend gepreßt „krä“ oder „krek“, auch kreischend, lauter als bei anderen *Chlidonias*-Arten „skr(i)äh“; Warn- und Angriffslaut „schräb“ (ähnlich Wachtelkönig)
Brutzeit	Ende April bis Anfang Juni; 1 Jahresbrut
Gelegegröße	(2) 3
Eifärbung	blass bläulichgrün, blassblau, hell olivgelb, schwärzlich braun und blassgrau gesprenkelt, Zeichnung oft spärlich (nur am stumpfen Pol stärker); glatt, mit leichtem Glanz
Eimaße (mm)	oval – 39,2 x 28,4
Brutdauer	18/21 Tage; ♂ und ♀ brüten
Nestlingszeit	mit 21/26 Tagen flügge; noch 2–3 Wochen gefüttert; Familien verlassen gemeinsam Brutplatz

▸ WEISSFLÜGEL- UND TRAUERSEESCHWALBE; FLUSS- UND KÜSTENSEESCHWALBE

WEISSBART-SEESCHWALBE, DAS MÄNNCHEN HAT DEM BRÜTENDEN WEIBCHEN EINEN FISCH ÜBERGEBEN

MÄNNCHEN BRINGT NISTMATERIAL

JAGENDE WEISSBART-SEESCHWALBE IM PRACHTKLEID

NEST UND GELEGE

Trottellumme

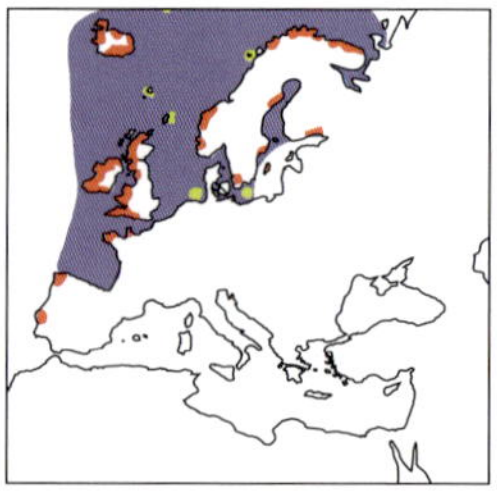

Alken sind kräftig gebaute, kurzschwänzige Seevögel, die in ihrer Gestalt und Schwarzweiß-Färbung sowie ihrem aufrechten Gang an Land etwas an Pinguine erinnern. An das Leben im Wasser sind sie vor allem durch die weit hinten angesetzten, mit Schwimmhäuten versehenen Füße und einen torpedoförmigen Körper angepasst. Da sie relativ schwer sind, müssen Alken im Flug mit ihren kleinen, spitz zulaufenden Flügeln sehr schnell schlagen, um sich in der Luft zu halten – die Flügel sind weit besser als Antrieb für die Fortbewegung unter Wasser geeignet. Als Hochseevögel kommen sie nur zum Brüten an Land.

Wie alle Alken sind auch die Trottellummen typische Bewohner der nordischen Vogelberge. Ihre Brutkolonien befinden sich auf küstennahen hohen, oft senkrechten Klippen mit schmalen Felsbändern oder Absätzen, oft über 500 m über dem Wasserspiegel. Niedriger gelegene und exponierte Brutplätze gibt es nur in entlegenen Gebieten mit geringem Raubfeinddruck – etwa auf Schären in der Ostsee. Das ganze Jahr über sind Trottellummen sehr gesellig. Mancherorts leben bis zu 20 Paare auf einem Quadratmeter. Sie scheinen diese drangvolle Enge den weniger dicht gedrängten Kolonien sogar vorzuziehen. Trottellummen legen ihr einziges, großes Ei auf einem mehr oder weniger breiten Sims ganz offen ab. Durch seine Birnenform ist es vor dem Herunterrollen geschützt. Bereits einige Tage vor dem Schlüpfen macht sich das Küken durch ein kleines Loch in der Eischale bemerkbar. Eltern und Küken stehen von da ab in Rufkontakt, um sich in der Kolonie und später auf See nicht zu verlieren. Im Alter von 2–3 Wochen springen die noch nicht flugfähigen Jungen etwa im 45°-Winkel von den Brutsimsen ins Meer, von einem Altvogel begleitet. Der „Lummensprung" findet meist in den Abendstunden statt, damit die Jungvögel nicht zur leichten Beute für Möwen werden. Auf dem Meer werden die Jungen bis zu ihrer Selbstständigkeit von den Eltern betreut. Erst mit 2–3 Jahren erscheinen sie das erste Mal an den Brutfelsen.

Das Verbreitungsgebiet umschließt die Küsten des Nordatlantiks und Nordpazifiks. In Europa kommen Trottellummen von Portugal über die Britischen Inseln, den Ostseeraum und Norwegen bis zur Kola-Halbinsel vor; auch auf Island sowie Spitzbergen (lokal) und Nowaja Semlja brüten sie. In Deutschland nisten Trottellummen nur auf Helgoland, dort gab es Mitte der 90er Jahre über 2000 Brutpaare. Nach der Brutzeit ziehen die meisten auf die Hochsee. Trotzdem kann man um Helgoland und an der Küste Mecklenburg-Vorpommerns auch im Winterhalbjahr Trottellummen antreffen. Im Binnenland erscheinen sie nur ausnahmsweise nach Stürmen.

Der lange, dolchartige, an der Basis breite Schnabel deutet auf Fischfang hin. Trottellummen erbeuten hauptsächlich Fische um 10 cm Länge, wie Sprotten, Sandaale, Dorsche oder Lodden, gelegentlich auch marine Wirbellose, wie kleine Schnecken, Tintenfische und Krebse. Bei der Nahrungssuche schwimmt der Vogel oft nur mit dem Kopf eingetaucht. Hat er Beute entdeckt, taucht er direkt von der Wasseroberfläche hinunter. Die normale Tauchtiefe beträgt 30 m, gelegentlich auch 70 m bis über 150 m. Die sehr eleganten und geschickt jagenden Tauchvögel „fliegen" dabei unter Wasser mit kräftigen Schlägen der halb angelegten Flügel; der deutsche Name spielt wohl auf die unbeholfene Fortbewegungsweise an Land an. Manche Trottellummen zeigen einen schmalen weißen Augenring und einen schmalen weißen Strich vom hinteren Augenrand zu den Ohrdecken. Diese als „Ringellumme" bezeichnete Variante oder Morphe wird nach Norden zu häufiger und bildet im Extremfall über die Hälfte der Brutvögel einer Population. Im Schlichtkleid sind Unterseite, vorderer Hals und die von einem dunklen Strich geteilten Wangen weiß.

Früher wurden die Lummenbestände vor allem durch Vogelfänger und Eiersammler bedroht, was gebietsweise zu drastischem Bestandsrückgang führte und immer noch in Großbritannien und auf den Färöern stattfindet. Heute ist die Art am stärksten durch Ölverschmutzung, Überfischung und Tod in Schleppnetzen gefährdet. Auch Eiverluste durch Herunterrollen von den Simsen sowie durch Eierräuber, wie Möwen oder Krähenvögel, spielen eine Rolle.

▸ DICKSCHNABELLUMME, SEETAUCHER

Trottellumme *Uria aalge* (PONT.)

Größe	= Huhn
Maße (cm)	Länge ca. 38–45 / Flügel ca. 64–73
Körpermasse (g)	800–1060
Stimme	„Erregungskrähen" hartes „arrah" „o'orr"; Begrüßung bellende Laute; ad. erkennen Junge am Rufen, vor allem heller Wasserruf „tuuii-tuuii..." Tage vor Absprung
Brutzeit	Mitte Mai im Süden, bis Anfang Juni im Norden; 1 Jahresbrut
Gelegegröße	1
Eifärbung	Färbung und Zeichnung sehr variabel, von weiß bis blau oder grün, ungezeichnet bzw. dunkel gewölkt, mit Punkten, Flecken, Klecksen, Kritzelung; Oberfläche fein gekörnt, aufgeraut, glanzlos
Eimaße (mm)	groß und birnenförmig – 81,5 x 49,9
Brutdauer	30/35 Tage; ♂ und ♀ brüten
Nestlingszeit	Absprung ins Meer mit 18/24 Tagen; flugfähig erst ca. 10 Wochen nach Verlassen des Brutplatzes

TROTTELLUMME, KOLONIE AM BRUTFELSEN

„RINGELLUMME", ALTVOGEL

TROTTELLUMME, JUNGVOGEL

NEST UND GELEGE

Dickschnabellumme

Die Dickschnabellumme ähnelt der Trottellumme, hat aber einen kürzeren Hals, einen kräftigeren, kürzeren Schnabel und eine höhere Stirn; im Allgemeinen ist sie etwas kleiner und oberseits dunkler als die Vergleichsart, aber etwas größer und oberseits nicht ganz so dunkel wie der Tordalk. Im Prachtkleid leuchtet weithin sichtbar am Oberschnabelgrund ein Längsstreif. Im Schlichtkleid fehlt ein Wangenstreif, wie er für die Trottellumme typisch ist.

Zur Nahrungssuche taucht die Dickschnabellumme tiefer und länger (bis über 70 m und über 70 sec.), aber wegen des kompakteren Körperbaus nicht so geschickt wie die Trottellumme; außerhalb der Brutzeit hält sie sich oft weiter von der Küste entfernt auf. Sie ernährt sich von Meereswürmern und Krebstieren. Die Jungvögel werden aber ausschließlich mit bis zu 17 cm langen Sandaalen gefüttert.

Wie die Trottellumme brütet die Dickschnabellumme zirkumpolar, aber in der Regel weiter nördlich; in manchen Gebieten kommen beide Arten nebeneinander vor, etwa in Alaska und auf Spitzbergen. Die nächsten Brutplätze befinden sich in Nordnorwegen und auf Island. Die Art brütet kolonieweise auf entlegenen, oft hohen raubtiersicheren Klippen. Während es auf Spitzbergen mehrere Kolonien mit 100 000 Brutpaaren gibt, brüten sie in Nordnorwegen in kleineren Kolonien mit anderen Seevögeln. Die Simse sind oft noch schmaler als bei der Trottellumme und befinden sich nie auf offenen Plateaus oder Schären. Das liegt einmal daran, dass Dickschnabellummen von den größeren Trottellummen oft auf so kleine Vorsprünge abgedrängt werden, ist aber auch eine Anpassung gegen eierraubende Eisfüchse, die auf breiten Simsen und Vorsprüngen besser klettern können. Voraussetzung für die Brut ist, dass die Klippen möglichst früh im Sommer ausapern; nur so kann die Brut in zwei Monaten bis zur erneut einsetzenden Vereisung durchgezogen werden. Der brütende Vogel sitzt in nahezu aufrechter Haltung, den Rücken der See zugewandt, und bebrütet das Ei auf den Füßen. Die Eiverluste werden nur während der ersten Bebrütungstage durch ein Nachgelege ersetzt. Manche Paare übernehmen auch Nester von Dreizehenmöwen für das Brutgeschäft; da diese aber im Lauf der Zeit verschleißen, kann man später oft nicht mehr den Erbauer erkennen. Beim „Lummensprung" gleitet der Jungvogel im flachen Winkel, mit ausgebreiteten Stummelflügeln und gespreizten Schwimmhäuten. Die Luftfahrt endet meist im Meer – bei günstigem Wind und entsprechender Absprunghöhe bis 800 m vom Brutfelsen entfernt. Zu kurz gesprungene Jungvögel schaffen es oft nicht mehr ins Meer, da sie Beute der schon wartenden Möwen (vor allem Eismöwen) werden.

Außerhalb der Brutzeit versammeln sich große Mengen Dickschnabellummen entlang der Packeisgrenze im Bereich der Barentsee. Die dort am Eisrand auftretenden Turbulenzen wirken sich positiv auf planktonische Wirbellose aus, von denen sie leben. Viele der europäischen Brutvögel ziehen den Beutetieren Richtung Grönland und Neufundland hinterher.

Dickschnabellummen sind nur selten im Bereich der Nordsee zu beobachten, an der mitteleuropäischen Küste ist die Art seltener Ausnahmegast. Den genauen Status der Art und die Gefährdungssituation kann man nur schwer einschätzen, da viele Kolonien sehr abgelegen sind. Jedoch soll der Weltbestand heute geringfügig über dem der 50er Jahre liegen. In den 30er und 50er Jahren kam es auf Nowaja Semlja zu dramatischen Bestandseinbrüchen, da Altvögel und Eier vom Menschen übermäßig genutzt wurden. In Westgrönland ist die Dickschnabellumme sogar ein wichtiger Wirtschaftsfaktor – das Fleisch wird gegessen, und die Bälge verarbeitete man früher zu Kleidungsstücken. Zudem finden Zigtausende von Dickschnabellummen alljährlich den Tod in den Netzen der Lachsfischer, gebietsweise führen auch Abschuss und Absammeln von Eiern zu großen Verlusten in den Kolonien. Die wichtigste Gefährdungsursache heute ist allerdings wie bei der Trottellumme die Besorgnis erregende Ölverschmutzung der Meere.

Dickschnabellumme *Uria lomvia* (L.)

Größe	= Huhn
Maße (cm)	Länge ca. 39–43 / Flügel ca. 65–70
Körpermasse (g)	605–1120
Stimme	voller als Trottellume; bei leichter Beunruhigung „arra-arra"; „Kontaktbellen" wie „rr-ho-ho-ho-ho"
Brutzeit	Anfang bis Mitte Juni, 1 Jahresbrut
Gelegegröße	1
Eifärbung	Grundfärbung weiß, rahmfarben, rostbräunlich, rötlich, grünlich oder blau, mit dunklen Klecksen, Punkten, Streifen oder Linien; Oberfläche körnig und aufgeraut, glanzlos
Eimaße (mm)	groß, birnenförmig – 80,2 x 50
Brutdauer	ca. 30–35 Tage
Nestlingszeit	20/25 Tage auf Nestplatz; mit 50/70 Tagen flugfähig

▸ TROTTELLUMMEN, SEETAUCHER

DICKSCHNABELLUMME, ZWEI VÖGEL (OBEN), MIT DREI TROTTELLUMMEN (DAVON ZWEI „RINGELLUMMEN“, RECHTS)

DICKSCHNABELLUMMEN AM BRUTFELSEN

IM FLUG

NEST UND EI

Tordalk

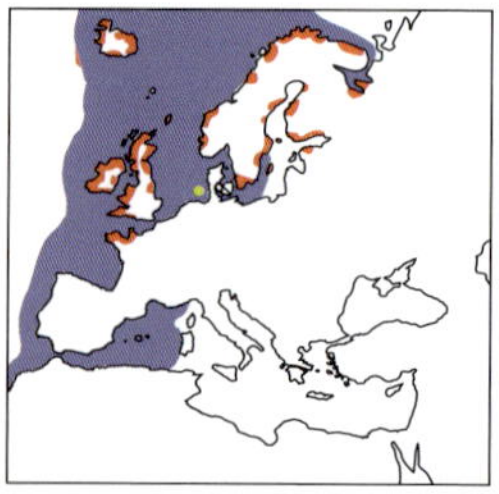

Auch für den Tordalk sind Ölverschmutzung und Ertrinken in Fischernetzen die Hauptgründe für den Rückgang. Die direkte Verfolgung durch Abschuss und Eiersammeln ist nur noch lokal von Bedeutung. Positive Bestandstrends werden zur Zeit von Island und Großbritannien gemeldet, das Gegenteil von Norwegen und Irland.

Zur Brutzeit erbeuten Tordalken vorwiegend kleine Sandaale und Lodden, im Winter überwiegen je nach Gebiet Krebstiere oder Fische. Bei der Jagd tauchen die Vögel meist 2–3 m tief. Die Nahrungsgründe liegen im Umkreis bis zu 20 km um den Brutfelsen. Bei jedem Fütterungsflug transportieren die Altvögel mehrere Fische quer im Schnabel: Beim Fang wird der Fisch weit nach hinten geschoben und mit der Zunge gegen den Gaumen gedrückt, damit der Unterschnabel für den Fang eines weiteren Fisches frei ist. Manche Tordalken entreißen futtertragenden Papageitauchern die Fische aus dem Schnabel, indem sie diese von unten anfliegen.

Der hohe Schnabel mit weißem Strich vom Oberschnabel zum Auge und mit (weniger auffallendem) Querstrich vor der stumpfen Schnabelspitze unterscheidet den Tordalk zur Brutzeit bereits auf größere Entfernung von der Trottellumme. Er wirkt viel kräftiger als die Vergleichsart, hat einen kürzeren, dickeren Hals und einen größeren Kopf mit kantigerem Hinterkopf, den spitzeren Schwanz hält er beim Schwimmen deutlich angehoben. Meist fliegt der Tordalk schnell mit schwirrenden Flügelschlägen dicht über dem Wasser. Dabei fallen besonders die einheitlich weißen Unterflügeldecken, die ungestrichelten Flanken, das stumpfe Vorderende sowie der die Füße überragende Schwanz auf; der weiße Bürzel mit schwarzem Längsstreif erinnert an eine Eisente. Fliegende Vögel nähern sich oft neugierig Booten, die in der Nähe der Brutfelsen unterwegs sind. Während der Balz oder bei Störungen am Brutplatz kann man den typischen Ausdrucksflug des Tordalks mit stark verlangsamten und weit ausholenden Flügelschlägen beobachten.

Tordalken brüten an den Küsten des Nordatlantiks von Neuengland und Ostkanada über Westgrönland, Island (rund 75% des europäischen Brutbestandes), die Färöer, die Bretagne und die Britischen Inseln, Norwegen und Nordwestrussland bis zum Weißen Meer sowie auf der Bäreninsel. Auch an den Küsten Schwedens und Finnlands sind sie Brutvögel. Der einzige mitteleuropäische Brutplatz mit 5–11 Brutpaaren liegt auf Helgoland.

Die Art brütet oft zusammen mit der Trottellumme, aber meist in kleineren Kolonien. Die Brutklippen müssen nicht so steil sein, die Brutplätze in gemischten Kolonien liegen meist tiefer und oft am Kolonierand. Im Gegensatz zu Lummen bevorzugen Tordalken weniger exponierte Brutplätze, häufig unter Felsvorsprüngen, großen Steinblöcken oder sogar in kleinen Höhlen. Das Ei liegt meist auf dem nackten Fels. Während des „Lummensprungs" wird der Jungvogel vom Vater begleitet, der auch danach noch einige Zeit die Betreuung übernimmt.

Viele Tordalk-Populationen halten sich im Winterhalbjahr in den Gewässern rund um die Brutplätze oder höchstens wenige 100 km davon entfernt auf. Vögel, deren Brutplätze in Gewässern liegen, die im Winter zufrieren, müssen mehr oder weniger weite Wanderungen unternehmen. So überwintern die nordnorwegischen Brutvögel vor der Küste Südnorwegens, wo sie auch auf Wintergäste vom Weißen Meer treffen. Manche dieser Vögel ziehen jedoch weiter bis zum Kategatt oder sogar zur Küste Mecklenburg-Vorpommerns. Die Winterverbreitung in Europa umschließt im Norden die Gewässer zwischen Island und Grönland sowie vor der Bäreninsel, im Süden umrundet sie die Iberische Halbinsel und reicht im Mittelmeer bis an die Küsten Nordwestafrikas, Norditaliens und Sardiniens; die Langstreckenzieher sind in der Regel Jungvögel. An der mitteleuropäischen Küste ist die Art am wahrscheinlichsten um Helgoland anzutreffen, sonst in Deutschland auch an der Küste nur sehr selten. Da der Tordalk Küsten eher meidet, sind Vögel, die man am Strand oder in Küstennähe antrifft, in der Regel verölt oder krank.

Tordalk *Alca torda* (L.)

Größe	= Taube
Maße (cm)	Länge ca. 37–39 / Flügel ca. 63–67
Körpermasse (g)	524–910
Stimme	tief und rau knarrend „arr" oder „orr"; Wasserrufe der Jungen „tüüiih" u.a.
Brutzeit	Anfang Mai im Süden, bis Juni im Norden; 1 Jahresbrut
Gelegegröße	1
Eifärbung	Färbung sehr unterschiedlich, von weiß bis braun, rötlich oder grünlich, dunkelbraun und/oder schwarz gefleckt, gesprenkelt, gekleckst, gekritzelt oder gebändert (innere Schalenhaut grünlich); Oberfläche fein gekörnt und aufgeraut, glanzlos
Eimaße (mm)	spindelförmig bis oval – 73,1 x 46,9
Brutdauer	28–43 Tage; ♂ und ♀ brüten
Nestlingszeit	Absprung nach 14–22 (M 17/18) Tagen; ad. führen Küken aufs Meer hinaus

▶ DICKSCHNABELLUMME, TROTTELLUMME

TORDALK IM PRACHTKLEID

JUNGVOGEL, NOCH NICHT FLUGFÄHIG

DUNENJUNGES

NEST UND GELEGE

Gryllteiste

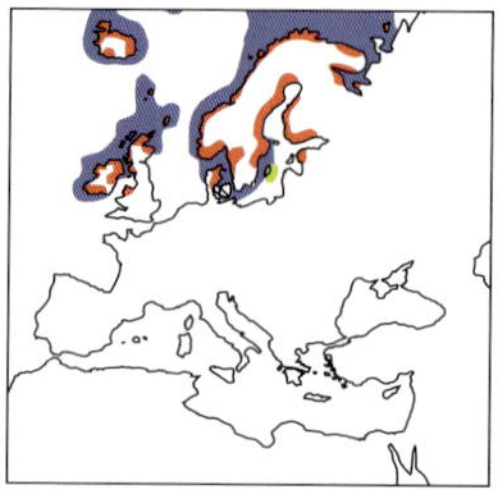

Die Gryllteiste gehört zu den am weitesten nördlich brütenden Vögeln, bis zum 81. Grad nördlicher Breite – vom arktischen Kanada über Grönland, Europa und Nordasien bis zur Wrangelinsel und Tschuktschen-Halbinsel. In Europa kommt sie auf Island, Spitzbergen, Nowaja Semlja, den Britischen Inseln, in Dänemark, Fennoskandien und Estland vor. Voraussetzung ist eine eisfreie Periode im Sommerhalbjahr. Als Brutplätze wählt die Gryllteiste felsige Küsten und abgelegene kleine, für Nestfeinde unerreichbare Inseln mit Felsblöcken; allzu nackte und hohe Klippen meidet sie aber.

Die Nahrungsgründe liegen meist nicht weiter als 3 km entfernt, gelegentlich bis 10 km. In der Arktis brütende Gryllteisten müssen ausnahmsweise täglich bis zu 140 km über das gefrorene Meer fliegen. In der Nahrungswahl ist die Gryllteiste wenig spezialisiert. Als einziger atlantischer Alk findet sie ihre Nahrung (vorwiegend Fische, aber auch Krebstiere, Borstenwürmer und Weichtiere) auf dem Meeresboden – auch unter großen Steinen – oder in küstennahen, flachen Gewässern. Dabei kann der Vogel eine Minute lang unter Wasser bleiben und währenddessen bis zu 50 m zurücklegen.

Im Winterhalbjahr halten sich Gryllteisten meist in Küstennähe im Schelfmeerbereich auf, weiter im Norden am Packeisrand und in der Zone aufwärtsströmenden Wassers an Eisbergen. Oft fliegen sie weit in die Fjorde hinein, um dort im Flachwasser Nahrung zu suchen. Die Gryllteiste ist von den europäischen Alken der am wenigsten wanderfreudige. Viele Altvögel entfernen sich auch im Winter kaum mehr als 15 km von der Brutkolonie. Nur die Bewohner weit nördlicher Regionen müssen weitere Wanderungen zu eisfreien Nahrungsgewässern unternehmen.

Im Winter sieht man Gryllteisten selten in der Deutschen Bucht, dagegen bei günstigen Eisverhältnissen viel häufiger und regelmäßig an der Ostsee. Manche Jungvögel wurden bereits vor der französischen Küste angetroffen. Die Ostseepopulation Schwedens, Finnlands und Estlands überwintert hauptsächlich in der südlichen Ostsee, in milden Wintern bleibt die Art allerdings weiter im Norden.

In der Gestalt ähnelt die Gryllteiste einer Trottellumme, ist aber deutlich kleiner (nur knäkentengroß). Der dunkle Schnabel ist gerade, schlank und spitz. Im Prachtkleid ist die Gryllteiste mit dem samtschwarzen Federkleid, den großen weißen Flügelabzeichen und kräftig roten Füßen kaum zu verwechseln. Gelegentlich treten aber im hohen Norden auch schwarze Vögel (in allen Kleidern) ohne jedes Weiß im Flügel auf. Die auf Island brütende Unterart *islandicus* trägt in allen Kleidern ein dunkles Querband im weißen Flügelfeld. Im Schlichtkleid bleibt das weiße Flügelabzeichen erhalten, sticht aber durch die überwiegend weißliche Gefiederfärbung und graugebänderte Oberseite deutlich weniger hervor. Im Jugendkleid sind Gryllteisten oberseits noch stärker gebändert, der Flügelfleck ist dann durch dunkle Federspitzen unscheinbarer, die Beine sind dunkel. Der Flug ist sehr gerade, meist knapp über dem Wasser, mit schwirrenden Flügelschlägen; die weißen Flügelabzeichen (Flügeldecken) ober- und unterseits fallen deutlich auf; dieses Muster zeigt kein anderer Alk.

Im April erscheinen die Gryllteisten am Brutplatz. Während ihrer Balzspiele im Frühjahr schwimmen sie häufig in kleinen Gruppen, in einer Kette hintereinander her oder verfolgen sich über oder unter Wasser; dabei stellen die Vögel oft die weißen Flügelabzeichen zur Schau. Der Nistplatz liegt meist in Höhlen oder Halbhöhlen; an dänischen Brutplätzen werden sogar von Staren erweiterte Uferschwalbenröhren ausgebaut, und in der Arktis nisten die Gryllteisten nicht selten unter Kisten, Brettern oder Ähnlichem. Meist brüten 1–20 Paare zusammen, je weiter im Norden, desto größer werden die Kolonien. Gryllteisten sind aber weniger gesellig als andere Alken.

Mit einem Gesamtbestand von höchstens 200 000 Brutpaaren ist die Gryllteiste der seltenste der europäischen Alkenvögel. Die Hauptursachen dafür sind heute Tod in Fischernetzen und Ölverschmutzung. Die skandinavischen und isländischen Vögel sind vor allem durch die anwachsenden Mink-Bestände gebietsweise stark bedroht. Der Gesamttrend ist aber schwierig einzuschätzen.

Gryllteiste *Cepphus grylle* (L.)

Größe	= Taube
Maße (cm)	Länge ca. 30–32 / Flügel ca. 52–58
Körpermasse (g)	290–500
Stimme	am Brutplatz irritierend hohe, gepresste Pfiffe „piiiih“; Junge pfeifende und piepsende Geräusche
Brutzeit	Anfang Mai im Süden, bis Anfang Juni im Norden; 1 Jahresbrut
Gelegegröße	(1) 2 (3)
Eifärbung	weiß, manchmal leicht rostbraun oder bläulichgrün getönt, mit Mischung verschieden großer Punkte und Kleckse; glatt, glanzlos
Eimaße (mm)	kurz-spindelförmig – 58,1 x 39,5
Brutdauer	25–36 Tage; ♂ und ♀ brüten
Nestlingszeit	35 bis > 40 Tage

▸ SAMTENTE, EISENTE

GRYLLTEISTE IM PRACHTKLEID

AUFFLIEGENDE GRYLLTEISTE

JUNGVOGEL, NOCH NICHT FLUGFÄHIG

DUNENJUNGES UND EI

Krabbentaucher

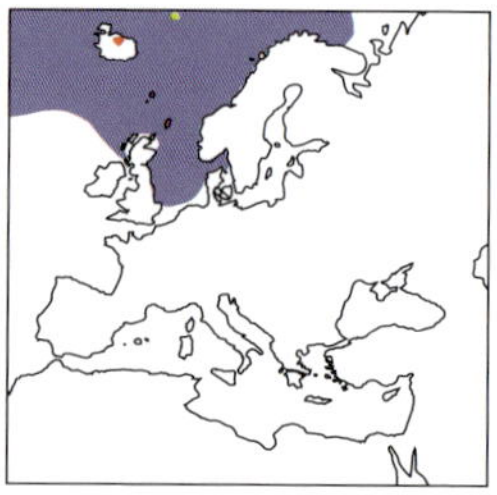

Der Krabbentaucher ist nicht nur der kleinste europäische Alk, sondern zugleich der am weitesten im Norden brütende. Obwohl nur starengroß, ist eine Verwechslung mit anderen Arten nicht ausgeschlossen. Das gilt besonders für einzelne Jungvögel von Tordalk und Lummen zur Zeit des Lummensprungs. Von diesen unterscheidet sich aber der Krabbentaucher durch den sehr kleinen Schnabel, die „Halslosigkeit" und die weißen Schulterstreifen. Im Schlichtkleid ist fast die gesamte Unterseite bis hinter die Ohrdecken weiß, die Brustseiten ziert ein schwarzer Halsring. Im alktypischen Schwirrflug wirkt der Krabbentaucher pummelig und fast schnabellos, die weiße Unterseite ist kontrastreich vom Schwarz der Unterflügel abgesetzt.

Krabbentaucher brüten an hocharktischen Küsten, vor allem an der Westküste Grönlands, auf Spitzbergen und Franz-Joseph-Land; nur in Südgrönland kommen sie bis in die Subarktis vor. In den Kolonien drängeln sich die Vögel zu Millionen – die Art ist vermutlich auch die häufigste Alkenart des Atlantiks. In den Brutfelsen summieren sich die trillernden, lachenden, glucksenden und gackernden Stimmen zu einem tausendfachen Chor.

Außerhalb der Brutzeit halten sich die Krabbentaucher in großen Schwärmen auf dem offenen Meer auf, gern am Rand des Packeises. Südwärts kommen sie bis zur Nordsee vor, wobei nach Stürmen dort auch große Scharen auftreten können. Im Bereich der Ostsee oder im Binnenland sind Krabbentaucher sehr selten, trotzdem ist die Art der in Deutschland am häufigsten nach Stürmen ins Binnenland verschlagene Alk.

Ihr Lebensraum sind hohe, nicht zu steile Berghänge mit Geröll und Felsbrocken, die manchmal mehrere Kilometer vom Meer entfernt sind. Auch planktonreiche Küstengewässer müssen vorhanden sein, denn dort erbeuten die Vögel das ganze Jahr über vor allem schwimmende Kleinkrebse, wie Ruderfuß- und Flohkrebse, die auch als „Krill" bezeichnet werden, und andere planktonische Kleintiere. Nur gelegentlich fressen sie kleine Schwarmfische. Die Vögel einer Brutkolonie fliegen gemeinsam zu den Nahrungsgründen. Damit die ausfliegenden mit den zur Küste zurückkehrenden Schwärmen nicht kollidieren, fliegen die Heimkehrer niedrig über dem Wasser. Das Fliegen im dichten Pulk dient auch dem Schutz gegen Luftfeinde wie Eismöwe und Schmarotzerraubmöwe. Bei der Nahrungssuche liegen Krabbentaucher tief im Wasser, während ruhende Vögel hoch schwimmen; der gedrungene Körper, die herabhängenden Flügel und der leicht gestelzte Schwanz erinnern etwas an eine Wasseramsel.

Von allen Alkenvögeln des Nordatlantiks hat der Krabbentaucher mit 56 Tagen die kürzeste Entwicklungszeit; dadurch kann die Art mit den kurzen Polarsommern und der kurzen Periode der Massenvermehrung des Krills auskommen. Die Brutkolonien können gewaltig sein – in manchen leben über eine Million Vögel zusammen. Ein Vorteil dieses Sozialverhaltens ist unter anderem die gegenseitige Information über ergiebige Nahrungsgründe.

Die Nistplätze liegen meist geschützt in Felsspalten oder (häufiger) zwischen Felsblöcken, die Nischen können auf sandigem Boden ausgescharrt und dadurch stark erweitert werden; oft müssen sich die Vögel auf dem Weg zum Nest durch sehr schmale Öffnungen zwängen und sind daher meist unerreichbar für den Eisfuchs, den Hauptnestfeind. Häufig verfolgen Schneeammern die Eisfüchse mit ihren Warnrufen und machen dadurch die Krabbentaucher auf ihren Feind aufmerksam. An Land klettern die Vögel wie große Mäuse recht geschickt zwischen den Steinen umher. Sobald der Brutplatz schnee- und eisfrei ist, bebrüten beide Altvögel das einzige Ei; der Jungvogel wird in den ersten Tagen ständig von einem Altvogel gehudert, das Männchen sorgt meist für die Nahrung. Eine große Kolonie benötigt während der Brutzeit unzählige Tonnen Krebse als Nahrung; die entsprechenden Kotmengen der Vögel fördern den Pflanzenwuchs und das Insektenvorkommen, wovon auch andere arktische Brutvögel wie Gänse und Schneeammern profitieren.

Eine wirksame Abwehr gegen Feinde wie Eismöwen und Eisfüchse stellt die Synchronisation der Vögel innerhalb der riesigen Kolonien dar: Die Jungen sind in der Entwicklung meist gleich weit und fliegen ungefähr gleichzeitig aus; dadurch steigt für den einzelnen Jungvogel die Chance, nicht gefressen zu werden.

Krabbentaucher *Alle alle* (L.)

Größe	< Amsel
Maße (cm)	Länge ca. 17–19 / Flügel ca. 40–48
Körpermasse (g)	127–193
Stimme	am Brutplatz Trillergesang „trriä-trrriiiä dädädä…"; Warnrufe kläffend einsilbig; außerhalb Brutzeit schweigsam
Brutzeit	Mitte Juni, 1 Jahresbrut
Gelegegröße	1
Eifärbung	blassblau, normalerweise ungefleckt, selten am stumpfen Pol mit rostbraunen Punkten oder Kritzellinien; glatt, glanzlos
Eimaße (mm)	spindelförmig – 48,1 x 33,7
Brutdauer	28–31 Tage; ♂ und ♀ brüten
Nestlingszeit	23/30 Tage

▸ Jungvögel von Lummen und Tordalk; Papageitaucher

KRABBENTAUCHER IM PRACHTKLEID

KRABBENTAUCHER AM BRUTFELSEN

LANDENDER KRABBENTAUCHER

KRABBENTAUCHER IM WINTER

Papageitaucher

Der wissenschaftliche Name des Papageitauchers, *Fratercula arctica*, bedeutet „Arktisches Brüderchen" und ist ein Anzeichen dafür, dass der Vogel durch sein clowneskes Äußeres schon immer Sympathieträger war. Sein deutscher Name weist auf den fast papageiartig geformten, grotesk hohen Schnabel hin. Einen noch größeren Schnabel hat der sonst sehr ähnliche Hornlund (*F. corniculata*), der an der Küste Alaskas und Nordostsibiriens vorkommt. Allerdings ist der Schnabel nur zur Brutzeit so auffällig gefärbt, danach werden in einer Art Mauser die farbenfrohen Hornschilder gewechselt, der Schnabel ist dann kleiner und vorwiegend gelblich. Die weißlichen Kopfseiten des Prachtkleides kontrastieren mit dem Schwarz von Oberseite und Hals, im Schlichtkleid sind sie wie die Füße weniger auffällig. Im Flug können Jungvögel mit Krabbentauchern verwechselt werden (aber nicht aus der Nähe!), letztere sind aber deutlich kleiner und schmalflügeliger. Von Lummen und Tordalken unterscheiden sie sich durch die gedrungenere Gestalt mit größerem Kopf sowie durch die dunkel wirkenden Unterflügel. Am Brutplatz sind die relativ langbeinigen Papageitaucher nicht so unbeholfen wie die Lummen, sondern können sogar etwas klettern. Beim Schwimmen liegen sie vorne höher als die anderen Alken im Wasser.

Papageitaucher fangen meist oberflächennahe Fische, wie Sandaale, Sprotten, Lotten oder Heringe, und tauchen nicht tiefer als 20 m und nicht länger als 30 sec. Dabei verfolgen die Papageitaucher eher Fischschwärme als Einzelfische. Im Winter erbeuten sie auf der Hochsee auch Kleinkrebse. Die Nahrungsgründe liegen meist nur wenige Kilometer von der Brutkolonie entfernt: Für jede Fütterung trägt der Altvogel als Jungenfutter 5–10 (im Extremfall über 50) kleine Fische quer im Schnabel, die er mit der Zunge gegen den Gaumen presst.

Papageitaucher brüten in großen und oft dichten Kolonien auf steilen Grashängen im Bereich der Felsküste; besonders begehrte Plätze sind zur See hin ausgerichtet und möglichst unzugänglich für Raubtiere. Wichtig ist auch eine direkt am Baueingang gelegene Landeplattform für die mit Beute zurückkehrenden Altvögel, um nicht von beuteschmarotzenden Möwen belästigt zu werden. Papageitaucher graben entweder mit Schnabel und Füßen 1–2 m lange Röhren oder übernehmen sie von Artgenossen, Sturmtauchern oder auch Kaninchen. Häufige Brutnachbarn sind Schwarzschnabel-Sturmtaucher. Die Verteidigung des Baues ist vorwiegend Aufgabe des Männchens. Beide Altvögel bebrüten das einzige Ei in der Bruthöhle. Papageitaucher verfügen über ein stummes, erheiternd wirkendes Ritual, das Aggression und Angst abbauen hilft, das „Schnäbeln"; es tritt besonders häufig kurz vor der Eiablage auf. Dazu geht ein Vogel, in der Regel das Männchen, zu seinem Partner und beknabbert auffordernd dessen Schnabel. Meist wenden sich daraufhin beide Vögel einander zu und schlagen ihre Schnäbel in schneller Folge gegeneinander. Der „Schlagabtausch", bei dem die Vögel ihre Köpfe synchron heben und senken, kann mit Unterbrechungen mehrere Minuten anhalten. Nach etwa 5–6 Wochen ist der Jungvogel so fett, dass er mehr wiegt als die Altvögel; in diesem Zustand wird er von seinen Eltern allein gelassen. Nach einer Fastenwoche verlässt der Jungvogel die schützende Höhle und fliegt, wenn auch noch unbeholfen, Richtung Meer, denn seine Schwungfedern sind im Gegensatz zu anderen Alken in diesem Lebensabschnitt schon voll entwickelt. Im Meer müssen die Jungvögel von Anfang an selbstständig für sich sorgen.

Der Papageitaucher brütet nur im Nordatlantik und Nordpolarmeer – von Nordamerika (Labrador im Norden bis Maine im Süden) über Grönland, Island bis zu den Britischen Inseln und Nordfrankreich, von Norwegen bis zur Murmanküste auf der Kola-Halbinsel; ferner auf Jan Majen, Spitzbergen und den Bäreninseln sowie Nowaja Semlja. Der Schwerpunkt der Weltverbreitung mit rund 6 Millionen Vögeln oder 90% ist Europa. Große Vorkommen liegen auf Island (2–3 Millionen) und in Norwegen (1,8–2 Millionen). Der Papageitaucher ist ehemaliger Brutvogel Deutschlands, bis um 1830 brüteten jährlich 2–3 Paare auf Helgoland. In den 80er Jahren versuchte man, die Art in Schweden wieder einzubürgern, nachdem sie 1970 wohl wegen des Minks das letzte Mal gebrütet hatte; dazu wurden insgesamt 135 Papageitaucher von den Färöern an der Westküste ausgesetzt – aber ohne Erfolg. In den vergangenen 20 Jahren gab es teilweise große Bestandseinbrüche durch Überfischung, wobei sich beispielsweise die Brutbestände der norwegischen Vogelinsel Røst halbiert haben.

▶ KRABBENTAUCHER

Papageitaucher *Fratercula arctica* (L.)

Größe	= Amsel
Maße (cm)	Länge ca. 26–29 / Flügel ca. 47–63
Körpermasse (g)	300–675
Stimme	tief und knurrend „orrr...o-o" oder „arrr... ha-ha"
Brutzeit	Anfang bis Mitte Mai, 1 Jahresbrut
Gelegegröße	1
Eifärbung	in der Regel weiß, oft durchscheinende schwach braune oder violette Schalenflecken, selten Kleckse und Punkte; glatt, glanzlos
Eimaße (mm)	kurz-spindelförmig – 60,8 x 42,3
Brutdauer	35/38 Tage; ♂ und ♀ brüten
Nestlingszeit	37/41 Tage und länger

PAPAGEITAUCHER AM BRUTFELSEN

PAPAGEITAUCHER IM PRACHTKLEID

JUNGVOGEL

NEST UND EI

Sandflughuhn

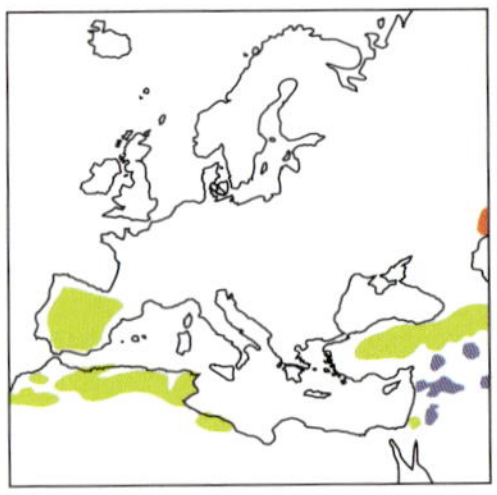

Trotz ihres Namens sind die etwa rebhuhngroßen Flughühner nicht mit den Hühnern, sondern mit den Watvögeln verwandt. Längere Zeit nahm man an, dass sie den Tauben nahe stehen, da sie ähnlich aussehen und wie diese saugend trinken. In der Luft erinnern sie mit den langen, spitzen Flügeln und der reißenden, geradlinigen Flugweise an Regenpfeifer. Trotz ihrer kurzen Beine können die scheuen Vögel auf kurze Distanzen erstaunlich schnell rennen; diese Fähigkeit und die Tarnfärbung macht sie in ihrem trockenen, kargen Lebensraum fast „unsichtbar". Zu bestimmten Tageszeiten fliegen die Flughühner truppweise zu oft weit entfernten Wasserstellen. Um die im Nest wartenden Jungen ebenfalls mit Wasser zu versorgen, watet das Männchen bis zum Bauch ins Wasser und durchtränkt so die speziell konstruierten Federn des mittleren Bauchgefieders, die sich wie ein Schwamm voll saugen; die langen seitlichen Bauchfedern werden während der Wasseraufnahme abgespreizt und schützen beim anschließenden Heimflug die nasse Fracht vor zu schneller Verdunstung.

Von den in Europa vorkommenden Flughühnern ist das Sandflughuhn am größten und gedrungensten. Das Männchen ist unterseits kontrastreich gefärbt. Am Boden ist es an der sandfarben gesprenkelten Oberseite, der Graufärbung von Kopf und Brust, der orangefarbenen Kehle und dem schwarzen Brustband leicht kenntlich. Das Weibchen ist oberseits überwiegend sandfarben, zart braun, weiß und gelblich quergewellt und gefleckt.

Das Sandflughuhn kommt auf der Iberischen Halbinsel, den Kanarischen Inseln und in Nordafrika vor. In Asien reicht seine Verbreitung von Kleinasien, Israel und dem Iran bis Pakistan und China. Die Art besiedelt keine sandigen Gebiete, wie der deutsche Name vermuten lässt, sondern vor allem trockene Steppengebiete mit Niederschlagsmengen bis 500 mm/Jahr und oft lehmigem, steinigem Boden. Die Vögel kommen aber auch auf Weide- und Brachflächen mit karger Vegetation vor, gelegentlich sogar auf Flugplätzen. Im Bereich des Kaspischen Meeres leben sie auch in der Salzvegetation an der Küste. Im Vergleich zum Spießflughuhn kommt das Sandflughuhn oft in größeren Höhen (regelmäßig über 1000 m) und in Gebieten mit mehr Vegetation vor. In Afghanistan erreicht es gebietsweise sogar fast 3000 m Höhe. Das Nest ist eine flache Vertiefung, die kaum oder gar nicht mit Nistmaterial ausgelegt ist. In ungünstigen Jahren kann die Brut ganz ausfallen. Die Küken werden von beiden Altvögeln geführt und bei Bedarf gehudert, jedoch nicht gefüttert, wohl aber vom Männchen getränkt. Die Wasserstellen können bis zu 60 km entfernt liegen. Auf dem morgendlichen Flug dorthin sind Sandflughühner auch am besten zu beobachten. Da alle Vögel eines Gebietes dieselbe Wasserstelle aufsuchen, bilden sich allmählich bis kurz davor große Schwärme. Diese sind aber nicht so riesig wie bei anderen Flughühnern – höchstens einige hundert Vögel. Sandflughühner treten meist paarweise oder in kleinen Trupps auf. An der Tränke und sonst sind sie scheuer als andere Arten, bei Beunruhigung flüchten sie zunächst niedrig über den Boden.

Die Sandflughühner aus den nördlichen Gebieten des asiatischen Brutareals überwintern in der Türkei, im Norden der Arabischen Halbinsel, in Pakistan bis nach Nordwestindien; die europäischen Populationen sind bis auf die östlichsten Vorkommen nördlich der Kaspisee Standvögel und unternehmen nur ausnahmsweise größere Wanderungen.

Flughühner der Gattung *Pterocles* ernähren sich so gut wie ausschließlich vegetarisch. Einen Großteil der Nahrung bilden sehr kleine Samen; daran ist auch der sehr kleine Schnabel gut angepasst. Nur gelegentlich nehmen die Vögel kleine Käfer und Ameisen auf. Zur Unterstützung der Verdauung fressen sie regelmäßig Steinchen.

Seit einiger Zeit nimmt in weiten Teilen des Verbreitungsgebietes der Bestand Besorgnis erregend ab; Hauptursachen dafür sind die Intensivierung und Ausdehnung der Landwirtschaft und die Aufforstung von Steppengebieten. In Portugal ist die Art bereits recht selten. Das spanische Vorkommen weist große Verbreitungslücken auf; jedoch gibt es beispielsweise in der Extremadura noch stabile Bestände.

Sandflughuhn *Pterocles orientalis* (L. 1758)

Größe	= Taube
Maße (cm)	Länge ca. 33–35 / Flügel ca. 70–73
Körpermasse (g)	300–460
Stimme	Flugruf weich, rollend „tjürrl (tjurr) ...tjürrl..."; im Auffliegen lang gezogener „achürrrr"
Brutzeit	Mitte April bis Anfang Mai, 1 oder 2 Jahresbruten
Gelegegröße	2–3
Eifärbung	rahmbräunlich bis blass oder intensiv zimtbraun; auffällige hell- bis rotbräunliche Flecken und Spritzer; glatt, glänzend
Eimaße (mm)	elliptisch, mit stumpfen Polen – 46,8 x 32,4
Brutdauer	21–22 Tage; ♂ und ♀ brüten
Nestlingszeit	Nestverlassen nach Trocknen der Dunen, von beiden Eltern betreut

▸ Spiessflughuhn, Steppenflughuhn

SANDFLUGHUHN, WEIBCHEN DRÜCKT SICH

SANDFLUGHÜHNER, IN DER MITTE EIN WEIBCHEN

DUNENJUNGES

NEST UND GELEGE

Spießflughuhn

Wie beim Sandflughuhn ist das Fortbestehen des Spießflughuhns in Europa durch die Intensivierung und Expansion der Landwirtschaft und durch Bewässerungsmaßnahmen fraglich, es ist aber noch weiter verbreitet als die Vergleichsart. Bis auf die Vorkommen in Aragon und der Extremadura, wo es noch häufig ist, hat das Spießflughuhn in Spanien vielerorts stark abgenommen, gebietsweise ist es völlig verschwunden.

Das Spießflughuhn brütet in warmen Steppengegenden, auf ausgetrockneten Schlammflächen sowie gebietsweise auf steinigen Ebenen und sehr trockenen Kulturflächen. Es duldet verstreute Tamarisken und andere Büsche, meidet aber Bäume oder verbuschtes sowie zerklüftetes, felsiges Gelände. Außerhalb Europas brütet die Art in Nordafrika und von der Osttürkei bis Mittelasien und Afghanistan. In Europa kommt die Art vorwiegend in Spanien vor; in Portugal und Südostfrankreich gibt es nur noch winzige Restbestände ehemals größerer Vorkommen. Im Vergleich zum Sandflughuhn bevorzugt das Spießflughuhn mehr sandiges, weniger steiniges Gelände mit mehr Vegetation. In den spanischen Marismas lebt es in vegetationsreicherem Gelände als das Sandflughuhn.

Nur die östlichen Populationen bestehen aus Teilziehern, viele Vögel wandern im Winter bis Saudi-Arabien und Pakistan. Gelegentlich führen diese Wanderbewegungen bis in die Wolgasteppen und die Ukraine. Besonders die nichtziehenden Populationen Afrikas streifen im Winterhalbjahr nomadisierend umher und überfliegen dabei nicht selten die Südgrenze des regulären Brutareals.

Zur Zeit der Paarbildung finden häufig atemberaubende Verfolgungsflugspiele mit jähen Abstürzen und pfeifenden Flügelgeräuschen statt; daran beteiligen sich oft mehrere Vögel aus der Umgebung. Das einfache Nest ist lediglich

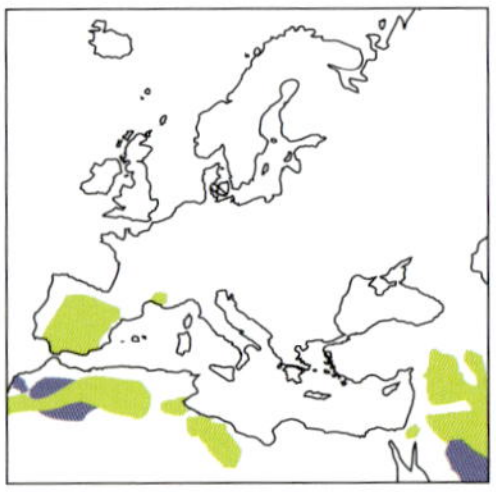

eine flache Mulde von rund 10–12 cm Durchmesser. Die eigentliche Brutperiode beginnt mit der Ablage des letzten Eies; trotzdem beschattet das Weibchen (das später auch hauptsächlich am Tage brütet, das Männchen bei Nacht) die Eier vorher manchmal bei zu starker Sonneneinstrahlung. Die Jungen können bereits gewandt fliegen, wenn sie erst ein Drittel der elterlichen Größe erreicht haben. Typisch ist die Bildung von oft gewaltigen Schwärmen. Der Flug ist pfeilschnell.

Spießflughühner ernähren sich fast ausschließlich von Samen, daneben spielen Schoten und Blätter sowie Insekten eine gewisse Rolle. Wichtigste Futterpflanzen sind Gänsefußgewächse, Affodill, Wermut, aber auch viele verschiedene Gräser. Gelegentlich machen sich große Schwärme über frisch eingesäte Felder her. Das Spießflughuhn trinkt bei Mangel an Süßwasser auch Brackwasser. In Flüssen landet es weit weg vom Ufer und schwimmt hoch wie eine Möwe; ohne Mühe kann es wieder vom Wasser aus starten.

Das Männchen ist oberseits goldgrünlich gefärbt mit großen, gelben Flecken. Kinn und Kehle sind im Prachtkleid schwarz, das breite rotbraune Brustband ist oben und unten schwarz begrenzt. Das Weibchen ist oberseits sandfarben mit graubrauner Querbänderung; auf der Brust trägt es drei dunkle Bänder, Kinn und Kehle sind weiß. Im Flug ist das Spießflughuhn durch das durchgehende Weiß von Bauch und Unterflügeldecken leicht zu bestimmen. Nur aus der Nähe erkennt man den dunklen Augenstreif. Den Jungvögeln fehlen die verlängerten Schwanzfedern ebenso wie die schwarzen Brustbänder der Altvögel.

Ähnlich verlängerte Steuerfedern besitzt das **Steppenflughuhn** (*Syrrhaptes paradoxus*) aus den Trockensteppen Asiens; zusätzlich ist bei dieser Art die längste Handschwinge nadelartig zugespitzt. Das Steppenflughuhn hat einen dunklen Bauchfleck, der jedoch kleiner ist als beim Sandflughuhn. Im Flug, der recht kraftvoll wirkt, fällt der Kontrast zwischen vorwiegend recht heller Unterseite und hellen Flügeln mit dem dunklen Bauchabzeichen auf. Die tiefen, weit tragenden Flugrufe („kwätt" und „porrrr") der meist truppweise auftretenden Flughühner sind ebenfalls kennzeichnend. Im 19. Jahrhundert gab es mehrere Masseneinflüge in das westliche Europa, auch nach Deutschland, wo es Ende der 1880er-Jahre sogar zu mehreren Brutversuchen in trockenen Gebieten wie grasbewachsenem Dünengelände kam. Danach tauchte das Steppenflughuhn nur noch wenige Male in Deutschland auf, zuletzt im Jahre 1983 auf der Insel Helgoland.

Spießflughuhn *Pterocles alchata* (L. 1766)

Größe	= Taube
Maße (cm)	Länge ca. 31–39 / Flügel ca. 54–65
Körpermasse (g)	250–400
Stimme	Stimme härter, ähnlich Reiherente „katarr-katarr"; Balzflüge mit pfeifendem Fluggeräusch
Brutzeit	Ende April bis Anfang Mai; 2 Jahresbruten möglich
Gelegegröße	(2) 3 (4)
Eifärbung	sand- oder warm zimtbraun, mittel- bis dunkelbraun gepunktet und gefleckt; dazu spärlichere hell- oder violettgraue Flecken; glatt, glänzend
Eimaße (mm)	lang-elliptisch – 45,7 x 29,8
Brutdauer	19–21 Tage; ♂ und ♀ brüten
Nestlingszeit	Nestflüchter

▸ SANDFLUGHUHN

SPIESSFLUGHUHN, MÄNNCHEN

SPIESSFLUGHUHN, TRUPP

DUNENJUNGES

NEST UND GELEGE

Felsentaube

Tauben sind wegen ihres kräftigen Körperbaus und verhältnismäßig kleinen Kopfes meist nicht schwer als solche zu erkennen. Typisch sind die oft laut klatschenden Flügelschläge beim Abflug sowie der schnelle, geradlinige und häufig reißende Flug. Tauben sind meist gesellig, zumindest außerhalb der Brutzeit, vielfach bilden sie große Schwärme. Die Jungen werden in den ersten Lebenstagen mit einer milchartigen Masse (Kropfmilch) gefüttert, die an der Innenwand des Kropfes produziert wird. Männchen und Weibchen sind in der Regel gleich gefärbt. Die Schnabelbasis ist vor allem oberseits von geschwollener Haut (Wachshaut) bedeckt.

Die Wildform der Felsentaube lässt sich am besten an der hellgrauen Oberseite, am leuchtend weißen Bürzel und an zwei auffälligen schwarzen Flügelbinden von der Straßentaube unterscheiden; auch der Schnabelrücken ist meist deutlich niedriger. Manche Straßentauben ähneln jedoch wilden Felsentauben. Von anderen Tauben unterscheiden sich Felsen- und Straßentauben durch die meist weiße Flügelunterseite und, wenn vorhanden, die langen schwarzen Oberflügelbänder. Straßentauben mit grauer Flügelunterseite und fehlendem Weiß im Bürzelbereich können mit der Hohltaube verwechselt werden. Das Aussehen der Straßentauben ist sehr variabel.

Felsentauben brüten im westlichen (im Norden bis zu den Färöern) und südlichen Europa, ferner in Nordafrika, Kleinasien, im Mittleren Osten und in Südasien. Die exakte Verbreitung der Wildform lässt sich wegen der Vermischung mit Haustauben in vielen Gebieten nicht mehr klären. Der ursprüngliche Lebensraum der Felsentaube in Europa sind felsige Küsten und Gebirgsgegenden. Sonst kommt die Art in verschiedenen trockenen oder feuchten offenen Lebensräumen vor, sie braucht aber Felswände, Klippen oder auch Höhlen und Ruinen für die Brut. Sowohl Felsen- als auch Straßentauben sind Jahresvögel mit großer Ortstreue. Diesen Umstand und den wendigen schnellen Flug macht man sich beim Brieftaubensport zunutze.

Felsentaube *Columba livia* Gm.

Größe	= Taube
Maße (cm)	Länge ca. 31–34 / Flügel ca. 63–70
Körpermasse (g)	290–535
Stimme	beim Balzflug mit angehobenen Flügeln und gurrendem „duu-ru-duu" segelnd
Brutzeit	März oder April bis August oder September, in Städten noch länger; 2 oder 3 Jahresbruten
Gelegegröße	2
Eifärbung	weiß; glatt, mit schwachem Glanz
Eimaße (mm)	spindelförmig – 39,3 x 29,1
Brutdauer	17–17,5 Tage
Nestlingszeit	verlassen Nest mit 23–25 Tagen; voll flugfähig und unabhängig ab 30–35 Tage

Die Männchen, die im Alter von einem halben Jahr geschlechtsreif werden, versuchen bald, einen passenden Platz in einer Felswand zu besetzen. Diese Stelle dient dem oft lebenslang gebundenen Paar viele Jahre als Nistplatz. Zur Reviermarkierung fliegt der Tauber mit lautem Flügelklatschen aufwärts und gleitet dann mit V-förmig gehaltenen Flügeln abwärts. Das Werbeverhalten des Männchens, ein anhaltendes Gurren mit Verbeugungen, aufgeblasenem Kropf und am Boden schleifendem Schwanz, ist auch vielen Großstädtern vertraut. Als Neststandort dient eine Spalte oder kleine Höhle oder ein Felsband unter überhängendem Gestein. Nach Verlassen des Nestes sind die Jungen noch nicht flugfähig; sie halten sich in der Nestumgebung auf und übernachten noch einige Zeit im vertrauten Nest.

Ihre Nahrung – Samen von Gräsern und Kräutern – suchen die Felsentauben auf Äckern und Feldern oder anderen offenen Flächen am Boden. Sie nehmen auch Getreide, Knospen, grüne Pflanzenteile sowie Beeren und gelegentlich animalische Kost zu sich.

Die weitaus größere Zahl der in Europa lebenden Tauben der Art *livia* sind keine Wildvögel mehr, sondern vermutlich verstädterte Abkömmlinge der Felsentaube, die so genannten **Straßentauben**. Sie sind bereits seit dem 11. Jahrhundert Gebäudebrüter. Ein Teil der Straßentauben geht sicher auch auf verwilderte Zuchtvögel wie Brieftauben zurück. Es gab und gibt auch gezielte Einbürgerungsversuche, so in Finnland Ende des 19. Jahrhunderts. Straßentauben sind heute in den Siedlungen fast weltweit verbreitet. Gerade in den am dichtesten bebauten Stadtzentren fast ohne Grün finden sie gute Lebensbedingungen. Die oft hohen Gebäude bieten ihnen Nistmöglichkeiten, Brunnen und Pfützen dienen als Tränke, auch an Futter herrscht kein Mangel. In vielen Städten sind die Taubenscharen zu einem ernsten Problem geworden wegen der durch Taubenkot verursachten Zerstörung vieler Gebäudefassaden. Zudem sollen sie Krankheitskeime, wie Salmonellen, und Parasiten übertragen. Daher gibt es vielerorts bereits Fütterungsverbote, was bei manchen Tierfreunden wenig Verständnis fand. Eine andere Maßnahme zur Verminderung der Taubenbestände war und ist das Verschließen von Öffnungen in Türmen; wegen der negativen Auswirkungen auf gefährdete gebäudelebende Tierarten wie Schleiereule, Turmfalke, Dohle, Mauersegler oder auch Fledermäuse ist diese Methode jedoch abzulehnen. Ein Aspekt der Taubenvermehrung in Städten ist allerdings durchaus erfreulich – die steigende Tendenz des Wanderfalken, in Städten zu brüten.

▸ Hohltaube, Ringeltaube

FELSENTAUBE, RUHEPLATZ

FELSENTAUBE, ALTVOGEL

FLÜGGER JUNGVOGEL

NEST UND GELEGE

Hohltaube

Im Gegensatz zur Felsentaube ist die Hohltaube nirgends häufig. Das liegt einerseits am Verlust von Nahrungsräumen durch die intensive Landwirtschaft, andererseits am Bruthöhlenmangel durch die Forstwirtschaft. In West- und Südwesteuropa stellt dagegen die Bejagung ein großes Problem dar. Nasskalte Witterung zur Brutzeit führt oft zum Tod der Jungen. Gebietsweise hat die Art aber auch durch Nistkastenaktionen erheblich im Bestand zugenommen.

Hohltauben brüten in Nordafrika und in weiten Teilen Europas; im Norden reicht das Verbreitungsgebiet bis Mittelschweden und Finnland, im Osten bis nach Westsibirien. Auch in Turkmenistan und im Nordiran kommen sie vor. Von Usbekistan ostwärts bis in den Tienschan lebt eine isolierte Population. Als einziger Baumbrüter unter den europäischen Taubenarten brüten Hohltauben in lichtem Laub- und Mischwald (mit Vorliebe für die Buche); auch Kiefernbestände und Parks mit alten Bäumen werden besiedelt. Die Vögel meiden jedoch das Innere größerer Wälder und ziehen deren Ränder vor. Gebietsweise findet man die Waldtauben auch in kleinen Feldgehölzen, Obstgärten und sogar Dünengelände, wo sie in Kaninchenhöhlen nisten. Im Mittelmeerraum brüten sie in Bergwäldern. In Deutschland zieht die Hohltaube ihre Jungen vorwiegend in Schwarzspechthöhlen auf, da andere größere Baumhöhlen in den Forsten rar sind. In Westeuropa findet sie auch in Felshöhlen, Mauerlöchern von Ruinen und alten Häusern geeignete Nistplätze. Sogar in den Nestern von Großvögeln haben Hohltauben schon gebrütet.

Zur Nahrungssuche fliegen sie auf angrenzende offene Flächen, in Mitteleuropa vorwiegend auf Felder, weniger auf gedüngte, dichte Wiesen. Sie ernähren sich vor allem von Wildkräutersamen, aber auch von Früchten, Beeren, grünen Pflanzenteilen und manchmal Kleintieren wie Schnecken. Manche Hohltauben brüten in städtischen Parks mit alten Bäumen neben Ringel- und Straßentauben, werden dort aber leicht übersehen. Im Gegensatz zu den beiden anderen Arten

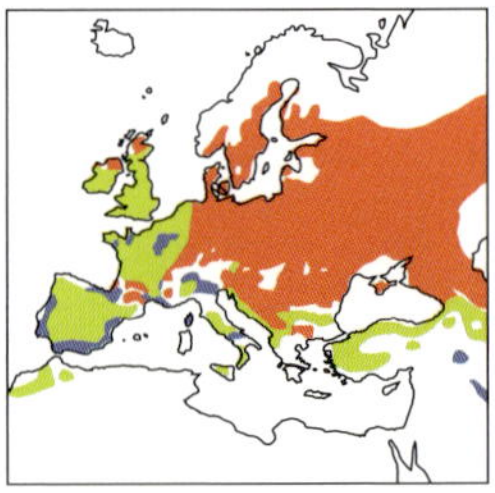

finden sie sich aber nicht an Taubenfütterungen ein und neigen auch sonst nicht zur Verstädterung.

Im Frühjahr hört man in alten Buchenwäldern die stimmungsvollen, dumpfen Rufe der Waldtaube. Zu dieser Zeit vollführt das Männchen Schauflüge, indem es abwechselnd mit weit ausholenden und oft klatschenden Flügelschlägen im Gleitflug den Luftraum über dem Brutplatz umrundet. Damit sich kein eingedrungenes Regenwasser am Höhlenboden staut, wird oft recht viel Nistmaterial aus kleinen Zweigen und Halmen eingetragen; in geräumigen Nisthöhlen entsteht so ein recht großes Nest, das sich im Laufe der Zeit durch das Gewicht der Jungen (und den Kot, der nicht hinaustransportiert wird) verfestigt. In engen Höhlen dagegen wird nur wenig oder überhaupt kein Nistmaterial eingebracht. Falls die Tauben in derselben Höhle eine weitere Brut beginnen, entfernen sie weder das alte Nestmaterial noch verbliebene unfruchtbare Eier. Mehrfach wurde auch von Mischgelegen von Hohltauben mit anderen Arten wie Dohle, Star, Blauracke, Schellente und sogar Ringeltaube berichtet. Die ausgeflogenen Jungen werden noch eine Weile vom Männchen gefüttert. Sie schließen sich dann zu kleineren Trupps zusammen und streifen umher; hin und wieder können diese Gruppen auch bis zu 100 Vögel zählen.

Hohltauben überwintern in Mitteleuropa nur in sehr milden Gegenden. Sie sind Kurzstreckenzieher, werden nach Westen und Süden hin aber zunehmend Standvögel. Die Zugzeiten liegen im Allgemeinen von März bis April und September bis Oktober. Dann sieht man die Vögel manchmal zusammen mit anderen Tauben auf Feldern und Äckern; oft fliegen einzelne Hohltauben in den Ringeltaubenschwärmen mit.

Von der deutlich größeren Ringeltaube unterscheidet sich die Hohltaube durch das Fehlen von Weiß im Gefieder, ferner durch den kürzeren Schwanz, die weniger gewölbte Brust und die harmonischeren Körperproportionen. Im Flug schlägt sie außerdem schneller mit den Flügeln und zeigt einen schwarzen Flügelhinterrand. Straßen- oder Brieftauben, die manchmal ebenfalls über Wäldern auftauchen, liegen in ihrer Gestalt zwischen Hohl- und Ringeltaube; sie sind langschwänziger, haben einen eher länglichen Kopf mit flacherer Stirn und weiter nach hinten gehaltene Flügel mit zumeist heller Unterseite. Das Weibchen der Hohltaube zeigt einen braunen Anflug auf dem Blaugrau der Oberseite, außerdem ist die Unterseite eher grau als weinrot überflogen, das grüne Halsabzeichen glänzt weniger stark.

Hohltaube *Columba oenas* (L. 1758)

Größe	= Taube
Maße (cm)	Länge ca. 32–34 / Flügel ca. 63–69
Körpermasse (g)	240–365
Stimme	Nestruf heulend „kuhú u úp“ oder 2–3-silbig „hú-rú, hú wup“, „húwe“; bei Gefahr kurz „ru“
Brutzeit	Ende März/Anfang April; 2 oder 3 Jahresbruten (gelegentlich 4)
Gelegegröße	2
Eifärbung	weiß, mit leicht rahmfarbenem Anflug; glatt, schwach glänzend
Eimaße (mm)	spindelförmig – 37 x 27,7
Brutdauer	16–18 Tage
Nestlingszeit	je nach Jahresbrut (16) 18 (Sommer), 23/24 (April/Mai), 27/28 (Aug./Sept.) Tage

▸ Strassentaube, Ringeltaube

HOHLTAUBE, MÄNNCHEN BALZEND

MÄNNCHEN IN DER BRUTHÖHLE

JUNGE IM NEST

DUNENJUNGE UND EI

Ringeltaube

Die Ringeltaube ist die größte europäische Taube. Durch den verhältnismäßig kleinen Kopf wirkt sie etwas unproportioniert; für die Bestimmung ist dies aber ein wichtiges Merkmal, denn es ist im Flug und bei stehenden Vögeln schon aus größerer Entfernung erkennbar. Der auffällige weiße Halsfleck und die gelbe Iris fehlen den Vögeln im Jugendkleid. Häufig wird man auf die scheuen Tauben erst aufmerksam, wenn sie mit lautem Flügelklatschen aus einem Baum auffliegen. Im Flug fallen der meist hoch gehaltene Kopf, die weißen Flügelabzeichen, die auch im Jugendkleid vorhanden sind, die volle Brust und der lange Schwanz auf.

Das Verbreitungsgebiet der Ringeltaube reicht von Nordafrika und Europa bis Südwestsibirien, über Kleinasien, Irak und Kaschmir bis Westchina. In Europa fehlt sie nur im höchsten Norden Skandinaviens und Russlands sowie oberhalb von 1500 m. Sie besiedelt offene Landschaften mit Feldgehölzen und Waldflächen; oft genügen in nahrungsreicher offener Landschaft auch eine Allee, zwei oder drei Bäume oder ein höheres Gebüsch. Wichtig ist vor allem die schnelle Erreichbarkeit der offenen Nahrungsflächen; daher werden auch eher die Randgebiete als das Innere eines Waldes besiedelt. Die höchsten Brutdichten werden in Parks, Friedhöfen und Tierparkgelände erreicht (gebietsweise sogar 1500 Brutpaare pro Quadratkilometer), in Taigagebieten Nordeuropas lebt dagegen oft nur ein Brutpaar pro Quadratkilometer.

Das dumpfe, vier- bis fünfsilbige Gurren, das man vom Frühjahr bis weit in den Sommer hört, ist der Reviergesang. Das Männchen unternimmt häufig Balzflüge über dem Brutrevier. Dabei steigt der Vogel mit klatschenden Flügelschlägen steil auf und gleitet anschließend mit waagerecht gehaltenen Flügeln und gespreiztem Schwanz abwärts. Dies wird häufig mehrfach wiederholt, so dass der schaufliegende Vogel eine girlandenartige Flugbahn beschreibt. Das Weibchen sucht von den Stellen, die das Männchen anbietet, eine für den Nestbau aus. Auch beim Nestbau selbst herrscht Arbeitsteilung: Der Tauber bringt das Nistmaterial – trockene Zweige und Wurzeln – herbei, die Gattin baut daraus ein flaches, etwas dürftiges Nest, durch dessen Boden man häufig die beiden Eier sieht. Bevorzugter Neststandort sind Nadelbäume, aber auch deckungsreiche Stellen von Laubbäumen. In den Städten gibt es in zunehmendem Maße Gebäudebrüter und in baumlosen Gegenden, wie an der Küste, sogar Bodenbrüter. Männchen und Weibchen brüten, wobei das Weibchen den Hauptteil bestreitet und meist nur in den Mittagsstunden vom Partner abgelöst wird. Wenn der brütende Vogel bei der Ablösung nicht gleich bereitwillig den Platz räumt, schiebt ihn der Partner vorsichtig zu Seite. Währenddessen kommt es zu Drohgebärden, Beschwichtigungsgesten und sanftem Kraulen des abgelösten Vogels. Männchen sitzen nicht so fest auf den Eiern wie Weibchen, bereits relativ geringe Störungen durch Rivalen oder Nestfeinde veranlassen sie dazu, die Störenfriede zu vertreiben. Besonders erfolgreich sind späte Bruten im August, denn dann gibt es auf abgeernteten Feldern Nahrung im Überfluss.

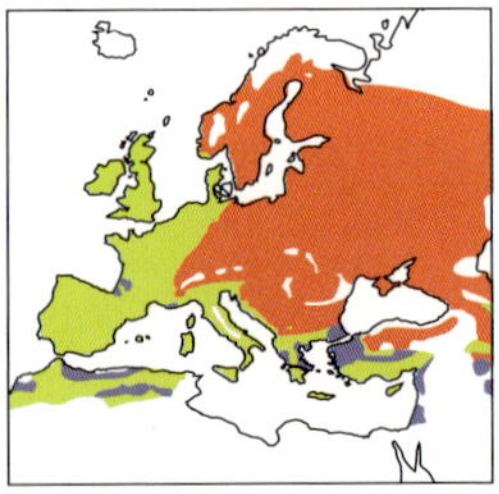

Ringeltauben des südlichen Mitteleuropa, Nord- und Osteuropas ziehen von Mitte September bis Anfang November ins Winterquartier, das vor allem in Frankreich, Spanien und Portugal liegt. Von März bis Ende April kommen sie zurück – meist etwas später als die deutlich weniger frostempfindlichen Hohltauben. Häufig sieht man in großer Höhe fliegende Schwärme von hunderten, manchmal auch mehreren tausend Vögeln, die einen ballonähnlichen Umriss aufweisen.

Trotz des enormen Jagddruckes (in Europa werden fast 10 Millionen Vögel pro Jahr geschossen) ist die Art derzeit nicht gefährdet. Der Bestand nimmt eher zu, denn die Ringeltauben profitieren vom reichen Nahrungsangebot vieler landwirtschaftlicher Flächen. Die ehemals auf Madeira vorkommende Unterart ist ausgerottet worden. Im nördlichen Mitteleuropa beobachtet man eine zunehmende Verstädterung der sonst so scheuen Waldtaube; so gehören in Hamburg Ringeltauben genauso wie Straßen- und Türkentauben zum gewohnten Bild in den Parks und Anlagen mitten in der Stadt.

Ringeltauben fressen vorwiegend Getreide, Mais, Bucheckern, Eicheln und grüne Blätter von Klee, Gemüse, Kohlarten und Raps. Im Herbst tun sie sich an Beeren, wie Holunder oder Heidelbeeren, gütlich. Nur selten erbeuten sie Insekten oder Würmer. Ihren Bedarf an Mineralien decken Ringeltauben häufig an Lecksteinen für das Wild.

Ringeltaube *Columba palumbus* (L. 1758)

Größe	= Taube
Maße (cm)	Länge ca. 40–42 / Flügel ca. 75–80
Körpermasse (g)	420–613
Stimme	Revierruf dumpf, rhythmisch „rúhgu", dann „rugúhgu – gugu"; Nestruf knurrend „húh rkúh", leiser und weicher
Brutzeit	ab April, zum Teil sehr ausgedehnt; 3 Jahresbruten
Gelegegröße	2 (3 oder 4 Nestlinge von mehreren ♀♀)
Eifärbung	weiß; glatt, leicht glänzend
Eimaße (mm)	spindelförmig – 40,3 x 29,4
Brutdauer	16/17 Tage
Nestlingszeit	28–29 (bis 33/34) Tage; voll flugfähig mit 35 Tagen

▸ Strassentaube, Hohltaube

RINGELTAUBE, ALTVOGEL UND JUNGVOGEL (HINTEN) AN DER TRÄNKE

ALTVOGEL

DEM JUNGVOGEL FEHLT DER WEISSE HALSFLECK

NEST UND GELEGE

Türkentaube

Die Türkentaube hat im 20. Jahrhundert ihr Verbreitungsgebiet explosionsartig nach Europa ausgeweitet und wurde dadurch Objekt einiger Untersuchungen. Ihr ursprüngliches Brutareal reicht in Asien von Vorderasien bis Westchina und Burma sowie Ostchina und Japan; im Süden ist sie bis Ceylon und zur Arabischen Halbinsel verbreitet. Innerhalb nur weniger Jahrzehnte hat sie sich über weite Teile Europas ausgebreitet, im Norden entlang der norwegischen Küste sogar bis weit oberhalb des Polarkreises. Sie fehlt aber in weiten Teilen des mittleren und nördlichen Fennoskandiens sowie auf der Iberischen Halbinsel. Eine triftige Erklärung für diese plötzliche Expansion nach Nordwesten gibt es bis heute nicht. Allerdings ist die Art ausgesprochen anpassungsfähig, und in den Siedlungen hat sie außer dem Sperber und dem Menschen kaum Feinde.

Die erste Brut in Deutschland wurde 1945 festgestellt, im Jahr davor konnte die Art erstmalig beobachtet werden. Weniger bekannt ist, dass die Türkentaube seit den 70er-Jahren auch in Nordamerika erfolgreich Fuß gefasst hat. Ausgehend von den Bahamas, wo einige Vögel aus Volieren entwichen, hatte sie in den 80er-Jahren bereits Florida erobert, jetzt breitet sie sich in andere Gebiete aus.

Typisch für die Türkentaube sind das einheitliche beigebraune, recht hell wirkende Gefieder, der einfache, halbe schwarze Halsring (der den Jungvögeln fehlt) und die weißlichen Unterflügel. Von der ähnlichen Turteltaube ist sie im Flug am besten durch den längeren Schwanz und die breiteren Flügel zu unterscheiden.

Die Türkentaube ist zur Kulturfolgerin in Dörfern und Städten geworden, weil dort das ganze Jahr über ein günstiges Nahrungsangebot herrscht. Man trifft sie häufig in Parks und Gärten, auch mitten in Großstädten, ferner in Obstgärten, Friedhöfen und Tierparks an. Im Winter besuchen die zierlichen Tauben häufig Fütterungen für Kleinvögel. Sie sind am Futterplatz sehr verträglich und fressen oft dicht nebeneinander. Wie alle Tauben sind auch Türkentauben fast

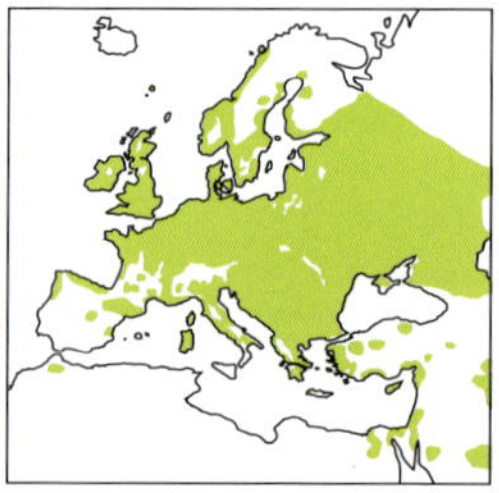

ausschließlich Vegetarier. Sie picken Samen, Getreide und Früchte und zupfen grüne Pflanzenteile; an Taubenfütterungen in Parks fressen sie häufig Brot, an Kleinvogelfütterungen nehmen sie gern Sämereien, geschrotetes Getreide und Haferflocken, wobei Sonnenblumenkerne mit und ohne Schale sehr beliebt sind.

Bereits im zeitigen Frühjahr vollführen die Männchen ihre Balzflüge: Nach einem steilen Aufwärtsflug mit klatschenden Flügelschlägen von erhöhter Warte aus segelt der Tauber mit flach ausgebreiteten Flügeln in einer bogenförmigen Flugbahn herab. Der gurrende Reviergesang erinnert etwas an Ringeltaube, ist aber kürzer und wird zum Schluss zu kräftiger. Man hört ihn oft von Hausantennen oder von Dächern herab. Bei der Bodenbalz zittert das Männchen mit den Flügeln, bläht den Hals auf und senkt den Kopf.

Das aus trockenen Zweigen und Wurzeln erbaute Nest steht meist in der Astgabel eines Baumes, bevorzugt eines Nadelbaumes, oder Strauches, gelegentlich aber auch in einer Gebäudenische, auf dem Dachbalken einer Fabrikhalle oder sogar im Futterhäuschen. Männchen und Weibchen brüten, das Männchen allerdings nur tagsüber. Im Alter von zwei Wochen stehen die Jungen der Baumbrüter bereits auf dem Nestrand und beginnen, im Gezweig der Umgebung zu klettern. Bei ihren Streifzügen entfernen sie sich immer mehr vom Nest und kehren auch nicht mehr zur Fütterung dorthin zurück. Nach dem Flüggewerden sitzen sie anfangs ruhig auf einem Ast, beim Erscheinen eines Altvogels betteln sie mit piepsenden Rufen und vibrierenden Flügeln. Im Alter von zwei Wochen können sie selbstständig fressen, werden aber noch weitere 2–3 Wochen zumindest vom Männchen gefüttert. Trotz der für Tauben typischen langen Brutzeit zeitigen die Türkentauben dank des ganzjährig guten Nahrungsangebotes und der günstigen Klimabedingungen in der Stadt häufig 4–5 Bruten pro Jahr. Dazu sind natürlich auch Bruten im Winterhalbjahr nötig. Ein weiterer Beschleunigungsfaktor für die Vermehrung sind Schachtelbruten: Während die Jungen der vorigen Brut noch mit Kropfmilch gefüttert werden, bebrütet das Weibchen bereits die nächsten Eier. Aufgrund ihrer nur geringen Geburtsortstreue sind die Jungvögel in der Lage, rasch neue Siedlungsgebiete zu erobern.

Obwohl die Türkentauben bereits seit mehreren Jahrzehnten in Deutschland zum gewohnten Bild gehören, lassen sich immer noch viele Kleinvögel durch fliegende Türkentauben wegen des greifvogelähnlichen Flugbilds einen Schreck einjagen. Sie reagieren mit den spezifischen Rufen für Luftalarm und verfolgen die Tauben in der Luft.

Türkentaube *Streptopelia decaocto* (FRIVALDSZKY 1838)

Größe	= Taube
Maße (cm)	Länge ca. 31–33 / Flügel ca. 47–55
Körpermasse (g)	125–249
Stimme	heiseres „chrräi" oder „chrri" (Unruhe/Erregung); Revierruf tief „gu-gúu gu"; Nestruf ähnlich (weicher); Warn-/Schreckruf „rru"
Brutzeit	März, sehr ausgedehnt, bis September; 2 (–5) Jahresbruten
Gelegegröße	2 (–4)
Eifärbung	weiß; glatt, mäßig glänzend
Eimaße (mm)	spindelförmig – 30,1 x 23,2
Brutdauer	13/14 Tage
Nestlingszeit	16–19 (20) Tage

▸ TURTELTAUBE

TÜRKENTAUBE, ALTVOGEL BEI DER GEFIEDERPFLEGE

ALTVOGEL

MÄNNCHEN, BALZEND

DUNENJUNGE

Turteltaube

Der deutsche Name der kleinen, zierlichen Turteltaube kommt von ihrem schnurrend-gurrenden Reviergesang. Weitere Kennzeichen sind die rostbraun-schwarz gefleckten Flügel und die auffallenden schwarzweißen Halsseitenabzeichen. Die Jungen sind oberseits noch blasser als die etwas weniger kontrastreich gefärbten Weibchen, außerdem fehlen ihnen dort die dunklen Federmitten der Altvögel sowie der typische Halsseitenfleck. Von der Türkentaube unterscheidet sich die Turteltaube durch die viel dunklere, gemusterte Oberfläche, die relativ längeren, spitzeren Flügel und den kürzeren Schwanz. Beim Starten und Landen werden die Federn des gestuften Schwanzes oft gefächert, so dass der weiße Saum sichtbar wird. Werden die Vögel aufgescheucht, hört man oft ein klatschendes Flügelgeräusch. Der Flug ist reißend und rasant, der Vogel wirft sich dabei etwas ruckartig hin und her. Die Jahresmauser findet während der langen Brutzeit statt; im September wird sie nur für den Zug ins Winterquartier unterbrochen. Sie endet, wenn im März der Heimzug beginnt.

Turteltauben halten sich die meiste Zeit in Bäumen auf, zur Nahrungssuche kommen sie aber auf den Boden. Ihre Nahrung besteht aus Samen und Früchten von verschiedenen wildwachsenden Kräutern, wie Gänsefuß (*Chenopodium*), Borstenhirse (*Setaria*) oder Knöterich (*Polygonum*). Daneben verzehren die Tauben auch Gräser und Nadelbaumsamen. In England ernähren sie sich hauptsächlich von Erdrauch (*Fumaria*) und Vogelmiere (*Stellaria*). Interessanterweise deckt sich ihr Verbreitungsgebiet dort mit dem Vorkommen dieser Pflanzen. Gelegentlich fressen Turteltauben auch Beeren oder Pilze, Regenwürmer, kleine Schnecken und Insekten werden ebenfalls verzehrt. Die Tauben müssen täglich trinken. Dazu besuchen sie vor allem wenig bewachsene, flache Wasserstellen, in deren Nähe sie auf einer unbewachsenen Stelle landen, um dann zum Wasserrand zu trippeln.

Das Brutgebiet erstreckt sich von den Kanarischen Inseln und Nordafrika über Europa und Kleinasien bis Afghanistan, Nordwestchina und zur Mongolei. Die Nordgrenze in Europa liegt bei Dänemark, im Osten sogar in Estland und im Gebiet um St. Petersburg.

Die Turteltaube ist Charaktervogel der Mittelmeerländer und wird nach Norden hin immer seltener; in Mitteleuropa kommt sie nur in den warmen und trockenen Tieflandgegenden vor, in weiten Teilen Süddeutschlands sucht man die Art vergebens. Die Tauben meiden große Waldgebiete, sondern besiedeln (in der Regel unterhalb 350 m Höhe) abwechslungsreiches, halb offenes Kulturland mit Hecken, Feld- und Ufergehölzen; besonders Weinbaugebiete und Streuobstbestände (möglichst in Wassernähe) bieten ihnen gute Lebensbedingungen. Nicht selten leben sie in diesen Gebieten auch in Gärten, in denen wenigstens ein größerer Baum vorhanden ist. In ihrem asiatischen Verbreitungsgebiet ist die Turteltaube ein Vogel der Waldsteppen und Steppen. Das Nest wird oft nur in 1,50 m Höhe gebaut und liegt damit niedriger als bei der Türkentaube. Häufig werden auch alte Kleinvogelnester übernommen, wie die von Amsel, Saatkrähe, Elster oder auch Ringeltaube. Erstaunlicher Neststandort war ein nur halbmeterhohes Nest unter dem besetzten Horst eines Purpurreihers mehrere hundert Meter vom Land entfernt im Schilfgürtel des Neusiedler Sees. Ebenso kurios ist die Verwendung von Metalldrähten, aus denen mitunter Turteltaubennester bestehen. Normalerweise findet für den Nestbau jedoch trockenes Reisig Verwendung, das von beiden Partnern herangeschafft, aber nur vom Weibchen verbaut wird. Die Brutbiologie entspricht weitgehend der der Türkentaube, so wurde auch von Mischgelegen der beiden nah verwandten Tauben berichtet. Bereits im September verlassen die Turteltauben das Brutgebiet; auf dem Zug rasten sie manchmal auf Schiffen. In ihrer Familie ist die Art der einzige Langstreckenzieher. Die Vögel überwintern in den Savannen Afrikas südlich der Sahara.

Die Bestände der Art haben nicht nur in Mitteleuropa, sondern auch in Süd- und Westeuropa stark abgenommen, in vielen Ländern gilt die Turteltaube als bedroht. Neben dem Verlust an geeigneten Lebensräumen im Brutgebiet (Auwald und Weidenbestände an Gewässern) durch Intensivierung von Landwirtschaft, Obst- und Weinbau spielen vor allem negative Einflüsse auf dem Zug, wie der hohe Jagddruck in den Mittelmeerländern, in Afrika, aber auch in Frankreich, eine große Rolle. Darüber hinaus werden in den Überwinterungsgebieten die flussbegleitenden Akazienbestände, die von den ziehenden Trupps zum Rasten aufgesucht werden, zu Brennholz gemacht.

Turteltaube *Streptopelia turtur* (L.)

Größe	= Taube
Maße (cm)	Länge ca. 26–28 / Flügel ca. 47–53
Körpermasse (g)	100–208
Stimme	Revierruf (auch ♀) schnurrende „turrr"-Laute; Prahlruf rasch „turr, turr-turr"; Schreckruf trompetend „ru"
Brutzeit	Mitte Mai bis Anfang Juli, 2 Jahresbruten
Gelegegröße	2
Eifärbung	weiß; glatt, leicht glänzend
Eimaße (mm)	spindelförmig bis oval – 30,7 x 23
Brutdauer	13–16, meist 14 Tage
Nestlingszeit	18–23 Tage, oft schon vorher Umherklettern; voll flugfähig in 25–30 Tagen

▸ Türkentaube

TURTELTAUBE, BALZENDES MÄNNCHEN (MITTE) MIT ZWEI WEIBCHEN

VOGEL IM ERSTEN SOMMER

JUNGVOGEL IM NEST

NEST UND GELEGE

Halsbandsittich

Papageien können auch von Nichtfachleuten meist ohne Probleme als solche erkannt werden; das liegt vor allem am typischen gekrümmten Schnabel. Der Oberschnabel kann durch ein Gelenk bewegt werden und stellt dadurch ein geeignetes Werkzeug für die Bearbeitung von Samen und Früchten dar. Der kurze Lauf trägt je zwei nach vorne und nach hinten gerichtete Zehen und bildet einen Greiffuß, mit dem Papageien geschickt klettern können. Dabei bietet ihnen der Schnabel häufig zusätzlichen Halt. Auf diese Weise können Papageien für viele andere Tiere unerreichbare Baumfrüchte erlangen und effektiv bearbeiten. Sie sind Vegetarier und fast ausschließlich in tropischen Ländern verbreitet. In Europa hat mindestens eine Art, der Halsbandsittich, einen recht großen Brutbestand aus ehemaligen Gefangenschaftsvögeln etablieren können.

Durch sein smaragdgrünes Gefieder, den großen Papageienschnabel und den langen, spitzen Schwanz ist der Halsbandsittich bei uns kaum zu verwechseln – höchstens mit anderen Gefangenschaftsflüchtlingen wie dem **Alexandersittich** (*P. eupatria*). Dieser ist jedoch größer und besitzt einen größeren Schnabel, rote Schulterabzeichen und außerdem gelbliche Beine und nicht grüngraue wie der Halsbandsittich. Den Weibchen des Halsbandsittichs fehlt das schwarzrosafarbene Halsband sowie das Blau des Hinterscheitels, sie tragen stattdessen ein leuchtend grünes Nackenband. Die Jungvögel ähneln den Weibchen, ihr Gefieder ist aber insgesamt gelblich getönt, der Schwanz ist kürzer und der Schnabel rosafarben mit heller Spitze. Halsbandsittiche sind schnelle und direkte Flieger.

Die in Europa inzwischen fest etablierten Bestände gehen wahrscheinlich auf zwei verschiedene südasiatische Unterarten zurück: *manillensis* (schwarzer Unterschnabel) und *borealis* (einheitlich roter Schnabel).

Die Art brütet in der trockenen Savannenzone von Zentralafrika bis Uganda und in Asien von Pakistan bis Südindien und Sri Lanka sowie bis Südostchina. Sie wurde in vielen Gebieten Eurasiens und Afrikas eingebürgert beziehungsweise ist aus Gefangenschaft entkommen. Obwohl Halsbandsittiche bereits seit rund 150 Jahren in Gefangenschaft gehalten werden und früher ebenfalls Vögel in die Freiheit gelangten, kam es erst Ende der 60er-Jahre in England und im nördlichen Mitteleuropa zu den ersten Freilandbruten. In Deutschland breiten sich Halsbandsittiche seit Ende der 60er-Jahre ausgehend von Köln und Wiesbaden aus. Insgesamt leben derzeit in Mitteleuropa (Belgien, Holland, Deutschland, Österreich) rund 1000 Brutpaare. Ebenso hoch schätzt man den Gesamtbestand in den Städten Südenglands ein. In Europa besiedelt die Art vor allem Parks, Gärten und Obstgärten. Offensichtlich vertragen die Vögel Kälte relativ gut, auch harte Winter machen ihnen kaum etwas aus, vorausgesetzt, die Vögel finden ausreichend Nahrung. Sie ernähren sich meist von Körnerfutter, das sie sich an Futterplätzen holen. Dabei bevorzugen sie Meisenknödel, die sie aufgrund ihrer großen Geschicklichkeit anderen Vögeln wegnehmen. Da sie oft in erheblichem Maß Knospen und frische Blätter von Bäumen abbeißen, können sie auch Schaden anrichten. Im Sommer plündern sie Kirsch- und andere Obstbäume, so dass von Obstbauern bereits ihr Abschuss gefordert wurde. In ihrem natürlichen Verbreitungsgebiet sind Halsbandsittiche vielfach gefürchtet, wenn sie in Trupps von mehreren 100 bis über 1000 Vögeln über reife Feldfrüchte herfallen. In ihrer Heimat fressen sie Samen, Beeren, Früchte, Knospen und Blüten.

Obwohl die Vögel sehr gesellig sind, sondern sich die Paare zum Brüten ab. Das balzende Männchen stolziert vor dem Weibchen, das den Darbietungen interessiert zusieht; vor der Kopulation überreicht der Hahn dem Weibchen als Geschenk einen Futterbrocken. Halsbandsittiche sind hauptsächlich Baumhöhlenbrüter vor allem in Laubbäumen, gelegentlich ziehen sie ihre Jungen auch in Gebäuden auf.

Die Art hat sich sehr gut eingelebt. Bei stärkerer Ausbreitung könnte es mit seltenen Höhlenbrütern, wie Steinkauz und Hohltaube, zu Konkurrenz um Nistplätze und dadurch zu einer Gefährdung dieser Arten kommen. Gegen Stare und Dohlen haben Halsbandsittiche an einer Bruthöhle jedoch keine Chance.

Weitere Papageienarten sind inzwischen Brutvögel Europas geworden, so vor allem der **Mönchssittich** (*Myiopsitta monachus*), der in mehreren europäischen Ländern, darunter in Deutschland, brütet; die **Gelbscheitelamazone** (*Amazona ochrocephala*) bereichert seit 1986 die Brutvogelgemeinschaft einige Stuttgarter Parks.

Halsbandsittich *Psittacula krameri* (Scop. 1789)

Größe	= Taube
Maße (cm)	Länge ca. 38–42 / Flügel ca. 42–48
Körpermasse (g)	104–119 (♂)
Stimme	laut und kreischend; Einzelrufe „kri-äk", oft schnell gereiht
Brutzeit	unbekannt
Gelegegröße	3–6
Eifärbung	weiß; glatt, glanzlos
Eimaße (mm)	kurz elliptisch – 30,5 x 23,7
Brutdauer	23 Tage
Nestlingszeit	ca. 7/8 Wochen; nach Ausfliegen noch ca. 3/4 Wochen gefüttert

▸ Alexandersittich

HALSBANDSITTICH, WEIBCHEN AN DER BRUTHÖHLE

WEIBCHEN SCHAUT AUS DER BRUTHÖHLE

HALSBANDSITTICH-MÄNNCHEN

HALSBANDSITTICH, PAAR

Häherkuckuck

Kuckucke sind schlanke Vögel, die auf Bäume in ihrem Lebensraum angewiesen sind. Weniger als die Hälfte der Arten betreibt Brutparasitismus. Als Anpassung daran haben alle jungen Kuckucke (auch bei den nichtparasitierenden Arten) wie junge Sperlingsvögel einen Sperrrachen. Mit den Papageien und Spechten haben sie die Zehenstellung gemeinsam – zwei nach vorne, zwei nach hinten.

Der Häherkuckuck lebt hauptsächlich in Afrika südlich der Sahara. Im Mittelmeerraum ist er von der Iberischen Halbinsel ostwärts bis zum Iran und südwärts bis Oberägypten verbreitet. Spanien beherbergt 98 % des europäischen Bestandes. Die Art bewohnt offene, oft verbuschte Landschaften mit wenigen Bäumen, lichte Kork- und Steineichenwälder, Olivenhaine, Weinberge und hohes Gebüsch. Vielerorts trifft man die Vögel in der Kulturlandschaft an, wenn es dort Bäume oder zumindest Büsche gibt; auch Parks und die Ränder von Dörfern und Städten besiedeln sie, weil dort Elstern, ihre Wirtsvögel, brüten. Geschlossene Wälder meiden sie, auch Gebiete oberhalb von 600 m.

Zur Fortpflanzung ist die Art auf Krähenvögel spezialisiert, gern Elstern und Blauelstern, in deren Nester die Weibchen der Häherkuckucke ihre Eier legen; in Afrika treten auch Glanzstare an diese Stelle. Die Weibchen suchen systematisch in Bäumen nach Nestern, oder sie beobachten die Wirtsvögel. Während das Weibchen innerhalb von wenigen Sekunden sein Ei legt, versucht das Männchen die Wirtsvögel abzulenken und sie möglichst vom Nest fern zu halten. In Elsternester legt das Weibchen meist nur ein oder zwei Eier (hohe Nestdichte bei der Blauelster), die meist viel weiter voneinander entfernt liegenden Krähennester werden häufig mit mehr als zwei Eiern bedacht. In Spanien fand man auch in Gleitaarnestern mehrere Eier des Häherkuckucks.

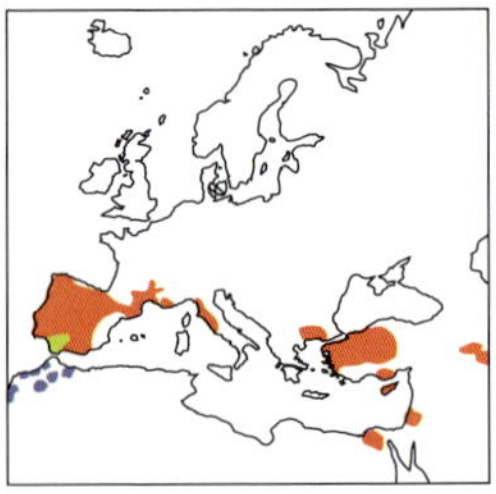

Pro Nest können mehrere Jungkuckucke aufwachsen, da sie in den großen Nestern mehr Platz finden und weil die größeren Wirtsvögel genug Nahrung herbeischaffen können. Überdies fehlt den jungen Häherkuckucken der Trieb, Eier oder Nestlinge hinauszuwerfen. Manche Häherkuckucksweibchen hacken ein oder zwei Eier des Wirtsvogels auf oder entfernen sie ganz, um dem eigenen Nachwuchs bessere Nahrungsbedingungen zu verschaffen. Auch in „gemischten" Nestern haben die Häherkuckucke größere Chancen, weil ihre Eier weniger lang bebrütet werden müssen als die der Wirtsvogelart. Außerdem betteln junge Häherkuckucke intensiver, so dass sie meist zuerst gefüttert werden. Die Jungen der Wirtsvögel haben eine Chance groß zu werden, wenn sie innerhalb von drei Tagen nach dem ersten Häherkuckuck schlüpfen. Im Juni oder Juli ziehen die Altvögel nach Afrika in ihre hauptsächlich südlich der Sahara liegenden Überwinterungsgebiete. Manche überwintern in Südspanien. Die Jungvögel treten die Wanderung erst rund einen Monat später an.

Häherkuckucke ernähren sich vorwiegend von behaarten Raupen, wie den Raupen des Kiefernprozessionsspinners, im Vergleich zum Kuckuck fangen sie aber mehr kleine Eidechsen. Dabei hüpft der Häherkuckuck häufig elsterartig auf dem Boden, oft mit etwas angehobenem Schwanz. Auch das gelegentliche Schwanzschlagen und das Sitzen auf exponierten Warten (mit Schwanzschlagen) erinnert an Elstern.

Der Häherkuckuck ist deutlich größer und langschwänziger als der Kuckuck, aber in der Gestalt (besonders im Flug) recht ähnlich. Typisch ist die aufrichtbare, hellgraue Haube, die manchmal aber nicht zu erkennen ist. Die dunkle Oberseite ist durch weiße Federränder auffällig gefleckt. Die Jungvögel sind kontrastreicher gefärbt mit dunkelbrauner Oberseite und schwärzlichem Oberkopf, die Haube ist kürzer, außerdem haben sie ein großes rostbraun-bronzeschimmerndes Flügelfeld.

Der europäische Bestand ist wohl im Zunehmen begriffen, denn gegen Ende der 70er-Jahre konnten erste Bruten in Griechenland festgestellt werden. Die Bestandsdichte der Art wird weitgehend durch die Elsterdichte und das Angebot an Raupen bestimmt.

Häherkuckuck *Clamator glandarius* (L.)

Größe	= Taube
Maße (cm)	Länge ca. 38–40 (juv. 35), Schwanz 14–18 / Flügel ca. 58–61
Körpermasse (g)	139–210
Stimme	Reviergesang ♂ dumpf, abfallend „ki-u"; raues Keckern „kakakakarrkarr"; auch elsterartiges Schackern; Warnruf krähenartig „krak"
Brutzeit	Ende April
Gelegegröße	6–9 (20)
Eifärbung	blass grünlichblau, dicht mit hellbraunen und grauen Punkten und Flecken übersät; glatt, mäßig glänzend
Eimaße (mm)	elliptisch bis spindelförmig, polwärts verjüngt, am Ende stumpf abgerundet. – 32,1 x 24
Brutdauer	im Wirtsnest (12) 12,5–14 Tage
Nestlingszeit	meist Ausschlüpfen vor ersten Wirtsjungen (bis 7 Tage)

▸ Kuckuck

HÄHERKUCKUCK, ALTVOGEL MIT BEHAARTER RAUPE

ALTVOGEL

JUNGVOGEL IM NEST DER NEBELKRÄHE

ELSTERGELEGE (HELL) MIT EI DES HÄHERKUCKUCKS

Kuckuck

Kaum ein heimischer Vogel bewohnt eine solche Vielfalt an Lebensräumen wie der Kuckuck: von den Dünenlandschaften an der Küste bis zur Baumgrenze im Gebirge. Meist hält er sich in halb offener Landschaft mit Gehölzen und Waldrändern auf, gern auch in Moorgebieten; als scheuer Vogel meidet er jedoch die Nähe des Menschen. In Europa fehlt der im Volksmund auch „Gauch“ genannte Vogel nur auf Island und im höchsten Norden Russlands. Der Kuckuck kommt aber auch von Klein- und Vorderasien bis Kamtschatka und Japan vor und brütet in Südostasien.

Männchen und Weibchen gehen keine längere Paarbindung ein, nicht einmal eine kurzfristige, die mehr als einen Tag dauert, ist belegt. Bekanntlich ist der Kuckuck Brutparasit. Das Weibchen legt seine Eier jeweils einzeln in die Nester bestimmter Singvogelarten. Jedes Kuckucksweibchen produziert zeitlebens Eier eines bestimmten Färbungstyps, die dem Färbungsmuster einer bestimmten Singvogelart entsprechen. Diese Anpassung macht den Kuckuck von seiner Wirtsvogelart abhängig, denn nur sie gewährleistet die erfolgreiche Aufzucht seines Nachwuchses. Kuckuckseier sind größer als die der Wirtsvögel und manchmal auch nicht ähnlich (Beispiel Heckenbraunelle). Die Mehrzahl der Wirtsvögel merkt den Schwindel und entfernt das Fremdei oder gibt die Brut auf.

Haben die Wirtseltern das fremde Ei akzeptiert, haben die eigenen Jungen keine Chance mehr, flügge zu werden. Sobald nämlich der junge Kuckuck geschlüpft ist, schiebt er die Wirtsvogeljungen oder Eier mit seinem Rücken an der Nestwand hoch, um sie mit ruckartigen Bewegungen hinauszuwerfen. Der riesige orangerote Sperrrachen des Jungkuckucks löst bei den Wirtsvögeln einen so starken Fütterungstrieb aus, dass sogar die eigenen Jungen vernachlässigt werden. In Europa kennt man über 100 Vogelarten, die dem Kuckuck nachweislich als Wirt dienen. Häufige Wirtsvögel unter den Kleinvögeln in Mitteleuropa sind zum Beispiel Teich- und Drosselrohrsänger, Haus- und Gartenrotschwanz, Rotkehlchen, Heckenbraunelle, Bachstelze, Grasmücken, Neuntöter oder Zaunkönig. Nach dem Ausfliegen sitzen die Jungkuckucke häufig niedrig auf Zaunpfählen und Büschen und warten auf die Fütterung. Nicht selten sitzt dann der fütternde Wirtsvogel auf dem Kopf des jungen Kuckucks, um ihm das Futter in den Rachen zu stopfen.

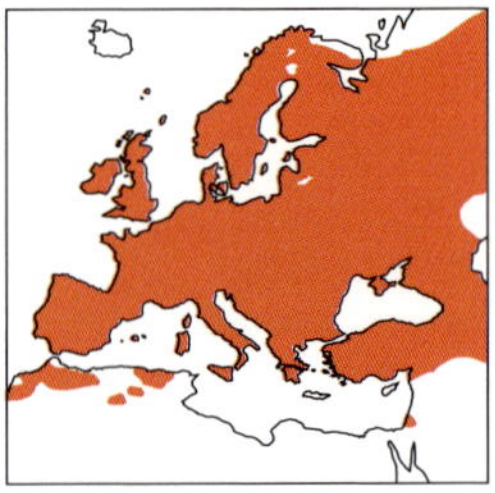

Der Kuckuck ist ein scheuer Vogel, der meist im Flug zu sehen ist und dann etwas an einen Greifvogel oder Falken erinnert. Falken haben aber einen kürzeren Schwanz, die Flügel des Sperbers sind rundlich und nicht spitz; und weder zu Greifvögeln noch zu Falken passen die kraftlos wirkenden, flachen Flügelschläge. Das Männchen ist überwiegend aschgrau, die quergebänderte Unterseite erinnert an einen Sperber. Die ähnlichen Weibchen zeigen einen rostfarbenen Anflug und eine schwache Kehlbänderung. Vor allem die Weibchen, vereinzelt auch die Männchen, kommen in einer selteneren, oberseits rostbraunen Morphe vor, die dem Jugendkleid ähnelt, aber keine weißen Nackenflecken aufweist.

Kuckucke weilen nur von April bis September im mitteleuropäischen Brutgebiet. Ihre Überwinterungsgebiete liegen zum geringeren Teil in Westafrika, die meisten ziehen über den Äquator hinaus. Sie ernähren sich hauptsächlich von behaarten Raupen, daneben von anderen Insekten, wie Heuschrecken, Käfern oder Libellen.

Der allbekannte und weit zu hörende „Kuckucksruf“ ist seiner Funktion nach ein echter Reviergesang; beim Singen sitzt der Kuckuck gewöhnlich hoch auf einem Baum – mit angehobenem Vorderkörper, angehobenem, etwas gefächertem Schwanz und hängenden Flügeln.

Der etwas kleinere und kurzschwänzigere, aber sonst überaus ähnliche **Hopfkuckuck** (*C. saturatus*) ist Brutvogel im äußersten Nordosten Europas mit einem Brutbestand von etwa 5000–10 000 „Paaren“; seine Hauptverbreitung liegt in Asien, wo er in der Taiga bis Kamtschatka, Japan und Südchina vorkommt. In großen Teilen überschneiden sich die Verbreitungsgebiete von Hopfkuckuck und Kuckuck. Von letzterem unterscheidet sich der Hopfkuckuck am ehesten durch die Stimme, die an die des Wiedehopfes erinnert.

Kuckuck *Cuculus canorus* (L.)

Größe	= Taube
Maße (cm)	Länge ca. 32–34 / Flügel ca. 55–65
Körpermasse (g)	115
Stimme	Reviergesang ♂ meist 2-, manchmal 3-silbig; bei Verfolgung ♀ vorher heiseres „hach hach-hach“; ♀ Brutzeit lautes Kichern; Balzruf ♂ „guo guo“; juv. betteln mit „ziii ziii“ oder „sriii sriii“
Brutzeit	Legezeit (Mitte) Ende Mai bis Anfang Juli, selten Anfang Mai
Gelegegröße	Legekapazität 9–22 Eier; pro Wirtsnest 1
Eifärbung	Grundfärbung variiert von weiß bis grau, grün, blau, braun oder rot; rötlichbraun, braun, schwarz, lila und grau gefleckt und gewölkt; Färbung und Zeichnung oft ähnlich wie bei bevorzugten Wirtsvögeln; glatt, leicht glänzend
Eimaße (mm)	spindelförmig – 21,9 x 16,3
Brutdauer	Bebrütungsdauer 11½ bis 12½ Tage (Embryonalentwicklung schon vor Eiablage möglich)
Nestlingszeit	19–24 Tage (wirtsspezifisch verschieden)

▸ Sperber, Turmfalkenweibchen

KUCKUCK, ALTVOGEL DER ROSTBRAUNEN MORPHE

KUCKUCK DER GRAUEN MORPHE IM FLUG

JUNGVOGEL MIT GRAUSCHNÄPPER

KUCKUCKSEI IM GELEGE DES GRAUSCHNÄPPERS

Schleiereule

Alle Eulen sind Beutegreifer, doch die sprichwörtliche nächtliche Lebensweise trifft nicht auf alle Arten zu; einige sind zeitweise oder ganz tagaktiv. Die meisten Arten haben einen großen, runden Kopf mit nach vorne gerichteten, starren Augen; die Unbeweglichkeit der Augen und das damit verbundene eingeschränkte Sehfeld (bei der Schleiereule 160°) wird durch die enorme Drehbarkeit des Kopfes (bis 270°) wieder ausgeglichen. Bei der Jagd hilft den Eulen ihr ausgezeichnetes Gehör, das bei vielen Arten durch einen markanten Gesichtsschleier unterstützt wird, der die Töne wie ein Parabolspiegel verstärkt und zu den Ohröffnungen leitet. Das weiche Gefieder verhilft zu einem fast lautlosen Flug. Die Ohreulen haben auffällige Federohren, die aber mit dem Hören nichts zu tun haben. Eulen würgen unverdauliche Beutereste in Form von Gewöllen aus. Deren Größe, Färbung und Form sowie Inhalt lässt nicht nur auf Artzugehörigkeit und Beutewahl der Eule schließen, sondern erlaubt auch Aussagen zur Verbreitung und Häufigkeit der Beutetiere. Wegen anatomischer Merkmale und Unterschiede im Federkleid, wie des herzförmigen Gesichtsschleiers, werden die Schleiereulen als eigene Familie von den übrigen Eulen abgetrennt; es gibt aber Mischbruten.

Durch ihr charakteristisches Aussehen ist die schlanke, hochbeinige Schleiereule leicht zu bestimmen. Die einzelnen Unterarten – weltweit rund 35 – unterscheiden sich im Grad der Helligkeit, sind aber insgesamt immer noch heller als die anderen Eulen (bis auf die Schnee-Eule). Die weiße oder beigefarbene Unterseite ist ungezeichnet oder fein getüpfelt. Beim typischerweise etwas schaukelnden und ruckartigen Flug hebt sich der Körper mit jedem Flügelschlag. Die Haltung der langen Flügel ist recht steif, beim Gleiten werden sie leicht V-förmig angehoben.

Für die meist nächtliche Jagd bevorzugt die Schleiereule offenes Kulturland mit Hecken und einzelnen Bäumen an Siedlungsrändern. Entscheidend ist neben geeigneten Brut-

möglichkeiten der Zugang zu Nahrung im Winter. Wenn Schnee liegt, muss die Eule in Mitteleuropa in Gebäuden jagen können; deshalb meidet sie Gebiete, in denen es mehr als 40 Tage mit Schnee gibt.

Hauptbeutetiere sind Wühl- und Langschwanzmäuse, wobei oft über 90% auf die Feldmaus entfallen. In Jahren mit geringem Wühlmausvorkommen weicht die Schleiereule auf Spitzmäuse aus, die dann bis zur Hälfte der Nahrung ausmachen können, normalerweise aber nur zu einem Drittel an der Beute beteiligt sind; den Nachteil des schlechteren Geschmacks (wegen der Moschusdrüsen) gleichen die kleinen Insektenfresser durch ihre leichtere Lokalisierbarkeit wieder aus, denn sie zwitschern fast ständig. Seltener werden Vögel oder Eidechsen und große Insekten erbeutet. Die Gewölle der Schleiereule unterscheiden sich von denen anderer Eulen durch einen im frischen Zustand glänzend schwarzen Überzug. Mitteleuropäische Schleiereulen sind in ihrer Reproduktionsrate in hohem Maße von der Häufigkeit der Feldmäuse abhängig.

Die Balz beginnt in Mitteleuropa im März; sie findet ausschließlich nachts statt. Für die Brut und Jungenaufzucht ist die Schleiereule auf ruhige, möglichst größere Innenräume angewiesen. Das sind hauptsächlich Scheunen, aber auch Türme und Ruinen, in Mitteleuropa nur selten (sonst häufiger) Fels- oder Baumhöhlen. Da das Weibchen wie andere Eulen auch vom ersten Ei ab brütet, ist der Größenunterschied bei den Jungen stark ausgeprägt. Die Jungen werden von beiden Altvögeln gefüttert. Sobald sie selbstständig sind, wandern sie in ganz verschiedenen Richtungen vom Brutplatz ab – in Süddeutschland bis 50 km weit, manchmal auch mehr als 100 km. Wenn es die Nahrungssituation erlaubt, sind die Altvögel Standvögel.

Die Schleiereule kommt – mit Ausnahme der Antarktis – auf allen Kontinenten vor. Sie gehört zu den Vogelarten mit dem größten Verbreitungsgebiet. In Europa fehlt sie im Norden, Nordosten und in Gebirgsgegenden. Aus Südschweden sind gelegentliche Bruten bekannt.

Die Art ist vor allem durch die Intensivierung der Landwirtschaft, den Mangel an Nistplätzen und durch Straßenverkehr gefährdet. In den letzten Jahren hat man vielerorts Schleiereulen erfolgreich durch spezielle Nistkästen angesiedelt. Auch Einflugmöglichkeiten an Kirchen und Scheunen sind hilfreich; solche Luken wurden leider oft wegen der Tauben vergittert. Im Winter, wenn die Beutetiere unter dem Schnee unerreichbar sind, überleben oft nur diejenigen Schleiereulen, die in offenen Scheunen Mäuse fangen können.

▸ Sumpfohreule im Flug

Schleiereule *Tyto alba* (Scop.)

Größe	> Taube
Maße (cm)	Länge ca. 33–39 / Flügel ca. 85–93
Körpermasse (g)	290–480
Stimme	Laute schwer unterscheidbar; Revierruf ♂ lang gezogenes Kreischen; Warnruf „kraich kraich"; Abwehr Fauchen und Schnabelkappen; Junge „Bettelschnarchen"
Brutzeit	Mitte April (Ende März); oft 2 Jahresbruten
Gelegegröße	(1–3) 4–7 (9–12, selten – 15)
Eifärbung	kalkweiß; glatt, glanzlos
Eimaße (mm)	lang-spindelförmig bis elliptisch – 39,8 x 30,6
Brutdauer	30–34 (35) Tage
Nestlingszeit	mit (37–) 44 Tagen Herumwandern; Brutplatz wird mit > 60 Tagen verlassen

SCHLEIEREULE, PAAR AUS MITTELEUROPA

MISCHLING AUS HELLER UND DUNKLER FORM

FLÜGGER JUNGVOGEL

GELEGE IM NISTKASTEN

Zwergohreule

Die Zwergohreule brütet in reich gegliederter, möglichst trockener Kulturlandschaft mit extensiver Nutzung. Gehölze mit alten Bäumen, Olivenhaine, Obstgärten und Weinberge müssen vorhanden sein, aber auch Brachland, Hecken und Uferbereiche. Bisweilen kommt die Zwergohreule auch in Gärten und Parks mitten in Siedlungen vor. Tagsüber ruht sie sehr versteckt. Sie ist so perfekt getarnt, dass man sie an ihrem Tageseinstand kaum entdeckt. Die gelben Augen werden in Ruhehaltung geschlossen oder nur einen Spalt breit geöffnet.

Das Brutgebiet erstreckt sich über Nordafrika, das südliche Eurasien bis Indonesien und von Osteuropa bis zum Südende des Baikalsees. In Europa besiedelt die Zwergeule weite Teile Südeuropas, nordwärts kommt sie noch in Nordfrankreich vor. Die Art brütet auch in warmen Gegenden Mitteleuropas, so in der Schweiz, in Österreich, Ungarn und der Slowakei. Während die südlichen Populationen aus Standvögeln bestehen, sind mitteleuropäische Brutvögel Langstreckenzieher, die bis in die Savannengebiete Afrikas wandern. Nur wenige überwintern in Nordafrika, Südspanien oder Südgriechenland.

Wie bei anderen Zugvögeln gibt es auch bei der Zwergohreule das Phänomen der Zugprolongation (Verlängerung) auf dem Heimzug. Die Art erscheint dann wesentlich weiter nördlich der angestammten Brutgebiete: In diesem Jahrhundert hat die Zwergohreule mehrere Male in warmen Gegenden Deutschlands gebrütet; seit einigen Jahren scheint sogar in Nordbayern ein regelmäßiges Brutvorkommen zu bestehen.

Zwergohreulen sind klein und schlank mit Federohren und rindenfarbenem, sehr fein gezeichnetem Tarngefieder, das je nach Morphe braun bis rostbraun (unterseits eher hellgrau) getönt ist. Im Gegensatz zum nur wenig größeren und in ähnlichen Lebensräumen anzutreffenden Steinkauz ist die Zwergohreule rein nachtaktiv, sitzt aufrechter und zeigt einen anderen Gesichtsausdruck; die Federohren können allerdings angelegt werden und sind dann erstaunlich unauffällig. Zwergohreulen sind schnelle, geschickte Flieger. Im Gegensatz zum Steinkauz, der im Flug eine wellenförmige Bahn beschreibt, fliegen sie geradlinig. Meist wird man auf die kleine Eule durch ihren monotonen, oft stundenlangen Reviergesang aufmerksam, den man von April bis Juni hören kann.

Zwergohreulen ernähren sich von großen Insekten, aber auch Spinnen und Regenwürmern, die sie aus dem Boden ziehen; Kleinsäuger, Laubfrösche und Kleinvögel werden ebenfalls erbeutet. Die Eulen jagen von einem niedrigen Ansitz aus und ergreifen die Beute am Boden oder im Gezweig eines Baumes oder Busches. Zwergohreulen sind nachtaktiv und nur ausnahmsweise tagsüber auf Beutejagd. In Siedlungen lebende Zwergohreulen haben sich auf Insekten an Straßenlaternen spezialisiert. Die fast ausschließlich aus Chitinteilen bestehenden Gewölle zerfallen leicht und sind deshalb kaum zu finden.

Die Männchen treffen kurz vor den Weibchen im Brutgebiet ein und wählen ein Revier mit geeigneten Nistmöglichkeiten wie Baum- oder Felshöhlen, aber auch Nischen in Gebäuden. Das Männchen bietet dem Weibchen mehrere Bruthöhlen an; dieses wählt eine davon aus. Das Weibchen brütet so fest auf den Eiern, dass es die Bruthöhle selbst bei Störungen nicht verlässt. Mit 17–19 Tagen können die Jungeulen schon auf einem Ast sitzen; die Futter bringenden Eltern werden nicht nur mit intensiven Bettellauten, sondern auch mit schaukelnden Körperbewegungen (sie treten dabei von einem Fuß auf den anderen) empfangen, um auf sich aufmerksam zu machen.

Der mitteleuropäische Bestand fluktuiert seit längerer Zeit stark, in den letzten Jahrzehnten allerdings mit dramatischem Abwärtstrend. Eine erfreuliche Ausnahme bildet gegenwärtig nur Ungarn. Hauptursachen für den Rückgang sind die Landwirtschaft mit ihrem Gifteinsatz und Lebensraumverlust durch Zerstörung der Streuobstflächen und Intensivierung des Weinanbaus. Auch Verluste im Straßenverkehr und während des Zuges durch Abschuss spielen eine Rolle. Gebietsweise konnte man mit speziellen Nistkästen Erfolge erzielen.

Zwergohreule *Otus scops* (L.)

Größe	< Amsel
Maße (cm)	Länge ca. 19–20 / Flügel ca. 50–54
Körpermasse (g)	77–95
Stimme	Reviergesang ♂ monotone Reihe von 22–27 „djuh" oder „djut"/min (Verwechslungsmöglichkeit mit Sperlingskauz und Geburtshelferkröte, deren „u"-Laute kürzer und plötzlicher folgen); Duettsingen ♂ und ♀; leise Lockrufe, gellende Alarmrufe „guio", „kjuu", „ku-wii"
Brutzeit	Ende April, 1 Jahresbrut
Gelegegröße	(2) 3/4 (5/6)
Eifärbung	weiß; glatt, leicht glänzend
Eimaße (mm)	kurz-elliptisch bis kurz-spindelförmig – 31,3 x 27
Brutdauer	20–31 Tage
Nestlingszeit	21–29 Tage; voll flugfähig ab 33 Tage

▸ Steinkauz

ZWERGOHREULE, ALTVOGEL IM TAGESEINSTAND

ALTVOGEL PERFEKT GETARNT

DUNENJUNGE UND EI

GELEGE IN DER BAUMHÖHLE

Uhu

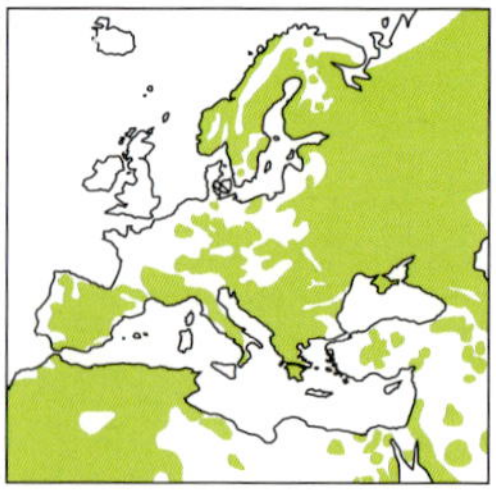

Der Uhu ist die größte Eule der Welt, abgesehen von der deutlich kleineren südlichen Unterart *ascalaphus*. Die Weibchen sind aber viel größer als die Männchen. Die massige, untersetzte Gestalt mit großem Kopf, markanten Federohren und leuchtend orangegelben Augen machen eine Verwechslung mit anderen Vögeln unwahrscheinlich. Außer bei der *ascalaphus*-Unterart ist die Brust stets kräftig dunkel längsgefleckt. Allgemein sind die Uhus in feuchteren Gegenden größer und dunkler als die in trockenen und Wüstengebieten vorkommenden; allerdings ist die Unterart *sibiricus* vom Ural ostwärts ebenfalls sehr hell. Der Flug ist schnell, die langen, relativ breiten Flügel schlagen kraftvoll, aber recht flach und steif.

Durch rücksichtslose Verfolgung und Gifteinsatz war der Uhu im Flachland weitgehend ausgerottet. Im Mittelmeerraum führte die bei den Kaninchen grassierende Myxomatose zu gravierenden Bestandseinbrüchen. Horstbewachung und andere unterstützende Maßnahmen führten ab den 70er-Jahren in vielen europäischen Ländern (Deutschland, Tschechien, Finnland) zu einer deutlichen Erholung der Bestände. In Belgien, Holland und Luxemburg kehrte der Uhu wieder zurück. Gebietsweise war dies auch die Folge von Aussetzungsaktionen mit gezüchteten Vögeln. Deren hohe Sterblichkeit, das Einschleppen von Krankheiten und das Aussetzen von nicht standortangepassten Unterarten lassen solche Aktionen allerdings nicht immer in einem positiven Licht erscheinen.

Die häufigsten Gefährdungsursachen heute sind Kollisionen an Freileitungen sowie der Straßen- und Zugverkehr. In letzter Zeit wird der Uhu auch wieder Ziel menschlicher Jagd- und Eiersammel-Leidenschaft. Gebietsweise lassen die intensive Landwirtschaft sowie Forstarbeiten während der Brutzeit die Zahlen sinken. Häufig sind malerische Brutwände beliebte Kletterziele.

Der Uhu bewohnt in rund 20 Unterarten ein Gebiet, das von Nordafrika nördlich der Sahara über Europa bis zum Ussuri-Fluss, im Süden bis zur Arabischen Halbinsel, Südindien und Südchina reicht. In Europa fehlt die Art großflächig nur im Nordwesten und im hohen Norden Skandinaviens und Russlands. Die Hauptvorkommen in Mitteleuropa liegen in den Alpen und Mittelgebirgen. Der Lebensraum besteht aus offenen Wald- und Steppengebieten mit herausragenden Felswänden, Flussschluchten oder anderen Steilhängen, wie Kies- und Sandgruben oder Steinbrüchen; im Süden bewohnt der Uhu auch Wüsten und Halbwüsten. In Gebäuden brütende Vögel stammen meist aus Wiedereinbürgerungsaktionen. In Mitteleuropa werden zunehmend auch Bodenbruten sowie solche in Baumhöhlen und Greifvogelnestern beobachtet.

Der Uhu ist ein vielseitiger Wirbeltierjäger, der sowohl im Suchflug als auch von einem Ansitz aus jagt. Das Spektrum umfasst Vögel bis Gänsesäger- und Habichtsgröße und Säugetiere bis Hasengröße. Uhus fressen meist das, was am häufigsten vorkommt. Mäuse und Ratten sind oft zu einem Drittel in den Beutelisten enthalten. In den Alpen und in Skandinavien machen Frösche einen relativ hohen Anteil aus. Aas und Fleischreste nimmt der Uhu vorwiegend im Winter. Seine Beute tötet er durch einen Nackenbiss oder durch Kneten mit den kräftigen, krallenbewehrten Fängen. Danach trägt er sie zu seinem Rupfplatz, einen Felsvorsprung oder den starken Ast eines Baumes.

Revierverhalten und Paarbildung kann man bereits im Oktober während der Herbstbalz beobachten; je nach Witterung beginnt die Frühjahrsbalz im Februar oder März. Der für den Uhu geeignete Brutplatz muss störungsfrei sein und einen freien Anflug der Altvögel gewährleisten. Hat sich der Brutplatz als gut geeignet erwiesen, wird er alljährlich wieder benutzt – oft über Jahrzehnte hinweg.

Das brütende Weibchen gibt das Gelege oft bereits nach einer einzigen größeren Störung auf. Wie auch bei anderen Eulen bestreitet das Männchen die Nahrungsversorgung des Weibchens und später der hellgrau bedunten Jungen. Wo es die Umgebung erlaubt, verlassen die noch nicht flugfähigen Jungen mit vier oder fünf Wochen das Nest und klettern in der Nähe herum. Die volle Flugfähigkeit erreichen sie erst mit neun Wochen. Im September oder Oktober wandern die Jungvögel vom elterlichen Revier fort.

Uhu *Bubo bubo* (L.)

Größe	< Gans
Maße (cm)	Länge ca. 60–75 / Flügel ca. 160–188
Körpermasse (g)	1570–4200
Stimme	♂ singt monoton gereiht „buho“ oder „úuo“; ♀ höher, rauer „u-hu“ oder „uh-ju“; im Duett „huhuhu“; Betteln der Jungen „chjüjöö“, weit hörbar
Brutzeit	Mitte März im Süden, Anfang Mai im Norden; 1 Jahresbrut
Gelegegröße	(1) 2–3 (–6)
Eifärbung	weiß; ziemlich glatt, mit feinen Grübchen und leicht glänzend
Eimaße (mm)	kurz-elliptisch bis kurz-spindelförmig – 60 x 49,7
Brutdauer	31–36/37 Tage
Nestlingszeit	verlassen Bodennester mit 22–25 Tagen, Felsbruten und Baumhorste mit 5–7 Wochen

▶ KAUM ZU VERWECHSELN

UHU, PAAR MIT JUNGVOGEL

BRÜTENDES WEIBCHEN

DUNENJUNGES MIT IGELRESTEN

GELEGE

Schnee-Eule

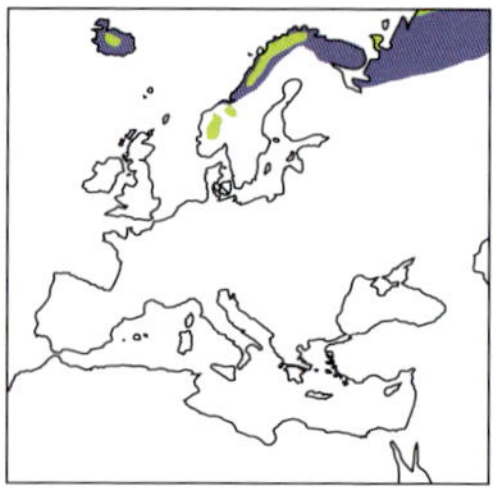

Die fast uhugroße Schnee-Eule ist ein geheimnisumwitterter Vogel, der in stark wechselnder Zahl auftritt, je nachdem ob Lemminge, die Hauptbeutetiere, gerade zahlreich sind oder nicht. Meist sieht man die großen weißen Vögel in den baumlosen alpinen Heiden oder in der Tundra auf einem Erdhügel oder Stein sitzen. Sie führen ein Nomadenleben und wandern oft weit in den nordischen Regionen umher. So wurde ein in Schweden geborener Vogel auf der nordsibirischen Tajmyr-Halbinsel wieder gefunden. In manchen Jahren erscheinen die Eulen bei ihren südwärts gerichteten Wanderungen in Südskandinavien, im Osten im nördlichen Kaspigebiet; in seltenen Fällen gelangen sie auch bis Mitteleuropa, vor allem in die norddeutsche und polnische Tiefebene. Die in Deutschland zu beobachtenden Schnee-Eulen sind häufig Gefangenschaftsflüchtlinge. In den 60er-Jahren überwinterten auf der Nordseeinsel Amrum regelmäßig Schnee-Eulen.

Wie viele tagaktive Vögel in weithin offener Landschaft zeigt auch das Männchen der Schnee-Eule während der Balz einen eindrucksvollen Schauflug. Dabei beschreibt es Bögen, indem es mit ein paar kräftigen Flügelschlägen an Höhe gewinnt und dann mit stark V-förmig angehobenen Flügeln ein Stück abwärts gleitet. Zum Schluß läßt es sich mit steil angehobenen Flügeln zu Boden sinken. Ist ein Weibchen anwesend, folgt auf einer erhöhten Stelle in Brutplatznähe die Bodenbalz: Das Männchen nimmt verschiedene Posen ein, wobei das strahlende Weiß der geöffneten Flügel oft über 1,5 km weit leuchtet. Wenn genügend Beutetiere vorhanden sind, schreiten viele Paare zur Brut; andererseits können in Jahren mit wenig Beutetieren so gut wie alle Bruten ausfallen. 1978 beispielsweise war ein so gutes Lemmingjahr, dass allein im norwegischen Fjäll über 100 Paare brüteten. An einer etwas erhöhten, windgeschützten und schnell ausapernden Stelle scharrt das Weibchen eine flache Mulde; dabei entfernt es mit dem Schnabel störenden Bewuchs, aber auch kleine Steine im Umkreis bis zu 1 m. Die frisch geschlüpften Jungen sind zuerst in ein weißes Dunenkleid gehüllt, das schon bald dem dunkelgrauen Jugendkleid weicht. Mit drei Wochen verlassen sie gewöhnlich das Nest. Ab August wandern Alt- und Jungvögel ab, um erst im März wieder an den Brutplätzen zu erscheinen.

Die Schnee-Eule ist zirkumpolar verbreitet. Sie bewohnt die Arktis Kanadas, Alaskas, Grönlands und Eurasiens und fehlt nur in Gebieten ohne Lemminge. Die südlichsten Brutgebiete in Skandinavien liegen in Südnorwegen in der Hardangervidda; dort brüten Schnee-Eulen noch in über 1300 m Höhe.

Die nahezu weiß befiederten Eulen sind kaum mit anderen Vögeln zu verwechseln, auch wenn Schleiereulen und Sumpfohreulen bei extremen Lichtverhältnissen unterseits manchmal fast weiß wirken können. Während das Männchen höchstens ein paar schwarze Flecken auf den Flügeln aufweist, ist das Gefieder der Weibchen und jungen Männchen schwärzlich gefleckt und gebändert. Trotzdem sind die Vögel in Lebensräumen mit vielen hellen Steinen nur schwer zu entdecken.

Im Flug wirkt die Schnee-Eule durch ihre langen, spitzen Flügel eher wie ein Greifvogel, vor allem bei der Verfolgung von fliegenden Vögeln. Mehrmals auf hoher See ziehend angetroffene Schnee-Eulen flogen nie höher als 5 m, über den Wellentälern legten sie jeweils Gleitstrecken ein.

Schnee-Eulen ernähren sich hauptsächlich von verschiedenen Lemmingarten und verwandten Wühlmäusen sowie anderen Kleinsäugern. Bei Mangel daran weichen sie vielfach auf Vögel aus, vor allem Wasservögel bis Eiderentengröße. Gibt es nur wenig Wasservögel, erbeuten Schnee-Eulen Schneehühner. Die Vögel jagen überwiegend in der Dämmerung, oft auch tagsüber. Das vielseitige Jagdverhalten erinnert stark an das des Uhus, allerdings ist die Ansitzjagd häufiger als der Suchflug; auch Fischfang wurde schon beobachtet. Wegen der stark wechselnden Dichte der Beutetiere legen Schnee-Eulen das ganze Jahr über Nahrungsreserven an. Im Winter verfügen sie über eine so dicke Fettschicht, dass sie auch längere Hungerperioden überstehen können.

Schnee-Eule *Nyctea scandiaca* (L.)

Größe	> Huhn
Maße (cm)	Länge ca. 55–65 / Flügel ca. 142–166
Körpermasse (g)	710–2950
Stimme	Reviergesang ♂ monoton gereiht „chruh" oder „whu" (an Hundegebell erinnernd); ♀ bellen höher, heiser „chsü"; daneben ♀ Schirken und fiepende Bettelrufe; monotones Gackern
Brutzeit	Mitte April (südlich), Mai bis Juni (nördlich); 1 Jahresbrut
Gelegegröße	(3) 4–10 (11), meist 7–9
Eifärbung	weiß; glatt, schwach glänzend
Eimaße (mm)	kurz-elliptisch bis spindelförmig – 57,4 x 45,2
Brutdauer	32–33 Tage
Nestlingszeit	mit 7–14 Tagen erstes Entfernen, mit 18–28 (Mittel 25) Tagen Verlassen des Nestes; Flugversuche mit 35, Streckenflüge mit 40–50 Tagen

▸ KAUM ZU VERWECHSELN

SCHNEE-EULE, MÄNNCHEN BRINGT LEMMING ZUM NEST

JAGENDES MÄNNCHEN

JUNGVOGEL NACH VERLASSEN DES NESTES

WEIBCHEN FÜTTERT DUNENJUNGES

Sperbereule

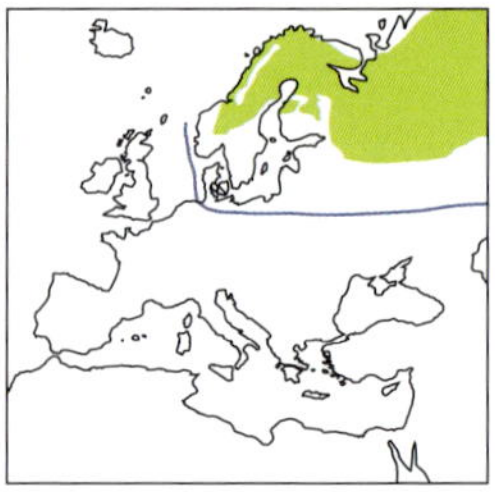

Das Verbreitungsgebiet der Sperbereule reicht in einem Gürtel von Norwegen quer durch die Taiga Eurasiens bis Kamtschatka und Sachalin. Auch in der Taiga Kanadas und Alaskas kommt die Eule vor. Die tagaktive Sperbereule ist auffallend langschwänzig mit gesperberter Unterseite und gelben Augen. In Aussehen und Verhalten erinnert sie an einen Greifvogel. Das Federkleid ist für eine Eule recht kontrastreich grau, weiß und schwarzbraun gefärbt; der weiße Gesichtsschleier ist schräg über den Augen und seitlich schwarzbraun eingerahmt. Die folgenden Merkmale sind eulenuntypisch: Der Flug ist schnell und geradlinig, die Flügel sind spitz, nicht gerundet und schlagen schnell und flach, der Kopf wirkt klein. Das Vorderende ist zugespitzt, dadurch erscheint die Flugsilhouette ebenfalls greifvogelartig. Bei der Jagd rüttelt die Sperbereule sogar gelegentlich. Sie jagt häufig auch bei Sonnenschein. Meist entdeckt man die wenig scheue Eule, wenn sie auf einem Baumwipfel am Waldrand oder auf einem einzeln stehenden Baum auf einem Kahlschlag sitzt und turmfalkenähnlich ruft oder sich gerade anschickt, mit gewandtem „Aufschwung" auf einer Warte zu landen oder diese im Sturzflug zu verlassen. Bei Erregung schlägt die Sperbereule häufig wie der Sperlingskauz mit dem Schwanz; auch in der Reaktion auf Feinde erinnert sie stark an den kleinen Kauz. Menschen, die sich zu nahe an den Nestbereich heranwagen, greift die Eule beherzt an. Deshalb sollte man die gellenden, an Turmfalken erinnernden Warnrufe am Brutplatz unbedingt beachten und sich schnell aus dem näheren Nestbereich zurückziehen.

Bereits im Spätwinter werden die Brutplätze aufgesucht. Für die Brut und Jungenaufzucht wählt die Sperbereule eine natürliche Baumhöhle oder eine Schwarzspechthöhle, oft in einem abgebrochenen Baum, einen Nistkasten für Schellenten oder (seltener) einen alten Greifvogel- oder Krähenhorst. Wie bei anderen Eulen wird kein Nistmaterial eingetragen. Die Eiablage beginnt manchmal bereits Ende März oder Anfang April, wenn noch viel Schnee liegt, findet meist aber erst im Mai statt. Nur das Weibchen brütet. Es legt jeden zweiten Tag ein Ei, beginnt aber mit der Bebrütung bereits beim ersten Ei. Das Männchen versorgt die Partnerin mit Beutetieren, die Übergabe erfolgt anfangs außerhalb des Nestes. Sind die Jungen geschlüpft, fliegt das Männchen in die Höhle ein und übergibt die Beutetiere dort an das Weibchen, das sie in kleine Portionen zerreißt und an die Jungen verfüttert; dabei äußert es zirpende Laute, um die Jungen zur Nahrungsaufnahme zu ermuntern. Anfangs bleibt das Weibchen mit Ausnahme weniger kurzer Pausen tagsüber ständig auf dem Nest, danach besucht es die Jungen nur noch zur Fütterung oder bei Kälteeinbrüchen. Die Jungvögel verlassen das Nest, wenn sie noch nicht flugfähig sind, im Alter von rund 25 Tagen, werden aber noch weitere 7–8 Wochen von den Eltern mit Nahrung versorgt.

Die Größe des Geleges richtet sich nach der Nahrungssituation. Dadurch kommt es zu starken Bestandsschwankungen; in günstigen Zeiten wurden in Skandinavien bis zu zehn Brutpaare pro Quadratkilometer gezählt.

Die Art brütet in der Nadelwaldtaiga und im Fjällbirkenwald bis zur Baumgrenze. Sie bevorzugt lichte Waldlandschaften, die von Mooren und Lichtungen, auch Kahlschlägen, durchsetzt sind. In Sibirien besteht der Lebensraum aus lichten Lärchen- und Zirbelkieferwäldern. Sperbereulen sind Nomaden, immer auf der Suche nach Mäusen. Im Herbst kommt es nach guten Wühlmausjahren manchmal zu invasionsartigen Wanderungen in südlicher Richtung: So drang die Art 1983 sogar bis Schottland und Deutschland vor, im Frühjahr 1984 brüteten dann ungewöhnlich viele (über 100) Sperbereulen in Mittelschweden, weit südlich der normalen Südgrenze. Mit einer Strecke von 1800 km legte eine finnische Sperbereule die weiteste Wanderung nach Nordrussland zurück.

Das Beutespektrum enthält Wühlmäuse wie Erd- und Rötelmäuse, Lemminge und Schermäuse sowie andere Kleinsäuger; vor allem im Winterhalbjahr bereichern kleine und mittelgroße Vögel bis zur Größe eines Moorschneehuhns den Speisezettel. In ihrem Jagdverhalten erinnert die Sperbereule an den Waldkauz. Wie dieser jagt sie von einer erhöhten Warte aus oder in niedrigem Suchflug, oft stößt sie wie ein Turmfalke aus dem Rütteln heraus auf eine Maus herab. Vögel ergreift sie sowohl auf dem Boden als auch in der Luft.

▸ Sperber

Sperbereule *Surnia ulula* (L.)

Größe	= Huhn
Maße (cm)	Länge ca. 36–41 / Flügel ca. 74–81
Körpermasse (g)	215–592
Stimme	Reviergesang ♂ klangvolle Triller, vibrierendes Rollen (ähnelt Birkhahnkullern); bei Erregung kurze Triller „kiiiiiri"; auch „Wiehern" sowie kreischende Laute
Brutzeit	April; 1, in guten Nahrungsgebieten 2 Jahresbruten möglich
Gelegegröße	3–13
Eifärbung	weiß; glatt, glänzend
Eimaße (mm)	kurz-elliptisch bis kurz-spindelförmig – 40 x 31,8
Brutdauer	25–30 Tage
Nestlingszeit	mit 23–30 Tagen noch flugunfähig, verlassen das Nest; mit 5–6 Wochen flugfähig

SPERBEREULE, UNTERSEITE WIE BEIM SPERBER QUERGEBÄNDERT

... BEIM ABFLUG VON DER WARTE

SPERBEREULE AUF DER WARTE

ÄSTLING

Sperlingskauz

Mit seiner geringen Größe, dem relativ kleinen, flachen Kopf und den kleinen gelben Augen ist der Sperlingskauz kaum zu verwechseln. Meist wird man auf ihn durch seine Lautäußerungen, den rhythmischen Reviergesang oder die vorwiegend im Herbst geäußerte „Tonleiter", aufmerksam. Besonders zur Brutzeit und im Winter ist der sonst dämmerungsaktive Kauz auch am Tage zu sehen; häufig sitzt er auf einer Fichtenspitze, wobei er den Kopf schnell dreht und ruckartige seitliche und vertikale Schwanzbewegungen ausführt. Auf dem Hinterkopf befindet sich ein gesichtartiges Muster, das den Kauz vor Angriffen von hinten schützen soll. Bei Gefahr nimmt er oft eine Tarnstellung mit eng angelegtem Gefieder ein. Der Flug ist tief bogenförmig wie bei einem Specht.

Obwohl der Sperlingskauz ein geschickter Kleinvogeljäger ist, bevorzugt er als Beute Kleinsäuger wie Rötel-, Erd- und Waldmäuse; bei Mangel an Mäusen und Vögeln weicht er auf Spitzmäuse aus. Kleinvögel fängt er besonders im Winter, wenn die Mäuse unter dem Schnee unerreichbar sind. In Skandinavien und in den Alpen besucht der Sperlingskauz auch Kleinvogelfütterungen, die nicht zu weit vom Wald entfernt an Siedlungsrändern liegen; hierhin dehnt er sogar sein Revier bis zum Ende der Schneeperiode aus.

Das Verbreitungsgebiet der Art erstreckt sich über den Nadelwaldgürtel Eurasiens von Südskandinavien bis Sachalin. In Europa lebt die Kleineule auch in Ostfrankreich, in den Alpen, Mittelgebirgen und Karpaten. Sperlingskäuze brüten in aufgelockerten, hochstämmigen Nadel- und Mischwäldern, häufig am Rand von kleinen Mooren und Lichtungen. In Mitteleuropa besiedeln sie meist die höheren Lagen der Mittelgebirge und Gebirge, kommen aber auch im Tiefland vor – im ostpolnischen Urwald von Bialowieza sogar unter

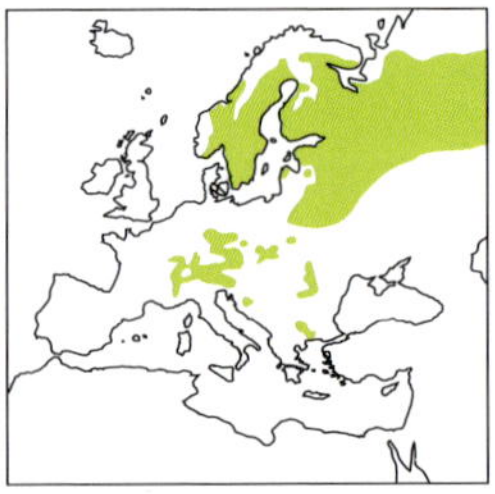

200 m Höhe. In letzter Zeit wurden in Deutschland mehrere Vorkommen der Kleineule in den Forsten um die Städte Nürnberg und München entdeckt. Es bleibt abzuwarten, ob diese Populationen stabil sind oder möglicherweise nach einer Reihe von ungünstigen Jahren wieder verschwinden.

Als Brutplatz wählt der Sperlingskauz häufig einen Nadelbaum mit mehreren Höhlen, es gibt aber auch Bruten in Laubbäumen, wie Eichen, in Nordeuropa auch in Zitterpappeln. Die Paare benutzen oft mehrere Jahre hintereinander dieselbe Höhle, wenn sie sich als gut geeignet erwiesen hat. Nur das Weibchen brütet, wird aber vom Männchen gefüttert. Es kündigt sich mit weichen Rufen an, worauf das Weibchen aus der Höhle kommt und auf einem speziellen Übergabeplatz die Beute in Empfang nimmt.

Obwohl er auf der Beuteliste des Raufußkauzes steht, brütet der Sperlingskauz manchmal recht nah neben seinem Feind. Er entgeht ihm unter anderem dadurch, dass er früher am Abend beziehungsweise später am Morgen aktiv wird. Eine beliebte Nachweismethode für den Sperlingskauz, das Anlocken mittels vorgespielter Reviergesänge, bedeutet für den Kauz nicht nur eine Störung, sondern auch eine Gefährdung: In seiner erregten Suche nach dem Rivalen vergisst er oft die nötige Vorsicht und wird so zur leichten Beute seiner Feinde. Weitere Gefährdungsursachen sind die in Forsten durchgeführten Mäusevergiftungsaktionen, Forstarbeiten und andere Störungen zur Brutzeit sowie das Verschwinden von Altholzinseln in den Forsten.

Im Gegensatz zum Raufußkauz zieht der Sperlingskauz nur selten seine Jungen in einer Kunsthöhle auf. Das mag einerseits daran liegen, dass im Sperlingskauzrevier meist kein Mangel an Buntspecht- beziehungsweise Dreizehenspecht-Höhlen herrscht. Andererseits legen Untersuchungen aus Finnland nahe, dass die Dicke der Höhlenfrontseite eine entscheidende Rolle bei der Höhlenwahl spielt. Die Käuze bevorzugten Höhlen, in denen das Flugloch gerade und mindestens 5 cm tief ins Holz gehackt war, bevor es in die eigentliche Höhle mündet. Als man diese Erkenntnisse beim Nistkastenbau berücksichtigte, brüteten gebietsweise Sperlingskäuze auch in Kunsthöhlen.

Die Eier liegen auf einer rund einen Zentimeter dicken Schicht von Beutetierresten, die das Gelege vor Auskühlung schützt. Im Laufe der Jungenaufzucht säubert das Weibchen regelmäßig die Höhle, wodurch sich eine ansehnliche Menge von Auswurfmaterial (Gewölle, Eischalenstücke und Beutetierreste) am Fuße des Höhlenbaumes ansammelt und dem Kundigen die geglückte Brut verrät.

▸ Raufusskauz, Steinkauz

Sperlingskauz *Glaucidium passerinum* (L.)

Größe	> Sperling
Maße (cm)	Länge ca. 16–18 / Flügel ca. 34–36
Körpermasse (g)	50–77
Stimme	♀ höher als ♂; Reviergesang monoton „djü djü djü…"; Rufreihe mit steigender Tonhöhe („Tonleiter") vor allem bei Revier(neu)abgrenzung; Lockrufe „düö" und „dji"
Brutzeit	im Süden März, nördl. später, bis Ende April oder Mai; 1 Jahresbrut
Gelegegröße	3–7 (8/9)
Eifärbung	weiß; nicht allzu glatt und mit Kalkprotuberanzen; schwach glänzend
Eimaße (mm)	kurz-elliptisch bis kurz-spindelförmig – 28,8 x 22,8
Brutdauer	28–29 Tage
Nestlingszeit	verlassen Höhle mit (28) 30–34 Tagen; Führungszeit ca. 4 Wochen

SPERLINGSKAUZ, ALTVOGEL

ALTVOGEL WACHT IN NESTNÄHE

FLÜGGER JUNGVOGEL

JUNGVOGEL MUSTERT DIE HÖHLENUMGEBUNG

Steinkauz

Der Steinkauz bewohnt in über zehn Unterarten ein Gebiet, das sich über Eurasien und Afrika nördlich der Sahara bis China sowie in einem südlichen Ausläufer über die Arabische Halbinsel erstreckt. In Europa reicht seine Verbreitung im Norden bis Nordengland (dort ist die Art im 19. Jahrhundert eingebürgert worden), Dänemark und Lettland. In Mitteleuropa kommt die Art fast nur in den unbewaldeten Tieflagen bis höchstens 600 m vor.

Der Steinkauz lebt in offener Landschaft, gern in abwechslungsreichen, extensiv genutzten Wiesenlandschaften mit eingestreuten Bäumen oder Baumreihen und mit Kopfweiden oder alten Obstbäumen. Er bewohnt aber auch Dünengelände und Steilküsten. Durch Lebensraumveränderungen in den letzten 30 Jahren hat die Art in Mitteleuropa gebietsweise katastrophale Bestandseinbrüche erlitten. Dagegen sind die kleinen Käuze in den Mittelmeerländern weit verbreitet und vielfach häufig.

Um den Verlust von natürlichen Brutgelegenheiten, wie Kopfweiden, alten Obstbäumen oder alten Scheunen, auszugleichen, hat man vielerorts Hilfsprogramme für den Steinkauz entwickelt: Erhaltung und Förderung von Streuobstwiesen, Kopfweidenpflege, Extensivierung der Landwirtschaft sowie Anbringen von speziellen Niströhren. Dadurch konnte gebietsweise das Aussterben der Art verhindert werden. Lokal haben sich die Bestände sogar etwas erholt, doch ist die Gesamtsituation in Mitteleuropa immer noch Besorgnis erregend.

Der kleine, gedrungene Steinkauz sitzt häufig auch am Tage auf Zaunpfählen oder anderen niedrigen Warten. Die bei Eulen deutlichen Größenunterschiede der Geschlechter sind nur gering. Typisch sind der flache Oberkopf und die großen, gelben Augen, die dem Gesicht zusammen mit den weißen Überaugenstreifen („Augenbrauen“) einen charakteristischen „mürrischen“ Gesichtsausdruck verleihen. Die

Oberseite ist bei den nördlichen Formen braun mit weißen Tupfen. Innerhalb des Verbreitungsareals nimmt die Intensität der Färbung nach Norden und Westen hin zu, manche südliche Unterarten sind sehr hell sandfarben und blaß. Die Verwechslungsmöglichkeiten sind aber nur gering: Während die hellen südlichen Formen unverwechselbar sind, könnten am Waldrand fliegende Steinkäuze in Mitteleuropa mit Sperlings- oder Raufußkauz verwechselt werden; doch die beiden Vergleichsarten sind ausgeprägte Waldeulen. Mit seinen langen, weißbefiederten Beinen kann der Steinkauz geschickt auf dem Boden laufen und sogar hüpfen. Bei Erregung steht er aufrecht und knickst mit seinem kurzen Schwanz.

Die Balz der Kleineule beginnt meist im März. Die Paare bleiben dauerhaft zusammen und halten am einmal gewählten und als geeignet erachteten Brutplatz fest. Neben geräumigen Baumhöhlen können auch Nischen in alten Gebäuden oder, vor allem im Süden, Steinhaufen und sogar Kaninchen- und Zieselbaue bezogen werden. Das Weibchen brütet allein und wird vom Männchen mit Beutetieren versorgt; trotzdem jagt das Weibchen zwischendurch auch selbst, besonders, wenn das Männchen zu wenig Nahrung heranschafft. Da manche Weibchen nach Ablage des ersten Eies zu brüten beginnen, andere erst auf dem Vollgelege, schlüpft ein Teil der Steinkauzgeschwister nahezu gleichzeitig, während andere Junge im Intervall des Legeabstandes zur Welt kommen.

Der Steinkauz ist ein ausgesprochener Standvogel, der ganzjährig meist in seinem angestammten Brutgebiet bleibt. Die Jungeulen streifen auf der Suche nach einem Brutrevier etwas umher und siedeln sich nach ihrer Geschlechtsreife im Alter von etwa 9 Monaten meist in der Nähe ihres Geburtsortes an. Sie entfernen sich nur selten mehr als 50 km. Dennoch unternehmen einzelne Vögel, vorwiegend Weibchen, weitere Wanderungen, die sie bereits nach Helgoland oder Finnland geführt haben.

Im nördlichen Teil des Verbreitungsgebietes, also in Mitteleuropa, spielen Mäuse, vor allem Feld- und Waldmäuse, eine große Rolle. Daneben werden gern Kleinvögel erbeutet; besonders im Sommerhalbjahr stehen auch Regenwürmer und große Insekten auf dem Speisezettel. Die Jungen werden vor allem mit Insekten, aber auch mit Spinnen und Regenwürmern gefüttert. In der Art des Beuteerwerbs ist der Kauz recht flexibel: Er betreibt Ansitzjagd, Jagd aus niedrigem Suchflug heraus und pirscht „zu Fuß“, um Regenwürmer und Insekten aufzuspüren. Vögel oder Insekten ergreift er gelegentlich auch im Flug.

► Raufusskauz, Sperlingskauz

Steinkauz *Athene noctua* (Scop.)

Größe	< Taube
Maße (cm)	Länge ca. 21–23 / Flügel ca. 50–56
Körpermasse (g)	120–265
Stimme	Lockruf „huui“ oder „ghu(k)“, monoton gereiht, am Ende zum Teil erregtes „guhat“ oder „kwiau“ und gellende Rufe; Warnruf kurz „kja“, „kju“; Ärger leise „schrie“
Brutzeit	Ende April/Anfang Mai, selten Mitte März; meist 1, manchmal 2 Jahresbruten
Gelegegröße	3–5 (6/7)
Eifärbung	weiß; feinkörnig, schwach glänzend
Eimaße (mm)	kurz-elliptisch bis rundlich – 33,6 x 28,1
Brutdauer	22 – > 30 Tage
Nestlingszeit	verlassen Höhle mit etwa 35 Tagen; erstes Fliegen mit 38–46 Tagen

STEINKAUZ VOR SEINER BRUTHÖHLE

AUF DEM RUHEPLATZ

ALTVOGEL, NICHT GANZ AUSGEFÄRBT

JUNGVOGEL IN DER BRUTHÖHLE

Waldkauz

Das „Käuzchen", wie der Waldkauz im Volksmund heißt, ist in Mitteleuropa nicht nur die häufigste Eule, sondern zeigt sich auch am ehesten in Siedlungen. In vielen Parks kann man ihn mit zu Schlitzen verengten Augen vor seiner Baumhöhle in der Sonne dösen sehen. Nicht selten wird er dann von Kleinvögeln, die auf seiner Beuteliste stehen, mit heftigem Gezeter „beschimpft". Man erkennt den Waldkauz am großen, runden Kopf und an den großen, runden Augen. Er tritt in zwei Färbungsvarianten auf, einer rindenfarbig grauen und einer selteneren rotbraunen. In Fernsehkrimis wird der Reviergesang des Männchens, ein klagendes „huuu-huhuhu-huu", häufig eingespielt, um Spannung oder Gruselstimmung zu erzeugen.

Waldkäuze jagen von einem Ansitz aus oder im Suchflug. Mit Hilfe ihres feinen Gehörs können sie ein Beutetier auf über 100 m Entfernung genau orten. Der Waldkauz ist in seiner Nahrungswahl sehr vielseitig. Die Zusammensetzung der Nahrung variiert je nach Lebensraum und Häufigkeit der Beutetiere. Kleine Säugetiere und Vögel bis zu 300 g Gewicht führen die Nahrungsliste an, gelegentlich nimmt der Kauz auch Frösche und Kröten, sogar Regenwürmer und Käfer. Obwohl er sich hauptsächlich von Mäusen, vor allem Feld- und Waldmäusen, ernährt, kann sich der Waldkauz in strengen Wintern fast völlig auf Vogelnahrung umstellen und dadurch Kälteperioden besser überbrücken als ein spezialisierter Mäusejäger. Die an einem Waldkauz-Brutplatz in der Nähe von Berlin über mehrere Jahre gesammelten Beutereste stammten von 66 verschiedenen Vogelarten.

Die insgesamt in elf Unterarten vorkommenden Waldkäuze werden in zwei Gruppen unterteilt: Das Areal der westlichen Gruppe umfasst Nordafrika und Europa bis Westsibirien und bis zum Iran, das Brutgebiet der östlichen Gruppe

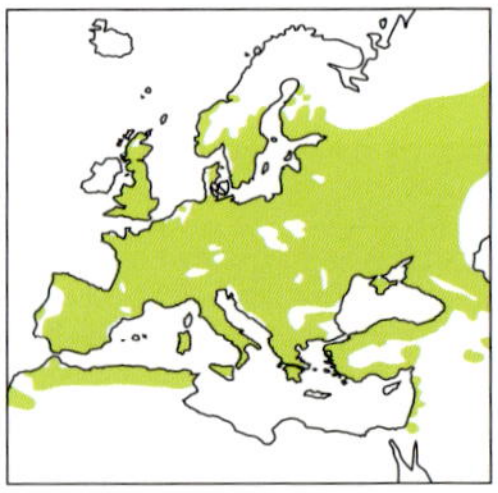

reicht von Südrussland über Afghanistan bis Korea und China. In Europa ist der Waldkauz fast überall heimisch, nur im Norden von Skandinavien, Finnland und Russland sowie auf Island und Irland fehlt er. In den Alpen kommt er bis 1600 m Höhe, gebietsweise mitunter bis 1800 m vor.

Waldkäuze bevorzugen als Lebensraum älteren Laubwald, bei entsprechendem Anteil von großen Laubbäumen erreichen sie auch in Mischwäldern höhere Bestandsdichten. In Gebirgswäldern gehen sie so hoch, wie auch die Buche vorkommt, dagegen besiedeln sie Fichtenwälder höchstens am Rand. Freiflächen, wie Lichtungen, Kahlschläge und Gewässerufer, benötigen sie zum Fang ihrer Beutetiere. Waldkäuze sind ausgesprochene Standvögel, die über viele Jahre hinweg ihrem Revier treu bleiben.

Waldkäuze leben in Dauerehe. Bereits im Herbst hört man den Reviergesang des Männchens, er verstummt erst im zeitigen Frühjahr, wenn die Brutzeit beginnt. Für die Jungenaufzucht wählt das Weibchen eine geräumige Baumhöhle, seltener einen Nistkasten oder einen ruhigen Schlupfwinkel in einem Gebäude; manchmal werden auch alte Greifvogel- oder Krähennester bezogen.

Die Annäherung an einen Waldkauz-Nistplatz ist auch für Menschen ziemlich riskant, denn die Käuze verteidigen ihre Brut beherzt. Ihre Angriffsflüge richten sie meist gegen den Kopf. Der berühmte englische Vogelforscher Eric Hosking verlor durch die Attacke eines Waldkauzes ein Auge.

Die Bestände des Waldkauzes in Mitteleuropa sind weitgehend stabil. In vielen Gegenden Deutschlands ist er die häufigste Eule, trotzdem können in harten Wintern oder mäusearmen Frühjahren größere Verluste entstehen. Neben Feinden, wie Habicht und Uhu, aber auch den beiden Marderarten, werden viele Vorkommen durch Fällen der Brutbäume oder andere Lebensraumveränderungen beeinträchtigt. Gebietsweise sind Verluste im Straßen- und Schienenverkehr, an Freileitungen sowie in Kaminen und Lüftungsschächten gravierend. In manchen Gegenden konnte man dem Kauz durch Ausbringen von Nistkästen wirkungsvoll helfen. Diese Maßnahmen sollten jedoch nur dort erfolgen, wo Raufuß- und Sperlingskauz nicht vorkommen, denn sie sind willkommene Beute für den Waldkauz.

Waldkauz *Strix aluco* (L.)

Größe	< Huhn
Maße (cm)	Länge ca. 37–39 / Flügel ca. 94–104
Körpermasse (g)	385–660
Stimme	reichhaltiges Lautinventar von ♂ oder ♀; Reviergesang ♂ „huhuhu-huu"; häufigster Ruf ♀ „kuit"; Warnruf bellend „uett"; harte „kuvitt"-Rufe im Herbst als Strophen („Herbstlied")
Brutzeit	Mitte März (manchmal schon Feb.); 1, mitunter 2 Jahresbruten
Gelegegröße	2–6 (9), meist 3–5
Eifärbung	weiß; glatt, schwach glänzend, gelgentlich mit kleinen Kalkprotuberanzen und Längsrillen
Eimaße (mm)	kurz-elliptisch bis rundlich – 48,2 x 38,7
Brutdauer	28–29 (30) Tage pro Ei
Nestlingszeit	verlassen Nest mit 29–35 Tagen (noch nicht flugfähig); gut flugfähig mit (6) 7 Wochen

► Habichtskauz, Waldohreule

WALDKAUZ, GRAUE VARIANTE IM TAGESEINSTAND

WALDKAUZ, ROTBRAUNE VARIANTE

FLÜGGER JUNGVOGEL

DUNENJUNGE

Habichtskauz

Der Habichtskauz ist in etwa zehn Unterarten über den Norden der Alten Welt verbreitet. Die Nordgrenze seines Vorkommens wird durch die Länge der Vegetationsperiode bestimmt, denn von der Eiablage bis zum Selbstständigwerden der Jungen vergehen rund fünf Monate. Das Verbreitungsgebiet reicht in Eurasien von Südnorwegen und Schweden durch den Taigagürtel bis Ostsibirien und Japan; in Europa erstreckt sich das geschlossene Vorkommen im Süden bis zum Baltikum und bis Nordostpolen. Im östlichen Mitteleuropa (Tschechien, Slowakei; Südpolen und Ungarn) sowie in Südosteuropa gibt es reliktartige Vorkommen. In Ostbayern wurden einige Paare ausgesetzt. In den Karpaten soll die Art noch zahlreich brüten.

Der Habichtskauz ist deutlich größer und langschwänziger als der Waldkauz, die Augen sind im Verhältnis kleiner, die Färbung ist heller. Das Weibchen ist deutlich größer als das Männchen und erreicht fast die Größe des Bartkauzes. Im Flug erinnert der Kauz etwas an einen hellen Mäusebussard, er ist jedoch langschwänziger und fliegt mit erheblich tieferen Flügelschlägen.

In Mitteleuropa bewohnt der Habichtskauz strukturreiche Mischwälder mit hohem Altholzanteil sowie Lichtungen und Kahlschläge, bevorzugt zwischen 800 und 1000 m Höhe. In Gebieten, in denen Habichts- und Waldkauz gemeinsam vorkommen, tendiert der Habichtskauz mehr zum Nadelwald, obwohl er in den Gebirgen Südosteuropas sogar in reinen Buchenwäldern lebt. In Nordeuropa bewohnt die Art die Nadelwaldtaiga mit anschließenden Mooren oder Kahlschlägen. In Sibirien wurde sie schon in innerstädtischen Parkanlagen festgestellt.

Der Habichtskauz brütet in der Taiga natürlicherweise in von Stürmen abgebrochenen Bäumen, vielerorts (in Mittel- und Nordeuropa) auch in Nistkästen. Die ursprünglichen Niststätten der mitteleuropäischen Habichtskäuze sind Greifvogelhorste, nur selten große Baumhöhlen. Gern übernimmt der Kauz alte Habichtshorste; hier „passt" auch die nähere Umgebung, denn der Habicht nistet gleichfalls mit Vorliebe in lichtem Altholz.

Kaum eine andere Eule ist bei der Verteidigung der Brut so angriffslustig wie der Habichtskauz. Das kommt auch in seinem schwedischen Namen „slaguggla" – Schlageule – zum Ausdruck.

Das Beutespektrum des Habichtskauzes ist ähnlich vielseitig wie das des Waldkauzes. Allerdings spielen Wühlmäuse (in Skandinavien vorwiegend Erd- und Schermaus) eine größere Rolle. Zudem ist der Kauz mehr von deren Verfügbarkeit abhängig: In schlechten Wühlmausjahren schreitet die Art nicht zur Brut. Neben Mäusen stehen auch Eichhörnchen und Spitzmäuse sowie Vögel bis zur Größe eines Birkhuhns auf der Liste, gelegentlich Frösche und Insekten. Auch seine Jagdmethode (Ansitzjagd) erinnert an die des kleineren Verwandten, allerdings jagt der Habichtskauz eher in offenem Gelände.

Der Habichtskauz ist bereits seit den 20er-Jahren aufgrund von Nachstellungen und Lebensraumveränderungen im westlichen Mitteleuropa ausgestorben. Seit rund zwei Jahrzehnten bemüht man sich um die Wiedereinbürgerung der Art im Bayerischen Wald. Nach anfänglichen Fehlschlägen fand 1989 eine erfolgreiche Freilandbrut statt. Ein Fortbestand wird aber nur dann Erfolg haben, wenn es hier auch weiterhin größere Offengebiete gibt. Denn wahrscheinlich haben erst die vom Menschen geschaffenen und extensiv genutzten Offengebiete die Lebensmöglichkeiten für den Kauz in diesem Grenzgebiet entscheidend verbessert.

In Skandinavien sind die Habichtskauzbestände weitgehend stabil und gebietsweise im Anwachsen begriffen. Allerdings sind Bestandsangaben bei Naturhöhlenbrütern nicht so genau, denn die Brutpaare entziehen sich durch ihr unauffälliges Verhalten häufig der Kartierung. In Skandinavien und vor allem Nordrussland verunglücken die meisten Habichtskäuze an stromführenden Leitungen. Außerdem sind die Bestände weiterhin durch Abholzungen der Primärwälder stark bedroht; trotzdem ist der Habichtskauz in den letzten Jahrzehnten in weiten Teilen des nördlichen Europa häufiger geworden. Als Gründe hierfür vermutet man die vielen Kahlschläge, die dem Kauz günstige Jagdmöglichkeiten schufen, aber auch das Anbringen von Nistkästen, mit deren Hilfe gebietsweise eine enorme Bestandsstärkung erzielt werden konnte. So finden beispielsweise in vielen Gebieten Finnlands die meisten Bruten in Kunsthöhlen statt.

Habichtskauz *Strix uralensis* PALL. 1771

Größe	= Huhn
Maße (cm)	Länge ca. 58–62 / Flügel ca. 124–134
Körpermasse (g)	503–1307
Stimme	Reviergesang ♂ rhythmisch dumpf „huh"; Revierruf ♀ ähnlich, krächzend (erinnert an Graureiher); aggressives Bellen wie „wau wau"; „Herbstgesang" schnalzend „koräh"
Brutzeit	Mitte März bis Anfang Mai, 1 Jahresbrut
Gelegegröße	(1–) 3–4 (–6)
Eifärbung	weiß; grobe Schalentextur mit Kalkprotuberanzen und Längsrillen
Eimaße (mm)	rundlich – 51,3 x 42,7
Brutdauer	28 Tage
Nestlingszeit	34–35 (37) Tage

▸ WALDKAUZ, BARTKAUZ

HABICHTSKAUZ, ALTVOGEL IM TAGESEINSTAND

HABICHTSKAUZ IM FLUG

ALTVOGEL

ÄSTLING

Bartkauz

Der Bartkauz ist fast so groß wie ein Uhu, erreicht aber nur die Hälfte von dessen Gewicht. Durch die lockere Befiederung von Kopf und Rumpf und den großen Kopf wirkt er trotzdem stattlich. Durch sein markantes Gesicht ist der Bartkauz unverwechselbar: Im fast runden Gesichtsschleier fallen die dunklen, jahresringähnlichen Linien auf, die stechend gelben Augen sind ungewöhnlich klein. Wie beim Habicht befähigt der lange Schwanz zu wendigem Flug zwischen den Bäumen. Der Flug wirkt majestätisch, die langsamen, tiefen Flügelschläge werden oft durch längere Gleitstrecken unterbrochen.

Der Bartkauz bewohnt die Taiga Eurasiens von Nordskandinavien bis Sachalin sowie Nordamerikas von Alaska in südöstlicher Richtung quer durch Kanada bis in die Höhe des 40. Breitengrades in den USA. Die Nordgrenze seines Areals entspricht dem Vorkommen hochstämmiger Wälder. In Europa ist der Bartkauz Brutvogel in Nordrussland, Finnland, Schweden (regelmäßig nur im Nordosten) und Nordnorwegen; aus dem 19. Jahrhundert gibt es auch Nachweise aus Mittelnorwegen. Südwärts reicht das Brutvorkommen bis zum Baltikum (Lettland), nach Weißrussland und zur Ukraine. Möglicherweise brütet die Art auch regelmäßig in Ostpolen.

Die europäische Verbreitung ist noch recht unzureichend bekannt. Ein Grund kann sein, dass der Bestand je nach Beutetiervorkommen von Jahr zu Jahr stark schwankt. In schlechten Mäusejahren kommt es zu süd- und westwärts gerichteten Wanderungen der nordrussischen Populationen, die oft zu vermehrten Bruten in Finnland (dann über 1500 Bruten) führen. Rückgang von großen Greifvögeln (Habicht), Rodung von Primärwäldern und Nachstellungen durch den Menschen (vor allem in Russland) sind die wichtigsten Gefährdungsursachen für den imposanten Kauz.

Bartkauz *Strix nebulosa* J. R. FOSTER 1772

Größe	= Huhn
Maße (cm)	Länge ca. 64–70 / Flügel ca. 134–158
Körpermasse (g)	660–1900
Stimme	Reviergesang ♂ dumpfe Strophen „ho-ho-hode…“, gegen Ende etwas rascher (schwächer als Habichtskauz); Gesang ♀ selten, rauer; ♂ Brutzeit „kjekjekje“; Standortlaute Junge schrill „oooih“
Brutzeit	Mitte April, 1 Jahresbrut
Gelegegröße	1–7 (9), meist 3–6
Eifärbung	weiß; glatt, schwach glänzend
Eimaße (mm)	spindelförmig, weniger rundlich als die der meisten Eulen – 54,1 x 42,5
Brutdauer	28–30 Tage
Nestlingszeit	verlassen Horst mit 20–30 Tagen, vor Flugfähigkeit; frühestens flugfähig mit 5–6 Wochen

Den Lebensraum bildet die von Mooren und Lichtungen, aber auch Kahlschlägen durchzogene Taiga aus dichtem Fichten- oder Kiefernwald, der mit Birken durchsetzt ist. Vielfach halten sich die Käuze auch im Winter im Bereich des Brutplatzes auf, es sei denn, Nahrungsknappheit zwingt sie zum Abwandern. Von Jungvögeln sind Wanderungen bis 1000 km bekannt.

Ab März hört man in der Dunkelheit am Rande von einsamen Mooren oder Lichtungen den dumpfen Reviergesang des Männchens, der schwer zu orten ist. Der Brutplatz liegt meist in älterem Wald im Anschluss an eine Lichtung oder ein Moor. Bartkäuze nisten in alten Greifvogelhorsten, meist von Habichten oder Bussarden, gebietsweise wurden auch schon Erfolge mit Kunsthorsten erzielt. Manchmal liegt der Brutplatz auch offen auf einem abgebrochenen Baum oder sogar auf dem Erdboden in einer selbst gescharrten Mulde nahe an einem Stamm. In Europa werden die Nester meist in Kiefern, in Sibirien und Nordamerika häufig in Pappeln angelegt. Das Weibchen brütet allein, es sitzt sehr fest auf dem Gelege, dass es mitunter sogar total eingeschneit wird. Das Männchen steht häufig in Sichtweite des Nestes auf einem Ansitz; gefangene Beutetiere legt es auf dem Horstrand ab. Die frisch geschlüpften Jungen bekommen anfänglich vom Weibchen kleine Fleischstückchen gereicht, im Alter von zwei Wochen können sie bereits ganze Wühlmäuse hinunterschlingen. Störenfriede in Brutplatznähe werden mit tiefen, lang gezogen knurrenden Rufen und Schnabelknappen gewarnt. Diese Drohung sollte man ernst nehmen, denn die Angriffe können zu ernsthaften Kopf- und Gesichtsverletzungen führen.

Ob der Bartkauz zur Brut schreitet, hängt vor allem von der Zahl der Wühlmäuse ab; in schlechten Mäusejahren werden nur kleine Gelege produziert, oder die Brut fällt ganz aus. Obwohl eine Vielzahl von Säugetieren, aber auch Vögeln und sogar Fröschen in Bartkauzgewöllen gefunden werden, ist die Beutewahl meist sehr einseitig: Der Kauz ernährt sich fast ausschließlich von Wühlmäusen, vor allem Erdmäusen, und von Spitzmäusen, wobei der Anteil der Waldspitzmaus weitaus am größten ist. Der Bartkauz ist hervorragend an hohe Schneelagen angepasst und kann seine Beutetiere selbst unter 20 cm hohem Pulverschnee anhand ihrer Geräusche und Stimmen sicher lokalisieren und ergreifen. Meist startet er von einem Ansitz in geringer Entfernung, schwebt lautlos in einer Höhe von wenigen Metern heran, bis er die genaue Stelle lokalisiert hat; dann lässt er sich fallen und greift mit den Fängen durch den lockeren Schnee. Oft wird die Beute noch im Schnee sitzend verschlungen.

▸ HABICHTSKAUZ, UHU

BARTKAUZ, ALTVOGEL BEIM ABFLUG

ALTVOGEL AUF DER JAGD

PAAR AM HORST

ÄSTLING

Waldohreule

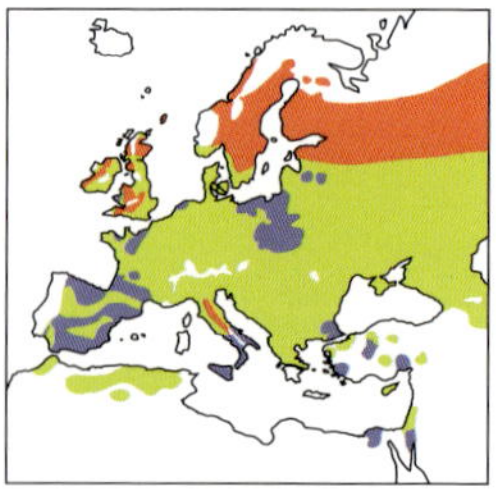

Das baumrindenfarbene Tarngefieder, die auffallend langen Federohren und die orangeroten Augen machen diese mittelgroße Eule meist unverwechselbar. Allerdings werden die „langen Ohren" oft angelegt und sind dann nicht mehr zu sehen. Dies ist besonders im Flug der Fall, dann erinnert die Waldohreule stark an die Sumpfohreule, die ebenfalls in offenem, strukturreichem Gelände jagt. Neben gelben Augen hat die Sumpfohreule längere, schmalere und spitzere Flügel mit einheitlich dunkler Spitze und breitem, weißem Flügelhinterrand; das Gefieder ist insgesamt heller und kontrastreicher gemustert. Im Flug wirkt die Waldohreule fast gemächlich. Auf mehrere etwas möwenartige Flügelschläge folgt oft eine längere Gleitstrecke mit waagerechter Flügelhaltung.

Bei der Balz fliegen Männchen und Weibchen häufig gemeinsam mit weit ausholenden Flügelschlägen über dem Brutrevier; immer wieder klatschen sie die Flügel hörbar unter dem Körper zusammen. Waldohreulen brüten stets auf Bäumen – in der Regel in einem alten Krähen- oder Elsternest, manchmal auch in einem Eichhörnchenkobel oder alten Greifvogelhorst. Die jungen Waldohreulen fixieren Dinge, die ihre Aufmerksamkeit erregt haben, mit eulentypischen Schlingerbewegungen des Kopfes; sie können dabei auch den Kopf bis zu 230° verdrehen, ohne die Körperhaltung zu verändern. Sie halten sich nach dem Ausfliegen meist im Schutz der Baumkronen auf und zeigen sich kaum im Freien. Wenn sie von einem Feind bedroht werden, nehmen sie eine Abwehrstellung ein, wobei sie den Kopf senken, das Kleingefieder sträuben und die Flügel in einem großen Bogen fächern.

Waldränder, Feldgehölze, größere Parks und Friedhöfe sind beliebte Brutlebensräume der Waldohreule. Sie bevorzugt Nadelwald, brütet aber auch in Mischbeständen und gelegentlich in Laubwald. Im Gebirge besiedelt sie noch höhere Lagen als der Waldkauz, der in montanen Fichtenwäldern kaum vorkommt. In der Schweiz wurden Waldohreulen-Brutplätze sogar in über 2000 m Höhe gefunden. In Mitteleuropa sind Waldohreulen Standvögel, trotzdem wandern die meisten Jungvögel vom Brutplatz ab und streifen umher. Ab Ende Oktober beginnt in Mitteleuropa der Einflug von skandinavischen und nordrussischen Vögeln, die echte Zugvögel sind. Außerhalb der Brutzeit kann man die Art auch in baumloser Landschaft antreffen.

Die Waldohreule besiedelt Europa und Asien von den Kanarischen Inseln und Azoren bis Sachalin und Japan; außerdem ist sie in bewaldeten Berggegenden Nordafrikas, lokal auch in Ostafrika sowie in weiten Teilen Nordamerikas Brutvogel. In Europa fehlt die Art auf Island sowie in der Waldtundra und Tundra Nordeuropas.

Das Hauptbeutetier der mitteleuropäischen Waldohreulen ist die Feldmaus, in Skandinavien steht die Erdmaus an der Spitze; sie erscheint in den meisten Beutelisten zu über 80%. Daneben werden auch andere Mäuse, wie Wald- und Rötelmaus, erbeutet, weniger zahlreich sind Spitzmäuse vertreten. Im Winter und in wühlmausarmen Jahren zur Brutzeit stehen mehr Vögel auf der Beuteliste. Obwohl Waldohreulen geschickte Vogeljäger sind, erbeuten sie in der Regel nicht so viele verschiedene Arten wie der Waldkauz. Waldohreulen jagen hauptsächlich im Suchflug, im Gegensatz zur Sumpfohreule nur ausnahmsweise am Tag.

Da die Art stark vom Angebot des Hauptbeutetieres abhängt, schwanken die Bestände von Jahr zu Jahr. Unabhängig davon wurden in vielen Gebieten mit landwirtschaftlicher Intensivnutzung in den letzten Jahrzehnten deutliche Bestandseinbußen registriert. Waldohreulen haben wie andere Arten unter der Ausräumung der Feldflur zu leiden, denn in großen, maschinengerechten Produktionsflächen ohne Hecken und Feldgehölze finden die Eulen weder genügend Brutplätze noch Nahrung. Auch die Verfolgung der Krähen und Elstern wirkt sich negativ auf die Bestände der Eule aus, denn die meisten Waldohreulen brüten in deren Nestern. Bei dem leider auch heute manchmal noch praktizierten Krähennester-Ausschießen bleibt so manche Waldohreule mit ihrer Brut auf der Strecke.

Waldohreule *Asio otus* (L.)

Größe	< Huhn
Maße (cm)	Länge ca. 35–37 / Flügel ca. 84–95
Körpermasse (g)	220–370
Stimme	Reviergesang ♂ leises, weithin hörbares monotones „huh", gereiht; Junge nach Schlupf katzenartig fauchend „chwäu"; Warnruf schrill, blechern „uäh"; reiher- und katzenartige Rufe; Flügelklatschen bei Flugbalz (nur ♂). Größere Junge fiepen laut
Brutzeit	Mitte März oder später; meist 1, bei reichem Beuteangebot 2 Jahresbruten
Gelegegröße	4–5, in Gradationsjahren 6–8 (9/10)
Eifärbung	weiß; glatt, mäßig glänzend, mit feinen Poren
Eimaße (mm)	kurz-elliptisch – 40,2 x 32,3
Brutdauer	27/28 Tage
Nestlingszeit	verlassen Nest noch flugunfähig mit ca. 20 (16–18 bis 25) Tagen; ab 33/35 Tage voll flugfähig

▸ Waldkauz, Sumpfohreule

WALDOHREULE MIT MAUS

IM TAGESEINSTAND

ÄSTLING VERSCHLINGT EINE MAUS

DUNENJUNGE IM NEST

Sumpfohreule

Die Sumpfohreule ist zirkumpolar über Eurasien (von Island und Schottland bis zur ostsibirischen Tschuktschenhalbinsel und Japan) sowie über weite Teile Nord- und Südamerikas verbreitet. In Europa kommt sie hauptsächlich im Norden und Osten vor, sonst brütet sie nur unregelmäßig. In Mitteleuropa ist ihre Anzahl inzwischen so klein, dass man in normalen Jahren nur noch mit wenigen 100 Brutpaaren rechnet. Regelmäßig besetzte Brutplätze gibt es noch auf den West- und Ostfriesischen Inseln. In Deutschland ist die Sumpfohreule ein sehr seltener und unsteter Brutvogel, der vorwiegend in Norddeutschland brütet.

Die Art brütet in offenen Lebensräumen mit niedrigem, aber dichtem Bewuchs: in Mooren, Tundra, Verlandungsflächen, Heide- und Dünengelände, aber auch auf brachliegenden Kulturflächen mit vorjährigem Gras oder Schilf und sogar in jungen Aufforstungsflächen, wenn dichter Bewuchs aus Kräutern und Stauden Schutz bietet.

In Mitteleuropa ist die Sumpfohreule vor allem durch Lebensraumverlust (Umwandlung ihrer Brutgebiete in landwirtschaftliche Flächen) und Nahrungsmangel höchst bedroht. Durch die Intensivierung der Landwirtschaft lässt auch die Mäusedichte nach, so dass es selbst in günstigen Jahren kaum noch Massenvermehrungen der Wühlmäuse gibt – eine Voraussetzung für erfolgreiche Sumpfohreulen-Bruten.

Ab März zeigen Sumpfohreulen ihre eindrucksvollen Imponierflüge über dem Brutrevier. Das balzende Männchen segelt mit stark verlangsamten, tief ausholenden Flügelschlägen und stürzt sich immer wieder in die Tiefe; dabei erzeugt es durch das mehrmalige Aneinanderschlagen der Flügelbuge unter dem Körper ein knatterndes Geräusch. Am Brutplatz vertreiben die Eulen Greifvögel, Krähen und Raubtiere, in seltenen Fällen sogar Menschen, durch gezielte Attacken.

Sumpfohreule *Asio flammeus* (PONT.)

Größe	= Huhn
Maße (cm)	Länge ca. 34–42 / Flügel ca. 90–105
Körpermasse (g)	206–505
Stimme	Reviergesang ♂ dumpfe, leicht ansteigende „bu bu bu bu…“; ♀ bei Bodenbalz schleifend „tsucha“; Stimmfühlung „guk“; Erregung „tjärp“; bellende bis schnarchende Alarmrufe; Junge betteln schnarchend „ksch ija“
Brutzeit	Ende April, manchmal 2–3 Wochen früher; meist 1, bei reichem Nahrungsangebot 2 Jahresbruten
Gelegegröße	(4) 7–10 (14) je nach Nahrungsangebot
Eifärbung	weiß; glatt, ohne oder mit schwachem Glanz
Eimaße (mm)	kurz-elliptisch – 39,6 x 30,7
Brutdauer	24–28 (Mittel 26) Tage
Nestlingszeit	verlassen Nest nach (13/14) 12–17 Tagen; Führungszeit 24–27 Tage

Das gut geschützte Bodennest liegt meist nahe an einer Grasbülte. Als einzige europäische Eulenart trägt die Sumpfohreule Nistmaterial ein, wenn auch normalerweise in bescheidenem Umfang.

Nachdem die Jungeulen selbstständig sind, unternehmen sie oft weite Wanderungen. So wurden in Mitteleuropa aufgewachsene Sumpfohreulen in Skandinaven, Finnland und sogar Nordrussland nachgewiesen, wobei manche Vögel über 2000 km zurückgelegt hatten.

Bei der Nahrungssuche fliegt die Sumpfohreule in geringer Höhe, um das Gelände zu kontrollieren. Hat sie ein Beutetier entdeckt, rüttelt sie oft zunächst kurz, um dann in einer eleganten Wendung herabzustoßen. Auch wenn das Beutetier zunächst entkommt, hat die Eule noch eine Chance: Häufig gelingt es ihr, die unter einen Stein oder in eine Spalte gekrochene Maus mit den langen Fängen hervorzuholen; manchmal nimmt sie sogar zu Fuß die Verfolgung auf. Zwischen den Jagdflügen sitzt die Eule häufig ganz frei auf einem Pfosten oder auf einer Bülte. Die Methode der Ansitzjagd ist selten und kommt wohl nur bei schlechtem Wetter vor. Wühlmäuse, je nach Vorkommen vor allem Feld- und Erdmaus sowie Nordische Wühlmaus, bilden die Hauptbeute. In schlechten Wühlmausjahren macht die Sumpfohreule Jagd auf Waldmäuse, Spitzmäuse und Kleinvögel. In Notzeiten weicht sie auf Eidechsen, Frösche und sogar größere Insekten aus. Einen Teil der Beutetiere jagen die Eulen Weihen oder Turmfalken ab, indem sie die Greifvögel rasant und zielsicher anfliegen. Jedoch müssen die Eulen selbst auf der Hut vor entsprechenden Attacken dieser Greifvögel sein, und nicht selten entreißen Sumpfohreulen unachtsamen Artgenossen die gerade gefangene Beute.

Die Sumpfohreule ist auf rostgelbem Grund ober- und unterseits längs gestreift; das dunkelbraune Fleckenmuster der Oberseite tarnt die am Boden sitzende Sumpfohreule wirksam. Die kurzen Federohren sind nur in erregtem Zustand erkennbar. Bei Gefahr nimmt die Eule eine Tarnstellung ein, bei der der sonst breite Gesichtsschleier eng zusammengezogen wird und die Federohren senkrecht stehen.

Beim Gleiten werden die Flügel leicht V-förmig angehoben. Die Flügelschläge wirken ruhig, fast bedächtig, der Körper hebt sich leicht bei jedem Flügelschlag. Wegen der hellen Unterflügel könnte die Art mit der Schleiereule verwechselt werden, doch deren Unterflügel sind noch heller, und sie jagt wirklich nur ausnahmsweise bei Tageslicht.

▸ WALDOHREULE, SCHLEIEREULE IM FLUG

SUMPFOHREULE AM RUHEPLATZ

SUMPFOHREULE, RUFEND

DUNENJUNGE IM NEST

NEST UND GELEGE

Raufußkauz

Der Name Raufußkauz kommt wie bei den Raufußhühnern von den dicht befiederten Zehen. Die Beine sind aber so kurz, dass die Zehen meist im lockeren Bauchgefieder verborgen sind. An der kleinen Eule fallen vor allem der große, oft etwas vierkantig wirkende Kopf mit gelben Augen und der staunende Gesichtsausdruck auf. Der gut entwickelte Gesichtsschleier ist an den Kopfseiten dunkelbraun eingefasst.

Der Raufußkauz ist in einem breiten Gürtel von Nordeuropa quer durch die boreale Nadelwaldzone bis nach Kamtschatka und Nordostchina verbreitet. Südlich davon gibt es Vorkommen in Mitteleuropa (und etwas westlich davon) sowie im Kaukasus und Westhimalaja. Außerdem bewohnt die Art eine schmale Zone quer durch Kanada und Alaska. In den letzten Jahrzehnten hat der Raufußkauz in Mitteleuropa sein Brutareal erweitert und ist offensichtlich in viele Tieflandwälder eingewandert. Doch nicht alle Neuentdeckungen sind auch mit Neuansiedlungen gleichzusetzen, häufig wurde der Kauz früher einfach übersehen. In Deutschland rechnet man mit rund 2000–2500 besetzten Revieren, die vorwiegend in den Alpen und Mittelgebirgen liegen, aber über fast alle Bundesländer verteilt sind.

Der Raufußkauz ist ein typischer Brutvogel nordischer Taigawälder; sein Vorkommen deckt sich in etwa mit dem der Fichte. Er brütet aber auch in reinen Kiefernwäldern sowie in Kiefern-Mischwäldern mit vielen Birken und Zitterpappeln. In Mitteleuropa lebt er vorwiegend in Nadelwäldern (mit nicht zu großem Laubholzanteil), in den Alpen vor allem in 900–1800 m Höhe. Voraussetzung für die Ansiedlung ist Strukturvielfalt: Fichtendickicht für den Tageseinstand sowie Altholzbereiche mit natürlichen Schwarzspechthöhlen oder geeigneten Nistkästen für die Brut. In Skandinavien dringt die Art auch in die Fjällbirkenzone vor, am westlichen Verbreitungsrand in Frankreich besiedelt sie auch Buchen- und Eichenwälder. In der Schweiz fand man schon Brutplätze in über 2000 m Höhe.

Der Raufußkauz hat vor allem am Mangel an Naturhöhlen zu leiden. Am besten hilft man dem Kauz durch den Schutz von Altholzinseln, vor allem Buchen und Kiefern, in denen Schwarzspechte Brutmöglichkeiten schaffen. Durch das Anbringen von speziellen Nistkästen (unbedingt mit Marderschutz) brütet der Raufußkauz auch in naturhöhlenarmen Forsten des Tieflandes erfolgreich – wenn die Nahrungssituation stimmt. Indirekte Schützenhilfe bekam der Kauz durch die Jahrhundertstürme „Vivian“ und „Wiebke“, die in die eintönigen Fichtenforste große Freiflächen rissen – willkommene Nahrungsgründe für den Mäusejäger.

Bereits in den frostigen Februarnächten hört man oft, von wenigen Unterbrechungen abgesehen, die ganze Nacht den Reviergesang des Männchens. In guten Mäusejahren überlassen manche Weibchen die ausgeflogenen Jungen der ersten Brut der Obhut des Männchens, während sie selbst abwandern und andernorts mit einem anderen Männchen eine Zweitbrut unternehmen. Das alleine brütende Weibchen wird mit Beutetieren versorgt, die es vom Männchen am Höhleneingang in Empfang nimmt. Nach wenigen Tagen auf dem Gelege sitzt das Weibchen so fest, dass es nicht mehr auf Kratzgeräusche am Brutbaum reagiert, die es vorher augenblicklich dazu veranlasst hätten, aus der Höhle zu blicken. Bis auf das Hinauswerfen der Eischalenreste wird die Bruthöhle während der Jungenaufzucht nicht gereinigt, so dass mit der Zeit ein stinkendes „Kloakenmilieu“ aus Kot und Beuteresten entsteht.

Die Jungen unternehmen nach dem Selbstständigwerden Zerstreuungsbewegungen, brüten aber vielfach in Geburtsortsnähe. Viele Männchen sind ganzjährig reviertreu, Weibchen und Jungvögel führen eher ein Nomadenleben. Manche ausgewachsene Weibchen unternehmen Wanderungen von 50 km bis zu mehreren 100 km. Die meisten in den nördlichen Bereichen Skandinaviens brütenden Raufußkäuze führen bei Nahrungsmangel invasionsartige Wanderungen nach Südskandinavien (und teilweise bis nach Mitteleuropa) durch.

Der Raufußkauz erbeutet vor allem die Wühlmausarten Rötel- und Erdmaus sowie die Waldmaus und fängt daneben auch Vögel. In mäusearmen Jahren weicht er mehr auf Spitzmäuse (vor allem Waldspitzmaus) aus. Interessant ist das regelmäßige Vorkommen der Haselmaus in den Beutelisten des Raufußkauzes, was bei keiner anderen Eule oder Greifvogel der Fall ist; in seltenen Fällen kann der Haselmausanteil sogar den der Vögel übersteigen.

► STEINKAUZ

Raufußkauz *Aegolius funereus* (L.)

Größe	< Taube
Maße (cm)	Länge ca. 24–26 / Flügel ca. 52–58
Körpermasse (g)	90–194
Stimme	Reviergesang ♂ „hu-hu-hu-hu-hu-...“ oder kürzer „hu-u-u-u...“; daneben, beim Höhlenzeigen„ Stottergesang“, oder „Zeigerroller“ sanft „dududu...“; ♀ laut „kjäck“ u.a.
Brutzeit	im Süden Mitte April, gelegentlich früher, weiter nördl. Juni; meist 1, mitunter 2 Jahresbruten
Gelegegröße	2–8 (10), meist 3–6 (11 Bigynie?)
Eifärbung	weiß; feinkörnig, mit mäßigem Glanz und feinen Poren
Eimaße (mm)	kurz-elliptisch – 32,6 x 26,4
Brutdauer	für 1 Ei 26–27 (28–29) Tage
Nestlingszeit	mit 29–38 Tagen Ausfliegen

RAUFUSSKAUZ, ALTVOGEL SCHAUT AUS DER BRUTHÖHLE

RAUFUSSKAUZ, NOCH NICHT GANZ AUSGEFÄRBT

ALTVOGEL

ÄSTLINGE

Ziegenmelker

Die Familie der Nachtschwalben ist in Europa durch zwei Arten, den Ziegenmelker und den Rothals-Ziegenmelker, vertreten. Beide sind mittelgroße Insektenfresser, die in der Dämmerung und nachts auf Jagd gehen. Der sehr kleine Schnabel lässt sich mit Hilfe mehrerer Kiefergelenke weit öffnen, der extrem breite Rachen dient als Kescher bei der Insektenjagd. Spezielle Schnabelborsten vor den großen Augen schützen diese bei der Jagd vor Verletzungen durch Beuteinsekten. Im Flug erinnern Ziegenmelker mit ihren langen, spitzen Flügeln an einen Kuckuck oder Falken, weshalb eine nordamerikanische Art Nachtfalke heißt. Die etwas gaukelnde Flugweise erinnert aber eher an Weihen. Tagsüber ruhen Ziegenmelker bewegungslos und mit fast geschlossenen Augen auf einem Zweig oder am Boden, ihr wirkungsvolles Tarngefieder lässt sie für unser Auge zu einem Stück Rinde oder altes Holz werden. Die schwachen Füßchen taugen kaum zum Gehen.

Das eulenartig weiche, in der Grundfärbung graubraune Gefieder des Ziegenmelkers ist oberseits fein dunkelbraun und gelblich gemustert, unterseits fein dunkel quer gebändert. Nur das Männchen trägt die im Flug auffälligen weißen Abzeichen an Flügelspitzen und Schwanz. Aufgeschreckt kann der Ziegenmelker mit seinem wendigen Flug an den Sperber erinnern. Die Vögel fangen ausschließlich fliegende Insekten wie Nachtschmetterlinge und Käfer; nur selten wird ein Insekt vom Boden aufgenommen. In Zeiten mit Nahrungsmangel kann der Ziegenmelker vorübergehend in eine Art Hungerschlaf fallen, wobei die Körpertemperatur bis auf 15 °C absinkt; da der Vogel in dieser Zeit von seinen Fettdepots lebt, verliert er viel an Gewicht. Sinkt die Körpertemperatur unter 15 °C, kann er nicht mehr spontan aufwachen.

Ziegenmelker *Caprimulgus europaeus* (L.)

Größe	= Amsel
Maße (cm)	Länge ca. 26–28 / Flügel ca. 54–60
Körpermasse (g)	40–108
Stimme	♂ schnurren „errr-örrr-errr…“ (erinnert an kleines Motorrad aus der Ferne), oft „pausenlos“ (5–9 min) an- und abschwellend; Flugruf „ruiet“ oder „huit“; Fluchtstimmung „tack“ (Amsellaut); Flügelknallen
Brutzeit	Ende Mai bis Juni oder Juli, 2 Jahresbruten
Gelegegröße	2
Eifärbung	milchigweiß oder rahmfarben, machmal grau oder lila getönt, unterschiedlich und unregelmäßig gelblichbraun, auch dunkelbraun gekleckst, gepunktet, auch grau gezeichnet; glatt, mäßig glänzend
Eimaße (mm)	elliptisch bis lang-spindelförmig 31,1 x 21,8
Brutdauer	17 (16–21) Tage
Nestlingszeit	juv. verlassen ohne Störung Brutrevier mit 30–35 Tagen; flugfähig mit 17–19 Tagen

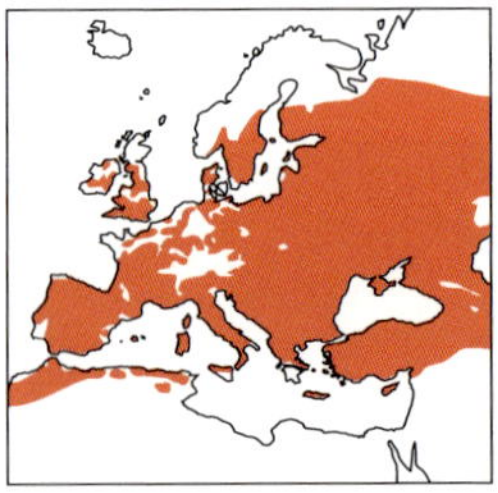

Das riesige Verbreitungsgebiet der Art reicht von Europa, Nordwestafrika, über den Nahen Osten und Kleinasien ostwärts bis zum Baikalsee, zur Mongolei und Nordwestindien. In Europa kommt sie nordwärts bis Irland, Schottland, Südskandinavien und Nordrussland vor, ihre Hauptverbreitung hat sie in Russland und auf der Iberischen Halbinsel. In Mitteleuropa ist der Ziegenmelker zwar weit verbreitet, aber nur lückig in milden Tieflandgegenden. Bis auf Polen und Ungarn, wo er noch einigermaßen häufig vorkommt, fehlt er vielerorts völlig.

Der Lebensraum umfasst trockene Waldlichtungen und Waldränder, Moorflächen, Dünengelände und sogar Halbwüsten, wenn es dort ein paar Bäume oder Büsche gibt. Bei ausreichender Deckung und Nahrung kommen die Vögel in Berggegenden gebietsweise auch höher als 1500 m vor. Bei uns trifft man Ziegenmelker vorwiegend in Heidegebieten, in denen trockene, sandige Kiefernwälder mit Freiflächen abwechseln, gelegentlich auch in trockenen Laubwäldern.

Die europäischen Ziegenmelker ziehen spätestens Mitte Oktober in ihre afrikanischen Winterquartiere südlich der Sahara bis zur Südspitze, um erst wieder im Mai an ihren Brutplätzen zu erscheinen. Während des schmetterlingsartigen Balzflugs schlägt das Männchen nach einigen Flügelschlägen die Flügel mit knallenden Geräuschen über dem Rücken zusammen. Die Eier werden direkt auf den Boden in eine flache Mulde gelegt, oft neben ein altes Aststück oder im Heidekraut verborgen. Das Weibchen wird beim Brüten nur während seiner kurzen morgendlichen und abendlichen Jagdausflüge vom Männchen abgelöst. Die Jungen verlassen bereits recht früh die Nistmulde und verstecken sich in der Umgebung. Meist überlässt das Weibchen die weitere Aufzucht der Jungen dem Männchen, wenn die Jungen rund zwei Wochen alt sind, und beginnt in der Nähe eine zweite Brut (Schachtelbrut).

Während in Osteuropa und in den Mittelmeerländern die Bestände noch weitgehend stabil sind oder nur leicht abnehmen, gibt es besonders in Mittel- und Nordwesteuropa nur noch Inselvorkommen. Grund dafür sind vor allem der Mangel an geeigneten Lebensräumen und die Vernichtung der Großinsekten durch Pestizideinsatz. Der dramatische Rückgang setzte in den 50er-Jahren zunächst in den weniger gut geeigneten Bereichen ein; später waren auch optimale Lebensräume betroffen. Da einige größere Vorkommen übersehen wurden, beispielsweise auf Truppenübungsplätzen, sieht die Gesamtbilanz nicht ganz so katastrophal aus.

▸ ROTHALS-ZIEGENMELKER

ZIEGENMELKER WÄHLEN ALS RUHEPLATZ MEIST STELLEN, AN DENEN SIE IHR RINDENFARBENES GEFIEDER OPTIMAL TARNT

JUNGVOGEL, NOCH NICHT FLUGFÄHIG

DUNENJUNGE

GELEGE

Rothals-Ziegenmelker

Wie Ziegenmelker sitzen auch Rothals-Ziegenmelker abends oft auf den von der Sonne erwärmten Straßen, um angefahrene Insekten aufzunehmen; dabei werden sie häufig überfahren. Daneben ist die Art laut einer mehrjährigen Studie in Südwestspanien vor allem durch landwirtschaftliche Arbeiten zur Brutzeit und Eiraub durch die Perleidechse gefährdet.

Der Rothals-Ziegenmelker ist größer und langschwänziger als der Ziegenmelker, hat einen größeren Kopf und wirkt sitzend insgesamt eher isabellbraun und stärker gemustert als die Vergleichsart. Typisch und namengebend ist die Rostfärbung des Nackenbandes, der Kopfseiten und Kehle; bei Jungvögeln ist dieses Kennzeichen oft noch nicht so stark ausgebildet. Der Flug wirkt kraftvoller als beim Ziegenmelker; die Unterscheidung beider Arten im Flug ist aber trotz der Unterschiede recht schwierig und nur bei guten Sichtbedingungen möglich. Im Gegensatz zum Ziegenmelker tragen beide Geschlechter helle Abzeichen auf Flügeln und Schwanz, die beim Männchen stärker auffallen. Die weißen Flügelflecken und Schwanzabzeichen beim Männchen des Rothals-Ziegenmelkers sind im Vergleich zum Ziegenmelker-Männchen größer. Am leichtesten lassen sich beide Arten jedoch anhand des Reviergesangs unterscheiden.

Der Rothals-Ziegenmelker kommt nur auf der Iberischen Halbinsel sowie in Nordafrika von Marokko bis Tunesien vor. Mit Ausnahme des Nordens und der höchsten Gebirgsregionen lebt er fast in ganz Iberien. Dort besiedelt er meist Gebiete unter 900 m Höhe mit trockenem, warmem Klima, die neben unbewachsenen, sandigen Bereichen wenigstens einzelne Büsche und Bäume aufweisen, die als Singwarten genutzt werden. Stellenweise kommen die Vögel an den Rändern von Pinien- oder Korkeichenwäldern, Olivenhainen, ferner in Dickicht aus Ginster, Baumheide oder Brombeere sowie in Eukalyptuswäldern vor. In Nordafrika brüten sie in Halbwüstengelände weit entfernt von Wäldern. Im Vergleich zum Ziegenmelker bewohnt der Rothals-Ziegenmelker offenere und meist kargere Lebensräume, gebietsweise können aber beide Arten auch nebeneinander vorkommen.

Über die Brutbiologie des Rothals-Ziegenmelkers ist vergleichsweise wenig bekannt, sie entspricht aber weitgehend wohl der des Ziegenmelkers. Die Vögel brüten von Ende Mai bis Ende August; nicht selten gibt es Zweitgelege. Bis Ende Oktober werden die europäischen Brutplätze geräumt. Während bei der tunesischen Unterart *desertorum* 4–12 Paare in lockeren Kolonien brüten, scheint die iberische Nominatform stets Einzelbrüter zu sein. Laut einer Studie aus Südwestspanien können Gelege und frisch geschlüpfte Junge von den Elternvögeln bis zu 20 m weit versetzt werden, Jungvögel sogar über 30 m weit. Dieses Verhalten ist schon seit längerer Zeit vom Ziegenmelker bekannt. Besonders in Tunesien sollen die Rothals-Ziegenmelker dem Menschen gegenüber recht furchtlos sein und am Brutplatz sogar angreifen.

Die Überwinterungsgebiete des Rothals-Ziegenmelkers liegen in Westafrika; über den Zug und die Überwinterung selbst ist aber noch nicht viel bekannt, denn es gibt nur wenige Beobachtungen außerhalb des normalen Brutgebietes. Die Art wird im Bereich von Gibraltar regelmäßig festgestellt.

Die Nahrung setzt sich ähnlich wie beim Ziegenmelker meist aus fliegenden Insekten, wie Käfern, Schmetterlingen, Heuschrecken oder Fliegen, zusammen. Der ruhige, etwas schaukelnde Jagdflug wird oft von plötzlichen Drehungen und Wendungen begleitet. Gelegentlich jagen die Vögel auch am Boden Raupen und junge Eidechsen, sogar auf Tierdung sitzende Käfer. Wie alle Nachtschwalben besitzt auch der Rothals-Ziegenmelker an der Mittelzehe eine etwas nach außen gebogene, kammartige Putzkralle, mit der er nach dem Jagdflug die Schnabelborsten von Insektenresten befreit.

Der hell sandfarbene Pharaonenziegenmelker (*Caprimulgus aegyptius*) wurde einmal als Ausnahmegast auf Helgoland festgestellt. In seinen Körperproportionen erinnert er stark an den Rothals-Ziegenmelker, in der Färbung vor allem an die helle Unterart *desertorum*.

Rothals-Ziegenmelker *Caprimulgus ruficollis* TEMMINCK 1820

Größe	= Amsel
Maße (cm)	Länge ca. 30–32, davon Schwanz 11–12 / Flügel ca. 65–68
Körpermasse (g)	62–75
Stimme	lauter, durchdringender Gesang, hartnäckig und monoton wiederholt „kuttock- kuttock", klingt wie Doppelschläge auf trockenem Baumstamm
Brutzeit	in Spanien Anfang Mai, in Nordafrika später; 2 Jahresbruten möglich
Gelegegröße	2
Eifärbung	ähnlich Ziegenmelker, weiß, oft gräulich überflogen, gelblichbraun und grau gesprenkelt; glatt, mäßig glänzend
Eimaße (mm)	elliptisch bis lang-spindelförmig – 31 x 23,5
Brutdauer	unbekannt
Nestlingszeit	unbekannt

▸ ZIEGENMELKER

ROTHALS-ZIEGENMELKER, AUF SEINE TARNUNG VERTRAUEND

BETTELNDER JUNGVOGEL

DUNENJUNGE

NEST UND GELEGE

Mauersegler

Kaum eine Vogelgruppe ist so extrem an den Luftraum angepasst wie die Segler. Den weitaus größten Teil ihres Lebens verbringen sie fliegend, sie schlafen und paaren sich sogar in der Luft. Auf den ersten Blick ähneln sie Schwalben, sie legen aber ihre sichelförmigeren, längeren Flügel im Flug nicht wie Schwalben an, sondern halten sie steifer. Der Flug wirkt kraftvoller, ist rasanter und nicht so flatternd wie der der Schwalben. Alle Segler treten meist truppweise auf. Die europäischen Arten sind Langstreckenzieher.

Mauersegler sind in vielen Städten und Dörfern Mitteleuropas häufig und in einigen Stadtzentren neben den Straßentauben die einzigen Vögel. An milden Sommerabenden sausen die schrill rufenden Trupps in hohem Tempo und dicht gedrängt um die Häuserecken. Sie wirken einheitlich dunkel, nur Kinn und Kehle sind etwas aufgehellt, vor allem wenn die Segler größere Insektenmengen für die Jungen im Kehlsack transportieren. Jungvögel haben helle Federsäume und mehr Weiß im Gesicht, sonst ist ihr Gefieder aber eher dunkler und stumpfer. Männchen und Weibchen lassen sich nur an ihren Rufen unterscheiden: Die Männchen rufen tiefer „rrieh", die Weibchen „siieh".

Mauersegler fangen ausschließlich Fluginsekten und an Fäden fliegende Spinnen, die sie mit weit geöffnetem Schnabel wie mit einem Kescher einsammeln. Im Kehlsack formen sie daraus Ballen, die sie an die Jungen verfüttern. Jedes Futterbällchen enthält mehrere 100 bis über 1000 Kleintiere.

Die Mausersegler erscheinen an ihren mitteleuropäischen Brutplätzen zwischen Ende April und Anfang Mai. Pünktlich zum Augustbeginn verlassen sie ihre Brutplätze; die dann noch bis in den Oktober hinein gelegentlich zu beobachtenden Segler sind Durchzügler aus nördlichen und östlichen Brutgebieten. Für den Nestbau sammeln sie in der Luft Federn, Blätter, Halme und anderes Pflanzenmaterial (manchmal sogar Papierfetzen) und verkleben das Material mit ihrem zähen Speichel zu einem kunstvollen Schalennest.

Mauersegler *Apus apus* (L.)

Größe	> Sperling
Maße (cm)	Länge ca. 16–17 / Flügel ca. 42–48
Körpermasse (g)	30,8–56; Hungergewichte ca. 21–23
Stimme	am häufigsten hohes, schrilles „rrieh", „siieh" oder „birss"; Duett- und Wechselrufe, auch „Wispern" am Nest bzw. zwischen Partnern
Brutzeit	Ende Mai bis Mitte Juni, 1 Jahresbrut
Gelegegröße	(1) 2–3 (4)
Eifärbung	weiß; glatt, glanzlos
Eimaße (mm)	lang-elliptisch – 24,9 x 16
Brutdauer	18–20 Tage, bei schlechtem Wetter länger (bis über 25 Tage)
Nestlingszeit	37,5–56,5 (Mittel 41,5) Tage

Geeignete Nistplätze sind abgeschlossene, dunkle Hohlräume unter Dächern von mindestens 6 m hohen Gebäuden, die von außen zugänglich sein müssen, sowie Mauerlöcher, gebietsweise auch Felsnischen. Häufig brüten Mauersegler auch in alten Haussperlingsnestern oder in speziellen Nistkästen. Östlich der Elbe und in Nordeuropa ziehen sie ihre Jungen vielfach in Baumhöhlen auf. Die größte mitteleuropäische Population baumbrütender Mauersegler befindet sich im Harz. Mauersegler sind keine typischen Koloniebrüter, sondern am Brutplatz Artgenossen gegenüber eher aggressiv.

Bei schlechtem Wetter weichen sie in großer Zahl auf den Luftraum über Seen und anderen Gewässern aus. Bei anhaltendem Schlechtwetter wird die Nahrungssituation für Mauersegler kritisch, sie müssen dann selbst während der Jungenaufzucht kurzfristig in Gegenden abwandern, wo es Insekten gibt – manchmal mehrere 100 km entfernt. Die Jungen verfallen in der Zwischenzeit in einen energiesparenden Hungerschlaf; auf diese Weise können sie sogar zwei Wochen ohne Nahrung auskommen. Trotzdem sterben während Schlechtwetterperioden viele Jungen. Außerhalb der Brutzeit kommen die Mauersegler oft wochenlang nicht auf den Boden.

Das Verbreitungsgebiet der Art erstreckt sich über Nordafrika, fast ganz Europa bis in den Nordosten der Mongolei und Nordchina. Sie fehlt auf Island, in Gebirgsgegenden und im hohen Norden Skandinaviens (in Norwegen geht sie bis zum 70. Breitengrad) und Russlands. Die Winterquartiere liegen in Afrika südlich der Sahara bis zur Südspitze.

Durch die Erschließung neuer Brutplätze in den Siedlungen hat der Mauerseglerbestand in Europa in den letzten 100 Jahren stark zugenommen. Durch die Sanierung von Altbauten gingen aber viele Brutplätze wieder verloren.

Der nah verwandte, aber hellere **Fahlsegler** (*Apus pallidus*) brütet vorwiegend an Küsten und auf Inseln des Mittelmeerraumes sowie vom Nahen Osten bis Pakistan. In den letzten Jahrzehnten hat sich die Art nach Norden ausgebreitet und ist bis in den Süden Mitteleuropas vorgedrungen. Gegenwärtig brüten Fahlsegler in Locarno in alten Kirchenmauern. Eine weitere Seglerart, der **Einfarbsegler** (*Apus unicolor*), brütet auf den Kanarischen Inseln und auf Madeira, wo er von März bis August zu beobachten ist und den Mauersegler ersetzt. Er hat im Vergleich zum etwas größeren Mauersegler schmalere Flügel und einen verhältnismäßig längeren, tiefer gegabelten Schwanz.

► Alpensegler, Baumfalke

MAUERSEGLER, JUNGVOGEL

ALTVOGEL

BRÜTENDER MAUERSEGLER

NEST UND GELEGE

Alpensegler

Der Name der Art ist etwas irreführend, denn die Vögel brüten nicht nur in den Alpen, sondern auch im Tiefland und sogar auf Meereshöhe. Das Brutgebiet des Alpenseglers erstreckt sich von Nordwestafrika und der Iberischen Halbinsel bis in den Mittelmeerraum und von Kleinasien bis zum Himalaja und nach Sri Lanka; auch in Ost- und Südafrika kommt die Art vor. In Mitteleuropa brüten die Segler vor allem in der Schweiz und in Österreich, in Deutschland gibt es zwei gebäudebrütende Kolonien in Freiburg und Waldshut. Die Freiburger Kolonie besteht bereits seit Mitte der 50er-Jahre und wurde wohl durch Vögel aus der Schweiz begründet. Gegenwärtig brüten dort rund 50 Paare. In der Schweiz und auch in Österreich gibt es neben einer stabilen Felsbrüter-Population ebenfalls viele gebäudebrütende Paare; manche mittelalterlichen Kirchen sind bereits seit Jahrhunderten Alpensegler-Brutplatz.

Im Mittelmeerraum bewohnt der Alpensegler steile Felsküsten, im Gebirge nistet er in geschützten Spalten und Nischen zerklüfteter, hoher Felswände, seltener in hohen Gebäuden. Nur wenige Brutplätze liegen höher als 1500 m, gelegentlich aber bis 2300 m Höhe. In den letzten Jahrzehnten haben sich immer mehr gebäudebrütende Populationen etabliert, die Ausbreitung dieser Siedlungsfolger ist immer noch im Gange. Alpensegler halten sich ungefähr doppelt so lange im mitteleuropäischen Brutgebiet auf wie Mauersegler: Ende März erscheinen sie, bis spätestens Ende Oktober haben sie die Brutgebiete verlassen. Wie die Mauersegler unternehmen Alpensegler bei schlechtem Wetter Ausweichwanderungen; diese können auch nordwärts führen – sogar bis zu den Britischen Inseln, wo schon öfter Alpensegler aufgetaucht sind.

Beim Brutgeschäft wechseln sich beide Partner ab. Die Jungen bekommen im Durchschnitt stündlich einen Futterballen von 2–3 g in den Schlund gestopft. Nach dem Ausfliegen sind sie völlig selbstständig und treten schon wenige Tage später die Reise ins Winterquartier an, das im tropischen Afrika und in Indien liegt. Alpensegler ernähren sich von kleinen fliegenden Insekten und Spinnen, doch nehmen sie manchmal auch größere Beutetiere wie Heuschrecken. Gelegentlich enthalten die Nahrungsballen sogar wehrhafte Hautflügler, wie Wespen und Hornissen.

Im Vergleich zum Mauersegler ist der Alpensegler weniger klimahart, witterungsbedingte Brutverluste spielen eine größere Rolle. Offensichtlich wurden die Ansiedlungen am Nordrand der europäischen Verbreitung durch mehrere warme Sommer in den 90er-Jahren begünstigt. Während die Felsbrüter-Bestände der Schweiz in den letzten Jahrzehnten weitgehend stabil waren und die Gebäudebrüter sich sogar noch ausbreiten, nehmen die vorwiegend felsbrütenden österreichischen Brutbestände ab. Hierfür sind vor allem Störungen am Brutplatz durch Freizeitaktivitäten verantwortlich. Manche Brut geht aber auch durch konkurrierende Höhlenbrüter wie Dohlen und Haustauben verloren oder wird vom Steinmarder geplündert.

Der oberseits heller braune Alpensegler ist größer als der Mauersegler und durch das braune Kropfband, die weiße Kehle, den weißen Bauch und die kürzere Schwanzgabel in der Luft gut von diesem zu unterscheiden. Der „bucklige" Eindruck im Flug wird durch die häufig eingenommene Gleithaltung mit abgesenkten Flügeln unterstrichen (erinnert dann stark an Baumfalken). Die Flügelschlagfrequenz ist etwas geringer, dafür ist der Flug noch rasanter als der des Mauerseglers – im Normalflug etwa 100 km/h, im rasanten Verfolgungsflug bis 250 km/h.

Der ursprünglich rein afrikanische **Kaffernsegler** (*Apus caffer*) brütet seit den 60er-Jahren lokal in Süd- und Südostspanien. Im Bereich von Gibraltar gibt es inzwischen über 30 Brutpaare, den Gesamtbestand schätzt man auf rund 100 Paare. Der Kaffernsegler ist auf die Rötelschwalbe als Nestlieferant angewiesen, so dass der Ausbreitung dieser Seglerart in Europa natürliche Grenzen gesetzt sind. Er ist deutlich kleiner als der Mauersegler, hat einen tief gegabelten Schwanz, der oft in Form eines langen Stachels zusammengefaltet ist, und ein schmales weißes Bürzelabzeichen.

Alpensegler *Apus melba* (L.)

Größe	= Amsel
Maße (cm)	Länge ca. 20–22 / Flügel ca. 54–60
Körpermasse (g)	76–125, Hungergewichte 45–72
Stimme	hohe lange Flugtriller („tritritririri...) vor allem im Gruppenflug; im Unterschied zum Mauersegler keine Einzelsilben hörbar; Warnruf „ziu"; aggressiv am Nest auch gellend „gigigi..."
Brutzeit	Ende Mai, 1 Jahresbrut
Gelegegröße	1–3 (4)
Eifärbung	weiß; glatt, ohne Glanz
Eimaße (mm)	lang-spindelförmig – 31,1 x 19,3
Brutdauer	20 (17–23) Tage
Nestlingszeit	57 (53–66) Tage; verlassen Nest meist schon mit 45 Tagen (an Ausflugöffnung sitzend)

▸ Mauersegler, Baumfalke

ALPENSEGLER, ALTVOGEL

JAGENDER ALPENSEGLER

ALTVOGEL AUF DEM NEST

NEST UND GELEGE

Eisvogel

Der Eisvogel hat sich als einziger Vertreter der überwiegend tropischen Vogelfamilie weit in den Norden gewagt. Familientypisch sind der große Kopf mit kräftigem, dolchförmigem Schnabel, der kurze Schwanz, die winzigen Füße mit verwachsenen Zehen sowie das meist farbenprächtige Gefieder. Auch einige andere Eisvogelarten sind Fischjäger, die in Flüssen und Seen von einem Ansitz aus oder über dem Wasser rüttelnd fischen; beim Stoßtauchen stürzen sie mit großer Geschwindigkeit ins Wasser. Die meisten Eisvögel sind aber waldbewohnende Arten, die weit entfernt vom Wasser Landtiere jagen. Alle Eisvogelarten sind recht ungesellige, unverträgliche Einzelgänger.

Trotz seines auffälligen Gefieders ist ein Eisvogel, der auf einem Zweig am schattigen Ufer auf Fischchen lauert, schwer zu entdecken, denn die prächtigen Farben kommen erst im Sonnenlicht zur Geltung. Am ehesten wird man durch die lauten, durchdringenden Rufe auf den Vogel aufmerksam. Der Schnabel des Männchens ist einheitlich schwärzlich; aus der Nähe erkennt man beim Weibchen die rötliche Unterschnabelbasis. Jungvögel sind matter gefärbt, außerdem haben sie dunkle Füße.

Der Eisvogel erbeutet vorwiegend nahe der Oberfläche schwimmende, 5–7 cm lange, möglichst schlanke Fische. Mit der Beute im Schnabel fliegt er auf seinen Ansitz und schlägt den Fisch mit kräftigen Schlägen auf die Unterlage, wenn er stark zappelt. Wird der Fisch mit dem Kopf voraus im Schnabel transportiert, ist er als Futter für die Partnerin oder die Jungen bestimmt, denn der Fisch wird immer kopfvoran verschluckt. Gelegentlich werden auch Kaulquappen und kleine Frösche sowie Wasserinsekten erbeutet.

Stabile Bestände des Eisvogels sind ein Qualitätsanzeiger für den guten Zustand einer Flusslandschaft. Die größten Verluste mit über 90% des Bestandes erleidet die Art in strengen Wintern. Dank des großen Vermehrungspotenzials kann sie normalerweise solche Kältewinterverluste innerhalb von etwa fünf Jahren wieder ausgleichen. Durch den gut ent-

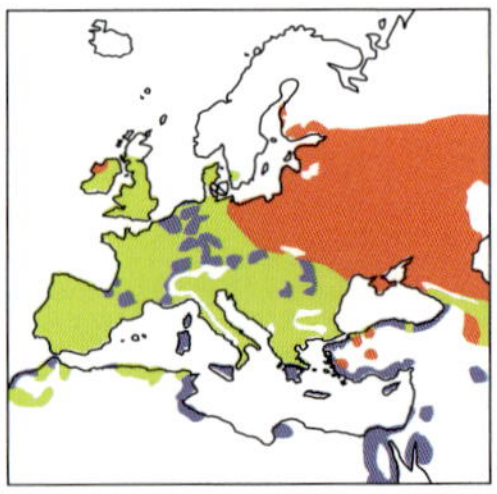

wickelten Wandertrieb werden verwaiste Gebiete schnell wieder besiedelt. Gefährdungsursachen zur Brutzeit sind vor allem Hochwässer, die die Brutwände wegschwemmen und das Wasser durch Schwebstoffe so stark eintrüben, dass der Jagderfolg deutlich sinkt. Noch schlimmer wirken sich Flussverbauung, Auwaldvernichtung, Entfernung der natürlichen Ufervegetation und Gewässerverschmutzung sowie Störungen durch Freizeitaktivitäten aus.

Für die Brut graben Männchen und Weibchen eine bis 1 m lange, meist etwas ansteigende Röhre in eine Steilwand, die sie am Ende zu einer geräumigen Nistkammer erweitern. Die Jungen sitzen in der Nestkammer im Kreis, wobei jeweils das am Eingang liegende Junge gefüttert wird und danach einen gezielten Kotstrahl in Richtung Höhleneingang abgibt. Dann dreht sich das „Fütterungskarussell", und das nächste Junge nimmt am Eingang Platz. Durch die ständige Kotabgabe der Jungen wird die Brutröhre mit der Zeit so schmierig, dass die Altvögel nach jeder Fütterung baden müssen, um ihr verschmutztes Gefieder zu reinigen; zu diesem Zweck stürzen sie sich unmittelbar nachdem sie aus der Höhle geschlüpft sind, senkrecht mit dem Schnabel voran ins Wasser und wiederholen den rasanten Tauchstoß in kurzer Folge mehrere Male. Danach schütteln sie ihre Flügel, um sich zu trocknen, und widmen sich der Gefiederpflege. Häufig finden Schachtelbruten statt: Das Weibchen sitzt bereits auf einem neuen Gelege, während das Männchen die Jungen der vorhergehenden Brut füttert.

Eisvögel brüten an langsam fließenden, klaren Bächen und Flüssen mit deckungsreichen Ufern und geschützten, niedrigen Ansitzwarten über dem Wasser. Manchmal sind die Brutwände auch mehrere 100 m vom nächsten Gewässer entfernt. Außerhalb der Brutzeit halten sich die Eisvögel auch an sehr kleinen Gewässern, an Wasserläufen in Städten und sogar an der Meeresküste auf.

Die Art bewohnt Nordafrika und weite Teile Eurasiens – von der Iberischen Halbinsel bis nach Ostsibirien und Japan, im Süden bis nach Südindien, Taiwan und Indonesien. Im Norden Europas reicht die Verbreitung bis Irland, Schottland, Mittelschweden und Südfinnland. Der Eisvogel meidet Lagen über 900 m Höhe und Trockengebiete. In guten Lebensräumen sind Altvögel sehr brutorttreu. Mitteleuropäische Eisvögel sind Teilzieher. Vor allem Jungvögel unternehmen Wanderungen, die in Extremfällen bis 2000 km betragen können. Im nordöstlichen Mitteleuropa, in Teilen Skandinaviens und in Russland ziehen die Eisvögel; sie überwintern westlich und südlich der Brutgebiete.

Eisvogel *Alcedo atthis* (L.)

Größe	= Sperling
Maße (cm)	Länge ca. 16–17 / Flügel ca. 24–26
Körpermasse (g)	35–55
Stimme	Lockruf kurz „tji", bei Erregung schärfer, gedehnter „tjii"; rauh „ktirit-rit-rit"; juv. bei Futterübergabe „gred gred"
Brutzeit	Ende April, machmal bis Juni/Juli; 2 Jahresbruten
Gelegegröße	6–7 (seltener 4,5,8,9)
Eifärbung	weiß; glatt, stark glänzend
Eimaße (mm)	kurz-elliptisch bis fast rund – 22,6 x 18,8
Brutdauer	18–21 Tage
Nestlingszeit	23–27 Tage

▶ KAUM ZU VERWECHSELN

EISVOGEL, MÄNNCHEN AUF DER WARTE

WEIBCHEN AUF DER WARTE

EISVOGEL, WEIBCHEN

EISVOGEL IM ERSTEN WINTER

Bienenfresser

Die Familie der Spinte umfasst schlanke, farbenprächtige Vögel mit dünnem, leicht gebogenem Schnabel und spitzen Flügeln, die mittleren Steuerfedern sind bei Altvögeln verlängert.

Mit seinem bunten Gefieder ist der Bienenfresser unverwechselbar. Die Geschlechter sind kaum zu unterscheiden. Jungvögel sind meist deutlich weniger farbenprächtig als Altvögel, die typischen verlängerten Schwanzfedern fehlen noch. Die eleganten, wendigen Flieger legen immer wieder ausgiebige Gleitstrecken mit ausgebreiteten Flügeln ein, die mit Serien rascher und vor allem extrem tief ausholender Flügelschläge abwechseln.

Bei der Insektenjagd vollführen die Vögel häufig abrupte Drehungen und Wendungen. Ihre Nahrung besteht aus Hautflüglern, Libellen, Käfern und Schwebfliegen, die sie im schwalbenähnlichen Flug erbeuten. Häufig starten sie dazu von einem Ansitz aus. Kleinere Insekten verschlucken sie noch im Flug, Bienen oder Wespen drücken sie auf der Sitzwarte das Gift aus der Drüse, da sie dagegen nicht immun sind.

Die ziemlich scheuen Bienenfresser graben rund 1,5 m lange Höhlen in Uferböschungen oder Steilwände in Löß- oder Sandgruben, in Trockengebieten ohne steile Geländestrukturen direkt in den flachen Boden. Im Gegensatz zu Eisvögeln nisten sie meist kolonieweise, in Südosteuropa mit bis über 100 Paaren. Von allen Spinten hat der Bienenfresser das größte Verbreitungsgebiet. Es erstreckt sich von Nordwestafrika und Südwesteuropa über den nördlichen Mittelmeerraum sowie Ost- und Südosteuropa, Kleinasien und Vorderasien bis nach Nordindien und Sinkiang. Weitere Brutvorkommen liegen in Südafrika. In Europa brüten schätzungsweise rund 10% des Weltbestandes der Art. Die mitteleuropäischen dauerhaften Vorkommen sind derzeit weitgehend auf Südostpolen, die Slowakei und Ungarn sowie Ostösterreich beschränkt, obwohl die Art in den letzten Jahrzehnten in fast allen mitteleuropäischen Ländern Brutvogel

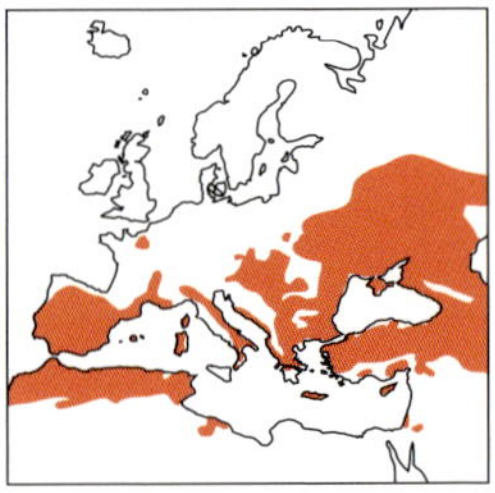

war; in Deutschland brütet der Bienenfresser fast alljährlich in wenigen Kolonien.

Als stark spezialisierter Großinsektenjäger braucht der Bienenfresser eine reich strukturierte, offene und im Sommerhalbjahr warme Landschaft (möglichst Sandboden) mit entsprechendem Nahrungsangebot. Wichtig – aber nicht unbedingt notwendig – sind Ansitzwarten, wie höhere Büsche oder Bäume, wo die Vögel oft zu mehreren sitzen; Leitungsdrähte werden auch angenommen.

Bienenfresser sind Zugvögel, die in den Savannengebieten Westafrikas und von Kenia bis Südafrika überwintern. Auf dem Heimzug schießen immer wieder einige Trupps „über das Ziel hinaus". Sind die Klimabedingungen in den neuen Gebieten günstig, führt dieses Phänomen, Zugprolongation genannt, zu mehr oder weniger kurzfristigen Brutansiedlungen in anderen Ländern, bestenfalls zu einer Ausdehnung des Brutgebietes. Auf diese Weise gelangten Bienenfresser schon bis nach Schottland, Dänemark, Schweden und Finnland. Die Einflüge des Bienenfressers nördlich der Alpen sind seit dem 16. Jahrhundert recht gut dokumentiert. Vergleicht man diese Daten mit meteorologischen Langzeitdaten, ergibt sich, dass Bienenfresser stets in außergewöhnlich warmen Frühjahren auftraten.

Bienenfresser leiden wie wohl viele Vögel, die von Großinsekten leben, an Nahrungsmangel durch die Intensivierung der Landwirtschaft und das Ausräumen der Landschaft sowie an Mangel an geeigneten Brutwänden und Störungen beim Brutgeschäft. Besonders die nördlichen Populationen erleiden oft witterungsbedingte Verluste.

Der **Blauwangenspint** (*Merops persicus*) ist gerade noch Brutvogel in Europa; er kommt am Westufer des Kaspischen Meeres vor. Sonst brütet er in Halbwüsten der Osttürkei, des Nahen Ostens, Südwestasiens und Afrikas. Bis auf das Blau von Wangen und Oberkopf sowie das Rostrot von Kehle und Unterflügeldecken ist er einheitlich smaragdgrün; die Schwanzspieße sind deutlich länger als beim Bienenfresser. Er erscheint als Ausnahmegast vor allem in Südeuropa, aber auch im nördlichen Europa, es gibt sogar Nachweise aus Nordskandinavien.

Der Blauwangenspint brütet gerne in offener Kulturlandschaft mit Büschen und Bäumen. Meist trifft man ihn in der Nähe von Flüssen, Seen oder Bewässerungsgräben; gebietsweise ist er ein Bewohner von Feuchtgebieten.

Bienenfresser *Merops apiaster* (L.)

Größe	> Amsel
Maße (cm)	Länge ca. 27–29 / Flügel ca. 44–49
Körpermasse (g)	44–48
Stimme	häufiger Ruf „rüpp", im Flug rhythmische Folgen; Balzduette „dirup", „drüü"; Alarmruf „dickdickdick…"; Drohruf lang gezogen „däää"
Brutzeit	Mitte Mai bis Juli, 1 Jahresbrut
Gelegegröße	(4) 5–7 (8)
Eifärbung	weiß; glatt, stark glänzend
Eimaße (mm)	fast kugelig. 25,6 x 21,4
Brutdauer	(19) 20–22 (–25) Tage
Nestlingszeit	31–33 Tage

► KAUM ZU VERWECHSELN

BIENENFRESSER, PAAR AUF DEM RUHEPLATZ

ALTVOGEL

BIENENFRESSER, RECHTS IM ERSTEN SOMMER

JUNGVOGEL

Blauracke

Die Familie der Racken ist hauptsächlich in den Tropen verbreitet. Die meist wenig geselligen Racken sind krähenähnliche Vögel mit farbenprächtigem Gefieder. Sie bewohnen die offene Landschaft, wo sie gern auf exponierten Warten, wie Bäumen, Leitungsdrähten oder Pfählen, sitzen und nach großen Insekten Ausschau halten. Haben sie Beute entdeckt, fliegen sie wie ein Rotschwanz oder Würger kurz zu Boden, um sie aufzunehmen. Wie die europäische Blauracke sind die meisten Racken überwiegend blau gefärbt und zeigen im Flug ein auffälliges Flügelmuster. Aus der Ferne erinnert eine fliegende Racke etwas an eine Taube oder Krähe, ihre Flugweise wirkt rudernd und leicht unentschlossen.

Die Blauracke ist der einzige hähergroße Vogel Europas mit prächtiger Gefiederfärbung; allerdings kann bei bestimmten Lichtverhältnissen das Blau nicht zu erkennen sein, dann ist die Bestimmung schwieriger. Bei sitzenden Vögeln fällt oft der große Kopf und starke Schnabel mit Hakenspitze auf. Jungvögel sind matter und überwiegend graubraun gefärbt, die Schwarzfärbung auf den Enden der äußersten Steuerfedern fehlt noch. Neben großen Insekten, wie Käfern oder Heuschrecken, und Regenwürmern ernähren sich Blauracken auch von kleinen Wirbeltieren, wie Eidechsen oder Mäusen.

Das Verbreitungsareal umfasst Nordwestafrika, die Iberische Halbinsel und Südeuropa und erstreckt sich mit großen Lücken im Osten bis zum westlichen Himalaja und Altai. In Europa ist die Blauracke nordostwärts bis zum Baltikum und Westrussland verbreitet. Noch Anfang des 19. Jahrhunderts war die „Mandelkrähe" ein weit verbreiteter Brutvogel Mitteleuropas, der sogar in Mittelschweden und Südfinnland brütete. 100 Jahre später war sie bereits aus Westdeutschland verschwunden. Heute sind die Vorkommen auch in Ostdeutschland erloschen. Größere Bestände in Mitteleuropa gibt es derzeit nur noch in Ungarn und Ostpolen, in Europa in Rumänien und Russland. Am katastrophalen Bestands-

einbruch in den mitteleuropäischen Brutgebieten war neben ungünstiger Klimaentwicklung vor allem die Intensivierung der Landwirtschaft mit einhergehendem Rückgang an Großinsekten sowie der Verlust der Brutplätze ausschlaggebend. Auch die direkte Verfolgung wirkte sich negativ aus. Dagegen zählt man auch heute noch in den ostafrikanischen Winterquartieren mehrere Millionen Blauracken, so dass die Art insgesamt derzeit nicht ernsthaft bedroht sein kann.

Blauracken brüten in warmen, trockenen Tieflandgegenden; in Mitteleuropa sind sie Baumbrüter, die auf lichte Eichen- und Kiefernwälder mit altem Baumbestand und gutem Höhlenangebot angewiesen sind. Sie kommen aber auch in entsprechenden Feldgehölzen, an Waldrändern, auf Streuobstflächen und sogar in Parks vor. Intensiv bewirtschaftete Flächen meiden sie jedoch. Während die Art in Mitteleuropa in Höhen über 600 m meist fehlt, brütet sie im Hohen Atlas in Marokko bis 2000 m hoch.

Zur Reviermarkierung führt das Männchen einen auffälligen Ausdrucksflug vor, bei dem es die prächtige Unterseite zur Geltung bringt. Es steigt dazu mit tief ausholenden Flügelschlägen steil nach oben und stürzt sich dann plötzlich unter halben Drehungen von einer Seite auf die andere taumelnd abwärts. Neben Baumhöhlen, im nördlichen Teil des Brutareals meist ehemaligen Grün- und Schwarzspechthöhlen, werden auch Nistkästen für die Brut genutzt. Vielerorts nisten Blauracken in Südeuropa auch in Löß- und Lehmwänden an steilen Flussufern, oft in Nachbarschaft mit Bienenfressern, oder in alten Gemäuern. In Asien und Nordafrika brüten sie häufig in Mauerlöchern und selbst gegrabenen, ungefähr ½ m langen Erdröhren. Die Brut beginnt in Mitteleuropa meist erst Ende Mai. Die Eier werden auf den nackten Höhlenboden gelegt. Männchen und Weibchen teilen sich die Aufzucht der Jungen. Das Männchen übergibt anfangs die herangeschafften Beutetiere dem Weibchen, das sie an die Jungen verfüttert. Die Nestlinge sperren dabei den Schnabel weit auf, ähnlich wie junge Singvögel. Anders als bei höhlenbrütenden Singvögeln wird der Kot der Jungen nicht hinaustransportiert; seine teerartige Beschaffenheit und schnelles Eintrocknen verhindert aber meist allzu große Verschmutzung der Höhle. Nach dem Ausfliegen führen die Altvögel den Nachwuchs zu einem günstigen Nahrungsbiotop, wo sie ihre erste eigene Beute fangen. Im August oder September beginnt der Zug in die afrikanischen Winterquartiere, ab Mitte April, oft jedoch erst im Mai, kehren die Blauracken zurück in die mittel- und osteuropäischen Brutgebiete.

▶ KAUM ZU VERWECHSELN

Blauracke *Coracias garrulus* (L.)

Größe	= Taube
Maße (cm)	Länge ca. 30–32 / Flügel ca. 66–73
Körpermasse (g)	117–160
Stimme	Stimmfühlungsruf rau und hölzern „rack"; Schrecklaut krähenähnlich „kraah"; Warnruf „äöärrr"; im Ausdrucksflug ♂ bei Sturzflugphase „rärrärrärr..."
Brutzeit	Mitte Mai im Süden, bis Anfang Juni im Norden; 1 Jahresbrut
Gelegegröße	(3) 4–6 (7)
Eifärbung	reinweiß; glatt, glänzend
Eimaße (mm)	kurz-elliptisch – 35,2 x 27,8
Brutdauer	(17) 18/19 (29) Tage
Nestlingszeit	(25) 26–28 (–30) Tage

BLAURACKE, ALTVOGEL AUF DER WARTE

ALTVOGEL

SONNENBADENDER JUNGVOGEL

JUNGVOGEL

Wiedehopf

Der Wiedehopf ist die einzige Art der gleichnamigen Familie. Durch sein orangebraunes, schwarzweißes Gefieder ist er unverwechselbar. Das Weibchen ähnelt einem mattgefärbten Männchen. Jungvögel sehen wie graugetönte Weibchen aus, haben aber anfangs noch einen kürzeren, weniger gebogenen Schnabel. Im Flug wirkt der Wiedehopf wegen der unregelmäßigen, flatternden Flugweise wie ein riesiger Schmetterling; dabei fallen die kontrastreich schwarzweiß gebänderten Flügel und der schwarze Schwanz mit weißer Mittelbinde auf. Die wellenförmige Flugbahn erinnert etwas an einen Eichelhäher. Die Federhaube ist bei nahrungssuchenden Vögeln meist angelegt, dadurch bekommt der Kopf einen hammerartigen Umriss. Vor dem Abflug oder bei Erregung wird sie fächerartig aufgestellt.

Am Boden ist der Wiedehopf sehr unauffällig und deshalb oft schwer zu entdecken. Im Gegensatz zu den Rackenvögeln, die nur kleine Füße haben, können Wiedehopfe mit ihren kräftigen Füßen gut laufen. Bei einer Störung fliegen sie oft erst kurz vor dem Beobachter auf.

Wiedehopfe können wie Spechte an einem Baumstamm landen; dazu krallen sie sich mit den Zehen an der Rinde fest und stützen sich mit dem Schwanz ab. Sie brüten in Baumhöhlen und Steinhaufen, auch unter Dächern und in Nistkästen. Für das Nest tragen sie dürre Halme ein. Das Männchen versorgt das brütende und hudernde Weibchen in den ersten zehn Tagen mit Futter; später beteiligt sich das Weibchen ebenfalls an der Futtersuche. Junge Wiedehopfe wehren recht wirksam Nestfeinde, besonders Säugetiere, ab: Wenn die Vorwarnung, ein zischendes Fauchen, nicht ausreicht, spritzen sie dem Eindringling ihren dünnflüssigen, geruchlosen Enddarminhalt entgegen; gleichzeitig mit dem Kotspritzer tritt aus der gut entwickelten Bürzeldrüse ein Tropfen einer übel riechenden Flüssigkeit aus. Auch das Weibchen produziert während der Bebrütungsphase dieses Sekret. Übrigens „sperren" junge Wiedehopfe wie junge Singvögel bei der Fütterung.

Wiedehopfe brüten in offener, warmer Landschaft mit Bäumen und Büschen, gern in extensiv bewirtschaftetem Kulturland, wie Streuobstwiesen oder Weinbergen; man trifft sie aber auch in lichten Auwäldern, Parks und Weidegebieten sowie an Waldrändern. In Südeuropa kommen die ziemlich scheuen Vögel in Olivenhainen und sogar mitten in Dörfern vor, im Osten auch in Steppengebieten und Halbwüsten ohne Bäume, wenn es wenigstens Gräben gibt.

Ab August beginnt der Wegzug in die offenen Savannen Afrikas; manche europäischen Brutvögel überwintern bereits in Südspanien. Östliche Brutvögel ziehen nach Indien. In Mitteleuropa treffen sie ab April wieder ein. Außerhalb der Brutzeit halten sich die Vögel häufig auf kurzgrasigen Wiesen und Wildkrautfluren auf.

Das Verbreitungsgebiet umfasst weite Teile Afrikas und Eurasiens. Im Osten reicht es von Klein- und Vorderasien bis zur Pazifikküste Sibiriens und Chinas. Der Schwerpunkt der europäischen Verbreitung liegt vor allem im Süden, Osten und Südosten, nördlich der Alpen gibt es nur noch sporadische Vorkommen. Die nördliche Verbreitungsgrenze verläuft in Europa durch Nordfrankreich, Nordostdeutschland und Nordpolen bis zum Baltikum. In Deutschland ist die Art nur noch in wenigen warmen Tieflandgebieten Brutvogel.

Große Insekten, wie Käfer, Raupen, Engerlinge, Grillen, aber auch Spinnen, Würmer, Schnecken und sogar kleine Eidechsen gehören zum Nahrungsspektrum des Wiedehopfes. Bei der Nahrungssuche stochert er ruckartig nickend mit seinem langen, gebogenen Schnabel im Boden, oft auch in Kuhfladen. Im Boden fest steckende Beutetiere wie Engerlinge zieht der Vogel heraus, indem er sich mit den Füßen abstemmt; oft muss er um die eigene Achse trippeln und mit dem Schnabel mehrmals nachfassen, um so die Einstichstelle zu erweitern. Mitunter schiebt er mit dem Schnabel einen Stein beiseite, wenn er darunter ein lohnendes Beutetier ertastet hat.

Im 20. Jahrhundert hat der Wiedehopf in Mitteleuropa wegen klimatischer Ursachen katastrophale Bestandseinbußen erlitten. Weitere Rückgangsursachen sind die stark gesunkene Lebensraumqualität und die zunehmende Intensivierung der Landwirtschaft, die sogar in bisher stabilen Populationen Spaniens und Portugals zu großflächigen Bestandseinbußen führten. Seit Anfang der 90er-Jahre ist durch vermehrte Schutzbemühungen und günstige Witterungsbedingungen gebietsweise der Bestand leicht angestiegen.

▶ KAUM ZU VERWECHSELN

Wiedehopf *Upupa epops* (L.)

Größe	> Amsel
Maße (cm)	Länge ca. 26–28 / Flügel ca. 42–46
Körpermasse (g)	55–80
Stimme	Balzruf meist dreisilbig „upupup", mitunter lange Serien; bei Erregung raues Krächzen; kurzes Krächzen und hohes Rollen als Futterlaut; Nestlinge und juv. betteln hoch „sieh"
Brutzeit	Ende April im Süden, bis Mitte Mai/Juni/Juli im Norden (Kanaren Januar); 1, nicht selten 2 Jahresbruten
Gelegegröße	(4) 5–8 (–10)
Eifärbung	gräulich, gelblich, oliv oder mehr grünlich bis bräunlich; auffällige Poren (oft als kleine weiße Gruben), sonst glatt, glanzlos
Eimaße (mm)	elliptisch – 25,8 x 17,4
Brutdauer	für ein Ei 15/16 Tage, für Vollgelege bis 17 Tage
Nestlingszeit	23–25 (–28) Tage

WIEDEHOPF AUF NAHRUNGSSUCHE

FLÜGGER JUNGVOGEL

DUNENJUNGE IM NEST

NEST UND GELEGE

Wendehals

Weitaus die meisten Spechte haben kräftige Meißelschnäbel, mit denen sie in Stämme oder Äste Löcher hämmern, um daraus mit ihrer langen und weit vorstreckbaren, mit Widerhäkchen besetzten Zunge holzbewohnende Insekten hervorzuholen. Kurze Beine, kräftige Füße mit stark gebogenen Krallen sowie die „Wendezehe“ ermöglichen ihnen das Klettern an vertikalen Stämmen. Diese vierte Zehe kann seitwärts (Seitenhalt beim Klettern) und nach hinten gestellt werden. Mit den steifen Steuerfedern stützen sie sich beim Klettern ab. Obwohl der Wendehals zu den Spechten gehört, fehlen ihm doch einige familientypische Merkmale, wie Stützschwanz und starker Meißelschnabel. Spechte zimmern alljährlich eine neue Höhle – mit Ausnahme des Wendehalses. Die Verbindung zwischen Schnabel und Hirnschädel ist so konstruiert, dass die Stoßenergie abgebaut wird, bevor sie das Hirn schädigen kann.

Als einziger der Familie trägt der Wendehals ein rindenfarbenes Tarnkleid. Er trommelt nicht und klettert nicht an vertikalen Baumstämmen, klammert sich jedoch manchmal an der Rinde fest. Am ehesten ist er im Frühjahr zu entdecken, wenn er seinen quäkenden, an Baumfalken erinnernden Reviergesang hören läßt. Häufig scheucht man ihn vom Boden auf, dann fliegt er hastig in einen Baum. Drückt er sich dort längs auf einen Ast, löst er sich buchstäblich „in Luft auf“, so gut ist er dort getarnt.

In die Enge getrieben, nimmt der Wendehals eine eigenartige Verteidigungshaltung ein: Er spreizt die Schwanzfedern, reckt den Hals und stellt die Scheitelfedern zu einer kurzen Haube auf; dann dreht und wendet er Kopf und Hals schlangenartig seitlich hin und her (Name!) und zieht den Kopf ruckartig zurück; zusätzlich kann er noch wie eine Schlange zischen. Wie diese „Schlangenmimikry“ auf Nesträuber wirkt, ist noch wenig untersucht.

Wendehals *Jynx torquilla* (L.)

Größe	= Sperling
Maße (cm)	Länge ca. 16–17 / Flügel ca. 25–27
Körpermasse (g)	22,5–53,8 (23–54)
Stimme	Balzruf leicht ansteigende, rau klingende „wied-“ oder „wäd“-Serie, einzeln und Duett; knurrende Kontaktlaute; Warnrufe laut „teck“ oder „töpp“; zirpende oder wetzende Laute der Nestlinge
Brutzeit	Mitte bis Ende März; gewöhnlich 1, zuweilen 2 Jahresbruten
Gelegegröße	(1/2) 7–12 (5/6); „Doppelgelege“ 18–23
Eifärbung	weiß; glatt, glanzlos, dickschaliger als die der kleinen Spechte
Eimaße (mm)	spindelförmig bis oval – 20,3 x 15,3
Brutdauer	12–14 Tage
Nestlingszeit	(19) 20–22 (25) Tage

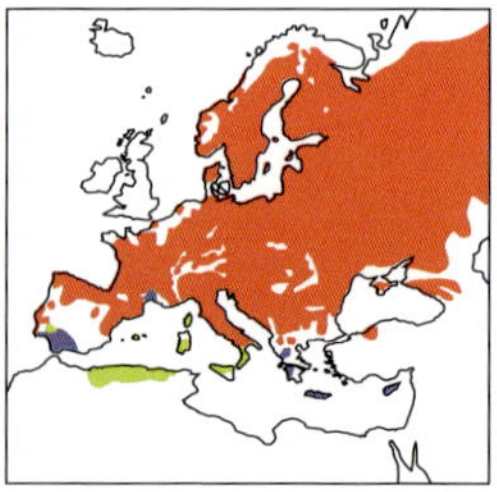

Das große Verbreitungsgebiet umfasst Nordwestafrika, fast ganz Europa (bis auf Island, Irland und die Britischen Inseln – hier wurde er bis auf ein winziges Vorkommen in den schottischen Highlands ausgerottet), auch den Norden Skandinaviens und Russlands. In Asien reicht es im Osten bis Sachalin, Hokkaido und Nordkorea; ein isoliertes Vorkommen besteht im Nordwesthimalaja. In Mitteleuropa ist der Wendehals weit verbreiteter Brutvogel des Tieflandes, in günstigen Mittelgebirgsregionen geht er bis in 1000 m Höhe, in den Alpen selten sogar bis in 1700 m. In den letzten Jahrzehnten gab es in Mitteleuropa einen katastrophalen Rückgang, sogar in Schwerpunktgebieten seines Vorkommens. Intensive Bodennutzung, Verlust der vielfältigen Landschaft und Überdüngung sind die hauptsächlichen Gefährdungsursachen.

Die Art stellt hohe Ansprüche an den Lebensraum. Die Vögel brüten nur in reich strukturierter Landschaft. Dort besiedeln sie vorwiegend lichten Laubwald, aber auch Randbereiche von Nadelwald, Streuobstbestände und Weinberge, Parks oder Feldgehölze, in Nordeuropa oft Kahlschläge. Häufig kommen sie auf Sandböden vor, da dort das Wasser besser abfließt. Die Art meidet jedoch dichte, geschlossene Wälder.

Der Wendehals nistet in von Spechten übernommenen Höhlen oder Nistkästen, die Männchen und Weibchen gemeinsam auswählen. Altes Nistmaterial entfernen sie. Bei einer bereits besetzten Höhle werfen sie nicht selten die rechtmäßigen Bewohner mit ihrem Gelege hinaus. Selbst arteigene Gelege verschonen sie nicht. Die Eier werden in Spechtmanier auf den Höhlenboden gelegt.

Die Nahrung besteht aus Insekten und Spinnen, vor allem aus Ameisen, die der Wendehals am Boden sucht. Mit dem Schnabel graben die Vögel Ameisenhaufen auf, mit der langen, klebrigen Zunge holen sie die Puppen und Insekten hervor. Die Jungen werden mit Futterballen gefüttert, die von einer dünnen Speichelschicht umhüllt sind und über 300 Insekten, Puppen und Larven enthalten können. Wie bei den anderen Spechten bilden die nackten Jungen eine „Wärmepyramide“: Sie sitzen eng beieinander, ein Jungvogel legt seinen Hals jeweils seinem Nachbarn auf die Schulter; dadurch verlieren sie am wenigsten Wärme.

Der Wendehals ist der einzige Langstreckenzieher in der Spechtfamilie. Er überwintert meist südlich der Sahara in den Savannengebieten von Zentral- und Westafrika, die asiatischen Vögel ziehen entsprechend nach Südasien. Manche Vögel überwintern in Südeuropa.

▸ Ziegenmelker

WENDEHALS BEI DER NAHRUNGSSUCHE

AUF DER SINGWARTE

JUNGVOGEL

NEST UND GELEGE

Grauspecht

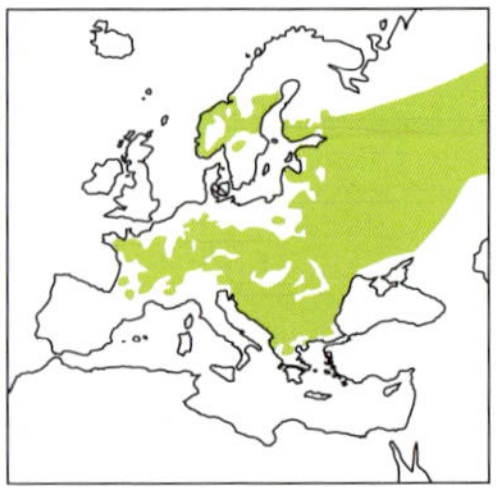

Der Grauspecht ist etwas kleiner und zierlicher als der Grünspecht, aber deutlich größer als der Buntspecht. Rücken und Schwanz sind olivgrün, Kopf und Hals sowie die Unterseite grau. Das Rot ist beim Männchen auf den Vorderscheitel beschränkt, beim Weibchen fehlt es völlig. Die Augen sind dunkel, nicht hell.

Zusammen mit dem Grünspecht gehört er zu den „Erdspechten", die ihre Nahrung vor allem auf dem Boden suchen. Grauspechte erbeuten vorwiegend Ameisen und deren Puppen sowie andere Insekten; auch Samen, Beeren und Obst werden gefressen. Im Gegensatz zum Grünspecht erscheint der Grauspecht häufig an Kleinvogelfütterungen, wo er Samen, Rindertalg und Fettfutter zu sich nimmt. Er bearbeitet gerne morsches Holz, vor allem in Bodennähe, im Winter sucht er manchmal auch an Mauern, Häusern und Felswänden Nahrung.

Bereits im zeitigen Frühjahr hört man die leicht nachzupfeifenden, abfallenden Rufreihen, den Reviergesang. Bei dieser Art singen auch die Weibchen, allerdings seltener; deren Reihen sind jedoch kürzer und klingen heiserer. Die Trommelwirbel dauern 2 sec. Im Sommer macht sich der Grauspecht nicht akustisch bemerkbar, dann ist er schwer zu entdecken.

Seine Bruthöhle zimmert der Grauspecht meist in alte, morsche Laubbäume (gerne Buchen und Eichen); manchmal übernimmt er Höhlen anderer Spechte. Vor der Eiablage ab Ende April sieht man gelegentlich, wie das Männchen das Weibchen in merkwürdigem Flatterflug zwischen den Baumstämmen jagt. Nach dem Ausfliegen werden die Jungen noch rund zwei Wochen von den Eltern betreut.

Das Verbreitungsgebiet des Grauspechtes erstreckt sich von Westfrankreich und Mitteleuropa sowie Südnorwegen, Mittelschweden und Südfinnland in einem relativ schmalen Band bis zum Pazifik, schwenkt dann nach Süden und schließt weite Teile Südostasiens einschließlich Sumatras mit ein. Im Mittelmeerraum und im küstennahen Norden Mitteleuropas fehlt die Art weitgehend. In Deutschland ist der Grauspecht unterschiedlich häufig, gebietsweise fehlt er ganz.

Diese Art zeigt eine Vorliebe für Bergwaldgebiete. Die Vögel brüten in aufgelockerten, struktur- und altholzreichen Laub- und Mischwäldern, Auwäldern, Feldgehölzen, Streuobstflächen oder Parks. In Berggegenden besiedeln sie auch Nadelwald bis in rund 1300 m Höhe, gelegentlich sogar 1700 m; außerhalb der Brutzeit steigen sie manchmal bis 2000 m hoch. Im Norden bewohnt der Grauspecht die dichte Nadelwaldtaiga mit einzelnen Birken und Aspen, gerne an urwaldartigen Berghängen.

Viele Grauspechte leben das ganze Jahr über in den Grenzen ihres Reviers, vorausgesetzt, sie finden genügend Nahrung. Im Winter suchen sie häufiger als im Sommer hinter Baumrinde verborgene Insekten, die sie besonders in Auwäldern finden. Dorthin wechseln häufig die Buchenwald bewohnenden Grauspechte im Herbst, dabei können sie sich rund 20 km von ihrem Revier entfernen. Skandinavische Grauspechte entfernen sich sogar über 60 km vom Brutgebiet und überqueren dabei bis zu 30 km offenes Meer. Nicht selten profitiert der Grauspecht bei winterlicher Schneelage von der Grabarbeit des kräftigeren Schwarzspechtes, weil er ihm den Weg zu den Ameisenbauen erleichtert. Außerhalb der Brutzeit erscheint der Grauspecht nicht selten auch an Siedlungsrändern und in Gärten.

Vor allem im Flachland hat der Grauspecht unter der intensiven Forstwirtschaft zu leiden, wodurch alter Baumbestand verschwindet. Auch die vielerorts erfolgte Beseitigung von alten Streuobstbeständen sowie der Verlust von Auwäldern verringert seinen Lebensraum. Wie andere auf Bodeninsekten spezialisierte Vögel treffen ihn die Überdüngung und der Pestizideinsatz hart: Sie bewirken einen Rückgang der Ameisen, die bei Überdüngung und dadurch dichterer Vegetation weniger Licht bekommen und ihre Nester deshalb für den Grauspecht unerreichbar im Boden bauen. Zu den natürlichen Gefährdungsursachen zählt die Konkurrenz um Bruthöhlen, vor allem mit dem Grünspecht und Star, in Skandinavien auch mit dem Schwarzspecht; dagegen spielen kalte und schneereiche Winter als bestandsmindernder Faktor weniger eine Rolle als beim Grünspecht. Erfreulicherweise hat in den letzten Jahren vielerorts in Deutschland eine leichte Erholung der zum Teil stark ausgedünnten Bestände stattgefunden.

▸ GRÜNSPECHT

Grauspecht *Picus canus* GM. 1788

Größe	= Amsel
Maße (cm)	Länge ca. 25–26 / Flügel ca. 38–40
Körpermasse (g)	125–165
Stimme	Beginn Brutperiode abfallende „kü"-Rufreihe, ♀ heiser und kürzer; beide Partner leise „djück"-Rufreihen, bei Erregung „kük"-Laute; Sommer-Herbst „kick"-Reihen mit „keck"-Folgen; Nestling „tschetschet..."; Trommeln 19–39 Schläge (20/sec)
Brutzeit	Ende März im Süden, bis Mai oder Juni im Norden; 1 Jahresbrut
Gelegegröße	6–7 (–10)
Eifärbung	weiß; glatt, stark glänzend
Eimaße (mm)	spindelförmig – 27,7 x 20,4
Brutdauer	14–17 Tage
Nestlingszeit	23–25 (26/27) Tage

GRAUSPECHT, MÄNNCHEN BRINGT FUTTER ZUR BRUTHÖHLE

WEIBCHEN MIT WEIBLICHEM JUNGVOGEL

WEIBCHEN SCHAUT AUS DER BRUTHÖHLE

MÄNNCHEN FÜTTERT MÄNNLICHEN JUNGVOGEL

Grünspecht

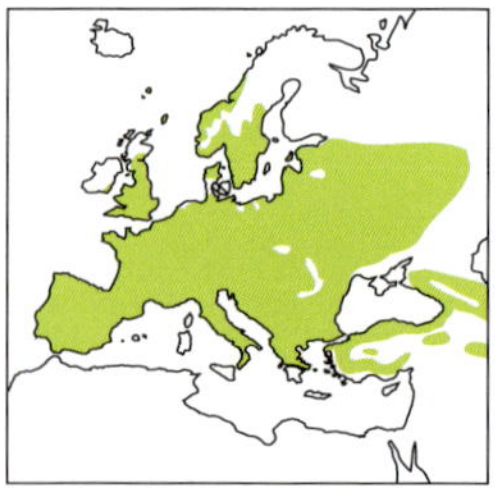

Sieht man einmal vom Wendehals ab, ist der Grünspecht von den europäischen Spechtarten am stärksten auf Ameisen als Nahrung spezialisiert. Dazu befähigt ihn seine mehr als 10 cm lange und dünne, klebrige Zunge, die an der Spitze mit Widerhaken besetzt ist. Mit ihr holt er die Ameisen und ihre Puppen aus deren Gängen; doch vorher bohrt er mit dem Schnabel ein Loch in den Ameisenhaufen, um näher an die Insekten zu kommen. Im Winter hackt der Grünspecht große trichterförmige Löcher in die schneebedeckten Ameisenhaufen und gräbt dabei sogar bis 80 cm lange Schneegänge. In dieser Jahreszeit sucht er wie der Grauspecht auch an Mauern, Felsen oder Leitungsmasten nach versteckten Insekten und Spinnen. Dagegen entfernt er sich bei der Nahrungssuche auch weit von Bäumen und anderer Deckung, was der Grauspecht kaum tut.

Nach dem Schwarzspecht ist der Grünspecht der zweitgrößte einheimische Specht. Er ist größer, kräftiger und langhalsiger als der Grauspecht, hat helle Augen, die Färbung ist insgesamt mehr grün, im Flug fällt der gelbe Bürzel auf. Aus der Nähe ist das Grünspecht-Männchen an der schwarzen Gesichtsmaske, dem roten Scheitel und dem roten, schwarz umrandeten Wangenstreif erkennbar, die Weibchen haben einen einheitlich schwarzen Wangenstreif. Den Männchen der iberischen Unterart *sharpei* fehlt die schwarze Maske, der Wangenstreif ist nahezu ganz rot. Jungvögel sind recht schlicht gefärbt, an Gesicht, Halsseiten und Brust dunkel gefleckt und gestrichelt, auf der übrigen Unterseite mehr quer gebändert; die schwarze Gesichtsmaske ist noch kaum zu erkennen. Grünspechte hört man viel seltener trommeln als Grauspechte, der Trommelwirbel dauert etwa 1 sec.

Bestandsverluste entstehen durch winterliche Kälte und eine hohe, lang anhaltende Schneelage, weil der Grünspecht kaum Futterstellen besucht und bei strenger Kälte auch die gefrorenen Ameisenhaufen nicht mehr aufhacken kann. Die wichtigste Gefährdungsursache ist aber der Verlust geeigneter Lebensräume, wie extensiv bewirtschafteter Wiesen und Weiden. Auch seine große Reviertreue kann ihm in strengen Wintern zum Verhängnis werden, da er nicht in geeignetere Biotope ausweicht. Wanderbewegungen kennt man beim Grünspecht fast ausschließlich von Jungvögeln, diese führen aber kaum über 20 km vom Brutgebiet weg.

Im Gegensatz zum Grauspecht ist der Grünspecht fast ein reiner Europäer, im Südosten reicht sein Verbreitungsareal nur bis Kleinasien, Nordiran und Turkmenien. In Europa ist er weiter verbreitet als der Grauspecht und fehlt nur in Island, Irland, Finnland, im Norden Skandinaviens (erreicht aber in Norwegen den Polarkreis) sowie im Norden und Nordosten Russlands. Im Allgemeinen ist er mehr im Tiefland (unter 400 m Höhe) anzutreffen als der Grauspecht.

Grünspechte besiedeln ganz verschiedene, meist offene Lebensräume, geschlossene Laub- und Mischwälder nur am Rand oder wenn sie sehr licht sind. Gerne gehen sie in große Obstgärten mit alten Bäumen und Parkanlagen. Wichtig sind alte und absterbende Laubbäume neben kurzgrasigen, ameisenreichen Flächen. Wie der Grauspecht lebt der Grünspecht im Gebirge auch in Nadelwald, wenn es Büsche und junge Laubbäume gibt. Während er in den Mittelgebirgen die unteren Lagen bewohnt, besiedelt er in den Alpen die Tannen- und Fichtenwälder der Berglagen, wenn es ein paar alte Bergahorne als Brutbäume gibt, und sogar die noch höher gelegenen lichten Lärchenwälder. Im Wallis liegen die höchsten Brutplätze bei 2100 m Höhe. In günstigen Bereichen können Grünspechte auch bei 1800 m Höhe erfolgreich überwintern.

Die Bruthöhle zimmert der Grünspecht oft in morsche Laubbäume; häufig übernimmt er eine bereits vorhandene Höhle. Beide Partner teilen sich Höhlenanlage, Bebrütung der auf lockeren Holzspänen liegenden Eier und die Brutpflege. Das Futter für die Jungen sammeln Grünspechte im Kropf und würgen es portionsweise hervor. Im Allgemeinen verhalten und entwickeln sich die Jungen weitgehend wie junge Grauspechte, allerdings äußern junge Grünspechte bereits im Nestlingsalter fast ständig keckernde Bettellaute; ihre Rufaktivität ist damit deutlich höher als die der Grauspecht-Nestlinge und erinnert eher an die junger Buntspechte, die ebenfalls kurz vor dem Ausfliegen anhaltend lautstark nach Futter betteln.

Grünspecht *Picus viridis* (L.)

Größe	> Amsel
Maße (cm)	Länge ca. 31–33 / Flügel ca. 40–42
Körpermasse (g)	138–201
Stimme	in Fortpflanzungszeit „Lachen“, weiche „klü“-Rufreihe; beim Jungeführen „kjäck“, gereiht, im Flug schärfer „kuck“ oder „kjuck“; aggressiv „kjaik“; trommelt sehr selten, sehr schwache und unregelmäßige Wirbel
Brutzeit	Ende April im Süden, bis Mitte Mai im Norden; 1 Jahresbrut
Gelegegröße	(4) 5–8 (9 und 11)
Eifärbung	reinweiß, mit hohem Glanz
Eimaße (mm)	elliptisch – 30,9 x 22,9
Brutdauer	14–15 (17) Tage
Nestlingszeit	23–27 Tage

▶ Grauspecht

GRÜNSPECHT, MÄNNCHEN AUF NAHRUNGSSUCHE

MÄNNCHEN SAMMELT AMEISEN

WEIBCHEN AN DER BRUTHÖHLE

FLÜGGER JUNGVOGEL

Schwarzspecht

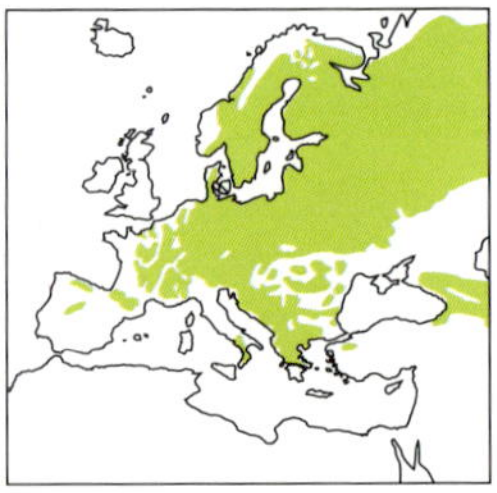

Der Schwarzspecht ist der größte europäische Specht. Mit seinem einheitlich schwarzen Gefieder, dem mächtigen hellen Schnabel und der hellgefärbten Iris ist er kaum mit einem anderen Vogel zu verwechseln. Während beim Männchen der gesamte Scheitel kräftig rot ist, beschränkt sich die Rotfärbung beim Weibchen auf den Hinterkopf. Der Schwarzspecht fliegt mehr oder weniger geradlinig; die unregelmäßigen, flatternden Flügelschläge erinnern an einen Häher. Im Gegensatz zu Krähenvögeln, die im Flug deutlich langschwänzig wirken, ragen beim Schwarzspecht Kopf und Schwanz durch den langen Hals ungefähr gleich weit vor. Trotz seiner Größe bekommt man den scheuen Schwarzspecht nicht so leicht zu sehen, dafür eher zu hören. Am sichersten verrät ihn sein Flugruf.

Meist hämmern Schwarzspechte jedes Jahr eine neue Höhle, dabei bevorzugen sie über 80-jährige Bäume, die mindestens 4 m hoch astfrei sind. Häufig werden die bis zu 80 cm tiefen Bruthöhlen im harten Buchenholz angelegt. Dazu arbeiten Männchen und Weibchen gemeinsam rund 3–4 Wochen, in Weichholzbäumen dauert die Arbeit nur zwei Wochen. Manchmal benützt ein Paar dieselbe Höhle mehrere Jahre hintereinander. Die Bebrütung ist wie bei allen Spechten überwiegend Aufgabe des Männchens; tagsüber wechseln sich beide Partner ab, nachts brütet das Männchen allein, während das Weibchen in einer eigenen Schlafhöhle übernachtet, die bis 2,5 km vom Brutbaum entfernt sein kann. Bei der Brutablösung wird ein Ritual eingehalten: Der ankommende Specht ruft in Höhlennähe dohlenartig „kijak", der brütende Partner antwortet aus der Höhle mit Klopfzeichen, worauf er das Gelege verlässt.

Schwarzspechte brüten im Tiefland und in mittleren Lagen in Nadel- und Mischwäldern sowie Beständen alter Buchen oder Kiefern. Gelegentlich findet man Höhlen auch in Fichten, Tannen oder Lärchen, in Nordeuropa sogar in Aspen. Obwohl scheu, brütet der Schwarzspecht auch nahe bei Siedlungen und gelegentlich sogar in großen Stadtparks.

Während die Altvögel sehr reviertreu sind, streifen die Jungvögel nach dem Selbstständigwerden umher, um sich ein eigenes Revier zu suchen. Dabei entfernen sie sich aber meist nicht weiter als 50 km vom Geburtsort. In Nordeuropa finden regelrechte Zugbewegungen statt (bis zu 1000 km weit) – vor allem bei Nahrungsmangel –, die die Vögel teilweise bis ins nördliche Mitteleuropa führen.

Die Nominatform des Schwarzspechts ist über weite Teile Eurasiens von Nordspanien im Westen bis Kamtschatka und Sachalin im Osten verbreitet; eine zweite Unterart (*khamensis*) lebt in den Bergwäldern Südwestchinas. In Europa fehlt der Schwarzspecht nur auf Island, den Britischen Inseln, in weiten Teilen Norwegens sowie im hohen Norden Skandinaviens und Russlands. Bis auf kleine Populationen, die fast ausschließlich auf Bergwälder beschränkt sind, fehlt der Schwarzspecht auch auf der Iberischen Halbinsel und den Mittelmeerinseln. Die Schwerpunkte der europäischen Brutverbreitung liegen in Osteuropa, Deutschland und Polen. In Deutschland ist die Art in nahezu allen größeren Waldgebieten anzutreffen.

Schwarzspechte ernähren sich vor allem von großen, im Holz lebenden Ameisen und den Larven holzbohrender Käfer. Daneben verzehren sie aber auch Holz- und Blattwespen, Spinnen, kleine Schnecken sowie Früchte und Beeren. Die Gänge der im Holz lebenden Insekten legen die Spechte mit kräftigen Schnabelhieben frei. Da sie ihre Zunge nur etwa 5 cm weit ausstrecken können, müssen sie sich weit zu den Beuteinsekten vorarbeiten. Im Gegensatz zu den meist hochovalen Höhleneingängen sind die Hacklöcher, die bei der Nahrungssuche entstehen, rechteckig oder länglich und durch das Wegbrechen von Spanstücken unregelmäßig begrenzt.

Seit Ende des 19. Jahrhunderts hat der Schwarzspecht in Mittel- und Westeuropa sein Areal großflächig erweitert. Gründe dafür sind die von Mittel- zu Hochwald umgestellte Nutzung und die Ausweitung der Fichtenkulturen. Besonders auffällig war die Arealerweiterung in Frankreich, wo die Art heute fast flächendeckend vorkommt, aber zur Mitte des 20. Jahrhunderts noch ein reiner Bergwaldbewohner war. Im nördlichsten Europa hat es dagegen schon vor Jahrzehnten durch die Vernichtung der Primärwälder und den dadurch bedingten Lebensraumverlust gravierende Bestandseinbrüche gegeben.

Schwarzspecht *Dryocopus martius* (L.)

Größe	= Taube
Maße (cm)	Länge ca. 45–47 / Flügel ca. 64–68
Körpermasse (g)	260–340
Stimme	in Fortpflanzungszeit schnelle Folge von Rufreihen „kwoih-kwih-kwihk-kwihkkwihkwikwik…"; Flugruf „kürr-kürr-kürr…"; Standortruf „kijah"; Trommelwirbel ♂ 17 Schläge/sec, ♀ 14–15
Brutzeit	April bis Mai, zum Teil erst Anfang Juni; 1 Jahresbrut
Gelegegröße	(2) 3–5 (6)
Eifärbung	weiß; glatt, glänzend
Eimaße (mm)	kurz-elliptisch – 34,9 x 25,9
Brutdauer	12–14 Tage
Nestlingszeit	(24) 27–28, bei Kälte bis 31 Tage

▸ HÖCHSTENS HÄHER (IM FLUG)

SCHWARZSPECHT, MÄNNCHEN FÜTTERT MÄNNLICHEN JUNGVOGEL

JUNGES MÄNNCHEN AUF NAHRUNGSSUCHE

... ÜBT SICH IM HACKEN

...HOLT MIT DER ZUNGE INSEKTEN HERVOR

Buntspecht

Der Buntspecht ist die am weitesten verbreitete Spechtart und außerdem derjenige Specht, den man in den meisten Teilen Europas am häufigsten sieht und hört. Sowohl im Sitzen als auch im Flug fallen die großen, weißen Schulterflecken auf; oft sieht man die kräftig roten Unterschwanzdecken. Das Männchen zeigt einen roten Fleck am Hinterkopf, Jungvögel haben einen roten vorderen Scheitel, das Rot des Unterschwanzes ist bei ihnen noch nicht so kräftig wie bei Altvögeln.

Der Buntspecht trommelt mit der schnellsten Schlagfolge von allen europäischen Spechten. Der Trommelwirbel selbst ist relativ kurz, die Frequenz nimmt zum Ende hin zu, der Wirbel bricht am Schluß abrupt ab. Nicht nur hohle Äste dienen als Resonanzkörper, auch an Dachantennen und Blecheinfassungen von Kaminen wird getrommelt – nicht immer zur Freude der Menschen.

Buntspechte brüten in Nordafrika, in fast ganz Europa und in weiten Teilen Asiens bis Kamtschatka, Japan und Südostasien. In Europa fehlt die Art nur in Island, Irland, auf den kleineren Inseln der Nord- und Ostsee sowie auf manchen Mittelmeerinseln. In Nordeuropa sind nur die Fjäll- und Tundragebiete nicht besiedelt.

Es gibt in Europa kaum einen Waldtyp ohne einen Buntspecht, denn die Art ist in ihren Biotopansprüchen nicht wählerisch. Besonders gute Bedingungen bieten Eichen-Hainbuchen-Wälder. Häufig ist der Buntspecht auch in Parks und Gärten mit Bäumen, er zeigt sich sogar mitten in Großstädten, im Winter oft an Kleinvogelfütterungen.

Beim Brüten wechseln sich die Partner ab; die Ablösung der rund dreiviertelstündigen Brutschicht verläuft wie bei vielen Spechten nach einem festgelegten Ritual aus Rufen und Klopfen gegen die Höhlenwand. Nachts brütet wie bei allen Spechten das Männchen. Im Alter von einer Woche machen sich die Jungen akustisch bereits deutlich bemerkbar; bei jeder Fütterung schwellen die Bettelrufe stark an. Dadurch sind Buntspechtbruten recht auffällig.

Mitteleuropäische Buntspechte sind vorwiegend Stand- und Strichvögel, jedoch unternehmen nord- und osteuropäische Artgenossen nicht selten weite Wanderungen nach Süden, wenn die Fichten- und Kiefernsamenernte schlecht ausfällt. Dann erscheinen sie gelegentlich invasionsartig in Norddeutschland.

Im Sommerhalbjahr ernähren sich Buntspechte hauptsächlich von im Holz lebenden Insekten und deren Larven, aber auch von anderen Insekten, Eiern und Jungvögeln, wobei sie dazu sogar Nistkästen aufhämmern; auch Früchte werden genommen. Nicht selten hackt der Specht ringförmig Löcher in Stämme, um Baumsaft zu trinken und die angelockten Insekten zu fressen. Dieses Verhalten wird als „Ringeln“ bezeichnet. Während der Wintermonate fressen Buntspechte neben Nüssen vor allem die ölhaltigen Samen der Fichten- und Kiefernzapfen. Um diese Samen zu ernten, wird der Zapfen so in einer Rindenspalte festgeklemmt, dass die Zapfenspitze nach außen weist. Sodann beginnt der Specht mit der Bearbeitung von der Basis her, indem er jeweils die Zapfenschuppe zerhackt und dann den Samen mit der klebrigen Zunge hervorholt. Ist die eine Seite leergefressen, dreht er den Zapfen zur weiteren Bearbeitung auf die andere Seite. Unter einer Zapfenschmiede sammeln sich mit der Zeit große Mengen an ausgefressenen Zapfen. So hat man in einem Winter über 5000 Zapfen gezählt, die von einem Paar bearbeitet wurden.

Auch zum Öffnen von Nüssen, vor allem Haselnüssen, erweitert der Buntspecht mit Schnabelhieben eine Baumspalte und passt das Futterobjekt hinein, so dass es fest sitzt; dann hackt er mit kräftigen Schnabelhieben ein Loch in die Schale und holt den Kern portionsweise heraus. Neben dem Einschlagloch sieht man oft noch die Spuren von weniger präzise geführten Schnabelhieben. Unterhalb der Spechtschmiede liegen häufig die leeren Nussschalen, aber auch Reste von Walnüssen oder Bucheckern.

Der Buntspecht hat im Wald eine wichtige Position als Höhlenbauer; dadurch beeinflusst er die Bestandsdichte einiger höhlenbrütender Vogelarten – der Sperlingskauz ist in seinem Vorkommen im Tiefland sogar völlig auf die Bautätigkeit des Buntspechtes angewiesen. Waldfledermäuse und Siebenschläfer sind ebenfalls regelmäßige Nachmieter in Buntspechthöhlen.

Wie andere Spechte (etwa Dreizehenspecht) profitiert der Buntspecht zunächst vom Waldsterben durch vermehrtes Anfallen von Totholz. Bei weiterer Zunahme der Waldschäden sind Bestandsrückgänge zu erwarten.

▸ Mittelspecht, Weissrückenspecht

Buntspecht *Dendrocopos major* (L.)

Größe	= Amsel
Maße (cm)	Länge ca. 22–23 / Flügel ca. 34–39
Körpermasse (g)	70–95
Stimme	häufigster Ruf „kix“; aggressive „kreck“-Reihe; misteldrosselähnliches Schnarren vor Attacke auf Artgenossen; Nestlinge zirpen laut; schnurrendes Flügelgeräusch; lange Trommelserien an guten Resonanzböden
Brutzeit	Mitte Mai, 1 Jahresbrut
Gelegegröße	(4) 5–7 (8)
Eifärbung	weiß; glatt, glänzend
Eimaße (mm)	elliptisch – 25,8 x 19
Brutdauer	10–12 Tage
Nestlingszeit	20–23 Tage, mitunter länger

BUNTSPECHT, MÄNNCHEN BEARBEITET KIEFERNZAPFEN IN DER „SCHMIEDE“

MÄNNCHEN HACKT HASELNUSS AUF

JUNGVOGEL SCHAUT AUS DER BRUTHÖHLE

GELEGE (PRÄPARAT)

Blutspecht

Der Blutspecht ähnelt dem Buntspecht stark. Unterseite, Kopf und Halsseiten sind allerdings etwas weißer, außerdem fehlt ihm das schwarze Querband zwischen Wangenstreif und Nacken, wodurch er heller wirkt; der Steißbereich ist eher rosafarben wie bei jungen Buntspechten, die Flanken sind fein dunkel gestrichelt. Die äußeren Steuerfedern des Stützschwanzes sind schwarz mit weißen Flecken. Gelegentlich treten junge Buntspechte auf, deren weiße Halsseiten nur andeutungsweise oder überhaupt nicht durch das schwarze, arttypische Band unterbrochen sind – dann wird die Unterscheidung schwieriger. Ein weiteres Bestimmungsproblem stellen Bastarde dar mit unterschiedlicher Ausbildung der Elternmerkmale. Entgegen früheren Annahmen treten die Mischlinge nicht nur in den Randbereichen des Blutspecht-Brutareals auf, sondern auch in längst besiedelten Gebieten, beispielsweise in der Gegend um Budapest in Ungarn, das seit 1937 Brutgebiet ist. Bei den Hybridvögeln hilft zur sicheren Artbestimmung nur die eingehende Prüfung mehrerer Gefiederdetails und der Stimme.

Die Rufe sind das wichtigste Bestimmungsmerkmal; sie sind weicher, weniger metallisch als beim Buntspecht. Der Trommelwirbel erinnert an den des Buntspechts, ist aber mit 0,8–1,2 sec länger, wird zum Ende hin leiser und endet nicht so abrupt wie beim Buntspecht.

Die Nominatform des Blutspechts bewohnte ursprünglich Südwestasien von der Türkei bis Israel und in den südlichen Iran; ein weiteres isoliertes Vorkommen gibt es im östlichen Kaukasus. 1890 wurde erstmals in Nordbulgarien ein Blutspecht auf europäischem Boden nachgewiesen; seitdem hat sich die Art in Nordwestrichtung in Europa ausgebreitet, den ganzen Balkan erobert und ist heute mitteleuropäische Brutvogelart. Das im Moment nordwestlichste, allerdings isolierte Vorkommen der Art liegt in Tschechien – nur 50 km von der Grenze zu Deutschland entfernt. Die Südausbreitung

von Mazedonien aus nach Griechenland war dagegen nur schwach, so dass heute nur Nordgriechenland besiedelt ist. Die im 20. Jahrhundert erfolgte relativ rasche Ausbreitung nach Norden und Westen findet verlangsamt immer noch statt. Hinweise dafür sind jüngste Bruten in Südwestpolen und Nordwesttschechien.

In Deutschland werden seit mehreren Jahrzehnten immer wieder Bastarde in Bayern beobachtet. Möglicherweise ist die Ausbreitung nach Deutschland schon bald so gut wie beendet, weil Klimafaktoren ein weiteres Vordringen verhindern. Derzeit entspricht die Westgrenze der 18°-Juli-Isotherme, die genauso wenig überschritten zu werden scheint wie die Mittelgebirge.

Der Blutspecht ist nicht so eng an Wald gebunden wie der Buntspecht. Er bevorzugt die locker bis spärlich bewaldete Landschaft mit Hainen, Parks, Alleen und geht auch in Dörfer, Friedhöfe und Gärten; nur selten trifft man ihn auf Waldlichtungen an. In Mitteleuropa haben die Blutspechte eine ausgesprochene Vorliebe für Weinberge und Obstgärten. In den Kerngebieten der europäischen Verbreitung – Rumänien und Bulgarien – kommt die Art auch in höheren Lagen (bis 1000 m) vor.

Die Brutbiologie des Blutspechtes ist der des Buntspechtes recht ähnlich. Die Bruthöhle wird meist in 2–4 m Höhe in einem Baumstamm oder starken Ast gezimmert, gelegentlich auch in einen Leitungsmasten oder sogar in einen Balken eines Holzgebäudes. Die Jungen werden bis zu einem Alter von fünf Tagen ständig gehudert, danach bleiben sie für kürzere Zeiträume unbedeckt. Männchen und Weibchen teilen sich die Fütterung der Jungen. Im Gegensatz zum Buntspecht füttern sie ihre Jungen zu einem nicht geringen Prozentsatz mit Früchten. Während der ersten Lebenstage der Jungen fressen die Altvögel deren Kot, danach tragen sie die Exkremente meist aus der Höhle. Anders als junge Buntspechte macht sich der Nachwuchs bei den Blutspechten auch kurz vor dem Ausfliegen weit weniger lautstark und anhaltend bemerkbar.

Die Hauptnahrung der ausgewachsenen Vögel besteht aus holzbewohnenden Insekten und deren Larven, aber im Gegensatz zum Buntspecht nehmen sie das ganze Jahr über relativ viel pflanzliche Nahrung auf. Besonders begehrt sind Nüsse und verschiedene Früchte, wie Himbeeren und Johannisbeeren oder Maulbeeren; bei Steinobst hat es der Specht weniger auf das Fruchtfleisch als auf die Kerne abgesehen. Im Gegensatz zum Buntspecht bearbeitet der Blutspecht keine Zapfen in Schmieden. Im Winter verzehrt er auch Hanf- und Sonnenblumenkerne.

▸ BUNTSPECHT, MITTELSPECHT

Blutspecht *Dendrocopos syriacus* (HEMPRICH & EHRENBERG 1833)

Größe	= Amsel
Maße (cm)	Länge ca. 22–23 / Flügel ca. 34–38
Körpermasse (g)	70–82
Stimme	häufigster Einzelruf „güg“, „püg“ oder „tjüg“, weicher als Buntspecht; Einzelrufe, zum „Schelten“ gereiht, „güg güg kürr“, weniger schnarrend als Buntspecht; „wäd“-Rufe und Trommelwirbel länger
Brutzeit	Mitte April bis Anfang Juni, 1 Jahresbrut
Gelegegröße	(3) 4–7
Eifärbung	weiß; glatt, glänzend
Eimaße (mm)	elliptisch – 26,1 x 18,9
Brutdauer	9–11 Tage
Nestlingszeit	17/21 (24) Tage; Führungszeit ca. 14 Tage

BLUTSPECHT, WEIBCHEN AN DER BRUTHÖHLE

WEIBCHEN

MÄNNCHEN BRINGT FUTTER

JUNGVOGEL SCHAUT AUS DER BRUTHÖHLE

Mittelspecht

Das Brutareal des Mittelspechtes umfasst die Laubwaldzone Europas und Südwestasiens von Nordwestspanien im Westen bis Westiran im Südosten; im Norden reicht die europäische Verbreitung bis Lettland, im Süden bis Südgriechenland. Die Mittelmeerinseln sind nicht besiedelt. In Holland, Dänemark und Schweden ist die Art vor relativ kurzer Zeit ausgestorben. Rund die Hälfte des europäischen Brutbestandes lebt in den Tieflandwäldern Deutschlands, Polens, Ungarns und Kroatiens.

Als ausgesprochener Laubwaldbewohner besiedelt der relativ scheue Mittelspecht vor allem Eichen-Hainbuchen-Wälder mit altem Baumbestand und Auwald, Obstgärten, gebietsweise auch ruhige, größere Parks und Siedlungsränder mit alten Eichen. In Deutschland kommt er nur gebietsweise vor. Die Art ist Stand- und Strichvogel, größere Wanderbewegungen kennt man vor allem aus Osteuropa.

Der Mittelspecht ist kleiner als der Buntspecht und hat einen schwächeren Schnabel. Typisch ist der in allen Kleidern karminrote Scheitel ohne schwarze Umrahmung. Die schwarze Wangenzeichnung erreicht im Gegensatz zum Buntspecht weder den Schnabelgrund noch das Schwarz des Nackens, daher wirkt der Mittelspecht aus der Ferne im Kopfbereich kontrastlos. Die Brustseiten sind schwärzlich gestrichelt, das Rosa am Unterschwanz geht allmählich in die gelblichbraune Bauchfärbung über. Das Weibchen ähnelt dem Männchen, unterscheidet sich aber durch die mattere, im hinteren Teil in Gelblichbraun übergehende Scheitelfärbung. Bei der Balz sträubt das Männchen häufiger die kräftig roten Scheitelfedern.

Der Reviergesang ist bereits ab Januar, meist aber im Frühling zu hören. Ab Mitte April, wenn das Paar mit der Anlage der Höhle beschäftigt ist, quäken die Vögel nur noch gelegentlich, im Juni scheinen die Männchen mit diesem Ruf die Jungen aus dem Revier zu treiben. Im Gegensatz zum Buntspecht trommelt der Mittelspecht kaum. Die Wirbel klingen zaghaft und dauern rund 2–3 sec.

Mittelspecht *Dendrocopos medius* (L.)

Größe	= Amsel
Maße (cm)	Länge ca. 20–22 / Flügel ca. 33–34
Körpermasse (g)	50–80
Stimme	Einzelruf „güg" nicht sehr oft zu hören; am häufigsten Rufreihe „geg-gegegeg…"; am auffälligsten Quäken wie „quää", vertritt Trommeln
Brutzeit	April, selten März, oft Mai; 1 Jahresbrut
Gelegegröße	(4) 5/6 (–8)
Eifärbung	weiß; glatt, glänzend
Eimaße (mm)	elliptisch bis kurz-spindelförmig – 22,6 x 17,9
Brutdauer	(11–) 12 (–14) Tage
Nestlingszeit	(20–) 22/23 Tage

Die Bruthöhle befindet sich meist im faulen Holz eines Laubbaumes (Stamm oder dicker Ast); alte Eichen werden bevorzugt. Fast jedes Jahr wird eine neue Höhle gebaut, oft sogar mehrere. Wie bei anderen Spechten brütet das Männchen nachts, tagsüber wechselt es sich mit seiner Partnerin ab; bis die Jungen knapp drei Wochen alt sind, übernachtet das Männchen in der Bruthöhle zusammen mit den Jungen. Vom 15. oder 16. Lebenstag an kriechen die Jungen zur Fütterung zum Flugloch hoch. Die Altvögel verhalten sich im Höhlenbereich sehr unauffällig und auch die Bettelrufe der Jungen sind im Vergleich zu den entsprechenden Lautäußerungen junger Buntspechte viel dezenter. Der relativ kleine Schnabel des Mittelspechtes ist eher zum Bearbeiten von Rinde und zum Stochern geeignet als zum Zimmern von Holz. Deshalb sieht man den Mittelspecht eher an dünneren Ästen, oft in den Kronen; häufig sitzt der Specht wie ein Singvogel quer auf dem Ast. Da er oft den Nahrungsbaum wechselt, wirkt er ziemlich rastlos.

Im Sommer sammelt er vor allem von Zweigen und Blättern verschiedene Insekten ab; gelegentlich versucht er sogar, fliegende Insekten zu erwischen. Er verzehrt auch gern die Kerne von Kirschen und Pflaumen, das Fruchtfleisch verfüttert er an die Jungen. Im Frühjahr kann man Mittelspechte an Birken und Hainbuchen safttrinkend beobachten; die „Ringel" (siehe Buntspecht) stellt er aber wahrscheinlich nicht selbst her. Für die Anlage und Erweiterung einer eigenen Schmiede zum Bearbeiten von Steinobstkernen ist sein Schnabel zu schwach. Er benutzt aber gern bereits vorhandene. Im Herbst ergänzen nicht selten Eicheln, Nüsse und Bucheckern die Insektennahrung. Die Winternahrung besteht aus Kleintieren, die die Vögel in der Rinde stochernd freilegen. Gern besuchen sie Fütterungen, wo sie vor allem Fettfutter, Talg und Sonnenblumenkerne nehmen.

Im Gegensatz zum Buntspecht stellt der Mittelspecht besondere Ansprüche an den Lebensraum. Die Art ist deshalb vor allem durch Lebensraumverlust gefährdet. Da der Mittelspecht zur Brutzeit seine Insektennahrung vor allem in den Kronen gesunder Eichen sucht, profitiert er nicht so von den Anfangsstadien des Waldsterbens wie der Buntspecht.

Heute ist das Areal des Mittelspechtes durch Lebensraumveränderungen und wohl zusätzlich auch Klimaeinflüsse in vielen Teilen Mitteleuropas stark zersplittert, vielfach existieren nur noch Restbestände, denen durch weitere Verschlechterung der Lebensbedingungen Erlöschen droht.

▶ BUNTSPECHT

MITTELSPECHT AUF NAHRUNGSSUCHE (WEIBCHEN IM WINTER)

WEIBCHEN

MÄNNCHEN

MÄNNCHEN

Weißrückenspecht

Der Weißrückenspecht ist der größte der schwarzweißen Spechte. Er ist stämmiger als der Buntspecht und hat einen längeren Schnabel, zudem fehlt ihm der große weiße Schulterfleck. Er ruft nicht so häufig und ist auch sonst unauffälliger. Der zum Ende hin beschleunigte und schwächer werdende Trommelwirbel dauert rund 1,6 sec.

Der Weißrückenspecht brütet in urwaldartigen Mischwäldern mit hohem Anteil an absterbenden und toten Bäumen, in die er seine Bruthöhle zimmert. In der Taiga profitiert er von den Waldbränden, denn sie sind oft die Voraussetzung für eine laubbaumreiche Waldgeneration. Das Brutgebiet reicht von Südskandinavien, Mittel- und Südosteuropa quer durch den südlichen Taigagürtel bis nach Kamtschatka, Sachalin und Japan. In den Pyrenäen und in Mittelitalien gibt es kleine isolierte Vorkommen. Im westlichen Mitteleuropa besiedelt die Art nur die Alpen und den Bayerischen/Böhmer Wald. Dagegen ist sie im östlichen Mitteleuropa weiter verbreitet, aber ebenfalls selten.

Der Weißrückenspecht ist europaweit gefährdet, weil alte Wälder fehlen und in den Forsten absterbende und tote Bäume entfernt werden. Durch das Waldsterben könnte die Art kurzfristig im Bestand zunehmen.

Der Weißrückenspecht frisst vorwiegend im Holz lebende Käferlarven, aber auch Ameisen sowie Nüsse und Früchte. Bei der Futtersuche stemmt er oft Rinde ab und hackt tiefe Löcher in das Holz. Ein Hinweis auf die Anwesenheit eines Weißrückenspechtes sind bearbeitete umgestürzte Stämme mit tiefen Löchern.

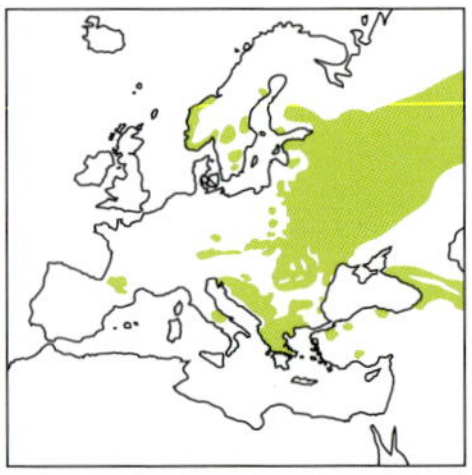

▸ Buntspecht, Mittelspecht

Weißrückenspecht *Dendrocopos leucotos* (Bechstein 1803)	
Größe	= Amsel
Maße (cm)	Länge ca. 24–26 / Flügel ca. 38–40
Körpermasse (g)	100–110
Stimme	Einzelrufe leise, weiche „güg“ oder „kjük“, deutl. tiefer und gedämpfter als Buntspecht; „Schelten“ helle „kjirk kjirk....“-Reihen; aggressiv heiser quietschend „tsched tsched...“ oder feldsperlingähnlich „tet tet“; Trommeln mit langen Wirbeln
Brutzeit	Ende April oder Anfang Mai, 1 Jahresbrut
Gelegegröße	3–5
Eifärbung	weiß; glatt, glänzend
Eimaße (mm)	elliptisch bis kurz-spindelförmig – 28,3 x 20,7
Brutdauer	14–16 Tage
Nestlingszeit	27–28 Tage

Dreizehenspecht

Im Namen wird deutlich, dass dieser Spechtart eine Zehe fehlt: Die erste Zehe ist reduziert, weil sie beim Klettern am Stamm nicht gebraucht wird. Der Dreizehenspecht ist etwas kleiner als der Buntspecht, hat schwarze Flügel und einen weißen Rücken. Dies gilt vor allem für die nordische Nominatform, bei der mitteleuropäischen Unterart *alpinus* ist das Weiß des Rückens mit Schwarz durchsetzt. Neben den Weibchen von Klein- und Grauspecht ist der Dreizehenspecht der einzige Specht in Europa ohne Rot im Gefieder. Das Männchen hat ein gelbes Scheitelfeld.

Das Verbreitungsgebiet der Art deckt sich weitgehend mit dem der Fichte und erstreckt sich über den Nadelwaldgürtel Eurasiens (Nordeuropa bis Kamtschatka und Japan) und Nordamerikas – der Dreizehenspecht ist eine ausgesprochene Taigaart. In Mitteleuropa kommt er nur in den Alpen und im Bayerischen/Böhmer Wald sowie in Berggegenden der Slowakei und Südpolens vor. In Ostpolen lebt bereits die nordische Nominatform. In Deutschland wurde in jüngster Zeit der Schwarzwald wieder besiedelt, nachdem die Art dort 1924 ausgestorben war.

Der Dreizehenspecht brütet vor allem in naturnahen Fichtenwäldern und fichtendominierten Mischwäldern mit vielen sterbenden und toten Bäumen, in denen er nach Bock- und Borkenkäfern sucht. Hohe Bestandsdichten wurden im Bayerischen Wald in natürlichen Fichtenwäldern festgestellt. Er zimmert jedes Jahr eine neue Höhle in einem kranken oder toten Nadelbaum, meist in eine Fichte, die in den Folgejahren nicht selten von Sperlingskäuzen übernommen werden.

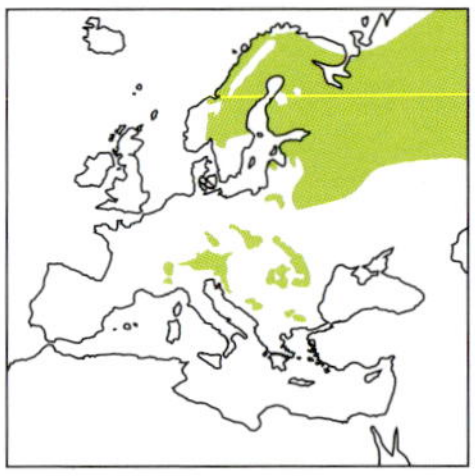

▸ Buntspecht

Dreizehenspecht *Picoides tridactylus* (L.)	
Größe	= Amsel
Maße (cm)	Länge ca. 21–22 / Flügel ca. 32–35
Körpermasse (g)	57–76
Stimme	weniger ruffreudig als Buntspecht; Einzelruf weicher, tiefer und gedämpfter „güg“ oder „güpp“; „Schelten“ als lange Reihe; ♂ und ♀ trommeln ratternd
Brutzeit	Ende Mai oder Anfang Juni, 1 Jahresbrut
Gelegegröße	(3) 4–5 (6)
Eifärbung	weiß; glatt, mäßig glänzend
Eimaße (mm)	spindelförmig – 23,3 x 18
Brutdauer	11 Tage
Nestlingszeit	20–24 bzw. 22–26 Tage

WEISSRÜCKENSPECHT, MÄNNCHEN BRINGT FUTTER ZUR BRUTHÖHLE

WEISSRÜCKENSPECHT, WEIBCHEN

DREIZEHENSPECHT, MÄNNCHEN (NORDEUROPA)

DREIZEHENSPECHT, WEIBCHEN (NORDEUROPA)

Kleinspecht

Die Bestandssituation des Kleinspechtes ist derzeit im Norden Mitteleuropas besser, gebietsweise gibt es sogar Zuwächse. Im Süden nimmt die Art aber meist ab, in Gegenden mit Auwald und Obstanbau sogar in katastrophalem Ausmaß. Auch in Skandinavien und Finnland hat man innerhalb der letzten Jahrzehnte drastische Bestandseinbrüche festgestellt. Dort vermutet man neben Rückgang an Totholz und vermindertem Laubholzanteil (vor allem Birke) eine ebenfalls durch den Waldbau bedingte zunehmende Baumdichte, die zu schlechteren Bedingungen für Insekten führt. Auch die Konkurrenz mit dem häufigeren Buntspecht kann eine Rolle spielen, da dieser in Jahren mit wenig Zapfen auf holzbewohnende Insekten ausweicht, der Hauptnahrung des Kleinspechtes.

Wegen der geringen Größe und des kurzen, spitzen Schnabels ist der Kleinspecht kaum zu verwechseln. Durch den breit quer gebänderten Rücken wirkt er oft fast weiß. Auf der Unterseite zeigt er im Gegensatz zu den übrigen schwarzweißen Spechten (außer Dreizehenspecht) kein Rot, Weibchen fehlt sogar das den Männchen eigene rote Scheitelabzeichen; dieses ist bei ihnen weißlich. Jungvögel sind matter gefärbt, das Scheitelfeld ist weniger deutlich abgegrenzt und wird nach hinten dunkler.

Der Kleinspecht hält sich vor allem in den Kronen der Bäume auf, um dort dünne Äste zu bearbeiten; manchmal sieht man ihn wie eine Meise mit dem Bauch nach oben an einem Zweig hängen. Darüber hinaus sucht er seine Nahrung auch an dicken Ästen und am Stamm. Im Sommerhalbjahr ernährt er sich vor allem von Insekten und deren Larven, die auf Zweigen und Blättern leben, im Winter sind es vorwiegend unter der Baumrinde kranker oder toter Äste überwinternde Käfer. In der kalten Jahreszeit sucht der Kleinspecht auch in Schilfhalmen nach den dort überwinternden Insektenpuppen. Er frisst kaum pflanzliche Nahrung, geht jedoch gelegentlich an Fütterungen, um Sonnenblumenkerne zu verzehren – oft in Gesellschaft von Meisen und Kleibern, mit denen er in den Wintermonaten gerne umherzieht.

Am besten ist der Kleinspecht an seinen Lautäußerungen zu entdecken. Der hohe, scharf „kie-kie-kie…" klingende Reviergesang erinnert an einen Turmfalken. Der gleichmäßige Trommelwirbel dauert 1,2–1,6 sec, die Pausen zwischen den einzelnen Wirbeln sind oft so kurz, dass zwei aufeinander folgende Wirbel als Einheit mit kurzer Unterbrechung in der Mitte empfunden werden.

Kleinspechte besiedeln Laub- und Mischwald mit vielen alten Bäumen und Totholz, gern in Ufergehölzen und Auwäldern. Sie meiden zu dichten Wald – generell Reinbestände von Nadelbäumen, aber auch Buchen. Dagegen trifft man sie in parkartigen, möglichst naturnahen Beständen, auch in Parks mit alten Weiden, Erlen und Pappeln, in großen Gärten und besonders in Obstgärten. In Mittelgebirgen kommt die Art nur gebietsweise vor, meist in lückigen, südexponierten Wäldern. In Nordeuropa, wo sie bis zur nördlichen Baumgrenze verbreitet ist (sehr kältehart!), trifft man die Spechte auch in der Nadelwaldtaiga mit höherem Laubbaumanteil und in der Fjällbirkenzone an. Außerhalb der Brutzeit suchen Kleinspechte in jeder Art von Laubbäumen Nahrung, auch in Weidengebüsch und in Schilf.

Das Brutgebiet liegt kaum über 1000 m Höhe, im Kaukasus trifft man die Art dagegen bis zur Baumgrenze in 2000 m Höhe. Kleinspechte der mitteleuropäischen Unterart *hortorum* sind Standvögel. Nord- und osteuropäische Populationen der Nominatform ziehen teilweise und erscheinen gelegentlich – ähnlich Buntspechten – invasionsartig in Dänemark und im Norden Mitteleuropas. Weiter nordöstlich brütende Vögel gelangten auf dem Zug schon bis ins Schwarzmeergebiet.

Zur Balzzeit im Frühjahr vollführt das Männchen häufig Schauflüge, indem es mit ausgebreiteten Flügeln von einem Baum zum nächsten gleitet – dorthin, wo das Weibchen sitzt; auch am Baumstamm klettert das Männchen mit ausgebreiteten Flügeln in Richtung Weibchen. Für die Anlage der Nisthöhle, die Männchen und Weibchen gemeinsam aushacken, wählen Kleinspechte oft relativ dünne Äste, das Schlupfloch liegt nicht selten an der Astunterseite.

Das Verbreitungsgebiet reicht von Nordwestafrika und Portugal bis Kamtschatka, Japan und die Mandschurei. In Europa fehlt die Art auf Island, Irland, in Schottland, weiten Teilen der Iberischen Halbinsel und auf den Mittelmeerinseln. Nach Dänemark ist sie erst in den 60er-Jahren eingewandert und kommt nur lokal vor. In Deutschland ist der Kleinspecht vor allem im Tiefland weit verbreitet, aber in den meisten Gegenden selten.

▶ KAUM ZU VERWECHSELN

Kleinspecht *Dendrocopos minor* (L.)

Größe	= Sperling
Maße (cm)	Länge ca. 14–15 / Flügel ca. 25–27
Körpermasse (g)	20–25
Stimme	Einzelrufe „kik" buntspechtähnlich (leise/selten); Reviergesang hoch „kie-kie-kie…"; aggressiv „chwuit"; ♂ und ♀ trommeln, hell klingende Wirbel
Brutzeit	Ende April/Anfang Mai, 1 Jahresbrut
Gelegegröße	(4) 5–6
Eifärbung	weiß; glatt, glänzend; dünnschalig
Eimaße (mm)	elliptisch – 18,8 x 14,2
Brutdauer	10–12 Tage
Nestlingszeit	19–21 Tage

KLEINSPECHT, MÄNNCHEN AN DER BRUTHÖHLE

WEIBCHEN AN DER BRUTHÖHLE

MÄNNCHEN BRINGT FUTTER

JUNGVOGEL, MÄNNCHEN

Dupontlerche

Die Lerchen sind gut gegen andere Singvogelgruppen abgrenzbar. So tragen sie beispielsweise auf der Hinterseite des Laufs als Abdeckung einzelne Hornschilder statt einer einteiligen Schiene, wie bei Singvögeln sonst obligatorisch. Lerchen sind meist kleine, kurzschwänzige Bodenvögel, die in offenen Landschaften leben und eine spärliche Vegetationsdecke bevorzugen. Die meisten Arten sind unscheinbar bräunlich und gestreift oder sandfarben und wenig gezeichnet. Einige Lerchenarten tragen eine Federhaube. Die meisten Lerchen suchen am Boden Nahrung, dabei nehmen sie häufig eine geduckte Haltung ein. Außerhalb der Brutzeit fallen viele Lerchen in Schwärmen auf abgeernteten Feldern zum Fressen ein. Wegen ihrer Tarnfärbung sind sie am Boden aber nur schwer auszumachen. Viele Lerchenarten sind ausgezeichnete und ausdauernde Sänger und unternehmen flatternde Singflüge über ihrem Territorium.

Die Dupontlerche ist wegen ihrer unauffälligen Lebensweise einer der am wenigsten erforschten europäischen Singvögel. Sie galt als afrikanische Art, die gelegentlich auf der Iberischen Halbinsel erscheint, bis in den 80er-Jahren die spanische Ornithologische Gesellschaft die Dupontlerche als regelmäßigen Brutvogel Spaniens bestätigte. Die Art brütet in nur rund 13 000 Paaren sehr zerstreut in Spanien, besonders im Ebrobecken, in den Kordilleren und in Andalusien. Das Verbreitungsgebiet liegt im östlichen Mittelmeerraum mit wenigen verstreuten Vorkommen in Nordafrika von Marokko und Algerien bis nach Ägypten.

In Größe und Färbung erinnert die Art an eine Feldlerche, die Vögel sind aber relativ langhalsig und haben keine angedeutete Haube. Die Unterseitenstreifung bildet ein dunkles Brustband. In Europa kommt ausschließlich die Nominatform vor, die Unterart *margaritae*, die in Teilen Algeriens und in Libyen brütet, ist oberseits hell rostbräunlich gefärbt und etwas kurzschwänziger. Mit ihren langen Beinen

kann die Dupontlerche rasch laufen, dabei hält sie den Körper waagerecht und den Schnabel etwas nach oben. Wenn sie innehält, nimmt sie eine aufrechte Haltung ein. Der scheue, wachsame Vogel flüchtet oft wie eine Maus sehr schnell rennend. Beim Auffliegen fallen die weißen äußeren Steuerfedern und die breiten, runden Flügel ohne Weiß auf. Der Flug erinnert an eine Feldlerche, wirkt aber noch flatternder.

Der langsame Gesang erklingt wie bei der Heidelerche häufig nachts. Er wird meist im Singflug vorgetragen. Dazu steigt der Vogel mit verlangsamten Flügelschlägen in größere Höhen, manchmal bis 150 m hoch. Der Singflug kann bis zu einer Stunde dauern; am Ende kommt ein rasches und sehr steiles „Abstürzen“ mit zusammengelegten Flügeln, die erst 2–3 m über dem Boden wieder geöffnet werden.

Die Dupontlerche kommt von Meereshöhe bis 1600 m vor. Die meisten spanischen Vorkommen liegen in Bergregionen oberhalb 1000 m. Im Gegensatz zu anderen Lerchen meidet die Dupontlerche Gebiete mit intensiver Landnutzung. Sie brütet vor allem in der Busch- und Grassteppe mit sehr lockerer, niedriger Kraut- und Strauchvegetation (höchstens 40 cm hoch) und viel offenem Boden. Wo es keine ursprünglichen Steppen mehr gibt, weichen die Lerchen auf extensiv bewirtschaftete Weideflächen aus. Aufgrund dieser Lebensraumansprüche und der Seltenheit gehört die Art zu den gefährdeten Brutvögeln Europas. Durch die derzeitige Intensivierung der Landwirtschaft auf Kosten der Weideflächen nimmt der Bestand ab.

Zur Brutbiologie der Art ist kaum etwas bekannt. Das Nest liegt versteckt unter einem Strauch oder Busch, in einem Grasbüschel oder geschützt unter einem Stein. Die Nestmulde wird mit dem verfügbarem Pflanzenmaterial der Umgebung wie Halmen, kleinen Wurzeln und Zweigen sowie Haaren ausgelegt; manchmal liegt das Gelege auf nur wenig oder gar keiner weicheren Unterlage. Die Jungen verlassen wie alle Lerchen bereits recht früh das Nest.

In der Regel sind Dupontlerchen Standvögel. Nur in strengen Wintern weichen sie aus, dann trifft man sie oft gemeinsam mit Feld- und Kalanderlerchen auf Getreidefeldern an. Neben kleineren Samen ernähren sich die Vögel hauptsächlich von Insekten, vor allem verschiedenen Käfern, Heuschrecken oder Ameisen. Der lange Schnabel wird bei der Nahrungssuche fast in Spechtmanier zur Bearbeitung des Bodens eingesetzt, auch Pferdeäpfel werden auf Freßbares untersucht.

Dupontlerche *Chersophilus duponti* VIEILLOT 1820

Größe	= Sperling
Maße (cm)	Länge ca. 18 / Flügel ca. 26–31
Körpermasse (g)	32–47
Stimme	Ruf etwas blechern „tju-tjyh“; Gesang etwas hänflingsartig zwitschernd, mit eingewobenen zwei- bis viersilbigen Flötentönen
Brutzeit	März, 1 Jahresbrut?
Gelegegröße	meist 3–4
Eifärbung	weiß oder hellrosa, stark rötlich, violettbraun und violettgrau, zuweilen rostbraun gesprenkelt; glatt, glänzend
Eimaße (mm)	spindelförmig – 23 x 18,4
Brutdauer	unbekannt
Nestlingszeit	unbekannt; Nest wird, wie bei anderen Lerchen, noch flugunfähig verlassen

▸ THEKLALERCHE, HAUBENLERCHE

DUPONTLERCHE, ALTVOGEL

IM TYPISCHEN LEBENSRAUM

DUNENJUNGE IM NEST

NEST UND GELEGE

Kalanderlerche

Die Kalanderlerche ist eine große, robuste Lerche mit großem Kopf und kräftigem, fast finkenartigem Schnabel. An den Halsseiten weist die Art je einen schwarzen Fleck auf, der bei den Männchen im Frühjahr und Sommer am stärksten auffällt, bei den Weibchen bisweilen auch fehlen kann. Im Flug zeigt diese Lerche lange, breite, unterseits einheitlich schwarze Flügel mit breitem, weißem Hinterrand sowie einen recht kurzen, schmalen Schwanz mit weißen Schwanzkanten. Kalanderlerchen sitzen häufig auf höheren Stauden und kleinen Büschen.

Das Männchen kreist oft ausdauernd in hohem Singflug, wobei die langen Flügel und die etwas steifen Flügelschläge an einen Greifvogel erinnern können. Der Gesang enthält Imitationen vieler Vogelarten, von Säugetieren und sogar Geräuschen. Untersuchungen erbrachten, dass die Aufstiegsphase des Singfluges am Morgen zu über 50 % (manchmal vollständig) Imitationen enthält, während die typischen strophigen Gesangsdarbietungen vorwiegend aus arteigenen Lautmustern bestehen. Auch in Gefangenschaft lernt die Kalanderlerche erstaunlich viele Spottmotive.

Die Art bewohnt offene Ebenen des Tieflandes und der Hochplateaus; in Spanien liegen die höchsten Brutvorkommen bei 1600 m, in der Türkei sogar bei über 2000 m. Ursprünglich besiedelte sie Steppengebiete wie Salz- und Grassteppen und nicht zu intensiv bewirtschaftetes, ähnlich strukturiertes Kulturland wie Getreidefelder und weite Wildkräuterfluren. Dagegen kommt die Kalanderlerche in der Türkei im Gegensatz zu den anderen dortigen Lerchen eher auf trockenen Kulturflächen vor als auf Steppenböden.

Das Nest wird allein vom Weibchen in rund 4–5 Tagen gebaut. Es wird meist in einer bereits vorhandenen kleinen

Mulde unter einem Grasbüschel oder in einer Staude versteckt angelegt, nicht selten auch in einer durch Viehtritt entstandenen Vertiefung. Das Weibchen brütet allein, beim Füttern wird es vom Männchen unterstützt. Legebeginn bei den europäischen Vögeln ist Anfang April bis Anfang Mai. Bis in den Juni hinein werden Zweitbruten gezeitigt.

Die Kalanderlerche ist im Mittelmeerraum von Nordafrika, Südeuropa bis zum Nahen Osten sowie von der Türkei bis in die innerasiatischen Steppen verbreitet. Das europäische Areal umfasst die Iberische Halbinsel, Südfrankreich, die südliche Hälfte Italiens und Teile der Balkanhalbinsel sowie die Steppengebiete nördlich und östlich des Schwarzen Meeres. Auch einige große Mittelmeerinseln sind besiedelt. Schwerpunkte der europäischen Verbreitung liegen in Russland und auf der Iberischen Halbinsel. Gegenwärtig findet europaweit in den meisten Gebieten ein Rückgang durch Intensivierung der Landnutzung statt.

Die Bewohner der Steppengebiete nördlich und östlich des Schwarzen Meeres sind echte Zugvögel, die Populationen im Westen und Süden wohl fast ausschließlich Standvögel. Trotzdem muss ein Teil der europäischen Brutvögel nach Nordafrika ziehen, da Winterzählungen nur wenige Vögel ergaben und man gleichzeitig Zugbewegungen um Gibraltar festgestellt hat. Ferner gibt es aus manchen Gegenden Nordafrikas nur Winterbeobachtungen und von Mittelmeerinseln wie Sardinien nur Sommerbeobachtungen.

Die Standvögel streifen im Winter in großen Schwärmen umher, oft zusammen mit anderen Lerchenarten, Staren oder Grauammern, und suchen häufig auf Kulturflächen Nahrung. Auf dem Speiseplan stehen hauptsächlich Samen von Gräsern und Kräutern, aber auch grüne Pflanzenteile, im Frühjahr dann junge Triebe. Die Sommernahrung setzt sich überwiegend aus Insekten zusammen – im Gegensatz zu anderen Lerchen meist aus größeren Nahrungstieren, wie Käfern und Heuschrecken. Bereits ab Herbst steigt der vegetarische Anteil in der Nahrung von geringen 10 % im Sommer bis auf 100 % an.

Die nah verwandte **Bergkalanderlerche** (*M. bimaculata*) erreicht Europa in Transkaukasien, ihre nächsten Brutplätze liegen in Anatolien. Sie ist kleiner und kurzschwänziger als die Kalanderlerche. Im Flug fallen im Vergleich zur Schwesterart die längeren, spitzeren und helleren Flügel ohne den weißen Hinderrand, die fehlenden weißen Schwanzkanten und die schmale, weiße Schwanzendbinde auf. Die Bergkalanderlerche brütet meist in steinigerem und eher zerklüftetem Gelände sowie in größerer Höhe als die Kalanderlerche.

▸ Feldlerche

Kalanderlerche *Melanocorypha calandra* (L. 1758)

Größe	> Sperling
Maße (cm)	Länge ca. 18–19 / Flügel ca. 34–42
Körpermasse (g)	52–70
Stimme	im Sitzen „trrriip“, im Fliegen schnurrend bis klirrend „klyrrt“, „schirlschirlschirl“ (kräftiger als Feldlerche); Gesang melodischer und lautstärker als Feldlerche
Brutzeit	Anfang April im Süden, weiter nördlich bis Ende April; 2 Jahresbruten
Gelegegröße	2–6
Eifärbung	meist dicht und fein braun, rost- oder graubraun gesprenkelt und gekleckst; Schalenflecke blass grauviolett; glatt, ziemlich glänzend
Eimaße (mm)	spindelförmig bis oval – 24,2 x 17,8
Brutdauer	16 Tage
Nestlingszeit	verlassen Nest noch flugunfähig nach 10 Tagen

KALANDERLERCHE, SINGENDES MÄNNCHEN

MÄNNCHEN IM SINGFLUG

JUNGVOGEL

NEST UND GELEGE

Kurzzehenlerche

Wie die größere Kalanderlerche hat die Kurzzehenlerche einen Halsseitenfleck (der nicht immer sichtbar ist) und kommt in Steppenlandschaften vor. Die Kurzzehenlerche ist viel kleiner und heller als die Feldlerche, etwa so groß wie ein Haussperling, an dessen Weibchen sie am Boden erinnert. Der Schnabel ist, verglichen mit dem der Feldlerche, proportional kürzer, an der Basis dicker und eher finkenartig. Je nach Haltung kann die Kurzzehenlerche dick und pummelig oder auch pieperähnlich schlank wirken. Die Scheitelfedern werden oft zu einer kleinen Haube gesträubt.

Auf dem Boden können Kurzzehenlerchen schnell laufen, oft tun sie dies in kurzen, ruckartigen „Sprints". Sie wirken häufig unentschlossen, ihre Laufrichtung ist schwer vorausberechenbar. Längere Strecken überwinden sie in auffallend wellenförmigem Flug. Wenn sie kurz vor dem Beobachter auffliegen, ist der Flug leicht und hüpfend; meist landen sie dann oft erst nach einer größeren Flugstrecke. Fliegende, dicht gedrängte Schwärme erinnern häufig an Finken oder sogar an Strandläufer.

Die Art bewohnt die niederschlagsarmen Bereiche Nordafrikas und Südeuropas sowie die Gebiete nördlich und östlich des Schwarzen Meeres. In Asien ist sie von der Türkei bis Zentralchina verbreitet. Das europäische Hauptvorkommen liegt auf der Iberischen Halbinsel. In Mitteleuropa ist die Art seltener Brutvogel Ungarns (vor allem im Bereich der Hortobágy-Puszta); die Vögel gehören einer eigenen Unterart (*hungarica*) an. Die seit einiger Zeit in der Schweiz als Sommergäste auftauchenden Kurzzehenlerchen, die auch schon in Einzelfällen gebrütet haben, sind Vögel der Nominatform. In Süddeutschland sind Kurzzehenlerchen bereits regelmäßige Gäste (vor allem im Mai/Juni). Seit kurzem brüten die Lerchen auch in der Slowakei und in Tschechien.

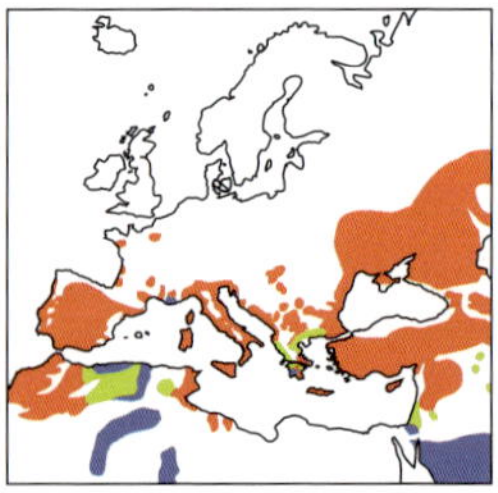

Kurzzehenlerchen leben hauptsächlich in Steppengebieten und Halbwüsten mit Sand, manchmal auch in Dünengelände. Dort bewohnen sie Ebenen, Hochebenen oder sanft geneigte Flächen. Nicht selten kommen sie auch in der spärlich bewachsenen Salzsteppe, auf ausgetrockneten Schlammflächen, in Brachland und kargen Kulturflächen mit nicht zu hohem Bewuchs vor. Die isolierte ungarische Population lebt fast ausschließlich in Natronsteppen.

Beim Singflug steigt die Kurzzehenlerche in größere Höhe, beschreibt dort fliegend Kreise und Spiralen und ändert ständig die Höhe, so dass der Flug hüpfend wirkt. Am Ende des Singfluges sinkt sie stufenweise – immer noch singend – tiefer und strebt schließlich in einem kurzen niedrigen Gleitflug zu Boden.

Außerhalb der Brutzeit streifen Kurzzehenlerchen in lockeren Verbänden umher, manchmal zu mehreren hundert Vögeln. In den Trupps fliegen bis auf Stummellerchen meist keine anderen Lerchenarten mit. Die europäischen Kurzzehenlerchen sind Zugvögel, die vor allem südlich der Sahara überwintern. Im Sommer ernähren sie sich wie alle Lerchen von Insekten, meist kleinen Käfern, wie Blatt-, Rüssel- oder Prachtkäfern, und nur wenig grünen Pflanzenteilen und Samen, im Winter fressen sie nur Samen.

Die Art profitiert von der verstärkt praktizierten extensiven landwirtschaftlichen Nutzung und hat teilweise ihr Areal ausdehnen können. Mit landwirtschaftlicher Intensivnutzung kommt sie jedoch kaum zurecht, so dass in manchen Teilen Europas, vor allem in Frankreich, das Brutareal schrumpft und der Bestand um 25 % zurückgegangen ist. Die ungarische Population ist aus den gleichen Gründen in den letzten Jahrzehnten auf ein Zehntel zusammengeschmolzen – heute leben dort nur noch rund 20 Brutpaare. Andererseits gibt es zaghafte Arealerweiterungen nach und in Mitteleuropa durch die südeuropäische Nominatform, die immer noch im Gang sind. In der Schweiz machen den Lerchen jedoch die Landwirtschaft und das zunehmend feuchte Klima zu schaffen. Es bleibt abzuwarten, ob sich die neuen mitteleuropäischen Vorkommen auf Dauer behaupten können.

Kurzzehenlerche *Calandrella brachydactyla* (LEISL. 1814)	
Größe	= Sperling
Maße (cm)	Länge ca. 13–14 / Flügel ca. 25–30
Körpermasse (g)	19,3 – 24,4
Stimme	Lockruf schärfer und höher als Feldlerche „zrrp" oder „zirlt", auch spatzenhaft schilpend „tschülip"; Warnrufe „psie"; Gesang im Singflug in Klangfarbe an Braunkehlchen oder Dorngrasmücke erinnernd, monotoner als Feld- oder Kalanderlerche
Brutzeit	Mitte April bis Mai, 2 Jahresbruten
Gelegegröße	(3) 4 (5)
Eifärbung	unterschiedlich gefärbt; gewöhnlich weiß, gelblich, oliv oder sandbraun, mit hellbraunen und grauen oder rötlichen Flecken gesprenkelt oder gefleckt; glatt, glänzend
Eimaße (mm)	spindelförmig – 19,6 x 14,6
Brutdauer	13 Tage
Nestlingszeit	8–10 Tage; nach 11–12 Tagen niedrig fliegend

▶ STUMMELLERCHE, FELDLERCHE

KURZZEHENLERCHE ZUR BRUTZEIT

MÄNNCHEN AUF DER SINGWARTE

DUNENJUNGE IM NEST

NEST UND GELEGE

Stummellerche

In Größe und Gestalt ähnelt die Stummellerche stark der Kurzzehenlerche, und da beide Arten sehr variabel sind, sind sie oft schwer zu unterscheiden. Die Stummellerche erkennt man aber meist an der dichten schwärzlichen Strichelung, die ein Brustband bildet und sich oft bis zu den Flanken fortsetzt. Dadurch erinnert sie noch mehr an die größere Feldlerche. Die Strichelung kann aber in abgetragenem Gefieder und bei Jungvögeln unauffällig sein. Im Vergleich zur Schwesterart ist die Stummellerche kurzschnäbliger und hat einen rundlicheren, etwas kleineren Kopf; aus der Nähe sieht man beim am Boden sitzenden Vogel, dass die Schirmfedern nicht bis zur Flügelspitze reichen, sondern noch mindestens drei der Handschwingenspitzen freilassen. Auch ist der helle Überaugenstreif weniger deutlich, der dunkle Streif hinter dem Auge fehlt wie der Halsseitenfleck ganz. Die rostfarbene Tönung, die man manchmal bei der Kurzzehenlerche beobachten kann, tritt bei der Stummellerche nie auf.

Zum Singflug steigt die Art nicht so hoch auf wie die Kurzzehenlerche, in der Aufstiegsphase ist der Flug unruhig schwankend und flatternd, was etwas an den Singflug des Girlitzes erinnert. Die Gesangsstrophen sind meist länger, melodischer und weniger eintönig, außerdem mit Imitationen (auch von der Kurzzehenlerche und Haubenlerche) untermischt. Der Singflug der Stummellerche wirkt nicht so stark hüpfend wie der der Kurzzehenlerche, die zeitlupenartig verlangsamten Flügelschläge fallen auf. Im Vergleich zur Schwesterart sind die Strophen länger, aber auch abwechslungsreicher und melodischer, die Pausen erscheinen kürzer. Außerdem enthält der Stummellerchen-Gesang eingeflochtene Rufe sowie meisterhafte Imitationen anderer Vögel, auch von verschiedenen Lerchen, beispielsweise der Kurzehenlerche, was die Bestimmungsarbeit nicht gerade einfacher macht. Man achte daher besonders auf das hohe Tempo des Gesangsvortrages und die immer wieder auftretenden trockenen Trillerlaute.

Stummellerche *Calandrella rufescens* (VIEILL. 1820)

Größe	= Sperling
Maße (cm)	Länge ca. 13–14 / Flügel ca. 24–32
Körpermasse (g)	22–30
Stimme	Rufe stärker trillernd, zarter und leiser als Kurzzehenlerche, bis fast vokallos „prrit", „drrrt" (erinnert an kleine Strandläufer); Gesang schneller als Kurzzehenlerche
Brutzeit	April
Gelegegröße	3–5
Eifärbung	ähnlich Kurzzehenlerche
Eimaße (mm)	20 x 14,8
Brutdauer	11–13 Tage
Nestlingszeit	10 Tage (verlassen Nest bei Störung nach 6–7 Tagen)

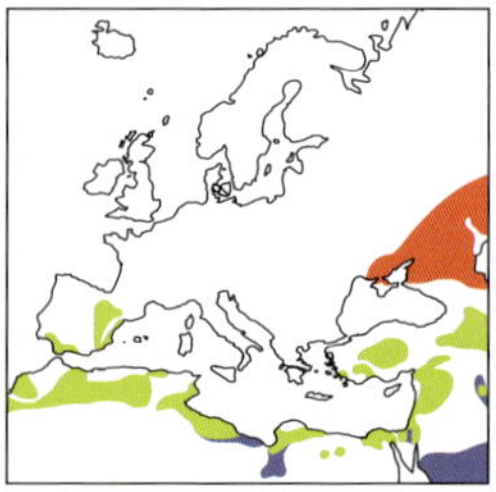

Das Nest wird meist zwischen Halmen und Stauden angelegt, es ist weniger tief in eine Bodenmulde gebaut. Beide Partner brüten und füttern gemeinsam.

Das Nahrungsspektrum entspricht weitgehend dem der Kurzzehenlerche. Die Stummellerche nimmt Insekten vom Boden auf, liest sie von niedrigen Pflanzen ab und verfolgt gelegentlich fliegende Insekten.

Die Art ist in Eurasien und Nordafrika weit verbreitet, aber mit großen Lücken. Die Lerchen kommen auf den Kanarischen Inseln, in Nordafrika, auf der Iberischen Halbinsel sowie vom Nahen Osten, der Türkei und Mesopotamien ostwärts bis Korea, zur Mongolei und bis Südostasien vor. Die europäischen Vorkommen befinden sich einerseits in Küstengebieten Spaniens und Portugals sowie im spanischen Ebrotal, andererseits in Russland, der Ukraine, Bulgarien, Rumänien und dem Kaukasusgebiet. Russland und die Iberische Halbinsel beherbergen rund 90% des europäischen Bestandes.

Stummellerchen brüten oft in lockeren Kolonien und trotz unterschiedlicher Lerbensraumansprüche auch in Nachbarschaft mit Kurzzehenlerchen. Beide Arten sind ökologisch unvollständig voneinander getrennt; wo sie nebeneinander vorkommen, geht die Stummellerche in die kargeren, lebensfeindlicheren Bereiche. Im Vergleich zur Kurzzehenlerche besiedelt sie weniger die Grassteppen und Kulturland, sondern eher niedrige Strauchsteppen. Meist kommt sie auf trockenerem, steinigerem, salzhaltigerem sowie mehr lehmhaltigem Boden vor. Die Stummellerche lebt in der Ebene und im Hügelland, in der steinigen und sandigen Halbwüste, in Salzpfannen sowie größeren Wadis. Auch im Dünengelände an der Küste brütet sie. In Südspanien besiedelt die dortige Unterart der Stummellerche (*apetzii*) aber die feuchteren, periodisch überschwemmten Lebensräume der Marismas, versumpftes Grasland in Wassernähe sowie offene Quellerbestände, während die Kurzzehenlerche dort trockenes, steppenartiges Kulturland bewohnt.

Alle Vögel der Iberischen Halbinsel sind Standvögel, die nach der Brut in Trupps umherziehen. Im Osten verhält es sich ähnlich, allerdings räumen die Vögel im Winter große Teile des schneereichen russischen Areals.

In weiten Teilen ihres riesigen Verbreitungsgebietes kommt die Stummellerche eher selten und lokal vor, außerdem schwanken die Zahlen von Jahr zu Jahr. Seit einigen Jahrzehnten nehmen die Bestände auf der Iberischen Halbinsel und den Kanarischen Inseln ab, was vor allem mit Lebensraumveränderungen zusammenhängt.

▸ KURZZEHENLERCHE, FELDLERCHE

STUMMELLERCHE, MÄNNCHEN

STUMMELLERCHE AM NEST

JUNGVOGEL

NEST UND GELEGE

Haubenlerche

Die auffällige, spitze Kopfhaube unterscheidet die Haubenlerche schon von weitem von der Feldlerche. Allerdings können auch Feldlerchen ihre Scheitelfedern zu einer kurzen Haube sträuben, und bei jungen Haubenlerchen ist die Haube noch kürzer als bei alten Feldlerchen. Im Vergleich zur Feldlerche hat die Haubenlerche einen massiveren, leicht abwärts gebogenen Schnabel und ist insgesamt gedrungener. Im Flug wirken Haubenlerchen etwas zögerlich und unbeholfen, die Flügelschläge sind unruhig flatternd, die breiten Flügel lassen den bei der Feldlerche oft sichtbaren weißen Hinterrand vermissen, der Schwanz ist kürzer als bei der Feldlerche. Von nahem sieht man die rostfarbenen Außenkanten des Schwanzes.

Haubenlerchen treten meist einzeln oder in Familienverbänden auf, nie aber in Schwärmen wie Feldlerchen und andere Lerchen. Die Männchen singen oft auf Warten oder im hohen, kreisenden Singflug. Im Gegensatz zu Feldlerchen sind sie beim Start und bei der Landung stumm. Die unterschiedlich langen, melodischen Gesangsstrophen sind klarer und werden in langsamerem Tempo vorgetragen als bei der Feldlerche, sie wirken durch die recht langen Pausen etwas „zerhackt“. Häufig sind Imitationen anderer Vogelstimmen und sogar von menschlichen Lauten eingeflochten; so ahmte eine Haubenlerche den Pfiff eines Schäfers so gut nach, dass die Hütehunde darauf wie auf die Originalpfiffe reagierten.

Am Boden läuft die Haubenlerche recht schnell und mit aufgestellter Haube, bei der Nahrungssuche sind die Scheitelfedern jedoch unauffällig angelegt. Haubenlerchen ernähren sich das ganze Jahr über von pflanzlicher Nahrung, wie Samen oder grünen Pflanzenteilen. Im Sommerhalbjahr kommen Insekten und Spinnen dazu. Insgesamt liegt der

Insektenanteil im Jahresdurchschnitt meist unter 30%.

Die Haubenlerche, ursprünglich ein Bewohner der warmen, spärlich und niedrig bewachsenen und möglichst trockenen Steppenlandschaften und Halbwüsten, hat sich als Lebensraum extensives Kulturland, Weingärten sowie Öd- und Brachland auserkoren. Im 19. Jahrhundert ist sie in vegetationsarme, offene Siedlungsgebiete eingewandert, vor allem in Stadtrand- und Fabrikgelände, auf Sportanlagen oder Truppenübungsplätze. Heute findet man sie in vielen Städten ausschließlich auf den offenen, wildkräuter- und insektenreichen Ödflächen in Neubaugebieten; sobald die Anlage fertig ist, wechseln die Lerchen ins nächste Baugebiet. Im Gebirge fehlen sie.

Die Weibchen bauen ein einfaches und lockeres Bodennest aus Halmen und anderem Pflanzenmaterial in eine selbst gegrabene Mulde, meist im Schutze eines kleinen Strauches oder Erdhügels, manchmal auf einem Flachdach. Während das Weibchen bereits mit der zweiten Brut beschäftigt ist, übernimmt das Männchen die Betreuung der Jungen aus der ersten Brut.

Das Brutareal der Haubenlerche umfasst Teile des mittleren und nördlichen Afrika, Europa (außer Nordwest- und Nordeuropa, die Balearen, Korsika, Sardinien) und den Nahen Osten; außerdem ist die Art von der Türkei mit größeren Lücken bis Indien und Korea verbreitet. In Mitteleuropa ist die Art nicht häufig und weist große Verbreitungslücken auf; oberhalb von 600 m gibt es kaum Nachweise. Die meisten Haubenlerchen sind Standvögel. Manche Populationen, etwa die Vögel Südschwedens und des Baltikums, ziehen aber im Winter in wärmere Gebiete Südeuropas. Wie bei der Feldlerche gibt es auch Kälte- oder Schneeflucht.

Die Haubenlerche kommt mit der modernen Landwirtschaft schlecht zurecht. In Schweden, wo sie im letzten Jahrhundert eingewandert ist und weite Teile des Südens besiedelte, ist die Art inzwischen bis auf ein einziges Vorkommen von wenigen Paaren im äußersten Süden des Landes ausgestorben. In der Schweiz ist sie bereits völlig verschwunden. Auch in anderen Gebieten Mitteleuropas ist seit mehreren Jahrzehnten ein starker Rückgang und eine besorgniserregende Arealschrumpfung festzustellen. Deutschland ist bis auf kleine Vorkommen im Westen und Nordosten nahezu haubenlerchenleer. In Südeuropa, vor allem in Spanien, wo die Haubenlerche noch relativ häufig ist, nehmen die Zahlen wegen der zunehmenden Intensivierung der Landwirtschaft ebenfalls ab. Daneben sind sicher auch Klimaänderungen für den Bestandsschwund verantwortlich.

Haubenlerche *Galerida cristata* (L. 1758)

Größe	> Sperling
Maße (cm)	Länge ca. 17 / Flügel ca. 29–38
Körpermasse (g)	39,5–52,3
Stimme	häufigster Ruf 3- (bis 4-) silbig „tritritrieh“; Flugruf unrein „dschül“; leiser Gesang und Balzgesang am Boden, laut im Flug und von Warte; fester Bestandteil tremolierendes Flöten; viele Imitationen anderer (Sing-) Vogellaute
Brutzeit	Anfang bis Mitte April; 2, manchmal 3 Jahresbruten
Gelegegröße	(2) 3–5 (6)
Eifärbung	gräulich- oder bräunlichweiß; gelblich, rostbräunlich oder hellgrau, gröber gesprenkelt als bei Feldlerche; glatt, glänzend
Eimaße (mm)	spindelförmig – 22,2 x 16,6
Brutdauer	12–13 (14) Tage
Nestlingszeit	9 Tage; Beginn des Fliegens mit 14–16 Tagen

▸ THEKLALERCHE

HAUBENLERCHE, MÄNNCHEN AUF DER SINGWARTE

ALTVOGEL

HAUBENLERCHE, JUNGVOGEL

NEST UND GELEGE

Theklalerche

Die größte Individuendichte der Theklalerche wurde in den trockenen Steppengebieten Südostspaniens festgestellt: Dort leben im Frühjahr rund 30 Vögel pro zehn Hektar. Insgesamt zeigen die europäischen Vorkommen keine bedeutenden Veränderungen in ihrem Verbreitungsmuster innerhalb der letzten Jahrzehnte, doch musste man lokal (durch Lebensraumveränderungen) Bestandseinbußen verzeichnen.

Das kleine Brutareal der Art ist zweigeteilt: Es umfasst einerseits die Iberische Halbinsel, Südwestfrankreich (sehr lokal), die Balearen, Nordwestafrika und ein isoliertes Vorkommen in Libyen, andererseits ein relativ kleines Areal in den ostafrikanischen Ländern Somalia, Eritrea und Äthiopien. Die afrikanischen Brutgebiete werden von mehr als 10 verschiedenen Unterarten bewohnt. Die Nominatform ist auf Europa beschränkt; auf der Iberischen Halbinsel kommt sie von Meeresniveau bis auf 2200 m Höhe vor.

Die Theklalerche ist der Haubenlerche sehr ähnlich, hat aber eine etwas kürzere Haube, ist kontrastreicher gemustert und meist kurzschnäbliger. Spanische Vögel sind im Unterschied zur dortigen Haubenlerchenform auf Hinterhals und Brust deutlicher gemustert, haben gräulich gefärbte Unterflügel und einen einheitlich rostfarbenen Bürzel. Die nordafrikanischen Vögel sind der Haubenlerche viel ähnlicher als die europäischen und bereiten Zuordnungsprobleme – manchmal sogar bei Vögeln in der Hand. Vermutlich gibt es in diesem Gebiet häufig Bastarde mit unterschiedlicher Kombination der Elternmerkmale. Geographisch variiert die Größe weniger, die Färbung stärker. Zusätzlich gibt es Populationen, die ziemlich variabel gefärbt sind. Insgesamt ist die Variation aber weniger deutlich als bei der Haubenlerche.

Der Gesang klingt abwechslungsreicher und ist von weniger hartem Klangcharakter als bei der Haubenlerche.

Die Theklalerche bewohnt steinige Steppengebiete mit nur spärlicher Vegetation, trockene Hügel, Sanddünen an der Küste, trockene Weinberge, Macchie und außerdem offenen Wald. In den südfranzösischen Brutgebieten trifft man sie auf ehemals bewaldeten Flächen mit Sekundärvegetation aus strauchig wachsenden Kermeseichen, Zistrosen und Rosmarin. Wichtig ist große Strukturvielfalt auf kleinem Raum – im Gegensatz zur Haubenlerche. Die Unterschiede in der Lebensraumwahl beider Arten sind nicht konkurrenzbedingt, denn auf Mallorca, wo die Haubenlerche fehlt, bewohnt die Theklalerche nicht die typischen Lebensräume der Haubenlerchen. In Gegenden Westeuropas mit gemeinsamem Vorkommen von Hauben- und Theklalerche besiedelt die Theklalerche steinigeres, zerklüfteteres oder felsigeres Gelände und höher gelegene, steilere Bereiche, die Haubenlerche vor allem Gebiete mit Ackerbau in den Tallagen. Die Theklalerche hingegen meidet Kulturflächen und dichte Strauchvegetation.

Theklalerchen sind ausgeprägte Standvögel, und auch Jungvögel auf Reviersuche streifen nicht sehr weit umher. Man hat aber beobachtet, dass die in größerer Höhe brütenden Lerchen im Winter in tiefere Lagen ausweichen; in dieser Zeit bilden sie auch kleine Trupps, aber nie große Schwärme.

Die Brutperiode dauert bei den europäischen Vögeln von Februar bis Juni. Die Nester, die offen oder im Schutze eines Grasbüschels angelegt werden, entsprechen weitgehend denen der Haubenlerche, sind aber meist kleiner. Über die Brutbiologie der Art ist noch recht wenig bekannt.

Theklalerchen ernähren sich von Samen und Insekten, die sie selbst unter Steinen hervorholen, aber im Gegensatz zu Haubenlerchen nicht mit dem Schnabel aus dem Boden graben. Gelegentlich springen sie bis 1 m hoch, um ein vorbeifliegendes oder auf einer Pflanze sitzendes Insekt zu erbeuten. Auf dem Speiseplan stehen meist Käfer, wie Rüssel-, Weich- und Blatthornkäfer, Heuschrecken, Zikaden oder Ohrwürmer. Neben Samen nehmen die Lerchen stets auch grüne Pflanzenteile wie Grasspitzen und Schößlinge.

Zwei weitere, steppenbewohnende Lerchen berühren Europa nur im äußersten Osten. Sie brüten in den oft salzhaltigen Wermut- und Federgras-Steppen der unteren Wolga und überwintern westlich und südwestlich davon:

Die **Weißflügellerche** (*Melanocorypha leucoptera*) ist kurzschwänziger als die Feldlerche und hat ein deutlich gekerbtes Schwanzende. Der breite weiße Flügelhinterrand kann im Flug zur Verwechslung mit der Schneeammer führen. Der Gesang erinnert etwas an den der Feldlerche.

Bei der **Mohrenlerche** (*Melanocorypha yeltoniensis*) sind die Geschlechter in Größe und Aussehen sehr verschieden. Das größere Männchen ist fast völlig schwarz.

Theklalerche *Galerida theklae* C. L. Brehm 1858

Größe	> Sperling
Maße (cm)	Länge ca. 17 / Flügel ca. 28–32
Körpermasse (g)	31–40
Stimme	ähnlich Haubenlerche, Gesang generell intensiver, mit schnelleren Trillern, mehr „filmartig"
Brutzeit	April
Gelegegröße	3–6
Eifärbung	von Haubenlerche nicht zu unterscheiden
Eimaße (mm)	wie Haubenlerche
Brutdauer	ähnlich Haubenlerche
Nestlingszeit	mit ca. 15 Tagen flügge; mit 9 Tagen Nest verlassen, 6 Tage noch in Nestumgebung sich versteckend

▸ Haubenlerche

THEKLALERCHE, MÄNNCHEN AUF DER SINGWARTE

AUF NAHRUNGSSUCHE

DUNENJUNGE IM NEST

NEST UND GELEGE

Heidelerche

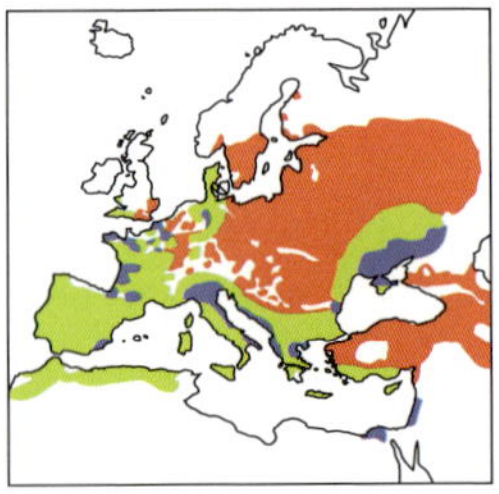

Die Heidelerche ist deutlich kleiner und kurzschwänziger als die Feldlerche. Am Boden und von nahem im Flug fallen das schwarzweiße Abzeichen am Flügelvorderrand, vor allem aber die beiden hellen Überaugenstreifen auf, die sich fast im Nacken treffen. Oberseits ist die Heidelerche kräftig gestreift; das schwärzlich gestrichelte Brustband hebt sich deutlich von der weißlichen Unterseite ab. Bei Beunruhigung richtet sie die kleine rundliche, sonst kaum erkennbare Kopfhaube auf. Im Flug wirkt die Heidelerche durch den kurzen Schwanz und die beiden Flügel sehr kompakt.

Die relativ unauffällige Lerche entdeckt man am besten, wenn sie singt. Der volltönende und stimmungsvolle Gesang der Männchen gehört zu den schönsten Vogelgesängen. Die Gesangsleistungen der „Heidenachtigall" sind beeindruckend: Sie kann mehr als eine Stunde laut singend in der Luft bleiben. Der Gesang enthält eine große Anzahl von verschiedenen Strophen (manchmal mehr als 100), die meist trillernd oder melancholisch weich klingen und zum Schluss hin abfallen. Sie werden in einer festgelegten Reihenfolge und in nahezu identischer Anordnung vorgetragen. Singt das Männchen an einer Stelle eine Strophe, die nicht an diesen Platz gehört, so wird sie oft schon nach wenigen Silben abgebrochen und statt dessen die an dieser Stelle „richtige" Strophe eingefügt. Neben dem Singflug trägt die Heidelerche ihre Strophen auch von einer Warte aus vor. In der Nacht singen die Vögel ebenfalls.

Die Heidelerche kommt vor allem in der gemäßigten und mediterranen Klimazone vor, außerdem in nicht zu trockenen Klimaten. Das Verbreitungsareal umfasst Nordafrika und weite Teile Europas; nordwärts reicht es bis Südengland, Südnorwegen, Südschweden und Südfinnland, im Osten bis Zentralrussland. Auch im Nahen Osten, Iran und in Turkmenistan kommt die Art vor. Schwerpunkte der europäischen Brutverbreitung sind die Iberische Halbinsel und Südosteuropa. In Mitteleuropa ist die Art lückig verbreitet, die meisten Heidelerchen leben in Polen und Deutschland.

Die Vögel brüten vorwiegend auf sandigen Heideflächen in Waldrandnähe oder in Kiefernwaldgebieten mit großen Lichtungen, auch in Gebieten mit Trockenrasen, die locker mit Bäumen bestanden sind. Vielfach weichen die Vögel aus nördlicheren Brutgebieten im Winter in südwestlicher Richtung aus und wandern in das Areal südlicherer Populationen ein; Aufbruch ist meist Ende September. Es gibt aber auch Überwinterungsversuche in milden Gegenden Mitteleuropas.

Heidelerchen sind recht brutorttreu. Ab Anfang März treffen die Vögel – meist bereits verpaart – wieder am Brutplatz ein. Das ordentliche, tiefe Napfnest wird in einer selbst gescharrten Mulde am Boden in Waldrandnähe gebaut. Das Weibchen brütet allein, das Männchen hält in der Nähe Wache, singt auf einer niedrigen Warte und begleitet die Partnerin in den Brutpausen bei ihrer Nahrungssuche, vorzugsweise auf vegetationsfreien Stellen. Um den Neststandort nicht zu verraten, gehen die Altvögel die letzten Meter „zu Fuß" und in geduckter Haltung zum Nest.

Der Bestandsrückgang in den meisten Brutgebieten Europas ist Besorgnis erregend. Besonders krass ist er in Deutschland, wo er bereits Anfang des 20. Jahrhunderts begann und in den 60er-Jahren stark fortschritt, so dass viele Vorkommen heute nur noch einen Bruchteil der früheren Bestände aufweisen und weite Landstriche bereits geräumt sind. Gleichzeitig gibt es aber auch Neuansiedlungen auf Waldbrandflächen oder in Militärsperrgebieten. Hauptgrund für den Rückgang ist die Biotopzerstörung, vor allem von Ödflächen und Brachland durch Intensivierung der Landnutzung und Bebauung. Aber auch Störungen durch Freizeitaktivitäten sowie die Bejagung in Südwesteuropa während des Zugs und der Überwinterung tragen das ihre dazu bei. Ein weiterer Faktor ist das zunehmend atlantische Klima.

Heidelerchen erbeuten Insekten und Spinnen, fressen aber auch Samen und grüne Pflanzenteile. Ihr Speiseplan ähnelt generell dem anderer Lerchen, der Insektenanteil ist aber im Sommer verhältnismäßig höher, dann verzehren sie viele Raupen, Käfer und Blattwespenlarven.

Heidelerche *Lullula arborea* (L. 1758)

Größe	= Sperling
Maße (cm)	Länge ca. 15 / Flügel ca. 27–30
Körpermasse (g)	26,7–32,7
Stimme	häufigster Ruf 2–3-silbig „didlui", „tiulit"; schwermütige Strophen, durch Pausen getrennt, mit Reihen gleicher Silben „dili dilidili...", „dije dije dije...", „lülülülü...", „dli dli dli..."
Brutzeit	Ende März, selten früher; 2, manchmal 3 Jahresbruten
Gelegegröße	(2) 3–6 (7)
Eifärbung	unterschiedlich, gräulich bis weißlich-sandfarben, mit rötlichbraunen, braunen, olivfarbenen oder grauvioletten Punkten und blassen Flecken; glatt, mäßig glänzend
Eimaße (mm)	spindelförmig – 20,7 x 15,5
Brutdauer	13–15 Tage
Nestlingszeit	10–13 Tage; ab 12 Tage kurz, ab 16 Tage voll fliegend

► Feldlerche

HEIDELERCHE, BEVORZUGT BAUMWARTEN

MÄNNCHEN AUF DER SINGWARTE

JUNGVOGEL

NEST UND GELEGE

Feldlerche

Die Feldlerche ist in Europa einer der am weitesten verbreiteten Brutvögel, sie fehlt nur auf Island. Sie kommt von Nordafrika über fast ganz Europa und durch die mittleren Zonen Asiens bis Kamtschatka, Sachalin und Japan vor. Eingebürgert wurde sie in Australien, auf Neuseeland und in Nordamerika. In Deutschland ist die Art fast flächendeckend verbreitet, die Vögel meiden jedoch große Waldgebiete und Siedlungsbereiche.

Bis vor kurzem war die Feldlerche in Deutschland eine der häufigsten Vogelarten der offenen Kulturlandschaft. Heute sind ihre Bestände gebietsweise stark zurückgegangen. Hauptgrund ist der verstärkte Düngereinsatz, wodurch die Kulturpflanzen „ins Kraut schießen" und für einen Steppenvogel zu hoch und zu dicht werden. Zusätzlich werden die für den Neststandort wichtigen Randstreifen entfernt, ungünstige Mahdzeiten tun ein Übriges. Die Art muss außerdem alljährlich Verluste durch Massenfang in einigen europäischen Ländern, wie Frankreich, hinnehmen.

Die Feldlerche ist stämmig gebaut mit oberseits tarnfarbenem Gefieder; häufig sträubt sie die Scheitelfedern zu einer kleinen Haube. Der Schnabel ist recht kurz, aber kräftig. Die lerchentypisch breiten Flügel haben einen schmalen, weißen Hinterrand – zusammen mit den weißen Schwanzkanten bilden sie die wichtigsten Feldkennzeichen der Art.

Die Männchen beginnen bereits im Februar mit dem Gesang. Typisch ist der Singflug: Das Männchen steigt einige Meter fast senkrecht und stumm hoch und fliegt dann ununterbrochen singend in immer kleiner werdenden Spiralen steil empor, meist bis 60 m Höhe; der Rekord liegt bei 400 m. Dann „hängt" die Lerche mit flachen Flügelschlägen und gespreiztem Schwanz mehrere Minuten ununterbrochen singend in der Luft – je nach Wind rüttelt sie mehr oder weniger

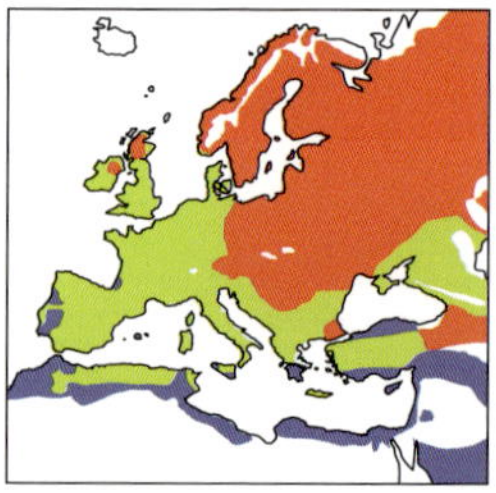

auf der Stelle – und schwebt dann am Ende des Singfluges, immer noch singend, wie ein Fallschirm abwärts, um sich schließlich ab halber Höhe mit angelegten Flügeln zu Boden fallen zu lassen. Gelegentlich sieht man sie auch in niedrig kreisendem Singflug mit schwirrenden Flügelschlägen, am Boden oder auf einem Pfahl oder größeren Stein singen. Die außerordentliche physiologische Leistung von gleichzeitigem Fliegen und pausenlosem Gesang wird durch eine spezielle Atemtechnik möglich.

Die Feldlerche bewohnte ursprünglich Steppengebiete, daher rührt ihre Vorliebe für weite offene Lebensräume. Sie kommt in den küstennahen Dünengebieten ebenso vor wie in baumlosen Hochflächen der Gebirge. In Armenien wurden bereits Nester in 2750 m Höhe gefunden; in Nordeuropa dagegen meidet die Art höhere Lagen. Der Untergrund kann trocken oder auch feucht sein, darf aber keine Staunässe aufweisen. Heute sind Feldlerchen die Charaktervögel der reich strukturierten Kulturlandschaft mit Äckern, niedrig bewachsenen Feldern und Feuchtwiesen.

Häufig besetzen die Männchen wieder das Revier vom Vorjahr. Die Weibchen kommen meist mehrere Woche später an. Ab Mitte April beginnen sie mit dem Nestbau. Die Nestmulde wird in der Regel unter Grasbüscheln oder Kräutern gescharrt, wobei die Höhe der umgebenden Pflanzen höchstens 40 cm sein darf. Nestmaterial sind trockene Halme und kleine Wurzeln, für die Polsterung werden dünne Grashalme und zarte Würzelchen, manchmal auch Moos, verwendet. Erst mit der Ablage des letzten Eies beginnt das Weibchen zu brüten. Meist wird noch eine 2., mitunter auch eine 3. Brut durchgeführt.

Außerhalb der Brutzeit sind Feldlerchen gesellig und treten oft in großen Schwärmen auf, auch zusammen mit Finken und Ammern. Vögel Mittel-, Nord- und Nordosteuropas sind in der Regel Zugvögel, die auf den Britischen Inseln lebenden Vögel verlassen dagegen die Inseln meist nicht, sondern wandern dort umher. Die Winterquartiere liegen in Gebieten mit milden Wintertemperaturen in Süd- und Westeuropa; offensichtlich ziehen auch einige europäische Brutvögel regelmäßig nach Nordafrika. In milden Wintern harren viele Trupps in Mitteleuropa und sogar gelegentlich in Südskandinavien aus.

Feldlerchen ernähren sich von Insekten, Samen und grünen Pflanzenteilen, im Winterhalbjahr fast ausschließlich von Samen und zarten Blättern. Die Jungen werden meist mit Insekten, aber auch Regenwürmern, Spinnen und kleinen Schnecken gefüttert.

▸ HAUBENLERCHE, HEIDELERCHE

Feldlerche *Alauda arvensis* (L. 1758)

Größe	= Sperling
Maße (cm)	Länge ca. 18–19 / Flügel ca. 30–36
Körpermasse (g)	29,4–52,4
Stimme	Stimmfühlungsruf weich „triek" oder guttural „trlie"; kontinuierlicher, zwitschernd-trillernder Gesang, mit lang gezogenen „triek", auch mit Imitationen, z. B. Turmfalke oder Limikolenrufe; kürzerer Bodengesang (ähnlich)
Brutzeit	Mitte April, 2 (3) Jahresbruten
Gelegegröße	2–5 (6)
Eifärbung	schmutzigweiß, rostbräunlich oder grünlich getönt, gleichmäßig kräftig mittelbraun oder oliv gesprenkelt; Grundfärbung oft völlig überdeckt; glatt, mäßig glänzend
Eimaße (mm)	spindelförmig – 22,8 x 16,7
Brutdauer	11–12 Tage
Nestlingszeit	7–11 Tage; mit 15 (–20) Tagen fliegen

FELDLERCHE, IM FRÜHJAHR VON SPÄTEM SCHNEE ÜBERRASCHT

... IN DIESER ZEIT HELFEN FUTTERGABEN

DUNENJUNGE IM NEST

NEST UND GELEGE

Ohrenlerche

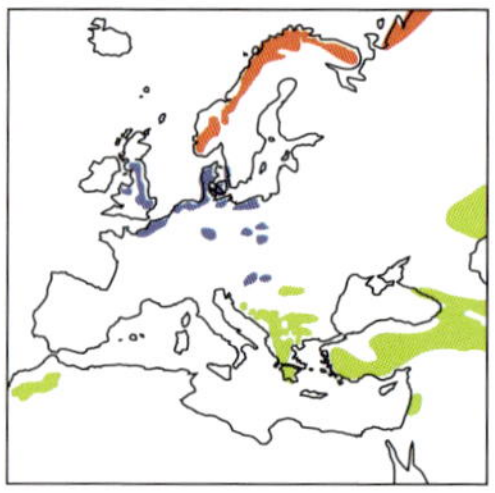

Die Ohrenlerche zeigt ein interessantes Verbreitungsmuster: Einerseits kommen die Vögel in Europa und Asien in den arktischen Tundren und Fjälltundren vor, andererseits weit südlich davon in den steinigen Steppen- und Hochsteppen. In Nordamerika, wo die in der Alten Welt voneinander getrennten Vegetationsgürtel (Tundren und Steinsteppen) durch die von Süd nach Nord verlaufenden Gebirgszüge verbunden sind, hat die Ohrenlerche auch dazwischen liegende Zonen besiedelt.

Die Ohrenlerche ist an steinige Lebensräume mit kargem, niedrigem und lückigem Bewuchs angepasst. Die Vögel des Balkans, Griechenlands und der Südkarpaten (Unterart *balcanica*) sowie die Unterart *penicillata* des Kaukasus und Transkaukasiens bewohnen steinige, vegetationsarme Hochflächen und grasbewachsene, mit Felsen übersäte Berghänge oberhalb der Baumgrenze. Im Winter wechseln sie in tiefer gelegene Gebiete und erscheinen dann im Kulturland der Täler. Die nordeuropäischen Vögel (Unterart *flava*) brüten in felsübersäter Zwergstrauch- und Flechtentundra der Fjällgebiete (oft in großer Höhe) und in trockenen Bereichen der flachen Tundra. Nordeuropäische und Vögel der Karpaten sind Zugvögel. Im Winter ist die Ohrenlerche an der mitteleuropäischen Nord- und Ostseeküste regelmäßiger Gast auf abgeernteten Feldern in Küstennähe, von Schafen beweideten Strandwiesen, Sandstränden und Salzwiesen, im Binnenland erscheint sie viel seltener. Der Zug beginnt hier Mitte Oktober und erreicht seinen Höhepunkt rund vier Wochen später. Viele Vögel überwintern auch hier, allein mehrere tausend an der Küste Schleswig-Holsteins.

In den nordischen Brutgebieten jagen Ohrenlerchen ähnlich Bachstelzen in schnellem Lauf, aber auch mit plötzlicher Beschleunigung, Fliegen, Schnaken und andere Zweiflügler, ihre Hauptbeute, sowie Käfer. Schmetterlinge verfolgen sie auch in der Luft, mit dem Schnabel graben sie im Boden nach Insektenlarven. Im Winter fressen Ohrenlerchen vor allem Samen von Gänsefuß, Beifuß und Melde. Die Samen picken sie entweder vom Boden auf oder nehmen sie direkt aus den Samenständen. Höhere Stauden knicken sie um oder springen an ihnen hoch, um die Samen zu ernten. Am Spülsaum suchen sie kleine Krebstiere und Weichtiere.

In den Proportionen entspricht die Ohrenlerche etwa der Feldlerche, sie ist aber etwas kleiner. Im Brutkleid ist sie durch die schwarzgelbe Gesichtszeichnung und das schwarze Brustband unverkennbar, aber trotzdem auf dem kontrastreich mit Flechten bewachsenen steinigen Untergrund oft schwer zu entdecken. Den Jungvögeln fehlen die namengebenden „Federohren" des Brutkleides, die besser „Federhörnchen" heißen sollten. Im Flug fallen die lerchenuntypisch langen und spitzen Flügel und die sehr dunkel wirkende Flügelunterseite bei den gewöhnlich in geringer Höhe und flachbogig fliegenden Ohrenlerchen auf. Trupps fliegen über Rastgebieten oft niedrig und dicht gedrängt und vollführen strandläuferartige Schwenks und Wendungen.

Ohrenlerchen sind nicht leicht zu beobachten. Das liegt an ihrem tarnfarbenen Kleid und an ihrem unauffälligen Verhalten. Außerhalb der Brutzeit leben sie meist in eng zusammenhaltenden Trupps, manchmal zusammen mit Feldlerchen. Im Winter suchen sie oft mit Feldlerchen, Schneeammern, Blut- oder Berghänflingen Nahrung.

Der Gesang wird von einem Felsblock aus, gelegentlich auch im Singflug vorgetragen. Zum Singflug steigt die Lerche zunächst stumm und steil auf und fliegt dann singend in Stufen höher; dabei wechselt sie zwischen Phasen mit Flügelschlägen und Gleitphasen ab, der Schwanz ist zusammengelegt und wird schräg nach unten gehalten.

Skandinavien wurde von der Art erst im 19. Jahrhundert besiedelt; seit Beginn des 20. Jahrhunderts findet ein stetiger Rückgang statt, in Finnland gibt es mit etwa 12 Paaren nur noch ein Hundertstel des früheren Bestandes. Ursachen dafür sind möglicherweise Überweidung der Flechten durch Rentiere oder landwirtschaftliche Veränderungen in den Überwinterungsgebieten. Merkwürdigerweise steigen die Zahlen mitteleuropäischer Überwinterer eher an, sie stammen wohl aus Nordrussland. Auch die Populationen des Balkans und der Karpaten nehmen eher zu.

Ohrenlerche *Eremophila alpestris* (L. 1758)

Größe	= Sperling
Maße (cm)	Länge ca. 15–17 / Flügel ca. 30–35
Körpermasse (g)	26,5–46,0
Stimme	Rufe hell pfeifend „tieh" oder „tiu", manchmal ähnlich Stelzen oder Goldammer „tsit", „trrli"; im Flug härter, 3-silbig; eigentlicher Fluggesang aus stereotypen, zwitschernden, klirrenden oder quietschenden Strophen
Brutzeit	Mitte Mai, gewöhnlich 2 Jahresbruten
Gelegegröße	3–5 (–7)
Eifärbung	blass grünlichweiß, dicht mit feinen rötlichbraunen Sprenkeln,oft mit schwärzlichen Haarlinien, kräftigen Punkten oder dunklen Zonen; glatt, glänzend
Eimaße (mm)	spindelförmig – 22,7 x 16,2
Brutdauer	(10) 11 (–14) Tage
Nestlingszeit	12 (13) Tage; Nest oft schon früher verlassen; ab 12 Tage Flugübungen, ab 15 Tage voll flugfähig

▶ KAUM ZU VERWECHSELN

OHRENLERCHE, MÄNNCHEN DER NORDEUROPÄISCHEN UNTERART

MÄNNCHEN AUS DER TÜRKEI

JUNGE VERLASSEN NOCH FLUGUNFÄHIG DAS NEST

NEST UND GELEGE

Uferschwalbe

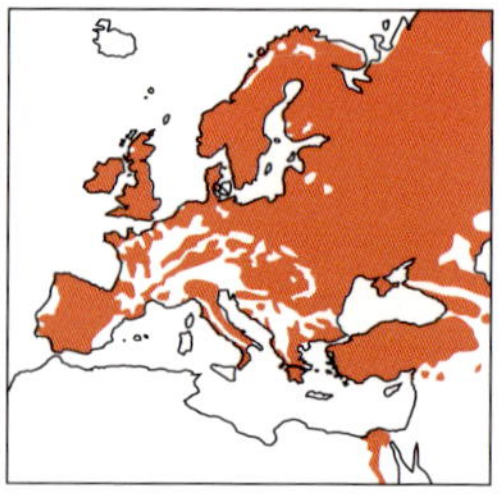

Schwalben sind kleine, schlanke und grazile Singvögel mit langen, spitzen Flügeln, meist gegabeltem Schwanz, kurzem, zartem Schnabel und kleinen Füßen. Sie sind schnelle und elegante Flieger, die in der Luft fliegende Insekten und Spinnen erbeuten. Mit Seglern sind sie nicht näher verwandt; im Gegensatz zu diesen setzen sie sich häufig auf exponierte Zweige und Leitungen. Ihr Flug ist auch nicht so reißend und rasant wie der der Mausersegler, sondern wirkt eher flatternd. Am Boden suchen sie höchstens Nistmaterial. Schwalbenstimmen sind meist rau zwitschernd. Allen Schwalben gemeinsam ist die lange Nestlingszeit von rund drei Wochen.

Die Uferschwalbe ist die kleinste Schwalbe Mitteleuropas. Sie ist oberseits einheitlich braun, auf der Unterseite weiß bis auf das markante braune Brustband; dieses ist aber im Freiland kaum zu erkennen. Der Schwanz ist nur schwach gegabelt. Jungvögel wirken oberseits durch helle Federränder schuppig. Uferschwalben fliegen im Vergleich zu anderen Schwalben wenig zielgerichtet sowie weniger elegant als Rauchschwalben.

Sie sind überaus gesellig und schließen sich auch abseits der Brutgebiete zu Trupps und Schwärmen zusammen, nicht selten mit Rauchschwalben. Zum Übernachten fliegen sie gerne ins Schilf.

Zum riesigen Verbreitungsgebiet der Art gehören weite Teile Eurasiens und Nordamerikas; in Afrika kommt die Uferschwalbe nur in Ägypten entlang des Nils vom Delta bis Assuan vor. Asien besiedelt sie ostwärts bis Kamtschatka, Japan, Südostchina und Nordindien. In Europa fehlt sie auf Island und in Gebieten oberhalb 750 m. Uferschwalben sind Langstreckenzieher. Die mitteleuropäischen Brutvögel gelangen über Spanien, Marokko und die Sahara in die sich direkt südlich anschließende Sahelzone; die osteuropäischen Populationen ziehen über Griechenland und die Türkei und überwintern im östlichen Afrika bis in den Norden Südafrikas. Die asiatischen Brutvögel verbringen den Winter auf dem indischen Subkontinent und in Südostasien. Die nordamerikanischen Uferschwalben ziehen nach Südamerika.

Ursprünglich brütete die Art in sandigen Steilufern an Fließgewässern, aber auch an steilen Meeresküsten, wie heute noch an der Ostsee. Im Binnenland sind die Uferschwalben heute meist auf Sand- und Kiesgruben sowie andere künstliche Steilabbrüche ausgewichen. Auf der Nahrungssuche kann man sie überall (außer im Gebirge oder großen Waldungen) in der offenen Landschaft antreffen, meist in Gewässernähe – sie sind noch mehr an Wasser gebunden als andere Schwalben.

Mit ihren winzigen Füßchen graben Männchen und Weibchen gemeinsam eine waagerechte, bis 1 m lange Brutröhre mit querovalem Einschlupfloch. Häufig werden auch Röhren des Vorjahres wieder hergerichtet. Ein kleines Federbüschel am hinteren Lauf dient beim Graben als „Kehrbesen" für das Aushubmaterial. Die einzelnen Öffnungen der Kolonie liegen in Reihen nebeneinander. Kolonien können aus 500 Brutpaaren bestehen, selten sogar bis 1000, in Mitteleuropa jedoch meist unter 100 Paaren. Die Weibchen verlassen den Partner oft bereits vor Vollendung der ersten Brut und überlassen ihm die alleinige Aufzucht der Jungen, um mit einem neuen Männchen in einem anderen Koloniebereich oder sogar in einer anderen Kolonie ein zweites Mal zu brüten. Die noch nicht flüggen Jungen erwarten ihre Eltern zur Fütterung bereits am Röhreneingang. Oft sieht man dann die Altvögel bei der Futterübergabe rütteln. Die Jungen bekommen das Futter in Form von kleinen Ballen; diese sind umso größer, je weiter die Kolonie von den Nahrungsgebieten entfernt ist.

Weil Uferschwalben häufig den Brutplatz wechseln und in einer Kolonie gewöhnlich viele Röhren nicht besetzt sind, sind Bestandserfassungen schwierig. Trotzdem kann man sagen, dass der Bestand der Uferschwalben bedroht ist, denn sie sind zum Brüten in Mitteleuropa vielfach auf Lehm- und Sandgruben angewiesen, wo es durch die Arbeiten dort zur Brutzeit oft zu massiven Störungen oder gar zur Zerstörung der Brutkolonie kommt. Auch Dürreperioden in der Sahelzone haben einen negativen Einfluss.

Uferschwalbe *Riparia riparia* (L. 1758)

Größe	= Sperling
Maße (cm)	Länge ca. 12 / Flügel ca. 26,5–29
Körpermasse (g)	11,2 – 16,5
Stimme	häufigster Ruf rau 1–2-silbig „tschrd", „tschrrip"; individuelles Erkennen über Rufe; Warnruf „zier"; Gesang ♂ kurzes Schwätzen, auch im Wechsel mit ♀
Brutzeit	im Süden Mitte Mai, im Norden bis Ende Juni; meist 2 Jahresbruten
Gelegegröße	(3) 4–7
Eifärbung	weiß; glatt, mit schwachem bis mäßigem Glanz
Eimaße (mm)	spindelförmig – 17,7 x 12,5
Brutdauer	14–15 (17) Tage, bei schlechtem Wetter langer
Nestlingszeit	20–24 Tage, nach 16–23 Tagen am Röhreneingang

▸ MEHLSCHWALBE, FELSENSCHWALBE

UFERSCHWALBE, BRUTKOLONIE

IM FLUG

ALTVOGEL

JUNGVOGEL

Felsenschwalbe

Diese Art ist weniger gesellig als andere Schwalben und kommt kaum in großen Schwärmen vor. Am Brutplatz ist die Felsenschwalbe sehr unduldsam und vertreibt vehement Artgenossen sowie andere Kleinvögel. Felsenschwalben brüten in kleinen Kolonien oder manchmal in einzelnen Paaren an steilen Felsen im Gebirge oder an der Steilküste, oft in der Nähe von Fließgewässern. Da sie keine zugigen, feuchten Felsabhänge oder Gipfellagen mögen, halten sie sich meist in süd- oder ostexponierten Wänden sowie in Steinbrüchen auf. Die Paare suchen sich windgeschützte Stellen unter Überhängen, in Felsnischen und kleinen Höhlen. Möglichst in den hintersten Bereich kleben sie ihr oben offenes Nest aus kleinen Schlammklümpchen an den Felsen. Die Nestform entspricht weitgehend dem Rauchschwalbennest. Die Innenauskleidung besteht aus trockenen Halmen, Moos oder feinen Wurzeln sowie Federn und Haaren. Manches Nistmaterial wie Federn oder trockene Halme schnappen die Schwalben fliegend auf. Mitunter nutzen Felsenschwalben die Reste alter Mehlschwalbennester als Unterlage für die eigene Kinderstube. Das alleine brütende Weibchen wird nicht vom Männchen gefüttert; Nahrungsversorgung und Hudern der Jungen teilen sich jedoch die Partner. Immer häufiger nisten Felsenschwalben an Gebäuden, oft in Nachbarschaft zur Mehlschwalbe. In den Nordalpen erscheinen die Vögel meist erst ab Ende März, selten auch schon Ende Februar, wo sie oft noch umherstreifen. Nach der Ankunft am Brutplatz, die erst bei gutem Wetter erfolgt, sieht man die Partner und oft noch mehrere Vögel im reißenden Flug und unter Balzrufen einander jagen.

Felsenschwalben sind größer als Mehl- und Uferschwalben. Sie sind rasante, kraftvolle, wendige Flieger, die eher an Segler erinnern. Sie haben kein dunkles Brustband; ihr Schwanz ist noch schwächer gegabelt als bei der Uferschwalbe. Die weißen Flecken auf den Steuerfedern sind wie bei der Rauchschwalbe nur bei gespreiztem Schwanz im Flug zu sehen. Die dunklen Unterflügeldecken heben sich kontrastreich vom übrigen Unterflügel ab und sind aus der Nähe ein gutes Merkmal. Jungvögel zeigen nach dem Ausfliegen auf der Oberseite schuppig wirkende, rostfarbene Federränder, die später zu Beige oder Weißlich ausbleichen. Im Unterschied zu den anderen europäischen Schwalben mausern junge Felsenschwalben im Herbst/Winter ihres ersten Jahres meist nur das Kleingefieder, nicht aber die Schwung- und Steuerfedern; die Jugendmauser ist daher nur eine Teilmauser.

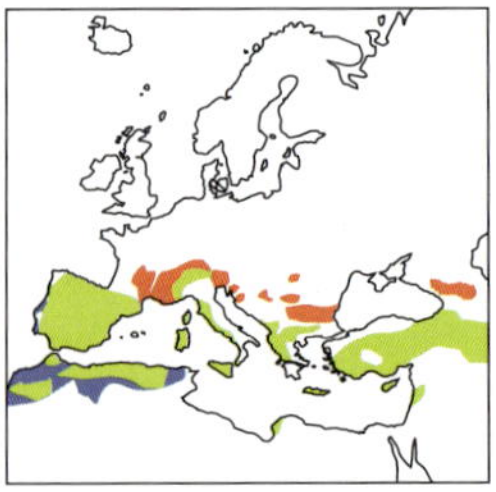

Das Verbreitungsgebiet erstreckt sich von Nordafrika über fast die ganze Iberische Halbinsel – dort brüten rund drei Viertel des europäischen Bestandes – und die Alpen, Südeuropa und die Türkei sowie über den Nahen Osten bis zum Himalaja, Tienschan und Altai. Auf der Arabischen Halbinsel lebt eine kleine, nichtziehende Population. Felsenschwalben brüten in den Alpen bis in 2300 m Höhe, in der Sierra Nevada Spaniens sogar in 2500 m Höhe, meist jedoch in Höhen zwischen 500 und 1000 m. Im Alpenraum liegen die tiefsten Brutplätze am Lago Maggiore mit knapp über 200 m Höhe. Während die Brutvögel entlang der Mittelmeerküste Standvögel sind, wandern die Populationen von Zentralspanien und vom Balkan in tiefer gelegene Gebiete oder an die Küste. Die nördlichsten Vögel der Alpen (Bayern) ziehen ins Mittelmeergebiet und nach Nordafrika in die Sahara, zum Roten Meer, manche bis nach Senegal. Gelegentlich versuchen kleine Trupps, in der Schweiz zu überwintern.

Der Bestand auf der Iberischen Halbinsel ist stabil; dafür haben seit den 80er-Jahren die Bestände im nördlichen und östlichen Alpenraum kräftig zugenommen und zu einer Erweiterung des Brutareals geführt. In Süddeutschland wurden sogar Brutplätze im Voralpenraum bezogen. Im Zuge dieser Arealausdehnung wurde die Art in einigen europäischen Ländern das erste Mal überhaupt nachgewiesen, so in England, Irland, Dänemark, Finnland und Belgien, aber auch in Schleswig-Holstein.

Im Gegensatz zu vielen Arten der Roten Liste ist bei der Felsenschwalbe menschliches Wirken ausnahmsweise einmal nicht der Grund für die starken alljährlichen Bestandsschwankungen, sondern – auf die Alpenbrüter bezogen – ausschließlich Witterungseinflüsse. Daher sind vor allem die nördlichen und östlichen Neuansiedlungen stark gefährdet – eine Folge ungünstiger Jahre mit Schlechtwetter zur Brutzeit kann diese Vorposten schnell wieder beenden. Andererseits könnte sich die Art bei günstigem Klima weiter ausbreiten.

▸ UFERSCHWALBE, MEHLSCHWALBE

Felsenschwalbe *Ptyonoprogne rupestris* (SCOP. 1769)	
Größe	= Sperling
Maße (cm)	Länge ca. 14,5 / Flügel ca. 32–34,5
Körpermasse (g)	17,7–33
Stimme	häufigster Ruf schurrende „zrrr“, „trt“, „trtrtr“, an Mehlschwalbe erinnernd; Warnrufe hart „trek trek“, weicher „chiupi“; Anhassen „zizizi“ und „zezeze“; Gesang trillernd, schwätzend
Brutzeit	Ende Mai, 1–2 Jahresbruten
Gelegegröße	(3) 4–5
Eifärbung	weiß, relativ wenige kleine rote und graue Punkte, mehr am stumpfen Pol; ziemlich glatt, nur schwach glänzend
Eimaße (mm)	lang-spindelförmig – 21,2 x 14,2
Brutdauer	14–15 Tage
Nestlingszeit	24–28 Tage

FELSENSCHWALBE, ALTVOGEL

IM FLUG

PAAR AM NEST

FLÜGGER JUNGVOGEL

Rauchschwalbe

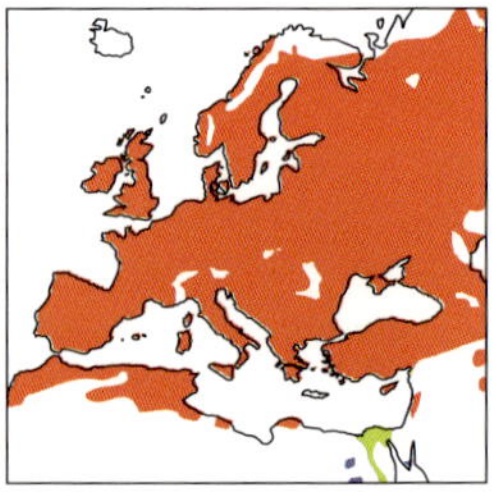

Die Rauchschwalbe bewohnt in sechs Unterarten weite Bereiche Eurasiens und Nordamerikas und kommt in nahezu ganz Europa außer Island vor; sie meidet nur die höheren Gebirgslagen und den äußersten Norden. In den ländlichen Gegenden Mitteleuropas ist sie die häufigste Schwalbe. Typisches Kennzeichen sind die langen Schwanzspieße, die in Europa sonst nur noch die Rötelschwalbe zeigt. Die Oberseite ist bis auf die hellen Flecken auf den Steuerfedern einheitlich glänzend blauschwarz, ebenso das Brustband. Stirn und Kehle sind rötlichbraun, die Unterseite der mitteleuropäischen Rauchschwalben weißlich. Männchen erkennt man an ihren längeren Schwanzspießen. Jungvögel sind weniger glänzend gefärbt, die Schwanzspieße sind kürzer, das Brustband ist graubraun, und die Schwungfedern zeigen helle Federränder. Der Flug wirkt etwas ruckartig, aber elegant und reißend (bis zu 80 km/h); er ist zielstrebiger und weniger flatternd als bei der Mehlschwalbe.

Rauchschwalben ernähren sich von fliegenden Insekten, die gerne in Brutplatznähe gejagt werden. Sie lesen Insekten auch von der Wasseroberfläche auf und können im Flug trinken. Bei nasskaltem Wetter sieht man sie häufig niedrig über Gewässern oder knapp über Wiesenflächen jagen.

Im Gegensatz zu Mehlschwalben brüten Rauchschwalben fast ausschließlich im Inneren von Gebäuden, manchmal auch unter Brücken. Rauchschwalben nisten oft zu mehreren nebeneinander, es gibt aber auch viele Einzelpaare. Meist treffen die Männchen zuerst am Brutplatz ein. Um zum Nest zu gelangen, fliegen die Schwalben oft mit großem Tempo durch ein nur leicht gekipptes Fenster. Das schalenförmige Nest besteht aus mit etwas Speichel vermischtem Lehm und eingebackenen, oft lang heraushängenden Halmen; es wird von beiden Brutpartnern gebaut. Für den Nestbau sammeln die Altvögel an Pfützen feuchten Lehm, den sie im Schnabel zu einem Klümpchen formen. Die Nestmulde kleidet das Weibchen mit Federn oder Tierhaaren aus. Neststandort ist eine senkrechte Wand, oft nur wenige Zentimeter unter der Decke. Bruten kann man durch Anbringen von Nistbrettchen an geeigneten Stellen fördern.

Rauchschwalben besiedeln als ausgesprochene Kulturfolger offene Landschaft mit Dörfern und Einzelgehöften, meiden aber die insektenarmen Stadtzentren. Da sie nicht sehr scheu sind, brüten und jagen sie oft in Viehställen. In der Regel gehen sie nicht höher als 1000 m Meereshöhe, es gibt aber Brutnachweise in 1900 m Höhe (im südlichen Alpenbereich). In seltenen Fällen brüten die Vögel noch an natürlichen Standorten, wie Höhlungen in Felswänden.

Als Frühlingskünder ist die Rauchschwalbe in vielen Gegenden Europas beliebt und geschätzt. Je nach geographischer Lage kommen die ersten Schwalben Mitte März bis Mitte Juni an ihre europäischen Brutplätze zurück, in Mitteleuropa ab Ende März. Während sich das Gros der Vögel im September auf den Weg in die afrikanischen Winterquartiere macht, harren manche Schwalben bis Ende Oktober in Mitteleuropa aus. Die Winterquartiere mitteleuropäischer Brutvögel liegen in Gebieten südlich der Sahara; wenige Rauchschwalben überwintern in Nordafrika. Im Herbst vor dem Abflug sammeln sich oft große Schwärme, die nicht selten auf Leitungsdrähten rasten und in Schilfgebieten übernachten.

Seit der Steinzeit hat sich die Rauchschwalbe dem rodenden und siedelnden Menschen angeschlossen und dabei ihr Areal stark erweitern können. Die ersten Anzeichen eines Rückgangs gab es Anfang des 20. Jahrhunderts, als sich die Schwalben aus den immer schwalbenfeindlicheren Städten zurückzogen; in Polen erfolgte dieser Rückzug erst in den letzten Jahrzehnten. Vor rund 30 Jahren setzte ein kräftiger Rückgang in vielen ländlichen Gegenden ein. Gründe dafür sind die Verschlechterung des Nahrungsangebotes oder weniger Brutmöglichkeiten in neuen landwirtschaftlichen Gebäuden. Dieser Rückgang konnte teilweise durch Neuansiedlungen ausgeglichen werden. Doch trotz Bestandseinbußen und gebietsweise sogar Arealschwund zählen Rauchschwalben immer noch zu unseren häufigsten Singvögeln.

Rauchschwalbe *Hirundo rustica* (L. 1758)

Größe	< Amsel
Maße (cm)	Länge ca. 17–19 / Flügel ca. 32–34,5
Körpermasse (g)	16–23,7
Stimme	häufigster Ruf einfaches „widwid" usw.; Warn-/Alarmruf scharf „zi-witt" oder „biwist"; Reviergesang ♂ melodisches Zwitschern, mit hellem Triller endend; heiserer Zwitschergesang ohne Endtriller von ♀ und juv.; auch „Chorgesang"
Brutzeit	Mitte Mai im Süden, bis Ende Juni im Norden; 2 oder 3 Jahresbruten
Gelegegröße	3–6
Eifärbung	weiß, spärlich rötlichbraun, violett oder blassgrau punktiert; glatt, glänzend
Eimaße (mm)	lang-spindelförmig bis lang-oval – 19,5 x 13,3
Brutdauer	(11) 12–18, am häufigsten 13–16 Tage
Nestlingszeit	20–24 Tage

▸ Rötelschwalbe, Mehlschwalbe

RAUCHSCHWALBE, WEIBCHEN AUF NISTPLATZSUCHE

WEIBCHEN SAMMELT NISTMATERIAL

MÄNNCHEN AM NEST

NEST UND GELEGE

Rötelschwalbe

Rund zwei Drittel der europäischen Populationen leben auf der Iberischen Halbinsel, etwa ein Drittel auf der Balkanhalbinsel; in Italien, Frankreich und Rumänien leben weniger als 50 Paare. Neuerdings brüten Rötelschwalben auch in Slowenien. Die Art hat sich in Europa in den letzten Jahren nach Norden ausgebreitet. Von 1970 bis 1990 betrug die Arealerweiterung in Portugal, Rumänien und Bulgarien rund 50%, aber auch in Spanien und Kroatien beobachtete man kleinere Arealvergrößerungen. Griechenland und Italien haben heute die stabilsten Populationen. Obwohl sicher auch klimatische Gründe eine Rolle spielten, weiß man nicht so viel über den Grund der Arealausweitungen.

Die Art bewohnt zerstreut weite Teile Afrikas, Südeuropa und Kleinasien über den Nahen Osten bis Mittelasien, Indien, China und Japan. Von den insgesamt zwölf Unterarten lebt nur eine in Europa. Rötelschwalben brüten in felsigen, trockenen Lebensräumen des Mittelmeerraumes mit Felswänden und Steilküsten. Wenn es keine geeigneten Felsen zum Brüten gibt, nistet die Art an Gebäuden, aber meist in Ruinen und verlassenen Gebäuden und nicht so häufig wie die Rauchschwalbe in bewohnten. In Städten, zum Beispiel in Almaty/Kasachstan, brüten Rötelschwalben gerne an den höchsten Gebäuden. Rötelschwalben sind aber weniger Kulturfolger als Rauchschwalben.

Die Jagdgebiete liegen bevorzugt über Buschland und landwirtschaftlichen Flächen, in offener, gerne hügeliger Landschaft, sogar im Hochgebirge; die Art meidet aber größere Waldgebiete. Ende August beginnt der Wegzug, der bis Oktober andauert. Die europäischen Brutvögel und ein Teil der westasiatischen überwintern in der Savannenzone Afrikas südlich der Sahara. Vögel weiter im Osten bleiben im Brutgebiet oder ziehen nach Südostasien. Besonders vom Frühjahrszug ist Zugprolongation bekannt. Dann erscheinen Rötelschwalben, vorwiegend zusammen mit Rauchschwalben, weit nördlich ihrer Brutgebiete auf den Britischen Inseln, in Skandinavien und Finnland (vor allem zwischen Mitte April und Ende Mai).

Im Unterschied zu der oberseits einheitlich blauschwarz gefärbten Rauchschwalbe besitzt die Rötelschwalbe ein rotbraunes Nackenband, wobei sich die Braunfärbung bis knapp über das Auge zieht und den blauschwarzen Oberkopf als Kappe hervortreten lässt. Außerdem ist der Bürzel hell rostfarben, nach hinten wird er weißlich, die Unterseite ist weißlich. Das blauschwarze Brustband fehlt ebenso wie die Flecken in den Steuerfedern. Die Schwanzspieße sind ähnlich lang wie bei der Rauchschwalbe, sie werden aber im Flug oft zusammengelegt und bilden einen langen (aber nicht so spitzen) „Spieß", der wegen der scharf abgesetzten schwarzbraunen Unterschwanzdecken noch länger erscheint als er ist. Die Flügel sind etwas breiter als bei der Rauchschwalbe, die Unterflügeldecken hell rostfarben. Der weniger reißende, eher flatternde Flug wird oft durch längere Gleitphasen mit ausgestreckten Flügeln unterbrochen. Die Jungvögel sind oberseits deutlich matter gefärbt und haben überdies hellbeigefarbene Federsäume.

Rötelschwalben brüten in Höhlen, Felsspalten, unter überhängenden Felsen, Brücken, an Ruinen, auch in Tunnels, alten Bunkern oder Wasserdurchlässen. Häufig nisten sie in Einzelpaaren und treten nie in so riesigen Schwärmen auf wie Rauchschwalben. Die halbkugelförmigen Nester erinnern vom Material her an Mehlschwalbennester, besitzen aber eine enge Eingangsröhre; die Innenauspolsterung besteht aus trockenem Pflanzenmaterial, Haaren und Federn. Beide Geschlechter brüten, der Anteil des Weibchens ist jedoch größer. Nicht selten sitzen beide Altvögel zusammen im Nest. Die wenigen Untersuchungen zum Brutverhalten ergeben eine überraschend kurze tägliche Bebrütungsdauer von insgesamt weniger als einem Drittel der Aktivitätszeit. Bei der Jungenaufzucht übernimmt das Männchen anfangs rund die Hälfte der Fütterungen, zum Ende zu lässt sein Einsatz etwas nach. Im Alter von etwas über 2 Wochen erwarten die Nestlinge die fütternden Altvögel am Eingang der Neströhre, dann setzen sie auch ihren Kot nach draußen ab.

Vielfach sieht man Rötelschwalben beim Insektenfang auch an Hängen auf- und abwärts segeln. Die Jagd findet meist in mittlerer Höhe und in der Nähe des Brutplatzes statt. Dabei bevorzugt die Art niedrigen Bewuchs. Im Winterquartier jagen die Vögel gerne über Buschfeuern. Dort rasten sie häufig am Boden, im Brutgebiet dagegen nicht.

Rötelschwalbe *Hirundo daurica* LAXMANN 1769

Größe	= Sperling
Maße (cm)	Länge ca. 16–17 / Flügel ca. 32–34
Körpermasse (g)	19,5–28,7
Stimme	häufigster Ruf „zwäit", „djüit", auch lang gezogener „djüüi"; bussardähnliches Miauen (nur ♂); Gesang verhalten schwätzend, kürzer und tiefer als Rauchschwalbe, abschließend Roller
Brutzeit	Ende April, 2 Jahresbruten
Gelegegröße	2–7
Eifärbung	weiß, manchmal mit sehr feiner rötlichbrauner Sprenkelung; glatt, schwach glänzend
Eimaße (mm)	lang-spindelförmig – 20 x 14,3
Brutdauer	13–16 Tage
Nestlingszeit	22–26 Tage; ab 16–17 beim Füttern am Röhreneingang

▸ RAUCHSCHWALBE

RÖTELSCHWALBE, AUF DER SUCHE NACH NISTMATERIAL AN EINER PFÜTZE

RÖTELSCHWALBE NIMMT NISTMATERIAL AUF

IM FLUG

ALTVOGEL SCHAUT AUS DER NESTRÖHRE

Mehlschwalbe

Wichtigstes Merkmal der Mehlschwalbe ist der meist schon von weitem erkennbare weiße Bürzel, der besonders im niedrigen Flug auffällt. Dieses Kennzeichen weist sonst keine andere europäische Schwalbe auf. Die Körperunterseite ist weiß, der tief gegabelte Schwanz besitzt keine Schwanzspieße, die Unterflügel sind dunkel. Im Vergleich zur Rauchschwalbe wirkt die Mehlschwalbe eher gedrungen, der Schnabel ist kürzer. Jungvögel sind oberseits braunschwarz und nahezu ohne Glanz, haben weiße Ränder an Schwung- und Steuerfedern und einen dunklen Anflug auf den Brustseiten, der bei manchen Lichtverhältnissen an ein Brustband erinnert; daher ist Verwechslung mit der Uferschwalbe möglich.

Mehlschwalben fliegen nicht ganz so rasant und wendig wie Rauchschwalben, sie segeln auch häufiger – nicht selten wie Segler – in großer Höhe. Sie suchen im Trupp Nahrung, meist über Gewässern oder Wiesen. Die Beutetiere sind vielfach kleiner als bei der Vergleichsart. Die Jungen werden häufig mit Blattläusen, Mücken, Fliegen und Eintagsfliegen gefüttert, die mit Speichel vermischt zu einem Futterballen geformt werden.

Neststandort sind meist raue, unebene, möglichst senkrechte Wände unter der Dachrinne von Gebäuden, aber auch Brücken und senkrechte Felsen. Es gibt sogar Nester auf Autofähren. Wichtiges Kriterium für einen geeigneten Neststandort ist eine vor Regen und Tropfwasser geschützte Überdachung sowie freier, ungehinderter Anflug. Meist brüten sie zu mehreren; nicht selten ist der „Kristallisationspunkt" zur Koloniegründung ein künstliches Schwalbennest oder der Rest eines alten Nestes. Für den Bau sammeln die Altvögel Lehm, den sie in Form kleiner Kügelchen im Schnabel transportieren. Das Nest ist ein bis auf den breiten, niedrigen Einschlupf dicht abschließender Bau, meist in Form einer Viertelkugel sauber gemörtelt und ohne heraushängende Halme. Innen ist es mit feinen Halmen, Moos, Wurzeln und Federn ausgepolstert.

Bevor sie sich dem Menschen anschlossen, brüteten Mehlschwalben an steilen Felsen der Gebirge und an Küstenklippen. Heute gibt es in Mittel- und Nordeuropa nur noch wenige dieser ursprünglichen Brutplätze, häufiger dagegen im Mittelmeerraum. Die Mehlschwalbe ist jetzt Koloniebrüter in Dörfern, Städten und in regional wechselnder Häufigkeit an Einzelgehöften.

Der Abflug ins Winterquartier findet meist im September oder Oktober statt, manche Mehlschwalben harren noch bis Anfang November aus. Im afrikanischen Winterquartier halten sich Mehlschwalben meist in abgelegenen Gebirgsgegenden über 1500 m Höhe auf und werden daher in Afrika viel seltener beobachtet als zu erwarten wäre. Die Rückkehr findet meist im April statt, manche Vögel erscheinen schon Ende März. Bei einem erneuten Kälteeinbruch sterben viele Mehlschwalben; sie fliegen dann manchmal so dicht über dem Wasser, dass sich bei Minusgraden Eisklümpchen an der Schwanzspitze bilden und ihre Flugfähigkeit stark behindern.

Das Verbreitungsgebiet der Art erstreckt sich von Nordwestafrika über nahezu ganz Europa (bis auf Island und den äußersten Norden), Teile Kleinasiens und Vorderasiens bis zum westlichen Himalaja; im Osten reicht es bis Ostsibirien, die Mongolei und Nordchina. Im Gebirge steigt die Mehlschwalbe höher als die Rauchschwalbe. In Sikkim wurden Bruten sogar in 5000 m nachgewiesen. Im Gegensatz zur Rauchschwalbe lebt die Mehlschwalbe auch mitten in großen Städten. Wichtig für die Ansiedlung ist die Nähe von Gewässern, die nicht nur gutes Nahrungsangebot, sondern auch Nistmaterial (schlammige Ufer) bieten.

Mit rund 10–30 Millionen Brutpaaren ist die Mehlschwalbe eine der häufigsten Vogelarten Europas. Im Gegensatz zu anderen Schwalbenarten sind ihre Bestände in Mitteleuropa weitgehend stabil, kurzfristige regionale Bestandsänderungen sind meist witterungsbedingt und werden in der Regel schnell wieder ausgeglichen. In manchen Gegenden Mitteleuropas verzeichnet man Abnahmen in ländlichen Gegenden bei gleichzeitiger Zunahme der Stadtpopulationen. Gravierende Rückgänge der Mehlschwalben-Populationen gibt es derzeit nur in Holland und Skandinavien.

Mehlschwalbe *Delichon urbica* (L. 1758)

Größe	= Sperling
Maße (cm)	Länge ca. 12,5 / Flügel ca. 26–29
Körpermasse (g)	14,3 – 22,4
Stimme	Flugruf ein- bis dreisilbig „schrrip", „brrit", „brüt", weniger raschelnd und stimmhafter als Uferschwalbe; Warnruf schrill „sier"; Gesang leise schwätzendes Gezwitscher, weniger abwechlungsreich und melodisch als Rauchschwalbe, ohne Triller; auch Subsong
Brutzeit	Ende Mai im Süden, bis Ende Juni im Norden; 2 oder 3 Jahresbruten
Gelegegröße	2–6 (meist 4–5)
Eifärbung	weiß, selten mit feinen hellroten Punkten; glatt, leicht glänzend
Eimaße (mm)	spindelförmig – 18,1 x 13,1
Brutdauer	(13) 14–16 Tage, bei schlechtem Wetter auch länger
Nestlingszeit	23–30 (bis 40) Tage, von Wetter und Gelegegröße beeinflusst

▸ Uferschwalbe, Rauchschwalbe

MEHLSCHWALBE AN GROSSER BRUTKOLONIE

SAMMELN FÜR DEN HERBSTZUG

IM FLUG

MEHLSCHWALBEN HOLEN NISTMATERIAL

Brachpieper

Bis auf Baum- und Waldpieper brüten die europäischen Pieper in offenen Landschaften. Sie halten sich vorwiegend am Boden auf, wo sie Insekten jagen; beim Laufen wippen sie häufig mit dem Schwanz. Pieper sind meist kleiner als ein Haussperling mit zierlicher, schlanker Gestalt, schlanken, spitzen Schnäbeln und langen, dünnen Beinen. Die vorwiegend bräunlich gestreiften Vögel haben auffallend helle Schwanzaußenkanten, die vor allem beim Auffliegen meist gut zu erkennen sind. Ihre oft wohlklingenden, abwechslungsreichen Gesänge tragen sie häufig im auffälligen Singflug vor. Manche Pieper erinnern an kleine Lerchen, diese sind jedoch weniger schlank und sitzen (mit Ausnahme der Heidelerche) kaum auf Bäumen, Büschen oder Leitungsdrähten, was man bei vielen Piepern nicht selten sieht.

Brachpieper besiedeln Nordwestafrika und Europa mit Ausnahme Islands, der Britischen Inseln und Nordeuropas (hier nur lokal in Südschweden), außerdem Asien von der Türkei und vom südlichen Russland ostwärts bis Mittelsibirien und zur Inneren Mongolei. Die europäischen Vorkommen liegen hauptsächlich im Mittelmeerraum und in den südrussischen Steppengebieten. In Mitteleuropa, das fast an der Nordgrenze der Verbreitung liegt, kommt die Art nur im Tiefland vor, in Spanien jedoch gebietsweise bis in 2000 m Höhe, in Asien sogar bis 5000 m.

Die Vögel brüten in ganz verschiedenen offenen Lebensräumen, die aber neben spärlich bewachsenen, sandigen oder steinigen Flächen, die der Nahrungssuche dienen, auch Bereiche mit höherem Gras und niedrigen Büschen (Nestanlage) und kleinen Bäumen (Singwarten) aufweisen. Da Brachpieper hohe Ansprüche an den Lebensraum stellen, bevorzugen sie mosaikartig strukturierte, trockene, warme

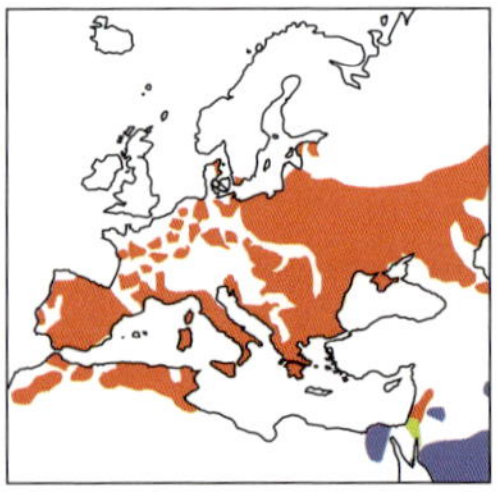

Lebensräume, wie Heidegebiete, Dünengelände, lichte sandige Kiefernwälder, auch junge Aufforstungsflächen, Weinberge sowie Brachflächen; Sandgruben oder Truppenübungsplätze sagen ihnen ebenfalls zu. Außerhalb der Brutzeit trifft man den Brachpieper auf trockenem Kulturland, in offenen, sandigen Gebieten und Halbwüsten. Europäische Brachpieper überwintern in Afrika südlich der Sahara oder auf der Arabischen Halbinsel, weiter östlich lebende Brutvögel in Indien.

Der Brachpieper ist relativ groß mit auffälligem, hellem Überaugenstreif. Durch seinen langen Schwanz und die langen Beine erinnert er an Stelzen; wie diese wippt er mit dem Schwanz. Im Gegensatz zu anderen Piepern ist er im Alterskleid grau sandfarben und so gut wie ungestreift, lediglich auf den Brustseiten erkennt man einige feine Strichel. Die Flügel weisen eine dunkle Fleckenreihe auf. Das Jugendkleid zeigt eine kräftig geschuppte Oberseite sowie gefleckte Brust- und Flankenregion.

Der elegante Flug wirkt wegen der wellenförmigen Flugbahn, der langen Flügel und des langen Schwanzes stelzenartig. Auch die waagerechte Körperhaltung während der Nahrungssuche erinnert an Stelzen, das Nahrungssuchverhalten mit Rennen – Stehen bleiben – Sichern – Picken – Rennen ... an Regenpfeifer. Brachpieper sind fast ausschließlich Insektenfresser.

Das recht große Bodennest, vorwiegend vom Weibchen gebaut, ist meist gut getarnt und nach oben zu durch Blätter, Heidekraut oder Grasbüschel geschützt. Oft brütet ein Männchen mit zwei Weibchen, wobei die Nester beider Weibchen in geringer Entfernung voneinander liegen. Um Fressfeinde nicht auf die Brut aufmerksam zu machen, landen die Altvögel in einiger Entfernung vom Nest, um dann dorthin zu laufen; auch beim Wegfliegen legen sie erst eine Strecke auf dem Boden zurück.

Drastische Rückgänge werden nicht nur aus dem westlichen Mitteleuropa gemeldet, wo die Art inzwischen sehr selten und nur noch sporadisch vorkommt, sondern auch aus den südeuropäischen Verbreitungszentren. Hauptursachen liegen in der veränderten Landnutzung ehemaliger extensiv bewirtschafteter Flächen, wie Eutrophierung und Aufforstungen, wodurch die Vegetation zu dicht und zu hoch wird, oder Rekultivierungen von ehemaligen Entnahmestellen. Auch intensiver Freizeitbetrieb bringt erhebliche Störungen mit sich, vor allem während der Brut und Jungenaufzucht.

Brachpieper *Anthus campestris* (L. 1758)

Größe	= Sperling
Maße (cm)	Länge ca. 16,5 / Flügel ca. 25–28
Körpermasse (g)	21–30
Stimme	Lock- und Stimmfühlungsruf ähnlich Haussperling „schilp“ oder „schirrp“, in Brutzeit „zirlui“ oder „zirrlie“; Gesang – von Sitzwarte, Boden oder im wellenförmigen Singflug – monotone Reihen wie „zilie“, Betonung letzte Silbe
Brutzeit	Mitte April im Süden (Afrika) bis Juni im Norden; 2 Jahresbruten möglich
Gelegegröße	(3) 4–5 (6)
Eifärbung	Grundfärbung weißlich, stark braun und grauviolett gepunktet und gekleckst; glatt, glänzend
Eimaße (mm)	spindelförmig – 21,9 x 15,7
Brutdauer	12–13 Tage
Nestlingszeit	12–15 Tage; nach 28–30 Tagen Gefieder voll ausgewachsen

▸ Baumpieper, Schafstelze im Jugendkleid

BRACHPIEPER, ALTVOGEL AM NEST

VOGEL IM ERSTEN SOMMER

JUNGVOGEL

NEST UND GELEGE

Baumpieper

Der Baumpieper ist der häufigste Pieper Mitteleuropas. Im Aussehen ähnelt er dem etwas kleineren und zierlicheren Wiesenpieper. Wichtige Unterscheidungsmerkmale sind Stimme und die dunkle Bruststreifung. Beim Baumpieper sind die einzelnen Flecken spärlicher, größer, kontrastreicher und regelmäßiger verteilt, an den Flanken gehen sie in feine Strichel über. Auch ist die Grundfärbung der Brust mehr gelblich, die Oberseite weniger streifig. Im Sommer jedoch, wenn das Gefieder des Baumpiepers schon etwas abgenutzt ist und die Oberseitenstreifung kräftiger hervortritt, ist die Ähnlichkeit zum Wiesenpieper größer.

Auffällig ist der Singflug. Dazu steigt der Baumpieper rasch von seiner Singwarte, häufig von der Spitze eines einzelnen, hohen Baumes, mit hastigen Flügelschlägen auf. Kurz vor dem höchsten Punkt beginnt er mit den kanarienvogelartigen Gesangsstrophen, um dann mit fallschirmartig ausgebreiteten Flügeln und nach oben gehaltenem, gespreiztem Schwanz zur Singwarte abwärtszugleiten.

In Mitteleuropa kehren die Baumpieper ab Mitte April an ihre Brutplätze zurück; bald darauf bauen die Weibchen ihr sehr gut verstecktes Bodennest aus Halmen, Blättern und Moos. Bis das Gelege komplett ist, verhalten sich die Altvögel in Nestnähe recht unauffällig, und die Männchen singen nur wenig. Erst wenn das Weibchen fest brütet, singt das Männchen wieder ausgiebiger – auch auf weiter vom Nest entfernten Warten.

Baumpieper sind Waldrandvögel, die auch gerne in Mooren und Heideflächen mit einzelnen höheren Bäumen und Büschen brüten. Man trifft sie aber auch in offenen

Waldgebieten, Parks mit Lichtungen, Streuobstflächen und jungen Forstkulturen. Im Gebirge brütet die Art bis zur Baumgrenze (gebietsweise in den Alpen bis 2500 m). Dort sind die Baumpieper nicht selten Brutnachbarn des Bergpiepers. Baumpieper meiden baumlose Gegenden genauso wie dicht geschlossenen Wald, intensives Kulturland oder Siedlungsbereiche. Zur Zugzeit trifft man sie in locker zusammenhaltenden Trupps auch auf Wiesen, Brachflächen und anderem niedrig bewachsenen Kulturland. Die meisten europäischen Brutvögel überwintern in Afrika südlich der Sahara, meist im Savannengürtel des mittleren Afrika. Weiter östlich in Asien brütende Populationen haben ihre Winterquartiere in Indien.

Die Nahrung suchen Baumpieper meist am Boden, wo sie sich „verstohlen" schleichend und zaghaft mit dem Schwanz wippend bewegen. Sie fressen Insekten und Spinnen, im Frühjahr gelegentlich kleine Samen. Die Jungen werden häufig mit Heuschrecken, Raupen und kleinen Fliegen gefüttert. Auf dem Herbstzug kann man Baumpieper gemeinsam mit Wiesenpiepern auf Wiesen Futter suchen sehen.

Die Art fehlt in Europa nur auf Island, im Süden der Iberischen Halbinsel und auf den Mittelmeerinseln sowie im äußersten Norden. Das asiatische Verbreitungsgebiet erstreckt sich quer durch Sibirien bis zum Baikalsee und Jakutien, im Süden bis zum Himalaja.

Der Baumpieper ist eigentlich ein „Katastrophenvogel", der von Ereignissen profitiert, die im Wald offene Flächen schaffen, wie Kahlschlägen, Sturmschäden oder Käferkalamitäten. So wurden bis vor wenigen Jahren vielerorts in Europa stabile Bestände oder sogar deutliche Zunahmen verzeichnet. In Mitteleuropa sind die Zahlen jedoch seit mehreren Jahren deutlich rückläufig, vermutlich wegen der Bejagung im Winterquartier und der veränderten Landnutzung in den Brutgebieten.

Der sibirische **Waldpieper** (*Anthus hodgsoni*) brütet im äußersten Nordosten Europas. Im Gegensatz zum Baumpieper hat er eine noch kräftigere, schwärzliche Bruststreifung und eine markantere Kopfzeichnung mit deutlichem, weißlichem Überaugenstreif; die Oberseite ist nahezu einheitlich olivfarben. Er wippt nicht wie der Baumpieper stelzenartig (aber zaghaft) mit dem Schwanz, sondern schlägt diesen abrupt abwärts. Waldpieper besiedeln meist lichte Waldgebiete, aber auch geschlossene Wälder, die von Baumpiepern in Mitteleuropa in der Regel gemieden werden.

Baumpieper *Anthus trivialis* (L. 1758)

Größe	= Sperling
Maße (cm)	Länge ca. 15 / Flügel ca. 25–27
Körpermasse (g)	18–29
Stimme	Stimmfühlungsruf unrein „psrieh"; Warnen am Nest hart „zipp zipp zipp..."; steigt ziemlich gerade zum Singflug auf, läßt sich zum Ausgangspunkt absinken; Gesang kraftvoller und variabler als beim Wiesenpieper, buchfinkenähnlicher Auftakt
Brutzeit	Mitte Mai, im Süden manchmal etwas früher, im Norden bis Anfang Juni; meist nur 1 Jahresbrut
Gelegegröße	(3) 3–6
Eifärbung	sehr variabel; Grundfärbung grau, blau, grün, rostbraun, braun, rosa, verschieden stark gescheckt, gekleckst oder gestreift; glatt, glänzend
Eimaße (mm)	spindelförmig – 20,4 x 15,4
Brutdauer	12–14 Tage
Nestlingszeit	10–12 (13) Tage; mit 13–14 Tagen kurze Strecken flatternd

► WIESENPIEPER

BAUMPIEPER, MÄNNCHEN AUF DER SINGWARTE

ALTVOGEL

JUNGVOGEL, NOCH FLUGUNFÄHIG

NEST UND GELEGE

Wiesenpieper

Der Wiesenpieper ist fast eine rein europäische Art. Er brütet von Ostgrönland über Island, die Britischen Inseln und das nördliche Europa bis zum Ob in Westsibirien. Die Südgrenze der geschlossenen Verbreitung verläuft durch die Bretagne, Schweiz, Slowakei, Polen und die Ukraine. Südlich dieser Linie gibt es wenige kleine inselartige Vorkommen, beispielsweise in Südfrankreich, den Apenninen und im Kaukasus. In Mitteleuropa fehlt der Wiesenpieper nur in Ungarn.

Die Art bevorzugt weite, offene, gerne feuchte Lebensräume, wie Grasland, Heide- und Moorflächen oder Dünengelände. Im Gegensatz zum Baumpieper trifft man Wiesenpieper häufig an der Küste an, auch zur Zugzeit. Im Gebirge leben sie bis in 2000 m Höhe auf Bergwiesen, wo sie teilweise im selben Lebensraum wie der Bergpieper vorkommen. Im Norden besiedeln sie vielfach Fjäll- und Tundragebiete. Die Überwinterungsareale liegen vor allem auf den Britischen Inseln, der Iberischen Halbinsel, im ganzen Mittelmeerraum, weniger in Nordafrika und in der Türkei. Weiter östlich brütende Vögel überwintern im Iran und in Kasachstan. Immer mehr Wiesenpieper verbringen den Winter in Mitteleuropa und Südskandinavien.

Die Vögel sind das ganze Jahr über sehr unauffällig, außer beim Singflug. Im Gegensatz zum Baumpieper halten sie sich außerhalb der Brutzeit oft in größeren Trupps auf, wobei sich die Vögel am Boden schnell zerstreuen; beim Auffliegen schließen sie sich erst in der Luft wieder zum Schwarm zusammen. Sie sitzen auf Zäunen oder Leitungsdrähten sowie niedrigen Büschen und kleinen Bäumen, fliegen aber nicht in die Kronen größerer Bäume.

Wiesenpieper *Anthus pratensis* (L. 1758)

Größe	= Sperling
Maße (cm)	Länge ca. 14,5 / Flügel ca. 22–25
Körpermasse (g)	17,3–18,9
Stimme	häufigster Ruf im Fliegen kurz, hart „hist"; Warnruf heuschreckenähnlich „tsip"; gereihte „hist"-Kontaktrufe ähnlich den raueren des Wasserpiepers; Fluggesang lange, eintönige Einleitung, konstante Intervalle, kurze Klirrphase, Roller, mit „gsüp" endend
Brutzeit	Mitte April im Süden, bis Anfang Juni im Norden; gewöhnlich 2 Jahresbruten
Gelegegröße	(3) 4–6 (7)
Eifärbung	weniger variabel als beim Baumpieper; Grundtönung bräunlich, rötlich oder gräulich; braune und blassgraue Sprenkel, zum Teil schwärzliche Haarstreifen
Eimaße (mm)	spindelförmig, aber variabel – 19,8 x 14,6
Brutdauer	11–15 Tage
Nestlingszeit	10–14 Tage; bis 40 Tage nach Verlassen des Nestes von Eltern betreut, nach 9 Tagen nur noch ausnahmsweise gefüttert

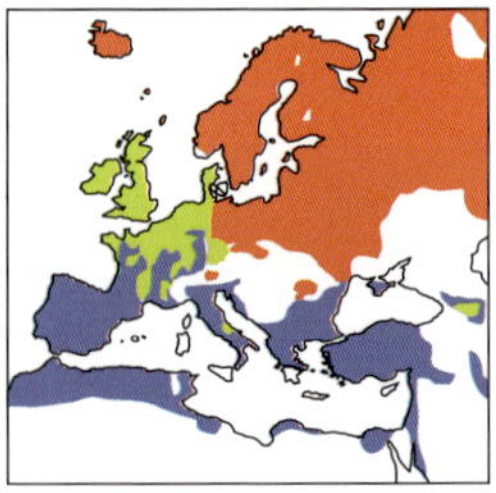

Bereits im März erscheinen die Männchen im Brutgebiet, die Weibchen etwas später. Sie wählen einen Nistplatz aus und bauen das Nest allein, meist an einer nach oben geschützten Stelle in einer Wiese, oft halb unter einer Grasbülte. Vielfach lässt sich eine Präferenz für geneigte Standorte wie Böschungen erkennen. Weibchen brüten und hudern die Jungen allein, werden aber vom Männchen gefüttert. Die Nahrung besteht aus bis zu 2 cm großen Insekten und Spinnen, gelegentlich auch kleinen Schnecken. Selten nehmen sie kleine Samen. Zur Nahrungssuche bevorzugen die Vögel kurzgrasige Wiesen.

Wiesenpieper haben im Gegensatz zum Baumpieper und vor allem Waldpieper eine wenig markante Gesichtszeichnung – der Überaugenstreif ist höchstens angedeutet – sowie eine recht lange Hinterkralle. Im Vergleich zum Baumpieper sind sie oberseits, vor allem am Mantel und Bürzel, stärker gestreift und zeigen kräftigere Flankenstreifung, so dass die Unterseite einheitlicher gestreift wirkt. Die Färbung ist jedoch je nach Abnutzungsgrad des Gefieders und Alter ziemlich variabel, vor allem im Herbst. Meist ist aber die Oberseite eher graugrün. Der Flug des Wiesenpiepers wirkt etwas zaghaft und unentschlossen, die Flugweise hüpfend; auch am Boden laufen die Vögel wenig zielbewusst, ihre Fluchtdistanz ist geringer als beim Baumpieper.

Wichtiges Kennzeichen ist die Stimme. Die dünnen, etwas melancholischen Rufe klingen wie „tsip tsip tsip", die des Baumpiepers sind viel schärfer. Die bezeichnende, gedehnte „zia"-Reihe am Ende der Baumpieperstrophen fehlt im Wiesenpiepergesang. Zum Singflug starten die Männchen nicht von Baumspitzen aus, sondern meist von einer erhöhten Stelle am Boden. Auch beginnen sie mit ihren Strophen bereits vor dem Start.

Wiesenpieper sind für die sehr starken Bestandsschwankungen in aufeinander folgenden Jahren bekannt. Dies liegt vorwiegend an der Art der Lebensräume und an der Witterung außerhalb der Brutzeit. Doch seit mehreren Jahrzehnten gibt es vielerorts langfristige Bestandsabnahmen, vor allem durch Intensivierung der Landwirtschaft (insbesondere der Eintrag von Düngemitteln und Bioziden) sowie durch Zerstörung von Feuchtgebieten und erhöhte Freizeitnutzung. An der Küste, wo Extensivierungen durchgeführt werden, haben die Bestände teilweise wieder kräftig zugenommen. In einigen Ländern, wie Finnland und Frankreich, wurden Arealerweiterungen festgestellt. In Deutschland ist der Wiesenpieper im Norden deutlich häufiger als im Süden.

▸ BAUMPIEPER, BERGPIEPER, STRANDPIEPER, ROTKEHLPIEPER

WIESENPIEPER SAMMELT FUTTER FÜR DIE JUNGEN

AUF DER SINGWARTE

DUNENJUNGE IM NEST

NEST UND GELEGE

Rotkehlpieper

Der Rotkehlpieper gehört zu den häufigsten Vogelarten der arktischen Tundra. Er brütet vom Norden Fennoskandiens über Nordrussland in einem schmalen Streifen, der teilweise entlang der sibirischen Küste verläuft, bis zur Tschuktschenhalbinsel sowie auf der anderen Seite der Beringstraße in Westalaska. Die südlichsten europäischen, allerdings nur kurzfristigen Brutnachweise stammen aus Mittelnorwegen und Mittelschweden. In Skandinavien wurden vor kurzer Zeit Bestandsabnahmen von rund 15% sowie Arealschrumpfungen gemeldet, aus Finnland sogar Rückgänge um 30%, wobei vor allem die Vorkommen in den Taigagebieten drastisch betroffen waren. Die Gründe für die Bestandsschwankungen sind noch unklar. Die Bestandsdichte liegt auf trockenen Fjällheiden Norwegens mit Meeresklima (Finnmarken) etwa bei vier Brutpaaren pro Quadratkilometer, in optimalen feuchten Tundragebieten Sibiriens (Bolschesemlskaja-Tundra) bei bis zu 40 Paaren.

Die Art brütet in der Strauchtundra mit Weiden und Birken, in offenen, sumpfigen Bereichen der Fjällbirkenzone und des Fjälls. Auch in nassen Mooren der Waldtundra und Taiga sowie in Flusstälern, an Bächen und in mit Seggen bewachsenen Sumpfwiesen findet man Rotkehlpieper. In trockenen Fjällgebieten kommen sie mit deutlich geringerer Dichte vor. Der Rotkehlpieper sitzt nur im Brutgebiet auf Baumspitzen, Büschen oder Pfosten, auf dem Zug und im Winterquartier ist er fast ein reiner Bodenvogel.

Die Ankunft an den hochnordischen Brutplätzen erfolgt erst Ende Mai oder Anfang Juni. Das Bodennest wird vom Weibchen in einer vom Männchen gegrabenen Mulde angelegt. Häufiger Standort ist der Rand von relativ hohem Bewuchs oder unter einem kleinen Busch und nicht selten

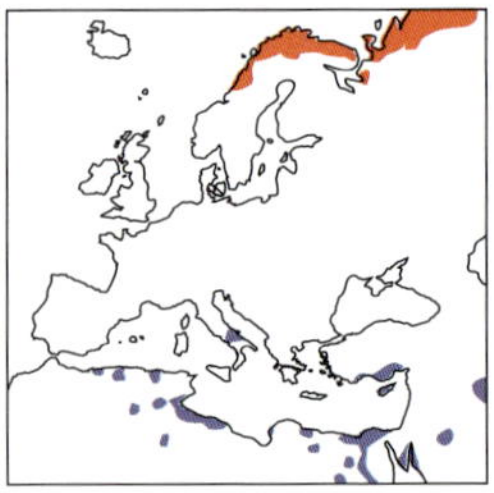

an einer geneigten Stelle. Das Weibchen brütet allein, macht aber auch Brutpausen, um Nahrung in der Nestumgebung zu suchen; zusätzlich wird es vom Männchen mit Futter versorgt. Im Unterschied zum Wiesenpieper ist das brütende Weibchen auf dem Nest oft zu erkennen. Die Fütterung der Jungen, die manchmal bis kurz vor dem Wegzug dauert, teilen sich beide Altvögel.

Außerhalb der Brutzeit halten sich Rotkehlpieper gerne in nassen Flächen mit kurzem Gras auf. Durchzügler trifft man (oft in Wassernähe) auf Kulturflächen, wie Brachen oder Wiesenflächen mit niedriger Vegetation, und auf etwas bewachsenen Schlammbereichen, wie in ausgelassenen Fischteichen oder an Seeufern.

In Mitteleuropa ziehen Rotkehlpieper vor allem im Mai (Ende April) und September/Oktober durch, im Osten etwas häufiger als im Westen. Die Winterquartiere befinden sich überwiegend in Afrika südlich der Sahara, aber auch in Nordafrika und in der Türkei.

Der Rotkehlpieper ist so groß wie der Wiesenpieper, aber nicht ganz so zierlich. Im Sommer ist die Artbestimmung nicht schwierig, denn dann sind die meisten Altvögel an Gesicht, Überaugenbereich und Kehle rot gefärbt; die Rotfärbung erstreckt sich bei manchen Vögeln bis auf die Brust. Weibchen sind weniger kräftig und oft nicht so rot gefärbt. Viele Weibchen und einige Männchen haben kein Rot im Gefieder, sie ähneln dann Baum- oder Wiesenpiepern; aber die Streifung auf der Unterseite ist deutlich kräftiger und bis über die Flanken ausgedehnt, oberseits sind sie dunkler als beide Vergleichsarten und eher bräunlich als oliv gefärbt. In der Hand erkennt man, dass der Bürzel beim Rotkehlpieper kräftig dunkel gestreift ist, beim Baumpieper undeutlich gestreift, beim Wiesenpieper weniger kräftig als beim Rotkehlpieper. Im Flug erscheint der Rotkehlpieper kurzschwänziger und in der Flugweise weniger leicht und weniger hüpfend als der Wiesenpieper. Ein wichtiges Bestimmungsmerkmal ist der Ruf, ein helles, gedehntes, etwas klagendes „tsiieh“, das am Ende verklingt.

Rotkehlpieper suchen ihre Nahrung oft am Strand, wo sie zusammen mit Bachstelzen und kleinen Watvögeln die Tangreste absuchen. Sie fressen kleine Insekten und Spinnen, auf dem Zug wird die Kost durch Würmer und kleine Schnecken ergänzt, gelegentlich auch Samen.

Rotkehlpieper *Anthus cervinus* (PALL. 1811)

Größe	= Sperling
Maße (cm)	Länge ca. 15 / Flügel ca. 25–27
Körpermasse (g)	17–24
Stimme	häufigster Ruf von Durchzüglern scharf/hart angeschlagen, dann gedehnt „tsiieh“, an Rohrammer, Schafstelze oder Baumpieper erinnernd; Fluggesang mit „zia-zia-zia…“-Einleitung (ähnlich Baumpieper), gefolgt von trillernden und ratternden Elementen und Schnarren
Brutzeit	Mitte Juni, 1 Jahresbrut
Gelegegröße	(4) 5–6 (7)
Eifärbung	wechselnd, gräulich, sandbräunlich, oliv oder rosa, fein gesprenkelt, gepunktet oder undeutlich gekleckst; glatt, glänzend
Eimaße (mm)	spindelförmig 19,2 x 14,2
Brutdauer	10–13 Tage; ♀ brütet allein, vom ♂ gefüttert
Nestlingszeit	9–14 Tage

▸ WIESENPIEPER, BAUMPIEPER, STRANDPIEPER, BERGPIEPER

ROTKEHLPIEPER IM PRACHTKLEID

SCHLICHTKLEID

JUNGVOGEL

NEST UND GELEGE

Bergpieper

Wichtigstes Merkmal beider Arten sind die dunklen Beine – beim Bergpieper schwarzbraun, beim Strandpieper schwärzlich bis braunviolett. Trotz ihrer Größe fallen beide Arten wenig auf, wenn sie am Strand, zwischen Felsen oder an einem steinigen Flussufer Nahrung suchen. Beide Arten bevorzugen feuchte Lebensräume als Brutgebiet.

Das Verbreitungsgebiet des Bergpiepers umfasst die Gebirge Mittel- und Südeuropas, in Asien reicht es ostwärts bis zum Baikalsee. In Mitteleuropa kommt die Art nur in den Alpen, im Schwarzwald und Böhmerwald vor. Die Pieper brüten auf Wiesen oberhalb der Baumgrenze, meist in Wassernähe. Im Winter ziehen die Brutvögel der Alpen nach Norden in das mitteleuropäische Tiefland, wo sie nicht selten an Fluss- und Seeufern zu entdecken sind. Zum Übernachten finden sich oft größere Trupps in Feuchtwiesen ein. Der Bergpieper ist ein scheuer Vogel, der schon von weitem auffliegt, mit kräftigen Flügelschlägen zielstrebig Höhe gewinnt und meist in Sichtweite des Betrachters wieder einfällt.

Wie die anderen Pieperarten besitzt auch der Bergpieper weiße Schwanzkanten, die Brust ist deutlich heller als beim Strandpieper. Im Prachtkleid ist das Männchen unterseits rosafarben und ungezeichnet, daher wird es manchmal mit dem Rotkehlpieper verwechselt. Allerdings sollte man bedenken, dass sich die Bergpieper längst in die Berge zurückgezogen haben, wenn im Mai die Rotkehlpieper in Mitteleuropa durchziehen.

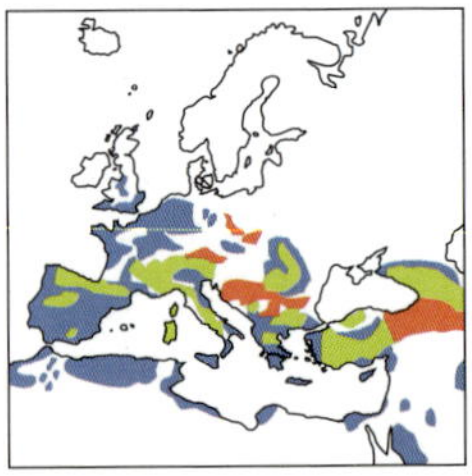

▸ Rotkehlpieper

Strandpieper

Berg- und Strandpieper sind sich sehr ähnlich. Bis vor kurzem wurden sie noch als die Art „Wasserpieper" zusammengefasst. Man hat ihnen vor allem deshalb Artstatus zugebilligt, weil sie das ganze Jahr über völlig unterschiedliche Lebensräume bewohnen. Der Strandpieper, der in zwei Unterarten Küsten der Britischen Inseln, Nordwestfrankreichs und Skandinaviens bewohnt, ist insgesamt düstergrau. Die Brust ist dunkel, im Gesicht fällt höchstens der helle Augenring auf. Im Gegensatz zu den anderen Piepern sind die Schwanzkanten nicht weiß, sondern grau, was man besonders im Flug erkennen kann.

Bei der skandinavischen Unterart (*littoralis*) zeigt die Kehle im Frühjahr einen rosafarbenen Anflug, gleichzeitig ist die Streifung auf der Brust weniger deutlich als bei Vögeln der britischen Nominatform.

Die Art brütet an der Felsküste (meist in Felsspalten) und zwar in Bereichen mit Steinen, Tanghaufen, Gras und krautigem Bewuchs. Seltener werden kahle Schären ohne Steine und Vegetation besiedelt (*littoralis*). Den Winter verbringen die Strandpieper an der mitteleuropäischen Küste (eher an steiniger, felsiger Küste als am Sandstrand), seltener im nordmitteleuropäischen Binnenland. Im Süden Mitteleuropas sind sie kaum zu entdecken.

Der Strandpieper lässt den Beobachter in der Regel viel näher herankommen als der Bergpieper. Er fliegt niedrig davon, um meist in geringer Entfernung wieder zu landen.

▸ Brachpieper, Wiesenpieper

Bergpieper *Anthus spinoletta* (L. 1758)

Größe	> Sperling
Maße (cm)	Länge ca. 16,5–17 / Flügel ca. 22,5–28
Körpermasse (g)	19,5–24
Stimme	Kontaktruf im Fliegen ähnlich, aber rauer als Wiesenpieper, Warnrufe schärfer „sit" und schneller gereiht; Gesang im Flug kurze Einzelsilben „zi", „zip", „tsri"; Wartengesang kürzer
Brutzeit	Ende April an südlichen Küsten, bis Mitte Mai auf Berggipfeln, bis Juni im Norden; im Süden 2, im Norden 1 Jahresbrut
Gelegegröße	3–6
Eifärbung	Grundfarbe schmutzigweiß, stark braun oder blassgrau gepunktet, gelegentlich mit dünnen schwarzen Haarlinien; glatt, glänzend
Eimaße (mm)	spindelförmig – 21,4 x 15,6
Brutdauer	13–15 Tage
Nestlingszeit	12–15 Tage

Strandpieper *Anthus petrosus* (Brehm 1823)

Größe	> Sperling
Maße (cm)	Länge ca. 16,5–17 / Flügel ca. 22,5–28
Körpermasse (g)	17–24
Stimme	ruft etwas gedehnt „piist", dem Baumpieper am ähnlichsten, weniger summend, schriller und im Ton vokaler; Gesang wie Bergpieper, aber meist in größeren Abständen vorgetragen
Brutzeit	Ende April–Juni (gelegentlich Juli)
Gelegegröße	4–5
Eifärbung	grauweiß, dicht bedeckt mit dunklen Tüpfeln
Eimaße (mm)	spindelförmig – 19,2 x 14,2
Brutdauer	ca. 2 Wochen, ♀ brütet
Nestlingszeit	ca. 2 Wochen; beide Eltern füttern

BERGPIEPER MIT FUTTER FÜR DIE JUNGEN

STRANDPIEPER, SKANDINAVISCHE FORM

BERGPIEPER, JUNGVOGEL

GELEGE DES BERGPIEPERS MIT KUCKUCKSEI

Schafstelze

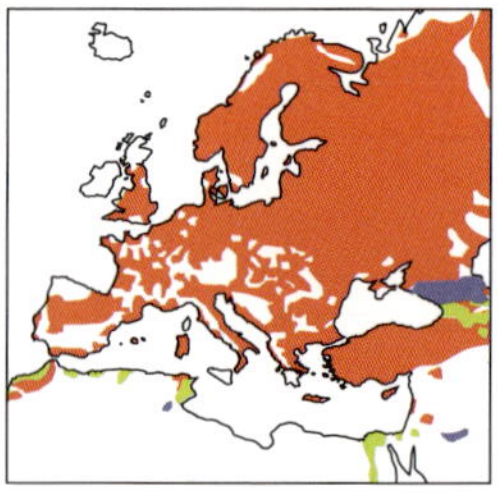

Stelzen sind elegante und zierliche Singvögel mit auffallend langem Schwanz und langen, dünnen Beinen. Sie suchen vorwiegend am Boden Nahrung, wobei sie häufig mit dem Schwanz wippen. Ihr Flug ist wellenförmig, fast immer rufen sie dabei. Die meisten Arten zeigen eine besondere Vorliebe für Gewässerufer; zwei der europäischen Arten, Bach- und Schafstelze, kann man zwar häufig am Wasser beobachten, sie brüten und suchen Nahrung aber auch fernab von Gewässern. Viele Stelzen sind recht gesellig und leben außerhalb der Brutzeit in Trupps.

Schafstelzen sind im Vergleich zu anderen Stelzen nicht ganz so langschwänzig und zierlich. Sie kommen in Europa und Asien in vielen (je nach Autor zwischen 14 und 18) Unterarten vor, die sich vor allem in der Färbung und Zeichnung des Kopfes unterscheiden. In den Kontaktzonen vermischen sie sich auch und bilden Übergangsformen aus. So sind also die Verhältnisse kompliziert. Bei der britischen Unterart *flavissima* („Englische Schafstelze"), die regelmäßig als Durchzügler an der Nordseeküste auftritt und in einer kleinen Population an der holländischen Nordseeküste brütet, ist der Kopf fast vollständig gelb. Es gibt aber auch schwarzköpfige Formen, wie die „Maskenstelze" (Unterart *feldegg;* siehe dort). In Italien und Teilen des Balkans sowie auf einigen Mittelmeerinseln kommt die „Aschköpfige Schafstelze" (Unterart *cinereocapilla*) vor, kenntlich an grauem Kopf, weißer Kehle und meist fehlendem Überaugenstreif. Die mitteleuropäische Nominatform hat einen blaugrauen Kopf und weißen Überaugenstreif sowie eine gelbe Kehle. Ein generelles Bestimmungsmerkmal der Art ist die gelbe Unterseite und die grünliche Oberseite (außer bei Jungvögeln). Von der Gebirgsstelze unterscheidet sich die Schafstelze vor allem durch den deutlich kürzeren Schwanz, gedrungeneren Körperbau, die grünliche (nicht graue) Oberseite sowie durch die Stimme. Die Weibchen sind meist weniger kräftig und insgesamt heller gefärbt. Die Unterschiede der einzelnen Unterarten sind bei den Weibchen, aber auch bei Männchen im Schlichtkleid und Jungvögeln schwächer. Manche junge Weibchen sind so wenig gelb, eher beigefarben, dass man sie fast mit den ebenfalls langschwänzigen, hochbeinigen Brachpiepern verwechseln könnte.

Schafstelze *Motacilla flava* (L. 1758)	
Größe	= Sperling
Maße (cm)	Länge ca. 17 / Flügel ca. 23–27
Körpermasse (g)	12,3–23
Stimme	Stimmfühlungsruf relativ weich „psie" oder fast 2-silbig „twiep", bei südlicher Subspezies rauer; dreisilbiges Warnen „srii-srip-srip"; Reviergesang ♂ „srisrisri..."
Brutzeit	Mai, 1 oder 2 Jahresbruten
Gelegegröße	(4) 5–6 (7)
Eifärbung	Grundfärbung hell sandfarben oder gräulich, dicht und fein gelblich rostbraun gefleckt, häufig dunkle Haarlinien; glatt, glänzend
Eimaße (mm)	spindelförmig – 18,5 x 14
Brutdauer	12–13 (14) Tage
Nestlingszeit	(10) 11–12 (13) Tage

Das riesige Brutareal reicht von Nordafrika über fast ganz Europa und das nichttropische Asien bis Kamtschatka und Sachalin. Außerdem brütet die Art in Teilen Alaskas. In Europa fehlt sie nur auf Island, dem größten Teil Irlands und Schottlands sowie im äußersten Norden Skandinaviens und Russlands, was dem Nordrand der Strauchtundra entspricht. Im Süden reicht das Verbreitungsgebiet bis ins Niltal, nach Mauretanien sowie zum Iran.

Gebietsweise ist bei der Schafstelze seit den 50er-Jahren ein starker Bestandsrückgang in Mitteleuropa feststellbar, vor allem der Brutvögel in Mooren und Feuchtwiesen. Gründe dafür sind die Zerstörung solcher Lebensräume, aber auch die Umwandlung von Wiesenflächen in Ackerland; besonders gravierende Rückgänge und Arealverluste traten in Norddeutschland und Holland auf. Die im selben Gebiet lebenden kulturlandbrütenden Artgenossen waren davon aber nicht betroffen, sondern haben gebietsweise sogar zugenommen; trotzdem können die Kulturlandbrüter diese Verluste nicht ausgleichen, denn sie hängen stark von bestimmten Anbauprodukten ab, die sich schnell ändern können.

Die Art brütet fast ausschließlich im Flachland, nur selten über 500 m Höhe (im Hohen Atlas aber bis über 2000 m, im Kaukasus sogar gelegentlich bis 2500 m Höhe). Man findet sie vorwiegend in offenem, gerne feuchtem Gelände sowie auf ausgedehnten, feuchten Wiesen- und Weideflächen und nicht zu intensiv bewirtschafteten Feldern und Äckern. Die Schafstelze sitzt im Brutgebiet gerne auf Hochstauden oder Büschen.

Nur das Weibchen baut das meist im Bodenbewuchs versteckte, sorgfältig gefügte, tiefmuldige Nest. Als Baumaterial verwendet es Halme, Grasblätter, Moos und feine Wurzeln, für die Innenauspolsterung Haare verschiedener Säugerarten, sehr feines Pflanzenmaterial und gelegentlich auch Federn und Pflanzenwolle.

Schafstelzen suchen ihre Nahrung auf kurzgrasigen Wiesen und Weiden, aber auch dichteren Gras- und Seggenbeständen, die von der Bachstelze eher gemieden werden. Häufig rennen sie einem Beutetier kurz hinterher oder hüpfen etwas hoch, um ein Insekt von einer höheren Pflanze abzulesen. Gerne erbeuten sie die Fliegen an Kuhfladen.

▸ Gebirgsstelze, Brachpieper

SCHAFSTELZE, MÄNNCHEN AUS MITTELEUROPA

PAAR AM NEST

JUNGVOGEL

NEST UND GELEGE

„Nordische Schafstelze"

Das Areal dieser Unterart der Schafstelze (*Motacilla flava thunbergi*) schließt sich nördlich an das Verbreitungsgebiet der Nominatform (*Motacilla flava flava*) an, umfasst also das mittlere und nördliche Nordskandinavien und Nordrussland; im Osten reicht es bis ins östliche Mittelsibirien. In Polen beginnt das regelmäßige Vorkommen etwas nördlich der Nordgrenze der Nominatform, gelegentlich wurden an polnischen Brutvögeln Merkmale der *thunbergi*-Unterart festgestellt. In Estland brüten in manchen Gebieten die Nominatform und *thunbergi*-Stelzen nebeneinander; weiter im Osten, also in Russland, verschiebt sich der Übergangsbereich von der Nominatform zu *thunbergi* weiter nach Norden in die südliche Taigazone.

Der Kopf ist dunkelgrau mit schwarzen, sich deutlich abhebenden Ohrdecken und ebensolchem Zügelbereich sowie gelber Kehle; nur der oberste Kinnbereich ist weiß. Ein Überaugenstreif fehlt oder ist höchstens angedeutet. Männchen im Schlichtkleid sind im Vergleich zur Nominatform oberseits und im Ohrdeckenbereich dunkler gefärbt, der Überaugenstreif ist undeutlicher oder fehlt ganz. Die „Nordische Schafstelze" zieht regelmäßig meist im Mai und Anfang Juni (aber später als die anderen Unterarten) und in größerer Anzahl in Mitteleuropa durch; dann sieht man sie gelegentlich auf Wiesen und Weiden Nahrung suchen.

Die Vögel dulden eher Bäume im Brutlebensraum als die Vögel anderer Unterarten. Sie brüten auf verschiedenen Moortypen (Aapa- und Palsamoore), Seggensümpfen, feuchten Wiesen und Weiden, in der Strauchtundra und in der schmalen Verlandungszone von Taigaseen; auch lückigen oder abgestorbenen Birkenwald auf feuchtem Grund besiedeln sie. In Mittelschweden (Dalarna), wo Vögel der Nominatform und *thunbergi* vorkommen, brüten die letzteren in Mooren, die der Nominatform auf Kulturland. In Schweden ist derzeit ein leicht positiver Bestandstrend zu verzeichnen.

Wie mitteleuropäische Schafstelzen suchen auch die nordischen Artgenossen häufig Fliegen und andere Insekten zwischen den Beinen von Großtieren, die ihnen die Nahrungstiere aufscheuchen. Häufig erbeuten sie auch Mücken, Heuschrecken, Käfer sowie Schmetterlinge und deren Larven, gelegentlich auch kleine Schnecken.

Die Überwinterungsgebiete liegen in Afrika südlich der Sahara (bis zum Kap), in der Türkei, der Region zwischen Schwarzem und Kaspischem Meer, in Indien sowie Südostasien. In Afrika wandert sie weiter nach Süden als die Vögel der mitteleuropäischen Form.

▸ „MASKENSTELZE"

„Maskenstelze"

Kennzeichen dieser Unterart (*M. flava feldegg*) sind schwarzer Kopf sowie leuchtend gelbe Kehle und Unterseite, ein Überaugenstreif fehlt völlig. Der Rücken ist kräftig olivgrün. Beim Männchen im Schlichtkleid ist das Schwarz des Oberkopfes teilweise durch helle Federn verdeckt. Manche „Nordische Schafstelzen" sind fast ebenso dunkelköpfig, aber der Oberkopf von *thunbergi* geht zumindest im Nacken in Grau über, bei *feldegg* ist der ganze Oberkopf bis zum Nacken einheitlich schwarz.

Die Unterart kommt im Brutgebiet wie im Winterquartier gerne auf Verlandungsflächen und in Sumpfvegetation vor, weniger auf Kulturland; am Neusiedler See besiedelt sie oftmals die vom Menschen umgestalteten Feuchtflächen wie Aufschüttungsflächen in Schilfgebieten, die noch nicht begrünt waren, oder frisch ausgehobene Gräben.

Seit einigen Jahrzehnten ist diese Form in Europa in Ausbreitung nach Norden und Westen begriffen. Die Vögel brüten in Südosteuropa und im südlichen Russland. Inzwischen ist *feldegg* auch Brutvogel in der ungarischen Tiefebene, hat bereits in Italien, Südösterreich, in der Schweiz und Slowakei gebrütet. In Österreich, Tschechien und in der Slowakei brütet sie in wenigen Paaren; auch in Südbayern traten schon Schafstelzen mit *feldegg*-Merkmalen auf.

Die Rufe der Maskenstelze klingen rauer als die der mitteleuropäischen Form, eher wie „psriet". Im Gegensatz zur „Nordischen Schafstelze" sucht die „Maskenstelze" ihre Nahrung weniger häufig zwischen Großtieren.

▸ „NORDISCHE SCHAFSTELZE"

„Maskenstelze" *Motacilla flava feldegg* MICHAHELLES 1830

Größe	= Sperling
Maße (cm)	Länge ca. 17 / Flügel ca. 23–27
Körpermasse (g)	12,3–23
Stimme	Stimmfühlungsruf rauer und härter, etwa „psriiet"; dreisilbiges Warnen „srii-srip-srip"; Reviergesang ♀ „srisrisri…"
Brutzeit	Ende April bis Ende Mai, 1 oder 2 Jahresbruten
Gelegegröße	(4) 5–6 (7)
Eifärbung	Grundfärbung hell sandfarben oder gräulich, dicht und fein gelblich rostbraun gefleckt, häufig dunkle Haarlinien; glatt, glänzend
Eimaße (mm)	spindelförmig – 18,5 x 14
Brutdauer	12–13 (14) Tage
Nestlingszeit	(10) 11–12 (13) Tage

„NORDISCHE SCHAFSTELZE“, MÄNNCHEN

„NORDISCHE SCHAFSTELZE“, MÄNNCHEN

„MASKENSTELZE“, MÄNNCHEN

JUNGVOGEL DER „MASKENSTELZE“

Zitronenstelze

Das Männchen der Zitronenstelze ist an der einheitlich kanariengelben Färbung von Kopf und Unterseite unschwer zu bestimmen; weitere wichtige Kennzeichen sind das schwarze Nackenband, der graue Mantel und die beiden weißen Flügelbinden. Männchen im Schlichtkleid und Weibchen sind viel unauffälliger gefärbt und grau an Scheitel, Ohrdecken, Nacken und Mantel sowie Brustseiten und Flanken, nur die vordere Unterseite ist gelb. Von der Schafstelze unterscheiden sich Zitronenstelzen vor allem durch den gelben Überaugenstreif, der hinter den Ohrdecken nach unten abbiegt, und den grauen Mantel. Jungvögel der Zitronenstelze haben kein Gelb und können mit jungen Schafstelzen verwechselt werden, haben aber weiße Unterschwanzdecken (bei der Schafstelze gelb).

Seit mehreren Jahrzehnten dehnt die Art ihr Areal nach Westen aus. Seit Ende der 80er-Jahre ist sie Brutvogel des Baltikums, in Polen seit 1994; derzeit brüten dort alljährlich rund zehn Paare. 1996 hat zum ersten Mal eine Zitronenstelze in Deutschland gebrütet, und zwar in Mecklenburg-Vorpommern; 1998 gelang ein Brutnachweis in der Schweiz. Mit weiterer Besiedelung Mitteleuropas ist zu rechnen.

Zitronenstelzen brüten in nasser Strauchtundra, feuchten Steppengebieten und anderen Feuchtgebieten mit Gestrüpp, auch in Berglagen (gebietsweise bis in 4500 m Höhe). Im Vergleich zu Schafstelzen halten sich Zitronenstelzen auf dem Durchzug eher an Gewässern als auf Wiesen auf. Nicht selten fliegen jedoch einzelne in Schafstelzentrupps mit.

▸ Schafstelze, Bachstelze

Zitronenstelze *Motacilla citreola* Pall. 1776	
Größe	= Sperling
Maße (cm)	Länge ca. 18 / Flügel ca. 24–27
Körpermasse (g)	16,8–22,8
Stimme	Flugruf lauter und schriller als Schafstelze, mehr wie Bachstelzen „siit", „tsriip", auch zweisilbig; Warnruf „ziet"; Gesang rasch schwätzende Folge, im Singflug
Brutzeit	Ende Mai, 1 Jahresbrut
Gelegegröße	(4) 5–6
Eifärbung	Grundfarbe blassgrau oder sandbräunlich, fein grau- oder hellbraun und mattgrau gefleckt; glatt, mäßig glänzend
Eimaße (mm)	spindelförmig – 19,6 x 14,5
Brutdauer	11–15 Tage; ♀ und ♂ brüten
Nestlingszeit	13–15 Tage

„Trauerbachstelze"

Die „Trauerbachstelze" (*Motacilla alba yarrellii*) ist die britische Unterart der Bachstelze und brütet auch an Küsten Dänemarks und Nordfrankreichs sowie gelegentlich an der mitteleuropäischen Nordseeküste. Dort erscheint sie auch außerhalb der Brutzeit regelmäßig, besonders häufig hält sie sich auf Helgoland auf.

Die Trauerbachstelze ist insgesamt viel dunkler als die mitteleuropäische Nominatform. Während bei dieser das Schwarz des Nackens deutlich vom Grau des Mantels abgesetzt ist, geht der schwarze Nacken bei der Trauerbachstelze allmählich in den grauen Mantel über. Bei den Männchen ist dieser Bereich sogar einheitlich schwarz. Im Schlichtkleid sind die Unterschiede zwischen den beiden Unterarten weit weniger ausgeprägt; auch gibt es in Mitteleuropa gelegentlich sehr dunkle Brutvögel, die keine Trauerbachstelzen sind.

In der Biotopwahl und Nahrung unterscheidet sich diese Unterart nicht von der mitteleuropäischen Form.

Im Vergleich zu Schafstelzen suchen Bachstelzen lieber auf unbewachsenen Flächen wie kiesigen Flussufern und Wegrändern, aber auch auf Straßen, Hausdächern sowie auf Industriegelände Nahrung. Bei der Jagd auf Beutetiere wirken Bachstelzen lebhafter, rennen Beutetieren eher hinterher und stürzen sich vehementer auf die Beute.

Ein regelrechter Singflug des Männchens (wie ihn Schaf- und Gebirgsstelze vorführen) scheint unter den Bachstelzenformen nur bei der „Trauerbachstelzen" vorzukommen; im Anschluss daran findet häufig die Begattung statt.

▸ Bachstelze

„Trauerbachstelze" *Motacilla alba yarrellii* Gould 1837	
Größe	= Sperling
Maße (cm)	Länge ca. 18 / Flügel ca. 25–30
Körpermasse (g)	17,6–24,6
Stimme	Stimmfühlungsruf „zick" oder „zilp", nicht so hart wie Gebirgsstelze; Gesang ♂ gedehnt, Laute wie „dschewitz", „dschewid", „tsiwui" auf Warten; daneben Zwitschergesang
Brutzeit	Ende April bis Mitte Mai
Gelegegröße	5–6 (3–8)
Eifärbung	Grundfärbung grau oder bläulichweiß, gleichmäßig und fein mit graubraunen und grauen Punkten, gelegentlich braune Kleckse; glatt, glänzend
Eimaße (mm)	spindelförmig – 20,2 x 15,3
Brutdauer	11–16 Tage
Nestlingszeit	13–14 Tage

„TRAUERBACHSTELZE", PAAR AM NEST, VORNE MÄNNCHEN

ZITRONENSTELZE, MÄNNCHEN IM PRACHTKLEID

ZITRONENSTELZE IM ERSTEN WINTER

ZITRONENSTELZE, WEIBCHEN

Bachstelze

Sie ist die weitaus häufigste Stelze und einer der verbreitetsten Kleinvögel Europas. Typisch für die mitteleuropäische Nominatform ist die graue Oberseite. Im Prachtkleid ist beim Männchen das Schwarz von Scheitel und Nacken kontrastreich vom Grau des Mantels abgesetzt, beim Weibchen deutlich weniger, so dass der Übergang meist fließend ist. Außerhalb der Brutzeit haben Bachstelzen viel weniger Schwarz am Kopf und sind insgesamt kontrastärmer.

Das Brutareal reicht von Nordwestafrika (Marokko) über nahezu ganz Europa (auch die Nordküsten) und Asien bis zum äußersten Nordosten Sibiriens, nach Japan und Südostasien. Außerdem kommt die Art auch in Westalaska vor. Häufig trifft man die Vögel an Gewässerufern, wobei sie aber nicht ans Wasser gebunden sind. Sie besiedeln bemerkenswert viele verschiedene offene Lebensräume – sowohl trockene als auch feuchte; nur Wüsten sowie dichten Wald und hohen Bodenbewuchs meiden sie. Bachstelzen sind ausgesprochene Kulturfolger der offenen Landschaft. Sie brüten auch weitab von Gewässern in Dörfern und Städten, auch an Einzelgehöften und gerne in Parks, Gärten, Industrieanlagen, Kiesgruben oder Ödlandgebieten. Sie besiedeln Gebiete von Meereshöhe bis ins Gebirge, gebietsweise bis in 3000 m Höhe; dort halten sie sich meist in der Umgebung von Liftanlagen, Berghütten und anderen Gebäuden auf. Bachstelzen laufen mit schnellen Trippelschritten und rhythmischen, etwas ruckartigen Kopfbewegungen; sie wippen meist auffällig mit dem Schwanz.

Die Männchen erscheinen oft mehr als eine Woche früher am Brutplatz und etablieren ein geeignetes Brutrevier. Nach Ankunft der Weibchen beginnt die Balz; dabei vollführt das Männchen unter tschilpenden Rufen einen tänzelnden

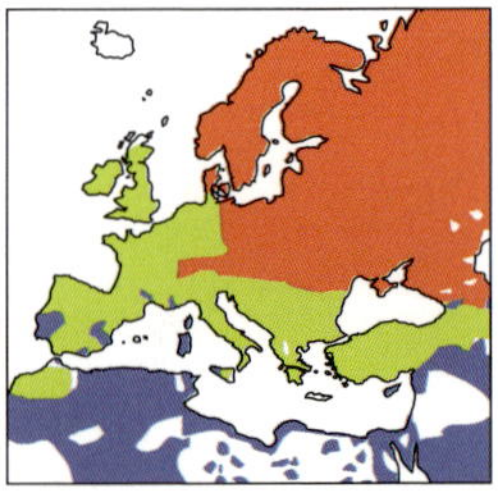

Rüttelflug über dem Weibchen. In Mitteleuropa finden meist zwei Bruten statt. Beide Partner suchen den Neststandort aus, das Weibchen dominiert dabei aber. Das Nest ist ein nachlässig zusammengefügter Bau aus Halmen, Blättern und Moos, innen mit Haaren, Federn oder Wolle ausgepolstert; meist steht es in einer Halbhöhle, wie einem Mauerloch oder einer Nische an Gebäuden, unter Dachziegeln, in Heustadeln auf Balken, in Holzstößen oder an Brücken. Das Männchen besitzt keinen Brutfleck, beteiligt sich aber nicht selten an der Bebrütung der Eier und kann bis zu einem Viertel der Tagesstunden auf dem Gelege sitzen; nachts brütet jedoch nur das Weibchen. Ab dem zweiten Lebenstag der Jungen beginnt auch das Männchen zu füttern, übergibt aber das Futter anfänglich der Partnerin und füttert erst später die Nestlinge direkt.

Die ost- und nordeuropäischen Bachstelzen sind Zugvögel, die in den Mittelmeerraum ziehen. In milden Gegenden kommt es auch gelegentlich zu Überwinterungsversuchen im Brutgebiet. Die Populationen in Westeuropa – ostwärts bis ins westliche Mitteleuropa – sind überwiegend Standvögel, nach Osten zu werden sie Zugvögel. Das ganze Jahr über (außer während der Brutzeit) übernachten Bachstelzen in kleinen Trupps bis zu großen Schwärmen an Gemeinschaftsschlafplätzen.

Die Bachstelze gehört zu den wenigen Vogelarten, die von den menschlichen Eingriffen in die Kulturlandschaft profitieren. Gerade der Bau von Straßen, Brücken und Industrieanlagen schafft neue Nahrungs- und Brutplätze. Dies spiegelt sich auch in der Stabilität der Bestände in den europäischen Ländern wider. Zur Nahrungssuche fliegen Bachstelzen möglichst auf Flächen mit kurzer, schütterer Vegetation oder ohne Bewuchs. Manchmal suchen sie an Straßen Nahrung; sie sind aber so geschickt, dass sie nur selten von einem Auto erfasst werden. Häufig fangen sie Insekten im Flug – in kurzer Flugjagd. Das Nahrungsspektrum umfasst ausschließlich Insekten, vor allem kleinere Zweiflügler, wie Fliegen und Mücken, aber auch Köcherfliegen, Ameisen oder Schmetterlinge. Gelegentlich fressen die Stelzen Flohkrebse und sogar winzige Fische.

Manchmal kann man beobachten, wie Bachstelzen ihr Spiegelbild an Fensterflächen, Autospiegeln oder polierten Radkappen angreifen; sie sehen darin einen vermeintlichen Kontrahenten. Auf fliegende Greifvögel wird man oft durch den Bachstelzen-Alarmruf aufmerksam: Sie verfolgen häufig einen Sperber oder anderen Greifvogel zu mehreren und mit zwitscherndem Gesang.

▸ Jugendkleider von Schafstelze und Zitronenstelze

Bachstelze *Motacilla alba* (L. 1758)

Größe	= Sperling
Maße (cm)	Länge ca. 18 / Flügel ca. 25–30
Körpermasse (g)	17,6–24,6
Stimme	Stimmfühlungsruf „zick““ oder „zilp“, nicht so hart wie Gebirgsstelze; Gesang ♂ gedehnt, Laute wie „dschewitz“, „dschewid“, „tsiwui“ auf Warten; daneben Zwitschergesang
Brutzeit	Ende April im Süden bis Juni im Norden; im südlichen Verbreitungsgebiet 2, im nördlichen 1 Jahresbrut
Gelegegröße	5–6 (3–8)
Eifärbung	Grundfärbung grau oder bläulichweiß, gleichmäßig und fein mit graubraunen und grauen Punkten, gelegentlich braune Kleckse; glatt, glänzend
Eimaße (mm)	spindelförmig 20,2 x 15,1
Brutdauer	11–16 Tage
Nestlingszeit	13–14 Tage

BACHSTELZE IM TYPISCHEN LEBENSRAUM (MÄNNCHEN IM PRACHTKLEID)

BEIM SINGEN

JUNGVOGEL

NEST UND GELEGE

Gebirgsstelze

Die Bestimmung der Gebirgsstelze gibt kaum Rätsel auf, denn sie unterscheidet sich in mehreren Merkmalen eindeutig von anderen Stelzen: durch den Schwanz, der viel länger als bei der oberflächlich ähnlichen Schafstelze und immer noch länger als bei der (nie gelben) Bachstelze ist; ferner durch die stets fleischroten bis bräunlichen Beine (alle anderen Stelzen haben dunkle Beine), den grauen Mantel und das Fehlen von Flügelbinden auf den braunschwarzen Flügeln; im Flug ist jedoch ein heller Flügelstreif sichtbar. In allen Kleidern sind Bürzel und Unterschwanzdecken gelb, letztere am kräftigsten. Weibchen sind unterseits weniger intensiv gelb und zeigen auch weißliche Gefiederpartien. Im Schlichtkleid ähneln die Männchen den Weibchen. Jungvögel sind oberseits eher graubraun, unterseits weniger gelb. Die Vögel fliegen wellenförmig; auf dem Boden fällt das ständige Wippen mit dem „überlangen" Schwanz und Hinterkörper auf.

Zur Brutzeit ist die Gebirgsstelze an Fließgewässer gebunden, manchmal trifft man sie auch, vor allem im Winterhalbjahr, an stehenden Gewässern an. Wegen ihrer Vorliebe für schnell fließende, auch sehr kleine Bäche und Flüsse ist sie vor allem im Bergland zu Hause. Die Gebirgsstelze bevorzugt naturnahe, schattige Wildbäche und -flüsse in Waldlandschaften mit offenen Kies- und Geröllflächen und strömungsarmen Bereichen sowie Steilufern. In den Alpen brütet sie gebietsweise bis in 2000 m Höhe. Das Nest wird in Nischen und Höhlungen senkrechter Ufer, zwischen Baumwurzeln, aber auch in Mauerlöchern von Brücken, Wehren und anderen Gebäuden sowie in Nistkästen angelegt. Es besteht aus Halmen, Laub, Moos und dünnen Zweigstücken, nach innen zu wird das Material der meist aus drei Teilen bestehenden Konstruktion feiner, die Nestmulde wird in der Regel mit Haaren ausgepolstert; manchmal enthält sie feine Pflanzenteile, ein paar Federn oder Wolle, in seltenen Fällen saßen die Jungen auf Angelschnüren oder sogar Glaswolle. Beide Altvögel brüten, nachts aber nur das Weibchen. Die Jungen verlassen das Nest erst, wenn sie fliegen können. Nicht selten wird die Zweitbrut im Nest der Erstbrut aufgezogen.

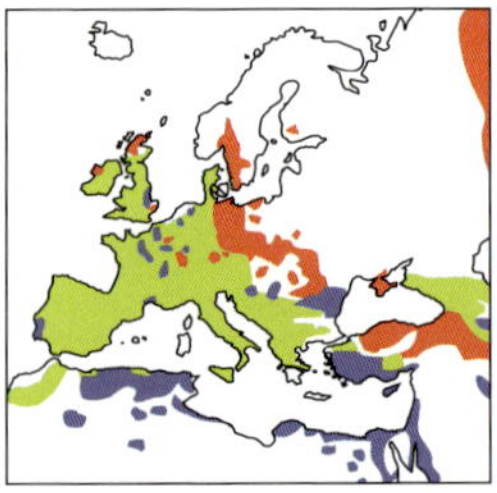

Die Art ist in Nord- und Osteuropa Zugvogel, in Mitteleuropa Teilzieher und im westlichen und südlichen Europa Standvogel. Die mitteleuropäischen Bergbewohner ziehen im Winter ins Tiefland, dann trifft man sie auch an Flussmündungen und an der Küste an. Während sie im Süden Deutschlands häufiger brütet, ist die Gebirgsstelze im Norden meist seltener Brutvogel und fehlt an der Küste und in manchen Tieflandgegenden ganz. Eine gelbe Stelze im winterlichen Mitteleuropa ist immer eine Gebirgsstelze, denn Schafstelzen sind Zugvögel. Die Winterquartiere der ziehenden Populationen Europas liegen in Nord- und Ostafrika, im Nahen und Mittleren Osten, die der asiatischen Brutvögel im Gebiet zwischen Pakistan und Neuguinea. Das Brutareal erstreckt sich über Nordwestafrika, Europa (außer Island) sowie den größten Teil Nord- und Osteuropas, in Südosteuropa bis Krim und Kaukasus. In Asien reicht es vom Ural und Afghanistan ostwärts bis Kamtschatka, Japan und Amurland.

Zur Nahrungssuche hält sich die Gebirgsstelze gerne auf Geröll am Ufer auf. Sie fängt vorwiegend bodennah fliegende Insekten durch Hochspringen oder im kurzen Verfolgungsflug, nimmt die Kerbtiere aber auch vom Boden auf oder fängt sie im Flachwasser. Zur Beute zählen außer Insekten und deren Larven auch Spinnen, kleine Weichtiere und Flohkrebse.

Nichtziehende Populationen leiden unter kalten Wintertemperaturen, was sich in manchen Jahren kleinräumig katastrophal auf den Bestand auswirken kann. Trotzdem hat die Art seit Mitte des 19. Jahrhunderts, ausgehend von den mitteleuropäischen Mittelgebirgen, ihr Brutareal nach Norden ausweiten können und außer Norddeutschland auch Holland und Nordostpolen sowie Skandinavien (gebietsweise bis weit in den Norden) besiedelt. Erst in den 70er-Jahren drangen die Gebirgsstelzen ins Baltikum und sogar nach Finnland vor. Ursache dieser Nordausbreitung waren vermutlich die Errichtung von Stauwehren und Mühlenanlagen, die den Stelzen günstige Lebensbedingungen boten, sowie klimatische Faktoren. Heute sind einige Brutplätze durch den Abriss der alten Mühlenanlagen sowie Renovierungen von Brücken und Wehren, deren Betonverschalungen keine Nistnischen mehr bieten, gefährdet.

▸ SCHAFSTELZE, ZITRONENSTELZE

Gebirgsstelze *Motacilla cinerea* TUNST. 1771

Größe	= Sperling
Maße (cm)	Länge ca. 18–19 / Flügel ca. 25–27
Körpermasse (g)	14,5–22
Stimme	Stimmfühlungsruf schärfer und durchdringender als Bachstelze, meist 2-mal „ziss ziss"; Warnruf (Brutplatz) durchdringend „siebzickzick" oder „üit-zickzick"; Reviergesang „tsche-tsche-tsche"; leiser Zwitschergesang
Brutzeit	auf Kanaren Februar; sonst Ende April, selten Ende März; 1, zuweilen 2 Jahresbruten
Gelegegröße	(3) 4–6 (7,8)
Eifärbung	Grundfärbung rahmfarben oder gräulich-rostbraun, schwach rotbraun gefleckt, oft dunkle Haarlinien; zuweilen blass und grauer, ähnlich Bachstelze; glatt, glänzend
Eimaße (mm)	spindelförmig 19 x 14
Brutdauer	11–14 Tage
Nestlingszeit	11–16 (M 12–13) Tage

GEBIRGSSTELZE, MÄNNCHEN IM PRACHTKLEID AUF BRUTPLATZSUCHE

WEIBCHEN FÜTTERT JUNGE

FAST FLÜGGE JUNGVÖGEL

NEST UND GELEGE

Seidenschwanz

Die eigentlichen Seidenschwänze (Unterfamilie *Bombycillinae*) sind in drei Arten über die nördlichen Nadelwälder Eurasiens und Nordamerikas verbreitet. Typisch sind das seidige Gefieder und die Ernährungsweise – die Nahrung besteht hauptsächlich aus Beeren und Früchten. Der Gesang ist wenig entwickelt und unauffällig. In Europa kommt nur eine Art vor.

Durch sein seidiges Gefieder, oberseits mehr schokoladenbraun, unterseits eher graubraun, sowie die schwarze Gesichts- und Kehlzeichnung und vor allem die auffällige Haube ist der Seidenschwanz einzigartig in Mitteleuropa. In Größe und Flugbild (kurze, dreieckige Flügel, kurzer Schwanz) erinnert er an den Star. Im Flug unterscheidet er sich jedoch von diesem durch die elegantere Flugweise, den gerade abgeschnittenen Schwanz sowie helle Unterflügel. Aus der Nähe erkennt man die lackroten Hornplättchen an den Spitzen der Armschwingen, die bei adulten Männchen am deutlichsten ausgeprägt sind. Die braunschwarzen Steuerfedern tragen gelbe Spitzen. Vögel im 1. Winter haben noch keine gelben Handschwingenspitzen – das Hakenmuster auf den Flügeln fehlt also, die bei Altvögeln gelbe Längslinie auf den Flügeln ist bei ihnen noch weißlich.

Im März oder April erscheinen die Seidenschwänze wieder an ihren nordischen Brutplätzen – oft herrscht dann noch tiefster Winter. Die Vögel brüten häufig in lockeren Kolonien in nordischen Nadelwäldern, vorwiegend in der hochstämmigen Fichtentaiga oder in Birkenwäldern mit alten Bäumen und vielen Beerensträuchern im Unterwuchs. In Sibirien besiedeln Seidenschwänze auch die Zirbelkiefer- und Lärchentaiga. Das Nest wird oft versteckt in kleinwüchsige Fichten mit üppigem Bartflechtenbehang gebaut. Meistens liegt der Brutplatz in Gewässernähe oder am Waldrand.

Seidenschwanz *Bombycilla garrulus* (L.)	
Größe	< Amsel
Maße (cm)	Länge ca. 18 / Flügel ca. 32–35,5
Körpermasse (g)	ca. 50–80
Stimme	Stimmfühlungsruf im Sitzen und Fliegen hoch „srii" oder „sirr", klingt leicht schwirrend; Gesang „sirr"-Rufe und gedämpftes Rätschen, in langen Strophen
Brutzeit	Ende Mai bis Ende Juni (wechselnd), 1 Jahresbrut
Gelegegröße	4–6
Eifärbung	hellblau oder bläulichgrau, selten leicht rostbräunlich; wenige schwarze und graue, am Rand gelegentlich bräunlich verwaschene Punkte; glatt, glänzend
Eimaße (mm)	spindelförmig bis oval – 24,6 x 17,2
Brutdauer	13 Tage; meist brütet nur ♀
Nestlingszeit	15–17 (19) Tage

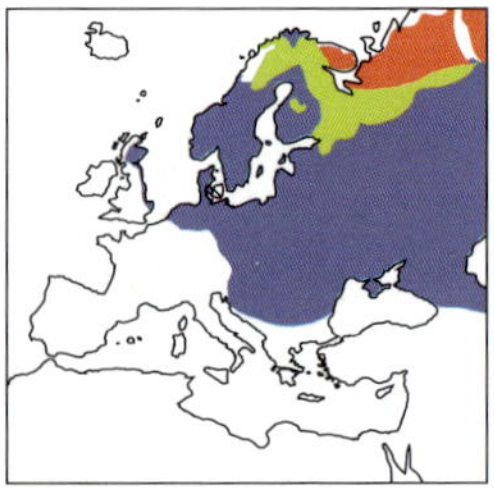

Das Weibchen brütet wohl allein, wird aber vom Männchen mit Nahrung versorgt, beide Altvögel füttern. Bei Gefahr nehmen die gerade ausgeflogenen Jungen eine Tarnhaltung mit angelegtem Gefieder und rohrdommelartig aufwärtsgerichtetem Kopf und Schnabel ein; so sehen sie in ihrem grauen Jugendkleid aus wie ein abgestorbener Ast.

Die meisten Seidenschwänze überwintern bei gutem Angebot an Vogelbeeren gewöhnlich im Brutgebiet oder etwas weiter südlich. Bei fehlender Beerennahrung und zu großen Beständen weichen die Vögel in manchen Jahren aus und unternehmen nach der Brutzeit in Trupps oder Schwärmen oft evasionsartige Wanderungen, die sie zu den Britischen Inseln oder über Mitteleuropa bis in den Mittelmeerraum führen. In Mitteleuropa erscheinen große Trupps dann nicht selten in Gärten und Parks oder Friedhöfen, wo sie sich von Beeren und Früchten ernähren, wie den bevorzugten Ebereschenbeeren oder Misteln. Nicht selten müssen sie sich dabei mit Misteldrosseln auseinandersetzen, die ihre Winternahrung heftig verteidigen. Im Sommerhalbjahr besteht der überwiegende Anteil der Nahrung aus Insekten, die nicht selten in der Luft erbeutet werden. Fast das ganze Jahr über unternehmen Seidenschwänze Flugjagden, die oft am Boden, in Bodennähe oder in fliegenschnäpper- oder würgerähnlicher Ansitzjagd durchgeführt werden. Nicht selten sind Insekten hoch über Baumkronen oder Gewässern das Ziel der Jagdflüge. Dabei erinnert die Flugweise mit häufigen Wendungen an Schwalben, die segelnden Phasen lassen aber auch an Bienenfresser denken.

Die große Zahl der manchmal in Mitteleuropa auftretenden Vögel lässt vermuten, dass nicht nur der relativ kleine Brutbestand Skandinaviens und Finnlands, sondern auch nordrussische Vögel daran beteiligt sind. Durch ihr unvorhersehbares, gelegentlich massenhaftes Auftreten in Mitteleuropa (von Oktober bis März) wurden Seidenschwänze früher mit der Pest in Zusammenhang gebracht.

Das Brutareal erstreckt sich über Nordeuropa (vor allem das nördliche Finnland und Schweden) und Nordasien bis zur Pazifikküste. Außerdem besiedelt die Art große Teile des nördlichen Nordamerika; die nördlichsten Vorkommen liegen in Skandinavien (70° nördliche Breite).

Abgesehen von den arttypischen großen Bestandsschwankungen von Jahr zu Jahr gibt es noch keine langfristigen Änderungen in der Häufigkeit der Art. Die fortschreitende Umwandlung der Nadelurwälder in gleichaltrige, unterwuchsarme Bestände, die der Seidenschwanz meidet, könnten aber bald zu einer Bedrohung werden.

▸ HÖCHSTENS STAR (IM FLUG)

SEIDENSCHWANZ, WEIBCHEN AN BEEREN DES GEWÖHNLICHEN SCHNEEBALLS

MÄNNCHEN

TRUPP IM WINTER

MÄNNCHEN IM ERSTEN WINTER

Wasseramsel

Wasseramseln sind mit Drosseln verwandte, gedrungene, mittelgroße Singvögel, die an schnell fließenden Bächen und Flüssen leben und ihre Nahrung teilweise tauchend erbeuten. Von den insgesamt fünf Arten lebt nur eine Art in Europa.

Wasseramseln sind die einzigen Singvögel, die nicht nur gut schwimmen, sondern auch sehr geschickt tauchen können. Dies ist möglich durch die schweren, markerfüllten Knochen, die kurzen, rundlichen Flügel, mit denen sie unter Wasser „fliegen", und die sehr große Bürzeldrüse, mit deren öligem Drüsensekret sie das Gefieder „imprägnieren". Das Auge wird unter Wasser durch ein zusätzliches Augenlid, die Nickhaut, geschützt, die Ohröffnung durch eine Hautfalte verschlossen. Mit den kräftigen Füßen kann sich der Vogel am Gewässergrund festhalten, um mit dem leicht aufgeworfenen Schnabel Steine beiseite zu schieben und die darunter verborgenen Larven von Köcher-, Stein- und Eintagsfliegen zu erbeuten. Auch auf Strudelwürmer, kleine Schnecken, Bachflohkrebse und Wasserasseln machen Wasseramseln Jagd.

Die Art bevorzugt schnell fließende, klare Bäche und Flüsse im Bergland, in Mitteleuropa ist sie vor allem in den Mittelgebirgen und Alpen zu Hause. In Flachlandgegenden unter 200 m kommt sie kaum vor, so fehlt sie in Holland und dem größten Teil Norddeutschlands als Brutvogel. In manchen Gegenden leben Wasseramseln an geeigneten Fließgewässern in Dörfern und Städten, sogar in Großstädten. Die Art ist wenig gesellig. Zu allen Jahreszeiten kann man Zeuge von heftigen Verfolgungsflügen werden.

Im Winter wandern Wasseramseln oft weit umher auf der Suche nach eisfreien Nahrungsgewässern. Dann können

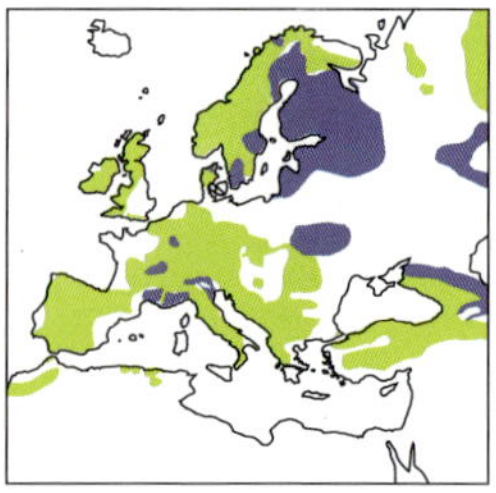

sie auch an größeren Flüssen und sogar Seen angetroffen werden. Die Brutvögel Nordeuropas sind zum Teil bis in den hohen Norden Standvögel, viele unternehmen aber auch Wanderungen, wobei einige – überwiegend Weibchen – sogar in der Norddeutschen Tiefebene erscheinen. Das Brutareal, das von mehreren Unterarten bewohnt wird, umfasst Nordafrika, den größten Teil Europas, ferner die Türkei, das Uralgebiet sowie Gebirgsgegenden weiter im Osten und Südosten bis Westchina, den mongolischen Altai und Transbaikalien.

Das Brutgeschäft beginnt schon zeitig im Frühjahr, nicht selten bereits im Februar. Beide Partner bauen ein großes, rundliches und dickwandiges Nest aus Moos und Halmen, oft in Nischen von Brücken und Wehren, im Steilufer zwischen Wurzeln, in der überhängenden Uferböschung, im Fels oder in einem Wurzelteller. Auch eigens für diese Art hergestellte Nistkästen werden bezogen. Nicht selten wird das Nest hinter einem Wasserfall angelegt, so dass die Vögel auf dem Weg zum Nest durch den Wasservorhang fliegen müssen.

Die drosselgroße Wasseramsel ist mit dem kurzen Schwanz und der leuchtend weißen Kehle und Brust kaum mit einer anderen Art zu verwechseln. Männchen und Weibchen sind nahezu gleich gefärbt. Jungvögel sind deutlich heller als Altvögel und tragen ein oberseits schiefergraues, unterseits weißliches, insgesamt schuppig wirkendes Jugendkleid. Die in Europa lebenden Unterarten unterscheiden sich vor allem in der Bauchfärbung: Bei der nordeuropäischen Nominatform ist der Bauch einheitlich schwarzbraun („dunkelbäuchige Wasseramsel"), bei der mitteleuropäischen Unterart *aquaticus* ist der Vorderbauch rotbraun. Die Vögel fliegen schnell und geradlinig, mit schwirrenden Flügelschlägen niedrig über das Wasser.

Häufig wird man durch den scharfen, durchdringenden Ruf „zrit" oder den durchdringenden, rau zwitschernden und schwätzenden Gesang aufmerksam; die Stimme übertönt sogar Wasserfälle. Männchen und Weibchen singen fast das ganze Jahr über, nicht selten auch an sonnigen Wintertagen.

Die Wasseramsel beziehungsweise ihr über Jahre hinweg stabiles Vorkommen an einem Gewässerabschnitt kann als Indiz für dessen gute Wasserqualität gewertet werden. Die in den letzten 20 Jahren erfolgten Gewässerschutzmaßnahmen haben sich auf die seit den 50er-Jahren teilweise stark dezimierten Bestände positiv ausgewirkt, so dass die Art heute in Deutschland und vielen anderen mitteleuropäischen Ländern wieder erfreulich stabile Bestände aufweist.

Wasseramsel *Cinclus cinclus* (L. 1758)

Größe	> Sperling
Maße (cm)	Länge ca. 18 / Flügel ca. 25,5–30
Körpermasse (g)	49–84
Stimme	beunruhigt und im Abflug „zrit", „zjrb" oder ähnlich, bei stärkerer Erregung kurzes Schnurren; Nestlinge hell zirpend; Gesang ♂ und ♀ taktmäßig gegliederte weichere oder härtere Laute, hoch pfeifend, tiefer schurrend und gepreßt, kaum das Wasserrauschen übertönend
Brutzeit	gelegentlich Februar, meist Ende März bis April im Süden und Ende Mai bis Juni im Norden; 2, manchmal 3 Jahresbruten
Gelegegröße	(3) 4–6
Eifärbung	weiß; glatt, glanzlos
Eimaße (mm)	spindelförmig, zum schmalen Ende hin stärker verjüngt – 25,1 x 18,5
Brutdauer	16–17 Tage
Nestlingszeit	20–24 Tage

▶ KAUM ZU VERWECHSELN

WASSERAMSEL DER MITTELEUROPÄISCHEN FORM

BEI DER NAHRUNGSSUCHE

AUF FREISTEHENDEM MOOSNEST

WASSERAMSEL, JUNGVOGEL

Zaunkönig

Unser Zaunkönig ist die einzige und noch dazu weit verbreitete Art der großen Familie Zaunkönige, die in fast 70 Arten sonst nur die Neue Welt bewohnt. Von Nordamerika aus hat er riesige Gebiete in Eurasien besiedelt. Zaunkönige sind klein und gedrungen, aber sehr beweglich. Ihr Gefieder ist wenig auffällig, meist in Braun- oder Grautönen oder ganz dunkel.

Das Verbreitungsgebiet des Zaunkönigs erstreckt sich über Nordwestafrika und Europa einschließlich Island und der Inseln nördlich von Schottland, aber ausschließlich großer Teile Nordeuropas. In Asien reicht es von der Türkei in einem unterbrochenen Streifen ostwärts bis Kamtschatka, Sachalin, Japan und Amurland. In Nordamerika ist die Art an der Westküste der USA bis nach Alaska einschließlich der Inseln der Beringsee sowie im mittleren Osten bis Neufundland weit verbreitet, vor allem in der Taigazone.

Zumindest vom Namen her kennt wohl jeder diesen Zwerg unter den Vögeln; nach den Goldhähnchen ist er der kleinste europäische Vogel. Zaunkönige sind überwiegend rostbraun gefärbt, an Flügeln und Schwanz dicht und fein gebändert. Mit dem sehr dünnen, etwas abwärts gebogenen Schnabel holen sie Insekten und deren Larven, aber auch Weberknechte und Spinnen aus Ritzen oder von Blättern. Sie fliegen niedrig und mit schwirrenden Flügelschlägen.

Zaunkönige besiedeln ganz verschiedene Lebensräume, von feuchtem Laubwald, Hochmooren, Heideflächen, Zwergstrauchheiden (wie Island) bis zu Halbwüsten und selbst stark windexponierten oder meist kalt-nebeligen Felsklippen nordischer Inseln. In Mitteleuropa findet man die Art meist in unterholzreichen Wäldern, gerne in Feuchtgebieten oder in Gebüschgruppen in Gewässernähe. Aber auch in Parks und Gärten mit Wildwuchs mitten in Städten und

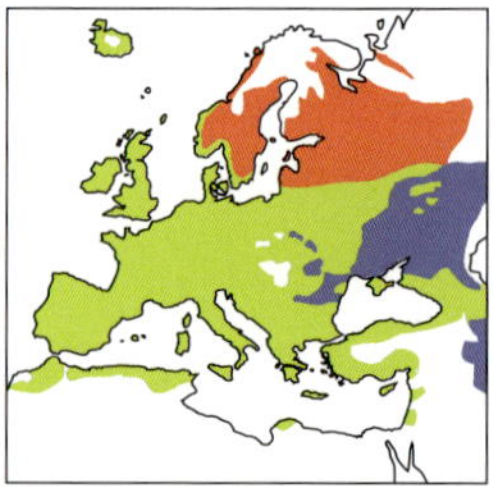

in kleinräumiger Kulturlandschaft mit Waldrändern, Hecken und Feldgehölzen kommt sie vor. Die Vögel huschen wie Mäuse durch bodennahes Gestrüpp. Meist entdeckt man sie anhand ihrer Stimme. Der schmetternde und trillernde Gesang ist für den winzigen Vogel erstaunlich laut und weit hörbar. Im Gebirge geht der Zaunkönig teilweise bis über 2000 m Höhe – etwas oberhalb der Baumgrenze in der Zwergstrauchzone.

Die mitteleuropäischen Populationen sind Teilzieher, manche wandern wie die Vögel aus Nordeuropa ins Mittelmeergebiet. Die Daheimgebliebenen erhalten im Winter Zuzug von Brutvögeln aus Nord- und Nordosteuropa. Die mitteleuropäischen Gebirgs- und teilweise Mittelgebirgsbrüter wandern in tiefere Lagen. Ein südschwedischer Jungvogel, der in Südspanien wiedergefunden wurde, hält mit 2800 km den Rekord im Langstreckenzug. Überwinternde Zaunkönige halten sich gerne an Gewässern und in schilfigen Lebensräumen auf.

Ein Teil der Männchen betreibt Vielweiberei, besonders in Revieren mit guter Qualität. Das Männchen baut mehrere halb fertige Nester, von denen das Weibchen eines für die Brut auswählt, indem es den Rohbau fertig stellt. Die Inneneinrichtung des kugeligen Moosnestes, das auch kleine Zweige oder Blätter enthält und einen Eingang an der Vorderfront aufweist, besteht aus Wolle, Federn oder Haaren. Neststandort ist häufig ein junger Baum oder Wurzelteller, des Weiteren Fels- oder Mauerlöcher, efeubewachsene Wände oder Nistkästen.

Zaunkönige halten den Schwanz meist gestelzt, bei stärkerer Erregung machen sie zusätzlich knicksende Körperbewegungen. Als ausgeprägte Einzelgänger bilden sie nur im Winter Schlafgemeinschaften; dabei rücken die unverträglichen Vögel, die sich noch kurz zuvor um ihre Winterreviere gestritten haben, einträchtig in einem geschützten Schlupfwinkel zusammen, um den Wärmeverlust zu verringern. Zu diesem Zweck finden sie sich zu zehnt, in Mitteleuropa manchmal über 20, in England sogar einmal fast 100 Vögel auch unter Holzverkleidungen, in Scheunen oder Dachböden ein. Es gibt gelegentlich sogar eine mehrere Winter andauernde Tradition der Schlafplätze.

In Kältewintern können bis zu 80% des Bestandes sterben. Diese Verluste werden aber durch das hohe Fortpflanzungsvermögen meist schnell wieder ausgeglichen; negativ wirken sich ständige Durchforstungen in den Wäldern während der Brutzeit aus. In Siedlungen fallen Zaunkönige vor allem Hauskatzen zum Opfer.

Zaunkönig *Troglodytes troglodytes* (L. 1758)

Größe	< Sperling
Maße (cm)	Länge ca. 9,5 / Flügel ca. 13–17
Körpermasse (g)	7–12
Stimme	häufigster Ruf „zrrr“ oder „zerr“ vom ♂; Warn-/Alarmruf „tik“ oder „tschek“; Reviergesang ♂ auffallend laut, von erhöhten Warten leise Einleitung, Schmettertour mit Trillern und abschließendem Roller
Brutzeit	Ende April, meist 2 Jahresbruten
Gelegegröße	4–8
Eifärbung	weiß, manchmal ungezeichnet, häufiger mit winzigen schwarzen, rötlichbraunen oder ziegelroten Punkten und Flecken; glatt, glanzlos
Eimaße (mm)	spindelförmig – 16,1 x 12
Brutdauer	13–15 (20) Tage
Nestlingszeit	15–19 Tage

▶ KAUM ZU VERWECHSELN

ZAUNKÖNIG, MÄNNCHEN

MIT NISTMATERIAL

MÄNNCHEN AUF DER SINGWARTE

JUNGVOGEL

Heckenbraunelle

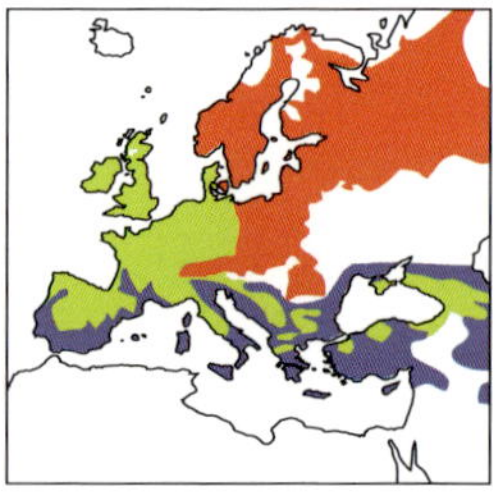

Braunellen sind kleine Singvögel, die an Ammern erinnern. Sie halten sich meist im niedrigen Gebüsch und am Boden auf. Am Boden bewegen sie sich ruckartig hüpfend, der niedrige Flug wirkt huschend. Sie haben einen schlanken, grasmückenähnlichen Schnabel mit deutlich dickerer Basis.

Die sperlingsgroße Heckenbraunelle ist wegen der düster graubraunen Färbung, der geduckten Haltung und versteckten Lebensweise in niedrigem Gebüsch oder am Boden, wo sie wie eine Maus huscht, sehr unscheinbar. Bei Erregung zuckt der Vogel manchmal ausgiebig mit Flügeln und Schwanz. Eine Verwechslung ist mit Haussperlingsweibchen oder Ammern möglich; doch der schlanke Schnabel ist typisch. Außerdem sind Kopf und Brust überwiegend bläulichgrau. Jungvögel sind noch unscheinbarer, insgesamt mehr braun und an den Kopfseiten und auf der Unterseite streifig.

Im Gegensatz zur sonstigen verborgenen Lebensweise singen die Männchen oft auf Baumspitzen, häufig von jungen Nadelbäumen. Außer durch den Gesang, der etwas an Girlitz erinnert, wird man außerhalb der Brutzeit häufig durch ihre hohen, schnellen, scharfen Rufe auf die Heckenbraunelle aufmerksam.

Die Vögel ernähren sich meist von Insekten und deren Larven, aber auch von Spinnen, Weberknechten sowie Schnecken. Im Winterhalbjahr weichen sie jedoch vorwiegend auf kleine, rundliche Samen aus, beispielsweise Mohn, Vogelmiere, Vogelknöterich oder Erlensamen.

In den meisten Teilen Europas ist die Heckenbraunelle ein Waldbewohner, der vielerorts Fichten in seinem Lebensraum bevorzugt. Meist lebt sie in jüngeren Nadel- und Mischwäldern mit reichlich Unterwuchs und lichtem Kronendach, gerne an gebüschreichen Waldrändern, auf Aufforstungsflächen, in Hecken, Auwäldern, Feldgehölzen, vielfach in Parks und großen, naturnahen Gärten. In Großbritannien ist die Art oft in der Kulturlandschaft mit Hecken und Gehöften sowie an Siedlungsrändern am häufigsten. In Mitteleuropa kann man eine zunehmende Verstädterung beobachten. Nestfunde in Raps- und Maisfeldern zeigen, dass Heckenbraunellen auch die eintönige Kultursteppe beziehen. Im Gebirge gehen die Vögel bis in die Latschenregion oder in Gelände mit strauchig wachsenden Fichten oder Grünerlen; in mediterranen Gebirgen leben sie gebietsweise in strauchig wachsenden Buchen, die dort die Baumgrenze bilden. In den Karstgebirgen Griechenlands trifft man sie an der Waldgrenze in lückigem Schwarzkiefernwald an. Dagegen bewohnen Heckenbraunellen in Lappland die Birkenzone, aber auch baumlose Landschaft mit Wacholderbüschen. In der Schweiz liegen die höchsten Brutplätze in 2600 m Höhe.

In West- und Mitteleuropa ist die Heckenbraunelle ein typischer Teilzieher, dessen Winterquartiere vorwiegend in den Mittelmeerländern und im Schwarzmeergebiet liegen. Die nördlichen und östlichen Populationen ziehen.

Männchen und Weibchen verteidigen Reviere. Heckenbraunellen sind polygam, oft ist ein Weibchen mit zwei Männchen verpaart, die sich beide um die Jungenaufzucht kümmern. Das festgefügte Moosnest hat einen Unterbau aus Reisig. Es steht oft in dichtem Gebüsch oder in einer Jungfichte, meist sehr gut getarnt. Das allein brütende Weibchen geht in den Brutpausen selbst auf Nahrungssuche, gelegentlich erscheint ein Männchen am Nest und füttert seine Partnerin. In den ersten Lebenstagen der Jungen füttern Männchen nur halb so viel wie Weibchen, steigern sich aber später.

Bis auf kleine Vorkommen in der Türkei und im Iran ist die Heckenbraunelle eine rein europäische Vogelart. Ihr Vorkommen reicht im Norden bis fast zum Eismeer, im Osten bis zum Ural; in Südeuropa wird ihre Verbreitung lückiger und ist gebietsweise auf Gebirgslagen beschränkt. Die Art fehlt auf Island, den Shetland- und Färöer-Inseln, im Süden der Iberischen Halbinsel, in Süditalien sowie auf den Mittelmeerinseln. In Neuseeland wurde sie eingebürgert.

Das Winterklima kann die Bestandszahlen stark beeinflussen. In England ist die Art vor allem durch Katzen gefährdet. Trotzdem ist die Situation insgesamt günstig: In den letzten Jahrzehnten ist die Heckenbraunelle weit nach Norden vorgedrungen – möglicherweise aus klimatischen Gründen.

Heckenbraunelle *Prunella modularis* (L. 1758)

Größe	= Sperling
Maße (cm)	Länge ca. 14,5 / Flügel ca. 19–21
Körpermasse (g)	15–27
Stimme	Kontaktrufe zarte „sit-zrui"; Stimmfühlung „dididi" oder trillernd „dsidsidsi"; erregt scharfes „zie"; Gesang kurze, schnelle Plauderstrophen von hellem Klang, im Aufbau an Wintergoldhähnchen, in Klangfarbe, Lautstärke und Tonhöhe an Gartenbaumläufer erinnernd
Brutzeit	Anfang bis Mitte April, 2 Jahresbruten
Gelegegröße	(3) 4–6 (7)
Eifärbung	einfarbig hellblau, sehr selten mit einigen rötlichen Punkten; glatt, glänzend
Eimaße (mm)	spindelförmig – 19 x 14,5
Brutdauer	11–13 Tage
Nestlingszeit	(11–) 13 (–15) Tage

▸ Haussperlingsweibchen, Ammern

HECKENBRAUNELLE, WEIBCHEN AM NEST

SINGENDES MÄNNCHEN

MÄNNCHEN IM FRÜHJAHR

NEST UND GELEGE

Alpenbraunelle

Die etwa feldlerchengroße Alpenbraunelle wirkt etwas wie eine überdimensionierte und bunte Heckenbraunelle. An dem aus der Ferne braungrau wirkenden Vogel fällt zuerst das dunkle Armdeckenfeld auf, das nach vorne und hinten durch je eine weiße, punktierte Flügelbinde eingefaßt wird, außerdem die grobe rostbraune Flankenstreifung. Aus der Nähe erkennt man auch die deutlich gelbe Unterschnabelbasis und den fein schwarzweiß quer gemusterten Kehlfleck. Im Flug fallen oft die weißen Spitzen der Steuerfedern auf. Wegen der großen, spitzen Flügel wirkt die fliegende Alpenbraunelle lerchenartig, ihre kraftvolle, wellenförmige Flugweise erinnert an Finken. Die Jungvögel wirken insgesamt matter und unscheinbarer.

Beim Laufen zuckt die Alpenbraunelle mit Flügeln und Schwanz wie eine Heckenbraunelle, hat aber nicht deren geduckte Haltung. Sie ist nicht so ungesellig wie die Vergleichsart und tritt manchmal auch in kleinen, locker zusammenhaltenden Trupps oder sogar in Schwärmen von über 50 Vögeln auf. Die Vögel übernachten meist einzeln in Felsspalten. Alpenbraunellen sind weniger territorial als Heckenbraunellen, zur Brutzeit verteidigen die Männchen nur die Nestumgebung und die Weibchen. Oft wird man auf die Alpenbraunelle durch ihre vielfach rollend-bauchrednerisch klingenden Rufe aufmerksam, die an Lerchenrufe erinnern und meist schwer zu orten sind.

Die europäischen Populationen der Alpenbraunelle scheinen großräumig stabil zu sein, auch wenn es darüber nur wenige Untersuchungen gibt. Jedoch schwankt die Dichte von Jahr zu Jahr in Abhängigkeit von den Witterungs- und Schneeverhältnissen. Im Winter werden, wie Untersuchungen ergaben, viele Alpenbraunellen Opfer von Hauskatzen oder natürlichen Feinden wie Sperbern. Viele Bruten gehen durch Störungen, die vom Tourismus ausgehen, verloren. Andererseits profitieren die Vögel vom Müll, der an Hütten und Skistationen anfällt. Gebietsweise spielen Abfälle eine

immer größere Rolle in der Ernährung der Alpenbraunelle. Im Sommerhalbjahr fressen die Vögel nicht selten in Gruppen Insekten, vor allem Käfer, Ameisen und deren Puppen, Schmetterlingsraupen, Fliegen und Schnaken, daneben auch Spinnen, Würmer und Schnecken. Im Winter nehmen sie ebenfalls Insekten oder Spinnen, halten sich aber überwiegend an kleine Samen und gelegentlich auch Beeren.

Im Westen ihres riesigen eurasischen Areals ist die Alpenbraunelle nur inselartig in den Gebirgen verbreitet. Sie kommt von Nordafrika, Süd- und Mitteleuropa über Rumänien und Südosteuropa bis zur Türkei vor, außerdem vom Kaukasus mit großen Verbreitungslücken bis in Gebirgsgegenden Sichote Alins, Japans und Taiwans. Von den Mittelmeerinseln bewohnt sie Korsika und Kreta. In Mitteleuropa ist sie Brutvogel der Alpen und der Tatra sowie der Karpaten. Als ausgesprochener Gebirgsvogel kommt die Alpenbraunelle hauptsächlich oberhalb der Baumgrenze (meist oberhalb 1300 m bis rund 2700 m) an felsigen, sonnigen Berghängen und Abbrüchen, auf felsdurchsetzten alpinen Matten, aber auch auf Schutthalden unterhalb der Baumgrenze vor. Häufig kann man die wenig scheuen Vögel im Bereich von Berghütten oder Liftanlagen beobachten. Im Winter wandern die Vögel vielfach in tiefere Lagen, bei sehr viel Schnee manchmal bis in die Täler. Manche Populationen, beispielsweise die der Hohen Tatra, ziehen auch in die Hochlagen anderer Gebirge, wo die Art im Sommer nicht vorkommt.

Beobachtungen zufolge begatten Männchen mehrere Weibchen. Bei der Jungenaufzucht helfen außer den „rechtmäßigen" Eltern auch ein oder mehrere Artgenossen mit (Bruthelfer). Wahrscheinlich sind dies Junge aus vorangegangenen Bruten. Das recht umfangreiche Nest aus Gras und Halmen wird auf einen Unterbau aus Moos aufgesetzt; die Nestmulde ist mit Federn und Haaren ausgekleidet. Es wird allein vom Weibchen gebaut, das auch allein brütet; das Männchen beteiligt sich aber an der Fütterung der Nestlinge; zum Ende der Nestlingszeit suchen beide Eltern oft in geringem Abstand voneinander Nahrung und fliegen dann kurz hintereinander zum Nest; manchmal folgt das Männchen auch ohne Futter dem Weibchen zum Nest. Um sperrunwillige, weil kältestarre Junge zum Sperren zu bewegen, zupft oder hackt das Weibchen die Jungen oder springt sogar kurz auf sie drauf – eine Anpassung an Hochgebirgsklimabedingungen.

Alpenbraunelle *Prunella collaris* (Scop. 1769)

Größe	= Sperling
Maße (cm)	Länge ca. 18 / Flügel ca. 30–32,5
Körpermasse (g)	39–47,5
Stimme	Kontaktrufe „rui-rui" oder rauer „tschrui"; Warnruf hart „tütütüt"; Gesang ♂ mit hellen, lerchenartigen Trillern, am Boden, auf Warten, manchmal auch Singflug
Brutzeit	Ende Mai, 2 Jahresbruten
Gelegegröße	3–5 (6)
Eifärbung	einfarbig hellblau; glatt, glänzend
Eimaße (mm)	spindelförmig – 23,2 x 16,6
Brutdauer	13–14 (15) Tage
Nestlingszeit	verlassen Nest mit 10 Tagen zu Fuß; mit 15–16 Tagen flügge

▶ Heckenbraunelle

ALPENBRAUNELLE IM FRÜHJAHR

AUF NAHRUNGSSUCHE (FRÜHJAHR)

JUNGVOGEL

NEST UND GELEGE

Heckensänger

Drosseln sind mit Zweigsängern und Fliegenschnäppern verwandt. Dazu gehören kleine bis mittelgroße Singvögel mit schlankem Schnabel und langen Beinen, die sich vorwiegend am Boden aufhalten, auch zur Nahrungssuche. Die Nahrung besteht hauptsächlich aus Insekten und anderen Kleintieren. Im Herbst ernähren sich viele Arten von Beeren und Früchten. Besonders die Zugvögel unter ihnen bauen ihr Depotfett für die oft weiten Wanderungen aus Fruchtzucker auf. Die kleineren Arten, wie Rotkehlchen, Rotschwänze und Nachtigall, die recht zart gebaut und noch ausgeprägtere Bodenvögel als die eigentlichen Drosseln sind, werden aus praktischen Gründen oft als „Erdsänger" bezeichnet. Viele Arten besitzen laute, häufig flötende Gesänge, deren Kenntnis bei versteckt lebenden Erdsängern die Bestimmung oft erst ermöglicht.

Der Heckensänger ähnelt auf den ersten Blick einer Nachtigall, ist jedoch etwas zierlicher und lang gestreckter gebaut und hat einen markanten weißlichen Überaugenstreif, dunklen Augenstreif sowie deutliche, helle Flügelfedersäume. Der lange, auffallend stufige Schwanz, der häufig rhythmisch gestelzt und gefächert wird, ist ein gutes Artkennzeichen. Im gefächerten Zustand fällt der dunkelbraun-weiße Spitzenbereich auf; in Normalhaltung wirkt der Schwanz von oben einfarbig, denn die beiden mittleren ungemusterten Steuerfedern verdecken dann diese auffällige Zeichnung. Die ausgeflogenen Jungvögel sehen den Altvögeln bereits recht ähnlich. Allerdings ist das Schwanzmuster noch nicht so auffällig.

Die beiden in Europa vorkommenden Unterarten unterscheiden sich deutlich voneinander: Die Vögel der Nominatform (Südwesteuropa) haben einen rotbraunen Scheitel, einen blaß rotbraunen Rücken sowie eine kräftig rostrote Schwanzoberseite. Die Heckensänger der Form *syriacus* (Südosteuropa) sind oberseits eher graubraun und heller als die Nominatform, der Kontrast zwischen Rücken und Schwanzoberseite ist stärker.

Der Gesang des Heckensängers erinnert etwas an den von Gartengrasmücke und Singdrossel. Er wird von einer Warte oder im Balzflug vorgetragen, wobei der Vogel schmetterlingsähnlich mit erhobenen Flügeln und gefächertem Schwanz abwärtsgleitet. Am Boden hüpft der nicht sehr scheue Heckensänger erstaunlich schnell, oft in aufgerichteter Haltung. Er lebt zwar meist sehr versteckt, setzt sich jedoch nicht selten auf die Spitze eines Busches (gerne Feigenkaktus) oder auf eine Telegrafenleitung.

Heckensänger suchen meist auf kurz oder spärlich bewachsenen Flächen Nahrung. Häufig starten sie zur Nahrungssuche von einem niedrigen Ast in einem Busch, wo sie zunächst die Umgebung beobachten und dann zum Boden fliegen – ein Verhalten, das an Rotkehlchen erinnert.

Heckensänger bewohnen offene, trockene Lebensräume mit Büschen (vor allem Dornbüschen) und kleinen vegetationsfreien Bereichen. Auch Weingärten, Olivenhaine, Zitrusfrucht- und Dattelpflanzungen, Hecken (vor allem Feigenkaktus) oder junge Kiefernkulturen werden besiedelt. In Spanien liegen die höchsten Brutvorkommen bei 1600 m Höhe. Die Vögel überwintern in den trockenen, dornbuschreichen Savannengebieten südlich der Sahara. Außerhalb der Brutzeit halten sie sich auch in üppiger bewachsenen und feuchteren Lebensräumen auf, ebenso in naturnah bewachsenen Gärten.

Im nördlichen Afrika leben zerstreut einige nichtziehende Populationen, ebenso im Westen der Arabischen Halbinsel. Das Brutgebiet der Nominatform umfasst Südspanien und Südostportugal, Nordwestafrika bis zum Nordrand der Sahara, Ägypten, den Nordosten der Arabischen Halbinsel nordwärts bis zum Libanon, Nordostjordanien und den Süden Syriens. Die Unterart *syriacus* ist Brutvogel des südwestlichen Balkans, Griechenlands und einiger Ägäischer Inseln, Teilen Anatoliens sowie Nordwestsyriens.

Die iberischen Bestände scheinen zu schrumpfen, gebietsweise auch deren Areal. Als wichtigste Gründe dafür vermutet man die Anwendung von Agrargiften sowie Dürreperioden in der Sahelzone.

Heckensänger *Cercotrichas galactotes* (TEMM. 1820)

Größe	= Sperling
Maße (cm)	Länge ca. 15,5 / Flügel ca. 22–27
Körpermasse (g)	17,5–27,5
Stimme	häufigster Ruf hart „teck"; Warnruf „prrriii"; lauter Gesang aus kurzen, wiederholten Strophen, beginnend mit lauten, gedehnten und flötenden (auch trillernd) Elementen, danach leise Folgen
Brutzeit	im Süden Anfang Mai, im Norden Ende Mai oder Anfang Juni; 1, manchmal 2 Jahresbruten
Gelegegröße	(2) 3–5 (6)
Eifärbung	Grundfärbung weiß, gelegentlich bläulich oder grünlich überflogen; dicht mit feinen braunen, rost-, purpurbraunen oder grauen Flecken, Klecksen, kurzen Kritzeln; glatt, ziemlich glänzend
Eimaße (mm)	spindelförmig – 22,2 x 16,2
Brutdauer	13–14 Tage; nur ♀ brütet
Nestlingszeit	verlassen Nest mit (19) 12–13 Tagen; bis 3–4 Wochen von Eltern geführt

▸ NACHTIGALL

HECKENSÄNGER, SÜDOSTEUROPA

JUNGVOGEL

DUNENJUNGE IM NEST

NEST UND GELEGE

Rotkehlchen

Das Rotkehlchen ist einer unserer häufigsten Singvögel und vielen Menschen wegen des vertrauten Wesens wohl bekannt. Typisch ist ein ausgiebiges „Schnickern" aus schnell gereihten „Tick"-Lauten – vor allem in der Dämmerung. Die Gesangszeit beginnt bereits ab März; nicht selten singen Rotkehlchen auch im Spätherbst oder Winter. Oft ertönt ihr Lied noch in der späten Dämmerung, wenn die meisten anderen Vögel bereits schweigen.

Typisch sind neben dem Orangerot von Brust, Kehle und Gesicht die aufrechte Haltung, die rundliche Gestalt mit langen, dünnen Beinen und die großen, schwarzen Augen. Bestimmungsprobleme gibt es eigentlich nur bei Vögeln im gräulich gefleckten Jugendkleid ohne Rot, die mit anderen jungen Erdsängern verwechselt werden können. Im Unterschied zu diesen zeigen junge Rotkehlchen einen einheitlich olivbraunen Schwanz.

Bei der Nahrungssuche am Boden zucken Rotkehlchen häufig mit Flügeln und Schwanz. Oft sitzen sie auf einer niedrigen Warte und stoßen hinunter, wenn sie ein geeignetes Beutetier – Insekten und deren Larven, Spinnen, Würmer oder Schnecken – erspäht haben. Häufig picken sie diese auch von Baumstämmen und Ästen ab oder rennen einem bodennah fliegenden Insekt kurz hinterher. Eine Fotoserie belegte schließlich das Fangen von kleinen Fischen im Seichtwasser. Außerdem fressen Rotkehlchen Beeren und Früchte. Beim Umgraben im Garten kommen sie manchmal neugierig herbei, um die zutage geförderten Insektenlarven und Würmer zu erhaschen. Nicht selten erscheinen Rotkehlchen an winterlichen Fütterungen, bevorzugt Bodenfutterstellen, die mit getrockneten Beeren, Rosinen und Weichfutter an

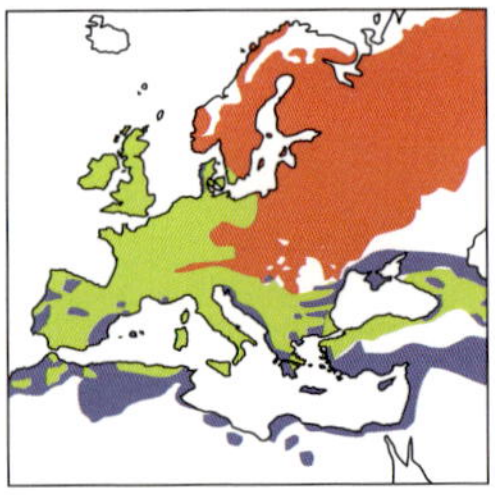

einer nässegeschützten Stelle eingerichtet wurden.

Rotkehlchen brüten in Nordafrika und fast ganz Europa außer dem höchsten Norden, den Hochgebirgen und Island; im Osten reicht das Brutgebiet bis Westsibirien. Auch in der Nordtürkei, im Kaukasusgebiet und im Iran kommt die Art vor. Auf den Azoren, Madeira und den Kanaren leben jeweils nichtziehende Populationen. Die Art bevorzugt deckungsreiche, feuchte Wälder, Busch- und Heckenlandschaften. In Parks und großen, gebüschreichen Gärten, auch mitten in Dörfern und Städten, trifft man die Vögel ebenso, im Winter häufiger als im Sommer. Im Gebirge reicht das Brutvorkommen bis zur Baumgrenze. Die mitteleuropäischen Rotkehlchen sind typische Teilzieher. Die Zugvögel unter ihnen überwintern in den Mittelmeerländern einschließlich Nordafrika bis zur Sahara; nur die Gebirgslagen werden im Winter vollständig geräumt. In Nordeuropa ist die Art Zugvogel, in Südeuropa brüten nur Standvögel.

Als ausgesprochene Einzelgänger sind Rotkehlchen gegenüber Artgenossen trotz ihres anmutigen Aussehens sehr unverträglich. Männchen und Weibchen etablieren auch im Winter feste Reviere und verjagen daraus Artgenossen. Trotzdem gibt es in der kalten Jahreszeit gelegentlich Gemeinschaftsschlafplätze mit bis zu 20 Vögeln.

Das tiefmuldige Nest wird meist im dichten Bodenbewuchs oder zwischen Baumwurzeln versteckt oder in eine bodennahe Höhlung, Mauerloch oder im Gerank einer Kletterpflanze gebaut. Häufig dient das alte Nest einer anderen Art als Unterlage. Das Weibchen baut allein, nur selten hilft das Männchen mit. An der Fütterung der Jungen beteiligt es sich etwa zur Hälfte. Die Jungen werden nach dem Ausfliegen noch rund drei Wochen betreut.

Das Rotkehlchen ist eine der wenigen Arten, deren Bestandssituation in Europa gegenwärtig noch stabil ist. Allein in Mitteleuropa rechnet man mit rund 10 Millionen Brutpaaren. Trotzdem fordern die Witterung im Winter, Nestfeinde und gebietsweise auch der Kuckuck ihren Tribut. Auffallend ist, dass der Bruterfolg in Heckenlebensräumen sehr gering ist. Dies hängt damit zusammen, dass Raubtiere häufig und systematisch lineare Strukturen nach Nestern absuchen und diese in Hecken viel leichter finden als im Wald. Vielerorts spielen Straßen- und Bahnverkehr, in Südeuropa auch die Singvogeljagd eine Rolle.

Rotkehlchen *Erithacus rubecula* (L. 1758)

Größe	= Sperling
Maße (cm)	Länge ca. 14 / Flügel ca. 20–22
Körpermasse (g)	10,0–21,5
Stimme	Stimmfühlungslaut „dib" oder „siip"; Warnruf typisches Schnickern oder Tixen; Reviergesang ♂ lange, variable Strophe, zunächst leise, dann laut, typisch auffallende Höhenunterschiede; „perlender" Gesang
Brutzeit	im Westen Ende März bis Anfang April, im Norden bis Anfang Juni; 2 Jahresbruten (in England auch 3)
Gelegegröße	3–6
Eifärbung	Schale rahmgelb oder ganz schwach blau, in bräunlichen, auch purpurnen Tönungen schattiert und gewölkt; Zeichnung sparsam, oft kranz- oder kappenförmig am stumpfen Pol; glatt, glanzlos
Eimaße (mm)	spindelförmig – 19,4 x 14,8
Brutdauer	12–15 Tage
Nestlingszeit	13–15 Tage

▸ ZWERGSCHNÄPPER

ROTKEHLCHEN FÜTTERT SEINE JUNGEN

GEFIEDER BEI KÄLTE STARK AUFGEPLUSTERT

ROTKEHLCHEN AUF NAHRUNGSSUCHE

NEST UND GELEGE

Sprosser

Der Sprosser ist ein unscheinbarer, in Aussehen, Stimme und Verhalten der Nachtigall sehr ähnlicher Vogel. Im Vergleich zu dieser ist er oberseits eher dunkelbraun gefärbt. Der dunklere, angedeutet gefleckte Brust- und Flankenbereich wurde bisher als „gewölkte Brust" in den Bestimmungsbüchern meist als wichtigstes Unterscheidungskriterium zur Nachtigall hervorgehoben; doch als alleiniges Bestimmungsmerkmal ist es oft wenig hilfreich. Die Art des Schwanzstelzens, die ein erregter nachtigallähnlicher Vogel am Boden zeigt, bietet einen Hinweis auf die Artzugehörigkeit: Nachtigallen stelzen den Schwanz rein vertikal, während der Sprosser seinen Schwanz beim Stelzen auch würgerähnlich seitlich dreht. Am sichersten ist die Bestimmung bei gefangenen Vögeln anhand der unterschiedlichen Schwingenformel.

Im Allgemeinen sind die Rufe härter als bei der Nachtigall. Der eigentlich sprossertypische „hiiet"-Ruf wird auch von östlichen Nachtigallen geäußert und taugt daher in Südosteuropa nicht zur Artunterscheidung. Sprosser singen besonders anhaltend in der späten Dämmerung und nachts, aber auch tagsüber. Singwarten können im Gegensatz zur Nachtigall bis in 10 m Höhe liegen.

Zum Brutareal gehören Nordostdeutschland, Dänemark, Südschweden und Südfinnland, im Süden reicht es bis Rumänien, im Osten bis nach Westsibirien, zum Altai und nach Nordkasachstan. Im Norden dringt die Art bis in die Taiga vor, im Osten bis in die Steppenzone. Außerdem gibt es eine isolierte Population im Kaukasusgebiet. Die Verbreitungsgebiete von Sprosser und Nachtigall überschneiden sich, was mitunter zu Hybriden und „Mischsängern" führen kann. Zur Zugzeit können beide Arten in großen Teilen Europas gemeinsam auftreten.

Auch in den Lebensraumansprüchen ähneln sich beide Arten. Der Sprosser bevorzugt aber feuchtere und vielfach schattigere Bereiche, wie Auwälder oder dichtes Gebüsch an Flüssen und Seen sowie kleinste Wäldchen in feuchtem Wiesengelände. Er kommt aber auch in trockenen Lebensräumen wie verwilderten Gärten vor. Wichtig ist die Deckung durch dichten Unterwuchs. Oft verraten nur Rufe oder Gesang den unauffälligen Vogel. Die Winterquartiere liegen in Ostafrika, hauptsächlich südlich des Äquators. Auf dem Hinweg schlagen die mitteleuropäischen Brutvögel zunächst eine Südsüdostrichtung ein, um das Mittelmeer im Osten zu umfliegen. Der Heimzug führt sie auf einer Route, die noch weiter im Osten verläuft (Schleifenzug). Die Lebensraumansprüche im Winterquartier sind ähnlich denen im Brutgebiet.

Der Sprosser leidet unter der Vernichtung von Bruch- und Auwäldern; so kam es durch Zerstörung der ungarischen Auwälder zu einem Zusammenbruch der dortigen Bestände. Seit mehreren Jahrzehnten wird andererseits die Ausbreitung der Art nach Norden und Westen beobachtet: 1995 brüteten Sprosser erstmals in Holland. Als Ursache vermutet man neben klimatischen Faktoren vor allem Änderungen in der Landnutzung. In Südskandinavien und Finnland führt die Einstellung der Beweidung vielerorts zum Aufkommen von sprosserfreundlichem Gebüsch. In Deutschland scheinen die Arealveränderungen des Sprossers im Norden und Westen entgegengesetzt zu denen der Nachtigall zu verlaufen. Dagegen gibt es Anzeichen, dass südliche Sprosserbestände eher abnehmen.

Das Nest ist wie bei der Nachtigall äußerst gut versteckt in den Bodenbewuchs oder in Bodennähe zwischen Kräutern und Stauden gebaut. Nach oben ist es stets durch die Vegetation geschützt. Außen besteht es aus Halmen und kleinen Zweigen, für die Innenauskleidung werden feine Pflanzenteile oder Haare verwendet. Das Weibchen braucht rund vier Tage für den Nestbau. In den ersten Tagen nach dem Schlüpfen der Jungen hudert das Weibchen fast ständig, während das Männchen füttert, danach füttern beide. Die Betreuungsphase nach dem Ausfliegen dauert noch rund 2–3 Wochen.

Hauptnahrung der Art sind kleinere Insekten und Spinnen, aber auch winzige Blattflöhe. Asseln und Tausendfüßer, die die meisten anderen Vögel verschmähen, fressen Sprosser regelmäßig. Im Herbst ernähren sie sich von zuckerhaltigen Beeren, die den „Treibstoff" für die Wanderung ins Winterquartier liefern.

Sprosser *Luscinia luscinia* (L. 1758)

Größe	= Sperling
Maße (cm)	Länge ca. 16,5 / Flügel ca. 24–26,5
Körpermasse (g)	25–30
Stimme	Gesang sehr charakteristisch, weit hörbar; klare, saugende Pfiffe, blechern flötende, tiefe, mehrfach wiederholte Schläge, wie „tschuk-tschuk", und klappernde Reihen; langsamer, einförmiger, tiefer und härter als Nachtigall
Brutzeit	Anfang Mai im Süden, bis Anfang Juni im Norden; 1 Jahresbrut
Gelegegröße	(3) 4–6
Eifärbung	sehr variabel, von graublau, grünlich bis matt rötlich-rostbraun; Schalengrund zuweilen bläulich oder olivgrün, mit rötlicher Wölkung und kreideweißen Spritzern/Flecken; glatt, schwach glänzend
Eimaße (mm)	spindelförmig – 21,8 x 16,2
Brutdauer	13–14 Tage; ♀ brütet, wird offenbar nicht vom ♂ gefüttert
Nestlingszeit	10–11 (12) Tage

▸ NACHTIGALL

SPROSSER, ALTVOGEL AM NEST

SPROSSER IM MAI

JUNGVOGEL

NEST UND GELEGE

Nachtigall

Im sprichwörtlich klangschönen Nachtigallengesang mit den typischen schmetternden Schlägen und flötenden Tonreihen haben Wissenschaftler über 200 verschiedene Strophen gefunden; davon werden jeweils mehrere zu Strophenblöcken zusammengefasst, die als relativ stabile Einheiten im Gesang erscheinen. In den Überschneidungsgebieten von Nachtigall und Sprosser kommt es zu Mischpaaren und als Folge davon zu Mischsängern unter den Jungen, die Elemente des Nachtigallen- und Sprossergesangs in ihrem Repertoire aufweisen.

Die Nachtigall ist bis auf ihre bemerkenswert laute und kräftige Stimme ein unauffälliger bräunlicher Singvogel, der in dichtem Gebüsch verborgen lebt. Sie wirkt in den Bewegungen sehr elegant und stelzt häufig den Schwanz. Dieser ist insgesamt kräftiger rostbraun gefärbt als beim Sprosser, aber wegen der wärmer rotbraunen Oberseitenfärbung ist er meist weniger kontrastreich abgesetzt. Dieses Merkmal und das Fehlen der angedeuteten Brustfleckung reicht im Feld aber meist nicht aus, die beiden Zwillingsarten zu unterscheiden, zumal auch die Gesänge beider Arten verblüffend ähnlich klingen können. Am sichersten sind beide Arten anhand der unterschiedlichen Flügelformel zu bestimmen. Weitere Nachtigall-Merkmale sind die etwas deutlichere Gesichtszeichnung, die dunkleren und somit kontrastreicheren Handschwingenspitzen, hellere Unterseite mit schwachem, gräulichem Brustband und die weißlich bis rostgelblich gefärbten Unterschwanzdecken. Der Flug ist huschend, rasch streben die Vögel der nächsten Deckung zu; dadurch ähneln sie Rotkehlchen. Wegen des rotbraunen Schwanzes könnte man sie auch mit Gartenrotschwanz-Weibchen verwechseln.

Nachtigall *Luscinia megarhynchos* Brehm 1831

Größe	= Sperling
Maße (cm)	Länge ca. 16,5 / Flügel ca. 23–26
Körpermasse (g)	17–24
Stimme	singt nachts und tagsüber laut und flötend, mit schluchzendem, ansteigendem Crescendo von Pfeiftönen, tiefen Schlägen und wiederholten Motiven von Flötentönen; Gesang variabler, schneller und melodischer als Sprosser; warnt mit ansteigendem „huit“
Brutzeit	Anfang bis Mitte Mai, 1 Jahresbrut
Gelegegröße	(3) 4–6
Eifärbung	wie bei Sprossereiern durch zarte rötliche Flecken fast gleichmäßige Schattierung der düster bläulich- bis graugrünen Schale; rötliche Färbung oft nur am stumpfen Pol oder als Wolkung; kalkweiße Schmierstreifen und schwarze Haarzüge; glatt, schwach glänzend
Eimaße (mm)	spindelförmig – 20,6 x 15,6
Brutdauer	13–14 Tage; ♀ brütet, ♂ füttert ♀ gelegentlich
Nestlingszeit	10–11 Tage

Nachtigallen verzehren vor allem Insekten, nehmen aber auch kleine Regenwürmer. Im Herbst werden vielfach Beeren gefressen.

Sofort nach der Ankunft im Brutgebiet beginnen ältere Männchen durch anhaltenden Gesang ihre Brutreviere zu etablieren. Wegen der Überzahl der Männchen bleibt ein Teil davon stets unverpaart; andererseits verpaart sich ein Männchen manchmal mit zwei Weibchen. Die Jungen verlassen das Nest, wenn sie noch nicht fliegen können, und verstecken sich in der Nestumgebung; erst nach vier Tagen folgen sie den Altvögeln, die sie allmählich vom Brutplatz wegführen.

Nachtigallen kommen in Nordafrika, auf der Iberischen Halbinsel, in Südeuropa, Frankreich, Südengland, Mittel- und Osteuropa im Osten bis Polen und zur Ukraine vor. Dort überschneiden sich die Gebiete von Nachtigall und Sprosser. Das Areal reicht weiter über Klein- und Vorderasien bis zur Mongolei, im Süden bis in die Südtürkei, den Iran und nach Kirgisistan. In Mitteleuropa ist die Nachtigall lückig in den warmen Tieflagen verbreitet und fehlt vielerorts. Die Art kommt auch in warmen Mittelgebirgsgegenden, geschützten Alpengebieten, gebietsweise sogar bis über 1000 m Höhe, in den Abruzzen sogar 1400 m vor. Ungarn beherbergt über die Hälfte des mehrere Hundertausend zählenden mitteleuropäischen Bestandes. Die Art bewohnt feuchte, aber auch ziemlich trockene Lebensräume. Das können dichtes Gebüsch in Laubwäldern, auch gebüschreiche Parks und große Gärten sein; Bäume sind nicht unbedingt nötig, wichtig ist die dichte Strauchschicht. Auf dem Zug trifft man die Vögel auch im Schilf an. Im Winterquartier halten sie sich in deckungsreichen Buschlandschaften auf. Die Überwinterungsgebiete liegen in Afrika südlich der Trockensavannen bis an den Rand der tropischen Regenwälder – von Senegal und Guinea im Süden bis Somalia, Kenia und Tansania.

Nachdem in den vergangenen Jahrzehnten große Bestandsschwankungen stattfanden, scheinen die Bestände derzeit europaweit stabil zu sein. Ungünstige Witterung oder Überschwemmungen führen in manchen Jahren zum regionalen Totalverlust der Bruten. Da in Mitteleuropa meist nur eine Jahresbrut gezeitigt wird, kann ein Bestandseinbruch die Folge davon sein. Zusätzlich spielt für die Nachtigall als Bodenbrüter Nestraub oft eine große Rolle. Größtes Problem ist der Lebensraumverlust durch Intensivierung der Land- und Forstwirtschaft sowie das Entfernen des wichtigen Falllaubs und Buschwerks in Parks und Gärten. In günstigen Lebensräumen nehmen die Bestände zu. So gibt es derzeit in Berlin deutlich über 1000 Brutpaare – eine so große Brutdichte kennt man sonst nur aus optimalen Lebensräumen.

▶ Sprosser, Gartenrotschwanz-Weibchen

NACHTIGALL, DAS MÄNNCHEN SINGT MEIST IM DICHTEN GEBÜSCH VERSTECKT

NACHTIGALL, WARNEND

JUNGVOGEL

NEST UND GELEGE

Blaukehlchen

Das Blaukehlchen hat in Eurasien eine sehr weite Verbreitung, die sich von Westeuropa durch den Norden des Kontinents bis Westalaska erstreckt. Die Nordgrenze des Vorkommens fällt mit der der Strauchtundra zusammen, den Südrand des Areals bildet die Grenze zur Steppenzone. Die Art kommt in Europa in mehreren Unterarten vor, zwei davon sind Brutvögel Mitteleuropas: das so genannte Weißsternige Blaukehlchen (*L. s. cyanecula*) mit einem weißen Fleck im blauen Kehllatz, dessen Areal von Westeuropa über Mitteleuropa bis ins Karpatenbecken, zur Ukraine und nach Weißrussland reicht, sowie die Nominatform (*L. s. svecica*) mit einem roten Kehlfleck (Rotsterniges Blaukehlchen) in Skandinavien und Nordosteuropa sowie vereinzelt in Gebirgsgegenden Mitteleuropas (Österreichische und Schweizer Alpen, Riesengebirge und Hohe Tatra).

Das Blaukehlchen brütet in Mitteleuropa im Tiefland, gerne in verschilftem Weidengebüsch an Teichen, Seen oder Flüssen und am Rand von sumpfigem Auwald; neuerdings findet man es mitunter auch an schmalen, verschilften Gräben mitten in intensiv genutzten Wiesenflächen und sogar in Rapsfeldern. In Skandinavien brütet die Art in der Birken- und Weidenzone entlang der Fjällkette, oft am Rand von Mooren oder an Bächen. Rund 95 % aller europäischen Blaukehlchen leben in Fennoskandien und Russland. Die höchsten Brutplätze in Europa liegen in etwa 2000 m Höhe. Überwinterungsgebiete der europäischen Brutvögel sind vorwiegend die Bereiche rund um das Mittelmeer sowie der Savannengürtel direkt südlich der Sahara, vor allem der Westteil.

Blaukehlchen *Luscinia svecica* (L. 1758)	
Größe	= Sperling
Maße (cm)	Länge ca. 14 / Flügel ca. 20–22
Körpermasse (g)	15–25,5
Stimme	Gesang erst zögernd, dann beschleunigt „dip dip dip-dip…“, dann Vielzahl schnurrender, zischender, auch anderer geräuschhafter, teils flötender Laute; viele Imitationen; bei Erregung „klack“, härter und schnalzender als Nachtigall
Brutzeit	Ende April im Süden, bis Mitte Juni im Norden; im Norden 1, bei südlichen Unterarten manchmal 2 Jahresbruten
Gelegegröße	4–8, meist 5–6 (7)
Eifärbung	Schalengrund graugrün, bläulichgrün oder blau, mit zarter, hell rötlichbrauner Wolkung, zuweilen auffälliger gezeichnet; glatt, nur schwach glänzend
Eimaße (mm)	spindelförmig – 19 x 14,1
Brutdauer	12–14 Tage (offenbar subspezifische Unterschiede)
Nestlingszeit	13–14 Tage

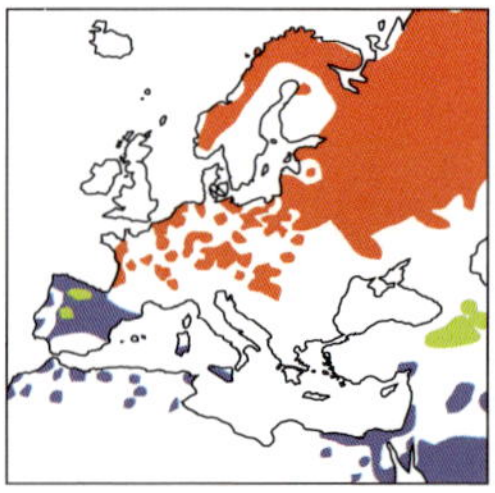

Wie viele andere Feuchtgebietsbewohner leiden Blaukehlchen stark unter der Zerstörung geeigneter Lebensräume und haben nur noch in wenigen natürlichen Flusslandschaften und feuchten Sekundärlebensräumen überlebt. So gingen die Bestände in den vergangenen Jahrzehnten vielerorts in Mitteleuropa drastisch zurück und erloschen lokal ganz. Die mitteleuropäischen Gebirgsvorkommen – insgesamt sind es etwa 50–100 Paare – sind vielfach durch Tourismus und Erschließung bedroht. Seit einigen Jahren kommt es gebietsweise trotz der weiter stattfindenden Lebensraumzerstörung wieder zur Bestandszunahme und Ausbreitung, weil in der Kulturlandschaft günstige Lebensräume entstanden sind.

Das Blaukehlchen ist ein versteckt lebender Erdsänger, der sich meist in dichter Ufervegetation verbirgt. Am Boden läuft der Vogel schnell und in aufrechter Haltung, dabei fallen die langen Beine auf. Die rostrote Basis der Schwanzseiten, die vor allem beim Landen gut, in Normalhaltung oft nicht zu sehen ist, und der auffällige weiße Überaugenstreif sind neben der Kehlzeichnung die wichtigsten Artmerkmale. Weibchen haben eine weißliche, graubraun gesäumte Kehle, wodurch nach unten ein charakteristisches dunkles Brustband entsteht; manche ältere Weibchen tragen aber fast die männliche Kehlfärbung.

Der Gesang gehört zu unseren schönsten Vogelstimmen. Eingeflochten sind hervorragende Imitationen anderer Vogelstimmen, aber auch von Froschquaken und sogar Umgebungsgeräuschen. Die Stimme einer neu im Brutrevier erscheinenden Vogelart findet meist sofort Eingang in das Repertoire des dortigen Blaukehlchens. Der Gesang ist in unterschiedlicher Intensität tagsüber und nachts zu hören.

Das tiefmuldige Nest, das vom Weibchen gebaut wird, besteht aus alten Halmen und Grasblättern, die Mulde wird mit feinem Pflanzenmaterial, gelegentlich auch Haaren ausgekleidet. Neststandort ist am Boden oder knapp darüber, oft in umgeknicktem Altschilf oder in krautigem Bewuchs verborgen; die Nester der Nominatform liegen stets in Wassernähe, oft in einer Grasbülte an einer Stelle, die zeitig schneefrei wird.

Blaukehlchen ernähren sich vor allem von bodenlebenden und die Krautschicht bewohnenden Insekten, aber auch kleinen Libellen, Heuschrecken, Spinnen und kleinen Schnecken. Ab Spätsommer ergänzen regelmäßig Beeren und Früchte den Speisezettel.

▶ Rotkehlchen

BLAUKEHLCHEN, MÄNNCHEN DER WEISSKEHLIGEN FORM, SINGEND

MÄNNCHEN DER ROTKEHLIGEN FORM

BRÜTENDES WEIBCHEN (WEISSKEHLIG)

NEST UND GELEGE

Blauschwanz

Lebensraum des Blauschwanzes, eines typischen Erdsängers der sibirischen Taiga, ist alter, feuchter Fichten-, Kiefern- und Mischwald mit wenig Unterwuchs, der aber viel Totholz aufweisen und an Hängen oder Schluchträndern liegen sollte. Das Verbreitungsgebiet reicht von Finnland und Nordrussland bis nach Kamtschatka und Japan; ein davon getrenntes Vorkommen gibt es im Himalajagebiet bis Westchina. Östlich des Urals ist der Blauschwanz häufig, westlich davon selten; am Westrand des Verbreitungsareals wird er immer seltener – in jährlich stark wechselnder Häufigkeit. Die Art breitet sich aber nach Westen aus, wie der jüngst erfolgte erste Brutnachweis in Nordostschweden zeigt. In Finnland ist die Art inzwischen regelmäßiger, aber sehr seltener Brutvogel. Kerngebiet ist die Gegend um die Stadt Kuusamo, wo der Blauschwanz bereits in den 40er-Jahren zum ersten Mal brütend nachgewiesen wurde. Derzeit rechnet man in Finnland jährlich mit 10–50 Brutpaaren und einer weit größeren Anzahl singender, unverpaarter Männchen. 1980 hat die Art sogar in Estland gebrütet.

Die wichtigsten Überwinterungsgebiete befinden sich in Südchina. Manche finnischen Ornithologen halten eine Überwinterung in der Westpaläarktis für möglich, da der robuste Blauschwanz auch kaltes Winterwetter übersteht.

Die Vögel sind sehr scheu und schwer zu beobachten. Die Männchen singen aber auf hohen Fichtenspitzen, meist in der Abenddämmerung und von Mitternacht bis zum Morgen.

▸ KAUM ZU VERWECHSELN

Blauschwanz *Tarsiger cyanurus* (PALL. 1773)

Größe	= Sperling
Maße (cm)	Länge ca. 14 / Flügel ca. 21–24,5
Körpermasse (g)	12–15
Stimme	Erregungsrufe tief „gack“; Stimmfühlung und Warnen ähnlich Gartenrotschwanz oder Fitis „fjuit-fjuit...“, mit Zirpern kombiniert; Gesang ♂ wehmütig, weit tragend, erinnert an Gartenrotschwanz und Drosseln
Brutzeit	Ende Mai, 1 oder 2 Jahresbruten
Gelegegröße	4–8
Eifärbung	reinweiß oder auf weißem Grund zart rötlichbraun oder purpurn getupft, am stumpfen Pol oft deutlicher Kranz; glatt, schwach glänzend
Eimaße (mm)	spindelförmig – 17,8 x 13,5
Brutdauer	unbekannt, nur das ♀ brütet
Nestlingszeit	15 Tage

Rubinkehlchen

Wie beim Blaukehlchen, dem es in Gestalt, Größe und Gesamterscheinung ähnelt, ist auch beim Rubinkehlchen der weiße Überaugenstreif ein wichtiges Bestimmungsmerkmal. Das Männchen ziert zusätzlich ein weißer Bartstreif; dieses Merkmal zusammen mit dem rubinroten Kehlfleck macht es bei guter Sicht kaum verwechselbar.

Der Gesang ist abwechslungsreich, volltönend und lang anhaltend, wenn er auch nicht die „Power“ des Sprossergesangs hat. Er enthält originalgetreue Nachahmungen. Die Männchen singen meist aus dichter Deckung heraus, gelegentlich auf einer freien Singwarte.

Wie der Blauschwanz ist das Rubinkehlchen eine Taigaart; die westlichsten Vorkommen liegen am Westhang des Urals in der Dauerfrostregion. Somit zählt es gerade noch zu den Brutvögeln Europas. Das riesige asiatische Verbreitungsgebiet reicht im Osten bis nach Kamtschatka und Hokkaido, südlich davon gibt es ein isoliertes Vorkommen in Zentralchina. Rubinkehlchen sind Bewohner der unterholzreichen Wälder, Waldränder und des dichten Gestrüpps auf den Lichtungen der Taiga; auch in dichtem Gebüsch an Flüssen und in Feuchtwiesen findet man die Art. Im Gebirge geht sie gebietsweise bis zur Baumgrenze. Die Winterquartiere liegen von Indien über Indochina und Südchina bis nach Taiwan sowie auf den Philippinen. Seit Herbst 1995 gehört die Art auch zur Avifauna Deutschlands, denn da wurde ein diesjähriges Männchen auf Helgoland beobachtet und fotografiert.

▸ BLAUKEHLCHEN

Rubinkehlchen *Luscinia calliope* (PALL. 1776)

Größe	= Sperling
Maße (cm)	Länge 14 / Flügel 22,5–26
Körpermasse (g)	16–27
Stimme	Erregungsrufe zweisilbiges, pfeifendes „ll-lü“ und schnalzendes „tjock“, an Wacholderdrossel erinnernd, auch gedämpft knarrend „arr“; Gesang melodisch, langsam schwätzend, erinnert an Gartengrasmücke, durch härtere, tiefere, gepresste Laute ähnlich Felsensteinschmätzer. Manche ♂ imitieren viele andere Arten.
Eifärbung	Hellblau, zart rötlichbraun gefleckt, mitunter als Kranz am stumpfen Pol; glatt, glänzend.
Eimaße (mm)	spindelförmig – 20,6 x 15,6
Brutdauer	unbekannt, nur das ♀ brütet, ob ♂ hilft, ist unbekannt
Nestlingszeit	unbekannt

BLAUSCHWANZ, MÄNNCHEN AUF DER SINGWARTE

BLAUSCHWANZ, WEIBCHEN

RUBINKEHLCHEN, MÄNNCHEN

RUBINKEHLCHEN, SINGENDES MÄNNCHEN

Hausrotschwanz

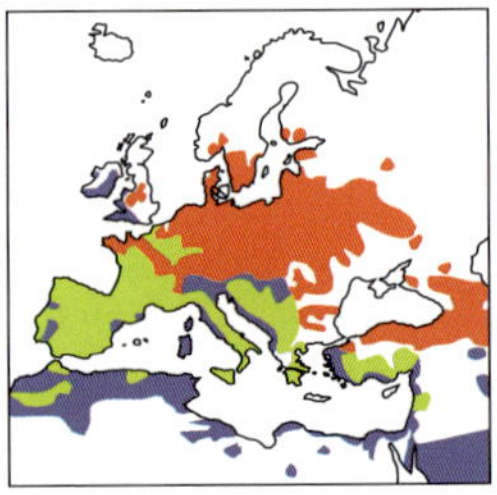

Meist ist ein Rotschwanz schon von weitem an seinem rostroten, ständig zitternden Schwanz als solcher zu erkennen. Das Hausrotschwanz-Männchen hat ein überwiegend dunkelgraues Gefieder. Das weiße Armschwingenfeld stellt zusammen mit dem rostroten Schwanz das einzige auffällige Merkmal dar. Die iberisch-nordwestafrikanische Unterart *aterrimus* ist bis auf die graue Kappe einheitlich schwarz. Östliche Unterarten erinnern mit ihrem rostroten Bauch und dem fehlenden Flügelfeld an Gartenrotschwanz, jedoch erstreckt sich das Schwarz der Kehle auch über die Brust.

Bis auf den rostfarbenen Schwanz sind Weibchen einheitlich dunkelgraubraun, vor allem unterseits dunkler als Gartenrotschwanz-Weibchen. Einjährige Männchen sind im Frühjahr nicht einheitlich, meist aber kaum von Weibchen zu unterscheiden; dieses Kleid nennt man „Hemmungskleid". Bei rund 10% dieser Männchen entspricht aber das Gefieder bis auf das fehlende weiße Flügelfeld weitgehend dem Kleid des ausgewachsenen Männchens („Fortschrittskleid"). Ein weiteres Bestimmungsproblem ergeben die offensichtlich gar nicht so seltenen Mischlinge zwischen Haus- und Gartenrotschwanz, die den östlichen Hausrotschwanzformen mit rostrotem Bauch so stark ähneln, dass sie nicht einmal in der Hand sicher unterschieden werden können. Jungvögel wirken insgesamt „rußig" und sind im Verhältnis zu jungen Gartenrotschwänzen dunkler und unterseits nur schwach gefleckt.

Der Hausrotschwanz ernährt sich von kleinen und mittelgroßen Insekten und Spinnen, im Herbst kommen Beeren und Früchte dazu. Bei der Nahrungssuche fliegt er oft von einer Warte aus auf den Boden. Bei nasskaltem Wetter versucht er häufig, an Gebäuden, unter Fenstersimsen oder Dachrinnen versteckte Insekten oder Spinnen zu erbeuten, nicht selten rüttelnd. Typisch ist sein 3- bis 4-teiliger knirschend-kratziger Gesang, den er gewöhnlich auf einer Hausantenne oder einem Dachgiebel, im Gebirge auf einem Fels vorträgt. Die lauten Strophen hört man nicht selten schon vor der Morgendämmerung.

Hausrotschwänze sind Halbhöhlenbrüter. Der Nistplatz liegt oft unter dem Dach auf einem Balken oder in einem Mauerloch, unter einer Brücke, in einem Holzstoß oder im Inneren eines verfallenen Schuppens. Die Vögel sind nicht sehr wählerisch und haben ihre Nester auch schon in Eisenbahnwagen gebaut, die täglich mehrere Stunden im Einsatz waren. Ursprüngliche Niststandorte sind Nischen im Fels. Das Nest ist ein recht umfangreicher, lockerer Bau aus Halmen und Moos. In Siedlungsgebieten werden auch Stoffreste und anderes Abfallmaterial eingebaut.

Ursprünglich stammt der Hausrotschwanz aus Gebirgsregionen sowie anderen felsigen und geröllhaltigen Lebensräumen. Dort ist er auch heute noch häufig anzutreffen. Er bevorzugt trockene, sonnige, wenig bewachsene Gegenden mit hervorstehenden Felsen oder Geröllflächen. Heute ist er vielerorts in Europa im Siedlungsbereich, auch in Stadtzentren, und auf Industrieanlagen zu Hause, aber auch an Einzelgehöften und in Weinbergen. Diese Biotopveränderung fand seit dem 19. Jahrhundert statt. Die Überwinterungsgebiete europäischer Brutvögel liegen im Mittelmeerraum, in Nordafrika bis zum Nordrand der Sahara und im Nahen Osten. Manche überwintern auch in Mitteleuropa. Zur Zugzeit trifft man den Hausrotschwanz auch im Bereich der Küste auf Feldern und an Gewässern sowie an Klippen und Stränden an.

Das Brutgebiet erstreckt sich über Nordwestafrika und Europa mit Ausnahme von Island, Schottland, fast ganz Fennoskandien und Nordosteuropa. Nach Osten setzt es sich durch die Kaukasusregion und Türkei bis Kaschmir fort, ferner in die Gebirgsgegenden Mittelasiens, nach Osten bis zum Himalaja und nach Westchina.

Die europäischen Bestände sind weitgehend stabil, gebietsweise nehmen sie sogar zu. Trotzdem leiden Hausrotschwänze unter sinkenden Nistmöglichkeiten und weniger Nahrungsangebot in vielen „sterilen" Neubaugebieten. Zudem spielt die Vogeljagd in den Mittelmeerländern eine Rolle. Bei Mangel an Brutmöglichkeiten kann man den Vögeln durch das Aufhängen von Halbhöhlen-Nistkästen oder das Anbringen von Niststeinen helfen.

Hausrotschwanz *Phoenicurus ochruros* (GMEL. 1774)

Größe	= Sperling
Maße (cm)	Länge ca. 14,5 / Flügel ca. 23–26
Körpermasse (g)	14–16
Stimme	Gesang angestrengt hervorgepresst, oft scharf und zaunkönigartig beginnend „svi-svi-svi-svi-svi", gefolgt von Knirschen wie feiner Kies; ruft fast tonlos „ihd", gefolgt von „tack-tack-tack"
Brutzeit	Anfang April bis Mitte Mai, entsprechend Breitengrad und Höhenlage; 2, manchmal 3 Jahresbruten
Gelegegröße	(3) 4–6 (7), meist 5
Eifärbung	bei europäischer Unterart weiß, von Kleinasien an und östlich Kaukasus hellblau; glatt, glänzend
Eimaße (mm)	spindelförmig – 18,9 x 14,5
Brutdauer	12–17 Tage; ♀ brütet allein
Nestlingszeit	12–19 Tage; schon mit 12–13 Tagen bei Störung Flucht

▸ WEIBCHEN DES GARTENROTSCHWANZES

HAUSROTSCHWANZ, MÄNNCHEN IM PRACHTKLEID

WEIBCHEN (SPANIEN, SEHR DUNKLER VOGEL)

JUNGVOGEL

NEST UND GELEGE

Gartenrotschwanz

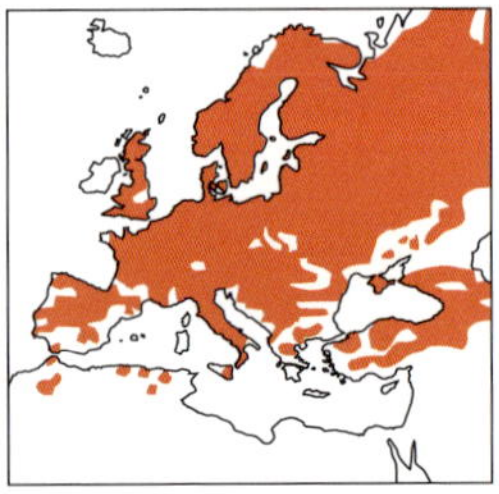

Bis in die 50er-Jahre war der Gartenrotschwanz ein ausgesprochen häufiger Vogel in Mitteleuropa. Er hatte sich stark ausgebreitet, denn der Mensch hat mit der Auflichtung der Wälder und der Schaffung von parkartiger Landschaft und obstbaumreichen Siedlungsrändern vielerorts für die Art günstige Lebensräume geschaffen. Ab dann gingen die Bestände kontinuierlich zurück, zum Teil durch Lebensraumveränderungen, aber vor allem durch Einflüsse während des Zuges und im Winterquartier, das in den Savannengebieten West- und Zentralafrikas oder in Südarabien liegt. Die Bestände des Gartenrotschwanzes sind wie die der Dorngrasmücke besonders stark von den Bedingungen im Winterquartier abhängig. In Jahren nach Trockenperioden in der Sahelzone gingen die Zahlen der mitteleuropäischen Brutvögel zum Teil drastisch zurück. Trotz zeitweiliger Erholung und gebietsweise leichtem Anwachsen ist die Situation des Gartenrotschwanzes in Mitteleuropa alles andere als stabil, denn die negative Entwicklung in den Brut-, Zug- und Überwinterungsgebieten hält an. Im Winterquartier fordert auch der hohe Pestizideinsatz Verluste.

Von Mitte April bis Mitte Mai kehren die Männchen aus ihren Winterquartieren zurück, meist einige Tage früher als die Weibchen. Das Männchen sucht den Nistplatz aus, der vor allem in Baumhöhlen mit hochovalem Schlupfloch oder in Nistkästen liegt, sich aber manchmal auch in Mauerlöchern oder auf Dachbalken befinden kann. In höhlenarmen Gegenden Nordeuropas brütet der Gartenrotschwanz manchmal sogar in Erdlöchern.

Sein wehmütig klingender Gesang erinnert an Trauerschnäpper und etwas auch an Rotkehlchen. Er ist dreiteilig und beginnt meist mit einigen hohen, gezogenen „huit"-Lauten; danach folgen mindestens zwei gleiche, kurze, tiefere Silben. Der dritte Teil ist sehr variabel und enthält häufig Imitationen anderer Vogelarten. Männchen, die Hausrotschwanz-Gesangsteile oder sogar ganze Strophen der verwandten Art in ihrem Gesang enthalten, können auch Mischlinge sein. Gartenrotschwanz-Männchen sind sehr gute Spötter, die in ihren Gesangsvortrag viele Vogelstimmen ihres Lebensraumes einflechten können – so wurden bereits Vögel gehört, deren Gesang ausschließlich aus Imitationen bestand. Die Männchen singen bereits vor der Morgendämmerung auf Baumspitzen, aber auch auf Antennen.

Der Gartenrotschwanz ist einer der farbenprächtigsten heimischen Singvögel. Die Männchen im Frühjahr sind leicht zu bestimmen mit ihrer rostroten Unterseite, dem weißen Stirnband und der schwarzen Kehle; im frischen Herbstgefieder ist die Färbung weniger auffällig, denn dann verdecken vor allem an Kopf und Brust bräunliche Federsäume die Farbenpracht. Das Grundmuster ist aber immer noch deutlich erkennbar. Weibchen sind im Vergleich zu Hausrotschwanzweibchen weniger rußig dunkel, besonders die Unterseite ist heller, die Färbung mehr bräunlich; neben einer hellen Kehle haben sie einen hellen Augenring und auf der Brust häufig einen beige- oder rostfarbenen Anflug. Jungvögel sind kräftig gefleckt.

Der Gartenrotschwanz kommt in fast ganz Europa außer Island, nahezu ganz Irland und Griechenland vor; auch auf Korsika, Sardinien und Teilen der Iberischen Halbinsel fehlt er. Im Osten reicht seine Verbreitung bis zum ostsibirischen Baikalsee. Die höchsten Brutplätze liegen bei rund 2000 m Höhe (Südeuropa). Der Gartenrotschwanz brütet von der Küste bis nahe an die Baumgrenze in nicht zu dichten Laub- und Mischwäldern, vor allem an deren Rand. Ursprünglich war er wohl in Mitteleuropa, wie heute noch in Finnland, ein Bewohner alter, lockerer Kiefernwälder. Im Vergleich zum Hausrotschwanz hält er sich weniger in der offenen Landschaft auf, lebt aber auch in Siedlungen, Parks mit altem Baumbestand, Friedhöfen oder Gärten mit alten Obstbäumen. In Skandinavien ist er ein typischer Vogel der offenen Taigawälder. Im Gegensatz zum Hausrotschwanz sitzt der Gartenrotschwanz gerne in der Deckung von Bäumen und Büschen – in aufrechter Haltung und mit dem typisch zitternden Schwanz.

Der Wegzug findet großenteils von Mitte August bis Anfang Oktober statt. Die Nahrung besteht aus Insekten, vor allem Käfern, und Spinnen, die am Boden oder in der Krautschicht, aber auch in Bäumen erbeutet werden. Er hüpft oft von einem niedrigen Ast aus auf den Boden, fliegt aber meist rasch wieder auf die Warte zurück.

Gartenrotschwanz *Phoenicurus phoenicurus* (L. 1758)	
Größe	= Sperling
Maße (cm)	Länge ca. 14 / Flügel ca. 20,5–24
Körpermasse (g)	14–18
Stimme	Lockruf fitisähnlich „huid"; Warnruf „füid-tek-tek"; Reviergesang mit „huit" eingeleitet, dann fast Stakkato „hüiddedede", extrem variabler Schlussteil, oft mit anderen Vogelstimmen (auch Hausrotschwanz)
Brutzeit	Anfang Mai im Süden, bis Mitte Juni im Norden; 2 Jahresbruten
Gelegegröße	3–9, meist 6 oder 7
Eifärbung	grünlichblau; glatt, glänzend
Eimaße (mm)	spindelförmig – 18,6 x 13,7
Brutdauer	(11) 12–14 (oder mehr) Tage; ♀ brütet allein
Nestlingszeit	13–15 (–18) Tage

▸ Hausrotschwanz-Weibchen

GARTENROTSCHWANZ, MÄNNCHEN IM PRACHTKLEID

WEIBCHEN

JUNGVOGEL

NEST UND GELEGE

Braunkehlchen

Auch wenn sich sein Brutareal östlich des Urals bis zum Jenissej fortsetzt, ist das Braunkehlchen ganz überwiegend eine europäische Vogelart; in Europa fehlt es nur auf Island, im höchsten Norden Skandinaviens und Russlands, auf Sardinien und Sizilien und im größten Teil der Iberischen Halbinsel. Aus der Schweiz und Armenien wurden die höchsten Brutplätze mit 2300 m Höhe gemeldet.

Schwerpunkte des europäischen Brutbestandes sind derzeit Skandinavien, Finnland und Russland. In vielen Teilen Europas ist die Art durch Lebensraumzerstörung in den letzten Jahrzehnten von einem Allerweltsvogel der Wiesenlandschaften zu einer seltenen und bedrohten Art geworden. Viele naturnahe Wiesen- und Heidegebiete wurden in Ackerland oder zu Intensivgrünland umgewandelt oder aufgeforstet. Wo die Art noch Brutversuche unternahm, wurden diese häufig durch zu frühe Mahd zunichte gemacht. Das auf der Strecke gebliebene Braunkehlchen ist so zum Symbol für den Naturschutz in Wiesenlandschaften geworden. Zusätzlich entstanden bedeutende Verluste auf dem Zug und in den Überwinterungsgebieten, beispielsweise in Dürrejahren.

Das Braunkehlchen ist ein Vogel ausgedehnter Feuchtwiesen und Verlandungsflächen, buschiger, extensiv genutzter Wiesen- und Weidelandschaften sowie des Offenlandes mit etwas Gebüsch, wie Brachland, trockene Heideflächen und alpine Heiden.

Die Besetzung der Brutreviere beginnt meist im April. Ihren Revieranspruch tun die Männchen mit Imponierflügen kund, wobei sie mit weit ausholenden und verlangsamten Flügelschlägen fliegen. Dabei verlassen sie eine Warte singend und streben dann verstummend und normal fliegend einer anderen Warte zu. Häufig wird man auch Zeuge von anhaltenden Hetzjagden der konkurrierenden Männchen. Das Nest wird vom Weibchen meist in eine kleine Bodenvertiefung gebaut, oft unter einer Staude oder in die Nähe eines kleinen Busches oder Weidepfahls. Es besteht aus trockenem Pflanzenmaterial, wie Moos, Wurzeln oder Blättern aus der Umgebung; innen ist es mit feinen Halmen, Haaren und Wolle ausgekleidet. Während des Baus wird das Weibchen vom singenden Männchen begleitet. Die Jungen sind erst mit 17–19 Tagen flugfähig. Sie verlassen jedoch, abhängig von Störungen, das Nest bereits vom 10. Tag an. Außerhalb der Brutzeit halten sich Braunkehlchen auch auf Äckern und Feldern, an Fluss- und Seeufern auf. Die Überwinterungsgebiete liegen in Afrika in den Savannen südlich der Sahara bis ins nördliche Südafrika.

Die Vögel ernähren sich vorwiegend von Insekten sowie Spinnen, Würmern und kleinen Schnecken. Im Herbst verzehren sie auch geringe Mengen Beeren. Braunkehlchen sind typische Wartenjäger, die von einem Ansitz aus Kleintiere in kurzem Verfolgungsflug in der Luft oder am Boden fangen. Da sie nach dem Jagdflug oft eine andere Warte anfliegen, durchmessen sie – ähnlich wie Würger – in vielen flachen Beuteflügen ihr Revier. Gelegentlich hüpfen sie bei der Insektenjagd auch auf dem Boden, jagen von einer Freileitung aus oder rütteln kurz, um ein Insekt von Pflanzen abzulesen.

Das Braunkehlchen ist kenntlich am kurzen Schwanz und hellen Überaugenstreif. Das Männchen im Prachtkleid ist mit der orangefarbenen Brust und Kehlmitte, schwärzlichen Kopfseiten, auffälligem weißem Überaugenstreif sowie weißen Schulterflecken, die aber beim Sitzen gewöhnlich verdeckt sind, ausgesprochen bunt. Weibchen und Männchen im Schlichtkleid (Herbst) sind matter gefärbt, oberseits eher bräunlich und unterseits beige bis gelblichrot. Braunkehlchen trifft man meist einzeln, paarweise oder im Familienverband an. Nur zur Zugzeit treten sie manchmal in kleinen Trupps auf. Die Vögel sitzen meist nicht ganz so aufrecht auf der Warte und zucken nicht so hektisch mit Flügeln und Schwanz wie Schwarzkehlchen. Der meist niedrige Flug wirkt etwas ruckartig, dabei fallen die auffälligen Flügel- und Schwanzabzeichen ins Auge.

Braunkehlchenstrophen sind meist kurz, setzen unvermittelt ein und werden eilig vorgetragen. Sie haben einen typischen zwitschernd-kratzigen Charakter und enthalten viele gepresst klingende Laute, aber auch kurze Flötentöne. Braunkehlchen singen auch nachts.

Braunkehlchen *Saxicola rubetra* (L. 1758)	
Größe	< Sperling
Maße (cm)	Länge ca. 12,5 / Flügel ca. 21–24
Körpermasse (g)	14–19
Stimme	Stimmfühlungsruf gimpelähnlich „djü“, häufig mit fast tonlosem, schnalzendem Warnruf „zkzk“ zu hören; bei Beunruhigung auch schnarrendes „dschrr“; Reviergesang geräuschhaft, knirschend (ähnlich Hausrotschwanz) und flötend, mit täuschenden Imitationen
Brutzeit	Mitte Mai bis Anfang Juni, 1 oder 2 Jahresbruten
Gelegegröße	(4) 5–7 (8), am häufigsten 6
Eifärbung	bläulichgrün, mit sehr zarter und oft undeutlicher, rötlichbrauner Fleckung, meist spärlich und nur am dicken Ende dichter; glatt, glänzend
Eimaße (mm)	spindelförmig – 18,5 x 14
Brutdauer	11–13 (15) Tage; ♀ brütet allein
Nestlingszeit	11–15 Tage; ♂ an Fütterung beteiligt

▸ Schwarzkehlchen

BRAUNKEHLCHEN, MÄNNCHEN AUF DER WARTE

WEIBCHEN

VOGEL IM ERSTEN SOMMER

NEST UND GELEGE

Schwarzkehlchen

Das Männchen des Schwarzkehlchens ist ein auffälliger Vogel, wenn er in aufrechter Haltung auf einer Buschspitze sitzt, hektisch mit Flügeln und Schwanz zuckt und mit hart kratzenden Rufen warnt. Gestalt und Größe erinnern an Braunkehlchen. Das Schwarzkehlchen ist jedoch etwas kompakter, der Schwanz ist einheitlich dunkel und wirkt länger, da der sichtbare Teil der Handschwingen („Handschwingenprojektion") kürzer ist als beim Braunkehlchen. In Europa leben drei Unterarten, wovon die Männchen der in Mitteleuropa vorkommenden Form *rubicola* die kontrastreichste Färbung aufweisen mit schwärzlichem Rücken und tief rostorangefarbener Brust. Die britische Form *hibernans* ist insgesamt dunkler und weniger kontrastreich. Bei den Männchen (Prachtkleid) des in Teilen Osteuropas und in Sibirien vorkommenden „Sibirischen Schwarzkehlchens" (*S. t. maura*), das gelegentlich auch als eigenständige Art angesehen wird, ist neben anderen, von der mitteleuropäischen Form abweichenden Merkmalen der Bürzel ungemustert weiß oder leicht gelblich und die Unterseite eher weiß. Die Weibchen sind heller als entsprechende *rubicola*-Weibchen und ähneln so mehr Braunkehlchenweibchen.

Die kurzen, durchdringenden und hastig vorgetragenen Zwitscherstrophen erinnern im Klang etwas an Heckenbraunelle und Dorngrasmücke, mit der das Schwarzkehlchen häufig den Lebensraum teilt. Singfliegende Männchen steigen mit schwirrenden Flügelschlägen erst senkrecht auf – nicht selten von hoch gelegenen Warten – und bleiben dann rüttelnd in der Luft stehen oder tänzeln auf und ab. Die Weibchen erscheinen gleichzeitig mit den Männchen oder höchstens wenige Tage später am Brutplatz. Erst dann werden die Reviergrenzen innerhalb der provisorisch von den Männchen etablierten Territorien festgelegt. Wie beim Braunkehlchen baut das Weibchen das Nest meist am Boden, selten bis einige Dezimeter hoch und stets nach oben zu gut geschützt. Wenn möglich, wird für den Neststandort eine Hanglage gewählt.

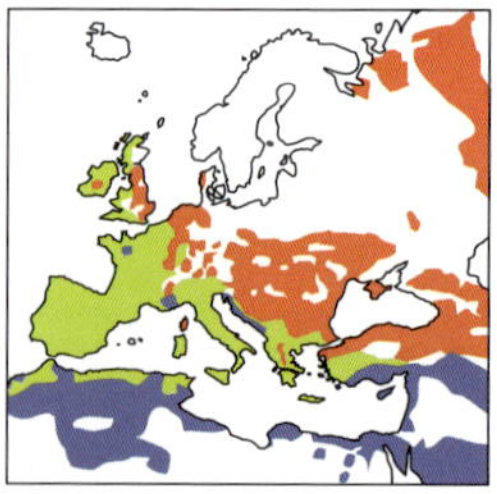

Die Art brütet in offener, sonniger Landschaft mit bis rund 2 m hohen Warten, wie Büschen, Jungbäumen, Weidepfählen usw. Sie stellt ähnliche Ansprüche wie das Braunkehlchen, die Vegetation des Geländes darf aber nicht zu dicht und einförmig sein, in der Vertikalen muss sie stärker strukturiert sein. In der Schweiz brüten Schwarzkehlchen auf Bergwiesen bis fast in 1500 m Höhe. Zahlreich ist das Schwarzkehlchen in vielen Gegenden Südeuropas; dort ist es Charaktervogel der Macchie.

Die meisten west- und südeuropäischen Schwarzkehlchen sind Standvögel. Mitteleuropäische Brutvögel überwintern fast ausnahmslos auf der Iberischen Halbinsel und in Nordafrika. Im Winterquartier sind die Vögel ebenfalls territorial und bilden sogar „Paare". Bei milder Witterung kehren sie oft bereits Ende Februar an die mitteleuropäischen Brutplätze zurück.

Das Schwarzkehlchen brütet in weiten Teilen Afrikas (aber lückig) und Europas. In Europa fehlt es auf Island und fast in ganz Fennoskandien, aber an der südnorwegischen Küste lebt ein kleiner Bestand. Außerdem gibt es eine große Verbreitungslücke zwischen dem Nordosten Mitteleuropas und dem westlichen Uralgebiet. In Sibirien und im größten Teil Nordasiens lebt die Unterart *maura*, die in Mitteleuropa als Ausnahmegast auftritt. Bruten dieser Form hat es bereits in Nordfinnland gegeben – in Gebieten, die den sibirischen Lebensräumen ähneln.

In den letzten Jahrzehnten sind die mitteleuropäischen Bestände stark zurückgegangen. Grund dafür waren vor allem die Veränderung der Lebensräume, wie die Zerstörung von Ödland-, Heide- und Moorflächen (teilweise durch Aufforstung), und der Einsatz von Giften und starker Düngung in der intensiven Landwirtschaft. Am besten haben sich die Bestände auf Truppenübungsplätzen und ähnlichen Sonderstandorten gehalten. Gebietsweise haben die Schwarzkehlchen heute wieder zugenommen; in Bayern werden derzeit sogar Bruten in Gegenden festgestellt, die bisher von der Art nicht besiedelt wurden. Ursache für diese erfreuliche Entwicklung ist sicher auch der Trend zu milden Wintern, denn die mitteleuropäischen Brutvögel sind Kurzstreckenzieher und erleiden daher in strengen Wintern oft große Verluste.

▸ BRAUNKEHLCHEN

Schwarzkehlchen *Saxicola torquata* (L. 1766)

Größe	< Sperling
Maße (cm)	Länge ca. 12,5 / Flügel ca. 18–21
Körpermasse (g)	13–17
Stimme	am häufigsten kurzer Pfiff, mit 2 schmatzenden Lauten „fid-track-track"; Gesang kurze Strophen, mit pfeifenden und gequetschten Elementen, oft eilig, manchmal an Heckenbraunelle oder Braunkehlchen erinnernd; Imitationen nicht so auffällig wie Braunkehlchen
Brutzeit	Ende Februar im Süden, bis Anfang Juni im Norden; 2, manchmal 3 Jahresbruten
Gelegegröße	(2) 3–6 (7), ausnahmsweise 8, am häufigsten 5 und 6
Eifärbung	weißlich- oder grünlichblau, mit feiner rötlichbrauner Fleckung oder Marmorierung; glatt, mit mäßigem Glanz
Eimaße (mm)	spindelförmig – 17,9 x 14,1
Brutdauer	12–14 (15) Tage; nur ♀ brütet
Nestlingszeit	(13) 14–16 Tage; ♂ und ♀ füttern stets gemeinsam

SCHWARZKEHLCHEN, MÄNNCHEN IM PRACHTKLEID (ÖSTLICHE FORM)

WEIBCHEN

JUNGVOGEL

NEST UND GELEGE

Steinschmätzer

Die Steinschmätzer der Gattung *Oenanthe* bilden innerhalb der Drosseln eine große, komplexe Gruppe von Kleinvögeln, die als Offenlandbewohner ähnliche ökologische Ansprüche haben und die größte Artenvielfalt in den Trockengebieten Nordafrikas und des Nahen Ostens aufweisen. Die einander meist ähnlichen Arten, besonders in den Schlicht- und Weibchenkleidern, bereiten oft erhebliche Bestimmungsprobleme. In Mittel- und Nordeuropa brütet nur eine Art, der Steinschmätzer.

Das auffälligste Merkmal des Steinschmätzers ist der weiße Bürzel, der im Flug meist deutlich sichtbar ist – oft zusammen mit einem schwarzen, umgedrehten „T" auf dem Schwanz, das von der Endbinde und dem Mittelstreif gebildet wird. Die bläulichgraue Oberseite unterscheidet den Steinschmätzer von den vielen anderen, oft schwierig zu trennenden Arten der Gattung.

Als ausgesprochene Langstreckenzieher haben Steinschmätzer lange Flügel. Besonders lang sind sie bei der grönländischen Unterart *leucorhoa*, die auch etwas größer, langbeiniger und vor allem unterseits kräftiger gefärbt ist.

Das riesige Verbreitungsgebiet erstreckt sich von Nordwestafrika über fast ganz Europa und den größten Teil des nördlichen Asien, in der Neuen Welt über Alaska, das Yukon-Gebiet und Nordostkanada sowie die Küstenbereiche Grönlands. In Europa kommt der Steinschmätzer bis nach Island, Spitzbergen und in den höchsten Norden Fennoskandiens und Russlands vor, andererseits besiedelt er die Mittelmeerinseln, wo er gewöhnlich die einzige brütende Steinschmätzerart ist. In vielen Teilen Europas ist der Steinschmätzer ausgesprochen selten. Besonders die anhaltende Lebensraumzerstörung im Tiefland durch Umwandlung

oder intensive Nutzung hat innerhalb weniger Jahrzehnte zum drastischen Rückgang der Art in Mitteleuropa geführt. Die durch Dürre und Überweidung verursachten Verluste in den Winterquartieren können nicht mehr durch ausreichenden Bruterfolg kompensiert werden, so dass die Aussichten im mitteleuropäischen Tiefland bis auf wenige Gegenden mit positiven Bestandstrends nicht gerade rosig sind.

Steinschmätzer sind scheue Vögel, die meist auf niedrigen Warten sitzen, aber kaum in Bäumen oder Sträuchern. Häufig zucken sie mit Schwanz und Flügeln. Am Boden hüpfen sie in schnellen Sprüngen, halten in aufrechter Haltung inne und wippen langsam mit dem Schwanz. Sie sind Bewohner von übersichtlichem, kurz oder karg bewachsenem Gelände, wie weiten Heide- und Moorflächen oder Tundra. Im Gebirge leben die Vögel über der Baumgrenze auf sonnigen, felsdurchsetzten Matten und Geröllhalden. In entsprechenden Berggegenden außerhalb Europas (Altai) wurden sie sogar in über 3000 m Höhe brütend angetroffen.

Steinschmätzer sind stark territorial, nicht nur zur Brutzeit. Auch im Winterquartier und teilweise an Rastplätzen verteidigen sie ihre Jagdgründe. Um den Anspruch auf sein Revier zu demonstrieren, unternimmt das Männchen regelmäßig Singflüge, wobei das auffällige Schwanz- und Bürzelmuster durch Spreizen der Steuerfedern eindrucksvoll zur Schau gestellt wird. Das Nest wird am Boden oder in Bodennähe, manchmal auch in den Bauen von Kaninchen, Zieseln oder Hamstern angelegt.

Steinschmätzer ernähren sich vor allem von Insekten, aber auch Spinnen, Würmern und Schnecken. Meist picken die Vögel die Tiere vom Boden auf oder wenden Blätter um. Regelmäßig fangen sie Insekten aus der Luft, wozu sie gelegentlich auch zu einem kurzen Verfolgungsflug starten. Von einer Warte aus Insekten fangende Steinschmätzer erinnern in ihrer Jagdtechnik an Würger oder Fliegenschnäpper. Im Herbst fressen sie zusätzlich viele Beeren, um das für den Zug nötige Depotfett aufzubauen.

Auf dem Zug trifft man Steinschmätzer auf fast allen Arten von Offenland an, häufig auf offenem Kulturland, aber auch auf Flughäfen und Golfplätzen. Obwohl die Steinschmätzer wie viele andere Kleinvögel hauptsächlich nachts ziehen, findet tagsüber nicht selten „Schleichzug" statt: Die Vögel bewegen sich in niedrigen, kurzen Flügen, zwischen denen auch Nahrungssuche stattfindet, und legen dabei Strecken von wenigen Kilometern in der Stunde zurück. Fast alle Steinschmätzer, selbst die Brutvögel aus Alaska und dem arktischen Kanada, überwintern in Afrika südlich der Sahara.

▸ Mittelmeer-Steinschmätzer

Steinschmätzer *Oenanthe oenanthe* (L. 1758)

Größe	= Sperling
Maße (cm)	Länge ca. 14,5–15,5 / Flügel ca. 26–32
Körpermasse (g)	21–30
Stimme	Stimmfühlung einsilbig „djü", „sip", auch 2–3-silbig; Warnruf „tak"; Reviergesang ♂ erinnert an Braunkehlchen, mit kurzen, schnell schwätzenden Strophen, oft mit Lockruf eingeleitet
Brutzeit	Ende März im Süden bis Juni im Norden; 1 oder 2 Jahresbruten
Gelegegröße	(3) 4–6 (7), meist 4 oder 5
Eifärbung	weißlichblau, ungezeichnet oder selten mit wenigen dunklen Pünktchen am stumpfen Pol; glatt, glanzlos
Eimaße (mm)	spindelförmig – 20,3 x 15,4
Brutdauer	13–14 Tage; ♀ brütet
Nestlingszeit	13–15 (16) Tage; bei Störung wird Nest früher verlassen

STEINSCHMÄTZER, MÄNNCHEN IM PRACHTKLEID

WEIBCHEN (SÜDOSTEUROPA)

JUNGVOGEL

NEST UND GELEGE

Isabellsteinschmätzer

Das Hauptbrutgebiet des Isabellsteinschmätzers reicht von der Türkei über die Kaspische Region, Kasachstan, Westchina bis in den Norden der Mongolei. Am westlichen Rand der Verbreitung schließt sich der zu Europa gehörige Arealteil an, wo die Art in den 60er-Jahren in die Südukraine und sogar nach Ostgriechenland sowie einige der Ägäischen Inseln einwanderte und später auch Bulgarien und Rumänien besiedelte; als Ursache dieser Westausbreitung wird Lebensraumverbesserung aufgrund gestiegener sommerlicher Trockenheit vermutet.

Im Gegensatz zu anderen Steinschmätzerarten sehen Männchen und Weibchen beim Isabellsteinschmätzer nahezu gleich aus. Er ist größer, heller, kurzschwänziger und hochbeiniger als „unser" Steinschmätzer und erinnert stark an Steinschmätzerweibchen, besonders im frischen (hellen) Herbstkleid. Auf dem Boden rennt er größere Strecken, sein Schwanzwippen ist noch intensiver und häufiger, außerdem hält er sich im Laufen und Stehen noch aufrechter, dabei berührt er wegen der langen Beine mit dem Schwanz nicht den Boden. Im Flug treten weitere Unterscheidungsmerkmale hervor: Durch das breitere, bräunlichschwarze Schwanzende ist im Bürzelbereich weniger Weiß erkennbar, der dunkle Mittelstreif ist kürzer und fehlt manchmal ganz. Der Bereich über dem Auge ist meist heller als beim Steinschmätzer. Männchen sind nur wenig kontrastreicher als Weibchen, ihr Zügelbereich ist aber meist dunkler.

Die Gesangsstrophen, die etwas an Lerchen erinnern, sind im Vergleich zu den eintönig wiederholten Strophen anderer Steinschmätzerarten kontinuierlich, abwechslungsreich und volltönend; sie enthalten neben abgewandelten Rufen sowohl pfeifende Laute als auch kratzende Töne und

viele Imitationen anderer Vogelstimmen, beispielsweise von Watvögeln, Lerchen, Schwalben oder Greifvögeln, aber auch Zieselpfiffe, Brüllen eines Kamels oder Wiehern von Eseln und Pferden; es wird sogar berichtet, dass einzelne Männchen die ganze Geräuschkulisse einer wandernden Karawane imitieren. Die Männchen singen von einer Warte aus oder im Schauflug, der über recht weite Strecken führt; die Flügel schlagen dabei deutlich unter der Horizontalen und mit geringem Ausschlag, der Schwanz wird breit gefächert. Bevor der Vogel wieder der Erde zustrebt, bleibt er ein- oder mehrmals rüttelnd sekundenlang in der Luft stehen.

Im Vergleich zum Steinschmätzer sind Isabellsteinschmätzer ausgeprägtere Tieflandvögel und kaum in felsigen Lebensräumen anzutreffen. Auch meiden sie Gebiete, die zu steinig, sandig, salzhaltig oder steil sind. Sie bevorzugen Steppen und Ränder von Wüsten, kommen aber auch in Wadis vor; offene und teilweise sehr hoch gelegene Bergflächen, beispielsweise in Anatolien bis über 2000 m, im Pamir sogar bis 4000 m Höhe, werden ebenfalls besiedelt. Nicht selten trifft man die Art auf extensiv beweideten Flächen an, während intensiv genutzte Tallagen gemieden werden.

Die Vögel brüten in Bauen von Zieseln, Murmeltieren, Rennmäusen oder Pfeifhasen, gelegentlich auch in ursprünglich von Springmäusen oder Blindmäusen angelegten Bauen; sogar in den Bodenröhren von Blauwangenspinten hat man sie bereits angetroffen. Meist liegt das Isabellsteinschmätzer-Nest 1/2–1 m unter der Erdoberfläche und über 1 m vom Baueingang entfernt, so dass man die Jungen normalerweise nicht mit der Hand greifen kann. Oft erscheinen die Jungen bereits einige Tage, bevor sie flügge sind, am Höhleneingang, flüchten bei Gefahr aber sofort wieder in die Röhre. Wenn sie das Nest verlassen, erkunden sie zunächst ausgiebig das Gangsystem der Nagetierkolonie. Bis zum Alter von rund vier Wochen werden sie noch gefüttert.

Während des Zuges halten sich die Vögel auch auf Kulturflächen auf, wenn diese kurze, nicht zu dichte Vegetation aufweisen. Die Art überwintert in einem breiten Gürtel in der nördlichen Sahelzone, auf der Arabischen Halbinsel, im Iran und in Indien. Obwohl die Bestandssituation der Art wenig bekannt ist, scheinen die europäischen Populationen eher anzuwachsen.

Die Art stellt ähnliche Nahrungsansprüche wie der Steinschmätzer. Die Beutetiere werden meist vom Boden aufgepickt, manchmal auch von einer Warte aus gejagt.

Isabellsteinschmätzer *Oenanthe isabellina* (TEMM. 1829)

Größe	= Sperling
Maße (cm)	Länge ca. 16,5 / Flügel ca. 27–31
Körpermasse (g)	22–34
Stimme	typische Rufe pfeifend, herabgezogen „tjiep" oder „wiu" (an Pfeifente erinnernd), hart „tk" oder „trrrä"; vielfältiger Gesang in Schauflug oder von Warte, mit Rufen, Pfiffen und Imitationen
Brutzeit	Anfang bis Mitte März, 2 Jahresbruten
Gelegegröße	4–7
Eifärbung	weißlichblau, wie Steinschmätzer, gewöhnlich ungezeichnet, gelegentlich mit wenigen rötlichen Flecken; glatt, glänzend
Eimaße (mm)	spindelförmig – 22,2 x 16,6
Brutdauer	12 Tage; ♀ brütet
Nestlingszeit	verlassen Nesthöhle mit 13–15 Tagen; noch rund 2 Wochen geführt

▸ STEINSCHMÄTZER-WEIBCHEN

ISABELLSTEINSCHMÄTZER, NIMMT MIT EINEM TROCKENEN KUHFLADEN ALS WARTE VORLIEB

...WENN ER KEINEN STEIN FINDET

FAST FLÜGGE JUNGVÖGEL

NEST UND GELEGE

Mittelmeer-Steinschmätzer

Wie andere Steinschmätzer ernährt sich der Mittelmeer-Steinschmätzer vorwiegend von Insekten sowie Spinnen oder Asseln. Auch Vegetarisches, wie Maulbeeren, Kreuzdornbeeren oder Seidelbastbeeren, wird genommen. Mittelmeer-Steinschmätzer sind typische Wartenjäger, die als Ansitz oft Pflanzenstängel wählen; gelegentlich verfolgen die Vögel ein fliegendes Insekt in der Luft.

Die Vögel brüten in offener, warmer, trockener Mittelmeerlandschaft mit nicht zu dicht stehenden Sträuchern. Auch trockene, felsige Hügel und Hänge werden besiedelt, häufig Macchie und Garrigue, Ränder von Ölbaumpflanzungen, Brachland, karges Kulturland sowie Obstgärten mit niedrigen Mauern oder Legsteinhaufen. Ferner findet man sie in Steppengebieten mit Büschen und felsigen Bereichen und an Flussufern, gebietsweise auch an der Küste auf Klippen. An Siedlungsrändern kommt die Art vor, wenn es dort Legsteinmauern oder verlassene Gebäude gibt. Für die Nahrungssuche müssen im Lebensraum steinige oder lehmige vegetationslose Flächen, für die Brut deckungsreicher, bodennaher Bewuchs vorhanden sein. Die höchsten Brutplätze wurden bei 2300 m gefunden.

Die Vögel sitzen gerne auf Büschen, Steinblöcken, Mauern oder trockenen Pflanzenstängeln. Auf diesen Warten und im Singflug tragen sie ihren Gesang vor. Dabei kreist das Männchen meist in einer Höhe von 20–30 m mit gefächertem Schwanz über dem Revier.

Zur Zugzeit trifft man diesen Steinschmätzer in offener Landschaft mit Büschen und auch im Kulturland an. Im Winterquartier hält er sich in Dorn- und Akaziensavannen, auf Ödland oder ehemaligen Brandflächen auf. Die Winterquartiere der Mittelmeer-Steinschmätzer liegen im Sahelgürtel von Senegal bis Südäthiopien.

Mittelmeer-Steinschmätzer *Oenanthe hispanica* (L. 1758)

Größe	= Sperling
Maße (cm)	Länge ca. 14,5 / Flügel ca. 25–27
Körpermasse (g)	14–20
Stimme	Rufe hoch „jiw", Warnruf kratzend „chärr"; Reviergesang klirrend, stereotype Phrasen wie „tschrri" oder „tschriü", ähnlich Steinschmätzer; imitiert andere Vogellaute
Brutzeit	Mai, 2 Jahresbruten
Gelegegröße	(3) 4–6
Eifärbung	Grundfarbe hellblau, schwach, fein rötlichbraun punktiert und gefleckt; Zeichnung zuweilen als Kappe oder Kranz am stumpfen Pol; glatt, glänzend
Eimaße (mm)	spindelförmig – 19,9 x 15,1
Brutdauer	13–14 Tage; ♀ brütet allein
Nestlingszeit	13–14 Tage

Zum Verbreitungsgebiet gehört der Mittelmeerraum von Nordwestafrika und Portugal ostwärts bis zur Türkei, nach Israel und ins südliche Kaukasusgebiet sowie zum Arabischen Golf. Außer auf Kreta, wo der Mittelmeer-Steinschmätzer weit verbreitet ist, fehlt er auf den Mittelmeerinseln fast ganz. Das Verbreitungsgebiet der östlichen Form *melanoleuca*, die neuerdings auch als eigenständige Art behandelt wird, umfasst Süditalien sowie den Balkan von Kroatien südostwärts und reicht bis zum Iran.

Europa beherbergt rund die Hälfte der Weltpopulation dieser Art. Die höchsten Siedlungsdichten wurden auf der Iberischen Halbinsel und dem südlichen Balkan festgestellt. Der Mittelmeer-Steinschmätzer leidet unter Dürrezeiten im Überwinterungsgebiet und landwirtschaftlicher Intensivierung in den südwesteuropäischen Brutgebieten. Seit den 70er-Jahren stellt man deutliche Bestandseinbußen der Nominatform fest, besonders in Spanien und Frankreich, wo auch das Areal bereits geschrumpft ist. Die östlichen Populationen scheinen bisher noch stabile Bestände aufzuweisen.

Der Mittelmeer-Steinschmätzer ist etwas kleiner, graziler und langschwänziger als der Steinschmätzer. Im Flug verstärkt sich der langschwänzige Eindruck, da das Weiß des Bürzels weiter den Rücken hinaufreicht als beim Steinschmätzer. Diese Art ist ausgesprochen variabel, im gesamten Verbreitungsareal treten schwarz- und weißkehlige Vögel in beiden Geschlechtern auf, allerdings kommen im Osten überwiegend schwarzkehlige Mittelmeer-Steinschmätzer vor. Die Männchen im Prachtkleid zeigen starke Gefiederkontraste zwischen der hellen Isabellfärbung von Oberkopf und Rücken und dem Schwarz der Flügel, Gesichtsmaske sowie des Schwanzes. Manche östliche Männchen wirken zu dieser Zeit fast schwarzweiß. Alle anderen Kleider des Mittelmeer-Steinschmätzers können zu Verwechslungen mit den entsprechenden Kleidern anderer Steinschmätzerarten führen.

Der **Nonnensteinschmätzer** (*Oenanthe pleschanka*), das östliche „Gegenstück" zum Mittelmeer-Steinschmätzer, ähnelt diesem in Gestalt und Verhalten (Sitzen auf Büschen, weniger Aufenthalt am Boden); beider Schwanzzeichnung ist gleich. Auch die Gesänge sind sehr ähnlich, der Nonnensteinschmätzer singt aber meist kürzere, eher gepresst klingende Strophen, die an Hausrotschwanz erinnern. Das große asiatische Areal reicht bis nach Nordostchina; im östlichsten Bulgarien, in der Dobrudscha Rumäniens und in der südlichen Ukraine brütet die Art auf europäischem Boden. Derzeit scheinen Arealausweitungen stattzufinden. In Bulgarien, wo sich die Verbreitungsgebiete der beiden nah verwandten Arten überschneiden, kommt es zu Hybridisierung.

▸ STEINSCHMÄTZER

MITTELMEER-STEINSCHMÄTZER, MÄNNCHEN AUS SÜDOSTEUROPA (WEISSKEHLIGE MORPHE)

MÄNNCHEN IM PRACHTKLEID AUS SÜDOSTEUROPA (SCHWARZKEHLIGE MORPHE)

NEST UND GELEGE

Trauersteinschmätzer

Der nur in Nordwestafrika, auf der Iberischen Halbinsel und in einem sehr kleinen Gebiet in Südfrankreich brütende Trauersteinschmätzer ist im Vergleich zu anderen Steinschmätzern sehr groß und dunkel. Das Männchen ist bis auf das Weiß von Bürzel, Ober- und Unterschwanzdecken sowie Schwanz und die schwarze T-Zeichnung rußig schwarz; beim Weibchen sind die entsprechenden Gefiederbereiche bräunlichschwarz. Jungvögel ähneln den Weibchen, sind aber heller und oberseits fein hell gefleckt.

Im Flug wirkt der Trauersteinschmätzer schwerfällig, manchmal erinnert er sogar an eine Amsel. Häufig sieht man ihn mit deutlich gefächertem Schwanz und ausgebreiteten Flügeln von einer Felsspitze aus abwärts fliegen oder von einem Hang zum anderen gleiten.

Trauersteinschmätzer ernähren sich vor allem von Insekten, überwältigen aber auch kleine Skorpione und Eidechsen. Die Beute wird vom Ansitz aus gejagt oder beim Durchstreifen des Reviers von Stein zu Stein fliegend gefangen. Hin und wieder fliegen die Vögel zum Fang eines Beutetieres kurz in niedrigen Bewuchs; nicht selten suchen sie in Spalten und Nischen nach Fressbarem. Im Winterhalbjahr ergänzen Beeren den Speisezettel.

Der Trauersteinschmätzer ist ein Vogel der trockenen, steinigen, vegetationsarmen Berggebiete und Felsküsten; wichtige Strukturen sind Felswände oder felsige Steilhänge, verstreute Felsblöcke und niedrige, lückig stehende Sträucher. Gebietsweise besiedelt die Art auch Gegenden mit Gestrüpp oder einzelnen Bäumen, aber nie geschlossenen Baumbestand. Die höchsten europäischen Brutplätze liegen bei 2000 m in der Sierra Nevada, im Atlasgebirge Marokkos bewohnt die dortige Unterart *syenitica* sogar Höhen bis 2800 m. Flaches Gelände meidet er ebenso wie Menschen und ihre Siedlungen sowie Kulturland.

Trauersteinschmätzer *Oenanthe leucura* (Gmel. 1789)	
Größe	= Sperling
Maße (cm)	Länge ca. 18 / Flügel ca. 26–29
Körpermasse (g)	38–44
Stimme	häufigster Ruf „tschäk" oder „grak"; Warnruf „jü"; Gesang von Warten und im Flug, Strophen mit klangvollen Pfeiftönen und Rollern, auch viele geräuschhafte und kratzende Laute
Brutzeit	März bis April, wahrscheinlich 2 Jahresbruten
Gelegegröße	3–6
Eifärbung	blass- bis weißlichblau, unterschiedlich mit tief rotbraunen Flecken, Punkten, kleinen Klecksen; glatt, glänzend
Eimaße (mm)	spindelförmig – 24,1 x 17,5
Brutdauer	etwa 16 Tage; ♀ brütet (überwiegend) allein
Nestlingszeit	verlassen mit etwa 15 Tagen das Nest

Als ausgeprägter Standvogel unternimmt der Trauersteinschmätzer so gut wie keine horizontalen Wanderbewegungen. Im Winter weicht er höchstens in tiefere Lagen aus, aber nur bei sehr ungünstigen Bedingungen. Allerdings scheint ein großer Teil der Jungvögel vom Geburtsort abzuwandern.

Der Gesang klingt weniger kräftig als bei vielen anderen Steinschmätzerarten und erinnert an den Gesang der Blaumerle. Jedes Männchen trägt mehrere Strophen vor, die sich in der Struktur deutlich unterscheiden. Während der Bodenbalz, die oft im Anschluss an einen Singflug erfolgt, bringt das Männchen seine auffällige Schwarzweiß-Färbung zur Geltung, indem es den Schwanz auf- und abbewegt sowie abwechselnd fächert und zusammenlegt. Mit Schwanz und Flügeln zitternd dreht es sich um die eigene Achse (Imponiertanz). Unter den Augen des Weibchens tanzt das Männchen schließlich am künftigen Nistplatz – oft mit einem Halm oder Stein im Schnabel – und schlüpft anschließend in die Höhlung.

Das Nest wird in Höhlen unter Überhängen, in Felsen oder alten Mauern, meist in Bodennähe, gelegentlich auch mehrere Meter über dem Boden angelegt. Für den Unterbau sammelt das Weibchen flache Steinchen, die es im Schnabel zum Nistplatz transportiert; man hat schon weit über 300 Steinchen in Nestnähe gezählt. Gelegentlich finden statt dessen auch kleine Holzstücke, Glasscherben oder sogar Olivenkerne Verwendung.

Die Art erleidet bei außergewöhnlichen, lang andauernden Kältewellen im Winter große Verluste. Dies ist wohl auch der Hauptgrund für die gebietsweise drastischen Rückgänge; daneben spielen auch Lebensraumveränderungen wie Aufforstungen eine Rolle. In Südfrankreich, wo die Art im 19. Jahrhundert noch weit verbreitet war, lebt nur noch ein kleiner Restbestand.

Der **Felsensteinschmätzer** (*Oenanthe finschii*), ein typischer Steinschmätzer der Türkei, ist vor allem in Asien verbreitet und streift Europa nur am Rande – in Georgien, Armenien und Aserbaidschan. Im Aussehen erinnert er stark an den Mittelmeer-Steinschmätzer, das Schwanzmuster entspricht eher dem des Steinschmätzers. Er bewohnt nahezu vegetationslose Schluchten und Felsabhänge. Im Unterschied zu den beiden Vergleichsarten fliegt er rasanter.

Im äußersten Süden Armeniens und Aserbaidschans lebt der **Rostbürzel-Steinschmätzer** (*Oenanthe xanthoprymna*). Er brütet vor allem an felsschuttreichen, karg bewachsenen Steilhängen, aber meist in der Nähe von Wasser. Im Winter hält er sich in Ebenen auf, meidet aber Kulturland.

▸ Saharasteinschmätzer

TRAUERSTEINSCHMÄTZER, MÄNNCHEN AUF DER SINGWARTE

WEIBCHEN AM EINGANG ZUR BRUTHÖHLE

JUNGES MÄNNCHEN

NEST UND GELEGE

Steinrötel

Der Steinrötel, eine kleine Drossel mit langem Schnabel und kurzem, rostfarbenem Schwanz, brütet in sonnigen und oft gebirgigen Landschaften bis über 2500 m Höhe. Man findet ihn an kurzgrasigen Felsabhängen, auf felsigen oder steinigen Bergwiesen oder Blockhalden, wo er aber trotz der auffälligen Färbung nicht leicht zu beobachten ist. Gebietsweise geht er auch in tiefere Lagen, wo er vor allem in Steinbrüchen, verwilderten Weinbergen mit Felsbereichen und an Ruinen anzutreffen ist.

Der Steinrötel hält sich viel auf dem Boden auf, wo er auch seine Nahrung sucht. Dabei bewegen sich die Vögel sehr elegant. Sie machen sogar Jagd auf fliegende Insekten; häufig starten sie dazu von einer Warte aus, etwa einem Felsblock, Steinhaufen, Pfahl oder Ast eines einzelnen Baumes, indem sie sich auf das Beutetier fallen lassen. Manchmal unternehmen sie Flüge bis außerhalb ihres Reviers, zum Beispiel auf eine frisch gemähte Wiese. Das Beutespektrum umfasst Insekten, Spinnen, Würmer, Tausendfüßer, gelegentlich auch Eidechsen; Beeren und andere Früchte, die manchmal auch an die Jungen verfüttert werden, gehören ebenfalls dazu. Oft sitzt der Steinrötel wie ein Steinschmätzer ganz frei und aufrecht auf einem Felsen oder am Rand eines Abhangs und knickst und zittert wie ein riesiger Rotschwanz mit dem Schwanz. In Haltung und Bewegung erinnert er kaum an eine Drossel.

Wenn man den scheuen, wenig geselligen Vogel entdeckt hat, sieht man meist auch den kurzen, rostfarbenen Schwanz, der die Artzugehörigkeit schnell entschleiert. Beim Männchen fällt meist das Weiß des Rückens auf. Während bei guter Sicht keinerlei Bestimmungsprobleme bestehen, könnte man das Weibchen unter schlechten Sichtbedingungen mit einer weiblichen Blaumerle verwechseln; diese ist

aber dunkler, hat einen längeren Schnabel, längeren, dunkelbraunen Schwanz und keine gestreifte, sondern gefleckte Kehle. Im Schlichtkleid ähneln Männchen den Weibchen und sind überwiegend bräunlich; sie sind dann oberseits kräftig gefleckt und tragen unterseits eine gelbliche Schuppenzeichnung.

Der Steinrötel zeigt einen auffälligen Singflug, wobei das Männchen mit gefächertem Schwanz wie eine Lerche flatternd aufsteigt und dann zur Warte herabschwebt. Der flötende und etwas gepresst zwitschernde Gesang erinnert an Rotdrosselgesang; er enthält Imitationen.

Der Paarung geht die Bodenbalz voraus. Dabei läuft das Männchen mit gefächertem Schwanz und hängenden Flügeln in Richtung Weibchen, richtet sich hoch auf und äußert hastig sprudelnde Lautfolgen (Subsong); dann schwenkt es, anhaltend singend, den Hals unter seitlich trippelnden Bewegungen hin und her, um sich schließlich mit erhobenem, leicht gefächertem Schwanz weit vorzubeugen. Nistplatzsuche und Nestbau sind Aufgabe des Weibchens. Das Nest wird meist an einer schwer zugänglichen Stelle angelegt. Es ist ein lockerer, nicht sehr tiefer Napf aus Wurzeln, kleinen Zweigen, Halmen und Moos. Meist wird es mit feinem Pflanzenmaterial ausgelegt.

Alle Populationen, auch die zentralasiatischen, überwintern in Afrika südlich der Sahara. Dort leben sie in den Savannen nördlich und östlich der Regenwälder. Das Verbreitungsgebiet reicht vom Mittelmeerraum (einschließlich Nordwestafrika) über die Türkei bis zu den Bergregionen Zentralasiens, zum Baikalsee sowie ins mittlere und östliche China. Die Mittelmeerinseln sind nur gebietsweise besiedelt. Die europäische Nordgrenze bilden die Nordalpen und Sudeten, die mitteleuropäischen Vorkommen mit weniger als 1000 Brutpaaren sind hauptsächlich auf die Alpen und Karpaten beschränkt.

Rückgang und Arealschrumpfung im nördlichen Teil des Brutgebietes machten sich bereits im 19. Jahrhundert bemerkbar. Vor dieser Zeit war die Art in Mitteleuropa – bis zum Harz und nach Belgien – weit verbreitet. Anfang des 20. Jahrhunderts gab es in Mitteleuropa nur noch kleine Restvorkommen in den Alpen und Mittelgebirgen, von denen die meisten in den folgenden Jahrzehnten erloschen. Ursache waren neben direkter Verfolgung vor allem Lebensraumveränderungen durch Aufgabe oder Einschränkung der Beweidung, Erschließungsmaßnahmen sowie „Aufräumen“ der Schutthalden und Ruinen nach dem Zweiten Weltkrieg. Gebietsweise werden in Österreich, der Schweiz, Slowenien und Kroatien jedoch Bestandszunahmen gemeldet.

▸ Blaumerlen-Weibchen

Steinrötel *Monticola saxatilis* (L. 1766)

Größe	= Sperling
Maße (cm)	Länge ca. 18,5 / Flügel ca. 33–37
Körpermasse (g)	44–60
Stimme	Warnruf laut und weich mit kleinen Pausen, häufig wiederholt „dju“ oder „hüt“, daran angehängt „dak“ oder „dschak“-Serien; Erregung „rätsch“; Reviergesang mehrere mäßig laute, flötende Strophen
Brutzeit	Mai, 1 Jahresbrut
Gelegegröße	4–5 (6)
Eifärbung	hell grünlichblau, etwas dunkler als Blaumerle; ausnahmsweise wenige rostrote Flecken am stumpfen Pol; glatt, glänzend
Eimaße (mm)	spindelförmig – 25,9 x 19,5
Brutdauer	13 Tage; nur ♀ brütet und hudert
Nestlingszeit	13–14 Tage; anfänglich bringt ♂ Futter, an ♀ übergebend

STEINRÖTEL, MÄNNCHEN AUF DER SINGWARTE

WEIBCHEN

JUNGVOGEL

DUNENJUNGE UND EI

Blaumerle

Die Blaumerle ähnelt einem Steinrötel, hat aber einen längeren Schnabel, auch der Schwanz ist länger. Das ausgewachsene Männchen sollte mit dem überwiegend dunkel bläulichgrauen Gefieder (Flügel und Schwanz sind schwärzlich) eigentlich keine Bestimmungsprobleme aufwerfen. Bei manchen Lichtverhältnissen wirkt es aber so dunkel wie ein Amselmännchen. Häufig sind dann die Geschlechter kaum zu unterscheiden, denn auch die dunkel graubraunen Weibchen wirken oft sehr gedeckt; sie haben manchmal oberseits einen Blauschimmer, unterseits sind sie beigefarben und dunkel gebändert.

Männchen der nordöstlichen, rostbäuchigen Unterart *philippensis*, die manche Autoren als eigene Art ansehen, erinnern in der Färbung an Steinrötel, haben aber kein Weiß auf dem Rücken und einen stahlblauen Schwanz. Diese Vögel werden in nicht geringer Zahl gefangen und von mitteleuropäischen Vogelhaltern gezüchtet; aus Käfigen entwichene Vögel können, als Steinrötel fehlbestimmt, für Verwirrung sorgen.

Die flötenden Gesangsstrophen der Blaumerle erinnern trotz mancher kratziger Laute an Amsel- oder Misteldrosselgesang. Der Singflug ist einfacher und führt weniger weit als beim Steinrötel; der Vogel startet dazu von einer exponierten Warte und lässt sich oft mit gespreiztem Schwanz von Aufwinden ein Stück hochtragen. Die scheuen, vorsichtigen Vögel sind schwer zu beobachten; sie sitzen oft in geduckter Haltung wie Steinrötel frei an Abhängen oder auf Felsnasen, aber auch auf Gebäuden, was Steinrötel nur selten tun. Bei Gefahr entziehen sie sich oft den Blicken, indem sie hinter eine Felskante flüchten. Die Blaumerle zittert im Gegensatz zum Steinrötel nicht mit dem Schwanz, aber Schwanzwippen und Flügelzucken kommen oft vor.

Blaumerle *Monticola solitarius* (L. 1758)

Größe	< Amsel
Maße (cm)	Länge ca. 20 / Flügel ca. 33–37
Körpermasse (g)	50–70
Stimme	Rufe am Balzplatz klagend „uit uit uit"; bei starker Erregung rasches „gädädädä..."; melodischer Gesang von Warte oder im Flug, relativ kurze flötende Strophen, oft wiederholt; auch ♀ singen
Brutzeit	April; gewöhnlich 1, manchmal 2 Jahresbruten
Gelegegröße	(2) 4–6, meist 5
Eifärbung	weißblau, ungezeichnet oder manchmal mit zarten rötlichbraunen Flecken vor allem am breiten Ende; glatt, glänzend
Eimaße (mm)	spindelförmig – 27,3 x 19,9
Brutdauer	12–13 Tage; nur ♀ brütet und hudert
Nestlingszeit	15–16 (18); mitunter werden gut flugfähige Junge noch gefüttert

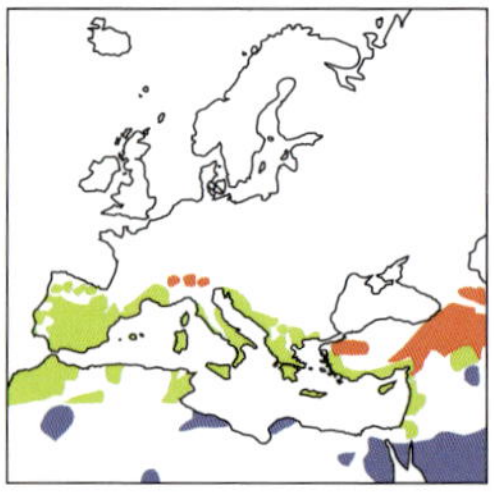

Das recht große Brutgebiet der Art reicht von Nordwestafrika und der Iberischen Halbinsel bis China, Sachalin, Ussuriland und Japan. Außerdem leben isolierte Populationen an der Küste Senegals und in Malaysia; größere Bestände gibt es auch in Kleinasien. Die europäischen Hauptbrutvorkommen liegen in Spanien und Italien, sie nehmen derzeit aber stark ab. In Mitteleuropa leben Blaumerlen in etwa 20–25 Brutpaaren nur in der Südschweiz. Noch im 19. Jahrhundert war die Art in der Schweiz weiter verbreitet, außerdem brütete sie auch in Kärnten, wo die letzten Brutnachweise aus den 20er-Jahren stammen. Während früher die direkte Verfolgung Hauptrückgangsursache war, ist es heute der Verlust an Lebensraum durch Erschließung und Tourismus. Aber immer noch spielt die anhaltende Vogeljagd im Mittelmeerraum (besonders auf Malta) für die negative Bestandsentwicklung eine große Rolle.

Die Art ist noch wärmeliebender als der Steinrötel. Während die Vergleichsart eher von den mittleren Lagen an aufwärts lebt, besiedelt die Blaumerle tiefer gelegene und steilere Bereiche, meist unter 1000 m, wie die unteren Bereiche von hohen Felswänden, Schluchten, Klippen und felsigen Berghängen. Sie bevorzugt meist mehr Vegetation als der Steinrötel – auch höheres Gras und Gebüsch. Außerdem ist sie viel eher ein Kulturfolger, der sogar an Ruinen, Türmen oder Gebäuden in Großstädten, wie Athen oder Rom, brütet. Die mitteleuropäischen Brutplätze im Tessin liegen vorwiegend in Steinbrüchen, die noch nicht stillgelegt sind. Trotz der Störungen des Brutgeschäftes sind die schweizerischen Vorkommen seit Jahren stabil. Das lässt hoffen, zumal der genaue Bestand wegen der sehr schwierigen Erfassung der Art nicht bekannt ist und möglicherweise einige unentdeckte Vorkommen in größeren Höhenlagen existieren.

Die südlichen Populationen sind Standvögel, die nördlichen Teilzieher. Die Überwinterungsgebiete liegen an den Küsten des Mittelmeeres und in Nordafrika. Asiatische Populationen überwintern in Indien und Südostasien. Überwinterungsgebiete sind karge, häufig küstennahe Felsgebiete, Siedlungen, aufgegebene Bergwerke, Blockhalden mit Wacholder, Oasen; nicht selten halten sie sich auch in Olivenhainen auf.

Das Nahrungsspektrum ähnelt dem des Steinrötels und besteht vorwiegend aus größeren Insekten. Oft ist der Anteil an Reptilien, wie Eidechsen, Geckos und Schlangen, größer. Einer erbeuteten Schlange trennt die Blaumerle den Kopf ab und legt sie für den Transport im Schnabel mehrfach zusammen. Ab Spätsommer fressen die Vögel viele Beeren und Früchte, wie Oliven, Weintrauben, Kirschen, Feigen, Lorbeeren, sowie Samen.

▸ STEINRÖTEL

BLAUMERLE, MÄNNCHEN SINGT VOR DER FUTTERÜBERGABE

MÄNNCHEN MIT SPINNE

NEST UND GELEGE

Ringdrossel

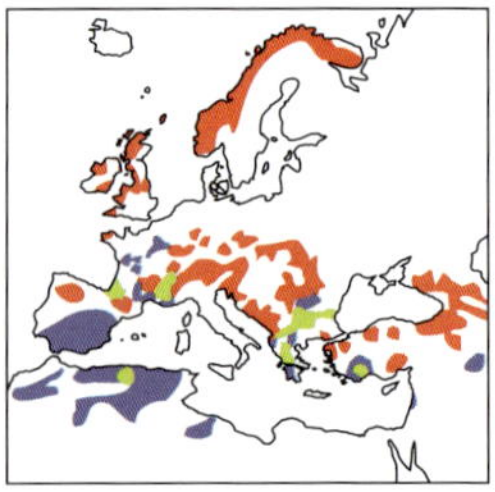

Die Ringdrossel ist in drei geographisch voneinander getrennten Unterarten von West- und Südwesteuropa bis zum Nordostiran verbreitet. In Europa kommen zwei Unterarten vor: die Nominatform auf den Britischen Inseln, in Skandinavien (in Finnland selten) und Russland (nur auf der Kola-Halbinsel); *alpestris* in den höheren Mittelgebirgen und Gebirgen des übrigen Europa von rund 900–2300 m Höhe.

Die Ringdrossel ist zwar etwas kleiner als die Amsel, wirkt aber oft größer, weil Schwanz und Flügel länger sind und der Körper insgesamt lang gestreckter ist. Sie fällt durch ihr deutliches helles Brustband (außer bei jungen Weibchen) und die stets im Vergleich zum übrigen Gefieder helleren Flügel auf. Männchen der nordischen Nominatform sind zur Brutzeit überwiegend rußschwarz mit einem kontrastreich abgesetzten weißen Brustband. Bei den Männchen der Unterart *alpestris* sind die hellen Säume des Körpergefieders meist viel breiter (besonders im Herbst und Winter), wodurch sie im Vergleich zu Vögeln der Nominatform heller und eher geschuppt wirken. Weibchen sind generell eher braun gefärbt, auf der Unterseite sehen sie durch die hellen Federränder noch deutlicher geschuppt aus.

Manche Jungvögel ähneln stark jungen Amseln, da sie kaum ein Brustband aufweisen und unterseits ebenfalls gefleckt sind. Es gibt teilalbinotische Amseln, die wie Ringdrosseln aussehen können, aber deren Gefieder zeigt kein Schuppenmuster. Außerdem sind die Rufe unterschiedlich. Ringdrosselrufe sind tief und hart („tok") und klingen oft wie wenn man zwei Steine aneinander schlägt.

Die Alpenringdrossel lebt im Bereich felsiger Abhänge, in der Krummholzzone und im lockeren, freiflächenreichen Gebirgsnadelwald (Fichten- und Lärchenwald). Dort wählt sie meist nicht zu trockene Bereiche, gerne in der Nähe von Feuchtwiesen, Blockhalden oder Almen. Die nordische Unterart bewohnt in Skandinavien meist die steilen, unzugänglichen Fjällgebiete sowie fjällnahe, lockere Fichten- und Birkenwälder. In Großbritannien ist sie Brutvogel in locker mit Bäumen bestandenen Heideflächen in Höhen von 200–300 m, die an Schafweiden grenzen. Generell kommen die Vögel oft in der Nähe von Fließgewässern vor. Ringdrosseln sitzen häufig auf Felsen; aufgescheucht fliegen sie erst einmal ein beträchtliches Stück davon, ehe sie wieder einfallen.

Das Weibchen baut ein stabiles Nest mit einem umfangreichen, etwas schlampig wirkenden Unterbau; bevor es die Mulde mit feinen trockenen Gräsern auspolstert, trägt es eine dünne Schicht aus feuchter Erde ein, die im fertiggestellten Nest nicht mehr erkennbar ist. Neststandort ist meist ein Nadelbaum, eine Latsche, manchmal auch ein Strauch, zum Beispiel Grünerle, oder der Balken einer Berghütte. Im Gegensatz zur Nominatform baut die Alpenform das Nest selten bodennah im Fels.

Nach Beendigung des Brutgeschäftes wandern viele Alt- und Jungvögel in höhere Lagen. Im September oder Oktober verlassen die Ringdrosseln das Brutgebiet. Die Winterquartiere der nordeuropäischen Brutvögel liegen in Südfrankreich, Südspanien sowie Nordwestafrika, die mitteleuropäischen Vögel überwintern meist im südlichen Teil des Verbreitungsareals und auf Mittelmeerinseln. Im Winter trifft man die Vögel häufig an trockenen, mit Gebüsch, oft Wacholder bestandenen Hängen; auf dem Zug halten sie sich meist im Tiefland, auch an der Küste auf. Da die mitteleuropäischen Ringdrosseln oft bereits Ende März an ihre Brutplätze zurückkehren, zwingen sie nicht selten plötzliche Wintereinbrüche in tiefere Lagen oder in die Täler auszuweichen.

Die Hauptnahrung besteht im Frühjahr und zur Brutzeit aus Regenwürmern; daneben verzehren die Vögel aber auch größere Insekten und kleine Schnecken. Im Sommer und Herbst spielen Beeren und Früchte eine große Rolle.

Die Ringdrossel ist aufgrund ihrer Lebensraumansprüche lückig verbreitet. Die europäischen Brutbestände sind, so weit man weiß, überwiegend stabil; es gibt aber lokale Abnahmen. Außerdem sind (vor allem in den Mittelgebirgen) Erschließungsmaßnahmen und Tourismus sowie (gebietsweise) Konkurrenz mit Misteldrossel und Amsel Rückgangsursachen. Durch Windwurf und Abholzungen im Bergwald, vielleicht sogar durch das Waldsterben nehmen in manchen Gebieten die Bestände sogar zu.

Ringdrossel *Turdus torquatus* (L. 1758)

Größe	= Amsel
Maße (cm)	Länge ca. 23–24 / Flügel ca. 38–42
Körpermasse (g)	95–130
Stimme	Stimmfühlungsruf „zrrp", „tschwier", „sierck"; Warnruf hart „toktoktok"; intensiver Gesang weithin hörbar, aus monotonen Strophen, mit Pausen, Vortrag etwas abgehackt; zwischen Flötentönen auch Triller und Geräusche
Brutzeit	Mitte April im Süden, Ende Mai bis Anfang Juni im Norden; manchmal 2 Jahresbruten
Gelegegröße	3–6
Eifärbung	lebhaft bläulichgrün mit auffälligen kleinen, rötlichbraunen, -violetten und purpurgrauen Flecken; Zeichnung meist gleichmäßig verteilt, glatt, glänzend
Eimaße (mm)	spindelförmig – 30,4 x 21,5
Brutdauer	12–14 Tage; nur ♀ brütet
Nestlingszeit	12–16 Tage; nach weiteren 4 Tagen flugfähig

▶ Amsel

RINGDROSSEL, MÄNNCHEN AUS DEN ALPEN

RINGDROSSEL, WEIBCHEN AUS SKANDINAVIEN

JUNGVOGEL AUS SCHOTTLAND

NEST UND GELEGE DER ALPENFORM

Amsel

Ausgewachsene Amselmännchen sind einfach zu beschreiben: schwarzes Gefieder, orangegelber Schnabel und ebenso gefärbter Lidring. Das Gefieder der Weibchen ist dunkel- bis schwärzlichbraun, die Brust ist heller und undeutlich gemustert, der Schnabel meist bräunlich oder leicht gelblich. Ältere Weibchen können einen fast männchenähnlichen gelben Schnabel bekommen. Die Jungvögel sind mehr rotbraun gefärbt, oberseits fallen die hellen Schaftstriche auf, unterseits sind Jungamseln kräftig gefleckt.

Das Verbreitungsareal der Amsel umfasst Nordwestafrika und nahezu ganz Europa; sie fehlt im hohen Norden Skandinaviens und Finnlands, in einigen Regionen Nordrusslands sowie im Hochgebirge, wo die Ringdrossel sie vertritt. Im Osten reicht das Brutgebiet bis zum Ural, im Süden erstreckt es sich über das östliche Mittelmeergebiet, den Iran, die Himalajaregion bis in das mittlere und östliche China. Die in Indien und Sri Lanka lebenden Amselformen werden heute meist als eigene Art abgetrennt. In Australien und Neuseeland wurden Amseln eingebürgert.

Amsel *Turdus merula* (L. 1758)

Größe	= Amsel
Maße (cm)	Länge ca. 24–25 / Flügel ca. 34–38,5
Körpermasse (g)	80–148
Stimme	vielfältig und stimmfreudig; Lockruf auf Zug gedämpft, fein rollend „srii", tief „pock"; Erregungsruf rotkehlchenartig, fein und rau „tsiiiih", hart schnalzend „tjack-ack-ack-ack…"; als Warnruf Serie metallisch hämmerndes, helles „pli-pli-pli-pli-pli…", beim Auffliegen oft anschwellend; melodisch weicher Gesang, mit klaren, lauten Flötentönen, großen Tonsprüngen und angehängtem, gepreßtem Zwitschern; bei manchen Vögeln erinnert wehmütiger Toncharakter an Misteldrossel
Brutzeit	Kanaren Februar, sonst März im südlichen Bereichen bis April/Mai in nördlichen; 2 oder 3, selten 4 Jahresbruten
Gelegegröße	(3) 5–6 (7), ausnahmsweise 2
Eifärbung	variabel; frische Grundfarbe stets grün, dann oft ausgeblichen, darauf feine oder auch verwischte und zusammenfließende, auch sehr grobe rostrote bis dunkelbraune Flecken oder Zeichnungen; mitunter auch ungefleckte Eier oder mit weißer Grundfärbung; glatt, glänzend
Eimaße (mm)	spindelförmig – 29,1 x 21,7
Brutdauer	(11–) 13–14 (–17) Tage; ♀ brütet in der Regel allein, versorgt sich auch mit Nahrung; ♂ nur gelegentlich auf Gelege
Nestlingszeit	(12) 13–14 (–19) Tage; beide Partner füttern, auch noch bis 3 Wochen nach Verlassen des Nestes

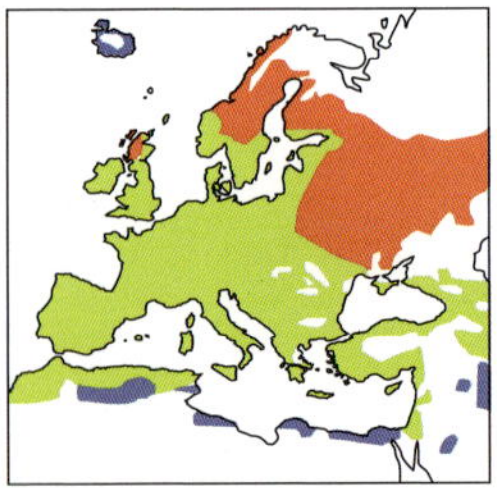

Die Amsel zählt zu den häufigsten Vogelarten Europas und nimmt in vom Menschen geprägten Lebensräumen gebietsweise immer noch zu; grobe Schätzungen des europäischen Gesamtbestandes liegen bei 50 Millionen, auf Mitteleuropa entfallen, ebenfalls grob gerechnet, 18 Millionen Amseln. In vielen Städten haben sie den Haussperling zahlenmäßig überrundet. Gründe für den enormen Erfolg dieser Art in Mitteleuropa sind die erstaunliche Anpassungsfähigkeit und Flexibilität: So werden entsprechend dem Nahrungsangebot saisonal verschiedene Lebensräume aufgesucht, beispielsweise im Herbst vielfach Gebiete mit reichlich Früchten und Beeren. Hauptnahrung sind Würmer, Schnecken und Insekten. Auch das Entstehen neuer Nahrungsquellen in der Agrarlandschaft, die Dezimierung der natürlichen Feinde und nicht zuletzt die Winterfütterung (zusammen mit milden Wintern) haben ebenfalls zum zahlenmäßigen Anwachsen beigetragen. Die Art profitierte von der Waldnutzung und ist in von Menschen stark beeinträchtigten Wäldern häufiger als in naturnahen.

Ursprünglich ist die Amsel ein Bewohner dichter, unterholzreicher Wälder mit feuchtem Untergrund und wenig bewachsenen, freien Stellen zur Nahrungssuche. In Mitteleuropa lebt sie heute in allen Arten von Wäldern (im Inneren von reinen Nadelwäldern jedoch in sehr geringer Dichte), Hecken- und Buschlandschaften, Feldgehölzen, Parks und Gärten; sogar Schilfbestände werden besiedelt, wenn es Büsche gibt. Doch aus dem einstmals scheuen Waldvogel ist inzwischen ein Siedlungsbewohner geworden, der sogar in Hinterhöfen mitten in der Großstadt brütet, wo es kaum Bäume gibt. Übrigens ist dieser Verstädterungsprozess noch nicht in allen Gegenden Europas abgeschlossen, so im Nordosten einschließlich der baltischen Länder und Ostpolens. In südeuropäischen Städten ist es wegen der starken Verfolgung kaum zur Verstädterung gekommen. Die in Mitteleuropa innerhalb von Siedlungen lebenden Amseln sind überwiegend Standvögel. Besonders die waldbewohnenden Amseln sind Teilzieher. In Skandinavien und Osteuropa ist die Amsel hauptsächlich Zugvogel.

Das Amselnest ist ein stabiler Bau aus Halmen, Wurzeln und Moos, der mit feuchter Erde verklebt wird und als innerste Lage eine Polsterung aus feineren Halmen erhält; nicht selten findet man im Amselnest Textilfetzen, Plastikstücke oder Teile von Papiertaschentüchern. Natürliche Neststandorte sind junge Bäume oder Büsche in 1–5 m Höhe. Nester im Siedlungsraum werden auch in Spalierpflanzen, auf Dachbalken, Mauervorsprüngen oder in hochgelegenen Blumenkästen gebaut.

▶ RINGDROSSEL

AMSEL, MÄNNCHEN IM WINTER BEI DER BEERENERNTE

WEIBCHEN

JUNGVOGEL

NEST UND GELEGE

Wacholderdrossel

Ursprünglich stammt die Wacholderdrossel aus den sibirischen Taigawäldern; sie hat ihr Brutgebiet jedoch weit nach Westen ausgedehnt. Seit Mitte des 19. Jahrhunderts ist sie Brutvogel Mitteleuropas. Das Verbreitungsgebiet der Art reicht zur Zeit von Südostfrankreich, Dänemark und Norwegen bis Mittelsibirien und Amurland. Auf den Britischen Inseln, Island und Grönland hat sie bereits Fuß gefasst; der nördliche Mittelmeerraum mit Norditalien und Griechenland bildet die heutige Südgrenze.

Die Wacholderdrossel brütet in mit Freiflächen durchsetzten, nicht zu dichten und trockenen Misch- und Nadelwäldern, gerne an Wasserläufen. In Mitteleuropa besiedelt sie häufig Auwälder, Feldgehölze, Waldränder vom Tiefland bis in 2000 m Höhe sowie Parks, Friedhöfe und große Gärten mit hohen Bäumen. Man schätzt den mitteleuropäischen Bestand auf über eine Million Vögel. In Nordeuropa ist die Wacholderdrossel ein typischer Brutvogel der lichten Taiga- und Birkenwälder, in Schweden heißt sie deshalb björktrast („Birkendrossel"). Die Vögel haben eine Präferenz für kalte und feuchte Lebensräume; das zeigt sich daran, dass in Gebirgsgegenden die schattigen, feuchten Tallagen und Nordhänge zuerst besiedelt werden und die Art in Skandinavien (wo sie zu den häufigsten Brutvogelarten gehört) im Norden die größten Dichten erreicht.

Die Winterquartiere liegen in ganz West- und Südeuropa, in der Türkei und im südwestlichen Asien; aber auch auf Island kommt es regelmäßig zu Überwinterungen. Im Winterhalbjahr treten Wacholderdrosseln oft in großen Schwärmen auf, in denen nicht selten auch Rotdrosseln mitfliegen. Meist trifft man sie auf Wiesen und Feldern nahe einem Waldrand oder Gehölz, in Obstgärten oder an schnell

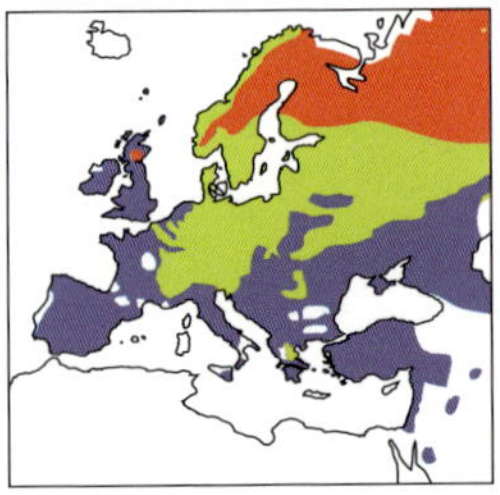

schneefrei werdenden Gewässerufern an; oft sieht man sie auch am Straßenrand auf beerentragenden Sträuchern oder Bäumen. In Mitteleuropa und im südlichen Nordeuropa sind die Vögel meist Kurzstreckenzieher, die je nach Härte des Winters und Nahrungsangebot (vor allem Vogelbeeren) mehr oder weniger weit ziehen; in manchen Wintern kommt es zu eruptiven Zugbewegungen. Weiter nach Norden und Osten zu wird die Art allmählich zum Zugvogel.

Mit der Graufärbung von Kopf und Bürzel, dem dunkel rötlichbraunen Mantel, der pfeilförmigen Unterseitenfleckung und dem schwärzlichen Schwanz ist die Wacholderdrossel in Europa kaum mit einer anderen Art zu verwechseln. Jungvögel weisen oberseits helle Schaftstriche auf, die Unterseitenflecken sind rundlicher als bei Altvögeln. Der wellenförmige Flug ist etwas schwerfällig; fliegende Wacholderdrosseln erinnern an Misteldrosseln, wirken aber nicht so taubenartig und rundbäuchig. Ihre Nahrung suchen sie in deckungslosem Gelände, meist auf Wiesen und Feuchtwiesen. Dabei bilden Regenwürmer vielfach die Ernährungsgrundlage; sie erbeuten aber auch Insekten sowie Schnecken und Spinnen und legen erdbewohnende Larven und Raupen frei. In Büschen und Bäumen finden sie Beeren, vor allem von der Eberesche. Wenn Kirschen oder Johannisbeeren reif werden, können sie Schäden in den Anbaugebieten verursachen. Im Siedlungsbereich verzehren sie im Winter vor allem Äpfel.

Wacholderdrosseln sind das ganze Jahr über sehr gesellig. Am Boden sitzen sie oft aufrecht. In Kolonien brütende Wacholderdrosseln greifen Störenfriede gemeinsam mit harten, schnarrenden Rufen und Sturzflügen an, gebietsweise bespritzen sie den Feind sogar mit Kot. Der Kot trocknet auf dem Gefieder des Greifvogels oder der Krähe und wird ziemlich hart, so dass er deren Flugfähigkeit beeinträchtigen kann, in manchen Fällen kommt es sogar zum Tod durch Verhungern. Allerdings kann man wohl nicht von einsichtigem Verhalten sprechen. Das Kotabgeben ist wahrscheinlich eine Stressreaktion, weil die angreifenden Drosseln dem Feind zu nahe gekommen sind; durch den Erfolg und aufgrund von Lernvorgängen wurde das Kotspritzen immer zielgerichteter und hat gebietsweise zu einer Tradition geführt.

Eine in Gestalt und Verhalten an Wacholderdrossel erinnernde Art ist die **Bechsteindrossel** (*Turdus ruficollis*). Sie hat ihre Hauptverbreitung im westlichen und mittleren Sibirien. Im Norduralgebiet brütet die Unterart *atrogularis* („Schwarzkehldrossel") mit schwarzer Brust (bei Männchen im Frühjahr am auffälligsten) auf europäischem Boden.

▸ MISTELDROSSEL

Wacholderdrossel *Turdus pilaris* (L. 1758)

Größe	= Amsel
Maße (cm)	Länge ca. 25,5 / Flügel ca. 39–42
Körpermasse (g)	80–120
Stimme	häufigster Ruf arttypisches Schnackern „gag schak schak ak ak…"; im Streckenflug fein „sii"; Gesang im Flug oder von Baumspitze unmusikalisch plauderndes Knirschen und Zwitschern
Brutzeit	April im Süden, bis Anfang oder Mitte Juni im Norden; oft 2 Jahresbruten
Gelegegröße	2–7, meist 5–6
Eifärbung	sehr variabel, manchmal ähnlich Amsel oder Ringdrossel, hell grünlichblau mit rostroter Zeichnung; Flecken häufig winzig und dicht, auch Klecksung; glatt, glänzend
Eimaße (mm)	spindelförmig – 28,4 x 21,3
Brutdauer	10–13 (14) Tage; nur ♀ brütet
Nestlingszeit	11–16 Tage; in ersten Tagen übergibt ♂ häufig Futter an ♀

WACHOLDERDROSSEL IM WINTER AN GEWÖHNLICHEM SCHNEEBALL

ALTVOGEL

JUNGVOGEL

NEST UND GELEGE

Singdrossel

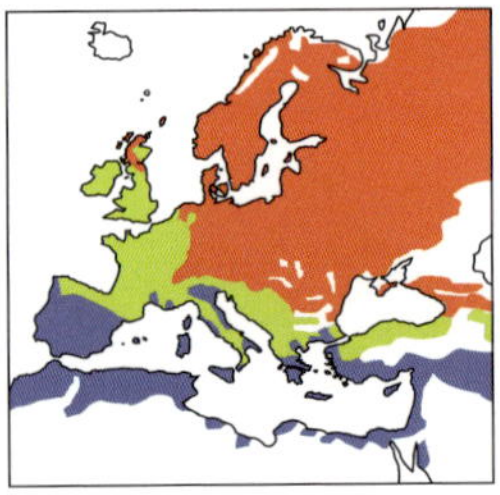

Die wenig gesellige Singdrossel ist oberseits braun, unterseits rahmfarben und bis zu den Flanken dicht schwärzlich gefleckt. Der Gesichtsausdruck wirkt durch die relativ großen Augen und die kompakte Gestalt sanfter als bei der Misteldrossel. Jungvögel sind oberseits gelblich gestrichelt. Typisch für die Singdrossel sind die gelblich orangefarbenen Unterflügeldecken, die man an auffliegenden Vögeln oft gut erkennen kann; dabei hört man auch den kurzen, scharfen Flugruf „zipp", der der Singdrossel auch den Namen „Zippe" eingebracht hat. Die Männchen singen gerne auf Baumspitzen (in Siedlungsgebieten auf Antennen) und häufig in der Abenddämmerung. Der Gesang ist laut und abwechslungsreich, jede der flötenden und zwitschernden Strophen wird typischerweise 3- bis 4-mal wiederholt. Viele Singdrosseln imitieren andere Vogelstimmen, wie Watvögel, verschiedene Singvögel und sogar den Waldkauz. Bei Gefahr in Nestnähe warnen die Altvögel mit anhaltenden, zeternden „dick-dick-dick…"-Rufen.

Im Gegensatz zur größeren und langschwänzigeren Misteldrossel, die ausgesprochen wellenförmig und oft hoch fliegt, ist der Flug der Singdrossel geradlinig und meist tief. Am Boden bewegen sich Singdrosseln rennend oder hüpfend. Bei der Nahrungssuche sind sie oft recht vertraut und viel weniger scheu als Misteldrosseln.

Die Vögel suchen ihre Nahrung auf Wiesen und anderen Freiflächen, oft in der Nähe von Gebüsch, in das sie bei Gefahr flüchten. Je nach Jahreszeit variiert die Nahrung: Im Frühjahr enthält sie vorwiegend Regenwürmer, im Sommer vor allem Käferlarven, Raupen sowie einen relativ hohen Anteil an Schnecken. Typisch ist das Aufschlagen von Gehäuseschnecken auf harten Unterlagen, wie Steinen, den „Drosselschmieden". Im Spätsommer und Herbst werden weiche Früchte und viele Beeren verzehrt, wobei Heidelbeeren besonders beliebt sind.

Die Art bewohnt vorwiegend Wälder mit viel Unterholz, Feldgehölze, Hecken, Parks, Friedhöfe und größere Gärten. Das Weibchen baut ein sehr stabiles und wohlgeformtes Napfnest aus Gras und Laub; statt einer weichen Polsterung erhält es als Unterlage für die Eier eine Auskleidung aus Holzmulm oder Lehm. Neststandorte sind Bäume oder Büsche, häufig (Nominatform) in einer jüngeren Fichte dicht am Stamm. Das Weibchen brütet allein, beide Eltern füttern. Die Jungvögel halten sich kurz nach dem Ausfliegen in dichter Deckung auf; bei Gefahr können sie eine rohrdommelähnliche Tarnhaltung einnehmen. In Mitteleuropa werden meist zwei Bruten gezeitigt.

Die mitteleuropäischen Brutvögel ziehen von Mitte September bis Oktober in Südwestrichtung nach Frankreich, auf die Iberische Halbinsel und nach Nordafrika. In die Brutgebiete kehren sie oft bereits Ende Februar zurück. Auf dem Herbstzug hört man nicht selten auch über Städten das feine „zipp" der nächtlich ziehenden Singdrosseln. Das Verbreitungsgebiet der Singdrossel erstreckt sich von Westeuropa bis zum ostsibirischen Baikalsee. Fast ganz Europa ist besiedelt, auf der Iberischen Halbinsel gibt es aber nur kleine Vorkommen – immerhin bis Südspanien. Die Art bewohnt Wälder bis zur Waldgrenze in 2200 m Höhe. In Südaustralien und Neuseeland wurde sie eingebürgert.

In Europa kommt die Singdrossel in zwei Unterarten vor; die Grenze verläuft durch den Westen Deutschlands. Die östlich davon lebende Nominatform (auch in Nordeuropa und ostwärts bis an den Rand der Artverbreitung) ist mehr an die Fichte gebunden, die westliche Unterart *clarkei* ist vor allem Laubwaldbewohner; bei dieser Form ist auch die Verstädterung weiter fortgeschritten als bei der Nominatform, was man in Großbritannien beobachten kann.

Die Singdrossel ist fast überall in Mitteleuropa häufig mit weitgehend stabilen Beständen, wenn es auch gebietsweise immer einmal wieder starke Rückgänge gibt. Im Gegensatz zur Amsel zeigen sich vor allem in Siedlungen rückläufige Tendenzen, nachdem bis Anfang der 50er-Jahre viele mitteleuropäische Dörfer und Städte besiedelt wurden. Auf den Britischen Inseln werden Bestandsrückgänge gemeldet, in Belgien schrumpft offensichtlich sogar das Verbreitungsareal. Die Jagd in Süd- und Westeuropa scheint relativ große Auswirkungen auf die Bestände zu haben.

Singdrossel *Turdus philomelos* BREHM 1831

Größe	= Amsel
Maße (cm)	Länge ca. 23 / Flügel ca. 33–36
Körpermasse (g)	60–100
Stimme	Lock- und Flugruf kurz „zipp"; Zetern „tschi tschi…" oder „dick-dick-dick…", deutlich heller und flacher als Amsel; Gesang abwechslungsreich mit weichen Flötentönen und Nachahmungen, eher gesprochen als gesungen
Brutzeit	März im Süden, bis Ende Mai oder Juni im Norden; gewöhnlich 2 Jahresbruten
Gelegegröße	4–6
Eifärbung	intensiv hellblau mit wenigen Tupfen, Flecken oder unregelmäßigen Klecksen dunkler Farbe; Flecken manchmal mit verwischten rötlichen Rändern; gelegentlich ungefleckt, sehr selten braun oder weiß; glatt, schwach glänzend
Eimaße (mm)	spindelförmig – 27,3 x 20,4
Brutdauer	10–17, meist 12–14 Tage; nur ♀ brütet
Nestlingszeit	13–14 Tage; beide Partner füttern

▸ ROTDROSSEL, MISTELDROSSEL

SINGDROSSEL, MÄNNCHEN AUF DER SINGWARTE

VERTRAUTE SINGDROSSEL IM STADTPARK

JUNGVOGEL IN DER GROSSSTADT

NEST UND GELEGE

Rotdrossel

Die Rotdrossel ist die kleinste europäische Drossel. Die Kombination von breitem weißlichem Überaugenstreif mit rostroten Flanken und gestreifter Unterseite macht sie unverkennbar. Im Flug fallen die rostroten Unterflügeldecken auf, die sie klar von fliegenden Singdrosseln unterscheidet.

Der Gesang der Rotdrossel ist deutlich zweigeteilt und zeigt eine ausgeprägte geographische Variation (bildet Dialektgebiete). Er besteht aus schnellen, meist etwas schwermütig klingenden, oft abfallenden Reihen von Flötentönen, an die sich ein hastiges, gepresstes Gezwitscher anschließt. Dieser zweite, eher aggressiv gemeinte Teil dient mehr der Revierabgrenzung; im Laufe der Brutzeit wird er immer kürzer. Andererseits kann dieser Gesangsteil bei territorialen Auseinandersetzungen lang anhaltend vorgetragen werden.

Das zusammenhängende Verbreitungsgebiet der Rotdrossel reicht von Nord- und Nordosteuropa quer durch die Taigazone bis Ostsibirien. Nördlich der Waldzone besiedelt die Art auch Tundragebiete, wenn es dort felsige Bereiche gibt, wo das Nest angelegt werden kann. Außerdem kommt sie im Gebirge vor. Die Südgrenze in Europa verläuft durch Südschweden, Nordostpolen, das Baltikum und das südliche Weißrussland. Isolierte Vorkommen bestehen in Südwestgrönland, Island und Schottland. In Mitteleuropa brütet die Art in Polen sowie in den Mittelgebirgen Tschechiens regelmäßig, wenn auch selten (unter 1000 Brutpaare). Dagegen ist sie unregelmäßiger Brutvogel in Deutschland, Österreich und in der Slowakei. Diese Brutversuche stammen von einzelnen Paaren, die ihren Heimzug vorzeitig abbrechen und in Landschaften brüten, die von der Struktur und Vegetation her ihrer nordischen Brutheimat entsprechen.

Rotdrossel *Turdus iliacus* (L. 1766)	
Größe	= Amsel
Maße (cm)	Länge ca. 21 / Flügel ca. 33–34,5
Körpermasse (g)	50–88
Stimme	auf Zug nachts oder beim Abflug sehr arttypisch hoch, gedehnt und leicht rau „zieh“; Beunruhigung „gjüg“; am Nest erregt schnarrend „trr-trrrt“, rasch, gereiht; Reviergesang weittragend, mit flötendem, monotonem Anfang, schwätzendem Nachgesang mit schnarrenden und kratzenden Elementen
Brutzeit	Mitte April im Süden, Ende Mai bis Anfang Juni im Norden; manchmal 2 Jahresbruten
Gelegegröße	3–8, meist 5–6
Eifärbung	lebhaft bläulichgrün, mit auffälligen kleinen, rötlichbraunen, -violetten und purpurgrauen Flecken; Zeichnung allg. gleichmäßig verteilt; glatt, glänzend
Eimaße (mm)	spindelförmig – 30,4 x 21,5
Brutdauer	10–13 Tage; nur ♀ brütet
Nestlingszeit	9–13 Tage; beide Partner füttern

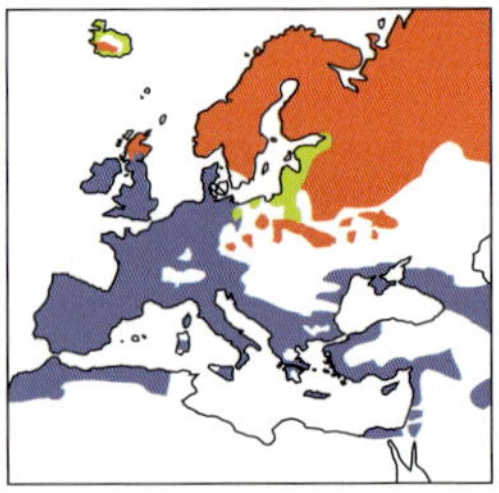

Die Rotdrossel ist ein typischer Singvogel der eurasiatischen Taigazone. Sie brütet dort in verschiedenen Waldgesellschaften von der Küste bis zur Baumgrenze. In den Fjällgebieten Skandinaviens ist sie Charakterart der Birkenwälder und gehört dort zu den häufigsten Vogelarten. Man schätzt den Bestand Schwedens und Norwegens auf jeweils mehr als eine Million Brutpaare. Mit knapp zwei Millionen Brutpaaren ist die Rotdrossel in Finnland landesweit die dritthäufigste Vogelart. Sie bevorzugt feuchte, nicht zu alte Wälder, die eine dichte Kronen- und Strauchschicht aufweisen und möglichst an kurz geschnittene Wiesen und Felder grenzen, wo sie Nahrung sucht. Vielerorts besiedelt sie in Skandinavien und Finnland auch Parks und Gärten in Städten wegen der kurzgrasigen Wiesen.

Das Nest aus Gras, Zweigen, Flechten und Erde wird ziemlich niedrig gebaut – in Bäumen, auch in abgebrochenen, oder auf Baumstümpfen, in Büschen, auf Holzstößen oder am Boden neben einem Felsen. In Städten brüten die Drosseln auch außen an unbewohnten Gebäuden und gelegentlich sogar in Ampeln. Die Art ist besonders zur Brutzeit scheu und argwöhnisch.

In Mitteleuropa ist die Rotdrossel ein häufiger Durchzügler, aber viel seltener als Wintergast. Die Überwinterungsgebiete liegen in West- und Südeuropa, in Nordafrika, Teilen der Türkei und im Kaukasusgebiet bis Turkmenien.

In Mitteleuropa sieht man sie zur Zugzeit nicht selten zusammen mit Wacholderdrosseln in gemischten Trupps. Gemeinsam besuchen die Drosseln im Herbst beerentragende Sträucher oder suchen auf einer Wiese Nahrung, im Gegensatz zur Singdrossel häufig auch weit von schützenden Büschen oder dem Waldrand entfernt. Hauptnahrung sind Regenwürmer, aber auch Insekten, deren Larven sowie Schnecken spielen eine wichtige Rolle. Ab Spätsommer werden vorwiegend verschiedene Beeren, wie Heidelbeere, Krähenbeere oder Vogelbeere verzehrt. In britischen Überwinterungsgebieten sind Weißdornbeeren für Rot- und Wacholderdrossel wichtig, nicht aber für die dort brütenden Drosselarten.

Seit etwa 100 Jahren hat die Art in weiten Teilen Nord- und Osteuropas ihr Areal erweitert und entsprechenden Bestandszuwachs erfahren. Gründe sind neben Klimafaktoren vor allem die durch Menschen verursachte Auflockerung der dichten Taigawälder und die Landwirtschaft, wodurch Sträucher im Wald und am Waldrand vermehrt Fuß fassen konnten und Wiesen und Weiden entstanden.

▶ SINGDROSSEL

ROTDROSSEL AUF DEM HERBSTZUG AN WEISSDORNBEEREN

...UND GEWÖHNLICHEM SCHNEEBALL

JUNGVOGEL

NEST UND GELEGE

Misteldrossel

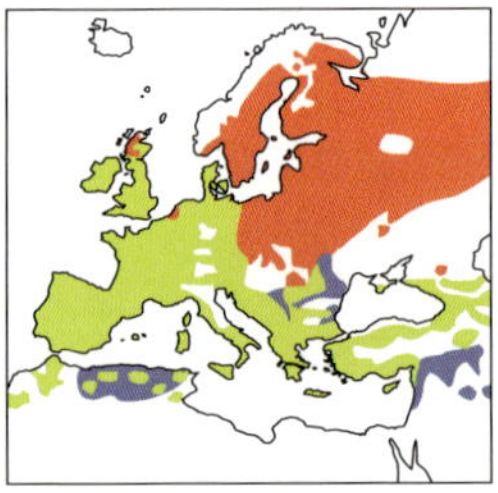

Die Misteldrossel ist auffallend groß, im Verhältnis dazu sind Kopf und Schnabel klein und der Schwanz lang; Brust und Bauch wirken vorgewölbt, vor allem im Flug, was an Tauben erinnert. Im Vergleich zur kleineren Singdrossel hat sie relativ kleine Augen, eher braungraue Oberseite und gröbere Unterseitenflecken. Die wellenförmige Flugweise kommt dadurch zustande, dass nach jeder Schlagphase die Flügel kurz angelegt werden; da die Drossel dies auch beim Landen auf einer Wiese tut, verzögert sich der Landevorgang. Im Flug erkennt man die weißen Unterflügeldecken. Auf den geschlossenen Flügeln sieht man ein helles, durch die weißlichen Federränder gebildetes Feld.

Beim Auffliegen äußern Misteldrosseln rau schnarrende Rufe, die an Wacholderdrossel erinnern, aber noch härter und weniger schackernd sind. Der Gesang ist sehr stimmungsvoll. Die Strophen aus weittragenden Flötentönen sind kurz, haben nur geringe Tonhöhenunterschiede und sind durch längere Pausen voneinander getrennt. Misteldrosseln singen meist auf hohen Baumspitzen und nicht selten dann, wenn andere Drosseln schweigen, etwa in der Mittagshitze oder bei Regen. Meist singen sie schon im Februar.

Das Brutgeschäft beginnt vergleichsweise früh im Jahr, bereits im März. Nistplatzwahl und Nestbau obliegen dem Weibchen. Das große, stabile, außen durch heraushängende Halme unordentlich aussehende Nest wird meist in 2 bis über 15 m Höhe auf einem Nadelbaum oder einem stärkeren Laubbaumast gebaut.

Zur Nahrungssuche fliegen Misteldrosseln häufig viel weiter hinaus auf Wiesen und Weiden, als es die deckungsliebenden Singdrosseln tun. Im Sommer ernähren sie sich vorwiegend von Regenwürmern, aber auch Käfern. Beeren und Früchte spielen ab Herbst eine große Rolle; bevorzugt werden Mistelbeeren, wovon sich der lateinische Artname ableitet (*viscivorus* = mistelfressend). Dadurch sorgen die Vögel auch für die Verbreitung der Misteln, denn deren Samen keimen nur, wenn sie den Darmtrakt der Vögel passiert haben. Im Winterhalbjahr verteidigen die Drosseln oft vehement mistel- oder andere beerentragende Bäume. Dann sieht man sie in kleinen oder größeren, locker zusammenhaltenden Trupps, in denen aber kaum andere Drosselarten mitfliegen.

Die Art bewohnt Nordwestafrika und den größten Teil Europas mit Ausnahme von Island und Teilen Westskandinaviens und Nordrusslands. Die Nordgrenze entspricht der Grenze hochstämmiger Wälder. In Südeuropa lebt sie fast ausschließlich in Bergwäldern. In Asien ist die Unterart *bonapartei* von der Türkei bis zum Himalaja und in einem anfangs breiten, dann schmaler werdenden Gürtel durch die Taigazone bis zum ostsibirischen Baikalsee verbreitet. Auf Korsika und Sardinien sowie in Nordwestafrika lebt die etwas kleinere, hellere Unterart *deichleri*.

Misteldrosseln brüten in lichten, hochstämmigen Misch- und Laubwäldern – am liebsten in alten Nadelbäumen –, die an kurzgrasige Wiesen grenzen, auf denen sie Nahrung suchen. Im Laufe der Zeit haben sie sich auch in offenere Landschaften in Siedlungsnähe vorgewagt, was vor allem für Norddeutschland gilt. So trifft man Brutpaare in Parks und Gärten mit alten Bäumen sowie auf Streuobstflächen an. Lokal brütet die Art auch auf hochgelegenen Flächen und Inseln, auf denen es kaum Bäume gibt.

Die mitteleuropäischen Brutvögel sind Teilzieher, deren ziehende Fraktion westlich und südlich des Brutareals überwintert. Die Art hat seit Anfang des 20. Jahrhunderts in Mitteleuropa ihr Areal erweitert und ist in die Norddeutsche Tiefebene vorgedrungen. Man vermutet, dass diese Expansion am vermehrten Pflanzen von Nadelbäumen liegt.

Die **Erddrossel** (*Zoothera dauma*) ist deutlich größer und kräftiger (aber etwas kurzschwänziger) als die ähnliche Misteldrossel und somit die größte der innerhalb Europas brütenden Drosseln; ihr Gefieder ist ober- und unterseits mit halbmondförmigen Flecken übersät und somit unverkennbar). Sie ist eine hauptsächlich sibirische Art, die in einem schmalen Streifen auf der Westseite des Ural-Gebirges auf europäischem Boden brütet und mit über 20000 Brutpaaren eine stabile Population bildet. Die in letzter Zeit beobachtete Tendenz zur Arealausweitung ist möglicherweise eine Folge der Besorgnis erregenden Habitatzerstörung im Westteil ihres Brutgebietes.

▶ SINGDROSSEL, WACHOLDERDROSSEL

Misteldrossel *Turdus viscivorus* (L. 1758)

Größe	= Amsel
Maße (cm)	Länge ca. 27 / Flügel ca. 42–47,5
Körpermasse (g)	100–140
Stimme	trocken schnarrender Flugruf „trrr"; Gesang im Ton an Amsel erinnernd, in der Form an träge Singdrossel
Brutzeit	Ende Februar im Süden, bis Ende Mai im Norden; 2 Jahresbruten
Gelegegröße	2–6, meist 4
Eifärbung	lichtblau, grünlichblau oder rostbraun getönt und mit rötlichbraunen oder -purpurnen und blass violetten Tupfen und Klecksen; Zeichnung meist gleichmäßig; glatt, glänzend
Eimaße (mm)	spindelförmig – 29,5 x 22,2
Brutdauer	13–15 Tage; ♀ brütet (kann von ♂ abgelöst werden)
Nestlingszeit	12–15 (16) Tage; nur ♀ hudert; nach Ausfliegen werden Junge noch 12–15 Tage gefüttert

MISTELDROSSEL, ALTVOGEL AM NEST

SUCHT NAHRUNG

JUNGVOGEL

NEST UND GELEGE

Seidensänger

Zur großen, recht heterogenen Familie der Zweigsänger gehören außer Seiden- und Cistensänger auch Schwirle, Rohrsänger, Laubsänger, Spötter und Grasmücken. Es sind kleine bis sehr kleine, insektenfressende Singvögel, die ihre Nahrung meist im Schutz der Vegetation suchen. In der Regel leben sie zurückgezogen, selten halten sie sich auf dem Boden auf (bis auf die Schwirle). Im Gegensatz zu den gedrungeneren, aufrechter sitzenden Erdsängern und Fliegenschnäppern sind Zweigsänger schlanke Vögel mit meist waagerechter, eher geduckter Haltung. Viele Arten verhalten sich beim Singen deutlich auffälliger als sonst, so dass man die Männchen am ehesten im Frühjahr zu Gesicht bekommt. Im Feld ist bei ähnlichen Arten die Stimme oft das einzige sichere Bestimmungsmerkmal.

Von den mehr als zehn weltweit vorkommenden Arten der Gattung *Cettia* lebt in Europa nur eine Art, der Seidensänger. Alle Angehörigen der Gattung *Cettia* haben nur zehn statt der bei Singvögeln üblichen zwölf Steuerfedern sowie kurze, runde Flügel. Im Gefieder erinnert der kleine, einfarbige Seidensänger an den Rohrschwirl, hat jedoch einen schwachen, hellen Überaugenstreif, sowie an die ungestreiften Rohrsänger. Er wirkt aber kompakter und ist oberseits eher dunkel- bis kastanienbraun. Außerdem stelzt er häufig seinen langen, abgerundeten, breiten Schwanz, was Rohrsänger kaum tun.

Im Gegensatz zu seiner verborgenen Lebensweise hört man fast das ganze Jahr über seine laute Stimme – der Reviergesang klingt „wie aus der Pistole geschossen". Der Seidensänger singt meist in der Deckung, manchmal (früh am Morgen) sieht man ihn aber wie einen Zaunkönig und mit Flügeln und Schwanz zuckend bis knapp unterhalb der Spitze eines Strauches klettern, um rasch eine Strophe loszuwerden und alsbald wieder im dichten Bewuchs zu verschwinden. Plötzlich einsetzende Geräusche animieren ihn nicht selten zum Singen. Der Seidensänger singt auch nachts.

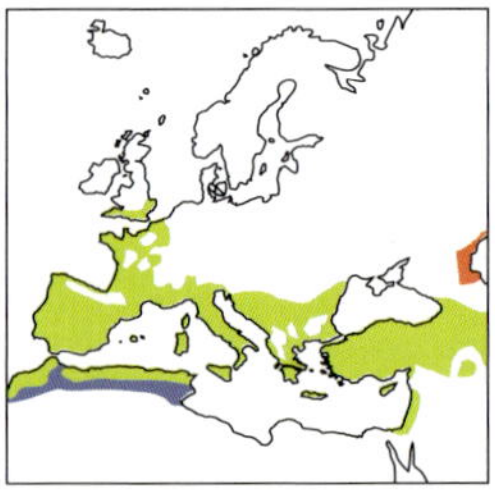

Die Männchen sind oft polygam und verpaaren sich mit 2–3 Weibchen. In diesen Fällen beteiligen sie sich kaum am Brutgeschäft. Das hervorragend getarnte, recht große Nest erinnert an ein Amselnest. Seidensänger ernähren sich von kleinen Insekten, Spinnen, Würmern und Schnecken.

Der Seidensänger bewohnt dichtes, undurchdringliches Gebüsch aus Weiden, Pappeln oder Tamarisken, das mit hohem Gras und rankenden Pflanzen verfilzt ist. Meist hält er sich an Gewässerufern, Gräben oder im Weidendickicht am Rand von Schilfbeständen auf, gerne in der Nähe von Wasser. Im Mittelmeergebiet trifft man die Art aber auch an mit Riesenschilf (*Arundo donax*) und Brombeergestrüpp bewachsenen Gräben an, die fast das ganze Jahr über trocken sind, sowie in Büschen an Feldrändern.

Das Brutgebiet umfasst Nordwestafrika, West- und Südeuropa einschließlich der Mittelmeerinseln, ferner die Türkei und das südliche Kaukasusgebiet. Nach Osten erstreckt es sich bis Turkmenistan und Afghanistan. Die Brutplätze liegen meist im Tiefland, es gibt aber in Asien Nachweise in über 2000 m Höhe. Die Art ist auch in den nördlichen Brutgebieten vorwiegend Standvogel. Kurze Wanderungen und Winterflucht (vor allem der Weibchen) sowie Zerstreuungswanderungen der Jungvögel kommen aber vor.

Seit den 20er-Jahren hat der Seidensänger sein ursprünglich mediterranes Verbreitungsgebiet in mehreren Schüben nach Norden ausgeweitet. Dabei sind in Nordfrankreich und Südengland dauerhafte Populationen entstanden. In Mitteleuropa ist die Art zum ersten Mal 1958 aufgetaucht, erstmals gebrütet hat sie nachweislich in Belgien, wo sich in den 70er-Jahren ein Bestand von rund 150 Brutpaaren etablieren konnte. Etwa gleichzeitig wuchs in den Niederlanden ein Bestand von rund 50 Paaren heran. Auch aus der Schweiz und aus drei deutschen Bundesländern liegen aus dieser Zeit Beobachtungen mit Brutverdacht vor. Ab Ende der 70er-Jahre erloschen sämtliche mitteleuropäischen Vorkommen wieder wegen Kältewintern. Seit Ende der 80er-Jahre beginnt die Art erneut, in Mitteleuropa Fuß zu fassen, was aber wegen der weiterhin gelegentlich auftretenden kalten Winter kaum zu dauerhaften Populationen führen wird.

Seidensänger *Cettia cetti* (TEMM. 1820)

Größe	= Sperling
Maße (cm)	Länge ca. 13,5 / Flügel ca. 15–19
Körpermasse (g)	12–18
Stimme	Gesang explosiv einsetzende Reihe, an Lautstärke abnehmend wie „zit-ptischewitschewit"; Ruf häufig „ti" (Stimmfühlung); Warnruf kurz scharf „tzett"
Brutzeit	Ende April bis Anfang Mai, 1 Jahresbrut
Gelegegröße	(3) 4–5
Eifärbung	hellkastanienbraun bis tiefziegelrot, heller und dunkler purpurrosa oder tief rötlichbraun getönt; glatt, glänzend
Eimaße (mm)	spindelförmig – 18 x 13,9
Brutdauer	13–17 Tage; nur ♀ brütet
Nestlingszeit	14–16 Tage; nur ♀ füttert Nestlinge

▸ ROHRSCHWIRL, UNGESTREIFTE ROHRSÄNGER

SEIDENSÄNGER, KOMMEN NUR SELTEN AUS DER DECKUNG

TYPISCHE KÖRPERHALTUNG

JUNGVOGEL

NEST UND GELEGE

Cistensänger

Der Cistensänger ist die einzige in Europa vorkommende Art einer hauptsächlich afrikanischen Vogelgattung. Er bewohnt in einem schmalen Streifen die tropischen Graslandschaften Nordwestafrikas und weiter Teile südlich der Sahara bis zur Südspitze. Das europäische Verbreitungsgebiet beschränkt sich vorwiegend auf die mediterrane Zone und das anschließende warme Tiefland; im Nordwesten reicht es an die nordfranzösische Atlantikküste. Außerdem gibt es kleine Vorkommen in der Türkei und im Nahen Osten sowie ein großes Areal von Indien und Sri Lanka über Südostasien bis nach Japan und Nordaustralien.

Die Ausbreitungsgeschichte und die folgenden Bestandszusammenbrüche haben Parallelen zum Seidensänger, denn beide Male waren Klimaverhältnisse die Ursache. Sowohl in den 70er- als auch in den 80er-Jahren kam es zu einer Reihe von Brutansiedlungen in Mitteleuropa, denen jeweils Kältewinter ein frostiges Ende bereiteten. Als Standvogel erleidet der Cistensänger in strengen Wintern, denen die nördlichen Populationen ausgesetzt sind, oft herbe Einbußen; daher ist eine dauerhafte Ansiedlung der Art in Mitteleuropa nicht zu erwarten.

Cistensänger schätzen dichten Bewuchs unter 1 m Höhe, meiden höhere Vegetation und Wald. Als Bewohner von Feuchtgebieten halten sie sich oft an Gewässerufern sowie in niedriger, küstennaher Salzvegetation auf. Trockene Lebensräume, wie Macchie und Garrigue, werden ebenfalls besiedelt. In der Kulturlandschaft sind sie auch in dichtem Bewuchs auf trockenem Boden zu finden, manchmal auf extensivem Weideland, in staudenbestandenen Brachen sowie auf Feldern, die an Feuchtland grenzen, sogar in verwilderten Gärten. Die mitteleuropäischen Brutplätze liegen fast ausschließlich in Verlandungszonen mit hohem Gras, Seggen- und Binsenbeständen, nicht aber in reinem Schilf. Da der Cistensänger meist wie eine Maus durch den dichten Bewuchs huscht, ist er schwer zu beobachten, höchstens wenn er einmal in typischer Grätschhaltung zwischen zwei Halmen innehält.

Die Männchen etablieren im Herbst ihre Reviere; sie sind sukzessiv polygam, das heißt, sie können sich in einer Brutsaison nacheinander mit mehreren (bis zu 9) Weibchen verpaaren. Viele Weibchen wechseln nach einer gescheiterten Brut das Männchen, um in der gleichen Saison erneut zu brüten. Das Männchen bietet dem Weibchen eines seiner halb fertigen Nester an, das Weibchen vollendet den Bau. Das Nest wird in dichtem Bewuchs um grüne Gräser, Simsenhalme oder Stauden geflochten, meist zwischen 20 cm und 1 m Höhe, und ist ausgezeichnet getarnt. Ein Grund für die spektakulären Arealausweitungen und die Möglichkeit, Verluste in strengen Wintern rasch auszugleichen, ist die hohe Vermehrungsrate der Art durch extrem frühe Geschlechtsreife. Dadurch können Jungweibchen in Südeuropa noch vor der Jugendmauser (im Alter von 40 Tagen!) erfolgreich brüten; die Art kann innerhalb einer Saison zwei Generationen hervorbringen.

Am einfachsten ist der Cistensänger an seinem hohen (bis 35 m), tänzelnd wirkenden Singflug zu erkennen, der in großen Kreisen über dem Revier verläuft. In der Aufstiegsphase fächert er jeweils den Schwanz, so dass dessen auffälliges schwarzweißes Unterseitenmuster regelmäßig aufblitzt. Der Vogel singt in dichter Vegetation verborgen, gelegentlich frei auf einer Warte, oft mit leicht gestelztem Schwanz. In vielen mediterranen Landschaften singen die Männchen nicht selten direkt an Landstraßen auf einem Leitungsdraht.

Der sehr kleine, gedrungene Vogel besitzt einen relativ langen, leicht gebogenen Schnabel. Der Cistensänger ist oberseits und am Scheitel gelbbräunlich gefärbt, besonders auf dem Mantel und den Schultern kräftig schwarz gestreift, der Scheitel ist fein gestreift. In seinem Gefiedermuster erinnert er etwas an den Schilfrohrsänger, ist aber kleiner und besitzt nicht dessen deutlichen Überaugenstreif; außerdem hat er viel kürzere Flügel und einen gerundeten Schwanz. Im Schlichtkleid ist der Schwanz länger als im Prachtkleid.

Neuerdings wird der Cistensänger von den Zweigsängern abgetrennt und in eine eigene Familie (Halmsänger) gestellt.

Cistensänger *Cisticola juncidis* (RAF. 1810)

Größe	< Sperling
Maße (cm)	Länge ca. 10 / Flügel ca. 12–14,5
Körpermasse (g)	8–13
Stimme	Flugruf „tsip“; Warnruf am Nest weich „witt-witt...“, sonst hart „pit-pit...“; Gesang an Scheitelpunkten des girlandenförmigen Singfluges „tsip-tsip-tsip...“, gegen Ende „twet-twet-twet...“; auch Warngesang mit metronomhaftem „tsip. tsip. tsip. tsip...“
Brutzeit	Ende März, 2 bis 3 Jahresbruten
Gelegegröße	3–7, meist 5
Eifärbung	Grundtönung weiß oder hellblau, oft mit feinen rötlichen, purpurnen oder schwarzen Spritzern; größere Flecken sparsam verteilt; glatt, glänzend
Eimaße (mm)	kurz-spindelförmig – 15,1 x 11,3
Brutdauer	12–14 Tage
Nestlingszeit	(11) 12–13 (15) Tage; meist füttert ♀ allein

▶ GESTREIFTE ROHRSÄNGER

CISTENSÄNGER MIT NISTMATERIAL

MIT BEUTE

JUNGVOGEL

NEST UND GELEGE

Feldschwirl

Schwirle sind schwierig zu beobachtende Zweigsänger, die in dichter, bodennaher Vegetation, oft auf feuchtem Boden leben. Dort laufen oder hüpfen sie wie Mäuse und stelzen dabei nicht selten den Schwanz. Wenn sie einmal fliegen, dann nur kurz und niedrig, um gleich wieder im Pflanzengewirr zu verschwinden. Bei einer Störung fliegen sie meist nicht auf, sondern versuchen, durch das Gras schlüpfend zu entkommen. Im Vergleich zu Rohrsängern haben sie einen deutlich gestuften, keilförmigen Schwanz und lange, abgerundete Unterschwanzdecken, die rund zwei Drittel der Steuerfedern verdecken und meist länger sind als die äußeren Steuerfedern.

Feldschwirle sind oberseits olivbraun mit bräunlichen Stricheln, die im stark abgenutzten Sommergefieder manchmal kaum noch zu erkennen sind. Typisch ist die dunkle Strichelung auf den hinteren Flanken und Oberschwanzdecken. Die Mittelzehe ist so lang, dass der Feldschwirl beim Klettern und Schlüpfen im Pflanzengewirr mehrere Halme gleichzeitig umfassen kann.

Feldschwirle singen meist morgens und abends aus der Deckung heraus oder knapp unterhalb der Spitze eines Strauches oder Busches; vor allem unverpaarte Männchen hört man auch zu anderen Tageszeiten und nachts. Im Sonagramm sieht man, dass der Gesang nur aus 2–3 Silben besteht, die pro Minute bis zu 1400mal wiederholt werden. Da der Vogel während des Singens ständig den Kopf hin- und herdreht, scheint die Lautstärke für den Beobachter an und abzuschwellen.

Feldschwirle ernähren sich von Insekten und deren Larven sowie Spinnen und Weberknechten, die sie von der Vegetation picken oder am Boden in altem Laub aufstöbern.

Feldschwirl *Locustella naevia* (BODD. 1783)

Größe	< Sperling
Maße (cm)	Länge ca. 12,5 / Flügel ca. 15–19
Körpermasse (g)	11–17 (18)
Stimme	Ruf hartes, etwas explosives „stitt"; Gesang aus einem mit hoher Frequenz vorgetragenen monotonen, an Insekten erinnerndes Schwirren, mit kurzen Pausen oft stundenlang
Brutzeit	Ende Mai, in England Anfang Mai, Mitte Juni in nördlichen Verbreitungsgebieten; Zweitbruten in Mitteleuropa selten
Gelegegröße	(3) 4–7, meist 5–6
Eifärbung	weiß, sehr zart und dicht purpurn und violett oder violett-braun gefleckt, so dass die ganze Schale getönt wirkt; meist mit dichter, dunkler Fleckenkappe; glatt, glänzend
Eimaße (mm)	spindelförmig – 17 x 13,2
Brutdauer	12–15 Tage; ♂ und ♀ sitzen auf Nest, ♂ nicht immer am Brüten beteiligt
Nestlingszeit	12 (–13) Tage; ♂ und ♀ füttern

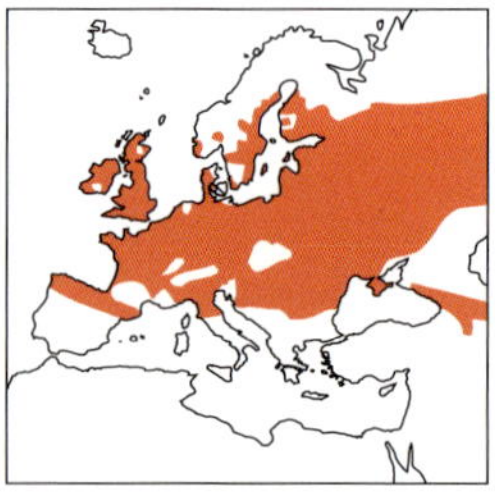

Die Art besiedelt Feuchtgebiete, Großseggenbereiche, niedriges Ufergebüsch sowie lockere Schilfbestände mit Büschen vom Tiefland bis fast in 1200 m Höhe. Auch auf Heideflächen, trockenen Waldlichtungen (mit Pfeifengras) und jüngeren Kahlschlägen trifft man sie an. Wichtig sind geeignete Singwarten. Die entsprechenden Lebensräume werden auch an der Küste, besonders auf dem Zug, bewohnt.

Das Weibchen baut ein tiefes Napfnest aus alten Blättern, Gras und Halmen, das meist bodennah in dichter Vegetation verborgen und schwer zu entdecken ist, zumal sich das Weibchen sehr unauffällig zum Nest schleicht. Fütternde Altvögel sind manchmal bemerkenswert wenig scheu; einem Beobachter gelang es sogar, dass ein Altvogel ein hingehaltenes Insekt aus der Hand nahm.

Der Feldschwirl ist in Europa außer Island, großen Teilen Nordeuropas und Nordrussland sowie fast dem gesamten Mittelmeerraum verbreitet. In Asien erstreckt sich das Areal in einem breiten Streifen bis zum südöstlichen Altai. Im Kaukasusgebiet gibt es eine Verbreitungsinsel. Als ausgeprägte Langstreckenzieher überwintern Feldschwirle vor allem in Afrika südlich der Sahara. Die Winterquartiere der mitteleuropäischen Brutvögel liegen überwiegend im tropischen Westafrika, manche bleiben auch in Nordwestafrika.

Die Art weist von Jahr zu Jahr große Bestandsschwankungen auf. Die Hauptgründe sind Lebensraumzerstörung im Brutgebiet sowie gravierende Veränderungen in den Winterquartieren. Im 20. Jahrhundert erfolgte eine Ausbreitungswelle, wobei Dänemark und Norwegen besiedelt wurden und die Bestände Schwedens und Finnlands anwuchsen. Europaweit ist der Trend wohl im Augenblick überwiegend positiv, könnte sich aber durch anhaltende Lebensraumzerstörung und Intensivierung der Landwirtschaft bald umkehren. Offensichtlich ist die Zerstörung von Feuchtgebieten der Grund, dass ein immer größerer Prozentsatz der Feldschwirle in Sekundärlebensräumen brütet.

Der kleinere, kurzschwänzigere **Strichelschwirl** (*Locustella lanceolata*) ist nur durch große Übung vom Feldschwirl zu unterscheiden; seine Brust ist meist deutlicher gestrichelt, die Schirmfedern sind sehr dunkel und tragen hellbräunliche, schmale und scharf abgesetzte Säume; durch den kürzeren Schwanz und Hals wirkt er kompakter als der Feldschwirl. Brutlebensraum sind unterwuchsreiche, offene und oft feuchte Wälder und Feuchtgebiete mit einzelnen Büschen. Die Hauptverbreitung liegt in Ostasien; im Bereich des Urals schiebt sich eine Zunge des Areals ein Stück weit nach Europa vor.

▸ SCHLAGSCHWIRL

FELDSCHWIRL, MÄNNCHEN AUF DER SINGWARTE

AM NEST MIT JUNGEN

BETTELNDER JUNGVOGEL

NEST UND GELEGE

Schlagschwirl

Der Schlagschwirl ist eine nahezu rein europäische Art, die nur in einem kleinen Zipfel jenseits des Urals auf asiatischem (sibirischem) Boden vorkommt. Das Verbreitungsgebiet reicht in der Ost-West-Ausdehnung von Deutschland und den Ländern des früheren Jugoslawien bis Westrussland, in der Nord-Süd-Ausdehnung von Südfinnland bis zum Schwarzen Meer. Die Art bewohnt halb offene, üppig bewachsene Lebensräume, wie Auwälder, Ränder und Lichtungen von feuchten Laubwäldern, hohes, dichtes Ufergebüsch, Ränder von Feuchtgebieten und größere Parks mit entsprechenden Lebensräumen. Während des Zuges hält sich der Schlagschwirl auch in Schilfgebieten auf, dann kann man ihn mit dem Rohrschwirl verwechseln. Darüber hinaus findet man ihn sogar in Getreidefeldern, auf Brachflächen mit Hochstauden oder anderem Kulturland. Die Überwinterungsgebiete dieser Langstreckenzieher liegen im südöstlichen Afrika.

Die Weibchen erscheinen rund zehn Tage nach den Männchen am Brutplatz. Das Nest steht meist in 30–40 cm Höhe, gerne neben angehäuften vorjährigen Stauden oder Zweigen, wenigstens aber an einen Ast, Maulwurfshaufen oder größeren Stein angelehnt. Die Jungen sind mit 18 Tagen voll flugfähig, werden aber noch 4–5 weitere Tage von den Eltern betreut.

Schlagschwirle fressen weiche Insekten und deren Larven sowie Spinnen. Bei der Nahrungssuche halten sie sich hauptsächlich am Boden auf, wo sie die Insekten von Halmen und Blättern aufnehmen. Sie fangen auch vorbeifliegende Insekten, verfolgen sie aber nicht.

Wie alle Schwirle sind auch Schlagschwirle schwer zu beobachten – außer, man macht sich die Mühe, ein singendes Männchen zu orten. Das ist nicht leicht, selbst wenn man bereits ganz nahe ist, denn der Sänger hält seinen Körper nahezu regungslos, bis auf das vibrierende Kehlgefieder und die langsamen seitlichen Schwenkbewegungen.

Die Vögel laufen sehr geschickt mit waagerecht gehaltenem Körper, vorgestrecktem Hals und tief einknickenden Beinen (fast wie eine Dommel) auf dem Boden oder auf schrägen und waagerechten Halmen und Ästen. Auch Springen von Halm zu Halm wurde beobachtet, wobei der Vogel nicht beidbeinig, sondern mit den Beinen nacheinander landet.

Der Schlagschwirl ist sehr unscheinbar gefärbt: Die Oberseite ist einheitlich graubraun bis olivbraun; Kehle und Brust sind diffus gestrichelt oder gefleckt, was weder bei Feld- noch beim Rohrschwirl der Fall ist, aber oft nicht leicht zu erkennen ist. Die sehr langen, bräunlichen Unterschwanzdecken haben breite, helle Säume und bilden dadurch ein deutliches, scharf kontrastierendes Schuppenmuster (beim Rohrschwirl nie so kontrastreich!). Von diesem ist er aber am einfachsten anhand des Gesanges und Lebensraumes zu unterscheiden. Der wetzende Klang des Reviergesangs erinnert meist etwas an eine Zikade oder wegen seiner mechanischen Klangfarbe an eine Nähmaschine. Das Wetzen kann je nach Stimmungslage des Männchens frequenzmäßig variieren (rund 4–15 Einzellaute pro Sekunde). Manche Männchen singen nahezu pausenlos bis über 1 Stunde. Sie sitzen dabei tagsüber meist in 2–5 m Höhe in Büschen und Bäumen, manchmal bis 8 m; oft beginnen sie ihre Gesangsdarbietungen niedrig im Pflanzengewirr und klettern langsam hoch. Schlagschwirle singen auch häufig nachts; durch schlechtes Wetter und Bodenfrost lassen sie sich meist nicht vom Singen abhalten.

Ursprünglich brütete die Art in Mitteleuropa nur im Osten und Südosten. Anfang der 20er-Jahre bildete noch das Odergebiet die Westgrenze; seither hat sie sich westwärts ausgebreitet, wobei seit Mitte der 70er-Jahre auch aus dem westlichen Mitteleuropa vermehrt Brutnachweise gemeldet werden. Die Westausbreitung ist zwar nicht gestoppt, aber verlangsamt, allerdings nehmen die Bestände in manchen Gegenden derzeit noch zu. Andererseits schwindet ihr Lebensraum durch Vernichtung von naturnahen Feuchtgebieten, Auwäldern und Intensivierung der Landwirtschaft sowie Zerschneidung durch Verkehrswege oder Bautätigkeit. Die wichtigsten mitteleuropäischen Vorkommen liegen mit 80% des Bestandes in Polen und Ungarn.

Schlagschwirl *Locustella fluviatilits* (Wolf 1810)

Größe	< Sperling
Maße (cm)	Länge ca. 13 / Flügel ca. 19–22
Körpermasse (g)	12–19
Stimme	Gesang ♂ lange Reihe wetzender, getrennt wahrzunehmender „dze-dze-dze...“, in kürzeren oder sehr langen Strophen; Stimmfühlung „drr drr“, Warnruf „dschi-giri-girit“, bei Erschrecken „tschek“
Brutzeit	Ende Mai, Anfang Juni, 1 Jahresbrut
Gelegegröße	(3) 4–6
Eifärbung	weiß, über die ganze Oberfläche purpurrot, rost- oder gräulichbraun punktiert; manchmal dichter gezeichnetes Band um den stumpferen Pol; glatt, glänzend
Eimaße (mm)	spindelförmig bis lang-elliptisch – 20 x 15,1
Brutdauer	13–15 Tage; ♂ und ♀ brüten
Nestlingszeit	11 – 13 Tage; beide Partner füttern, ♀ hudert mehr

▸ Rohrschwirl

SCHLAGSCHWIRL, SINGENDES MÄNNCHEN; DIE TYPISCH GEMUSTERTEN UNTERSCHWANZDECKEN ...

... SIND BESONDERS VON VORNE SICHTBAR

DER SCHLAGSCHWIRL IST EIN VOGEL DER DECKUNG UND DAHER MEIST SCHWER ZU BEOBACHTEN

Rohrschwirl

Wie der Schlagschwirl zeigt auch der Rohrschwirl ausgeprägte kurzfristige Bestandsschwankungen. Im Laufe des 20. Jahrhunderts hat er sein Brutareal weit nach Westen ausgedehnt, wobei er beispielsweise Bayern in den 20er-Jahren, Norddeutschland in den 40er-Jahren erreichte. Als Grund dafür vermutet man die großflächige Zerstörung der osteuropäischen Schilfgebiete Anfang des 20. Jahrhunderts. Seit einigen Jahrzehnten kommt es in vielen neu besiedelten Gebieten Mitteleuropas zum Zusammenbruch der Populationen – wiederum durch Lebensraumzerstörung, aber auch durch negative Entwicklungen im Winterquartier. In anderen Gebieten dagegen, beispielsweise am Neusiedler See, wo die kopfstärksten Bestände Mitteleuropas leben, oder in Nordostdeutschland, hat die Art im gleichen Zeitraum zunehmen und Areal dazugewinnen können.

Der Rohrschwirl kommt in Verlandungszonen von nährstoffreichen Gewässern mit ausgedehnten Beständen von im Wasser stehendem, altem Röhricht, Rohrkolben oder Binsen vor, auch in jüngeren Erlenbeständen. In Osteuropa bewohnt er auch Seggensümpfe. Die höchstgelegenen mitteleuropäischen Brutplätze liegen bei 650 m am Riegsee/ Bayern.

Rohrschwirle sind Zugvögel, deren Winterquartiere in einem breiten Streifen südlich der Sahara und nördlich der Regenwaldzone liegen; besonders viele sind im südlichen Sudan anzutreffen. Manche bleiben auch schon in den Oasen der Sahara hängen. Das Verbreitungsgebiet der Art erstreckt sich über Nordwestafrika und Europa von Spanien, Portugal, Nordwestfrankreich, Südostengland und Dänemark bis an die Wolga und zum Ural; im Norden erreicht das europäische Areal Estland, im Süden Nordgriechenland. Die Art kommt auch an mehreren Stellen in der Türkei und im Nahen Osten bis zur Kaspiregion vor. Ein getrenntes Areal liegt in West-Kasachstan bis zum Tienschan.

Der Rohrschwirl ist ungestreift wie der Schlagschwirl und der Vergleichsart insgesamt recht ähnlich (siehe dort). Da aber letztere nicht im Schilf lebt, stellt dies zur Brutzeit kein Problem dar; auf dem Zug kann es zu Verwechslungen kommen, weil dann beide Arten gemeinsam auftreten können. Vom ebenfalls ähnlichen und noch dazu im gleichen Lebensraum brütenden Teichrohrsänger unterscheidet sich der Rohrschwirl durch die Kopfzeichnung, den größeren, gedrungeneren Körper sowie das häufige Knicksen mit dem Schwanz. Auch hält sich der Rohrschwirl, wenn er nicht singt, meist am Schilfgrund auf. Ein weiteres Bestimmungsproblem ergibt sich durch den Feldschwirl, der meist ungestreift erscheint (außer bei optimaler Sicht) und ebenfalls im Schilf singt.

Der Gesang des Rohrschwirls erinnert etwas an die Stimmen von Maulwurfsgrille oder Wechselkröte. Er ähnelt dem des Feldschwirls, doch die Einzellaute folgen schneller aufeinander und die Lautfolgen sind insgesamt weniger anhaltend. Aus der Nähe kann man gelegentlich die einleitenden, scharfen „tschik"-Töne hören, die bereits nach einigen Sekunden in das typische Schwirren übergehen. Im Unterschied zum Feldschwirl singt der Rohrschwirl meist knapp unterhalb des Schilfwipfels in aufrechter Haltung, wobei er oft beide Beine grätscht und mit den Zehen verschiedene Stängel umfasst. Die Vögel singen vor allem in der Dämmerung, aber auch tagsüber und nachts.

Insekten, deren Larven und Spinnen gehören zum Beutespektrum. Die Vögel nehmen die Nahrung vom Boden auf, lesen sie aber häufiger von Pflanzen ab. Nicht selten suchen sie auf durchnässtem oder im Wasser liegendem Schilf nach Beutetieren, gelegentlich wird die Beute auch aus dem Wasser gefischt.

Das große, locker gewirkte, kegelförmige Nest aus Halmen und Schilfblättern wird von beiden Altvögeln meist knapp über dem Wasser, aber auf einer trockenen Plattform aus geknicktem Schilf oder Rohrkolben oder auf einer Seggenbülte angelegt; es ist hervorragend getarnt. Wie bei den beiden anderen Schwirlen landen die Altvögel nie direkt beim Nest, sondern legen das letzte Stück „zu Fuß" zurück.

Rohrschwirl *Locustella luscinioides* (Savi 1824)

Größe	= Sperling
Maße (cm)	Länge ca. 14 / Flügel ca. 18–21
Körpermasse (g)	13–19
Stimme	Gesang ähnelt Feldschwirl, aber schneller und tiefer, mehr hartes, fast klangloses Surren, meist mit Einzeltönen einsetzend, in ersten Sekunden langsamer; ruft aufgeregt abrupt „pitch", hart und schnatternd, an Kohlmeise erinnernd
Brutzeit	Mitte April im Süden, bis Juli im Norden; 2 Jahresbruten
Gelegegröße	(3) 4–6
Eifärbung	weiß, auf ganzer Fläche mit feinen Flecken brauner, grau- oder purpurbrauner Tönung bedeckt; am stumpfen Pol stärker gefleckt; glatt, glänzend
Eimaße (mm)	spindelförmig – 19,1 x 14,6
Brutdauer	12–14 Tage; hauptsächlich ♀ brütet
Nestlingszeit	11–15 Tage; hauptsächlich ♀ hudert; beide Partner füttern

▸ Schlagschwirl, Teichrohrsänger

ROHRSCHWIRL, SINGENDES MÄNNCHEN

JUNGVOGEL

DUNENJUNGE IM NEST

NEST UND GELEGE

Mariskenrohrsänger

Die Rohrsänger (Gattung *Acrocephalus*) sind schlicht bräunlich gefärbte, entweder einfarbige oder gestreifte Zweigsänger mit langem, spitzem Schnabel-Kopf-Profil (vor allem die ungezeichneten Arten), die meist üppig bewachsene Lebensräume an Gewässern bewohnen. Auf dem Zug tauchen sie aber auch fernab von Feuchtgebieten auf und können dann mit anderen Zweigsängern verwechselt werden. Allen gemeinsam ist ein runder oder etwas gestufter Schwanz ohne Weiß im Außenschwanz, aber mit langen, spitz zulaufenden Unterschwanzdecken. Viele Arten der Gattung haben einen hellen Überaugenstreif. Rohrsänger bewegen sich geschickt hüpfend und fliegend durch das Schilf. Sie klammern sich meist steil aufgerichtet an mehr oder weniger senkrechte Halme oder Äste. Im Gegensatz zu Schwirlen laufen sie kaum auf dem Boden und verbergen sich auch nicht in Bodennähe. Ihre schwatzenden Gesänge enthalten oft raue oder sogar knarrende Tonfolgen. Die Artbestimmung anhand des Gesanges ist nicht immer einfach, doch manche kleinen, ungestreiften Arten lassen sich im Feld oft nur so bestimmen.

Der laut vorgetragene Gesang des Mariskenrohrsängers erinnert an den von Schilfrohrsänger und Drosselrohrsänger, mehr noch von Teichrohrsänger, klingt im Vergleich dazu aber weicher und lieblicher; die harten, schnarrenden Touren fehlen ganz. Typisch ist der häufige Tempowechsel sowie eine meist am Anfang des Gesangs vorkommende, an Nachtigall oder entfernt fliegenden Brachvogel erinnernde Lautfolge.

Obwohl ein echter Rohrsänger, zeigt der Mariskenrohrsänger auch schwirltypische Merkmale, wie Schwanzstelzen, Anklammern in der Grätsche sowie die oft schlüpfende Bewegungsweise in Bodennähe; auch zuckt er viel ausgeprägter mit den Flügeln als andere Rohrsänger. Er ähnelt einem Schilfrohrsänger, durch die kürzeren Flügel wirkt er aber langschwänziger. Der Rücken ist stärker rotbraun als beim Schilfrohrsänger (bei diesem olivbraun), die Mantelstreifung ist kräftiger und dunkler, Scheitel und Ohrdecken sind ebenfalls dunkler. Daher tritt der hinten breiter werdende, fast rechteckig endende Überaugenstreif deutlicher hervor. Bei Störung stelzt der Mariskenrohrsänger den Schwanz und bewegt ihn auf und ab, was der Schilfrohrsänger nur bei höchster Alarmstufe macht.

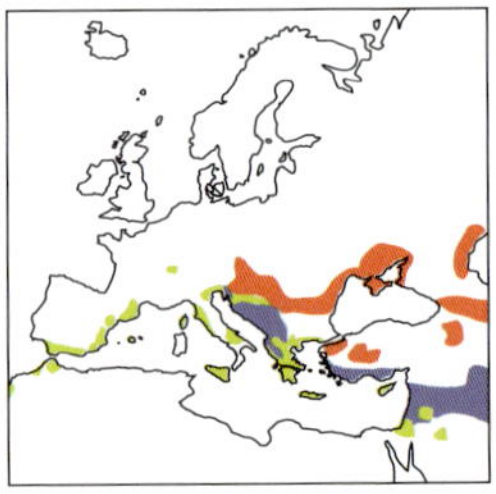

Wahl des Nistplatzes sowie Nestbau sind Sache des Weibchens. Neststandort ist stets über dem Wasser, häufig in umgeknicktem Schilf, Rohrkolben oder Großseggen. Das recht stabile Nest besteht aus Schilf- und Rohrkolbenteilen und wird oft mit der Wolle von Rohrkolben und mit Fadenalgen verfestigt. Der Mariskenrohrsänger besiedelt im Vergleich zum Schilfrohrsänger Lebensräume über tieferem Wasser, häufig die Ränder von ausgedehntem Röhricht. Er mag aber keine Schilfreinbestände, sondern bevorzugt älteres Schilf gemischt mit Rohrkolben, Simsen und Binsen.

Als einziger europäischer Rohrsänger überwintert der Mariskenrohrsänger nördlich der Sahara im Mittelmeerraum. Das Brutareal der Art erstreckt sich in einer Vielzahl von Einzelvorkommen von Südeuropa über die Türkei und Gebiete nördlich des Schwarzen Meeres bis Pakistan und Nordwestindien; im Süden reicht es bis Nordwestafrika und zur Arabischen Halbinsel. Die mitteleuropäischen Vorkommen mit einem Brutbestand von unter 10 000 Paaren beschränken sich auf Ostösterreich (Neusiedler See), Ungarn und kleine Vorkommen in der Schweiz und Südslowakei. In den 80er-Jahren wurde eine kurzfristige Ansiedlung mit Brutverdacht am oberbayerischen Ammersee gemeldet.

Nach einem kräftigen Rückgang zu Beginn des 20. Jahrhunderts durch die intensive Nutzung und Zerstörung von Schilfgebieten haben sich die meisten Populationen durch verminderte Schilfnutzung wieder stabilisieren können. Gebietsweise, so am Neusiedler See, wurden sogar Zunahmen registriert. Die Vögel ernähren sich von kleinen Insekten und Spinnen, die sie zu einem großen Teil im Wasser und auf der Wasseroberfläche erbeuten, aber auch in der unteren, oft verfilzten Vegetationsschicht, durch die sie geschickt hindurchschlüpfen; nicht selten erwischen sie auch ein vorbeikommendes Fluginsekt, indem sie mit dem Körper vorschnellen, die Füße aber meist angeklammert lassen.

Mariskenrohrsänger *Acrocephalus melanopogon* (TEMM. 1823)

Größe	< Sperling
Maße (cm)	Länge ca. 12–13 / Flügel ca. 15–16,5
Körpermasse (g)	10–16
Stimme	Rufe bei Erregung „trr“, gelegentlich in „tk“ übergehend; Gesang kontinuierlich vorgetragen, durch rhythmische und melodische Passagen öfter mit Teich-, als mit Schilfrohrsänger zu verwechseln; arttypisch lange Reihe sehr klangvoller Laute
Brutzeit	Anfang April im Süden, bis Ende April im Norden; 2 Jahresbruten
Gelegegröße	3–6 (7)
Eifärbung	weiß oder schmutzig weiß, mit feinen hellolivfarbenen Flecken auf der ganzen Oberfläche, die der Schale eine olivgrünliche Färbung verleihen; glatt, glänzend
Eimaße (mm)	spindelförmig – 17,8 x 13,1
Brutdauer	13–15 Tage; ♂ und ♀ brüten und hudern
Nestlingszeit	ca. 12 Tage

▸ SCHILFROHRSÄNGER, SEGGENROHRSÄNGER

MARISKENROHRSÄNGER BEI DER GEFIEDERPFLEGE

TYPISCHE HALTUNG

JUNGVOGEL

NEST UND GELEGE

Schilfrohrsänger

Die Art ist in Europa weit verbreitet und kommt vom nördlichsten Skandinavien und Russland bis nach Griechenland, im Westen bis Irland und Westfrankreich vor; auf der Apennin- und Iberischen Halbinsel fehlt sie jedoch. Im Osten reicht ihr Areal bis zum Jenissej, im Süden zur Türkei, nach Aserbaidschan und Nordwestiran.

Der Schilfrohrsänger ist ein Vogel des Flachlandes, der aber bis in die unteren Mittelgebirgslagen vordringt. Er lebt recht versteckt in der dichten Ufervegetation. Zu Gesicht bekommt man ihn meist nur während des Singens oder wenn er schnell auf einen Halm hinaufklettert, um einen Eindringling zu mustern. Wird er aufgescheucht, fliegt er ein kurzes Stück niedrig und mit etwas abwärts gehaltenem Schwanz, um gleich wieder in die Deckung einzutauchen.

Der Schilfrohrsänger brütet im Uferdickicht von Gewässern und anderen feuchten bis nassen Lebensräumen, wie unterwuchsreichen Rohrkolben- und Schilfbeständen mit einzelnen Büschen, trockeneren Bereichen von Seggenried, feuchten Hochstaudengesellschaften oder Rändern von Bruchwald. Er bevorzugt die landseitigen Bereiche, die nicht mehr unter Wasser stehen und im Sommer durchaus recht trocken werden können. In Nordeuropa brütet die Art einerseits in reinen Schilfbeständen (möglicherweise, weil dort der Teichrohrsänger fehlt), andererseits häufig in feuchtem Weidengestrüpp der Fjälls.

Während der Zugzeit kann man die Art in Schilf und niedrigem Gebüsch aller Art beobachten. Die Winterquartiere dieses Langstreckenziehers liegen in Afrika südlich der Sahara. Den überwiegenden Teil seines Fettdepots für den Zug soll der Schilfrohrsänger aus Blattläusen aufbauen. Die

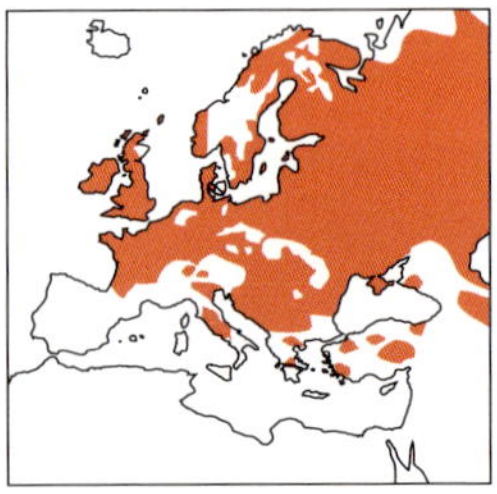

Nahrungssuche findet in den mittleren und unteren Schichten der dichten Ufervegetation statt. Der Vogel erbeutet an Halmen oder Blättern kleine Insekten oder Spinnen sowie kleine Schnecken. Gelegentlich verfolgt er ein fliegendes Insekt kurze Zeit im Flug, manchmal fischt er ein Beutetier von der Wasseroberfläche.

Das Männchen etabliert nach der Ankunft im Brutgebiet ein Territorium, häufig das vom letzten Jahr. Das Weibchen sucht den Nistplatz aus. Das Nest, meist niedrig im Bewuchs oder in Büschen angebracht, ist im Gegensatz zum Teichrohrsängernest nur selten an senkrechten Halmen befestigt und außerdem größer und flachmuldiger. Es besteht aus verschiedenen Pflanzenteilen, wie Schilfblättern und Moos der Umgebung.

Der Gesang, vorgetragen auf erhöhten Singwarten (oft ziemlich ungedeckt) oder im Singflug, auch nachts, ist laut und kräftig, abwechslungsreich und deutlich vielseitiger und schneller als der des Teichrohrsängers: ein munteres, kontinuierliches Potpourri aus raschen, schnarrenden Folgen, schräg und knirschend klingenden Tönen, wohltönend pfeifenden Passagen und Imitationen von Vögeln der Umgebung wie Bach- und Schafstelze, Hausrotschwanz, Rauch- und Mehlschwalbe, Blaumeise und Blässhuhn. Weitere kennzeichnende Merkmale im Gesang des Schilfrohrsängers sind häufige Tonhöhenwechsel sowie Wiederholungen einzelner Motive. Das Männchen startet zum Singflug während der Gesangsdarbietung von seiner Singwarte aus und fliegt nach der Aufstiegsphase wie ein Schmetterling mit weit gespreizten Steuerfedern und ausgebreiteten Flügeln unter Richtungsänderungen einige Sekunden lang umher, um dann abwärts zu gleiten.

Arttypisch sind die Kopfzeichnung sowie die schwach gestreifte Oberseite; der rotbraune, ungestreifte Bürzel hebt sich im Flug vom gestreiften Rücken ab. Im abgetragenen Gefieder (Herbst) ist die Streifung viel undeutlicher, dann kann die Art wegen des hellen Überaugenstreifs mit dem Feldrohrsänger verwechselt werden. Jungvögel sind deutlich wärmer beige gefärbt, der helle Scheitelmittenstreif ist auffälliger, und die Brust ist schwach gesprenkelt.

Schilfrohrsänger leiden unter der Vernichtung von Feuchtgebieten im Brutgebiet und Winterquartier. Vielerorts in Europa sind die Bestände stark zurückgegangen, besonders im Westen Mitteleuropas, wo inzwischen nur noch Reste der früheren Populationen übrig geblieben sind. Gebietsweise jedoch, wie in Skandinavien, konnte Arealerweiterung festgestellt werden.

▸ Seggenrohrsänger, Mariskenrohrsänger

Schilfrohrsänger *Acrocephalus schoenobaenus* (L. 1758)

Größe	= Sperling
Maße (cm)	Länge ca. 13 / Flügel ca. 17–21
Körpermasse (g)	9–18
Stimme	Gesang ähnlich Teichrohrsänger, aber lebhafter und variabler, mit langen vokalen Trillern und Reihen, oft eingeleitet durch sich beschleunigendes, knarrendes „trr“, mit Imitationen; Ruf hart, ähnlich Klappergrasmücke „tjeck“
Brutzeit	Anfang bis Ende Mai im Süden, bis Juli im Norden; 1 Jahresbrut
Gelegegröße	(3) 4–6 (7)
Eifärbung	blassgrün oder blass oliv, rostbräunlich überflogen, reichlich mit zarten olivfarbenen oder olivbräunlichen Flecken besetzt, oft mit feinen Haarstreifen; glatt, glänzend
Eimaße (mm)	spindelförmig – 17,4 x 13,2
Brutdauer	12–13 (15) Tage; nur ♀ brütet
Nestlingszeit	10–14, meist 11–12 Tage; bei Störungen wird Nest früher verlassen

SCHILFROHRSÄNGER SINGEN NICHT NUR IM SCHILF

AUF TYPISCHER SINGWARTE

JUNGVOGEL

NEST UND GELEGE

Seggenrohrsänger

Vor wenigen Jahrzehnten war der Seggenrohrsänger in manchen Moorgebieten Norddeutschlands noch so zahlreich, dass man ihn „Spatz der Niedermoore“ nannte. Heute gehört er zu den seltensten Vogelarten Deutschlands und Europas und ist vom Aussterben bedroht. Rund zwei Drittel des Weltbestandes sind auf wenige große Moore verteilt, daher ist er auch weltweit akut bedroht.

Der Seggenrohrsänger ist ein Beispiel dafür, wie eine seltene und hochbedrohte Vogelart größtes Interesse bei der Fachwelt auslöst; so ist die Art heute der am besten untersuchte Rohrsänger. Beispielsweise konnte man nachweisen, dass im Gegensatz zu anderen Rohrsängern Bebrüten der Eier und Betreuung der Jungvögel ausschließlich Aufgabe des Weibchen ist. Das hängt auch mit dem Nahrungserwerb zusammen: Seggenrohrsänger bevorzugen aus dem Kerbtierangebot ihres Brutlebensraumes die großen Individuen, vor allem Insekten und deren Larven wie Zweiflügler, Köcherfliegen, Heuschrecken und Käfer. Die Wahl großer Beutetiere und die damit einhergehende Zeitersparnis bei der Nahrungssuche befähigt die Weibchen dazu, ihre Jungen ohne männliche Hilfe aufzuziehen.

Bei der Nahrungssuche picken die Vögel Beutetiere von Halmen und Stängeln, nur ausnahmsweise nehmen sie Kleintiere vom Boden auf oder fischen sie aus dem Wasser. Sie bewegen sich behände durch die Seggen und fangen auch aus dem Grätschsitz heraus Beute. Gelegentlich erhaschen sie ein fliegendes Insekt nach kurzer Flugattacke.

Seggenrohrsänger *Acrocephalus paludicola* VIEILLOT 1817

Größe	= Sperling
Maße (cm)	Länge ca. 13 / Flügel ca. 16,5–19,5
Körpermasse (g)	10–15
Stimme	ruft schmatzend „tschack“; bei Erregung schilfrohrsänger-ähnliches „errrr“; Warnruf kurzes, heiseres, heuschrecken-ähnliches „tscht“; Gesang (meist abends bis zur Dämmerung) mit knarrendem „trrrr“ beginnend, danach eine Reihe Pfeiftöne „jujujujuju“ oder „dididididi“, lange auch nur abwechselndes Knarren und Pfeifen; beim kurzen, selteneren Singflug auch komplexere Strophen
Brutzeit	Mitte Mai, 1 Jahresbrut
Gelegegröße	(4) 5–6
Eifärbung	nicht von Schilfrohrsänger-Gelege zu unterscheiden; weiß oder sehr hell rostbräunlich oder oliv, reichlich und zart olivbräunlich gesprenkelt; glatt, glänzend
Eimaße (mm)	spindelförmig – 16,9 x 13
Brutdauer	12–15 Tage; nur ♀ brütet
Nestlingszeit	13–14 Tage; Junge nur von ♀ betreut und gefüttert

Seggenrohrsänger haben sehr spezielle Ansprüche an ihren Lebensraum, denn sie brüten nur in Tieflagen unter 100 Meter Meereshöhe; hier besiedeln sie meist ausgedehnte, meist eintönige, mit Großseggen oder Schneidried bestandene Niedermoore; an der Ostsee findet man sie auf mit Schilf durchsetzten Salzwiesen, die extensiv beweidet werden. Seggenrohrsänger-Lebensräume sind meist 5–20 Zentimeter hoch überflutet. Wichtig sind einzelne höhere Stauden oder Büsche, die als Singwarten dienen. Das Nest steht in der Regel über nassem Grund und ist meist auf oder an eine Seggenbülte gebaut; oft befindet es sich auch direkt auf dem Boden, dann jedoch unter einem Schutzvorhang aus vorjährigen Seggenblättern verborgen.

Das Verbreitungsgebiet der Art reicht vom äußersten Osten Norddeutschlands über Polen und Weißrussland bis Litauen und möglicherweise Lettland; die Hauptvorkommen bestehen in Südrussland, der Ukraine sowie in Westsibirien am Ob, rund 4000 km von den nächsten bekannten Populationen entfernt.

Seggenrohrsänger sind recht unauffällige Kleinvögel, die man, außer bei Gesangsdarbietungen meist nur schwer entdeckt; sie klettern und laufen im Halmengewirr und fliegen nur wenig; besonders von Weibchen bekommt man daher kaum etwas mit. Die Art wird daher häufig übersehen. Vor allem das bekassinenartige, kräftig hell und dunkel gestreifte Oberseitenmuster mit zwei hervortretenden, etwas an Hosenträger erinnernden hellen Mantelstreifen sowie der ausgeprägte helle Scheitelstreif unterscheiden Altvögel des Seggenrohrsängers vom Schilfrohrsänger. Schon von weitem erkennt man singende Männchen an ihrer typischen Silhouette, denn der Schwanz ist nach unten gerichtet.

Auf dem Zug verraten sich Seggenrohrsänger nicht selten durch kurze „tschack-“ oder „tack“- Rufe, die an Schilfrohrsänger erinnern, aber hörbar tiefer sind. Die Gesangsstrophen klingen wie „trrrr-jüjüjüjüjü“ oder „trrrr-dididididi“, sie ähneln ebenfalls denen der Schwesterart, unterscheiden sich aber durch geringere Länge der einzelnen Motive, gleichmäßigeres Tempo und längere Pausen; weil sie auch weniger abwechslungsreich sind und keine Imitationen aufweisen, wirken sie nicht annähernd so munter wie Schilfrohrsänger-Strophen. Am Abend beginnt die Zeit der größten Gesangsaktivität, bis zur Dämmerung schwellen die Darbietungen der einzelnen Männchen einer Brutgemeinschaft zu einem vielstimmigen Chor an.

▶ SCHILFROHRSÄNGER, MARISKENROHRSÄNGER

SEGGENROHRSÄNGER, ALTVOGEL BRINGT EINE LAUBHEUSCHRECKE ZUM NEST

IM LEBENSRAUM

FRISCH GESCHLÜPFTE JUNGE

NEST UND GELEGE

Sumpfrohrsänger

Innerhalb der Gattung *Acrocephalus* hat der Sumpfrohrsänger den weitesten Zugweg. Er zieht bis ins südöstliche Afrika von Südostkenia bis zur Kapprovinz. In die mitteleuropäischen Brutgebiete kehrt er oft erst Mitte oder Ende Mai zurück. Der Wegzug findet bereits im August oder September statt. Somit hält sich der Sumpfrohrsänger innerhalb seiner Gattung mit oft nur zwei Monaten am kürzesten im Brutgebiet auf.

Das Nest wird gerne zwischen Brennnesseln, Mädesüß oder Wasserdost gebaut, aber nur selten im Schilf und fast ausschließlich über trockenem Boden. Die Jungen verlassen das Nest kletternd, noch bevor sie fliegen können, und verstecken sich in der Umgebung.

Sumpfrohrsänger bewohnen üppig bewachsene Uferbereiche, Ränder von Feuchtgebieten und Gräben mit Hochstauden, die zusammen mit Schilf und Büschen (gerne Weiden) ein dichtes Pflanzengewirr mit reichlich vertikalen Strukturen bilden. Im Gegensatz zum Teichrohrsänger gehen sie kaum in reine Schilfbestände. Trotzdem liegen die Brutterritorien beider Arten oft nah beieinander, etwa in verkrauteten Schilfbereichen mit einzelnen Büschen, wobei sich aber der Teichrohrsänger dann zum Singen und zur Nahrungssuche eher in den Büschen aufhält. Man trifft den Sumpfrohrsänger aber nicht nur in feuchten Lebensräumen an. Früher war er sehr häufig in mit Wildkräutern durchwachsenen Getreidefeldern; er hieß deshalb sogar Getreiderohrsänger. Heute kommt er gelegentlich noch auf üppig bewachsenen Brachflächen und in Rapsfeldern vor. Auf dem Zug können Teich- und Sumpfrohrsänger in ähnlichen Lebensräumen erscheinen, meist in Hochstaudenfluren und Gebüsch in Wassernähe, gelegentlich auch in Gärten. Dann sind sie fast nur an ihren Lautäußerungen zu unterscheiden.

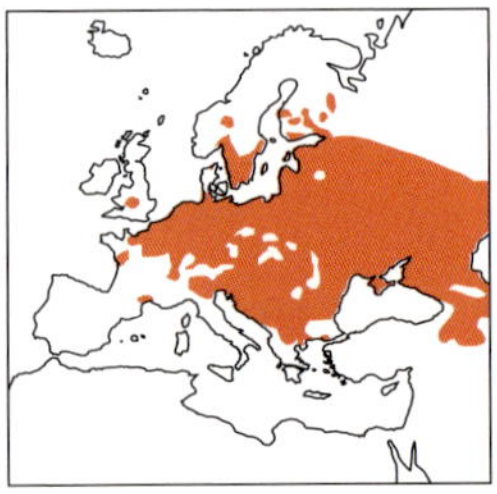

Der Sumpfrohrsänger ist in Europa weit verbreitet, hier leben etwa ³/₄ des Weltbestandes. Das Brutareal der Art erstreckt sich von Nordfrankreich bis Südskandinavien, Südfinnland und die Gegend um St. Petersburg. Trotz einiger Verbreitungslücken ist er in Mitteleuropa die häufigste Rohrsängerart. Seit einigen Jahrzehnten hat sich die Art in Mitteleuropa stark ausgebreitet und auch die Mittelgebirge besiedelt. Gründe dafür sind Entwaldung, Landwirtschaft und klimatische Faktoren; aber auch Überdüngung, die das Brennnesselwachstum fördert, und Verbuschung von Feuchtgebieten trugen zur Expansion bei. Vor allem in Frankreich und in Skandinavien ist die Erweiterung des Brutareals noch im Gange. Große Probleme bereiten die Lebensraumverschlechterung in den Durchzugs- und Überwinterungsgebieten sowie für die Bruten Mäharbeiten in ufernahen Lebensräumen und entlang von Wegen in Feuchtgebieten.

Typisch gefärbte Sumpfrohrsänger sind eher olivbräunlich und zeigen nicht die warmbraune bis warmbeigefarbene, insgesamt dunklere Tönung des Teichrohrsängers; dieser ist zudem an den Flanken oft schwach rostfarben. Ferner hat er deutlich hell gerandete Handschwingen. Der Gesichtsausdruck des Sumpfrohrsängers wirkt durch den rundlicheren Kopf mit kürzerem Schnabel und den meist deutlicheren hellen Augenring freundlicher.

Der kraftvolle, lebhaft vorgetragene Gesang ist überaus abwechslungsreich und wohlklingend und besteht fast ausschließlich aus meisterhaften Imitationen nicht nur europäischer, sondern auch vieler afrikanischer Vogelarten, die auf dem Zug erfasst werden. Der manchmal ähnlich klingende Gelbspötter singt stets viel höher in Bäumen. Sumpfrohrsänger ernähren sich von Zweiflüglern, Raupen, Blattläusen und Spinnen.

Der **Buschrohrsänger** (*Acrocephalus dumetorum*) ist im Aussehen nur sehr schwer vom Sumpfrohrsänger zu unterscheiden, allerdings anhand des Gesanges, der Sitzhöhe beim Singen (meist 3–7 m) und der Vorliebe für Sitzen und Bewegen in horizontalen Strukturen. Die rohrsängertypisch steil aufgerichtete Körperhaltung nimmt er trotzdem häufig ein. Der Gesang enthält zahlreiche Imitationen und klingt wie ein typischer Rohrsängergesang, das Tempo ist aber im Vergleich zum Sumpfrohrsänger deutlich langsamer, eher getragen, die Strophen werden 5- bis 8-mal wiederholt und enthalten mehr Pfeiflaute. Das Brutgebiet reicht vom Baltikum und Südfinnland ostwärts bis zum Baikalsee.

▶ TEICHROHRSÄNGER

Sumpfrohrsänger *Acrocephalus palustris* (BECHST. 1758)

Größe	= Sperling
Maße (cm)	Länge ca. 13 / Flügel ca. 18–21
Körpermasse (g)	10–13
Stimme	Gesang sehr lebhaft, voller Nachahmungen, flüssig mit Trillern und Reihen wie Blaukehlchen, webt artkennzeichnendes, nasales „tzä-bii" ein; beide Geschlechter singen; Ruf kurz „tjeck" oder „trett", rasselnd „terrrrr" wie trockene Samenkapsel
Brutzeit	Anfang Mai im Süden, bis Mitte Juni/Juli im Norden; 1 Jahresbrut
Gelegegröße	3–6, meist 5
Eifärbung	blass bläulich, grünlich oder gräulich, mit hell- und dunkeloliven Klecksen unterschiedlicher Grautöne gezeichnet; glatt, glänzend
Eimaße (mm)	spindelförmig – 18,9 x 13,5
Brutdauer	11,5–13 Tage; beide Partner brüten
Nestlingszeit	10–12 Tage; anfänglich füttert ♂, ♀ hudert

SUMPFROHRSÄNGER, MÄNNCHEN AUF DER SINGWARTE

BRÜTENDER SUMPFROHRSÄNGER

FLÜGGER JUNGVOGEL

NEST UND GELEGE

Teichrohrsänger

Im Gegensatz zu Sumpf- und Buschrohrsänger halten sich Teichrohrsänger zur Nahrungssuche weniger in der Krautschicht, dafür mehr in wassernahen Büschen und Bäumen auf, wo sie zum Nahrungserwerb viel mehr die Flügel benützen und dabei sitzende Insekten aufscheuchen. Das Klettern an senkrechten Halmen beherrschen sie besser als die beiden anderen Rohrsängerarten.

Die Art ist stark an Schilf gebunden. Sie bewohnt die dichten Schilfgürtel an Seen und langsamen Fließgewässern vom Tiefland bis in die Mittelgebirgslagen, auch wenn sie nicht im Wasser stehen. Rohrkolbenbestände und gelegentlich feuchtes Weidengebüsch oder sogar Anbauflächen, wie Rapsfelder, werden ebenfalls besiedelt. Auf dem Zug suchen Teichrohrsänger auch in Bäumen weitab vom Wasser Nahrung und können dann sogar mit Spöttern verwechselt werden. Doch diese unterscheiden sich vom Teichrohrsänger unter anderem durch ihre langen, spitzen Unterschwanzdecken.

Das Weibchen wählt den Nistplatz aus. Das Nest ist ein fest gefügter, tiefmuldiger Bau, der meist um senkrechte Halme, vor allem Schilf, in 1–1,5 m Höhe geflochten wird. Als Folge von Störungen während des Nestbaus kann das Weibchen den Rohbau wieder abtragen und an anderer Stelle neu errichten. Die Eiablage beginnt recht spät, oft erst Mitte Mai. Die Jungen verlassen noch nicht flugfähig das Nest; sie sitzen in den ersten Tagen meist auf horizontalen oder schrägen Halmen, da sie die typische aufrechte Rohrsängerhaltung noch nicht beherrschen.

Teichrohrsänger sind Sumpfrohrsängern sehr ähnlich. Die Unterscheidung gelingt am einfachsten anhand der

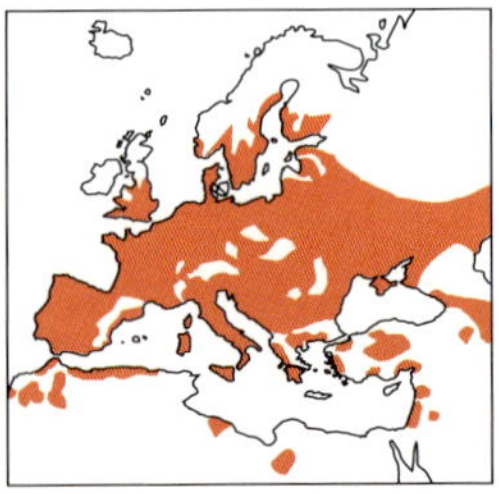

Stimme (siehe unten). Im Gegensatz zum Sumpfrohrsänger hat der Teichrohrsänger einen strengeren Gesichtsausdruck, weil der Schnabel etwas länger, die Stirn flacher und der helle Augenring weniger ausgeprägt ist. Von den drei Arten Busch-, Sumpf- und Teichrohrsänger hat der Teichrohrsänger den am schwächsten ausgeprägten Überaugenstreif.

Zu Beginn der Balz- und Brutsaison singen die Männchen meist weit oben in den Schilfhalmen; oft klettern sie singend einen Halm hinauf. Wenn die Territorien festgelegt sind, singen sie vor allem im mittleren Halmbereich (vermutlich aus Sicherheitsgründen). Der Gesang ist relativ leise, wirkt oft etwas monoton, stotternd und „unlustig". Er besteht zum überwiegenden Teil aus geräuschhaften Lauten, vor allem rauen und knarrenden Tönen, aber auch klangvollen Lauten; typisch ist die mehrfache Wiederholung der Silben. Die Imitationsfreudigkeit und -fähigkeit ist deutlich geringer als bei den übrigen kleinen Rohrsängern.

Die Art brütet in Nordwestafrika und in weiten Teilen Europas, im Norden bis Mittelengland, Südskandinavien, die schwedische Ostküste, Südfinnland und die Gegend um St. Petersburg. Im Osten sinkt die Nordgrenze kontinuierlich ab und erreicht am Uralfluss nur noch 50–52° nördlicher Breite, was der Höhe von Mitteldeutschland entspricht. Außerdem gibt es in der Türkei, im Nahen Osten und in Teilen Mittelasiens Populationen.

Wie der Sumpfrohrsänger hat auch der Teichrohrsänger sein europäisches Brutareal seit Ende des 19. Jahrhunderts erheblich erweitert. In Schweden und den Baltischen Ländern ist dieser Vorgang noch nicht abgeschlossen. Obwohl europaweit derzeit nicht bedroht, wird der Lebensraum der Art – Röhrichtbestände an Gewässern – vielerorts vernichtet.

Der **Feldrohrsänger** (*Acrocephalus agricola*), dessen Nominatform vom europäischen Schwarzmeergebiet und Westasien bis nach China und zur Mongolei lebt und in Schilfgebieten brütet, ist etwas kleiner und relativ langschwänziger als der Teichrohrsänger. Die Brustseiten und hinteren Flanken sind rostfarben, der Überaugenstreif ist deutlich ausgeprägt und reicht nach hinten über das Auge hinaus. Der plaudernde Gesang erinnert an Sumpfrohrsänger und vor allem Schilfrohrsänger, wird aber langsamer vorgetragen und ist deutlich einförmiger, auch enthält er nicht die gequetschten Laute, die den Sumpfrohrsängergesang auszeichnen. Was den Lebensraum betrifft, brütet er oft in trockeneren, landseitigen Bereichen von Schilf- und Rohrkolbenbeständen, in die einzelne Büsche eingesprengt sind.

Teichrohrsänger *Acrocephalus scirpaceus* (HERM. 1804)

Größe	= Sperling
Maße (cm)	Länge ca. 13 / Flügel ca. 17–21
Körpermasse (g)	9–16
Stimme	Gesang einförmig hervorgepreßte Folge hart schnarrender und nasaler, rollender kurzer Töne, manchmal mit Nachahmungen; erinnert an Schilfrohrs., aber langsamer; ruft tief „kresch", oder „kche"; beunruhigt gedehntes Rattern
Brutzeit	Mitte April bis Mitte Juni/Juli; meist 1 Jahresbrut
Gelegegröße	4–6 (7), meist 5
Eifärbung	grünlichweiß oder blassgrün. Stark gezeichnet mit grünen, olivfarbenen und mattgrauen Flecken. Große Flecken bilden am Pol eine Kappe; glatt, glänzend
Eimaße (mm)	spindelförmig – 18 x 13,6
Brutdauer	13–15 Tage; nur ♀ brütet und hudert
Nestlingszeit	11–13 Tage; ♂ und ♀ füttern; mit 16 Tagen bereits Flugübungen, bis 30 Tage geführt

▸ SUMPFROHRSÄNGER, BUSCHROHRSÄNGER

TEICHROHRSÄNGER, PAAR AM NEST

BEI DER NAHRUNGSSUCHE

FLÜGGER JUNGVOGEL

NEST UND GELEGE

Drosselrohrsänger

Durch seine bedeutende Größe – er erreicht fast die Größe einer Singdrossel, ist aber schlanker – lässt sich der Drosselrohrsänger meist unschwer von anderen Rohrsängern unterscheiden. In der Färbung ähnelt er einem Teichrohrsänger, der Gesichtsbereich zeigt jedoch einen grauen Anflug, der Überaugenstreif ist viel ausgeprägter. Außerdem ist der Drosselrohrsänger weniger zierlich gebaut als die Vergleichsart und er hat einen langen, kräftigen Schnabel und kräftige Beine.

Nicht selten fliegt der Drosselrohrsänger niedrig entlang des Schilfrandes und über dem Schilf. Oft fächert er dabei den deutlich abgerundeten Schwanz leicht, wodurch er etwas plump und schwerfällig wirkt. Auch beim Klettern ist er nicht so behände wie der Teichrohrsänger.

Drosselrohrsänger sitzen beim Singen meist im oberen Bereich der Halme, oft knapp unter einer Schilfrispe, denn von dort aus vermögen sich die tiefen Frequenzen am besten auszubreiten. Der Gesang ist sehr laut und weittragend, rau und knarzend; die kurzen Strophen werden deutlich durch Pausen getrennt.

Die Vögel fressen hauptsächlich Insekten und Spinnen, erbeuten aber hin und wieder auch einen kleinen Frosch oder Molch im Wasser. Meist werden die Insekten beim Klettern durch den Lebensraum oder Hüpfen über schwimmende Pflanzen abgelesen; manchmal schnappen die Vögel ein vorbeifliegendes Insekt aus der Luft oder stehlen einer Spinne die gefangene Beute aus dem Netz. In der Beutewahl sind Drosselrohrsänger wenig spezialisiert. Da sie sehr territorial und unverträglich sind, vertreiben sie nicht nur Artgenossen,

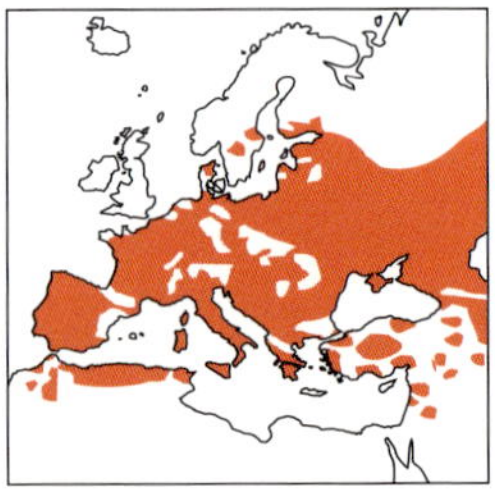

sondern auch andere Vogelarten aus dem Revier.

Die Art bewohnt Nordwestafrika und große Teile Europas außer Island, die Britischen Inseln sowie den größten Teil Skandinaviens, Finnlands und Nordrusslands. Das große asiatische Verbreitungsgebiet reicht im Osten bis Sachalin und Nordjapan. Die Art besiedelt hauptsächlich die wasserseitigen alten und ausgedehnten Schilfbereiche an Seen, Teichen und Flüssen. Die Vögel verlassen im August oder September ihre Brutgebiete, um nach Afrika zu fliegen. Vermutlich überqueren sie das Mittelmeer und die Sahara im Nonstop-Flug. Südlich der Sahara legen sie erst einmal für einige Zeit eine Rast ein, um die Fettreserven aufzufüllen und zu mausern. Die eigentlichen Überwinterungsgebiete liegen im mittleren und südlichen Afrika vom Süden der Sahelzone bis in den Norden Südafrikas.

Neben der normalen monogamen Saisonehe kommt regelmäßig auch Polygamie vor; meist sind mehr als 10 % der Männchen polygam, manchmal sogar über 25 %. Der Anteil des Männchens an der Brutpflege hängt von dessen Verpaarung ab: Bei polygamen Männchen ist er am niedrigsten; diese helfen vor allem bei der Fütterung der Jungen des Erstweibchens, erst nach deren Ausfliegen werden die Jungen des Zweitweibchens gefüttert. Das tiefmuldige Nest hängt in der Regel tiefer als das Teichrohrsängernest und über tieferem Wasser, oft in der Nähe des Schilfrandes. Als Baumaterial verwendet das Weibchen Schilfblätter, die es vorher ins Wasser taucht, damit sie sich besser um die Schilfhalme schlingen lassen. Nach dem Trocknen ist das Nest sehr stabil und hält den stärksten Stürmen statt. Das allein brütende Weibchen drückt sich in die tiefe Nestmulde hinein, so dass nur noch Schwanzende und Schnabel herausschauen. Bereits im Alter von 9–10 Tagen klettern die Junge manchmal zum Nestrand; wenn sie dabei ins Wasser stürzen, können sie rudernd einen rettenden Schilfhalm erreichen und daran hochklettern. Nicht selten dient der Drosselrohrsänger dem Kuckuck als Wirt, wobei regional sein Bruterfolg deutlich beeinträchtigt wird. Der Teichrohrsänger ist von diesem Brutparasitismus noch weit mehr betroffen, denn er ist vielerorts Hauptwirt der Kuckucke.

Zu Beginn des 20. Jahrhunderts fand in Mitteleuropa eine klimatisch bedingte Arealausweitung statt, die im Baltikum und in Skandinavien immer noch zu beobachten ist. Heute hat der Drosselrohrsänger infolge von Gewässerverschmutzung und Lebensraumzerstörung vielerorts stark abgenommen. Gebietsweise ist er ganz verschwunden. Durch schlechtes Wetter zur Brutzeit und natürliche Feinde ist der Bruterfolg ohnehin ziemlich gering.

▸ TEICHROHRSÄNGER

Drosselrohrsänger *Acrocephalus arundinaceus* (L.1758)

Größe	> Sperling
Maße (cm)	Länge ca. 19–20 / Flügel ca. 25–29
Körpermasse (g)	25–40
Stimme	Gesang ähnlich Teichrohrsänger, deutlich gröber, sehr lautstark, ein- bis dreimal wiederholte Motive, hart knarrende, hohe Falsettlaute und Quietschtöne; Strophen häufig durch Gurrlaute eingeleitet; Ruf hart „kreck“, fast wie Teichhuhn; Junge betteln „kräh“ (drosselartig)
Brutzeit	Mitte Mai im Süden bis Juli im Norden, 1 Jahresbrut
Gelegegröße	4–6 (7), meist 5
Eifärbung	blassgrün, bläulichgrün oder blau, selten weiß, unterschiedlich mit schwärzlichbraunen, olivbraunen und blass blaugrünen Flecken besetzt; glatt, schwach glänzend
Eimaße (mm)	spindelförmig – 22,4 x 16,1
Brutdauer	13–15 Tage; nur ♀ brütet und hudert
Nestlingszeit	10–15, meist 11–13 Tage; ♂ und ♀ füttern; mit 16 Tagen Flugübungen, bis 30 Tage geführt

DROSSELROHRSÄNGER, MÄNNCHEN AUF DER SINGWARTE,

.. SINGT AUCH MIT GESCHLOSSENEM SCHNABEL

BRÜTENDER ALTVOGEL

NEST UND GELEGE

Blassspötter

Spötter sind unscheinbare Zweigsänger ohne besondere Kopfzeichnung und Flügelbinden, jedoch mit langem, an der Basis breitem Schnabel. Im Gegensatz zu Rohrsängern ist der Schwanz nur wenig gerundet oder gerade abgeschnitten, die Unterschwanzdecken sind relativ kurz. Der deutsche Gattungsname bezieht sich auf die bei den einzelnen Arten unterschiedlich ausgeprägte Fähigkeit zur Imitation von anderen Vogelstimmen. Blass- und Buschspötter gehören nach neuesten Ergebnissen der molekulargenetischen Forschung offensichtlich zur Gattung *Acrocephalus*.

Der Blassspötter erinnert durch seine schlanke Gestalt an Teich-, Sumpf- und Buschrohrsänger, durch die Art, den Schwanz nach unten zu schlagen, an Zilpzalp. Er kommt in Europa in zwei deutlich voneinander getrennten Unterarten vor, die von manchen Autoren als eigene Arten angesehen werden: die westliche Form *opaca* in Nordwestafrika und Iberien sowie die östliche Form *elaeica* vom Balkan an ostwärts. Blassspötter wirken insgesamt hell, Gelbtöne im Gefieder fehlen. Der schmale, helle Überaugenstreif und der helle Zügelbereich sind oft erkennbar.

Der fast ständig zu hörende Ruf klingt wie „tschek" und ist ein gutes Artkennzeichen. Der eilig schwätzende Gesang erinnert an Rohrsänger, zeigt wie der des Teichrohrsängers stets Wiederholungen, ist aber schneller sowie weniger rau und abwechslungsreich.

Bei der Nahrungssuche hüpft der Blassspötter schwanzschlagend und relativ langsam durchs Gezweig. *Elaeica* hält sich dabei meist in Büschen zwischen 3 und 6 m Höhe auf, *opaca* ist mehr auf Bäume fixiert. Das Nahrungsspektrum ähnelt wohl dem des Gelbspötters, es gibt aber nur wenige Untersuchungen. Schmetterlingsraupen und verschiedene Zweiflügler wies man in den Auwäldern der Theis nach.

Blassspötter *Hippolais pallida* (HEMPF. & EHRENB. 1833)

Größe	= Sperling
Maße (cm)	Länge ca. 12–13,5 / Flügel ca. 18–21
Körpermasse (g)	8–13
Stimme	Rufe sperlingshaftes Tschilpen, kurz „tschek", rhythmisch „tset tset…", „tck tck…" und hartes „trerr"; Gesang komplizierte Folge rauer, harter und gequetschter Motive, mit flötenden Tönen (erinnert an Gelbspötter)
Brutzeit	Ende April, 2 Jahresbruten
Gelegegröße	3–5
Eifärbung	schmutzig weiß, manchmal mit blassrosa Anflug, spärlich schwarz gesprenkelt; glatt, glänzend
Eimaße (mm)	spindelförmig – 17,4 x 13,3
Brutdauer	11–13 Tage; ♀ brütet und hudert
Nestlingszeit	11–14 Tage

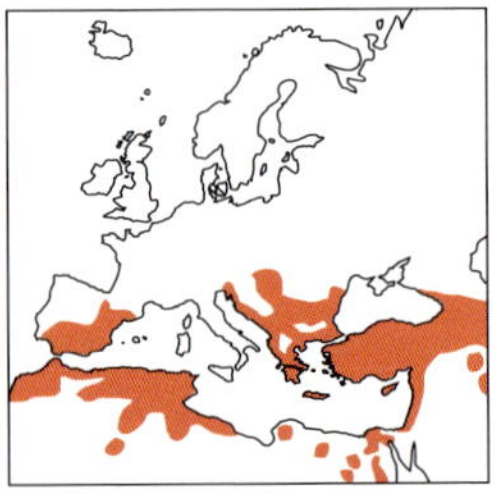

Das Nest wird vom Weibchen in einem Strauch oder kleinen Baum bis in rund 3, selten bis in 6 m Höhe angelegt. Es besteht aus Stängeln und Halmen, die in typischer Spöttermanier um die Trägerzweige geflochten werden. Das Polstermaterial drückt das Weibchen so gleichmäßig fest, dass es wie geglättet aussieht (ähnlich einem Singdrosselnest).

Die Art bewohnt halb offene Landschaften mit Buschwerk und Gestrüpp, gerne mit einzelnen, nicht zu hohen Bäumen, oder lockeren, unterwuchsreichen Laubwald. Im Süden lebt sie auch in lockerem Kiefernwald, in Olivenhainen, Obstgärten, Parks und verwilderten Gärten sowie Tamariskenbeständen an Gewässerufern. Die ungarischen Brutvögel bewohnen hauptsächlich Flussauen mit Weiden und Pappeln. Als deckungsliebender Vogel hält sich der Blassspötter gerne im äußeren Kronenbereich auf, wo er nicht so leicht zu beobachten ist, weil er ständig den Platz wechselt.

Das stark zerrissene Brutgebiet reicht vom nördlichen Afrika (südwärts bis zum Tschadbecken) über den Mittelmeerraum, die Türkei und Vorderasien bis in den westlichen Tienschan. In Ungarn, wo über 200 Brutpaare leben, erreicht die Art mitteleuropäischen Boden. Die Überwinterungsgebiete liegen größtenteils südlich der Sahara, je nach Unterart eher westlich bzw. östlich. Auch im westafrikanischen Winterquartier halten sich die Vögel der *opaca*-Form in Waldgebieten auf.

In Ungarn sind die Arealausweitung, die seit Jahrzehnten in vielen südosteuropäischen Ländern stattfindet, und Bestandszunahme noch nicht abgeschlossen. Dadurch ist ein weiteres Vordringen (beispielsweise nach Österreich) zu erwarten. Auf der Iberischen Halbinsel ist die Art selten.

Blassspötter mit kurzem Schnabel kann man leicht mit **Buschspöttern** (*Hippolais caligata*) verwechseln. Letztere haben aber einen noch feineren Schnabel, einen rundlicheren Kopf und einen nicht so lang gestreckten Körper. Im Gegensatz zum Blassspötter schlagen sie den Schwanz aufwärts, der Gesang ist nasaler, schneller und ohne Wiederholungen. Der Buschspötter ist ein überwiegend asiatischer Zweigsänger der südlichsten Taigabereiche und anschließenden Waldsteppen- und Steppenzone. Westwärts kommt er bis zum Ladogasee und unregelmäßig sogar bis St. Petersburg vor. Vor allem im September tritt er als Ausnahmegast im westlichen Europa auf; aus Deutschland liegen bisher fünf Nachweise vor.

▶ ANDERE SPÖTTER, TEICH-, SUMPF-, BUSCHROHRSÄNGER

BLASSSPÖTTER (SÜDOSTEUROPÄISCHE FORM) WARNT WEGEN EINES BODENFEINDS

FAST FLÜGGE JUNGVÖGEL

JUNGVÖGEL IM NEST

NEST UND GELEGE

Olivenspötter

Der Olivenspötter hat ein recht kleines, auf die Westpaläarktis beschränktes Verbreitungsgebiet. Er ist in Südosteuropa, vor allem in Griechenland einschließlich der Griechischen Inseln, weit verbreitet. Außerhalb Europas brütet die Art, wenn auch nicht zahlreich, in der anschließenden West- und Südtürkei hauptsächlich an der Mittelmeer- und Marmarameerküste. Ein mutmaßlicher „Ableger" der türkischen Population wurde mit mehreren Dutzend Brutpaaren 1982 im Nordwesten Syriens entdeckt. Auch im äußersten Nordwesten Israels ist die Art wahrscheinlich regelmäßiger Brutvogel. Aus Mitteleuropa gibt es keine Nachweise.

Olivenspötter lieben trockene, steinige Landschaft mit Gebüsch und einzelnen Bäumen. Sie halten sich gerne in Olivenhainen, Obstgärten, lockerem, unterwuchsreichem Eichenwald, aber auch in anderen offenen Laubbaumbeständen sowie in Gegenden mit traditioneller Landwirtschaft auf. Im europäischen Areal sind sie meist im Tiefland oder in mittleren Höhenlagen vertreten, gerne in Küstennähe. Die Überwinterungsgebiete des Olivenspötters liegen in den vor allem mit Akazien bestandenen Savannen des östlichen und südlichen Afrika, also in einem Gebiet, das etwa von Kenia bis Natal reicht. Die Vögel sind offenbar ganzjährig territorial, denn sie singen auch im Winterquartier.

Das tiefmuldige Nest wird meist in einer Höhe von ½ bis über 2 m in niedrige Bäume, vor allem Eichen, Ölbäume oder Wacholder, gebaut. Es besteht aus Stängeln, Gräsern, Würzelchen und Rindenstücken. Außen wird eine Schicht aus Spinnweben angebracht, innen ist es mit zartem Pflanzenmaterial, Pflanzenwolle und oft Pferdehaaren ausgestattet. Brutgeschäft und Jungenaufzucht teilen sich Männchen und Weibchen. Wie bei anderen Spöttern liegen die Brutreviere oft „geklumpt" in enger Nachbarschaft.

Olivenspötter *Hippolais olivetorum* STRICKLAND 1837

Größe	= Sperling
Maße (cm)	Länge ca. 15 / Flügel ca. 24–26
Körpermasse (g)	14–22
Stimme	Gesang grob und rau (Drosselrohrsänger!), lang anhaltende Reihen aus regelmäßig wiederholten Phrasen, z. B. herausgestoßenem „kutjock" oder „kerre"; Ruf hart und scharf „tück" oder „tzeck"
Brutzeit	Ende Mai bis Juni, 1 Jahresbrut
Gelegegröße	(3) 4
Eifärbung	blass oder purpurrosa, zum stumpfen Pol hin heller und weniger rosa, mit weniger schwarzen oder blassgrauen Flecken oder Kritzeln; glatt, glänzend
Eimaße (mm)	spindelförmig – 21,5 x 13,5
Brutdauer	unbekannt
Nestlingszeit	unbekannt

Der Gesang erinnert an Rohrsänger, vor allem wegen der Wiederholungen an Drosselrohrsänger. Im Vergleich zum Blassspötter singt der Olivenspötter langsamer, rauer und lauter. Imitationen kommen selten vor. Die Vögel tragen ihren Gesang meist im Schutz des Laubes in Bäumen vor – bei Mondschein auch nachts. Selbst wenn sie nur ein paar Meter neben dem Beobachter singen, sind sie schwer zu entdecken. Auffällig wird der Gesang im Juni, wenn andere Vögel wegen der Hitze bereits schweigen.

Der Olivenspötter ist die größte *Hippolais*-Art und deutlich größer als der Gelbspötter. Auffällig sind das helle Flügelfeld und die lange Flügelprojektion. Die Färbung wirkt insgesamt recht grau, im frischen Gefieder kann man auf Kehle und Brust einen leichten gelben Anflug erkennen. Verwechslungsmöglichkeit besteht mit unausgefärbten Sperbergrasmücken, auch wegen der etwas plumpen Bewegung im Laubwerk. Von diesen unterscheidet sich der Olivenspötter vor allem durch die typischen Spöttermerkmale, wie hellen Schnabel und flachen Scheitel; die Scheitelfedern können allerdings von erregten Männchen auch gesträubt werden, so dass deren Kopf dann kantig aussieht. Der im Vergleich zum Blassspötter längere Schwanz kann wegen der langen Handschwingen relativ kurz wirken. Wie der Dornspötter gleitet der Olivenspötter ein kurzes Stück vor der Landung.

Zum Nahrungsverhalten gibt es kaum Untersuchungen. Die Vögel erbeuten natürlich Insekten, im Herbst nehmen sie auch Feigen. Die Nahrungssuche findet hauptsächlich im Laubwerk von Bäumen, aber auch in Büschen statt. Allerdings wurden Olivenspötter auch schon bei der systematischen Nahrungssuche am Boden beobachtet.

Die größten europäischen Vorkommen liegen in Griechenland und Albanien, dort sind die Bestände auch stabil; in Griechenland brüten rund 5000–10 000 Paare. Aus Bulgarien wurde eine beträchtliche Arealausweitung und entsprechende Bestandszunahme gemeldet; dort bewohnt die Art hauptsächlich Buschlandschaften.

An das Brutareal des Olivenspötters schließt sich im Osten das des **Dornspötters** (*Hippolais languida*) an, dessen Hauptverbreitung im südlichen Mittelasien liegt. Europäischen Boden erreicht er nur in Südaserbaidschan und Armenien. Lebensraum sind vor allem offene, gebüschreiche Berg- und Hügelflanken, sandiges Halbwüstengelände, Tamariskengestrüpp und gebüschreiche Wadis, man trifft die Art häufig in Oasen mit Obst- und Pistazienanbau. Im Vergleich zum Blassspötter klingen die Rufe weicher, der Gesang ist vom Rhythmus her einheitlicher.

▸ BLASSSPÖTTER, SPERBERGRASMÜCKE (UNAUSGEFÄRBT)

OLIVENSPÖTTER IM TYPISCHEN LEBENSRAUM

FLÜGGER JUNGVOGEL

JUNGE IM NEST

NEST UND GELEGE

Gelbspötter

Der Gelbspötter ist mit seiner rohrsängerartigen Gestalt, der einheitlich gelblichen Unterseite, dem spitz zulaufenden Scheitel, dem kräftigen, orangefarbenen Schnabel und dem hellen Flügelfeld recht typisch. Allerdings sind nicht immer alle Merkmale gleich gut ausgeprägt, so dass eine Verwechslung mit dem nah verwandten Orpheusspötter nicht ausgeschlossen ist. Im stark abgetragenen Herbstkleid kann die Oberseite bei Altvögeln graubraun und die Unterseite weißlich erscheinen; meist bleibt aber wenigstens auf Kehle und Brust noch etwas Gelb übrig. Auch das helle Flügelfeld ist im Herbst oft nur schwach ausgeprägt.

Die Art brütet in offenen Laubwaldgebieten, gerne am Rand von feuchten Laub- und Auwäldern mit Eichen und Hainbuchen, an Flussufern mit Büschen und Bäumen, auch in Parks, Friedhöfen und entsprechenden Gärten mit älteren Bäumen und hohen Büschen. Außer beim Singen sind Gelbspötter schwer zu entdecken, denn sie verbergen sich meist im Blattwerk der Bäume und höheren Büsche, wo sie lebhaft durchs Gezweig schlüpfen. Auf dem Zug trifft man sie auch in baumlosen Gegenden an, etwa in niedrigem Gestrüpp.

Gelbspötter sind ausgeprägte Langstreckenzieher, deren Überwinterungsgebiete im tropischen Afrika liegen. Die Art unternimmt einen Schleifenzug, wobei auf dem Wegzug in breiter Front der östliche Mittelmeerraum durchquert wird und auf dem Heimzug eine westlichere Route eingeschlagen wird. Junge Gelbspötter tragen auf dem Zug ihr Jugendkleid.

Die Art hat unter Lebensraumverlust zu leiden, vor allem durch Flurbereinigung und übermäßige forstliche Aktivitäten; hinzu kommen beträchtliche Verluste, die Langstreckenzieher naturgemäß leiden müssen, sowie Brutverluste durch verregnete Frühjahre. An seiner Westgrenze wird der Gelbspötter möglicherweise durch den vordringenden Orpheusspötter beeinträchtigt. Trotz der sehr unterschiedlichen Bestandsentwicklung innerhalb Europas scheinen die europäischen Bestände derzeit stabil zu sein.

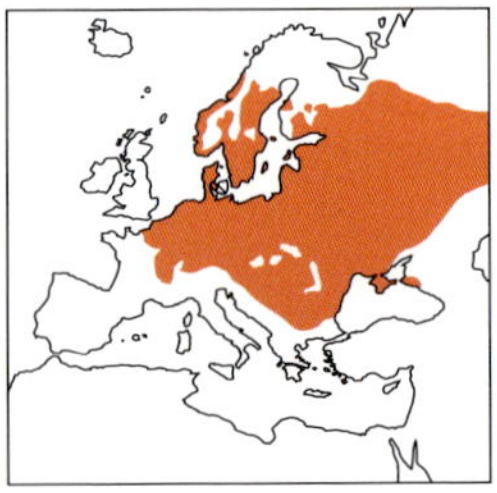

Der Gelbspötter ist der am weitesten in Europa verbreitete Spötter. Im Norden kommt er bis ins mittlere Skandinavien und Finnland vor, in Nordwestrussland nordwärts bis ungefähr Archangelsk. In einem schmaler werdenden Ausläufer setzt sich das Areal über den Ural bis in den nordwestlichen Altai und nach Kasachstan fort. Im Nordwesten erreicht die europäische Verbreitung Nordwestfrankreich; auf den Britischen Inseln und im übrigen Westeuropa fehlt die Art ebenso wie im größten Teil Südeuropas. Die Südgrenze verläuft am nördlichen Alpenrand (kommt aber in den Tälern der nördlichen Alpen vor), weiter östlich durch Kroatien, das nördliche Bulgarien und an der nördlichen Schwarzmeerküste entlang. Außerdem gibt es im Iran mehrere kleine isolierte Vorkommen. Eigentlich ist der Gelbspötter ein Vogel des Tieflandes und der unteren Mittelgebirgslandschaften. In der Schweiz gibt es allerdings Brutplätze in über 1000 m Höhe, die höchsten liegen in 1500 m Höhe.

Das sauber gearbeitete, außen und innen glattwandige Napfnest ist aus Halmen, Blättern und Rinde gebaut und wird außen mit Spinnweben, Haaren oder Bast verfestigt. Neststandort ist meist eine Astgabel eines höheren Busches oder Baumes in 1,5–4 m Höhe. Während das Weibchen baut, wird es vom Männchen begleitet. Das allein brütende Weibchen verlässt sein Gelege meist dann, wenn das Männchen mit Futter erscheint; in den ersten Lebenstagen der Jungen bringt vor allem das Männchen Futter herbei und übergibt es der Partnerin oder füttert selbst. Das Weibchen säubert die Jungen und entfernt dabei Parasiten.

Typisch für den Gelbspötter ist ein „dideroid“-Ruf, der vielfach auch im Gesang vorkommt. Der etwas rohrsängerartige Gesang klingt sehr fröhlich und lebhaft und ist überaus abwechslungsreich. In den Gesang werden eine Vielzahl gelungener Imitationen von vielen Vogelarten, wie Drosseln, Meisen, Schwalben oder Pirol, eingebaut, so dass manchmal die arteigenen Teile in den Hintergrund treten. Dann ist eine Verwechslung mit dem Sumpfrohrsänger möglich. Dessen Gesang ist jedoch schneller, weniger kräftig sowie weniger rau und volltönend; außerdem singt der Gelbspötter hoch in Büschen und Bäumen und stets nur tagsüber.

▸ ANDERE SPÖTTER, VOR ALLEM ORPHEUSSPÖTTER

Gelbspötter *Hippolais icterina* (VIEILL. 1817)

Größe	= Sperling
Maße (cm)	Länge ca. 13,5 / Flügel ca. 20,5–24
Körpermasse (g)	11–15
Stimme	charakteristischer Ruf „dideroid“ oder „tätä hui“, Schlußlaut unterschiedlich deutlich; Reviergesang kontrastreich und laut, reich an Imitationen, ähnlich Sumpfrohrs.; oft starenartig beginnend „skrr, skrr, skrr...“, mit nasalem Miauen „giiah“
Brutzeit	Ende Mai im Süden, bis Ende Juni im Norden; 1 Jahresbrut
Gelegegröße	3–7, meist 4–5
Eifärbung	blass purpurrosa, sparsam mit schwarzen Punkten und Flecken besetzt; ausnahmsweise mit dunklen Haarzügen; glatt, glänzend
Eimaße (mm)	spindelförmig – 18,1 x 13,4
Brutdauer	12–14 Tage; nur ♀ brütet, wird mitunter von ♂ gefüttert
Nestlingszeit	13,5 – 15,5 Tage; ♀ hudert mindestens die ersten 6 Tage, ♂ bringt ♀ Futter

GELBSPÖTTER AUF RECHT FREIER SINGWARTE

GELBSPÖTTER, WARNEND

ALTVOGEL HUDERT JUNGE

NEST UND GELEGE

Orpheusspötter

Der Orpheusspötter ist das südwesteuropäische Pendant zum Gelbspötter, dem er sehr ähnlich sieht. Er brütet in Nordwestafrika in einem schmalen Streifen an der Küste sowie im südwestlichen Europa und in Italien, in der südlichen und westlichen Schweiz, in Südwestdeutschland (vor allem Saarland), Slowenien und Kroatien. Er bevorzugt das Flachland. Die höchsten Brutvorkommen liegen bei rund 1000 m (Schweiz), in Nordwestafrika sogar bei 1700 m.

Im Gegensatz zum Gelbspötter bevorzugt er weniger hohe Bäume und Büsche. Jedoch sollten neben Gestrüpp auch einige höhere Strukturen vorhanden sein, wie junger Wald, dichtes und dorniges Gebüsch am Waldrand oder Tamariskengestrüpp, gerne auch an Flüssen und Seen und in verwilderten Kiesgruben. Wie der Gelbspötter ist der Orpheusspötter ein Langstreckenzieher, der im westlichen Afrika südwärts bis Kamerun überwintert.

Trotz der Ähnlichkeit mit dem Gelbspötter ist er nicht nur anhand der Stimme zu unterscheiden, sondern auch am fehlenden oder nur undeutlich ausgeprägten hellen Flügelfeld, an den deutlich kürzeren Handschwingen, dem runderen Kopfprofil und der oberseits eher braungrünen Färbung. Unterseits ist er noch kräftiger gelb, das gilt besonders für einen oft vorhandenen, kräftig gelben Brustfleck. Wie auch beim Gelbspötter sind nur Vögel im Frühjahr voll ausgefärbt, im Herbst können sie deutlich weniger Gelb- und Grüntöne aufweisen. Insgesamt wirkt der Orpheusspötter etwas träger, durch die kürzeren, breiteren und mehr abgerundeten Flügel erscheint die Flugweise weniger kraftvoll und eher flatternd. Der Gelbspötter fliegt hingegen schwach wellenförmig und elegant, ähnlich einem Grauschnäpper. Der Gesang wird eher auf tieferen Warten vorgetragen, mehr in Büschen und

Gestrüpp. Die Vögel sitzen dabei gerne auf Zweigen in der Sonne, die Art ist also beim Singen besser zu beobachten. Die rauen „trrr"-Rufe werden auch in den Gesang eingeflochten (dies ist das beste stimmliche Unterscheidungsmerkmal). Der Gesang ist etwas hastiger als der des Gelbspötters, außerdem weniger abwechslungsreich und nicht so kräftig. Meist ist die Imitationsfreudigkeit deutlich geringer; er erinnert an Rohrsänger, beispielsweise Sumpfrohrsänger. Der gelbspöttertypische miauende Laut „gi-ääh" fehlt beim Orpheusspötter. Im Gegensatz zum Gelbspötter singen die Männchen gelegentlich auch in einem etwas an Baumpieper erinnernden Singflug.

Wie der Gelbspötter erscheint der Orpheusspötter Anfang Mai im Brutgebiet. Die Brutbiologie entspricht weitgehend der der Vergleichsart. Das Nest wird meist niedriger als bei dieser in Brombeergestrüpp, Oleanderbüschen oder niedrigen Hecken gebaut. Nicht selten brüten mehrere Paare in dichter Nachbarschaft, während ähnlich geeignete Gebiete in der Nähe unbesiedelt bleiben.

Das Nahrungsverhalten ist noch nicht hinreichend untersucht, es entspricht wahrscheinlich weitgehend dem des Gelbspötters, jedoch scheinen Früchte weniger beliebt zu sein.

Seit den 30er-Jahren beobachtete man eine Bestandszunahme mit Arealerweiterung, die von Frankreich aus in nördlicher und östlicher Richtung erfolgte. Dabei drang die Art in vom Gelbspötter besiedelte Gebiete ein. 1960 wurde der erste Nachweis einer Orpheusspötterbrut in Mitteleuropa (Tessin) erbracht; rund zehn Jahre später erfolgten weitere Ansiedlungen in der Schweiz. In den 80er-Jahren fanden Brutvorstöße nach Belgien und ins westliche Deutschland (erste Brut 1983) statt. Heute ist die Art nicht nur in nahezu ganz Frankreich Brutvogel, sondern auch auf Korsika, in weiten Teilen der Südschweiz, in Südwestdeutschland, Luxemburg und Belgien. Die Ausbreitung scheint immer noch weiter zu gehen. Derzeit wird der mitteleuropäische Brutbestand grob auf rund 1000 Brutpaare geschätzt. In entsprechender Weise scheint sich der Gelbspötter Richtung Osten zurückzuziehen. Wo beide Arten gemeinsam vorkommen, gibt es ganz selten Mischbruten, wobei die Nachkommen der nächsten Generation offensichtlich lebensfähig sind.

Orpheusspötter *Hippolais polyglotta* (VIEILL. 1817)

Größe	= Sperling
Maße (cm)	Länge ca. 13 / Flügel ca. 17,5–20
Körpermasse (g)	11–14
Stimme	erregt „trrr" oder „tetete..." (ähnlich Sperling), häufig „wäd" sowie, ähnlich Gelbspötter, „tekl"; Reviergesang weniger laut und auffällig als Gelbspötter; manche Individuen mit meisterlichen Imitationen, dann an Sumpfrohrsänger erinnernd
Brutzeit	Ende Mai, 1 bis 2 Jahresbruten
Gelegegröße	2–5, meist 4–5
Eifärbung	hellpurpurrosa, am spitzen Pol stärker rosafarben, zum stumpfen Pol hin stärker purpurn; spärlich schwarze Punkte; glatt, glänzend
Eimaße (mm)	spindelförmig – 17,7 x 13,2
Brutdauer	12–14 Tage
Nestlingszeit	11–13 Tage; Junge von ♂ und ♀ betreut

▸ GELBSPÖTTER, ANDERE SPÖTTERARTEN

ORPHEUSSPÖTTER, ALTVOGEL AM NEST

FLÜGGER JUNGVOGEL

JUNGE IM NEST

NEST UND GELEGE

Sardengrasmücke

Sarden- und Provencegrasmücke, beides kleine, dunkel wirkende Zweigsänger mit kurzen Flügeln und langem Schwanz, sind auch im Verhalten einander sehr ähnlich und daher leicht zu verwechseln. Oft gelingt die Unterscheidung nur mit Kenntnis der Rufe. Die Sardengrasmücke hat aber einen etwas kürzeren Schwanz, der Schnabel ist ein wenig länger und zeigt eine rosarote (statt gelbliche) Basis. Das Männchen ist bis auf Iris, Lidring, Schnabel und Beine recht unscheinbar schiefergrau, bei Weibchen (und manchen Männchen) ist die Unterseite bräunlich überflogen, der Lidring blasser rot. Jüngere Vögel sind auch oberseits leicht bräunlich (aber schwächer als juvenile Provencegrasmücken), die Kehle ist heller als bei der Schwesterart.

Die Männchen singen oft exponiert auf der Spitze eines Busches. Die Gesangsstrophen sind sehr kurz, im Vergleich zur Provencegrasmücke eintöniger, höher und klingen angenehmer, da weniger rau und kratzend; sie enden oft mit einem trillernden Endschnörkel. Die Strophen werden in kurzem Abstand wiederholt. Im flatternden tänzelnden Singflug (bis 7 m Höhe) sind die Lautfolgen wie bei vielen anderen Grasmücken verlängert.

Die Sardengrasmücke lebt in ziemlich einförmigem mediterranem Gebüsch (Garrigue) – meist in niedrigem Gestrüpp höchstens bis zu 2 m hoch, das von den konkurrierenden Kleinvogelarten, vor allem Samtkopf- und Provencegrasmücke, aber auch Schwarzkehlchen, eher gemieden wird. Im Vergleich zur Provencegrasmücke bevorzugt sie weniger dichte Bereiche, einzelne Bäume können durchaus vorhanden sein, aber kein Wald, den sie ebenso meidet wie Kulturland. Oft trifft man die Art in felsigen Landschaften, beispielsweise in Korsika an Hängen bis 1000 m, mitunter

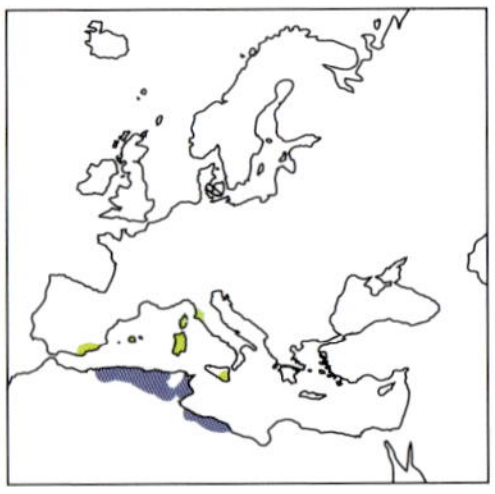

auch bis 1800 m Höhe. Sie ist Charakterart der nährstoffarmen Böden oder exponierten Standorte mit viel Heidekraut, Zwergpalmen und Gras; für die Art günstige Garrigue-Bereiche entwickeln sich häufig ein paar Jahre nach Bränden, nachdem sich der Lebensraum grundlegend verändert hat.

Das kompakt Nest (oft mit verstärktem Rand) ist sorgfältig gebaut und steht meist in 90–120 cm hohem Gestrüpp; es ist aus trockenen Stängeln und Gräsern zusammengefügt, die durch Wolle, Pflanzenwolle, Insekten- und Spinnenkokons zusammengehalten werden.

Ihre Nahrung, kleine Kerbtiere, suchen Sardengrasmücken meist niedrig in der Vegetation oder am Boden, mitunter auch in hohem Gebüsch und sogar in Bäumen. Gelegentlich sieht man sie nach Art der Fliegenschnäpper Insekten im Flug jagen.

Sardengrasmücken kommen ausschließlich auf den Inseln des westlichen Mittelmeeres vor, fehlen aber auf Sizilien und den Balearen (siehe weiter unten). Sie sind überwiegend Jahresvögel, die aber auf einigen Inseln regelmäßig vertikale Wanderungen unternehmen, beispielsweise auf Korsika bei zu hoher Schneelage in den höheren Regionen. Von Korsika und Sardinien kennt man regelmäßige Zugbewegungen nach Sizilien, Malta und sogar auf das Festland nach Nordafrika.

Die in Aussehen und Lautäußerungen von der Nominatform Sardiniens und Korsikas abweichende Form auf den Balearen wurde kürzlich als eigene Art (**Balearengrasmücke**, *S. balearica*) abgetrennt. Sie ist nicht nur etwas kleiner als die Sardengrasmücke, sondern hat auch einen längeren Schwanz, außerdem eine gelblich orangefarbene statt rosafarbene Schnabelbasis, das Schwarz der Unterschnabelspitze ist weniger ausgedehnt; ferner ist die Kehle hellgrau und deutlich abgesetzt – gegenüber einheitlicher Kehl- und Unterseitenfärbung bei der Sardengrasmücke. Die Rufe klingen weniger hart, sondern eher nasal („tschr-erk“) und sind deutlich zweisilbig. Auch der Gesang ist ein wenig anders – er erinnert aber mehr an den der Provencegrasmücke. Lebensraum sind buschreiche Hänge in Küstennähe bis in über 1200 m Höhe. Sie lebt als Jahresvogel auf den Inseln der Balearen mit Ausnahme Menorcas; dort hat sich die Provencegrasmücke ausgebreitet (1975 die erste nachgewiesene Brut) und die Schwesterart verdrängt, die infolgedessen als Brutvogel verschwand. Balearengrasmücken sind überwiegend Jahresvögel, ein Teil der Populationen unternimmt jedoch regelmäßige Wanderungen an die Ostküste Spaniens, möglicherweise auch nach Nordafrika.

▶ PROVENCEGRASMÜCKE, WEISSBARTGRASMÜCKE

Sardengrasmücke *Sylvia sarda* TEMMINCK 1820

Größe	< Sperling
Maße (cm)	Länge ca. 12 / Flügel ca. 13–17,5
Körpermasse (g)	9–12
Stimme	ruft während Nahrungssuche tief „drrrt“ oder „kchürr“, manchmal dem „tschirrp“ des Haussperlings ähnelnd; bei Beunruhigung „slit“; Gesang ähnelt Provencegrasmücke, aber heller, weniger rau, oft mit eingefügtem Triller oder abschließendem Schwirren
Brutzeit	Mitte April, 2, möglicherweise 3 Jahresbruten
Gelegegröße	3–4 (5)
Eifärbung	weiß oder schmutzig weiß, zimt- oder rötlichbraun und grau punktiert, zuweilen dicht rötlichbraun gekleckst oder fein gesprenkelt; glatt, schwach glänzend
Eimaße (mm)	kurz-spindelförmig – 18 x 13,5
Brutdauer	12–15 Tage
Nestlingszeit	12 Tage, von beiden ad. versorgt

SARDENGRASMÜCKE, MÄNNCHEN AUF DER SINGWARTE

SINGENDES MÄNNCHEN IM MORGENLICHT

FLÜGGER JUNGVOGEL

FLÜGGER JUNGVOGEL

Provencegrasmücke

Grasmücken sind überwiegend kleine, unscheinbar gefärbte Zweigsänger ohne Überaugenstreif, aber mit weißlichen Abzeichen auf den äußeren Steuerfedern, die nur bei Mönchs- und Gartengrasmücke fehlen. Bei vielen Grasmücken unterscheiden sich etwa im Gegensatz zu Rohr- und Laubsängern Männchen und Weibchen deutlich. Grasmücken leben versteckt in Büschen und Bäumen, so dass man auf sie häufig erst durch ihre schwätzenden, oft rauen Gesänge oder harten Rufe aufmerksam wird. Der während des Singflugs vorgetragene Gesang einiger Arten ist im Verhältnis zum Wartengesang besonders laut und reichhaltig.

Die Provencegrasmücke brütet in Nordwestafrika, auf der Iberischen Halbinsel, Korsika, Sardinien, Menorca und Sizilien; auch in Teilen Frankreichs und Italiens sowie in Südengland kommt sie vor. Sie besiedelt niedrige Macchie und Garrigue sowie lichte Korkeichenbestände; im Norden bevorzugt sie Heidegebiete mit Ginster. Auf der Iberischen Halbinsel kommt sie bis in fast 2000 m Höhe vor. Oft findet man die Art einige Jahre nach Bränden, wenn sich die Lebensräume entsprechend verändert haben. Die Vögel ernähren sich von Insekten und Spinnen, die sie meist niedrig im Gebüsch suchen; im Winter nehmen sie auch Beeren.

Da die Art überwiegend Standvogel ist, führen harte Winter mit Schneeperioden bei den nördlichen Populationen, beispielsweise dem kleinen südenglischen Vorkommen, das nur wenige 100 Paare umfasst, immer wieder zu drastischen Einbußen. Ein weiterer Grund für den Rückgang der Art ist der Schwund von Heidegebieten. Auf den Mittelmeerinseln trifft man die Provencegrasmücke selten an, aus Spanien werden kräftige Rückgänge gemeldet.

Die kleine Grasmücke ist sehr scheu und lebt versteckt in Büschen. Singende Männchen oder warnende Vögel kommen kurz aus der Deckung hervor und setzen sich keck auf einen Busch. Dann erkennt man gleich das wichtigste Merkmal, den langen, schlanken, dunklen Schwanz, der oft gestelzt wird. Wenn die Vögel hin und wieder niedrig über das Gestrüpp fliegen, wirken sie ausgesprochen dunkel. Besonders morgens bei Sonne vollführen die Männchen ihren dorngrasmückenartigen, etwas hüpfend und tänzelnd aussehenden Singflug: Dabei steigen sie bis in rund 8 m nahezu senkrecht empor, drehen mit ausgebreiteten Flügeln und in fast waagrechter Körperhaltung einige Runden und streben danach steil abstürzend wieder der schützenden Deckung zu. Auch sonst verlassen die Grasmücken mitunter kurz die schützende Vegetation, fliegen ein paar Meter hoch und tauchen nach einer kleinen Runde wieder in den Bewuchs ein.

Das Männchen trägt seine kurzen, recht wohlklingenden Gesangsstrophen hastig vor; die tief zwitschernden Lautfolgen mit vielen ratternden und zischenden Abschnitten erinnern etwas an Dorngrasmücke, sie sind aber variationsreicher, schneller und meist etwas kürzer. Die Gesangsaktivität im Frühjahr ist im Vergleich zu den Zugvögeln innerhalb der Gattung *Sylvia* deutlich herabgesetzt – vermutlich, weil bei Provencegrasmücken die Reviere bereits im Herbst von den oft ganzjährig im Brutrevier verbleibenden Paaren abgegrenzt und im Laufe des Winter fest etabliert werden. Da man nach Abschluss des Nestbaues keine territorialen Auseinandersetzungen mit Artgenossen oder anderen Kleinvögeln mehr beobachten konnte, liegt die Annahme nahe, dass der ungestörte Ablauf der Balz Hauptgrund für die Verteidigung eines Territoriums ist. Vor der Kopulation schlagen die Partner mit den Flügel und fächern den Schwanz; das balzende Männchen sträubt zusätzlich die grauen Federn der Kopfseiten und bringt so den roten Lidring zur Geltung.

Das kompakte, aus Moos, feinem Heidekrautreisig, Gras, Pflanzenwolle und Spinnweben geflochtene Nest steht meist niedrig in Büschen wie Cistrose, Kermes- und Steineiche oder Lavendel, in Südengland hat man Nester vor allem in Besen- und Schneeheide sowie Stechginster als Trägerpflanze gefunden.

An der Bebrütung des Geleges beteiligt sich das Männchen nur während der Tagesstunden, an der Fütterung der Jungen hingegen zu etwa der Hälfte. Noch bevor sie flugfähig sind, verlassen die Jungen das Nest und verbergen sich in dichter Vegetation nahe dem Boden.

▸ SARDENGRASMÜCKE, WEISSBART-GRASMÜCKE

Provencegrasmücke *Sylvia undata* (BODD. 1783)

Größe	< Sperling
Maße (cm)	Länge ca. 12,5 / Flügel ca. 13–18,5
Körpermasse (g)	9–11
Stimme	häufigster Ruf metallisch rau „dsch" oder „tschörr", im Gegensatz zu Samtkopfgrasmücke gedämpfte „tt" angehängt; ♂ singt von Buschspitze und im Flug hastige Strophen mit zischenden Lauten, ohne reine Flötentöne, deutlich von Sardengrasmücke unterscheidbar
Brutzeit	Mitte April bis Mitte Juni, 2 oder 3 Jahresbruten
Gelegegröße	3–5 (6)
Eifärbung	weiß, gräulich oder schwach grünlich, mit feinen dunkel- oder graubraunen Ober- und einigen blassgrauen Schalenflecken; glatt, glänzend
Eimaße (mm)	spindelförmig – 18,6 x 13,9
Brutdauer	12–14 Tage; ♀ brutet überwiegend; nachts ausschließlich, tagsüber zu 2/3
Nestlingszeit	9–12, ♂ ca. 12 Tage; ♂ und ♀ füttern

PROVENCEGRASMÜCKE, MÄNNCHEN

WEIBCHEN

FLÜGGER JUNGVOGEL

NEST UND GELEGE

Weißbart-Grasmücke

Die Weißbart-Grasmücke ist ein typischer Brutvogel der Mittelmeerregion einschließlich der Inseln, außer Malta und Zypern. Ihr Verbreitungsgebiet reicht von Nordwestafrika über die Iberische Halbinsel, Südfrankreich, Italien und den Balkan bis in die westliche Türkei. Im Norden der mediterranen Zone kommt sie unter anderem in Frankreich, Italien und Bulgarien vor.

Die Art brütet in warmer, trockener, vorwiegend immergrüner Buschlandschaft, den verschiedenen Formen der Macchie und Garrigue. Ihre größte Dichte erreicht sie in Vegetationstypen mit einer Höhe von 1–4 m. Von den acht Grasmückenarten des Mittelmeerraumes bevorzugt nur die Orpheusgrasmücke noch höhere Büsche und Bäume. Gerne werden Lebensräume mit einigen höheren Bäumen besiedelt, aber auch lichte, unterwuchsreiche Wälder aus Stein-, Kork- oder Flaumeiche. An sonnigen Berghängen, wo sie auch in niedrigem, kargem Dornengestrüpp vorkommt, steigt die Weißbart-Grasmücke gebietsweise bis weit über 1000 m Höhe, in Sizilien kommt sie sogar bis 1800 m vor und im Atlasgebirge Marokkos sogar bis 2000 m. Kulturland wird im Allgemeinen gemieden.

Die Art überwintert fast ausschließlich südlich der Sahara in der Sahelregion. Dort trifft man sie in Akazien- oder Tamariskengebüsch, am Rand von Schilfgebieten sowie an der Küste in Mangrovenwäldern an.

Die Weißbart-Grasmücke ist eine zierliche, kleine Grasmücke mit recht kurzem Schnabel, weißen äußeren Schwanzfedern und auffälligem weißem Bartstreif, der aber bei den meisten Weibchen (außer den alten) und vor allem Jungvögeln wegen der kontrastärmeren Färbung undeutlich zu erkennen ist; außerdem ist deren Unterseite heller als bei Männchen im Prachtkleid. Diese zeigen auf Kehle und Brust

eine braunrosa- bis orangerote und auf dem größten Teil der Oberseite schiefergraue Färbung, ferner haben sie einen roten Lidring, der bei Weibchen meist orangefarben und von einem weißen Augenring umgeben ist. Jungvögel erinnern etwas an Dorngrasmücke, sind aber deutlich kleiner und haben kein Rostbraun auf den Flügeln, sondern sind wie auf der übrigen Oberseite gelblichbraun gefärbt. Außerdem haben sie weiße Unterschwanzdecken.

Der Singplatz liegt meist in 1,5–3 m Höhe. Die weichen „tschet"-Rufe werden oft zu einem Zetern schnell aneinander gereiht. Die Gesangsstrophen klingen hell zwitschernd und pfeifend, enthalten aber auch kratzige Elemente, was an den Gesang der Samtkopf-Grasmücke erinnert. Die Strophen der Weißbart-Grasmücke sind jedoch länger, abwechslungsreicher und klingen insgesamt weniger hart; häufig werden sie im flatternden Singflug vorgetragen.

Außer beim Singen sind Weißbart-Grasmücken nur schwer zu beobachten, denn sie verbergen sich fast stets in der Deckung von Büschen oder Bäumen. Dort schlüpfen sie rastlos durch die Vegetation – oft mit gestelztem Schwanz. Die Vögel suchen meist im oberen Bereich der Vegetation Nahrung, auch in Bäumen. Sie erbeuten vorwiegend Insekten von Mücken- bis Heuschreckengröße sowie deren Larven, aber auch Spinnen.

Das Nest wird meist in 15 cm bis 1,2 m Höhe gut geschützt in Stechginster, Rosmarin, Zistrosen, verschiedene strauchig wachsende Eichenarten oder zwischen Heidekraut oder Farn gebaut. Den sorgfältig geflochtenen Napf erbaut das Weibchen aus trockenem Gras (vor allem Zwenke) und kleinen Zweigen, innen wird er mit feinen Halmen, Pflanzen- und Tierwolle ausgekleidet; nicht selten sind außen Spinnenkokons eingearbeitet. Beim Nestbau begleitet das Männchen singend sein Weibchen. Über das Balz- und Brutverhalten der Art gibt es nur wenige Angaben. So hat man gesehen, wie ein Weibchen seine Jungen mit halb geöffneten Flügeln vor der Hitze schützt. Außerdem liegen Beobachtungen vor, dass das Männchen die Jungen der ersten Brut weiter betreut, wenn eine zweite beginnt. Bei der Balz umwirbt das Männchen seine Partnerin mit vibrierenden Flügeln sowie gestelztem und gefächertem Schwanz.

Die Bestände sind weitgehend stabil. In den letzten Jahren erfolgte eine zaghafte Nordausbreitung, was sich durch Bruten in Andorra, Slowenien und vor kurzem sogar in der Schweiz bemerkbar macht. Mallorca wurde erst ab 1992 dauerhaft besiedelt.

▸ Brillengrasmücke, Jungvögel ähnlich Dorngrasmücke

Weißbart-Grasmücke *Sylvia cantillans* (Pall. 1767)

Größe	< Sperling
Maße (cm)	Länge ca. 12 / Flügel ca. 15–19
Körpermasse (g)	9–15
Stimme	Rufe häufig „ta" oder tschet", auch gereiht (nicht so tief und voll und kürzere Intervalle als Mönchsgrasmücke); Gesang relativ lange Strophen, mit eingestreuten „tek" oder „tak" und trockenen Lauten, ohne volle Flötentöne und tiefe Laute
Brutzeit	Mitte April, wahrscheinlich 2 Jahresbruten
Gelegegröße	3–5
Eifärbung	weiß oder grünlich, rostbräunlich oder rosa getönt, hell sandbraun, olivfarben, braun, grau oder purpurrot gesprenkelt; glatt glänzend
Eimaße (mm)	spindelförmig – 16,5 x 12,9
Brutdauer	11–12; ♂ und ♀ brüten und füttern
Nestlingszeit	10–12 Tage

WEISSBART-GRASMÜCKE, MÄNNCHEN IM PRACHTKLEID

WEIBCHEN HUDERT DIE JUNGEN

FLÜGGER JUNGVOGEL

NEST UND GELEGE

Samtkopf-Grasmücke

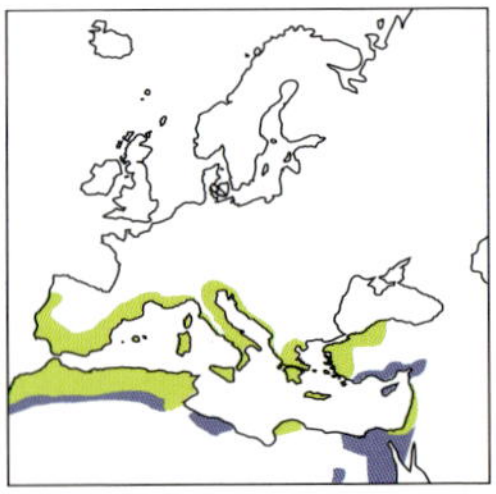

Die Samtkopf-Grasmücke ist von den mediterranen Arten der Gattung *Sylvia* am weitesten verbreitet und bewohnt nahezu den gesamten Mittelmeerraum; sie ist dort so etwas wie eine Charakterart. Auch auf den Kanarischen Inseln, wo sie mit einer eigenen Unterart *leucogastra* vorkommt, und auf allen Mittelmeerinseln ist sie häufig. Nur auf Zypern wird sie durch die Schuppengrasmücke (*Sylvia melanothorax*, s. S. 246) ersetzt. Jedoch wurde dort 1995 die erste Brut der Samtkopf-Grasmücke nachgewiesen. Auf Sardinien und Sizilien ist sie die häufigste Grasmückenart. Im Atlasgebirge brütet sie bis in 2400 m Höhe.

Die Art bewohnt mediterranes Buschland ohne Bäume oder höchstens mit einzelnen Bäumen. Dazu gehören Macchie, Garrigue, Olivenhaine, Tamariskengebüsch, Weinberge, aber auch Ränder von offenen Wäldern mit entsprechendem Unterwuchs, Zitrusplantagen sowie Gestrüpp in Siedlungsnähe und sogar in Gärten. In Norditalien besiedelt sie auch ehemaliges Kulturland in subalpinen Regionen, das allmählich von Büschen bewachsen wird. Obwohl die Art in großen Teilen ihres Areals Standvogel ist, finden größere Zugbewegungen (meist Oktober bis November) statt, die teilweise bis zum Südrand der Sahara und gelegentlich sogar bis Senegal und in den Sudan führen. Im März oder April erscheinen die Vögel wieder an den europäischen Brutplätzen. Während des Zuges trifft man die Art in ähnlichen Lebensräumen und in Oasen an. Die wegen Lebensraumzerstörung ausgestorbene Unterart *norrisae* bewohnte die ägyptische Oase El Faijum.

Als erstes bemerkt man von dieser kräftigen, kurzflügligen Grasmücke den plötzlich einsetzenden, maschinengewehrartigen Ruf oder den hüpfenden Flug, wenn sie niedrig über das Gebüsch fliegt; dabei ist der Schwanz oft etwas gefächert, so dass man die weißen Abzeichen auf den beiden äußeren Steuerfedern und die weißen Schwanzecken sieht. Das Männchen ist markant gefärbt mit samtschwarzem Kopf und weißlicher Kehle sowie rotem Lidring. Die Weibchen und Jungvögel haben einen grauen bis schwarzgrauen Kopf, sind oberseits düster braun, unterseits schmutzig braun und erinnern an eine Dorngrasmücke, sind aber dunkler.

Das Nest, ein für Grasmückenverhältnisse fest gefügter Bau, besteht aus Gräsern, kleinen Zweigen und Würzelchen, Pflanzenwolle und Spinnenkokons. Es wird meist in Bodennähe, manchmal auch in über 1 m Höhe, gut versteckt in verschiedenen Stauden oder Sträuchern angelegt. Die Vögel verlassen nur selten den Schutz des dichten Buschwerks und sind daher oft schwierig zu beobachten. Gelegentlich treibt sie aber die Neugier aus der Deckung und sie präsentieren sich dann für kurze Zeit ganz frei. Ihre Nahrung suchen sie überwiegend in Bodennähe. Dabei wirken sie wenig hektisch. Häufige Beutetiere sind Hautflügler, Käfer und Blattläuse, aber auch Spinnen und kleine Schnecken. Auch verschiedene Arten von Beeren und Früchten, beispielsweise Faulbaumbeeren, Weintrauben oder Feigen, werden verzehrt.

Sehr häufig ist die Samtkopf-Grasmücke entlang der Mittelmeerküste, wo beispielsweise im Doñana-Gebiet Südspaniens bis zu 500 Brutpaare pro Quadratkilometer gezählt wurden. Seit rund 100 Jahren beobachtet man eine Arealausdehnung, und seit rund 3 Jahrzehnten breitet sich die Samtkopfgrasmücke in warme voralpine Regionen Italiens, Südfrankreichs und Bulgariens aus. Auch aus anderen Ländern, wie Spanien und Slowenien, werden Bestandszunahmen gemeldet. Als Grund für die Neuansiedlungen vermutet man eine allgemeine Erwärmung. Andererseits erleiden die Bestände in Kältewintern, wie zuletzt Anfang 1988 in Südfrankreich, starke Verluste.

Die **Tamariskengrasmücke** (*Sylvia mystacea*) ist eine kleine Grasmücke, die im Nahen Osten brütet und früher als Unterart der Samtkopf-Grasmücke galt. In Gestalt und Färbung erinnert sie auch an diese Art. Der Schnabel ist relativ kräftig, der recht lange Schwanz wird häufig gestelzt. Der Gesang erinnert ebenfalls an die Vergleichsart, ist aber melodischer. Die Art bewohnt gestrüppreiche, vorwiegend mit Tamarisken bestandene Hänge und Ufer, geht aber auch in Gärten. In Europa kommt die vorwiegend asiatische Grasmückenart nur im Transkaukasusgebiet Südrusslands sowie in Georgien, Aserbaidschan und Armenien als Brutvogel vor.

▶ Maskengrasmücke, Orpheusgrasmücke; Jungvögel ähnlich Dorngrasmücke

Samtkopf-Grasmücke *Sylvia melanocephala* (Gmel. 1789)

Größe	= Sperling
Maße (cm)	Länge ca. 13,5 / Flügel ca. 15–18
Körpermasse (g)	9–15
Stimme	Rufe sehr charakteristisch, kräftige, fast ratternde Reihen „trra-trra-trra“ oder „tret-tret-tret“; stark erregt rhythmisch „tektektek“ oder „stititit“ oder zischende Rufe; schwätzender Gesang ähnlich Weißbart-Grasmücke, helle Pfeif-, reine Flötentöne und harte Rufe
Brutzeit	Mitte März bis Mitte April, 1 Jahresbrut
Gelegegröße	3–5
Eifärbung	Färbung variabel, weiß oder schwach grün, zimtbraun oder rosa überflogen, fein olivbraun, helloliv, sandbraun, purpur oder grau gesprenkelt; glatt, glänzend
Eimaße (mm)	spindelförmig – 17,9 x 13,6
Brutdauer	12–14 (15) Tage; ♂ und ♀ brüten und hudern
Nestlingszeit	12–13 Tage; noch 2–3 Wochen von ad. betreut

SAMTKOPF-GRASMÜCKE, MÄNNCHEN

WEIBCHEN AM NEST

JUNGE IM NEST

NEST UND GELEGE

Maskengrasmücke

Die Maskengrasmücke ist der größte der gestrüppbewohnenden mediterranen Zweigsänger. Obwohl nur wenig größer als die Samtkopf-Grasmücke, erscheint sie wegen des dreikantig wirkenden Kopfes aber kopflastiger; der hintere Bereich ist schlanker, das Schwanzende mehr gerundet. Auffallend sind die schwarzbraunen Schirmfedern mit beigefarbenen bis weißlichen Säumen. Die breiten, weißen Seiten des dunklen Schwanzes sieht man sofort, wenn der Vogel im niedrigen Flug der nächsten Deckung zustrebt.

Im ausgefärbten Kleid mit grauschwarzem Scheitel, kohlschwarzer Kehle und kontrastreich abgehobenem weißem Bartstreif geben die Männchen dem Bestimmer keine Rätsel auf. Sie weisen außerdem einen roten Lidring auf, die übrige Oberseite ist grau, die Unterseite etwas heller. Manche ältere Weibchen zeigen fast die Färbung ausgewachsener Männchen, sind aber meist an Oberkopf und Kehle gefleckt, wobei der weiße Bartstreif trotzdem erkennbar ist, der Lidring ist oft weißlich, die Oberseite meist bräunlich überhaucht. Die meisten jungen Weibchen haben eine helle, wie die übrige Unterseite gefärbte Kehle, der weiße Bartstreif ist nur angedeutet, der Lidring oft weißlich.

Im Gegensatz zu anderen Grasmücken singt die Maskengrasmücke nicht selten außerhalb der Deckung auf einem Zweig oder sogar auf Leitungsdrähten. Auch im schmetterlingsartig langsam flatternden Singflug mit am Ende fallschirmartigem Abwärtsgleiten werden die Strophen vorgetragen. Nicht selten sitzt das Männchen offen und ist dann gut zu beobachten. Bei der Nahrungssuche, die meist in der Deckung stattfindet, zucken die Vögel oft mit Flügeln und Schwanz.

Maskengrasmücke *Sylvia rueppelli* TEMMINCK 1823	
Größe	= Sperling
Maße (cm)	Länge ca. 14 / Flügel ca. 18–21
Körpermasse (g)	12–15
Stimme	während Nahrungssuche dumpf „chrr“, auffliegend „chirr“, beunruhigt schneller und schwächer als Sperbergrasmücke „cherr r'r'r'r'r'r“, tropfend oder tschilpend „plüt“, oft mit seidensänger-artigem Stakkato; Gesang mürrisch, oft lang und einförmig, mit knirschenden und vokal girlitzhaften Zügen
Brutzeit	Mitte April bis Anfang Juni, 1 bis 2 Jahresbruten
Gelegegröße	4–5 (–6)
Eifärbung	weiß, blassgrünlich oder rostbräunlich überflogen, mit zahlreichen kleinen grün-oliven Pünktchen und Flecken
Eimaße (mm)	17,7 x 13,9
Brutdauer	13 Tage; ♀ und ♂ brüten
Nestlingszeit	unbekannt

Das Verbreitungsgebiet erstreckt sich über den nordöstlichen Bereich des Mittelmeerraumes: südliches Griechenland, Inseln der Ägäis, Kreta sowie West- und Südtürkei. Mehrere kleine Brutvorkommen gibt es außerdem noch an der Südküste des Marmara-Meeres. Möglicherweise brütet die Art auch im Libanon und in Syrien.

Sie bewohnt felsige, trockene Landschaft mit Dornbüschen, nicht selten in Felsschluchten oder trockenen Flussbetten, aber auch Unterwuchs von offenen Eichen- und Zypressenwäldern. In der Macchie ist sie häufig in Beständen mit Kermeseiche und Wacholder anzutreffen. Sie vermeidet Konkurrenz mit anderen Grasmücken, indem sie vorwiegend sehr warme, trockene und hoch gelegene Gebiete besiedelt. Auf Kreta kommt sie bis in 1600 m Höhe vor. Im Vergleich zur Samtkopf-Grasmücke, mit der sie gebietsweise den Lebensraum teilt, bevorzugt sie niedrigeres, trockeneres Gestrüpp. Zum Brüten ziehen Maskengrasmücken dichtes, halbmeterhohes Dornengestrüpp vor. Das Nest ist ähnlich dem der Samtkopf-Grasmücke. Männchen und Weibchen brüten, füttern und hudern die Jungen.

Die Überwinterungsgebiete liegen am Südrand der Sahara – ebenfalls in sehr trockenem Gestrüpp der Savanne oder Steppe, vorwiegend im Tschad und Sudan. Ende September oder im Oktober verlassen die Maskengrasmücken ihre Brutplätze, Ende Februar kehren sie wieder dorthin zurück. Zugvogelbeobachtungen bei Eilat/Israel, wo die Art im Frühjahr deutlich häufiger durchzieht als im Herbst, haben ergeben, dass während der ersten Märzhälfte vor allem Altvögel und von diesen meist Männchen durchziehen, während in der zweiten Märzhälfte, in der erneut viele Vögel folgen, hauptsächlich adulte Weibchen und jüngere Vögel ziehen.

Da die Maskengrasmücke zu den am wenigsten untersuchten europäischen Vogelarten gehört, ist zur Häufigkeit und Gefährdung wenig bekannt. Doch scheinen sich das Verbreitungsareal und die Häufigkeit der Art während vieler Jahrzehnte kaum geändert zu haben.

Der Maskengrasmücke recht ähnlich ist die **Schuppengrasmücke** (*Sylvia melanothorax*). Diese Art kommt allerdings nur auf Zypern vor und überwintert wahrscheinlich im Nordosten Afrikas. Die Männchen weisen eine dunkelgefleckte Unterseite auf, die von weitem aber nur grau aussieht. Die Weibchen sind überwiegend grau. In ihren Bewegungen wirkt die Art viel hektischer als die Maskengrasmücke, manchmal sitzen die Vögel mit zuckenden Flügeln und Schwanz frei sichtbar da.

▸ SAMTKOPF-GRASMÜCKE, WEISSBART-GRASMÜCKE

MASKENGRASMÜCKE, NICHT GANZ AUSGEFÄRBTES MÄNNCHEN

ALTVOGEL (MÄNNCHEN)

WEIBCHEN FÜTTERT JUNGE

NEST UND GELEGE

Orpheusgrasmücke

Die Orpheusgrasmücke ist eine große Grasmücke, ungefähr so wie die Sperbergrasmücke. Typisch ist die helle Iris älterer Vögel; da sich die Iris erst ab dem zweiten Jahr aufhellt, treten naturgemäß viele Vögel mit dunkler Iris auf, besonders Weibchen, deren Iris oft bräunlich ist.

Die Männchen haben eine dunkle Kapuze, die bis unter das Auge und die Ohrdecken reicht. Bei den Vögeln der östlichen Form (*crassirostris*) ist sie mattschwarz, bei der Nominatform dunkel bräunlichgrau und nur wenig dunkler als die übrige Oberseite, aber gegen das Weiß von Kinn und Kehle kontrastreich abgesetzt. Die östliche Form ist außerdem oberseits reiner grau, unterseits eher weiß und besitzt einen längeren Schnabel. Weibchen und junge Männchen erinnern in Färbung und Farbverteilung an die Klappergrasmücke, sind aber erheblich größer und wirken lang gestreckter.

Hinsichtlich des Gesangs unterscheiden sich die beiden Formen voneinander: Die Strophen der Nominatform sind langsam und kräftig und klingen drosselartig, sie werden etwas variiert und mit kurzen Pausen wiederholt. Interessanterweise erinnert der Gesang der Nominatform auch an den Rotkopfwürger (siehe unten). Der Gesang der östlichen Form *crassirostris* ist ausdauernder, abwechslungsreicher und ähnlich kräftig und erinnert an die langsameren Abschnitte im Gesang der Nachtigall. Beide Formen werden heute auch als selbstständige Arten angesehen.

Die Art kommt in weiten Teilen des Mittelmeerraumes vor: von Nordwestafrika (und kleinen Vorkommen in Libyen) über die Iberische Halbinsel, Südfrankreich, Italien, den Balkan und die Türkei sowie Transkaukasien und bis ins südliche Mittelasien. Sie fehlt auf den westlichen Mittelmeerinseln. Die östliche Form *crassirostris* ist von Slowenien bis zur Türkei und in Nordostlibyen verbreitet. Zur westlichen Nominat-

form gehören die Brutvögel, die in der Südwestschweiz seit mehreren Jahrzehnten an warmen, sonnigen Hängen des Wallis die Vogelwelt Mitteleuropas bereichern. Der Bestand von 10–25 Brutpaaren ist zwar klein, aber stabil. Dagegen waren kleine Brutansiedlungen in anderen Regionen der Schweiz, in Luxemburg und Belgien nur von kurzer Dauer.

Die Vögel suchen meist in Sträuchern, aber auch in hohen Büschen und Bäumen Nahrung – dies tut regelmäßig sonst nur noch die Klappergrasmücke. Sie erbeuten dabei verschiedene Insekten und deren Larven, aber auch Spinnen. Vor allem auf dem Zug und im Winterquartier fressen sie auch Früchte und Beeren.

Orpheusgrasmücken brüten in sonnigen und gut strukturierten, mosaikartig gegliederten Buschlandschaften mit Bäumen, wie unterholzreichen, lichten Wäldern (meist offenen Kiefern- und Korkeichenwäldern), Eichenbeständen, in extensiv genutzten Olivenhainen, Obstgärten und Gärten. Auf dem Zug trifft man die Art auch in trockenen Gebieten und niedrigem, küstennahem Gestrüpp an. Die europäischen Vögel überwintern in Afrika südlich der Sahara, vor allem in Mali, Niger und Tschad. Die Überwinterungsgebiete der asiatischen Vögel reichen von der Arabischen Halbinsel bis Indien.

Das vorwiegend aus Gräsern, Bast und kleinen Zweigen recht locker zusammengefügte Nest ist gut versteckt auf Ästen oder in Astgabeln in 40 cm bis über 3 m Höhe gebaut. Das Brüten in direkter Nachbarschaft mit dem Rotkopfwürger, manchmal sogar im selben Busch, wurde aus Südfrankreich gemeldet. Dieses Phänomen wurde bereits im 19. Jahrhundert von einem südfranzösischen Ornithologen beobachtet; er vermutete, dass der Würger aktiv die Nähe der Grasmücke sucht, um deren Junge zu fressen. Tatsächlich scheint aber die Grasmücke die Nähe des Würgers zu suchen, um von dessen Wehrhaftigkeit für den Erfolg der eigenen Brut zu profitieren. Vielleicht zieht der Würger aber auch aus der Aufmerksamkeit und Warntätigkeit der Grasmücke Nutzen.

Die Bestände der Nominatform scheinen nicht nur auf intensiv genutzten Kulturflächen, sondern auch in naturnahen Lebensräumen an Berghängen abzunehmen, so in Spanien und Norditalien. Aus Bulgarien werden dagegen Arealerweiterung und Zunahmen der dortigen östlichen Form gemeldet. Vielerorts ist die Art an die traditionelle Landnutzung (Streuobst, Oliven usw.) gebunden und verschwindet bei zu intensiver Nutzung oder Aufgabe der extensiven Beweidung.

▸ Maskengrasmücke

Orpheusgrasmücke *Sylvia hortensis* (Gmel. 1789)

Größe	= Sperling
Maße (cm)	Länge ca. 15 / Flügel ca. 20–25
Körpermasse (g)	15–22
Stimme	Lockruf schnalzend „tepp tepp" oder „tschecke", bei Erregung „ktt telett tetterr"; Gesang laut, tiefe Tonlage, kurze Phrasen drosselähnlich wiederholt, meist leise plaudernder Vorgesang, dann lauter Motivgesang
Brutzeit	Ende April bis Anfang Mai; in östlichen Verbreitungsgebieten evtl. 2 Jahresbruten
Gelegegröße	3–6
Eifärbung	weiß oder schwach bläulichweiß, einige olivfarbene, braune, schwarze, graue oder blaugraue Schalenflecken; glatt, glänzend
Eimaße (mm)	spindelförmig – 19,8 x 14,9
Brutdauer	11–13 Tage; nur ♀ brütet
Nestlingszeit	12–14 Tage; beide Partner füttern

ORPHEUSGRASMÜCKE, MÄNNCHEN DER ÖSTLICHEN FORM

WEIBCHEN FÜTTERT JUNGE

JUNGE IM NEST

NEST UND GELEGE

Sperbergrasmücke

Die Sperbergrasmücke ist eine eher östliche Art, deren westliche Verbreitungsgrenze durch Nordwestitalien, Norddeutschland und Südostskandinavien verläuft. Im Süden der europäischen Verbreitung erreicht die Art die Schweiz, Nordostitalien, Griechenland, die Türkei und das Kaukasusgebiet, im Norden, wohin die Art Anfang des 20. Jahrhunderts ihr Areal ausgedehnt hat, geht sie bis in die Gegend um Stockholm, Südfinnland und St. Petersburg. Asiatische Populationen besiedeln den Kontinent bis Turkmenistan und in Mittelasien bis zum Altai und Tienschan. In Deutschland ist die Sperbergrasmücke fast ausschließlich im Nordosten anzutreffen.

Die Kerngebiete der europäischen Verbreitung liegen im östlichen Mitteleuropa und in Osteuropa – mit einer mittleren Brutdichte von rund 200 Brutpaaren pro 50 Quadratkilometern. In den Randbereichen finden (mit Ausnahme von Slowenien und Norditalien, wo leichter Bestandsanstieg gemeldet wird) die jüngsten Bestandsrückgänge statt, so auch in Deutschland, der Schweiz und Tschechien. Ursache ist neben klimatischen Faktoren vor allem der Verlust von Lebensraum durch Intensivbewirtschaftung oder Umbrechen von extensiv genutztem Weideland. Ziehende Sperbergrasmücken halten sich, wie viele andere Grasmücken, in Gestrüpp in der Nähe von Gewässern auf. Alle Sperbergrasmücken überwintern nach Überquerung des östlichen Mittelmeerraumes in einem relativ kleinen Gebiet im tropischen Ostafrika.

Die Sperbergrasmücke wirkt groß und robust, der Schnabel ist kräftig, die Iris der Altvögel stechend gelb. Die typische, für einen Singvogel ungewöhnliche „gesperberte" Unterseitenbänderung ist bei Weibchen weniger ausgeprägt, oft unvollständig, bei einjährigen Weibchen und Jungvögeln nur angedeutet oder ganz fehlend. Auch die Iris ist bei Jungvögeln dunkel, so dass man sie leicht mit Gartengrasmücken verwechseln kann. Sperbergrasmücken unterscheiden sich aber von der Vergleichsart vor allem durch die beträchtlichere Größe, den größeren Schnabel, die beiden schwachen Flügelbinden sowie durch das Weiß der Außenkanten und Ecken des recht langen Schwanzes. Die Sperbergrasmücke wirkt in ihren Bewegungen recht langsam, etwas plump, und sie stelzt nicht selten den Schwanz. Im Flug erinnert sie an einen Würger, wenn sie niedrig mit etwas hängendem Schwanz und sichtbaren weißen Schwanzecken zwischen Büschen fliegt.

Die Vögel sind insgesamt recht scheu und daher nicht so leicht zu beobachten, sondern eher zu hören. Sie verraten sich meist durch die ratternden Rufe. Die klaren, wohlklingenden Gesangsstrophen äußern die Männchen meist im Singflug; dazu steigen sie mit weit ausholenden, schmetterlingsartigen Flügelschlägen kurz auf, um dann gleich wieder die nächste Deckung oder einen Baum anzusteuern.

Die Art mag warme, trockene Sommer. In Jahren mit nasskaltem Wetter während der Brutzeit werden nur wenig Junge groß. Die Vögel brüten in gut strukturierter, gebüschreicher Landschaft, die auch Dornensträucher enthalten muss. Gute Bedingungen bieten Heckenlandschaften, Waldränder und Feldgehölze, extensiv genutzte Trocken- und Magerrasenflächen, aber auch Moorflächen mit passendem Gehölz. Gerne bewohnen sie Wiesen mit Wacholder, Weißdorn und einzelnen höheren Bäumen, die zur Nahrungssuche genutzt werden. Auch in großen verwilderten Gärten und Parks sind sie anzutreffen. Die Brutnachbarschaft mit dem Neuntöter ist in den europäischen Brutgebieten fast obligatorisch und wird von der männlichen Grasmücke aktiv gesucht. Das wechselseitige, erfolgreiche Warnsystem scheint den Bruterfolg der Grasmücke zu steigern. Häufig findet man Sperbergrasmücken auch in Brutnachbarschaft mit der Dorngrasmücke.

Das große, recht lockere und tiefmuldige Nest erinnert an ein kleines Neuntöternest und wird meist in dornigen Büschen angelegt, meist in 15–150 cm Höhe. Es besteht aus gröberem Material als die Nester der kleineren Grasmücken, außen am Nest sind oft – typisch für die Art – helle Gespinste eingewoben.

Sperbergrasmücken ernähren sich von Insekten und Spinnen, von Beeren sowie von weichem Obst.

▶ GARTENGRASMÜCKE

Sperbergrasmücke *Sylvia nisoria* (BECHST. 1795)

Größe	= Sperling
Maße (cm)	Länge ca. 15,5 / Flügel ca. 23–27
Körpermasse (g)	22–28
Stimme	Rufe schnalzend „tschäck" und „täk", rau „rhärr", tiefer und gutturaler als andere Grasmücken; Erregungsruf „errr", „trrr", erinnert an Neuntöter, gepreßt „wäd"; Gesang zwischen Garten- und Dorngrasmücke, laut und klar, wohltönende, wenig abwechslungsreiche Strophen
Brutzeit	Ende Mai; 1, in manchen Gegenden 2 Jahresbruten möglich
Gelegegröße	3–6 (7)
Eifärbung	blass weißlich grau, schwach blaugrau oder grünlichgrau, fein und sehr blass gefleckt, in blau-, purpur- oder sandgrauer Tönung; glatt, glänzend
Eimaße (mm)	spindelförmig – 21 x 15,2
Brutdauer	12–13 Tage; ♂ und ♀ brüten
Nestlingszeit	10–11 Tage; anfänglich hudert ♀, ♂ bringt Futter

SPERBERGRASMÜCKE, WEIBCHEN FÜTTERT JUNGE

MÄNNCHEN AM NEST

NEST UND GELEGE

Klappergrasmücke

Im Gegensatz zu vielen anderen Grasmücken sucht die Klappergrasmücke mehr in Bäumen Nahrung, außerdem ist ihre Lebensweise weniger versteckt. Bei der Nahrungssuche hüpft sie, ähnlich der Mönchsgrasmücke, ziemlich schnell, geschickt und rastlos durch das Gezweig und erinnert dadurch an einen Laubsänger. Wenn sie kurz zum nächsten Busch oder Baum wechselt, wirkt ihr Flug etwas ruckartig. Klappergrasmücken erbeuten vorwiegend weichhäutige Insekten; im Vergleich zu Mönchs- und Gartengrasmücke ist der Anteil an Beeren und weichen Früchten viel geringer.

Die Art kommt in halboffener Landschaft mit Büschen und Bäumen vor, auf trockenem (sogar steppenartigem) oder feuchtem Boden, auch in Mooren. In Heckenlandschaften, an Waldrändern, in Parks, Friedhöfen und größeren Gärten mit Sträuchern und höheren Bäumen ist sie ebenfalls zu finden. Im Gebirge geht sie bis in die obere Krummholzregion.

Die europäischen Klappergrasmücken ziehen im Gegensatz zu der für andere europäische Singvögel typischen Südwestroute Richtung Südosten und überwintern in Afrika südlich der Sahara, vor allem im Sudan und in Äthiopien, seltener auf der Arabischen Halbinsel und in Israel, die asiatischen Brutvögel vorwiegend in Indien.

Das Nest aus Stängeln, Halmen und Würzelchen steht meist in 30 cm bis 3 m Höhe in jungen Koniferen, Ziersträuchern, Dornensträuchern oder Hecken und damit durchschnittlich höher als bei den drei anderen (häufigen) mitteleuropäischen Grasmücken. Im Vergleich zu anderen Grasmückenarten wird es häufiger in Nadelbäume gebaut. Das Männchen fertigt den Rohbau an, der Innenausbau mit feinerem Pflanzenmaterial und Gespinsten ist Aufgabe des Weibchens.

Klappergrasmücke *Sylvia curruca* (L. 1758)

Größe	= Sperling
Maße (cm)	Länge ca. 12,5–13,5 / Flügel ca. 16,5–20,5
Körpermasse (g)	10–18
Stimme	Rufe hart schmatzend „tack" oder „tza", bei stärkerer Erregung „tettettett...", allg. weniger rhythmisch als Mönchsgrasmücke; Gesang aus leise schwätzendem Vorgesang und kurzer, lauter Klapperstrophe
Brutzeit	Ende April oder Anfang Mai im Süden, bis Anfang Juni im Norden; 2 Jahresbruten
Gelegegröße	(2) 3–7 (8) meist 5
Eifärbung	weiß oder rahmfarben, mit spärlicher olivfarbener, olivrostbrauner oder grauer Sprenkelung; Flecken an den Enden oft gehäuft; glatt, glänzend
Eimaße (mm)	spindelförmig – 16,8 x 12,7
Brutdauer	11–15 Tage; beide Partner brüten
Nestlingszeit	11–13 Tage; danach noch min. 3 Wochen intensiv von ad. betreut

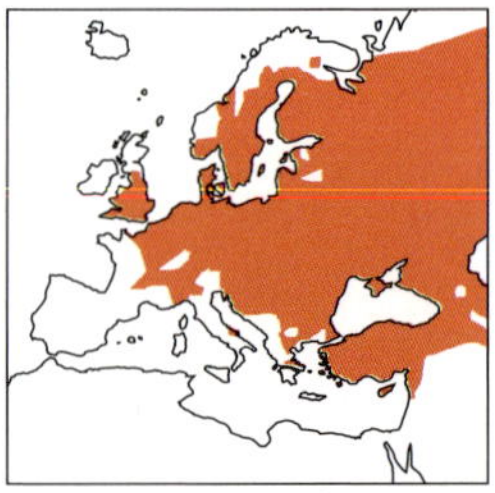

Den deutschen Namen hat die Klappergrasmücke von ihren eintönig klappernden Gesangsstrophen. Diese sind auch das auffälligste Bestimmungsmerkmal. Der Vogel singt während kurzer Pausen bei der Nahrungssuche; da die Männchen große Reviere verteidigen, können die Stellen, an denen man den Reviergesang eines Männchens hört, mehrere 100 m voneinander entfernt sein. Bei manchen Unterarten kann das Klappern ganz fehlen, beispielsweise bei der „Eibischgrasmücke" (*S. c. althea*) aus der Osttürkei oder bei der „Buschgrasmücke" (*S. c. minula*) Mittelasiens, von denen nur schwätzende Gesänge bekannt sind (beide heute mit Artstatus, siehe unten).

Männchen und Weibchen sind am Gefieder kaum unterscheidbar. Zur Brutzeit ist die Oberseite einfarbig graubraun (der Oberkopf ist aschgrau). Im Vergleich mit der Dorngrasmücke ist die Klappergrasmücke kleiner und kurzschwänziger und hat dunkle Beine. Die Unterseite ist weißlich. Oft ist eine dunkle Gesichtsmaske vorhanden, die sich vom Weiß der Kehle kontrastreich absetzt, ein deutlicher Augenring fehlt; der Gesichtsausdruck wirkt ziemlich streng. Die Flügel sind relativ kurz und rund, obwohl die Vögel Langstreckenflieger sind; aber wegen der ungewöhnlichen südöstlichen Flugroute sind kaum größere Wasserflächen zu überqueren, so dass Nonstop-Flüge vermieden werden.

Die Klappergrasmücke hat eine riesige eurasische Verbreitung, die von Großbritannien und Nordfrankreich im Westen über Mitteleuropa, den Vorderen Orient bis nach Ostsibirien, die Mongolei, Nordwestchina und Mittelasien reicht, im Norden bis Nordskandinavien und Nordrussland, im Süden bis Griechenland, die Türkei, Iran und Pakistan. Neuere Untersuchungen über die Lautäußerungen der verschiedenen Formen legen jedoch zusammen mit morphologischen und ökologischen Befunden nahe, die Art Klappergrasmücke in drei eigenständige Arten aufzuteilen.

Die Klappergrasmücken zeigen starke Bestandsfluktuationen, allerdings sind die mitteleuropäischen Bestände langfristig eher stabil. Sie überwintern nicht in der Sahelzone und sind daher von drastischen Überlebensproblemen im Winterquartier weniger betroffen als Dorngrasmücken; jedoch sieht die Umweltsituation im Winterquartier der Art wegen Lebensraumzerstörung und Trockenheit auch nicht gut aus, so dass ebenfalls Verluste auftreten. Im mitteleuropäischen Brutgebiet gehen die Bestände vor allem durch die Ausräumung der Landschaft etwa durch Beseitigung von Hecken und Feldgehölzen zurück. Es gibt aber auch Arealerweiterungen, vor allem am Nord-, West- und Südrand der europäischen Verbreitung.

▶ DORNGRASMÜCKE, JUNGE WEISSBART-GRASMÜCKE

KLAPPERGRASMÜCKE, MÄNNCHEN

AUF DEM HERBSTZUG

FLÜGGER JUNGVOGEL

NEST UND GELEGE

Dorngrasmücke

Der muntere, kratzige Gesang der Dorngrasmücke passt gut zum dornigen Lebensraum. Die rauen, aber angenehm klingenden, sehr variablen Strophen enthalten nicht selten Imitationen anderer Vogelarten; besonders reichhaltig sind die Strophen im häufig vorgetragenen Singflug. Oft singen die Männchen auch exponiert auf einem Busch, Zaunpfahl oder sogar Leitungsdraht. Von der Singwarte aus steigt der Vogel mit verlangsamten Flügelschlägen und intensiv singend in wellenförmiger Flugbahn steil auf (bis zu 10 m hoch), um dann stufenweise mit gesträubten Kopffedern und leicht gefächerten Steuerfedern stumm abzusteigen und der Deckung zuzustreben.

Das auffallende Rostbraun der Flügel, der oft deutliche weiße Augenring, der ziemlich lange Schwanz und die hellen Beine unterscheiden die Dorngrasmücke sofort von der Klappergrasmücke, jedoch nicht eindeutig von der Brillengrasmücke. Letztere ist aber viel kleiner und kommt nicht in Mitteleuropa vor.

Wenn die Dorngrasmücke zu einem anderen Busch wechselt, kann man die schmalen, weißen Schwanzkanten sehen – auch dann noch, wenn der Vogel nach der Landung mit dem Schwanz zuckt. Die Grasmücke schlüpft lebhaft durch dorniges Gesträuch; nicht selten zeigt sie sich offen mit gesträubten Scheitelfedern. Das Nahrungsspektrum ähnelt dem der Mönchs- und Gartengrasmücke, enthält aber im Vergleich weniger Beeren und Früchte; diese erlangen jedoch im Winterquartier größere Bedeutung.

Die Dorngrasmücke brütet in offener Landschaft mit dornigen Büschen und Hecken, in buschbestandenen Heidegebieten, an Waldrändern, Feldgehölzen, auf Lichtungen und gestrüppreichen, ehemaligen Kahlschlägen, nicht selten auch im Gebüsch an Bahndämmen. Sie kommt kaum in geschlossenem Wald vor, ebenso wenig in Siedlungen. Brutnachbarschaft zum Neuntöter wird häufig beobachtet.

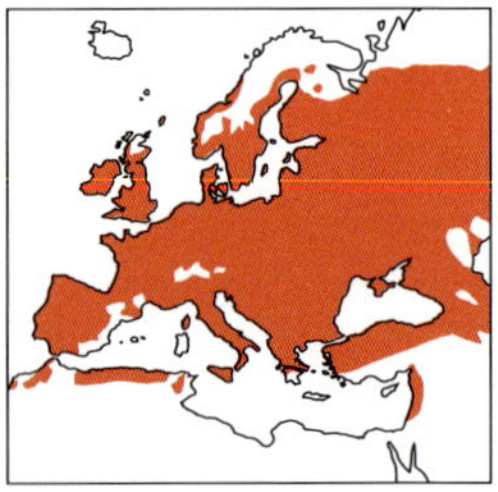

Meist kommen die Männchen einige Tage früher als die Weibchen aus dem Winterquartier zurück. Sie legen mehrere Nester an, die bis auf die Auskleidung der Nestmulde fertig sind. Dann versuchen sie ein Weibchen zum Nest zu locken. Wenn das Nest gefällt, wird es von beiden zu einem tiefmuldigen, aber lockeren Bau fertiggestellt. Es steht meist bodennah (in der Regel unter 1 m Höhe) oft in Hochstauden wie Brennnesseln, Brombeere und Himbeere, oder niedrig in Dornensträuchern, aber auch in Jungfichten oder Wacholder. In Kartoffel- oder Rapsfeldern und sogar Getreidefeldern wurden ebenfalls schon Nester gefunden. Die Eier werden bei der ersten Brut von Weibchen und Männchen wechselweise bebrütet (nachts brütet das Weibchen). Das zweite Gelege bebrütet das Weibchen allein, da das Männchen die Jungen der ersten Brut füttert.

Das Verbreitungsgebiet erstreckt sich über Nordwestafrika und fast ganz Europa; in großen Teilen Nordskandinaviens (in Norwegen erreicht die Art den Polarkreis), Finnlands und Russlands fehlt die Art ebenso wie auf der südlichen Iberischen Halbinsel, auf Island, Korsika, Sardinien und den Balearen. In Asien reicht ihr Areal bis in den Norden der Mongolei. In Österreich geht sie gebietsweise bis in 2100 m Höhe. In Europa trifft man überwiegend die Nominatform an, ab dem östlichen Mittelmeerraum ostwärts lebt die deutlich schlichter gefärbte Unterart *icterops*.

Obwohl die Dorngrasmücke in vielen Teilen Europas unter den Brutvögeln immer noch die häufigste Zweigsängerart ist, haben ihre Bestände seit einigen Jahrzehnten drastisch abgenommen. Die seit den 50er-Jahren beginnende Abnahme des davor sehr häufigen Kleinvogels wurde Ende der 60er-Jahre dramatisch, als die Vögel wegen der anhaltenden Dürre in der Sahelzone kaum noch in der Lage waren, den kräftezehrenden Heimzug zu überstehen (Rückgang teilweise über 50%). Ursache waren und sind neben negativen Einflüssen auf dem Zug und im Winterquartier (die Dürren treten immer wieder auf und beeinträchtigen nicht nur die Dorngrasmücke) vor allem die Vernichtung der Brutplätze durch Ausräumung der Landschaft (Flurbereinigung) und Intensivierung der Landwirtschaft. Ein Beweis hierfür ist die Tatsache, dass in mehreren verbliebenen günstigen Gebieten stabile Bestände und sogar Zunahmen beobachtet wurden.

▸ Klappergrasmücke, Brillengrasmücke

Dorngrasmücke *Sylvia communis* (Lath. 1787)

Größe	= Sperling
Maße (cm)	Länge ca. 14 / Flügel ca. 18,5–23
Körpermasse (g)	10–20
Stimme	Rufe grasmückenartig „tek", auch gereiht „trrt" oder „tschrt"; artspezifisch gedehnt, nasal und gereiht „woid-woid…"; Schnarrlaute bei Überraschung „drrt" oder laut „errrrrt"; Gesang leise schwätzender Vorgesang, lauter, hastiger, kurzer Vollgesang, oft geräuschhafte Elemente
Brutzeit	Anfang Mai, 2 Jahresbruten
Gelegegröße	(2) 3–6 (7), meist 5
Eifärbung	variabel; weißlichblau oder -grün, mit sehr zarter hellgrüner, olivfarbener oder rostbrauner Sprenkelung, daneben dunklere graue Kleckse; glatt, glänzend
Eimaße (mm)	spindelförmig – 18,8 x 13,9
Brutdauer	(9) 10–14 (15) Tage; bei Erstbruten brüten beide Partner
Nestlingszeit	10–14 Tage; beide Partner hudern und füttern, betreuen Junge noch 3 Wochen

DORNGRASMÜCKE, MÄNNCHEN AUF DER SINGWARTE

AUF DEM HEIMZUG

MÄNNCHEN AM NEST

NEST UND GELEGE

Gartengrasmücke

Die Gartengrasmücke ist einer der wenigen Singvögel, die kaum auffällige Merkmale zeigen. Das Gefieder ist oberseits graubräunlich mit leichtem Olivton, unterseits etwas heller, die Beine sind braungrau. Ferner hat sie einen relativ kurzen, kräftigen Schnabel, rundlichen Scheitel und große Augen, die einen „sanften" Gesichtsausdruck bewirken, einen angedeuteten hellen Überaugenstreif und helleren Augenring. Die Geschlechter sind äußerlich nicht unterscheidbar. Die Statur ist etwas untersetzt und lässt die Zierlichkeit von Laub- und Rohrsängern vermissen.

Wegen der versteckten Lebensweise bekommt man die Gartengrasmücke nur selten zu Gesicht; am meisten fällt sie durch ihre Stimme auf. Die Gesangsstrophen sind laut und melodisch, anhaltend und plaudernd und haben einen orgelnden Klangcharakter. In der Tonlage sind sie tiefer als die der Mönchsgrasmücke und ähneln manchen Amselstrophen. Gelegentlich sind kurze Abschnitte von Stimmen anderer Vögel eingeflochten, wie Rotkehlchen, Feldlerche, Buchfink oder der „Überschlag" der Mönchsgrasmücke. Obwohl Mönchsgrasmücken im typischen Fall leicht von Gartengrasmücken zu unterscheiden sind, hat man gelegentlich große Mühe, beide Arten anhand der Gesänge auseinander zu halten; oft enttarnt sich die Mönchsgrasmücke erst nach längerem Gesangsvortrag durch den typischen Überschlag.

Gartengrasmücken suchen ihre Nahrung meist in mittlerer Höhe, aber auch in Baumkronen. Sie erbeuten vor allem kleine, weichhäutige Insekten und viele Spinnen, indem sie die Beutetiere von Zweigen und Blättern absammeln; gelegentlich jagen die Vögel Insekten im Schwirrflug oder lauern unter einer Blütendolde den besuchenden Insekten

auf. Im Herbst werden viele Beeren, wie Holunder-, Himbeeren und Brombeeren verzehrt, um Depotfett für die Zugperiode aufzubauen.

Das Brutgebiet umfasst nahezu ganz Europa, mit Ausnahme Islands, weiter Teile Südeuropas sowie von Gebieten im hohen Norden Fennoskandiens und Russlands. In Skandinavien erreicht die Art trotzdem fast das Nordkap und brütet damit weiter nördlich als jede andere Grasmücke. Im Osten reicht ihr Areal weit über den Ural hinaus ins westsibirische Tiefland bis zum Jenissej. Obwohl die Vögel unter Lebensraumzerstörung leiden und auf dem langen Zug allerlei Gefahren drohen, ist ihr Bestand in Europa derzeit insgesamt stabil. In Mitteleuropa wurden rund 2–3 Millionen Brutpaare gezählt.

In Gärten trifft man die Gartengrasmücke trotz ihres deutschen Namens viel seltener an als die Mönchsgrasmücke, sie kommt dort nur vor, wenn er groß ist und dichtes, hohes Gebüsch (gerne Weiß- und Schwarzdorn) aufweist; dagegen ist sie in Parks mit dichtem Unterwuchs nicht selten. Koniferenkulturen werden nur besiedelt, wenn sie sehr jung sind und viel dichtes, hohes Gestrüpp aufweisen. Wälder mit dichtem Kronenschluss werden gemieden, offene Bruchwälder und Weichholzauen aber geschätzt. Nicht selten ist die Gartengrasmücke auch im Uferdickicht, an buschreichen Waldrändern und in dichtem Gebüsch auf Feuchtwiesen zu finden. Im Gebirge steigt sie bis über 2000 m Höhe; dort trifft man sie häufig in Grünerlen- und Weidengebüsch an. Im skandinavischen Gebirge leben große Bestände im Fjällbirkenwald.

Die Vögel kommen erst spät, im Mai, aus dem Winterquartier zurück, bereits in der zweiten Julihälfte bis September ziehen sie wieder nach Afrika südlich der Sahara von der Sahelzone bis Südafrika. Die zunächst in südwestlicher Richtung ziehenden mitteleuropäischen Brutvögel führen über der Iberischen Halbinsel eine Richtungsänderung nach Süd durch, um Afrika zu erreichen.

Das locker gebaute, recht große, etwas sperrig und unordentlich aussehende Nest besteht aus Halmen, Stängeln und Würzelchen und ist niedrig (meist unter 1 m Höhe) zwischen Kräutern, Stauden oder in Sträuchern, wie Brennnesseldickicht oder Brombeergestrüpp, angelegt. Im Gegensatz zur Mönchsgrasmücke verwenden die Gartengrasmücken nur wenig Tier- oder Pflanzenwolle. Das Nest sitzt der Vegetation auf oder ist nur mit wenigen Halmen an Trägerpflanzen befestigt. Das Männchen baut mehrere Wahlnester, von denen das Weibchen dann eines fertig stellt.

▶ Laubsänger, Sumpf- und Buschrohrsänger, Blass- und Buschspötter

Gartengrasmücke *Sylvia borin* (Bodd. 1783)

Größe	= Sperling
Maße (cm)	Länge ca. 14 / Flügel ca. 20–24,5
Körpermasse (g)	15–22
Stimme	Warnruf abweichend von anderen Grasmücken rhythmisch „wät-wät-wät", bei hoher Erregung „dschaid"; Gesang laute, angenehme, leicht plappernde Strophe aus weichen, klaren Tönen, Mönchsgrasmücke am ähnlichsten, ohne deren hohe Flöten- und klaren Schlußtöne; gelegentlich völlig abweichende Sänger!
Brutzeit	Mitte Mai, manchmal 2 Jahresbruten
Gelegegröße	2–6, meist 4–5
Eifärbung	unterschiedlich; weißlich, mit schwach rostbräunlichem oder rosa Anflug, unregelmäßig rostbraun, helloliv oder braun gezeichnet; glatt, glänzend
Eimaße (mm)	spindelförmig – 20,1 x 14,8
Brutdauer	11–15 (17) Tage; ♂ und ♀ brüten und hudern
Nestlingszeit	9–14 Tage; noch 14 Tage von Eltern betreut

GARTENGRASMÜCKE, ALTVOGEL FÜTTERT DIE JUNGEN

IM TYPISCHEN LEBENSRAUM

GARTENGRASMÜCKE BEI DER NAHRUNGSSUCHE

NEST UND GELEGE

Mönchsgrasmücke

Aufgrund ihrer großen Anpassungsfähigkeit zählt die Mönchsgrasmücke heute zu den häufigsten Vögeln unserer Kulturlandschaft. Trotz Verlusten als Folge von Verfolgung und forstlichen Maßnahmen zur Brutzeit sind ihre Bestände stabil. Aus vielen Bereichen Europas werden Zunahmen gemeldet. Die Art kommt in Nordwestafrika, auf den Azoren, Madeira, Kanaren und Kapverden sowie in fast ganz Europa außer Island und dem Norden Skandinaviens, Finnlands und Russlands vor. Nach Osten erstreckt sich das Verbreitungsgebiet in einem schmaler werdenden Ausläufer über den Ural hinaus bis zum westsibirischen Fluss Ob. Im Südosten besiedelt die Art Teile der Türkei und die Kaukasusregion bis zum Elbursgebirge. In Gebirgen brütet sie gebietsweise bis in 2000 m Höhe.

Die Mönchsgrasmücke ist von allen mitteleuropäischen Grasmückenarten einerseits am besten an Waldlebensräume angepasst, andererseits am häufigsten in Gärten anzutreffen. Sie bewohnt Wälder mit gut entwickelter Strauchschicht, gerne Auwälder, häufig auch gebüschreiche Parks, Friedhöfe und größere Gärten mit Gebüsch und Bäumen; dort geht sie sogar bis in die Zentren von Großstädten. Die Überwinterungsgebiete erstrecken sich von England und Irland über Westfrankreich und den Mittelmeerraum sowie südlich der Sahara. Brutvögel aus östlichen Populationen ziehen bis Südostafrika. Die im Mittelmeerraum brütenden Vögel sind Teilzieher.

Für die Vogelzugforschung stellen mitteleuropäische Mönchsgrasmücken interessante Studienobjekte dar, denn

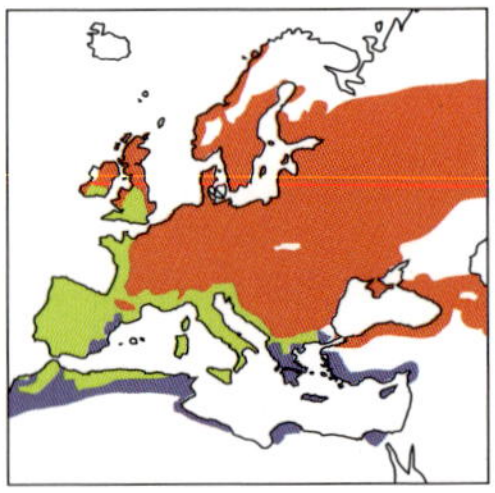

seit Ende der 50er-Jahre hat ein Teil der Brutvögel seine Zugrichtung geändert und zieht nicht mehr im Herbst in Südwestrichtung, sondern nach Nordwesten auf die Britischen Inseln. Die Winterbestände in Südengland haben entsprechend dem Zuzug vom Festland her deutlich zugenommen. Offensichtlich hat die Fütterung in den englischen Parks und Gärten zur Änderung des Wanderverhaltens beigetragen.

Die Mönchsgrasmücken ernähren sich vorwiegend von Insekten, deren Larven und Spinnen; der Anteil an Beeren ist aber größer als bei jeder anderen Grasmücke – sie werden das ganze Jahr über mit Ausnahme des Frühjahrs gefressen. Allein in Mitteleuropa weisen die Nahrungslisten Früchte von über 60 verschiedenen Pflanzenarten aus; besonders beliebt sind Holunder, Faulbaum, Heckenkirsche, Hartriegel und Traubenkirsche. Efeubeeren sind während des Zuges und im Winterquartier wichtige Energiequelle; mit ihnen und anderen Beeren füttern die Grasmücken größere Junge, wenn Insekten rar sind.

Nach Ankunft im Brutgebiet baut das Männchen zunächst mehrere unfertige Nestgebilde, die mehr der Balz als der späteren Jungenaufzucht dienen. Das lockere, flache Brutnest besteht aus Grashalmen, Stängeln, dünnen Wurzeln und wenig Moos, außen wird es mit wenigen Gespinsten versehen. Den Nestrand verflicht der Vogel so mit der Trägerpflanze, dass man das Nest nicht so leicht herausnehmen kann. Meist steht es unterhalb von 1,5 m in jungen Nadelbäumen, aber auch in Sträuchern oder zwischen Brennnesseln.

Männchen sind überwiegend grau und mit tiefschwarzer Kopfplatte, Weibchen sind mehr braungrau gefärbt und tragen eine rostbraune Kopfplatte. Bei Jungvögeln ist die Kopfplatte rotbraun. Im Herbst zeigen viel junge Männchen noch rotbraune Färbungsreste auf dem bereits überwiegend schwarzen Scheitel. Auf den Azoren und Madeira, wo die Art Standvogel ist, kommen rund 2% der Mönchsgrasmücken in einer dunklen (melanistischen) Gefiedervariante vor, die als „Schleiergrasmücke" bezeichnet wird und 1829 zum ersten Mal beschrieben wurde.

Der Gesang der Mönchsgrasmücke gehört zu den schönsten heimischen Vogelstimmen und kann selbst mit dem der Nachtigall konkurrieren; da nimmt es nicht wunder, dass die Art früher ein beliebter Käfigvogel war. Die klaren, volltönenden Flötenstrophen mit großen Tonsprüngen (Überschlag) setzen nach dem leiseren, schwätzend/zwitschernden Vorgesang plötzlich ein; manche Mönchsgrasmücken bringen einen eintönig leiernden Überschlag aus mehrfach wiederholten „dila"-Motiven.

▸ GARTENGRASMÜCKE

Mönchsgrasmücke *Sylvia atricapilla* (L. 1758)

Größe	= Sperling
Maße (cm)	Länge ca. 13 / Flügel ca. 20–23
Körpermasse (g)	15–25
Stimme	Rufe hart „teck", härter und energischer als Gartengrasmücke, auch „cherr" und bei starker Beunruhigung „teck-teck-teck-tjeckcherrr"; Gesang aus zwitscherndem Vorgesang und lautem, flötendem „Überschlag". Strophen kürzer als Gartengrasmücke; machmal Imitationen, oft mit lauten, eintönig leiernden Flötentönen endend
Brutzeit	Ende Mai, selten früher; in manchen Gebieten 2 Jahresbruten
Gelegegröße	(2) 3–6 (7), meist 4–5
Eifärbung	variabel; weiß oder rostbräunlich, oliv oder rosa überflogen; Oberflecken rostbraun, oliv, rötlichbraun oder purpurn, Schalenflecke grau; glatt, glänzend
Eimaße (mm)	spindelförmig – 19 x 14,5
Brutdauer	10–16 Tage; ♂ und ♀ brüten und hudern
Nestlingszeit	10–15 Tage; noch 2–3 Wochen von Eltern betreut

MÖNCHSGRASMÜCKE, JUNGES MÄNNCHEN AUF DEM HERBSTZUG AN FEIGEN

FEIGEN SIND EINE BEGEHRTE NAHRUNG AUF DEM ZUG

NEST UND GELEGE

Grünlaubsänger

Die Laubsänger sind unauffällig und recht einheitlich gefärbt, die Geschlechter unterscheiden sich kaum. Im Gegensatz zu Grasmücken leben Laubsänger weniger zurückgezogen; dadurch sieht man sie häufiger rastlos im Gezweig huschen, wo sie auch kurze Schwirrflüge unternehmen, um ein Insekt von einem äußeren Blatt abzupicken. Da die einzelnen Arten einander oft sehr ähnlich sind, sollte man bei der Bestimmung auf die Rufe und Gesänge, ferner auf Schwanz- und Flügelbewegungen sowie Flügelbinden und auf die Färbung der Beine achten.

Der Grünlaubsänger bewegt sich flink und sehr geschickt im Blattwerk. Er zuckt häufig mit Flügeln und Schwanz. Bei der Nahrungssuche hält er oft den Schnabel etwas aufwärts gerichtet, wodurch der rosafarbene Unterschnabel zur Geltung kommt. Vom Zilpzalp, mit dem er die Größe und dunkle Beinfärbung gemeinsam hat, unterscheidet er sich durch den rosafarbenen Unterschnabel, die im frischen Gefieder deutliche Flügelbinde, den langen, gelblichen Überaugenstreif sowie den auffälligeren Augenstreif (in Scheitelfärbung).

Der typische Ruf erinnert an Sperling und Bachstelze. Die eilig und recht laut vorgetragenen Gesangsstrophen, die mit einigen rufähnlichen Silben eingeleitet werden, bestehen aus Folgen von hellen, etwas durchdringenden Tönen mit raschem Tonhöhenwechsel, die sich zum Strophenende hin beschleunigen. Die Männchen singen jeweils mehrere Strophentypen.

Die Art brütet vor allem in reich strukturierten, älteren Nadelwäldern mit eingestreuten Laubbäumen, aber auch in Misch- und Laubwäldern, an Rändern und Lichtungen von feuchten Wäldern, in Hang-, Berg- und Schluchtwäldern und flussbegleitenden Wäldern. Außerdem kann man sie in Parks und größeren Gärten mit entsprechender Gehölzstruktur antreffen. Auf dem Zug halten sie sich auch in Buschland auf.

Grünlaubsänger *Phylloscopus trochiloides* (SAND 1837)

Größe	< Sperling
Maße (cm)	Länge ca. 10 / Flügel ca. 15–21
Körpermasse (g)	6–9
Stimme	Gesang hitzig/impulsiv, bachstelzenartiges „zli-vitt“ (Einleitung), mit kurzer, hackender, am Ende beschleunigter Strophe aus hellen und spitzen Tönen fortgesetzt und wie verstümmelte Zaunkönigstrophe abgeschnitten
Brutzeit	Anfang bis Mitte Juni, 1 Jahresbrut
Gelegegröße	3–7
Eifärbung	weiß; glatt, schwach glänzend
Eimaße (mm)	spindelförmig bis oval – 15 x 11,7
Brutdauer	12–13 Tage; ♂ brütet und hudert allein
Nestlingszeit	12–14 Tage; Anteil ♂ an Fütterung unterschiedlich

Die wichtigsten Winterquartiere dieser östlichen Art liegen in Indien.

Das Nest wird vom Weibchen vorwiegend aus Moos und einigen Halmen gebaut, innen ist es mit wenigen Haaren oder Wolle gepolstert. Es hat meist die typische Backöfchenform und steht bodennah (bis in 50 cm Höhe) in der Vegetation, oft in einer Nische, kleinen Höhlung, etwa in einem Wurzelteller, oder an einer geneigten Stelle.

Grünlaubsänger erbeuten kleine Insekten, gelegentlich Spinnen und Schnecken. Das ständige Flügelzucken dient möglicherweise dem Aufscheuchen von Beutetieren. Die Nahrung suchen sie hoch in Bäumen, aber auch in der Nähe des Bodens. Oft beginnen sie in Bodennähe und arbeiten sich hüpfend und kurz fliegend bis zur Krone hoch.

Das Areal der westlichsten Unterart, *viridanus*, reicht von der Ostsee bis zum Jenissej, im Südosten bis Kaschmir. Vom Jenissej ostwärts bis Nordostchina brütet der „Middendorfflaubsänger“, *Phylloscopus (trochiloides) plumbeitarsus*, der wohl eine Unterart des Grünlaubsängers darstellt, dem aber vielfach Artrang zuerkannt wird. Der „Wacholderlaubsänger“, *Phylloscopus (trochiloides) nitidus*, eine weitere Form, wird ebenfalls von manchen Autoren als eigene Art angesehen. Er brütet von der Nordtürkei bis nach Afghanistan; in den Bergwäldern des Kaukasus, in Transkaukasien sowie in Armenien und Aserbaidschan brütet er auf europäischem Boden. Die Form *viridanus* hat sich inzwischen fest im Baltikum und in Südfinnland etabliert, in Schweden brütet sie regelmäßig auf Gotland und wahrscheinlich punktuell an der Ostseeküste. In Mitteleuropa mit derzeit rund 200 Brutpaaren ist vor allem der äußerste Nordosten (Ostpolen) besiedelt. Auch weiter westlich, in vielen Gebieten Polens und in Nordostdeutschland, tritt die Art fast alljährlich als Sommergast auf. Sogar im Bayerischen Wald sangen an verschiedenen Stellen Grünlaubsänger im Bergwald.

Seit den 30er-Jahren breitet sich die Art nach Westen aus. Der erste deutsche Brutnachweis gelang 1990 auf Helgoland, im tschechischen Riesengebirge wurde 1992 eine Brut belegt. Die Arealerweiterung bringt man mit klimatischen Veränderungen in Verbindung. Offensichtlich fördern hohe Temperaturen während des Heimzuges im Mai Zugprolongation – die Vögel „schießen“ über das Ziel hinaus. Möglicherweise spielt auch die Zunahme von Fichtenbeständen in den neu besiedelten Gebieten eine Rolle. Über die mitteleuropäischen Brutvorkommen ist noch sehr wenig bekannt.

▸ ANDERE LAUBSÄNGER

GRÜNLAUBSÄNGER AM NEST

AUF DEM ZUG

SPERRENDE JUNGVÖGEL

NEST UND GELEGE

Berglaubsänger

Der Berglaubsänger ist klein und unauffällig und ähnelt dem Zilpzalp. Seine kurzen, trillernd-schwirrenden Gesangsstrophen erinnern an Waldlaubsänger, allerdings fehlen die einleitenden, sich beschleunigenden Töne. Die Männchen singen oft hoch in Bäumen – im Gegensatz zum Waldlaubsänger aber nicht im Singflug. Oberseits ist der Berglaubsänger hell braungrau, unterseits weißlich gefärbt, von grünlichgelber Farbe sind Bürzel sowie die Ränder der Schwung- und Steuerfedern. Die in Südosteuropa und der Türkei vorkommende Form *orientalis* wird heute meist als eigene Art (Balkanlaubsänger, *P. orientalis*) angesehen. Sie hat nicht nur andere Rufe, sondern ist auch etwas langflügeliger.

Der Berglaubsänger brütet in lichten, sonnigen Kiefern-, Lärchen- und Laubwäldern, häufig an trockenen, unterholzreichen Südhängen. Im Gebirge ist er bis zur Baumgrenze verbreitet. Gebietsweise kommt er auch an trockenen Stellen von mit hohen Bergkiefern (Spirken) bestandenen Mooren vor. Die Art überwintert südlich der Sahara, wobei sich die mitteleuropäischen Brutvögel vorwiegend in einem Gebiet von Senegal und Südmauretanien bis ins Tschadbecken aufhalten. Neststandort ist am Boden, gerne an steilen, sonnigen Stellen mit viel altem Gras. Die Populationen im Tiefland legen das Nest meist auf ebenem Boden zwischen Heidekraut und anderen Zwergsträuchern an. Das Weibchen baut das Nest aus Laub, Moos und Grashalmen allein.

Der Berglaubsänger bewohnt Mittel- und Südeuropa.

▶ ANDERE LAUBSÄNGER

Berglaubsänger *Phylloscopus bonelli* (VIEILL. 1819)	
Größe	< Sperling
Maße (cm)	Länge ca. 11,5 / Flügel ca. 16–20
Körpermasse (g)	7–11
Stimme	Gesang unauffälliger, stotternder, kurzer Triller „tji tji tji tji tji", an Waldlaubsänger- und Zaunammer-Gesang erinnernd; Ruf „tü-ie" länger und schärfer als Fitis
Brutzeit	Anfang Mai, 1 Jahresbrut
Gelegegröße	3–7, meist 5
Eifärbung	weiß, mit feiner, reichlicher rötlich- oder purpur-brauner Sprenkelung, meist deutliche Zone stärkerer Fleckung am breiten Ende; glatt, glänzend
Eimaße (mm)	kurz-spindelförmig bis spindelförmig – 15,9 x 12,1
Brutdauer	12–13 Tage (auch länger); nur ♀ brütet und hudert
Nestlingszeit	12–13 Tage; ♂ und ♀ füttern

Wanderlaubsänger

Der Wanderlaubsänger (nicht abgebildet) hat einen relativ langen, kräftigen Schnabel, ist etwas größer als ein Fitis und unterscheidet sich vom sehr ähnlichen Grünlaubsänger vor allem durch seine Rufe. Die langen Handschwingen erinnern an Waldlaubsänger. Auffällig ist der lange, weißliche Überaugenstreif, der meist etwas weiter in den Nacken reicht als beim Grünlaubsänger, außerdem ein dunkler Augenstreif, der nicht direkt an der Schnabelbasis beginnt. Neben den Rufen und dem Gesang hört man von territorialen Männchen ein Flügelklappen, das sich vom Flügelzucken herleitet und bis 10 m weit zu hören ist.

Das Verbreitungsgebiet erstreckt sich von Nordskandinavien (wo er selten und unregelmäßig vorkommt) und dem Norden und Osten Finnlands über Nordrussland und weite Teile Sibiriens bis Japan und Alaska. In diesen Regionen ist der Wanderlaubsänger vielfach die dominierende Vogelart – außer am Westrand der Verbreitung. Die Art brütet in Sibirien in verschiedenen Waldtypen, meist in Nadelwald und gerne in Wassernähe. Im Norden kommt sie auch in der Waldtundra mit wenigen höheren Bäumen vor, in Skandinavien oft an feuchten Hängen mit Fjällbirkenwald. Die Überwinterungsgebiete liegen im östlichen Indien und in Südostasien. Zum Brüten erscheinen die Vögel in Nordskandinavien erst im Juni. Das Nest ist ein „Backofennest"; es steht am (oft sehr feuchten) Boden zwischen Moos, in der Bodenvegetation oder in kleinen Höhlungen verborgen. Es besteht aus trockenen Grashalmen und Blättern sowie etwas Moos; als Innenauskleidung dienen feinere Gräser, aber nur selten Haare oder Federn.

▶ VOR ALLEM GRÜNLAUBSÄNGER

Wanderlaubsänger *Phylloscopus borealis* (BLAS. 1858)	
Größe	< Sperling
Maße (cm)	Länge ca. 10,5–11,5 / Flügel ca. 16,5–22
Körpermasse (g)	8–14
Stimme	Gesang monotones Hacken auf einem Ton, machmal zwischen 2–3 Tonlagen wechselnd; ähnelt Berglaubsänger, aber länger und am Ende hinkend; ruft scharf wasseramselartig „tzri" oder „tziet", bei Beunruhigung härter und schärfer
Brutzeit	Ende Juni, 1 Jahresbrut
Gelegegröße	5–7
Eifärbung	weiß, fein hellrötlichbraun oder dunkler braun gefleckt und punktiert; Zeichnung spärlich, feine Fleckung reichlich, aber zart; glatt, glänzend
Eimaße (mm)	kurz-spindelförmig – 16,2 x 12,6
Brutdauer	11–13 Tage; ♀ brütet allein
Nestlingszeit	13–14 Tage; beide Partner füttern

BERGLAUBSÄNGER, ALTVOGEL AM NEST

BEI DER NAHRUNGSSUCHE

FLÜGGER JUNGVOGEL

NEST UND GELEGE

Waldlaubsänger

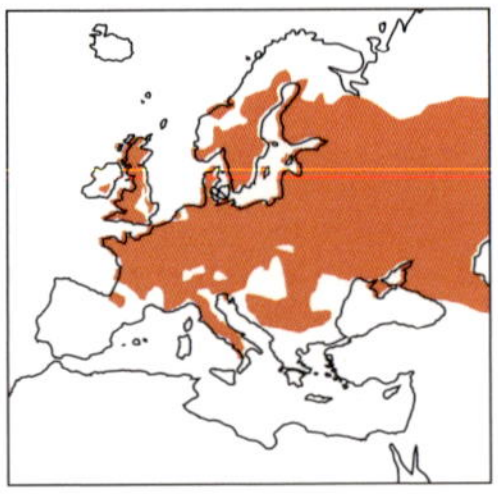

Der Waldlaubsänger ist ein Vogel schattiger Laub- und Mischwälder, vor allem unterwuchsarmer, alter, hochstämmiger Buchenwälder, gebietsweise brütet er aber auch in Nadelwald. In den Buchenwäldern der Gebirge geht er nicht selten bis 1200 m hoch, gelegentlich bis 1500 m. Das Nest ist nahezu kugelrund mit seitlichem Eingang („Backofen"-Typ) und besteht aus alten Halmen und Gras, gelegentlich auch Laub. Außen ist es mit Pflanzenmaterial der Umgebung ausgestattet und daher meist sehr gut getarnt. Das Weibchen sucht den Nistplatz – oft eine Bodenvertiefung mit altem Laub oder zwischen Baumwurzeln – aus. Dabei ist wichtig, dass es den Eingang von einem bestimmten niedrigen Zweig aus sehen kann; dieser Zweig bildet die unterste Stufe einer Reihe von Zweigen, die vom Kronendach wie eine Treppe in Nestnähe führt und immer in der gleichen Weise benutzt wird, wenn die Vögel zum Nest fliegen. Vor Verlassen des Nestes sitzt der Vogel kurze Zeit am Eingang und fliegt dann dicht über dem Boden unauffällig weg. Das Weibchen brütet allein. Viele Männchen kümmern sich in einem zweiten Revier bereits um ein weiteres Weibchen, während das erste Weibchen mit dem Brüten beschäftigt ist. Daher können bis zu einem Drittel der Männchen sukzessiv polygyn sein.

Die Vögel verlassen die mitteleuropäischen Brutplätze bereits ab August; sie erscheinen dort wieder Mitte April bis Anfang Mai. Die Überwinterungsgebiete dieser Langstreckenzieher liegen im Savannengürtel südlich der Sahara. Das Brutgebiet reicht von den Pyrenäen und Britischen Inseln bis nach Zentralsibirien. Die Nordgrenze in Europa liegt im südlichen Lappland und am Weißen Meer, die Südgrenze in Südfrankreich, Süditalien und Südjugoslawien sowie am Nordwestrand des Schwarzen Meeres. Verbreitungsinseln gibt es auf der Krim sowie im nordwestlichen Kaukasus. Probleme bereiten dem Waldlaubsänger neben der Umwandlung von Laub- in Nadelwald vor allem Verluste auf dem Zug aufgrund von Dürreperioden in Nordafrika. Häufig schlagen auch Brutversuche durch Störungen und Nestfeinde fehl. Gerade beim Waldlaubsänger darf man nicht die singenden Männchen mit Brutpaaren gleichsetzen, denn der Anteil unverpaarter Männchen ist bei dieser Art recht hoch. Während die Bestände in Mitteleuropa langfristig weitgehend stabil waren, breitet sich die Art in Skandinavien seit mehreren Jahrzehnten nach Norden aus.

Bei der Nahrungssuche wirken die Vögel etwas träge und erinnern daher an Gartengrasmücken. Gelegentlich rütteln sie vor einer Zweigspitze oder verfolgen kurz ein Insekt zwischen den Zweigen ähnlich einem Fliegenschnäpper. Je nach Angebot bilden verschiedene Insekten und Insektenlarven, häufig Schmetterlingsraupen, sowie Spinnen die Nahrung. Man fand unter den Beutetieren auch so auffällige Arten wie Widderchen und Feuerwanzen. Im Herbst werden in geringem Umfang auch Beeren, zum Beispiel von Holunder oder Brombeere, verzehrt.

Der Waldlaubsänger ist ein recht großer, gedrungener Laubsänger mit langen Flügeln und relativ kurzem, breitem Schwanz. Er ist größer als Zilpzalp und Fitis. Kehle, vordere Brust und Überaugenstreif sind stets gelb, die weiße übrige Unterseite ist kontrastreich abgehoben, was jedoch im Spiel von Licht und Schatten im Laub kaum auffällt. Schnabel und Beine sind rosafarben. Im Herbst sehen viele Fitisse im frischen Gefieder sehr gelb aus und können zu Verwechslung Anlass geben.

Meist wird man durch den Gesang auf den Vogel aufmerksam: eine abfallende, trillernde Schwirrstrophe, die von einigen „sib"-Lauten eingeleitet wird. Außerdem hört man zwischen den Schwirrstrophen klagend-pfeifende „düh"-Reihen. Das Männchen singt meist auf einem exponierten unteren Ast der Krone; nicht selten wechselt es in horizontalem Singflug zu einer anderen Warte.

Ebenfalls einen auffälligen Überaugenstreif weist der überwiegend in Nordasien verbreitete **Gelbbrauen-Laubsänger** (*P. inornatus*) auf. Zusätzlich hat er eine doppelte Flügelbinde und ist noch kleiner als ein Zilpzalp. In der mittleren und nördlichen Taigazone reicht ein kleiner Verbreitungskeil nach Europa; sonst wird der Gelbbrauen-Laubsänger besonders im Oktober im übrigen Europa als regelmäßiger Gast an verschiedenen Beringungsstationen festgestellt.

Waldlaubsänger *Phylloscopus sibilatrix* (BECHST. 1793)

Größe	= Sperling
Maße (cm)	Länge ca. 12 / Flügel ca. 19,5–24
Körpermasse (g)	7–14
Stimme	lieblicher Gesang, Serie silberhell klirrender „sib"-Laute, die sich beschleunigen und in metallisches Schwirren übergehen; daneben typisches, etwas klagendes „düh", in einer intensiver werdenden Serie, wie beim Wendehals
Brutzeit	Ende Juni, 1 Jahresbrut
Gelegegröße	4–10, meist 5–8, manchmal nur 2–3
Eifärbung	weiß, fein hellrötlichbraun oder dunkler braun gefleckt und punktiert; Zeichnung ziemlich spärlich, feine Fleckung reichlicher, aber zart; glatt, glänzend
Eimaße (mm)	kurz-spindelförmig – 16,2 x 12,6
Brutdauer	12–13 (14) Tage; ♀ brütet
Nestlingszeit	11–12 Tage; ♂ und ♀ füttern; Führungszeit 12–14 Tage

▸ FITIS, BERGLAUBSÄNGER

WALDLAUBSÄNGER, VOGEL MIT RELATIV WENIG GELBFÄRBUNG

AM NEST

FLÜGGER JUNGVOGEL

NEST UND GELEGE

Zilpzalp

Der Zilpzalp gehört zu den häufigsten Vögeln Europas. Grob geschätzt, leben allein in Mitteleuropa 10 Millionen Brutpaare. Vom Fitis unterscheidet sich der Zilpzalp durch die dunklen Beine, den feinen, dunklen Schnabel, kürzere Handschwingen und weniger Gelb im Gefieder. Wichtiger als Gefiederdetails sind oft die Lautäußerungen und das Verhalten: Der Zilpzalp bewegt sich hektisch und flink durch das Gezweig, zuckt häufig mit den Flügeln und schlägt den Schwanz ständig nach unten; das tut der Fitis nicht, er bewegt nur nach dem Landen kurz den Schwanz. Im Spätsommer haben Jungvögel unterseits einen bräunlichen Anflug, auch oberseits zeigen sie mehr Brauntöne als Altvögel. Bereits im Herbst lassen sie sich nicht mehr von Altvögeln unterscheiden.

Der leicht zu merkende Reviergesang ist ein ständig wiederholtes „zilp-zalp-zelp“, zwischen den Strophen ist oft ein ein- bis mehrsilbiges, hartes, gedämpftes „trr“ zu hören. Wenn ein Rivale in die Nähe kommt, können die Einzellaute ineinanderfließen. Der Gesang ist auch manchmal im Herbst zu hören. Doch nicht jeder „zilp-zalp“-singende Laubsänger ist ein Zilpzalp, denn manche Fitisse singen ebenso. Während die Gesänge der meisten Unterarten des Zilpzalps bemerkenswert ähnlich klingen, gibt es bei der iberisch/nordafrikanischen Form *brehmii* (Spanischer Zilpzalp) deutliche Unterschiede: eine in drei Abschnitte unterteilte Folge von beschleunigten, schärfer klingenden Silben (ein Hinweis auf die artliche Eigenständigkeit dieser Form).

Neben der für die Familie typischen Insekten- und Spinnennahrung verzehrt der Zilpzalp auch Blütennektar. Dies wurde auf der Iberischen Halbinsel beobachtet, wo sich überwinternde Zilpzalpe an den Blüten einer dort als Zierpflanze eingeführten afrikanischen Aloe-Art (*Aloe arborescens*) gütlich

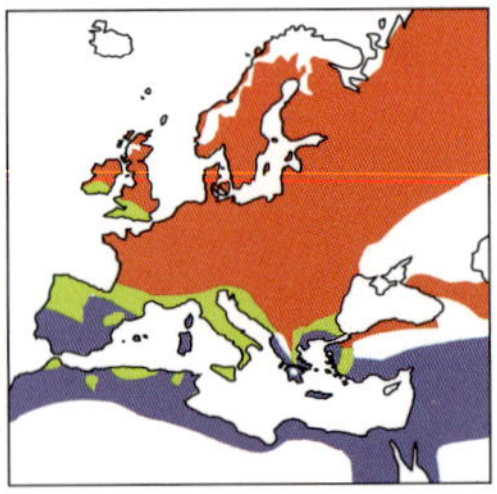

taten; dabei klettern sie an den Blütenständen hoch und stecken ihren Schnabel in die engen Blütenöffnungen. Bei der Aufnahme von Nektar wird das Kopfgefieder mit Pollen beladen, anschließend trägt der Vogel diese Fracht zur nächsten Blüte und bestäubt sie – Ornithophilie oder Vogelblütigkeit nennt man diese Form der Symbiose. Allerdings kennt man sie vorwiegend von Kolibris – die Blüten besuchenden Zilpzalpe rütteln jedoch manchmal in ähnlich energiezehrender Weise vor der Nektarquelle. Auch an den Blüten von Eukalyptus und *Citrus*-Arten wurden Zilpzalpe schon bei der Nektaraufnahme beobachtet. An Futterplätzen nehmen sie gelegentlich Talg und Fett auf. Im Vergleich zu anderen Laubsängern verzehren sie wenig Früchte und Beeren.

Die Art kommt in weiten Teilen Europas und Asiens vor: von Nordafrika und der Iberischen Halbinsel bis zum nordostsibirischen Kolyma-Fluss. Das entspricht fast der gesamten borealen und gemäßigten Waldzone Eurasiens. Bis auf Island und Teile Nord- und Osteuropas ist die Art ziemlich gleichmäßig verbreitet. Der erst kürzlich vom Zilpzalp abgetrennte, ober- und unterseits bräunliche, dem Zilpzalp sonst aber sehr ähnliche Bergzilpzalp (*P. sindianus*) brütet in der Nordosttürkei und im Kaukasusgebiet im Bereich der Baumgrenze. Auch die Zilpzalpe der Kanarischen Inseln sind von den europäischen Formen so weit getrennt, dass ihnen wohl Artstatus eingeräumt werden muss.

Der Zilpzalp ist der ökologisch am wenigsten spezialisierte Laubsänger. Er kommt jedoch vorwiegend in sonnigem, reich strukturiertem Laub- und Mischwald, in Nord- und Osteuropa auch in reinem Nadelwald vor. Gerne besiedelt er Feldgehölze und höheres Gebüsch, vor allem in Parks, Friedhöfen und größeren Gärten. Auf dem Zug hält er sich bevorzugt an Gewässern auf. Normalerweise überwintern die mitteleuropäischen Brutvögel im Mittelmeerraum und in den Savannen südlich der Sahara. Gelegentlich verbringen einzelne Vögel die Wintermonate in Mitteleuropa. Ein im Winterhalbjahr auftauchender Laubsänger in dieser Region ist in der Regel ein Zilpzalp. In den milden, schneearmen Wintern gelingt zunehmend die Überwinterung.

Das „Backofennest“ wird zwischen niedrigen Sträuchern oder Kräutern angelegt. Im Gegensatz zum ähnlichen Fitisnest, das direkt am Boden gebaut wird, steht es etwas erhöht im Pflanzenbewuchs und ist lockerer gebaut. Erst nach dem Schlüpfen der Jungen kommt das Männchen öfter (beim Singen) in Nestnähe, nach einer Woche erhalten die Nestlinge der meisten Bruten auch vom Vater Nahrung.

Zilpzalp *Phylloscopus collybita* (Vieill. 1817)

Größe	< Sperling
Maße (cm)	Länge ca. 10–11 / Flügel ca. 15–21
Körpermasse (g)	6–10
Stimme	Gesang namensgebend, aus Reihe zusammengesetzter Silben „zilp zalpzalp zilp zelp zalp…“; ruft einsilbiger als Fitis „huit“
Brutzeit	Ende April im Süden, bis Ende Mai im Norden, möglicherweise bis Juni im Nordosten; im Norden 1, weiter südlich 2 Jahresbruten
Gelegegröße	4–6 (7), Zweitbruten meist 3–5
Eifärbung	weiß, mit sparsamer, feiner Punktierung oder wenigen Klecksen dunkel purpurbrauner oder purpurner, schwarzer oder rötlichbrauner Schattierung; glatt, glänzend
Eimaße (mm)	kurz-spindelförmig – 14,8 x 11,5
Brutdauer	13–15 (16) Tage; ♀ brütet und hudert allein
Nestlingszeit	14–16 Tage; manche ♂♂ füttern kaum

▸ Fitis, andere Laubsänger

ZILPZALP, ALTVOGEL AM NEST

FLÜGGE JUNGVÖGEL

JUNGE IM NEST

NEST UND GELEGE

Fitis

Fitis und Zilpzalp sind so genannte Zwillingsarten, die man nur schwer auseinander halten kann; am besten gelingt dies anhand ihrer Reviergesänge; der des Fitis klingt schwermütig flötend. Sein meist mit „hü-it“ lautschriftlich wiedergegebener Ruf klingt eher zweisilbig als der ähnliche Zilpzalpruf, was aber oft kaum zu hören ist. Man kann sich auch merken: Der Fitisruf klingt „fragend“, der des Zilpzalps „feststellend“. In seinem Revier hat der Fitis mehrere Singwarten, die er immer wieder aufsucht, um ein paar Strophen zu singen. Die Vögel zeigen sich öfter frei als viele andere Zweigsänger; sie singen vor allem im Mai und Juni nicht selten auf Spitzen von Jungbäumen oder frei auf Ästen.

Des Weiteren unterscheiden sich Fitisse durch die hellere Beinfarbe, die längeren Flügel (die ihn als Langstreckenzieher ausweisen) und die mehr gelbliche Färbung von Unterseite und Überaugenstreif vom Zilpzalp. Letzteres Merkmal ist vor allem bei Jungvögeln im Herbst deutlich zu erkennen, während Altvögel im Herbst einen weißen Bauch haben, der sich von der gelben übrigen Unterseite abhebt. Ober- und Unterseite bilden meist mehr Kontrast als beim Zilpzalp. Die Fitisse mancher östlicher Populationen tragen fast kein Gelb im Gefieder. Die Gestalt des Fitis ist im Vergleich zur Schwesterart etwas länger und schlanker.

Das Weibchen wählt den Nistplatz aus (auch außerhalb des vom Männchen etablierten Reviers), baut das „Backofennest“ und bebrütet das Gelege ebenfalls allein. Das Nest besteht außen aus trockenem Gras, Laub und Moos, weiter innen aus feinem Gras; die Polsterung besteht aus reichlich Federn. Es ist meist in dichtem, bodennahem Gestrüpp oder unter tief liegenden Zweigen am Boden verborgen. Nicht sel-

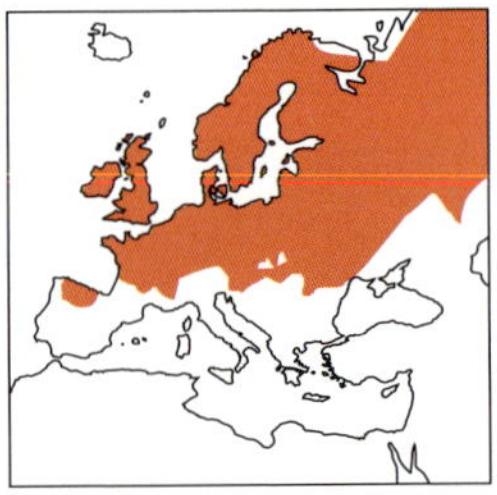

ten hat ein Männchen zwei Weibchen, zweimal wurde sogar ein mit drei Weibchen verpaartes Männchen nachgewiesen. Das Männchen beteiligt sich von Anfang an an der Jungenfütterung, auch wenn der Anteil oft recht gering ist (rund 5–10 Prozent); trotzdem ist das Männchen in der Lage, beim Tod des Weibchens größere Junge auch allein aufzuziehen. Wenn die Nester nicht zu weit auseinander liegen, füttern bigyne (mit zwei Weibchen verpaarte) Männchen die Jungen in beiden Nestern.

Der Fitis brütet in ähnlichen Lebensräumen wie der Zilpzalp (und oft singen beide nebeneinander), er hält sich jedoch weniger häufig in hohen Bäumen auf und meidet dichten, unterwuchsarmen Wald. Man trifft ihn häufig in Weidengebüsch und in Birkenbeständen an, auch in unterholzreichen, lichten Laub- und Mischwäldern, Auwäldern, an Gewässerufern, in Schonungen, Lichtungen, Mooren und Heidegebieten. Selbst in vielen Parks, Friedhöfen und Gärten kommt er vor. In Feuchtgebieten ist er meist häufiger als der Zilpzalp. In Skandinavien, wo er zu den häufigsten Vögeln zählt, brütet er sogar in der Tundra mit niedrigem Weidengebüsch. Höhere Berglagen schätzt er weniger, es wurden aber schon Bruten in 1700 m Höhe festgestellt. Zur Zugzeit rasten Fitisse gerne in Gebüsch, auch in niedrigen Sträuchern am Ufer sowie in Schilfgebieten. Sie überwintern im tropischen West- und Südafrika, also viel weiter südlich als der Zilpzalp, der es höchstens bis Nordafrika schafft.

Das Verbreitungsgebiet reicht von Westeuropa bis zur nordostsibirischen Tschuktschenhalbinsel – in Europa und Westsibirien bis zur Nordküste und somit noch nördlicher und weiter ostwärts als der Zilpzalp; auf Island, im Mittelmeerraum und in Südosteuropa fehlt die Art nahezu völlig.

Im Gegensatz zum Zilpzalp, dessen Bestände in ganz Europa weitgehend stabil sind, beobachtet man beim Fitis seit den 70er-Jahren in manchen Gebieten Mitteleuropas gravierende Bestandseinbrüche. Es gibt allerdings auch Gebiete mit Arealausweitung und Zunahme, wie in Ungarn, deren Ursache man noch nicht genau kennt, aber vorwiegend auf dem Zug und in den Überwinterungsgebieten vermutet.

Ihre Nahrung suchen Fitisse häufig hüpfend und flatternd in Birken oder Weiden. Obwohl munter und agil, wirken sie nicht so rastlos wie der Zilpzalp, auch schlagen sie nicht den Schwanz ständig abwärts. Das Beutespektrum umfasst Insekten, deren Larven und Spinnen. Meist picken die Vögel die Nahrungstiere von Blättern, Zweigen und Ästen, bei warmer Witterung verfolgen sie nicht selten kleine Insekten im Flug, bei Kälte suchen sie auch am Boden nach Beute.

Fitis *Phylloscopus trochilus* (L. 1758)

Größe	< Sperling
Maße (cm)	Länge ca. 10,5–11,5 / Flügel ca. 16,5–22
Körpermasse (g)	6,5–12
Stimme	Gesang etwas wehmütig, schmachtend, mit buchfinkenähnlichem Beginn, in hellen Tönen davonfließend und mit weichem, absterbendem Schnörkel endend; ruft weich „hü-it“, deutlicher zweisilbig als Zilpzalp
Brutzeit	Ende April im Süden bis Juni im Norden; 2 Jahresbruten im Süden, 1 im Norden
Gelegegröße	4–8
Eifärbung	gelblichweiß, mit gleichmäßiger, feiner hellroter oder rötlichbrauner Sprenkelung oder spärlicher gezeichnet, mit größeren Flecken in hellroter bis dunkelbrauner Farbe; glatt, glänzend
Eimaße (mm)	kurz-spindelförmig – 15,3 x 12,4
Brutdauer	12–14 (15) Tage; ♀ brütet und hudert allein
Nestlingszeit	12–14 (15) Tage, bei Störungen kürzer; anders als Zilpzalp beteiligt sich ♂ an der Fütterung

▶ ZILPZALP UND ANDERE LAUBSÄNGER

FITIS, VOGEL MIT SEHR DUNKLEN BEINEN

SINGENDES MÄNNCHEN

FLÜGGER JUNGVOGEL

NEST UND GELEGE

Wintergoldhähnchen

Von den Goldhähnchen der Gattung *Regulus* gibt es 5–6 Arten (je nachdem, ob das auf den Kanarischen Inseln beheimatete Kanarengoldhähnchen, das nah mit dem Wintergoldhähnchen verwandt ist, als eigene Art anerkannt wird oder nicht); zwei Arten leben in Europa. Die Goldhähnchen bilden eine klar umrissene Gruppe, die eine eigene, den Zweigsängern nicht sehr nahe stehende Familie bildet. Goldhähnchen sind kurzflügelig und kurzschwänzig, haben helle Flügelbinden und einen intensiv gefärbten Scheitelstreif. Er ist bei Männchen und Weibchen unterschiedlich gefärbt, man kann die Geschlechter aber nur bei erregten, die Scheitelfedern sträubenden Vögeln unterscheiden, sonst ist der kleine Unterschied verdeckt. Besondere Ähnlichkeit, obwohl wahrscheinlich nicht sehr nah verwandt, besteht mit Goldhähnchen- und Gelbbrauen-Laubsänger. Goldhähnchen sind mit 5–6 g Gewicht die kleinsten europäischen Vögel, die kleinsten Singvögel und gehören zu den kleinsten Vögeln überhaupt, denn nur wenige Nichtsingvögel, beispielsweise manche Kolibriarten, sind noch kleiner.

Wintergoldhähnchen und Sommergoldhähnchen können direkt nebeneinander vorkommen, ihre Reviere überschneiden sich sogar. Trotzdem kommt es kaum zu territorialen Auseinandersetzungen, denn von ihrem Nahrungs- und Fortpflanzungsverhalten her sind sie klar voneinander getrennt.

Wintergoldhähnchen brüten am liebsten in altem, locker stehendem Fichtenwald, aber auch in Kiefernwald, allerdings in deutlich geringerer Brutdichte; im Gebirge werden die Nester in den Flechtenbehang unter Arvenästen eingebaut. Außerhalb des Fichtenareals, beispielsweise auf Irland, brütet die Art jedoch in Laubwald, wie Eichen-, Birken-

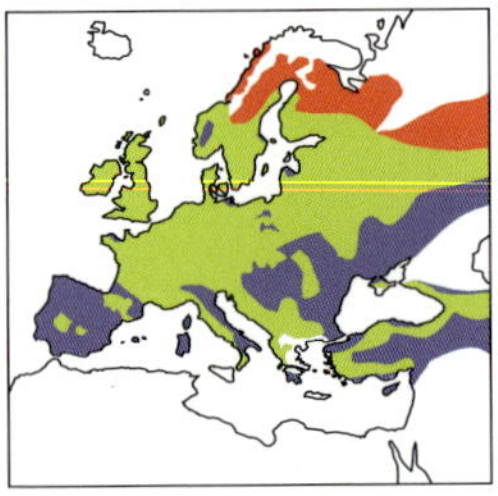

und Erlenwald. Im Winter wird die Nadelwaldbindung etwas lockerer, dann trifft man Wintergoldhähnchen auch in Mischwald, Laubwald, Busch- und Heckengelände und in Gärten an. Häufig schließen sie sich mit Meisen und Baumläufern zu gemischten Trupps zusammen und erscheinen dann auch an Kleinvogel-Fütterungen. Wie das Sommergoldhähnchen baut auch das Wintergoldhähnchen ein dickwandiges Napfnest aus Moos, Flechten und Spinnweben. Das Fortpflanzungsverhalten entspricht ebenfalls der Zwillingsart.

Wintergoldhähnchen erbeuten im Schnitt viel kleinere Tiere als Sommergoldhähnchen. Dazu gehören vorwiegend große Mengen der winzigen Springschwänze, aber auch sehr kleine Insekten, Spinnen und gelegentlich kleine Schnecken.

Das Brutareal des Wintergoldhähnchens umfasst fast ganz Europa und weite Teile Asiens. Im Osten reicht es mit großen Verbreitungslücken bis Ostsibirien sowie China. In Europa fehlt die Art auf Island, im äußersten Norden Skandinaviens und Nordrussland sowie in manchen Gebieten Süd- und Osteuropas. Im Gebirge brütet die Art bis in 2200 m Höhe (Schweiz), fehlt aber oberhalb der Baumgrenze.

Das Gefieder des Wintergoldhähnchens ist graugrün. Typisch ist der gelbe, schwarz eingefasste Scheitelstreif, der beim Männchen einige orangefarbene innere Scheitelfedern aufweist. Das Gesicht wirkt durch die helle Augenumrandung hell, die schwarzen „Knopfaugen" treten markant hervor. Jungvögel haben noch keinen Scheitelstreif. Der Gesang besteht aus sehr hohen Strophen mit betontem, etwas tieferem Schlussteil (Endschnörkel).

Europäische Wintergoldhähnchen sind meist Teilzieher, deren Winterquartiere bis nach Süd- und Osteuropa reichen, wo die Art nur noch lokal als Brutvogel vorkommt. In Mitteleuropa kann man die Winzlinge das ganze Jahr über antreffen. Nur die nördlichsten Populationen Europas räumen ihre Brutgebiete vollständig, denn dort würden die kurzen Wintertage nicht mehr ausreichen, um genügend Futter für das Überleben in den langen Nächte zu sammeln. Manche Wintergoldhähnchen-Populationen vollbringen enorme Zugleistungen, was beispielsweise durch den Fund eines auf Bornholm beringten und in Algerien wieder gefangenen Vogels belegt ist – er hatte in 3 Monaten immerhin mindestens 2475 km zurückgelegt.

Bestandseinbrüche gibt es durch sehr kalte Winter; doch die Bestände erholen sich meist schnell wieder. Wie sich das Waldsterben auf die Bestandsentwicklung auswirkt, bleibt abzuwarten. Verluste auf dem Zug, zum Beispiel durch Windverdriftung, können gelegentlich gravierend sein.

▸ SOMMERGOLDHÄHNCHEN

Wintergoldhähnchen *Regulus regulus* (L. 1758)

Größe	< Sperling
Maße (cm)	Länge ca. 9 / Flügel ca. 13,5–15,5
Körpermasse (g)	4,5–7
Stimme	Stimmfühlungs- und Flugruf laut, oft 4-malig, scharf, gedehnt „ssi"; „Distanzlaut" schärfer als Sommergoldhähnchen, schnalzend „zick"; Gesang sehr hohes, feines, sich zwischen 2 Tönen wiegendes „sih sissisiü-sih sissisiü-sih siss sietüit" (mit Endschnörkel)
Brutzeit	Ende April, 2 Jahresbruten
Gelegegröße	5–13
Eifärbung	weiß oder matt gelb, sehr zart in dunkleren Brauntönen gewölkt oder schwach purpurn gefleckt; glatt, glanzlos
Eimaße (mm)	spindelförmig – 13,6 x 10,3
Brutdauer	14–17 Tage; nur ♀ brütet
Nestlingszeit	18–22 (24) Tage (länger als bei anderen Offenbrütern); beide Partner füttern

WINTERGOLDHÄHNCHEN IM WINTER

AUF NAHRUNGSSUCHE

FLÜGGER JUNGVOGEL

NEST UND GELEGE

Sommergoldhähnchen

Das Sommergoldhähnchen ist eine fast rein europäische Art. Sie brütet in Nordwestafrika und Europa einschließlich weiter Teile der Mittelmeerländer und der Inseln. In Nordeuropa kommt sie nur gebietsweise in Dänemark vor; neuerdings ist sie Brutvogel im südlichen England, in Osteuropa bis Litauen und in der westlichen Ukraine. Lokale Vorkommen gibt es in der Türkei und im Westkaukasus. Mitteleuropäische Sommergoldhähnchen sind meist Zugvögel, die vor allem im Mittelmeerraum überwintern.

Die Art ist noch häufig. Sie erfährt aber vor allem durch Anfliegen an Leuchtfeuer und Scheiben sowie Verdriftung auf dem Zug erhebliche Verluste.

Sowohl Winter- als auch Sommergoldhähnchen kommen oft im selben Lebensraum vor. Doch das Sommergoldhähnchen ist weniger an Fichten gebunden als die Zwillingsart und brütet auch in Mischwald und offenem Laubwald mit gut ausgebildetem Strauchbestand. Nicht selten werden auch Parks, Friedhöfe und größere Gärten besiedelt. Gebietsweise brüten Sommergoldhähnchen bis zur Baumgrenze. Im Mittelmeerraum bieten nicht zu niedrige Macchie und immergrüne, strauchig wachsende Eichen günstige Brutgebiete.

Das halbkugelige, elastische Hängenest besteht aus Moosen, Flechten und Gespinsten und ist innen meist mit vielen Federn gepolstert; es ist gut getarnt in 5–10 m Höhe an der Unterseite eines Fichtenastes in die kleinen hängenden Zweige eingeflochten. Nur das Weibchen baut, beim Wintergoldhähnchen dagegen beide Partner. Die Wärmespeicherung des Nestes ist so gut, dass das Weibchen nur etwa 15 Minuten auf den Eiern sitzt, um in den nächsten acht Minuten Futter zu suchen. In dieser Zeit wird die Wärme vom

Sommergoldhähnchen *Regulus ignicapillus* (TEMM. 1820)

Größe	< Sperling
Maße (cm)	Länge ca. 9 / Flügel ca. 13–16
Körpermasse (g)	4–6,5
Stimme	Rufe ähnlich Wintergoldhähnchen, aber insgesamt etwas tiefer und daher besser zu hören und zu unterscheiden; auch eher meisenartig piepsend; singt mit einer Reihe sehr hoher, schneller werdender und ansteigender Töne „sissisisisitt“
Brutzeit	Anfang Mai, 2 Jahresbruten
Gelegegröße	8–10
Eifärbung	hell rosa-sandfarben, seltener weiß, mit brauner Zone undeutlicher Sprenkelung am stumpfen Pol; glatt, ohne Glanz
Eimaße (mm)	spindelförmig – 13,5 x 10,3
Brutdauer	14–16 Tage; ♀ brütet, ♂ füttert ♀ (häufiger als Wintergoldhähnchen)
Nestlingszeit	(19) 20–22 Tage; Junge mit 34/35 Tagen selbstständig

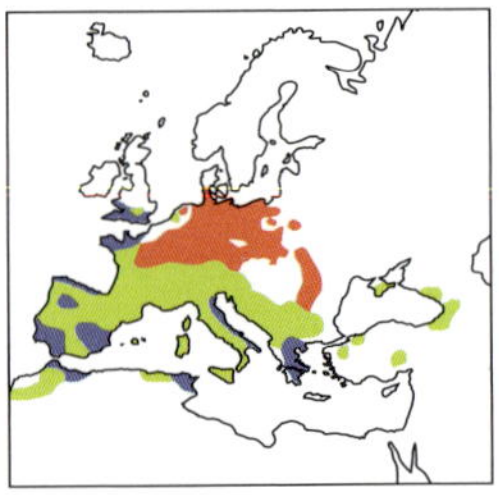

Nistmaterial langsam an die Eier abgegeben. Die Jungen bleiben gut drei Wochen im Nest, wobei sich die elastische Nestmulde entsprechend der Größenzunahme der Jungen immer wieder ausdehnt.

Das Sommergoldhähnchen ist kontrastreicher gefärbt als die Zwillingsart. Kennzeichnend ist der breite weiße Überaugenstreif sowie der schwarze Augenstreif; dadurch fällt das Auge weniger auf als beim Wintergoldhähnchen. Der Scheitel ist beim Männchen leuchtend orangerot, beim Weibchen eher gelb. Jungvögeln fehlt der Scheitelstreif – aber nur bis zum Herbst, dann sind sie von Altvögeln nicht mehr wegzukennen. Ein gutes Unterscheidungsmerkmal ist das unterschiedliche Imponierverhalten, bei dem die auffälligen Scheitelfedern gesträubt und so zur Schau gestellt werden: Das Wintergoldhähnchen beugt beim Vorwärtsdrohen den Kopf nach unten, das Sommergoldhähnchen hält ihn horizontal und zeigt auch seine markante Gesichtszeichnung.

Für manche Ohren, vor allem die älterer Menschen, sind die hohen, feinen Goldhähnchenrufe schwer oder gar nicht zu hören. Der Ruf des Sommergoldhähnchens ist aber etwas lauter als beim Wintergoldhähnchen und klingt weniger wispernd. Im Gesang unterscheiden sich beide Arten deutlicher: Die Strophen der Sommergoldhähnchen enden nicht mit einem Endschnörkel.

Goldhähnchen müssen pro Tag mindestens so viel fressen, wie sie wiegen, bei großer Kälte oder während des Zuges benötigen sie die doppelte Menge. Das Sommergoldhähnchen bevorzugt deutlich größere Beutetiere als das Wintergoldhähnchen, sammelt aber für die Jungen auch winzige Springschwänze. Seine Nahrung sucht es zudem vorwiegend auf der Oberseite der Äste im lockeren Gezweig, während das Wintergoldhähnchen vor allem auf der Zweigunterseite durch die oft sehr dicht stehenden Zweige schlüpft. Dazu befähigt es eine andere Struktur der Fußsohle: Beim Wintergoldhähnchen ist sie mit warzenartigen Fortsätzen und Schwielen bedeckt, die das Festhalten erleichtern, das Sommergoldhähnchen hat dagegen eine viel glattere Fußunterseite; außerdem ist die Hinterkralle beim Wintergoldhähnchen stärker gebogen und kräftiger ausgebildet. Auch die bevorzugte Höhe im Baum bei der Nahrungssuche ist unterschiedlich: Sommergoldhähnchen suchen eher tiefer und öfter auch in Büschen nach Beutetieren. Schließlich hält sich das Sommergoldhähnchen bei der Nahrungssuche nicht so lang in einem bestimmten Bereich auf und wechselt schneller den Baum. Durch diese Unterschiede ist Nahrungskonkurrenz weitgehend ausgeschlossen, und beide Arten können im gleichen Lebensraum mit überlappenden Revieren leben.

▸ WINTERGOLDHÄHNCHEN

SOMMERGOLDHÄHNCHEN, WEIBCHEN

MÄNNCHEN

FLÜGGER JUNGVOGEL

NEST UND GELEGE

Grauschnäpper

Fliegenschnäpper sind schlanke, kleine Singvögel mit recht kurzen Beinen und flachem, an der Basis breitem Schnabel, der kräftige Schnabelborsten zum Insektenfang aufweist. Beim Sitzen zucken die Vögel häufig mit den Flügeln und schlagen den Schwanz auf und ab. Sie sind baumlebend und fangen ihre Beutetiere im Bereich von Bäumen oder in deren Umgebung. Von einer Warte aus starten sie häufig zu kurzen, eleganten Flugjagden, um vorbeifliegende Insekten zu erbeuten; nicht selten kehren sie danach zur selben Warte zurück. Die überwiegend kurzen, nicht sehr laut vorgetragenen Gesangsstrophen sind meist wohlklingend.

Der Grauschnäpper ist ein unauffälliger Kleinvogel, der überwiegend unscheinbar grau wirkt, aber an seiner aufrechten Haltung, dem ständigen Zucken mit Flügeln und Schwanz und den typischen Flugjagden unschwer zu bestimmen ist. Bei näherem Hinsehen erkennt man die großen, dunklen Augen und eine feine Strichelung auf Brust, Kehle und Stirn. Von den anderen europäischen Fliegenschnäppern unterscheidet sich der Grauschnäpper durch die aufrechtere Haltung, etwas bedeutendere Größe, verhältnismäßig längere, im Sitzen weniger hängende Flügel und den fehlenden Geschlechtsdimorphismus. Der Grauschnäpper macht sich häufig durch seine Rufe bemerkbar. Wie der ganze Vogel, so ist auch sein Gesang unscheinbar und wenig beeindruckend.

Die Vögel unternehmen sehr elegante, wendige Flugjagden in weiten Bögen auf fliegende Beutetiere, manchmal bleiben sie rüttelnd in der Luft stehen, um ein gelandetes Insekt auszumachen. Nach kurzem Jagdflug kehren sie meist wieder auf dieselbe Warte zurück. Das Jagdgebiet umfasst den gesamten Kronenbereich der Bäume. Als Warten dienen

aber auch Zäune, Leitungsdrähte, Geländer oder ähnliches. Hauptsächlich fängt der Grauschnäpper Fliegen, Schwebfliegen, fliegende Ameisen, Mücken und Schnaken, aber auch Schmetterlinge, Libellen sowie Bienen oder Wespen werden erbeutet; letzteren wird vor dem Verzehr der Stachel entfernt. Verschiedene Beeren, etwa von Hartriegel, Kirsche, Liguster, Holunder oder Himbeere, ergänzen den Speisezettel und werden sogar gelegentlich an die Jungen verfüttert.

Als Halbhöhlenbrüter nisten Grauschnäpper gewöhnlich in Nischen von Bäumen, zum Beispiel unter abgestorbener Rinde, an Bruchstellen, aber auch in Mauerlöchern, im Dachgebälk oder in rankenden Pflanzen an Bäumen und Gebäuden. Gelegentlich beziehen sie auch alte Schwalbennester.

Das Brutareal des Grauschnäppers umfasst Nordwestafrika, nahezu ganz Europa einschließlich der Mittelmeerinseln, jedoch nicht Island sowie das Hochgebirge und die Tundra. Im Süden gibt es sogar ein isoliertes Vorkommen im Sinai. In Asien reicht seine Verbreitung bis in die Gegend östlich des Baikalsees und in die Taigagebiete der Nordmongolei. Der Grauschnäpper brütet häufig in offenen Waldgebieten (Laub- und Nadelwald), an Waldrändern, auf Lichtungen, in Feldgehölzen, Alleen und Obstbaugebieten. In Mitteleuropa ist die Art vielfach Brutvogel in Parks und Gärten mit alten Bäumen, auch an Einzelgebäuden, die von alten Bäumen umgeben sind. Im Bergwald wird die Brutdichte mit zunehmender Höhe geringer, aber bis in 2000 m Höhe wurde die Art schon brütend festgestellt. Am Kaspischen Meer kommt sie sogar in der Beifußsteppe vor. Die Überwinterungsgebiete liegen im südlichen Afrika. Dort besiedeln Grauschnäpper ganz unterschiedliche Lebensräume außer dichtem Urwald oder Wüsten.

Die Schwerpunkte der ganz grob auf 15 Millionen Brutpaare geschätzten europäischen Bestände liegen in Nord- und Osteuropa, es gibt aber auch in Spanien zahlenmäßig bedeutende Vorkommen. Die Bestände haben in vielen Regionen abgenommen, gebietsweise sogar drastisch. Die Art leidet wie viele andere Langstreckenzieher an der zunehmenden Verschlechterung der Lebensraumbedingungen in den Rast- und Winterquartieren, aber auch an Schlechtwetterperioden während der Brutzeit. Zusätzlich gehen viele Brutplätze durch die Beseitigung von alten Bäumen und übertriebene Durchforstung verloren. In Siedlungen fallen Bruten oft Störungen oder Renovierungen von Häusern zum Opfer.

Grauschnäpper *Muscicapa striata* (PALL. 1764)	
Größe	= Sperling
Maße (cm)	Länge ca. 14,5 / Flügel ca. 23–25,5
Körpermasse (g)	12–16,5
Stimme	häufigster Ruf gedehnt und rau „zit“, oft fast stimmlos „zst“ oder „zrr“; bei Erregung „tk“ oder „zek“; Gesang unauffällige Folge von kurzen, oft sehr rauen Lauten, etwa „zizi-sri-zrü-tsr…“, ohne Strophenvortrag
Brutzeit	Mai im Süden bis Mitte Juni im Norden; manchmal 2 Jahresbruten
Gelegegröße	2–6, meist 4–5
Eifärbung	Grundfarbe weißlichblau, grünlichblau, rostbräunlich oder rahmfarben, gewöhnlich auf der ganzen Fläche rötlichbraun und purpurgrau gefleckt; matt, glanzlos
Eimaße (mm)	spindelförmig – 18,4 x 13,6
Brutdauer	11–15 Tage; nur ♀ brütet, mitunter vom ♂ gefüttert
Nestlingszeit	12–16 (19) Tage; beide Partner füttern

▶ TRAUERSCHNÄPPER (WEIBCHEN UND JÜNGERE VÖGEL)

GRAUSCHNÄPPER BRINGT FUTTER ZUM NEST

UTTERÜBERGABE AN DAS HUDERNDE WEIBCHEN

FAST FLÜGGE JUNGVÖGEL AUF DEM NEST

NEST UND GELEGE MIT KUCKUCKSEI

Zwergschnäpper

Den ersten Eindruck, den man von einem Zwergschnäppermännchen im Alterskleid bekommt, ist der eines kleinen Rotkehlchens, denn auch Zwergschnäpper haben eine orangerote Kehle und stelzen nicht selten den Schwanz; überdies kommen sie gebietsweise, allerdings selten, auch in Parks vor. Doch nicht nur die deutlich geringere Größe, sondern auch das Schwanzmuster macht die Unterscheidung des kleinsten europäischen Fliegenschnäppers vom Rotkehlchen einfach: Der Zwergschnäpper hat in jedem Kleid große weiße Flecken außen an der Schwanzbasis, was am besten bei gespreizten Steuerfedern und beim Schwanzstelzen zur Geltung kommt. Erst ab dem dritten Lebensjahr zeigen sich die Männchen mit orangeroter Kehle und Vorderbrust, davor sehen sie aus wie Weibchen mit oberseits schlicht graubrauner, unterseits heller Färbung.

Bereits junge Männchen können ausgiebig singen und manchmal sogar erfolgreich brüten. Das oberseits hell gefleckte Jugendkleid wird nur kurz getragen. Noch vor dem Wegzug mausern die Jungvögel und sind dann weibchenähnlich und unscheinbar.

Bei den Männchen der sibirischen Form *albicilla*, die vom Ural an ostwärts brütet, ist die Rotfärbung auf Kinn und obere Kehle beschränkt und durch ein graues Brustband begrenzt; erstaunlicherweise sind bei dieser Unterart viele der einjährigen Männchen bereits ausgefärbt.

Der Zwergschnäpper hat ein riesiges Verbreitungsgebiet, das die Taigazone und die gemäßigte Zone Eurasiens umfasst. Das Areal reicht von Nordwestchina und Kamtschatka im Osten bis nach Mittelschweden, Dänemark, Westdeutschland und Westösterreich im Westen; außerdem gibt

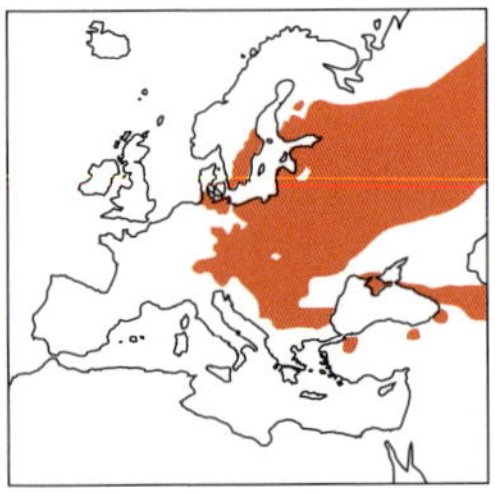

es ein bedeutendes Vorkommen im Kaukasusgebiet, das bis in die Türkei hineinreicht; diese Gebirgspopulation lebt in Höhen bis über 2300 m, in Europa werden nur rund 1300 m Höhe erreicht. Die europäische Südgrenze verläuft durch Österreich, Kroatien, Nordgriechenland und Rumänien. In Deutschland ist die Art nur sehr lokal und selten, sie kommt bei uns vor allem am Alpenrand, in den östlichen Mittelgebirgen und im Nordosten vor.

Der Zwergschnäpper brütet in alten, feuchten, unterholzarmen, aber totholzreichen Laubwäldern, besonders mit Buchen. Häufig liegt der Brutplatz in Gewässernähe oder nahe einer Lichtung. Die Art nistet aber auch in Mischwald und gelegentlich, wie in Ostpolen, in lockerem Kiefern-Fichtenwald, im Norden, beispielsweise in Finnland, in reinem Nadelwald. Gelegentlich findet man Brutplätze in Dörfern und Parks. Die Überwinterungsgebiete der mitteleuropäischen Brutvögel liegen in Indien und Pakistan, die der östlichen Form ostwärts bis Südwestchina.

Das größte Problem für die Art stellt die Beseitigung alter Laubwälder beziehungsweise deren Durchforstung dar. In regenreichen Sommern ist der Bruterfolg gering, außerdem werden viele der recht exponierten Nester durch Marder oder Rabenvögel vernichtet. Möglicherweise erfolgt in Mitteleuropa aber trotzdem eine zaghafte Ausdehnung des Brutareals nach Westen und Norden.

Das Nest wird meist in einer Halbhöhle oder Nische am Stamm angelegt, gelegentlich frei in Astgabeln, seltener in Mauerlöchern oder Felsspalten. Es besteht vorwiegend aus Moos, als Auskleidung dienen Halme und gelegentlich Haare. Besonders am Nistplatz ist der Zwergschnäpper sehr störungsempfindlich, so dass nicht selten fertige Nester bereits bei relativ geringen Störungen aufgegeben werden.

Ohne Kenntnis der Lautäußerungen ist der Zwergschnäpper nur schwer zu entdecken; daher vermutet man, dass viele Vorkommen dieses prächtigen Vogels noch nicht bekannt sind. Er singt gerne etwas unterhalb der Krone auf einem dürren Ast. Die meisten singenden Männchen sind naturgemäß unausgefärbt und zeigen kein Rot (siehe oben).

Der unauffällige, aber bewegungsfreudige Kleinvogel hält sich zur Nahrungssuche oft hoch in den Baumkronen auf, wo er Insekten jagt. Häufig geschieht dies in kurzen Jagdflügen, viele Insekten werden aber von Blättern und Zweigen gepickt, oft im Schwirrflug. Nicht selten erinnert die Bewegungsweise an Laubsänger. Bei schlechtem, kaltem Wetter kann man Zwergschnäpper sogar am Boden Insekten fangen sehen. Daneben erbeutet er viele Spinnen. Vor dem Zug ins Winterquartier frisst er sich Depotfett mit Beeren an.

▶ ROTKEHLCHEN, LAUBSÄNGER

Zwergschnäpper *Ficedula parva* (BECHST. 1792)

Größe	< Sperling
Maße (cm)	Länge ca. 11,5 / Flügel ca. 18,5–21
Körpermasse (g)	8,5–11
Stimme	singt hell und etwas wehmütig, meist 2-teilig, mit an Waldlaubsänger oder Baumpieper erinnerndem Auftakt und ähnlich Fitis abfallendem Ende; häufigster Ruf trockenes, zaunkönigartiges „tzrrt", auch weich „tyli"; kurz „tzit" oder „teck"
Brutzeit	Anfang Mai im Süden, bis Anfang Juni im Norden; 1 Jahresbrut
Gelegegröße	4–7
Eifärbung	weißlich, schwach rostbraun oder blaugrün; zahlreiche feine, rötlichbraune Oberflecke schwach ausgeprägt und verwischt; glatt, glänzend
Eimaße (mm)	spindelförmig – 16,1 x 12,9
Brutdauer	vermutlich 13–14 Tage; nur ♀ brütet, kann von ♂ gefüttert werden
Nestlingszeit	13–15 Tage; beide Partner füttern

ZWERGSCHNÄPPER, ALTES MÄNNCHEN

MÄNNCHEN AM NEST

WEIBCHEN AM NEST

NEST UND GELEGE

Halsbandschnäpper

Im Gegensatz zu anderen Fliegenschnäppern sind bei der Gattung *Ficedula* (schwarzweiße Fliegenschnäpper) die Unterschiede in den Kleidern je nach Jahreszeit und Geschlecht sehr deutlich. Die sichere Bestimmung der Arten dieser Gattung, mit Ausnahme des Männchens im Prachtkleid, ist oft schwierig und bei manchen Vögeln sogar bei guten Sichtbedingungen nicht möglich.

Der Halsbandschnäpper macht durch seinen hohen, vollen „sieb"-Ruf auf sich aufmerksam. Der Gesang ist höher, langsamer und gedehnter als beim Trauerschnäpper und klingt etwas angestrengt.

Das auffällig schwarzweiße Männchen ist mit seinem weißen Halsband, dem großen, weißen Stirnfleck und dem großen, weißen Flügelabzeichen kaum zu verwechseln. Bei den Weibchen von Trauer- und Halsbandschnäpper muss man für die Artbestimmung, besonders im Frühjahr, oft genauer hinsehen: Meist hat das Halsbandschnäpper-Weibchen ein leicht angedeutetes Halsband, der Teil des weißen Flügelabzeichens, der auf den Schwungfedern liegt, ist deutlich größer als beim Trauerschnäpper; außerdem ist der Bürzelbereich beim Halsbandschnäpper heller.

Halsbandschnäpper ernähren sich vorwiegend von fliegenden Insekten, für die Jungenaufzucht werden häufig größere Mengen von Schmetterlingsraupen gesammelt.

Zwischen Trauerschnäpper und Halsbandschnäpper kommt es häufig zu Konkurrenz um Nistplätze, wobei meist der Trauerschnäpper den Kürzeren zieht und oft vollständig verdrängt wird. Die Brutbiologie entspricht weitgehend der des Trauerschnäppers, gelegentlich wurden auch Mischpaare festgestellt, die erfolgreich Junge aufzogen. Wie beim Trauerschnäpper begnügen sich vor allem ältere Männchen nicht mit einem Weibchen. Mit zwei Weibchen verpaarte (bigyne)

Männchen füttern oft die Jungen beider Bruten, selbst wenn der Abstand zwischen beiden Nisthöhlen recht groß ist. Manche bigyne Männchen beschränken sich bei der Nestlingsfütterung auf die Jungen der zuerst geschlüpften Brut und kümmern sich erst nach deren Ausfliegen um die Jungen des anderen Weibchens. Einjährige Männchen adoptieren mitunter fremde Junge. Die Vögel brüten in schattigen Laubwäldern mit Eichen und Buchen, in Auwäldern, auch in Obstgärten und Parks, Friedhöfen und Gärten mit alten Bäumen. Wie der Trauerschnäpper nehmen sie gern Nistkästen an und lassen sich durch diese sogar in Nadelwälder locken. Ende August ziehen die Halsbandschnäpper ins tropische Afrika, um erst Ende April oder in der ersten Maihälfte zurückzukehren.

Das Brutareal umfasst Ostfrankreich, das südliche Italien sowie den Süden und Osten Mitteleuropas; von dort zieht es in breitem Gürtel bis zur Ukraine und Westrussland. Bemerkenswert sind die Populationen auf den Ostseeinseln Öland und Gotland. Der mitteleuropäische Verbreitungsschwerpunkt liegt in Ungarn und der Slowakei. In Deutschland, am Westrand der Verbreitung, ist die Art nur gebietsweise Brutvogel und fehlt im Nordwesten völlig.

Probleme bereiten dem Halsbandschnäpper feuchtkühle Witterung im Frühjahr, vor allem aber der Verlust alter Laubwälder und intensive Forstwirtschaft. Um die wenigen verbliebenen Nisthöhlen muss er oft mit anderen Arten kämpfen, und nicht selten machen Marder oder Bilche der Brut ein Ende. Dass auch in optimalen Lebensräumen natürlicherweise ein Mangel an Nistgelegenheiten herrscht, legen Untersuchungsergebnisse aus Schweden (Gotland) nahe: Dort stellte man nach dem Ausbringen von Nistkästen in einem Naturwaldareal eine fünfmal höhere Dichte an Brutpaaren fest.

Auf der südlichen Balkanhalbinsel und von der östlichen Türkei und dem Kaukasus bis zum nördlichen Iran wird der Halsbandschnäpper vom **Halbringschnäpper** (*Ficedula semitorquata*) abgelöst. Er unterscheidet sich vom sehr ähnlichen Halsbandschnäpper durch den nur halben Halsring. Weibchen und Jungvögel haben eine zweite helle Flügelbinde – ähnlich wie junge Halsbandschnäpper –, bei jungen Trauerschnäppern ist sie nur angedeutet. Nicht nur im Gefieder, sondern auch in der Stimme liegt er zwischen Trauer- und Halsbandschnäpper. Er brütet vorwiegend in hoch gelegenen Buchen- und Eichenwäldern.

Halsbandschnäpper *Ficedula albicollis* (TEMM. 1815)

Größe	= Sperling
Maße (cm)	Länge ca. 13 / Flügel ca. 22,5–24,5
Körpermasse (g)	12–16
Stimme	während Brutzeit weithin hörbarer Lockruf „sieb", auch als Gesangseinleitung und Zwischenstrophen; bei Erregung ähnlich Trauerschnäpper „tck" oder „tzri"; Gesang dünner (weniger kehlig) und langsamer als Trauerschnäpper; Ruf saugend „hiip", dem Warnruf des Sprossers ähnlich
Brutzeit	Anfang Mai, 1 Jahresbrut
Gelegegröße	(2) 3–8 (9), am häufigsten 5 und 6
Eifärbung	weißlichblau; glatt, schwach glänzend
Eimaße (mm)	spindelförmig – 16,6 x 13
Brutdauer	12–15 Tage; nur ♀ brütet, wird nicht vom ♂ gefüttert
Nestlingszeit	15–17 Tage; ♂ beteiligt sich am Füttern

▸ TRAUERSCHNÄPPER

HALSBANDSCHNÄPPER, MÄNNCHEN IM PRACHTKLEID

HALSBANDSCHNÄPPER, WEIBCHEN

HALBRINGSCHNÄPPER, MÄNNCHEN

FLÜGGER JUNGVOGEL (HALSBANDSCHNÄPPER)

Trauerschnäpper

Das Brutareal des Trauerschnäppers reicht von Nordwestafrika, Teilen Spaniens und den Britischen Inseln quer durch die gemäßigte Zone und die Taigazone Europas und in einem schmaler werdenden Ausläufer bis zum westsibirischen Fluss Jenissej. In Finnland zieht es sich nordwärts bis 70° nördliche Breite. In Mitteleuropa ist die Art vor allem im Süden recht lückenhaft verbreitet, selbst bei gutem Nistkastenangebot fehlt sie regional völlig.

Der Trauerschnäpper ist ein Vogel nicht zu dichter, alter und unterholzarmer Laub- und Mischwälder, wobei er in Mitteleuropa Eichen- und Buchenwald bevorzugt. In Norddeutschland besiedelt er häufig warmen Kiefernwald, in Skandinavien auch fast reinen Fichtenwald, wenn es Nistmöglichkeiten gibt. Vielfach findet man die Art in Parks, Obstgärten und großen Gärten. Durchzügler trifft man in sehr unterschiedlichen Lebensräumen an, aber gerne am Wasser – so auch in Schilfbeständen und an Parkteichen mitten in der Großstadt und sogar in nahezu offenem Gelände. Zum Überwintern fliegen die Trauerschnäpper in das tropische Westafrika, der Heimzug erfolgt auf einer Route weiter östlich (Schleifenzug).

Da sich Trauerschnäpper gebietsweise relativ leicht mit Nistkästen in Wäldern und Parks ansiedeln lassen, sind sie willkommene Untersuchungsobjekte, die schon manche Fragestellung zu Brutverhalten, Populationsbiologie oder Ortstreue aufklären halfen. Die älteren Männchen kommen meist vor den jüngeren und den Weibchen an und besetzen anfänglich oft mehrere Nistplätze. Das Weibchen wählt ein Männchen mit einer Nisthöhle, wobei die Qualität der Nisthöhle entscheidet. Nistkästen werden meist gegenüber Naturhöhlen bevorzugt. Man fand auch heraus, dass sich

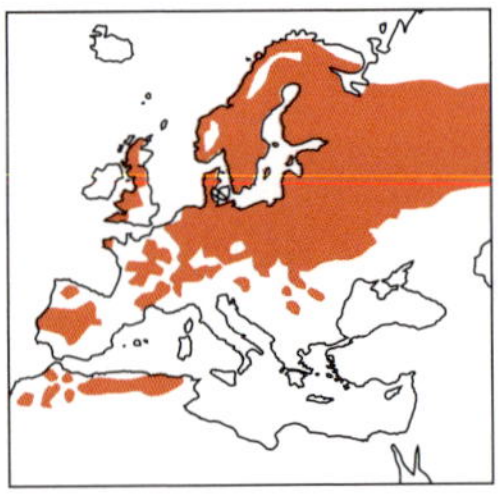

viele Männchen nicht mit einem Revier und einem Weibchen begnügen – ein Teil, gebietsweise mehr als ein Drittel der Männchen, sind mit zwei Weibchen verpaart. Es wurden sogar schon Männchen an drei verschiedenen Nisthöhlen beim Füttern beobachtet!

Im Vergleich zum Grauschnäpper ist der Trauerschnäpper rundlicher, kompakter und kurzschwänziger, hat Weiß im Flügel und im Außenschwanz sowie eine ungezeichnete Unterseite. Auch im Jagdverhalten unterscheiden sich die Arten: Der Trauerschnäpper sitzt nicht so exponiert, sondern wählt eher eine Warte innerhalb der Baumkrone; nach dem Jagdflug steuert er meist eine andere Warte an. Wie andere Schnäpper ernährt sich der Trauerschnäpper hauptsächlich von fliegenden Insekten, fängt im Vergleich zum Grauschnäpper aber weniger Nahrungstiere aus der Luft. Vor allem bei schlechtem Wetter nimmt er die meisten Beutetiere von Boden, Baumstämmen oder auch Häuserwänden auf. Die Art ist wenig wählerisch, das Beutespektrum ist sogar größer als das der Kohlmeise! Dazu gehören vor allem Insekten (hauptsächlich Zweiflügler, Schmetterlinge, Käfer, Hautflügler) und Spinnen, auch viele Weberknechte. Gelegentlich werden Beeren, zum Beispiel von Hartriegel und Holunder, verzehrt.

Die Männchen sind recht verschieden gefärbt – die Färbung reicht von Rußschwarz über Braungrau bis Schiefergrau; manche Männchen sind bis auf den weißen Stirnfleck und mehr Weiß im Flügel sehr weibchenähnlich. Im Schlichtkleid wird die Unterscheidung noch schwieriger, denn dann haben die Männchen meist keinen Stirnfleck mehr; in diesem Stadium erkennt man Männchen nur noch an ihrer dunkleren Schwanzfärbung. In Mitteleuropa treten während des Frühjahrszuges Ende April bis Mai viele kontrastreich schwarzweiß gefärbte Vögel aus Skandinavien auf. In Mitteleuropa sind die Männchen außerhalb des Alpenraumes (wo ebenfalls schwarzweiße Vögel typisch sind) in der Regel wenig kontrastreich graubraun-weiß gefärbt, der Trend zu wenig Kontrast setzt sich zunehmend nach Osten hin fort.

Im Allgemeinen ist die Art in Nord- und Nordosteuropa häufiger. Seit den 50er-Jahren gibt es gebietsweise eine starke Zunahme durch Anbringen von Nistkästen; in dieser Zeit wurde auch der Norden Skandinaviens und Finnlands besiedelt. Andererseits leidet die Art unter der Zerstörung alter Laub- und Mischwälder sowie unter Insektiziden. Neueste Verlustursache ist gebietsweise die Zerstörung oder mangelnde Wartung der Nistkästen der inzwischen von Kunsthöhlen abhängigen Populationen.

Trauerschnäpper *Ficedula hypoleuca* (Pall. 1764)

Größe	= Sperling
Maße (cm)	Länge ca. 13 / Flügel ca. 21,5–24
Körpermasse (g)	11–16
Stimme	häufigster und sehr charakteristischer Ruf kurz „bit“, oft lange Wiederholung; Gesang klare, etwas wehmütige Strophe aus einer Reihenfolge wechselnder Motive, wie „tsüli tsüli tsüli wüdje wüdje tsekevii tsekevii tsekevii shryy“, zum Teil mit eingefügten Nachahmungen (z. B. Baumpieper, Kohlmeise oder Mönchsgrasmücke)
Brutzeit	Anfang Mai, 1 Jahresbrut
Gelegegröße	(3) 4–8 (9), meist 6–7
Eifärbung	zart bläulichgrün, selten mit einigen rötlichbraunen Spritzern; glatt, mit schwachem Glanz
Eimaße (mm)	spindelförmig – 17,6 x 12,7
Brutdauer	(11) 12–17 Tage; ♀ brütet, ♂ füttert zum Teil ♀
Nestlingszeit	11–16 (–18) Tage; beide Partner füttern

▶ Halsband- und Halbringschnäpper

TRAUERSCHNÄPPER, MÄNNCHEN IM PRACHTKLEID

WEIBCHEN

FLÜGGER JUNGVOGEL

NEST UND GELEGE

Bartmeise

Die Bartmeise ist die einzige europäische Vertreterin der vorwiegend in tropischen Regionen Asiens verbreiteten Timalien oder Drosselmeisen (*Timaliidae*). Die meisten Arten erinnern an Drosseln („Drosslinge") und leben bodennah in verschiedenen Waldtypen. Viele Arten haben einen schlanken, aber kräftigen und gekrümmten Schnabel sowie starke Füße, ihre recht kurzen, gerundeten Flügel taugen kaum zu Langstreckenflügen.

Trotz des Namens ist die Bartmeise nicht näher mit Meisen verwandt. Der in den Proportionen schwanzmeisenähnliche Kleinvogel besitzt einen auffallend langen, stufigen Schwanz und einen großen, runden Kopf mit kleinem, schwachem, spitzem Schnabel, dessen First etwas gebogen ist. Seinen Namen verdankt er dem kräftig schwarzen, keilförmigen Bart aus verlängerten Federn, der die Männchen ziert. Zusammen mit der grauen Kopffärbung und den schwarzen Unterschwanzdecken ist das Männchen leicht zu bestimmen. Das Weibchen ist deutlich weniger markant gefärbt – überwiegend schilffarben, nur das Flügelmuster bietet einige Kontraste. Jungvögel sind weibchenähnlich, wirken aber etwas dunkler.

Meist wird man durch die metallisch klingenden Stimmfühlungsrufe auf die im Schilf verborgenen Vögel aufmerksam. Nicht selten erscheinen sie auch am Schilfrand und lassen sich dann gut beobachten. Die Vögel sitzen und klettern häufig mit gegrätschter Beinstellung zwischen den Halmen. Wenn sie niedrig über das Schilf fliegen, fallen der lange, oft deutlich gefächerte Schwanz und die geradlinige, etwas unbeholfen wirkende Flugweise auf. Wie andere Timalien hüpfen Bartmeisen nicht selten am Boden oder in Bodennähe umher. Im Sommer ernähren sie sich fast ausschließlich von im Schilf lebenden Insekten. Im Spätherbst stellen sie ihren Insektenfressermagen auf die Samen von Rohrkolben und Schilf um.

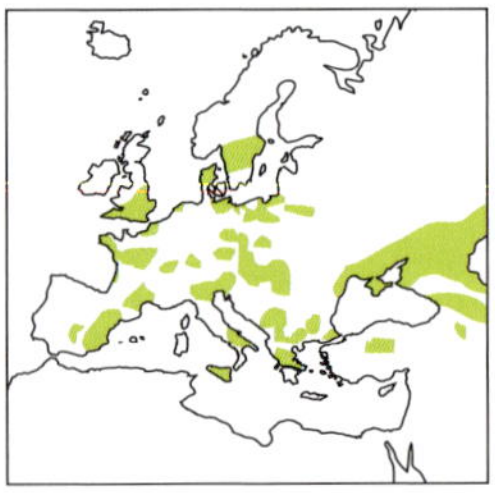

Bartmeise *Panurus biarmicus* (L. 1758)

Größe	= Sperling
Maße (cm)	Länge ca. 12,5, Schwanz 7 / Flügel ca. 16–18
Körpermasse (g)	11–19
Stimme	häufigster Ruf meist zweiteilig, etwas platzend und nasal „tschin tschin", bei steigender Erregung härter „tjieck"; Kontaktruf leise „sjipp" oder „djüpp"; am Nest „tjüü"; Gesang unauffällig, dreisilbige Strophe „tschin-dschik-tschrä"
Brutzeit	Mitte bis Ende April, 2 bis 3 Jahresbruten
Gelegegröße	(3) 4–7 (8), größere Gelege wahrscheinlich von 2 ♀♀
Eifärbung	auf rahmfarbenem Grund einige dunkelbraune Spritzer, Schnörkel, Strichel oder Flecken; Zeichnung oft sehr dünn und zart; glatt, glänzend
Eimaße (mm)	spindelförmig – 17,6 x 14
Brutdauer	10–13 Tage; beide Partner brüten
Nestlingszeit	10–14 Tage; beide Partner füttern und hudern

Das große Verbreitungsgebiet der Bartmeise – es umfasst das mittlere und östliche Eurasien (bis Kasachstan und den Westen der Mongolei) – ist inselartig zersplittert, da die Art auf große Schilfgebiete beschränkt ist. Verbreitungsschwerpunkte in Europa liegen in Rumänien (Donaudelta), Russland und Österreich (Neusiedler See). In Deutschland kommt die Art nur lokal als seltener und unregelmäßiger Brutvogel vor, besonders im Nordosten.

Dauerhafte Ansiedlungen gibt es nur auf großen Flächen mit mehrjährigen Beständen von Schilf sowie anderen Röhrichtpflanzen, die in wärmeren Gebieten (und nicht selten an nährstoffreichen Seen und Teichen) liegen. Diese Röhrichtflächen müssen genügend geeignete Lebensräume zum Überwintern (gerne reine Schilfbestände) und zum Ausweichen bei Mäharbeiten oder Änderungen des Wasserstandes aufweisen. In geeigneten Schilfgebieten können bis zu 2000 Brutpaare je Quadratkilometer leben.

Die Bartmeisenbestände zeigen in Mitteleuropa starke jährliche Schwankungen, die vorwiegend von der Härte des Winters abhängen: Vereiste Schilfrispen bereiten Probleme bei der Nahrungssuche. Zudem erleiden die Vögel in strengen Wintern oft große Verluste, da die Bartmeise in Mitteleuropa überwiegend Standvogel ist. Trotzdem kommt es bei anhaltend schlechten Bedingungen zu Abwanderungen im großen Stil; es gibt sogar Anhaltspunkte für echte Zugbewegungen, das heißt, für regelmäßige Wanderungen, die nicht von schlechtem Wetter oder anderen ungünstigen Bedingungen ausgelöst werden. Die milden Winter der 90er-Jahre haben die Art begünstigt, so dass sie ihr Areal beträchtlich ausweiten konnte.

Die Nester der einzelnen Paare sind auf bestimmte Bereiche der Schilffläche konzentriert; manchmal betragen die Nestabstände zweier Paare nur 5 m. Männchen und Weibchen bauen gemeinsam ein tiefmuldiges Nest an einer sonnengeschützten Stelle. Es wurden auch schon Nester seitlich in einem Reiherhorst gefunden. Die meist aus drei Schichten gefertigte, oft schief stehende Konstruktion besteht im Unterbau aus alten Schilfhalmen und Rohrkolbenblättern, der Napf ist aus alten Schilfblättern gefertigt, innen ist er mit Schilfrispen, Samenwolle vom Rohrkolben sowie Haaren und Federn ausgepolstert. Bei der Versorgung der Jungen hilft nicht selten ein weiterer Vogel (Helfer). Die Nestlinge zeichnen sich durch einen sehr auffälligen Sperrrachen aus, der schwarz, rot und weiß gemustert ist.

▶ KAUM ZU VERWECHSELN

BARTMEISE, MÄNNCHEN

WEIBCHEN

JUNGES MÄNNCHEN

NEST UND GELEGE

Schwanzmeise

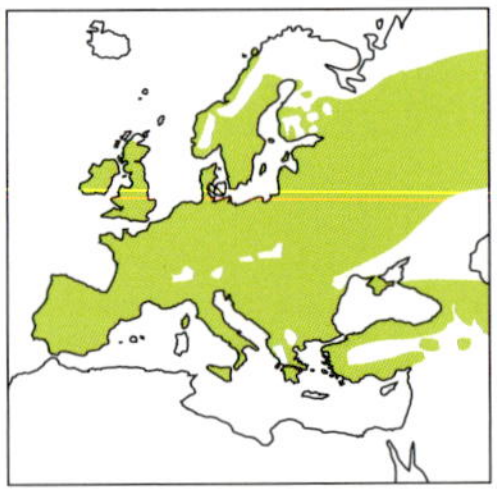

Die Schwanzmeise kommt in weiten Teilen Eurasiens vor und besiedelt mehrere Klimazonen von der borealen Nadelwaldzone im Norden über die gemäßigte bis zur mediterranen Zone. In Europa fehlt sie auf Island, in Teilen Nordskandinaviens, Finnlands und Nordrusslands sowie Spaniens und auf einigen Mittelmeerinseln. Insgesamt gibt es in Europa etwa zwölf Unterarten. Mit Ausnahme von Polen lebt in Mitteleuropa die vorwiegend dunkelköpfige Unterart *europaeus*, die aber von West nach Ost zunehmend auch weißköpfige Individuen hervorbringt. Die stets weißköpfige Nominatform besiedelt Nord- und Osteuropa sowie den größten Teil Polens.

Mittel- und westeuropäische Schwanzmeisen sind überwiegend Stand- und Strichvögel, wobei sich ihre Wanderbewegungen auf Entfernungen unter 100 km beschränken. Bei nord- und osteuropäischen Artgenossen beobachtet man dagegen unregelmäßige Zugbewegungen, die nicht nur von Jahr zu Jahr, sondern auch regional stark schwanken. In manchen Jahren kommt es zu Invasionen, wobei sich Tausende der Vögel auf den Weg machen und dabei Wochenetappen von über 500 km zurücklegen können. Über die Auslöser dieser Massenwanderungen weiß man noch nicht sehr viel.

Lange, kalte Winter können die Bestände drastisch verringern. Von den warmen Wintern in den 90er-Jahren hat die Art profitiert. Durch Ausräumung der Landschaft und intensive Forstwirtschaft ist sie gefährdet, was Untersuchungen aus Mitteleuropa, aber auch Finnland belegen. Schwanzmeisen leben in unterwuchsreichen, gut strukturierten und gerne feuchten Wäldern. Da sie Gewässernähe bevorzugen, sind sie entsprechend oft in Auwäldern und Ufergehölzen anzutreffen. Aber auch auf Trockenrasen mit Wacholder und Gebüsch, in Obstbaugebieten, Fichtenschonungen, an gebüschreichen Dorfrändern und in vielen Parks und Friedhöfen sind sie nicht seltene Brutvögel. Im Mittelmeerraum bevorzugen die Vögel Macchie und trockene Kiefernwälder, in Nordeuropa Birkenwald.

Ihre fast ständig geäußerten, zarten, hohen, aber durchdringenden Rufe verraten die kleinen, rastlosen Turner im Gezweig oft schon, bevor man sie sieht. Nicht selten kommen sie, wenn man sich ruhig verhält, recht nahe heran. Sie können sehr gut klettern, auch an den äußersten Spitzen von dünnen Zweigen; dazu befähigen sie das geringe Gewicht, die langen Beine und der als Balancierstange eingesetzte Schwanz. Im Gezweig suchen sie nach kleinen Insekten und deren Entwicklungsstadien, wobei sie zwar nicht wählerisch sind, aber Raupen bevorzugen. Außerhalb der Fortpflanzungszeit ziehen sie in kleinen Trupps umher und durchstreifen ihre Reviere, die meist 20–25 ha groß sind und gegen andere Trupps verteidigt werden. Zum Schlafen kuscheln sich bis zu 15 dieser Federbällchen eng aneinander; meist sucht sich die Schlafgemeinschaft ein geschütztes Plätzchen auf einem Zweig in einem Nadelbaum.

Ende Februar oder März bilden sich in Mitteleuropa die Paare, wobei das Weibchen bei der Partnersuche den aktiven Part übernimmt. Das Paar etabliert dann innerhalb des Winterreviers des Männchens ein Brutrevier. Das Schwanzmeisennest wird meist in Bäumen oder Büschen angelegt, wobei früh im Jahr gebaute Nester nicht selten niedrig in Büschen, spätere oft viel höher in den dann belaubten Bäumen stehen. Das Nest ist ein kunstvoller, hochovaler Bau mit seitlichem Einschlupf, fest in die direkte Umgebung eingeflochten, so dass man es nicht ohne Beschädigung herausnehmen kann. Es besteht aus Flechten, Moos, Pflanzenwolle, Spinnweben, Haaren und vor allem innen vielen Federn; außen dienen meist Flechten als Tarnung. Gelegentlich werden auch Fetzen von Papiertaschentüchern verbaut. Ein zu Forschungszwecken auseinander genommenes Nest enthielt weit über 2000 Einzelteile, vor allem Federn. An der Fütterung der Jungen beteiligen sich häufig neben den Eltern weitere Artgenossen.

Während die Geschlechter im Freiland kaum an Gefiedermerkmalen zu unterscheiden sind, weicht das Jugendkleid erheblich vom Alterskleid ab: Jungvögel sind meist brauner und düsterer gefärbt, die Gesichtsmaske ist dunkelbraun, wodurch der helle Augenring hervorsticht, Rosatöne im Gefieder fehlen. Auch ist der Schwanz noch kürzer.

▶ KAUM ZU VERWECHSELN

Schwanzmeise *Aegithalos caudatus* (L. 1758)

Größe	= Sperling
Maße (cm)	Länge ca. 14, davon Schwanz 9 / Flügel ca. 16–19
Körpermasse (g)	7–10
Stimme	normaler Kontaktruf vor allem in Trupps und zwischen Paarpartnern weich, metallisch „pit“; hohe „zie“ oder „iiez“ im Fliegen; bei Erregung schnarrend „zerrr“; Gesang eine abwechslungsreiche Folge aus zirpenden und zart zwitschernden Tönen
Brutzeit	Ende März bis Anfang April, gelegentlich 2 Jahresbruten
Gelegegröße	(6–) 8–12 (13); (bis zu 20 von 2 ♀)
Eifärbung	weiß, ungefleckt oder zart mit winzigen purpurroten Punkten gezeichnet, die manchmal eine Zone um den stumpfen Pol bilden; glatt, glanzlos
Eimaße (mm)	spindelförmig – 14,1 x 11,3
Brutdauer	12–14 (mitunter mehr) Tage; Beteiligung ♂ unklar
Nestlingszeit	14–18 (19) Tage; ♂ und ♀ füttern

SCHWANZMEISE, WEISSKÖPFIGE FORM

BEIM NESTBAU

DUNKELKÖPFIGE FORM

VOGEL IM ERSTEN WINTER

Sumpfmeise

Meisen haben einen großen Kopf mit relativ kleinem, aber kräftigem Schnabel. Sie turnen geschickt im Gezweig, hängen oft mit dem Bauch nach oben an dünnen Zweigen und kommen (mit Ausnahme der Kohlmeise) nur selten auf den Boden. Häufig sind Meisen wenig scheu und fliegen in manchen Parks sogar auf die Hand. Ihre kurzen, rundlichen Flügel taugen nicht zu Langstreckenflügen, so dass die meisten Arten recht standorttreu sind. Die Jungen ziehen sie in Höhlen groß, einige Arten, wie die Weidenmeise, zimmern sich diese sogar selbst. Die Gesänge sind laut, aber meist recht einfach – vielfach besteht die monotone Strophe nur aus zwei verschiedenen Lauten.

Die Sumpfmeise ähnelt stark der Weidenmeise und lässt sich am besten anhand der Stimme unterscheiden. Im Vergleich zur Zwillingsart hat die Sumpfmeise eine glänzend schwarze Kopfplatte, einen kleineren schwarzen Kehllatz sowie hellere Flanken.

Sie brütet in drei voneinander getrennten Arealen in der borealen und gemäßigten Zone Eurasiens: Europa von Nordspanien und Mittelengland bis zum südlichen Ural; in der nördlichen Türkei und im Kaukasus; in Teilen Ostasiens einschließlich Sachalin. Trotz ihres deutschen Namens bewohnt die Sumpfmeise weniger Sümpfe, sondern vor allem feuchte Laub- und Mischwälder mit Altholzbeständen und ausreichender Strauchschicht, gerne Auwälder. Sie kommt aber auch in Parks, Friedhöfen und großen Gärten mit alten Laubbäumen (gerne Buchen und Eichen) vor. Wichtig ist ein großes Höhlenangebot, denn den kämpferischen und konkurrenzstärkeren Kohl- und Blaumeisen sowie Kleibern ist die Sumpfmeise meist unterlegen. Mit Hilfe von Nistkästen lässt sie sich sogar in Fichtenwald locken; dort trifft man sie

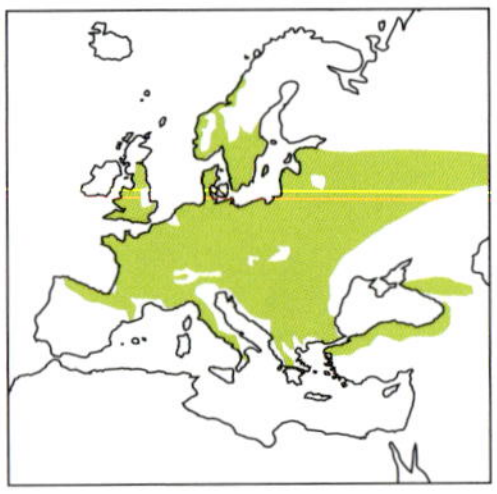

dennoch viel seltener an als die Weidenmeise.

In Großstädten dringt die Art oft bis in die Zentren vor, was von der Weidenmeise in Mitteleuropa bisher noch nicht beobachtet wurde, obwohl bei ihr gebietsweise ebenfalls ein Trend zur Verstädterung vorliegt. Beeinträchtigungen des Lebensraumes, wie „Waldpflegemaßnahmen" oder die Zunahme von Nadelwald sowie Konkurrenz mit anderen Kleinvögeln führten gebietsweise zu Bestandsrückgängen. Diese sind jedoch nicht gravierend – die Art trat schon immer in relativ geringer Dichte auf.

Die intensive Höhlensuche beginnt meist ab Mitte März; dabei werden geeignete Bäume im Brutrevier von beiden Partnern systematisch inspiziert. Wenn keine passende Höhle gefunden wird, durchstreift das Paar die Nachbargebiete; werden sie dort fündig, erweitern oder verlegen sie ihr Revier entsprechend und verteidigen das neue Gebiet heftig. Nistplatz ist meist eine Höhle, oft ein Astloch, in einem Laubbaum, der oben nicht selten abgebrochen ist; das Einschlupfloch und die Höhle selbst werden meist durch Schnabelhiebe noch erweitert, wenn das Holz weich ist. Weibchen und Männchen schlüpfen häufig in die neu gefundene Höhle zum Inspizieren, verzichten aber auf das von anderen Meisen her bekannte, auffällige Höhlenzeigen – vermutlich, um keine Konkurrenz anzulocken. Naturhöhlen werden Nistkästen deutlich vorgezogen. Dem Weibchen obliegt nicht nur die Hackarbeit an der Höhle, sondern es baut auch das Nest alleine: vorwiegend aus Moos, das es von Baumrinden sammelt. Darauf liegt eine rund 1 cm dicke Isolierschicht aus Tierhaaren, gelegentlich auch Pflanzenwolle, Federn werden aber nicht eingetragen.

Im Sommer ernähren sich Sumpfmeisen vorwiegend von Insekten und Spinnen, gerne Raupen, Käfern, Läusen, aber auch von Samen, Baumsaft und im Frühjahr sogar Obstbaumknospen. Die winterliche Nahrung besteht zu einem großen Teil aus Samen verschiedener Gräser und Kräuter, wie Lungenkraut oder Kohlkratzdistel, aber auch aus Nadelbaumsamen. Die Samen werden (meist zu mehreren) im Schnabel zu einem Versteck im Revier transportiert – das kann eine Rindenspalte, ein dürres, zusammengerolltes Blatt oder eine Stelle in dichtem Nadelgezweig sein. Zum Öffnen halten sie den Samen mit beiden Füßen fest und bearbeiten ihn mit kräftigen Schnabelhieben.

An winterlichen Futterplätzen erscheinen sie meist paarweise; dies können jedoch auch gleichgeschlechtliche „Paare" sein, die den Winter über zusammenhalten. Erst im Frühjahr, wenn die Reviergesänge beginnen, lösen sich die „falschen" Paare wieder auf.

▸ Weidenmeise

Sumpfmeise *Parus palustris* (L. 1758)

Größe	< Sperling
Maße (cm)	Länge ca. 11,50 / Flügel ca. 18–19,5
Körpermasse (g)	9–13
Stimme	Ruf explosiv niesend „pitschü", wiederholt keck pfeifend „tschiü-tschiü" , und schnell schnarrend „psitsche-che-che-che-che-che"; Gesang Serie gleicher, wiederholter Töne „pitji-pitji…"
Brutzeit	Mitte April bis Anfang Mai, 1 Jahresbrut
Gelegegröße	(4) 5–12, am häufigsten 7–9
Eifärbung	weiß mit hell- und rötlichbraunen oder purpurroten Flecken; Zeichnung spärlich, außer am stumpfen Pol, wo sie eine Kappe bilden kann; glatt, schwach glänzend
Eimaße (mm)	spindelförmig – 16,5 x 12,6
Brutdauer	12–14 (14) Tage; ♀ brütet allein, wird gelegentlich vom ♂ gefüttert
Nestlingszeit	17–20 Tage; beide Partner füttern

SUMPFMEISE, ALTVOGEL AN DER NISTHÖHLE (ENGLAND)

SUMPFMEISE, MITTELEUROPA

FLÜGGER JUNGVOGEL

NEST UND GELEGE

Weidenmeise

Die Weidenmeise ist etwas rundlicher und großköpfiger als die Sumpfmeise. Sie besitzt eine mattschwarze (nicht glänzende) Kopfkappe, diffuseren Kinnfleck, ein helles Flügelfeld und dunklere Flanken. Typisch sind die gedehnten, nasalen „dää dää dää…"-Rufe. Die Gesangsstrophen klingen je nach Unterart verschieden, z. B. wie „zjü-zjü-zjü…", die der Alpenform reintoniger „zie-zie-zie…".

Die Art ist weniger häufig in Gärten und Parks als die Sumpfmeise, sondern bevorzugt feuchtere Wälder, eher Nadelwald und flussbegleitende Gehölze oder feuchte Birken- und Weidenbestände. Sie besiedelt aber auch niedrige Latschenbestände der Hochmoore, in den Bergwäldern (Alpenmeise der Unterart *montanus*) geht sie bis in die Latschenregion. Die Art kommt in weiten Teilen Europas und des nördlichen Asien bis Kamtschatka und Japan vor. Die Bestände leiden unter dem Schwund von Totholz, zum Beispiel durch Brennholzsammeln.

Weidenmeisen zimmern sich ihre Bruthöhlen meist selbst in morsches Holz; Nistkästen beziehen sie nur, wenn sie innen weiches Material vorfinden, das sie heraushacken können. Gerne übernehmen sie Höhlen des Kleinspechts.

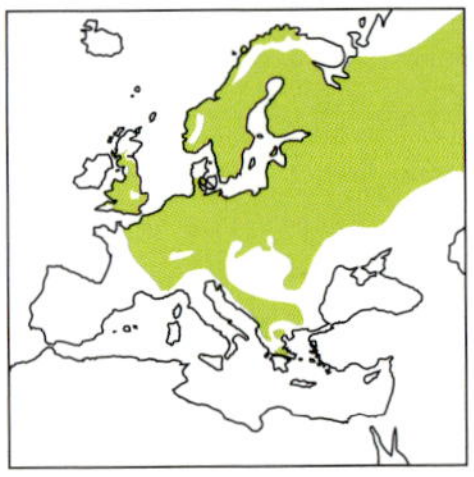

Weidenmeisen leiden unter dem Schwund von Totholz, beispielsweise durch Brennholzsammeln. In Nordfinnland treten seit einigen Jahrzehnten vermehrt Mischbruten mit der Lapplandlandmeise auf, die vermutlich fruchtbar sind.

▸ SUMPFMEISE

Lapplandmeise

Die Lapplandmeise beginnt im Mai mit dem Brutgschäft, wenn die Taiga Lapplands und Sibiriens oftmals noch tief verschneit ist. Sie brütet in Baumhöhlen, meist alten Dreizehenspechthöhlen, aber auch in Nistkästen und manchmal in Höhlen, die sie selbst in morsches Holz gezimmert hat. Das Nest besteht aus Moos und wird innen mit Tierhaaren ausgepolstert. Bei Schnee ernährt sich die Art von Vorräten, die sie im Vorjahr gehamstert hat. Sie sammelt im Herbst große Mengen von Kiefernsamen, Wacholderbeeren oder Schmetterlingsraupen und versteckt sie im dichten Gezweig oder unter Baumrinde. Dabei hackt die Meise manchmal kleine Rindenstücke los, um damit das Versteck zu tarnen.

Die Lapplandmeise ähnelt der Weidenmeise, ist aber größer, etwas großköpfiger mit brauner Kopfkappe, langschwänziger und mit flauschigerem, „unordentlicher" erscheinendem, insgesamt braunerem Gefieder; die Flanken zeigen im frischen Gefieder wie bei der nordischen Weidenmeise einen rostbraunen Anflug. Die Rufe ähneln denen der Weidenmeise, klingen aber nasaler und mehr gepresst.

Die Art bewohnt unterschiedliche Taigawälder, kommt vorwiegend in Kiefernwald, aber auch in Fichten- und Fjällbirkenwald vor. Das Verbreitungsgebiet reicht vom nördlichen Skandinavien, Finnland und Nordrussland in einem breiter werdenden Band durch die Taigazone bis Kamtschatka; außerdem kommt die Art in Alaska und Teilen Kanadas vor.

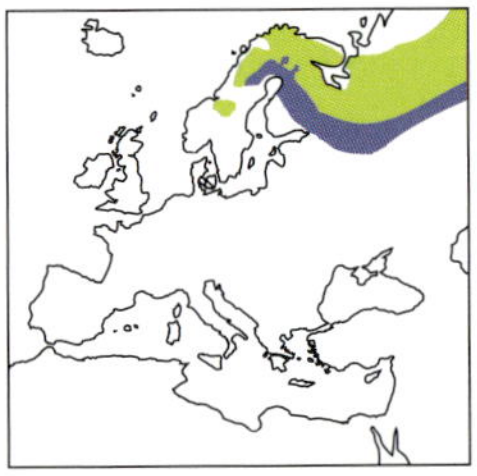

▸ WEIDENMEISE

Weidenmeise *Parus montanus* CONRAD 1827	
Größe	< Sperling
Maße (cm)	Länge ca. 11,5 / Flügel ca. 17–20,5
Körpermasse (g)	11–14
Stimme	typischer Ruf nasal, gedehnt und rau „dääh dääh dääh dääh"; Kontaktruf piepsend „ti-ti"; Gesang regional verschieden, typisches, abfallendes waldlaubsängerartig flötendes „siü-siü-siü-siü-siü" oder „zjü-zjü-zjü-zjü-zjü"
Brutzeit	Mitte April im Süden, bis Anfang Juni im Norden; 1 Jahresbrut
Gelegegröße	5–10, am häufigsten 7–9
Eifärbung	weiß, unterschiedlich rötlichbraun, hell- oder purpurrot gesprenkelt; Zeichnung zuweilen spärlich, meist mit Kappe von Flecken am breiten Ende; glatt, glänzend
Eimaße (mm)	spindelförmig – 15,5 x 12,2
Brutdauer	13–15 Tage; nur ♀ brütet, wird zum Teil von ♂ gefüttert
Nestlingszeit	17–20 Tage; beide Partner füttern; nach Ausfliegen noch ca. 2 Wochen betreut

Lapplandmeise *Parus cinctus* BODDAERT 1783	
Größe	= Sperling
Maße (cm)	Länge ca. 13,5 / Flügel ca. 19,5–21
Körpermasse (g)	11–13
Stimme	viele Rufe ähneln Weidenmeise, umfangreiches Stimmrepertoire; ruft kreuzschnabelartig „tjütt-tjütt", summend „tjierr" und aufgeregt „piv piv"; etwas heiser „tjip tiep tieo tijep tijep" singend
Brutzeit	Ende Mai bis Anfang Juni, 1 Jahresbrut
Gelegegröße	6–10
Eifärbung	weiß, hellrot oder rötlichbraun punktiert und fein gefleckt; Zeichnung ziemlich gleichmäßig verteilt, mit schwacher Häufung am Pol; glatt, glänzend
Eimaße (mm)	spindelförmig – 16,4 x 12,6
Brutdauer	14–15 Tage; nur ♀ brütet, wird vom ♂ gefüttert
Nestlingszeit	19 Tage; von beiden Partnern betreut

WEIDENMEISE AN SELBST GEZIMMERTER BRUTHÖHLE

LAPPLANDMEISE

LAPPLANDMEISE

LAPPLANDMEISE

Haubenmeise

Mit ihrer spitzen, schwarzweiß melierten Federhaube (Name!) und der bräunlichen Oberseite verursacht die Haubenmeise auch dem Anfänger keine Bestimmungsprobleme. Trotzdem wird man meist erst durch die typischen rollenden, relativ tiefen „zi-zi-gürrr"- oder „ürrr"-Rufe auf die in dichtem Nadelgezweig und oft recht hoch im Baum turnenden Meisen aufmerksam. Jungvögel sind etwas blasser, die Federhaube ist noch nicht vollständig ausgebildet.

Haubenmeisen sind nicht so gesellig wie andere Meisen und treten oft paarweise auf. Als sehr standorttreue Vögel halten sie sich meist das ganze Jahr über innerhalb der Grenzen ihres Brutterritoriums auf. Für die Nestanlage wählen sie häufig eine enge Naturhöhle in einem Baumstumpf oder Wurzelstock oder eine Baumhöhle in einem morschen Stamm, die sie häufig erweitern. Die meisten Höhlen werden aber (ähnlich wie bei der Weidenmeise) selbst gefertigt, und zwar allein vom Weibchen. Nistkästen werden nur dann angenommen, wenn die Meisen innen weiches Material loshacken können. Aber auch die Nester von Eichhörnchen und Greifvögeln, gelegentlich auch alte Drosselnester dienen manchmal als Nistplatz. Das Nest wird aus Baummoos, Tierhaaren, Pflanzenwolle und Spinnweben gebaut, die Mulde mit vielen Federn gepolstert. Beide Eltern füttern die Jungen und betreuen sie auch nach dem Ausfliegen noch etwa drei Wochen.

Von ihren Lebensraumansprüchen ist die Haubenmeise die genügsamste unter den europäischen Meisen. In der Regel ist sie an Nadelbäume gebunden, braucht aber einen gewissen Anteil an Altholz und Totholz. In Kiefernwald ist sie die häufigste und oft einzige Meise, zur Nahrungssuche bevorzugt sie aber Fichten. Sie kommt auch in reinen

Fichtenwäldern bis zur Baumgrenze und sogar in Latschenbeständen über 2000 m Höhe vor, wo sonst nur noch die Weidenmeise lebt. Bergwaldbewohnende Haubenmeisen finden auch in Tannen-, Lärchen- und Arvenbeständen gute Lebensbedingungen. Sie bewohnen häufig auch Nadelholzbestände in Parks und Friedhöfen und sogar in großen Gärten. In Mischwald tritt sie nur in geringer Dichte auf, besiedelt aber auch kleine Nadelwaldinseln im Laubwald. Viele Haubenmeisen der Iberischen Halbinsel sind allerdings Laubwaldbewohner und werden in Buchen- und (noch häufiger) Korkeichenbeständen angetroffen, während ein Teil ihrer Artgenossen in Strandkiefernbeständen brütet. An der französischen Küste bildet Aleppokiefernwald den Lebensraum.

In Mitteleuropa ist die Art weit verbreitet, aber meist seltener als die Tannenmeise. Sie hat zwar von der Erweiterung der Nadelwaldbestände in weiten Teilen Mitteleuropas profitiert, erleidet aber durch immissionsbedingte Waldschäden sowie durch zu intensive Waldnutzung (Entfernen von Alt- und Totholz) Verluste.

Die Haubenmeise ist nahezu eine rein europäische Art, die nur in der Tundrazone, der nördlichen Taigazone und dem größten Teil der Britischen Inseln fehlt; hier kommt sie nur in einer rund 1000 Brutpaare zählenden Population in Kiefernwäldern Nordschottlands vor. In Russland reicht das Brutareal bis zum Südural und ein kleines Stück weiter östlich auf sibirischem Boden.

Haubenmeisen finden ihre Nahrung (kleine Insekten, Larven, Spinnen, Samen) vor allem im Kronenbereich der Nadelbäume. Dabei suchen sie häufig die nichtbenadelten Stellen ab oder untersuchen (am häufigsten unter unseren Meisen) den Flechtenbewuchs auf den Ästen. Sie sind auch von den heimischen Meisenarten neben der Kohlmeise diejenigen, die am häufigsten bei der Nahrungssuche am Boden angetroffen werden können, beispielsweise wenn sie im Spätwinter auf aperen Stellen die durch die Sonnenwärme hervorgelockten Spinnen und Insekten erbeuten.

Bereits im Sommer werden Nahrungspartikel (vorwiegend Insekten) als Vorrat versteckt, im Herbst vor allem Baumsamen. Die Haubenmeisen tragen sie einzeln fort und verstecken sie zwischen Baumflechten oder an einer dichten Stelle zwischen den Nadeln; manchmal tarnen sie die Verstecke mit kleinen Rinden- oder Flechtenstückchen. Im Winter besteht die Nahrung vor allem aus Koniferensamen. In dieser Zeit leben sie paarweise und streifen nicht selten mit anderen Meisen umher. An Futterhäusern erscheinen sie nur, wenn Nadelbäume in der Nähe sind.

▶ KAUM ZU VERWECHSELN

Haubenmeise *Parus cristatus* (L. 1758)

Größe	< Sperling
Maße (cm)	Länge ca. 11,5 / Flügel ca. 17–20
Körpermasse (g)	10–13
Stimme	Stimmfühlung hoch „zizi" und mit geringer Lautstärke daran angefügt „gürr"; bei Erregung dicht folgende „gürr"; Gesang Aneinanderreihung von „zizi gürr zizi gürr zizi gürr", in 4–6-maliger Wiederholung
Brutzeit	Anfang oder Mitte April bis Mai; 1 Jahresbrut im Norden, im Süden manchmal 2
Gelegegröße	5–9, am häufigsten 6
Eifärbung	weiß, mit purpurroten Flecken und Punkten oder rötlich-brauner Schattierung; Zeichnung häufig spärlich, nur am breiten Pol eine dicht gefleckte Zone; glatt, schwach glänzend
Eimaße (mm)	spindelförmig – 16 x 12,4
Brutdauer	15–17 (18)T; ♀ brütet, wird von ♂ gefüttert
Nestlingszeit	21–23 Tage; beide Partner füttern

HAUBENMEISE AM EINGANG ZUR BRUTHÖHLE

FLÜGGER JUNGVOGEL

HAUBENMEISE KURZ VOR DEM AUSFLIEGEN

NEST UND GELEGE

Tannenmeise

Als unsere kleinste Meise kann sich die Tannenmeise mit ihrem geringen Gewicht und den recht langen Zehen hervorragend an dünnen, äußeren Nadelzweigen und Zapfen festklammern. Der relativ lange, schmale Schnabel erlaubt es ihr, die Nahrung aus schmalen Ritzen hervorzuholen. Dabei hängen die Vögel mit dem Bauch nach oben oder rütteln wie Goldhähnchen vor einer Zweigspitze, um beispielsweise Nadelbaumsamen, ihre bevorzugte Winternahrung, aus den geöffneten Schuppen zu klauben. Nicht selten profitiert die Tannenmeise von Eichhörnchen, die nicht nur geschlossene Zapfen öffnen, sondern auch viele Fichten- und Kiefernsamen verlieren und so den Tisch für die Meisen decken. Von den mitteleuropäischen Meisen ist sie jedoch am seltensten auf dem Boden anzutreffen. Im Sommerhalbjahr fressen Tannenmeisen Insekten und Spinnen, vor allem Schmetterlingsraupen. Auch bei dieser Art ist das Verstecken von Nahrung bekannt, im Gegensatz zu anderen Meisen liegen die Verstecke aber vor allem in dichten Fichtenzweigen hoch oben im Baum.

Das Brutareal der Tannenmeise reicht von Nord- und Westeuropa sowie Nordwestafrika im Westen bis zur Pazifikküste und Japan im Osten, im Süden bis zur Türkei, Zypern, Iran und China. Am Nordrand ihres Areals erreicht sie nur ausnahmsweise den Polarkreis. Die robuste, anspruchslose und meist häufige Tannenmeise besiedelt ganz verschiedene Arten von Nadelwäldern, auch Mischwald, ist aber besonders an die Fichte angepasst; in reinen Kiefernwäldern ist sie meist seltener als die sonst in viel geringerer Dichte auftretende Haubenmeise. Nicht selten trifft man die Art auch in Parks, Friedhöfen und großen Gärten mit älteren Nadelbäumen an. Auf den Britischen Inseln und in weiten Teilen

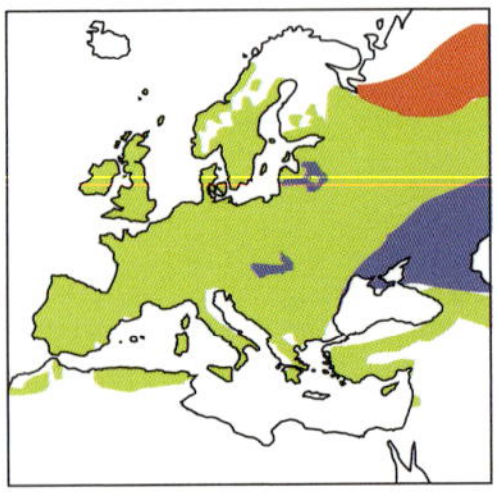

Südeuropas ist sie jedoch auch in reinen Laubwäldern zu Hause; sie kommt in Südeuropa jedoch auch in den Nadelwäldern des Berglandes vor.

In der Regel ist die Art Standvogel, es kommt aber je nach Nahrungsangebot und Bestandsdichte zu unregelmäßigen, ungerichteten Massenwanderungen. Bei einer solchen Evasion gelangte beispielsweise eine in Niedersachsen kontrollierte Tannenmeise bis nach Marokko.

Die Tannenmeise zählt zu den häufigsten Vogelarten Mitteleuropas. Durch die Anpflanzung von Fichten in weiten Teilen Europas konnte sie ihr Areal beträchtlich erweitern; auch das Ausbringen von Nistkästen hat dazu beigetragen. Gebietsweise haben die Bestände aber durch Waldschäden drastisch abgenommen, denn in den absterbenden Nadelwaldbeständen finden die Meisen nicht mehr genügend Nahrung und Deckung. Auch natürliche Ursachen, wie Schlechtwetterperioden zur Brutzeit, schlechtes Samenangebot im Winter oder Nesträuber wie Buntspecht und Marder, führen zu Verlusten.

Beliebte Nistplätze sind Höhlungen in morschen Baumstümpfen, niedrige Baumhöhlen, aber auch Mauerlöcher und bei Fehlen geeigneter Höhlen sogar Mäuselöcher. Nistkästen bezieht die Art gerne, auch wenn sie hoch hängen. Das Nest, das allein vom Weibchen in rund einer Woche erstellt wird, besteht aus Moos und Spinnweben und ist mit Pflanzenwolle, Haaren und wenigen Federn gepolstert. Bergwaldbewohnende Tannenmeisen fertigen für das Nest oft einen Unterbau aus Flechten.

Tannenmeisen ähneln kleinen, unscheinbaren Ausgaben von Kohlmeisen. Sie sind rastlos wirkende Vögel mit relativ großem Kopf und glänzend schwarzer Kopfkappe, weißem, länglichem Nackenfleck und weißen Wangen. Als einzige mitteleuropäische Meise haben sie eine doppelte weiße Flügelbinde. Die Jungvögel erkennt man an der gelblichen Färbung von Wangen, Nackenfleck und Unterseite.

Die von Südosteuropa bis Nordisrael beziehungsweise über Kleinasien bis zum Iran verbreitete **Balkanmeise** (*Parus lugubris*) erinnert an die nordische Unterart der Weidenmeise, ist aber deutlich größer und hat einen wesentlich breiteren Latz. Auch ist sie nicht so behände. Von ihren ökologischen Ansprüchen ist noch wenig bekannt, ihre Dichte ist meist gering. Sie bewohnt trockene, lichte Eichen-, Kiefern- und Mischwälder, aber auch Buschland und Macchie; meist ist sie im Bergland, wo sie bis über 2000 m vorkommt, häufiger als im Tiefland. Europäischer Verbreitungsschwerpunkt ist Bulgarien; dort leben mehrere 100 000 Brutpaare. Die griechischen Bestände schätzt man auf 17 000 Paare.

▸ Sumpf- und Weidenmeise

Tannenmeise *Parus ater* (L. 1758)

Größe	= Sperling
Maße (cm)	Länge ca. 11,5 / Flügel ca. 17–21
Körpermasse (g)	8–11
Stimme	Rufe bei Erregung, anders als übrigen Meisen, nasal gedehnt oder kürzer „tüi", „tji", kurz „zit"; Stimmfühlung ähnlich Goldhähnchen „si si si", flötend wehmütig „tii-e"; warnt blaumeisenartig; verschiedene Gesangsvariationen erinnern an Kohlmeise
Brutzeit	Mitte April bis Mai, meist 2 Jahresbruten
Gelegegröße	5–12 (13), am häufigsten 8–9
Eifärbung	weiß, mit feinen hellroten, purpurroten oder rötlich-braunen Sprenkeln und Punkten, die meist spärlich sind, sich aber am stumpfen Pol häufen; glatt, schwach glänzend
Eimaße (mm)	spindelförmig – 14,8 x 11,6
Brutdauer	13–16 Tage; nur ♀ brütet, wird zum Teil vom ♂ gefüttert
Nestlingszeit	18–21 (23) Tage; beide Partner füttern

TANNENMEISE, TYPISCH SIND LÄNGLICHER, WEISSER NACKENFLECK

...UND DOPPELTE FLÜGELBINDE

FLÜGGER JUNGVOGEL

JUNGE KURZ VOR DEM AUSFLIEGEN

Blaumeise

Von der Blaumeise werden rund zwölf Unterarten unterschieden, die Eurasien von den Kanarischen Inseln und Nordafrika, der Iberischen Halbinsel und großen Teilen Skandinaviens und Finnlands bis zum Südural, im Südosten bis Kaukasus und Nordirak bewohnen. Bis auf Zypern brütet die Art auf allen Mittelmeerinseln regelmäßig. In Deutschland ist die Blaumeise einer der häufigsten Kleinvögel in Wäldern und in Parks und Gärten, in denen sie von Nistkästen und Winterfütterung profitiert.

Die Art brütet vor allem in Laub- und Mischwäldern und Obstgärten, wobei sie in Auwäldern mit vielen Eichen und gut entwickelter Strauchschicht besonders hohe Dichten erreicht. Man trifft sie aber auch in nicht zu eintönigen Fichtenwäldern an, sofern das Höhlenangebot stimmt. Nicht selten bieten ihr bereits höhere Hecken und Feldgehölze ausreichenden Lebensraum. Entsprechend dem Vorkommen von Laubbäumen dringt sie im Bergland bis in rund 1500 m Höhe vor, in den Pyrenäen wurden Brutplätze in 1800 m Höhe gefunden. Außerhalb der Brutzeit halten sich Blaumeisen häufig im Schilf und in Gebüsch aller Art auf.

Die gefährlichste Zeit für mittel- und nordeuropäische Blaumeisen sind die Winter, in denen viele Vögel an Nahrungsmangel eingehen; in den heißen Mittelmeerländern fordert die sommerliche Trockenheit viele Opfer. Wegen des enormen Fortpflanzungspotenzials und der in vielen Gegenden praktizierten Winterfütterung können Verluste schnell wieder ausgeglichen werden.

Blaumeise *Parus caeruleus* (L. 1758)

Größe	= Sperling
Maße (cm)	Länge ca. 11,5 / Flügel ca. 17,5–20
Körpermasse (g)	9–13
Stimme	bei Erregung geräuschhaftes Zetern, etwa „zerretetetet“; als Kontaktrufe leise etwa „tii-ti-ti“ oder hoch „sisi“; Gesang weniger variabel als Kohlmeise, typische Strophe mit 2–3 hohen Einleitungselementen und tieferem Triller
Brutzeit	Mitte April im Süden, bis Anfang Mai im Norden; im Westen und Süden meist 1, im Osten und Norden 2 Jahresbruten
Gelegegröße	(5) 6–14 (15), meist 9–11; 18–24 wohl von 2 ♀♀
Eifärbung	weiß, mit purpurroter oder hellroter Zeichnung, von Punkten bis hin zu Klecksen, oft spärlich und häufig eine Zone am stumpfen Pol bildend; glatt, schwach glänzend
Eimaße (mm)	spindelförmig – 16,2 x 12
Brutdauer	13–15 Tage; ♀ brütet allein, wird von ♂ auf Nest gefüttert
Nestlingszeit	(18) 19–21 Tage; beide Partner füttern; Familie hält bis ca. 2 Wochen zusammen

Während Altvögel meist recht standorttreu sind und sogar in den weit nördlich gelegenen Brutgebieten überwintern, unternehmen mitteleuropäische Jungvögel zum Teil gerichtete Wanderungen (Zug) in westlicher bis südlicher Richtung, wobei bis 1500 km Entfernungen belegt sind. Hohe Bestandsdichten veranlassen auch Altvögel zu Abwanderungen, die jedoch von der Richtung her uneinheitlicher und in der Entfernung meist kürzer ausfallen als die Wanderungen der Jungvögel.

Von der „Wanderfreudigkeit“ der Blaumeise zeugen auch Untersuchungen, bei denen ein Jahr lang in einem bestimmten Garten alle Blaumeisen beringt wurden: obwohl dort nie mehr als sechs Individuen gleichzeitig auftraten, besuchten diesen Garten über 1000 Blaumeisen!

Blaumeisen ziehen ihre Jungen in Baumhöhlen, gerne in Laubbäumen, aber auch in Mauer- und Felslöchern und sogar Briefkästen auf. Ein erheblicher Teil der mitteleuropäischen Blaumeisen brütet heute in Nistkästen.

Das Nahrungsspektrum umfasst vorwiegend kleine Insekten und Spinnen, die die Vögel oft an den äußeren Zweigspitzen und mit dem Bauch nach oben suchen. Mit ihren kurzen, kräftigen Zehen können sie sich hervorragend festklammern und so auch aus exponierten Verstecken Insekten hervorholen, die anderen Meisen nicht zugänglich sind. Im Herbst trifft man Blaumeisen häufig im Schilf an. Dort inspizieren sie die Halme auf überwinternde Insektenlarven. Im Frühjahr nehmen sie gerne Weidennektar, im Winter besuchen sie vielerorts Vogelfütterungen und werden in manchen Parks futterzahm. Im Gegensatz zu anderen Meisen legen Blaumeisen keine Vorräte an, bedienen sich aber gerne aus den Verstecken beispielsweise von Sumpfmeisen.

Blaumeisen sind durch die geringe Größe und das blaugelbe Gefieder kaum mit einem anderen Kleinvogel zu verwechseln. Jungvögel sind weniger kennzeichnend (eher blaugrün-gelblich), aber trotzdem leicht bestimmbar.

Die **Lasurmeise** (*Parus cyaneus*) ist eine östliche Meisenart, die gelegentlich mit der recht ähnlichen Blaumeise hybridisiert. Dies ist kein Wunder, denn auch einzelne Lautäußerungen der beiden Arten sind einander recht ähnlich. Als man diese Mischlinge noch nicht als solche erkannte, wurden sie sogar als eigene Art geführt: **Russische Blaumeise** oder **Pleskemeise** (*Parus pleskii*). Die Lasurmeise ist an Kopf und Unterseite weiß und hat einen schwärzlichen Augenstreif. Ihr Lebensraum sind Taiga, Flußauen und Birkenwald. Sie ist vom europäischen Russland (auch Teilen Weißrusslands) bis zum Amur und Ussuri verbreitet. Weiter nach Westen gelangen meist nur Mischlinge, denn diese Vögel haben das Wanderverhalten des Blaumeisen-Elternteils geerbt.

▸ Kohlmeise, Tannenmeise

BLAUMEISE, MÄNNCHEN AN DER WINTERFÜTTERUNG

WEIBCHEN SIND ETWAS BLASSER GEFÄRBT

LASURMEISE, JUNGVOGEL

LASURMEISE, JUNGVOGEL

Kohlmeise

Die Kohlmeise ist die größte Meise Mitteleuropas. Typisch sind die weißen, schwarz umrahmten Wangen und der glänzend schwarze Scheitel. Im Gegensatz zu anderen Meisen kann man bei ihr die Geschlechter recht gut unterscheiden: Der markante schwarze Bauchstreif ist beim Männchen breiter als beim Weibchen. Außerdem ist das Weibchen etwas matter gefärbt. Jungvögel sind viel schlichter, Scheitel und Bauchstreif sind dunkelbraun, die Wangen gelblich.

Kohlmeisen sind wenig scheu. Außerhalb der Brutzeit ziehen sie nicht selten mit anderen Meisenarten in gemischten Trupps umher; dabei sieht man sie am häufigsten von unseren Meisenarten in Bodennähe oder sogar am Boden nach Nahrung suchen. In ihrer Nahrungswahl sind sie sehr vielseitig: vor allem Raupen, Spinnen, Samen, Knospen, Beeren. Da sie auch im Winter hauptsächlich tierische Nahrung in Form von Insekten benötigen, können sie ausschließlich mit Körnerfutter und Fett kaum einen strengen Winter überleben. Im Vergleich zu den kleineren Meisenarten sind sie nicht so gewandt im Klettern. Daher besuchen sie weniger Meisenringe und -knödel, sondern holen sich bevorzugt im Futterhaus Erdnüsse. Kohlmeisen verstecken keine Nahrung, bedienen sich aber gerne aus den Vorräten anderer Meisen. Auf den Britischen Inseln haben Kohl- und Blaumeisen gelernt, wie man mit dem Schnabel den Stanniolverschluss von Milchflaschen öffnet, um an den Rahm heranzukommen.

Bei der Nistplatzsuche sind sie nicht sehr wählerisch und beziehen auch Fels- und Mauerlöcher, Eisenrohre, Höhlungen unter Dachziegeln und sogar Briefkästen. Wenn

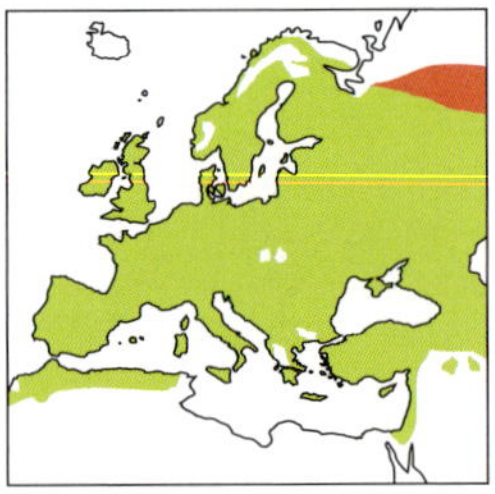

keine Baumhöhlen vorhanden sind, brüten Kohlmeisen gerne in Nistkästen (vor allem mit 32 mm Schlupflochdurchmesser). Das Weibchen baut das Nest vorwiegend aus Moos und polstert es mit vielen Haaren.

Das riesige Verbreitungsgebiet der in rund 25–30 Unterarten aufgegliederten Art reicht von Nordwestafrika und Westeuropa bis Kamtschatka und Japan, Indien und Südostasien. Im Norden dringt die Art bis an den Nordrand der borealen Nadelwaldzone, im Süden bis in die Tropen vor. Nach Nord- und Osteuropa zu werden Kohlmeisen zunehmend zu Zugvögeln; außerdem kann Nahrungsmangel die Vögel zu Abwanderungen in größerem Ausmaß (Evasionen) veranlassen.

Die Kohlmeise ist aufgrund ihrer Anpassungsfähigkeit ein regelrechter „Allerweltsvogel". Sie besiedelt praktisch alle baumbestandenen Lebensräume von der Meeresküste bis zur Baumgrenze; umherstreifende Vögel wurden in den Alpen schon in über 2500 m Höhe beobachtet. Kohlmeisen bevorzugen nicht zu dichte Laub- und Mischwälder; die höchste Bestandsdichte mit 5–10 Paaren pro Hektar findet man in Eichenwäldern und in größeren Parks.

Seit Anfang des Jahrhunderts haben die Kohlmeisenbestände in großen Teilen Europas erheblich zugenommen. Grund dafür waren vor allem die Winterfütterung und Nistkastenaktionen; aber auch die naturnahen Lebensräume sind offensichtlich „kohlmeisenfreundlicher" geworden. In Siedlungen, auch in den Zentren von Großstädten, ist die Kohlmeise vielerorts die häufigste Vogelart überhaupt. Allerdings ist dort die Nahrungssituation weit schlechter als im Wald (es gibt für die Jungen viel weniger Insekten), daher werden aus Gartenbruten meist weniger Junge flügge. Die teilweise großen Bestandsschwankungen werden vor allem durch Verluste in kalten Wintern verursacht, wenn die Nahrungssituation sehr schlecht wird. Daher wandern in dieser Zeit viele der außerhalb brütenden Kohlmeisen (ähnlich wie Blaumeisen) in die Städte ein. Auch der saure Regen kann sich negativ auf den Bruterfolg auswirken. Die Verringerung des Kalkangebotes durch den Rückgang der Gehäuseschnecken führt zu dünnschaligen Eiern. Doch die Art hat ein so hohes Vermehrungspotenzial, so dass die Verluste bisher rasch wieder ausgeglichen werden konnten.

Bereits im Februar hört man die typischen Gesangsstrophen, die den Frühling einläuten. Das Ruf- und Gesangsrepertoire der Kohlmeise ist ungewöhnlich groß und verwirrend, hinzu kommt ihr Talent zum Nachahmen anderer Meisenstimmen, wie der Blau- und Sumpfmeisenrufe, die meisten Rufe sind laut und durchdringend.

▸ TANNENMEISE

Kohlmeise *Parus major* (L. 1758)

Größe	= Sperling
Maße (cm)	Länge ca. 14 / Flügel ca. 22,5–25,5
Körpermasse (g)	16–22
Stimme	Stimmrepertoire sehr umfangreich und variabel, arttypischer Klang, kräftiger als andere Meisen; häufige Rufe „pink" (ähnlich Buchfink), oft verdoppelt, „ze wide wit", „zi-däh" oder „zizizi"; Gesang meist rau pfeifende Reihe
Brutzeit	Ende März im Süden, bis Anfang Mai im Norden; im Westen und Süden 1, im Norden und Osten 2 Jahresbruten
Gelegegröße	(5–) 8–12 (–15), am häufigsten 7–10
Eifärbung	weiß, mit matt- bis ziegelroten und einigen blassvioletten Punkten, Flecken und kleinen Klecksen; Zeichnung variabel; glatt, schwach glänzend
Eimaße (mm)	spindelförmig – 18,2 x 13,4
Brutdauer	13–14 Tage
Nestlingszeit	18–21 Tage; beide Partner füttern; Familie bleibt bis zu 3 Wochen zusammen

KOHLMEISE, MÄNNCHEN

AN DER BRUTHÖHLE

JUNGES MÄNNCHEN

NEST UND GELEGE

Kleiber

Typisch für die Familie Kleiber sind die gedrungene Gestalt, der kurze Schwanz und der lange, kräftige Schnabel. Im Gegensatz zu Spechten oder Baumläufern können alle Kleiber auch mit dem Kopf voran an vertikalen Strukturen wie Baumstämmen oder Felsen klettern; dazu befähigen sie kräftige Beine, Zehen und Krallen sowie kurze Läufe. Der kurze Schwanz wird aus weichen Federn gebildet und taugt nicht als Stütze wie bei den Spechten.

Ein kopfüber abwärts kletternder Kleiber bewegt sich ruckartig. Die Füße sind nie nebeneinander festgeklammert, wie häufig in Abbildungen gezeichnet, sondern immer ist ein Fuß deutlich weiter oben eingekrallt als der andere. (Die Körperhaltung ist dabei stets schräg, nie senkrecht.) An der Unterseite von Ästen klettern die Kleiber ebenfalls.

Kleiber treten meist paarweise auf, gegenüber Artgenossen sind sie extrem unverträglich. Im Winter schließen sich manchmal Paare Meisentrupps an. Ein deutliches Hämmern im Wald muss nicht unbedingt von einem Specht stammen, denn auch Kleiber hacken zum Beispiel sehr geräuschvoll Nüsse auf oder klopfen an die Wand der Nisthöhle.

Untersuchungen in Mitteleuropa zufolge werden Jungvögel ausschließlich mit Insekten und Spinnentieren gefüttert, häufig mit Raupen des Eichenwicklers. Auch die Altvögel fressen im Sommer vor allem Insekten und Spinnen. Ab dem Spätsommer kommen viele Baumsamen hinzu, wie Nüsse oder die beliebten Bucheckern; in Gebieten, wo es keine Bucheckern gibt, beispielsweise in Osteuropa, nehmen sie die sehr harten Hainbuchensamen, die am Ende des Winters so weich sind, dass sie sich öffnen lassen. An Fütterungen

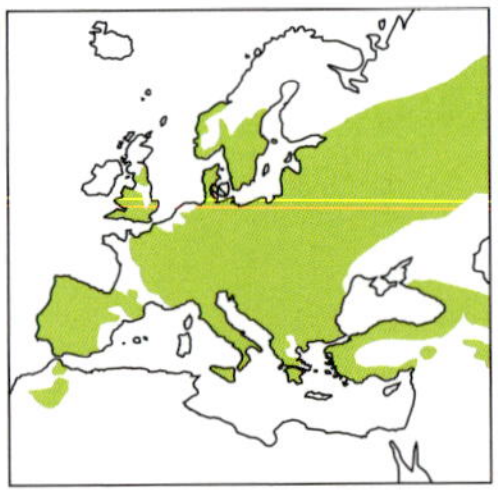

holt der Kleiber gerne Haselnüsse, Sonnenblumensamen und Talg.

Kleiber sind oberseits blaugrau, die Unterseite ist bei der mitteleuropäischen Unterart hell rostbraun, bei der skandinavischen Unterart überwiegend weiß; Männchen erkennt man an der kräftig kastanienbraunen Färbung des hinteren Flankenbereichs und der seitlichen Unterschwanzdecken.

Nicht selten sieht man während Balz und Brut beide Paarpartner im Gleitflug oder mit merkwürdig vibrierenden Flügeln zum nächsten Baum fliegen. Kleiber brüten häufig in Spechthöhlen und Nistkästen, wobei sie bei Kunsthöhlen nicht nur das Einschlupfloch mit Lehm auf passende Größe zumauern, sondern auch die Ritzen an der Vorderseite, so dass der Frontdeckel nicht mehr geöffnet werden kann. Die Höhle füllen sie mit großen Mengen morscher Holzstückchen und Rindenstücken. Auf dieser groben Unterlage bauen sie das eigentliche Nest aus dünner Kiefernspiegelrinde, die nicht selten von weither geholt wird.

Vor allem in lichten Laub- und Mischwäldern mit altem Baumbestand (am liebsten Eichen), aber auch in größeren Feldgehölzen und Alleen werden die Jungen aufgezogen. In Parks und großen Gärten mit alten Bäumen leben oft mehrere Brutpaare. Mit entsprechendem Nistkastenangebot kann man die Art auch in Fichtenforste locken, wenn es dort wenigstens ein paar alte Buchen gibt, deren Samen die Kleiber durch den Winter bringen. In den Alpen brüten Kleiber bis in rund 2400 m Höhe, wo sie in Lärchenbeständen oft eine beachtliche Dichte erreichen; eingesprengte Arven liefern mit ihren Nüsschen die Winternahrung.

In Deutschland ist die Art mit Ausnahme der Küstenbereiche und Hochgebirgsregion fast überall häufig. Sie erleidet besonders durch den Schwund von Altholz, als Folge der Durchforstung, und durch das Waldsterben Verluste, jedoch sind die europäischen Bestände weitgehend stabil.

Das Verbreitungsgebiet des Kleibers reicht von Marokko und Europa, wo die Art nur auf Island, Irland, dem größten Teil Fennoskandiens und Nordrusslands sowie auf den Mittelmeerinseln (außer Sizilien) fehlt, bis Kamtschatka und Japan, im Süden bis Indien, China und Südostasien.

Die lauten und durchdringenden Pfeifstrophen des Kleibers gehören zu den typischen Vogelstimmen des Frühlingswaldes, sind aber bereits schon an sonnigen Dezembertagen zu hören. Sie sind meist leicht nachzupfeifen: recht langsam und etwas absteigend „wiü wiü wiü …“ oder, bei stärkerer Erregung, trillernd und eher ansteigend „wiwiwiwiwiwi …“; sie erklingen von hoher Warte aus.

Kleiber *Sitta europaea* (L. 1758)	
Größe	= Sperling
Maße (cm)	Länge ca. 14 / Flügel ca. 22,5–27
Körpermasse (g)	20–26
Stimme	Stimmfühlung meisenähnlich „sit“; allg. Erregungsruf hart und laut „träck träck träck“; bei aggressivem Verhalten oder Luftfeind „sirr“ oder kämpferisch-kurz „trr“; Gesang weniger häufig, abfallende Pfiffe in Reihen mit Pausen; meist laute Pfeifstrophen
Brutzeit	Ende April bis Anfang Mai; meist 1, gelegentlich 2 Jahresbruten
Gelegegröße	5–9, meist 6–7
Eifärbung	milchig weiß, mit hellroten, rötlichbraunen und rötlich violetten Flecken und Punkten; Zeichnung spärlich und kräftig, am stumpfen Pol verdichtet; glatt, mäßig glänzend
Eimaße (mm)	spindelförmig – 19,7 x 14,4
Brutdauer	(13–) 15–19 Tage; ♀ brütet, wird von ♂ gelegentlich am Nest gefüttert
Nestlingszeit	20–28, meist ca. 24 Tage; beide Partner füttern

▸ ANDERE KLEIBERARTEN

KLEIBER KLETTERN AN BAUMSTÄMMEN AUCH KOPFUNTER ABWÄRTS

KLEIBER IM FLUG

JUNGVÖGEL BETTELN IM NEST

NEST UND GELEGE

Felsenkleiber

Der Felsenkleiber ähnelt dem Kleiber, ist aber etwas größer und blasser gefärbt und weist an der Schwanzspitze keine weißen Flecken auf. Bei der Nominatform des Balkans ist der dunkle Augenstreif deutlich sichtbar, Flanken und Unterschwanzdecken sind hell zimtbräunlich.

Meist entdeckt man den Felsenkleiber anhand seiner Stimme. Sein vielseitiges Rufrepertoire besteht aus harten Tönen, würgerartigem „schrä" und abfallenden Trillerlauten. Die aus Pfeif- und Trillerlauten zusammengesetzten Gesangsstrophen sind sehr variabel, was Dauer, Struktur und Tempo anbelangt; sie sind klar und weit hörbar. Die Männchen singen in aufrechter Haltung (wie der Kleiber) auf einer exponierten Felswarte oder auf der Spitze eines Busches oder kleinen Baumes. Da die Vögel gelegentlich auch auf Bäumen klettern, könnten sie mit dem Kleiber verwechselt werden, vor allem mit dessen hellen östlichen Unterarten. Im Gegensatz zu anderen Kleibern halten sie sich viel am Boden auf. Der sehr lebhafte Vogel zuckt oft wie ein Fliegenschnäpper mit den Flügeln.

Die Paare sind meist sehr standorttreu und verteidigen ihr Revier das ganze Jahr über. Nicht selten brüten sie Jahr für Jahr im selben Nest. Dieses ist ein umfangreicher, aus Lehm gemörtelter Bau und gleicht einer dickwandigen Kanne mit röhrenförmig ausgezogenem, bis 10 cm langem Schlupfloch. Es wird meist regengeschützt in Felsspalten, gerne unter Überhängen, angelegt. Auch Ruinen antiker Bauwerke und alte Brückenbauten dienen dem Felsenkleiber als Nistplatz.

Felsenkleiber klettern sehr behände an sonnigen Felsabhängen und in Felsschluchten mit etwas Gestrüpp oder

Grasbewuchs in mediterraner Landschaft, wo sie in Felsritzen und Felsspalten nach Nahrung – Insekten und Spinnen – suchen. In Europa bevorzugt der Felsenkleiber Höhen weit unter 1000 m. Im Elburs dagegen, in dem der nah verwandte, mit ihm konkurrierende Klippenkleiber, *S. tephronota*, vorkommt, weichen die Felsenkleiber vorwiegend in eine Höhe über 2300 m aus. Dagegen sind beide Arten in Transkaukasien nicht höhenmäßig, sondern eher ökologisch voneinander getrennt, denn der ebenfalls vorwiegend felsbewohnende Klippenkleiber ist dort öfter an Bäumen anzutreffen.

Außerhalb der Brutzeit unternehmen Felsenkleiber teilweise vertikale Wanderungen und können dann sogar in 2200 m Höhe (Bulgarien) angetroffen werden, aber auch in Lagen unterhalb der Brutplätze. Die Art brütet von der Balkanhalbinsel, wo die Nominatform lebt, über die Türkei und Transkaukasien bis Irak, Nordisrael sowie Iran. Die höchste Brutdichte mit 13 Paaren auf 100 Quadratkilometer wurde aus Bulgarien gemeldet; dort wachsen die Populationen derzeit sogar etwas an. In Griechenland und Kroatien sind die Bestände stabil.

Der **Korsenkleiber** (*Sitta whiteheadi*) bereitet keinerlei Bestimmungsprobleme. Im Gegensatz zu anderen europäischen Kleiberarten ist der Scheitel einheitlich dunkel: beim Männchen schwärzlich, beim Weibchen blaugrau, was in etwa der Färbung von Oberseite und Augenstreif entspricht. Er ist endemisch auf Korsika verbreitet und dort die einzige Kleiberart. Er lebt in rund 800 bis 1200 m Höhe in Wäldern der Korsischen Schwarzkiefer, deren Zapfen er hoch oben in den Bäumen bearbeitet; mit einem guten Fernglas kann man ihn beim Klauben der Samen beobachten. Seine Gesangsstrophen bestehen aus an- und abschwellenden, trillerndpfeifenden Folgen und weniger schnellen, etwas nasal klingenden, ansteigenden Tonreihen.

Der **Türkenkleiber** (*Sitta krueperi*), der vor allem in der Türkei und im Kaukasusgebiet vorkommt, ist in Europa auf die Insel Lesbos beschränkt; dort leben etwa 600 Brutpaare. Wie den Korsenkleiber trifft man auch diese Art häufig in den Kronen von Kiefern an, wo die Vögel die Samen aus den Zapfen klauben. Im Turnen an den Zweigspitzen zeigen sie sich fast so geschickt wie Meisen. Der Türkenkleiber hält sich aber auch in Büschen auf und kommt gelegentlich auf den Boden, wo er Jagd auf Insekten macht. Typisch ist der rostfarbene Brustfleck, der bei territorialen Auseinandersetzungen und während der Balz durch Sträuben der Federn zur Schau gestellt wird. Die schnellen, nasal klingenden Rufe erinnern etwas an eine Kindertrompete. Die flötenden Tonreihen im Gesang klingen ähnlich den Strophen des Kleibers.

▸ Kleiber

Felsenkleiber *Sitta neumayer* Michah. 1830

Größe	= Sperling
Maße (cm)	Länge ca. 13,5–14,5 / Flügel ca. 23–25
Körpermasse (g)	25–30
Stimme	Gesang variabel, durchdringend, beginnt etwas explosiv mit sich beschleunigendem, waldlaubsängerartigem Triller, geht in fitisähnliche Sequenz über, mit rollendem Triller fortgesetzt, mit baumpieperartiger Tonfolge ausklingend; auch übrige Rufe lautstark, z. B. „kiüv...kiüv"
Brutzeit	Anfang bis Mitte April, möglicherweise 2 Jahresbruten
Gelegegröße	6–10 (–13)
Eifärbung	weiß, mit kleinen hellroten, purpurroten und rötlich-braunen Punkten und Flecken; Zeichnung spärlich, am stumpfen Pol verdichtet; glatt, mäßig glänzend
Eimaße (mm)	spindelförmig – 20,6 x 15,3
Brutdauer	15–18 Tage; nur ♀ brütet
Nestlingszeit	30 Tage; von beiden Eltern versorgt

FELSENKLEIBER FÜTTERT GROSSE JUNGE

ÜRKENKLEIBER, MÄNNCHEN VOR DER BRUTHÖHLE

TÜRKENKLEIBER, MÄNNCHEN

KORSENKLEIBER, MÄNNCHEN

Mauerläufer

Gegenwärtig wird die Art Mauerläufer in eine eigene Familien gestellt („monotypisch"), da die verwandtschaftlichen Verhältnisse noch nicht hinreichend geklärt sind; allerdings scheint er weniger Baumläufern als vielmehr Kleibern nahe zu stehen. Auch über die Lebensweise des Mauerläufers war lange Zeit recht wenig bekannt – offensichtlich bestaunten die Forscher mehr seine prachtvolle Schönheit, anstatt sein Verhalten gründlich zu untersuchen.

Der Mauerläufer ist bezüglich Lebensraum, Verhalten und dem rot-schwarz-grau-weißen Gefieder so typisch, dass man ihn kaum mit einem anderen Kleinvogel verwechseln kann. Wegen seiner langen, abgerundeten Flügel mit den auffallenden, karminroten Bereichen nennt ihn der Volksmund „Fliegende Alpenrose". Sein flatternder, etwas unregelmäßiger Flug an steilen Felswänden lässt einerseits an Wiedehopf, andererseits an einen Schmetterling denken. An rauen Wänden mit vielen Vorsprüngen klettert der Mauerläufer aufwärts, indem er mit Hilfe kurzer Flügelschläge von einem Vorsprung zum nächsten hüpft. Die Füße stehen beim Klammern an senkrechten Strukturen in etwa parallel, die Brustfedern berühren oft die Wand. Bei der Nahrungssuche stochert der Vogel mit dem langen, etwas gebogenen Schnabel in den Gesteinsritzen nach Insekten und Spinnen. Am Fuß von Felsen geht er zur Nahrungssuche auch auf den Boden, untersucht Höhlungen und dreht gelegentlich Steinchen und Blätter um.

Im Abstand von wenigen Sekunden zuckt der Mauerläufer ständig ruckartig seitwärts mit den Flügeln. Das Zucken unterstützt nicht den Klettervorgang, sondern hat Signalfunktion – die unverträglichen Mauerläufer halten damit Artgenossen auf Abstand. Erscheint ein Greifvogel auf

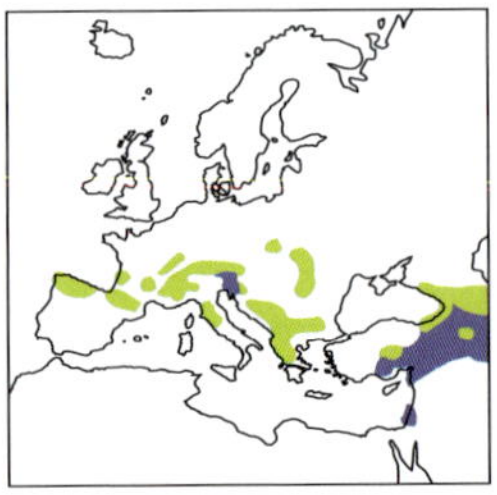

der Bildfläche, unterlassen die Vögel augenblicklich das Seitwärtszucken. An glatten Wänden fällt ihnen das Klettern schwerer, so dass sie die Höhe dann oft abschnittsweise in engen Spiralen aufwärts fliegend überwinden. Durch die große Flügelfläche kann der Mauerläufer auch wirkungsvoll Aufwinde vor der Felswand nützen, die ihn rasch emportragen, manchmal segelt er sogar über Tälern. Abwärts legt er oft die Flügel an und saust in atemberaubendem Flug zu Tal. Das Futter für die Jungen wird oft in großer Entfernung zum Nest gesammelt – dabei legt er auch vertikal beachtliche Strecken zurück.

Das Rufrepertoire ist wenig ausgeprägt, so fehlen beispielsweise Erregungs- oder Luftfeindrufe. Der angenehm klingende Gesang ist oft nicht gut zu hören, denn er wird von Wind- und Wassergeräuschen übertönt. Auch die Weibchen singen, vor allem zur Verteidigung ihrer Winterreviere.

Trotz seiner auffälligen Färbung ist der Vogel in den oft abgelegenen und großflächigen Felswänden, seinem Lebensraum, meist schwer zu entdecken. So ist auch heute noch vielerorts seine Bestandsdichte nur unzureichend bekannt. In Deutschland leben – grob geschätzt – etwa 100 Brutpaare, rund ein Zehntel des mitteleuropäischen Bestandes. Als ausgesprochener Spezialist ist der Mauerläufer natürlich potenziell gefährdet, allerdings weniger durch natürliche Feinde. Negativ wirkt sich vor allem der steigende Klettertourismus aus, wenn die Routen im Mauerläuferrevier verlaufen. Besonders problematisch ist es, wenn der Pflanzenbewuchs an den Routen entfernt (ausgeputzt) wird. Eine Sperrung der traditionellen Brut- und Überwinterungswände für den Klettertourismus wäre wünschenswert.

Die Art besiedelt die Gebirge Eurasiens von der Iberischen Halbinsel (Kantabrisches Gebirge und Pyrenäen) bis zur Mongolei und nach Westchina sowie den Himalaja und Tienschan. Die mitteleuropäischen Vorkommen beschränken sich auf die Alpen, den Jura und die Karpaten. Mauerläufer leben in gut strukturierten Felswänden bis in 3000 m Höhe. Diese sind aber nicht immer unzugänglich, sondern können sich auch an Gebirgsflüssen oder nicht weit entfernt von einer Straße befinden. Gelegentlich nisten die Vögel auch an Gebäuden, wie am Schloss Neuschwanstein in Bayern. Wasser in Brutplatznähe scheint wichtig zu sein, denn viele Nester werden in Schluchten oder Klammen gebaut. Nach der Brutzeit wandern die meisten Mauerläufer in größere Höhen (bis 4500 m), bevor sie spätestens im November tiefer gelegene Winterquartiere aufsuchen. Dann trifft man den Mauerläufer hin und wieder an Kirchtürmen und in Steinbrüchen des Tieflandes an.

Mauerläufer *Tichodroma muraria* (L. 1766)

Größe	= Sperling
Maße (cm)	Länge ca. 16,5 / Flügel ca. 27–32
Körpermasse (g)	17–19
Stimme	Rufrepertoire gering; unrein klingende, auf- und absteigende Drohrufe; Stimmfühlungslaut kurz schilpend „suit"; Gesang 4- bis 5-stufig ansteigende reine Pfeiftöne, gefolgt von tiefem Pfiff (beide Partner singen)
Brutzeit	Mitte Mai bis Mitte Juni, meist 1 Jahresbrut
Gelegegröße	3–5, wohl am häufigsten 4–5
Eifärbung	weiß, mit feinen schwarzen oder dunkelbraunen Sprenkeln; manchmal am Pol größere Punkte und schwachgraue Flecken; glatt, mäßig glänzend
Eimaße (mm)	spindelförmig – 21,3 x 14,3
Brutdauer	wohl 18–20 Tage; nur ♀ brütet, wird vom ♂ gefüttert
Nestlingszeit	vermutlich 28–30 Tage; beide Partner füttern

▶ KAUM ZU VERWECHSELN

MAUERLÄUFER, MÄNNCHEN IM PRACHTKLEID

WEIBCHEN ZUR BRUTZEIT

MÄNNCHEN

WEIBCHEN

Gartenbaumläufer

Mit ihrem rindenartigen Gefieder sind still am Baumstamm sitzende Baumläufer kaum zu erkennen. Ihre geringe Größe in Verbindung mit den ruckartigen Kletterbewegungen erinnert an Mäuse. Wie Spechte besitzen sie einen Stützschwanz aus steifen, sehr stabilen Steuerfedern, den sie beim Emporklettern an Baumstämmen wirkungsvoll einsetzen und der stets beim Klettern, auch auf der Astunterseite, Kontakt mit der Unterlage hat. Baumläufer laufen meist in Spiralen an Bäumen aufwärts; stammabwärts bewegen sie sich rückwärts und seitwärts kletternd. In Mitteleuropa gibt es zwei sich sehr ähnlich sehende Arten: Garten- und Waldbaumläufer.

Bei der Nahrungssuche läuft der Gartenbaumläufer – oft in Spiralen – an einem Baum hoch, oben angekommen fliegt er zum Fuße des nächsten. Dabei klettert er ruckartig in kleinen Sprüngen. Er untersucht auch sehr dünne Stämme und manchmal nur fingerdicke Äste, im Winter auch Schilfhalme. Das Beutespektrum entspricht in etwa dem des Waldbaumläufers.

Im Vergleich mit dem Waldbaumläufer hat der Gartenbaumläufer einen längeren und etwas stärker gebogenen Schnabel, der Überaugenstreif ist weniger deutlich, oft bräunlich, meist fehlt er vor dem Auge. In der Regel sind Waldbaumläufer unterseits weiß, Gartenbaumläufer weniger rein weiß und mit schmutzig bräunlichen Flanken. Die noch geringeren Unterschiede in der Flügelzeichnung sind kaum im Freiland zu erkennen, ebenso die etwas kürzere Hinterzehe des Gartenbaumläufers.

Deutliche Unterschiede gibt es dagegen im Schlafverhalten. Gartenbaumläufer übernachten nämlich häufig zu mehreren in geschützten Schlupfwinkeln, beispielsweise

unter einem Hüttendach; in kalten Winternächten können sich bis zu 20 Vögel eng aneinander kuscheln, die Schwänze nach außen weisend und das Gefieder zu einem Federball geplustert. Die gemeinsamen Schlafplätze werden oft über Monate hinweg beibehalten. Waldbaumläufer übernachten auch im Winter in aller Regel einzeln.

Der Gesang, eine kurze, rasch ansteigende Strophe aus hohen, fein pfeifenden Tönen, unterscheidet den Gartenbaumläufer am besten von der Zwillingsart; jedoch imitieren einzelne Männchen die Strophen des Waldbaumläufers. Der Gesang ist intensiver und länger im Jahr zu hören als der des Waldbaumläufers.

Das Verbreitungsgebiet ist kleiner als das der Zwillingsart. Es reicht von Nordwestafrika, dem mittleren und südlichen Europa über Kleinasien bis zum Kaukasus. Im Norden grenzt es an den Ärmelkanal, Dänemark und Nordpolen. Gartenbaumläufer sind Standvögel. Gelegentlich unternehmen sie Wanderungen, die über das normale Maß der Zerstreuungsbewegungen der Jungvögel hinausgehen.

Im Gegensatz zu ihrem Aussehen sind die Lebensraumansprüche deutlich verschieden: Der Gartenbaumläufer zieht Laubbäume, besonders Eichen, vor, denn sein etwas längerer Schnabel ist an das Stochern in grober Rinde angepasst – entsprechend fehlt die Art weitgehend in reinen Buchenwäldern wegen der zu glatten Buchenrinde. In Siedlungen und Parks ist der Gartenbaumläufer meist häufiger als die Zwillingsart, eine Vorliebe hat er für Streuobstbestände. Auch kleine Waldgebiete, Feldgehölze und Alleen besiedelt er. In Mischwäldern trifft man nicht selten beide Arten nebeneinander an.

Das Nest wird meist in einer Baumspalte, einem kleinen Hohlraum hinter abstehender Baumrinde, in anderen Baumhöhlungen oder in speziell gefertigten Baumläufer-Nistkästen mit seitlichem Einschlupfschlitz angelegt. Der Neststandort kann aber auch in Mauerspalten, hinter Fensterläden, in Verstecken in Gartenhäuschen oder unter Dächern sein. Bereits im März beginnt das Weibchen mit dem Nestbau, für das es Reisig, Moos und Halme verwendet; gelegentlich wird die zweite Brut im alten Nest aufgezogen. Oft wird im darauffolgenden Jahr das Nest auf das vorjährige gebaut, so dass manchmal bis zu 1/2 m hohe Nestkonstruktionen entstehen können.

Über Gefährdungsursachen und Bestandssituation ist noch nicht sehr viel bekannt, jedoch gehen viele Nistplätze durch zu intensive Durchforstung sowie den Einsatz von Schädlingsbekämpfungsmitteln verloren.

▸ WALDBAUMLÄUFER

Gartenbaumläufer *Certhia brachydactyla* BREHM 1820

Größe	= Sperling
Maße (cm)	Länge ca. 12,5 / Flügel ca. 17–20,5
Körpermasse (g)	8–11
Stimme	bei Erregung durchdringend, weit hörbar (auch abgewandelt) „tui“, ähnlich Kleiber, und „türr“, ähnlich Haubenmeise; Flug- und Nahkontaktruf wie Waldbaumläufer „pit“, „tit“ oder „ti“, Kontaktruf „srii“, sehr ähnlich Waldbaumläufer, aber tiefer und rauer; Gesang kürzer und lauter als Waldbaumläufer
Brutzeit	Mitte April, 1 oder 2 Jahresbruten
Gelegegröße	(3) 4–7, meist 5–6
Eifärbung	weiß, mit kastanienbraunen und purpurroten Flecken, die sich weitgehend am breiten Ende sammeln; glatt, glanzlos
Eimaße (mm)	spindelförmig – 16,1 x 12,1
Brutdauer	13–15 Tage; ♀ brütet
Nestlingszeit	17–19 Tage; beide Partner füttern

GARTENBAUMLÄUFER, MIT SEINEM RINDENFARBIGEN GEFIEDER IST ER BESTENS GETARNT

GARTENBAUMLÄUFER

JUNGVOGEL

NEST UND GELEGE

Waldbaumläufer

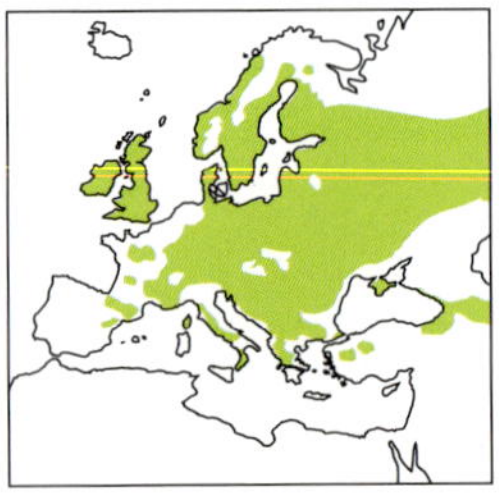

Der Waldbaumläufer, die Zwillingsart des Gartenbaumläufers (siehe dort), ist in Europa von den Pyrenäen und Irland über das mittlere und nördliche Europa verbreitet, kommt aber auch auf Korsika, in Teilen Italiens und der Balkanhalbinsel sowie im Kaukasus vor. In weiten Teilen des nördlichen Asien bis Kamtschatka, Japan und Korea sowie im Himalaja und Tienschan findet man die Art ebenfalls. Die in Nordamerika lebenden Populationen wurden jüngst als eigene Art abgegrenzt.

Waldbaumläufer brüten in Nadelwäldern mit Altholzbereichen, aber auch in Misch- und gebietsweise sogar Laubwäldern. In Parks und größeren Gärten mit älteren Nadelbäumen sind sie ebenfalls zu finden. In Mitteleuropa, wo Wald- und Gartenbaumläufer nebeneinander vorkommen, trifft man den Waldbaumläufer eher in ausgedehnten Nadel- und Mischwäldern sowie in höheren Lagen bis zur Baumgrenze an; dort kann er eine große Dichte erreichen, denn der Gartenbaumläufer ist in höheren Lagen nur noch selten anzutreffen. In England und Skandinavien, wo der Gartenbaumläufer fehlt, besiedelt die Art auch Laubwald.

Die mitteleuropäischen Waldbaumläufer sind Standvögel, die kaum Wanderungen über 100 km unternehmen. Nach Norden und Osten zu nimmt die Wanderneigung jedoch zu; besonders nach einer Reihe von milden Wintern kann ein Teil der Populationen abwandern. Obwohl der Waldbaumläufer noch zu unseren häufigen Waldvögeln zählt und eine Gefährdung der recht stabilen Bestände bisher nicht ersichtlich ist, könnte sich das ändern, wenn das „Waldsterben“ schlimmer wird. Wie beim Gartenbaumläufer wirken sich Durchforstungen negativ auf den Bestand aus.

Die Vögel sind wenig scheu, Beobachter kommen oft nahe heran. Im Winterhalbjahr schließen sich Waldbaumläufer nicht selten Meisentrupps an, viele sind jedoch in der kalten Jahreszeit solitär. Im Gegensatz zum Gartenbaumläufer schlafen sie in der Regel einzeln – und zwar an mehr oder weniger senkrechten Stämmen oder Ästen; dabei wählen sie gerne weiche Rinde oder morsches Holz. Die Unterlage bearbeiten sie zuvor mit dem Schnabel und schlagen kleine Späne weg oder zupfen Stückchen ab, um sich eine flache Mulde zu schaffen.

Waldbaumläufer fressen kleine Insekten, wie Blattläuse und Springschwänze, aber auch Schnaken und andere Zweiflügler, Schmetterlingsraupen, Käfer sowie Spinnen. Mitunter nehmen sie auch einige Samen. Kleine Flechtenstücke, die sie regelmäßig verzehren, brauchen sie offensichtlich für die Verdauung.

Der sehr hohe, feine, etwas bebende Stimmfühlungsruf klingt wie „srrie“; er wird oft wiederholt. Erregte Waldbaumläufer äußern ein schärferes „tsie“, im Flug ein scharfes, an Goldhähnchen erinnerndes „si“. Die Gesangsstrophen sind deutlich länger als die der Zwillingsart und bestehen aus zwei aufeinander folgenden abfallenden Trillern, die jeweils sehr hoch beginnen und mit einem kurzen „sui“ ausklingen.

Waldbaumläufer sind wenig gesellig; bei Erscheinen eines Artgenossen reagieren sie meist feindselig, recken drohend die Flügel hoch und klettern in dieser Haltung mit etwas vibrierenden Flügeln den Baum hoch. Beim Nestzeigen schlüpft das Männchen in jede ihm zusagende Höhlung kurz hinein und bewegt nach dem Herauskommen die Flügel flackernd; manchmal schüttelt es dabei auch das Gefieder. Daraufhin schlüpft das Weibchen ebenfalls ein, wobei das Männchen wieder mit den Flügeln flattert. Das Weibchen wählt schließlich eine der angebotenen Höhlen aus und baut auch das eigentliche Nest allein, während das Männchen höchstens das Material für die Unterlage der Konstruktion herbeibringt. Meist ist der Neststand eine Höhlung hinter loser, abstehender Rinde, in einer Baumhöhle, einem Holzstoß oder auch ein Schlupfwinkel hinter einem Fensterladen; ungewöhnlich ist eine Brut, die in einem 18 m hoch gelegenen, besetzten Seeadlerhorst entdeckt wurde. Das sehr typische Baumläufernest (gilt ebenso für Gartenbaumläufer) ist unterschiedlich groß, je nachdem, wie viel Platz in der Höhlung vorhanden ist und besteht meist aus Fichtenreisig, Rindenstückchen, Kiefernnadeln, Moos sowie Haaren, Federn und Gespinsten.

Waldbaumläufer *Certhia familiaris* (L. 1758)

Größe	= Sperling
Maße (cm)	Länge ca. 12,5 / Flügel ca. 17,5–21
Körpermasse (g)	8–11
Stimme	Erregung hoch „srii“, Flug und Nahkontakt dünn, kurz „pit“, „tit“ oder „ti“, wie Gartenbaumläufer, Fernkontakt weniger scharf „srii“; Gesang länger und leiser als Gartenbaumläufer, mit einem längeren, abfallenden Triller und meist einem Endschnörkel, etwa „zi-zi zisisrri zrrisui“
Brutzeit	April, 2 Jahresbruten
Gelegegröße	(4) 5–6 (7)
Eifärbung	trübweiß, mit sehr feiner rosa oder rötlichbrauner Sprenkelung, die überwiegend oder ausschließlich am breiten Ende zu finden ist; glatt, glanzlos
Eimaße (mm)	spindelförmig – 15,9 x 12,2
Brutdauer	13–15 Tage; ♀ brütet allein, wird vom ♂ nur mitunter gefüttert
Nestlingszeit	17–18 Tage; beide Partner füttern; Junge noch 8–10 Tage betreut

► Gartenbaumläufer

WALDBAUMLÄUFER AN TYPISCHEM NISTPLATZ

BAUMLÄUFER-SCHLAFGEMEINSCHAFT

FLÜGGER JUNGVOGEL

NEST UND GELEGE

Beutelmeise

Typisch für die Familie sind die überaus kunstvoll gebauten Beutelnester; erstaunliche Täuschung betreibt die Schließbeutelmeise (*Anthoscopus*), die ihr Nest mit einem falschen Eingang versieht, um Nestfeinde in die Irre zu leiten, während der richtige, aber viel unauffälligere Eingang sorgfältig verschlossen wird. „Unsere" Beutelmeise ist die einzige außerhalb Afrikas vorkommende Art der Familie. Beutelmeisen sind relativ nah mit den Echten Meisen verwandt.

Die Beutelmeise erinnert in Größe, Gestalt und Verhalten an eine Meise. Sie turnt wie diese geschickt an Halmen und dünnen Zweigen, oft mit dem Bauch nach oben. An der Färbung ist die Beutelmeise leicht zu erkennen und kaum mit anderen meisengroßen Kleinvögeln zu verwechseln: schwarze Gesichtsmaske, hellgrauer Scheitel und Nacken, kastanienbrauner Vorderrücken. Das Weibchen ist matter gefärbt, die Maske ist weniger markant. Jungvögel könnte man aufgrund ihres ganz verschiedenen Aussehens für Vertreter einer anderen Art halten; ihnen fehlt die schwarze Gesichtsmaske, statt der kräftigen Braunfärbung am Rücken sind sie oberseits graubraun, unterseits grauweißlich.

Wegen der versteckten Lebensweise wird man meist durch die hohen, dünnen, aber doch recht weit tragenden Rufe auf die Art aufmerksam. Die hohen Gesangsstrophen enthalten trillernde und klirrende Folgen, die oft mehrfach wiederholt werden, sowie rufähnliche Laute; die eingeflochtenen hohen Kontaktrufe hört man immer wieder heraus. Wichtigste Funktion des Gesangs ist wohl das Locken des Weibchens zum Nest, denn dann wird der Gesang laut und durchdringend.

Die Beutelmeisen zählen zu den kunstfertigsten Nestbauern. Das dickwandige, beutelförmige Nest, oben mit kurzer Eingangsröhre, wird an den äußeren Zweigenden von Weiden, Pappeln oder Birken (oft über dem Wasser) freihängend mittels Pflanzenfasern befestigt oder geschickt in herabhängendes Geäst eingeflochten; es besteht überwiegend aus der Samenwolle von Pappeln, Weiden, Rohrkolben oder Schilf, die mit Haaren sowie Pflanzenfasern aus alten Stängeln verstärkt wird. Sobald ein Männchen ein Weibchen gefunden hat, beginnt es mit dem Nestbau bis zum Stadium eines Henkelkörbchens, um es dann mit dem Weibchen zu vollenden. Die Nester sind so stabil, dass sie früher Kindern aus dem Gebiet des Neusiedler Sees als Pantoffeln dienten.

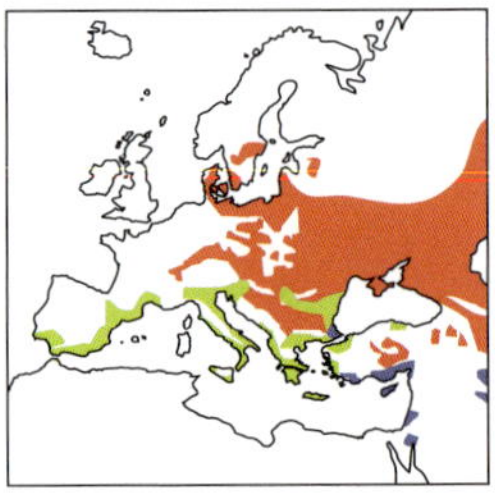

Monogamie ist nicht die Regel. Nicht selten beginnen Beutelmeisen beiderlei Geschlechts die Nestbauphase mit mehr als einem Partner. Manche Männchen sind mit drei oder sogar vier Weibchen beschäftigt; doch manchmal übernimmt auch ein Männchen allein die Brutpflege, wenn das Weibchen mit einem anderen Männchen eine neue Brut zeitigt. Die Vögel sind am Nest recht störungsempfindlich. Um den Bruterfolg zu gewährleisten, sollten die Brutlebensräume erhalten und Störungen am Brutplatz durch Angler und Touristen vermieden werden.

Heute ist die ursprünglich rein östliche Art von West- und Südwesteuropa bis zum Amur und in die Mandschurei verbreitet. Noch im letzten Jahrhundert war die Beutelmeise in Mitteleuropa eine Rarität, und Anfang des 20. Jahrhunderts reichte das Brutareal nur bis Ostösterreich, zur ehemaligen Tschechoslowakei und nach Ostpolen. In der ersten Hälfte des 20. Jahrhunderts konnte sich die Art westwärts ausbreiten und in den inzwischen in Besitz genommenen Gebieten in Mittel- und Südwesteuropa fest etablieren – allerdings in recht kleinen Zahlen. Ende der 70er-Jahre schließlich kam es erneut zu einer Besiedlungswelle, wobei die Arealgrenze noch einmal um rund 250 km nach Westen (und rund 200 km nach Norden) verschoben wurde. Gebietsweise hält die Ausbreitung immer noch an.

Beutelmeisen leben in Feuchtgebieten mit Bäumen und Sträuchern, vor allem Weiden, Pappeln und Erlen; häufig gibt es in der Nähe des Brutplatzes Rohrkolben. Außerhalb der Brutzeit trifft man die Art auch in einförmigen Schilfwäldern an, was zur Brutzeit nur für Vögel aus östlichen Populationen zutrifft. Sie suchen meist in Weiden oder im Schilf Nahrung; dabei sammeln die Vögel Insekten und Spinnen von Blättern, Zweigen oder Schilf- und Rohrkolbenpflanzen, oder sie zerzupfen in Stieglitzmanier Samenstände von Gräsern und krautigen Pflanzen.

▸ JUNGVÖGEL ÄHNLICH LAUBSÄNGERN UND JUNGEN ZWERGSCHNÄPPERN

Beutelmeise *Remiz pendulinus* (L. 1758)

Größe	= Sperling
Maße (cm)	Länge ca. 11 / Flügel ca. 16–17,5
Körpermasse (g)	9–10
Stimme	Ruf sehr hoch, herabgezogen „ziih" oder „siiüü", auch locker gereiht, ferner auch in unterschiedlicher Tonhöhe „sirüi"; Gesangsstrophen beginnen und enden meist mit Rufelementen wie „siüüh"; Mittelteil tief „tlü-tlü", zweisilbig, ähnlich Kohlmeisen, nur sehr viel feiner
Brutzeit	Ende April bis Anfang Mai, 1 Jahresbrut
Gelegegröße	2–8 (9)
Eifärbung	weiß, die zuerst gelegten Eier können einen rosa Anflug haben
Eimaße (mm)	lang-spindelförmig – 15,5 x 10,5
Brutdauer	12–14 Tage; Bebrütung und Aufzucht nur von 1 ad., meist ♀
Nestlingszeit	20–22 Tage; in manchen Populationen füttern nur ♀

BEUTELMEISE, MÄNNCHEN BRINGT FUTTER ZUM NEST

MÄNNCHEN SINGT IM UNFERTIGEN NEST

MÄNNCHEN

FLÜGGER JUNGVOGEL

Pirol

Pirole sind schlanke, mittelgroße, auffällig kontrastreich gefärbte Singvögel mit recht kurzen, kräftigen Beinen, die in Wäldern leben. Ihre Nester sind tief und napfförmig. Pirole sind vermutlich mit Rabenvögeln verwandt, erinnern etwas an Stare und, vor allem wegen ihres langen, kräftigen Schnabels, an Drosseln.

Trotz ihres auffälligen gelbschwarzen Gefieders sind Pirole in den lichtdurchfluteten Baumkronen wegen ihrer versteckten Lebensweise nicht leicht zu entdecken, meist sieht man sie nur kurz zwischen Baumkronen fliegen. Doch anhand ihrer sehr charakteristischen Stimme lassen sie sich nachweisen: Der gut nachzupfeifende Gesang, der dem Vogel auch den lautmalerischen Namen „Vogel Bülow" eingebracht hat, lässt sich mit „düdlio" oder ähnlich umschreiben. Bei Beunruhigung ruft der Pirol eichelhäherartig rau und gepresst „krääh" oder „grewäh".

Wegen seiner schnellen, in großen, flachen Bögen verlaufenden Flugweise könnte man einen fliegenden Pirol mit einem Specht (vor allem Grün- oder Grauspecht) oder einer Misteldrossel verwechseln. Seine Nahrung setzt sich aus Insekten und Früchten zusammen. Er klettert geschickt im Laubdach und turnt auch an dünnen Zweigen, um seine Beutetiere zu fangen: Hummeln, Käfer wie Maikäfer, vor allem aber Schmetterlinge und Raupen, auch behaarte, die andere Vögel verschmähen. Letztere werden vor dem Verzehr meist mit dem Schnabel „weich geknetet". Manchmal erbeuten Pirole auch einen Schmetterling im Verfolgungsflug. Nach der Brutzeit stehen vor allem Früchte und Beeren auf dem Speiseplan; oft ziehen sie in Familientrupps zu früchtetragenden Bäumen, wie Kirschen, in die Wälder. Feigen oder

Weintrauben, Maulbeeren, Datteln und Oliven sind ebenfalls recht beliebt.

Pirole bewohnen lichte Wälder, oft Auwälder oder andere Laubwälder mit feuchtem Boden. Sie kommen aber auch in Streuobstflächen, Alleen sowie Parks und Gärten mit alten Laubbäumen vor. Gebietsweise brütet der Pirol in fast reinen Kiefernwäldern. Er ist ein Vogel der hohen Baumkronen, der sich kaum in Bodennähe aufhält, außer an heißen Tagen, wenn die Vögel oft intensiv in Pfützen oder nassen Blättern baden. Auffälliger ist das Flugbaden, bei dem oft mehrere Vögel gleichzeitig steile Sturzflüge oder auch flache Gleitflüge zur Wasseroberfläche unternehmen; dabei kommt es aber nur selten zum richtigen Eintauchen.

In Mitteleuropa sind die Pirolbestände gebietsweise stark zurückgegangen – das liegt neben klimatischen Einflüssen an der großflächigen Zerstörung der Auwälder und anderer alter Laubwälder, aber auch am Einsatz von Schädlingsbekämpfungsmitteln, die den schönen Vogel seiner Nahrungsgrundlage berauben. Auf dem Zug durch die Mittelmeerländer ist er vielfach der Verfolgung ausgesetzt – teilweise auch, weil man ihn in Obstbaugebieten für einen „Schädling" hält.

Die Art lebt in Nordwestafrika und weiten Teilen Europas, im Norden bis Dänemark, Südschweden und Südostfinnland; von den Mittelmeerinseln sind nur Korsika und Sizilien besiedelt. Es gibt gebietsweise Vorstöße in die Mittelgebirge, in den Alpen fehlt die Art aber nahezu völlig. Das asiatische Areal reicht von der Türkei und Südsibirien ostwärts bis zum Altai, nach Indien und Bangladesch.

Die Überwinterungsgebiete dieses ausgesprochenen Langstreckenziehers liegen in Ostafrika (Bergwaldgebiete) oder weiter südlich in der Dornbuschsavanne des südlichen Afrika und Madagaskars. Die mitteleuropäischen Brutvögel ziehen im Herbst Richtung Südosten, wodurch es im östlichen Mittelmeerraum zu großen Ansammlungen kommt. Da der Heimzug im Frühjahr weiter westlich verläuft, handelt es sich hier um einen Schleifenzug. Der Pirol kehrt erst im Laufe des Mai nach Mitteleuropa zurück. Meist werden sofort nach der Ankunft die Reviere etabliert. Das oft erst mehrere Tage nach dem Männchen eintreffende Weibchen bestimmt (unter nicht genau geklärter Beteiligung des Männchens) den Nistplatz. Auch der Nestbau obliegt dem Weibchen; es fertigt ein kunstvolles napfförmiges Nest, meist in einer Astgabel hoch in Laubbäumen – kaum unter 2–3 m Höhe. Große Stabilität gegen Stürme erhält es, indem das Weibchen das Nistmaterial (Gras, Bast, Rindenstreifen und manchmal sogar Papierfetzen) vor dem Flechten einspeichelt.

▶ IM FLUG MISTELDROSSEL, GRÜN- und GRAUSPECHT

Pirol *Oriolus oriolus* (L. 1758)

Größe	= Amsel
Maße (cm)	Länge ca. 24 / Flügel ca. 44–47
Körpermasse (g)	55–80
Stimme	„düdlio" oder „düliolui" (leiser und höher vom ♀) sowohl als Ruf, wie auch als Gesang; daneben verhaltener, schwätzender und vielgestaltiger ‚Plaudergesang'
Brutzeit	Mai bis Anfang Juni; 1, manchmal 2 Jahresbruten
Gelegegröße	2–5 (6), meist 3–4
Eifärbung	reinweiß, rahmfarben oder schwach rosa überflogen, mit wenigen kleinen, kräftig purpurbraunen bis schwarzen Flecken besetzt; Zeichnung am stumpfen Pol verdichtet; glatt, glänzend
Eimaße (mm)	30,4 x 21,3
Brutdauer	15–18 Tage; beide Partner brüten; ♀ mehr
Nestlingszeit	14–20 Tage; beide Partner füttern; Junge verlassen Nest oft in unterschiedlichem Entwicklungszustand

PIROL, AUSGEFÄRBTES MÄNNCHEN AUF DEM HERBSTZUG AN FEIGEN

WEIBCHEN AUF DEM HERBSTZUG

JUNGVOGEL VERZEHRT FEIGEN AM BODEN

NEST UND GELEGE

Neuntöter

Würger haben einen großen Kopf und einen langen Schwanz; der seitlich zusammengedrückte Schnabel weist eine hakenartig gekrümmte Oberschnabelspitze auf. Würger leben in offener Landschaft mit Büschen, die ihnen Ansitzwarten und Neststandorte bieten; wegen ihrer hellen Unterseite kann man die aufrecht auf der Warte sitzenden Vögel oft bereits von weitem entdecken. Sie jagen ihre Beutetiere, indem sie von erhöhtem Ansitz aus herabfliegen und die Beute meist vom Boden aufnehmen – ähnlich wie ein Greifvogel. Wenn Nahrung reichlich vorhanden ist, horten die meisten Arten die Beutetiere, indem sie sie auf Dornen aufspießen oder in Astgabeln einklemmen.

Der Neuntöter, dessen deutscher Name auf das Aufspießen von Beutetieren anspielt, ist die in Mitteleuropa am weitesten verbreitete Würgerart. Als einziger europäischer Würger hat er keine weißen Flügelabzeichen und weist Geschlechtsdimorphismus auf. Das Männchen ist mit der schwarzen „Räubermaske" und den rostroten Flügeln kaum mit einem anderen Vogel zu verwechseln. Das schlichtere Weibchen hat eine quer gewellte Unterseite, kein Schwarz im Gefieder, außerdem variiert der Grauanteil an Kopf und Bürzel. Bei Erregung vollführen Neuntöter drehende Schwanzbewegungen.

Für Brut und Jungenaufzucht sind Neuntöter auf breite Heckenstreifen und Dornbüsche angewiesen. Die meisten Nester findet man in Dornensträuchern, wie Heckenrose, Schlehe, Weißdorn oder Brombeere, manchmal auch in Hartriegel, Liguster, Apfelbäumen oder Fichten; in Fichten ist der Bruterfolg besonders hoch. Das relativ große Nest wird von Männchen und Weibchen gemeinsam gebaut. Es besteht aus

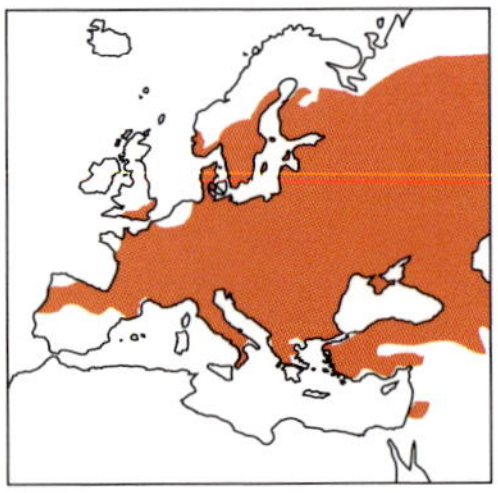

Zweigen, Moos und Stängeln, innen wird es mit Tierhaaren und feinen Pflanzenteilen sorgfältig gepolstert.

Die Neuntöter bewohnen überwiegend offene, sonnigwarme Landschaften mit großer Strukturvielfalt, wie Heckenlandschaften oder Moor- und Heideflächen, Trockenrasen mit dornigem Gebüsch und einzelnen Bäumen, nicht zu intensiv genutzte Wiesen und Weiden mit Dornbüschen, Streuobstflächen oder Weinberge. Auch an Waldrändern mit Dornengestrüpp findet man die Vögel; gebietsweise leben sie in großer Zahl auf Kahlschlägen oder von Sturm heimgesuchten Flächen rund zehn Jahre nach der Aufforstung. Wichtig sind vegetationsarme Flächen für die Beutejagd.

Neuntöter brüten bis auf Island, die Britischen Inseln, weite Teile Nordeuropas und der Iberischen Halbinsel in ganz Europa; in Höhenlagen gehen sie bis in rund 1800 m. Ihr nördlichstes Vorkommen besteht in Finnland bei 66°. Im Osten reicht das Areal bis zum Westsibirischen Tiefland und nach Kasachstan, wo es sich mit dem des nah verwandten Isabellwürgers (*L. isabellinus*) überschneidet.

Neuntöter sind Langstreckenzieher. Ihre Winterquartiere liegen vor allem in Ost- und Südafrika. In Mitteleuropa erscheinen die Vögel erst im Mai; im August ziehen die Altvögel bereits wieder weg, Jungvögel bleiben oft bis Ende September.

Neben Lebensraumzerstörung durch Abholzen von Hecken und Dornbüschen sowie Pestizideinsatz ist für die Wärme liebende Art vor allem die Witterung zur Brutzeit entscheidend. Nach zum Teil dramatischen Bestandseinbrüchen ab den 50er-Jahren in Mitteleuropa, die teilweise zu lokalem Aussterben führten, haben sich die Bestände vielerorts deutlich erholt, auch wenn die früheren Zahlen nur gebietsweise wieder erreicht werden konnten. Gründe für die Zunahme sind überwiegend besseres Klima, aber auch Schutzmaßnahmen und Entstehung von Brachen. Problematisch ist für den Neuntöter, dass er auf die kontinuierliche Neuentstehung beziehungsweise Pflege von geeigneten Lebensräumen angewiesen ist.

Der Speiseplan ist recht vielseitig. Er umfasst vor allem Großinsekten, aber auch Spinnen oder Mäuse, gelegentlich auch einen jungen Vogel. Bei warmem Wetter verfolgen die Würger ihre Beutetiere häufig in der Luft, oft über recht lange Strecken. Bei schlechtem Wetter gehen sie eher zur Bodenjagd über. Gelegentlich rütteln sie über einem erspähten Beutetier wie ein Turmfalke. Das Aufspießen der Beute auf Dornen oder kurze, spitze Seitenäste dient neben der Vorratshaltung auch dem Bearbeiten und Zerteilen des Tieres.

▸ ROTKOPFWÜRGER

Neuntöter *Lanius collurio* (L. 1758)

Größe	= Sperling
Maße (cm)	Länge ca. 17 / Flügel ca. 24–27
Körpermasse (g)	25–35
Stimme	bei Erregung „dschä", einzeln oder in Reihen scharf „teck teck teck"; Angriffslaute knarrend „trrt trrrt..." und Schnabelknappen; Imponierlaut „tschok"; Gesang relativ leise schwätzend, mit zahlreichen Imitationen, oft mit „dschä"-Rufen eingeleitet und abgeschlossen
Brutzeit	Mitte Mai bis Anfang Juni, 1 Jahresbrut
Gelegegröße	4–7, am häufigsten 5–6
Eifärbung	sehr variabel; blassgrünlich, olivfarben, rosa- bis rost-bräunlich, rahmfarben oder fast weiß, mit breiter Fleckenzone am breiten Pol; Zeichnung kastanienbraun, olivfarben, dunkelrot oder grau; glatt, glänzend
Eimaße (mm)	spindelförmig – 22,4 x 16,8
Brutdauer	14–16 Tage; nur ♀ brütet
Nestlingszeit	13–15 Tage; nur ♀ hudert, ♂ füttert anfänglich allein

NEUNTÖTER, MÄNNCHEN AUF DER WARTE

WEIBCHEN AUF DER WARTE

WEIBCHEN VERZEHRT AUFGESPIESSTE MAUS

NEST UND GELEGE

Schwarzstirnwürger

Das Verbreitungsgebiet des Schwarzstirnwürgers erstreckt sich über Süd- und Osteuropa sowie Teile Asiens von Nordostspanien im Westen bis zum mittelasiatischen Altai-Gebirge im Osten. Die nördlichsten europäischen Brutvorkommen liegen derzeit in Litauen. In Deutschland ist die Art ausgestorben.

Im Aussehen erinnert der Schwarzstirnwürger an den größeren Raubwürger, hat aber einen kürzeren Schwanz, einen kürzeren, dickeren Schnabel sowie längere, schmalere und spitzer zulaufende Flügel, die den Schwanz kürzer erscheinen lassen. Die schwarze Augenmaske zieht sich als breites Band quer über den Schnabel. Bei Weibchen ist das dunkle Stirnband verwaschen und weniger kontrastreich, bei Jungvögeln fehlt es, die Stirn ist bei ihnen wie beim Raubwürger grau. Der recht laute, plaudernde und schwätzende Gesang besteht aus rauen arteigenen Lauten und zahlreichen, erstaunlich virtuos wiedergegebenen Imitationen anderer Vogelstimmen, wie von Finken, Meisen oder Schwalben; aber auch Hahnengekräh und sogar Hundegebell werden nachgeahmt.

Im Vergleich zum Raubwürger sitzen Schwarzstirnwürger meist aufrechter. Die Art ist geselliger als andere europäische Würgerarten. Häufig jagen in günstigen Biotopen mehrere Vögel nebeneinander. Ihre Angriffe starten sie meist von einer 2–3 m hohen Warte aus – oft einem Leitungsdraht –, wenn es kaum Warten gibt, rütteln sie auch wie ein Turmfalke. Große Insekten, vor allem Käfer, die nicht selten in der Luft verfolgt werden, bilden die Hauptnahrung, aber auch Heuschrecken, Hummeln, Schmetterlinge und gelegentlich kleine Wirbeltiere, wie Eidechsen, Mäuse oder Jungvögel, werden erbeutet. Die erfolgreiche Jagd auf kleine Fledermausarten wurde ebenfalls schon beobachtet. Bei schlechtem Wetter jagt der Schwarzstirnwürger auch „zu Fuß". Im Gegensatz zum Neuntöter spießt er kaum Beute auf, scheint aber nicht benötigte Nahrungstiere am Boden zu deponieren.

Wichtig für die Nahrungssuche sind – wie bei einigen anderen Brutvögeln offener Landschaft – Stellen mit wenig bis fehlender Vegetation. Schwarzstirnwürger brüten in offener, extensiv bewirtschafteter Kulturlandschaft mit wenig Einzelbäumen, aber kleinen, lichten Wäldchen, hohen Hecken und Alleen sowie in extensiven Weinbergen und aufgelockerten Obstgärten.

In Mitteleuropa erscheinen die meisten Schwarzstirnwürger erst nach dem 10. Mai, meist bereits paarweise. Das Nest wird auf einem Baum errichtet, in Mitteleuropa häufig auf Obstbäumen, im Süden eher auf Alleebäumen oder Pappeln, oft am Straßenrand. Der Neststandort befindet sich mindestens 2 m bis über 20 m hoch. Das napfförmige Nest wird von beiden Altvögeln aus Zweigen, Gräsern und Würzelchen mit vielen grünen Pflanzenteilen sorgfältig gebaut.

Der Schwarzstirnwürger ist eigentlich eine Art, die Steppenklima mit heißen, trockenen Sommern braucht. Daher leidet sie wie einige andere Arten (Rotkopfwürger, Blauracke) unter dem zunehmend atlantischen Klima in großen Teilen Europas. Hauptrückgangsursachen sind aber die landwirtschaftliche Intensivnutzung, die dem Schwarzstirnwürger Lebensraum und Nahrung nimmt, sowie Störungen durch Freizeitaktivitäten. Auch Einflüsse auf dem Zug und im südafrikanischen Winterquartier, wie Dürreperioden in der Kalahari, tragen teilweise zur katastrophalen Bestandssituation in weiten Teilen Europas bei. Darauf deuten Abnahmen in osteuropäischen Brutgebieten hin, in denen die beiden anderen Rückgangsursachen (Landwirtschaft und Klimaverschlechterung) nicht zutreffen.

Stabile Bestände werden noch aus Kroatien, Bulgarien und Russland gemeldet. In vielen Ländern gilt die Art bereits als ausgestorben. So ist sie aus dem westlichen Mitteleuropa inzwischen vollständig verschwunden, seit rund zehn Jahren auch in Deutschland, wo sie ehemals weit verbreitet war. Vor kurzem erfolgten kleine Neuansiedlungen zum Beispiel in der Steiermark und in Italien, in Ungarn zeichnet sich eine leichte Zunahme ab. Es gibt also noch berechtigte Hoffnung für das Überleben des Schwarzstirnwürgers in Mitteleuropa.

Schwarzstirnwürger *Lanius minor* GMEL. 1788

Größe	< Amsel
Maße (cm)	Länge ca. 20 / Flügel ca. 32–34,5
Körpermasse (g)	42–55
Stimme	häufig „wät"-Rufe, bei Erregung oft lang gereiht „ksek ksek ksek..." oder „srek srek srek..."; Imponierrufe schnarrend „kerrib". Bei Angriffen oder in höchster Erregung schnarrend; leise bis mittellauter schwätzender Balzgesang mit Imitationen
Brutzeit	Mitte Mai, 1 Jahresbrut
Gelegegröße	4–7
Eifärbung	blassgrün oder bläulichgrün, selten rahmfarben oder rostbraun, mit olivfarbenen oder olivbraunen Punkten und Klecksen; Zeichnung um den stumpfen Pol gehäuft; glatt, glänzend
Eimaße (mm)	spindelförmig – 25,1 x 18,2
Brutdauer	14–16 Tage; nur ♀ brütet, wird von ♂ am Nest gefüttert
Nestlingszeit	17–19 Tage; beide Partner füttern

▸ RAUBWÜRGER

SCHWARZSTIRNWÜRGER, BRÜTENDES MÄNNCHEN

WEIBCHEN

FLÜGGER JUNGVOGEL

NEST UND GELEGE

Raubwürger

Von den Würgerarten Europas hat der Raubwürger das breiteste Nahrungsspektrum. Der größte europäische Würger nimmt vor allem Großinsekten, fängt aber mehr als die anderen Würgerarten Wirbeltiere wie Eidechsen, Spitzmäuse und Mäuse sowie Kleinvögel. In schneearmen Wintern bilden Wühlmäuse die Hauptnahrung. Sind die Mäuse durch Schnee nicht zugänglich, weicht der Raubwürger auf Singvögel aus. Oft jagt er von einer hohen Warte aus, beispielsweise einer Fichtenspitze, aber auch aus niedrigem Suchflug heraus oder rüttelnd, manchmal sogar „zu Fuß". Das ganze Jahr über legen Raubwürger Vorräte an. Bei großem Nahrungsangebot kann diese Vorratshaltung extreme Ausmaße annehmen, zum Beispiel fast 100 Mäuse bei einem Paar, das größere Junge zu versorgen hat.

Raubwürger führen eine Art Dauerehe, auch wenn jeder der Partner im Winter ein eigenes Revier verteidigt. Das Weibchen baut mit Unterstützung des Männchens in hohen Dornbüschen oder in einem Baum (der Neststand muss gut gedeckt sein) meist über 5 m hoch ein umfangreiches, recht stabiles Nest aus Zweigen, Stängeln, Moos und grünen Pflanzenteilen. Die Mulde wird mit feinem Pflanzenmaterial und vielen Federn gepolstert. Die Winterreviere sind ähnlich strukturiert wie die Brutreviere, aber oft wegen der schwerer zugänglichen Beutetiere größer; manchmal verteidigt einer der Partner das Sommerrevier auch im Winter.

Von weitem erinnert der frei auf einer Busch- oder Baumspitze sitzende, überwiegend hell schwarzweiße Raubwürger an eine kleine Elster. Aus der Nähe fällt die schwarze „Räubermaske" auf, die im Unterschied zum Schwarzstirnwürger über dem Schnabel nur ein schmales Band bildet. In

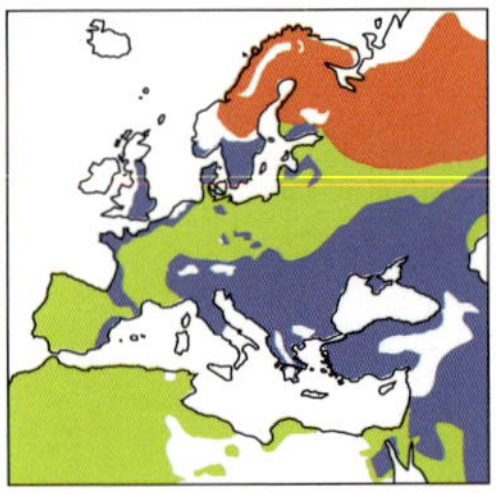

den Proportionen von Flügeln und Schwanz unterscheidet sich der Raubwürger ebenfalls deutlich vom Schwarzstirnwürger (siehe dort). Das Weibchen trägt auf der Brust eine feine Wellenzeichnung, Jungvögel erkennt man an ihren graubraunen Wellenlinien unterseits. Der Flug ist schnell, kraftvoll und im Gegensatz zur geradlinigen Flugweise des Schwarzstirnwürgers ausgesprochen wellenförmig – in der Gleitphase, die jeweils auf eine Phase mit schnellen Flügelschlägen folgt, werden die Flügel kurz vollständig angelegt. Auf Warten sitzt der Raubwürger zwar würgertypisch aufrecht, aber meist nicht so steil wie der Schwarzstirnwürger.

Die Art brütet in weiten Teilen Europas und Asiens, im Osten bis Nordostsibirien, sowie in Nordafrika, auf der Arabischen Halbinsel und in Teilen Indiens. Sie fehlt als Brutvogel auf den Britischen Inseln, in Südschweden sowie in Südosteuropa bis auf Rumänien, ebenso in Italien und auf den Mittelmeerinseln. In Mitteleuropa kommt sie nicht in Ungarn vor, in der Schweiz gilt sie seit kurzem als ausgestorben. Die Raubwürger Südfrankreichs und der Iberischen Halbinsel sowie Nordafrikas werden inzwischen meist als eigene Art angesehen und als *L. meridionalis* abgetrennt.

Im Gegensatz zu den nordeuropäischen Raubwürgern, die Zugvögel sind und zum Teil sogar bis in den Mittelmeerraum ziehen, sind die mitteleuropäischen Vögel Standvögel und Teilzieher, die vermutlich in Abhängigkeit von Nahrungsangebot und Dichte mehr oder weniger weite Wanderungen unternehmen. Der Raubwürger ist in Deutschland der einzige Würger, den man im Winter antreffen kann; die Überwinterer erhalten in der kalten Jahreszeit Zuzug aus nördlichen und östlichen Brutgebieten. In Großbritannien, Südschweden und dem größten Teil Südosteuropas ist die Art ausschließlich Wintergast.

Die Brutgebiete liegen in offener bis halboffener Landschaft, in Mitteleuropa vor allem in weiten Heckenlandschaften, ferner Verlandungsbereichen und in Moor- und Heidegebieten mit Baumgruppen. Auch große Kahlschläge mit einzeln stehenden Bäumen werden besiedelt, in Nordeuropa sogar die Strauchtundra.

Wie viele Arten des Offenlandes ist auch der Raubwürger durch intensive Landwirtschaft und andere Lebensraumzerstörung sowie Überdüngung und Gifteinsatz bedroht. Ein Problem stellt der große Raumanspruch des störungsempfindlichen Würgers dar; so ist die Art heute vielerorts, wo der Lebensraum noch stimmt, trotzdem verschwunden – nachdem die vormals abgelegenen Brutgebiete durch neue und bequeme Feldwege für Touristen zugänglich wurden.

▸ Schwarzstirnwürger

Raubwürger *Lanius excubitor* (L. 1758)

Größe	= Amsel
Maße (cm)	Länge ca. 24–25 / Flügel ca. 30–34
Körpermasse (g)	48–80
Stimme	Rufe hoch „kwiet", „wäd wäd" oder trillernd; Warnruf kreischend-quäkend „kwäää"; Gesang metallisch klingende Kurzstrophen wie „üü-trschrli", daneben leicht strophig gegliederter schwätzender Gesang mit Imitationen
Brutzeit	Ende März im Süden, bis Ende Mai/Juni im Norden; 1 Jahresbrut
Gelegegröße	3–8, meist 5–7
Eifärbung	weiß, mit grünlicher oder zimtbrauner Tönung, meist stark gezeichnet mit braunen, olivfarbenen und grauen Punkten und Klecksen; Häufung am breiten Pol; glatt, glänzend
Eimaße (mm)	spindelförmig – 27,8 x 19,9
Brutdauer	15–18 Tage; ♀ brütet, wird vom ♂ am Nest gefüttert
Nestlingszeit	19–20 Tage; ♂ hudert, beide Partner füttern, in ersten Tagen nur ♀

RAUBWÜRGER, PAAR

ÜTTELNDER RAUBWÜRGER AUF DER BEUTEJAGD

RAUBWÜRGER IM WINTER

NEST UND GELEGE

Rotkopfwürger

Durch die Rotfärbung von Scheitel und Nacken sowie das Weiß an Schultern und Bürzel ist der neuntötergroße Rotkopfwürger unverkennbar. Beim sitzenden Vogel sieht man entweder die weiße Vorderseite oder die Rückseite mit auffälliger weißer V-Zeichnung, die von den Schulterabzeichen gebildet wird. Weibchen sind weniger kontrastreich gefärbt und haben mehr Weiß an Stirn und Zügelbereich, das schwarze Stirnband ist deutlich schmaler. Jungvögel sind von entsprechenden Neuntötern nur schwer zu trennen, jedoch haben sie unterseits ein deutlicheres Schuppenmuster und sind auf Schultern und Bürzel heller, oberseits eher braun, weniger rostbraun gefärbt; außerdem wirken sie großköpfiger.

Die häufig zu hörenden „dchärrrt"-Rufe erinnern an Sperlinge. Ein kurzes „grüg" dient als Warnruf und kann als Hinweis auf eine Brut gewertet werden. Der anhaltend plaudernde Gesang enthält auch raue Tonfolgen und vor allem viele gute Imitationen anderer Vogelstimmen.

Häufig sieht man Rotkopfwürger auf Leitungsdrähten; sie sitzen jedoch meist nicht so exponiert auf Buschspitzen wie Neuntöter, so dass man sie oft weniger leicht entdeckt. Ihre Jagdwarten befinden sich vor allem auf den unteren Ästen oder Zweigen von Bäumen. Die Würger ernähren sich vorwiegend von Käfern, Hummeln, Wespen und Ameisen, fangen aber auch Schmetterlinge im Flug und erbeuten am Boden Spinnen. Kleine Wirbeltiere nehmen sie nur ausnahmsweise, etwa bei Regenwetter, wenn keine Insekten fliegen; dann jagen sie auch „zu Fuß". Vögel werden kaum erbeutet, höchstens frisch ausgeflogene Junge. Rotkopfwürger spießen nur Wirbeltiere in Würgermanier auf. Andere Beutetiere werden beim Verzehren oft mit dem Fuß festgehalten, um Stücke davon abzureißen. Wie auch andere Würger trennt der Rotkopfwürger zunächst den Kopf ab und frisst häufig zuerst das Gehirn.

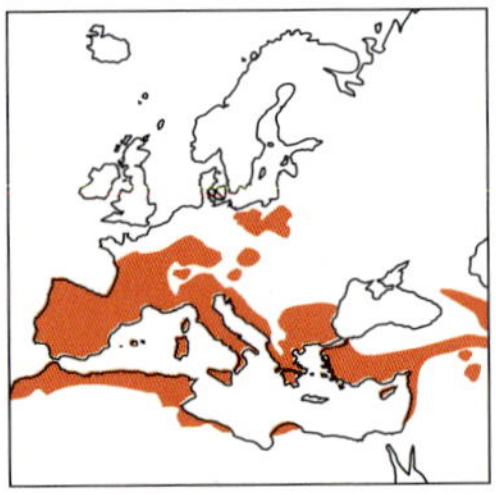

Das Brutareal reicht von Nordafrika und der Iberischen Halbinsel im Westen vorwiegend in der mediterranen Klimazone unter Einschluss Kleinasiens und der Kaukasusregion bis zum Nordirak und Südiran. In Europa gibt es vor allem in Spanien und Frankreich noch größere Bestände. In Mitteleuropa, wo die Art nordwärts bis Südwestdeutschland und Polen vorkommt, leben nur noch Restbestände, die meisten sind kurz vor dem Erlöschen.

In Mitteleuropa besiedelt der Rotkopfwürger nur wenige, ausgesprochen warme, strukturreiche Gegenden. Zum Brüten wählt er halb offene Landschaft mit Büschen und Gehölzen, Waldränder, verwilderte Obstbaumkulturen, auch in der Nähe von Siedlungen; in Südeuropa sind die Würger typische Vögel der Macchie, aber auch in Olivenhainen und Gebieten mit Korkeichen anzutreffen. Wichtig sind Flächen mit wenig oder fehlender Vegetation für die Nahrungssuche.

Die Würger erscheinen in Deutschland im Mai, im Süden Mitteleuropas auch schon im April aus dem Winterquartier. Das stabile, halbkugelförmige Nest enthält nur wenig Reiser und Wurzeln, aber viele Grashalme und frische, gern filzig behaarte Stängel krautiger und oft blühender Pflanzen; die Mulde ist mit Wolle, Federn oder Haaren gepolstert. Es wird bevorzugt in 2–6 m Höhe gebaut und steht somit in der Regel höher als das Neuntöternest – meist in Laubbäumen, bei uns vorwiegend in Obstbäumen. Nach dem Ausfliegen bleiben die Familien noch rund 5–6 Wochen zusammen; in dieser Zeit werden die Jungen noch rund einen Monat mit Nahrung versorgt. Nach der Brutzeit im Juli oder August mausern die Altvögel das Kleingefieder und die Schirmfedern. Im Winterquartier, das in den Savannengebieten südlich der Sahara bis zum Nordrand der Regenwälder liegt, durchlaufen sie eine Vollmauser.

Der mitteleuropäische Bestand ist inzwischen auf ungefähr 100 Brutpaare zusammengeschrumpft, allein in Deutschland lebten in den 50er-Jahren noch zehnmal so viele. Aufgrund von Klimaänderungen und deutlicher Verschlechterung der Lebensraumsituation in den Brut- und Überwinterungsgebieten sowie Bejagung setzte in den 60er-Jahren ein starker Bestandsrückgang ein, nicht nur in Mitteleuropa, sondern auch in weiten Teilen Südeuropas. Heute gibt es in Mitteleuropa nur noch in der Schweiz und im Elsass stabile Bestände.

▸ Neuntöter

Rotkopfwürger *Lanius senator* (L. 1758)

Größe	> Sperling
Maße (cm)	Länge ca. 18 / Flügel ca. 26–28
Körpermasse (g)	28–50
Stimme	bei Erregung oft lang gereiht „gegegeg...", knarrende Aggressivlaute „trtrtrtrch..." oder „dschärt"; Rivalenlaut hoch durchdringed „drirrd"; Gesang beginnt mit Erregungsrufen, dann insgesamt nicht in Strophen gegliedertes, mittellautes Schwätzen, mit zahlreichen Imitationen
Brutzeit	Ende April bis Mai/Juni, 1 Jahresbrut
Gelegegröße	4–6
Eifärbung	meist sehr blassgrün, zuweilen rosa, weißlich oder rahmrostfarben; am stumpfen Pol starke Fleckung in hellbraun und hellgrau; glatt, glänzend
Eimaße (mm)	spindelförmig – 23 x 17,3
Brutdauer	14–16 Tage; ♀ brütet, vom ♂ meist am Nest gefüttert
Nestlingszeit	16–20 Tage; ♀ hudert, ♂ bringt anfänglich Futter, dann füttern beide

ROTKOPFWÜRGER, MÄNNCHEN HAT DEM BRÜTENDEN WEIBCHEN EINE GRILLE ÜBERBRACHT

MÄNNCHEN AUF DEM ZUG

WEIBCHEN AUF DEM ZUG

NEST UND GELEGE

Maskenwürger

In der Größe gleicht der Maskenwürger etwa dem Neuntöter; er ist aber graziler, hat einen kleineren Schnabel, der Schwanz ist länger, dünner und stärker gestuft. Im Vergleich zu anderen Würgerarten wirkt er bei weitem nicht so großköpfig, im Verhalten ist er meist weniger „draufgängerisch".

Die prächtig gefärbten Altvögel sind mit ihrem auffälligen Gefiedermuster (überwiegend schwarze Oberseite mit großen, weißen Flügelfeldern, weiße Stirn, die in den weißen Überaugenstreif übergeht, und weiße Unterseite mit rostbraunen Flanken) unverwechselbar. Auch die blasser gefärbten Weibchen kann man kaum mit anderen Würgern verwechseln. Die Jungvögel ähneln vor allem dem Rotkopfwürger, sind aber oberseits eher grau als braun, außerdem deutlich langschwänziger. Bereits im Herbst entwickelt sich aus der zunächst dunklen Wellenzeichnung des Jugendkleides die weiße Stirnbefiederung, so dass es keine Bestimmungsprobleme mehr gibt.

Der Maskenwürger sitzt aufrecht, oft mit etwas gestelztem Schwanz. Wenn er wendig Insekten verfolgt, kann er an einen Fliegenschnäpper erinnern. Seine Ansitzwarten wählt er seltener als andere Würger in Baum- und Buschspitzen oder auf Leitungsdrähten, sondern eher in der Deckung seitlich auf einem Baum oder sogar in einem dichten Busch. Hat er ein Beutetier am Boden entdeckt, stürzt er sich aber in Würgermanier darauf; manchmal rüttelt er kurz davor. Die Beute verzehrt der Maskenwürger entweder gleich am Boden, oder er fliegt mit ihr auf eine Warte; häufig spießt er sie auf Dornen. Großinsekten, wie Käfer oder Heuschrecken, stellen seine Hauptnahrung. Er nimmt aber auch Eidechsen und sogar Kleinvögel, jedoch wohl ausschließlich junge oder vom langen Zug erschöpfte Vögel, kaum gesunde.

Maskenwürger *Lanius nubicus* LICHTENSTEIN 1823

Größe	> Sperling
Maße (cm)	Länge ca. 17–18 / Flügel ca. 24–26,5
Körpermasse (g)	15–25
Stimme	Gesang erinnert an Olivenspötter oder Teichrohrsänger, anhaltendes Mahlen aus groben und herausgestoßenen, manchmal knirschenden Tönen; häufigster Ruf vokallos schnarrend „krrr", ähnlich Rotkopfwürger
Brutzeit	Mitte April im Süden, bis Ende April oder Anfang Mai im Norden; 2 Jahresbruten
Gelegegröße	4–6 (7)
Eifärbung	rahmfarben bis hellrostbraun oder gelblich, spärliche Fleckung in Braun oder Grau, Häufung am stumpfen Pol; glatt, glänzend
Eimaße (mm)	spindelförmig – 20,7 x 15,7
Brutdauer	unbekannt
Nestlingszeit	unbekannt

Neststand ist meist ein Seitenast in einem höheren Baum (oft Ölbaum) oder hohen Dornbusch, nicht selten ist das Nest frei in einer Gabelung zweier dicker Äste aufgesetzt oder nah am Stamm gebaut. Es besteht aus sorgfältig verflochtenen Rindenstreifen, Nadeln, Pflanzenwolle, Würzelchen und frischen, oft noch blühenden Pflanzenstängeln sowie Moos und Flechten; innen wird es mit Haaren, Schafwolle, feinen Würzelchen gepolstert. Manchmal besteht es aber völlig aus Papier, Pappe oder Wollstückchen. Das Brutgeschäft obliegt nur dem Weibchen.

Übrigens nisten Maskenwürger oft in enger Nachbarschaft mit dem Rotkopfwürger, ohne dass sich beide Arten nennenswert stören.

Im Habitat des Maskenwürgers gibt es gewöhnlich mehr höhere Bäume als in den Revieren anderer europäischer Würger; er kommt also auch in lichtem Wald vor. Vielfach besiedelt er Olivenhaine, verwilderte Obstgärten, Pappelpflanzungen und, seit kurzem und lokal, auch Aufforstungsflächen. Andererseits gehen durch Aufforstungen auch viele Maskenwürger-Lebensräume verloren. Das Bergland meidet er zum Brüten.

Der Maskenwürger hat ein recht kleines Verbreitungsgebiet in der mediterranen Klimazone, das nur wenig über die Westpaläarktis hinausreicht. Es umfasst in Südosteuropa Griechenland und Bulgarien sowie Zypern; vom Westen und Süden der Türkei zieht es sich bis zum Westirak und Nordiran sowie Israel und Jordanien. Den Winter verbringen die Würger in Afrika südlich der Sahara (dort vom Sudan und Äthiopien bis zum Osten Malis) sowie auf der Arabischen Halbinsel. Der Wegzug dauert von Mitte August bis Mitte September.

Leider wird der Maskenwürger nicht nur in der Türkei, im Nahen Osten und in Afrika verfolgt, sondern auch in Griechenland; dort ist sein Vorkommen gebietsweise auch noch durch Aberglauben gefährdet, denn man hält ihn für einen Unglücksboten.

Neben der direkten Verfolgung sind Lebensraumverschlechterung und -zerstörung, wie Abholzen und Abbrennen oder Aufforsten, sowie Agrargifte für Rückgänge verantwortlich. Der seltene Vogel ist daher nur noch in manchen Gegenden häufig, beispielsweise in Thrakien, wo vor kurzem sechs Brutpaare pro vier Quadratkilometer gezählt wurden; im übrigen Griechenland ist er dagegen selten und im Rückgang begriffen. Auch auf Zypern ist die Art nicht selten, in Bulgarien scheint der kleine Bestand sogar zuzunehmen. Die größten Vorkommen liegen in der Türkei, wo man den Bestand derzeit auf rund 50 000 Brutpaare schätzt.

► ROTKOPFWÜRGER

MASKENWÜRGER, MÄNNCHEN AM NEST

KENWÜRGER, PAAR AM NEST (RECHTS MÄNNCHEN)

FAST FLÜGGE JUNGVÖGEL

NEST UND GELEGE

Eichelhäher

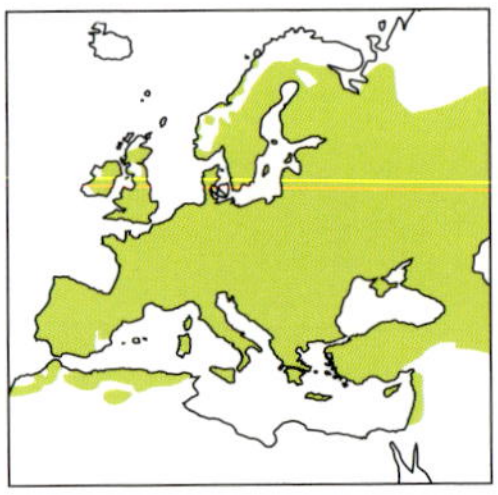

Die Rabenvögel oder Krähen bilden eine Familie mittelgroßer bis sehr großer Singvögel mit meist großem Kopf und kräftigem Schnabel. Nach ihrem äußeren Erscheinungsbild lassen sie sich in die einheitlich dunklen Krähen und die mehrfarbigen bis prächtig gefärbten Elstern und Häher einteilen. Die Geschlechter sind nur schwer auseinander zu halten; viele Arten leben in Dauerehe. Während die dunklen Arten überwiegend Allesfresser sind, haben sich manche Häher auf bestimmte Nahrung spezialisiert.

Der Eichelhäher ist mit seinem überwiegend rosabraunen Gefieder, markantem Bartstreif, weißem Armschwingenfeld und weißem Bürzel mit kontrastreich schwarz abgesetzten Schwanzfedern sowie dem kräftig himmelblau-schwarz gemusterten Flügelfeld unverwechselbar. Die Oberkopffedern hält er oft keck gesträubt.

Im Herbst sieht man Eichelhäher oft unermüdlich zwischen Eichen und einem nahen Waldstück hin- und herfliegen; dabei transportieren sie jedes Mal mehrere Eicheln (bis über zehn Stück) im Kehlsack und meist noch eine im Schnabel. Die Baumfrüchte verstecken sie sorgfältig im Boden als Wintervorrat. Jede Frucht erhält ein eigenes Versteck, das die Vögel mit dem Schnabel hacken und anschließend mit Moos oder Laub bedecken. Da sie nicht alle Verstecke wieder finden, können viele Baumfrüchte auskeimen und zu neuen Nahrungsbäumen heranwachsen. Neben Eicheln ernähren sich Eichelhäher auch von Haselnüssen und Bucheckern, Beeren, Kirschen und anderen Früchten. Sie fressen aber auch viele Eier und Nestlinge, die sie sogar in gut getarnten Nestern aufspüren, sowie Insekten und Larven, mit denen die Jungen gefüttert werden.

Die große Förderung der Eichenverbreitung wiegt den „Schaden", den die bunten Häher durch Nestraub verursachen, bei weitem auf; auch helfen sie bei der Vertilgung von forstschädlichen Insekten. Eine „Regulierung" der Bestände ist auch deshalb nicht erforderlich, weil es bei den Rabenvögeln keine „Übervermehrung" auf Kosten der Singvögel gibt.

Der wachsame Vogel ist nicht bei jedermann beliebt, denn mit seinem lauten Rätschen hat er schon manchem Jäger das Wild verjagt. Das „hiää" des Mäusebussards klingt dem Original oft täuschend ähnlich. Ob es eine regelrechte Imitation ist oder nicht doch ein typischer Häherlaut, ist noch strittig. Interessant ist, dass wirkliche Imitationen oft „sinnvoll" erfolgen; so imitierten beispielsweise von einem Waldkauz oder einem Habicht erschreckte Eichelhäher deren typische Lautäußerung. Auch die Rufe von Krähen oder Reihern werden bei deren Anblick imitiert. Gefangenschaftsvögel lernen darüber hinaus menschliche Stimmen und Hundegebell, aber auch Umweltgeräusche nachzuahmen.

Den Nistplatz wählt das Männchen aus. Es ist eine gut geschützte Stelle auf einem Baum oder hohen Busch, meist in einer Astgabel. Gelegentlich nisten die Häher auch an, mitunter sogar in Gebäuden. Das Nest ist relativ klein und flach und besteht aus Zweigen und Astteilen, die die Vögel von Bäumen abbrechen; das Material für den „Innenausbau", wie Bastfasern oder feine Wurzeln, suchen sie am Boden.

Der Eichelhäher ist ein ausgesprochener Waldvogel, der fernab von Bäumen nur ausnahmsweise einmal zu beobachten ist. Er brütet in Laub- und Mischwäldern, häufig in Feldgehölzen, an Waldrändern sowie in Parks und großen Gärten mit älterem Baumbestand, zum Teil mitten in Städten. In Nadelwald geht er nur, wenn Nahrungsbäume nicht zu weit entfernt sind. Im Gebirge trifft man die Art bis in rund 1500 m Höhe an. Während viele mitteleuropäische Eichelhäher Standvögel sind, unternehmen vor allem nördliche und östliche Populationen weitere Wanderungen.

Der Eichelhäher bewohnt in einer Vielzahl von Formen, die sich vor allem im Kopf- und Flügelmuster unterscheiden, ein riesiges Verbreitungsgebiet. Es erstreckt sich von Nordwestafrika, Portugal und Irland über fast ganz Europa und das nördliche Asien bis Kamtschatka und Japan. Ein isoliertes Areal verläuft vom südlichen Himalaja bis China und Taiwan. Die Art fehlt auf Island, in Nordskandinavien, Nordrussland und auf den Balearen. In Mitteleuropa ist sie überwiegend häufig und weit verbreitet. Die europäischen Bestände sind bis auf Irland, wo das Brutareal stark schrumpft, stabil.

▸ KAUM ZU VERWECHSELN

Eichelhäher *Garrulus glandarius* (L. 1758)

Größe	= Taube
Maße (cm)	Länge ca. 34–35 / Flügel ca. 52–58
Körpermasse (g)	150–190
Stimme	häufigster Ruf bei Erregung oder Alarm lautes Rätschen, wie „schräit" oder „rätch", meist 2-mal kurz hintereinander; häufig hohes „hijäh", ähnlich Mäusebussard, auch krähenartig „kraah"; Gesang schwätzend, mit sehr unterschiedlichen Lauten, auch Imitationen
Brutzeit	Ende April bis Anfang Mai, 1 Jahresbrut
Gelegegröße	1 (–3)
Eifärbung	blass-, blau- oder graugrün, olivfarben oder olivbräunlich, fein graubräunlich oder rostbraun, graugrün oder olivgrün gefleckt und punktiert, manchmal ein schwarzer Haarstreifen; glatt, ziemlich glänzend
Eimaße (mm)	spindelförmig – 30,6 x 22,6
Brutdauer	16–19 Tage; ♀ brütet, wird vom ♂ am Nest aus Kropf gefüttert
Nestlingszeit	21–23 Tage; ♀ hudert, beide Partner füttern, anfänglich hauptsächlich ♂

EICHELHÄHER, TYPISCH IST DAS BLAU-SCHWARZ GEMUSTERTE FLÜGELFELD

EICHELHÄHER FÜTTERT JUNGE IM NEST

SONNENBADENDER JUNGVOGEL

NEST UND GELEGE

Unglückshäher

Sowohl der deutsche Name als auch der wissenschaftliche Artname (*infaustus* = unheilvoll) spielen auf seinen Ruf als Unglücksvogel an, den der Unglückshäher seit alters hat, gebietsweise sogar noch heute. Der überwiegend graubraun gefärbte Häher ist kaum größer als eine Wacholderdrossel. Charakteristisch ist die Rosttönung im Flügelbugbereich, an Bürzel, Flanken und den meisten Federn des langen, gestuften Schwanzes; der kurze Schnabel ist relativ breit. Der Rücken der Jungvögel ist brauner, die Unterseite hell zimtbraun.

Die Art bewohnt die eurasiatische Nadelwaldtaiga von Südwestnorwegen bis Nordostsibirien, ungefähr zwischen 50° und 70° nördlicher Breite. Dort brütet der Unglückshäher vor allem in dichtem, flechtenbehangenem und vom Menschen kaum beeinflusstem Fichten- und Kiefernwald. Gebietsweise lebt er auch in Mischwald. In Birken sieht man ihn oft Nahrung suchen.

Diese besteht aus Insekten, wie Raupen oder Käfern, die die Häher als Wintervorrat in Spalten der Baumrinde oder hinter Flechten im Gezweig verstecken. Gelegentlich nehmen sie Eier, Jungvögel oder Kleinsäuger, mitunter auch Aas. Rötelmäuse können sie wie Greifvögel schlagen und zerteilen; sie werden häppchenweise gehortet. Außerdem fressen Unglückshäher viele Beeren, wie Blau- und Preiselbeeren, und Nadelbaumsamen sowie Pilze.

Die Brutperiode beginnt bereits, wenn die Schneedecke oft noch recht hoch ist und die Temperatur nachts unter minus 30 °C fallen kann. Das relativ kleine, aber tiefmuldige, sehr gut isolierte Nest, das von beiden Partnern gefertigt wird, besteht aus einem Geflecht aus trockenen Nadelzweigen. Es

wird aus Bart- und anderen Flechten, Wolle von Ren oder Fuchs sowie Rindenstückchen gebaut und innen dick mit Federn oder Haaren ausgepolstert. Interessanterweise legen Unglückshäher nicht nur Nahrungsvorräte an, sondern auch Depots für weiche Niststoffe, die sie dann für die Isolierung des Nestes verwenden. Das Nest wird meist in 2–6 m Höhe direkt an den Stamm einer Fichte oder Kiefer gebaut oder weiter außen auf einer Zweiggabelung. Die ausgeflogenen Jungen werden noch ein paar Wochen gefüttert und verbleiben meist bis zum Spätherbst im elterlichen Revier. Oft dominiert einer der Jungvögel über die Geschwister und zwingt diese nach und nach, das Revier zu verlassen; nur er wird von den elterlichen Vorräten profitieren, wodurch er größere Überlebenschancen hat.

Viele Hähernester werden geplündert oder gehen aus anderen Gründen verloren. Trotzdem halten sich die Bestände in unberührten Primärwäldern überwiegend auf etwa gleichem Niveau, denn die Vögel sind recht langlebig (in Finnland wurde ein mindestens 15-jähriger Unglückshäher kontrolliert). Der höhere Bruterfolg in Revieren in unberührtem Urwald hängt vielleicht mit dem im Urwald stärkeren Flechtenbewuchs und dadurch besseren Nahrungsversteckmöglichkeiten zusammen. Trotz gewisser Anpassung an sanfte Bewirtschaftungsweise nimmt die Art wegen der großflächigen und intensiven Nutzung nordischer Wälder seit den 60er-Jahren insgesamt stark ab.

Das Verhalten der Unglückshäher ist erst in jüngster Zeit eingehender untersucht worden. Meist treten sie in kleinen Trupps auf, oft zu viert (ein Paar mit einem erwachsenen Jungvogel, denen sich ein fremder Jungvogel angeschlossen hat). Dabei teilen die Eltern mit dem eigenen Jungen die Futterquellen, der Fremde wird verscheucht. Unglückshäher sind Standvögel, auch in Nordsibirien. Die Paare, die ein Revier etabliert haben, bleiben in der Regel lebenslang dort sowie in der näheren Umgebung. Sie leben recht leise, unauffällig und zurückgezogen, besonders zur Brutzeit. Eine Begegnung in der Taiga findet oft unerwartet und plötzlich statt, denn die Vögel kommen, meist truppweise, lautlos zwischen den Bäumen heran. Häufig sind sie erstaunlich vertraut und „besichtigen" neugierig den Wanderer, um nach einer Weile wieder genauso lautlos im Wald zu verschwinden. Im Sommer und Herbst legen sie in Tausenden von Einzelverstecken Nahrungsvorräte an, die sie im Winter, selbst wenn hoher Schnee das Aussehen der Landschaft vollständig verändert hat, erstaunlich gut wiederfinden. Wenn es im Winter sehr kalt ist, können sie sich ohne großen Bewegungsaufwand und damit Energieverlust aus den Verstecken bedienen.

▶ KAUM ZU VERWECHSELN

Unglückshäher *Perisoreus infaustus* (L. 1758)

Größe	< Taube
Maße (cm)	Länge ca. 30–31 / Flügel ca. 40–46
Körpermasse (g)	80–100
Stimme	häufigster Ruf gedämpft „tschär", im Abflug hoch „skrii"; eichelhäherartiges Rätschen, gedämpft „guk guk…", auch bussardartiges Miauen; Gesang leises Schwätzen, mit miauenden Lauten und Imitationen
Brutzeit	Anfang April bis Anfang Mai, 1 Jahresbrut
Gelegegröße	3–5
Eifärbung	bläulichgrün, blau oder bläulichgrau, mit kleinen olivbraunen, grauen und lilagrauen Flecken und Punkten gezeichnet; Zeichnung am stumpfen Pol meist dichter; glatt, glänzend
Eimaße (mm)	spindelförmig – 29,8 x 21,7
Brutdauer	18–20 Tage; ♀ brütet, wird vom ♂ am Nest gefüttert
Nestlingszeit	21–25 Tage; ♂ hudert, beide Partner füttern, zuerst nur ♂

UNGLÜCKSHÄHER SIND SEHR NEUGIERIG UND WENIG SCHEU

IM WINTER

BEIM FÜTTERN DER JUNGEN

BRÜTENDER ALTVOGEL, VOM SCHNEE ÜBERRASCHT

Blauelster

Blauelstern sind das ganze Jahr über gesellig und treten meist in kleinen Trupps auf. Oft sieht man sie von Baum zu Baum hintereinander herfliegen; dabei fliegen sie relativ niedrig, schwingen sich aber kurz vor dem Ziel auf, um hoch im Baum zu landen. Im Gegensatz zu Elstern ist der Flug „entschlossener" und weniger unregelmäßig. Die schlanken und eleganten Blauelstern erreichen bei ähnlicher Gestalt nur rund drei Viertel der Größe der Elster, sie haben einen sehr langen Schwanz, der im Flug noch schmaler wirkt. Durch ihre schwarze Kapuze, die kontrastreich zur hellen Kehlregion und der hell bräunlichgrauen Rumpffärbung abgesetzt ist, und vor allem durch die namengebende hell azurblaue Färbung auf Flügeln und Schwanz ist die Blauelster kaum mit einer anderen Art zu verwechseln.

Wie viele soziale Vögel verfügen Blauelstern über ein vielfältiges Lautrepertoire für effektive Kommunikation mit den Artgenossen. Von Vögeln innerhalb eines Trupps hört man häufig ein heiseres, trillernd-zeterndes, ansteigendes „schrieeh", das vielfältig abgewandelt und gereiht wird, beispielsweise zu „kwit kwit kwit". Daneben äußern sie noch mehrere melodisch pfeifende bis rau kratzende Rufe, bei Gefahr ein heiseres „krärärä".

Die Vögel suchen meist truppweise auf dem Boden Nahrung. Sie verzehren viele wirbellose Tiere, wie Käfer und Heuschrecken, verschiedene Samen und Früchte und gelegentlich einmal eine Eidechse oder Maus. Nicht selten bedienen sie sich wie andere Rabenvögel an Abfällen oder betätigen sich als Aasvertilger.

Die Blauelster bewohnt in neun Unterarten zwei isolierte Gebiete: Spanien und Portugal sowie Ostasien. Das östliche Verbreitungsgebiet erstreckt sich von Zentralchina und der Mongolei bis Ussuriland, Korea und Japan. Wie es zu dieser

Arealaufspaltung kam, ist noch nicht hinreichend geklärt. Es werden mehrere Theorien diskutiert. Eine besagt, dass die Blauelster bereits im 16. Jahrhundert mit Kaufleuten auf dem Seeweg auf die Iberische Halbinsel gelangte und dort allmählich große Areale besiedeln konnte.

Blauelstern brüten in lockeren Kolonien. Besonders in kalten Gebieten übernachten sie gemeinsam. Sie sind zwar monogam, doch oft hilft ein anderes Koloniemitglied bei der Aufzucht mit. Das nachlässig gebaute, offene Nest aus Zweigen und Wurzeln, mit einer bis 5 cm dicken Schicht aus Lehm, Schlamm oder Dung verfestigt, wird in eine Astgabel seitlich in die Baumkrone – möglichst weit vom Stamm entfernt – gebaut. Offensichtlich bietet dieser Standort den besten Schutz gegenüber Nesträubern. Nach oben ist das Nest meist durch Laub beziehungsweise Nadelzweige des Trägerastes geschützt. Innen ist es mit Wurzeln, Moos, Pflanzenwolle, Tierhaaren und Federn rund 1 cm dick gepolstert.

Nach der Brutzeit streifen die Vögel in Familientrupps (die sich aus mehreren Familien einer einzigen Brutkolonie zusammensetzen) in großen Gruppenterritorien umher, die sie gegen andere Trupps verteidigen; dabei entfernen sie sich nicht allzu weit von den Brutplätzen. Die ostasiatischen Artgenossen scheinen weniger sesshaft zu sein.

Blauelstern brüten vorwiegend in immergrünen Eichenwäldern, aber auch in Kiefern- und Edelkastanienwäldern sowie in Olivenhainen und Obstbaumbeständen. Die Art bewohnt auch offene Kultur- oder Steppenlandschaft mit Gebüsch, Hecken oder Baumgruppen – von Meeresniveau, wo sie Pinien- und Eukalyptusbestände in Dünen besiedeln, bis in rund 700 m Höhe in Schluchten. Es gibt nur wenige Gebiete, in denen Blauelstern und Elstern nebeneinander leben.

Im ostasiatischen Areal ist die Art überwiegend in Laubwaldgebieten anzutreffen und kommt vor allem an Ufern und auf Inseln vor; sie besiedelt aber auch Nadelwälder, beispielsweise mit Koniferen bestandene Parks in China.

Außer den üblichen Zerstreuungsbewegungen der Jungvögel gibt es keine eigentlichen Wanderungen.

Die spanischen Vorkommen von rund 250 000 Paaren scheinen trotz erheblicher Biotopveränderungen sowohl in der Areal- als auch Populationsgröße weitgehend stabil zu sein; aus Portugal wird sogar leichte Bestandszunahme und Arealerweiterung gemeldet.

Blauelster *Cyanopica cyanus* PALLAS 1776

Größe	= Taube
Maße (cm)	Länge ca. 34–35 / Flügel ca. 38–40
Körpermasse (g)	65–75
Stimme	ruft meist gedehnt, heiser trillernd oder schreiend „kschrrrie", manchmal trocken klappernd, bisweilen von kurzen „küit" gefolgt; beunruhigt raues „krärärä"
Brutzeit	Ende April bis Anfang Mai, 1 Jahresbrut
Gelegegröße	5–7 (–9)
Eifärbung	blassrahmbräunlich oder rahmoliv, selten bläulichweiß, sparsam mit dunkelbraunen, olivbraunen oder blassgrauen Punkten und Klecksen gezeichnet; glatt, glänzend
Eimaße (mm)	spindelförmig – 28,1 x 20,9
Brutdauer	15–16 (14–17) Tage, nur ♀ brütet
Nestlingszeit	14–16 Tage, von beiden Partnern betreut und aus dem Kropf gefüttert

▸ ELSTER

BLAUELSTER, WIRKT NUR IM SONNENLICHT FARBENPRÄCHTIG, SONST EHER UNSCHEINBAR

NAHRUNGSSUCHE

BLAUELSTERN LEBEN MEIST IN GRUPPEN

NEST UND GELEGE

Elster

Das Verbreitungsgebiet der Elster erstreckt sich über Nordwestafrika und weite Teile Eurasiens; die Art besiedelt ein Gebiet vom Nordrand der Tropen bis in den Norden der borealen Zone, von der Meeresküste bis in rund 1000 m Höhe. Gebietsweise ist sie mit dem Menschen bis in Höhen von 2500 m vorgedrungen. In Europa fehlt die Elster nur auf Island, in den nördlichsten Bereichen und höheren Gebirgslagen. Das asiatische Verbreitungsgebiet reicht bis ins Anadyrgebiet, nach Kamtschatka und Taiwan. Außerdem kommt die Elster in den gemäßigten Zonen Nordamerikas vor.

Elstern bewohnen fast überall offene oder halb offene Kulturlandschaft mit Hecken und Gehölzen, Alleen, Waldränder und sehr lichtem, unterholzreichem Wald. Geschlossene Waldungen meiden sie. Häufig sieht man sie in Dörfern, Parks, oft auch mitten in Großstädten.

Die meisten ausgewachsenen Elstern leben in Dauerehe, Umverpaarungen gibt es in der Regel nur nach dem Verlust eines Partners. Beide Altvögel bauen ein großes, robustes Zweignest, wobei zunächst eine Plattform aus Ästen und Zweigen angelegt wird, die dann mit feuchter Erde verfestigt wird. Danach erstellen sie die Dachkonstruktion, für die sie oft Dornenzweige verwenden. Die Mulde wird aus Schlamm und Erde geformt und mit feinen Wurzeln, anderem feinem Pflanzenmaterial und Haaren ausgepolstert. Neststand ist meist zwischen 6 und 20 m hoch in einer Laubbaumkrone; dadurch ist der Bau geschützt gegenüber Bodenfeinden und kann frei angeflogen werden. Allerdings ist es vor dem Laubaustrieb oft weithin sichtbar und wird zum Beispiel von Krähen leicht geplündert. Vermutlich soll das gut sichtbare Nest anderen Paaren und umherstreifenden Elstern ein besetztes Revier signalisieren.

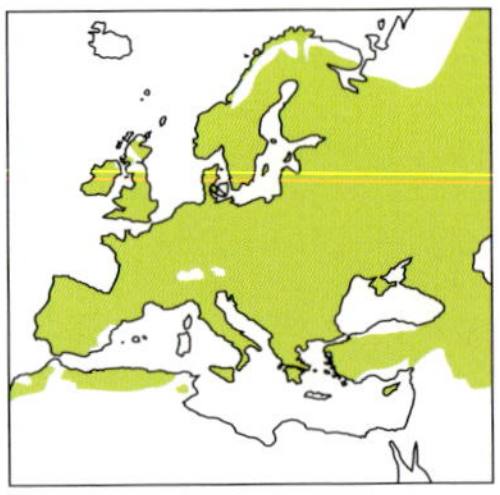

Elster *Pica pica* (L. 1758)

Größe	= Taube
Maße (cm)	Länge ca. 44–46 / Flügel ca. 52–60
Körpermasse (g)	180–230
Stimme	am häufigsten lautes, hartes Schäckern, etwa „schräk-äk-äk-äk-äk-äk...", auch 2-silbig oder sehr schnell und dann verschmelzend; daneben viele Rufe mit unterschiedl. Bedeutung und Interpretation; Gesang verhalten gurgelndes Schwätzen, mit Rufelementen, pfeifenden und nasalen Lauten, auch mit Fremdimitationen
Brutzeit	Anfang April, zuweilen Ende März, 1 Jahresbrut
Gelegegröße	3–9, meist 5–7
Eifärbung	blassblau oder grünlichblau, selten blass oliv- oder sandfarben, dicht besetzt mit feinen olivbraunen oder grauen Sprenkeln; glatt glänzend
Eimaße (mm)	spindelförmig – 33,7 x 23,6
Brutdauer	17–18 Tage; nur ♀ brütet, wird vom ♂ am Nest gefüttert
Nestlingszeit	22–27 Tage; beide Partner füttern; juv. nach Ausfliegen noch ca. 6 Wochen bei ad.

Die Nester werden oft viele Jahre benutzt. Schon an milden Dezembertagen beginnen die Paare, das alte Nest auf seinen Bauzustand zu untersuchen und manchmal sogar auszubessern. Viele Paare bauen jedoch ein neues Nest, obwohl das alte noch ganz passabel wäre, mitunter überbauen sie sogar das alte, so dass ein merkwürdiger Turm entsteht.

Ihre Nahrung setzt sich aus Insekten und deren Larven, Würmern, (vor allem Regenwürmern), Schnecken sowie Spinnen zusammen; ferner fangen sie Mäuse und Vögel. Vor allem zur Brutzeit der Kleinvögel entwickeln Elstern einiges Geschick, um deren Nester aufzuspüren; häufige Opfer sind die Bruten von Amseln und Türkentauben. Im Winterhalbjahr leben Elstern eher vegetarisch und fressen Getreide, Samen, Früchte, Beeren, aber auch Aas und Abfälle.

Elstern gehen zur Nahrungssuche vor allem auf kurzgrasige Wiesen, denn dort gibt es viele Wirbellose. Bei Umwandlung in Ackerland werden sie gezwungen, in die Siedlungen einzuwandern, wo sie sich auf Rasenflächen in Gärten verköstigen.

Typisch für die Elster ist das überwiegend schwarzweiße Federkleid und der lange, gestufte Schwanz, der prächtig grün schimmert, aber von weitem nur einheitlich schwarz wirkt. Die Männchen haben einen etwas längeren Schwanz als Weibchen. Im Flug ist die Elster durch den langen Schwanz und die kurzen, abgerundeten Flügel sowie den unregelmäßigen Flügelschlag ebenfalls leicht erkennbar. Typische Lautäußerung ist das Schackern. Der Gesang, ein mit pfeifenden, gurgelnden und schnarrenden Lauten untermischtes Schwätzen, ist leise und nur aus der Nähe zu hören.

Die Elsternbestände nehmen bei uns gebietsweise zu und zwar schon seit längerem; dies betrifft aber im Allgemeinen die Vögel innerhalb von Siedlungen, da sie dort wegen des geringeren Feinddrucks sowie mangelnder menschlicher Nachstellungen erfolgreicher brüten können. Dagegen stagnieren die Bestandszahlen der in der immer vogelfeindlicheren Feldflur brütenden Elstern oder gehen vielerorts sogar deutlich zurück. Die Sorge, dass durch Bestandszunahme der Elstern Singvögel entsprechend stärker gefährdet sind, ist unbegründet, solange die ökologische Situation einigermaßen intakt ist – man hat mehrfach beobachtet, dass die Singvögel in gleicher Weise wie die Elstern im Bestand zunahmen, da sie von den für die Elstern günstigen Verhältnissen ebenfalls profitierten.

▸ BLAUELSTER

ELSTER, SEHR FINDIG IM ERSCHLIESSEN VON NAHRUNGSQUELLEN

ELSTER, ABFLIEGEND

NOCH NICHT VOLLSTÄNDIG AUSGEFÄRBT

JUNGVOGEL MIT ALTVOGEL AUF NAHRUNGSSUCHE

Tannenhäher

Durch seine breiten, runden Flügel und den unregelmäßigen Flügelschlag erinnert der fliegende Tannenhäher etwas an einen Schmetterling, aber auch an den Eichelhäher; im Vergleich zu diesem schlägt der Tannenhäher die Flügel aber regelmäßiger, außerdem hat er durch den langen Schnabel und kurzen Schwanz ein vorderlastiges Aussehen. Von weitem wirkt er sehr dunkel, nur das Weiß von Unterschwanzregion und Schwanzende fällt auf. Erst aus der Nähe erkennt man die dichte weiße Fleckung. Das beste Erkennungszeichen ist der häufig zu hörende, heisere und etwas nasale, schnarrende Ruf des auf einem Baumwipfel sitzenden Tannenhähers.

Das riesige, zusammenhängende Verbreitungsgebiet der Art erstreckt sich vom Baltikum bis Kamtschatka und Japan, im Süden zieht es bis Nordkorea; außerdem brütet die Art in den Gebirgsregionen des Westhimalaja bis Nordchina. In Europa besiedelt sie Südnorwegen, Südschweden und lokal Südfinnland, in Mitteleuropa die Alpen und Mittelgebirge. Der Tannenhäher ist ein Bewohner von Nadel- und Mischwäldern, in denen neben Fichten auch seine Nahrungsbäume vorhanden sind – in den Alpen vor allem Zirbelkiefern, sonst in Europa Haselnüsse.

In den letzten Jahren gab es Anzeichen, dass Tannenhäher gelegentlich auch in Tieflandforsten brüten, beispielsweise um München. Die heimliche Lebensweise des Vogels zur Brutzeit macht jedoch entsprechende Nachweise schwierig. Aus diesem Grund ist über die Bestandssituation der mitteleuropäischen Tannenhäher nicht allzu viel bekannt. Doch scheinen die Bestände momentan leicht zuzunehmen und Arealerweiterung stattzufinden. Auf längere Sicht werden sich jedoch die zunehmenden Waldschäden an den Nadelbaumbeständen negativ auf die Art auswirken.

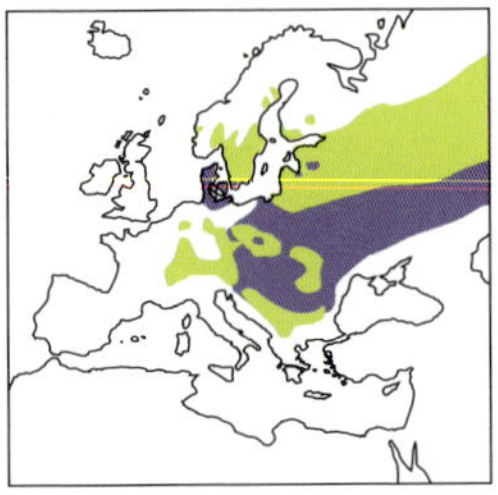

Die sibirischen dünnschnäbligen Tannenhäher der Unterart *macrorhynchos* unternehmen in manchen Jahren weite Wanderungen westwärts und treten dann in Mitteleuropa als Invasionsvögel auf; beispielsweise fanden in den Jahren 1954 und 1968 bedeutende Einflüge statt. In der Regel verschwinden die Vögel im Frühjahr wieder, es gibt jedoch Brutnachweise von sibirischen Tannenhähern in Mitteleuropa, zum Beispiel 1955 bei München – ein Jahr nach einer Invasion. Die mitteleuropäischen Tannenhäher sind weitgehend Standvögel.

Die Paare bauen gemeinsam in rund 2–10 m Höhe in Stammnähe ein stabiles Nest mit einer Plattform aus kleinen Ästen und Zweigen, die mit Erde und Holzmulm verfestigt wird; die dicke isolierende Polsterschicht besteht aus Flechten, Gras, Bast, Federn und Haaren. Sie ist wichtig, denn zur Bebrütungszeit liegt oft noch hoch Schnee. Wenn die Jungen 3,5–4 Monate alt sind, löst sich der Familienverband auf.

Tannenhäher ernähren sich zum großen Teil von Nadelbaumsamen, die sie im Herbst als Wintervorrat und für die Jungenaufzucht sammeln und verstecken; in den Alpen sind es vor allem die Nüsschen der Arve oder Zirbelkiefer, in Gegenden, wo es keine Arven gibt, weichen die Häher auf Haselnüsse aus. Sie fressen aber auch Früchte und Samen von Laubbäumen sowie Obst und Beeren, Walnüsse, Eicheln und Bucheckern.

Häufig fliegen die im Bergwald lebenden Häher im Herbst in die Täler, um dort in Gehölzen und oft auch in Gärten Haselnüsse zu sammeln. Im Pendelverkehr transportieren sie große Mengen Nüsse (pro Ladung bis zu 25 Haselnüsse) im Kehlsack in Verstecke im Bergwald. Das Sammeln von Arvennüsschen bedeutet zwar weniger Flugstrecke, doch muss der Vogel mehr Samen verstecken, um auf die gleiche Menge Nahrung zu kommen. Ein einziger zu Versuchszwecken beobachteter Tannenhäher versteckte bis zu 100 000 Samen; dafür musste er mindestens 1000 Flüge zu den Verstecken ausführen, denn in den Kehlsack passen pro Transport bis zu 100 Arvennüsschen.

Samen oder Nüsse werden an bestimmten Stellen am Boden versteckt, oft unter Bäumen, unter denen der Schnee nicht so hoch liegt und im Frühjahr schneller abtaut. Trotzdem muss sich der Häher manchmal bis zu ½ oder sogar 1 m durch den Schnee zum Versteck vorarbeiten! Die Lage der Verstecke muss sich der Vogel genau einprägen, will er im Winter bei hoher Schneelage und völlig verändertem Landschaftsbild nicht verhungern. Dementsprechend fantastisch ist seine Gedächtnisleistung.

▸ Eichelhäher, Schwarzspecht (im Flug)

Tannenhäher *Nucifraga caryocatactes* (L. 1758)

Größe	= Taube
Maße (cm)	Länge ca. 22–33 / Flügel ca. 52–58
Körpermasse (g)	130–170
Stimme	bei Erregung sehr laut und schnarrend hart „krärr-krärr...“, meist gereiht; leiseres Rufen klangvoll „djüü“, dohlenartig „jäk“ oder nasal „wäk“; Gesang leises Schwätzen, mit Imitationen
Brutzeit	Mitte März im Süden, bis April oder Mai im Norden; 1 Jahresbrut
Gelegegröße	3–5
Eifärbung	weißlich oder grünlichblau, Zeichnung sehr fein, fast unscheinbar in Olivbraun oder Grau; glatt, glänzend
Eimaße (mm)	spindelförmig – 33,9 x 24,1
Brutdauer	17–19 Tage; beide Partner brüten und hudern
Nestlingszeit	24–28 Tage; beide Partner füttern; Junge noch 6–7 Wochen im Revier der ad.

TANNENHÄHER BEARBEITET EINEN ARVENZAPFEN

TANNENHÄHER VERSTECKT ARVENNÜSSCHEN,

... DIE ER IM WINTER MEIST WIEDERFINDET

NEST UND GELEGE

Alpendohle

Alpendohlen sind ähnlich groß wie Dohlen, weisen aber ein einfarbig glänzendes, schwarzes Gefieder auf. Sie sind schlanker, langschwänziger und haben einen kleineren Kopf; der knapp kopflange, gelbe Schnabel ist viel länger, dünner und leicht gebogen. Beine und Füße sind orangerot. Jungvögel besitzen noch keinen Gefiederglanz, haben einen bräunlichen Schnabel und düster gefärbte Beine.

Alpendohlen sind ausgesprochen wendige und vielseitige Flieger. Sie sind in der Lage, auch geringe Aufwinde zu nutzen, um sich ohne Kraftanstrengung mit ausgebreiteten Flügeln und unter häufigen Bewegungen des oft stark gefächerten Schwanzes in die Höhe tragen zu lassen oder Felswände entlangzupatrouillieren. Beim Abwärtssausen mit angelegten Flügeln erreichen sie spielend 200 km/h.

Die Art zeigt fast das ganze Jahr über eine ausgeprägte Tagesperiodik, wenn es um das Aufsuchen der Nahrungsplätze oder der Schlafwände geht. Auch schätzen die Vögel Traditionen, denn oft besuchen sie viele Jahre lang einen ganz bestimmten Nahrungsplatz, obwohl es in der Nähe viel ergiebigere und besser erreichbare Plätze gibt. Außerhalb der Brutzeit übernachten sie paar- oder truppweise in steilen Felswänden.

Alpendohlen suchen ihre Nahrung hauptsächlich am Boden; dort erbeuten sie Insekten und deren Larven, aber auch Spinnen, Würmer und Schnecken. Bei der Nahrungssuche hacken oder stochern sie mit dem Schnabel im Boden, forschen in Ritzen oder drehen kleine Steine um; gelegentlich erwischen sie eine Maus oder einen Jungvogel. Aas bereichert zu allen Jahreszeiten den Speisezettel. Im Winterhalbjahr leben sie vor allem von pflanzlichen Stoffen, wie Beeren und Früchten, Flechten und Knospen. In Gebieten, wo die Alpendohlen mit Menschen in Kontakt kommen, halten sie sich oft das ganze Jahr über vorwiegend an Essensreste und Abfälle.

Alpendohlen leben wie viele Rabenvögel in monogamer Dauerehe; bis zu acht Jahre Partnertreue sind schon nachgewiesen. Ihre Verbundenheit unterstreichen die Vögel, indem das Männchen auch außerhalb der Brutperiode das Weibchen hin und wieder füttert. Häufig sieht man beide eng beieinander fliegen, besonders zu Beginn der Brutzeit. Alpendohlen bauen ab Ende März ihre Nester; diese bestehen aus Zweigen und Wurzeln mit einer Polsterung aus feinerem Pflanzenmaterial, Haaren und Federn; meist werden sie in großen Höhlungen an unzugänglichen Felswänden, in denen die Temperatur selbst bei späten Kälteeinbrüchen im Frühjahr relativ konstant bleibt, angelegt. Manchmal brüten die Alpendohlen auch an Gebäuden, beispielsweise in einem Mauerloch an einer Ruine, unter einem Dach oder in Seilbahnstationen oder Tunnels von Bergbahnen. Die ausgeflogenen Jungen zeigen oft intensives Spielverhalten, indem sie kleine Objekte, wie Steine oder Zweigstückchen, mit dem Fuß festhalten und hinter sich herziehen oder sich sogar auf den Rücken legen und mit Füßen und Schnabel ein Objekt bearbeiten.

Der Anblick von Alpendohlen ist vielen Bergwanderern und Skifahrern vertraut, denn die Vögel tummeln sich gerne an Berghütten und -hotels, Seilbahnstationen oder häufig besuchten Berggipfeln – überall dort, wo Essensreste und anderes für sie abfallen. Sie sind keineswegs scheu und fressen manchmal sogar aus der Hand.

Alpendohlen sind Standvögel, die man kaum außerhalb des Gebirgsraumes antrifft; gebietsweise, wo Menschen sie nicht regelmäßig füttern, streifen sie auf der Suche nach Nahrung weit umher. Ihre Ortsbewegungen spielen sich aber heute meist in der Vertikalen ab; so ziehen sie im Winter und bei ungünstigen Witterungsbedingungen im Sommer in die Tallagen. In vielen touristisch erschlossenen Berggegenden sind selbst diese Ausweichbewegungen inzwischen nicht mehr nötig.

Das Verbreitungsgebiet reicht vom Hohen Atlas Marokkos und den nordspanischen Gebirgen über die Alpen, den Balkan und die Türkei zum Kaukasus und setzt sich über die mittelasiatischen Gebirge fort bis zum Himalaja. In den Alpen brütet die Nominatform zwischen 1300 m und 3000 m Höhe, in der Schweiz auch bis 3400 m.

▸ ALPENKRÄHE

Alpendohle *Pyrrhocorax graculus* (L. 1766)

Größe	= Taube
Maße (cm)	Länge ca. 38 / Flügel ca. 75–85
Körpermasse (g)	190–230
Stimme	häufigster Ruf hoch und durchdringend „tiii" oder „srriii", schärfer „zjii", als Begrüßungsschrei „dschirrr" oder „prri"; Locklaut „pija", Drohlaut „djüpp", auch ‚Drohplaudern'; bei Gefahr schnarrend „chrrr"; ‚Plaudergesang' bei Gruppenbalz
Brutzeit	Anfang April bis Mai, 1 Jahresbrut, Ersatzgelege möglich
Gelegegröße	3–5 (6)
Eifärbung	weißlich, rahmfarben oder schwach rostbräunlich, selten grünlich, dicht und gleichmäßig mit kleinen dunkelbraunen, olivbraunen oder purpurgrauen Punkten und Flecken gezeichnet; glatt, glänzend
Eimaße (mm)	spindelförmig – 39 x 26,5
Brutdauer	18–21 Tage; nur ♀ brütet, wird vom ♂ am Nest gefüttert
Nestlingszeit	mind. 30 Tage; beide Partner füttern; Familien bis in den Winter zusammen

ALPENDOHLE, ALTVOGEL

ALPENDOHLEN SIND FLUGKÜNSTLER UND

... ZEIGEN KAUM SCHEU VOR DEM MENSCHEN

NEST UND GELEGE

Alpenkrähe

Alpendohle und Alpenkrähe sind einander sehr ähnlich; letztere ist jedoch etwas größer und langbeiniger. Hauptunterscheidungsmerkmal ist der Schnabel, der bei der ausgewachsenen Alpenkrähe mehr als kopflang, gebogen und rot ist. Der Schnabel der Jungvögel ist gleich nach dem Ausfliegen nur schwach rötlich, bald darauf orange gefärbt, erst im Herbst erhält er schließlich das arttypische Rot. Da er anfangs kurz ist, könnte es zu Verwechslungen mit jungen Alpendohlen kommen, wenn die Jungvögel nicht in Begleitung von Altvögeln auftreten. Das Gefieder der Jungvögel ist im Gegensatz zum glänzenden Federkleid der Altvögel mattschwarz. Gemeinsam kommen beide Arten in Mitteleuropa nur im Südwesten des Alpenbogens vor.

Im Flug fallen die breit rechteckigen Flügel mit stark gefingerten Handschwingen, der gerade Flügelhinterrand sowie der kürzere, meist gerade abgeschnitten wirkende Schwanz auf. Ähnlich wie Alpendohlen veranstalten die Alpenkrähen oft Flugspiele, indem sie an Steilabfällen die Aufwinde nutzen. Mit anderen Arten sind sie kaum vergesellschaftet, außer (vor allem in Asien) mit Alpendohlen, mit denen sie auch gemeinsame Schlafplätze aufsuchen.

Manche Rufe erinnern an Dohle, wie ein heiseres „kwiarr“ oder „kijarr. Häufig sieht man bei den rufenden Vögeln zuckende Flügel- und Schwanzbewegungen.

Das Verbreitungsgebiet der Alpenkrähe ist stark aufgesplittert; es reicht von Nordafrika (einschließlich der Kanaren), der Iberischen Halbinsel und Irland über den Mittelmeerraum und die mittelasiatischen Gebirge bis nach Nordchina. Ein isoliertes Vorkommen besteht in Äthiopien. Aus Mitteleuropa ist die Art bis auf eine kleine, rund 50 Brutpaare zählende Population im Wallis/Schweiz verschwunden.

Alpenkrähe *Pyrrhocorax pyrrhocorax* (L. 1758)

Größe	> Taube
Maße (cm)	Länge ca. 39–40 / Flügel ca. 73–90
Körpermasse (g)	250–350
Stimme	häufigster Ruf rau und etwas heiser „kijarr“, gedehnt „chraah“, kurz „tschaf“, auch dohlenartig „kja“; aggressiv „tschrää“; offenbar Plaudergesang; Alpendohle und Alpenkrähe können kommunizieren!
Brutzeit	Ende April bis Anfang Mai, 1 Jahresbrut
Gelegegröße	2–6
Eifärbung	blassgrünlich, rahmfarben oder rostbraun überflogen, gleichmäßig mit kleinen olivbraunen oder grauen Flecken und Punkten überzogen; glatt glänzend
Eimaße (mm)	spindelförmig – 40,6 x 28,7
Brutdauer	21–22 Tage; nur ♀ brütet, wird vom ♂ gefüttert
Nestlingszeit	37–40 Tage; ♂ hudert, beide Partner füttern; Junge bis > 40 Tage bei Eltern

Die Alpenkrähen brüten meist unterhalb der von Alpendohlen bevorzugten Lebensräume. Sie meiden hohe, lang andauernde Schneelagen – dementsprechend halten sie sich gerne im Bereich felsiger Hochebenen, oft in der Nähe von landwirtschaftlich genutzten Flächen auf. In Spanien gibt es auch Brutplätze in der Nähe größerer Städte und gebietsweise sogar mitten in Dörfern. Auf den Britischen Inseln brüten Alpenkrähen an der stark zerklüfteten Steilküste; dort hat man mit künstlichen Nisthilfen Erfolge erzielen können. Auf Weiden und Wiesen, möglichst Magerrasen mit großem Insektenangebot, suchen sie Nahrung. Dabei stochern sie mit dem langen Schnabel im Boden und fangen Insekten, aber auch Spinnen, Tausendfüßer und Regenwürmer. Manchmal graben sie sogar regelrecht den Boden um. Im Vergleich zur Alpendohle fressen sie weniger Abfälle und Aas.

Alpenkrähen schreiten meist erst im vierten Jahr das erste Mal zur Brut, obwohl auch schon einjährige Vögel Paaraktivitäten zeigen. Die Vögel sind noch strenger monogam als Alpendohlen. Niststandorte sind Nischen und Höhlen in Felswänden, schmale Simse oder auch Höhlungen an Ruinen und Burgen. Im Binnenland von Wales brüten die Vögel nur in alten Steinbrüchen und Bergwerksschächten. Obwohl die Paare ähnlich Alpendohlen eigentlich Einzelbrüter sind, kommt es manchmal an geeigneten Brutplätzen zur „Ballung“ von mehreren Nestern. Beide Partner bauen das Nest, das eher an das von Dohlen als von Alpendohlen erinnert. Es besteht aus Zweigen und harten Stängeln, beispielsweise von Lärche, Besenheide oder Adlerfarn; die napfförmige Mulde wird durch eine verfilzte Schicht aus Wolle und Haaren verschiedener Säuger und durch Pflanzenwolle gebildet. Oft werden alte Nester wieder instand gesetzt. Nur das Weibchen brütet und hudert, aber beide Altvögel füttern. Nach dem Ausfliegen bleibt die Familie noch rund sechs Wochen zusammen.

Auch wenn die nördlichen Populationen der Alpenkrähe in Europa im Augenblick einigermaßen stabil zu sein scheinen, hat sich die Situation für die Art drastisch verschlechtert. Hauptgrund für die krassen Rückgänge innerhalb der letzten Jahrzehnte, die zum Verlöschen vieler Vorkommen führte, sind Lebensraumveränderungen, vor allem durch Intensivierung der Weidewirtschaft, in deren Verlauf durch Düngung und zu hohen Tierbestand die für die Alpenkrähe zur Nahrungssuche wichtigen Magerstandorte verschwanden. Nur die extensive, durch Wanderhirtentum geprägte Tierhaltung kann auf Dauer die Lebensräume für die Alpenkrähe und einige andere Vogelarten sichern.

▸ Alpendohle

ALPENKRÄHE, ALTVOGEL

IM FLUG

FLÜGGER JUNGVOGEL

NEST UND GELEGE

Dohle

Das Verbreitungsgebiet der Dohle erstreckt sich von Marokko und Algerien über fast ganz Europa; sie fehlt nur in großen Teilen Skandinaviens, Nordfinnlands und Nordrusslands, überschreitet dort gebietsweise aber den Polarkreis. Nach Osten zu reicht das Areal bis Westsibirien, zum Himalaja und nach Sinkiang.

Ursprünglich brütete die Art in lichtem Laub- und Mischwald mit alten Bäumen und Höhlen (vor allem vom Schwarzspecht) für die Brut. Heute nisten Dohlen oft in Feldgehölzen oder Parks mit alten Bäumen und im Bereich von großen, alten Gebäuden, wie Burgen, Kirchen, hohen Kaminen und Ruinen, außerdem in Steinbrüchen. In ausgedehnten Wald- und Feuchtgebieten sowie im Hochgebirge trifft man die Art nicht an.

Die meisten Dohlen sind Standvögel, viele nord- und nordosteuropäische Populationen ziehen jedoch im Winter oft zusammen mit Saatkrähen nach Südwesten. In den zum Teil riesigen Krähenschwärmen fallen sie vor allem durch die geringere Größe und schnelleren Flügelschläge sowie die typischen Rufe auf. Viele Dohlen überwintern in Mitteleuropa und Frankreich, manche gelangen bis nach Spanien. Häufig treffen sich allabendlich große Dohlenschwärme an bestimmten Übernachtungsplätzen, wie einer Baumgruppe in einem Park. Bevor sie sich zum Schlafen niederlassen, vollführen die Dohlen oft gruppenweise akrobatische Flugspiele.

Zur Nahrungssuche finden sich Dohlen bevorzugt auf offenen Flächen ein, vor allem möglichst extensiv bewirtschafteten Kulturflächen mit niedriger Vegetation; dazu gehören Wiesen und Weiden, Äcker, in der Großstadt Anlagen mit nicht zu dicht stehenden Bäumen sowie gebietsweise Müllplätze. Dort suchen sie im Sommer hauptsächlich wir-

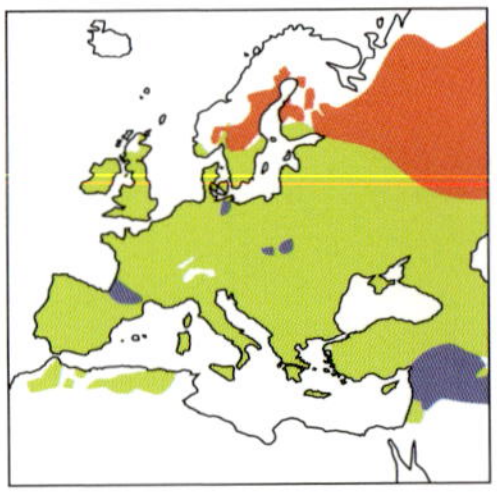

bellose Tiere, wie Insekten und deren Larven, Schnecken und Würmer; mitunter fangen sie Mäuse oder erbeuten Eier und Jungvögel. Im Herbst tun sie sich an Beeren und Obst gütlich. Im Winterhalbjahr leben sie vorwiegend vegetarisch von Getreide, aber auch von Brot und Küchenabfällen. Zur Unterstützung der Verdauung nehmen die Vögel Magensteinchen auf.

Die Paare leben in Dauerehe, sie sind fast immer zusammen, auch bei der Nahrungssuche. Meist brüten die Dohlen in Gehölzen mit alten Bäumen, wo sie Schwarzspechthöhlen beziehen. Sie legen ihre Nester aber auch in Felsspalten, Mauerlöchern, Nistkästen und Nischen auf Kirchtürmen an, auch alte Gemäuer und Ruinen sind begehrte Brutplätze. Das recht große Reisignest enthält als Polstermaterial weiche Pflanzenstoffe, wie Gras, aber auch Papier sowie Haare und Wolle, die die Vögel gelegentlich von Weidetieren abzupfen.

Die Dohle ist ein relativ kleiner, lebhafter und geselliger Rabenvogel mit schwärzlichem Gefieder, recht kleinem Schnabel und heller Iris. Jungvögel haben ein bräunlichschwarzes Gefieder, einen dunklen Nacken und blaue Augen. Bei Vögeln der fast rein skandinavischen Nominatform ist der hellere Nacken deutlich vom Rücken abgesetzt, die Vögel der überwiegend osteuropäischen Unterart *soemmeringii* haben ein helles Halsseitenabzeichen („Halsbanddohle"). Das Verbreitungsgebiet dieser Unterart beginnt schon im östlichen Mitteleuropa. Sowohl die Nominatform als auch Vögel der Unterart *soemmeringii* überwintern auch in Mitteleuropa.

In Europa ist der Dohlenbestand in den letzten Jahrzehnten insgesamt stabil, in Skandinavien zeigt die Art sogar geringe Ausbreitungstendenzen. Während sie auch in manchen Städten stark zugenommen hat, gibt es gebietsweise in Mitteleuropa deutliche Einbußen. Gründe dafür liegen in der Intensivierung der Forst- und Landwirtschaft, Sanierung und Neubau von Gebäuden, Taubenbekämpfung oder Störungen der Bruten. Zu den natürlichen Feinden zählen häufig Marder und Aaskrähe.

Ganz im Gegensatz zu ihrem gelegentlich noch heute bestehenden Ruf als Künder von Pest und anderen gefährlichen Krankheiten und als „Totenvogel" können Dohlen bei Handaufzucht überaus vertraute Hausgenossen werden und erstaunliche Fähigkeiten in der Nachahmung menschlicher Stimmen und Geräusche zeigen. Auch Verhaltensforscher waren und sind von den Dohlen fasziniert. Ihre Studien haben ergeben, dass das Sozialverhalten vorwiegend erlernt wird. Konrad Lorenz verdankt einige Erkenntnisse über das Tierverhalten der intensiven Beobachtung von Dohlen.

▶ ALPENDOHLE

Dohle *Corvus monedula* (L. 1758)

Größe	= Taube
Maße (cm)	Länge ca. 33–34 / Flügel ca. 67–74
Körpermasse (g)	230–250
Stimme	häufigster Ruf hell „kja", gedehnt und schnärrend „kjarr", gereiht „kjerr"; klangarm „kji" oder „kja"; bei Gefahr heiseres Schnarren; juv. heiser „karr", etw. heller als Saatkrähe; Gesang variables Schwätzen
Brutzeit	Mitte April, 1 Jahresbrut
Gelegegröße	4–7
Eifärbung	blass hellblau von unterschiedlicher Intensität; Zeichnung klein und reichlich bis großflächig und spärlich, in schwärzlichbraunem, olivbraunem und blaugrauem Ton; glatt, glänzend
Eimaße (mm)	spindelförmig – 35,3 x 25,23
Brutdauer	16–19 Tage; ♀ brütet, wird vom ♂ gefüttert
Nestlingszeit	30–35 Tage; Junge bis zu 4 Wochen nach Ausfliegen gefüttert

DOHLE, ALTVOGEL (SÜDSKANDINAVIEN)

DOHLE SAMMELT PAPIER ALS NISTMATERIAL

FLÜGGER JUNGVOGEL

NEST UND GELEGE

Saatkrähe

Die Saatkrähe ist in Eurasien weit verbreitet und kommt von Frankreich (kleine Population auch in Nordspanien), den Britischen Inseln sowie dem Süden Skandinaviens und Finnlands bis nach Ostsibirien, Japan und Ostchina vor; sie besiedelt auch Teile des nördlichen Südosteuropa und der Türkei. Das gesamte Areal erstreckt sich über drei Klimazonen: boreale, gemäßigte und Steppenzone. Im mitteleuropäischen Tiefland ist die Saatkrähe weit verbreitet, aber mit unterschiedlicher Häufigkeit, gebietsweise fehlt sie, vor allem im Süden; Gebirge meidet die Art weitgehend. In Neuseeland wurde sie eingebürgert.

Der ursprüngliche Lebensraum der Saatkrähe sind Steppengebiete mit feuchten Bereichen sowie mit Baumgruppen für die Nestanlage. Im heutigen Mitteleuropa siedelt sie vor allem in fruchtbaren Ackerbaugebieten des Tieflandes, wo sie auf Flächen mit niedriger Vegetation Nahrung sucht. Als Kulturfolger hat sie ihre oft großen Brutkolonien vielfach in Dörfern oder Parks angelegt, wurde aber meist gnadenlos bekämpft (siehe unten).

Im Winterhalbjahr treten von Oktober bis Ende März Saatkrähen in oft riesigen Schwärmen auf. Dies sind Zuzügler aus nordöstlichen Brutgebieten, die auf Feldern, Müllhalden oder auch in städtischen Anlagen Nahrung suchen; abends fliegen sie zu den traditionellen Schlafplätzen, oft hohen Bäumen in einem Park.

In der Größe gleicht die Saatkrähe der allbekannten Aaskrähe (Raben- oder Nebelkrähe), jedoch glänzt ihr schwar-

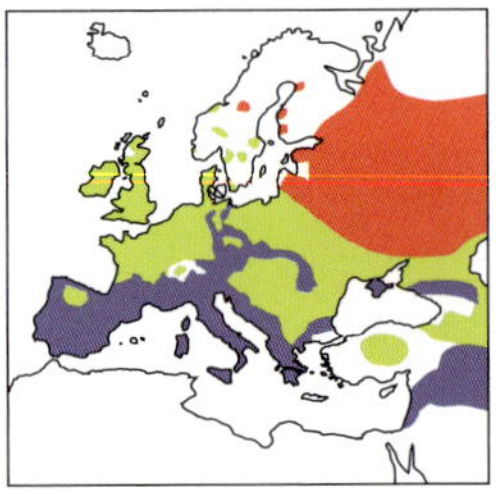

zes Gefieder blau oder purpurfarben. Wichtigstes Merkmal erwachsener Vögel ist der grauweiße unbefiederte Schnabelgrund, wodurch der Schnabel länger aussieht. Im Vergleich zum recht klobigen und stumpfen Schnabel der Rabenkrähe ist der Saatkrähenschnabel schlanker und spitzer. Auch das meist locker abstehende Bauchgefieder, das oft den Eindruck von „Hosen" hervorruft, trägt zur andersartigen Silhouette der Saatkrähe bei.

An den Kolonien finden sich die Saatkrähen in Mitteleuropa meist ab Februar ein. Im März veranstalten die Koloniemitglieder oft akrobatische Flugspiele über den Baumkronen, besonders bei stürmischem Wetter. Saatkrähen leben wie viele andere Rabenvögel in Dauerehe. Die locker gebauten Reisignester, die auch Erde und Halme enthalten, werden in den Kronen von Laubbäumen angelegt; da sie recht hoch aufgeschichtet werden, erinnern sie an große Hexenbesen. Sie werden mehrfach wieder benützt und dann zu Beginn der Brutzeit ausgebessert. In großen Kolonien nisten oft mehrere 100 Paare, meist sind es aber weniger. Der Bruterfolg in sehr kleinen Kolonien oder von Einzelpaaren ist geringer. Beide Altvögel schaffen das Nistmaterial heran, das Nest wird vor allem vom Weibchen gebaut.

Auch die Nahrungssuche ist ein geselliges Ereignis. Gerne finden sich die Vögel auf frisch gepflügten Feldern ein und holen die zutage geförderten Kleintiere; dabei könnten die Saatkrähen Insektenkalamitäten verhindern, da sie sich sommers hauptsächlich von gerade sehr häufigen Insekten ernähren. Oft schreiten sie an Straßenrändern in lockerem Verband umher und picken Freßbares auf. Wo sie nicht verfolgt werden, können Saatkrähen recht vertraut sein; das beweisen die Wintergäste, die in den Anlagen der städtischen Parks bei der Nahrungssuche oft nur einen Abstand von wenigen Metern zu Spaziergängern einhalten. Die Nahrung besteht zu einem großen Teil aus wirbellosen Tieren, wie Regenwürmern, Larven von Bodeninsekten, Schnaken, Käfern, aber auch Schnecken. Gelegentlich nehmen sie auch Eier und Jungvögel oder fangen Mäuse; der vegetarische Anteil setzt sich vor allem aus Getreidekörnern und Feldfrüchten wie Kartoffeln zusammen.

Immer wieder gibt es Vernichtungsaktionen, weil Saatkrähen angeblich schädlich für die Landwirtschaft sind, aber auch wegen der Lärm- und Schmutzbelästigung in den ortsnahen oder innerörtlichen Kolonien. Beispielsweise wurden in einer ungarischen Kolonie in wenigen Jahren 135 000 Paare getötet. Durch zielführende Schutzmaßnahmen haben auf der anderen Seite viele Kolonien in Mitteleuropa seit rund 20 Jahren wieder erheblich zugenommen.

▸ Rabenkrähe

Saatkrähe *Corvus frugilegus* (L. 1758)

Größe	> Taube
Maße (cm)	Länge ca. 44–46 / Flügel ca. 81–99
Körpermasse (g)	390–490
Stimme	häufigster Ruf tief und heißer „krra" oder „korr", variabel, in der Regel von Rabenkrähe leicht unterscheidbar; dohlenartig „kja", aggressiv ratternd „krrr"; in Kolonien großer Lärm; Gesang leises variables Schwätzen (metallisch und Krächzlaute)
Brutzeit	Ende März bis Anfang April im Süden, im Norden bis Mai; 1 Jahresbrut
Gelegegröße	2–6 (bis 9 im Nest), am häufigsten 3–5
Eifärbung	unterschiedlich hellblau, bläulichgrün oder mattgrün schattiert, grünlich rostbraun, olivfarben, olivbraun oder schwärzlich oliv gezeichnet; große Flecken, Punkte, dichte Sprenkel und Kritzel sind möglich; glatt, glänzend
Eimaße (mm)	spindelförmig – 39,2 x 28,9
Brutdauer	16–18 Tage; ♀ brütet allein, wird vom ♂ am Nest gefüttert
Nestlingszeit	32–35 Tage; beide Partner füttern, anfänglich hudert ♀ mehr

SAATKRÄHE, BRUTKOLONIE

ALTVOGEL AM NEST

JUNGVOGEL (UNBEFIEDERTER SCHNABELGRUND)

NEST UND GELEGE

Aaskrähe

Die Aaskrähe hat ein riesiges Verbreitungsgebiet in Eurasien bis nach Japan. Sie kommt in verschiedensten Klimazonen von mediterranen bis subarktischen Verhältnissen gut zurecht und ist meist häufig. In Mitteleuropa tritt die Aaskrähe (*Corvus corone*) in zwei leicht unterscheidbaren Formen auf: Rabenkrähe (*C. c. corone*) und Nebelkrähe (*C. c. cornix*). Die Rabenkrähe ist wie die Saatkrähe ganz schwarz, das Gefieder weist aber nur einen schwachen Metallglanz auf. Bauch- und Schenkelgefieder sind meist angelegt. Zum Unterschied in der Schnabelform siehe Saatkrähe. Die Nebelkrähe ist auf Unterseite und Rücken hellgrau gefärbt, die übrigen Partien sind wie bei der Rabenkrähe schwarz.

Die Verbreitungsgebiete beider Unterarten grenzen aneinander, die Kontaktzone verläuft auch durch Deutschland. In diesem Gebiet kommt es regelmäßig zu Hybridisierung. Die Nachkommen sind fruchtbar und zwar sowohl mit anderen Mischlingen als auch mit beiden Elternformen. Unklar ist bis heute, wie die dauerhafte Stabilität der beiden Formen und die Trennung ihrer Areale trotz der umfassenden Kreuzbarkeit zustande kommen. Jedoch hat sich die Mischzone in Mitteleuropa in den letzten Jahrzehnten gebietsweise auf Kosten der Nebelkrähe zwischen 40 und 100 km nach Norden beziehungsweise Osten verschoben. Im Alpenraum, wo eine höhenmäßige Trennung beider Formen besteht (Rabenkrähe eher in höheren Lagen, Nebelkrähe in den Tallagen), sind die Mischzonen weitgehend konstant geblieben.

Aaskrähen trifft man in nicht zu dichten Wäldern, in der offenen Kulturlandschaft, in Dörfern, Parks und Städten an. In einsamen Moor- und Heidelandschaften sind sie oft die

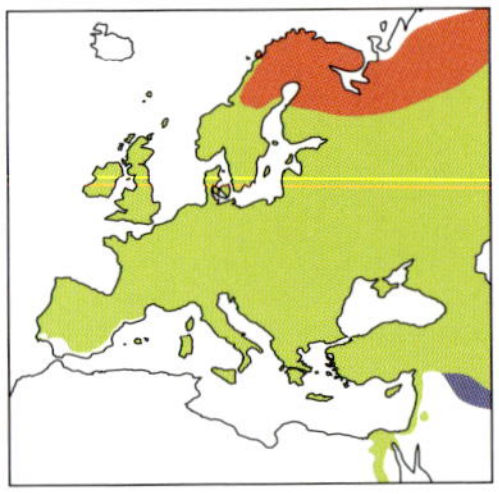

ersten Vögel, denen ein Wanderer begegnet. In den Alpen dringen sie bis in Höhen von über 2000 m vor, und auch an der Küste sind Aaskrähen keineswegs selten.

Im Gegensatz zu Saatkrähen sind Aaskrähen keine Koloniebrüter, sondern nisten stets in Einzelpaaren. Beide Partner bauen ein stabiles Nest aus Zweigen und verfestigen es mit feuchter Erde. Meist wird das Nest hoch in einer Baumkrone eines Nadel- oder Laubbaumes (nah am Stamm oder in der Gabelung dicker Äste) errichtet. Dabei bevorzugen die Vögel kleinere Gehölze oder Waldränder, denn sie lieben freie Sicht nach möglichst vielen Seiten, um Beutegreifer wie den Habicht rechtzeitig entdecken zu können. Mitunter werden die Nester auch in Felsnischen und Gebäuden angelegt.

Die Nichtbrüter fliegen in Trupps umher und bilden gerade im Winter Schlafgesellschaften von oft mehreren 100 Vögeln; diese Gemeinschaften erreichen aber nie die Kopfzahl von Saatkrähenschwärmen.

Aaskrähen ernähren sich von Würmern, Schnecken, zum großen Teil aber von Insekten und deren Larven; daneben erbeuten sie Eidechsen, Reptilien und Mäuse, gelegentlich töten sie sogar geschwächte Hasen oder Kaninchen. Zur Brutzeit der Kleinvögel suchen sie oft systematisch Hecken und Gebüsch ab, um Eier und Jungvögel aus den Nestern zu holen. Manchmal betätigen sie sich auch als Räuber, so jagen beispielsweise Paare nicht selten Graureihern die erbeuteten Fische ab. Daneben fressen sie häufig pflanzliche Nahrung, wie Getreide, Samen oder Früchte. Das ganze Jahr über spielen Aas, tote Fische und vielerlei Abfälle eine bedeutende Rolle.

Wie bei der Elster hängt der Bestand der Aaskrähe vorwiegend von Nachstellungen ab, aber auch Nahrungsangebot, innerartliche Konkurrenz und natürliche Feinde haben einen Einfluß. Aaskrähen können aber starke Bestandseinbrüche schneller wieder ausgleichen als Elstern. Das Töten anderer Vögel, das beide Rabenvogelarten praktizieren, hat immer wieder zu hitzigen Debatten geführt, denn vielfach wurde von einer Bestandsgefährdung der Singvögel ausgegangen. Es gibt aber keine belegten langfristigen Bestandseinbrüche bei Kleinvögeln, die durch die beiden Rabenvögel verursacht wurden. Die Bestandseinbußen von Kleinvögeln haben in aller Regel andere Ursachen als zu hohe Krähenbestände. Ebenso wenig hielten immer wiederkehrende Behauptungen, dass Rabenkrähen junge Lämmer töten, wissenschaftlich seriösen Untersuchungen stand. Eine Regulierung mit der Flinte ist nicht sinnvoll, weil die geschossenen Vögel umgehend durch neue ersetzt werden.

▶ SAATKRÄHE

Aaskrähe *Corvus corone* (L. 1758)

Größe	> Taube
Maße (cm)	Länge ca. 45–47 / Flügel ca. 93–104
Körpermasse (g)	480–580
Stimme	ruft meist einige Male hintereinander „krah" oder „arrr", laut und weniger heiser als Saatkrähe, auch tiefer und rauer „rarr-rarr" und heller „ar-ar"; Hassen knarrend „krrr-krrr…"; Gesang schwätzend, manchmal bauchrednerartig
Brutzeit	Ende März und April im Süden, Ende Mai Anfang Juni im Norden; 1 Jahresbrut
Gelegegröße	2–6 (7)
Eifärbung	hellblau, grünlich oder grün schattiert, unterschiedlich stark olivgrün, olivbraun, dunkelbraun und blaugrau gesprenkelt; glatt, schwach glänzend
Eimaße (mm)	spindelförmig – 40 x 29,7
Brutdauer	18–20 Tage; nur ♀ brütet, wird vom ♂ am Nest gefüttert
Nestlingszeit	30–35 Tage; bis zum 18. Tag hudert ♀; Fütterung bis 5 Wochen

AASKRÄHE, RUFENDER ALTVOGEL DER RABENKRÄHE

NEBELKRÄHE

SPERRENDE JUNGE DER RABENKRÄHE

NEST UND GELEGE DER RABENKRÄHE

Kolkrabe

Der Kolkrabe ist der größte Rabenvogel und damit der größte Singvogel überhaupt. Das einheitlich schwarze Gefieder glänzt metallisch in verschiedenen Farben. Bei Jungvögeln ist es mattschwarz. Trotz seiner Größe kann man den Kolkraben mit Raben- und Saatkrähe verwechseln, besonders wenn Einzelvögel schweigsam in Bäumen sitzen. Dann sollte man auf die zottige Kehlbefiederung und den großen, weit vorstehenden Kopf mit großem Schnabel achten. Im Flug weist der Kolkrabe im Vergleich schmalere Flügel als die beiden kleineren Krähenarten und eine ausgeprägte Keilform des Schwanzes auf; diese ist bei der Saatkrähe nur angedeutet. Kolkraben segeln häufig wie größere Greifvögel; von diesen unterscheiden sie sich vor allem durch die Schwanzform. Die kräftige, klangvolle Stimme ist meist unverwechselbar und weit zu hören, das Lautrepertoire der Art ist recht groß. Der Gesang enthält zahlreiche Imitationen.

Bereits im Spätwinter vollführen die Paare akrobatische Flugspiele über dem Brutrevier; dabei werfen sie sich auf den Rücken, packen sich gegenseitig an den Füßen, während einer der Vögel auf dem Rücken fliegt, stürzen sich atemberaubend schnell in die Tiefe und rufen dabei ausgiebig. Bei der Bodenbalz stolziert das Männchen mit dick aufgeplustertem Kopf- und Halsgefieder um das Weibchen herum. Zunächst spreizt es den dem Weibchen zugewandten Flügel, dann alle beide. Der Paarzusammenhalt wird durch Kraulen, Füttern oder gegenseitige Gefiederpflege gefestigt.

Die in Dauerehe lebenden Paare benutzen nach Möglichkeit Jahr für Jahr denselben Nistplatz. Beide Partner schaffen Nistmaterial – Äste und Zweige, Moos sowie Erdklumpen zur Verstärkung – heran, der eigentliche Nestbau ist aber Sache des Weibchens. Standort für den Horst ist eine möglichst witterungsgeschützte Felsnische oder ein großer Baum, häufig Kiefer oder Buche. Die Vögel nisten im Wald, am Waldrand, in Gehölzen oder auf Einzelbäumen. Dabei können nicht nur fels- und baumbrütende Paare örtlich nebeneinander nisten, sondern ein und dasselbe Paar kann vom Baum- zum Felshorst und umgekehrt wechseln. Neuerdings gibt es auch Bruten auf Leitungsmasten. Häufig brüten Krähen und Dohlen im Schutz der Kolkraben, denn diese vertreiben zur Brutzeit Habichte aus dem Horstbereich.

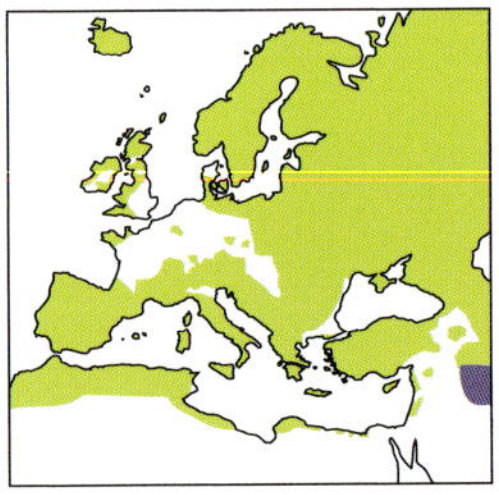

Kolkraben ernähren sich zum großen Teil von Aas, vor allem gebirgsbewohnende Kolkraben fressen das ganze Jahr über Fallwild. Oft halten sich große Scharen an Müllplätzen auf, wo sie Abfälle verzehren. Daneben betätigen sie sich auch als Beutegreifer, indem die Paarpartner in Gemeinschaftsaktion schwache, kranke oder unbeaufsichtigte Jungtiere (wie Hasen oder Huftiere) zur Strecke bringen. Bei Tierherden (auch Nutztieren) haben sie es auf Nachgeburten und schwache Jungtiere abgesehen. Der Kolkrabe plündert auch Vogelnester, nicht selten die der kleineren Verwandten; gelegentlich erbeutet er Kleinsäuger, Reptilien, Insekten und Würmer. Zudem sammelt er Samen, Bucheckern oder Eicheln, sowie Beeren und Früchte.

Die Art brütet in weiten Teilen Eurasiens, in Nordafrika und auf den Kanaren. In Europa fehlt sie in vielen Gebieten Mittel- und Westeuropas; das asiatische Verbreitungsareal reicht bis Nordostchina und Ostsibirien. Auch in Grönland und in Nordamerika südwärts bis Nicaragua kommt der Kolkrabe vor. Er bewohnt sehr unterschiedliche Lebensräume von Wäldern über Steppen, Tundren bis zum Hochgebirge und zur Steilküste. Wichtig ist eine ausreichende Wilddichte, von deren Leichen sich die Vögel ernähren. Die größten Bestände Mitteleuropas leben im Alpengebiet. Kolkraben sind meist Jahresvögel.

Bis zur Mitte des 20. Jahrhunderts wurden in Mitteleuropa durch gnadenlose Verfolgung die meisten Vorkommen im Tiefland und in den Mittelgebirgen ausgerottet. Seitdem gibt es auch in Deutschland eine deutliche Bestandserholung und Arealausweitung (besonders in Norddeutschland); Gründe hierfür sind Nachlassen der Verfolgung, Anlage von Müllplätzen und Ausbau des Straßennetzes sowie in den Alpen der Bau von Skihütten, Liften usw. Die Ausbreitung der Art wird durch junge Paare möglich, die sich in weit umherstreifenden Nichtbrütertrupps zusammenschließen und neue Gebiete fern der elterlichen Population besiedeln.

▸ Rabenkrähe, Saatkrähe

Kolkrabe *Corvus corax* (L. 1758)

Größe	= Huhn
Maße (cm)	Länge ca. 64 / Flügel ca. 120–150
Körpermasse (g)	900–1300
Stimme	im Flug einzeln oder einige Male hintereinander tief und guttural „grog" oder „kark", auch „kok", viel tiefer als Aaskrähe; Hassen „kra-kra", Flugspiele „krokor…"; Gesang leises Geschwätz, mit knarrenden und gurgelnden Lauten und Imitationen
Brutzeit	Februar bis März, 1 Jahresbrut
Gelegegröße	2–6
Eifärbung	hellblau, grünlichblau oder blassgrün, hellolivfarbene, olivbraune, schwarzbraune und hellgraue Flecken, Kleckse, Spritzer und Kritzellinien; Eier variieren häufig innerhalb eines Geleges; glatt, glänzend
Eimaße (mm)	spindelförmig – 49,8 x 33,5
Brutdauer	19–21 Tage; nur ♀ brütet, wird vom ♂ auf Nest gefüttert
Nestlingszeit	mindestens 40 Tage; ♀ hudert bis 18 Tage; beide Partner füttern und bringen Wasser

KOLKRABE, PAAR IN BALZSTIMMUNG

RUFENDER KOLKRABE

JUNGVÖGEL IM NEST

NEST UND GELEGE

Star

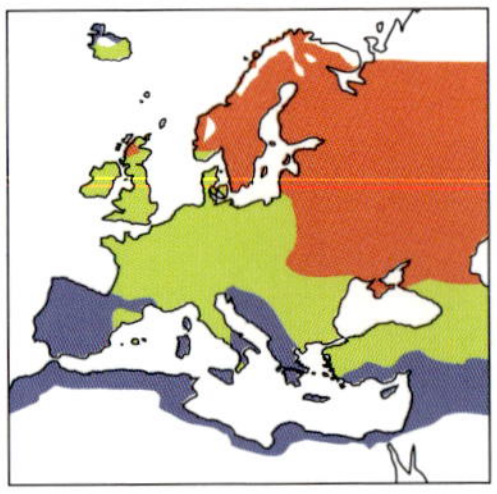

Der mit gesträubtem Kehlgefieder und heftig rudernden Flügeln vor dem Nistkasten singende Star ist vielen Menschen ein vertrauter Anblick. Der Gesang ist ein abwechslungsreich plauderndes Potpourri aus schnarrenden, knackenden, ratternden Motiven, absinkenden Pfeiftönen und meist erstaunlich präzisen Imitationen anderer Vogelstimmen. Mitunter werden auch Haustierstimmen, Trillerpfeifen, Rasenmäher und andere Umweltgeräusche nachgeahmt.

Obwohl Stare eine gewisse Ähnlichkeit mit Amseln zeigen, sind sie doch leicht zu unterscheiden, vor allem, wenn beide Arten auf der gleichen Wiese Nahrung suchen: Amseln halten Abstand zu Artgenossen, sie hüpfen beidbeinig und halten vor dem Stochern erst inne. Stare trippeln in wackelndem Gang – meist im dichten Pulk – und stochern hektisch im Boden. Stare sind untersetzt und kurzschwänzig, der Schnabel ist zur Brutzeit gelb. Im frischen Herbstgefieder sind die Vögel durch weiße Federsäume in ein dichtes weißes Tupfenkleid gehüllt („Perlstar"). Zum Frühjahr hin nutzen sich die hellen Säume allmählich ab und geben das grünviolett glänzende Prachtkleid frei; dieses ist deutlich weniger beziehungsweise kleiner gefleckt. Die Jungvögel sind überwiegend graubraun und haben eine helle Kehle.

Im Flug wirken Stare kompakt und spitzflügelig, die Flugsilhouette ist dreieckig, was an den Seidenschwanz erinnert. Typisch ist auch die Flugweise, bei der zwischen Ruderflug und kurzer Gleitflugphase abgewechselt wird.

In Mitteleuropa beziehen die Stare ihre Brutgebiete bereits im Februar. Sie besitzen keine eigentlichen Reviere, sondern verteidigen lediglich die nähere Nestumgebung. Als Brutplatz dienen Baumhöhlen, Astlöcher, Felshöhlen, auch Löcher von Uferschwalben oder Bienenfressern; im Siedlungsbereich brüten sie meist in Nistkästen, gelegentlich auch in Löchern in Gebäuden oder unter Dachpfannen.

Bereits im Frühsommer sieht man große Starenschwärme umherziehen, deren Mitglieder häufig synchrone Flugmanöver durchführen; in diesen Schwärmen sammeln sich vor allem Jungvögel der ersten Brut. Sie übernachten allabendlich an gemeinsamen Schlafplätzen, häufig Schilfflächen, aber auch auf Gebäuden mitten in Großstädten. Die geselligen Vögel fallen im Herbst mitunter zu Millionen in Obst- und Weinbaugebieten ein und können dort erhebliche Schäden an den Früchten anrichten. Man vertreibt sie nicht nur mit Selbstschussanlagen, sondern versucht sie gebietsweise auch mit Gift oder Dynamit zu vernichten.

Seit Mitte des 20. Jahrhunderts nehmen die Bestände ab, zuerst in den nordeuropäischen Randgebieten, dann in Teilen Mitteleuropas. Ursache sind vor allem Änderungen in der landwirtschaftlichen Nutzung, also Rückgang extensiver Weideflächen oder Einsatz von Giften, was zu geringerem Bruterfolg und Nahrungsmangel im Winter führte. Trotzdem zählt der Star weltweit zu den häufigsten Vögeln.

Die Art besiedelt ganz verschiedene Lebensräume, wie lockeren Wald, Kulturland, Parks und Gärten, wenn geeignete Brutmöglichkeiten und offene Flächen mit kurzer Vegetation für die Nahrungssuche vorhanden sind. Die meisten Brutvögel Mitteleuropas ziehen im Winter nach Südeuropa bis Nordafrika, in warmen Gegenden Deutschlands überwintern jedoch viele Stare.

Das Verbreitungsgebiet umfasst fast ganz Europa ohne die Iberische Halbinsel, Korsika, Sardinien und Sizilien, wo die Art vom Einfarbstar ersetzt wird; auch in Griechenland und im höchsten Norden fehlt er. Ferner besiedelt der Star Teile des nördlichen Asien, im Osten bis zum Baikalsee und zur nordwestlichen Mongolei, im Süden bis Nordiran und Nordwestindien. Die Art wurde unter anderem in Australien, Nordamerika und Südwestafrika eingebürgert.

Für die Nahrungssuche auf Wiesen wenden Stare eine spezielle Technik an, das „Zirkeln": Dabei stecken sie den geschlossenen Schnabel senkrecht in den weichen Boden, öffnen ihn etwas und schauen in den Spalt, ob sich dort etwas Fressbares befindet. Das Hineinschauen ist möglich, weil das Auge genau in der Verlängerung des Schnabels platziert ist. Häufig sieht man Stare die durch Weidetiere aufgescheuchten Insekten jagen. Das Nahrungsspektrum variiert mit der Jahreszeit: im Frühjahr werden meist Insektenlarven verzehrt, ab Spätsommer vielerorts fast ausschließlich Früchte und Beeren; im Winter spielen Abfälle in Siedlungen und Fütterungen für Kleinvögel eine große Rolle.

▸ Amsel, Seidenschwanz

Star *Sturnus vulgaris* (L. 1758)

Größe	= Amsel
Maße (cm)	Länge ca. 21,5 / Flügel ca. 37–42
Körpermasse (g)	75–85
Stimme	Gesang abwechslungsreich, mit Nachahmungen, knirschendem Gezwitscher, knackenden Lauten und gedehnten, hellen Pfiffen; ruft schwirrend „tjüür" und „staahr"
Brutzeit	Mitte April, 1 oder 2 Jahresbruten
Gelegegröße	4–8 (9)
Eifärbung	blassgrünlich hellblau, in der Schattierung variabel; glatt, schwach glänzend
Eimaße (mm)	spindelförmig – 29,6 x 21,1
Brutdauer	11–13 Tage; hauptsächlich brütet ♀, ♂ nur kurze Zeit untertags
Nestlingszeit	17–21 (22) Tage; ♀ hudert allein, beide Partner füttern

STAR, MÄNNCHEN IM PRACHTKLEID BRINGT DEN JUNGEN FUTTER

MÄNNCHEN IM PRACHTKLEID

JUNGVOGEL SUCHT INSEKTEN AUF SCHAFRÜCKEN

NEST UND GELEGE

Einfarbstar

Stare sind mittelgroße, kurzschwänzige Vögel mit glänzendem Gefieder oder zumindest glänzenden Gefiederpartien. Typisch ist auch der kräftige, spitze Schnabel, mit dem sie im Boden nach Nahrung stochern. Einige Arten haben ein reichhaltiges Stimminventar und gutes Imitationsvermögen. Manche Arten treten das ganze Jahr über in Schwärmen auf, oft in Anbaugebieten, wo sie Schäden an Obst und Wein verursachen können.

Der Einfarbstar ist dem Star im Aussehen und in den Proportionen sehr ähnlich. Er ist aber etwas größer, die Altvögel haben deutlich längere Federn an Kopf und Kehle. Im Prachtkleid ist das Männchen des Einfarbstars ungefleckt schieferschwarz, weil die hellen Federspitzen, die die Vögel im Schlichkleid tragen, dann völlig abgestoßen sind. Das Gefieder schillert purpurfarben, aber einheitlicher und etwas matter als beim Star, insgesamt wirkt der Einfarbstar wie „eingeölt". Manchmal zeigen jedoch Weibchen im Frühjahr und einjährige Männchen noch einen Rest der hellen Fleckung in Form von feinen Tupfen. Vögel im Schlichtkleid und immature Vögel tragen auf Rücken, Bauch und Unterschwanzdecken helle Flecken, die aber klein und pfeilförmig sind (beim Star meist größer und rund) und die Vögel daher dunkler wirken lassen. Im Unterschied zum Schlichtkleid des Stars ist der Scheitel beim Einfarbstar in der Regel ungefleckt. Jungvögel sind dunkler und mehr braun gefärbt als die des Stars.

Der Einfarbstar hat ein recht kleines Verbreitungsgebiet, das außer der Iberischen Halbinsel nur Teile Nordwestafrikas, ein winziges Gebiet im äußersten Südwesten Frankreichs sowie die Inseln Korsika, Sardinien und Sizilien umfasst. Nur im Norden gibt es Überschneidungen mit dem Areal des Stars. In der Regel ist die Art Jahresvogel, manche, vor allem Jungvögel, streifen jedoch umher. Sie bilden aber nicht so riesige Schwärme wie die Stare.

Einfarbstare besiedeln Kulturland, Weidegebiete, Dörfer und Städte, man trifft sie in Parks und Olivenhainen, Zitrusplantagen oder sogar im Bereich von Klippen an, wenn es dort Nistmöglichkeiten gibt. In vielen Gebieten Spaniens leben die Einfarbstare vorwiegend in locker bewaldeten Gebieten, die offene Flächen mit kurzem Gras oder kurzer krautiger Vegetation aufweisen. Obwohl sie in Nordwestafrika häufig in der Nähe menschlicher Siedlungen leben, gibt es auch Brutkolonien in großen Zedern im Mittleren Atlas in rund 1800 m Höhe, deren Mitglieder zur Nahrungssuche weite Flüge in die offenen Hochebenen unternehmen.

Nistplätze sind Löcher und Höhlungen in Bäumen, Felswänden oder Gebäuden, auch in Großstädten, beispielsweise Mauerlöcher, Nischen unter Dächern sowie Nistkästen. Das Nest aus Zweigen, Stängeln und trockenem Gras wird mit Würzelchen, Blättern, Gras und Federn gepolstert. Ein Teil der Männchen scheint polygam zu sein – zwei Weibchen zur gleichen Zeit oder Partnerwechsel in aufeinander folgenden Bruten innerhalb einer Saison.

Im Winterhalbjahr sind Einfarbstare häufig auf bewässerten Feldern anzutreffen. Nicht selten schließen sie sich den auf der Iberischen Halbinsel und in Nordwestafrika umherstreifenden Winterschwärmen des Stars an.

Auf der Iberischen Halbinsel ist die Art recht häufig. Bereits in den 50er-Jahren begann die Expansion vom mittleren und südwestlichen Spanien ostwärts, vermutlich als Folge geänderter Anbaumethoden, wie Bewässerungen. Die heutige Verbreitung am Nordostrand besteht ungefähr seit 1980; dort kommt es in einer schmalen Zone zum gemeinsamen Vorkommen mit dem Star, der die weitere Ostexpansion vermutlich verhindert. Es hat aber auch schon Mischbruten zwischen beiden Arten gegeben. Mit Nistkästen kann man den Einfarbstar auch in Gebiete locken, wo er sonst nicht vorkommt, beispielsweise in Nadelwald, Heidelandschaften, Steppen und Halbwüsten.

Einfarbstare halten sich das ganze Jahr über häufig bei Weidetieren auf, wo sie den von den Hufen der Vierbeiner aufgescheuchten Insekten nachstellen. Sie stochern aus den Dunghaufen Pflanzenreste oder sitzen auf den Weidetieren und picken ihnen Parasiten aus dem Fell. Samen und Früchte werden vor allem im Spätsommer und Winterhalbjahr verzehrt, im Frühjahr und Frühsommer vorwiegend Insekten. Daneben besucht der Einfarbstar auch gerne Müllplätze.

Einfarbstar *Sturnus unicolor* TEMMINCK 1820

Größe	= Amsel
Maße (cm)	Länge ca. 21–23 / Flügel ca. 38–42
Körpermasse (g)	80–95
Stimme	singt ähnlich Star, aber einfacher; kann offenbar nicht mehrere Laute gleichzeitig hervorbringen
Brutzeit	Mitte April, 2 Bruten
Gelegegröße	4
Eifärbung	einfarbig hellblau; glatt, schwach glänzend
Eimaße (mm)	spindelförmig – 31,2 x 21,5
Brutdauer	12–13 Tage; nur ♀ brütet
Nestlingszeit	21–23 Tage; von beiden Partnern gefüttert

▸ STAR

EINFARBSTAR, MÄNNCHEN IM PRACHTKLEID AUF DER SINGWARTE

WEIBCHEN ZUR BRUTZEIT

FLÜGGER JUNGVOGEL

NEST UND GELEGE

Rosenstar

Rosenstare sind gesellige, teilweise nomadisch lebende Vögel, deren Vorkommen von Bodeninsekten abhängt, die zu Massenvermehrungen neigen. So können die Rosenstarbestände in Heuschreckenjahren stark anwachsen beziehungsweise invasionsartige Wanderungen nach Westen unternehmen; sie brüten gelegentlich über 1000 km vom Hauptareal entfernt und verschwinden nach dem Zusammenbruch der Insektenkalamität rasch wieder. In Südosteuropa ist die Art unregelmäßiger Brutvogel in Rumänien, Bulgarien, Nordgriechenland sowie im Süden des ehemaligen Jugoslawiens. Die Hauptverbreitung reicht vom Süden der Ukraine und Ostanatolien über Süd- und Westrussland sowie Kasachstan ostwärts bis nach Südwestsibirien und den Nordwesten der Mongolei.

In Mitteleuropa kommt der Rosenstar zum Beispiel in Ungarn vor. Seit Mitte der 90er-Jahre bestehen hier, weit entfernt vom zusammenhängenden Verbreitungsareal, wieder über 1000 Paare zählende Brutkolonien, die sogar im Anwachsen begriffen sind. Doch ist deren Zukunft unsicher, denn derartige Brutvorstöße in Gebiete, die weit entfernt vom Hauptareal sind, halten sich meist nicht lange – man beobachtete einen 8- bis 10-jährigen Rhythmus.

Invasionsscharen kommen meist im Mai bis Anfang Juni nach Südost- oder Mitteleuropa. Unmittelbar nach der Ankunft besetzen die Männchen die Brutplätze; sie verteidigen wie der Star nur die nächste Umgebung des Nistplatzes. Neben natürlichen Brutplätzen, wie Spalten und Nischen in Felswänden, Blocksteinhalden oder Löss- und Lehmwänden an Flüssen, werden auch Höhlungen in altem Gemäuer, Steinbrüchen oder Steinhaufen, aber auch Mauerlöcher oder Zwischenräume unter Dächern bezogen. Das Nest ist ähnlich nachlässig gebaut wie beim Star. Gibt es zu Beginn der Brutsaison wenig Nahrungstiere, brüten die Rosenstare oft nicht, sondern wandern ab, was bei großflächi-

Rosenstar *Sturnus roseus* (L. 1758)

Größe	= Amsel
Maße (cm)	Länge ca. 21,5 / Flügel ca. 37–40
Körpermasse (g)	70–81
Stimme	raue Rufe, selten einzeln zu hören, wie „tschrep-tschrep…", auch „drschä…", höher und durchdringender „switt-kurvitt"; Gesang strophiges, nicht sehr lautes Schwätzen, mit schnellen, rauen Elementen, auch schrill
Brutzeit	Anfang Mai bis Mitte Juni, 1 Jahresbrut
Gelegegröße	3–7
Eifärbung	blass hellblau; glatt, stark glänzend
Eimaße (mm)	spindelförmig – 28,7 x 21
Brutdauer	mindestens 11, wahrscheinlich 13–14 Tage; ♀ brütet
Nestlingszeit	14–19 Tage (geschätzt); beide Partner füttern

gem Insektenmangel zu Evasionen führen kann.

Die Art lebt in trockenen Steppengebieten und Halbwüsten mit Vorkommen von Wasser (nicht nur zum Trinken, sondern auch Baden) und Brutmöglichkeiten in der Nähe. Die Rosenstare sind Langstreckenzieher, die bereits ab Mitte Juli zu ihren Überwinterungsgebieten in Indien und Sri Lanka starten; dabei kommt es immer wieder vor, dass Einzelvögel die entgegengesetzte Zugrichtung nehmen und auf den Britischen Inseln sogar erfolgreich überwintern.

In Gestalt und Größe erinnert der Rosenstar an den Star. Der Schnabel ist jedoch etwas kürzer, höher, weniger spitz und wirkt daher kräftiger; in seinen Bewegungen erscheint der Rosenstar noch hektischer als der Star. Altvögel haben einen Schopf, der bei Weibchen jedoch kürzer ist. Bei Altvögeln sind Kopf mit Kehle, Flügel und Schwanz sowie hinterer Bauch und Schenkelbefiederung schwarz, das übrige Gefieder ist zart rosenrot. Ausgewachsene Männchen zeigen einen deutlichen Metallglanz im Schwarz – auf den Flügeln grünlich, im Kopfbereich purpurfarben; bei Weibchen ist das Schwarz vor allem oberseits eher bräunlich, der Metallglanz deutlich schwächer ausgeprägt, das Rosa ist teilweise durch bräunliche Federsäume überdeckt. Manchmal treten teilalbinotische Stare auf, die man mit Rosenstaren verwechseln könnte, doch haben diese Vögel einen längeren Schnabel als der Rosenstar und keinen Schopf. Jungvögel erinnern stark an junge Stare, sie sind aber viel blasser, Bürzel, Zügelregion und Schnabel sind bei ihnen hell. Unausgefärbte Rosenstare tragen statt Rosa ein schmutzig aussehendes Graubraun, ihnen fehlen ferner der Metallglanz und der Schopf.

Rosenstare ernähren sich vielfach von Heuschrecken, vor allem den zu Massenvermehrung neigenden Wanderheuschrecken, sie nehmen aber auch Raupen, wie die von Eulenfaltern, die bei Massenauftreten die Ursache für Ansiedelungen von Rosenstaren sein können. Außerhalb der Brutzeit leben die Vögel vor allem vegetarisch. Zur Nahrungssuche halten sie sich gerne dicht an der Vorderseite eines langsam schreitenden Weidetieres auf; wenn dieses stehen bleibt, wechselt der Vogel sofort zum nächsten. Rosenstare sitzen im Vergleich zu Staren nur selten auf Weidetieren, um nach Hautparasiten zu suchen; das für Stare typische Zirkeln wurde bei ihnen noch nicht beobachtet.

▸ Star, vor allem Jungvögel

ROSENSTAR, MÄNNCHEN IM PRACHTKLEID SINGEND

WEIBCHEN ZUR BRUTZEIT

SCHWARM ZUR ZEIT …

… DER KOLONIEGRÜNDUNG

Haussperling

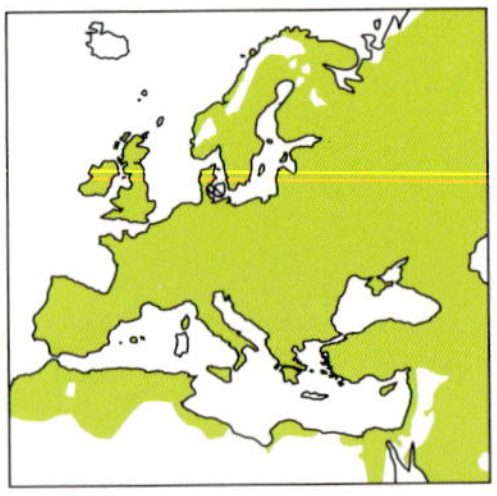

Sperlinge sind gesellige, körnerfressende Vögel mit dickem Schnabel. Durch ihre gedrungene Gestalt und die recht kurzen Beine haben sie eine gewisse Ähnlichkeit mit Finken. Wie diese suchen sie vorwiegend am Boden Nahrung. Sie bevorzugen jedoch kleinere Samen; ihre Jungen füttern sie mit Insekten. Sperlinge sind hauptsächlich Vögel des Kulturlands und Siedlungsbereiches. Ähnlich den verwandten afrikanischen Webervögeln bauen sie überdachte Nester in dichten Büschen. Nach neueren Erkenntnissen sind sie außerdem mit Piepern und Stelzen, Braunellen und Prachtfinken verwandt. Die Gesangsleistung ist überwiegend bescheiden. Manche Sperlingsarten halten ihr Gefieder durch Sand- oder Staubbaden sauber.

Der Haussperling ist einer der bekanntesten Vögel überhaupt. Die kontrastreich gefärbten Männchen erkennt man an ihrem grauen, kastanienbraun eingefassten Scheitel sowie am großen, schwarzen Latz. Die oberseits schlicht graubraunen Weibchen zeigen keine besonderen Merkmale. Jungvögel ähneln Weibchen, man kennt sie aber an den gelben Schnabelwülsten. Haussperlinge treten typischerweise in lärmenden, zeternden Trupps auf, die einander ständig verfolgen. Sie fliegen schnell und geradlinig mit schwirrenden Flügelschlägen.

Ursprünglich soll der Haussperling aus Baumsavannen und halbwüstenartigen Gegenden Westasiens stammen; im Gefolge des Menschen hat er alle Kontinente erobert. Nach Europa gelangte er bereits als Kulturfolger. Heute ist die Art von Nordwestafrika und fast ganz Europa über weite Teile Asiens bis nach Ostsibirien und Malaysia verbreitet.

Haussperlinge sind sehr anpassungsfähige Vögel. Sie kommen überall dort vor, wo es Gebäude und Nahrungsmöglichkeiten gibt. Sogar die Zentren von Großstädten werden besiedelt, wenn ein paar Büsche Deckung bieten und Grünanlagen Nahrung versprechen. Gerade in der Stadt trifft man nicht selten auf teilalbinotische oder sogar ganz weiße „Spatzen", die Bestimmungsprobleme bereiten können.

Seit Anfang des 20. Jahrhunderts verschwanden Haussperlinge wieder aus vielen Städten, ein Zusammenhang mit der Aufgabe der Pferdenutzung ist nicht bewiesen, wird aber häufig als Fakt angesehen. Mitunter leben die Vögel im Winter sogar in großen Getreidespeichern, Hühnerfarmen und Fabrikanlagen, was beispielsweise in Nordskandinavien und Nordrussland beobachtet wurde. Die höchsten Brutplätze liegen in Südspanien bei 2500 m. In der Regel sind Haussperlinge Jahresvögel, die sich vielfach ganzjährig in Brutplatznähe aufhalten. Jungvögel unternehmen mitunter Wanderungen bis 500 km.

Bereits im zeitigen Frühjahr kann man das Paarbildungsverhalten beobachten. Oft hüpfen mehrere junge Männchen mit aufgeplustertem Gefieder, hängenden Flügeln und gestelztem Schwanz laut tschilpend um ein Weibchen herum. Nur Männchen mit einem geeigneten Nistplatz sind erfolgreich. Einmal verpaart, leben die Vögel meist in monogamer Dauerehe. Beide Altvögel verteidigen das Revier, das im Wesentlichen aus Nistplatz und der nächsten Umgebung besteht. Neststandort ist oft eine Höhlung in Gebäuden oder unter Dächern, auch in Fels- und Erdwänden. Haussperlinge beziehen aber auch Nistkästen, alte Spechthöhlen oder – als Untermieter – große Greifvogel- und Storchenhorste. Gelegentlich bauen sie Freinester in Büschen oder Bäumen.

Die Nahrung setzt sich aus verschiedenen Samen, Knospen, Beeren und Abfällen zusammen; mitunter verfolgen die Vögel in Fliegenschnäppermanier Fluginsekten. Im Winter besuchen sie Futterhäuschen. Dann kann man auch ihr streitsüchtiges Verhalten beobachten, wenn sie andere Vögel verjagen.

In reifen Getreidefeldern können Haussperlinge manchmal erhebliche Schäden anrichten; außerdem gelten sie als Nahrungskonkurrenten von Haustieren. Dies sind Gründe, warum sie vielfach verfolgt werden. Sogar Massenvernichtungen war die Art schon ausgesetzt; sie hatten aber kaum wesentlichen Einfluss auf die Bestände. Seit ungefähr 1970 werden gebietsweise stärkere Bestandseinbußen durch landwirtschaftliche Intensivierung, Gifteinsatz oder „Ausräumen" der Landschaft gemeldet. Die Art ist zwar nicht bedroht, doch wenn die Bestände eines „Allerweltvogels" stark zurückgehen, sollte das als Alarmsignal gewertet werden.

▸ Feldsperling, Weidensperling

Haussperling *Passer domesticus* (L. 1758)

Größe	= Sperling
Maße (cm)	Länge ca. 14–15 / Flügel ca. 21–25,5
Körpermasse (g)	23–35
Stimme	ruft ratternd „tscherrr", monoton „tschilp" oder „tjirp", im Flug auch kürzer „trit", aggressiv „tesch ere te tet..."; Alarmruf „quiir"; das rhythmische Tschilpen bildet den „Gesang"
Brutzeit	Anfang bis Mitte April, sehr schwankend; 3 Jahresbruten
Gelegegröße	3–7, am häufigsten 4–5
Eifärbung	sehr variabel; weiß oder schwach grünlich überflogen, einfarbig grau oder schwarz oder in verschiedenen Grau- und Brauntönen gefleckt, glatt, mit schwachem Glanz
Eimaße (mm)	spindelförmig – 22,2 x 15,6
Brutdauer	11–14 Tage; beide Partner brüten, ♀ größere Anteile
Nestlingszeit	12–18 Tage, beide Partner füttern

HAUSSPERLING, MÄNNCHEN IM PRACHTKLEID (NORDGRIECHENLAND)

WEIBCHEN

FLÜGGE JUNGVÖGEL

NEST UND GELEGE

Weidensperling

Der Weidensperling lebt auf den Kanaren, Kapverden, Madeira und in Nordafrika; in Europa kommt er auf der Iberischen Halbinsel (in Spanien allerdings nur lokal und ziemlich selten), Sardinien und im Südosten vor. Asien besiedelt er von der Türkei und dem Nahen Osten bis zum Rand der Gebirge in Afghanistan und Kasachstan.

Das Wanderverhalten der Art ist recht unterschiedlich: Es gibt sesshafte Populationen, etwa auf Malta, teilziehende und ziehende. Die östlichen Populationen des Weidensperlings sind Zugvögel, die bis nach Ägypten und auf die Arabische Halbinsel ziehen. Die Vögel Nordafrikas sind teils ziehend, teils nomadisch.

Die Art besiedelt flussbegleitendes Gebüsch, Alleen, gebüschreiches Kulturland und kleine Wäldchen. Im Gegensatz zum Haussperling liegen die Brutplätze oft in größerer Entfernung zu menschlichen Siedlungen, der Weidensperling brütet aber ebenfalls in Dörfern, beispielsweise in den Nestern von Störchen – in Gegenden, in denen der Haussperling fehlt, wie auf den Kanaren, Kapverden, auf Malta und in Teilen Tunesiens. Nach der Brutzeit schließen sich die Sperlinge zu großen Schwärmen zusammen, wobei die einzelnen Vögel in Starenmanier sehr dicht fliegen.

Weidensperlinge brüten oft in großen, bis mehrere tausend Paare umfassenden Kolonien mit dicht beieinander liegenden Nestern. Sind die Bedingungen schlecht, besteht die Kolonie nur aus wenigen Paaren. Häufig finden aufeinander folgende Bruten an verschiedenen Orten statt. Im Gegensatz zum Haussperling baut das Weidensperlingmännchen zuerst ein vollständiges Nest, bevor es sich mit einem Weibchen verpaart. Die Nester ähneln denen des Haussperlings, stehen aber meist frei in Bäumen, wie Pappeln, Weiden, Robinien oder Akazien sowie in Opuntien. Nester in Gebüsch sind oft so nah aneinander gebaut, dass ihre Abgrenzung kaum möglich ist.

Weidensperling (+ „Italiensperling")
Passer hispaniolensis Temminck 1820
(+ *P. h. italiae* Vieill. 1817)

Größe	= Sperling
Maße (cm)	Länge ca. 15 / Flügel ca. 23–26
Körpermasse (g)	23–36
Stimme	Rufe haussperlingartig
Brutzeit	April bis Mai, auf den Kanaren im Februar, 2–3 Jahresbruten
Gelegegröße	(4) 5–6 (–8)
Eifärbung	weiß, schwach blau oder grün getönt, grau oder grauviolett und schwarzviolett gefleckt; glatt, schwach glänzend
Eimaße (mm)	spindelförmig – 22,8 x 15,3
Brutdauer	11–12 Tage
Nestlingszeit	11–15 Tage

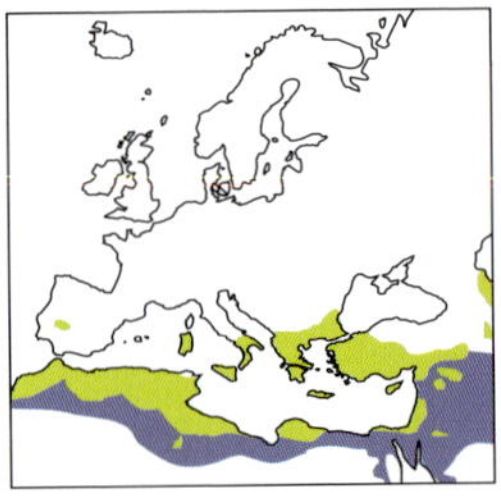

Die Nahrungsansprüche entsprechen denen des Haussperlings. Trotzdem können beide Arten nebeneinander leben, denn Weidensperlinge sind ausgesprochen mobil und nutzen auch weit entfernt liegende Nahrungs- und Wasserstellen. Die Vögel ernähren sich vorwiegend von Samen sowie kleinen wirbellosen Tieren. Abfälle und Futterstoffe, die für viele Haussperlingspopulationen wichtig sind, spielen nur für kulturfolgende Weidensperlinge (bei Fehlen des Haussperlings) eine Rolle.

Beim Studium von sonagraphierten Weidensperlingslauten fällt deren komplizierterer Aufbau im Vergleich zu Haus- und Feldsperling auf; außerdem zeigen sie größere Frequenzsprünge und sind oft länger. Der Gesang, ein schnell wiederholtes „tschieli-tschieli-tschieli…", klingt metallischer und etwas höher als beim Haussperling.

Die Männchen sehen dem Haussperling ähnlich, haben aber eine kastanienbraune Kopfplatte, einen schmalen weißen Überaugenstreif und meist hellere Kopfseiten; der schwarze Brustlatz ist deutlich ausgedehnter als beim Haussperling und geht an den Seiten in kräftige Strichelung über, die bis zu den Flanken zieht. Im frischen Gefieder ist der Schnabel hell, im Prachtkleid schwarz. Weibchen und Jungvögel sind schwierig von denen des Haussperlings zu unterscheiden, jedoch ist die Brust bei jungen Weidensperlingen etwas kräftiger gestrichelt.

In manchen Gebieten bastardiert der Weidensperling mit dem Haussperling, die Hybriden erinnern an den „Italiensperling", es wurden sogar schon Mischlinge zwischen Weiden- und Feldsperling festgestellt.

Über die taxonomische Stellung der Form *italiae* („Italiensperling") gehen die Meinungen der Fachleute auseinander: Einerseits wird die Art als Unterart des Haussperlings oder des Weidensperlings angesehen, andererseits – was heute häufiger der Fall ist – als stabile Hybridform zwischen Haus- und Weidensperling, die schon lange besteht und entstanden ist, als der Haussperling vor mehreren tausend Jahren in das Areal des Weidensperlings eingewandert ist. Vielleicht gebührt dem Italiensperling auch Artrang. Den Männchen dieser Sperlingsform fehlt die schwarze Flankenmusterung, die Lautäußerungen sind im Vergleich zu Haussperling etwas tiefer und kräftiger. „Italiensperlinge" kommen in Italien südwärts bis Mittelitalien vor, ferner in Südostfrankreich, in der Südschweiz, auf Kreta und Korsika.

▸ Haussperling

WEIDENSPERLING, WEIBCHEN AM NEST

MÄNNCHEN IM PRACHTKLEID

MÄNNCHEN IM SCHLICHTKLEID

„ITALIENSPERLING“

Feldsperling

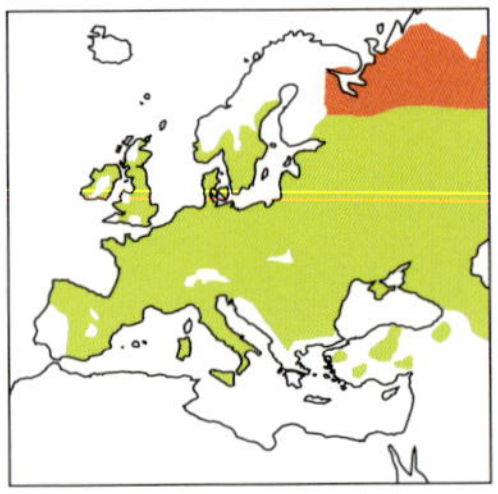

Der Feldsperling hat sich in weitaus geringerem Maße dem Menschen angeschlossen als der Haussperling, trotzdem findet man ihn häufig in Gebäudenähe. Nicht selten fliegen beide Arten außerhalb der Brutzeit in gemischten Schwärmen, und aus manchen Büschen hört man gleichzeitig das Zetern von Haus- und Feldsperlingen. Der Feldsperling ist mehr ein Vogel der Stadt- und Dorfränder, in die Zentren der Großstädte ist er kaum vorgedrungen, man trifft ihn höchstens in größeren Parks an. Doch in vielen östlicheren Teilen seines riesigen Areals hat er sich eng an den Menschen angeschlossen, dort lebt teilweise der Haussperling in der Peripherie. In Ostasien ist er regelrechter Stadtvogel und ersetzt den Haussperling. In Mitteleuropa besiedelt der Feldsperling bevorzugt die offene Kulturlandschaft mit Hecken, wegbegleitendes Gebüsch, buschreiche Waldränder, Feldgehölze und Obstgärten sowie offene Landschaft mit lockerem Baumbestand oder lichten Auwald; die Art meidet jedoch dichten Wald oder Hochgebirge.

Feldsperlinge sind nicht so lärmend wie Haussperlinge und verhalten sich insgesamt weit unauffälliger. Fütterungen besuchen sie gerne an Dorfrändern, dort sieht man sie nicht selten zusammen mit Goldammern. Futterhäuschen besuchen sie weniger häufig als Haussperlinge.

Im Gegensatz zum Haussperling sitzen verpaarte Feldsperlinge häufig in Körperkontakt in der Nähe des Nistplatzes. Die Vögel brüten meist in Baumhöhlen oder Nistkästen, manchmal auch in Höhlungen von Häusern oder sogar Felswänden und in den Röhren von Uferschwalben oder Bienenfressern. Ihre Nisthöhle verteidigen sie vehement gegenüber Artgenossen oder anderen kleinen Höhlenbrütern; notfalls werfen sie aus einer bereits besetzten Höhle das Nistmaterial der Konkurrenten einfach hinaus. Gegen Haussperlinge können sie sich nur durchsetzen, wenn das Flugloch so eng ist, dass diese nicht hindurchpassen. Nest und Brutverhalten ähneln stark dem des Haussperlings.

Feldsperlinge fressen wie die Vergleichsart vorwiegend Samen, gerne von Gräsern und Kräutern wie Knöterich, Melde, Gänsefuß oder Vogelmiere, aber auch milchreife Getreidekörner. Zur Brutzeit nehmen sie meist mehr tierische Nahrung auf als Haussperlinge; die Jungen werden mit Insekten gefüttert. Die Intensivierung der Landwirtschaft ist auch für den Feldsperling eine ernste Bedrohung, denn sie führt zu gefährlichen Nahrungsengpässen sowohl zur Brutzeit als auch im Winterhalbjahr. Nur eine strukturreiche Kulturlandschaft mit älteren Bäumen und Gehölzen für die Brut und Hecken, Rainen, Brachflächen und Wildkräuterbereichen sowie verringerter Chemieeinsatz kann dem Feldsperling und anderen Vögeln der Feldflur auf Dauer das Überleben sichern. Gebietsweise gibt es bereits deutliche Bestandseinbrüche.

Im Vergleich zum Haussperling ist der Feldsperling etwas kleiner, zierlicher und kleinköpfiger; nur das Kinn ist schwarz, ein ausgedehnter Latz wie beim Haussperling fehlt. Typisch sind der kastanienbraune Scheitel, ein schwärzlicher Fleck auf den hellen Kopfseiten und der weiße Halsring; daran erkennt man die Art schon auf größere Entfernung. Männchen und Weibchen sind gleich gefärbt, was innerhalb der Familie ungewöhnlich ist. Die diffuser gefärbten Jungvögel haben nur undeutliche Wangenflecken sowie gelbe Schnabelwülste; bereits im Herbst sind sie nicht mehr von Altvögeln zu unterscheiden. Der Gesang besteht wie beim Haussperling aus aneinander gereihten Tschilplauten, die aber kürzer sind und etwas geräuschhaft und trocken klingen, sowie etwas höher sind.

Die Art fehlt in Europa nur auf Island und in Mittel- und Nordskandinavien sowie in fast ganz Finnland. In Asien reicht das Areal bis Sachalin, Japan und Südostasien; die Südgrenze der asiatischen Verbreitung verläuft von der nordöstlichen Mittelmeerküste über den Norden von Iran, Pakistan und Indien bis nach Indochina und Bali. Eingebürgerte Bestände gibt es in Nordamerika und Südaustralien.

In Mitteleuropa ist der Feldsperling überwiegend Jahresvogel, nur ein kleiner Teil der Populationen (vor allem Jungvögel) unternimmt gerichtete Wanderungen; so trifft man diese Zieher (wenn auch selten) an Alpenpässen mit Zugrichtung West oder Südwest an. In Nordeuropa ist die Zugaktivität etwas ausgeprägter, wie die Funde von Feldsperlingen auf Bohrinseln mitten in der Nordsee beweisen.

▸ HAUSSPERLING, WEIDENSPERLING

Feldsperling *Passer montanus* (L. 1758)

Größe	= Sperling
Maße (cm)	Länge ca. 14 / Flügel ca. 20–22
Körpermasse (g)	19–27
Stimme	am häufigsten hohes, einsilbiges „tschip", höher als Haussperling, und als ‚Nestruf' in Nähe der Nisthöhle rascher oder langsamer gereiht; im Abflug hart „tek-tek-tek..." und hell „zwit"; gereiht „dschäd..."
Brutzeit	April, 2 bis 3 Jahresbruten
Gelegegröße	3–7 (8)
Eifärbung	weiß bis schmutzig weiß, mit dunkelbraunen, manchmal violetten oder grauen Flecken; glatt, schwach glänzend
Eimaße (mm)	spindelförmig – 19,3 x 14
Brutdauer	11–14 Tage; beide Partner brüten, ♀ mit höherem Anteil
Nestlingszeit	15–20 Tage; beide Partner füttern

FELDSPERLING, PAAR

AM FUTTERHAUS

NOCH NICHT GANZ AUSGEFÄRBT

NEST UND GELEGE

Steinsperling

Der Steinsperling erinnert im Aussehen an ein kompaktes Weibchen des Haussperlings, ist aber kurzschwänziger und hat einen kräftigeren, gelblichen Schnabel sowie eine gestreifte Brust. Das Gefieder ist überwiegend schlicht graubraun und dunkel gefleckt, auffälliger ist die dunkel-hell gestreifte Kopfzeichnung.

Interessantes Merkmal ist der kleine, gelbe Kehlfleck, der bei normaler Gemütslage des Vogels selbst bei aufgeplustertem Gefieder oder hochgerecktem Kopf meist nicht sichtbar ist. Sobald aber Unsicherheit die Stimmung beherrscht, erscheint der Kehlfleck plötzlich als dreieckiges bis trapezförmiges Abzeichen, um – nach Abklingen der Erregung – genauso schnell wieder zu verschwinden. Auch bei der Balz (siehe unten) dient dieses Abzeichen als Signal.

Viele Rufe des Steinsperlings erinnern an Haussperling, klingen aber meist etwas angenehmer; häufig hört man, vor allem von Vögeln im Schwarm, ein etwas metallisch klingendes „pie-üip". Der Flugruf „vui" ist nasal und weich. Der Gesangsvortrag besteht wie beim Haussperling aus gereihten rufähnlichen Lauten, die manchmal auch im kurzen, an Pieper erinnernden Singflug vorgetragen werden.

Steinsperlinge nisten kolonieweise, manchmal zusammen mit Haussperlingen, in mindestens halbmetertiefen Felsspalten, Höhlungen und unter Dächern von Gebäuden, gerne Ruinen, aber auch in Baumhöhlen. Sogar die von Bienenfressern oder Uferschwalben gegrabenen Röhren, aber auch Schwalben- und Kleibernester sowie Taubenschläge werden bezogen. Das Männchen versucht durch Singen oder häufiges Einschlüpfen ein Weibchen für seinen Nistplatz zu „überreden"; bei der Werbung hält es die ausgebreiteten Flügel hoch, spreizt häufig die Steuerfedern und präsentiert so die hellen Flecken im Bereich der Schwanzspitze, außerdem zeigt es den gelben Kehlfleck durch Hochhalten des Kopfes. Steinsperlinge haben eine starke Bindung an den

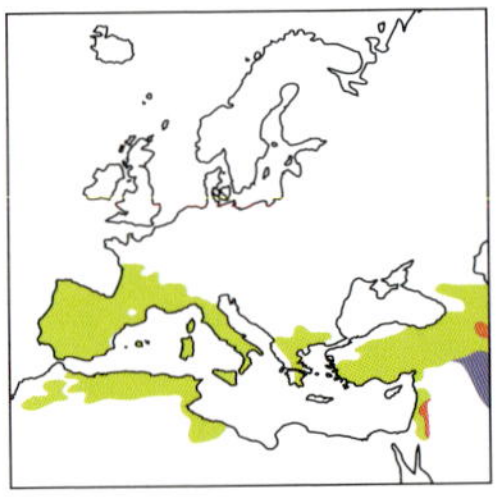

Brutplatz, vor allem die Männchen. Das nachlässig zusammengefügte Nest aus trockenen Halmen und Wurzeln, Stofffetzen, Wolle und Federn ist nicht geschlossen. Das Nest wird im Gegensatz zu den Arten der Gattung *Passer* (wie Haussperling) nur vom Weibchen gebaut; ungewöhnlich ist auch, dass die Nester häufig mehrere Jahre lang verwendet werden, wobei nur die Innenauskleidung erneuert wird.

Samen von Gräsern und krautigen Pflanzen, Getreide- und Maiskörner sind die Hauptnahrung. Im Sommer verzehren die Vögel auch Früchte, wie Erdbeeren, Maulbeeren, Berberitzen- oder Weißdornbeeren. Zur Brutzeit steigt der Anteil der Insekten in der Nahrung – vor allem die Jungen werden damit gefüttert; Heuschrecken haben eine besondere Bedeutung, aber auch Käfer, Fliegen und Schmetterlinge werden gefressen.

Der Steinsperling ist ein Brutvogel der Südpaläarktis von Nordafrika, Südeuropa und der Türkei über das Kaukasusgebiet und Kasachstan bis zur Mongolei und Mandschurei. Er hat einst auch in Mitteleuropa gebrütet, wobei die Art noch bis 1950 im südlichen Deutschland nachgewiesen werden konnte. Diese Populationen nisteten an sonnigen, oft mit lockerem Wald bestandenen Felshängen und an Ruinen und streiften im Winterhalbjahr in Schwärmen bis zu 300 Vögeln umher. Ein 1958 gestartetes Wiedereinbürgerungsprojekt am Rhein südlich von Bonn endete 1961 leider mit dem Tod der beiden letzten Vögel.

Der Steinsperling brütet in trockenwarmer Landschaft, in Steppengebieten und Gebirgsgegenden. Seine Nester stehen an Felshängen, Ruinen, Brücken, auch im Siedlungsbereich. Die Art ist überwiegend Jahresvogel, jedoch ziehen viele gebirgsbewohnende Vögel im Winter in die Tallagen. In Spanien hat man Winterschwärme von bis zu 2000 Vögeln beobachtet. Nicht selten sind Steinsperlinge dann auch mit Haussperlingen oder Finken vergesellschaftet.

Der grob auf eine Million Brutpaare geschätzte europäische Bestand lebt zu rund 90% auf der Iberischen Halbinsel mit relativ stabilen Zahlen. Die Art gilt daher derzeit als nicht gefährdet, auch wenn die Zahlen in Griechenland und Süditalien etwas abnehmen. Hauptgrund für das Aussterben der Art in Mitteleuropa waren wohl Klimaänderungen, aber sicher spielten auch Verfolgung und Konkurrenz mit dem sich ausbreitenden Haussperling, möglicherweise auch mit anderen Arten, wie Star oder Mauersegler, eine Rolle.

Steinsperling *Petronia petronia* (L. 1766)

Größe	= Sperling
Maße (cm)	Länge ca. 14 / Flügel ca. 28–32
Körpermasse (g)	26–39
Stimme	ruft sehr charakteristisch nasal, hochgezogen „vui", oft wiederholt; ferner bei Erregung hart rollend „tii-tür'rrrr"; Gesang rufähnliche, gereihte Gebilde „sle-vait" oder „twäjullt"
Brutzeit	Mai, 2 Jahresbruten
Gelegegröße	4–6 (7)
Eifärbung	weiß oder grünlichweiß, mit braunroten, schwärzlich-braunen oder grauen Flecken; glatt, schwach glänzend
Eimaße (mm)	spindelförmig – 21,6 x 15,4
Brutdauer	11–14 Tage, nur ♀ brütet
Nestlingszeit	18–21 Tage; beide Partner füttern

▸ Haussperlings-Weibchen

STEINSPERLING, DER KLEINE GELBE KEHLFLECK IST OFT SCHWER ZU SEHEN

AN DER TRÄNKE

JUNGE IM NEST

NEST UND GELEGE

Schneesperling

Bis vor kurzem hieß der Schneesperling noch „Schneefink". Da er trotz der finkenähnlichen Gestalt aber nicht mit den Finken verwandt ist, sollte besser die Bezeichnung „Schneesperling" gewählt werden. Ein stehender Schneesperling sieht unscheinbar graubraun aus. Von der etwas kleineren Schneeammer, die im Winterhalbjahr bei uns auftreten kann, unterscheidet er sich vor allem durch die längeren Beine und den einfarbig grauen Kopf. Verwechslung wird es kaum geben, denn beide Arten sind im behandelten Gebiet ökologisch getrennt: Die Schneeammer geht kaum ins Hochgebirge, der Schneesperling kommt nur ausnahmsweise in die Täler.

In den Alpen lebt die Nominatform. Bei Männchen im Brutkleid sind Schnabel, Kinn und Kehle schwarz, die Oberseite ist dunkelbraun. Weibchen haben einen hellen Schnabel mit schwarzer Spitze, das Gefieder ist insgesamt matter. Die Unterart der Türkei und des Kaukasus, *alpicola*, ist an Kopf und Mantel heller und weist einen ähnlich dem Mantel gefärbten Scheitel auf.

Im Flug wird der schlichte Kleinvogel auffällig, denn dann kommen die großen, weißen, mit den schwarzen Handschwingen kontrastierenden Flügelabzeichen sowie der weiße Außenschwanz zur Geltung.

Der laute, auffällige und rhythmische Gesang besteht im Wesentlichen aus tschilpenden Tonfolgen, die von Männchen zu Männchen abändern, aber auch von ein und demselben Vogel variiert werden. Der Gesang wird von einem Felsen aus oder im spiralig gleitenden Singflug vorgetragen und dient dazu, ein Weibchen anzulocken. Einen geeigneten Nistplatz preist das Männchen in Sperlingsmanier durch Einschlüpfen in die Höhle, Lockrufe, Singen im Höhleninneren und häufiges Herausschauen an. Die Schneesperlinge nisten in tiefen Löchern und Spalten im Gefels, unter Felsblöcken und Ähnlichem; es gibt auch Bruten an Gebäuden. Nicht selten brüten sie in kleinen Kolonien. Das außen ordentliche und glatte, dickwandige Nest besteht aus Halmen und Stängeln, selten enthält es Moos, Flechten und Würzelchen; es ist sehr dicht gewoben und durch viele Federn sowie Säugetierwolle gut kälteisoliert. Es ist aber nie nach Sperlingsmanier geschlossen.

Interessant ist das Übernachtungsverhalten, das man in der Schweiz studiert hat: Die Vögel, die sich tagsüber im Bereich von Gebäuden auf rund 2000 m Höhe aufhalten, übernachten außerhalb der Brutzeit mehrere 100 m höher in Felswänden, wo sie einzeln in tiefen Spalten mit günstigem Kleinklima (wärmer, trockener, windgeschützter als unten) sitzen. Zu diesen Schlafplätzen fliegen sie im Schwarm von oft über zwei Dutzend Vögel hoch, morgens sammeln sie sich wieder zum gemeinsamen Abwärtsflug.

Das Verbreitungsareal des Schneesperlings ist stark zersplittert und umfasst die Hochgebirge Nordiberiens, der Alpen, Korsikas, Italiens, des Balkans, der Türkei des Kaukasus sowie Vorder- und Mittelasiens bis zur Mongolei und nach Westchina. Die höchsten Brutplätze liegen bei rund 5000 m Höhe im Hochland von Tibet.

Die Art lebt in der Zone zwischen der Baumgrenze und dem ewigen Schnee. Sommerhabitat sind felsige Matten in der Nähe von zerklüfteten Felswänden oder, als Sekundärlebensraum, Gebäude wie Seilbahnstationen oder Berghotels. Da Schneefälle und Temperaturen unter null während der Brutzeit nicht außergewöhnlich sind, müssen sich im Bruthabitat möglichst nah Flächen befinden, die schnell ausapern oder schneefrei sind, wo die Vögel nach Insekten suchen. Im Winterhalbjahr fressen sie Samen. Bei geschlossener Schneedecke halten sie sich oft an von Gämsen freigescharrten Plätzen auf. Nicht selten sieht man die Vögel in dieser Zeit truppweise an Berghütten, Berghotels oder Skistationen. Sie kommen auch an Fütterungen.

Im Prinzip ist der Schneesperling ein Jahresvogel mit geringen Vertikalbewegungen; nur in sehr harten Wintern oder bei sehr schlechtem Wetter geht er in deutlich tiefere Lagen. Es sind aber schon Zugbewegungen mitteleuropäischer Vögel von mehreren 100 km nachgewiesen worden.

Die europäischen Bestände sind, so weit bekannt, mehr oder weniger stabil. Bestandsschwankungen gehen wohl vorwiegend auf das Konto des Klimas. Bedenklich ist jedoch die zunehmende Erschließung des Hochgebirges; langfristig könnten sich auch die zunehmende Klimaveränderung negativ auswirken.

Schneesperling *Montifringilla nivalis* (L. 1766)

Größe	= Sperling
Maße (cm)	Länge ca. 17 / Flügel ca. 34–38
Körpermasse (g)	33–44
Stimme	unrein „tsi" oder „zij"; quäkende Rufe ähnlich Bergfink; stark erregt fast rollend „prrt"; Gesang sperlingsähnlich, langsam „twi-tuj-twi-tuj"
Brutzeit	Ende April bis Anfang Mai, manchmal 2 Jahresbruten
Gelegegröße	3–5 (6)
Eifärbung	weiß; glanzlos oder ganz schwach glänzend
Eimaße (mm)	spindelförmig – 22,3 x 16,9
Brutdauer	Mittel 13 Tage; ♀ brütet allein, nicht vom ♂ gefüttert
Nestlingszeit	ca. 21 Tage; beide Partner füttern

▸ SCHNEEAMMER

SCHNEESPERLING, ALTVOGEL FÜTTERT JUNGVOGEL

PRACHTKLEID

SCHLICHTKLEID

JUNGVOGEL

Buchfink

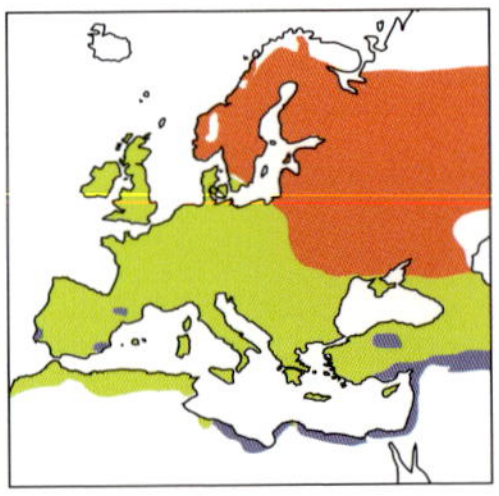

Die Finken, zu denen Edelfinken (in Europa Buch- und Bergfink), Girlitze, Zeisige, Hänflinge, Kreuzschnäbel und Gimpel gehören, sind meist kleine, häufig bunt gefärbte Körnerfresser mit charakteristischer Flügelzeichnung und eingekerbtem Schwanz. Männchen und Weibchen sind oft unterschiedlich gefärbt. Der kräftige, kegelförmige Schnabel ist gut zum Öffnen harter Samen geeignet, bei Kreuzschnäbeln ist die Spitze gekreuzt. Außerhalb der Brutzeit sind Finken gesellig und treten dann in großen Schwärmen auf. Die meisten Finken hüpfen am Boden, ihr Flug ist wellenförmig hüpfend. Verwechslungsmöglichkeit besteht mit Sperlingen und Ammern.

Der Buchfink ist eine der häufigsten Vogelarten überhaupt und zudem die bekannteste und häufigste Finkenart. Pro Quadratkilometer leben im Durchschnitt über 50 Brutpaare. Rabenvögel, Eichhörnchen und Nässeperioden verursachen die meisten Gelegeverluste, ohne dass aber darunter der Gesamtbestand leidet.

Buchfinkenpaare leben jeweils für eine Saison zusammen. Nichtziehende Vögel verpaaren sich im Folgejahr nicht selten wieder mit demselben Partner. Das Weibchen wählt den Neststandort aus und baut auch das Nest allein. Die mit Insektengespinsten fest verwobene und mit Flechten und Rindenstücken gut getarnte Halbkugel steht oft in einer Astgabel oder auf einem Ast eines Baumes oder Strauches zwischen 0,5 m und 25 m Höhe. Alle Baum- und Straucharten, sogar Spalierpflanzen können Neststandort sein.

Wichtiges Kennzeichen des Buchfinks sind die zwei in beiden Geschlechtern auftretenden, breiten, weißen Flügelbinden; im Prachtkleid bildet die vordere Binde den auffälligen weißen Schulterfleck. Zudem weisen die beiden äußersten Steuerfedern viel Weiß auf. Das Männchen im Prachtkleid erkennt man vor allem an der zimtbraunen Färbung an Kopfseiten und Unterseite, am kastanienbraunen Vorderrücken sowie grünen Hinterrücken und Bürzel. Das Weibchen ist eher unscheinbar braun und wie junge Männchen im 1. Winter matter gefärbt, die weißen Flügelbinden sind weniger auffällig. Am Boden laufen Buchfinken mit raschen Trippelschritten und nickendem Kopf, auf unebenem Grund hüpfen sie schnell.

Der Alarmruf, das bekannte ein- oder mehrsilbige „fink", wird von erregten Vögeln oder beim Auftauchen von Bodenfeinden geäußert. Eine weitere bekannte Lautäußerung ist das so genannte „Rülschen" („Regenruf"). Den kurzen Reviergesang („Finkenschlag") hört man oft schon im Februar.

Der Buchfink brütet in ganz Europa bis auf den höchsten Norden Skandinaviens, weiter östlich nur etwa bis 63° nördliche Breite. Im Osten erstreckt sich das Verbreitungsgebiet über Israel, den Nordiran, die Waldsteppen nördlich des Schwarzen Meeres bis zum nördlichen Kaukasus und Kasachstan. In südlicher Richtung kommt die Art bis in die Sahara-Oasen vor. In den Gebirgen Mitteleuropas ist der Buchfink bis zur Baumgrenze ein sehr häufiger Brutvogel. Die höchsten Vorkommen liegen mit etwa 2300 m in der Schweiz und in den Pyrenäen.

Der Buchfink bewohnt bewaldete und baumbestandene Gebiete sowie Wälder aller Art mit spärlicher Strauch- und schwach ausgebildeter Krautschicht. In Parks, Obstanlagen und Gärten mit Bäumen, oft mitten in Städten, findet man ihn ebenso. Die Vögel der mittleren und südlichen Breiten sind Strich- oder Standvögel. Die nördlichen Populationen räumen die Brutgebiete fast völlig, deren Überwinterungsgebiete liegen meist in Süd-, Südwest- und Westeuropa sowie in Nordafrika und Vorderasien bis Pakistan. Auf dem Zug legen die Vögel bis zu 3000 km zurück. Der Artname *coelebs* leitet sich von Zölibat her. Da die Weibchen schneller und weiter ziehen als die Männchen, überwintern diese oft allein in Mitteleuropa.

Nur auf Teneriffa und Gran Canaria (dort fast ausgestorben) lebt der **Teydefink** (*Fringilla teydea*). Er ist größer als der Buchfink, ähnelt ihm aber in Habitus und Bewegung. Männchen sind graublau, Weibchen und Jungvögel olivbraun mit etwas aufgehellter Unterseite. Die Art bewohnt ursprüngliche Kiefernwälder (Kanarenkiefer) und Baumheide in den Hochlagen. Im Winter tritt sie oft in gemischten Trupps mit Buchfinken auf, manche Vögel harren aber auch bei Schneefällen oberhalb 1400 m im Bergwald aus.

▶ BERGFINK

Buchfink *Fringilla coelebs* (L. 1758)

Größe	= Sperling
Maße (cm)	Länge ca. 14,5 / Flügel ca. 24,5–28,5
Körpermasse (g)	21–25
Stimme	Gesang sich beschleunigendes Schmettern mit abschließendem Triller, regional variierend; häufigster Ruf bei Erregung ein- oder mehrsilbig „pink" (Kohlmeise ähnlich) und ‚Regenruf' „wrüt" (mit Dialekten)
Brutzeit	Anfang April bis Mai, 1 oder 2 Jahresbruten
Gelegegröße	2–6
Eifärbung	hellblau, rosa gewölkt oder gefleckt, einige kastanienbraune Flecken, Spritzer und Schnörkel; glatt, glänzend
Eimaße (mm)	spindelförmig bis kurz spindelförmig-oval – 19,3 x 14,7
Brutdauer	10–14 Tage; nur ♀ brütet
Nestlingszeit	12–15 Tage (mitunter auch länger); beide Partner füttern

MÄNNCHEN IM PRACHTKLEID

WEIBCHEN

FLÜGGER JUNGVOGEL

NEST UND GELEGE

Bergfink

In allen Kleidern zeigt der Bergfink einen weißen Hinterrücken und Bürzel; Vorderbrust und Schultern sind mehr oder weniger deutlich orangefarben, der Bauch ist weiß. Im Vergleich zum Buchfink hat er einen stärker gekerbten Schwanz. Männchen im Prachtkleid sind unverkennbar durch das tiefe, glänzende Blauschwarz an Kopf, Nacken, Kopfseiten und Rücken; junge Männchen sind am Kopf noch braun gefärbt. Bei Männchen im Schlichtkleid ist die Schwarzfärbung durch beige Federsäume verschleiert, die sich gegen den Sommer hin auch am Kopf und Vorderrücken immer mehr abnützen, bis diese Bereiche schließlich rein schwarz aussehen. Bei Weibchen ist die Rostfärbung nur matt angedeutet, auf braunem Rücken zeigen sie ein beiges Schuppenmuster, Nackenfleck und Halsseiten sind weißlichgrau. Der im Sommer blauschwarze Schnabel ist sonst gelblich gefärbt mit dunkler Spitze.

Der nasale Ruf „dschäe", „wschschp" oder oft nach oben gezogen „djä" oder „quäig" ist unverkennbar. Im Flug äußern Bergfinken ein kurzes, hartes „jäg" oder „tjek", das kürzer und härter ist als beim Buchfink. Der Gesang besteht aus einer Folge monotoner Einzellaute, die leise beginnen und gegen Ende lauter werden, etwa „dijääi" oder „dsää", ähnlich dem „Schwunschen" des Grünfinken. Bergfinken-Gesang ist ab März auch im mitteleuropäischen Winterquartier zu hören, etwa ein bis zwei Wochen nach dem Gesangsbeginn der Buchfinken. Zu dieser Zeit hört man oft vielstimmige Chöre der Vögel, die sich vor dem Einfallen in den Schlafbäumen sammeln; der Klangeindruck erinnert an das Geräusch von Kreissägen.

Die Brutheimat liegt in Nordeuropa und Nordasien bis Kamtschatka. Sie reicht vom nördlichen Taigarand nach Süden bis Südnorwegen, Mittelschweden und Südfinnland, in Russland bis zur mittleren Wolga. Im Südwesten des Areals überschneiden sich die Verbreitungsgebiete von Berg- und Buchfink. Von Bergfinken ist bekannt, dass sie manchmal in Mitteleuropa übersommern und gelegentlich mit Buchfinken bastardieren.

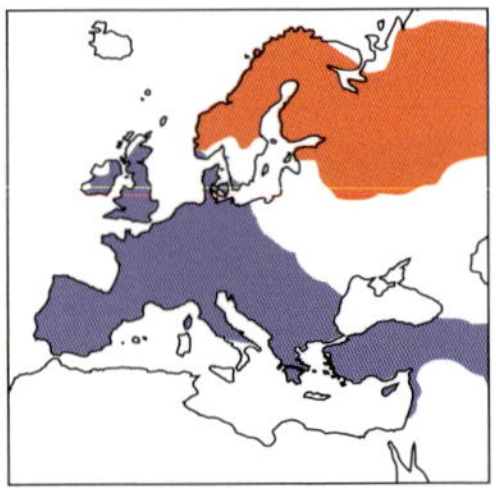

Bergfinken leben in lichten Nadel-, Misch- und Laubwäldern, vor allem in Birkenwäldern. Neben dem Fitis ist der Bergfink in der nördlichen Taiga die häufigste Brutvogelart. Im Winterhalbjahr treten sie häufig in Buchenwäldern sowie in Parks und Gärten auf. Zwischen September und Mai sieht man Bergfinken alljährlich in Mitteleuropa, manchmal in Mengen, die in die Millionen gehen und offensichtlich aus sibirischen Brutgebieten stammen. Die Schwärme leben dann vor allem von Bucheckern, die Vögel verzehren aber auch andere Samen, wie Fichtensamen oder Maiskörner. An Futterstellen sieht man Bergfinken seltener als Buchfinken. Überwinternde Schwärme beobachtet man häufig in Gebieten mit einem reichen Angebot an Bucheckern; um an die Baumfrüchte unter einer lockeren Neuschneedecke zu gelangen, flattern die Vögel mit halb geöffneten Flügeln, als wollten sie baden, und legen dabei den Waldboden frei. Bergfinken verbringen den Winter auch in Südskandinavien oder – bei Fehlen von Bucheckern in Mitteleuropa – in Frankreich, Oberitalien und Südosteuropa.

Im Sommer ernähren sich Bergfinken meist von Insekten, in der ersten Zeit nach Ankunft im Brutgebiet noch von Samen des Vorjahres. Sie erbeuten vorwiegend größere und langsame Beutetiere, wie Raupen, oft vom Frostspanner, sowie Käferlarven. An die Nestlinge werden ebenfalls recht große Beutetiere verfüttert.

Nach Ankunft am Brutplatz im April bis Mai besetzt das Männchen ein Revier, bevor es sich um ein Weibchen bemüht. Das Nest, das in Bäumen und Sträuchern in 1–10 m Höhe gebaut wird, ähnelt dem Buchfinkennest, ist aber umfangreicher, dicker und lockerer zusammengefügt. Die Wände bestehen aus Gras und Halmen und sind außen mit Flechten und Rindenteilen getarnt. Im Unterschied zum Buchfinknest ist die Mulde stärker mit Federn und Pflanzenwolle und weniger mit Moos ausgepolstert. Im Süden finden zum Teil zwei, weiter nördlich nur eine Jahresbrut statt. Nur das Weibchen brütet, beide Altvögel füttern. In Jahren mit geringer Raupennahrung wird oft das Brutgeschäft vorzeitig abgebrochen.

Im Überwinterungsgebiet werden viele Bergfinken, die auf den Straßen zermalmte Bucheckern verzehren, überfahren, da sie häufig nicht auf den Verkehr reagieren, ausgenommen auf akustische Signale, beispielsweise Hupen.

▸ BUCHFINK

Bergfink *Fringilla montifringilla* (L. 1758)

Größe	= Sperling
Maße (cm)	Länge ca. 14 / Flügel ca. 25–26
Körpermasse (g)	21–28
Stimme	charakteristischer Ruf nasal quäkend „dschäe"; Flugruf kurz und hart „tjek" bzw. „jäg" (härter und kürzer als Buchfink); Gesang Folge monotoner Einzelelemente, erst kurze, dann lauter etwa wie „dijääi"
Brutzeit	Mitte April im Süden, bis Anfang Juni im Norden; meist 1 Jahresbrut
Gelegegröße	4–8, meist 6–7
Eifärbung	hellblau, rosa oder hellrot überflogen oder gekleckst, oft auch feine Linien und Schnörkel vorhanden; glatt, glänzend
Eimaße (mm)	spindelförmig bis kurz-oval – 19,5 x 14,6
Brutdauer	ca. 14 Tage; ♀ brütet
Nestlingszeit	ca. 14 Tage; beide Partner füttern

BERGFINK, MÄNNCHEN IM WINTER

MÄNNCHEN IM PRACHTKLEID

SCHWARM IM WINTERQUARTIER

NEST UND GELEGE

Girlitz

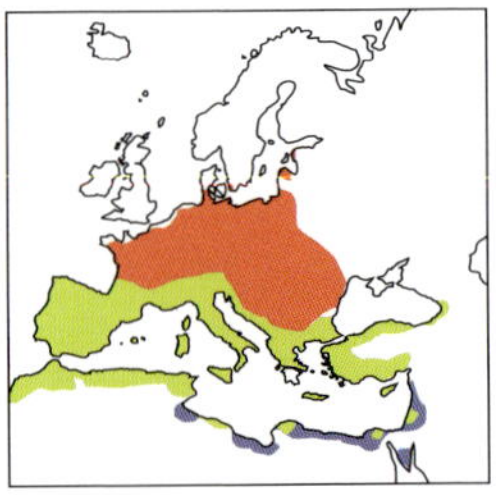

Der Girlitz ist im 19. Jahrhundert vom Mittelmeerraum nordwärts nach Mittel- und Osteuropa vorgedrungen; heute bewohnt er Nordwestafrika und große Teile Europas. Er fehlt aber weitgehend auf den Britischen Inseln und an den meisten Küstengebieten der Nordsee sowie in fast ganz Fennoskandien und Russland östlich der Linie Odessa–Reval.

Die Arealerweiterungen bis in die jüngere Vergangenheit fanden mehr in den kontinentalen als feuchteren atlantischen Klimabereichen Europas statt. Negativ für die Art wirkt sich die Ausräumung der Landschaft durch Großkulturen aus; auch die Beseitigung von Brachflächen, die als Winternahrungsflächen dienen, sowie die Vogeljagd sind bestandsmindernd.

Der Girlitz brütet in halboffener, mosaikartig gegliederter Landschaft mit lockerem Baumbestand und Gebüschgruppen, die unterbrochen ist von freien Flächen mit niedriger Vegetation. Im Gegensatz zum Stieglitz ist die Art mehr an kleinräumig und abwechslungsreich gestaltete menschliche Kulturlandschaft gebunden. Als Kulturfolger besiedelt sie Stadtrandbiotope, wie lichte Gärten, Friedhöfe, Industrie- und Bahnhofsanlagen, Obst- und Weingärten sowie Villenviertel. Wenig Girlitze leben an naturnahen Standorten, etwa in sonnendurchwärmten Alpentälern. Im Süden sind Girlitze Standvögel, in Mitteleuropa Kurzstrecken- oder Teilzieher. Die Brutgebiete im kontinentalen Klimabereich Osteuropas verlassen die Vögel im Spätherbst; sie überwintern im Mittelmeerraum bis Nordafrika. Besonders Vögel innerhalb der westlichen Population harren aber oft in klimatisch begünstigten Lagen, Niederungen und traditionellen Nahrungsgebieten länger aus. Nach der Brutzeit – schon im August – verlassen sie ihre Brutreviere in südwestlicher Richtung. Der Wegzug setzt Mitte bis Ende September ein; einzelne Individuen ziehen noch bis Ende November. Schon ab Mitte Februar, meist aber Mitte März bis Anfang April kehren sie in die Brutgebiete zurück.

Der Revier markierende Balzgesang wird häufig von einem wipfeldürren Baum, Leitungsdraht oder einer Fernsehantenne, oft aber im langsam rudernden Balzflug vorgetragen. Das Nest ist ein kleiner Napf aus Gras, Würzelchen, Bast und Moos, mit Spinnweben verstärkt und mit einer dick ausgekleideten Mulde. Es wird auf Bäumen, gerne in Nadelgehölzen der Gärten, bis in 10 m Höhe angelegt.

Im Sommer halten sich Girlitze oft in samentragenden Stauden auf. Zur Zugzeit und im Winter sind sie auf Ruderalpflanzen angewiesen; man findet sie dann meist auf Brachflächen, wo sie gerne die Samen von Gänsefußgewächsen, Kreuz- oder Korbblütlern ausklauben. Die Nahrung wird hauptsächlich am Boden aufgepickt; die Vögel hangeln und klettern niemals nach Art der Zeisige.

Der nur blaumeisengroße Girlitz ist der Zwerg unter den europäischen Finkenvögeln. Auffällig sind der gelbe Bürzel, der tief gekerbte Schwanz, der gedrungene, kleine Schnabel und die hohe, klirrende Stimme. Männchen im Prachtkleid zeigen eine rein gelbe Stirn, Kehle und Brustmitte; der Überaugenstreif reicht um die Ohrdecken herum bis auf die Halsseiten. Der Rücken ist lebhaft dunkelbraun gestreift, Schwanz und Schwungfedern sind schwarzbraun mit schmalen gelblichen Außensäumen. Auf den Flügeln erkennt man zwei weißliche bis hellbraune Flügelbinden. Alte Weibchen sind ähnlich, aber schwächer gelb gefärbt, am Kopf ist das Gelb nur angedeutet; insgesamt sind sie kräftiger dunkel gestreift, der Bürzel ist blasser als beim Männchen.

Der Name ist eine Umsetzung des Rufes „girlit". Im Flug rufen sie klirrend „tirrillillit", bei Erregung „dschääi" und „chwid". Der Gesang besteht aus einer anhaltenden Folge hoher, kurzer Töne, die oft als rasselndes oder klirrendes Zwitschern beschrieben und in ziemlich langen Strophen vorgetragen wird.

Auf den westlichen Kanaren, den Azoren und auf Madeira lebt der **Kanarengirlitz** (*Serinus canaria*), die Stammform des Kanarienvogels. Er ist größer und langschwänziger, aber relativ kurzflügeliger als der Girlitz, seine Bewegungen sind nicht ganz so flink. Die von den Einheimischen Canario genannte Art ist in beinahe allen Lebensräumen der westlichen Kanaren anzutreffen, im Kulturland, in Obstplantagen und Gärten wie im Kiefernwald, in den Trockengebieten oder in den Randzonen des Lorbeerwaldes. Neben Samen und Pflanzenteilen sowie gelegentlich kleinen Insekten nehmen die Vögel Nektar aus Agavenblüten auf.

▸ ZITRONENGIRLITZ

Girlitz *Serinus serinus* (L. 1766)

Größe	= Sperling
Maße (cm)	Länge ca. 11,5 / Flügel ca. 20–23
Körpermasse (g)	10–14
Stimme	einprägsam; im Flug oft klirrendes „tirrillilit" oder „zr'r'rrilitt", auch grünlingsartiges „dschääi"; Gesang sehr typisches, anhaltendes und hastiges Knirschen oder Klirren wie von Glassplittern
Brutzeit	März im Süden bis Mai im Norden; 2 Jahresbruten
Gelegegröße	3–5
Eifärbung	weißlichblau oder leicht grünlich, braunrot und helllila gefleckt und gekritzelt; glatt, glänzend
Eimaße (mm)	spindelförmig – 16,8 x 12,2
Brutdauer	12–14 Tage; ♀ brütet, wird vom ♂ gefüttert
Nestlingszeit	14–16 Tage; beide Partner füttern

GIRLITZ, MÄNNCHEN IM PRACHTKLEID KOMMT ZUM TRINKEN

WEIBCHEN

FLÜGGER JUNGVOGEL

NEST UND GELEGE

Zitronengirlitz

Der Zitronengirlitz ist ein Vogel der Südwestpaläarktis, dessen kleines Verbreitungsgebiet in mehrere Teilareale aufgesplittert ist. Meist trifft man die Brutvögel Mittel- und Südwest-Europas in Nadelwäldern der Gebirge sowie auf Wiesen oberhalb der Waldgrenze. Im Schwarzwald bilden vor allem die mit Bergkiefern bewachsenen Wiesen der Kuppen den Brutlebensraum. Auf Korsika und Sardinien besiedelt die dortige Unterart offenere Flächen, die auch bis zum Meer hinabreichen können, sowie Plateaus mit Einzelbäumen, Ginster- und Heidebewuchs.

Die mitteleuropäischen Zitronengirlitze sind Kurzstreckenzieher, die im Winter vor allem nach Süd- und Südwest-Frankreich ziehen, aber kaum außerhalb des Brutareals der Art zu beobachten sind. Meist halten sie sich auch im Winter über 1000 m Höhe auf; nur bei starken Schneefällen oder Kälteeinbrüchen sind sie kurzfristig tiefer anzutreffen. Die südeuropäischen Populationen sind Nichtzieher.

Im 1. Lebensjahr sind Zitronengirlitze bereits geschlechtsreif. Vermutlich führen sie eine monogame Saisonehe. Paarbildung findet wahrscheinlich erst am Brutplatz statt. Das Nest wird meist hoch auf Nadelbäumen errichtet und besteht aus Gräsern, Moos, Flechten und Wurzeln; innen wird es mit Pflanzenwolle und Federn ausgekleidet. In der Schweiz fand man zwei Nester, die jeweils auf ein altes Hausrotschwanznest aufgesetzt waren.

Im Sommer besteht die Nahrung aus Samen von Gräsern und krautigen Pflanzen von Zwergsträuchern bis zu Hochstauden auf Alpenwiesen. Bei Schneelage ernähren sich Zitronengirlitze vornehmlich von Nadelbaumsamen. Die Samen werden vom Boden aufgenommen.

Bestandsschwankungen gehen mit dem Fichtensamenangebot einher; bei Nahrungsengpässen können die Zitro-

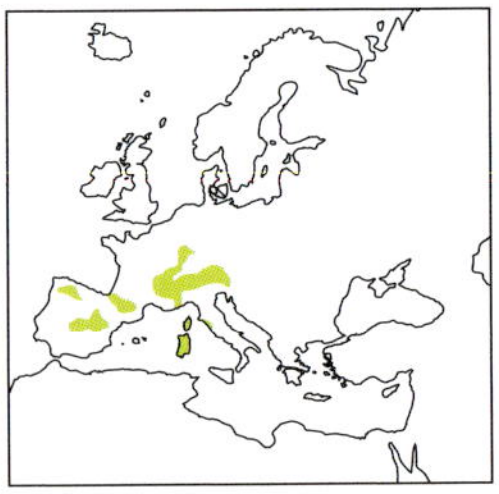

nengirlitze auf Flächen mit Bergkiefern ausweichen. Die großflächige Zerstörung der Krautschicht durch Skibetrieb in Form von mechanischer Zerstörung und künstlicher Beschneiung scheint sich in den Alpen bestandsmindernd auszuwirken; dagegen nutzt dieser Waldrandbrüter gebietsweise wie im Schwarzwald Kahlschläge und Ränder von Skipisten. Die Art besiedelt ausnahmsweise auch neu angelegte Garten- und Parkanlagen, die mit einheimischen Gehölzen bepflanzt sind, beispielsweise in der Schweiz.

Zitronengirlitze erinnern im Aussehen an Grünfinken und sind etwas kleiner als Erlenzeisige. Die fast fehlende Mantelstreifung kennzeichnet den in beiden Geschlechtern weitgehend einheitlich grüngelben Vogel, der Nacken ist hellgrau gefärbt. Im dunklen Flügel heben sich die zwei gelbgrünen Flügelbinden deutlich ab. Die Weibchen sind weniger gelb, der Rücken weist eine deutlichere braune Längsstreifung auf.

Von einigen Autoren wird die auf Korsika und Sardinien von der Küste bis in die Hochlagen verbreitete Unterart *corsicana* als eigene Art (Korsengirlitz) aufgefasst. Sie hat gegenüber der im Rest des Verbreitungsgebietes vorkommenden Nominatform einen warm braunen Rücken und kommt in Laub- und Nadelwäldern, vor allem aber auf Ginster- und Heideflächen vor.

Kennzeichnend für die Art ist die metallische Klangfarbe der fast ständig vernehmbaren, gereihten Lockstimme. Sie klingt wie „gög" oder „döng", oft auch wie „tweck tweck". Der Ruf ist ein klingelndes, schnelles „pirriti", auch gedehnter „puüit" oder „ptüii". Im Flug rufen die Vögel hell und heiser „tjiht". Der schnelle, zwitschernde Reviergesang wird von einem äußeren Ast, auf hohem Wipfel oder im Singflug vorgetragen.

Der **Rotstirngirlitz** (*Serinus pusillus*) ist sehr abweichend von den übrigen Girlitzarten gefärbt. Wie der Name schon sagt, hebt sich die rote Stirn bei beiden Geschlechtern markant vom rußigschwarzen Kopf ab; auch der gelborange Bürzel und die gelben Schwingensäume fallen auf. Die Art ist von Klein- und Vorderasien über den Iran und Turkmenistan bis nach Zentralasien, China und Nordindien verbreitet; in Europa ist sie auf Südrussland und die Kaukasusländer beschränkt. Sie besiedelt niedere Steppengebiete und Hochlagen bis in 4000 m Höhe, oft Gebirgssteppen mit Büschen, lockerem Wald und Felspartien; bevorzugt werden Geröllhalden und Bereiche der oberen Waldgrenze. Zur Brutzeit halten sich die Vögel oft an grasigen, mit Gestrüpp und Büschen durchsetzten Berghängen auf.

▸ GIRLITZ, GRÜNFINK

Zitronengirlitz *Serinus citrinella* (PALL. 1764)

Größe	= Sperling
Maße (cm)	Länge ca. 12 / Flügel ca. 22,5–24,5
Körpermasse (g)	12–14
Stimme	sehr charakteristischer Flug- bzw. Stimmfühlungsruf, einzeln oder lockere Folge „tjiht", etwas näselnd; Lockruf erlenzeisigartig „tiie"; Gesang kurze Strophen, ähnlich Erlenzeisig- und Stieglitzgesang
Brutzeit	Ende April bis Juni, möglicherweise 2 Jahresbruten
Gelegegröße	3–5
Eifärbung	ähnlich Girlitz und Zeisig, am stumpfen Pol stärker gefleckt; glatt, glänzend
Eimaße (mm)	spindelförmig – 16,5 x 12,6
Brutdauer	12–14 Tage; nur ♀ brütet, wird vom ♂ am Nest gefüttert
Nestlingszeit	17–18 Tage; beide Partner füttern

ZITRONENGIRLITZ, MÄNNCHEN

JUNGVÖGEL

JUNGE IM NEST

NEST UND GELEGE

Grünfink

Der etwas mehr als haussperlingsgroße, stämmige Grünfink oder Grünling hat ein insgesamt dunkelgrünes Erscheinungsbild. Im Flügel fallen ausgedehnte, leuchtend gelbe Handschwingen auf, auch die äußeren Steuerfedern sind gelb. Männchen sind oberseits olivgrün gefärbt, sie weisen ein großes, graues Flügelfeld auf, die Unterseite ist heller gelblichgrün. Weibchen sind insgesamt matter und bräunlicher gefärbt und zeigen schwache fleckige Streifung. Jungvögel sind noch deutlicher gestreift, die gelben Federränder an den Handschwingen sind oft unauffällig.

Grünfinken singen klingelnd, die Strophen erinnern an Kanarienvogel. Der Gesang enthält gedehnte, nasale Laute („Schwunschen"), die in Abständen mehrfach wiederholt werden, die Strophen werden von Baumwipfeln oder anderen hohen Warten aus vorgetragen, aber auch im gaukelnden fledermausartigen Singflug.

Zur Nahrungssuche halten sich Grünfinken oft am Boden auf, sie sitzen aber auch häufig auf Zweigen und verzehren Knospen. Um an die Fruchtstände von Kräutern zu gelangen, drücken die Vögel die Halme entweder durch ihr Körpergewicht zu Boden oder sie knicken die Stängel mit dem Schnabel nach unten. An winterlichen Fütterungen, wo sie zu den häufigsten Besuchern gehören, gebärden sie sich oft dreist und verjagen mit drohend geöffnetem Schnabel Sperlinge und selbst Amseln. Grünfinken fressen auch im Sommer fast ausschließlich Pflanzenteile, Beeren und Knospen. Im Winter ernähren sie sich von ölhaltigen Samen und Früchten.

Die Art kommt von den Azoren über Nordwestafrika und Kleinasien bis zum Elburs vor, ein isoliertes Areal besteht

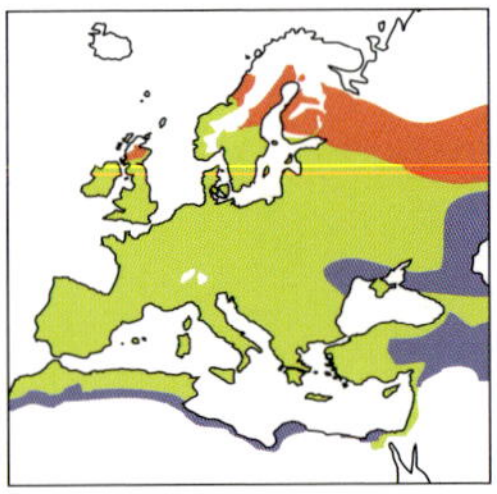

im Tienschan. Sie gehört zu den häufigsten Brutvögeln des mitteleuropäischen Tieflandes, vereinzelt ist sie bis in die subalpine Stufe verbreitet.

Grünfinken leben überall dort, wo Bäume stehen, das Innere geschlossener Wälder meiden sie allerdings. Häufig trifft man sie in Parkanlagen und Gärten, aber auch in Alleen, Feldgehölzen, an Waldrändern sowie in lichteren Mischwäldern an. Neben Haussperling und Amsel ist der Grünfink einer der häufigsten Vögel der Städte und Dörfer, selbst wenn dort nur wenige Einzelbäume und Büsche stehen.

Nach der Brutzeit halten sich Grünfinken häufig in offenen, nahrungsbietenden Landschaften auf, wie auf Ruderalflächen, Feldern, an Wegrändern oder Bahndämmen. Zu dieser Zeit streifen sie in Familientrupps umher. Zum Frühwinter hin versammeln sie sich oft in großen Schwärmen, in denen auch andere Finken und Ammern mitfliegen. Sie übernachten gemeinschaftlich.

Im Norden des Verbreitungsgebietes ist die Art Zugvogel; die meisten Populationen sind aber Teilzieher und Standvögel mit nur kurzen Wanderungen. Die mitteleuropäischen Grünfinken sind überwiegend Standvögel, vor allem die Stadtpopulationen. Sie bekommen Zuzug von Wintergästen aus Nord und Ost, so dass die Winterbestände oft deutlich über den Sommerbeständen liegen.

Die Brutreviere in Städten werden bereits ab Ende Februar besetzt, aber bei Kälteeinbrüchen wieder verlassen. Die endgültige Revierbesetzung findet meist erst ab Ende März statt. Das Nest wird gut versteckt in meist 2–6 m Höhe angelegt; spätere Nester stehen oft am höchsten. Der Niststandort ist besonders im Siedlungsbereich sehr vielfältig, meist in Bäumen und Sträuchern, gerne Hecken, oft in Ranken- und Kletterpflanzen an Mauern, Baumstämmen oder Grabsteinen, auch in Blumenkästen auf Balkonen. Das Nest wird allein vom Weibchen aus Reisern von Bäumen und Büschen, Halmen und Stängeln gebaut, der Innenteil ist feiner und besteht oft aus Moos; die Mulde wird mit feinen Halmen, Tierhaaren und Federn ausgekleidet. Häufig werden Nester innerhalb zweier Jahre oder während einer Saison noch einmal benutzt. Nach dem Ausfliegen werden die Jungvögel meist noch 14 Tage geführt; in dieser Zeit ist das Weibchen oft bereits mit der Eiablage für das nächste Gelege beschäftigt.

Im 20. Jahrhundert haben die Bestände des Grünfinken in Mittel- und Westeuropa durch die Besiedlung von Dörfern und Städten, aber auch durch Aufforstungen zugenommen; durch Winterfütterung – besonders auch in Nordeuropa – wurde die Art ebenfalls begünstigt.

▸ Erlenzeisig, Girlitz, Haussperlingweibchen

Grünfink *Carduelis chloris* (L. 1758)

Größe	= Sperling
Maße (cm)	Länge ca. 15 / Flügel ca. 24,5–27,5
Körpermasse (g)	24–32
Stimme	Lockruf weich „dvuit", Flugruf schnell hüpfend „djürürrüpp"; zur Brutzeit ♂ von Singplatz lang gezogen quäkend „dschväsch" und zwitschernde/rollende Reihen; Gesang sehr volltönig und abwechslungsreich, an Kanarienvogel erinnernd, mit Imitationen
Brutzeit	Ende April bis Anfang Mai, 2 bis 3 Jahresbruten
Gelegegröße	3–6, meist 4–5
Eifärbung	weißlichblau, mit feinen dunkelrostbraunen oder schwärzlichen Schalenflecken und lilarosafarbenen Oberflecken gezeichnet; glatt, matt glänzend
Eimaße (mm)	spindelförmig 20,4 x 14,7
Brutdauer	11–14 Tage; nur ♀ brütet, wird vom ♂ gefüttert
Nestlingszeit	14–17 Tage; beide Partner füttern aus Kropf

GRÜNFINK, MÄNNCHEN IM PRACHTKLEID

MÄNNCHEN IM PRACHTKLEID

WEIBCHEN

NEST UND GELEGE

Stieglitz

Stieglitze trifft man häufig auf Brachflächen an, denn sie sind, was auch der Name „Distelfink“ andeutet, auf das Ernten von Distel- und Klettensamen spezialisiert. Ihr auffallend langer, spitzer Schnabel stellt ein hervorragendes Werkzeug zum Herausklauben der feinen Samen dar. Daneben ernähren sich die Vögel je nach Jahreszeit von anderen Korbblütlersamen sowie Samen der Hochstaudenfluren. Insekten nehmen sie seltener. Im Winterhalbjahr spielen die Samen von Bäumen, vor allem Birken und Erlen, eine größere Rolle, im zeitigen Frühjahr auch Kiefernsamen.

Bei der Nahrungssuche im Trupp bewegen sich die Vögel meisenartig gewandt; sie hängen an den Pflanzen kopfunter mit dem Schwerpunkt weit vorne, klettern und sitzen an senkrechten Stängeln oder hängen mit dem Rücken nach unten. Hin und wieder halten sie Nahrungsteile mit dem Fuß fest, um sie bearbeiten zu können.

Stieglitze sind Vögel der offenen und halb offenen Landschaft mit mosaikartigen Strukturen. Sie bewohnen lockere Baumbestände oder Baum- und Buschgruppen, lichte Wälder, in deren Nähe aber stets offene Nahrungsflächen mit samenreichen Krautgesellschaften vorhanden sein müssen. Gerne besiedeln die Vögel Obstgärten, Streuobstwiesen, Gärten in ländlichen Siedlungen und Friedhöfe, aber auch Alleen, Feldgehölze, Waldränder, lichte Auwälder oder Parkanlagen. In den Zentren von Städten halten sie sich nur auf, wenn es dort Baumgruppen, Wiesen- und Ruderalgelände gibt. Außerhalb der Brutzeit sieht man die munteren Vögel auf Brachen, in samenreichen Hochstauden- und Distelfluren, auf bewachsenen Flussbänken und an Ufern von Binnengewässern sowie an Wegrändern und Bahndämmen. Im Winter sind sie oft mit Erlen- und Birkenzeisigen vergesellschaftet, nicht selten in gemischten Trupps in Erlen.

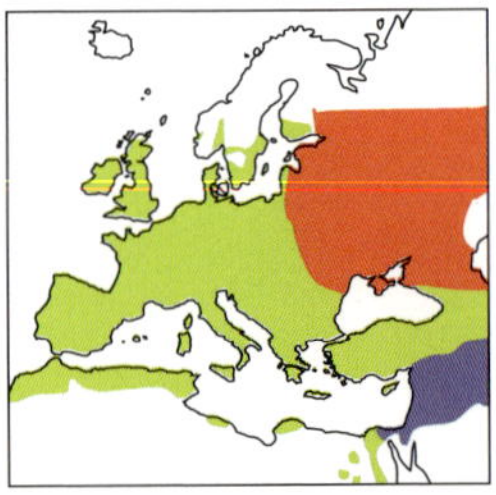

Die Art brütet in der borealen, gemäßigten, mediterranen und Steppenzone der West- und Zentralpaläarktis von den Atlantischen Inseln und den Westküsten Marokkos und Europas bis zur nordwestlichen Mongolei und Westsinkiang.

Der Stieglitz ist ein kleiner und zierlicher Fink mit breiter goldgelber Flügelbinde im schwarzen Flügel und auffallender rotschwarzweißer Kopffärbung. Beim Turnen an den Samenständen fallen oft die goldgelben, weißen und schwarzen Gefiederpartien auf, im Flug der breite gelbe Flügelstreif. Der relativ lange, dunkle Schwanz ist tief eingekerbt. Den Jungvögeln fehlt die rote Gesichtsfärbung. Da das Kopfgefieder zuletzt gemausert wird, sehen Junge im Frühherbst bereits wie Altvögel aus, ihnen fehlt aber noch die charakteristische schwarzweißrote Kopfzeichnung.

Der typische, klingelnde, namengebende Ruf „stiglitt“, „didlitt“ oder „düdidelitt“ ist häufig zu hören, wenn die Vögel in kleinen Trupps in Hochstaudenfluren der Nahrungssuche nachgehen. Der Reviergesang besteht aus einer Mischung hoher zwitschernder und klingelnder Laute, oft mit nasal gequetschten Tönen durchsetzt; dabei erleichtern die immer wiederkehrenden, kennzeichnenden „stiglitt“-Rufe die Artbestimmung.

Die Brutbiotopansprüche ähneln stark denen von Grünfinken, der Nistplatz liegt aber gewöhnlich höher und befindet sich meist in Ahornen, Pappeln, Obstbäumen, Rosskastanien und anderen Bäumen der halb offenen Kulturlandschaft. Die Paarbildung findet bereits in den Schwärmen im Vorfrühling statt. Das Nest steht meist zwischen 3 und 12 m Höhe auf den äußersten Zweigen einzelner oder im lockeren Verband stehender Bäume, gerne in Obst- oder höheren Alleebäumen, weniger oft auf Koniferen. Auch in hohem Gebüsch, stets gut im Laub versteckt, wird es angelegt. Das Nest ist ein sorgfältig gefügter Napf aus Halmen, Stängeln, Bastfasern, Moos und Würzelchen; zur Tarnung werden außen Flechten eingebaut, die Mulde wird mit Pflanzenwolle ausgekleidet. Das Weibchen baut allein. Junge der zweiten Brut verlassen oft erst Ende August das Nest, zum Teil gibt es noch Mitte September Nestlinge. Die Jungen erhalten von beiden Eltern aus dem Kropf Futter, das verschiedene Samen enthält, vor allem in milchreifem Zustand.

Der Verlust von Obstgärten mit alten hochstämmigen Sorten und von Alleebäume nimmt der Art vielfach den Lebensraum; der Rückgang von Ruderalflächen und Hochstaudenfluren führt zu Nahrungsknappheit.

▶ Erlenzeisig, Girlitz, Birkenzeisig

Stieglitz *Carduelis carduelis* (L. 1758)

Größe	= Sperling
Maße (cm)	Länge ca. 12 / Flügel ca. 21–25,5
Körpermasse (g)	14–24
Stimme	unverkennbar; typisch weiches, etwas durchdringendes „stiglitt“ oder „stick“; Gesang typisches Finkengezwitscher, am leichtesten an eingefügten, arttypischen Lockrufen („stiglitt“) erkennbar
Brutzeit	Ende April bis Anfang Mai, 2 Jahresbruten
Gelegegröße	(3) 4–6
Eifärbung	weißlichblau; Punkte, Flecken und Strichel in rötlichbraun, braunschwarz, rot oder rosa; glatt, glänzend
Eimaße (mm)	spindelförmig – 17,1 x 12,9
Brutdauer	11–13 Tage; ♀ brütet allein, wird vom ♂ am Nest gefüttert
Nestlingszeit	12–15 Tage; von beiden Partnern aus Kropf gefüttert

STIEGLITZ, ALTVOGEL FÜTTERT DIE JUNGEN

AN DISTELSAMEN

JUNGVOGEL

NEST UND GELEGE

Erlenzeisig

Charakteristisch für den kleinen, spitzschnäbligen Erlenzeisig ist das schwarzgelbe Flügelmuster, das durch zwei breite, gelbe bis gelblichweiße Flügelbinden gebildet wird, sowie der verhältnismäßig kurze Schwanz. Die Männchen erkennt man an ihrer leuchtend gelbgrünen Färbung sowie an dem Schwarz von Kappe und Latz, die Weibchen sind unscheinbarer, grauer und unterseits stärker gestreift, ihnen fehlt der schwarze Scheitel und Kinnfleck. Die Jungvögel sind noch unscheinbarer braungrau gefärbt und oberwie unterseits kräftig gestreift; wie die Altvögel haben sie bereits gelbe Abzeichen auf den Basen der äußeren Steuerfedern sowie den auffallenden hellen Flügelstreif.

Der Erlenzeisig neigt noch mehr als Grünfink und Stieglitz zur Geselligkeit. Die Vögel hangeln truppweise im Gezweig und fliegen wie Birkenzeisige plötzlich gemeinsame Runden, um anschließend wieder am alten Platz einzufallen und weiterzufressen. Zur Nahrungssuche turnen die Zeisige entweder meisenartig geschickt an Zweigen, oder sie suchen am Boden nach Samen. Sie ernähren sich überwiegend von Pflanzlichem, hauptsächlich Samen von Bäumen. Zur Brutzeit verzehren sie meist die Samen von Fichten- und Kiefern, im übrigen Jahr besuchen sie oft in größeren Trupps und Schwärmen Birken und Erlen, aber auch Lärchen, Weiden, Pappeln oder Ulmen, bevorzugt an Gewässerufern. Auch die Samen von Hochstaudenpflanzen werden geerntet. Im Winterhalbjahr sind Erlenzeisige oft zusammen mit Stieglitzen und Birkenzeisigen in Erlen und Birken bei der Nahrungssuche anzutreffen. Mit dem pinzettenartig spitzen Schnabel können sie gut Zapfen bearbeiten und Samen herausholen.

Winterschwärme in Bäumen sind bei der Nahrungssuche oft völlig stumm; erst beim Abfliegen hört man ihre

Erlenzeisig *Carduelis spinus* (L. 1758)

Größe	= Sperling
Maße (cm)	Länge ca. 12 / Flügel ca. 20–23
Körpermasse (g)	11–15
Stimme	im Flug oder sitzend etwas klagend „tüli"; typischer Flugruf kurz „tet", oder „zää", gereiht „tetete…"; Gesang schnell anhaltend schwätzend, oft mit „zäi" eingeleitet, dann schmetternd, am Ende nasales ‚Knätschen'
Brutzeit	März bis Mai, 2 Jahresbruten
Gelegegröße	3–6
Eifärbung	hell- bis weißlichblau, mit feinen violetten und rosafarbenen Punkten und Sprenkeln, sowie kleinen purpurnen oder rötlichbraunen Tupfen und Kritzeln; glatt, glänzend
Eimaße (mm)	spindelförmig – 15 x 12
Brutdauer	11–14 Tage; nur ♀ brütet, wird vom ♂ am Nest gefüttert
Nestlingszeit	13–16 (17) Tage; von beiden Partnern aus Kropf gefüttert

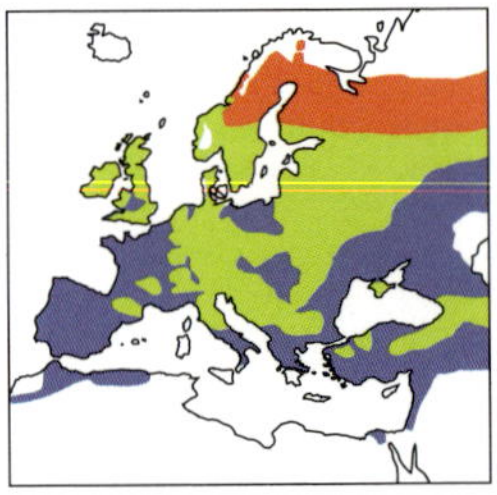

typischen Kontakt- und Flugrufe. Im anhaltend schwätzenden Gesang sind ständig die arttypischen Silben „zää" oder „zääih" untermischt. Er wird öfter auch im fledermausartigen Revierflug vorgetragen. Bereits im Januar beginnt die Gesangsperiode, zu dieser Zeit tragen die im Trupp umherziehenden Zeisige ihre Strophen oft in vielstimmigen Chören vor.

Der Erlenzeisig ist sehr lückenhaft verbreitet von Irland und den Pyrenäen im Westen bis Sachalin und Japan im Osten. In Mitteleuropa kommt er nur in den Bergwäldern ab den höheren Mittelgebirgslagen regelmäßig brütend vor. Verbreitungsschwerpunkt, allerdings mit großen jährlichen und regionalen Schwankungen, liegt in den Fichtenwäldern der mitteleuropäischen Mittelgebirge und der Nordalpen. Als Brutbiotop wählen die Vögel lichte Nadelholzbestände, bevorzugt Fichte, meist in Hoch- und Mittelgebirgswäldern, aber auch in Gärten an Dorfrändern, wenn größere Fichtenbestände angrenzen. Nach der Brut streifen die Zeisige in kleinen Verbänden umher. Die nördlichen Populationen sind Zugvögel mit Tendenz zum Nomadisieren, die übrigen Populationen Teilzieher. Die Überwinterungsgebiete liegen in Mitteleuropa und im Mittelmeerraum bis Nordwestafrika. Durchzug und Eintreffen der Wintergäste schwankt von Jahr zu Jahr.

Die Ankunft der Erlenzeisige am Brutplatz sowie die Reviergründung hängen vom Nahrungsangebot ab und finden oft schon im Spätwinter statt. Auch die Paare finden sich vermutlich bereits in den spätwinterlichen Schwärmen. Nicht selten werden in einer Saison zwei Bruten an weiter auseinander liegenden Orten gezeitigt. Das kleine, kompakte Nest befindet sich meist auf hohen Nadelbäumen in 2–20 m Höhe, wo es vom Weibchen gut versteckt und weit außen am Zweig gebaut wird. Es besteht meist aus Fichtenreisern, Moos, Wurzeln und Flechten, der tiefe Napf wird mit Pflanzenwolle, Federn und Haaren ausgekleidet. Der Brutbeginn scheint von der Verfügbarkeit der Fichtensamen abzuhängen und findet frühestens ab Februar statt. Hin und wieder bauen mehrere Erlenzeisige ihre Nester eng nebeneinander.

Mit der klimatisch und menschengemachten Ausdehnung der Fichten- und Lärchenverbreitung hat der Erlenzeisig sein Brutgebiet in Mitteleuropa in den letzten Jahrhunderten vom Gebirge ins Flachland ausgedehnt. Heute scheint die Art nicht gefährdet zu sein. Allerdings lassen die nomadisierenden Wanderbewegungen, die vom stark schwankenden Nahrungsangebot abhängen, sowie die schwere Nachweisbarkeit in den Brutgebieten kaum Aussagen über die Bestandsentwicklung in Mitteleuropa zu.

▸ Birkenzeisig, Girlitz, Zitronengirlitz

ERLENZEISIG, MÄNNCHEN VERZEHRT ERLENSAMEN

WEIBCHEN

FLÜGGER JUNGVOGEL

NEST UND GELEGE

Bluthänfling

Der Bluthänfling bewohnt fast ganz Europa, nordwärts bis zum südlichen Fennoskandien, sowie Madeira, die Kanaren und Nordafrika. Auf dem asiatischen Kontinent kommt er in Vorderasien sowie im zentralasiatischen Gebirge vom Tienschan bis zum Altai vor. Im Vergleich zur intensiv gefärbten Nominatform, die Europa und Westsibirien bis zum Schwarzen Meer besiedelt, ist die östliche Unterart *C. c. bella* in Zentral- und Ostanatolien, dem Nahen Osten und Kaukasusgebiet insgesamt blasser, besonders aber an Oberkopf und Nacken, die Rotfärbung auf der Brust ist jedoch intensiver, auf Flügeln und Oberschwanzdecken zeigt diese Form mehr Weiß.

Der Bluthänfling lebt in der offenen Landschaft mit Hecken, Sträuchern oder kleinen Nadelbäumen und locker bewachsenen Flächen mit niedriger, samenreicher Krautvegetation. In der Ackerlandschaft mit Feldern und Grünland, auf Ödland und Heiden sowie in extensiv bewirtschafteten Weinbergen ist die Art nicht selten; auch in sonnigen Gärten und Parks neben angrenzendem Offenland, in Baumschulen, an Trockenhängen mit Büschen und Bergweiden trifft man die Vögel. Im Siedlungsbereich leben sie sogar an Schnellstraßen und in Industriegelände. Im Gebirge besiedeln sie den Zwergstrauchgürtel über der Waldgrenze. Nach der Brutzeit halten sie sich oft auf Ruderalflächen und Ödland, Industriebrachen, Gleisanlagen und abgeernteten Feldern auf. Über diesen Flächen sieht man im Winter oft große Schwärme, die von weitem an eine tanzend hin- und herschwenkende Wolke erinnern.

Die kurzschnäbligen Bluthänflinge verzehren fast ausschließlich Samen von Kräutern und Stauden, wie Kreuzkraut, Skabiose, Klette, Löwenzahn, Knöterich oder Gänsefuß, besonders gerne mögen sie Raps. Zum Teil fressen sie auch Baumsamen von Erlen, Birken oder Pappeln, die sie meist vom Boden aufpicken. Auch die Jungen werden mit diesen Samen gefüttert. Insekten und Spinnen spielen eine untergeordnete Rolle in der Ernährung. Im Winterhalbjahr suchen die Hänflinge ihre Nahrung oft am Boden zwischen den Stauden. Bei Schneelage forschen sie fast ausschließlich in stehen gebliebenen Stauden nach Samen. Im Gegensatz zum Grünfink erscheint der Bluthänfling nicht bei Bauernhöfen oder an Fütterungen.

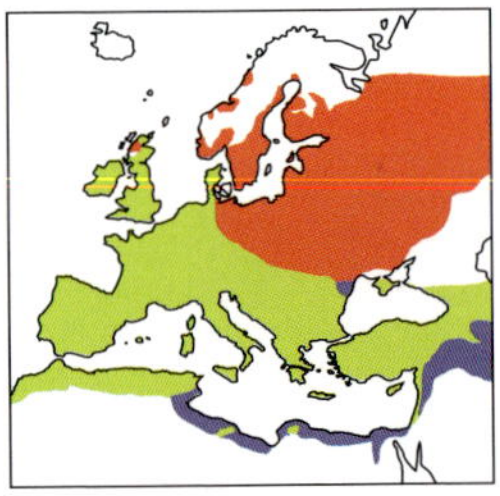

Bluthänfling *Carduelis cannabina* (L. 1758)

Größe	= Sperling
Maße (cm)	Länge ca. 13,5 / Flügel ca. 21–25,5
Körpermasse (g)	17–24
Stimme	im Abflug oder Flug kurz „gegege“ oder schärfer „djek'djek“, härter als Berghänfling; Gesang sehr wohltönend, mit zusammengewobenen zwitschernden, rollenden und flötenden Tönen
Brutzeit	ab Ende März, 2 oder 3 Jahresbruten
Gelegegröße	(3) 4–6
Eifärbung	weißlichblau oder -grün, fein blassrosa oder violett gefleckt, punktiert oder bekritzelt, einige kleine kastanienbraune oder purpurschwarze Kleckse und Schnörkel; auch ungefleckte Eier im Gelege; glatt, schwach glänzend oder glanzlos
Eimaße (mm)	spindelförmig – 17,7 x 13,3
Brutdauer	10–14 Tage; ♀ brütet
Nestlingszeit	10–17 Tage; nur ♀ hudert, beide Partner füttern aus Kropf

Die Paare finden sich bereits im Spätwinter, noch bevor die Reviere besetzt werden. Manchmal kann man die Bildung lockerer Kolonien beobachten. In Gruppen brütende Hänflinge fliegen gemeinsam im rasch hüpfenden Flug vom Brutplatz zu ihrem oft weit entfernten Nahrungsgebiet, einige Männchen nächtigen auch während der Brutzeit noch gemeinsam. Neststandort sind dichte Hecken und Gebüsch von Laub- oder Nadelgehölz, auch Kletterpflanzen und junge Nadelbäume; besonders gerne werden Brombeer- oder Weißdornhecken, im Gebirge Alpenrosenbestände gewählt. Der Nestplatz liegt meist unter 2 m Höhe. Das Weibchen fertigt allein das Nest aus feinen Reisern, Halmen, Wurzeln, Bastfasern und Moos, die Mulde kleidet es mit Wolle, Haaren und Federn aus. Das Männchen begleitet das bauende Weibchen. Die Brutzeit beginnt meist erst ab Mai, die letzten Gelege werden noch Anfang August begonnen.

Die Art zeigt auffällige Bestandsschwankungen. Besonders in landwirtschaftlich genutzten Gegenden gehen die Zahlen gebietsweise zurück, denn die heute oft gepflanzten, schmalen Hecken bieten wenig Nistmöglichkeiten. Auch der Herbizideinsatz gegen Wildkräuter und die modernen Erntemethoden sind Rückgangsursachen.

Die Männchen sitzen im Frühling gern auf Buschspitzen und sind dann mit dem hellgrauen Kopf, der roten Stirn und ebenso gefärbten Brust auffällige Vögel. Der im Sommer ungestreifte rotbraune Rücken ist im Winter beige überflogen. Zu dieser Zeit ist auch die Brust beige, jedoch ist der Kopf stets grau und weist eine feine Gesichtszeichnung auf. Die Weibchen sind bräunlicher gefärbt und stärker gestreift, ihnen fehlt stets das Rot auf Brust und Stirn. Sie zeigen aber ebenfalls den Kontrast zwischen grauem Kopf und bräunlichem Mantel. Die weibchenähnlichen Jungvögel sind noch heller beige, das Gesicht ist wenig gezeichnet.

Der Reviergesang ist ein liebliches und temperamentvolles Gezwitscher mit nasalen, blechernen und geckernden Lauten; er wird von Lockrufen eingeleitet.

▸ Birkenzeisig, Berghänfling, Karmingimpel

BLUTHÄNFLING, MÄNNCHEN IM PRACHTKLEID AUF DER SINGWARTE

WEIBCHEN MIT NISTMATERIAL

MÄNNCHEN AM NEST MIT JUNGEN

NEST UND GELEGE

Berghänfling

Berghänflinge suchen ihre Nahrung meist versteckt am Boden, indem sie in Wiesen oft wühlmausartig kriechen; daher sind sie oft schwer zu beobachten. Bevor man sie entdeckt hat, sind sie meist schon aufgeflogen. Die aufgescheuchten Vögel landen meist weit entfernt in Feldern und Wiesen. Zum Nahrungsspektrum gehören Samen von Steppenpflanzen und Gewächsen der Gebirgsmatten. An der Nordsee werden meist Queller, Strandaster, Gänsefußgewächse oder Korbblütler genutzt. Dabei hängen die Vögel bei der Samenernte zum Teil an den Stauden. Häufig findet die Nahrungssuche auch direkt an Uferrändern statt, selten jedoch auf Bäumen. Bei geringer Schneelage kratzen die Vögel Löcher auf dem Boden frei, um an die Samen zu gelangen.

Im Flug erkennt man Berghänflinge meist an ihren dreisilbigen metallischen Rufen. Der Gesang besteht aus zwitschernden, strophig gegliederten Folgen mit eingefügten Rufen, die auch melodischere, pfeifende und rollende Laute enthalten. Die Singwarten liegen auf niedrigen Büschen, Felsen oder Pfosten, vielfach wird der Gesang auch in der Gleitphase des bogenförmigen, kurzen Singfluges vorgetragen.

Berghänflinge ähneln weiblichen Bluthänflingen, sind aber etwas schlanker und langschwänziger, auf gelbbrauner Grundfarbe sind sie grob dunkel gestreift. Im Gegensatz zum Bluthänfling sind Gesicht und Kehle überwiegend warm isabellfarben. Der sehr kurze Schnabel ist im Winter wie beim Birkenzeisig strohgelb, im Sommer hellgrau. Der rosa Bürzel des Männchens ist schwer zu erkennen, im Herbst und Winter wird die Rosafärbung wegen der bräunlichen Federspitzen unsichtbar. Charakteristische Merkmale sind die auffallende helle Flügelbinde auf den großen Armdecken sowie die weißen Säume an den Handschwingen.

Im Flug wirken Berghänflinge oft weniger schnell und zielstrebig als Bluthänflinge, in dicht gedrängten Gruppen fliegende Vögel vollführen einen auffälligen Bogenflug mit Wendungen und Schwenkungen. Als Steppen- und Tundravögel halten sie sich mehr in offenem Gelände und fern von Bäumen auf als Bluthänflinge.

Die Art bewohnt in mehreren Unterarten die nördliche und gemäßigte Zone der Nordwestpaläarktis. In Großbritannien und Irland kommt die Form *C. f. pipilans* vor, in Westskandinavien (meist Norwegen) lebt *C. f. flavirostris* in offener Tundra und Heide; die alpinen Matten der Hochgebirge und Steppen Vorder-, Mittel- und Zentralasiens besiedelt *C. f. brevirostris*. Der Berghänfling ist das einzige tibetische Faunenelement Europas. Er brütet an ungeschützten, wind- und wetterausgesetzten Stellen in der offenen Tundra, auf Heideflächen, alpinen Matten oberhalb der Waldgrenze, auch auf entwaldeten Flächen. In Mitteleuropa treffen überwinternde Vögel gewöhnlich nicht vor Mitte Oktober ein. Sie halten sich im Wattenmeer häufig auf Salzwiesen, meist im Bereich von Flussmündungen auf. Beim gemeinsamen Übernachten an Gebäuden in Norddeutschland hat man festgestellt, dass die am hellsten beleuchteten Fassaden bevorzugt wurden. Nach Mitteleuropa südlich der Mittelgebirge verschlägt es den Berghänfling meist nur nach Schnee- oder Kälteeinbrüchen im Küstenbereich; die Vögel lassen sich dann vor allem auf Ödland, kurzgrasigen Flächen, Stoppelbrachen, an Ufersäumen und auf Kiesbänken nieder. Ab März verlassen Berghänflinge Mitteleuropa und ziehen wieder nordwärts.

Die Männchen besetzen ihre Reviere in England und Irland ab März, in Skandinavien ab April. Das Nest steht am Boden, zum Teil dicht darüber in der Vegetation. Es wird oft auf steinigem Grund oder an Felsen gebaut, unter überhängenden Brocken ebenso wie in Vertiefungen; manchmal findet man Nester auch in niedrigen Büschen oder Efeuranken. Wie Bluthänflinge nisten Berghänflinge oft in lockeren Kolonien. Das Weibchen fertigt das Nest allein aus kleinen Zweigen, Halmen und Gräsern, die Mulde polstert es mit Moos, Haaren und Federn. Die Jungvögel werden von beiden Eltern aus dem Kropf gefüttert, auch noch bis etwa zwei Wochen nach dem Ausfliegen.

Über die Bestandssituation ist wenig bekannt. An den Küsten der Nordsee wurden in jüngerer Zeit Bestandszunahmen registriert. Andererseits gibt es lokal mit der Ablösung der Queller- und anderer Pioniergesellschaften durch die Folgevegetation auch Rückgänge der Winterbestände.

▸ BLUTHÄNFLING, BIRKENZEISIG

Berghänfling *Carduelis flavirostris* (L. 1758)

Größe	= Sperling
Maße (cm)	Länge ca. 14 / Flügel ca. 22–24
Körpermasse (g)	15–19
Stimme	Flugruf meist dreisilbig „tjip-ep-ep", etwas härter und metallischer als Bluthänfling; typisch nasal quäkend, hochgezogen „wäo"; Gesang holprig, zwitschernd, zeitweise wie Lockruf, ähnlich plauderndem Sittich
Brutzeit	Ende April bis Anfang Mai; 1 oder 2 Jahresbruten
Gelegegröße	4–6
Eifärbung	sehr ähnlich denen des Hänflings, aber häufiger mit Kritzelmuster; Schalengrund hellblau, mit dunkelvioletten oder rötlich braunen Sprenkeln und hellrosa oder lilafarbenen Oberflecken; glatt, schwach glänzend oder glanzlos
Eimaße (mm)	spindelförmig – 17,3 x 12,8
Brutdauer	12–13 Tage; ♀ brütet, wird vom ♂ gefüttert
Nestlingszeit	ca. 15 Tage; beide Partner füttern aus Kropf

BERGHÄNFLING, MÄNNCHEN IM PRACHTKLEID, SCHOTTLAND

WEIBCHEN

SPERRENDE JUNGVÖGEL

NEST UND GELEGE

Birkenzeisig

Der Birkenzeisig ist zirkumpolar in der borealen und gemäßigten Zone bis zum Nordrand der Taiga verbreitet. Die Altvögel ziert eine rote Stirnplatte und ein schwarzer Kinnfleck. Ausgewachsene Männchen erkennt man an der rosaroten Vorderbrust und dem ebenso gefärbten Bürzel. Die Oberseite der kleinsten Unterart *C. f. cabaret* von den Britischen Inseln und Mitteleuropa ist braun und relativ dunkel, die Nominatform Skandinaviens und Nordrusslands heller und zeigt viel Grau. In Großbritannien und auf Island überwintert oft die Form *rostrata* von Südgrönland, die am größten, großschnäbligsten und dunkelsten braun ist.

Die Nominatform Nordeuropas bewohnt unterschiedlich strukturierte Fichten- und Birkenwälder, im Norden bis zur Waldgrenze. Die Vögel der Unterart *cabaret* brüten in Mitteleuropa im subalpinen Nadelwaldgürtel. In zunehmendem Maße besiedeln sie auch das Flachland und wandern in die Moore und Siedlungen ein, zum Teil sogar in die Gärten in Großstädten. Die Gründe für die Arealerweiterung sind wenig bekannt. Möglicherweise wurden durch Auflockerung der Wälder, Anlage parkartiger Gärten und Friedhöfe sowie Zwergstrauchpflanzungen in Gärten neue Brutlebensräume geschaffen.

Birkenzeisige sind meist Tagzieher, jedoch hört man in Invasionsjahren manchmal auch nachts Flugrufe. Die mittel- und nordeuropäischen Populationen überwintern südlich des Brutgebietes bis Südfrankreich und Norditalien, die Brutvögel der Alpen ziehen manchmal auch bis in das Alpenvorland. Invasionsvögel treten in Mitteleuropa meist ab Oktober auf; sie wandern oft weiter, wenn sie die lokalen Nahrungsmöglichkeiten ausgeschöpft haben.

Birkenzeisig *Carduelis flammea* (L. 1758)

Größe	= Sperling
Maße (cm)	Länge ca. 11,5–14,5 / Flügel ca. 20–25
Körpermasse (g)	11–14
Stimme	Flugruf ständig wiederholt „tsche-tsche-tsche“; lockt weich steigend „djüii“; Gesang mit schnellem, rauem Schwirren „tschrrrrr“, auf einleitende Flugrufe folgend
Brutzeit	Ende April im Süden, bis Juni im Norden; 1 oder 2 Jahresbruten
Gelegegröße	(3) 4–6 (7)
Eifärbung	hellblau; feine Flecken, Punkte, Kleckse und Kritzel, blassrosa oder lila, teilweise auch purpurn und rotbraun; glatt, schwach glänzend oder glanzlos
Eimaße (mm)	spindelförmig – 16,9 x 12,6
Brutdauer	11–13 (Mittel 11) Tage; ♀ brütet allein, wird vom ♂ gefüttert
Nestlingszeit	12–15 Tage; ♀ hudert, füttert zunächst mit Futter vom ♂

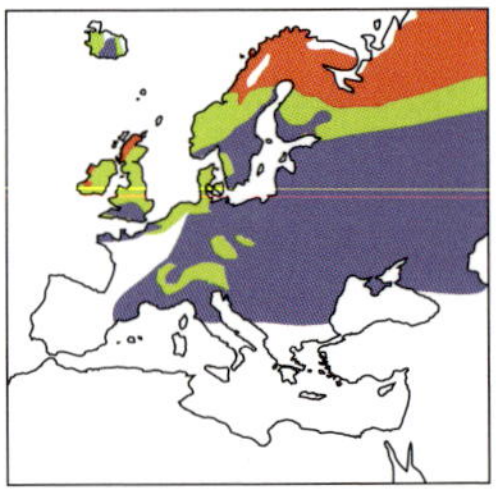

Ihre Nahrung suchen Birkenzeisige meist in Bäumen hangelnd, oft zusammen mit Erlenzeisigen, aber auch auf dem Boden. Sie ernähren sich von Samen, wobei sie häufig längere Zeit auf die Samen einer oder weniger Pflanzenarten beschränkt sind. Im Frühling trinken sie in blühenden Weiden Nektar und fressen Pollen und Insekten aus den Blüten; im Sommer nehmen sie die Samen von Gräsern und Kräutern, verzehren aber auch kleine Insekten, wie Blattläuse und die Raupen des Lärchenwicklers. Besonders *cabaret* sucht auch im Winter nach Insekten, etwa den Larven der Lärchenminiermotte.

Die Vögel treffen an den mitteleuropäischen Brutplätzen ab Ende März ein, die Paarbildung erfolgt bereits in den Trupps noch vor der Brutzeit. In den Alpen und Mittelgebirgen wird das Nest meist in 3–5 m Höhe in Lärchen und Fichten oder in niedrigen Bäumen stammnah gebaut; bei ausladenden Ästen kann es auch weit außen liegen und ist dann fast stets von Zweigen überdacht. Im Siedlungsbereich befinden sich die Nester meist in Hängebirken, aber auch Nadelbäume, Ziersträucher oder Zaunhecken können die Nester aufnehmen. In manchen Großstädten hat man Nester schon in der Vegetation von Flachdächern gefunden. Das Weibchen baut das Nest aus Reisern und harten Stängeln, als Polsterstoffe dienen Gras, Pflanzenwolle, Haare und Moos. Die Brutgemeinschaften im Flachland sind zum Teil in der Nähe von Wacholderdrosseln anzutreffen.

Der **Polarbirkenzeisig** (*Carduelis hornemanni*) ähnelt der Nominatform des Birkenzeisigs stark, ist insgesamt jedoch größer und heller und weist einen weißen, weitgehend ungestreiften Bürzel auf. Das Gefieder wirkt weich und flauschig. Bestimmungsprobleme gibt es meist zwischen der Nominatform des Birkenzeisigs und der stämmigeren und noch stummelschnäbligeren nordeuropäischen Polarbirkenzeisig-Unterart *C. h. exilipes*; letztere zeigt aber eine grauweiße Grundfärbung und ein zeichnungsloses, weißes Bürzelband, die dunkle Streifung an Flanken und Brustseiten ist reduziert.

Polarbirkenzeisige leben zirkumpolar in der Strauchtundra von Lappland nach Osten bis Alaska und Nordkanada, auf den kanadischen Inseln Ellesmere und Baffin Island sowie in Grönland. Die Verbreitungsgebiete von Polarbirkenzeisig und Birkenzeisig überschneiden sich etwas, Polarbirkenzeisige kommen aber nur im Gefolge von Invasionen der Birkenzeisige nach Mitteleuropa. Sie bleiben meist in Nordwesteuropa im Küstenbereich.

▶ Erlenzeisig, Blut- und Berghänfling, Karmingimpel

BIRKENZEISIG, MÄNNCHEN IM PRACHTKLEID (ALPENFORM)

MÄNNCHEN IM PRACHTKLEID (NORDEUROPA)

POLARBIRKENZEISIG, MÄNNCHEN IM PRACHTKLEID

NEST UND GELEGE DES BIRKENZEISIGS

Bindenkreuzschnabel

Der Bindenkreuzschnabel ist der kleinste und schlankste innerhalb der Gattung *Loxia*. Er wirkt langschwänzig. Von anderen Kreuzschnäbeln unterscheidet er sich durch eine reinweiße doppelte Flügelbinde (ähnlich Buchfink) und weiße Spitzen der Schirmfedern auf dem Rücken; auch die anderen *Loxia*-Arten haben vereinzelt helle Flügelbinden, diese sind jedoch mehr rahmfarben. Bei diesjährigen Individuen sind nur schmale Binden ausgebildet. Die Abfolge der Kleider ist ähnlich wie beim Fichtenkreuzschnabel. Männchen sind im Gegensatz zu anderen Kreuzschnabelarten kühl rosarot bis johannisbeerrot gefärbt, nicht gelblich, orangerot oder ziegelfarben. Der zierliche Schnabel weist die am weitesten überstehenden Spitzen aller *Loxia*-Arten auf.

Bindenkreuzschnäbel ernähren sich bevorzugt von den Samen der Lärchen, bei Fehlen der Lärche wie beispielsweise in Finnland von anderen Koniferenarten. Mit ihrem zierlichen Schnabel vermögen sie nur kleine und schwachschuppige Zapfen zu bearbeiten. Reife, geöffnete Zapfen werden an der Fundstelle auf Samen untersucht, noch geschlossene, grüne Zapfen zur Bearbeitung abgebissen oder abgedreht. Herabgefallene Lärchen- und kleine Fichtenzapfen heben die Vögel vom Boden auf und bearbeiten sie auf einem Zweig, indem sie die Zapfen mit den Mittel- und Innenzehen an den Zweig drücken, während Außen- und Hinterzehe den Zweig umklammern. Wegen ihrer geringeren Größe sind Bindenkreuzschnäbel im Klettern und Hangeln noch gewandter als die anderen Kreuzschnabelarten. Neben Koniferensamen nehmen die Vögel aber auch Samen von Laubbäumen und sogar von Kräutern und Gräsern auf, gelegentlich verzehren sie auch Beeren, die sie ebenso bearbeiten wie Zapfen. Im Sommer bereichern Spinnen und Insekten den Speiseplan, besonders Blattläuse, Spanner, Frostspannerraupen und Blattwespenlarven.

Bindenkreuzschnabel *Loxia leucoptera* GMEL. 1789

Größe	= Sperling
Maße (cm)	Länge ca. 15 / Flügel ca. 26–29
Körpermasse (g)	30–38
Stimme	Flugrufe ähnlich Fichtenkreuzschnabel, aber weicher „glib-glib", ähnlich Birkenzeisig „tschet-tschet..." und typisch nasal „eeeeet" (Kindertrompete)
Brutzeit	Ende März, 1–2 Jahresbruten
Gelegegröße	3–4 (5)
Eifärbung	wie die des Fichtenkreuzschnabels, bläulich- oder grünweißlich, mit dunkelvioletten, manchmal blass lilafarbenen Flecken; glatt, glänzend
Eimaße (mm)	spindelförmig – 20,8 x 14,7
Brutdauer	10–12 Tage; ♀ brütet
Nestlingszeit	22–24 Tage; beide Partner füttern

Der Nestbau richtet sich nach der Zeit der Zapfenernte, nicht nach der Jahreszeit. Die Nester stehen meist zwischen 3,5 und 15 m Höhe in Fichten, werden aber auch auf Kiefern und Lärchen angelegt, stets gut getarnt von den herabhängenden Zweigen eines höheren Astes. Im Aussehen entspricht das Bindenkreuzschnabelnest dem des Fichtenkreuzschnabels, es ist aber etwas kleiner. In Jahren mit reichlicher Samennahrung in Lappland und auf der Kola-Halbinsel finden zwei Jahresbruten statt. In Sibirien fällt der Legebeginn in die Monate Mai bis Juni. Aus Deutschland ist nur ein Brutnachweis bekannt: Ein Bindenkreuzschnabelpaar brütete 1991 auf einem Friedhof in Berlin. Vielleicht handelte es sich um Gefangenschaftsflüchtlinge; die Jungvögel waren bereits am 25. Mai kurz vor dem Ausfliegen.

Die Art ist lückenhaft verbreitet vom nordöstlichen Finnland bis Ostsibirien und Nordchina; südlich des Baikalsees reicht das Areal bis in die Mongolei. Auch in Alaska und Kanada kommt der Bindenkreuzschnabel vor. In Sibirien deckt sich das Brutareal weitgehend mit dem Verbreitungsgebiet der Lärche; die Art fehlt aber in den Lärchenvorkommen von Kamtschatka, Japan, Nordost- und Südwestchina sowie im Himalaja, in den Karpaten und Alpen. Während Bindenkreuzschnäbel in Russland und Nordasien meist in Lärchen-, Arven- und Kiefernwäldern leben, bevorzugen sie in Finnland Fichtenwälder, im nördlichen Ural Bergwald mit Zirbe, Fichte, Sibirischer Tanne und Lärche. Innerhalb des Verbreitungsgebietes streifen die Vögel in Abhängigkeit der Samenreife ihrer Nahrungsbäume weit umher. Bei Nahrungsmangel ziehen die nordeuropäischen Brutvögel invasionsartig in südliche Richtung, oft zusammen mit Schwärmen von Fichtenkreuzschnäbeln, sie kommen jedoch meist nur bis Mittelskandinavien. Nach Mitteleuropa gelangen sie dabei sehr selten, noch weiter südlich höchstens ausnahmsweise. Nach der Brutzeit im Juli ziehen mittelsibirische Brutvögel bei Ausfall von Zweitbruten bereits ab Ende Mai aus der dunklen Fichtentaiga nordwärts in die helle Lärchentaiga, wo sie den Sommer über und bis in den Herbst verweilen.

Über die Bestandssituation ist wenig bekannt. In Finnland haben die Bestände unter anderem durch den forstlichen Anbau der Japan-Lärche zugenommen. In Nordeuropa hängen die Bestandsschwankungen von der Samenbildung der Fichte als wichtigstem Nahrungsbaum ab; ein Jahr mit reichlich Samen ermöglicht den Aufbau von Populationen, der vollständige Ausfall der Fichtenzapfen in der folgenden Saison erzwingt dann die Abwanderung.

Der Gesang enthält Triller verschiedener Tonhöhen, er erinnert an Erlenzeisig und Wanderlaubsänger.

▶ ANDERE KREUZSCHNABELARTEN

BINDENKREUZSCHNABEL, MÄNNCHEN

MÄNNCHEN AUF NAHRUNGSSUCHE

WEIBCHEN

JUNGVOGEL

Fichtenkreuzschnabel

Die überaus stimmfreudigen Fichtenkreuzschnäbel sind sehr häufig in Familienverbänden oder Trupps unterwegs, wobei man meist die typischen Rufe hört. Zwischen den Bäumen fliegen sie in stark wellenförmiger Flugbahn.

Der Fichtenkreuzschnabel ist ein großer, stämmiger Finkenvogel mit kräftigem, an den Spitzen überkreuztem Schnabel. Zwischen den einzelnen Vögeln einer Population variiert die Größe des Schnabels deutlich. Männchen erkennt man an ihrem ziegelroten Gefieder und Bürzel; vereinzelt bleiben ältere Männchen auch gelb, was mit dem Zeitpunkt der Mauser zusammenhängt: Die Mauser im Anschluss an die Brutphase (Vollmauser) ist infolge der unregelmäßigen Brutzeit zu allen Jahreszeiten möglich, in Mitteleuropa findet sie von Mai bis Dezember, nicht aber von Januar bis März statt. Vor Juli mausernde alte und junge Männchen bekommen meist ein gelbliches, später mausernde Männchen ein rotes Gefieder. Häufig mausern Fichtenkreuzschnäbel während der Brutzeit.

Vorjährige Männchen können alle Färbungen zwischen graugrün und grüngelb über goldgelb zu rotfleckig aufweisen. Weibchen sind graugrün mit grünlichgelbem Bürzel, vereinzelt weisen sie mattrote Gefiederstellen auf. Jungvögel haben einen weißlichen Bauch und sind auf Ober- und Unterseite dunkler grob gestrichelt.

Die Gesangsaktivität ist über das ganze Jahr verteilt, am häufigsten singen die Vögel aber von Januar bis März und im Juli. Der Gesang ist unterhaltsam trillernd und zwitschernd und oft mit Flugrufen untermischt. Die Strophen werden von Sitzwarten oder im schmetterlingsartigen Singflug vorgetragen; die Vögel singen auch während der Wanderungen.

Fichtenkreuzschnabel *Loxia curvirostra* (L. 1758)

Größe	= Sperling
Maße (cm)	Länge ca. 16,5 / Flügel ca. 27–30,5
Körpermasse (g)	30–48
Stimme	typischer Kontakt- und Flugruf metallisch „kip-kip“ oder „glipp glipp“; Gesang etwa grünlingsähnlich, unregelmäßig und hastig, mit Gezwitscher, scharfen Tönen und eingefügten Lockrufen; warnt tief „tjück-tjück“
Brutzeit	schwankend, oft März oder ab August, 1 Jahresbrut
Gelegegröße	3–5
Eifärbung	grünlich- oder bläulichweiß, unterschiedlich mit violetten oder purpurschwarzen Flecken, Wölkchen und Schnörkeln besetzt; Oberflecken in Schwarzrosa und Lila; glatt, glänzend
Eimaße (mm)	spindelförmig – 22,4 x 15,9
Brutdauer	14–16 Tage; ♀ brütet allein, wird vom ♂ gefüttert
Nestlingszeit	14–16 Tage; ab 38 Tage können Junge Samen aus Zapfen holen; werden noch länger betreut

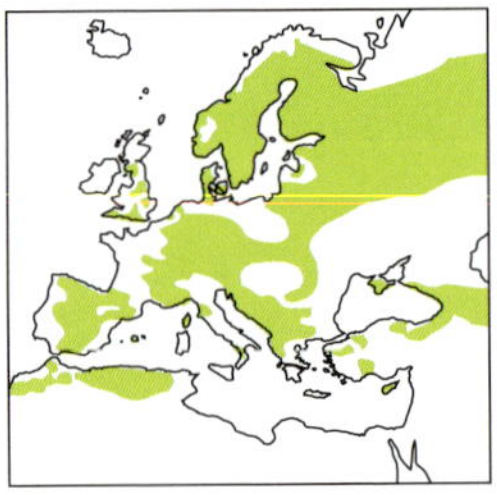

Die Art bewohnt die nördliche und gemäßigte Zone Eurasiens und Nordamerikas; isolierte Vorkommen bestehen u.a. im Himalaja und in China. Fichtenkreuzschnäbel brüten in Nadelwäldern bis zur nördlichen Waldgrenze, im Gebirge bis zur oberen Baumgrenze. In Nordeuropa und in den mitteleuropäischen Gebirgen bevorzugen sie Fichtenwald. Daneben besiedeln die Kreuzschnäbel auch Kiefern- und Lärchenwälder, Aufforstungen und Mischwald sowie Parks mit Nadelgehölzen.

In Jahren mit reichlichem Nahrungsangebot können Fichtenkreuzschnäbel bereits im 1. Lebensjahr, das heißt noch im Jugendkleid brüten. Die Paarbildung findet im Herbst oder im Vorfrühling statt. Die Reviere werden in Mitteleuropa überwiegend im Spätwinter besetzt. Das Nest steht meist hoch und sehr gut versteckt auf einem Nadelbaum, stammnah oder auf Seitenästen. Die Basis wird aus dürren Nadelbaumreisern gebaut, die Mulde aus Moos, Flechten und Halmen zusammengefügt und mit einer dicken Lage von Bast, Haaren, Federn oder Holzmulm ausgepolstert. Nester im Winter werden stärker gepolstert als in wärmeren Monaten. Legebeginn ist meist von Januar bis April – abhängig vom Nahrungsangebot: In Kiefernbeständen findet man die ersten Gelege von Februar bis April, da Kiefernzapfen vorher für die Bearbeitung zu hart sind, in Fichtenwäldern werden die Eier ab August gelegt, wenn ausreichend milchreife Fichtensamen vorhanden sind. Der Familienverband bleibt auf der anschließenden Wanderung vereint. Bei Nahrungsknappheit werden Eier und Junge oft aufgegeben, jedoch können Fichtenkreuzschnäbel selbst bei Temperaturen bis minus 35 °C erfolgreich brüten.

Das nomadische Wanderverhalten der Art hängt vom Nahrungsangebot ab. Geringe Samenbildung löst Massenwanderung aus. So kann man meist das ganze Jahr über wandernde Kreuzschnäbel vorfinden; am sesshaftesten sind die Vögel zwischen Januar und März.

Wenn die Fichtenkreuzschnäbel in zapfentragenden Nadelbaumwipfeln klettern und turnen, erinnern sie an Papageien. Die Vögel ernähren sich von Samen von Nadelgehölzen, in Mitteleuropa meist Fichte, aber auch Kiefer, Tanne und Lärche. Sie nehmen auch Samen von Laubbäumen und Wiesenpflanzen. Zum Teil fressen sie auch sich öffnende Blüten und Knospen von Laubgehölzen. Regelmäßig werden Blattläuse und Fichtengallenläuse, Raupen, Käfer oder Spinnen verzehrt. Nahrungsbedingt haben Fichtenkreuzschnäbel ein starkes Trinkbedürfnis; im Winter wird der Durst durch Schneefressen gestillt. An Wildfütterungen nehmen die Vögel Salz auf.

▶ ANDERE KREUZSCHNABELARTEN, HAKENGIMPEL, GRÜNFINK

FICHTENKREUZSCHNABEL, MÄNNCHEN

WEIBCHEN

JUNGVOGEL

NEST UND GELEGE

Kiefernkreuzschnabel

Der dickhalsige und dickköpfige Kiefernkreuzschnabel ist die größte Kreuzschnabelart. Sein Schnabel ist deutlich klobiger und stärker gekrümmt als der Schnabel des Fichtenkreuzschnabels. In allen Kleidern ähnelt er der Vergleichsart, auch im Verhalten. Bei seinen meist winterlichen Auftritten in Mitteleuropa ist er häufig mit dem Fichtenkreuzschnabel vergesellschaftet.

Die Stimme ist wenig erforscht. Sie klingt aber ähnlich wie Fichtenkreuzschnabel, die Rufe sind jedoch tiefer als bei diesem. Als Stimmfühlungslaute hört man oft tiefe, wie „güpp güpp" oder „köp köp" klingende Laute, auch ein amselartiges „dak" oder „djuup djuup". Die Rufe sind aber oft nicht klar von den Lautäußerungen des Fichtenkreuzschnabels zu trennen. Der Gesang wird von hohen Baumwipfeln oder im Singflug vorgetragen. Er ist im Vergleich zu dem der häufigeren Art lauter und enthält mehr schwirrende, schnarrende Elemente sowie „dschilür dschilür"-Folgen. Die Männchen singen oft in Gruppen, zum Teil sind auch Weibchen am Gesangsvortrag beteiligt.

Die Vögel ernähren sich von Samen der Nadelbäume, hauptsächlich Kiefern, daneben Fichten, aber auch Lärchen. Mit dem sehr kräftigen Schnabel vermögen sie bereits ab März die nicht ganz reifen, harten Kiefernzapfen zu öffnen, um an die Samen zu gelangen. Die Technik des Zapfenöffnens ist bei allen Kreuzschnabelarten gleich: Der Vogel fährt mit seinem gekreuzten Schnabel unter die Zapfenschuppe, öffnet den Schnabel, wodurch die Schuppe angehoben wird, und holt mit der Zunge den Samen hervor. Bei Mangel an Nadelbaumsamen nehmen Kiefernkreuzschnäbel auch Beeren von Eberesche, Heidelbeere und Krähenbeere sowie Samen von Kräutern, wie Kratzdistel oder Grasnelke.

Auch Wirbellose, wie die Larven der Kiefern-Buschhorn-Blattwespe, werden verzehrt.

Bereits im 1. Lebensjahr sind Kiefernkreuzschnäbel geschlechtsreif, zum Teil brüten sie schon, während sie noch das Jugendkleid tragen. Das Nest ist etwas größer als beim Fichtenkreuzschnabel. Es steht in der Regel auf einem Nadelbaum. Das Weibchen brütet allein, wird aber vom Männchen am Nest gefüttert. Das Weibchen hudert anfangs die Nestlinge, wobei das Männchen Futter bringt; später füttern beide Eltern die Jungen aus dem Kropf. Die Jungvögel werden nach dem Ausfliegen noch lange betreut. Die Familien halten auch beim Umherstreifen außerhalb des Brutgebietes zusammen.

Der Kiefernkreuzschnabel ist ein Vogel der Nordwestpaläarktis. Er bewohnt die Nadelwaldtaiga Nordskandinaviens und Nordwestsibiriens. In unregelmäßigen Abständen brütet er oft weit außerhalb des geschlossenen Brutgebietes; dann finden auch in Mitteleuropa gelegentlich Bruten statt.

Die große Kreuzschnabelart besiedelt Nadelwälder, überwiegend Kiefernwald, geht aber auch in Kiefern-Fichten-Mischwald. Als Kurzstreckenzieher überwintern die Vögel meist im Brutgebiet oder wandern nomadisierend nur unwesentlich weit in süd- und westwärts gelegene Nadelwälder. Bei Nahrungsmangel im geschlossenen Verbreitungsgebiet kommt es – synchron mit Fichtenkreuzschnäbeln – zu Einwanderungen nach England sowie in das nordwestliche und östliche Mitteleuropa, die Art wird aber vielfach nicht erkannt. Diese Invasionen finden relativ selten und in größeren Abständen statt.

Im Vergleich zum Fichtenkreuzschnabel ist der Kiefernkreuzschnabel relativ selten. Bestandsangaben sind jedoch schwierig, denn die Bestände schwanken in Abhängigkeit vom jährlich und regional stark wechselnden Nahrungsangebot.

Der in Kiefernwäldern Schottlands lebende **Schottische Kreuzschnabel** (*Loxia (curvirostra) scotica*) hat wie auch die im Mittelmeergebiet von harten und großschuppigen Kiefernzapfen lebenden Formen des Fichtenkreuzschnabels einen starken Schnabel, der dem des Kiefernkreuzschnabels nahe kommt. Färbung, Größe und die aufeinander folgenden Färbungsstadien sind dem Fichtenkreuzschnabel sehr ähnlich, Körper- und Schnabelgröße liegen zwischen Fichten- und Kiefernkreuzschnabel. Die Stimme ähnelt der des Fichtenkreuzschnabels, wobei aber die Stimmfühlungsrufe „gipp" voller und lauter, die Flugrufe allgemein rauer und tiefer, wie „klöpp klöpp" klingen. Der Schottische Kreuzschnabel tritt kaum in größeren Schwärmen auf.

Kiefernkreuzschnabel *Loxia pytyopsittacus* BORKH. 1793	
Größe	= Sperling
Maße (cm)	Länge ca. 17,5 / Flügel ca. 30,5–33
Körpermasse (g)	47–58
Stimme	Flugruf sehr ähnlich, geringfügig tiefer, metallischer und härter als Fichtenkreuzschnabel „tsip" oder „tschiup"; Gesang sehr ähnlich Fichtenkreuzschnabel
Brutzeit	schwankend, Ende März, kann aber auch von Dezember bis Juni beginnen; 1 Jahresbrut
Gelegegröße	3–5
Eifärbung	in Färbung und Zeichnung ähnlich denen des Fichtenkreuzschnabels, aber größer; glatt, glänzend
Eimaße (mm)	spindelförmig – 23,4 x 16,9
Brutdauer	14–16 Tage; ♀ brütet allein, wird vom ♂ am Nest gefüttert
Nestlingszeit	ca. 24 Tage; ♀ hudert zunächst Nestlinge, ♂ bringt Futter

▸ FICHTENKREUZSCHNABEL, BINDENKREUZSCHNABEL

KIEFERNKREUZSCHNABEL, MÄNNCHEN

MÄNNCHEN AM NEST

JUNGVOGEL

NEST UND GELEGE

Wüstengimpel

Der Wüstengimpel lebt in der Halbwüsten- und Wüstenzone der südlichen Paläarktis. Hier kommt er von den Kanaren und Südostspanien über die Sahara, Ägypten und Israel, die Südosttürkei und die nördliche Arabische Halbinsel sowie von Vorderasien bis Nordwestindien vor, im Norden reicht das Verbreitungsgebiet vom Kaspischen Meer bis zum Altai. Die Art bewohnt Fels- und Kieswüste, steinige und felsige Hänge sowie steinige Trockengebiete, die oft mit schütterem Gras und einzelnen Stauden bewachsen sind. Die südlichen Formen sind meist Standvögel; die mittelasiatischen Populationen ziehen jedoch nach Südosten und überwintern bis Westindien.

Der Ruf des Wüstengimpels ist auffallend lang gezogen, durchdringend nasal und quäkend und klingt wie eine Kindertrompete: „äääääd" oder „dwäääääd". Man hört ihn häufig, auch im metallisch näselnden Gesang. Als Stimmfühlungslaut äußern die Vögel im Flug oder auf dem Boden ein klares „tzit", „tzik" oder „wik", bei Erregung und Störung „dzöng dzöng".

Wüstengimpel sind kleiner als Haussperlinge. Sie haben eine rundliche, untersetzte Gestalt mit dickem Kopf und sehr kurzem, dickem, gekrümmt wirkendem Schnabel. Die Gesamterscheinung ist sandfarben, Kopf, Unterseite und Bürzel sind hellgrau, der Bereich um die Schnabelwurzel und der Bauch sind oft rosa überflogen. Im Prachtkleid hat das Männchen einen silbriggrauen Kopf, auf der Unterseite und um die Schnabelbasis ist es mehr oder weniger rosafarben bis karminrot; Oberschwanzdecken und ein Teil der Flügeldecken sowie Schwanzkanten und Schwungfedern sind rosarot. Auffallendstes Merkmal ist dann der hellrote Schnabel. Während auch Weibchen oft etwas rosig überhaucht sind, haben die Jungen keinerlei Rosa im Gefieder.

Bei fliegenden Vögeln erkennt man die langen Flügel und den kurzen Schwanz. Meist fliegen sie kurze Strecken

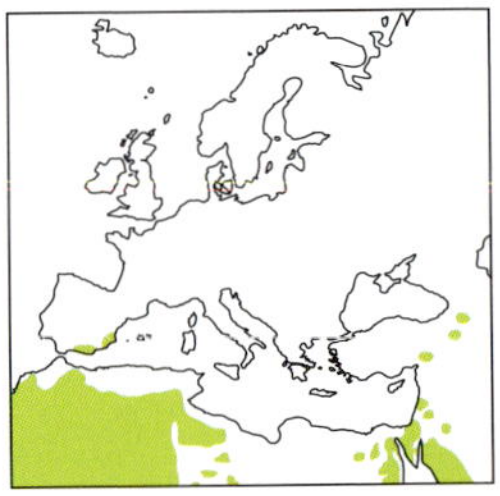

niedrig über dem Boden, weitere Strecken legen sie aber in ausgeprägtem Bogenflug zurück. Man kann die Vögel nur in ausgesprochenen Trockengebieten beobachten, wo sie oft bereits in der Morgendämmerung aktiv sind. Sie halten sich fast immer am Boden auf – entweder rasch hüpfend oder in dichterem Bewuchs schreitend, gelegentlich rennen sie lerchenartig oder bewegen sich unauffällig huschend. Da sie durch ihre Gefiederfärbung hervorragend getarnt sind, übersieht man sie leicht. Aus diesem Grund sind Daten zu Bestandsdichte und Gefährdung der Art kaum vorhanden.

Wüstengimpel leben meist in Trupps. Sie besuchen täglich mehrmals Wasserstellen. Auf ihrem Speisezettel stehen kleine, gerne noch milchreife Samen und Getreide, auch auskeimende Pflanzen sowie Knospen von Kräutern und Gräsern; je nach Landschaft nutzen sie Gänsefußgewächse, Knöterich, Kreuzblütler, Schmetterlingsblütler, Salbei und Wermut. Daneben verzehren sie auch Heuschreckenlarven.

Die Paare brüten einzeln oder eng benachbart in Gruppen. Ein besetztes Revier zeigen die Männchen durch Gesang im kreisenden Bogenflug an. Das Nest wird auf dem Boden zwischen Steinen, auch in einer kleinen Mulde, unter einem Stein, Fels oder Pflanzenbüschel gebaut; teilweise findet man auch Nester, die mehrere Meter hoch in Steinnischen, Erosionsspalten oder Felsrissen, auch an Steinmauern, in Ruinen, Grabbauwerken oder bewohnten Häusern angelegt wurden. Das napfförmige Nest besteht aus alten Grashalmen, Stängeln und dürren Blättchen, es wird mit Pflanzenwolle gepolstert, zum Teil auch mit Tierhaaren ausgekleidet.

Der ebenfalls nur etwa hänflinggroße **Mongolengimpel** (*Bucanetes mongolicus*) vertritt in den wüsten- und halbwüstenartigen Gebirgslandschaften von Transkaukasien bis in die Mongolei den nahe verwandten Wüstengimpel. Die nur lokal verbreitete Art bevorzugt stark zerklüftetes Gelände, steile Lehmabbrüche, Schluchten und felsdurchsetzte, spärlich bewachsene Wiesenhänge mit Kräuterbüscheln oder einzelnen Sträuchern. Die Vögel halten sich stets in der Nähe von Wasserstellen auf, die sie mehrmals täglich aufsuchen. Im Winter weichen sie in die Tallagen aus. Im Überschneidungsgebiet beider Arten brütet der Mongolengimpel in höheren Berglagen. Um 1915 in Armenien nachgewiesen, war die Art bis 1989 verschollen und wurde dann in der Osttürkei wiederentdeckt. Der Schnabel ist im Gegensatz zum Wüstengimpel stets hornfarbig, Kopf und Mantel sind hellbraun, der rosa Überaugenstreif sowie zwei weiße Flügelfelder sind auffällig. Den Weibchen fehlt der rosa Anflug. Der Reviergesang besteht aus melodisch flötenden Tönen.

▸ Weissflügelgimpel, Rotflügelgimpel

Wüstengimpel *Bucanetes githagineus* (Licht. 1823)

Größe	= Sperling
Maße (cm)	Länge ca. 12,5 / Flügel ca. 25–28
Körpermasse (g)	16–25
Stimme	Ruf weich, nasal „töd" oder durchdringender nasal „dwäääääd"; Gesang im kreisenden Bogenflug „ewääd", durch kurze „wik" verbunden
Brutzeit	März bis April, 1 Jahresbrut
Gelegegröße	4–6
Eifärbung	hellblau, mit spärlichen kleinen schwarzen Sprenkeln oder unregelmäßigen violettenschwarzen Flecken; glatt, schwach glänzend
Eimaße (mm)	spindelförmig bis kurz-oval – 18,4 x 14,7
Brutdauer	13–14 Tage
Nestlingszeit	verlassen Nest mit ca. 14 Tagen; nach 12 Tagen selbstständig

WÜSTENGIMPEL, MÄNNCHEN IM PRACHTKLEID

MÄNNCHEN IM SCHLICHTKLEID

JUNGVÖGEL IM NEST

NEST UND GELEGE

Karmingimpel

Der Karmingimpel bewohnt in mindestens drei Unterarten die nördliche, gemäßigte, mediterrane und Steppenzone sowie die paläarktischen Gebirgsregionen von Mitteleuropa im Westen bis zur Pazifikküste im Osten. Das Verbreitungsgebiet übertrifft in der Ausdehnung das aller anderen paläarktischen Finkenvögel. Die Nordgrenze fällt in etwa mit dem Polarkreis zusammen, im Süden ist die Art zum Teil lückenhaft in den Gebirgszügen Kleinasiens, des Kaukasus, Mittelasiens, des Altai, Tibets und des Himalaja verbreitet. An der Westgrenze finden in neuerer Zeit Arealausdehnungen statt mit neuen Brutvorkommen von oft begrenzter Dauer. Besonders in Norddeutschland, aber auch in Südbayern wurde dieses Phänomen festgestellt.

Die Expansionsgeschichte der Art ist interessant. Ein Ausbreitungsschub in der ersten Hälfte des 19. Jahrhunderts führte zur Besiedlung des östlichen Mitteleuropa und Südfinnlands; diese Areale wurden aber Ende des 19. Jahrhunderts wieder geräumt. Durch erneute Expansionswellen ab den 30er-Jahren gelangte der Karmingimpel entlang der Ost- und Nordsee bis in die Niederlande sowie über die Slowakei und Österreich in die Schweiz und das deutsche Voralpenland. Ab den 60er-Jahren brüteten Karmingimpel regelmäßig in Teilen Mitteleuropas, wie in der damaligen Tschechoslowakei und in Mecklenburg-Vorpommern. Seit den 80er-Jahren ist die Art als Brutvogel Bayerns dokumentiert.

Die mitteleuropäischen Karmingimpel sind Langstreckenzieher; ihre Winterquartiere erstrecken sich von Iran über Pakistan und Indien bis Süd- und Südostchina. Auf dem Wegzug fliegen sie zunächst in östliche Richtung.

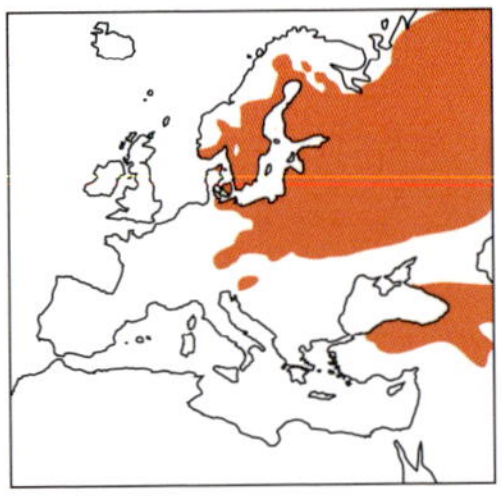

Karmingimpel sind etwa so groß wie Haussperlinge, aber schlanker. Der Schnabel ist kurz und hoch. Auf den langen Flügeln tragen sie zwei helle Flügelbinden. Alte Männchen sind an Kopf, Bürzel und Brust karminrosa bis intensiv karminrot mit individueller Ausdehnung der Rotfärbung auf der Brust. Männchen sind oft erst im dritten Lebensjahr vollständig ausgefärbt.

Jüngere Männchen und ausgewachsene Weibchen wirken oberseits olivbraun; das übrige Gefieder ist überwiegend hell bräunlich mit dunkler Strichelung, Bauch und Unterschwanzdecken sind weißlich.

Die auffallende Gesangsstrophe wird meist aus einer Buschspitze oder Baumkrone vorgetragen. Die Melodie ist eine individuell gut unterscheidbare, aber immer stereotype Wiederholung; auch die Betonung ist variabel. Die dünn pfeifende Strophe erinnert an den Pirol. Am ausdauerndsten singen unverpaarte Männchen.

Die Art bewohnt eine Vielzahl an Lebensräumen. In Europa sind dies oft lichte Auwälder, Flussufer und Waldsäume, auch verbuschende Hochmoore. Im mitteleuropäischen Flachland siedeln Karmingimpel in halboffenen Landschaften mit reicher Strauch- und gut entwickelter Krautschicht sowie mit Büschen, gerne mögen sie staunasse Wiesen und Verlandungsbereiche.

Karmingimpel führen eine monogame Saisonehe; man hat allerdings auch schon Paare gefunden, die mehrere Jahre hintereinander zusammen brüteten, auch Bigynie ist bekannt. In Mitteleuropa treffen die Vögel ab Mitte Mai am Brutplatz ein. Anhand farbberingter Vögel in Südbayern konnte eine starke Brutorttradition nachgewiesen werden. Neststandort ist meist in Büschen, oft in Heckenrosen oder Schlehen, aber auch in anderen Laubgehölzen, gerne Heckenkirsche oder Holunder. Das Nest wird hier zwischen Bodenniveau und einem Meter Höhe angelegt, meist mit Stauden als Tarnung; am Rand von Fichtenschonungen oder in ähnlichen Lebensräumen kann das Nest bis etwa 2 m hoch stehen. In Nordeuropa wird es wegen der besseren Tarnung öfter in Nadelbäume gebaut. Das napfförmige Nest ist lockerer als das anderer Finkenvögel, es besteht außen aus dürrem Reisig und Halmen, weiter innen wird Gras verbaut, die Mulde ist meist mit feinerem Gras und Haaren ausgekleidet.

Karmingimpel verzehren vor allem Pflanzenteile, wobei sie sehr viele Arten nutzen, daneben werden auch Samen und Knospen von Laubgehölzen und Büschen genommen. Der Anteil an Spinnen und Insektenlarven, Blattläusen und Käfern ist gering.

Karmingimpel *Carpodacus erythrinus* (PALL 1770)	
Größe	= Sperling
Maße (cm)	Länge ca. 14,5–15 / Flügel ca. 24–26,5
Körpermasse (g)	21–25
Stimme	Rufe unauffällig, weich „djüi", an Grünling erinnernd, aber mit rauem Ton; Gesang sehr charakteristisch, klar und fast pirolartig flötend, meist dreigeteilt „ti-tü-tehütja"; manche ♂ zwitschern zwischen Strophen
Brutzeit	Mitte Juni, 1 Jahresbrut
Gelegegröße	(3) 4–6 (7)
Eifärbung	hellblau, aber intensiver gefärbt als andere Finkeneier, mit wenigen dunkelbraunen bis schwarzen Punkten, Klecksen und Spritzern; Eier manchmal ungezeichnet; glatt glänzend
Eimaße (mm)	spindelförmig – 20 x 14,3
Brutdauer	11–13 (15) Tage; ♀ brütet allein, vom ♂ nur wenig gefüttert
Nestlingszeit	10–14 Tage; beide Partner füttern

▶ AUS DER GEFANGENSCHAFT ENTFLOGENE ANDERE CARPODACUS-ARTEN, MEIST HAUSGIMPEL, *C. mexicanus*

KARMINGIMPEL, MÄNNCHEN IM PRACHTKLEID AUF DER SINGWARTE

SINGENDES MÄNNCHEN

WEIBCHEN

NEST UND GELEGE

Hakengimpel

Der oft sehr vertraute und wenig scheue Hakengimpel ist nach dem Berggimpel, der im Kaukasus vorkommt, der zweitgrößte europäische Finkenvogel. Er ähnelt einem Kreuzschnabel ohne die besondere Schnabelform, ist langschwänzig und rotdrosselgroß. Auch der Flug ist drosselartig, aber stärker wellenförmig. In allen Kleidern fällt die doppelte weiße Flügelbinde auf. Der Schnabel ist kurz, der Oberschnabel gekrümmt. Bauch, Flanken und Unterschwanzbereich wirken grau wattiert. Die Männchen sind an Kopf und Brust, Vorderrücken und Bürzel rosa bis scharlachrot gefärbt. Die Weibchen weisen an diesen Stellen eine olivfarbene bis orangegelbliche oder rostgelbe Färbung auf, der Hinterbauch ist weißlich. Die Jungvögel ähneln Weibchen, sind aber mehr bräunlich überflogen. Die Vögel wirken besonders im frischen Gefieder oft oberseits geschuppt.

Der Gesang ist kurz und melancholisch flötend, aber energisch herausbrechend; er erinnert an eilige Mistel- oder Rotdrosselstrophen. Auch die Rufe sind melodisch. Der wie „büt büt“ oder „düüb düüb“ klingende Stimmfühlungslaut ist von Gimpelrufen oft nur schwer zu unterscheiden.

Bei der Nahrungssuche in Baumkronen und im Gebüsch verhalten sich Hakengimpel unauffällig und still; selten sieht man sie auf dem Boden. Sie ernähren sich überwiegend von Pflanzen, aber entsprechend dem Lebensraum von unterschiedlichen Gewächsen. Zur bevorzugten Kost gehören Früchte der Eberesche, Preisel- und Krähenbeeren, Wacholderbeeren, junge und grüne Fichtenzapfen, Blütenknospen von Fichten, Weiden- und Birkenknospen sowie Blütenkätzchen. Dabei werden die Knospen mit verdrehtem Kopf von der Seite her gepflückt; Blütenzapfen von Fichten beißen die Vögel stückweise ab. Grüne Koniferenzapfen beißen sie oft auf, um an die unreifen Samen zu gelangen.

Während der Jungenaufzucht erbeuten Hakengimpel auch Spinnen, Insekten und kleine Schnecken. Insekten werden nicht nur abgelesen oder aufgepickt, sondern in kurzen Verfolgungsflügen auch in der Luft gefangen. Größere Beutetiere schlagen die Vögel nicht tot, sondern kauen sie durch, Gehäuseschnecken bis 15 mm Durchmesser werden ganz verschluckt. Wie die Kreuzschnabelarten stillen auch Hakengimpel ihren hohen Mineralbedarf, indem sie Salz oder auch jauchegetränkten Schnee fressen.

Hakengimpel werden im zweiten Jahr geschlechtsreif. An den Brutplätzen treffen die rotgefärbten Männchen zuerst ein – oft bereits Anfang Februar, die Eier werden aber erst Ende Mai/Anfang Juni gelegt. Das Nest steht meist in einer Fichte oder Kiefer, im Birkenwald auch in einer Birke oder einem Wacholder. Es wird meist in 2–4 m Höhe über dem Boden angelegt, man findet aber auch Nester unter 1 m Höhe. Das relativ lockere, aber stabile Nest besteht aus einer Plattform von lose zusammengefügten, dürren Zweigen; für den Außenbau werden trockene Reiser, Wurzeln und Gräser, ferner Moos und Flechtenstückchen verwendet. Die Innenschicht besteht aus feinen Reisern und längeren Ranken. Die Mulde wird meist mit feinen Grasblättern, Würzelchen und Bartflechten ausgekleidet. Das Futter für die Jungen transportieren die Altvögel in ihren Kehltaschen zum Nest. Besonders zur Brutzeit sind die Vögel sehr vertraut, manche Weibchen lassen sich auf dem Nest sogar berühren.

Das Verbreitungsgebiet der Art umfasst die Nadelwälder der Taiga und Waldtundra im nördlichen Eurasien sowie der Gebirge im Westen Nordamerikas. Die Nordgrenze der Verbreitung ist in Nordeuropa und Westsibirien identisch mit der Waldgrenze. Wie auch bei anderen Vogelarten der Taiga führen Lebensraumverlust und -entwertung durch großflächige Kahlschlagwirtschaft zu negativer Bestandsentwicklung.

Hakengimpel bevorzugen lockere, vor allem schwachstämmige Bestände aus Fichten, Kiefern und Lärchen. In Skandinavien gehen sie auch in Birkenwald und Laub-Nadelholzgebüsch mit Wacholder. Gerne halten sich die Gimpel an trockenen Kiefernwaldhängen auf, besiedeln aber auch feuchte Bachtäler oder Moorränder. Abwanderungen aus dem Brutgebiet werden durch schlechte Fruchtjahre der Eberesche, der wichtigsten frühwinterlichen Nahrungspflanze, ausgelöst. In Mitteleuropa, vor allem im Nordosten, erscheinen Hakengimpel gelegentlich als Invasionsgäste, sie können aber auch viele Jahre vollständig ausbleiben.

▸ BINDENKREUZSCHNABEL (VIEL KLEINER)

Hakengimpel *Pinicola enucleator* (L. 1758)

Größe	> Sperling
Maße (cm)	Länge ca. 18,5 / Flügel ca. 30,5–35
Körpermasse (g)	42–60
Stimme	Ruf hoch und hell flötend „tui-thü-tiu“, auch kurz „büt büt“; Warnruf „tschinwli-tschinwli“; Gesang schnelle Flötenwindungen, mit eingestreuten gequetschten Elementen (Klangfarbe ähnlich Rotdrossel)
Brutzeit	Ende Mai oder Anfang Juni, 1 Jahresbrut
Gelegegröße	3–5
Eifärbung	tief hellblau, mit wenigen schwarzen und purpurbraunen Sprenkeln und Punkten und vielen blassvioletten oder purpurnen Flecken; glatt, mäßig glänzend
Eimaße (mm)	spindelförmig – 26,1 x 17,7
Brutdauer	13–14 Tage; nur ♀ brütet, wird vom ♂ gefüttert
Nestlingszeit	ca. 14 Tage; von beiden Partnern aus Kropf gefüttert

HAKENGIMPEL, MÄNNCHEN IM ALTERSKLEID

WEIBCHEN IM ABGETRAGENEN KLEID

WEIBCHEN IM ALTERSKLEID

NEST UND GELEGE

Gimpel

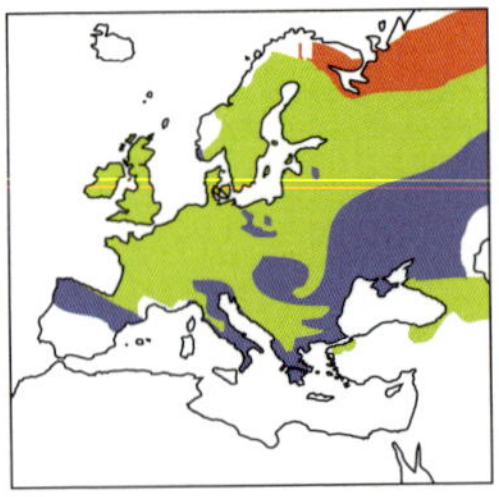

Der Gimpel bewohnt ein riesiges Gebiet, das sich von den Azoren bis zu den Kommandeur-Inseln östlich von Kamtschatka sowie nach Japan erstreckt. Die südlichsten Vorkommen befinden sich im Iran, die nördlichsten in Nordnorwegen. Während der Gimpel in Europa im Norden bis 70° nördlicher Breite noch vorkommt, brütet er in Russland meist nicht oberhalb 50° nördlicher Breite. Die Südgrenze der Verbreitung verläuft etwa durch Nordspanien, Süditalien, Nordanatolien, den Kaukasus und Elburs. In West- und Mitteleuropa brütet hauptsächlich die kleine Unterart *P. p. europaea*, im Baltikum, in Skandinavien und Nordrussland die große Nominatform. Die Form der Britischen Inseln, *pileata*, sowie die in den Pyrenäen beheimatete tiefrote Unterart *iberiae* sind ebenfalls klein.

Den Gimpel erkennt man an seiner kräftigen Finkengestalt. Die Altvögel sind unverwechselbar: Das Männchen ziert eine sehr auffällige rosarote bis hochrote Unterseite, Kappe und Schnabelbereich sind schwarz, Nacken und Mantel blaugrau; auf den schwarzen Flügeln fällt die kräftige weiße Flügelbinde auf, auch das Weiß an Hinterbauch, Unterschwanzdecken und auffallend breitem Bürzel sticht ins Auge. Die Weibchen sind gleich gemustert, aber weniger auffällig; statt rot sind sie auf der Unterseite rötlichbraun gefärbt, der Mantel ist graubraun. Den Jungvögeln fehlt die schwarze Kappe, die Flügelbinde ist rotbraun, der Bürzelbereich isabellfarben.

Im Flug sind der schwarze Schwanz, weiße Bürzel und die weichen, pfeifenden Rufe sichere Erkennungsmerkmale. Der sanfte, weiche Lockruf „diü... diü..." ist außerhalb der Brutzeit weithin zu hören und unverkennbar. Den unauffälligen, wenig weit tragenden Gesang äußern sowohl Männchen als auch Weibchen. Das plaudernde Liedchen enthält gereihte Pfeiftöne, kehliges Schnarren und kurze Triller. In warmen Mittagsstunden kann man es oft schon Ende Dezember hören. Gimpel sind hervorragende Stimmenimitatoren; Käfigvögel können sogar menschliche Lieder nachpfeifen.

Gimpel treten fast immer paarweise auf, auch bei der Nestplatzsuche. Sie führen oft eine mehrjährige Dauerehe. Während der Brutzeit verhalten sie sich sehr unauffällig. Dagegen sind sie im Winter weniger scheu. Das Nest wird meist gut versteckt in den äußeren Traufästen eines Nadelbaumes, in zunehmendem Maße aber auch in jüngeren Laubbäumen oder Büschen angelegt. Für das Nest wird erst ein flacher Unterbau aus Ästchen, aber auch alten Krautstängeln erstellt; auf dieser kaum verankerten Plattform flechten die Vögel eine flache Mulde aus kleinen Würzelchen, die mit feinen Halmen oder Haaren ausgekleidet wird. Oft beginnt das Weibchen schon mit der zweiten Brut, wenn das Männchen noch die erste Brut versorgt. Im Herbst ziehen Gimpel in Familienverbänden umher.

Die Art bewohnt bei uns dichte und verbuschte Nadel- und Mischwaldbestände, kommt aber auch in Fichtenpflanzungen und Fichtenstangenholz vor. Feldgehölze, Hecken, Gärten und Friedhöfe bieten ebenfalls geeignete Lebensräume. Im Winter streifen Gimpel in größeren Trupps umher, dann besuchen sie oft Futterstellen. Nord- und nordosteuropäische Vögel sind Teilzieher.

Erwachsene Gimpel verzehren fast nur Pflanzennahrung. Im Frühling stehen hauptsächlich Laubbaumknospen auf dem Speiseplan, oft von Obstbäumen, auch die Blütenkätzchen von Weiden, Pappeln und Eichen verschmähen sie nicht. Im Sommer fressen sie häufig Waldbeeren, im Herbst die Samen von Stauden und Kräutern. Bei Schneelage gehen sie auf Baumsamen über, wie Vogel- und Mehlbeere, Flieder und Waldrebe. Während der Nahrungsaufnahme in Bäumen und Büschen verhalten sich die Vögel still. Um an Samen oder Knospen zu gelangen, strecken sich die Gimpel, sie können aber auch an Zweigenden hangeln. Auf dem Boden suchen Gimpel nur dann Fressbares, wenn es milchreife Samen gibt. Bei Früchten sind Gimpel nur an den Samen interessiert; deshalb quetschen oder schneiden sie diese auf und holen mit der Zunge die Kerne heraus, das Fruchtfleisch bleibt hängen, wird fallen gelassen oder weggeschleudert. Die Jungvögel werden neben pflanzlicher Nahrung auch mit Insekten, Spinnen und Schnecken gefüttert. Gelegentlich erbeuten sie sogar ein fliegendes Insekt im Rüttelflug.

Gimpel *Pyrrhula pyrrhula* (L. 1758)

Größe	= Sperling
Maße (cm)	Länge ca. 14,5–16,5 / Flügel ca. 22–29
Körpermasse (g)	25–38
Stimme	Lockruf sanft und weich, aber relativ weit hörbar „diü... diü..."; Stimmfühlung leise „bitbit...", nördliche Gimpel rufen etwas tiefer; Gesang sehr leises, zwitscherndes Plaudern, mit knirschenden Tönen und eingefügten, weichen Flötentönen
Brutzeit	Ende April bis Mai; im Norden und Osten 1 Jahresbrut, sonst 2 (3) Jahresbruten
Gelegegröße	(3) 4–6 (7)
Eifärbung	hellblau, von wechselnder Intensität, mit schwarzbraunen und blassvioletten Punkten, Klecksen und Kritzeln besetzt; glatt, glänzend
Eimaße (mm)	spindelförmig – 20,2 x 15
Brutdauer	13–14 Tage; nur ♀ brütet, wird vom ♂ gefüttert
Nestlingszeit	16–18 Tage; beide Partner füttern

▶ KAUM ZU VERWECHSELN

GIMPEL, MÄNNCHEN IM ALTERSKLEID

WEIBCHEN IM ALTERSKLEID

FLÜGGER JUNGVOGEL

NEST UND GELEGE

Kernbeißer

Dieser fast starengroße Finkenvogel hat einen auffallend großen Kopf mit „Stiernacken" und sehr dickem, hohem Kegelschnabel sowie einen auffallend kurzen Schwanz. Die Armschwingen sind an den Enden breit und weisen eine auswärts geschweifte Außenfahne sowie gekerbte Innenfahne auf. Ober- und unterseits sind Kernbeißer bräunlichgrau gefärbt, auf den schwärzlichbraunen Flügeln fällt im Flug ein durchscheinendes, breites, weißes Feld auf. Männchen sind zimtbraun an Oberkopf und Kopfseiten, der schwarze Kinnfleck ist oft zu sehen. Der Schnabel ist von Frühjahr bis Sommer bleigrau, sonst hellgelblich bis hornfarben. Die Weibchen sind gleich gefärbt, wirken aber insgesamt verwaschener. Das Gefieder der Jungvögel ist oberseits mehr graubraun, unten blasser gefärbt; statt eines schwarzen Kinnflecks haben sie einen weißen.

Der Kernbeißer ernährt sich überwiegend von pflanzlicher Nahrung, wie Früchten, Kernen, Samen, auch hartschaligen Steinobstsamen. Mit seinem kräftigen Schnabel ist er sogar in der Lage, die ausgesprochen harten Nüsschen der Hainbuche zu knacken. Daneben gehören in Mitteleuropa Buche, Ahornarten und Kirschen sowie andere Stein- und Kernobstarten zu den bevorzugten Nahrungspflanzen. Eibensamen und Zapfen von Nadelbäumen werden ebenfalls verzehrt, im Mittelmeergebiet auch Oliven. Die „Knackleistung" des Kernbeißer ist erstaunlich: Zum Öffnen eines Kirschkerns ist eine Kraft von 50 kg nötig, das Knacken eines Olivenkerns erfordert sogar 70 kg Schnabeldruck! Im Spätwinter und Frühling stellen vor allem Knospen, Triebe und frische Blätter beziehungsweise Nadeln die Hauptnahrung

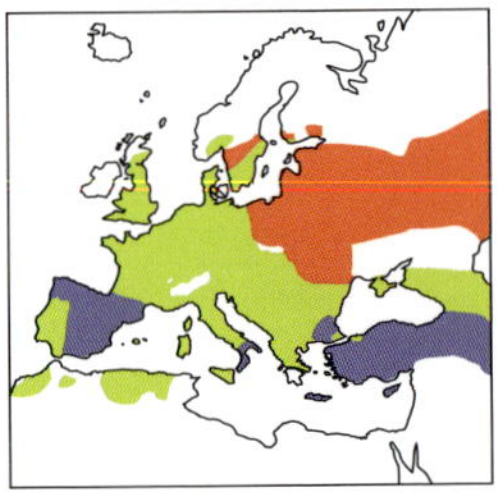

dar. Im Frühsommer werden zusätzlich Insekten und deren Larven gefressen.

Kernbeißer sieht man nicht so leicht, da sie meist scheu sind und sich häufig hoch in Baumkronen aufhalten. Sie machen aber durch ihre peitschenden „zicks"-Rufe auf sich aufmerksam. Auch der Gesang ertönt aus hohen Baumwipfeln. Er besteht aus aneinander gereihten Rufen, gedehnten Quietschlauten und immer wieder eingestreuten, scharfen „zicks"- oder „tsiek"-Rufen.

Die monogamen Vögel führen möglicherweise eine mehrjährige Einehe. Mitunter brüten sie gesellig oder in lockeren Kolonien. Das Nest steht meist über 10 m hoch auf einem Laubbaum, bevorzugt Pappel, Birke oder auf einem hohen Obstbaum; in Nadelbäume bauen Kernbeißer nur selten. Wichtig ist eine gute Anflugmöglichkeit. Als Neststandort wird eine Stelle nahe am Stamm oder im Baumwipfel eher in einer Astgabel oder einem Astquirl gewählt; an längeren Seitenästen findet man kaum Nester; im Frühling sind sie oft noch wenig von Blattwerk verdeckt. Das große, von beiden Partnern locker gebaute Nest besitzt eine Unterlage aus verästelten Zweigen, der Aufbau besteht aus festen Halmen und Wurzeln, innen wird er mit feineren Würzelchen und einer Zwischenschicht aus Halmen ausgekleidet.

Kernbeißer bewohnen die nördliche, gemäßigte und mediterrane Zone; im Süden sind sie weitgehend auf Gebirge beschränkt. Das Verbreitungsgebiet reicht von den Küsten Englands und Spaniens bis Japan. Auch im Atlas Marokkos und isoliert im westlichen Tienschan gibt es Vorkommen. Die Vögel besiedeln meist aufgelockerte Laub- und Mischwälder, lichte Auwälder, Feldgehölze, Parks und Obstgärten. In Mitteleuropa brüten sie gerne in Wäldern mit Hainbuche, Vogelkirsche, Buche und Pappel. Im Winter besuchen sie Fütterungen. Kernbeißer sind Standvögel, die nahrungsbedingt von Jahr zu Jahr unterschiedlich weite Wanderungen unternehmen. Die nördlichen Populationen sind Teilzieher, die ab Juli ihre Brutgebiete verlassen; Hauptdurchzug in Mitteleuropa findet von Ende September bis Mitte Oktober statt. Die Vögel überwintern hauptsächlich im nördlichen Mittelmeerraum, besonders auf der Iberischen Halbinsel.

Die Bestände schwanken entsprechend dem jährlichen Nahrungsangebot. Nach Kältewintern gibt es Einbrüche; durch die milderen Winter der letzten Jahre haben die Populationen jedoch eher zugenommen. Die Entnahme hoher Laubbäume vernichtet jedoch Brutplätze.

▸ AUS VOLIERENHALTUNG ENTWICHENE WACHOLDERKERNBEISSER (MITTELASIEN), SCHWARZSCHWANZ-KERNBEISSER UND MASKENKERNBEISSER (BEIDE NORDOSTASIEN) SOWIE ABENDKERNBEISSER (NORDAMERIKA)

Kernbeißer *Coccothraustes coccothraustes* (L. 1758)

Größe	> Sperling
Maße (cm)	Länge ca. 18 / Flügel ca. 29–33
Körpermasse (g)	51–70
Stimme	häufigster Ruf im Sitzen und im Flug scharf „zicks", mit hartem Abschluß, ferner durchdringend „tsiek"; Gesang meist Serie von Rufelementen, oft beginnend mit Ruffolgen und „zieh" als Abschluß
Brutzeit	Ende April/Anfang Mai; meist 1, gelegentlich 2 Jahresbruten
Gelegegröße	(2) 3–6
Eifärbung	hellblau, gräulichgrün, selten blass rostbraun oder grau, sparsam und gleichmäßig mit schwarzbraunen Punkten und Schnörkeln sowie helleren Kritzeln; glatt, schwach glänzend
Eimaße (mm)	spindelförmig – 24,4 x 17,5
Brutdauer	11–13 Tage; ♀ brütet allein, wird vom ♂ gefüttert
Nestlingszeit	11–13 Tage; beide Partner füttern, ♂ mit größeren Anteilen

KERNBEISSER, MÄNNCHEN IM SCHLICHTKLEID

WEIBCHEN IM PRACHTKLEID

JUNGVOGEL

NEST UND GELEGE

Spornammer

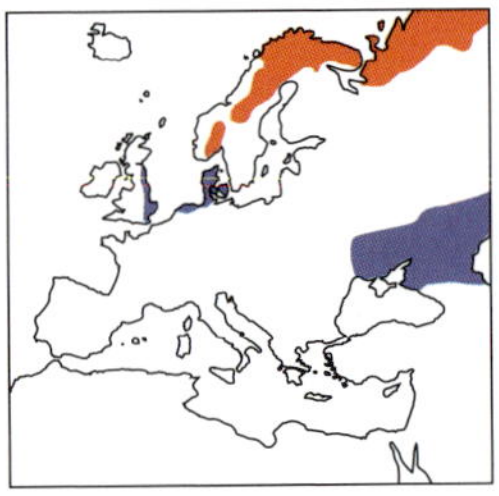

Ammern sind überwiegend kleine, körnerfressende Singvögel, die man in ganz verschiedenartigen Lebensräumen antrifft, vorwiegend aber in offenen Busch- und Heckenlandschaften, aber auch in Wald, Schilf und Tundra. Sie suchen ihre Nahrung – Samen, Früchte und Insekten – oft versteckt im Bodenbewuchs; dort bewegen sie sich meist hüpfend. Außerhalb der Brutzeit schließen sich Ammern gerne zu Trupps oder Schwärmen zusammen. Von den ähnlichen Finken und Sperlingen unterscheiden sie sich unter anderem durch den längeren Schwanz und die geschwungenen Schneidekanten des Schnabels. Die meisten europäischen Ammern zeigen weiße Schwanzkanten, die man besonders beim Auffliegen sehen kann. Auch die Kopffärbung und -musterung ist für die Artbestimmung wichtig. Oft entdeckt man Ammern aber anhand ihrer kennzeichnenden Gesänge.

Die kräftig gebauten, relativ kurzschwänzigen Spornammern sind Charaktervögel der Tundra. Sie gehören nicht nur zu den am weitesten nördlich brütenden Vogelarten, sondern unter den Sperlingsvögeln auch zu den häufigsten Brutvögeln in arktischen Gebieten. Sie brüten nahezu zirkumpolar und vorwiegend nördlich von 60° nördlicher Breite, einschließlich der hochnordischen Inseln. Auf Island, Spitzbergen und Jan Mayen fehlen sie. Der nördlichste Punkt des Areals liegt auf Ellesmere Island bei 85° nördlicher Breite. In Skandinavien reicht die geschlossene Verbreitung in Schweden südwärts bis ins nördliche Jämtland, in Norwegen sogar fast bis zur Südspitze.

Das im Prachtkleid sehr auffällige Männchen mit überwiegend schwarzem Kopf und rotbraunem Nacken sowie weißlichem Überaugenstreif ist bei guter Sicht wohl kaum mit irgendeinem anderen Kleinvogel zu verwechseln. Der bräunliche Rücken ist hell und dunkel gestreift. Weibchen sind deutlich unscheinbarer, vor allem fehlt ihnen das markante Schwarz. Sie besitzen aber auch den hellen Schnabel mit schwarzer Spitze und das rotbraune Nackenfeld. Im Schlichtkleid sind beide Geschlechter überwiegend bräunlich mit zwei weißen Flügelbinden, die ein rostbraunes Flügelfeld begrenzen. Jungvögel könnte man mit jungen Rohrammern verwechseln; sie haben aber bereits das charakteristische Flügelmuster wie Altvögel.

Spornammern laufen recht flink und geduckt am Boden (andere Ammern hüpfen meist) und erinnern dabei an Lerchen (mit denen sie oft vergesellschaftet sind), auch an Mäuse. Bei einer Störung fliegen sie plötzlich auf und geben sich durch ihre Rufe zu erkennen.

Wenn die Spornammern im Brutgebiet ankommen, herrscht oft noch tiefster Winter. Dann müssen sie am Spülsaum von Fluss- und Seeufern Nahrung wie Grassamen suchen, fangen aber auch schon die ersten Insekten. Im Laufe der Brutsaison nehmen Insekten und Spinnen immer mehr zu, die Jungen werden nahezu ausschließlich damit gefüttert. Nach der Brutzeit steigen die Vögel wieder auf Samen um. Neben Samen von Sauergräsern, beispielsweise Wollgräsern, nehmen sie auch solche von verschiedenen Kräutern, Zwergsträuchern und Süßgräsern auf.

Das Weibchen sucht den Nistplatz aus und baut ein recht einfaches Bodennest aus Halmen und Moos, das es innen dick mit Federn, vor allem mit Schneehuhnfedern polstert. Neststandort ist meist eine geschützte Stelle an einem kleinen Torfhügel, einer Seggenbülte oder unter einem Zwergstrauch; er sollte gut getarnt, aber möglichst sonnenexponiert und windgeschützt sein.

Spornammern brüten in den skandinavischen Fjällgebieten, besonders im Bereich der Baumgrenze, wo sich von Zwergsträuchern (wie Krähenbeere und Zwergbirke) bewachsene Stränge aus dem feuchten Untergrund erheben, man findet aber Brutvögel auch hoch oben in der flechtendominierten Felsregion. Gerne nisten sie auch am Rand von Mooren und im Weidendickicht an Gewässern, in weiten Teilen des Verbreitungsareals ist die Tundra Brutlebensraum. In günstigen Bereichen können kleine Brutkolonien entstehen.

Im September oder Oktober ziehen die skandinavischen Spornammern nach Dänemark und an die mitteleuropäische Küste sowie an die englische Ostküste; dort halten sie sich auf Salzwiesen, kurzgrasigen Weiden, Stoppelfeldern, oft im Deichvorland oder am Strand auf. Im mitteleuropäischen Binnenland erscheinen die Wintergäste aber nur ausnahmsweise, vor allem im Osten.

▸ Rohrammer, Zwergammer

Spornammer *Calcarius lapponicus* (L. 1758)

Größe	= Sperling
Maße (cm)	Länge ca. 15–16 / Flügel ca. 25,5–28
Körpermasse (g)	20–28
Stimme	kennzeichnender Ruf trocken „prrr-rrt", absinkend in Tonhöhe „tjüb", rauer „drü"; am Brutplatz metallisch „tihü"; Gesang frisch und hell, kurz, ähnelt Schneeammer und Ohrenlerche, etwa „kretle-krill-trr kritle-kretle-trü"
Brutzeit	Ende Mai bis Juni, 1 Jahresbrut
Gelegegröße	3–7
Eifärbung	blassgrünlich, rostbräunlich oder gräulich, weitgehend durch schmutzig rötliche oder braune Fleckung verdeckt; glatt, glänzend
Eimaße (mm)	spindelförmig – 20,7 x 14,9
Brutdauer	11–13 Tage; ♀ brütet allein
Nestlingszeit	10–11 Tage (früher nach Störungen); bald nach Nestverlassen auf die Eltern aufgeteilt

SPORNAMMER, MÄNNCHEN IM PRACHTKLEID

WEIBCHEN IM PRACHTKLEID

SPORNAMMER IM SCHLICHTKLEID

NEST UND GELEGE

Schneeammer

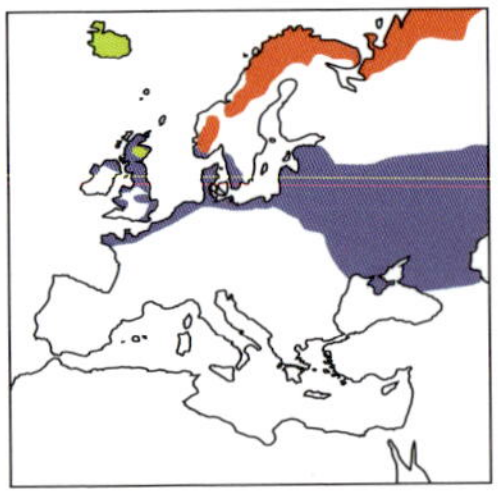

Die Schneeammer brütet wie die Spornammer zirkumpolar, dringt jedoch noch ein wenig mehr nach Norden vor; kein anderer Landvogel brütet so weit nördlich. Und in vielen arktischen Gebieten sind Schneeammern die häufigsten Vögel. In Europa trifft man die Art auch auf Island, Jan Mayen, Spitzbergen, der Bäreninsel, Franz-Josef-Land und Nowaja Semlja an. Südwärts reicht das Verbreitungsgebiet in Schweden bis Nordwestdalarna, in den Gebirgen Norwegens bis zur Südspitze. Die südlichsten Brutplätze Europas liegen in Schottland.

Schneeammern brüten oberhalb der Baumgrenze in felsigen und steinigen Fjäll- und Tundragebieten, häufig in karger Blocksteinlandschaft – in Südnorwegen bis in 2000 m Höhe. Auf Island besiedeln sie als einzige Vogelart die lebensfeindlichen Lava- und Steinwüsten im Inselinneren. Man trifft sie ebenso auf den eisfreien Bergspitzen Grönlands (Nunataks) an. Außerhalb der Brutzeit halten sich Schneeammern an flachen, spärlich bewachsenen Küsten und auf offenen Feldern auf.

Die Überwinterungsgebiete liegen hauptsächlich in der Steppenzone Eurasiens ab Osteuropa sowie in entsprechenden Breiten Nordamerikas. Interessant sind die unterschiedlichen Zugwege der einzelnen Populationen: Während die Brutvögel Skandinaviens vor allem an der norwegischen Küste, in Südschweden sowie an den mittel- und westeuropäischen Küsten überwintern, ziehen nordostgrönländische Vögel (die wie die skandinavischen Vögel der Nominatform *nivalis* angehören) über Nordskandinavien und das Weiße Meer nach Südsibirien. Im April kann man in Nordnorwegen große Scharen – manchmal mehrere tausend – ostgrönländischer Schneeammern antreffen, die dort vor dem Heimflug über den Atlantik nach Grönland ihre Fettreserven auffüllen. Westliche Populationen der grönlandischen Nominatform steuern im Herbst dagegen nordamerikanische Winterquartiere an, wie die Gebiete um die Großen Seen. Die Schneeammern Islands (Unterart *insulae*) sind Teilzieher, von denen einige auf den Britischen Inseln und an der holländischen Küste überwintern; dort treffen sie auf skandinavische Brutvögel. Die Schneeammer ist regelmäßiger Wintergast an der mitteleuropäischen Nord- und Ostseeküste. In kalten Wintern erreichen Zugtrupps auch das Voralpenland, wo sie sich auf Ödland und an Seeufern aufhalten, mitunter fliegen sie sogar bis zum Mittelmeer. Im Gegensatz zu Spornammern schließen sich Schneeammern überwiegend nur Artgenossen an.

Das Männchen ist durch seine schwarzweiße Färbung sehr auffällig: Kopf, Hals und Unterseite sind weiß, der Rücken schwarz, die Flügel sind weiß mit schwarzem Außenbereich. Im Schlichtkleid sind Kopf und Rücken gelbbräunlich. Das Weibchen ist deutlich kontrastärmer gefärbt. Beim kraftvollen Flug wechseln Serien mit schnellen Flügelschlägen mit kurzen Gleitstrecken ab. Das Männchen singt auf Warten, meist einem Felsblock, und im Singflug; dabei steigt es stumm und mit schnellen Flügelschlägen auf, beginnt an der Spitze der Flugbahn mit den Gesangstrophen, dann fliegt es eine Weile mit vibrierenden Flügeln, um anschließend abwärts zu gleiten.

Schneeammern kehren lange, bevor die Schneeverhältnisse erfolgreiches Brüten erlauben, an ihre Brutplätze zurück. Meist kommen zuerst die Männchen an, wobei sie anfangs nur morgens und abends ihre Territorien aufsuchen. Auch später schließen sie sich bei schlechtem Wetter vorübergehend wieder zu Trupps zusammen. Das Nest liegt tief unter Steinen oder Felsblöcken verborgen, oft auch an Seevogelklippen. Für den Nistplatz wird die Nähe von Gewässern oder Schneefeldern gewählt, da die Vögel dort leichter Insekten für die Jungenaufzucht erbeuten können. Die Jungvögel verlassen mit 8–10 Tagen noch vor Erreichen der Flugfähigkeit das Nest und laufen zwischen Steinen und Felsen umher.

In vielen arktischen Brutgebieten brüten Schneeammern in enger Nachbarschaft des Menschen. Die Nester werden dann in Gebäuderuinen, unter Dächern, in alten Öl- und Mülltonnen, Fahrzeugwracks und Ähnlichem angelegt.

Zur Brutzeit ernähren sich Schneeammern vor allem von Samen verschiedener Gräser und Kräuter. Im Frühjahr, aber auch im Winterhalbjahr suchen die Altvögel Insekten und deren Larven. Am Strand finden sie auch kleine Krebstiere, wie Strandflöhe.

▸ SCHNEESPERLING

Schneeammer *Plectrophenax nivalis* (L. 1758)

Größe	= Sperling
Maße (cm)	Länge ca. 16–17 / Flügel ca. 32–38
Körpermasse (g)	30–45
Stimme	Rufe sanft klingelnd, ähnlich Haubenmeisentriller „dirrirritt“; Lockruf pfeifend „piü“; Gesang kurzer, klarer Triller, ohne den klingelnden Charakter der Spornammer
Brutzeit	Ende Mai bis Juli, je nach Örtlichkeit und Höhenlage; 2 Jahresbruten
Gelegegröße	(3) 4–6 (8)
Eifärbung	Schalengrund weißlich oder hell grünlichblau, sehr unterschiedlich gesprenkelt; am stumpfen Pol gehäuft, auch reichlicher und gleichmäßiger verteilt; glatt, glänzend
Eimaße (mm)	spindelförmig – 21,9 x 16,2
Brutdauer	12–13 Tage; ♀ brütet allein, wird vom ♂ gefüttert
Nestlingszeit	9–13 Tage; juv. noch mind. 12 Tage weiter gefüttert

SCHNEEAMMER, TRUPP AUF DEM HERBSTZUG (SCHLICHT- UND JUGENDKLEID)

MÄNNCHEN IM PRACHTKLEID AUF DER SINGWARTE

JUNGVOGEL

NEST UND GELEGE

Goldammer

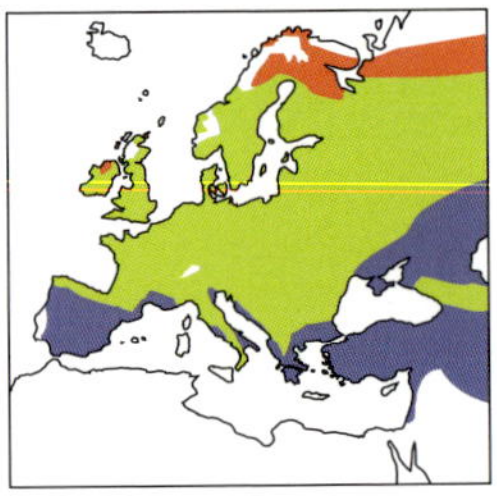

Die Goldammer, einst ein „Allerweltsvogel", hat in Mitteleuropa gebietsweise deutlich abgenommen, in Holland wurde sie nach starker Abnahme und Arealverlusten sogar auf die Rote Liste der gefährdeten Vogelarten gesetzt. Als Gründe für die negative Bestandsentwicklung, die aber nicht generell für Mitteleuropa zutrifft, kommen die Intensivierung der landwirtschaftlichen Nutzung und damit einhergehend das Verschwinden von Hecken sowie Rand- und Saumstreifen, übertriebene Pflege von Straßenrändern, Böschungen und Dämmen sowie Einsatz von Giften in Betracht. Hohe Opfer fordert auch der Straßenverkehr, wenn die Vögel bei Flugjagden zur Revierbehauptung unvorsichtig sind.

Mit Ausnahme von Island, dem größten Teil der Iberischen Halbinsel, der Mittelmeerinseln sowie des hohen Nordens von Skandinavien und Russland brütet die Goldammer fast in ganz Europa. Jenseits des Urals reicht ihr Brutvorkommen bis zum Baikalsee. In Neuseeland wurde die Art eingebürgert. Goldammern bevorzugen als Brutlebensraum reich gegliederte, abwechslungsreiche Feldflur mit Gebüsch, Hecken, Gehölzen und Brachflächen, gerne gehen sie auch in junge Nadelbaumkulturen. Nicht selten trifft man sie an Dorfrändern und sogar in Dörfern an. Die höchsten Brutplätze fand man in 2100 m Höhe an der Baumgrenze; in mediterranen Gebieten brütet die Goldammer überwiegend im Gebirge. Das Weibchen wählt den Nistplatz aus und baut auch das Nest aus Halmen, Stängeln, Blättern und Moos allein; die Mulde wird mit feinerem Pflanzenmaterial gepolstert. Neststand ist häufig eine von hohem Gras gut geschützte Stelle in bodennahem Gebüsch, viele Nester stehen an Böschungen versteckt.

Die meisten mitteleuropäischen Goldammern sind Jahresvögel, es gibt aber auch hier viele Kurzstreckenzieher, die den Winter weiter westlich und südlich verbringen und so das Mittelmeergebiet und Nordwestafrika erreichen. Je weiter nördlich die Populationen leben, desto höher der Anteil der Zugvögel. Außerhalb der Brutzeit treten Goldammern in Trupps und Schwärmen auf, die manchmal mehrere 100 Vögel zählen, dann schließen sie sich auch regelmäßig mit Finken oder Feldlerchen zusammen. Im Winterhalbjahr trifft man Goldammern, nicht selten in Begleitung von Grünfinken und Feldsperlingen, an Einzelgehöften und Dorfrändern an, wo sie am Boden Nahrung suchen. Bei Gefahr, etwa wenn ein Sperber auf der Bildfläche erscheint, verstecken sie sich in dichten Büschen.

Die Goldammer ist eine große, langschwänzige Ammer mit weißen äußeren Steuerfedern. Typisch für das Männchen ist die auffällige Gelbfärbung von Kopf und Unterseite sowie das rostbraune Brustband. Im Flug sieht man meist den gelben Kopf, häufig auch den zimtbraunen Bürzel, der das wichtigste Artkennzeichen darstellt. Die Weibchen zeigen viel weniger Gelb, außerdem sind sie unterseits gestreift, im 1. Winterkleid fehlt ihnen das Gelb noch völlig.

Mit Eintreffen im Brutgebiet im Februar beginnen die Männchen zu singen. Die Goldammer ist eine der wenigen Vogelarten, die auch in der Mittagshitze singen; häufig sitzt das Männchen dabei – ammernuntypisch – exponiert auf einer Baum- oder Buschspitze oder auf einem Leitungsdraht und sperrt den Schnabel weit auf. Die Gesangsstrophen klingen etwas melancholisch und nehmen im Verlauf an Lautstärke zu, im Volksmund werden sie oft mit „wie wie wie hab ich Dich liiiieb" übersetzt. Manche Männchen lassen den Schlussteil weg, ihr Gesang ähnelt dann Zaunammerstrophen. Jedes Männchen singt verschiedene Strophen, die vor allem im Anfangsteil variiert werden; unabhängig davon gibt es verschiedene Dialekte, die sich vor allen Dingen im Schlussteil unterscheiden. Der sehr kennzeichnende Goldammergesang ist nur mit den fast identischen Lautäußerungen der sibirischen Fichtenammer zu verwechseln.

Goldammern zeigen zur Brutzeit eine Präferenz für Insekten, diese werden aber auch das ganze Jahr über genommen. Im Winter überwiegt die Pflanzennahrung, vor allem Grassamen und Getreidekörner (gerne Hafer) sowie Samen vieler Kräuter werden verzehrt. Zur Brutzeit fangen die Ammern Insekten auch in Bäumen, wobei sie diese fast in Meisenmanier in äußeren Zweigen kletternd erbeuten.

▸ FICHTENAMMER

Goldammer *Emberiza critrinella* (L. 1758)

Größe	= Sperling
Maße (cm)	Länge ca. 16–16,5 / Flügel ca. 23–29,5
Körpermasse (g)	25–33
Stimme	Rufe im Abflug „z(ü)rrl" oder „tssrrp", scharfe „zick"; Flug- und Zugrufe fein „dsip"; Gesang kennzeichnend, eingeleitet mit einigen schnellen, oft insektenartig hohen Elementen, gefolgt von lang gezogenem, wehmütigem Schlußton „zizizizizizizii-düh"
Brutzeit	Ende April, 2 (3?) Jahresbruten
Gelegegröße	2–5
Eifärbung	Grundfärbung weiß, mit bläulichem, gräulichem oder schwach violettem Anflug; hellpurpurgraue oder rötlichpurpurne Flecken oder dünne Kritzel und einige dunkle Linien und Kleckse; glatt, nicht glänzend
Eimaße (mm)	spindelförmig bis kurz-spindelförmig – 21,6 x 16,3
Brutdauer	11–14 Tage; ♀ brütet, ♂ füttert ♀
Nestlingszeit	9–14 Tage; nur ♀ hudert, ♂ übergibt Futter an ♀

GOLDAMMER, MÄNNCHEN IM PRACHTKLEID AUF DER SINGWARTE

WEIBCHEN IM PRACHTKLEID

MÄNNCHEN IM SCHLICHTKLEID

NEST UND GELEGE

Zaunammer

Die Zaunammer ist etwa so groß wie die Goldammer, wirkt aber kompakter und ist etwas kurzschwänziger. Das Männchen ist mit seinem gelbschwarz gestreiften Kopf und der schwarzen Kehle unverkennbar. Das Weibchen erinnert stark an Goldammerweibchen, besitzt aber weniger Gelb und hat einen graubraunen, gestrichelten statt zimtfarbenen, nahezu ungemusterten Bürzel; auch die Zeichnung der Kopfseiten ist kontrastreicher als beim Goldammerweibchen. Die Jungvögel beider Arten sind einander sehr ähnlich; hier sollte man besonders auf die Bürzelfärbung achten.

Der monotone, etwas klappernde Gesang erinnert einerseits an Goldammer, enthält aber nicht deren Schlussteil und ist tiefer, andererseits ähnelt er dem der Klappergrasmücke. Das singende Männchen sitzt meist aufrecht in einem Strauch oder Baum, auf einem Rebpfosten oder Leitungsdraht; dabei legt es den Kopf so weit zurück, dass der schwarze Kehlfleck und das darunter liegende gelbe Band zur Geltung kommen. Ähnlich der Goldammer singt die Zaunammer auch noch im Spätsommer, wenn andere Vögel schweigsam sind. Jedes Männchen hat mehrere Singwarten.

Zaunammern leben in Dauerehe. Gemeinsam gehen Männchen und Weibchen auf die Suche nach einem geeigneten Nistplatz; wer die endgültige Wahl trifft, ist nicht geklärt. Das oft recht umfangreiche Nest steht gut versteckt in dichter Vegetation (wie Brombeeren, Weißdorn, jungen Bäumen oder Efeu), meist unter 2 m Höhe; es gibt aber auch Bodennester. In Weinbaugebieten wird es auch an niedrigen Mauern gebaut.

Den Sommer über bestimmen vorwiegend Insekten den Speiseplan. Während die Nestlinge wohl ausschließlich mit Insekten gefüttert werden, verzehren die Altvögel zu dieser Zeit auch Gras- und Kräutersamen und gelegentlich auch kleine Gehäuseschnecken. Im Winterhalbjahr fressen sie gerne Samen von Gräsern, beispielsweise Rispengras, aber auch von Kräutern. Wie andere Ammern suchen sie vor allem auf dem Boden Nahrung; manchmal erbeuten sie Insekten auch in kurzem Verfolgungsflug.

Die Art ist Brutvogel in überwiegend offener Landschaft mit Gebüsch und wenigstens einzelnen höheren Bäumen, auf denen die Singwarten liegen. In Mitteleuropa kommt sie, ähnlich wie die Zippammer, vorwiegend in Weinbergen und Streuobstgebieten sowie abwechslungsreichen Gartenlandschaften vor; in Südeuropa ist sie Charaktervogel sonniger, gebüschreicher Hänge.

Zaunammern sind überwiegend Jahresvögel, und entfernen sich auch im Winter nicht allzu weit von den Nistplätzen. Die kältesten Gebiete des Brutareals werden allerdings geräumt; nach Südwesten gerichtete Langstreckenwanderungen sind für diese Art ebenfalls belegt. Im Winterhalbjahr streifen Zaunammern umher, nicht selten zusammen mit Goldammern. Sie treten aber nie in so großen Schwärmen wie diese auf, sondern meist in Trupps unter 10 bis höchstens einmal 50 Vögeln.

Das Verbreitungsgebiet der Art erstreckt sich über Nordwestafrika, West- (nordwärts bis Nordostfrankreich und Südwestengland) und Südeuropa bis in den Nordosten der Türkei; auch auf den meisten Mittelmeerinseln kommt sie vor. In Neuseeland wurde die Art erfolgreich eingebürgert. In Mitteleuropa ist die Zaunammer mit rund 500–900 Brutpaaren selten und nur inselartig verbreitet; größere Brutvorkommen bestehen in der Schweiz und in Südwestdeutschland.

Wie bei vielen Jahresvögeln schwanken die Bestände der Zaunammer von Jahr zu Jahr in Abhängigkeit von der Härte des Winters. Vor allem die westlichen Populationen sind von Rückgang und Arealverlust betroffen; in Belgien ist die Art bereits ausgestorben. Dagegen ist die kleine britische Population in den letzten Jahren angewachsen. Die südöstlichen Populationen Europas scheinen in Ausbreitung begriffen, in jüngster Zeit gab es Vorstöße nach Ungarn und Österreich, aber auch in die Schweiz.

Probleme bereiten der Art neben Klimafaktoren vor allem Biotopveränderungen wie zu starke Verbuschung nach Aufgabe der extensiven Beweidung oder Intensivierung des Weinanbaues sowie Düngemittel- und Gifteinsatz. Für das Überleben im Winter ist der Rückgang von Stoppeläckern, auf denen die Vögel Getreidekörner suchen, abträglich.

▸ GOLDAMMER, ORTOLAN

Zaunammer *Emberiza cirlus* (L. 1766)

Größe	= Sperling
Maße (cm)	Länge ca. 15,5 / Flügel ca. 22–25,5
Körpermasse (g)	21–29
Stimme	Rufe kurz „dsib", sehr dünn, ähnlich, aber weniger durchdringend als Singdrossel; Gesang lang gezogen, ähnlich Klappergrasmücke, hölzern klappernd „zitetetet-tetetet"
Brutzeit	Ende April, 2 oder 3 Jahresbruten
Gelegegröße	2–5
Eifärbung	grauweiß, oft mit bläulichem und schwach rosafarbenem Anflug; feine Flecken und spärliche, auffälligere Kritzeleien und Punkte in dunkler oder blassgrauer Farbe; glatt, glänzend
Eimaße (mm)	spindelförmig – 21,8 x 16,7
Brutdauer	11–14, meist 12–13 Tage; nur ♀ brütet
Nestlingszeit	10–14 Tage; in ersten Tagen hudert ♀; beide Partner füttern

ZAUNAMMER, MÄNNCHEN IM PRACHTKLEID AUF DER SINGWARTE

MÄNNCHEN AM NEST

FLÜGGER JUNGVOGEL

NEST UND GELEGE

Zippammer

Ihren Namen hat die Zippammer von ihren kurzen und hohen „zip"-Rufen; daneben äußern die Vögel auch „siia"- oder, ähnlich der Zaunammer, „sit"-Laute, mit denen sie untereinander Kontakt halten. Vor Feinden warnen sie mit „zieh", im Flug rufen sie trocken schnarrend „trrr". Der klirrende Gesang erinnert mit seinen hastig vorgetragenen hohen Tönen etwas an Heckenbraunelle, oft lassen sich Heckenbraunellen zum Mitsingen animieren, wenn sie Zippammergesang hören. Zippammermännchen bauen aber häufig ihre typischen Rufe in die Gesangsstrophen ein. Sie beginnen bereits ab Ende Februar mit dem Reviergesang, unverpaarte Männchen singen oft bis August.

Zippammerpaare halten häufig mehrere Jahre zusammen. Die Revierbesetzung findet in Mitteleuropa von Ende Februar bis Ende März statt. Das Paar sucht gemeinsam den Nistplatz. Das Nest wird am Boden oder bis Kopfhöhe in dichtem Gebüsch, Ranken oder Stauden gebaut; auch in kleinen Felsspalten, Höhlungen, Trockenmauern oder in Geröll wurden Nester gefunden, die jedoch stets gut von Vegetation verdeckt waren. Als Basis des Nestes dienen grobe Halme und Stängel, oft vermischt mit Kiefernnadeln oder trockenen Blättern, der Innenbau wird aus feinem Gras geformt. Für die Gestaltung der Mulde verwenden Zippammern Würzelchen oder Haare als Polsterstoffe. Die meist zwei, teils auch drei Bruten können zeitlich überlappen. Die Jungen streifen häufig noch bis Oktober zusammen mit den Eltern im Brutgebiet oder der näheren Umgebung umher.

Zippammern ernähren sich hauptsächlich von Samen der Gräser und Kräuter, die sie auf dem Boden laufend und

hüpfend aufnehmen. Zur Brutzeit erweitern sie ihren Speisezettel und erbeuten viele Arten von Wirbellosen, auch kleine Schnecken. Die Nestlinge werden ausschließlich mit Insekten gefüttert.

Die Zippammer ähnelt der kaum größeren Goldammer, ihrem Gefieder fehlt aber jegliches Gelb. Wegen der kürzeren Flügel wirkt sie langschwänziger. Auffällig sind die kontrastreiche, schwarze Zeichnung am hellgrauen Kopf, der zimtbraune Bauch sowie der dunkel gestrichelte braune Rücken. Im frischen Kleid bilden die weißen Spitzen der mittleren Armdecken zwei getupfte Flügelbinden. Die äußeren Steuerfedern zeigen einen weißen Fleck an der Spitze.

Zippammern bewohnen ein schmales, fast ununterbrochenes Band von Nordwestafrika und ganz Spanien über Südeuropa und Kleinasien bis China; mit Ausnahme von Sizilien kommen sie nicht auf den großen Mittelmeerinseln vor. Mitteleuropa besiedeln sie nur im Südwesten, Süden und Osten (Slowakei).

Ihr Lebensraum sind die Steppenzone und die Gebirgsregionen. Wichtige Strukturen im Brutgebiet sind warme und trockene, mehr oder weniger steile Hänge. Die Ammern zeigen eine Vorliebe für von Gebüsch durchsetzte felsige Partien oder mit Geröll bedeckte Flächen; im Süden halten sie sich gerne auch in mehr Schatten bietenden Blockschutthalden auf. Darüber hinaus besiedeln sie Gärten und Felder von Gebirgsdörfern, locker mit Bäumen und Büschen bestandene Hänge, extensiv gepflegte Weinberge, alte Steinbrüche oder Karstgebiete. In Mitteleuropa trifft man die Art nur in vom Föhn begünstigten Hanglagen oder an sonnenexponierten Hängen tiefer gelegener Flußtäler an. Felsköpfe oder Einzelbüsche sind als Strukturen zur Revierabgrenzung erforderlich; dort sieht man die Männchen oft sitzen.

Zippammern sind Standvogel und Teilzieher, sie verlassen beim Umherstreifen kaum das artgemäße Verbreitungsgebiet; auch die mitteleuropäischen Populationen überwintern hier. Die Wintereinstände liegen oft im gleichen Gebiet talwärts. Süddeutsche Brutvögel verbringen den Winter in Süd- und Südwestfrankreich.

Die Art ist in ihrem Vorkommen von offenen Böden abhängig. Das zeigt sich daran, dass die Vögel verschwinden, wenn die Beweidung von trockenen Hängen aufgegeben wird, denn dann werden die Nahrungsgründe durch die aufkommenden Büsche überwachsen. Auch der Verlust des engmaschigen Biotopverbundsystems nach Weinbergsflurbereinigung, ferner Störungen am Brutplatz durch Kletterer führen zu Abnahmen. Der Treibhauseffekt hat sich bislang kaum positiv auf diese Wärme liebende Art ausgewirkt.

▸ Zaunammer, Ortolan und Grauortolan

Zippammer *Emberiza cia* (L. 1766)

Größe	= Sperling
Maße (cm)	Länge ca. 16 / Flügel ca. 21,5–27
Körpermasse (g)	22–27
Stimme	Ruf kurz und hoch „zip", auch gedehnt „zieh"; im Flug kurzer, harter, fast tonloser Triller „trrr"; Gesang aus rasch vorgetragenen, hohen Strophen, meist mit „zip" beginnend, dann hell klingendes Auf und Ab, sehr ähnlich Heckenbraunelle
Brutzeit	Anfang April, in höheren Lagen später; meist 2 Jahresbruten
Gelegegröße	2–5
Eifärbung	schmutzig- oder bläulichweiß, manchmal teilw. leicht purpurn oder braun überflogen; wenige haarfeine schwarze Kritzel und Linien, meist als Kranz um breites Ende; glatt, nur schwach glänzend
Eimaße (mm)	spindelförmig – 21,1 x 15,5
Brutdauer	12–14 Tage; ♀ brütet allein
Nestlingszeit	10–13 Tage; ♀ hudert allein; beide Partner füttern

ZIPPAMMER, MÄNNCHEN IM PRACHTKLEID

WEIBCHEN IM PRACHTKLEID

FLÜGGER JUNGVOGEL

NEST UND GELEGE

Ortolan

Der Ortolan ist eine plump wirkende Ammer, deren Körper insgesamt rosa erscheint. Kopf und Brustlatz sind grünlichgrau, Bartstreif und Kehle gelb. Unverkennbar ist die Ammer durch den gelblichen Augenring und den rosa Schnabel. Auf dem braunen Rücken sind die Federn dunkelbraun gesäumt, Brust bis Unterschwanzdecken sind hell rostbraun. Weibchen ähneln Männchen, wirken aber farbloser, am Scheitel sind sie schwach gestrichelt. Die ober- und unterseits gestreiften Jungvögel haben einen weißen Augenring.

Das Verbreitungsgebiet erstreckt sich über die nördliche, gemäßigte, mediterrane und Steppenzone zwischen Portugal und dem sibirischen Altai. Im Süden reicht es bis Südspanien, Korsika, Süditalien, Kreta, dann über Kleinasien und Israel zum Westufer des Kaspischen Meeres, im Osten bis südlich des Baikalsees. Die Nordausbreitung wird durch die Möglichkeiten des Ackerbaus mitbestimmt und endet in Skandinavien im Wesentlichen mit dem Einfluss des Golfstroms; weiter nördlich gibt es nur noch Einzelvorkommen.

Die Art meidet den atlantischen Einfluss. Deshalb ist sie nördlich der Alpen meist an sandige Gebiete mit geringen Niederschlägen gebunden, wie Weinbergterrassen, Trockenrasen, kleinparzellierte Agrarflächen, oft besiedelt sie Rübenäcker, wenn in der Nähe geeignete Singwarten vorhanden sind. An die Feldflur grenzende sonnige Waldränder oder Baumreihen, oft Getreidebau auf alten Streuobstflächen, erfüllen die Strukturbedingungen des Wechsels von Bäumen, Sträuchern und offenen, teils schütter bewachsenen Böden. In Südeuropa und Kleinasien kommen Ortolane oft auch abseits von Ackerland in beweideter Waldsteppe vor; überwiegend leben sie dort aber in höheren Lagen, beispielsweise

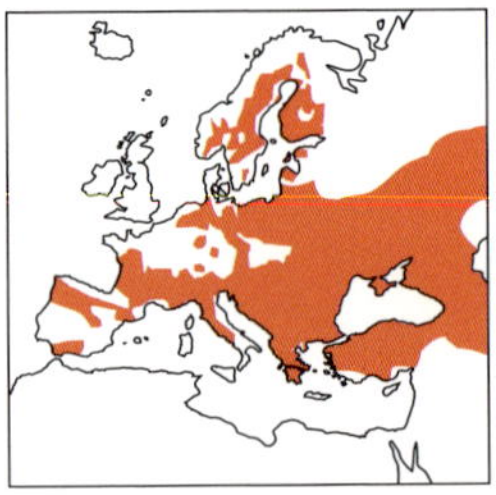

an schütter bewachsenen Berghängen mit einzelnen Bäumen und Büschen.

Die mitteleuropäischen Brutgebiete werden Mitte August bis Mitte September verlassen, die letzten Ortolane ziehen Anfang Oktober weg. Im Herbst halten sie sich oft auf abgeernteten Rübenäckern und trockenen Wiesen auf. Als Langstreckenzieher überwintern sie südlich der Sahara, in Westafrika in der südlichen Sahelzone des Senegals, in Ostafrika in Äthiopien und dem südlichen Sudan.

In den letzten Jahrzehnten hat die Art Bestandseinbrüche hinnehmen müssen durch Lebensraumvernichtung, Wechsel von Kleinstrukturen in der Landwirtschaft zu flächigen Monokulturen mit Intensivnutzung, aber auch durch Zerstörung von Streuobstflächen, Beseitigung von Einzelbäumen, Hecken und Feldrainen sowie Abkehr vom Hackfruchtanbau. Düngung und die milden Winter der letzten Jahre führten zu einem zu raschen Wachstum der Vegetation und folglich zur Aufgabe von Bruten.

In den mitteleuropäischen Brutgebieten treffen die Ortolane Ende April bis Mitte Mai ein, wobei die Männchen zuerst erscheinen. Sie sind sehr brutplatztreu. Ortolane verpaaren sich nur für eine Brutsaison. Wächst die Vegetation um den Nestbereich zu schnell in die Höhe, verlassen die Weibchen manchmal das Männchen und verpaaren sich mit einem anderen. Die Männchen führen die Weibchen mit hüpfendem Flug an mögliche Nistplätze. Das Nest steht am Boden in krautiger Pflanzenschicht, oft in Getreide, das nicht höher als 15 cm ist. Der lockere Bau besteht außen aus groben Halmen, innen wird er mit feinerem Gras ausgekleidet und mit feinstem Gras und Haaren gepolstert. Der Legebeginn hängt von der Vegetationshöhe ab.

Nach Ankunft im Brutgebiet ernähren sich die Altvögel zunächst von verschiedenen Samen, wechseln aber dann rasch zu Insekten über. Zur Brutzeit werden Wirbellose aufgenommen. Heuschrecken und andere, relativ große Beutetiere, wie Fliegen, Spanner, Raupen und Regenwürmer, bilden einen großen Teil des Futters für die Nestlinge. Die Nahrung suchen die Vögel unauffällig in der niedrigen oder lückigen Krautschicht mit vegetationsfreien Stellen, in der Kulturlandschaft sind das bevorzugt Hackfruchtäcker. Insekten können aber auch im Rüttelflug von Blättern abgelesen beziehungsweise im Flug erjagt werden. Als eine der wenigen Vogelarten ist der Ortolan imstande, für den Langstreckenzug Fettreserven mit Samennahrung (meist Haferkörnern) anzulegen.

Der wehmütige, rein klingende Gesang erinnert an verkürzte Goldammerstrophen, hat aber eine andere Klangfarbe.

▸ Grauortolan, Steinortolan

Ortolan *Emberiza hortulana* (L. 1758)

Größe	= Sperling
Maße (cm)	Länge ca. 17 / Flügel ca. 23–29
Körpermasse (g)	21–27
Stimme	häufigster Ruf variabel „psie", zweisilbig „psi-tjö"; Gesang schön klingend, ähnlich Goldammer erste Hälfte und abfallende, wehmütigere zweite „tji tji tji tji tji rü"; viele regionale Dialekte
Brutzeit	Anfang Mai im Süden, bis Anfang Juni im Norden; im Süden 2 Jahresbruten
Gelegegröße	3–6 (7), meist 4–5
Eifärbung	blass bläulich, rosa, purpur oder grau überflogen, spärlich mit dunklen Punkten, kleinen Klecksen, Wurmlinien und feinen Flecken gezeichnet; einige schwarzgraue Schalenflecken; glatt, glänzend
Eimaße (mm)	spindelförmig – 19,9 x 15,6
Brutdauer	11–12 Tage; nur ♀ brütet
Nestlingszeit	9–13 Tage; ♀ hudert intensiv bis 4 Tage; in der Regel füttern beide Partner

ORTOLAN, MÄNNCHEN IM PRACHTKLEID AUF DER SINGWARTE

WEIBCHEN FÜTTERT DIE JUNGEN

FLÜGGER JUNGVOGEL

NEST UND GELEGE

Grauortolan

Der Grauortolan ähnelt dem Ortolan, hat wie dieser einen orangerötlichen Schnabel, jedoch einen weißlichen Augenring und ist etwas kleiner und schlanker. Die Männchen erkennt man an der rostroten Zeichnung am blaugrauen Kopf, an dem blaugrauen Brustband sowie zimtbraunen Bauch. Aufgrund der ausgedehnten Rostfärbung heißt der Grauortolan gebietsweise auch Rostammer. Die Geschlechter sind einander sehr ähnlich. Junge Grauortolane kann man von jungen Ortolanen an der eher ockerfarbenen Grundtönung unterscheiden.

Der Grauortolan ist endemisch im östlichen Mittelmeerraum; er kommt an den Küsten der Ägäis und des nordöstlichen Mittelmeeres bis zum Toten Meer vor, fehlt aber wahrscheinlich auf Kreta. Er ist Charaktervogel der überweideten und dornenreichen ostmediterranen Halbstrauchvegetation mit sehr geringem Deckungsgrad. Dort bevorzugt die Art trockenere Bereiche als der Ortolan. Da die Vergleichsart mehr von Bäumen und grünerer Landschaft abhängig ist, kommen beide Arten kaum zusammen vor. Der Grauortolan besiedelt trockene, felsige Abhänge mit verstreutem Buschwerk, oder Einzelbäumen, oft in der Nähe von Dörfern. In den Bergen geht er nicht über 1300 m Höhe, an klimatisch günstigen Stellen kommt er aber bis zur Bergwaldgrenze vor. Oft sieht man die Vögel auch in der von kleinen Legsteinmauern geprägten Kulturlandschaft. Auf den kahlen niedrigen Ägäis-Inseln brütet nur der Grauortolan. Er sitzt meist auf dem Boden oder auf Steinen, selten auf niedrigen Sträuchern, kaum auf Drahtleitungen.

Ende März bis Mitte April erscheinen die Vögel an ihren griechischen Brutplätzen. Das Nest wird immer am Boden, oft in eine Mulde zwischen Steinen, am Fuße einer Feldsteinmauer oder unter einem kleinen Zistrosenstrauch gebaut. Es ist ein typisches Ammernnest aus trockenen Halmen, das mit Würzelchen und Haaren ausgelegt wird. Die Jungen verlassen das Nest noch vor dem Flüggewerden. Die Grauortolane Griechenlands ziehen ab Ende August, auf Zypern findet der Durchzug Mitte August bis Mitte September, in Ägypten Mitte August bis Ende Oktober statt. Die Vögel sind Langstreckenzieher und überwintern in trockenen, offenen Landschaften mit kurzhalmiger oder fast völlig fehlender Vegetation; die Winterquartiere erstrecken sich vom östlichen Sudan zwischen Rotem Meer und Weißem Nil sowie Eritrea bis in die Tihama, das aride Vorland der jemenitischen Gebirge. Im Winterquartier finden abhängig vom Winterregen nahrungsbedingte Binnenwanderungen statt.

Der Speisezettel des Grauortolans im Brutgebiet entspricht dem des Ortolans. Im arabischen Winterquartier ernähren sich die Vögel von kleinen Samen und Insekten. Als Singwarten dienen Steine oder Felsblöcke, aber regelmäßig auch Bäume oder Büsche.

Der **Steinortolan** (*Emberiza buchanani*) lebt in Armenien und im Iran oberhalb der vom Ortolan bewohnten Höhenstufe und kommt weiter östlich bis Zentralasien vor. Er überwintert vorwiegend in Indien. Durch den längeren blassrosa Schnabel und weißen Augenring sind Steinortolane kaum zu verwechseln; zudem überlappen die Verbreitungsgebiete von Stein- und Grauortolan nicht. Im Vergleich zu den beiden anderen Ortolanen wirkt der Steinortolan langschwänziger; ein dunkles Brustband fehlt, Bartstreif und Kehle sind weiß, die Unterseite ist rosabräunlich. Der Gesang erinnert an Ortolan, endet aber mit einem Doppelton, im Gegensatz zum Gesang südlicher Ortolanpopulationen, der meist einen einzigen Schlusston aufweist.

Die ortolangroße **Türkenammer** (*Emberiza cineracea*) hat nur eine begrenzte Verbreitung von den ostägäischen Inseln bis Südwestpersien. Im Hinblick auf Stimme und Eifärbung sowie Augenring und Schwanzmuster gehört sie in die nahe Verwandtschaft der Ortolane. Die Männchen der bis zur südlichen Zentraltürkei beheimateten westlichen Nominatform sind bis auf den gelblich olivfarbenen Kopf und Hals, den hellgelben Augenring und die leuchtend gelbe Kehle insgesamt grau und relativ unscheinbar; beim Auffliegen erkennt man die weißen äußeren Steuerfedern. Türkenammern überwintern im Küstengebiet beidseits des südlichen Roten Meeres. Lebensraum sind trockene, meist felsige, nur wenig bewachsene Grashänge mit spärlichem Buschwerk bis in 2000 m Höhe.

▸ ORTOLAN, STEINORTOLAN, TÜRKENAMMER

Grauortolan *Emberiza caesia* CRETZSCHM. 1826

Größe	= Sperling
Maße (cm)	Länge ca. 16 / Flügel ca. 23–26,5
Körpermasse (g)	20–25
Stimme	Rufe kurz „tsip“ oder djüb“; Flugrufe fast stimmlos „pt“ oder „zit“; Gesang aus reintonigen Elementen gleicher Tonhöhe „dü-dü-dü-düi“, einfacher, weniger wohltönend als Ortolan
Brutzeit	Mitte April, 2 Jahresbruten
Gelegegröße	4–6
Eifärbung	ähnlich denen des Ortolans; weißlichblaugrau, mit feinen schwarzen Sprenkeln und Punkten oder Kritzellinien; glatt, glänzend
Eimaße (mm)	spindelförmig – 19,3 x 15,1
Brutdauer	12–14 Tage; ♀ brütet fast ausschließlich, wird vom ♂ gefüttert
Nestlingszeit	12–13 Tage; juv. verlassen Nest noch nicht flugfähig

GRAUORTOLAN, MÄNNCHEN IM PRACHTKLEID

WEIBCHEN

MÄNNCHEN FÜTTERT DIE JUNGEN

SPERRENDE JUNGVÖGEL

Waldammer

Die Waldammer hat seit Ende des 19. Jahrhunderts ihr Areal ausgedehnt; auch in den letzten Jahrzehnten konnte man immer noch eine leichte Südausbreitung feststellen. So sind einzelne Vorkommen in Schweden nicht mehr allzu weit vom Großraum Stockholm entfernt. In Norwegen ist die Art erst seit den 60er-Jahren als Brutvogel nachgewiesen. Das Brutareal erstreckt sich über den Taigagürtel und die Waldtundra der Alten Welt von Südnorwegen, Mittelschweden und Finnland bis Kamtschatka und Sachalin.

Zur Brutzeit trifft man die Waldammer oft in feuchtem Nadelwald mit Sumpfporst, Moltebeere und reichlich Moos an, dort bevorzugt sie Gebiete mit kleinwüchsigen oder jungen Nadelbäumen und einigen Weiden oder Birken, die es typischerweise an Moorrändern gibt; auch in flussbegleitendem Gebüsch hält sie sich häufig auf. In Sibirien ist sie vorwiegend in der dunklen Taiga auf sumpfigem Boden anzutreffen. Interessant sind in diesem Zusammenhang die sehr ähnlichen Lebensraumansprüche von Waldammer und Biber, so dass in Skandinavien ein Zusammenhang zwischen der Wiederbesiedelung des Bibers und der Arealausdehnung der Waldammer plausibel erscheint.

Außerhalb der Brutzeit hält sich die Waldammer auch in offener Landschaft auf, beispielsweise an Feldrändern, aber meist nicht weit von schützendem Gebüsch entfernt und mitunter in Gesellschaft mit anderen Ammern. Als ausgesprochene Langstreckenzieher überwintern Waldammern hauptsächlich in Ostasien, das Winterareal reicht von Iran bis China, Korea und Japan. Da in Schweden die ersten Waldammern (nur wenige) bereits Anfang April erscheinen, muss es auch Vögel geben, deren Überwinterungsgebiete nicht so weit weg liegen. Die Masse der Vögel kehrt jedoch erst im Mai an ihre skandinavischen Brutplätze zurück.

Zuerst erscheinen die Männchen, sie halten sich auf den ersten schneefreien Stellen auf und beginnen sofort eif-

rig zu singen; wenn der Schnee fast weg ist, kommen die Weibchen. Am Brutplatz ist die Art schwer zu entdecken, denn die Vögel sind wenig auffällig. Auch ist die Gesangsperiode der Männchen nur kurz, meist nur im Mai; erstaunlich schnell gehen Reviergründung und Nestbau über die Bühne. Das Nest steht gewöhnlich auf einer Bülte oder unter einem kleinen Busch im Sumpfwald oder über dem Boden in Büschen und Bäumen bis zu 3 m hoch. Als Nistmaterial dienen Halme, Teile von Schachtelhalm und Moos, die Mulde wird mit Haaren von Elch oder Ren sorgfältig gepolstert.

Typisch sind die häufig gesträubten Scheitelfedern, die eine auffällige Haube bilden und schon in Ruhehaltung den Hinterkopf leicht eckig aussehen lassen. Im Vergleich zur Rohrammer ist die Waldammer kleiner und kurzschwänziger, durch das meist anliegende Körpergefieder wirkt sie recht schlank. Die Flanken sind stets grob und kräftig rotbraun gestreift; am Kopf des Männchens fallen der breite weiße Überaugen- und Bartstreif auf, die weiße Kehle wird vom dunklen Kinnstreif begrenzt. Im Winterhalbjahr sind Waldammern in allen Kleidern recht schlicht, Männchen, Weibchen und Jungvögel kann man zu dieser Zeit schwer unterscheiden; nur manche markant gefärbten Männchen sind als solche zu erkennen. Von der Rohrammer unterscheidet sich die Waldammer unter anderem durch die beiden weißen Flügelbinden, den rotbraunen Bürzel, die fuchsrote Flankenfärbung sowie den geraden Schnabelfirst.

Im Auffliegen wirken Waldammern weniger zögerlich und ruckhaft als Rohrammern. Nicht selten zucken sie wie eine Heckenbraunelle mit Flügeln und Schwanz.

Der oft zu hörende Ruf, ein scharfes, recht kurzes „zit", ähnelt Singdrosselrufen, ist aber noch schärfer; er wird bei Störung mehrfach wiederholt. Als Warnruf in Nestnähe ist ein feines, aber durchdringendes „ziee", fast wie bei der Beutelmeise zu vernehmen. Der muntere, eilig zwitschernde Gesang , oft auch in den hellen Nächten zu hören, ist nicht schwer zu merken, jedoch unauffällig und geht im Frühjahrskonzert der Vögel leicht unter. Er klingt sehr angenehm weich und relativ dunkel, enthält recht große Tonsprünge und erinnert an die Heckenbraunelle, die Strophen sind aber kürzer, manchmal werden aber zwei Strophen direkt hintereinander gesungen. Jedes Männchen bringt mehrere Strophentypen, die sich im Mittel- und Endteil unterscheiden.

Wie viele Ammern suchen Waldammern zur Brutzeit und für die Jungenaufzucht fast ausschließlich Insekten und Spinnen. Möglicherweise fressen sie auch Beeren, wie Moltebeeren, da man deren Kerne in den Mägen gefunden hat.

▸ ROHRAMMER

Waldammer *Emberiza rustica* PALL. 1776

Größe	= Sperling
Maße (cm)	Länge ca. 14,5–15,5 / Flügel ca. 21–25
Körpermasse (g)	16–21
Stimme	Rufe hoch „twüit" oder kurz „zik"; Gesang kurze Strophe aus schnell zwitschernden Elementen, in rasch wechselnder Tonhöhe; Strophen erinnern an Heckenbraunelle, sind aber kürzer
Brutzeit	Ende Mai, 1 Jahresbrut
Gelegegröße	4–6
Eifärbung	weiß oder grünlichblau, dichte Sprenkelung in Grau, Graubraun oder Oliv; glatt, glänzend
Eimaße (mm)	spindelförmig – 20,2 x 15,1
Brutdauer	11–13 Tage; beide Partner brüten
Nestlingszeit	7–10 Tage

WALDAMMER, WEIBCHEN IM PRACHTKLEID

UNAUSGEFÄRBTER VOGEL

MÄNNCHEN FÜTTERT DIE JUNGEN

NEST UND GELEGE

Zwergammer

Die Zwergammer ist die kleinste Ammer Europas, zudem hat sie den relativ kürzesten Schwanz. Das wichtigste Unterscheidungsmerkmal von der weiblichen Rohrammer, mit der sie häufig verwechselt wird, ist der verhältnismäßig längere Schnabel mit geradem, manchmal sogar konkavem First; arttypisch ist weiterhin der weißliche Augenring. Altvögel im Prachtkleid erkennt man recht leicht, denn sie sind an Scheitel, Wangen und Kinn kräftig rotbraun gefärbt. Da die individuelle Variation offensichtlich größer ist als die ohnehin nicht sehr großen Geschlechtsunterschiede, sind Männchen und Weibchen oft nur schwer sicher voneinander zu trennen.

Bei Beunruhigung erfolgt außer dem ammerüblichen Flügelzucken auch ein leichtes Schwanzzucken; im Gegensatz zur Rohrammer, die dabei ihre weißen Schwanzabzeichen präsentiert, bleibt der Schwanz der Zwergammer geschlossen, so dass man das Weiß kaum oder nur schlecht erkennen kann.

Das Brutareal der Zwergammer liegt weiter nördlich als das der Waldammer und umfasst außer der nördlichen Taigazone die Zonen der Wald- und Strauchtundra von der östlichen Finnmark Norwegens über Nordschweden und Nordfinnland in einem bis zum Baikalsee breiter, dann wieder schmaler werdenden Streifen, der bis Nordostsibirien ohne die Tschuktschenhalbinsel reicht. Erst in den 30er-Jahren ist die Art in Finnland und Skandinavien sowie auf der Kola-Halbinsel als Brutvogel entdeckt worden, Mitte der 80er-Jahre folgte offensichtlich ein weiterer Ausbreitungsschub nach Norden und Westen. Inzwischen sind weite Teile Nordfinnlands besiedelt; hier gibt es mehrere tausend Brutpaare, mit stärkeren Schwankungen von Jahr zu Jahr, was wohl vor allem von der Frühjahrswitterung abhängt. Im Norden Schwedens und Norwegens ist die Art dagegen viel seltener, aber wahrscheinlich ebenfalls regelmäßiger Brutvogel.

Die Zwergammer brütet in Nordeuropa auf Lichtungen und anderen offenen Flächen mit einzelnen höheren Birken und Nadelbäumen, vor allem aber üppig mit Weiden und Zwergbirken bestandenen Flächen, vorwiegend in Gewässernähe; auch in der Fjällbirkenzone mit einigen Fichten kommt sie vor. In günstigen Lebensräumen kann es zu Ansammlungen mehrerer Brutpaare kommen.

Die Zwergammer kehrt in Nordskandinavien meist erst Anfang Juni aus den Winterquartieren zurück. Vor der Kopulation vollführt das Männchen in stark aufgerichteter Haltung einen Balztanz in S-Kurven um das Weibchen, dabei reckt es jeweils den der Partnerin zugewendeten Flügel hoch und präsentiert so die zart silberglänzende Flügelunterseite. Das Nest steht meist am Boden unter einem Strauch oder kleinen Baum, nicht selten ist es in eine Seggenbülte hineingebaut. Nach oben schützen häufig Weiden- oder Zwergbirkenzweige vor Sicht.

Auf dem Zug erscheint die Art gelegentlich in Südskandinavien, was aus der Statistik der Beringungsstationen hervorgeht; in Mitteleuropa ist sie seltener, aber regelmäßiger Gast und kommt auch im Binnenland deutlich häufiger vor (vor allem im Frühjahr) als andere taigabewohnende Ammern, etwa Wald- oder Weidenammer. In England gilt sie inzwischen wegen der häufigen Nachweise nicht mehr als Ausnahmegast, sondern als regelmäßiger Gast. Da sie sich außerhalb der Brutzeit unauffällig verhält und zudem leicht mit der Rohrammer verwechselt werden kann, wird sie wohl häufig übersehen.

Die Hauptüberwinterungsgebiete liegen in Mittel- und Ostasien von Nepal bis Indochina. Dort halten sich die Vögel an grasigen Hängen, auf Stoppel- und Reisfeldern, Brachflächen, auch an Straßen- und Wegrändern auf. Im Süden des Winterareals kann sie bis in 2000 m Höhe vorkommen.

Zwergammern ziehen meist einzeln oder in kleinen, locker assoziierten Trupps; mitunter treten sie jedoch in günstigen Gebieten im Winterquartier in Schwärmen von mehreren 100 Vögeln auf. Nach der Brutzeit sind sie mit Birkenzeisigen, Laubsängern und Meisen vergesellschaftet, im Winterquartier suchen sie gelegentlich mit anderen Ammern (*cioides, fucata*) Nahrung. Diese besteht im Winterhalbjahr wohl vorwiegend aus Samen, es gibt aber keine genaueren Untersuchungen darüber. Im Brutgebiet verzehren Zwergammern hauptsächlich Insekten und Spinnen.

▸ ROHRAMMERWEIBCHEN

Zwergammer *Emberiza pusilla* PALL. 1776

Größe	= Sperling
Maße (cm)	Länge ca. 13–14 / Flügel ca. 20–22,5
Körpermasse (g)	13–19
Stimme	Ruf kurz und scharf „tzip“ oder „tsik“, viel kürzer und härter als Rohrammer; Gesang kurze Strophen, oft mit gleichförmigen Elementen beginnend „zwi zwi zwi zwiehdidi“, höher oder tiefer endend
Brutzeit	Anfang bis Mitte Juni, 1 (2) Jahresbruten
Gelegegröße	4–5 (6–7)
Eifärbung	weißlichgrün, grau, rosa oder oliv; sparsame Flecken und Kritzel in Schwarz und Braun, zudem schwach graue oder purpurne Oberflecken; glatt, glänzend
Eimaße (mm)	spindelförmig – 18,7 x 14,4
Brutdauer	11–12 Tage; ♀ und ♂ brüten
Nestlingszeit	verlassen Nest mit 6–8 Tagen, fliegen erst mit etwa 11 Tagen

ZWERGAMMER IM PRACHTKLEID

SINGENDES MÄNNCHEN

SCHLICHTKLEID

NEST UND GELEGE

Weidenammer

Das Männchen der Weidenammer ist eine bemerkenswert auffällig gefärbte Ammer mit schwarzem Gesicht, kastanienbraunem Scheitel und Bürzel, großem, weißem Flügelabzeichen, überwiegend gelber Unterseite und rotbraunem Brustband. Auch Weibchen und Jungvögel zeigen stets Gelb oder zumindest gelbliche Färbung sowie dunkel gestreifte Flanken. Die Weibchen erinnern an ausgebleichte Goldammerweibchen, haben aber einen kontrastreicher gezeichneten Kopf und helle, hosenträgerartige Längsstreifen auf dem Mantel. Im Flug erinnert die Weidenammer wegen des kompakten Körperbaues an einen Fink.

Das Verbreitungsareal reicht von Finnland (bis zur Ostsee) und Lettland, wo die Westgrenze liegt, in einem breiter werdenden Streifen bis Kamtschatka, Sachalin, Japan und Amurland. In Russland ist die Weidenammer in ihr zusagenden Lebensräumen vielerorts Charaktervogel, wobei sie in günstigen Frühjahren Brutansammlungen bis zu 20 Paaren bilden kann. In Finnland leben gegenwärtig rund 150 Brutpaare mit starken Schwankungen von Jahr zu Jahr, in Lettland wohl unter zehn Brutpaare.

Man vermutet, dass die Weidenammer noch Anfang des 19. Jahrhunderts eine rein sibirische Art war und nicht in Europa brütete. Die Ausbreitung nach Finnland erfolgte in mehreren Schüben, vorwiegend von 1910 bis 1920 und von 1940 bis 1960; auch danach nahmen die Bestände noch leicht zu, bis Ende des 20. Jahrhunderts ein Rückgang erfolgte. Da die Überwinterungsgebiete der Weidenammer bis zu 10 000 km von den westlichsten heutigen Brutgebieten entfernt liegen, könnte auch diese riesige Distanz ein Hinderungsgrund für eine weitere Westausbreitung sein.

Das Winterareal befindet sich in Südchina und Südostasien. Dort halten sich die Weidenammern oft auf kargen

Kulturflächen auf, nicht selten in Dörfern und Gärten bis in Berggegenden von rund 1500 m Höhe. Die Wintergäste übernachten oft in großen Schwärmen.

Von etwa zehn Ammerarten im sibirischen Areal ist die Weidenammer die am wenigsten spezialisierte Art, die auch häufig in Kulturland, jungen Nadelholzpflanzungen und auf Kahlschlägen vorkommt, nicht selten auf ehemaligen Brandflächen, auf denen einige Fichten und Birken stehen geblieben sind. Gerne besiedelt sie aber Gebüsch an Seeufern, Moorrändern sowie mit Büschen und ein paar Bäumen bestandene trockene Moore. Nach Westen zu werden die ökologischen Ansprüche spezifischer. Die Art bewohnt in Finnland fast ausschließlich feuchtes Wiesengelände mit Gebüsch und Hochstauden, daher ist sie dort an Gewässer gebunden.

Der gegenwärtige Rückgang im Westen ist wohl auf landwirtschaftliche Intensivierung im Winterquartier zurückzuführen. Vielleicht spielt auch der geringe Bruterfolg in den „Verschleiß"-Gebieten an der Westgrenze der Art eine Rolle, wo zur Aufrechterhaltung der Bestände immer wieder „Nachschub" aus dem Osten benötigt wird.

Das Nest steht in dichter, rund 40 cm hoher Vegetation, oft unter einer größeren Staude oder einem kleinen Busch; es ist wie bei vielen Ammern außen aus groben Grasteilen zusammengefügt, innen aus feinerem Material und mit Säugetierhaaren, beispielsweise vom Elch, ausgestattet.

Während der Brutzeit suchen Weidenammern gewöhnlich in üppigem Bodenbewuchs aus Gräsern und Kräutern Nahrung, seltener im Gebüsch. Sie verzehren vor allem Raupen, aber auch andere Insekten und Spinnen; für die Jungenaufzucht suchen die Altvögel häufig systematisch größere Stauden nach Blattläusen oder Larven von Käfern und Zikaden ab. Im Winterhalbjahr stehen Samen im Vordergrund.

Der ruhige, angenehm klingende Gesang ist recht einprägsam, da laute klare Doppeltöne dominieren und große Tonsprünge vorkommen. Bei finnischen Männchen konnte man Imitationen von Goldammer- und Ortolanstrophen nachweisen; nur der Gesang des Ortolans ist dem der Weidenammer ähnlich. Die Männchen singen oft auf trockenen Zweigen, die das Gebüsch überragen, auch auf Buschspitzen.

Die **Fichtenammer** (*Emberiza leucocephalos*) ist eine Zwillingsart der Goldammer, ihr fehlt aber das gelbe Pigment. Sie besiedelt Europa zwischen Petschora und dem Ural. Im Gebiet des westlichen Urals, wo beide Arten vorkommen, gibt es häufiger Mischbruten. Bemerkenswert ist eine Mischbrut, die 1994 im Biebrza-Gebiet Nordostpolens entdeckt wurde.

▶ GOLDAMMERWEIBCHEN

Weidenammer *Emberiza aureola* (PALL. 1773)

Größe	= Sperling
Maße (cm)	Länge ca. 14–15 / Flügel ca. 21,5–24
Körpermasse (g)	17–25
Stimme	Ruf sehr ähnlich Zwergammer „tzip" (auch mit Grauschnäpper verglichen); Gesang aus rhythmischen, wohlklingenden und meist abfallenden Strophen „tru-tru-trie-trie-tri-tri-iih-tin"
Brutzeit	Juni, 1 Jahresbrut
Gelegegröße	4–5 (6)
Eifärbung	grünlich oder gräulich, wird oft durch darüber liegende Schmierflecken in Oliv und Grau verdeckt; wenige schwarze und braune Spritzer; glatt, glänzend
Eimaße (mm)	spindelförmig – 20,5 x 15,4
Brutdauer	13 Tage; ♀ brütet hauptsächlich
Nestlingszeit	13–15 Tage; von beiden Partnern betreut

WEIDENAMMER, MÄNNCHEN IM PRACHTKLEID AUF DER SINGWARTE

MÄNNCHEN IM PRACHTKLEID

MÄNNCHEN IM PRACHTKLEID

NEST UND GELEGE

Rohrammer

Die Rohrammer bewohnt ein geschlossenes, fast 4000 km breites und dreimal so langes Gebiet, das sich über alle Länder Europas und riesige Räume Asiens bis Kamtschatka und Nordjapan erstreckt. Die Südgrenze liegt im Mittelmeerraum und verläuft durch Israel, Irak, Nordiran und Mittelasien. Es werden zwei Formengruppen unterschieden, die sich durch die unterschiedliche Größe und Form des Schnabels unterscheiden, jedoch findet man oft fließende Übergänge. Mehr im Süden des Verbreitungsgebietes leben starkschnäblige Unterarten (in Europa *intermedia*), im Norden meist schwachschnäblige Formen (in Europa *schoeniclus* und *stresemanni*). Außerdem sind die Formen nach Osten hin grauer und weniger kontrastreich.

Die Rohrammer ist etwas kleiner als die Goldammer; sie zuckt und spreizt oft den Schwanz, wobei die weißen Außenkanten auffallen. Männchen zur Brutzeit sind mit ihrem schwarzen Kopf, Schnabel und Kehle, dem kräftig weißen Bartstreif und schalartigen weißen Halsring sowie der braunen, kräftig dunkel gestreiften Oberseite unverkennbar. Im Schlichtkleid ist die schwarzweiße Zeichnung durch rostbraune Federspitzen fast völlig verdeckt. Den Weibchen fehlt die auffällige Kopfzeichnung, sie haben aber einen bräunlichweißen Überaugenstreif sowie einen dunklen Bartstreif und grauen Schnabel; am Rücken sind sie etwas fahler braun als Männchen. Die Jungvögel ähneln Weibchen, sind aber an Kehle und Vorderbrust noch etwas brauner.

Rohrammern sitzen oft oben auf Schilfstengeln, bei Störung tauchen sie in tiefere Bereiche ab. Ihr bevorzugter Lebensraum sind feuchte Gebiete, wie Sümpfe, Moore und

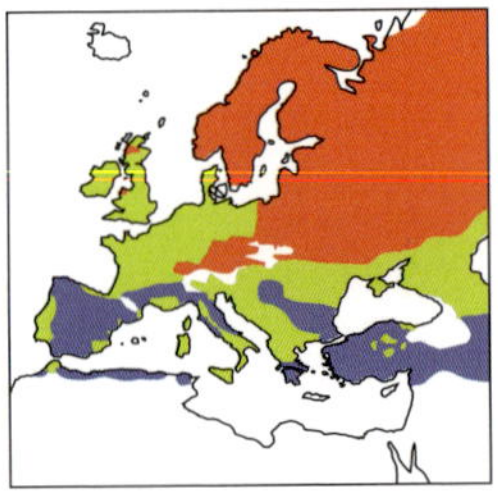

Röhrichte; an Ufer von Seen, Teichen und Flüssen mit Weidengebüsch sind sie oft recht häufig. In Mitteleuropa besiedelt die Art zunehmend auch trockenere Plätze, wie Ackerränder und Wiesengräben, in den letzten Jahren auch Raps- und Getreidefelder.

Das Weibchen wählt den Nistplatz aus. Das Nest liegt meist in krautiger Vegetation, wobei überhängende Halme oder Blätter einen guten Sichtschutz bieten. Es sitzt lose auf der Unterlage – Schilf, Seggen, Wasserschwaden, Rohrkolben, seltener niedrige Weidensträucher – auf. Außen besteht es aus Halmen und Grasblättern, innen aus Grasblüten, Würzelchen oder Haaren.

Außerhalb der Brutzeit halten sich Rohrammern auch auf Feldern, Brachflächen, an Straßenböschungen und auf Feldwegen auf. Im westlichen Mitteleuropa sind sie nur in milden Lagen Jahresvögel, sonst sind sie im Winter selten und abhängig von der Meereshöhe meist Strich- und Zugvögel. Nördliche Populationen räumen ihre Brutgebiete im Herbst völlig. Die Überwinterungsgebiete liegen meist in Süd- und Westeuropa, Nordwestafrika sowie im Mittleren Osten. Während des Zugs halten sich Rohrammern bei der Nahrungssuche auf dem Boden auf und sind dann oft vergesellschaftet mit Finken, Ammern, Lerchen oder Piepern. Häufig nächtigen sie auch an Gruppenschlafplätzen im Röhricht, zum Teil auch in Nadelbaumdickungen.

Im Sommer ernähren sich die Vögel meist von Insekten und anderen Wirbellosen, die sie von Pflanzen ablesen, zum Teil auch in kurzen Jagdflügen erbeuten. In der übrigen Zeit picken sie milchreife und reife Samen am Boden auf, daneben fressen sie jedoch je nach Verfügbarkeit auch animalische Kost.

Die Bestandsgefährdung geht in erster Linie von Lebensraumverlusten durch Zerstörung der Feuchtgebiete sowohl im Brut- wie auch Überwinterungsgebiet aus. Durch Störungen an den Brutplätzen in Uferbereichen, die durch Freizeitbetrieb entstehen, wird erfolgreiche Jungenaufzucht oft verhindert. Andererseits kann man lokale Bestandszunahmen durch Bruten in Raps- und Getreidefeldern feststellen. In lichten Auen kann die Revierdichte 20–30 Paare je Quadratkilometer betragen.

Die nur hänflingsgroße, aber wie die Rohrammer gemusterte und gefärbte **Pallasammer** (*Emberiza pallasi*) kommt in einer kleinen Brutpopulation im Nordosten des europäischen Russlands, hauptsächlich aber in der östlichen Paläarktis vor. Ihr Lebensraum in den Weiden- und Erlenbeständen der feuchten Strauchtundra ist trockener und kälter als der der Rohrammer. Sie überwintert in Ostasien.

▸ Waldammer, Spornammer

Rohrammer *Emberiza schoeniculus* (L. 1758)

Größe	= Sperling
Maße (cm)	Länge ca. 16,5 / Flügel ca. 21–28
Körpermasse (g)	16–24
Stimme	häufigster Ruf gedehnt „zieh", in Tonhöhe leicht absinkend, kräftiger, meist kürzer als Beutelmeise, auch im Flug; gedämpft „tschö" oder „psä"; Gesang variabel, aber immer monoton, langsam, stotternd, mit häufig schwirrender Schlusssilbe
Brutzeit	Ende April im Süden, bis Juni im Norden; 2 Jahresbruten
Gelegegröße	(2) 3–6, am häufigsten 5
Eifärbung	blasspurpurn oder grauviolett, selten rotbräunlich oder grünlich, mit spärlichen schwarzen oder schwarzvioletten Kritzeln und Klecksen; glatt, glänzend
Eimaße (mm)	spindelförmig – 19,9 x 14,7
Brutdauer	12–15 Tage; ♀ brütet (möglicherweise auch kurzfristig ♂)
Nestlingszeit	8–12 Tage; ♀ (auch ♂) hudert; beide Partner füttern

ROHRAMMER, MÄNNCHEN IM PRACHTKLEID

WEIBCHEN MIT LIBELLE

VOGEL IM ERSTEN WINTER

NEST UND GELEGE

Kappenammer

Kappenammern sind etwas größer als Goldammern. Männchen sind unverkennbar durch ihre schwarze Kapuze, leuchtend gelbe Unterseite und den kastanienbraunen Rücken. Die dunklen Armdecken weisen braune Außensäume und helle Federspitzen auf, wodurch im frischen Kleid eine helle Flügelbinde entsteht. Bei den Weibchen ist die Kapuze olivgrau, auf dem graubraunen Rücken haben sie kastanienbraune Flecken, unterseits sind sie hell gelblichgrau und zeichnungslos. Die Jungvögel ähneln den Weibchen, sind aber an Scheitel und Vorderbrust gestrichelt.

Häufig sitzen Kappenammern auf Leitungs- und Zaundrähten; kürzere Flugstrecken legen sie meist mit hängenden Beinen zurück, was oft gut zu sehen ist. Ihr Lebensraum sind warmtrockene, steppenartige, oft hügelige Landschaften mit einzelnen Büschen, gebietsweise auch Macchie. Während sie im Norden des Verbreitungsgebietes mehr in den Ebenen leben, kommen sie im Süden höher im oft etwas feuchteren Bergland vor. In Europa trifft man die Art meist in offenerem, aber strukturreichem, kleinflächig gegliedertem Kulturland mit Windschutzhecken, Wein- und Obstanlagen sowie extensiv bewirtschafteten Olivenhainen an; auch am Rand von Siedlungen, in Gärten und in Gebüschreihen am Straßenrand kann man Kappenammern sehen. Flächen mit üppigem Krautwachstum in heißen Gebieten, in denen es auch kleine Feuchtstellen gibt, bieten der Kappenammer günstige Lebensräume. In den Ebenen Aserbaidschans ist die Kappenammer Charaktervogel des Trockenbusches aus Christusdorn, Tamariske und Granatapfel. Häufig halten sich die Vögel an gebüschreichen Felshängen oder steinigen Halden mit Fenchel- oder Steckenkrautstauden auf.

Zum Verbreitungsgebiet der Art gehören die ostmediterrane Zone und der Steppengürtel der Südwestpaläarktis von Italien bis Vorderasien. Die Art dringt von Südosteuropa aus nach Westen vor. Am Südrand des Verbreitungsgebietes

in Israel hat sie Arealverluste durch Aufforstung und intensivierte Landwirtschaft hinnehmen müssen. Im Wintergebiet streifen oft große Schwärme von Kappenammern in gemischten Trupps mit Sperlingen, Schafstelzen und Rosenstaren auf der Nahrungssuche durch das Kulturland; besonders zur Zeit der Getreideernte im Herbst und Frühjahr fallen diese Schwärme manchmal zu Hunderttausenden ein und verursachen dann großen Schaden an den Feldfrüchten. Im west- und zentralindischen Überwinterungsgebiet trifft man Kappenammern meist auf reifenden oder abgeernteten Getreideflächen an. Sie sitzen oft an großen Schlafplätzen in Dornengestrüpp zusammen mit Braunkopfammern, Haus- und Gelbkehlsperlingen.

Die Männchen beginnen sofort bei Eintreffen im Brutgebiet zu singen und besetzen rasch ein Revier. Der Gesang klingt nach trocken knirschenden Einleitungslauten blechern volltönend wie aus einem Lautsprecher. Das Nest steht meist 0,2–1 m hoch in stabilen, vorzugsweise stacheligen Stauden, wie Disteln, Brombeergestrüpp, aber auch in Rebenkulturen, teilweise auch bis 1,5 m hoch in höheren Sträuchern, wie Christusdorn, Heckenrose, Granatapfel oder Schlehe. In anderen Gebieten werden die Nester in höherem Klee oder in Gänsefußstauden angelegt. Bei Störung können die Jungvögel das Nest schon im Alter von 8–10 Tagen verlassen.

Im Sommer und besonders zur Brutzeit verzehren Kappenammern hauptsächlich Insekten von Ameisen bis zu großen Bockkäfern. Der pflanzliche Anteil besteht aus vielerlei Samen von Wildkräutern, beispielsweise Ochsenzunge. Im Winterquartier leben sie von Perl-, Rispen- und Mohrenhirse, außerdem verzehren sie Weizen und Reis.

Die nah verwandte **Braunkopfammer** (*Emberiza bruniceps*), deren Verbreitungsgebiet sich östlich an das der Kappenammer anschließt, brütet als turkestanisches Faunenelement in Mittelasien. Nördlich und südlich des Kaspischen Meeres gibt es Überschneidungen; in den Überlappungszonen kommt es zu Mischbruten. Die zusammen mit der Kappenammer auf dem indischen Subkontinent – oft in großen gemischten Schwärmen beider Arten – überwinternde Schwesternart ist ebenfalls gut goldammergroß, an der Unterseite leuchtend gelb und hat wie die Kappenammer kaum Weiß im dunklen Schwanz. Durch den orangebraunen bis rostbraunen Kopf und Kehllatz sind die Braunkopfammern kaum mit einer anderen Art zu verwechseln. Der Gesang ist schwer von dem der Kappenammer zu unterscheiden, aber oft etwas eiliger. Der Lebensraum ähnelt dem der Schwesterart: Kulturland, Steppe oder Halbwüste mit oft dornigem Gestrüpp, auch Auwaldstreifen werden besiedelt.

▶ ZAUNAMMER, WEIDENAMMER

Kappenammer *Emberiza melanocephala* (SCOP. 1769)

Größe	= Sperling
Maße (cm)	Länge ca. 16–17 / Flügel ca. 26–30
Körpermasse (g)	25–30
Stimme	Rufe kurz, oft gereiht, wie „pit“ oder „tick“ oder „tschöp“; Gesang kurze, volltönende, nicht sehr reine Strophen, mit Elementen wechselnder Tonhöhe, an Dorngrasmücke erinnernd
Brutzeit	Mitte Mai, 1 Jahresbrut
Gelegegröße	4–6
Eifärbung	weiß oder grünlichblau, Flecken in Hellpurpurgrau und Olivbraun; glatt, glänzend
Eimaße (mm)	spindelförmig – 22,4 x 16
Brutdauer	ca. 14 Tage; nur ♀ brütet
Nestlingszeit	13–16 Tage, in Einzelfällen füttert nur ♂

KAPPENAMMER, MÄNNCHEN IM PRACHTKLEID AUF DER SINGWARTE

MÄNNCHEN IM PRACHTKLEID

WEIBCHEN BRINGT FUTTER

NEST UND GELEGE

Grauammer

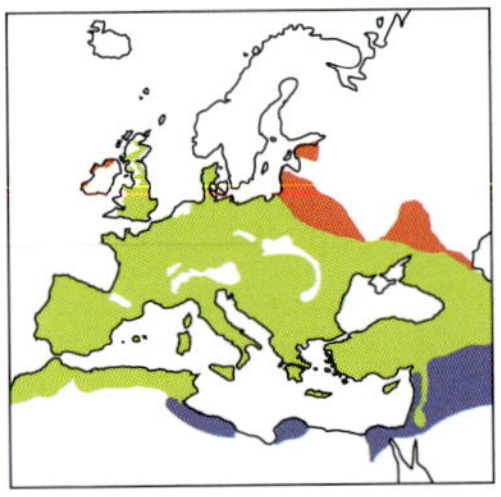

In weiten Teilen Mitteleuropas haben die Bestände der Grauammer seit den 60er-Jahren stark abgenommen, in jüngerer Zeit gab es sogar katastrophale Bestandszusammenbrüche. Als Ursachen sind vor allem die Intensivierung der Landwirtschaft, im Osten auch die Einführung der Kolchosewirtschaft zu nennen. Als Folge vor allem der stärkeren Düngung kann Grünland früher und rascher aufeinander folgend gemäht werden, viele Felder werden früher abgeerntet und gleich danach umgepflügt; auch großflächige Umstellung auf Wintergetreide und dadurch bedingter Ausfall der Wildkrautbrachen spielen als Negativfaktoren eine Rolle.

Die Männchen sitzen im Sommer oft exponiert auf Drahtleitungen und singen mit weit geöffnetem Schnabel und zurückgeworfenem Kopf. Der Reviergesang, ein sich beschleunigendes Zwitschern, ist unverwechselbar; er klingt wie ein Bund klirrender, kleiner Schlüssel.

Im Gegensatz zu allen anderen Ammern der Westpaläarktis zeigt die gedrungen gebaute Grauammer kein im Freiland unterscheidbares Prachtkleid; auch die Geschlechter sind kaum voneinander zu unterscheiden. Die Grauammer ist groß und lerchenartig gestreift und zeigt keine auffälligen Kennzeichen Der Schwanz ist tief gekerbt. Auf der Oberseite ist sie gelblich graubraun mit lebhafter dunkelbrauner Streifung, auch die graubraunen Kopfseiten weisen eine dunklere Strichelung auf. Die Jungvögel sind an Kopf und Bauch bräunlich überflogen und oberseits kräftiger gestreift.

Obwohl bereits im 1. Lebensjahr geschlechtsreif, schreiten Männchen in diesem Alter nur selten zur Brut, da ihnen meist ältere Männchen bei der Revierbesetzung zuvorkommen. Da sich die Weibchen nicht an Reviergrenzen halten, führt die sehr lose Partnerbindung oft zu Verpaarungen mit mehr als einem Partner; Männchen balzen jedes vorüberfliegende Weibchen an. Das Nest wird gut in der Vegetation versteckt auf dem Boden oder eingemuldet in einiger Entfernung von höheren Strukturen gebaut; seltener steht es 10–30 cm hoch in Stauden, wie Luzerne oder Disteln. Es ist ein lockeres, aber stabiles, aus vorjährigem Gras gefertigtes Gebilde, das mit feinen Hälmchen ausgekleidet wird. Zweitbruten sind durch den späten Beginn selten erfolgreich.

Bei Störung fliegen Grauammern oft einen großen Bogen, bevor sie wieder landen. Zuvor zeigen sie ein typisches rüttelndes Flattern. Die Kost setzt sich aus vielerlei Samen von Wildkräutern, Gräsern und Getreide zusammen. Im Sommer und als Nestlingsnahrung werden überwiegend Wirbellose, vor allem Schmetterlinge, Heuschrecken und Käfer sowie Spinnen erbeutet; zudem nehmen die Vögel besonders bei nassem Wetter Samen verschiedener Wildkräuter, Gräser und Stauden sowie Getreidekörner auf.

Die Grauammer besiedelt die mediterrane Zone und Steppenzone; dem Menschen ist sie in die Kulturlandschaft der gemäßigten und borealen Zone gefolgt. Heute reicht das Verbreitungsgebiet der Art von England und der Iberischen Halbinsel nach Osten bis in die Baltischen Staaten und nach Weißrussland, zum Kaspischen Meer und Teilen Vorderasiens ostwärts bis zum Tienschan, südlich bis Mesopotamien. Auf den meisten Mittelmeerinseln, den Kanaren und in Nordwestafrika kommt sie ebenfalls vor.

Offene, bevorzugt feuchte Landschaften der Ebenen mit einzelnen höheren Strukturen als Sitz- und Singwarten sind ihr Lebensraum. Man trifft die Art in verschiedenen Wiesentypen von nassen Streuwiesen bis zu trockenen Standorten. Wichtige Biotopelemente sind dichte Bodenbedeckung für erfolgreiche Brut und Bereiche mit niedriger Vegetation zur Nahrungssuche. In Agrarflächen wird fruchtbares Ackerland mit Getreide, Rüben oder Futterpflanzen bevorzugt, aber auch Brach- und Ödland bieten günstige Bedingungen. Waldgebiete, aber auch Intensivgrünland mit hoher Halmdichte und schattigem, kaltem Boden werden gemieden.

Die nördlichen Populationen sind Kurzstrecken- und Teilzieher, im Herbst ziehen sie aus dem Baltikum, Nordwestrussland und der nördlichen Ukraine in westlicher Richtung ab; große Winterbestände gibt es in Dänemark. Mitteleuropäische Vögel überwintern häufig in Südostfrankreich oder Nordostspanien. Im Winter halten sich Grauammern zusammen mit Goldammern an Dreschplätzen, auf Ruderalstellen und überwinternden Stoppelbrachen auf.

▶ GOLDAMMER IM JUGENDKLEID

Grauammer *Miliaria calandra* (L. 1758)

Größe	> Sperling
Maße (cm)	Länge ca. 18 / Flügel ca. 26–32
Körpermasse (g)	45–50
Stimme	Flugruf kurz „zick", auch gereiht; Warnrufe „tschrri" oder „brrrii"; Gesang mit sehr charakteristischen Strophen, Einleitung aus kurzen, sich beschleunigenden Elementen und abschließendem Klirren „zick-zick-zick-zick-schnirrps"; Populationsdialekte
Brutzeit	April im Süden, bis Juni im Norden; 1 oder 2 Jahresbruten
Gelegegröße	2–6
Eifärbung	weiß oder aschblau, schwach purpurn oder graurötlichgelb; schwach grau oder violettgrau marmoriert, Kleckse und Schnörkel schwarz oder braun; glatt, schwach glänzend
Eimaße (mm)	spindelförmig – 24,1 x 17,2
Brutdauer	11–13 Tage; nur ♀ brütet
Nestlingszeit	9–12 (Mittel 10) Tage; zunächst füttert nur ♀, später auch ♂

GRAUAMMER, SINGENDES MÄNNCHEN

MÄNNCHEN AUF DER SINGWARTE

FLÜGGER JUNGVOGEL

NEST UND GELEGE

Kontaktadressen (Stand: August 2001)

Staatliche Vogelschutzwarten

Bayern
Bayer. Landesamt für Umweltschutz, Ref. Artenschutz Vögel
Staatl. Vogelschutzwarte
Gsteigstr. 43
82467 Garmisch-Partenkirchen
Tel.: 08821-2330
Fax: 08821-2392
Email: heinrich.schoepf@lfu.bayern.de

Berlin
Senatsverwaltung für Stadtentwicklung
Am Köllnischen Park 3
10173 Berlin
Tel.: 030-9025-1637
Fax: 030-9025-1057
Email: Johannes.Schwarz@SenStadtVerwalt-Berlin.de

Brandenburg
Landesumweltamt Brandenburg,
Staatl. Vogelschutzwarte
Dorfstr. 34
14715 Buckow b. Nennhausen
Tel/Fax: 033878-60257
Email: Torsten.Langgemach@lua.brandenburg.de

Außenstellen:

Im Winkel 13
14806 Baitz
Tel/Fax: 033841-30220
Email: Doris.Block@munr-lua-p-m.brandenburg.de

Rietzer See
Bruchstr. 9
14478 Schenkenberg
Tel/Fax: 033207-51271
Email: Tobias.Duerr@munr-lua-p-m.brandenburg.de

Bremen
Der Senator für Bau und Umwelt
Referat Arten- und Biotopschutz, Jagd
Ansgaritorstr. 2
28195 Bremen
Tel.:0421-361-6660
Fax: 0421-361-2201

Hamburg
Amt für Naturschutz und Landschaftspflege – Naturschutzamt
Staatl. Vogelschutzwarte Hamburg
Billstr. 84
20539 Hamburg
Tel.: 040-42845-2226
Fax: 040-42845-2579
Email: bianca.krebs@ub.hamburg.de

Hessen, Rheinland-Pfalz und Saarland
Staatl. Vogelschutzwarte für Hessen, Rheinland-Pfalz und Saarland
Steinauer Str. 44
60386 Frankfurt/Main
Tel.: 069-4201 05-0
Fax: 069-4201 05-29
Email: info@vsw-ffm.hlf-net.de

Mecklenburg-Vorpommern
Landesamt für Umwelt, Naturschutz und Geologie Mecklenburg-Vorpommern
Abt. Naturschutz
Goldberger Str. 12
18273 Güstrow
Tel.: 03843-777-220
Fax: 03843-777-244
Email: lothar.wölfel@lung.mv-regierung.de

Niedersachsen
Staatl. Vogelschutzwarte im Niedersächsischen Landesamt für Ökologie
Fachbehörde für Naturschutz
Göttinger Str. 14
30449 Hannover
Tel.: 0511-4446-251
Fax: 0511-4446-385
Email: Peter.Suedbeck@nloe.niedersachsen.de

Nordrhein-Westfalen
Landesanstalt für Ökologie, Bodenordnung und Forsten/
Landesamt für Agrarordnung Nordrhein-Westfalen (LÖBF)
Vogelschutzwarte
Castroper Str. 312–314
45665 Recklinghausen
Tel.: 02361-305-420
Fax: 02361-305-431
Email: dezernat35@loebf.nrw.de

Sachsen
Sächsisches Landesamt für Umwelt und Geologie
Abt. Natur- u. Landschaftsschutz
Zur Wetterwarte 11
Tel.: 0351-8928-204
Fax 0351-8928-202
Email: steffen.rau@lfug.smul.sachsen.de

nicht-staaliche Einrichtung:
Sächsische Vogelschutzwarte Neschwitz
Park 2
02699 Neschwitz
Tel.: 035933-31115
Fax: 035933-32763

Sachsen-Anhalt
Landesamt für Umweltschutz Sachsen-Anhalt
Staatl. Vogelschutzwarte
Zerbster Str. 7
39264 Steckby
Tel.: 039244-9409-0
Fax: 039244-9409-19
Email: stvsw@lau-st.de

Schleswig-Holstein
Landesamt für Natur und Umwelt Schleswig-Holstein
Staatliche Vogelschutzwarte
Olshausenstr. 40
24118 Kiel
Tel.: 0431-880-4502/01
Fax: 0431-880-1389

Thüringen
Thüringer Landesanstalt für Umwelt, Staatl. Vogelschutzwarte Seebach
Lindenhof 3
99998 Weinbergen-Seebach
Tel.: 03601-440-565
Fax: 03601-440-664
Email: R.Kaiser@TLUJena.Thueringen.de

Vogelwarten

Beringungszentrale Hiddensee
Wampener Str.
17498 Neuenkirchen

Institut für Vogelforschung „Vogelwarte Helgoland"
An der Vogelwarte 21
26386 Wilhelmshaven-Rüstersiel
Tel.: 04421-968922
Fax: 04421-968955

Inselstation:
Postfach 1220
27494 Helgoland
Tel.: 04725-306
Fax: 04725-7471

Vogelwarte Hiddensee
Zum Hochland 17
18565 Kloster, Hiddensee
Tel/Fax: 038300-212

Vogelwarte Radolfzell
am Max-Planck-Institut für Verhaltensphysiologie
78315 Radolfzell
Tel.: 07732-1501-0
Fax: 07732-1501-34

Naturschutzverbände

Bund
Dachverband Deutscher Avifaunisten (DDA)
Geschäftsstelle Coermühle 181
48157 Münster
Tel., Fax und Email werden noch eingerichtet. Derzeitiger Kontakt:
Dr. C. Sudfeldt: Tel.: 0251-161762
Fax 0251-161763
Email: sudfeldt.biolstat.ms@t-online.de

Deutsche Ornithologen-Gesellschaft (DO-G)
Präsident: Prof. Dr. R. Prinzinger
c/o FB Biologie, Universität Frankfurt/M.
Siesmayerstr. 70
60323 Frankfurt/M.
W. Stauber *(Schatzmeister)*
Postfach 1126
73330 Gingen/Fils
Tel/Fax: 0711-525165

Deutsche Seltenheitskommission
Über dem Salzgraben 11
37574 Einbeck-Drüber
Tel.: 05561-822-24
Fax: 05561-822-89

Deutscher Jugendbund für Naturbeobachtung (DJN)
Justus-Strandes-Weg 14
22337 Hamburg

Deutscher Rat für Vogelschutz
c/o H.-G. Bauer
Vogelwarte Radolfzell
78315 Radolfzell

Komitee gegen den Vogelmord e.V.
Bundesgeschäftsstelle
Auf dem Dransdorfer Berg 98
53121 Bonn

Naturschutzbund Deutschland e.V. (NABU)
Herbert-Rabius-Straße 26
53225 Bonn
Postanschrift: Postfach 301054
53190 Bonn
Tel.: 0228-4036-0
Fax .:0228-4036-200
E-Mail nabu@nabu.de

Landesebene und Regionen
Gesellschaft für Naturschutz und Ornithologie Rheinland-Pfalz e.V. (GNOR)
Osteinstr. 7–9
55118 Mainz
Tel.: 06131-671480
Fax: 06131-671481

Hessische Gesellschaft für Ornithologie und Naturschutz e.V. (HGON)
Lindenstr. 5
61209 Echzell
Tel.: 06008-1803
Fax: 06008-7578

Landesbund für Vogelschutz in Bayern e.V.
Eisvogelweg 1
91161 Hilpoltstein
Tel.: 09174-4775-0
Fax: 09174-4775-75

Ornithologischer Beobachterring Saar
H. Weyers
Oscar-Orth-Str. 49
66424 Homburg/Saar

Ornithologische Gesellschaft in Bayern e.V.
Manfred Siering
Gereutplatz 1
82031 München

Verein Jordsand zum Schutze der Seevögel und der Natur e.V.
Bornkampsweg 35
22926 Ahrensburg
Tel.: 04102-32656

Verein Sächsischer Ornithologen
Postfach 29
09331 Hohenstein-Ernstthal
Tel.: 03723-442-10
Fax: 03723-442-11

Verein Thüringer Ornithologen e.V.
H. Grimm
Große Arche 14
99015 Erfurt
Tel.: 0361-6422085
Fax 0361-6422086
Email: mail@vto-ev.de

Ausland
Ala, Schweizerische Gesellschaft für Vogelkunde und Vogelschutz
Frau R. Horváth-Manetsch
Rüttenenweg 63
CH-4313 Möhlin AG

Birdlife Österreich, Gesellschaft für Vogelkunde
c/o Naturhistorisches Museum
Museumsplatz 1/10/8
A-1070 Wien
Tel.: 0043-1-5234651
Fax: 0043-1-5247040

Lëtzebuerger Natur- a Vulleschutzliga
Haus vun der Natur
Route de Kochelscheuer
L-1899 Kochelscheuer
Tel.: 0035-2-2904041

Schweizer Vogelschutz (SVS)
Postfach
CH-8036 Zürich
Tel.: 0041-1-4637271

Schweizerischer Bund für Naturschutz (SBN)
Postfach
Wartenbergerstr. 22
CH-4020 Basel
Tel.: 0041-61-31274-42
Fax: 0041-61-31274-47

Biosphärenreservate (BR) und Nationalparks (NP)

BR Mittlere Elbe
Kapenmühle
Postfach 118
06813 Dessau

BR Pfälzer Wald
Hermann-Schäfer-Str. 15
67098 Bad Dürkheim

BR Rhön
▸ Verwaltungsstelle Bayern bei der Regierung von Unterfranken
Managementzentrum
Oberwaldbehrunger Str. 4
97656 Oberelsbach
Tel.: 09774-9102-0
Fax: 09774-9102-21

▸ Verwaltungsstelle Hessen, Regierungspräsidium Kassel
Groenhoff-Haus, Wasserkuppe
36129 Gersfeld
Tel.: 06654-9612-0
Fax: 06654-9612-20
Email: vwst@biosphaerenreservat-rhoen.de

▸ Verwaltungsstelle Thüringen
Mittelsdorferstr. 23
98634 Kaltensundheim
Tel.: 036946-382-0
Fax: 036946-382-22

BR Schorfheide-Chorin
Landesanstalt für Großschutzgebiete Brandenburg
Haus am Stadtsee
16225 Eberswalde-Finow

BR Spreewald
Schulstr. 9
03222 Lübbenau

BR Südost-Rügen
Nationalparkamt Mecklenburg-Vorpommern
18586 Middelhagen

BR Vessertal-Thüringer Wald
An der Wilke 4
98553 Breitenbach

BR u. NP Bayerischer Wald
Freyunger Str. 2
94481 Grafenau
Postanschrift: Postfach
94475 Grafenau
Tel.: 08552-96000
Fax: 08552-1394

BR u. NP Berchtesgaden
Doktorberg 6
83471 Berchtesgaden
Tel.: 08652-9686-0
Fax: 08652-9686-40

BR u. NP Hamburgisches Wattenmeer
Steindamm 22
20099 Hamburg
Tel.: 040-2486-0
Fax: 040-2486-3293

BR u. NP Niedersächsisches Wattenmeer
Virchowstr. 1
26382 Wilhelmshaven
Tel.: 04421-408271
Fax: 04421-40880

BR u. NP Schleswig-Holsteinisches Wattenmeer
Schloßgarten 1
25832 Tönning
Tel.: 04861-6160
Fax: 04861-459

NP Elbtalaue
Hauptstr. 33
19273 Tripkau

NP Hainich
Bei der Marktkirche 9
99947 Bad Langensalza
Tel.: 036 03-39 07-0
Fax: 036 03-39 07-20

NP Hochharz
Lindenallee 35
38855 Wernigerode/Harz
Tel.: 039 43-55 02-0
Fax: 039 43-55 02-37

NP Jasmund
Blieschow 7 a
18586 Lanchen-Granitz
Tel/Fax: 03 83 08-250 68

NP Müritz
An der Fasanerie 13
17235 Neustrelitz
Tel.: 039 81-45 89-0
Fax: 039 81-45 89-50

NP Niedersächsischer Harz
Clausthalerstr. 11
37444 St. Andreasberg
Tel.: 039 43-55 02-0
Fax: 039 43-55 02-37

NP Sächsische Schweiz
Schandauer Str. 36
01824 Königstein
Tel.: 03 50 21-229
Fax: 03 50 21-446

NP Unteres Odertal
Bootsweg 1
16303 Schwedt/Oder
Tel.: 033 32-25 47-0
Fax: 033 32-25 47-33

NP Vorpommersche Bodden-landschaft
Am Wald 13
18375 Born
Tel.: 03 82 34-502-0
Fax: 03 82 34-502-24

NP-Haus Baltrum
Haus Nr. 177
26579 Baltrum
Tel.: 049 39-469

NP-Haus Carolinensiel
Pumphusen 3
26409 Wittmund-Carolinensiel
Tel.: 044 64-84 03
NP-Haus Dangast
Zum Jadebusen 179
26316 Varel-Dangast
Tel.: 044 51-70 58

NP-Haus Dornumersiel
Oll Deep 7
26553 Dornumersiel
Tel.: 049 33-15 65

NP-Haus Dorum
Strandhalle Dorumer Tief
27632 Dorum-Neufeld
Tel.: 047 41-28 26

NP-Haus Fedderwardersiel
Am Hafen 1
26969 Butjadingen
Tel.: 047 36-591

NP-Haus Greetsiel
Schatthauser Str. 6
26736 Greetsiel
Tel.: 049 26-20 41

NP-Haus Wangerland
(Horumersiel)
Zum Hafen 1
26434 Horumersiel
Tel/Fax: 044 26-77 48

NP-Haus Juist
Carl-Stegmann-Str. 5
26560 Juist
Tel.: 049 35-15 95

NP-Haus Norderney
Am Hafen
26548 Norderney
Tel.: 049 32-20 01

NP-Haus „Rosenhaus"
(Wangerooge)
Am Rosengarten
26480 Wangerooge
Tel.: 044 69-89 54

NP-Wattenmeerhaus
Südstrand 110 b
26382 Wilhelmshaven
Tel.: 044 21-910 70

NP-Zentrum Cuxhaven
Hans-Claußen-Str. 19
27476 Cuxhaven-Sahlenburg
Tel.: 047 21-286 81

NP-Zentrum Norddeich
Dörper Weg
26506 Norden-Norddeich
Tel.: 049 31-816 35

Literaturhinweise

BAUER, H. G. & P. BERTHOLD (1996): Die Brutvögel Mitteleuropas. Bestand und Gefährdung. Aula-Verlag, Wiesbaden.

BEAMEN, M. & S. MADGE (1998): Handbuch der Vogelbestimmung – Europa und Westpaläarktis. Eugen Ulmer, Stuttgart.

BEZZEL, E. (1985): Kompendium der Vögel Mitteleuropas: Nonpasseriformes – Nichtsingvögel. Aula-Verlag, Wiesbaden.

BEZZEL, E. (1993): Kompendium der Vögel Mitteleuropas: Passeres – Singvögel.
Aula-Verlag, Wiesbaden.

BEZZEL, E. (1996): BLV-Handbuch Vögel. BLV-Verlagsgesellschaft mbH, München, Wien, Zürich.

CRAMP, S., K. E. L. SIMMONS & C. M. PERRINS, eds. (1977–1994): Handbook of the Birds of Europe the Middle East and North Africa. The Birds of the Western Paleartic. Vol. I–IX, Oxford University Press, Oxford, London, New York.

GLUTZ VON BLOTZHEIM U. N., K. M. BAUER, K. M. & E. BEZZEL (1971–1997): Handbuch der Vögel Mitteleuropas. Aula-Verlag, Wiesbaden.

GRIMMETT, R. F. A. & T. A. JONES (1989): Important Bird Areas in Europe. Cambridge.

HAGEMEIJER, W. J. M. & M. J. BLAIR (1997): The EBBC Atlas of European breeding birds. London, Poyser.

HARRISON, C. (1975): Jungvögel, Eier und Nester aller Vögel Europas, Nordafrikas
und des Mittleren Ostens. Paul Parey, Hamburg und Berlin.

DEL HOYO, J., A. ELLIOTT & J. SARGATAL, eds. (1992–2001): Handbook of the Birds
of the World Vol. 1–6, wird fortgesetzt. Lynx Edicions, Barcelona.

JONSSON, L. (1992): Die Vögel Europas und des Mittelmeerraumes. Kosmos, Stuttgart.

MEBS, TH. (1994): Greifvögel Europas. Biologie, Bestandsverhältnisse, Bestandsgefährdung. Kosmos, Stuttgart

MEBS, TH. & W. SCHERZINGER (2000): Die Eulen Europas. Biologie, Kennzeichen, Bestände. Kosmos, Stuttgart

PERRINS, C. (1987): Pareys Naturführer Plus: Vögel – Biologie + Bestimmen + Ökologie. Paul Parey, Hamburg und Berlin.

RICHARZ, K. (2001): Landvögel. Steinbachs Naturführer. Mosaik-Verlag, München.

RICHARZ, K., E. BEZZEL & M. HORMANN, Hrsg. (2001): Taschenbuch für Vogelschutz. Aula-Verlag, Wiebelsheim.

ROCHÉ, J. C. (2000): Die Vogelstimmen Europas auf 4 CDs. Rufe und Gesänge von 396 Vogelarten. Kosmos, Stuttgart.

ROCHÉ, J. C. & D. SINGER (1997): Die Vögel Mitteleuropas und ihre Stimmen auf 2 CDs. 284 Vogelarten und ihre Stimmen. Kosmos, Stuttgart.

SVENSSON, L., P. J. GRANT, K. MULLARNEY & D. ZETTERSTRÖM (1999): Der neue Kosmos Vogelführer – Alle Arten Europas, Nordafrikas und Vorderasiens.
Kosmos, Stuttgart.

SVENSSON, L., P. J. GRANT, K. MULLARNEY & D. ZETTERSTRÖM (2000): Vögel Europas, Nordafrikas und Vorderasiens. Kosmos, Stuttgart

TUCKER, G. M. & I. M. EVANS (1997): Habitats for birds in Europe: a conservation strategy for the wider environment. BirdLife Cons. Ser. 6, Cambridge.

TUCKER, G. M. & M. F. HEATH (1994): Birds in Europe: Their conservation status. BirdLife Conservation Ser. 3, Cambridge.

Register

A

Aaskrähe 764
Accipiter badius 218
– *brevipes* 218
– *gentilis* 214
– *nisus* 216
Acrocephalus agricola 648
– *arundinaceus* 650
– *dumetorum* 646
– *melanopogon* 640
– *paludicola* 644
– *palustris* 646
– *schoenobaenus* 642
– *scirpaceus* 648
Actitis hypoleucos 376
– *macularia* 376
Adler 226 ff.
Adlerbussard 222
Aegithalos caudatus 708
Aegolius funereus 492
Aegypius monachus 202
Aix galericulata 136
– *sponsa* 136
Alauda arvensis 542
Alca torda 440
Alcedo atthis 502
Alectoris barbara 276
– *chukar* 272
– *graeca* 274
– *rufa* 276
Alexandersittich 462
Alken 436 ff.
Alkenvögel 384 ff.
Alle alle 444
Alopochen aegyptiacus 130
Alpenbraunelle 584
Alpendohle 756
Alpenkrähe 758
Alpenschneehuhn 266
Alpensegler 500
Alpenstrandläufer 342
Amazona ochrocephala 462
Amerikanischer Goldregenpfeifer 328
Amerikanischer Sandregenpfeifer 322
Ammern 820 ff.
Amsel 620
Anas acuta 138
– *clypeata* 148
– *crecca* 142
– *penelope* 138
– *platyrhynchos* 144
– *querquedula* 146
– *strepera* 140
Anser albifrons 120
– *anser* 122
– *brachyrhynchus* 118
– *erythropus* 120
– *fabalis* 118
Anthropoides virgo 304
Anthus campestris 556
– *cervinus* 562
– *hodgsoni* 558
– *petrosus* 564
– *pratensis* 560
– *spinoletta* 564
– *trivialis* 558
Apus apus 498
– *caffer* 500
– *melba* 500
– *pallidus* 498
– *unicolor* 498
Aquila adalberti 232
– *chrysaetos* 234
– *clanga* 228
– *heliaca* 232
– *nipalensis* 230
– *pomarina* 226
– *rapax* 230
Ardea cinerea 100
– *purpurea* 102
Ardeola ralloides 94
Arenaria interpres 378
Armenienmöwe 402
Asio flammeus 490
– *otus* 488
Athene noctua 480
Auerhuhn 270
Austernfischer 310
Aythya ferina 154
– *fuligula* 158
– *marila* 160
– *nyroca* 156

B

Bachstelze 572
Balearengrasmücke 660
Balkanlaubsänger 686
Balkanmeise 716
Bartgeier 196
Bartkauz 486
Bartmeise 706
Bartmeisen 706
Bartrebhuhn 278
Baßtölpel 74
Baumenten 136
Baumfalke 250
Baumläufer 728 f.
Baumpieper 558
Bechsteindrossel 622
Bekassine 350
Bergente 160
Bergfink 786
Berghänfling 800
Bergkalanderlerche 530
Berglaubsänger 686
Bergpieper 564
Bergzilpzalp 690
Beutelmeise 732
Beutelmeisen 732
Bienenfresser 504
Bindenkreuzschnabel 804
Birkenzeisig 802
Birkhuhn 268
Blassspötter 652
Blässgans 120
Blässhuhn 298
Blauelster 750
Blaukehlchen 594
Blaukehlchen, Rotsterniges 594
Blaukehlchen, Weißsterniges 594
Blaumeise 718
Blaumeise, Russische 718
Blaumerle 616
Blauracke 506
Blauschwanz 596
Blauwangenspint 504
Bluthänfling 798
Blutspecht 520
Bombycilla garrulus 576
Bonasa bonasia 262
Botaurus stellaris 86
Brachpieper 556
Brachschwalbe, Rotflügel- 318
Brachschwalbe, Schwarzflügel 318
Brachschwalbenartige 318
Brachvögel 359 f.
Brachvogel, Großer 360
Brandgans 134
Brandseeschwalbe 420
Branta bernicla 126
– *canadensis* 124
– *leucopsis* 128
– *ruficollis* 126
Braunellen 582 f.
Braunkehlchen 602
Braunkopfammer 842
Brautente 136
Brillengrasmücke 664
Bruchwasserläufer 372
Bubo bubo 472
Bubulcus ibis 92
Bucanetes githagineus 810
– *mongolicus* 810
Bucephala clangula 172
– *islandica* 174
Buchfink 784
Buntfuß-Sturmschwalbe 72
Buntspecht 518
Burhinus oedicnemus 316
Buschgrasmücke 676
Buschrohrsänger 646
Buschspötter 652
Bussarde 220 ff.
Buteo buteo 220
– *lagopus* 224
– *rufinus* 222

C

Calandrella brachydactyla 532
– *rufescens* 534
Calcarius lapponicus 820
Calidris alba 338
– *alpina* 342
– *canutus* 336
– *ferruginea* 342
– *maritima* 340
– *minuta* 336
– *temminckii* 338
Calonectris diomedea 66
Caprimulgus aegyptius 496
– *europaeus* 494
– *ruficollis* 496
Carduelis cannabina 798

– *carduelis* 794
– *chloris* 792
– *flammea* 802
– *flavirostris* 800
– *hornemanni* 802
– *spinus* 796
Carpodacus erythrinus 812
Cepphus grylle 442
Cercotrichas galactotes 586
Certhia brachydactyla 728
– *familiaris* 730
Cettia cetti 630
Charadrius alexandrinus 324
– *dubius* 320
– *hiaticula* 322
– *morinellus* 326
– *semipalmatus* 322
Chersophilus duponti 528
Chlamydotis undulata 306
Chlidonias hybridus 434
– *leucopterus* 430
– *niger* 432
Chrysolophus amherstiae 282
– *pictus* 282
Chukarhuhn 272
Ciconia ciconia 104
– *nigra* 106
Cinclus cinclus 578
Circaetus gallicus 204
Circus aeruginosus 206
– *cyaneus* 208
– *macrourus* 210
– *pygargus* 212
Cistensänger 632
Cisticola juncidis 632
Clamator glandarius 464
Clangula hyemalis 168
Coccothraustes coccothraustes 818
Columba livia 452
– *oenas* 454
– *palumbus* 456
Coracias garrulus 506
Corvus corax 766
– *corone* 764
– *frugilegus* 762
– *monedula* 760
Coturnix coturnix 280
Crex crex 292
Cuculus canorus 466
– *saturatus* 466
Cyanopica cyanus 750
Cygnus columbianus 116
– *cygnus* 116
– *olor* 114

D

Delichon urbica 524
Dendrocopos leucotos 524
– *major* 518
– *medius* 522
– *minor* 526
– *syriacus* 520
Diamantfasan 282
Dickschnabellumme 438
Dohle 760
Doppelschnepfe 348
Dorngrasmücke 678
Dornspötter 654
Dreizehenmöwe 414
Dreizehenspecht 524
Drosseln 618 ff.
Drosselrohrsänger 650
Drosseluferläufer 376
Dryocopus martius 516
Dünnschnabelmöwe 400
Dunkler Wasserläufer 362
Dupontlerche 528

E

Egretta alba 98
– *garzetta* 96
Eibischgrasmücke 676
Eichelhäher 746
Eiderente 162
Einfarbsegler 498
Einfarbstar 770
Eisente 168
Eismöwe 410
Eissturmvogel 64
Eistaucher 52
Eisvogel 502
Eisvögel 502
Elanus caeruleus 188
Eleonorenfalke 252
Elster 752
Emberiza aureola 838
– *bruniceps* 842
– *buchanani* 832
– *caesia* 832
– *cia* 828
– *cineracea* 832
– *cirlus* 826
– *citrinella* 824
– *hortulana* 830
– *leucocephalos* 838
– *melanocephala* 842
– *pallasi* 840
– *pusilla* 836
– *rustica* 834
– *schoeniclus* 840
Entenvögel 116 ff.
Erddrossel 628
Erdsänger 586 ff.
Eremophila alpestris 544
Erithacus rubecula 588
Erlenzeisig 796
Eulen 468 ff.

F

Fahlsegler 498
Falco biarmicus 254
– *cherrug* 256
– *columbarius* 248
– *eleonorae* 252
– *naumanni* 242
– *pelegrinoides* 260
– *peregrinus* 260
– *rusticolus* 258
– *subbuteo* 250
– *tinnunculus* 244
– *vespertinus* 246
Falken 242 ff.
Falkenbussard 220
Falkenraubmöwe 388
Fasan 282
Feldlerche 542
Feldrohrsänger 648
Feldschwirl 634
Feldsperling 778
Felsenhuhn 276
Felsenkleiber 724
Felsenschwalbe 548
Felsensteinschmätzer 612
Felsentaube 452
Ficedula albicollis 702
– *hypoleuca* 704
– *parva* 700
– *semitorquata* 702
Fichtenammer 838
Fichtenkreuzschnabel 806
Finkenvögel 784 ff.
Fischadler 240
Fischmöwe 392
Fitis 692
Flamingos 112
Flughühner 448 f.
Flusskiebitz 332
Flussregenpfeifer 320
Flussseeschwalbe 426
Flussuferläufer 376
Fratercula arctica 446
– *corniculata* 446
Fringilla coelebs 784
– *montifringilla* 786
– *teydea* 784
Fulica atra 298
– *cristata* 300
Fulmarus glacialis 64

G

Gänse 118 ff.
Gänsegeier 200
Gänsesäger 180
Galerida cristata 536
– *theklae* 538
Gallinago gallinago 340
– *media* 348
Gallinula chloropus 294
Garrulus glandarius 746
Gartenbaumläufer 728
Gartengrasmücke 680
Gartenrotschwanz 600
Gavia adamsii 52
– *arctica* 50
– *immer* 52
– *stellata* 48
Gebirgsstelze 574
Geier 196 ff.
Gelbbrauen-Laubsänger 688
Gelbscheitelamazone 462
Gelbschnabel-Sturmtaucher 66
Gelbschnabeltaucher 52
Gelbspötter 656

Gerfalke 258
Gimpel 816
Girlitz 788
Glareola nordmanni 318
– *pratincola* 318
Glattfußhühner 278 ff.
Glaucidium passerinum 478
Gleitaar 188
Gleitaare 188
Goldammer 824
Goldfasan 282
Goldhähnchen 694 f.
Goldregenpfeifer 328
Goldregenpfeifer, Amerikanischer 328
Goldregenpfeifer, Pazifischer 328
Grasmücke, Samtkopf- 668
Grasmücke, Weißbart- 666
Grasmücken 660 ff.
Grauammer 844
Graugans 122
Grauortolan 832
Graureiher 100
Grauschnäpper 698
Grauspecht 512
Greifvögel 186 ff.
Großer Brachvogel 360
Großer Rotschenkel 362
Großtrappe 308
Gründelenten 138 ff.
Grünfink 792
Grünlaubsänger 684
Grünling 792
Grünschenkel 368
Grünspecht 514
Grus grus 302
Gryllteiste 442
Gypaetus barbatus 196
Gyps fulvus 200

H

Habicht 214
Habichte 214 ff.
Habichtsadler 238
Habichtskauz 484
Haematopus ostralegus 310
Häherkuckuck 464
Hakengimpel 814
Halbgänse 130 ff.
Halbringschnäpper 702
Haliaeetus albicilla 194
Halmsänger 632
Halsbandschnäpper 702
Halsbandsittich 462
Haselhuhn 262
Haubenlerche 536
Haubenmeise 714
Haubentaucher 56
Hausrotschwanz 598
Haussperling 774
Heckenbraunelle 582
Heckensänger 586
Heidelerche 540
Heringsmöwe 406
Hieraaetus fasciatus 238
– *pennatus* 236
Himantopus himantopus 312
Hippolais caligata 652
– *icterina* 656
– *languida* 654
– *olivetorum* 654
– *pallida* 652
– *polyglotta* 658
Hirundo daurica 552
– *rustica* 550
Histrionicus histrionicus 166
Hohltaube 454
Höckerschwan 114
Hopfkuckuck 466
Hoplopterus duvaucelii 332
– *spinosus* 332
Hornlund 446
Hühnervögel 262 ff.
Hydrobates pelagicus 70

I

Ibisse 108 f.
Isabellsteinschmätzer 608
Italiensperling 776
Ixobrychus minutus 88

J

Jungfernkranich 304
Jynx torquilla 510

K

Käuzchen 472
Kaffernsegler 500
Kaiseradler 232
Kaiseradler, Spanischer 232
Kalanderlerche 530
Kammblässhuhn 300
Kampfläufer 346
Kanadagans 124
Kanarengirlitz 788
Kappenammer 842
Kapverden-Sturmvogel 68
Karmingimpel 812
Kernbeißer 818
Kiebitz 334
Kiebitzregenpfeifer 330
Kiefernkreuzschnabel 808
Klappergrasmücke 676
Kleiber 722 ff.
Kleines Sumpfhuhn 288
Kleinspecht 526
Klippenkleiber 724
Knäkente 146
Knutt 336
Kolbenente 152
Kohlmeise 720
Kolkrabe 766
Korallenmöwe 402
Kormoran 76
Kormorane 76 ff.
Kornweihe 208
Korsenkleiber 724
Krähenvögel 746 ff.
Krabbentaucher 444
Kragenente 166
Kragentrappe 306
Krähenscharbe 78
Kranich 302
Kraniche 302 f.
Kranichvögel 284
Krauskopfpelikan 84
Kreuzschnabel, Schottischer 808
Krickente 142
Küstenseeschwalbe 424
Kuckuck 466
Kuckucke 464 f.
Kuhreiher 92
Kurzfangsperber 218
Kurzschnabelgans 118
Kurzzehenlerche 532

L

Lachmöwe 398
Lachseeschwalbe 416
Lagopos lagopus scoticus 264
– *lagopus* 264
– *leucurus* 264
– *mutus* 266
Lanius collurio 736
– *excubitor* 740
– *meridionalis* 740
– *minor* 738
– *nubicus* 744
– *senator* 742
Lannerfalke 254
Lappentaucher 48ff., 54 f.
Lapplandmeise 712
Larus argentatus 408
– *armenicus* 402
– *audouinii* 402
– *cachinnans* 408
– *canus* 404
– *fuscus* 406
– *genei* 400
– *glaucoides* 410
– *heuglini* 406
– *hyperboreus* 410
– *ichthyaetus* 392
– *marinus* 412
– *melanocephalus* 394
– *michahellis* 408
– *minutus* 396
– *ridibundus* 398
Lasurmeise 718
Laubsänger 684 ff.
Laubsänger, Gelbbrauen- 688
Laufhühnchen 284
Lerchen 528 ff.
Limicola falcinellus 344
Limosa lapponica 356
– *limosa* 354
Löffelente 148
Löffler 110
Locustella fluviatilis 636
– *lanceolata* 634
– *luscinioides* 638
– *naevia* 634
Loxia curvirostra 806
– *leucoptera* 804
– *pytyopsittacus* 808

Lullula arborea 540
Luscinia calliope 596
– luscinia 590
– megarhynchos 592
– svecica 594
Lymnocryptes minimus 348

M

Madeirasturmvogel 68
Madeirawellenläufer 72
Mandarinente 136
Mandelkrähe 506
Mantelmöwe 412
Marmaronetta angustirostris 150
Marmelente 150
Mäusebussard 220
Mariskenrohrsänger 640
Maskengrasmücke 670
Maskenstelze 568
Maskenwürger 744
Mauerläufer 726
Mauersegler 498
Meeresenten 162 ff.
Meerstrandläufer 340
Mehlschwalbe 554
Meisen 710 ff.
Melanitta fusca 170
– nigra 170
Melanocorypha bimaculata 530
– calandra 530
– leucoptera 538
– yeltoniensis 538
Mergus albellus 176
– merganser 180
– serrator 178
Merlin 248
Merops apiaster 504
– persicus 504
Milane 191 f.
Miliaria calandra 844
Milvus migrans 190
– milvus 192
Misteldrossel 628
Mittelmeermöwe 408
Mittelmeer-Steinschmätzer 610
Mittelmeer-Sturmtaucher 68
Mittelsäger 178
Mönchsgeier 202
Mittelspecht 522
Mönchsgrasmücke 682
Mönchssittich 462
Möwen 392 ff.
Möwenvögel 384 ff.
Mohrenlerche 538
Mongolengimpel 810
Monticola saxatilis 614
– solitarius 616
Montifringilla nivalis 782
Moorente 156
Moorschneehuhn 264
Moorschneehuhn, Schottisches 264
Mornellregenpfeifer 326
Motacilla alba yarrellii 570
– alba 572
– cinerea 574
– citreola 570
– flava 566
– flava feldegg 568
– flava thunbergi 568
Muscicapa striata 698
Myiopsitta monachus 462

N

Nachtigall 592
Nachtreiher 90
Nachtschwalben 494 f.
Nebelkrähe 764
Neophron percnopterus 198
Netta rufina 152
Neuntöter 736
Nilgans 130
Nonnengans 128
Nonnensteinschmätzer 610
Nordische Schafstelze 568
Nucifraga caryocatactes 754
Numenius arquata 350
– phaeopus 358
Nyctea scandiaca 474
Nycticorax nycticorax 90

O

Oceanites oceanicus 72
Oceanodroma castro 72
– leucorhoa 72
Odinshühnchen 380
Oenanthe finschii 612
– hispanica 610
– isabellina 608
– leucura 612
– oenanthe 606
– pleschanka 610
– xanthoprymna 612
Ohrenlerche 544
Ohrentaucher 60
Olivenspötter 654
Oriolus oriolus 734
Orpheusgrasmücke 672
Orpheusspötter 658
Ortolan 830
Otis tarda 308
Otus scops 470
Oxyura jamaicensis 184
– leucocephala 182

P

Pallasammer 840
Pandion haliaetus 240
Panurus biarmicus 706
Papageien 462
Papageitaucher 446
Parus ater 716
– caeruleus 718
– cinctus 712
– cristatus 714
– cyanus 718
– lugubris 716
– major 720
– montanus 712
– palustris 710
– pleskii 718
Passer domesticus 774
– hispaniolensis 776
– hispaniolensis italiae 776
– montanus 778
Pazifischer Goldregenpfeifer 328
Pelecanus crispus 84
– onocrotalus 82
Pelikane 82 f.
Perdix dauurica 278
– perdix 278
Perisoreus infaustus 748
Pernis apivorus 186
Petronia petronia 780
Pfeifente 138
Pfuhlschnepfe 356
Phalacrocorax aristotelis 78
– carbo 76
– pygmaeus 80
Phalaropus fulicarius 382
– lobatus 380
– tricolor 382
Pharaonenziegenmelker 496
Phasianus colchicus 282
Philomachus pugnax 346
Phoenicopterus ruber 112
Phoenicurus ochruros 598
– phoenicurus 600
Phylloscopus bonelli 686
– borealis 686
– collybita 690
– inornatus 688
– orientalis 686
– sibilatrix 688
– sindianus 690
– trochiloides 684
– trochilus 692
Pica pica 752
Picoides tridactylus 524
Picus canus 512
– viridis 514
Pieper 556 ff.
Pinicola enucleator 814
Pirol 734
Pirole 734
Platalea leucorodia 110
Plectrophenax nivalis 822
Plegadis falcinellus 108
Pleskemeise 718
Plüschkopfente 164
Pluvialis apricaria 328
– dominica 328
– fulva 328
– squatarola 320
Podiceps auritus 60
– cristatus 56
– grisegena 58
– nigricollis 62
Polarbirkenzeisig 802
Polarmöwe 410
Polysticta stelleri 164
Porphyrio porphyrio 296
Porzana parva 288
– porzana 286

– *pusilla* 290
Prachteiderente 164
Prachttaucher 50
Provencegrasmücke 662
Prunella collaris 584
– *modularis* 582
Psittacula eupatria 462
– *krameri* 462
Pterocles alchata 450
– *orientalis* 448
Pterodroma feae 68
– *madeira* 68
Ptyonoprogne rupestris 548
Puffinus puffinus 68
– *yelkouan* 68
Purpurhuhn 296
Purpurreiher 102
Pyrrhocorax graculus 756
– *pyrrhocorax* 758
Pyrrhula pyrrhula 816

R

Rabenkrähe 764
Racken 506
Rackenvögel 502 ff.
Rallen 284 ff.
Rallenreiher 94
Rallus aquaticus 284
Raubmöwen 384 ff.
Raubseeschwalbe 418
Raubwürger 740
Rauchschwalbe 550
Raufußbussard 224
Raufußkauz 492
Raufußhühner 262 ff.
Rebhuhn 278
Recurvirostra avosetta 314
Regenbrachvogel 358
Regenpfeifer 320 ff.
Regulus ignicapillus 696
– *regulus* 694
Reiher 86 ff.
Reiherente 158
Remiz pendulinus 732
Ringdrossel 618
Ringelgans 126
„Ringellumme" 436
Ringeltaube 456
Rissa tridactyla 414
Riparia riparia 546
Röhrennasen 64 ff.
Rötelfalke 242
Rötelschwalbe 554
Rohrammer 840
Rohrdommel 86
Rohrsänger 640 ff.
Rohrschwirl 638
Rohrweihe 206
Rosaflamingo 112
Rosapelikan 82
Rosenseeschwalbe 422
Rosenstar 772
Rostbürzel-Steinschmätzer 612
Rostgans 132
Rotdrossel 626
Rotflügel-Brachschwalbe 318
Rotfußfalke 246
Rothalsgans 126
Rothalstaucher 58
Rothals-Ziegenmelker 496
Rothuhn 276
Rotkehlchen 588
Rotkehlpieper 562
Rotkopfwürger 742
Rotmilan 192
Rotschenkel 364
Rotschenkel, Großer 362
Rotsterniges Blaukehlchen 594
Rotstirngirlitz 790
Rubinkehlchen 596
Ruderente, Schwarzkopf- 184
Ruderente, Weißkopf- 182
Ruderenten 182 f.
Ruderfüßer 74 ff.
Russische Blaumeise 718

S

Saatgans 118
Saatkrähe 762
Säbelschnäbler 314
Säger 176 ff.
Samtente 170
Samtkopf-Grasmücke 668
Sanderling 338
Sandflughuhn 448
Sandregenpfeifer 322
Sandregenpfeifer, Amerikanischer 322
Sardengrasmücke 660
Savannenadler 230
Saxicola rubetra 602
– *torquata* 604
Schafstelze 566
Schafstelze, Nordische 568
Scheckente 164
Schelladler 228
Schellente 172
Schilfrohrsänger 642
Schlangenadler 204
Schlagschwirl 636
Schleiereule 468
Schleiereulen 468
Schmarotzerraubmöwe 386
Schmutzgeier 198
Schnäpper 698 ff.
Schnatterente 140
Schneeammer 822
Schnee-Eule 474
Schneefink 782
Schneehuhn, Weißschwanz- 264
Schneesperling 782
Schnepfen 353
Schottischer Kreuzschnabel 808
Schottisches Moorschneehuhn 264
Schreiadler 226
Schreitvögel 86 ff.
Schuppengrasmücke 670
Schwalben 546 ff.
Schwäne 114 f.
Schwanzmeise 708
Schwanzmeisen 708
Schwarzflügel-Brachschwalbe 318
Schwarzhalstaucher 62
Schwarzkehlchen 604
Schwarzkehlchen, Sibirisches 604
Schwarzkopfmöwe 394
Schwarzkopf-Ruderente 184
Schwarzmilan 190
Schwarzschnabel-Sturmtaucher 68
Schwarzspecht 516
Schwarzstirnwürger 738
Schwarzstorch 106
Schwirle 634 ff.
Scolopax rusticola 332
scotica 808
Seeadler 194
Seeregenpfeifer 324
Seeschwalbe, Weißbart- 434
Seeschwalbe, Weißflügel- 430
Seeschwalben 416 ff.
Seetaucher 48 ff.
Seggenrohrsänger 644
Segler 498 f.
Seidenreiher 96
Seidensänger 630
Seidenschwanz 576
Seidenschwänze 576
Serinus canaria 788
– *citrinella* 790
– *pusillus* 790
– *serinus* 788
Shikrasperber 218
Sibirisches Schwarzkehlchen 604
Sichelstrandläufer 342
Sichler 108
Silbermöwe 408
Silberreiher 98
Singdrossel 624
Singschwan 116
Singvögel 528 ff.
Sitta europaea 722
– *krueperi* 724
– *neumayer* 724
– *tephronota* 724
– *whiteheadi* 724
Sittiche 462
Skua 390
Somateria fischeri 164
– *mollissima* 162
– *spectabilis* 164
Sommergoldhähnchen 696
Spanischer Kaiseradler 232
Spatelente 174
Spatelraubmöwe 384
Spechte 510 ff.

Sperber 214 ff.
Sperber 216
Sperbereule 476
Sperbergrasmücke 674
Sperlinge 774 ff.
Sperlingskauz 478
Spießente 138
Spießflughuhn 450
Spinte 504
Spötter 652 ff.
Spornkiebitz 332
Spornammer 820
Sprosser 590
Star 768
Stare 768 ff.
Steinadler 234
Steinauerhuhn 270
Steinhuhn 274
Steinkauz 480
Steinmerlen 614 f.
Steinortolan 832
Steinrötel 614
Steinschmätzer 606
Steinschmätzer, Mittelmeer- 610
Steinschmätzer, Rostbürzel- 612
Steinsperling 780
Steinwälzer 378
Stelzen 566 ff.
Stelzenläufer 312 f.
Steppenadler 230
Steppenflughuhn 450
Steppenmöwe 408
Steppenweihe 210
Stercorarius longicaudus 388
– *parasiticus* 386
– *pomarinus* 384
– *skua* 390
Sterna albifrons 428
– *caspia* 418
– *dougallii* 422
– *hirundo* 426
– *nilotica* 416
– *paradisaea* 424
– *sandvicensis* 420
Sterntaucher 48
Stieglitz 794
Stockente 144
Störche 104 f.
Strandläufer 336 ff.
Strandpieper 564
Straßentaube 452
Streptopelia decaocto 458
– *turtur* 460
Strichelschwirl 634
Strix aluco 482
– *nebulosa* 486
– *uralensis* 484
Stummellerche 534
Sturmmöwe 404
Sturmschwalbe 70
Sturmschwalbe, Buntfuß- 72
Sturmschwalben 70 f.
Sturmtaucher 66 f.
Sturmtaucher, Gelbschnabel- 66
Sturmtaucher, Mittelmeer- 68
Sturmtaucher, Schwarzschnabel- 68
Sturmvögel 64
Sturmvogel, Kapverden- 68
Sturnus roseus 772
– *unicolor* 770
– *vulgaris* 768
Sula bassana 74
Sumpfhuhn, Kleines 288
Sumpfläufer 344
Sumpfmeise 710
Sumpfohreule 490
Sumpfrohrsänger 646
Sumpfschnepfen 348 f.
Surnia ulula 476
Sylvia atricapilla 682
– *balearica* 660
– *borin* 680
– *cantillans* 666
– *communis* 678
– *conspicillata* 664
– *curruca* 676
– *hortensis* 672
– *melanocephala* 668
– *melanothorax* 670
– *mystacea* 668
– *nana* 664
– *nisoria* 674
– *rueppelli* 670
– *sarda* 660
– *undata* 662
Syrrhaptes paradoxus 450

T

Tachybaptus ruficollis 54
Tadorna ferruginea 132
– *tadorna* 134
Tafelente 154
Tamariskengrasmücke 668
Tannenhäher 754
Tannenmeise 716
Tarsiger cyanurus 596
Tauben 452 ff.
Tauchenten 152 ff.
Teichhuhn 294
Teichrohrsänger 648
Teichwasserläufer 366
Temminckstrandläufer 338
Terekwasserläufer 374
Tetrao parvirostris 270
– *tetrix* 268
– *urogallus* 270
Tetrax tetrax 306
Teydefink 784
Theklalerche 538
Thorshühnchen 382
Tichodroma muraria 726
Tölpel 74
Tordalk 440
Trappen 306 f.
Trauerbachstelze 570
Trauerente 170
Trauerschnäpper 704
Trauerseeschwalbe 432
Trauersteinschmätzer 612
Triel 316
Triele 316
Tringa erythropus 362
– *glareola* 372
– *nebularia* 368
– *ochropus* 370
– *stagnatilis* 366
– *totanus* 364
Troglodytes troglodytes 580
Trottellumme 436
Tüpfelsumpfhuhn 286
Türkenammer 832
Türkenkleiber 724
Türkentaube 458
Tundramöwe 406
Turdus iliacus 626
– *merula* 620
– *philomelos* 624
– *pilaris* 622
– *ruficollis* 622
– *torquatus* 618
– *viscivorus* 628
Turmfalke 244
Turnix sylvatica 284
Turteltaube 460
Tyto alba 468

U

Uferschnepfe 354
Uferschnepfen 354 f.
Uferschwalbe 546
Uhu 472
Unglückshäher 748
Upupa epops 508
Uria aalge 436
– *lomvia* 438

V

Vanellus vanellus 334

W

Wacholderdrossel 622
Wachtel 280
Wachtelkönig 292
Waldammer 834
Waldbaumläufer 730
Waldkauz 482
Waldlaubsänger 688
Waldohreule 488
Waldpieper 558
Waldschnepfe 352
Waldwasserläufer 370
Wanderfalke 260
Wanderlaubsänger 686
Wasseramsel 578
Wasseramseln 578
Wasserläufer 362 ff.
Wasserläufer, Dunkler 362
Wasserpieper 564
Wasserralle 284
Wassertreter 380 f.

Watvögel 310 ff.
Weidenammer 838
Weidenmeise 712
Weidensperling 776
Weihen 206 ff.
Weißbart-Grasmücke 666
Weißbart-Seeschwalbe 434
Weißflügellerche 538
Weißflügel-Seeschwalbe 430
„Weißkopfmöwe“ 408
Weißkopf-Ruderente 182
Weißrückenspecht 524
Weißschwanz-Schneehuhn 264
Weißsterniges Blaukehlchen 594
Weißstorch 104
Weißwangengans 128
Wellenläufer 72
Wendehals 510
Wespenbussard 186
Wespenbussarde 186
Wiedehopf 508
Wiedehopfe 508
Wiesenpieper 560
Wiesenschmätzer 602 ff.
Wiesenweihe 212
Wilsonwassertreter 382
Wintergoldhähnchen 694
Würger 736 ff.
Würgfalke 256
Wüstenfalke 260
Wüstengimpel 810
Wüstengrasmücke 664

X

Xenus cinereus 374

Z

Zaunammer 826
Zaunkönig 580
Zaunkönige 580
Ziegenmelker 494
Ziegenmelker, Rothals- 496
Zilpzalp 690
Zippammer 828
Zitronengirlitz 790
Zitronenstelze 570
Zoothera dauma 628
Zwergadler 236
Zwergammer 836
Zwergdommel 88
Zwerggans 120
Zwergmöwe 396
Zwergohreule 470
Zwergsäger 176
Zwergscharbe 80
Zwergschnäpper 700
Zwergschnepfe 348
Zwergschwan 116
Zwergseeschwalbe 428
Zwergstrandläufer 336
Zwergsumpfhuhn 290
Zwergtaucher 54
Zwergtrappe 306

Bildnachweis

Den Seitenzahlen folgen Buchstaben, die die Position der Fotos auf der entsprechenden Seite angeben: Bild oben: a; die kleinen Fotos von links nach rechts: b, c, d. Stammen alle Fotos auf einer Seite von einem Fotografen, ist nur eine Seitenzahl angegeben.

Aquila/Bates 249 a; Aquila/Carlson 255 b; 659 a, 665 a, 687 a; Aquila/Gebuis 255 c; 529 a, 529 b; Aquila/Greaves 211 b, 305 c; 685 b, 811 b; Aquila/H. u. J. Eriksen 229 c, 231 a, 291 c; Aquila/Harris 403 a, 403 c; 553 d; Aquila/Lane 171 a; Aquila/Lankinen 805 a; Bartov 449 b; Aquila/Miles 293 b; Aquila/Powell 189 b; Aquila/Roberts 81 d; Aquila/Smith 71 a; Aquila/Thomas 73 a; Aquila/Wilkes 331 a; Bartov 255 d, 291 b; Baxter 511 b, 549 c, 613 b, 629 a, 657 c, 711 a; Bethge 49 b, 49 c, 51 b, 65 a, 75 b, 113 a, 117 d, 179 d, 189 a, 197 a, 265 b, 307 b, 329 b, 339 a, 339 b, 341 a, 343 a, 357 a, 357 b, 363 c, 369 a, 371 b, 381 b, 387 a, 403 d, 407 b, 413 b, 439 a; 487 a, 533 a, 545 a, 549 d, 579 d, 607 a, 723 b, 803 b, 823 b, 835 a, 835 c, 837 b; Buchner 49 a, 63 b, 63 c, 65 b, 65 c, 103 b, 103 c, 103 d, 141 a, 161 b, 171 c, 171 d, 193 c, 225 c, 265 c, 347 a, 359 b, 369 b, 373 b, 379 c, 387 b, 389 b, 413 a, 415 b, 421 a, 421 b, 421 c, 425 a, 425 c, 433 b, 437 b; 451 a, 499 b, 511 a, 523 b, 555 c ,557 c, 567 c, 593 a, 611 b, 629 b, 629 c, 631 a, 631 b, 637 c, 639 a, 641 a, 641 b, 671 a, 677 a, 707 c, 779 c, 783 b, 789 b, 795 c, 807 c, 821 a, 823 c, 833 a, 833 b; Buckingham 633 a, 681 a, 841 b; Castell 51 d, 61 c, 61 d, 67, 69 b, 69 c, 71 c, 71 d, 73 b, 73 c, 73 d, 75 c, 75 d, 79 b, 79 c, 79 d, 83 c, 83 d, 85 d, 87 d, 93 d, 95 d, 109 d, 111 d, 113 d, 129 c, 129 d, 131 b, 131 d, 133 c, 133 d, 137 c, 137 d, 141 d, 147 b, 147 c, 149 c, 149 d, 151 c, 151 d, 161 c, 161 d, 165 c, 167 c, 167 d, 169 c, 169 d, 173 c, 173 d, 175 c, 175 d, 183 b, 183 c, 183 d, 185 b, 185 c, 185 d, 189 c, 189 d, 193 d, 211 d, 227 d, 239 c, 241 c, 241 d, 247 d, 265 d, 269 c, 269 d, 271 c, 271 d, 277 c, 285 c, 287 d, 289 c, 289 d, 293 d, 297 c, 297 d, 301, 303 c, 307 c, 307 d, 309 c, 329 c, 337 d, 339 d, 343 c, 343 d, 345 c, 345 d, 347 c, 347 d, 349 b, 353 c, 353 d, 357 d, 359 d, 361 b, 361 c, 363 d, 369 c, 369 d, 371 d, 373 c, 373 d, 377 c, 379 d, 381 c, 381 d, 383 d, 387 c, 387 d, 389 d, 391 c, 391 d, 377 c, 397 d, 405 d, 407 d, 411 d, 413 c, 413 d, 415 c, 421 d, 423 b, 423 c, 423 d, 425 d, 407 c, 429 c, 431 d, 433 c, 433 d, 437 c, 437 d, 439 d, 441, 443 c, 443 d, 447 d; 451 c, 451 d, 453 c, 453 d, 459 d, 471 c, 471 d, 495 b, 495 c, 499 d, 505 d, 509 c, 509 d, 511 c, 511 d, 527 d ,529 c, 529 d, 533 c, 535 c, 539 c, 539 d, 557 d, 561 c, 561 d, 563 d, 567 d, 579 d, 587 b, 587 c, 587 d, 591 d, 601 d, 607 d, 613 c, 613 d, 615 d, 617 c, 619 c, 623 c, 623 d, 627 c, 627 d, 631 c, 631 d, 633 c, 633 d, 635 c, 639 b, 639 c, 639 d, 641 c, 641 d, 645 c, 645 d, 659 b, 659 c, 659 d, 661 c, 661 d, 663 c, 663 d, 665 c, 665 d, 677 c, 685 c, 685 d, 687 c, 687 d, 689 d, 695 c, 703 d, 705 c, 705 d, 711 c, 711 d, 715 b, 729 c, 729 d, 733 d, 757 d, 759 c, 759 d, 771 c, 771 d, 787 d, 789 c, 789 d, 791 c, 791 d, 795 d, 797 c, 797 d, 801 c, 801 d, 803 d, 807 d, 811 c, 811 d, 813 d, 815 d, 817 c, 821 d, 823 d, 827 c, 829 c, 831 d, 835 d, 837 d, 839 d, 845 c; Danegger 169 a, 193 b, 361 a; 493 a, 711 b, 717 b, 747 a, 753 b; Delpho 53 a, 53 c, 357 c; Dragesco 275 a; Duthie 53 b, 165 d, 331 d; Eichhorn 585 d; Fendrich 109 c; 521 c, 521 d, 609 b, 609 c, 655 a, 671 c, 671 d, 701 b, 701 c, 701 d, 733 c, 833 c, 833 d; Forsman 61 b, 165 a, 165 b, 229 b, 229 d, 231 c, 231 d, 259 d, 367 a, 367 d, 375 a, 375 c, 375 d, 383 c, 393 b, 393 c, 411 b, 411 c, 431 b, 445 d; 451 b, 477 a, 477 d, 485 a, 485 b, 487 b, 487 d, 493 d, 525 c, 545 c, 553 c, 563 b, 563 c, 565 b, 673 a, 685 a, 693 a, 831 c; Forstmeier 597 c, 597 d; Fünfstück 197 c, 231 b, 281 c, 305 a, 403 b; 463 c, 515 d, 615 c, 715 c, 719 c, 719 d, 731 c, 777 d, 813 c; Gensboel 171 b, 349 d; 569 a, 569 b, 809 a; Green 185 a, 249 c, 249 d; 571 a, 801 b; Grüner 125 a, 125 d, 133 a; Hafner 275 b, 275 c, 275 d, 375 b; 597 b; Halley 51 c, 95 c, 281 b, 339 c, 341 b, 389 c; 535 a, 713 b, 749 b; Hautala 475 c, 477 b, 527 c, 597 a, 713 c, 713 d, 749 a, 749 c, 749 d, 809 b, 809 c, 809 d, 837 a, 839 a; Hecker 59 a, 59 c, 59 d, 119 c, 323 a, 381 a, 415 a, 437 a, 443 a, 447 a, 447 b; 467 a, 505 c, 557 b, 599 b, 605 c, 613 a, 635 a, 637 b, 825 b; Hiller 49 d, 225 a; Hortig 141 a, 329 a, 349 a; 523 c, 593 c, 695 a, 727 d; Hüttenmoser 493 c, 727 a, 727 b, 727 c; Kankel 193 a; Kleiner 51 a, 225 d, 267 d, 337 a, 359 c, 363 a; 591 b, 633 b, 687 b, 819 b, 819 c, 839 b; Kostrzewa 69 a, 447 c; Kovacs 291 d; 645 a, 645 b; Kuppel 169 b, 211 a, 391 b; Limbrunner 10, 12, 13, 14, 17, 18, 19, 20, 21, 22, 23, 24, 25, 27, 28, 29, 30/31, 55, 57, 63 a, 63 d, 77, 81 a, 81 b, 81 c, 83 a, 83 b, 85 a, 85 b, 87 a, 87 b, 89, 91, 93 a, 93 b, 93 c, 95 a, 95 b, 97, 99, 101, 103 a, 105, 107, 109 a, 109 b, 111 a, 111 b, 111 c, 113 b, 115, 117 a, 117 b, 119 a, 119 b, 119 d, 121, 123, 125 b, 125 c, 127, 131 a, 135, 137 a, 137 b, 139, 141 b, 141 c, 143, 145, 147 a, 147 d, 149 a, 149 b, 153, 155, 157, 159, 163, 173 a, 173 b, 177, 179 c, 181, 187, 191, 195, 197 d, 199, 201, 203, 205, 207, 209, 213, 215, 217, 219, 221, 223, 227 a, 227 b, 227 c, 233 a, 233 c, 233 d, 235, 237, 239 a, 239 b, 241 a, 241 b, 243, 245, 247 a, 247 b, 247 c, 251, 253, 255 a, 257, 261, 267 a, 267 b, 267 c, 269 a, 269 b, 271 b, 273, 279, 281 d, 283, 285 a, 285 b, 285 d, 287 a, 287 b, 287 c, 293 a, 293 c, 295, 299, 303 a, 303 b, 303 d, 307 a, 309 a, 309 b, 309 d, 311, 313, 315, 317, 319 a, 319 c, 319 d, 321, 323 b, 323 d, 325 a, 325 c, 325 d, 327 a, 327 b, 327 d, 329 d, 333, 335, 337 c, 347 b, 351, 353 a, 353 b, 355, 361 d, 363 b, 365, 371 a, 377 a, 377 b, 377 d, 379 a, 379 b, 395, 397 b, 399, 401 a, 401 c, 401 d, 405 a, 405 b, 405 c, 407 a, 407 c, 409, 417, 419, 425 b, 427 a, 427 b, 427 d, 409 a, 429 b, 429 d, 435; 449 a, 449 c, 449 d, 453 a, 453 b, 455, 457, 459 a, 459 b, 459 c, 461, 465, 467 b, 467 c, 467 d, 469, 471 a, 471 b, 473, 477 c, 479, 481, 483, 489, 491, 495 a, 495 d, 499 a, 499 c, 501, 503, 505 a, 505 b, 507, 509 a, 509 b, 513, 515 a, 515 b, 515 c, 517, 519, 531, 533 b, 533 d, 535 d, 537, 541 a, 541 c, 541 d, 543, 545 b, 545 d, 547, 549 a, 551, 553 a, 553 b, 555 a, 555 b, 555 d, 557 a, 559, 561 a,565 a, 565 c, 565 d, 569 c, 569 d, 573,

575, 577, 579 a, 579 b, 579 c, 579 a, 579 b, 579 c, 583 c, 583 d, 585 a, 585 b, 585 c, 587 a, 589, 591 c, 593 d, 595 a, 595 c, 595 d, 599 c, 599 d, 601 a, 601 b, 603, 605 a,605 b, 605 d, 607 b, 607 c, 607 d, 607 a, 611 a, 611 c, 615 b, 617 a, 617 b, 619 a, 619 b, 619 d, 621, 623 a, 623 b, 625, 627 a, 627 b, 629 d, 635 b, 635 d, 639 a, 643, 647 b, 647 c, 647 d, 649, 651, 653, 655 b, 655 c, 655 d, 657 b, 657 d, 667, 669, 673 b, 673 c, 673 d, 675, 677 b, 677 d, 679, 681 d,683, 689 b, 689 c, 691, 693 c, 693 d, 695 d, 697 a, 697 c, 697 d, 699, 707 a, 707 b, 707 d, 709, 713 a, 715 a, 715 d, 717 c, 717 d, 719 a, 719 b, 721, 723 a, 723 c, 723 d, 725 a, 725 b, 725 c, 729 a, 729 b, 731 a, 731 b, 731 d, 733 a, 733 b, 735, 737, 739, 741, 743, 745, 747 b, 747 c, 747 d, 751, 753 a, 753 c, 753 d, 755, 757 a, 757 b, 757 c, 761, 763, 765, 767, 769, 773, 775, 777 a, 777 b, 777 c, 779 a, 779 b, 779 d, 781 c, 781 d, 783 d, 785, 787 a, 789 a, 793, 795 a, 799, 807 a, 807 b, 813 a, 813 b, 817 a, 817 b, 817 d, 819 a, 819 d, 823 a, 825 a, 825 c, 825 d, 827 b, 827 d, 829 a, 829 b, 829 d, 831 a, 831 b, 841 a, 841 d, 843, 845 a, 845 b, 845 d; Moosrainer 539 a, 539 b; Pfützke 79 a, 113 c, 133 b, 211 c, 233 b, 327 c, 341 c, 343 b, 371 c, 401 b; 661 a, 661 b, 671 b, 725 d, 781 b, 805 c, 811 a, 821 c, 837 c, 839 c; Reddick 801 a; Russanow 393 a; Schmidt 281 a, 289 a, 297 a, 325 b, 433 a; 561 b, 601 c, 615 a, 637 a, 647 a, 657 a, 681 c, 701 a, 703 a, 703 b, 705 a, 717 a, 783 c, 795 b, 827 a; Schulze 65 d, 87 c, 359 a; 521 b, 523 a, 525 a, 525 b, 567 a, 567 b, 583 a, 591 a, 595 b; Singer 265 a; Standley 239 d; 497 b, 497 c, 497 d; Stelzner 305 b, 305 d, 319 b, 393 d; Swan 535 b, 689 a; Swan/Buckingham 151 b, 183 a, 331 b, 331 c, 367 b, 383 b, 423 a; 663 a, 663 b; Swan/Coleman 277 b; Swan/Cottridge 291 a; 563 a, 571 b, 571 c, 571 d, 703 c; Swan/Demar 297 b, 349 c; 665 b, 803 c; Swan/Jones 71 b; Swan/Mala 439 b, 439 c, 445 a, 445 b, 445 c; Swan/Weston 129 b, 131 c; 463 a, 463 b; Wothe 59 b, 69 d, 75 a, 85 c, 117 c, 129 a, 151 a, 175 a, 175 b, 179 b, 197 b, 225 b, 249 b, 259 b, 259 c, 263, 271a, 323 c, 337 b, 345 a, 345 b, 367 c, 373 a, 383 a, 385, 389 a, 391 a, 397 a; 463 d, 475 a, 475 b, 475 d, 485 c, 485 d, 487 c, 493 b, 497 a, 521 a, 523 d, 525 d, 527 a, 527 b, 541 b, 549 b, 583 b, 593 b, 681 b, 693 b, 695 b, 697 b, 705 b, 759 a, 759 b, 781 a, 783 a, 787 b, 791 a, 791 b, 797 a, 803 a, 805 b, 805 d, 815 a, 815 b, 815 c, 821 b, 835 b; Zeininger 53 d, 61 a, 167 a, 167 b, 229 a, 259 a, 277 a, 277 d, 289 b, 411 a, 431 a, 431 c; 771 a, 771 b, 797 b; Zimmermann 179 a, 341 d, 415 d, 443 b, 599 a, 787 c, 841 c

Einbändige Sonderausgabe des 2001 erschienenen Doppelbandes.

Mit 1610 Farbfotos von Aquila/Bates (1), Aquila/Carlson (4), Aquila/Gebuis (3), Aquila/Greaves (4), Aquila/H. u. J. Eriksen (3), Aquila/Harris (3), Aquila/Lane (1), Aquila/Lankinen (1), Aquila/Miles (1), Aquila/Powell (1), Aquila/Roberts (1), Aquila/Smith (1), Aquila/Thomas (1), Aquila/Wilkes (1), Bartov (3), Baxter (6), Bethge (40), Buchner (60), Buckingham (3), Castell (261), Danegger (8), Delpho (3), Dragesco (1), Duthie (3), Eichhorn (1), Fendrich (14), Forsman (38), Forstmeier (2), Fünfstück (14), Gensboel (5), Green (5), Grüner (3), Hafner (5), Halley (9), Hautala (14), Hecker (20), Hiller (2), Hortig (7), Hüttenmoser (4), Kankel (1), Kleiner (12), Kostrzewa (2), Kovacs (3), Kuppel (3), Limbrunner (842), Moosrainer (2), Pfützke (20), Reddick (1), Russanow (1), Schmidt (20), Schulze (12), Singer (1), Standley (4), Stelzner (4), Swan (2), Swan/Buckingham (9), Swan/Coleman (1), Swan/Cottridge (6), Swan/Demar (4), Swan/Jones (1), Swan/Mala (5), Swan/Weston (4), Wothe (72), Zeininger (15), Zimmermann (7) und 408 Verbreitungskarten, 3 Farbzeichnungen (S. 7) von Steffen Walentowitz).

Umschlaggestaltung von eStudio Calamar, Girona, unter Verwendung einer Aufnahme von Alfred Limbrunner. Das Bild zeigt einen Seidenreiher. Die Bilder in der Schmuckleiste zeigen (von oben nach unten): Pirol, Weißstorch (Foto Eckhard Pott) und Uferschnepfe, die Bilder auf der Umschlagsrückseite Kiebitz, Sturmmöwe und Wasseramsel. Aufnahmen, soweit nicht anders angegeben, von Alfred Limbrunner.

Texte der Einführung von Detlef Singer und Dr. Klaus Richarz

Seite 2/3: Schneeammer
Seite 4: sich putzende Brandgans
Seite 5: junge Teichrohrsänger
Seite 8/9: Gebirgsstelze
Seite 30/31: Gänsesäger
Seite 46/47: Turteltaube

Bibliografische Information Der Deutschen Nationalbibliothek Die Deutsche Nationalbibliothek verzeichnet diese Publikation in der Deutschen Nationalbibliografie; detaillierte bibliografische Daten sind im Internet über http:\\dnb.ddb.de abrufbar.

Unser gesamtes lieferbares Programm und viele weitere Informationen zu unseren Büchern, Spielen, Experimentierkästen, DVDs, Autoren und Aktivitäten finden Sie unter www.kosmos.de
Gedruckt auf chlorfrei gebleichtem Papier

ISBN 978-3-440-11110-9

Lektorat: Rainer Gerstle
Projektleitung der Sonderausgabe: Stefanie Tommes
Herstellung: Buch & Konzept, Annegret Wehland, Füssen
Produktion: Lilo Pabel, Markus Schärtlein
Grundlayout: eStudio Calamar
Printed in Germany / Imprimé en Allemagne